Handbuch Betriebliches Umweltmanagement

Gabi Förtsch · Heinz Meinholz

Handbuch Betriebliches Umweltmanagement

3. Auflage

Springer Vieweg

Gabi Förtsch
Förtsch & Meinholz
Villingen-Schwenningen, Deutschland

Heinz Meinholz
Hochschule Furtwangen
Villingen-Schwenningen, Deutschland

ISBN 978-3-658-19150-4
ISBN 978-3-658-19151-1 (eBook)
https://doi.org/10.1007/978-3-658-19151-1

Die Deutsche Nationalbibliothek verzeichnet diese Publikation in der Deutschen Nationalbibliografie; detaillierte bibliografische Daten sind im Internet über http://dnb.d-nb.de abrufbar.

Springer Vieweg

Lektorat: Dr. Daniel Fröhlich

Gedruckt auf säurefreiem und chlorfrei gebleichtem Papier

Springer Vieweg ist ein Imprint der eingetragenen Gesellschaft Springer Fachmedien Wiesbaden GmbH und ist ein Teil von Springer Nature.
Die Anschrift der Gesellschaft ist: Abraham-Lincoln-Str. 46, 65189 Wiesbaden, Germany

Vorwort

In Zukunft wird das gesellschaftliche Umfeld immer verstärkter Anforderungen an eine nachhaltige Unternehmensführung stellen. Von daher ist das Unternehmen gefordert, gleichzeitig ökonomische, ökologische und soziale Aspekte zum Schutz von Mensch und Umwelt zu erfüllen. Verstärkt werden die Anforderungen durch spezifische Kundenwünsche. Nur wenn sich die Unternehmen den entsprechenden Entwicklungen stellen, können sie die sich daraus ergebenden Möglichkeiten als Chancen nutzen und sich zukunftsorientiert aufstellen.

Die Anforderungen des Umfelds müssen vom Unternehmen aufgenommen und in langfristige Strategien umgesetzt werden. Die gesamte Organisation sollte die sich daraus ergebenden Ziele nach intern und extern kommunizieren. Eine nachhaltige Zielerreichung ist nur mit gut ausgebildeten, qualifizierten und motivierten Beschäftigten möglich. Führungskräfte und deren Mitarbeiter müssen sich ihrer spezifischen Verantwortung bewusst sein und dieser nachkommen. Dazu sollten sie in ihrem Verantwortungs- und Aufgabenbereich die Nachhaltigkeitsaspekte erkennen und verstehen. Durch das Engagement der Mitarbeiter lassen sich Prozesse optimieren, Ressourcen einsparen und die Unternehmensleistung erhöhen. Aufgrund ihrer Vorbildfunktion und Kompetenzen tragen Führungskräfte eine besondere Verantwortung zur Erreichung der ökonomischen, ökologischen und sozialen Ziele in ihrem Organisationsbereich.

Die Handbuchreihe zum betrieblichen Umweltschutz besteht aus insgesamt 5 Bänden. Das Basiswerk ist das vorliegende Handbuch zum betrieblichen Umweltmanagement, das durch Themenbände zum Gefahrstoffmanagement, Immissionsschutz und Energiesektor, Gewässerschutz und zur Kreislaufwirtschaft ergänzt wird. Ganzheitlich betrachten sie den betrieblichen Umweltschutz unter organisatorischen, rechtlichen, technologischen und naturwissenschaftlichen Gesichtspunkten.

Managementsysteme müssen einen wesentlichen Beitrag zur Nachhaltigkeit im Unternehmen (Kap. 1) liefern. Von daher ist besonderer Wert auf ein gutes Projektmanagement (Kap. 2) zur Entwicklung und Einführung eines Umweltmanagementsystems zu legen. Als Organisationsprojekt durchleuchtet es alle Prozesse und Tätigkeiten. Primäres Ziel muss die Verbesserung der Unternehmens- und Umweltleistung sein. Die nachfolgenden Kap. 3–7 beschreiben die Anforderungen verschiedener Managementsysteme in den Bereichen Umwelt, Energie, Qualität und Arbeitsschutz.

Aspekte einer umweltorientierten, nachhaltigen Unternehmensführung

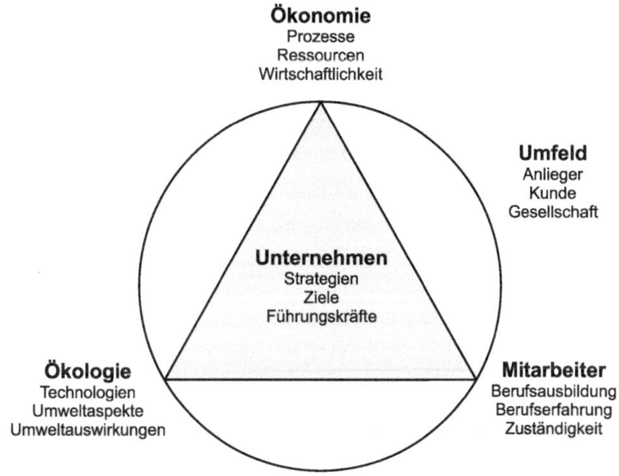

Für den Aufbau und die Einführung eines Umweltmanagementsystems existieren zwei wesentliche Regelwerke. Die DIN EN ISO 14001 (Kap. 3) gilt weltweit, während die EG-Öko-Audit-Verordnung (EMAS-Verordnung, Kap. 4) innerhalb der Europäischen Union Anwendung findet. Die Erläuterungen zum Umweltmanagementsystem nach DIN EN ISO 14001 orientieren sich an der generellen Normenstruktur für Managementsysteme. So werden u. a. Aspekte zum Kontext der Organisation, zur Führung, Planung, Unterstützung, zum Betrieb und zur Bewertung und Verbesserung der Umweltleistung beschrieben.

Die Einführung eines Energiemanagementsystems nach DIN EN ISO 50001 (Kap. 5), eines Qualitätsmanagementsystems nach DIN EN ISO 9001 (Kap. 6) sowie eines Arbeitsschutzmanagementsystems (Kap. 7) werden ebenfalls behandelt. Die Struktur dieser Managementsysteme und die Vorgehensweise zur Realisierung ist vergleichbar mit dem Umweltmanagementsystem, so dass leicht ein integriertes Managementsystem aufgebaut werden kann. Systemspezifisch sind in den einzelnen Managementsystemen jedoch inhaltlich andere Schwerpunkte zu setzen.

Aufgrund der generellen Normenstruktur für Managementsysteme lassen sich die einzelnen Normanforderungen relativ elegant gemeinsam behandeln. Dazu werden im Kap. 8 die Kontexte des Unternehmens behandelt. Für jedes Managementsystem sind die relevanten externen und internen Themen sowie die interessierten Parteien zu identifizieren, die beispielhaft beschrieben werden.

Jeder Prozess hat eine verantwortliche Führungskraft und zuständige Mitarbeiter. Im Rahmen der zu erbringenden Prozessleistung müssen die geltenden Rechtsvorschriften und Genehmigungen jederzeit eingehalten werden. Kap. 9 fasst die wesentlichen Verantwortungen im betrieblichen Umweltschutz zusammen. Eine besondere Bedeutung kommt den Rechtsvorschriften zu. Eine entsprechende Übersicht erleichtert den Einstieg in dieses Themengebiet.

Die betriebliche Umweltpolitik (Kap. 10) bietet langfristig wirkende Handlungsgrundsätze zur Realisierung des betrieblichen Umweltschutzes. Sie liefert den Rahmen für die Festlegung der jährlichen Umweltziele und davon abgeleitet Maßnahmen zur Verbesserung der betrieblichen Umweltleistung.

Der Identifizierung und Bewertung der Umweltaspekte kommt eine grundlegende Bedeutung zu (Kap. 11). Sie erhebt den betrieblichen Ist-Zustand aller Prozesse und Abteilungen, bewertet den Lebensweg von Produkten und prüft die Einhaltung der Rechtsvorschriften und Genehmigungen. Dazu werden Praxiserfahrungen zur Bestandsaufnahme und relevante Fragestellungen erläutert. Eine Risikobewertung der Umweltaspekte sowie relevante Umweltziele und wesentliche Maßnahmen für ein Umweltprogramm runden dieses Kapitel ab.

Die Realisierung des Umweltmanagements im Betrieb (Kap. 12) wird über Prozess- und Arbeitsanweisungen sichergestellt. Sie beschreiben den einzuhaltenden Soll-Zustand von Prozessen und Tätigkeiten mit den entsprechenden Vorgaben und Parametern. Die Anweisungen können z. B. über eine Verantwortungsmatrix oder über Struktur- und Flussdiagramme dargestellt werden.

Ein Managementsystem muss zu einer Verbesserung der Unternehmensleistung beitragen, indem es u. a. die Ressourceneffizienz erhöht. Dazu sind im Rahmen des Umweltcontrollings (Kap. 13) Kennzahlen zu entwickeln, die eine fortlaufende Bewertung der Umweltleistung ermöglichen. Eine Reihe von praxisorientierten Beispielen zeigen verschiedene Möglichkeiten für ein System von Umweltleistungskennzahlen auf.

Mit Hilfe eines Audits werden die Anforderungen an ein Managementsystem und deren Einhaltung überprüft (Kap. 14). Für die Vorbereitung und Durchführung der verschiedenen Audittätigkeiten muss der Auditor über entsprechende Fähigkeiten verfügen. Für das interne Audit bzw. die externe Zertifizierung wird eine praxisorientierte Checkliste angeboten.

Eine Verbesserung der Umweltleistung des Unternehmens ist nur über eine tiefer gehende Betrachtung aller Prozesse im Unternehmen möglich (Kap. 15). Dazu sind die Prozessorganisation und -führung zu betrachten. Die Identifizierung der verantwortlichen bzw. zuständigen Personen ermöglicht eine zielgerichtete Planung und Steuerung der Prozesse. Mit Hilfe einer lösungsorientierten Prozessoptimierung lässt sich entsprechend den Anforderungen die Prozessleistung steigern.

Letztlich sind es die Mitarbeiter eines Unternehmens die eine Leistung erbringen und diese verbessern können. Neben einer guten Berufsausbildung und -erfahrung bedarf es auch einer guten Führung. Führungskräfte und ihr Führungsverhalten wirken sich direkt auf die Motivation der Mitarbeiter und ihrer Arbeitsleistung aus. In diesem Abschnitt werden daher wichtige Aspekte im prozessorientierten Führungsverhalten diskutiert (Kap. 16). Denn letztlich sind es die Führungskräfte und ihre Mitarbeiter die zu einer Verbesserung der Umweltleistung des Unternehmens beitragen.

Mitarbeiter können ihren Leistungsbeitrag nur liefern, wenn systematisch eine zielorientierte Personalentwicklung betrieben wird (Kap. 17). Eine objektive Mitarbeiterbewertung liefert Ansatzpunkte, um auch in einem Managementsystem deren notwendigen Kompetenzen zu identifizieren und zu trainieren. Dies gilt im Besonderen für Führungskräfte, da sie letztlich die Verantwortungen in ihrem Aufgabenbereich tragen. Dies gilt u. a. auch für den Bereich der Rechtsvorschriften und Genehmigungen im Arbeits- und Umweltschutz, deren Einhaltung sie gewährleisten müssen.

Mit den weiteren Abschnitten zur Kreislaufwirtschaft (Kap. 18), zum Immissionsschutz (Kap. 19), Gewässerschutz (Kap. 20), Chemikalienrecht (Kap. 21) und zu Boden und Altlasten (Kap. 22) werden einführend wichtige Rechtsgrundlagen zu diesen Umweltaspekten behandelt. In den zugehörigen fachspezifischen Bänden werden die rechtlichen, naturwissenschaftlichen und technologischen Anforderungen an eine nachhaltige, umweltorientiere Unternehmensführung erweitert und vertieft. Insgesamt beschreiben die 5 Bände der Handbuchreihe zum betrieblichen Umweltschutz wesentliche Anforderungen an ein Umweltmanagementsystem und an die notwendigen Fachkenntnisse eines Umweltauditors.

Villingen-Schwenningen, Juli 2017

Gabi Förtsch,
Heinz Meinholz

Ergänzende Informationen und Werke

- Berufsgenossenschaft Rohstoffe und chemische Industrie (BG RCI)
  www.bgrci.de
- Bundesanstalt für Arbeitsschutz und Arbeitsmedizin (BAuA)
  www.baua.de
- Bundesministerium für Umwelt, Naturschutz und Reaktorsicherheit (BMU)
  www.bmu.de
- Deutsche Bundesstiftung Umwelt (DBU)
  www.dbu.de
- Deutsche Gesetzliche Unfallversicherung (DGUV)
  www.dguv.de
- Deutsches Institut für Normung e. V.
  www.din.de
- Europäische Umweltagentur – European Environment Agency (EEA)
  www.eea.europa.eu
- European Chemicals Agency (ECHA)
  www.echa.europa.eu
- International Organization for Standardization (ISO)
  www.iso.org
- Organisation for Economic Co-operation and Development (OECD)
  www.oecd.org
- Bundesministerium der Justiz
  www.gesetze-im-internet.de
- Umweltbundesamt (UBA)
  www.umweltbundesamt.de
- United Nations Environment Programme (UNEP)
  www.unep.org
- Verband der chemischen Industrie (VCI)
  www.vci.de

- Verein Deutscher Ingenieure e. V.
  www.vdi.de
- Förtsch, G.; Meinholz, H.; *Handbuch Betriebliches Gefahrstoffmanagement,* Springer-Vieweg, **2016**, 978-3-658-13087-9
- Förtsch, G.; Meinholz, H.; *Handbuch Betrieblicher Gewässerschutz,* Springer-Spektrum **2014**, 978-3-658-03323-1
- Förtsch, G; Meinholz, H.; *Handbuch Betrieblicher Immissionsschutz,* Springer-Spektrum, **2013**, 978-3-658-00005-9
- Förtsch, G; Meinholz, H.; *Handbuch Betriebliche Kreislaufwirtschaft,* Springer-Spektrum, erscheint **2014**

Inhaltsverzeichnis

Managementsysteme und Nachhaltigkeit 1

1.1 Einführung

Mit dem Pariser Klimaschutzabkommen wurde eines der weltweit wichtigsten Abkommen getroffen, um die zukünftigen ökologischen, ökonomischen und sozialen Herausforderungen auf dem Planeten Erde zu meistern. Nur in einer gemeinsamen Anstrengung kann es gelingen die weltweiten Umweltschäden zu minimieren bzw. zu verhindern. Dazu bedarf es einer deutlichen Verhaltensänderung jeder einzelnen Person und jedes einzelnen Unternehmens. Es ist nicht ausreichend nur nach technischen Lösungen zu suchen. Die Einstellung des Menschen zu seiner sozialen Mitwelt und ökologischen Umwelt muss sich ändern. So kann sich auch die ökonomische Sichtweise nicht nur auf Finanzaspekte, Wirtschaftswachstum und Gewinn beschränken. Es ist dringend geboten eine ganzheitliche Sichtweise zu ergreifen.

Trotz des Klimaschutzabkommens wird es in den nächsten Jahrzehnten zu einem weiteren Temperaturanstieg und zu einem Klimawechsel kommen. Es ist z. B. mit einer Veränderung der Niederschläge, mit zunehmenden Wetterextremen und einer Veränderung der Ökosysteme zu rechnen. Dies wird Auswirkungen auf alle Teile der Bevölkerung, auf die Unternehmen und die Umwelt haben. Die Herausforderungen sind immens.

Unsere heutige auf fossilen Energieträgern basierende Energieerzeugung wird sich vollkommen wandeln. Diese Energiewende betrifft Bereiche wie die Strom- und Wärmeerzeugung, den Verkehrssektor oder industrielle Prozesse wie Stahlerzeugung und die chemische Industrie. Mit diesem Wandel werden tiefgreifende Veränderungen unserer Produktionsweisen und unserer Konsumgewohnheiten verbunden sein. Erst dann ist eine wirkliche Energiewende – eine Zeitenwende – möglich.

Der anstehende Klimawandel ist nur eines der Probleme im lokalen, regionalen und globalen Umweltschutz. Während die durch Emissionen bedingten Luftverunreinigungen in den Industrienationen durch entsprechende Technologien auf einen sehr niedrigen Stand verringert wurden, ist die Situation in wirtschaftlich aufstrebenden Ländern eine

G. Förtsch und H. Meinholz, *Handbuch Betriebliches Umweltmanagement*,
https://doi.org/10.1007/978-3-658-19151-1_1

vollkommen andere. Aufgrund des Wirtschaftswachstums ist mit einer weiteren Belastung an Luftschadstoffen zu rechnen. Dies hat direkte negative Auswirkungen auf die Umwelt und die Gesundheit der Menschen. Hier sind zwingend Maßnahmen zur Verminderung der Umweltauswirkungen zu ergreifen.

Der fortschrittliche Lebensstil sorgt dafür, dass immer mehr (gefährliche) Abfälle verursacht werden. Als Lösung für die daraus entstehenden Umweltbelastungen werden Recyclingprozesse betrachtet. Wie sich relativ leicht zeigen lässt, ist mit solchen Prozessen keine vollständige Kreislaufwirtschaft möglich. Der Verbrauch an Materialien wird nur zeitlich gestreckt, aber auf Dauer nicht verringert, womit sich auch die Umweltauswirkungen in Summe nicht verändern. Um hier deutliche Verbesserungen der Ressourceneffizienz (Material- und Energieeffizienz) zu erreichen, muss sich die Konsummentalität ändern. Wegwerfen und laufend Neues kaufen kann keine verantwortungsvolle Handlungsweise sein.

Viele unserer im Alltag verwendeten Produkte werden über Produktionsprozesse mit Hilfe gefährlicher Stoffe hergestellt. Viele Produkte enthalten selbst Gefahrstoffe, die spätestens beim Produktrecycling bzw. bei der Entsorgung negative Umweltauswirkungen zeigen. So sollten Prozesse und Produkte möglichst ohne die Verwendung von cancerogenen, mutagenen oder reproduktionstoxischen Stoffen (CMR-Stoffe) auskommen. Durch die Vereinten Nationen (United Nations) werden die Einstufung und der Umgang mit Gefahrstoffen im Rahmen des Globally Harmonized Systems (GHS) einheitlich geregelt. Hier sind für Produkte und Herstellungsprozesse umweltgerechtere Alternativen zu entwickeln. Der Export ausgedienter Geräte (z. B. Elektronikgeräte) in andere Länder und die dort verwendeten Recyclingmethoden führen über Bioakkumulation zu einer Schädigung von Mensch und Umwelt. Solche Entsorgungswege hochentwickelter Gesellschaften sind zu unterlassen. Das Recycling und die Entsorgung haben im eigenen Land statt zu finden.

Tab. 1.1 fasst einige interessante Daten zusammen. So hat sich die Entnahme von Biomasse (z. B. Nahrungsmittel, Holz) in den zurückliegenden 100 Jahren fast vervierfacht. Der Verbrauch an fossilen Energieträgern (Kohle, Erdöl, Erdgas) ist um den Faktor 12 gestiegen. Auch die Förderung von Erzen und Baumaterialien hat sich sehr deutlich erhöht.

Aufgrund der weiterhin wachsenden Weltbevölkerung (Abb. 1.1) muss der nachhaltigen Versorgung mit Nahrungsmitteln, Wasser und sauberer Luft sowie dem Verlust der Artenvielfalt besondere Aufmerksamkeit geschenkt werden.

Tab. 1.1 Materialentnahme aus der Umwelt [1.9, 1.11, 1.15]

Jahr	1900	1925	1950	1975	2005
Material/10^6 Tonnen					
Biomasse	5272	6942	8193	12.402	19.061
Fossile Energieträger	968	1787	2754	2171	11.846
Metallerze (bezogen auf den Metallgehalt)	51	87	149	552	961
Baumaterialien	667	1269	2389	8445	22.931

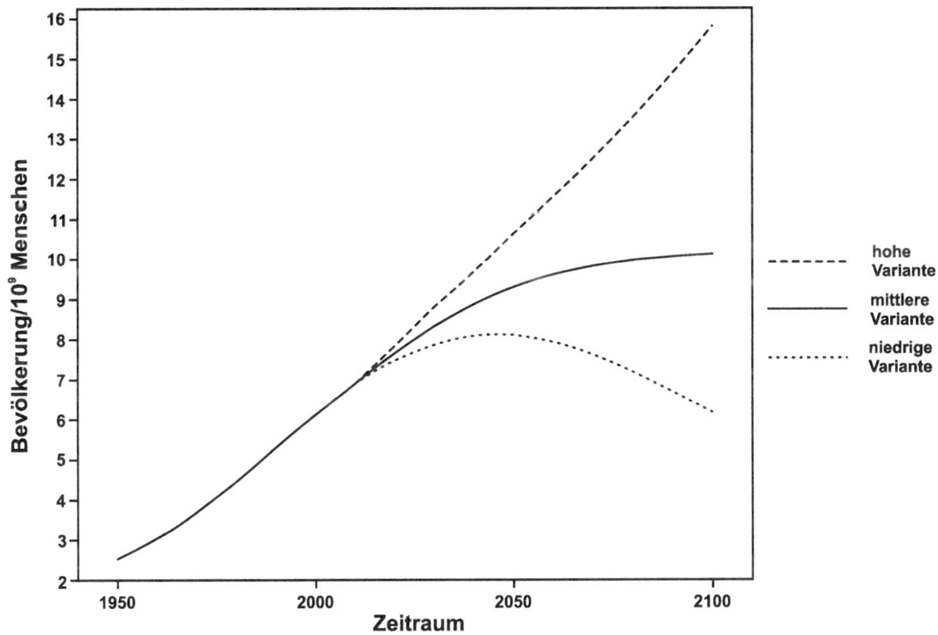

Abb. 1.1 Entwicklung der Weltbevölkerung [1.23, 1.27]

Mit weiter steigender Weltbevölkerung werden diese Verbräuche ohne Gegenmaßnahmen weiter zunehmen. Entsprechend der mittleren Variante zur Entwicklung der Weltbevölkerung wird die Entnahme von Biomasse bis 2050 auf ca. 27 Mrd. Tonnen anwachsen (Abb. 1.2). Der Verbrauch an fossilen Energieträgern steigt um fast 60 %, mit allen Folgen für das weltweite Klima. Für die anderen Materialentnahmen (Erze, Baumaterialien) lassen sich vergleichbare Zusammenhänge aufstellen.

Die weiter zunehmende Materialentnahme aus der Umwelt führt zwangsläufig zu wachsenden Umweltbelastungen. Zukünftig muss sich das Wachstum der Weltbevölkerung deutlich in Richtung der niedrigeren Variante der Abb. 1.1 reduzieren. Gleichzeitig muss eine große Verbesserung der Material- und Energieeffizienz erreicht werden.

Ein Maßstab für die Umweltbelastung ist der ökologische Fußabdruck. Im Vergleich zur Biokapazität des Planeten beschreibt er die Umweltauswirkungen durch 6 Faktoren:

Weideland bildet die für Grasland und Viehzucht benötigten Flächen ab.
Wald entspricht den Waldflächen.
Bebautes Land die Fläche, die für Häuser, Industrie, Verkehrswege in Anspruch genommen wird.
Ackerland sind alle landwirtschaftlich genutzten Flächen.
Fischgründe bildet die Fläche ab, die den Fischfang gewährleistet.
Kohlenstoff die zur Absorption der emittierten CO_2-Mengen benötigten Flächen.

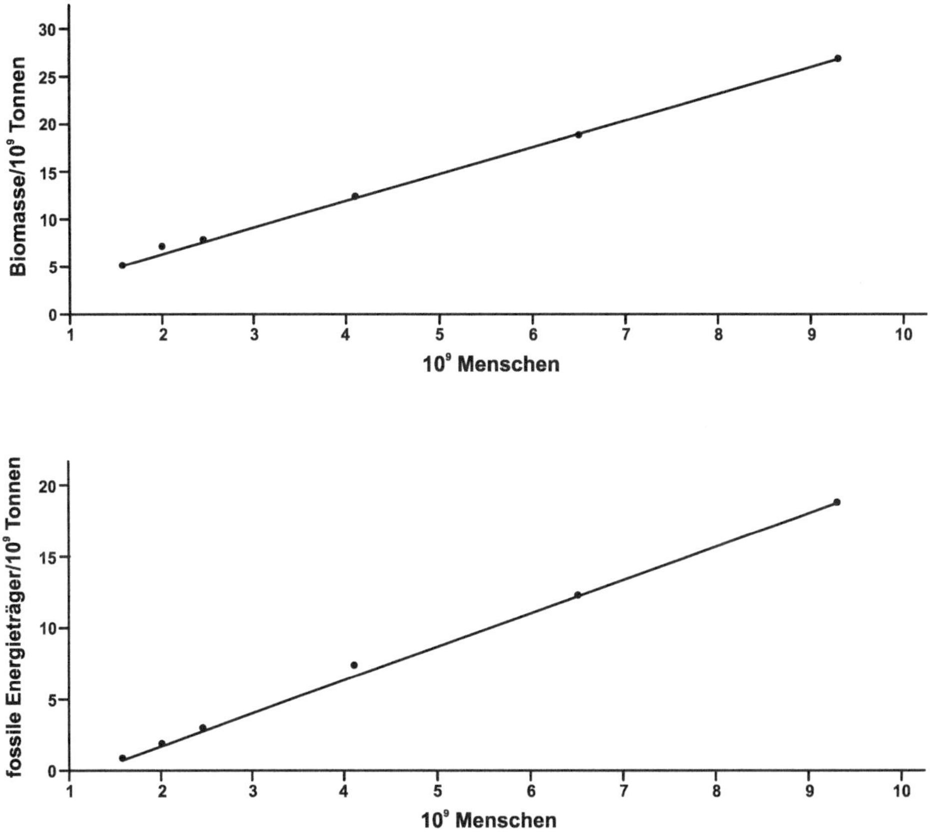

Abb. 1.2 Trends der globalen Materialentnahme aus der Umwelt

Wie der ökologische Fußabdruck wird auch die Biokapazität des Planeten anhand der Faktoren Weideland, Wald, bebautes Land, Ackerland und Fischgründe berechnet. Als weltweit einheitliche Messgröße wird der globale Hektar verwendet. Er entspricht einem Hektar Fläche mit durchschnittlicher biologischer Produktivität. Um die unterschiedliche Fruchtbarkeit von Flächen (z. B. Ackerland oder Wüste) vergleichbar zu machen, werden die vorhandenen Flächen in Hektar über Ertragsfaktoren und Äquivalenzfaktoren in globale Hektar-Flächen (gha) umgerechnet.

Abb. 1.3 stellt einen Zusammenhang zwischen der globalen Biokapazität und dem ökologischen Fußabdruck her. Für die Biokapazität steht dem Menschen nur diese eine Erde zur Verfügung. Sie ist in der Abbildung der Vergleichsmaßstab zum ökologischen Fußabdruck. Zurzeit beträgt die Biokapazität etwa 1,8 globale Hektar/Person. Seit 1970 liegt der ökologische Fußabdruck über diesem Wert, mit steigender Tendenz. Momentan beträgt der ökologische Fußabdruck 2,7 gha/Person, d. h. die Biokapazität des Planeten wird um 50 % überschritten. Ohne Gegensteuerung würde der Mensch zur Mitte des Jahrhun-

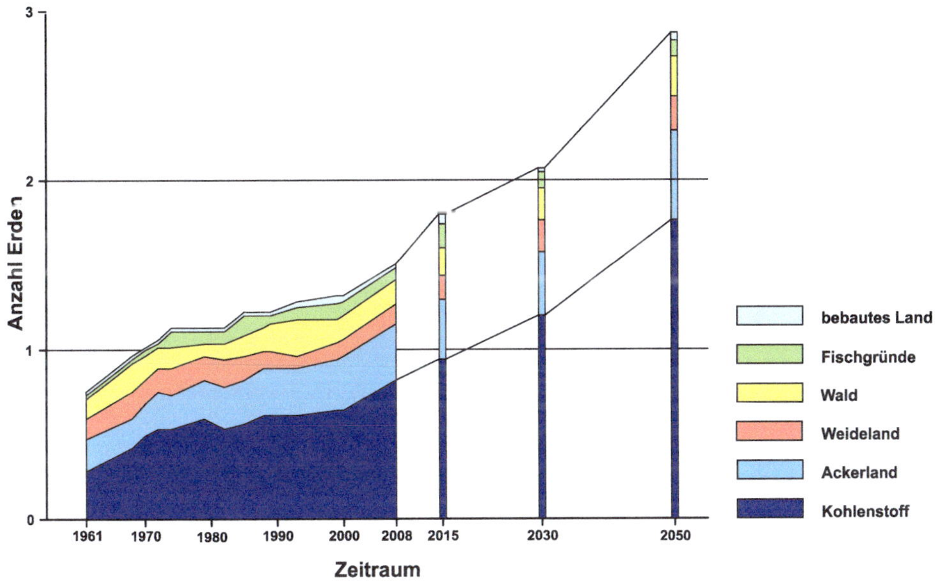

Abb. 1.3 Zeitliche Entwicklung des ökologischen Fußabdrucks [1.34]

derts 3 Erden zur Befriedigung seiner Bedürfnisse benötigen. Das kann nur zu einem (teilweisen) Zusammenbruch entsprechender sozialer und ökologische Systeme führen.

Die ökologische Überlastung ist das Ergebnis eines übermäßigen Verbrauchs an natürlichen Ressourcen. Die größten Umweltauswirkungen gehen dabei von unserer kohlenstoffbasierten Wirtschaftsweise aus. Der Einsatz der fossilen Energieträger trägt rund zur Hälfte zum ökologischen Fußabdruck bei, da die Natur nicht in der Lage ist, das emittierte CO_2 vollständig zu absorbieren. Die Folgen der ansteigenden CO_2-Konzentrationen sind unmittelbar als Klimawandel spürbar.

Die Abb. 1.4 zeigt den ökologischen Fußabdruck für Deutschland. Durch die Erhaltung und Verbesserung der Biodiversität hat sich die deutsche Biokapazität leicht erhöht. Deutlich verbessert hat sich der ökologische Fußabdruck. Seit Anfang der 70er-Jahre ist eine Abnahme der Umweltbelastungen zu verzeichnen. Trotzdem ist der ökologische Fußabdruck immer noch doppelt so hoch wie die Biokapazität. Weitere Maßnahmen sind somit unumgänglich, um ein ökologisches Gleichgewicht zu erzielen.

Informationen über den Zustand der Umwelt gibt es zur Genüge. Niemand kann heute mehr behaupten er hätte es nicht gewusst. Es ist jedoch einfacher die Dinge nicht zu sehen, Entscheidungen aufzuschieben und Maßnahmen nicht zu treffen. So ist die überwiegende Mehrheit der Deutschen der Ansicht, dass der Zustand der Umwelt in Deutschland gut ist. Wie die Abbildung zum ökologischen Fußabdruck zeigt, ist dies längst nicht der Fall. Die Sichtweise, dass Alles gut ist, zieht eine fatale Konsequenz nach sich: notwendige Entscheidungen werden nicht getroffen und Handlungen unterlassen. Dabei ist die gegenwärtige Situation unhaltbar.

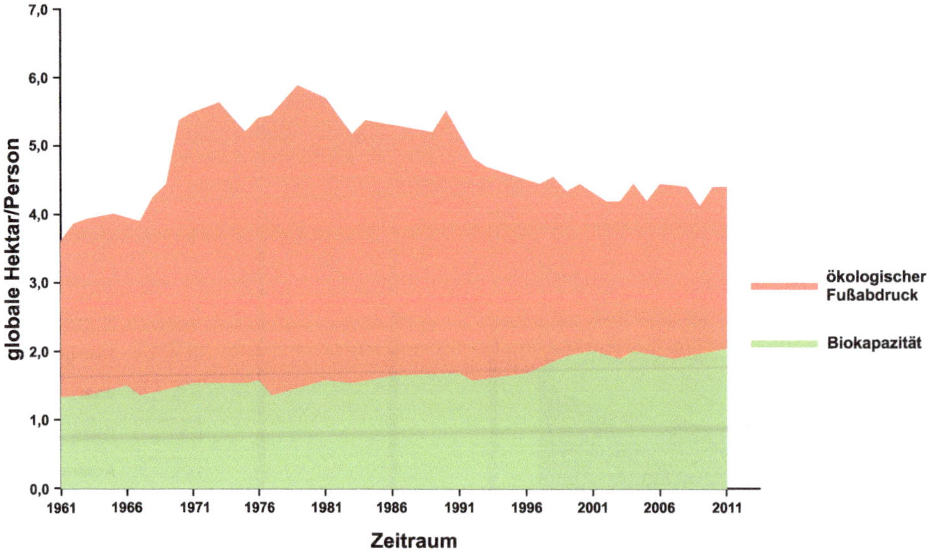

Abb. 1.4 Biokapazität und ökologischer Fußabdruck für Deutschland [1.12]

Mögliche Lösungsansätze können nicht nur auf dem wirtschaftlich-technologischen Sektor liegen. Sie müssen allumfassend sein und im sozialen Kontext die Menschen mit einbeziehen. Wir müssen und können uns den zukünftigen Herausforderungen stellen und sie bewältigen, wenn wir bereit sind unsere persönlichen Einstellungen zu ändern. Mit unserem gegenwärtigen Lebens- und Wirtschaftsstil stoßen wir an Grenzen, die die Biokapazität des Planeten weit überschreitet. Noch ist es Zeit für einen Kurswechsel, die jeder Einzelne und jedes Unternehmen mitgestalten kann.

Die nachhaltige Entwicklung eines Unternehmens gewinnt in der Gesellschaft, bei Kunden und bei Mitarbeitern zunehmend an Bedeutung. In diesem Zusammenhang sind die vier Dimensionen:

- Ökonomie,
- Ökologie,
- Mitarbeiter und
- Kunden

zu betrachten. Unternehmen müssen wirtschaftlich leistungsfähig sein, um über die ökonomische Dimension Veränderungen in Richtung eines nachhaltigen wirtschaftlichen Verhaltens zu erzielen. Über die ökologische Dimension sind dabei die Belastungen für Mensch und Umwelt dauerhaft zu minimieren. Erneuerbare und nicht-erneuerbare Ressourcen sind im Sinne einer nachhaltigen Wirtschaftsweise effektiv und effizient einzusetzen. Dazu bedarf es einer langfristigen, ganzheitlich ausgerichteten Unternehmensstrategie.

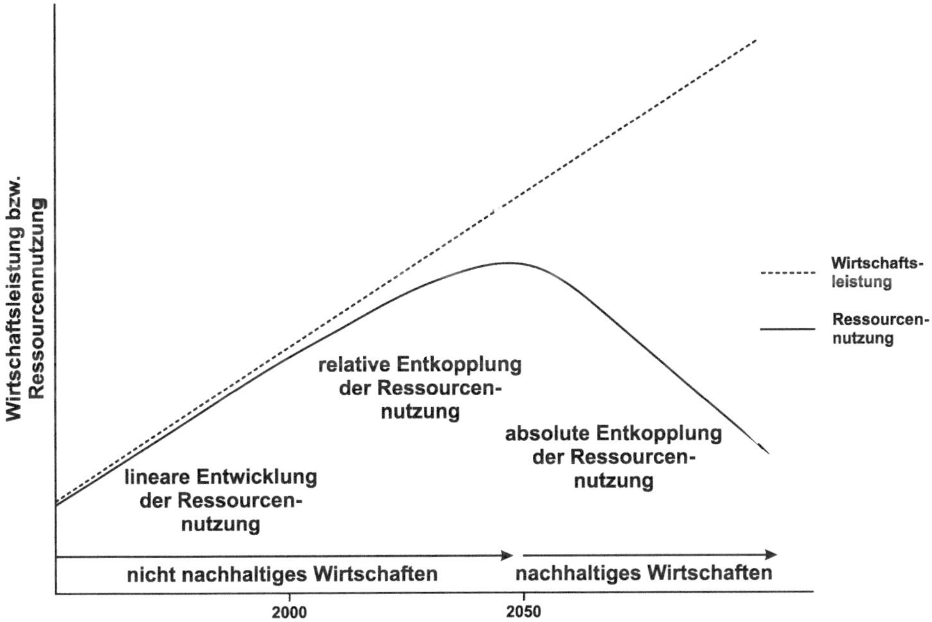

Abb. 1.5 Ressourcenproduktivität und Nachhaltigkeit [1.7]

In die unternehmerischen Entscheidungen sind die Mitarbeiter zu integrieren. Nur mit ihnen ist eine zukunftsorientierte nachhaltige Unternehmensentwicklung möglich. Innerhalb des Unternehmens schaffen sie Bewusstsein für die anstehenden Aufgaben und bewirken die notwendigen Veränderungen. Eine umweltorientierte Entwicklung von Produkten und Dienstleistungen erfüllt zunehmend die Erwartungen von Kunden und Geschäftspartnern. Die Identifikation der Mitarbeiter mit dem Unternehmen trägt langfristig zur Gewinnung und Bindung von Fachkräften bei. Sie werden sich immer stärker mit dem Unternehmen verbunden fühlen, wenn die Geschäftsführung ethische, soziale und ökologische Aspekte in der Unternehmensentwicklung berücksichtigt.

Gegenwärtig befinden wir uns in einem Zeitraum der relativen Entkopplung der Ressourcennutzung von der Wirtschaftsleistung (Abb. 1.5). In der Vergangenheit wuchs die Ressourcennutzung – und damit die Umweltbelastung – linear mit der Wirtschaftsleistung. Vielfach wird davon ausgegangen, dass die gegenwärtige relative Entkopplung der Ressourcennutzung zu einem geringeren Ressourcenverbrauch und zu einer verminderten Umweltbelastung führt. Das ist jedoch keineswegs der Fall. Die absoluten Werte für Ressourcenverbrauch und Umweltbelastung nehmen weiterhin – wenn auch nicht mehr linear – zu. Die gegenwärtig Wirtschaftsweise und Umweltpolitik sind von daher immer noch als nicht nachhaltig einzustufen.

Eine nachhaltige ökonomische und ökologische Entwicklung ist nur dann gegeben, wenn es zu einer absoluten Entkopplung der Ressourcennutzung – und damit zu einer deutlichen absoluten Verbesserung der Umweltleistung – kommt. Im Rahmen einer koh-

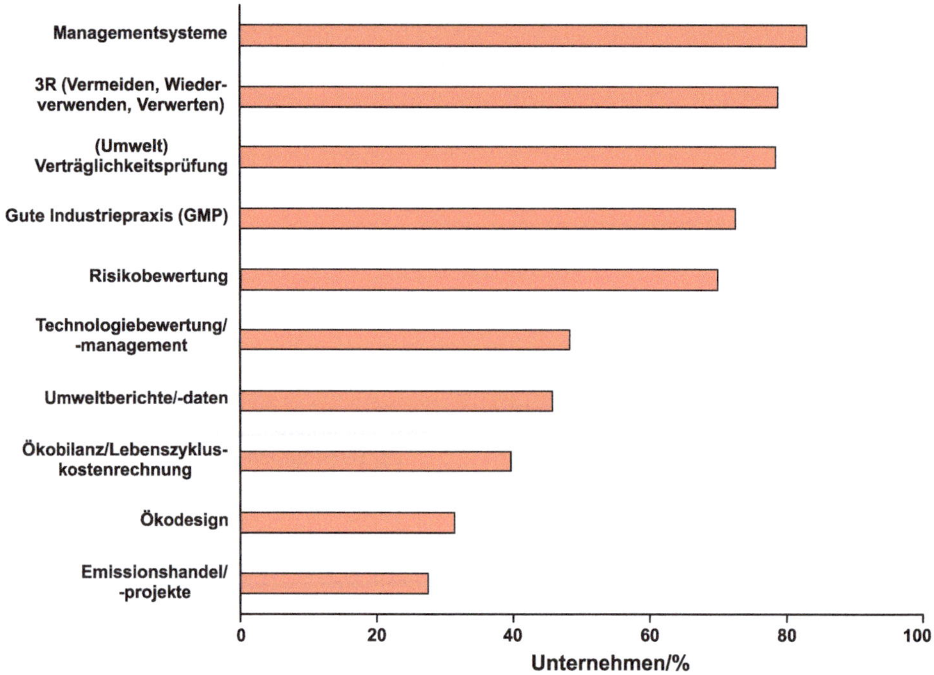

Abb. 1.6 Umweltorientierte Instrumente der Unternehmensführung [1.26]

lenstoffarmen Wirtschaft wäre dies z. B. der weitest gehende Ersatz fossiler Energieträger durch regenerative Energien. Die gegenwärtigen Entwicklungen mögen ein Schritt in die richtige Richtung sein. Für die nächsten Jahrzehnte ist jedoch ein fundamentales Umdenken notwendig, das die Grenzen des Planeten Erde berücksichtigt und anerkennt.

Um eine nachhaltige Unternehmensentwicklung zu unterstützen, haben die Vereinten Nationen Prinzipien des Global Compact zu Menschenrechten, Arbeitsnormen, Umweltschutz und Korruptionsbekämpfung verabschiedet. Für die Erreichung ihrer Umweltziele setzen die Mitgliedsunternehmen des Global Compact verschiedene Instrumente ein (Abb. 1.6). An erster Stelle befinden sich Managementsysteme, da mit ihnen eine ganzheitliche Betrachtung der nachhaltigen Unternehmensführung und -entwicklung möglich ist.

1.2 Aufgaben für die Praxis

- Erläutern Sie die vier Dimensionen einer nachhaltigen Unternehmensführung.
- Welche Auswirkungen hat eine weiterhin wachsende Weltbevölkerung auf die Umwelt?
- Wie groß sind die Ressourcen/Reserven an fossilen Energieträgern und wie groß ist deren Reichweite?

- Wie wird sich die Materialentnahme von Erzen und Baumaterialien zukünftig entwickeln?
- Wie ist der Zusammenhang zwischen Treibhausgasemissionen, Temperaturanstieg und Klimawandel?
- Welche Bedeutung kommt dem ökologischen Fußabdruck zu?
- Welche kurzfristigen Erfolge wurden in den vergangenen Jahren im Umweltschutz erzielt?
- Welche langfristigen Ziele sind in der ökologischen Säule der Nachhaltigkeit anzustreben?
- Welche Prozessschritte sind im Lebensweg eines Produkts zu betrachten?

Weiterführende Literatur

1.1. Baumast, A.; Pape, J. (Hrsg.); *Betriebliches Nachhaltigkeitsmanagement,* UTB, **2013**, 978-3-8252-3676-2

1.2. Council on Environmental Quality (Ed.); *Global 2000 – Der Bericht an den Präsidenten,* Zweitausendeins, **1980**

1.3. *DIN ISO 26000, Leitfaden zur gesellschaftlichen Verantwortung,* Beuth, **Januar 2011**

1.4. Dittrich, M. et al.; *Green economics around the world?,* SERI, **2012**, 978-3-200-02640-7

1.5. Dyckhoff, H.; Souren, R.; *Nachhaltige Unternehmensführung,* Springer, **2008**, 978-3-540-74052-0

1.6. Europäische Umweltagentur (EUA); *Die Umwelt in Europa - Zustand und Ausblick 2010,* EUA, **2010**, 978-92-9213-110-4

1.7. Europäische Umweltagentur (EUA); *Die Umwelt in Europa - Zustand und Ausblick 2015,* EUA, **2015**, 978-92-9213-513-3

1.8. European Environment Agency (EEA); *Environmental Indicator Report 2012;* EEA, **2012**, 978-92-9213-315-3

1.9. European Environment Agency (EEA); *Global megatrends assessment; Technical report No 11/2015,* **2015**, 978-92-9213-688-8

1.10. European Environment Agency (EEA); *Environmental indicator report 2016,* EEA Report No. 30/2016, **2016**, 978-92-9213-832-5

1.11. Ewing, B. et al.; *Ecological Footprint Atlas 2010,* Global Footprint Network, **Oktober 2010**

1.12. Global Footprint Network; *Footprint der Nationen,* **2015**

1.13. Hauff, V. (Hrsg.); *Unsere gemeinsame Zukunft – der Brundtland-Bericht der Weltkommission für Umwelt und Entwicklung,* Eggenkamp, **1987**, 3-923166-16-1

1.14. Immel, K.-A.; Tränkle, K.; *Tatort Eine Welt,* Peter Hammer, **2007**, 978-3-7795-0154-1

1.15. Krausmann, F. et al; *Growth in global materials use, GDP and population during the 20th century, Ecological Economics,* 68, **2009**, 2696-2705

1.16. Kunz, F.; Roller, G.; Scheffold, K.; *Konfliktfelder und Perspektiven im Umweltschutz,* Oekom, **2014**, 978-3-86581-669-6

1.17. Löbel, J.; Schröger, H.; Closhen, H.; *Nachhaltige Managementsysteme,* Schmidt, **2005**, 3-503-08381-2

1.18. Meadows, D.; *Die Grenzen des Wachstums,* DVA, **1972**, 3-421-02633-5

1.19. Meadows, D.; Meadows, D.; Randers, J.; *Die neuen Grenzen des Wachstums - das 30-Jahre-Update,* Hirzel, **2006**, 978-3-7776-1384-0

1.20. Meadows, D.; Meadows, D.; Randers, J.; *Die neuen Grenzen des Wachstums,* DVA, **1992**, 3-421-06626-4

1.21. Münchener Rückversicherungs-Gesellschaft (Munich Re); *Naturkatastrophen 2015 – Analysen, Bewertungen, Positionen*, **2016**

1.22. Organisation for Economic Co-operation and Development (OECD); *OECD – Umweltausblick bis 2030*, OECDpublishing, **2008**, 978-92-64-04331-2

1.23. Organisation for Economic Co-operation and Development (OECD); *OECD – Umweltausblick bis 2050 – Die Konsequenzen des Nichthandelns,* OECDpublishing, **2012**, 978-92-64-17280-7

1.24. Papst Franziskus; *Laudato Si – Über die Sorge für das gemeinsame Haus,* Herder, **2015**, 978-3-451-33719-2

1.25. Statistisches Bundesamt; *Nachhaltige Entwicklung in Deutschland, Indikatorenbericht 2014*, **April 2014**

1.26. Umweltbundesamt (UBA); *Wissenschaftliche Untersuchung und Bewertung des Indikators ökologischer Fußabdruck,* Texte 46/07, **2007**

1.27. United Nations, Department of Economic and Social Affairs; *World Population Prospects, The 2010 Revision,* **2011**

1.28. United Nations Environment Programme (UNEP); *Decoupling Natural Resource Use and Environmental Impacts from Economic Growth,* **2011**, 978-92-807-3167-5

1.29. United Nations Environment Programme (UNEP); *Global Environment Outlook (GEO 4) – Environment for development,* UNEP, **2007**, 978-92-807-2836-1

1.30. United Nations Environment Programme (UNEP); *Global Environment Outlook (GEO 5) – Environment for the future we want,* UNEP, **2012**, 978-92-807-3177-4

1.31. United Nations Environment Programme (UNEP); *Keeping Track of our changing environment;* UNEP, **2011**, 978-92-807-3190-3

1.32. United Nations (UN)*; The Paris Agreement on climate change,* **2015**

1.33. *VDI 4070 Blatt 1,Nachhaltiges Wirtschaften in kleinen und mittelständischen Unternehmen – Anleitung zum Nachhaltigen Wirtschaften,* Beuth, **Februar 2016**

1.34. WWF International, *Living Planet Report 2012*, **2012**, 978-2-940443-37-6

1.35. WWF International, *Living Planet Report 2014*, **2014**, 978-2-940443-87-1

Projektplanung und Implementierung 2

2.1 Einführung

Die Einführung und Realisierung eines Umweltmanagementsystems im Unternehmen ist ein Projekt auf Zeit. Als Organisationsprojekt durchleuchtet es alle Aufgaben, Tätigkeiten und Abläufe im Unternehmen unter Umweltgesichtspunkten. Das Projekt ist mit zahlreichen Risiken verbunden:

- der Arbeitsumfang wird unterschätzt,
- die Probleme werden nicht rechtzeitig erkannt,
- den Mitarbeitern fehlt das notwendige Wissen,
- der Zeitrahmen wird nicht eingehalten,
- die Kosten laufen davon.

Eine Reihe von Erfolgsfaktoren zeichnet ein gutes Projektmanagement zur Entwicklung eines Umweltmanagementsystems aus:

- sorgfältige Planung des personellen, fachlichen und finanziellen Rahmens,
- realistische Zeitvorgaben und Vorstellungen über den Umfang der Aufgabe,
- Konzentration auf Arbeitsschwerpunkte mit entsprechender Priorisierung,
- Motivation und Förderung von Teamarbeit,
- regelmäßige Informationen zum Projekt und angemessene Dokumentation.

Das Projektmanagement integriert sich gegenseitig beeinflussende Risiken und Faktoren und führt im Problemlösungsprozess gezielt zum Erfolg.

G. Förtsch und H. Meinholz, *Handbuch Betriebliches Umweltmanagement*,
https://doi.org/10.1007/978-3-658-19151-1_2

2.2 Auslöser und Erster Umweltcheck

Der Auslöser zur Auseinandersetzung mit dem Thema Umweltmanagement kann eine Reihe von Ursachen haben:

- konkrete Vorgaben durch den Gesetzgeber und/oder die Behörden,
- Anforderungen von Seiten der Kunden und des Marktes,
- persönliches Interesse am Thema durch die Geschäftsführung,
- Ideen, die von anderer Seite geäußert wurden.

Langfristig betrachtet wird die Berücksichtigung von Umweltaspekten unverzichtbarer Bestandteil einer vorausschauenden Unternehmensführung werden. Es besteht jedoch die Gefahr, dass man sich nur mit Tagesproblemen und vertrauten Entwicklungen befasst. Es existiert eine Wahrnehmungslücke, die oft zu einem passiven Verhalten führt. Eigenständige, zielorientierte Lösungen lassen sich dann aus Zeitmangel nicht mehr realisieren. Es wird auf fertige Konzepte und Lösungswege zurückgegriffen, jedoch werden die eigentlichen Aufgaben und Möglichkeiten im betrieblichen Alltag nicht verinnerlicht.

Die Gestaltung eines Umweltmanagementsystems ist mehr als das Abarbeiten formaler Schritte und Phasen. Es soll Anstöße für die Verbesserung und damit Veränderung der Unternehmensabläufe liefern. So gibt es im Wesentlichen vier Gründe, sich mit der Einführung eines Umweltmanagementsystems auseinander zusetzen:

- Verbesserung der Unternehmensleistung durch Aufdeckung entsprechender Potenziale,
- Imagepflege gegenüber den Mitarbeitern, den Kunden und der Öffentlichkeit,
- Risikobegrenzung bezüglich Umwelthaftung aus Rechtsvorschriften,
- Beitrag zur Verringerung der Umweltauswirkungen.

Wesentlicher Punkt ist es, sich über die Beweggründe und die Erwartungen anhand der genannten vier Gründe Klarheit zu verschaffen. Denn dies beeinflusst die Zielrichtung des Projektes. Dieser Schritt wird oft vernachlässigt und die eindeutige Formulierung der angestrebten Ziele nicht durchgeführt.

Einen Schnellüberblick zur Situation im betrieblichen Umweltschutz bietet der *Erste Umweltcheck*. In den Bereichen:

- Führung,
- Umweltaspekte,
- Prozesse

liefert er mit einer kurzen Checkliste einen einfachen aber effizienten Einstieg in das Projekt.

Führung

- Was/wer ist der Auslöser für das Projekt?
- Wer hat die Projektleitung inne?
- Wer gehört zum Projektteam?
- Welche Projektziele wollen Sie erreichen?
- Wie nehmen die Führungskräfte ihre Verantwortung wahr?
- Welche Sachverhalte sind zu erheben und zu analysieren?
- Welche Ziele und Maßnahmen ergeben sich aus der Umweltprüfung bzw. dem Umweltaudit?
- Wie lässt sich das Umweltmanagementsystem realisieren?
- Welche organisatorischen und personellen Regelungen sind zu treffen?
- Welche Betriebsbeauftragte haben Sie bestellt?
- Welche betriebliche Umweltstrategie wurde in ihrem Unternehmen festgelegt?
- Welche verantwortliche Person vertritt das Unternehmen in allen Aspekten des betrieblichen Umweltschutzes?
- Wie sind die Verantwortungen für umweltrelevante Tätigkeiten der einzelnen Unternehmensbereiche festgelegt?
- Welche Umweltschutzdokumentationen existieren in ihrem Unternehmen?
- Wie ist der Umweltschutz organisatorisch in Stabs- und Linienfunktionen eingebunden?
- Welche Arbeitskreise *Umweltschutz* oder vergleichbare Arbeitsgruppen existieren?
- Welche Umweltvorschriften (Gesetze, Verordnungen, etc.) sind einzuhalten?
- Mit welchem Ergebnis wurde in ihrem Unternehmen bereits ein Umweltaudit durchgeführt?

Umweltaspekte

- Welche Rechtsgrundlagen sind zu beachten?
- Welche Genehmigungen liegen vor bzw. sind notwendig?
- Welche Stärken und Schwächen liegen im entsprechenden Umweltaspekt vor?
- Welche genehmigungsbedürftigen Anlagen werden in ihrem Unternehmen betrieben?
- Welche nichtgenehmigungsbedürftigen, umweltrelevanten Anlagen werden betrieben?
- Welche Umweltdaten erstellen Sie regelmäßig in Form einer Umweltbilanz (Stoff- und Energiebilanz) für ihr Unternehmen?
- Wie bewerten Sie neu einzusetzende Stoffe hinsichtlich ihrer Gefährlichkeit, möglicher Umweltschäden und ihrer Entsorgbarkeit?
- Wie ist die Lagerung, Handhabung und Entsorgung von Gefahrstoffen geregelt?
- In welcher Form existiert ein Gefahrstoffverzeichnis?

- Wie werden Rückstände (Abfälle, Sonderabfälle, Reststoffe, Wertstoffe) erfasst und bewertet?
- In welcher Form liegt ein Abfallregister vor?
- Wie erfassen Sie die anfallenden Abwasserströme und welche Analysen liegen dafür vor?
- Welche entsprechenden Betriebstagebücher liegen für Abwasserbehandlungsanlagen vor?
- Wie stellen Sie sicher, dass die Anlagen zum Umgang mit wassergefährdenden Stoffen nach dem Stand der Technik betrieben werden?
- Welche Emissionen gehen von ihrem Unternehmen aus? Liegt ein Emissionskataster vor?
- Wie stufen Sie die Ressourceneffizienz (Material-, Energieeffizienz) ihres Unternehmens ein?
- Welche Maßnahmen zur Einsparung von Energie ergreifen Sie?
- Wie stellen Sie sicher, dass keine Altlasten-Verdachtsflächen vorhanden sind?
- Welche wesentlichen umweltrelevanten Lärmquellen existieren im Unternehmen?
- Wie bewerten Sie die Umweltleistung ihres Unternehmens?

Prozesse

- Welche Kompetenzen besitzen die Mitarbeiter im Prozess?
- Welche Unternehmensbereiche (Abteilungen, etc.) stufen Sie als umweltrelevant ein?
- Wie werden Umwelt- und Recyclingaspekte bei der Entwicklung neuer Produkte berücksichtigt?
- Wie werden Umweltaspekte bei der Einführung neuer Technologien berücksichtigt?
- Welche umweltfreundlichen Technologien haben sie in den letzten Jahren eingeführt?
- Welche Kriterien wurden für einen umweltgerechten Einkauf festgelegt?
- Wie wird im Rahmen der Materialwirtschaft ein umweltsicheres und risikoarmes Lagerwesen gewährleistet?
- Welche Umweltaspekte spielen bei der Auswahl ihrer Lieferanten eine Rolle?
- Für welche Anlagen oder Verfahren existieren Überwachungs- oder Wartungskonzepte?
- Wie gewährleisten Sie eine umweltfreundliche Versandlogistik?
- Wie motivieren Sie Ihre Mitarbeiter zu umweltfreundlichem Verhalten am Arbeitsplatz?
- Nach welchen Kriterien werden Mitarbeiter für umweltrelevante Tätigkeiten ausgewählt und geschult?
- Wie erfolgt im Rahmen der Eigenkontrolle eine Überprüfung von weniger umweltrelevanten Abteilungen?

2.3 Projektplanung

Die Projektplanung erarbeitet Vorgaben für die Durchführung des Projektes bzgl. Ressourceneinsatz (Personal, Kapital) und Terminen. Im Rahmen eines Projektplanes werden die einzelnen Phasen und deren Umsetzungsschritte festgelegt. Meilensteine nach jedem Projektschritt geben Klarheit über den Projektstand und liefern Entscheidungsgrundlagen für den nächsten Projektabschnitt. Anhand dieser Vorgaben lässt sich das Projekt steuern.

Der Aufbau eines Umweltmanagementsystems ist aufgrund des Projektumfanges eine sehr anspruchsvolle Aufgabe. Neben den klassischen Umweltaspekten Luft, Wasser, Abfall, Lärm, Altlasten, Energie, etc. sind Unternehmensprozesse wie Entwicklung, Produktion, Materialwirtschaft, Logistik, Marketing, etc. zu berücksichtigen. Der Erfolg des Projektes steht und fällt mit einer guten Projektplanung.

Im Zuge der Umweltprüfung bzw. -betriebsprüfung (Audit) werden die Prozesse vertieft betrachtet. Die im Projekt identifizierten Maßnahmen liefern Verbesserungen der betrieblichen Umweltsituation (Abb. 2.1). Sie stellen Korrekturen auf dem Weg zu einem gewünschten Soll-Zustand (Ziele) dar. Wie in einem Projekt üblich, sind die durchgeführten Maßnahmen einer Erfolgskontrolle zu unterziehen. Diese liefert erst das endgültige Ergebnis für den Erfolg der Maßnahmen und sollte – wo immer möglich – quantifizierbar sein.

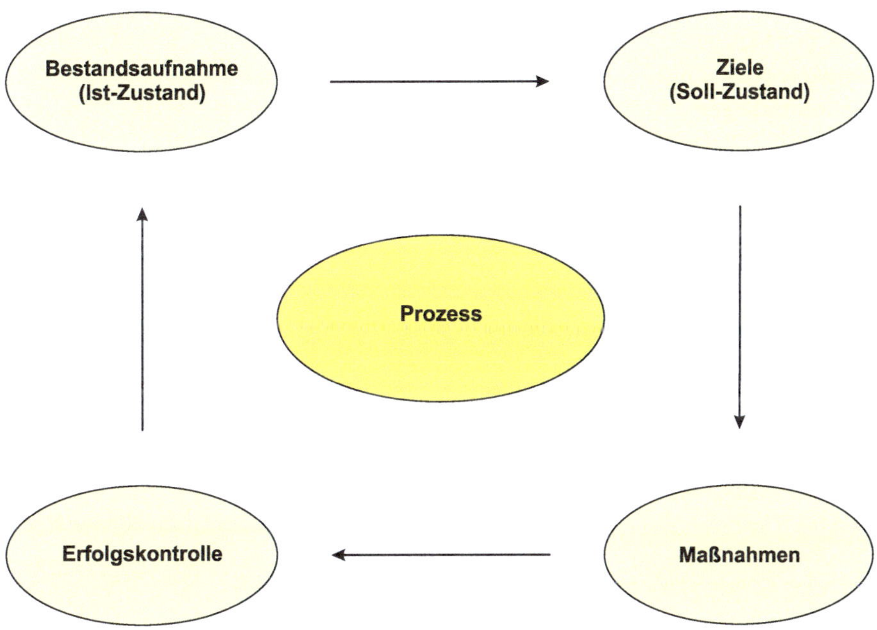

Abb. 2.1 Kontinuierlicher Verbesserungsprozess im Umweltmanagementsystem

Projektleiter

Der Erfolg eines Projekts hängt von der Persönlichkeit des Projektleiters und seiner Unterstützung durch die Geschäftsführung ab. Er muss über:

- personale Kompetenzen,
- Führungskompetenzen,
- methodische Kompetenzen und
- unternehmerische Kompetenzen

verfügen. Absolut notwendige Anforderungen an den Projektleiter sind Erfahrungen in der Führung von Arbeitsgruppen. Er erkennt die Verhaltensweisen der einzelnen Teammitglieder und kann sich flexibel auf verschiedene Rollen und Funktionen einstellen. Durch entsprechende Kooperationen und Beratungen verschafft er sich die notwendigen Unterstützungen durch den Auftraggeber, sein Projektteam und weitere Beteiligte. In seiner Person verfügt er über das notwendige Selbstvertrauen auch unpopuläre Entscheidungen zu treffen. Komplexe Sachverhalte kann er so strukturieren, dass die Mitarbeiter die anstehenden Aufgaben erfolgreich bewältigen können. Entscheidungen werden rechtzeitig getroffen und Risiken frühzeitig erkannt. Er verfügt über das notwendige unternehmerische Wissen um handlungsorientiert das Projekt zum Erfolg zu führen. Projekte lassen sich ohne geklärte:

- Zuständigkeiten,
- Befugnisse und
- Verantwortungen

nicht sauber bewältigen. Mit dem Projekt sind die Zuständigkeiten für die:

- Formulierung der Projektziele,
- Führung des Projektteams,
- Projektplanung,
- Ressourcenbeschaffung,
- Projektdurchführung und -steuerung,
- Termin- und Kostenüberwachung sowie
- Schlussabnahme und Projektdokumentation

verbunden. Um diese Teilaufgaben im Rahmen des Projekts bearbeiten zu können sind Befugnisse notwendig. Diese sind vom Auftraggeber mündlich oder schriftlich zugewiesene Rechte, mit denen der Projektleiter über Personen, Ressourcen, Termine, etc. verfügen und entscheiden kann. Nur wenn er über diese Befugnisse verfügt, kann er die entsprechenden Verantwortungen übernehmen.

Projektleitung ist immer Führung auf Zeit. An die Führungsfähigkeit des Projektleiters sind deshalb besondere Anforderungen zu stellen. Er hat nicht nur das Projekt zu managen, sondern wird durch die vielfältigen internen und externen Schnittstellen mit Auseinandersetzungen und Konflikten konfrontiert. Ein Projektleiter muss lernen diese Konflikte zu akzeptieren und unter den existierenden Rahmenbedingungen so gut wie möglich zu lösen.

Projektteam
Ein mit Überlegung zusammengestelltes und gut funktionierendes Projektteam bildet die Basis erfolgreichen Projektmanagements und ist damit unverzichtbarer Faktor für den Projekterfolg. Damit ein Projektteam erfolgreich zusammenarbeiten kann, sollten folgende Grundsätze eingehalten werden:

- Fachkenntnisse und Engagement zur Lösung der anstehenden Aufgaben,
- gegenseitig ergänzende Fähigkeiten und Erfahrungen,
- Verpflichtung auf das Projektziel und zur Zusammenarbeit.

Ein Projektteam muss ein großes Spektrum an Aufgaben erfüllen. Die aus der Projektplanung resultierenden Soll-Vorgaben müssen definiert und den dafür vorgesehenen Personen zugeteilt werden. Jedes Teammitglied bekommt innerhalb des Projekts klar definierte Aufgaben zugewiesen.

Aufgrund der Vielfältigkeit der anstehenden Aufgaben sollten sich die Teammitglieder in ihren Fähigkeiten, Interessen und Charakterzügen unterscheiden. Da jedes Teammitglied über spezielle Stärken verfügt und eigene Ideen mit einbringt, lassen sich leichter kreative und innovative Problemlösungen entwickeln. Die resultierenden Maßnahmen werden von den Projektmitarbeitern stärker unterstützt und lassen sich leichter umsetzen. Die Teammitglieder müssen begeisterungsfähig sein und Aufgaben engagiert angehen. Kontakt-, Kommunikations- und Integrationsfähigkeit sind ebenfalls notwendig.

Wenn Menschen zusammenarbeiten sind Auseinandersetzungen nicht auszuschließen. Sie können aus unterschiedlichen Persönlichkeitsentwicklungen, Kenntnissen und Erfahrungen resultieren, aber auch durch den Wettbewerb am Arbeitsplatz und differierende Wertorientierungen und Einstellungen entstehen. Beziehungs- und Rollenkonflikte, bei denen ungeklärte Aufgabenabgrenzungen und unterschiedliche Rollenerwartungen kollidieren, zählen ebenfalls dazu.

Sind die Ziele des Projekts nicht eindeutig definiert, so kann es auch zu Zielkonflikten mit unterschiedlichen Erwartungen kommen. Wichtig ist, dass derartige Konflikte und ihre Symptome erkannt, offen ausgesprochen und bewältigt werden. Deshalb ist es nicht zuletzt unerlässlich, das Projektziel eindeutig zu definieren und Einzelaufgaben und Befugnisse klar festzulegen. Schließlich dienen Konflikte aber auch der Problemanalyse und lassen mögliche Schwierigkeiten bei der Projektarbeit zutage treten, deren offene Thematisierung das Projekt positiv beeinflussen kann.

Die in der Teamarbeit notwendige Arbeitsteilung verlangt einen Austausch von Informationen. Je spezieller die Aufgaben, desto notwendiger ist die Abstimmung mit den Beteiligten. Ohne Kommunikation würde Projektarbeit schlichtweg nicht funktionieren.

Besonderen Stellenwert hat die Kommunikation für den Projektleiter, der für gewöhnlich nicht über die direkten Einflussmöglichkeiten eines Fachvorgesetzten verfügt. Bei der Projektarbeit spielt die Teamgröße eine entscheidende Rolle. Von einer idealen Teamgröße spricht man bei 3–5 ständigen Projektmitarbeitern. Ist das Team zu groß, büßt die Projektarbeit an Effizienz und Effektivität ein.

Projektphasen

Phasenmodelle sind die ablauforganisatorische Gliederung eines Projekts. Sie helfen den Projektablauf in Teilprozesse zu zerlegen. Hier wird festgelegt in welcher inhaltlichen Reihenfolge die Teilprozesse abgearbeitet werden sollen. Der Werdegang einer Lösung wird in überschaubare, kleinere Abschnitte gegliedert. Jeder Abschnitt ermöglicht einen stufenweisen Planungs-, Konkretisierungs- und Entscheidungsprozess mit einer festgelegten Zielrichtung und möglichen Korrekturpunkten, den Meilensteinen. Ein mögliches Phasenmodell (Abb. 2.2) mit zugehörigen Teilprozessen und Meilensteinen besteht aus:

- Startphase,
- Analysephase,
- Planungsphase,
- Realisierungsphase,
- Abnahmephase und Projektende.

Die *Startphase* ist gleichbedeutend mit der Geburtsphase eines Projekts. Es ist wichtig ein Projekt von Beginn an auf eine bestimmte Bahn zu lenken und es permanent zu begleiten. Was in der Startphase versäumt wird, lässt sich später nur mit großem Aufwand und zweifelhaften Erfolgsaussichten nachholen. Die Startphase sollte mindestens die folgenden Schritte umfassen:

- Klärung der Ausgangssituation,
- Festlegung der zu beschaffenden Informationen,

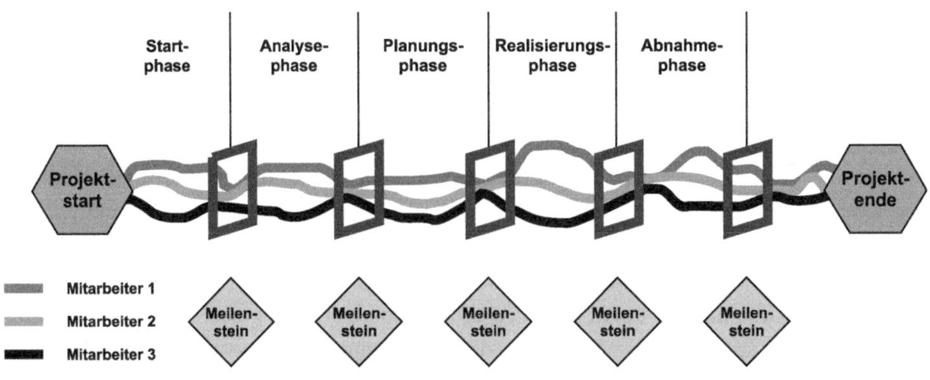

Abb. 2.2 Phasenmodell des Projektmanagements

- Auswertung und Bewertung der beschafften Informationen,
- Präsentation der Ergebnisse vor der Geschäftsführung,
- Erteilung des Projektauftrages.

Der Projektauftrag ist der Übergang in die *Analysephase*, in der die genauen Details für den weiteren Verlauf des Projekts erarbeitet werden. Nun ist der Zeitpunkt erreicht, an dem eine Kick-Off-Veranstaltung abgehalten werden sollte. Sie steht am Beginn der neuen Projektphase und dient in erster Linie dem offiziellen Start und der Motivation aller Beteiligten für das Projekt. Ziele der Kick-Off-Veranstaltung können sein:

- Vermittlung des Projektziels,
- Hervorhebung der Bedeutung des Projekts für das Unternehmen,
- Gewinnung von Unterstützung für das Projekt,
- Information aller Projektbeteiligten über den Projektplan und
- Abstimmung des Beginns der Projektarbeiten.

Die Entscheidung für die Analysephase ist gefallen. Eine tiefer gehende Betrachtung und Ausarbeitung von Details ist jetzt notwendig. Mit der Analyse der Ausgangslage müssen Klarheit und Transparenz geschaffen werden. Alle Beteiligten können erkennen, auf welchem Fundament das Projekt steht. Nur dann ist ein gemeinsames Verständnis über das Projektziel und den Weg zur Realisierung möglich. Einflussgrößen für Projekte sind:

- wirtschaftliche,
- organisatorische,
- rechtliche und
- technologische

Größen. Regelmäßig unterschätzt werden rechtliche und organisatorische Aspekte. Letztere führen über Schnittstellen mit Sicherheit zu Reibungsverlusten und Auseinandersetzungen. Eine Analyse der Ausgangslage ist daher auch immer eine Schnittstellenanalyse, um insbesondere verdeckte Auswirkungen rechtzeitig zu identifizieren. Werden rechtliche Aspekte nicht berücksichtigt drohen mit Sicherheit Verzögerungen und Kostensteigerungen im Projekt.

Die Hauptaufgabe der *Planungsphase* ist die strukturierte Erarbeitung eines Projektplans als Soll-Vorgabe. Da sich Projektphase und Gesamtprojekt hinsichtlich ihrer Überschaubarkeit und damit auch ihrer Planbarkeit stark unterscheiden, ist eine Trennung der Planungsaktivitäten in die zwei Stufen von Projektstrukturplan und Projektablaufplan sinnvoll. Dabei werden unterschiedliche Ansprüche an Gestaltung und Detaillierung gestellt:

Projektstrukturplan im Vordergrund stehen Übersichtlichkeit und schnelle Nachvollziehbarkeit (Struktur),

Projektablaufplan im Vordergrund steht die zeitliche Durchführbarkeit der jeweiligen Aktivitäten (Termin).

Ein Projekt wird als komplexes System nur dann überschaubar, wenn es sinnvoll strukturiert wird. Der Projektstrukturplan ist das Ordnungsinstrument um alle Arbeitspakete des Projekts übersichtlich darzustellen. Arbeitspakete sind dabei die einzelnen Bausteine im Projekt. Durch die Formulierung eines Arbeitspakets wird ein eindeutig abgegrenztes Ergebnis erzielt. Die Zusammenhänge der Arbeitspakete werden im Projektstrukturplan deutlich, wodurch auch Schnittstellen zwischen beteiligten Personen und Abteilungen offengelegt werden.

Das Arbeitspaket:

- enthält fachlich abgeschlossene Aufgaben,
- lässt sich in einem überschaubaren Zeitraum realisieren,
- liefert messbare Ergebnisse,
- enthält kaum organisatorische Schnittstellen,
- ist für die Risikovorsorge gut abschätzbar und
- ist vom Aufwand her mit anderen Arbeitspaketen vergleichbar.

Zur besseren Übersicht ist es sinnvoll, alle Arbeitspakete zu beschreiben und in einer Liste zu führen. Sie kann zusätzliche Informationen enthalten und ist Grundlage für das Projektcontrolling. Ist der Projektstrukturplan vollständig erstellt, lassen sich die einzelnen Arbeitspakete organisatorisch eindeutig einzelnen Mitarbeitern, Abteilungen oder Lieferanten zuordnen.

Aus dem Projektstrukturplan ist nicht zu erkennen, dass Arbeitspakete aus unterschiedlichen Teilaufgaben durchaus voneinander abhängig sein können. Diese Aufgabe wird vom Projektablaufplan übernommen, der die Ergebnisse des Projektstrukturplans gemäß ihren Abhängigkeiten in eine logische Reihenfolge bringt. Nur wenn solche Zusammenhänge im Vorfeld der Realisierung geklärt werden, kann ein Projekt sinnvoll und möglichst störungsfrei ablaufen. Der Projektablaufplan ist daher eines der wichtigsten Mittel für die Koordination der einzelnen Arbeitsschritte. Es wird sichtbar welche und wie viele Arbeitspakete parallel bearbeitet werden können. Je mehr Arbeitsschritte parallel oder teilweise parallel ablaufen können, umso kürzer ist die Projektdauer.

2.4 Projektplanung für das Umweltmanagement

Die Projektplanung liefert ein Rahmenkonzept für die *Realisierungsphase* eines Umweltmanagementsystems (Abb. 2.3). Es basiert auf den vier Säulen:

- Führung,
- Umweltaspekte,
- Umweltcontrolling und
- Prozesse.

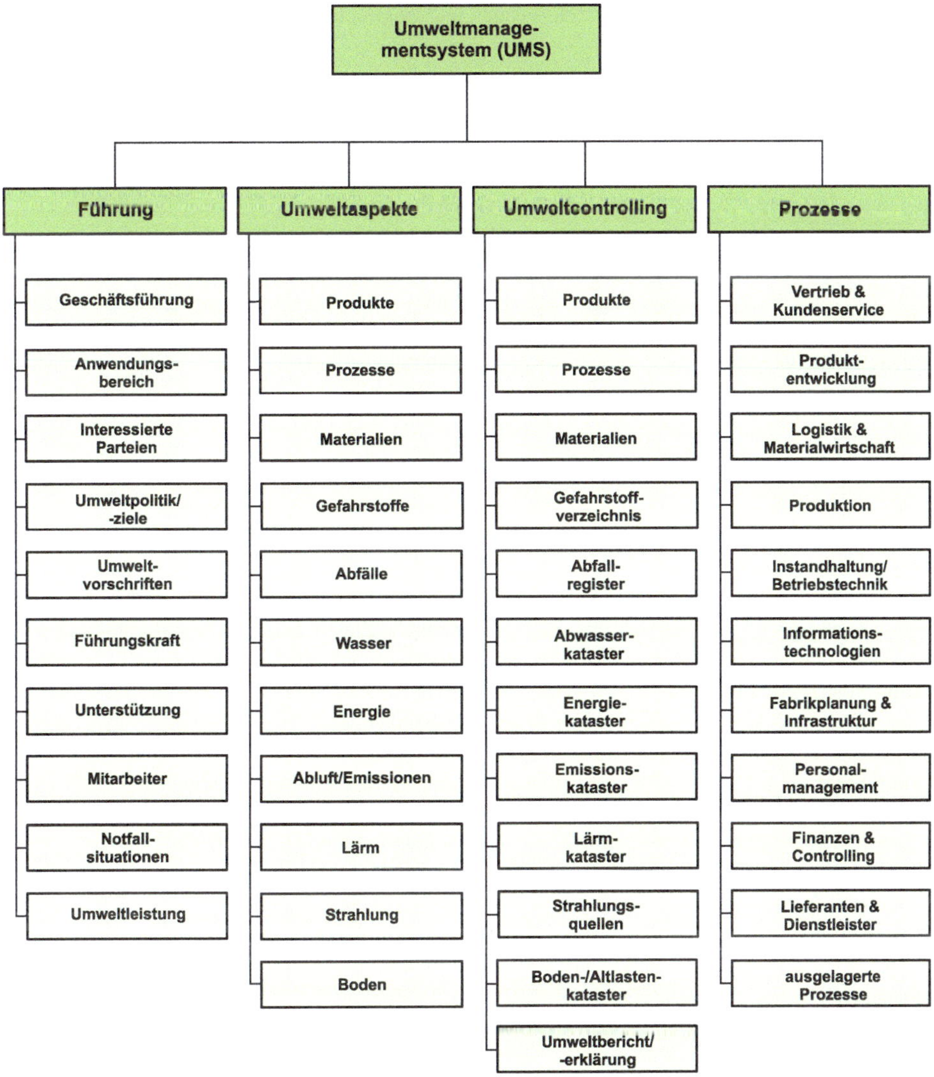

Abb. 2.3 Bestandteile des Umweltmanagementsystems

In den Tab. 2.1, 2.2, 2.3 und 2.4 werden die einzelnen Arbeitspakete des Projektstrukturplans mit ausgewählten Inhalten näher betrachtet.

Im Strukturelement Führung (Tab. 2.1) beschreibt das Arbeitspaket Geschäftsführung die übergreifenden Aufgaben der Unternehmensleitung. Der Anwendungsbereich umfasst den Geltungsbereich des Umweltmanagementsystems. Dies geschieht unter Berücksichtigung der interessierten Parteien. Die umweltpolitischen Leitlinien bilden die Grundlage für eine langfristige Umweltstrategie, die über betriebliche Umweltziele zu realisieren

Tab. 2.1 Übersicht zu möglichen Arbeitspaketen im Strukturelement *Führung*

Führung	
Arbeitspaket	Ausgewählte Inhalte
Geschäftsführung	– Unternehmensorganisation – Managementbewertung – Ressourcen – Geschäftsplan – Unternehmensstrategie
Anwendungsbereich	– Unternehmen – Standort – Ausgelagerte Prozesse
Interessierte Parteien	– Versicherungen – Behörden – Mitarbeiter – Anlieger – Kunden – Lieferanten – Dienstleister
Umweltpolitik/-ziele	– Unternehmensführung – Langfristige Strategie – Betriebliche Ziele – Bereitstellung von Ressourcen
Umweltvorschriften	– Gesetze – Verordnungen – Genehmigungen
Führungskraft	– Zuständigkeiten und Verantwortungen – Aufgaben, Rechte und Pflichten – Festlegung/Erfüllung Umweltziele – Verbesserung der Umweltleistung
Unterstützung	– Umweltschutzbeauftragter – Fachkraft für Arbeitssicherheit – Qualitätsmanagementbeauftragter
Mitarbeiter	– Berufsausbildung – Berufserfahrung – Kompetenzen – Bewusstsein – Gesundheitsschutz – Mitarbeiterzufriedenheit – Schulung
Notfallsituationen	– Risiken und Gefahren – Notfallplanung – Gefahrenabwehr
Umweltleistung	– Umweltauswirkungen – Umweltkennzahlen – Umweltaudit – Umweltprogramm – Fortlaufende Verbesserung

Tab. 2.2 Übersicht zu den Arbeitspakten im Strukturelement *Umweltaspekte*

Umweltaspekte	
Arbeitspaket	Ausgewählte Inhalte
Produkte	– Lebensweg – Entwicklung – Herstellung Verwendung – Recycling – Entsorgung
Prozesse	– Prozessplanung – Prozesstechnik – Prozessleistung – Prozessparameter/-lenkung – Tätigkeiten – Anlagen/Stand der Technik
Materialien	– Materialauswahl – Primärrohstoffe – Sekundärrohstoffe
Gefahrstoffe	– Gefährdungspotenzial – Transportvorschriften
Abfälle	– Wertstoffe – (Gefährliche) Abfälle – Abfallwirtschaftskonzept
Wasser	– Abwasser(behandlung) – Kanalisation
Energie	– Energieträger – Regenerative Energien – Energiekonzept
Abluft/Emissionen	– Gase – Stäube – Gerüche
Lärm	– Lärm – Erschütterungen – Vibrationen
Strahlung	– Licht – Laser – Röntgen
Boden	– Altlasten – Biologische Vielfalt

sind. Das Verzeichnis der Rechtsvorschriften und Genehmigungen (Umweltvorschriften) bilden die normative Grundlage für das Umweltmanagementsystem.

Aus Gründen der Rechtssicherheit müssen sie jederzeit eingehalten werden. Dafür verantwortlich sind die Führungskräfte, die Unterstützung durch den Umweltschutzbeauftragen und die Fachkraft für Arbeitssicherheit erhalten. Während die Führungskräfte die Verantwortung tragen, sind die Mitarbeiter für die ordnungsgemäße Ausführung der übertragenen Aufgaben zuständig. Zur Erfüllung müssen sie über die notwendigen Kompetenzen verfügen. Zusammen müssen sich die beteiligten Personen auf mögliche Notfallsituationen vorbereiten. Nur in einer konstruktiven Zusammenarbeit können sie gemeinsam eine fortlaufende Verbesserung der Umweltleistung erzielen.

Die möglichen Prozessanweisungen für die Umweltaspekte (Tab. 2.2):

- Produkte,
- Prozesse,
- Materialien,
- Gefahrstoffe,
- Abfälle,
- Wasser,
- Energie,
- Abluft/Emissionen,
- Lärm,
- Strahlung und
- Boden

enthalten rechtliche, organisatorische und technologische Vorgaben, die im Rahmen des Umweltmanagementsystems Soll-Ist-Vergleiche ermöglichen. Damit sind Schwachstellenanalysen und einzuleitende Maßnahmen zur Verbesserung der betrieblichen Umweltleistung möglich. Die bei den Umweltaspekten gesammelten Informationen fließen letztlich in aussagefähige Arbeitspakete bzgl.:

- Produkte,
- Prozesse,
- Materialien,
- Gefahrstoffverzeichnis,
- Abfallregister,
- Abwasserkataster,
- Energiekataster,
- Emissionskataster,
- Lärmkataster,
- Strahlungsquellen,
- Boden-/Altlastenkataster,
- Umweltbericht/-erklärung

im Rahmen des Umweltcontrollings ein (Tab. 2.3). Wie ein Vergleich der beiden Strukturelemente Umweltaspekte und Umweltcontrolling zeigt, sind sie nahe miteinander verwandt. Während die Umweltaspekte die grundlegenden organisatorischen, rechtlichen und technologischen Aspekte enthalten, werden im Umweltcontrolling die rechtlich und

Tab. 2.3 Übersicht zu den Arbeitspaketen im Strukturelement *Umweltcontrolling*

Umweltcontrolling	
Arbeitspaket	Ausgewählte Inhalte
Produkte	– Produktsicherheit – Produkthaftung – Produktprüfungen – Mengen – Qualität – Ausschuss
Prozesse	– Qualitätsprüfungen – Qualitätsnachweise – Verfügbarkeiten – Leistung – Wirtschaftlichkeit
Materialien	– Ressourcenverbrauch – Materialeffizienz
Gefahrstoffverzeichnis	– Menge – Bezeichnung – Einstufung – Einsatzort
Abfallregister	– Menge – Anfallort
Abwasserkataster	– Verbräuche – Abwasseranfall
Energiekataster	– Energieträger – Verbräuche – Energieeffizienz
Emissionskataster	– Emissionsart – Menge – Anfallort
Lärmkataster	– Lärmort (Anlage) – Lärmquellen – Lärmpegel
Strahlungsquellen	– Art – Ort
Boden	– Flächenverbrauch – Altlastenflächen
Umweltbericht/-erklärung	– Umweltziele – Kernindikatoren – Umweltleistung

betriebswirtschaftlich notwendigen Informationen zusammengefasst. Bei einer guten Projektplanung und Realisierung des Umweltmanagementsystems ergeben sich fast zwangsläufig wichtige Inhalte für einen Umweltbericht bzw. die Umwelterklärung nach EMAS-Verordnung.

Die prozessbezogenen Anweisungen im Strukturelement Prozesse (Tab. 2.4) wie:

- Vertrieb & Kundenservice,
- Produktentwicklung,
- Logistik & Materialwirtschaft,
- Produktion,
- Instandhaltung/Betriebstechnik,
- Informationstechnologien,
- Fabrikplanung & Infrastruktur,
- Personalmanagement,
- Finanzen & Controlling,
- Lieferanten & Dienstleister,
- ausgelagerte Prozesse,

geben generelle umweltrelevante Anforderungen für die entsprechenden Tätigkeiten vor. Sie sind unternehmensspezifisch zu entwickeln.

Tab. 2.4 Übersicht zu möglichen Arbeitspaketen im Strukturelement *Prozesse*

Prozesse	
Arbeitspaket	Ausgewählte Inhalte
Vertrieb & Kundenservice	– Umsatzziele – Liefertreue – Marketing – Kundenorientierung/-bedürfnisse – Kundenzufriedenheit/-reklamationen – Marktentwicklungen
Produktentwicklung	– Entwicklungsprojekte – Pflichtenheft – Forschungsergebnisse – Patente
Logistik & Materialwirtschaft	– Einkauf/Beschaffung – Lagerwesen – Transport/Versand
Produktion	– Produktrealisierung – Fertigungsprozess – Produktqualität – Ressourceneffizienz
Instandhaltung/Betriebstechnik	– Anlagenverfügbarkeit – Risiken/Störfälle – Inbetriebnahme – Wartung – Inspektion – Instandsetzung – Verbesserung

Tab. 2.4 (Fortsetzung)

Prozesse	
Arbeitspaket	Ausgewählte Inhalte
Informationstechnologien	– Daten/Informationen – Rechenzentrum – Informations-/Kommunikationstechnik
Fabrikplanung & Infrastruktur	– Werksplanung – Infrastruktur – Gebäudeinstallationen – Prozessstrukturen/-abläufe – Arbeitsumgebung
Personalmanagement	– Personalplanung – Mitarbeiterausbildung – Berufserfahrung – Kompetenzentwicklung
Finanzen & Controlling	– Geschäftsergebnisse – Wettbewerbsfähigkeit – Wirtschaftlichkeit – Finanzmittel
Lieferanten & Dienstleister	– Leistungsvereinbarungen – Lieferantenauswahl – Lieferantenbewertung – Lieferantenaudit
Ausgelagerte Prozesse	– Umweltleistung – Umweltaudit

Die in Abb. 2.3 gezeigten Bestandteile eines Umweltmanagementsystems sind in der Umweltprüfung bzw. im Umweltaudit auf ihre Relevanz für das Unternehmen zu prüfen. Für jedes Arbeitspaket sind die Einflussgrößen (wirtschaftlich, organisatorisch, rechtlich, technologisch) zu ermitteln. Bei der Analyse und Bewertung sind die Gemeinsamkeiten und Schnittstellen zu bestimmen. Für jedes Arbeitspaket können Mitarbeiter benannt werden, die für die Bearbeitung und die Erreichung der Arbeitsergebnisse zuständig sind. Es ergeben sich somit einzelne Teilaufgaben, die untereinander klar abgegrenzt sind. Die Summe aller Arbeitspakete ergibt letztlich ein effizientes Umweltmanagementsystem.

Nach Erstellung des Projektstrukturplans sind die einzelnen Arbeitspakete auf ihre Bedeutung hin zu priorisieren. Damit lassen sich der Zeitrahmen und der Aufwand (Personal, Kosten) zur Realisierung eines Umweltmanagementsystems abschätzen. Für die Priorisierung kann von folgenden Kriterien ausgegangen werden:

- Rechtsvorschriften und Genehmigungen,
- Kundenanforderungen,
- Daten zur Ressourceneffizienz (Material, Energie),
- Daten über Abfälle, Abwasser, etc.,
- Produkt- und Prozessrelevanz,

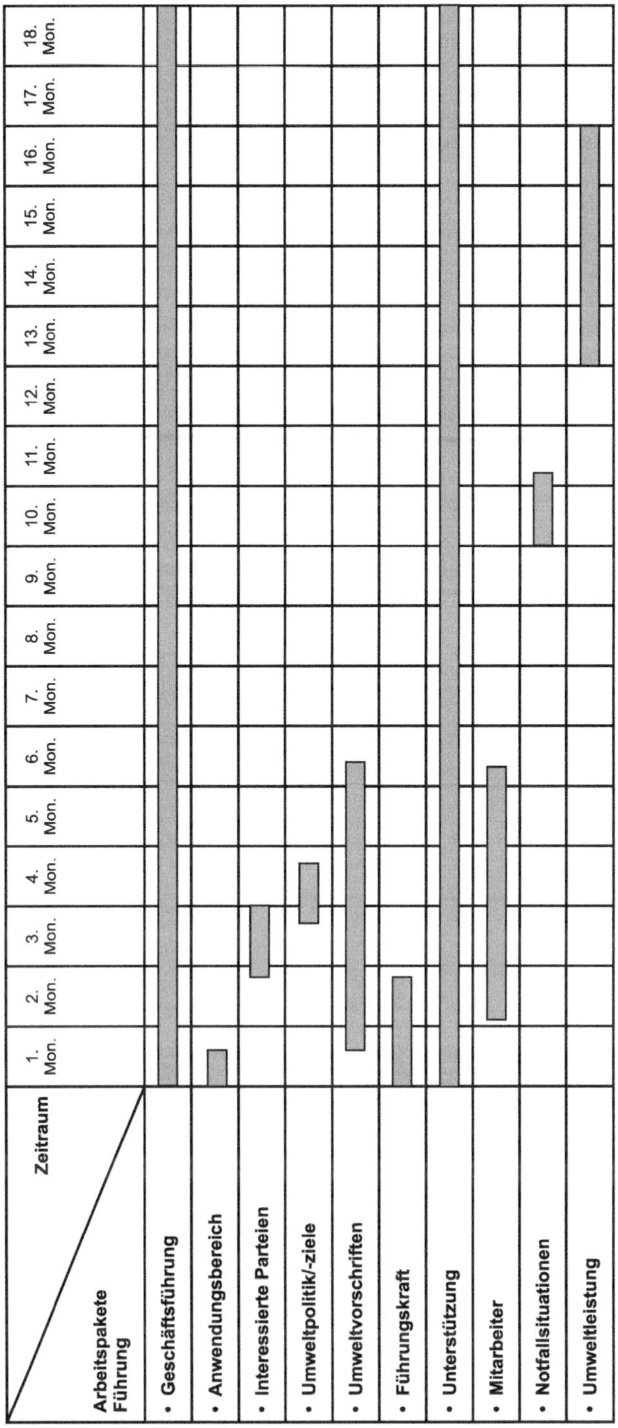

Abb. 2.4 Projektablaufplanung im Projekt *Umweltmanagement*

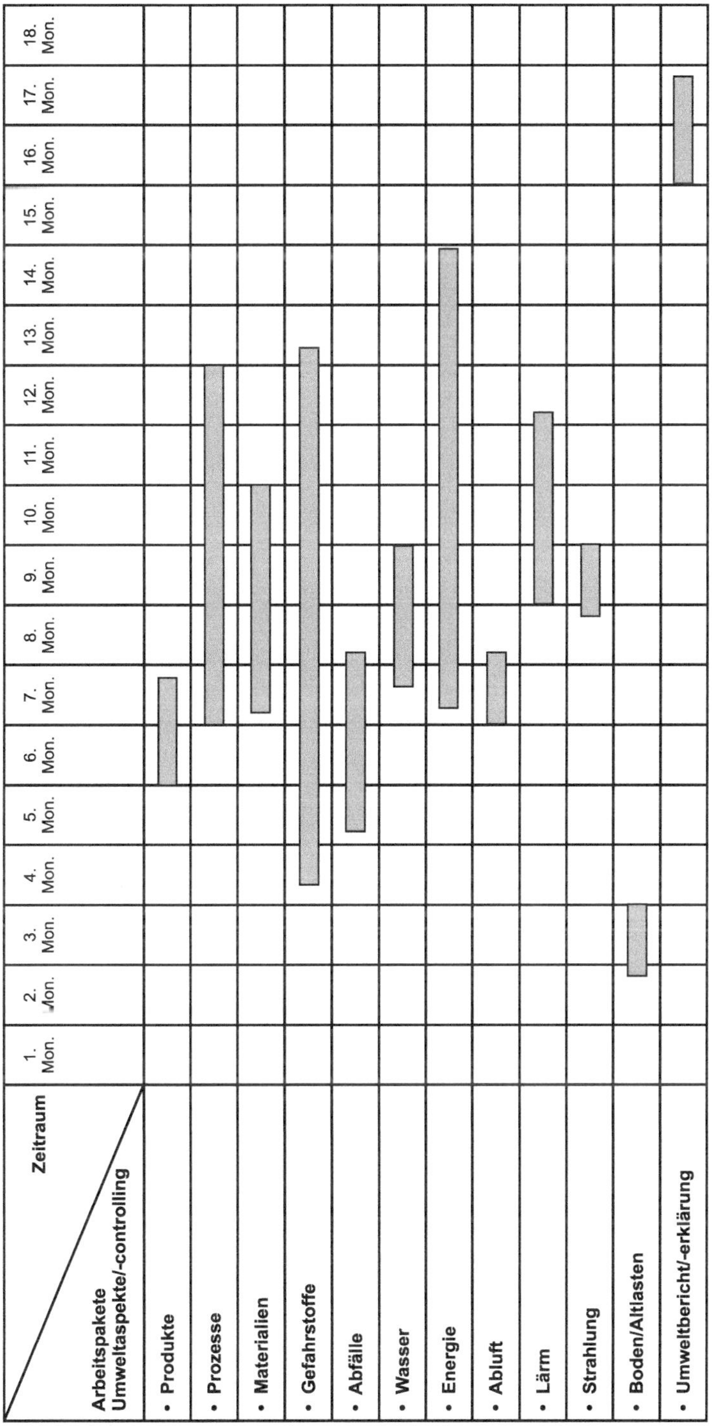

Abb. 2.4 (Fortsetzung)

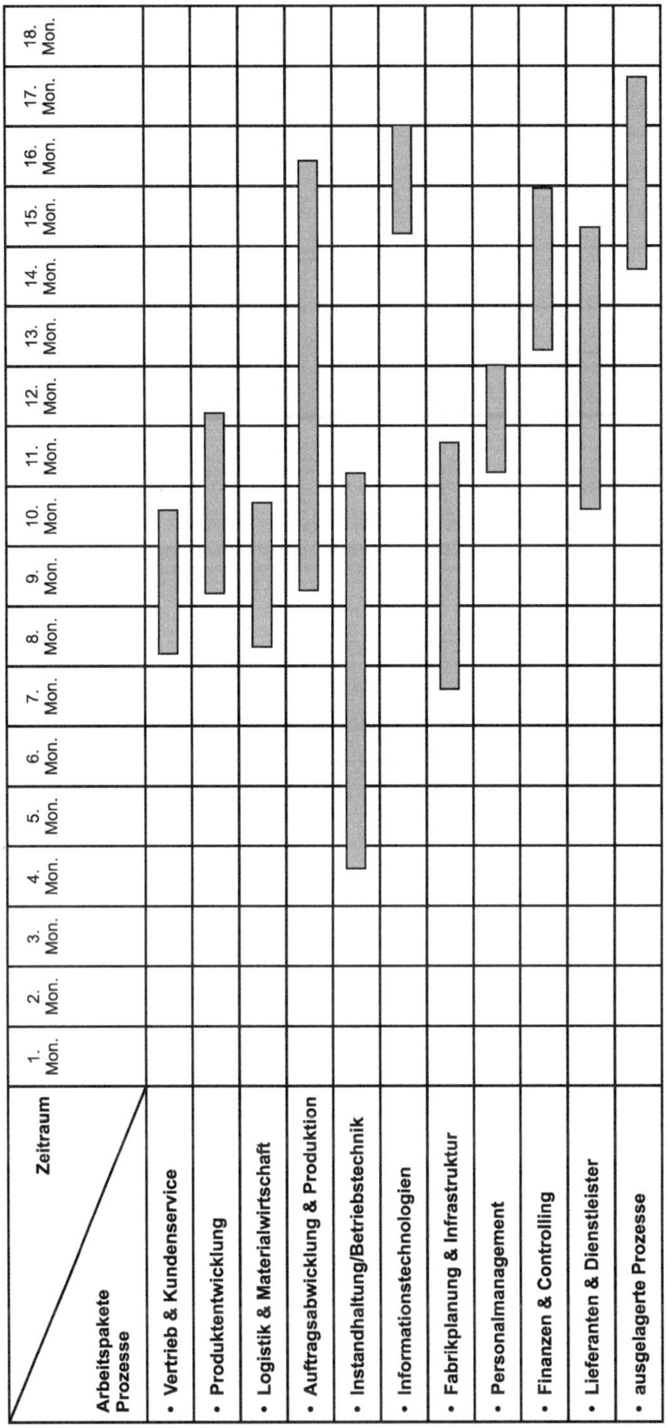

Abb. 2.4 (Fortsetzung)

- Umweltauswirkungen,
- Stand der Technik,
- Kosten, Wirtschaftlichkeit, Finanzmittel,
- Mitarbeiterkompetenzen,
- Chancen und Risiken.

Auf dieser Basis lassen sich eine Bewertung und Aufwandsabschätzung für die einzelnen Arbeitspakete durchführen, die als realistische Zeitplanung für das Projekt in eine Projektablaufplanung münden (Abb. 2.4).

2.5 Aufgaben für die Praxis

- Welcher Projektplan existiert für die Realisierung und Weiterentwicklung des Umweltmanagementsystems?
- Wer ist als Verantwortlicher für das Projekt Umweltmanagement benannt?
- Welche Mitarbeiter sind direkt im Projektteam eingebunden?
- Wie stehen interne Kreise (z. B. Führungskräfte) dem Projekt Umweltmanagement gegenüber?
- Beschreiben Sie den Projektablauf zur Realisierung eines Umweltmanagementsystems.
- Welche Bedeutung kommt einem Ersten Umweltcheck zu?
- Beschreiben Sie die notwendigen Bestandteile eines Umweltmanagementsystems.
- Erstellen Sie einen Projektstrukturplan für das Umweltmanagementsystems ihres Unternehmens.
- Identifizieren Sie besonders wichtige Arbeitspakete im Umweltmanagementsystem.
- Welche Bedeutung kommt den Führungskräften und den Rechtsvorschriften zu?

Weiterführende Literatur

2.1. Bohine, T.; *Projektmanagement – Soft Skills für Projektleiter*, GABAL, **2006**, 978-3-89749-629-3

2.2. Braehms, U.; *Projektmanagement für kleine und mittlere Unternehmen*, Hanser, **2005**, 3466-22918-3

2.3. Burghardt, M.; *Einführung in Projektmanagement*, Publicis, **2007**, 978-3-89578-301-2

2.4. Corsten, H.; Corsten, H.; Gössinger, R.; *Projektmanagement,* Oldenbourg, **2008**, 978-3-486-58606-0

2.5. Fiedler, R.; *Controlling von Projekten*, Vieweg, **2005**, 3-528-25740-7

2.6. Gareis, R.; *Happy Projects!*, Manz, **2004**, 3-214-08262-0

2.7. Hansel, J.; Lomnitz, G.; *Projektleiter-Praxis*, Springer, **2003**, 3-540-44281-2

2.8. Härtl, J.; *Arbeitsbuch Projektmanagement*, Cornelsen, **2007**, 978-3-589-23780-7

2.9. Hesseler, M.; *Projektmanagement*, Vahlen, **2007**, 978-3-8006-3320-3

2.10. Jankulik, E.; Kuhlang, P.; Piff, R.; *Projektmanagement und Prozessmessung*, Publicis, **2005**, 3-89578-251-3
2.11. Jenny, B.; *Projektmanagement*, vdf, **2005**, 3-7281-3004-4
2.12. Kerzner, H.; *Projektmanagement,* Redline, **2008**, 978-3-8266-1666-2
2.13. Kuster, J. et al; *Handbuch Projektmanagement*, Springer, **2006**, 978-3-540-25040-1
2.14. Litke, H.-D.; *Projektmanagement,* Hanser, **2007**, 978-3-446-40997-2
2.15. Mayrshofer, D.; Kröger, H.; *Prozesskompetenz in der Projektarbeit*, Windmühle, **2006**, 978-3-937444-08-6
2.16. Meier, M.; *Projektmanagement*, Schäffer-Poeschel, **2007**, 978-3-7910-2715-9
2.17. Meinholz, H.; Förtsch, G.; *Führungskraft Ingenieur,* Vieweg + Teubner, **2010**, 978-3-8348-1392-3
2.18. Schelle, H.; *Projekte zum Erfolg führen*, Beck, **2007**, 978-3-423-95888-9
2.19. Schelle, H.; Ottmann, R.; Pfeiffer, A.; *Projekt Manager,* GPM Deutsche Gesellschaftfür Projektmanagement e. V., **2005**, 3-924841-26-8
2.20. Schulz-Wimmer, H.; *Projekte managen*, Haufe, **2002**, 3-448-04786-4
2.21. Stöger, R.; *Wirksames Projektmanagement*, Schäffer-Poeschel, **2007**, 978-3-7910-2658-9
2.22. Wolf, M.; Krause, H.-H.; *Projektarbeit bei Klein- und Mittelvorhaben*, expert, **2005**, 3-8169-1754-2
2.23. Zimmermann, J.; Stark, Ch.; Rieck, J.; *Projektplanung*, Springer, **2006**, 3-540-28413-3
2.24. Zöllner, U.; *Praxisbuch Projektmanagement*, Galileo Press, **2003**, 3-89842-343-3

Umweltmanagementsysteme nach DIN EN ISO 14001

3

3.1 Einführung

Prinzipiell lässt sich durch Managementsysteme der Nachhaltigkeitsgedanke in Unternehmen verankern und weiter entwickeln (Abb. 3.1). Dazu bieten die vier Managementsysteme:

- Umweltmanagementsystem,
- Energiemanagementsystem,
- Qualitätsmanagementsystem,
- Arbeits- und Gesundheitsschutz-Managementsystem

hervorragende Möglichkeiten. Das Umwelt- und Energiemanagementsystem ist geradezu prädestiniert für diesen Zweck. Bei diesen Systemen steht der ökologische Aspekt im Vordergrund. Ressourceneffizienz, Produktverantwortung und Abfallwirtschaft, Energiewende und Klimawandel sind dazu einige Stichworte. Auch das Qualitätsmanagement dient der betrieblichen Nachhaltigkeit. Hier wird verstärkt der ökonomische Aspekt betrachtet. Kundenorientierung und -zufriedenheit, Qualität der Produkte und Dienstleistungen seien hier als Stichpunkte genannt. Ein weiteres zentrales Element ist das Managementsystem für Arbeits- und Gesundheitsschutz. Hier spielt der soziale Aspekt der Nachhaltigkeit eine wichtige Rolle. Die Vermeidung von Gefahren, die Sicherstellung der Gesundheit und alle Fragen des Arbeitsschutzes sind entsprechend zu behandelnde Punkte.

In den nachfolgenden Kapiteln werden diese vier Managementsysteme näher betrachtet. Neben der inhaltlichen Beschreibung der jeweiligen Managementsysteme ist auch ein Vergleich untereinander möglich. So hat die Internationale Normenorganisation (International Standard Organization, ISO) für Managementsystemnormen eine einheitliche Grundstruktur einführt, die diesen Vergleich erleichtert.

G.Förtsch und H. Meinholz, *Handbuch Betriebliches Umweltmanagement*,
https://doi.org/10.1007/978-3-658-19151-1_3

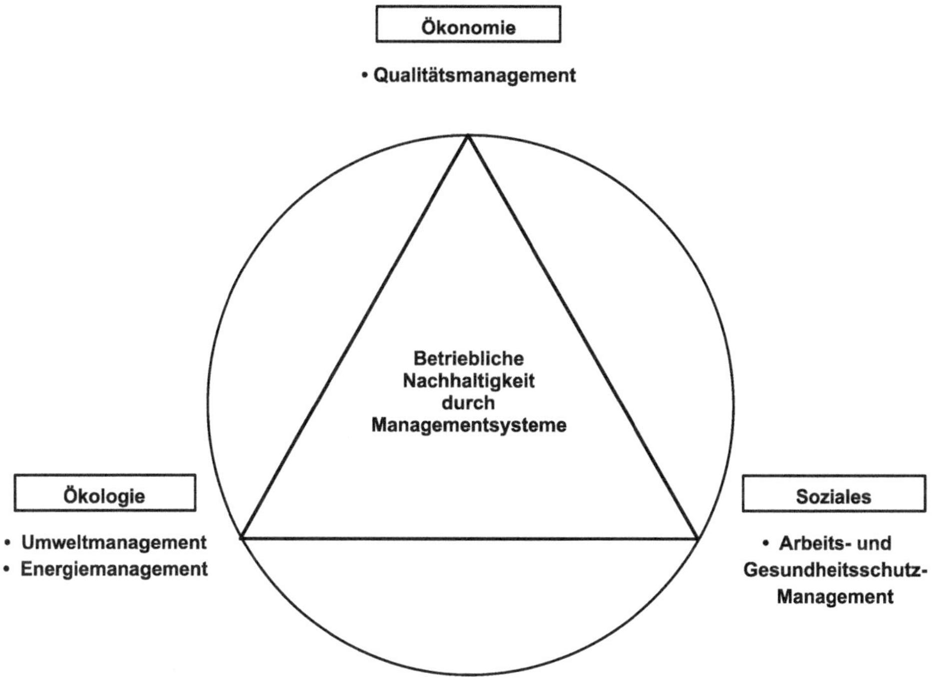

Abb. 3.1 Betriebliche Nachhaltigkeit durch Managementsysteme

3.2 Ziele und Nutzen eines Umweltmanagementsystems

Oberstes Ziel eines Umweltmanagementsystems ist die Verbesserung der Umweltleistung eines Unternehmens. Mindestanforderungen dafür ergeben sich aus der Einhaltung der Umweltvorschriften in Form von Gesetzen, Verordnungen, Genehmigungen, etc. Dazu sind die Umweltauswirkungen aller Prozesse, Tätigkeiten, Produkte und Dienstleistungen zu analysieren und zu bewerten. Die Erzielung einer guten unternehmerischen Umweltleistung wird durch ein systematisches Management des betrieblichen Umweltschutzes erleichtert. Bei der Einführung eines Umweltmanagementsystems kommt es daher auf die inhaltlichen Aspekte und fortlaufenden Verbesserungen an. Die umweltorientierte Leistung eines Unternehmens lässt sich nur dann belegen, wenn sie messbar und transparent gemacht wird.

Die Forderung nach Verbesserung des Umweltmanagementsystems führt oft zu einem planwirtschaftlichen Bürokratismus. So wird in der Norm selber darauf hingewiesen, dass ihre Anwendung noch keine Garantie für optimale Ergebnisse zum Schutz der Umwelt liefert. Die Einführung und die Anwendung eines Umweltmanagementsystems führen von sich aus nicht zu einer Verringerung der Umweltbelastung. Arbeiten an einem Umweltmanagementsystem werden oft mit der Absicht einer Zertifizierung aufgenommen. Eine Zertifizierungsurkunde dokumentiert jedoch nur die Einhaltung der formalen Anforderungen der Norm. Eine Aussage zur Umweltleistung wird nicht gemacht. Primär werden daher die Unternehmensressourcen auf das Bestehen der Zertifizierung und die Pflege des Umweltmanagementsystems gelenkt und nicht auf die Verbesserung der Umweltleistung.

Die ziel- und leistungsorientierte Einführung und Anwendung eines Umweltmanagementsystems kann sowohl für das Unternehmen, wie auch für andere Interessenten von Nutzen sein. Es wird ein Rahmen geschaffen, um ökonomische, ökologische und soziale Belange im Gleichgewicht zu halten. Der potenzielle Nutzen ergibt sich zum Beispiel aus:

- Einhaltung der rechtlichen Bestimmungen und Genehmigungen als Mindeststandard,
- Entwicklung strategischer und betrieblicher Umweltziele,
- Identifizierung und Umsetzung von Maßnahmen zur Verbesserung der Umweltleistung,
- Reduzierung von Ereignissen mit Haftungsfolgen,
- Identifizierung bedeutender Umweltaspekte bei Produkten, Dienstleistungen und Prozessen,
- Einsatz der besten verfügbaren Technologien mit höherem Wirkungsgrad und besserer Produktausbeute,
- Kompetenzentwicklung der Mitarbeiter und Motivierung zu umweltorientiertem Handeln,
- Integration von Forderungen des Arbeitsschutzes,
- Erhöhung der Wertschöpfung durch Optimierung der Prozesse und Steigerung der Ressourceneffizienz,
- Klärung der Verantwortungen/Zuständigkeiten für Führungskräfte und Mitarbeiter,
- zukunftsorientierte Entwicklung von Produkten und Dienstleistungen mit verstärkter Vertrauensbildung beim Kunden,
- verbesserte Beziehungen zu Behörden und leichtere Erteilung von Genehmigungen,
- Kommunikation und Wahrung guter Beziehungen zur Öffentlichkeit und zu Anliegern.

3.3 Grundsätze und wesentliche Elemente

Das Umweltmanagementsystem nach DIN EN ISO 14001 und die zu erzielenden fortlaufenden Verbesserungen der betrieblichen Umweltleistungen basieren auf fünf Grundsätzen (Abb. 3.2):

- Verpflichtungen und Führung durch die Geschäftsführung,
- Bestandsaufnahme des Ist-Zustands als Grundlage für die Projektplanung,
- Planung und Festlegung der Umweltziele als Soll-Zustand,
- Identifizierung und Realisierung von Maßnahmen zur Verbesserung der Umweltleistung,
- Erfolgskontrolle der Zielerreichung und Bewertung der Umweltleistung.

Abb. 3.2 Fortlaufende Verbesserungen im Umweltmanagementsystem

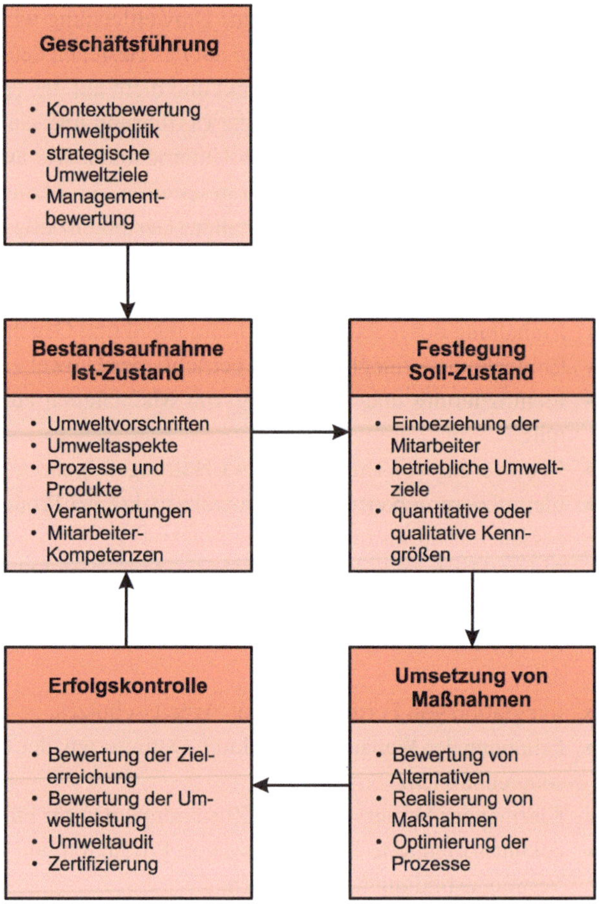

Der Geschäftsführung kommt eine Vorbildfunktion zu. Es lässt sich immer wieder feststellen, dass gute Umweltleistungen erzielt werden, wenn die oberste Leitung die Bedeutung eines Umweltmanagementsystems unterstreicht und Führung zeigt. Ihre Vorbildfunktion strahlt ins Unternehmen aus und motiviert die Mitarbeiter. Die Geschäftsführung legt die Leitlinien im betrieblichen Umweltschutz fest und formuliert die längerfristigen strategischen Umweltziele (Umweltpolitik). Im Rahmen der Managementbewertung (Review) bewertet sie die Zielerreichung und die Umweltleistung des Unternehmens.

Für die Einführung und Weiterentwicklung des Umweltmanagementsystems müssen im Rahmen des Projektmanagements Arbeitspakete beschrieben werden. So muss das Unternehmen wissen welche umweltrechtlichen Vorschriften und Genehmigungen einzuhalten sind. Dies wirkt sich direkt auf die Ermittlung der bedeutenden Umweltaspekte und deren Auswirkungen auf die Umwelt aus. Umweltvorschriften und Umweltaspekte sind mit internen und ausgelagerten Unternehmensprozessen verknüpft. Jeder Prozess hat zuständige Mitarbeiter und verantwortliche Führungskräfte. Damit sind die direkten Ansprechpartner identifizierbar, denen auf diese Art und Weise ihre (Rechts)verantwortungen bewusst gemacht werden können.

Abgeleitet aus der unternehmerischen Umweltpolitik und den strategischen Umweltzielen liefern die betrieblichen Umweltziele eine Messlatte für die Umweltleistung des Unternehmens. Umweltziele sollten möglichst quantifizierbar sein. Wo dies nicht möglich ist, sollten sie eindeutig qualitativ beschreibbar sein. Nur dann lässt sich in der Erfolgskontrolle die Zielerreichung sicher überprüfen. Um die Umweltziele zu erreichen, sind Maßnahmen zu realisieren. Dazu sind verschiedene Lösungsalternativen mit ihren jeweiligen Chancen und Risiken zu bewerten.

Maßnahmen, Verantwortungen und Termine sind nach den Regeln des Projektmanagements festzulegen und umzusetzen. Die Realisierung einer Maßnahme bedeutet nicht zwangsläufig, dass sich die Umweltleistung oder die Prozessleistung verbessert hat. Dazu ist eine konkrete Erfolgsbewertung der umgesetzten Maßnahmen notwendig. Dieser Kontrollschritt wird sehr oft unterlassen und die Maßnahmenrealisierung selber als Erfolg gewertet. Dies kann ein schwerwiegender Irrtum sein.

Letzter Schritt im fortlaufenden Verbesserungsprozess ist daher die bewusste Erfolgskontrolle. Haben die realisierten Maßnahmen die Erwartungen erfüllt? Wurden die quantitativ und/oder qualitativ formulierten Umweltziele erreicht? Wie hat sich die Umweltleistung von Prozessen und des gesamten Unternehmens verbessert? Diese und weitere Fragen werden im internen Umweltaudit zu beantworten sein. Mit der stichprobenartigen Überprüfung in der externen Zertifizierung wird dies untermauert. Durch die Managementbewertung (Managementreview) schließt sich der Kreislauf zur fortlaufenden Verbesserung des Umweltmanagementsystems und zur Steigerung der Umweltleistung des Unternehmens.

3.4 Kontext der Organisation

In der DIN EN ISO 14001 enthält dieser Abschnitt einige – teilweise abstrakte – Formulierungen. Dazu zählen folgende Punkte:

- Verstehen der Organisation und ihres Kontextes,
- Verstehen der Erfordernisse und Erwartungen interessierter Parteien,
- Festlegen des Anwendungsbereichs des Umweltmanagementsystems und
- Umweltmanagementsystem und seine Prozesse.

3.4.1 Die Organisation und ihre Kontexte

Das Umweltmanagementsystem eines Unternehmens (einer Organisation) wird von einer Reihe interner und externer Faktoren bestimmt. Dazu zählt der aktuelle Umweltzustand z. B. in Hinsicht auf Klima, Wasserqualität, Bodennutzung, Ressourcenverfügbarkeit, etc.

Über seine Umweltaspekte nimmt das Unternehmen Einfluss auf diese Umweltzustände. Als Ergebnis dieser Einflüsse treten Umweltauswirkungen auf, die den aktuellen Umweltzustand zum Positiven oder zum Negativen hin verändern können. Umweltzustand, Umweltaspekte und Umweltauswirkungen hängen somit wie folgt zusammen:

Umweltzustand	aktueller Zustand der Umwelt mit Bezugszeitpunkt und -raum,
Umweltaspekt	Einflussfaktoren des Unternehmens auf die Umwelt,
Umweltauswirkungen	positive oder negative Veränderungen der Umwelt/des Umweltzustands durch die Umweltaspekte.

Externe Kontextfaktoren können globaler, regionaler (z. B. Europäische Union), nationaler (z. B. Deutschland) oder lokaler (z. B. Stadt, Kreis, Gemeinde) Natur sein. Über den kulturellen und gesellschaftspolitischen Kontext wirken sie z. B. über politische (Gesetze), finanzielle (Steuern), behördliche (Genehmigungen) oder soziale (Beschäftigung) Aspekte auf das Unternehmen ein.

Interne Kontextfaktoren resultieren aus den Produkten und Dienstleistungen des Unternehmens. Über die jeweiligen Prozesse haben sie Auswirkungen auf die Technologien (Tätigkeiten), Mitarbeiter (Kompetenzen), Wirtschaftlichkeit (Umsatz, Gewinn) und damit auf die Wettbewerbsfähigkeit des Unternehmens.

Im Zusammenhang mit der Organisation und ihrer Kontexte sollten folgende Fragen beachtet werden:

- Wie ermittelt das Unternehmen die für sie relevanten Umweltzustände?
- Über welche Umweltaspekte beeinflusst das Unternehmen die Umwelt?
- Welche Umweltauswirkungen ergeben sich aus den Umweltaspekten?
- Welche internen Kontextfaktoren beeinflussen das Umweltmanagementsystem?
- Wie wird die Mitarbeiterzufriedenheit ermittelt?
- Welche externen Kontextfaktoren haben Einfluss auf das Umweltmanagementsystem?
- Wie wird die Kundenzufriedenheit ermittelt?
- Wie sind in diesem Zusammenhang Sachfaktoren (Finanzen, Prozesse) einerseits und Humanfaktoren (Mitarbeiter, -kompetenzen, Führungskräfte) andererseits zu bewerten?
- Wie lassen sich die internen und externen Kontextfaktoren gewichten bzw. priorisieren?

3.4.2 Erfordernisse und Erwartungen interessierter Parteien

Unter dem Begriff interessierte Parteien werden verschiedenste Kreise zusammengefasst:

- Genehmigungs- und Aufsichtsbehörden,
- Kunden, Lieferanten und Dienstleister,
- Eigentümer und Aktionäre,
- Mitarbeiter und deren Interessensvertretungen,

- Führungskräfte und
- Bürgerinitiativen.

Jede dieser Gruppen kann und hat unterschiedliche Erwartungen an den betrieblichen Umweltschutz im Unternehmen. So steht für Genehmigungs- und Aufsichtsbehörden normalerweise der ökologische Aspekt im Vordergrund. Für Kunden, Lieferanten und Investoren spielt wahrscheinlich die ökonomische Säule der Nachhaltigkeit eine größere Rolle. Mitarbeiter und ihre Bedürfnisse lassen sich der sozialen Säule zuordnen.

Die unterschiedlichen Erwartungen der einzelnen Parteien führen zu einem unternehmensinternen Spannungsfeld im Nachhaltigkeitsdreieck. Das Unternehmen muss dies erkennen und über seine Umweltziele und Umweltleistungen die verschiedenen Interessen in das Umweltmanagement integrieren.

So stellen Behördenanforderungen und die Einhaltung der Genehmigungsauflagen Muss-Ziele dar. Sie sind für ein erfolgreiches Umweltmanagementsystem unabdingbar. Die Formulierung dieser Umweltziele muss so eindeutig gewählt werden, dass sie im Rahmen eines Umweltaudits ohne Zweifel zu überprüfen sind. Andere Anforderungen kann das Unternehmen freiwillig erfüllen. Diese Wunsch-Ziele haben eine geringere Priorität. Die Nicht-Erfüllung dieser Ziele darf keine großen Auswirkungen auf die Umweltleistung haben.

Bzgl. der interessierten Parteien sollte Folgendes beachtet werden:

- Welche interessierten Parteien lassen sich im Umweltmanagement für ihr Unternehmen identifizieren?
- Welche Anforderungen stellen diese Gruppen an das Umweltmanagement des Unternehmens?
- Welche Muss- bzw. Wunsch-Ziele resultieren aus den Anforderungen an das Umweltmanagementsystem?
- Wie wirken sich die Umweltziele (Muss-, Wunsch-Ziele) auf die Umweltleistungen aus?

3.4.3 Anwendungsbereich des Umweltmanagementsystems

Die bisher beschriebenen Punkte haben Auswirkungen auf den Anwendungsbereich (die Grenzen) des Umweltmanagementsystems. Der räumliche und organisatorische Zusammenhang muss klar und deutlich beschrieben werden. Dazu bestehen mehrere Möglichkeiten:

- das Unternehmen als Gesamtorganisation,
- einzelne, in sich geschlossene Standorte oder
- einzelne Betriebe in einem Industriepark.

Der Anwendungsbereich hängt dabei von den Produkten/Dienstleistungen und den einzelnen Prozessschritten ab. Eine glaubwürdige Festlegung kann nur unter Betrachtung des gesamten Lebensweges der Produkte bzw. Dienstleistungen geschehen. Durch Outsourcing einzelner umweltrelevanter Prozessschritte (ausgelagerte Prozesse) lassen sich wesentliche Umweltaspekte im Unternehmen und deren Umweltauswirkungen ausblenden. Vordergründig hat sich die Umweltleistung verbessert; bei Betrachtung des gesamten Lebensweges hat sich nichts geändert.

Im Umweltmanagementsystem muss der Prozessverantwortliche daher stets das gesamte Bild des komplexen Systems im Auge behalten und ganzheitlich denken und handeln können. Er darf sich vordergründig nicht täuschen lassen, sondern muss die Vernetzung der einzelnen Prozesse erkennen und die Umweltauswirkungen richtig einschätzen können. Nur dann kann er die Umweltaspekte des Prozesses und dessen potenzielle Chancen und Risiken managen.

Für den Anwendungsbereich des Umweltmanagementsystems sind folgende Fragen interessant:

- Auf welcher Basis wurde der Anwendungsbereich des Umweltmanagementsystems festgelegt?
- Welche Verantwortungen und Befugnisse existieren im Anwendungsbereich?
- Bei welchen Produkten/Dienstleistungen und Prozessen/Tätigkeiten liegen bedeutende Umweltaspekte vor?
- Welche umweltrelevanten Prozessschritte wurden ausgelagert?
- Wie wurde bei der Ermittlung der Umweltaspekte der Lebensweg der Produkte mit einbezogen?
- Wie werden externe Dienstleistungen im Umweltmanagementsystem berücksichtigt?
- Wie werden die Anforderungen des Umweltmanagementsystems mit seinen Umweltaspekten in die verschiedenen Geschäftsprozesse integriert?

Das Unternehmen kann somit den Umfang und die Tiefe des Umweltmanagementsystems selbstständig festlegen. Damit bestimmt es auch Aussagen über seine Umweltleistung. Um hier eine hohe Glaubwürdigkeit zu gewährleisten, müssen neben den Anforderungen an das Unternehmen besonders hohe Anforderungen an externe Zertifizierer gestellt werden. Sie müssen die Zusammenhänge zwischen:

- Umweltzuständen und -zielen,
- Umweltaspekten und -auswirkungen,
- Lebenswegen und Umweltleistungen

nachvollziehbar erheben, bewerten und begründen können.

3.4.4 Umweltmanagementsystem und dessen Prozesse

Im Umweltmanagementsystem sind die relevanten Prozesse (incl. ausgelagerter Prozesse) zu identifizieren und zu beschreiben. Es müssen die umweltrelevanten Prozessparameter und Leistungsindikatoren erfasst werden. Die dafür benötigten Ressourcen sind zur Verfügung zu stellen. Für die Steuerung der umweltrelevanten Prozesse sind geeignete Messmethoden festzulegen. Die Messergebnisse erlauben eine Bewertung der Prozesse auf Einhaltung der vorgegebenen Umweltparameter. Zur fortlaufenden Verbesserung der Prozessleistung und des Umweltmanagementsystems sind geeignete Maßnahmen auszuwählen und einer Chancen-Gefahren-Betrachtung zu unterziehen. Der jeweilige Prozessverantwortliche ist mit seinen Befugnissen und Zuständigkeiten zu benennen.

Für das Umweltmanagementsystem und dessen Prozesse sind folgende Fragen zu beachten:

- Welche umweltrelevanten Prozesse (incl. ausgelagerte Prozesse) sind im UM-System beschrieben?
- Wie wird das Umweltmanagement in die einzelnen Prozesse integriert?
- Welche umweltrelevante Prozessparameter und Leistungsindikatoren werden erfasst?
- Welche Messmethoden, -geräte und Ressourcen stehen zur Verfügung?
- Welche Verbesserungen der Umweltleistung von Prozessen sind möglich?
- Über welche Befugnisse und Zuständigkeiten verfügt der jeweilige Prozessverantwortliche?

3.5 Führung

In diesem Abschnitt werden folgende Punkte behandelt:

- Führung und Verpflichtung,
- Umweltpolitik,
- Rollen, Verantwortlichkeiten und Befugnisse in der Organisation.

Mitarbeiterführung auf allen Ebenen ist das zentrale Element im Umweltmanagementsystem. Nur mit einer verantwortungsvollen Führung lässt sich die Umweltleistung im Unternehmen fortlaufend verbessern.

3.5.1 Führung und Verpflichtung

Im Umweltmanagementsystem des Unternehmens muss die Geschäftsführung eine Reihe von Aufgaben und Verantwortungen übernehmen. Als oberste Leitungsebene trägt sie die Verantwortung für alle (umweltrelevanten) Tätigkeiten im Unternehmen. Sie legt die Umweltpolitik und die sich daraus ableitenden strategischen Umweltziele fest. Sie stellt sicher, dass Umweltanforderungen in alle Geschäftsprozesse integriert werden und stellt die dafür notwendigen Ressourcen (Personal, Finanzmittel, Anlagen) zur Verfügung.

Die Geschäftsführung vermittelt durch ihre Vorbildfunktion die Bedeutung des Umweltmanagementsystems. Mitarbeiter werden in diesem Kontext unterstützt und können sich – wenn notwendig – entsprechend weiterbilden. Die Geschäftsführung unterstützt außerdem die verantwortlichen Führungskräfte in der fortlaufenden Verbesserung der betrieblichen Umweltleistung. Deren Aufgaben, Pflichten und Verantwortungen sind klar und transparent dargestellt. Die Ergebnisse und die Verbesserung der Umweltleistung werden regelmäßig bewertet.

Für den Aspekt der Führung und Verpflichtung sind einige Fragen von zentraler Bedeutung:

- Wie nimmt die Geschäftsführung ihre Aufgaben im Umweltmanagementsystem wahr?
- Wie wird im Geschäftsplan des Unternehmens das Umweltmanagement berücksichtigt?
- Welche strategischen Umweltziele und davon abgeleitete betriebliche Umweltziele wurden verabschiedet?
- Welche Aufgaben, Verantwortungen und Befugnisse haben die Führungskräfte im Umweltmanagementsystem?
- Welche Ressourcen werden für das Umweltmanagementsystem und die Verbesserung der Umweltleistung zur Verfügung gestellt?
- Wie werden die Mitarbeiter in Umweltbelangen unterstützt und geschult?
- Wie werden die erzielten Ergebnisse und Umweltleistungen publiziert und interessierten Parteien zur Verfügung gestellt?

3.5.2 Umweltpolitik

Die Umweltpolitik ist eine langfristige strategische Ausrichtung des Unternehmens im Umweltbereich. Sie steckt den Rahmen für Handlungen und Maßnahmen zur Erreichung der umweltbezogenen Ziele ab. Sie muss auf eine fortlaufende Verbesserung der Umweltleistungen aller Umweltaspekte ausgerichtet sein. Diese sind zu ermitteln und unter ökonomischen, sozialen und ökologischen Gesichtspunkten zu verbessern.

In diesem Zusammenhang sind neben den organisatorischen und technologischen Belangen auch die rechtlichen Anforderungen und weitere Verpflichtungen zu ermitteln und einzuhalten. Aus der strategischen Zielsetzung der Umweltpolitik sind betriebliche Ziele und Maßnahmen für eine fortlaufende Verbesserung des Umweltmanagementsystems abzuleiten.

Die in der Umweltpolitik angesprochenen Gesichtspunkte hängen vom Unternehmen und seinen Prozessen, Tätigkeiten, Produkten und Dienstleistungen ab. Um die Umwelt zu schützen und negative Umweltauswirkungen zu verhindern, kann sich die Umweltpolitik konkret auf wesentliche Umweltaspekte beziehen. Sie kann daher Verpflichtungen zu folgenden Themen eingehen:

- Erfüllung der Umweltvorschriften (Gesetze, Verordnungen, Genehmigungen, Auflagen),
- Identifikation wirtschaftlicher, organisatorischer, rechtlicher und technologischer Aspekte des betrieblichen Umweltschutzes,
- Minimierung der Umweltbelastungen durch integrierte Verfahrensplanung,
- Lebenswegbetrachtung bei der Produktentwicklung, -herstellung, -verwendung und -entsorgung,
- Entwicklung von Indikatoren und Kennziffern zur Ermittlung der Umweltleistung,
- Verpflichtung zur fortlaufenden Verbesserung des betrieblichen Umweltschutzes,
- Einsatz von Energieträgern und deren Beitrag zum Klimawandel,
- Möglichkeiten zur Verbesserung der Energieeffizienz,
- Reduzierung des Materialverbrauchs und Verbesserung der Materialeffizienz,
- Ausbildung, Information und Personalentwicklung der Mitarbeiter,
- Integration von Lieferanten, Dienstleistern und ausgelagerten Prozessen in das Umweltmanagementsystem,
- Bekanntmachung der Umweltpolitik gegenüber den Mitarbeitern, der Öffentlichkeit und weiteren interessierten Parteien,
- Ausrichtung auf eine langfristige, nachhaltige und tragfähige Entwicklung.

Die Umweltpolitik gilt nur innerhalb des festgelegten Anwendungsbereichs des Umweltmanagementsystems, d. h. es kann Standorte oder Unternehmensteile geben, für die sie keine Gültigkeit besitzt. Die Umweltpolitik wird allen Unternehmensangehörigen bekannt gemacht und erläutert. Darüber hinaus sind alle Personen und Vertragspartner zu informieren, die für das Unternehmen oder in seinem Auftrag tätig sind.

Die folgenden Fragen sollten bei der Festlegung einer unternehmerischen, strategischen Umweltpolitik berücksichtigt werden:

- Welche strategisch ausgerichtete Umweltpolitik wurde durch die Geschäftsführung des Unternehmens verabschiedet?
- Welche strategischen Umweltziele wurden festgelegt?
- Wie deckt diese Umweltpolitik alle wesentlichen Unternehmensbelange, Geschäftsprozesse, Umweltaspekte und -auswirkungen ab?
- Welche Verpflichtungen zur fortlaufenden Verbesserung sind enthalten und wie werden diese erreicht?
- Welche Ressourcen werden für die Erfüllung der Umweltpolitik zur Verfügung gestellt?
- Wie wird die Umweltleistung des Unternehmens gemessen und verbessert?

- Wie werden die rechtlichen und anderen Verpflichtungen im Umweltschutz überwacht und erfüllt?
- Wie werden die Umweltpolitik und die erzielten Verbesserungen interessierten Parteien bekannt gemacht?
- Welche Verpflichtungen für die Vermeidung von Umweltbelastungen sind enthalten?
- Wie wird die Umweltpolitik den unternehmerischen Entwicklungen angepasst?

3.5.3 Rollen, Verantwortlichkeiten und Befugnisse

Die Geschäftsführung ist letztlich für Alles verantwortlich, was immer im Unternehmen geschieht. Sie kann jedoch nicht alle Aufgaben selber wahrnehmen, sondern delegiert sie mit abgestufter Verantwortung an andere Personen (Führungskräfte). Für das Umweltmanagementsystem wird oft ein Beauftragter der obersten Leitung benannt, der z. B. für die Anwendung, Weiterentwicklung, Leistungsverbesserung und Berichterstattung im Umweltmanagementsystem verantwortlich zeichnet.

Durch die entsprechenden Organisationsstrukturen und Verantwortlichkeiten wird die Geschäftsführung nicht von ihrer unternehmerischen Gesamtverantwortung entbunden. Zu ihrer eigenen Absicherung und aus Gründen der Vorbildfunktion sollte sie sich regelmäßig – z. B. quartalsweise – über den Status im betrieblichen Umweltschutz berichten lassen. Diese einfache Maßnahme ist außerdem ein sehr wichtiger – vielfach unterschätzter – Motivationsfaktor für die Mitarbeiter.

Es ist sinnvoll die wesentlichen Verantwortlichkeiten der Führungskräfte und die Zuständigkeiten der Mitarbeiter zu beschreiben. Auf der Grundlage der jeweiligen umweltrelevanten Prozesse und Tätigkeiten sind die Verantwortungen und Zuständigkeiten durch Organisationspläne, Stellenbeschreibungen, Prozessanweisungen, etc. zu dokumentieren. Unabhängig von der Unternehmensorganisation lassen sich einige grundlegende Verantwortungen identifizieren:

- **Geschäftsführung:**
  - trägt die Gesamtverantwortung im betrieblichen Umweltmanagement,
  - Entwicklung der Umweltpolitik und Festlegung der strategischen Umweltziele,
  - Sicherstellung der Verantwortlichkeiten, Zuständigkeiten und Befugnisse,
  - regelmäßige Managementbewertung (Managementreview) im Umweltschutz.
- **Beauftragter der obersten Leitung (Umweltmanagementbeauftragter):**
  - Ansprechpartner zur Verbesserung des Umweltmanagementsystems,
  - fortlaufende Überwachung und Entwicklung der Umweltleistung des Unternehmens.
- **Führungskräfte und verantwortliche Personen:**
  - Erfüllung der rechtlichen Forderungen im Umweltschutz,
  - Erreichung der betrieblichen Umweltziele,

  - Realisierung von Maßnahmen aus dem Umweltprogramm,
  - Verbesserung der Umweltleistung im Verantwortungsbereich,
  - regelmäßige Erfolgskontrolle im betrieblichen Umweltschutz.
- **Mitarbeiter:**
  - Einhaltung und Verbesserung der festgelegten Verfahren in ihrem Arbeitsbereich.

Einige Fragen, die bei der Wahrnehmung der Verantwortlichkeiten und Befugnisse beachtet werden sollten:

- Wie nimmt die Geschäftsführung ihre Gesamtverantwortungen im Umweltmanagementsystem wahr?
- Welche Fach- und Führungskompetenz besitzt der Umweltmanagementbeauftragte des Unternehmens?
- Wie nehmen die Führungskräfte ihre (Umwelt-)Verantwortung wahr?
- Welche Zuständigkeiten und Kompetenzen haben Mitarbeiter, deren Arbeiten sich auf die Umwelt auswirken oder auswirken können?
- Welche Konsequenzen ergeben sich für Führungskräfte und Mitarbeiter bei Nichteinhaltung rechtlicher Vorschriften bzw. unternehmensinterner Vorgaben?

3.6 Planung

Die DIN EN ISO 14001 berücksichtigt unter diesem Grundsatz folgende Punkte:

- Umweltvorschriften und andere bindende Verpflichtungen,
- bedeutende Umweltaspekte,
- Risiko in Verbindung mit Chancen und Gefahren,
- Umweltziele,
- Maßnahmen zum Erreichen der Umweltziele.

Unter Umweltaspekten sind diejenigen Bestandteile von Prozessen/Tätigkeiten und Produkten/Dienstleistungen zu verstehen, die in Wechselwirkung mit der Umwelt treten können und dort entsprechende Auswirkungen zeigen. Für die Ermittlung und Bewertung der Umweltaspekte muss auf die vom Unternehmen einzuhaltenden Umweltvorschriften Bezug genommen werden. Daher müssen zuerst die rechtlichen und andere bindende Verpflichtungen (z. B. Genehmigungen) ermittelt werden. Nach der Ermittlung der rechtlichen Verpflichtungen und der (bedeutenden) Umweltaspekte sind diese einer Risikobewertung zu unterziehen. Daraus ergeben sich Chancen und Gefahren für das Unternehmen und die Umwelt. Entsprechend den Ergebnissen der Risikobewertung sind im Rahmen eines Umweltprogramms Maßnahmen mit den zugehörigen Prioritäten festzulegen.

3.6.1 Umweltvorschriften und andere bindende Verpflichtungen

Um die Erfüllung der (umwelt-)rechtlichen Vorschriften zu gewährleisten, muss eine regelmäßige Ermittlung und Dokumentation durchgeführt werden. Erfahrungsgemäß gibt es bei der Einhaltung von Umweltvorschriften in kleinen und mittleren Unternehmen (KMUs) Defizite. Damit sind dann automatisch Risiken für die Geschäftsführung, Führungskräfte und Mitarbeiter verbunden. Um hinsichtlich rechtlicher Forderungen auf dem Laufenden zu sein, muss ein Verzeichnis aller relevanten Gesetze, Vorschriften und Genehmigungen eingerichtet und regelmäßig aktualisiert werden. Vorschriften können in Form von:

- Umweltgesetzen und Verordnungen,
- speziellen Rechtsvorschriften für Produkte und Dienstleistungen,
- Genehmigungen und Auflagen für den Betrieb am Standort,
- Gerichtsurteilen sowie
- kommunaler Satzungen

existieren. Beispiele für *andere bindende Verpflichtungen* sind u. a.:

- Vereinbarungen mit Kunden und Lieferanten,
- interne Betriebsvereinbarungen,
- Selbstverpflichtungen der Wirtschaft und des Unternehmens,
- DIN-Normen und VDI-Richtlinien.

Für die Ermittlung und Aktualisierung von Rechtsvorschriften können verschiedene Quellen genutzt werden:

- Gesetzesblätter der EU, des Bundes und der Länder,
- Behörden auf allen Ebenen,
- Anbieter von Datenbanken und Dienstleister,
- Industrieverbände und -vereinigungen.

Das vorliegende Handbuch enthält eine – nicht erschöpfende – Zusammenstellung wichtiger Vorschriften. Sie sind im unternehmensspezifischen Fall zu ergänzen bzw. abzuändern. Idealerweise werden die Rechtsvorschriften mit der jeweiligen Kostenstelle (Anlage) verknüpft.

Die Einhaltung der Umweltvorschriften ist Aufgabe der verantwortlichen Personen (Führungskräfte). Im internen Umweltaudit wird vom Umweltauditor ebenfalls eine Bewertung verlangt. Im Rahmen der Zertifizierung muss stichprobenartig eine Prüfung der wesentlichen Rechtsvorschriften und Genehmigungen durchgeführt werden. Diese hat sich an der Bedeutung der Umweltaspekte zu orientieren. Führungskräften, internen Umweltauditoren und externen Zertifizierern kommt für die Einhaltung der Rechtsvorschriften somit eine wichtige Rolle zu. Sie müssen hier ihre Kompetenz und Sachkenntnis belegen können.

Im Zusammenhang mit Umweltvorschriften und anderen bindenden Verpflichtungen sollten folgende Fragen beachtet werden:

- Wie ermittelt das Unternehmen die rechtlichen Verpflichtungen und deren Aktualisierungen (Novellierungen)?
- Wie werden die verantwortlichen Mitarbeiter über die relevanten Rechtsvorschriften und deren Anforderungen informiert?
- Wie wird die Erfüllung und Einhaltung rechtlicher Vorgaben und Genehmigungen regelmäßig überprüft?

3.6.2 Bedeutende Umweltaspekte

Von allen Prozessen/Tätigkeiten bzw. Produkten/Dienstleistungen eines Unternehmens gehen Auswirkungen auf die Umwelt aus. Die Beziehung zwischen Umweltaspekten und Umweltauswirkungen ist eine Beziehung zwischen Ursache (Umweltaspekte) und Wirkung (Umweltauswirkung). Die Ermittlung der Umweltaspekte ist ein Prozess, der vergangene, gegenwärtige und zukünftige Umweltauswirkungen erfasst. Bei der Ermittlung sollte das Unternehmen da beginnen:

- wo die Erfüllung rechtlicher Vorschriften,
- die Begrenzung von Haftungsanlässen,
- der Ausschluss von Notfallsituationen,
- die bessere Energie- und Materialausnutzung (Ressourceneffizienz)

einen offensichtlichen Nutzen bringt. Diese Informationen sind in Form eines Umweltkatasters (Abfallregister, Gefahrstoffverzeichnis, Lärmkataster, Wasser-, Ressourcen-, Energieverbräuchen) zusammenzustellen. Das Kataster kann folgende Punkte umfassen:

- Festlegung der Unternehmensbereiche (Kostenstelle, Abteilung, Betriebsteil),
- Auswahl der Tätigkeiten (Prozesse, Verfahren, Produkte, Dienstleistungen),
- Ermittlung der Umweltaspekte (z. B. Materialverbrauch, Energieeinsatz, Gefahrstoffe),
- Ermittlung der Umweltauswirkungen (z. B. Klimawandel, Ozonzerstörung, saurer Regen),
- Bewertung und Bedeutung der Umweltauswirkungen.

Auf der Basis der Bestandsaufnahme lassen sich die Umweltaspekte identifizieren die bedeutende Auswirkungen auf die Umwelt haben oder haben können. Auswahlkriterien zur Bewertung können relativ einfacher Natur sein. Es ergibt sich folgender Ablauf (Abb. 3.3).

Abb. 3.3 Bewertung der Umweltaspekte und resultierender Umweltauswirkungen

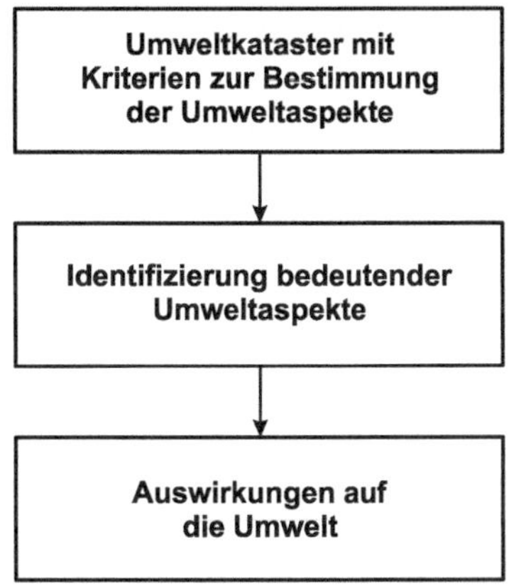

Bei der Identifizierung bedeutender Umweltaspekte sollte der Lebensweg des Produktes von der Rohstoffgewinnung bis zur abschließenden Entsorgung als Abfall betrachtet werden. Aus den Informationen der jeweiligen Kataster lassen sich die Tätigkeiten mit den größten Umwelt- und Kostenpotenzialen identifizieren. Im Zusammenhang mit Auslastungen, Anlagenlaufzeiten und Betriebsstunden werden aus den absoluten Zahlen relative Kennziffern gebildet. Diese Kenngrößen erlauben eine von der Auslastung bzw. den Produktionszahlen unabhängige Bewertung.

Wenn entsprechende Informationen vorliegen, können Verbrauchs- und Kostentendenzen betrachtet und überprüft werden. Der Detaillierungsgrad im Umweltkataster sollte nicht übertrieben werden. Wichtig ist es, eine Übersicht zu erlangen, die wichtigsten Umweltaspekte und -auswirkungen zu identifizieren und Vorstellungen über das mögliche Verbesserungspotenzial zu erzielen.

Die Bedeutung und Bewertung der Umweltaspekte und der damit zusammenhängenden Umweltauswirkungen kann von Unternehmen zu Unternehmen unterschiedlich ausfallen und von folgenden Punkten abhängen:

- potenzielle rechtliche Forderungen und Risiken,
- Umfang und Schwere der Umweltauswirkungen,
- Wahrscheinlichkeit des Eintritts und Dauer der Umweltauswirkungen,
- Schwierigkeiten und Kosten der Veränderungen,
- Wechselwirkungen zu anderen Tätigkeiten und Prozessen im Unternehmen,
- Ansehen des Unternehmens in der Öffentlichkeit,
- Bewertung der Umweltleistungen in Bezug auf interne Kriterien und externe Standards.

Folgende direkte Umweltaspekte sind mindestens zu berücksichtigen:

- Emissionen in die Luft,
- Einleitungen in Gewässer,

- Erzeugung von Abfällen,
- Kontaminationen von Böden (Altlasten),
- Verwendung von Rohstoffen,
- Einsatz von Energieträgern.

Zu den indirekten Umweltaspekten zählen u. a.:

- Entwicklung und Herstellung von Produkten,
- Planung und Auswahl betrieblicher Prozesse,
- Auswahl und Durchführung von Dienstleistungen,
- generelle Infrastruktur des Unternehmens,
- Umweltleistungen von Lieferanten und Auftragnehmern,
- Umweltleistungen ausgelagerter Prozesse,
- Verwendung und Entsorgung von Produkten.

Hat das Unternehmen noch kein Umweltmanagementsystem eingerichtet, sollte es in einem ersten Schritt durch eine Umweltprüfung die bedeutendsten Umweltaspekte und -auswirkungen ermitteln. Unternehmen können die Umweltbelange an ihrem jeweiligen Standort direkt beeinflussen. Eine Möglichkeit zur weiteren Einflussnahme liegt z. B. bei ausgelagerten Prozessen vor. Sie sind in das Umweltmanagementsystem des Unternehmens einzubeziehen und mit zu bewerten. Nur dann ist eine objektive Bewertung der Umweltleistung möglich. Eine indirekte Einflussnahme des Unternehmens ist z. B. bei Lieferanten und Dienstleistern möglich. Hier kann auf der Einführung eines Umweltmanagementsystems bestanden werden. Neben ökonomischen Bewertungskriterien (Preis) lässt sich auch die Umweltleistung als ökologischer Bewertungsfaktor für ein Lieferantenaudit heranziehen.

Einige Fragen, die bei der Ermittlung von bedeutenden Umweltaspekten und Umweltauswirkungen zu beantworten sind:

- Welches sind die wichtigsten Umweltaspekte der Prozesse/Tätigkeiten und Produkte/Dienstleistungen in ihrem Unternehmen?
- Welche Umweltauswirkungen rufen diese Prozesse/Tätigkeiten bzw. Produkte/Dienstleistungen hervor?
- Wie werden die Umweltauswirkungen neuer Produkte/Dienstleistungen ermittelt und bewertet?
- Welche Umweltauswirkungen haben firmeninterne Infrastrukturprojekte?
- Welche speziellen Vorkehrungen zum Schutz der Umwelt benötigt der Standort?
- Wie beeinflussen Veränderungen der Prozesse die Umweltaspekte und -auswirkungen des Unternehmens?
- Wie gravierend sind mögliche Umweltauswirkungen durch Prozess-Störungen oder Notfälle?

3.6.3 Umgang mit Risiken und Chancen

Bei der Planung eines Umweltmanagementsystems müssen – wie bei jedem Projekt – die damit verbundenen Chancen und Risiken ermittelt und bewertet werden. Dazu sind die unternehmerischen Rahmenbedingungen wie interne und externe Themen oder die Belange interessierter Parteien zu betrachten. Konkret müssen alle Maßnahmen, die das Umweltmanagementsystem betreffen und sich auf die Umweltleistung des Unternehmens auswirken können, bewertet werden.

Der Umgang mit Risiken in Verbindung mit Gefahren und Chancen lässt sich in einigen Fragen zusammenfassen:

- Welche Chancen und Risiken sind mit den jeweiligen Aktivitäten im Umweltmanagementsystem verbunden?
- Wie wird die Erfüllung von Rechtsvorschriften gewährleistet?
- Welche Notfallpläne existieren im Unternehmen?

3.6.4 Umweltziele und Planung zu deren Erreichung

Um die Umweltsituation des Unternehmens zu verbessern und seine Umweltleistung zu steigern, muss sich das Unternehmen strategische (langfristige) und betriebliche (kurz-, mittelfristige) Umweltziele setzen. Die Umweltziele müssen möglichst messbar und mit Terminen versehen sein. Bei der Zielformulierung sind die technologischen und ökonomischen Möglichkeiten des Unternehmens zu berücksichtigen. Die Umweltziele beziehen auch die bedeutenden Umweltaspekte und die umweltrelevanten Prozesse in die Zielfindung mit ein. Die Erreichung der Ziele lässt sich von den verantwortlichen Personen durch eine Erfolgskontrolle überprüfen. Leistungsindikatoren können als Bewertungsgrundlage für die Umweltleistung des Unternehmens dienen.

Durch den Gesetzgeber werden externe Leistungskriterien für den betrieblichen Umweltschutz festgelegt. Einzuhaltende Grenzwerte sind dafür bekannte Beispiele. Zusätzlich können interne Leistungskriterien eine Rolle spielen. Umweltziele und Leistungskriterien können sich u. a. auf folgende Punkte beziehen:

- Effizienz des Gefahrstoff- und Materialmanagements,
- Entwicklung von Produkten, um deren Umweltauswirkungen bei der Herstellung, im Gebrauch und in der Entsorgung zu minimieren,
- Abfallbilanzierung und neue Wege zur Weiterverwendung von Abfällen,
- Erhöhung des Recyclinganteils und Verbesserung der Recyclingfähigkeit,
- Energieverbräuche und Menge an CO_2-Emissionen,
- Luftreinhaltung und Reduzierung der absoluten Schadstoffmengen,
- Verbesserungen im Wasserhaushalt,

- Prozessänderungen und neue Verfahren zur Erhöhung der Produktausbeute,
- Altlasten und Bodensanierungen,
- Not-, Störfallplanung und Reduzierung von Prozessrisiken,
- Personalentwicklung und Förderung des Umweltbewusstseins bei Mitarbeitern,
- Unterstützung von Lieferanten und Dienstleistern,
- Logistikmanagement und Reduzierung des Verkehrslärms.

In Abhängigkeit von den strategischen Umweltzielen werden die betrieblichen Umweltziele regelmäßig (z. B. jährlich) aktualisiert.

Einige Fragen, die bei der Festlegung von Umweltzielen berücksichtigt werden sollten:

- Wie spiegeln die Umweltziele die Umweltauswirkungen von Prozessen/Tätigkeiten und Produkten/Dienstleistungen des Unternehmens wider?
- Wie werden die von der Unternehmensleitung festgelegten strategischen Umweltziele über alle Managementebenen hinweg in betriebliche Umweltziele umgesetzt?
- Wie werden Mitarbeiter, die für die Zielerreichung verantwortlich sind, in die Entwicklung der Umweltziele mit eingebunden?
- Welche Umweltindikatoren werden zur Leistungsbewertung aufgestellt?
- Wie werden die Umweltziele regelmäßig überwacht und bewertet, um die erwünschte Verbesserung der umweltorientierten Leistung zu bestätigen?

3.6.5 Planung von Maßnahmen

Die notwendigen Maßnahmen zur Erreichung der Umweltziele können in einem Umweltprogramm zusammengefasst werden. Das Programm sollte folgende Punkte umfassen:

- Unternehmensbereich (Kostenstelle, Abteilung, Anlagen, Prozesse),
- Maßnahmen (organisatorische, technische),
- Ressourcen (Geld, Material, Mitarbeiter),
- Potenzial (Kosten, Einsparungen),
- Personal, Verantwortungen, Zuständigkeiten (Projektleiter, -mitarbeiter),
- Termine (Prioritäten, Anfangszeitpunkt, Meilensteine, Endtermin).

Für jede einzelne Maßnahme sind die Verantwortlichkeiten, die Mittel und der Zeitrahmen für die Umsetzung festzulegen. Grundsätzlich sind bei neuen Produkt-, Dienstleistungs- und Verfahrensentwicklungen Umweltaspekte im Projektablauf zu berücksichtigen. Für Produkte sind Entwicklung, Materialien, Produktionsverfahren, Verwendung und Entsorgung über den gesamten Lebensweg zu betrachten. Bei der Entwicklung oder Veränderung technologischer Verfahren sind Planung, Design, Konstruktion, Installation, Betrieb und Stilllegung nach der besten verfügbaren Technik zu berücksichtigen.

Die Realisierung der Maßnahmen zum Erreichen der Umweltziele folgt den Regeln des Projektmanagements. Um Änderungen der Umweltziele zu berücksichtigen, sollten Umweltprogramme regelmäßig überarbeitet werden. Um die Wirksamkeit von Maßnahmen zu bewerten, sind neben den Umweltleistungen auch die technologischen und wirtschaftlichen Leistungen des Unternehmens zu berücksichtigen. Investitionsrechnungen liefern hier klare Aussagen.

Einige Fragen, die bei Maßnahmen zum Erreichen der Umweltziele im Zuge eines Umweltprogramms beachtet werden sollten:

- Welche Maßnahmen zum Erreichen der Umweltziele existieren im Unternehmen z. B. in Form eines Umweltprogramms?
- Wie werden vom Unternehmen Umweltprogramme entwickelt?
- Wie werden im Umweltprogramm Ressourcen in Form von Personal, Finanzen und Terminen festgelegt?
- Wie wird der Erfolg der realisierten Maßnahmen regelmäßig bewertet?
- Wie wird das Erreichen der Umweltziele bewertet?

3.7 Unterstützung

Die DIN EN ISO 14001 enthält in diesem Abschnitt einige wichtige Anforderungen, die besonders im Punkt Mitarbeiterkompetenzen häufig unterschätzt werden. In diesem Abschnitt werden behandelt:

- Ressourcen,
- Kompetenz,
- Bewusstsein,
- Kommunikation und
- dokumentierte Information.

3.7.1 Ressourcen

Zur wirkungsvollen Implementierung eines Umweltmanagementsystems und zur Umsetzung der notwendigen Maßnahmen muss das Unternehmen entsprechende Ressourcen zur Verfügung stellen. Die Einführung und fortlaufende Weiterentwicklung kann nur schrittweise erfolgen. Rechtliche Anforderungen, Umweltaspekte, Erwartungen von Kunden, Mitarbeitern und Öffentlichkeit, Nutzen für die Umwelt und das Unternehmen, Verfügbarkeit der personellen und finanziellen Ressourcen sind gegeneinander abzuwägen. Im Kräftedreieck zwischen Ökonomie-Ökologie-Arbeitsplätze sind Kosten-Nutzen-Betrachtungen und entsprechende Abwägungen notwendig. Von daher werden sich immer gewisse Einschränkungen der potenziell möglichen Maßnahmen ergeben.

Einige wenige Fragen zum Thema Ressourcen sind:

- Welche Ressourcen (Personal, Finanzmittel, Technologien) stellt das Unternehmen im Umweltmanagement zur Verfügung?
- Nach welchen Kriterien werden diese Ressourcen ausgewählt und eingesetzt?
- Wie ist die Erfolgsquote in Bezug auf die Verbesserung der Umweltleistung?

3.7.2 Kompetenz

Für die erfolgreiche Bewältigung umweltrelevanter Prozesse und Tätigkeiten müssen Mitarbeiter des Unternehmens die erforderliche Kompetenz besitzen. Im Rahmen des Umweltmanagementsystems sind dazu drei Personenkreise näher zu betrachten:

- Umweltmanagementbeauftragter,
- Führungskräfte und
- Mitarbeiter.

In Abhängigkeit von den jeweiligen Tätigkeiten muss ein entsprechendes Anforderungsprofil erstellt werden. Mit diesem Soll-Profil wird beschrieben, was die Person für diese Tätigkeiten können sollte. Das aktuelle Kompetenzprofil der Person liefert einen Ist-Zustand und erlaubt eine Aussage, in wie weit sie die Stellenanforderungen erfüllt und zum Erfolg des Umweltmanagementsystems beitragen kann. Die Unterschiede zwischen Anforderungsprofil (Soll) und Kompetenzprofil (Ist) führen zu Personalentwicklungsmaßnahmen für die Kompetenzentwicklung. Zusammenfassend sind daher für die Qualifikationsplanung und die Ermittlung des Schulungsbedarfs folgende Schritte notwendig:

- (umweltrelevantes) Anforderungsprofil des Arbeitsplatzes/der Tätigkeit,
- Ausbildung, Berufserfahrung und Kompetenzprofil des Mitarbeiters,
- Identifikation der Schulungs- und Personalentwicklungsmaßnahmen,
- Praxistransfer, Bewertung und Erfolgskontrolle der durchgeführten Weiterbildungsmaßnahmen.

Das Niveau und die Einzelheiten der Schulung hängen von der Ausbildung und dem Kenntnisstand des Mitarbeiters ab. Die am Unternehmensstandort tätigen Auftragnehmer und Dienstleister müssen ebenfalls entsprechende Qualifikationsnachweise vorlegen können.

Eine Kompetenzbeschreibung für Umweltmanagementbeauftragte findet sich in einem späteren Kapitel. Dort ist auch ein entsprechendes Anforderungsprofil angegeben. Die Aufgaben einer Führungskraft sind umfassender und gehen über rein fachliche (Umwelt)-Aufgaben hinaus. Neben Führungsaspekten muss eine Führungskraft auch Themen wie

Team/-entwicklung, Kommunikation/Mitarbeitergespräche und Konflikte/-lösung beherrschen.

Die 3. Personengruppe umfasst die Mitarbeiter. Für Tätigkeiten mit bedeutenden Umweltaspekten muss eine qualifizierte, fachspezifische Aus- und Weiterbildung vorhanden sein. So reicht es nicht aus, wenn z. B. in einer Abwasserbehandlungsanlage nur angelernte, fachfremde Mitarbeiter tätig sind, die in ungewöhnlichen Situationen (Notfallsituationen) nicht wissen wie sie handeln müssen. Hier muss eine qualifizierte Berufsausbildung und Berufserfahrung vorhanden sein.

In Abhängigkeit von der Umweltrelevanz der jeweiligen Tätigkeit muss daher für die Mitarbeiter ein tätigkeitsspezifisches Anforderungsprofil erstellt und mit ihren vorhandenen Kompetenzen verglichen werden. In der zuständigen Abteilung muss ein Personalentwicklungsprozess diesen Anforderungen gerecht werden. In vielen Unternehmen ist hier erhebliches Potenzial vorhanden.

Für den Aspekt Kompetenzen sind folgende Fragen von zentraler Bedeutung:

- Welche umweltrelevanten Tätigkeiten werden im Unternehmen ausgeführt?
- Welche Qualifikationsanforderungen sind für die Ausübung dieser Tätigkeiten notwendig?
- Welche Mitarbeiter üben diese umweltrelevanten Tätigkeiten aus?
- Über welche Ausbildung, Berufserfahrung und Kompetenzen verfügen diese Mitarbeiter?
- Welches Weiterbildungsprogramm existiert für Mitarbeiter, die umweltrelevante Tätigkeiten ausüben?
- Wie wird der Wissenstransfer und Erfolg einer Personalentwicklungsmaßnahme (Weiterbildungsmaßnahme) sichergestellt?

3.7.3 Bewusstsein

Die Geschäftsführung hat eine Schlüsselfunktion bei der Mitarbeitermotivation im Umweltmanagement. Sie muss die umweltbezogenen Ziele und Werte und die Bedeutung der Umweltpolitik erläutern. Es ist die Verpflichtung der einzelnen Mitarbeiter die Vorgaben des Umweltmanagementsystems in einen wirkungsvollen Verbesserungsprozess umzusetzen. Sämtliche Mitarbeiter eines Unternehmens sollten die Umweltziele, für die sie verantwortlich sind, verstehen und umsetzen können. Insbesondere Mitarbeiter, deren Tätigkeit bedeutende Auswirkungen auf die Umwelt haben, sind hier gefordert.

Die erforderlichen Kenntnisse für umweltrelevante Arbeitsplätze müssen bei der Personalauswahl, -schulung und -entwicklung beachtet werden. Den Mitarbeitern muss bewusst werden, wie aufgrund verbesserter persönlicher Leistungen die Umweltauswirkungen ihrer Tätigkeiten verringert, sowie der Nutzen für die Umwelt gesteigert werden kann. Sie müssen entsprechende Ausbildungen (Wissen), Berufserfahrung (Können) und Kompetenzen besitzen, um ihren Aufgaben und Verantwortungen zur Erreichung der Umweltziele und zur Umsetzung der Maßnahmen des Umweltprogramms nachkommen zu können.

Grundsätzlich müssen ihnen die möglichen Folgen bei Abweichungen von festgelegten Arbeitsabläufen klar sein. Das betrifft insbesondere rechtliche Anforderungen.

Einige Fragen, die beim Thema Bewusstsein beachtet werden sollten:

- In welchem Umfang verstehen die Mitarbeiter die Umweltziele des Unternehmens?
- Wie fördern sie bei ihren Mitarbeitern in allen Unternehmensbereichen das Verantwortungsbewusstsein für die Umwelt?
- Wie wird die Motivation zu eigenverantwortlichem, umweltbezogenem Handeln gefördert?
- Wie erkennt das Unternehmen die Umweltleistungen der Mitarbeiter an?
- Wie wird bei umweltrelevanten Tätigkeiten das Bewusstsein der Mitarbeiter für die jeweiligen Umweltaspekte und -auswirkungen geschärft?

3.7.4 Kommunikation

Im Hinblick auf ihre Umweltaspekte und -auswirkungen sowie ihr Umweltmanagementsystem muss das Unternehmen interne Kommunikationsabläufe zwischen den einzelnen Abteilungen und Führungsebenen gewährleisten. Zu externen interessierten Parteien sollten relevante Mitteilungen entgegengenommen, dokumentiert und beantwortet werden. Über den Umfang der internen und externen Berichterstattung kann das Unternehmen selber entscheiden.

Notwendige Kontakte mit Behörden bezüglich der Einhaltung von Auflagen, Genehmigungsanträgen, Notfallplanung, etc. gehören zum Unternehmensalltag. Sowohl für die interne als auch für die externe Umweltberichterstattung ist es wichtig, die gegenseitige Kommunikation und Information zu unterstützen. Die Informationen sollten nachprüfbar sein und ein zutreffendes Bild über die umweltorientierte Leistung des Unternehmens geben. Sie können die Mitarbeiter motivieren und das öffentliche Ansehen und die Akzeptanz fördern.

Die Berichterstattung sollte die Umweltaspekte der Prozesse/Tätigkeiten und Produkte/Dienstleistungen darlegen. Sie sollte das Bewusstsein der Mitarbeiter über Wege zur Erreichung der Umweltziele und entsprechende Realisierungsmöglichkeiten von Maßnahmen aus dem Umweltprogramm stärken. Aspekte, die im Reporting berücksichtigt werden können, sind:

- Organisationspläne und Stellenbeschreibungen,
- regelmäßige Besprechungen,
- Reports in allen Unternehmensbereichen,
- strategische Umweltpolitik und betriebliche Umweltziele,
- Umweltmanagementprozesse und deren Auditergebnisse,
- umweltbezogene Maßnahmen und Verbesserungspotenziale,
- Bewertung der umweltorientierten Leistung.

In einem regelmäßig publizierten Umweltbericht lassen sich die Ergebnisse und erzielten Leistungsverbesserungen zusammenfassend für alle interessierten Parteien nachvollziehen.

Einige Fragen, die zur Verbesserung der Kommunikation berücksichtigt werden sollten:

- Welche Informationen bzgl. der Umweltleistung des Unternehmens werden veröffentlicht?
- Wie werden Mitarbeiteranregungen entgegengenommen, bewertet und honoriert?
- Wie werden in Besprechungen Umweltaspekte thematisiert und protokolliert?
- Wie wird mit Anliegern und anderen interessierten Parteien über die Umweltsituation des Unternehmens kommuniziert?
- Wie werden die Ergebnisse von Umweltaudits und Bewertungen publiziert?
- Welche Umweltinformationen enthalten interne und externe Berichte/Veröffentlichungen?
- Wie wird die fortlaufende Verbesserung der Umweltleistung durch die Berichterstattung unterstützt?

3.7.5 Dokumentierte Information

Die DIN EN ISO 14001 stellt relativ geringe Anforderungen an die Dokumentation eines Umweltmanagementsystems. Das Unternehmen muss die wesentlichsten Elemente und ihre Wechselwirkungen beschreiben. Dazu gehören:

- Umweltpolitik,
- Umweltziele und -programme,
- Geltungsbereich des Umweltmanagementsystems,
- Hauptelemente des UM-Systems.

Hinweise für das Auffinden zugehöriger Dokumente sind nützlich. Anforderungen an einen formalen Aufbau in Form von Handbüchern, Prozessanweisungen, etc. sind nicht gegeben. Als Unterlagen können herangezogen werden:

- Organisationspläne und Stellenbeschreibungen,
- behördliche Genehmigungen und Auflagen,
- interne Regelungen und Betriebsanweisungen,
- Betriebstagebücher und Aufzeichnungen,
- Notfallpläne für den Standort.

Ein sehr großer Teil der Dokumentation ist in den Unternehmen bereits über rechtliche Vorgaben vorhanden. Zur Erleichterung des Gebrauchs und um das Bewusstsein der

Mitarbeiter zu schärfen, kann eine Neuordnung und Zusammenfassung der Dokumentation notwendig sein. Eine solche Zusammenfassung kann als Bezugsdokument für die Implementierung und Aufrechterhaltung des Umweltmanagementsystems sinnvoll sein. Insbesondere die Transparenz in den Verantwortungen und Zuständigkeiten sorgt für mehr Aufmerksamkeit im betrieblichen Alltag.

Das Unternehmen muss Verfahren für umweltbezogene Aufzeichnungen führen. Grundanforderungen über Aufzeichnungspflichten ergeben sich wieder aus den rechtlichen Vorgaben. Sie können jedoch weitergehende Anforderungen wie:

- Informationen über relevante Rechtsvorschriften,
- Genehmigungen und deren Einhaltung,
- Umweltaspekte, -auswirkungen und -leistungen,
- Überwachungsdaten und deren Auswertung,
- Prüf-, Kalibrier- und Wartungsaktivitäten,
- Prozess- und Produktinformationen,
- Schulungsaktivitäten und Kompetenzentwicklung,
- Berichte über Vorfälle, Beschwerden und Beanstandungen,
- Informationen über Lieferanten und Dienstleister/Auftragnehmer,
- Informationen über Auftragnehmer und ausgelagerte Prozesse,
- Informationen über Notfallvorsorge und -maßnahmen,
- Ergebnisse von Auditierungen,
- Bewertungen durch die Unternehmensleitung

enthalten. Der wirkungsvolle Umgang mit der vielfältigen und komplexen Menge an Informationen ist ein Schlüsselmerkmal für ein effizientes Umweltmanagementsystem. Ein gutes Umweltinformationssystem schließt Mittel und Wege zur Kennzeichnung, Sammlung, Registrierung und Aufbewahrung von Daten, Informationen und Berichten ein. Es ist sicherzustellen, dass die Unterlagen abteilungs- und tätigkeitsbezogen zugeordnet werden können.

Eine über die rechtlichen Vorgaben hinausgehende, ausufernde Dokumentation führt durch ihren Ressourcenverbrauch zu negativen Umweltauswirkungen und einer Fehllenkung von Unternehmensressourcen. Die Leistungen eines internen/externen Auditors/Zertifizierers/Umweltgutachters zeigen sich an seinen inhaltlichen Arbeiten, dem Setzen richtiger Schwerpunkte und nicht an der starren Einhaltung und Abprüfung von Formalismen. Die Fixierung auf Dokumentationen, Pflegen von Unterlagen und Lenkung von Dokumenten führt zu einem planwirtschaftlichen Managementsystem. Das Hauptaugenmerk muss daher auf der umweltorientierten Leistung liegen und nicht auf einem aufwändigen Dokumentationssystem. Für den Nachweis der Funktionsfähigkeit eines Umweltmanagementsystems muss die Verbesserung der Umwelt- und der Unternehmensleistung bewertet werden.

Einige Fragen, die im Zuge der dokumentierten Informationen beachtet werden sollten:

- Welche Umweltinformationen braucht das Unternehmen?
- Wie umfangreich ist die Dokumentation zum Umweltmanagementsystem?
- Welche Rechtsvorschriften sind im Umweltschutz zu beachten?
- Wie werden den Mitarbeitern die benötigten Informationen zur Verfügung gestellt?
- Wie werden Umweltmanagementverfahren dokumentiert und überwacht?
- Wie haben Mitarbeiter Zugriff auf die Umweltmanagement-Dokumentation?
- Was ist der ökonomische, ökologische und soziale Nutzen des Umweltmanagementsystems für das Unternehmen, die Umwelt und die Mitarbeiter?

3.8 Betrieb

In diesem Abschnitt der DIN EN ISO 14001 werden die Norm-Punkte:

- betriebliche Planung und Steuerung,
- Notfallvorsorge und Gefahrenabwehr

behandelt.

3.8.1 Betriebliche Planung und Steuerung

Bei der Ermittlung der Umweltaspekte wurden diejenigen umweltrelevanten Tätigkeiten und Abläufe ermittelt, die bedeutende Auswirkungen auf die Umwelt haben oder haben können. Grundsätzlich sind alle Prozesse zu betrachten, für die Umweltvorschriften zu beachten sind. Abläufe, die zu bedeutenden Umweltauswirkungen beitragen können, sind u. a.:

- Vertrieb & Kundenservice,
- Produktentwicklung,
- Logistik & Materialwirtschaft,
- Produktion,
- Instandhaltung/Betriebstechnik,
- Informationstechnologien,
- Fabrikplanung & Infrastruktur,
- Personalmanagement,
- Finanzen & Controlling,
- Lieferanten & Dienstleister,
- ausgelagerte Prozesse.

Diese Prozesse sind so zu gestalten, dass von ihnen möglichst geringe Auswirkungen auf die Umwelt ausgehen. Dies kann z. B. durch den Einsatz umweltfreundlicher Technologien und kompetenter Mitarbeiter geschehen. Um die Umweltleistung des Unternehmens zu bestimmen, muss auch die entsprechende Leistungsfähigkeit der jeweiligen Prozesse gemessen werden. Die Summe der Umweltleistung aller Prozesse liefert im Endergebnis die Umweltleistung des Unternehmens.

Dies lässt sich nur erreichen, wenn für die Prozesse quantitative Umweltleistungskriterien (Environmental Performance Indicators, EPIs) aufgestellt werden. Mit diesen Messgrößen ist eine Steuerung und Überwachung der Prozesse möglich. Dies gilt auch für ausgelagerte Prozesse. Sie sind ein integraler Bestandteil des Umweltmanagementsystems und daher vom Unternehmen mit zu betrachten. Von daher sind bei ausgelagerten Prozessen Lieferanten/Dienstleister/Auftragnehmer mit zu überwachen.

Kernaufgabe eines Unternehmens ist die Herstellung eines Produktes oder das Angebot einer Dienstleistung. Im Lebensweg eines Produktes sind die Umweltanforderungen von der Entwicklung über die Produktion und Verwendung bis hin zur Entsorgung am Ende der Lebensdauer zu beachten. In diesem Zusammenhang sind neben ausgelagerten Prozessen auch Zukaufteile für das Produkt integrativ zu bewerten. Nur so ist eine ganzheitliche Umweltleistungsbewertung möglich.

Vergleichbares gilt für den Dienstleistungsbereich. Auch hier müssen für die einzelnen Dienstleistungen Umweltleistungskriterien (EPIs) vorhanden sein. Nur dann ist neben der ökonomischen Leistungsbewertung (Preis-Leistungs-Verhältnis) auch eine ökologische Umweltleistungsbewertung möglich. Von daher müssen Umweltanforderungen für ausgelagerte Prozesse, Zukaufteilen, Lieferanten, Dienstleistungen und Auftragnehmer gestellt werden. Sind diese Anforderungen nicht vorhanden, liegt eine schwerwiegende Lücke im Umweltmanagementsystem des Unternehmens vor.

In diesem Zusammenhang sind für die betriebliche Planung und Steuerung folgende Fragen relevant:

- Welche umweltrelevanten Prozesse wurden im Unternehmen identifiziert?
- Welche Auswahlkriterien wurden dafür herangezogen?
- Welche Umweltaspekte und -auswirkungen treten in diesen Prozessen auf?
- Über welchen technologischen Stand verfügen diese Prozesse?
- Über welche Kompetenzen verfügen die eingesetzten Mitarbeiter?
- Mit welchen Messkriterien wird die Umweltleistung der Prozesse bestimmt?
- Welche zeitliche Entwicklung hat die Umweltleistung genommen?
- Welche Prozesse wurden ausgelagert?
- Wie werden ausgelagerte Prozesse ins Umweltmanagementsystem integriert?
- Welche Umweltanforderungen werden an Lieferanten, Dienstleister und Auftragnehmer gestellt?
- Wie werden die Umweltauswirkungen im Lebensweg eines Produkts/einer Dienstleistung berücksichtigt?

- Welche Umweltleistungskriterien liegen für Produkte/Dienstleistungsprozesse vor?
- Welche Ressourcen werden zur Verfügung gestellt?

3.8.2 Notfallvorsorge und Gefahrenabwehr

Damit auf Unfälle und unerwartete Notfallsituationen entsprechend reagiert werden kann, müssen Notfallpläne eingeführt werden. Sie sollen negative Umweltauswirkungen auf die Atmosphäre, das Wasser und Land sowie Ökosysteme verhindern oder begrenzen. Notfallpläne können enthalten:

- Art der Gefahren und das wahrscheinliche Ausmaß einer Notfallsituation,
- Reaktionsmöglichkeiten auf einen Unfall oder eine potenzielle Notfallsituation,
- Maßnahmen zur Verringerung möglicher Umweltschäden,
- Verfahren zur Auswertung eines Unfalles oder Notfalles,
- Evakuierungspläne, Fluchtwege und Sammelpunkte,
- Notfallorganisation und -verantwortlichkeiten,
- Liste des Schlüsselpersonals,
- interner und externer Kommunikationsplan,
- Notdienste wie Feuerwehr, Krankenwagen, Polizei, Behörden,
- Informationen über Gefahrenpunkte und Gefahrstoffe,
- Schulungspläne für das bei Notfällen zuständige Personal.

Das Unternehmen muss die Notfallpläne regelmäßig erproben. Dazu gehören z. B. Brandschutz- oder Räumungsübungen. Nach Unfällen oder Notfallsituationen muss das Unternehmen seine Notfallvorsorge und -maßnahmen überprüfen. Letztlich handelt es sich bei der Notfallplanung um eine besondere Form der Ablauflenkung.

Einige zu beachtende Fragen zu Notfallvorsorge und Gefahrenabwehr:

- Welche Notfälle bzw. Unfälle sind in den letzten Jahren im Unternehmen aufgetreten?
- Welche Konsequenzen wurden aus eingetretenen Notfällen/Unfällen gezogen?
- Welche Notfallpläne existieren im Unternehmen?
- Wer ist für die Erstellung und Pflege der Notfallpläne verantwortlich?
- Wie wird die Funktionsfähigkeit der Notfallpläne regelmäßig erprobt?
- Welche Ergebnisse bzw. Konsequenzen ergaben sich aus Notfallübungen?

3.9 Bewertung der Leistung

Um die Wirksamkeit des Umweltmanagementsystems zu gewährleisten, muss das Unternehmen seine umweltorientierte Leistung messen, überwachen und bewerten. Im Einzelnen sind zu berücksichtigen:

- Überwachung, Messung, Analyse und Bewertung,
- Bewertung der Einhaltung von Vorschriften,
- Internes Audit,
- Managementbewertung.

3.9.1 Überwachung, Messung, Analyse und Bewertung

Das Unternehmen muss über einen Prozess zum Messen und Überwachen der Umweltleistung verfügen. Dies schließt eine Bewertung über die Einhaltung der relevanten Umweltvorschriften ein. Von daher sind Arbeitsabläufe und Prozesse, für die Genehmigungen bestehen bzw. die eine bedeutende Auswirkung auf die Umwelt haben können, regelmäßig zu überwachen und zu messen. Überwachungsgeräte müssen kalibriert und gewartet werden. Aufzeichnungen darüber sind über Betriebstagebücher aufzubewahren. Überwachungs-, Kalibrierungsvorgänge und Messungen sind zu analysieren, um den Erfolg von Maßnahmen zu ermitteln und mögliche Verbesserungen zu identifizieren.

Die Ermittlung geeigneter Indikatoren für die umweltorientierte Leistung bzw. für die Fortschritte bei der Erreichung der Umweltziele kann in Form betrieblicher Umweltkennzahlen geschehen. Umweltleistungskennzahlen zur Beurteilung und Steuerung der Umweltauswirkungen, Umweltmanagementkennzahlen zu organisatorischen Leistungen und Umweltzustandskennzahlen über die Qualität der Umwelt in der Umgebung des Unternehmens bieten entsprechende Möglichkeiten.

Einige Fragen, die bzgl. Überwachung, Messung, Analyse und Bewertung beachtet werden sollten:

- Mit welchen Verfahren werden umweltrelevante Parameter gemessen und überwacht?
- Wie werden Mess- und Überwachungseinrichtungen regelmäßig überprüft und kalibriert?
- Wie werden die Fortschritte zur Erreichung der Umweltziele bestimmt?
- Welche Kennzahlen zur Bestimmung der Umweltleistung werden aus den erfassten Parametern gebildet?
- Welche Umweltleistungs-, Umweltmanagement- und Umweltzustandskennzahlen verwendet ihr Unternehmen?

3.9.2 Bewertung der Einhaltung von Umweltvorschriften und anderen Verpflichtungen

Das Unternehmen muss ein Verfahren zur regelmäßigen Erfassung, Bewertung und Einhaltung der Rechtsvorschriften vorweisen können. Eine reine Auflistung der Vorschriften ist nicht ausreichend. Neben der Rechtsvorschrift müssen zumindest das Ausgabedatum und eine Verknüpfung zum jeweiligen Prozess angegeben sein. Nur dann ist eine einfache

Überprüfung der Rechtskonformität möglich. Aufgrund der Dynamik im Umweltrecht auf europäischer und nationaler Ebene ist dieses Rechtskataster mindestens vierteljährlich auf Gültigkeit zu überprüfen.

Die Rechtsvorschriften und Genehmigungen sind abteilungs- bzw. anlagenbezogen zu zuordnen, damit die Führungskräfte ihrer Verantwortung nachkommen können. Die Ergebnisse der rechtlichen Überprüfungen sind zu dokumentieren. Werden Rechtsvorschriften nicht eingehalten, sind sofort Korrekturmaßnahmen einzuleiten.

Im Zusammenhang mit der Bewertung der Einhaltung von Vorschriften sind folgende Fragen zu beantworten:

- Welche Umweltvorschriften muss das Unternehmen einhalten?
- Welche Genehmigungen liegen vor?
- Wer ist für die Erstellung und Aktualisierung des Rechtskatasters zuständig?
- In welchem zeitlichen Abstand werden die Umweltvorschriften aktualisiert?
- Welche Ergebnisse bzw. Abweichungen ergab die Überprüfung der Rechtskonformität?
- Welche Konsequenzen straf- bzw. zivilrechtlicher Natur können sich aus der Nichteinhaltung der Umweltvorschriften ergeben?

3.9.3 Internes Audit

Ein Audit ist ein systematischer und dokumentierter Prozess zur objektiven Ermittlung und Bewertung von Nachweisen. Es wird festgestellt, ob das Umweltmanagementsystem eines Unternehmens die selbst festgelegten Kriterien erfüllt. Audits sind deshalb regelmäßig durchzuführen. Das Auditprogramm muss auf den bedeutenden Umweltaspekten und -auswirkungen und den Ergebnissen vorangegangener Umweltaudits basieren.

In einem vollständigen Auditprogramm müssen:

- Prozesse, Tätigkeiten, Abteilungen und Unternehmensbereiche,
- Verantwortlichkeiten für die Leitung und Durchführung,
- Berichterstattung der Auditergebnisse,
- Kompetenzen der Auditoren,
- Art der Durchführung des Audits

geregelt sein. Die Häufigkeit von Umweltaudits hängt von der Art des Betriebes, seinen Umweltaspekten und potenziellen Umweltauswirkungen ab. Umweltaudits können durch Mitarbeiter des Unternehmens und/oder durch externe Personen ausgeführt werden. In jedem Fall müssen die Auditoren in der Lage sein, das Audit objektiv und unparteiisch durchzuführen. Die Berichterstattung der Auditergebnisse an die Unternehmensleitung zeigt den Zustand des Umweltmanagementsystems auf.

Über die Umweltpolitik hat sich die Geschäftsführung zur Einhaltung der Umweltvorschriften verpflichtet. Die Auditoren/Zertifizierer/Umweltgutachter müssen daher in den auditierten Bereichen eine inhaltliche, gesetzeskonforme Prüfung vornehmen. Eine reine Systemprüfung verstößt gegen die Sorgfaltspflichten. Zur Entlastung und Absicherung der Geschäftsführung bestätigen sie in ihrem Auditbericht die Einhaltung der Umweltvorschriften und entsprechender Genehmigungen.

Einige Fragen, die bzgl. des internen Audits beachtet werden sollten:

- In welchem zeitlichen Abstand werden Umweltaudits durchgeführt?
- Welche Unternehmensbereiche werden nach welchen Auswahlkriterien auditiert?
- Über welche Kompetenzen verfügen interne (oder externe) Auditoren?
- Welche ökonomischen und ökologischen Potenziale ergeben sich aus dem Umweltaudit?
- Wie wurden die Ergebnisse und Vorschläge aus den Umweltaudits der zurückliegenden Jahre umgesetzt?
- Welche Konsequenzen zieht die Geschäftsführung aus den Ergebnissen der Umweltaudits?

3.9.4 Managementbewertung

Die Geschäftsführung des Unternehmens muss das Umweltmanagementsystem regelmäßig bewerten und fortlaufend verbessern, wodurch eine Verbesserung der umweltorientierten Leistung erreicht werden soll. Für die Überprüfung sind begründete Prioritäten bzgl. der folgenden Punkte zu erstellen:

- Eignung der strategischen Umweltpolitik mit entsprechenden Schwerpunkten,
- Erfüllung der betrieblichen Umweltziele,
- Einhaltung (umwelt)rechtlicher Vorschriften und Genehmigungen,
- Ergebnisse vorhergehender Audits und Zertifizierungen,
- Erfolgskontrolle von Maßnahmen aus dem Umweltprogramm,
- Verbesserung der Umweltleistung,
- Maßnahmen aus früheren Managementreviews,
- Fortschritte in Wissenschaft und Technologie,
- Änderungen von Prozessen, Produkten und Dienstleistungen,
- Anliegen der Kunden und anderer externer Parteien,
- Bedürfnisse von Lieferanten, Dienstleistern und Auftragnehmern,
- Berücksichtigung ausgelagerter Prozesse.

Die Managementbewertung muss nicht ins Detail gehen, aber letztlich alle Geschäftsprozesse umfassen. Innerhalb eines vorgegebenen Zeitraums müssen alle wesentlichen Bestandteile des Umweltmanagementsystems einer Bewertung/einem Review unterzogen werden. Die Ergebnisse sind zu dokumentieren.

Für die Managementbewertung sollten folgende Fragen Berücksichtigung finden:

- Wie wird das Umweltmanagementsystem regelmäßig bewertet?
- Wie sehen die Ergebnisse der Managementreviews aus?
- Welche wesentlichen Veränderungen ergeben sich bei den Umweltvorschriften und den Umweltaspekten im Zeitraum von 3–5 Jahren?
- Wie hat sich die absolute Umweltleistung des Unternehmens verbessert?
- Wie hat sich die relative Umweltleistung des Unternehmens verändert?
- Welche grundlegenden Prozessverbesserungen und Verfahrensänderungen sind notwendig, um die Umweltauswirkungen weiter zu reduzieren?
- Wie wird der Lebensweg von Produkten/Dienstleistungen integrativ betrachtet?
- Wie werden ausgelagerte Prozesse in der Managementbewertung berücksichtigt?

3.10 Verbesserung

Mit dem Punkt Verbesserung schließt die DIN EN ISO 14001 ab. Hier werden noch folgende Aspekte behandelt:

- Nichtkonformität und Korrekturmaßnahmen,
- fortlaufende Verbesserung.

3.10.1 Nichtkonformität und Korrekturmaßnahmen

Die Feststellungen, Schlussfolgerungen und Empfehlungen, die sich als Ergebnis von Überwachung/Messungen, Audits/Zertifizierungen oder anderen Bewertungen ergeben, sind schriftlich festzuhalten. Für die notwendigen Korrekturmaßnahmen sind Verantwortlichkeiten, Ressourcen und Termine nach den Regeln des Projektmanagements zu nennen. Die Maßnahmen müssen der Schwere des Problems und den Abweichungen Rechnung tragen sowie den Umweltauswirkungen angemessen sein.

Für die Untersuchung von Abweichungen und für Vorbeugungs- und Korrekturmaßnahmen sind folgende Punkte zu beachten:

- Bestimmung der Ursachen für Mängel im Umweltschutz,
- Festlegung des einzuhaltenden Soll-Zustands,
- Bewertung von Lösungsalternativen,
- Auswahl und Realisierung von Maßnahmen,
- Überprüfung und Bewertung der Wirksamkeit der Maßnahmen.

Korrekturmaßnahmen sind immer Reparaturmaßnahmen im Umweltmanagementsystem. Unter dem Gesichtspunkt der Vorbeugung sollten sie möglichst nicht auftreten. Sie wirken sich sofort auf die Umweltleistung aus und sind daher im Managementreview mit zu betrachten.

Einige Fragen, die bzgl. Nichtkonformität und Korrekturmaßnahmen beachtet werden sollten:

- Welche Korrekturmaßnahmen waren in den letzten Jahren notwendig?
- Was waren die Ursachen für die Abweichungen?
- Wer war für die Umsetzung der Korrekturmaßnahmen verantwortlich?
- Wie wurden die umgesetzten Maßnahmen auf ihre Wirksamkeit überprüft?

3.10.2 Fortlaufende Verbesserung

Im Sinne eines nachhaltigen Wirtschaftens muss eine absolute Entkoppelung der Ressourcennutzung von der Wirtschaftsleistung erfolgen. Um dieses strategische Ziel zu erreichen, muss das Unternehmen sein Umweltmanagementsystem und seine Umweltleistung fortlaufend verbessern. Dies mündet in eine abschließende, einfache Frage bzgl. der fortlaufenden Verbesserung eines Umweltmanagementsystems:

► **Was bringt's?**

3.11 Anzahl der Zertifizierungen nach DIN EN ISO 14001

Tab. 3.1 zeigt die Anzahl der Zertifizierungen nach DIN EN ISO 14001 Umweltmanagementsysteme. Weltweit wurden ca. 320.000 Zertifikate vergeben, davon die Meisten in China. Deutschland nimmt mit 8200 Zertifizierungen einen mittleren Platz ein.

Tab. 3.1 Anzahl der Zertifizierungen nach DIN EN ISO 14001 Umweltmanagementsysteme in 2015 [3.17]

Land	Anzahl Zertifizierungen
Welt	319.324
China	114.303
Japan	26.069
Italien	22.350
United Kingdom	17.814
Spanien	13.310
Rumänien	10.581
Deutschland	**8222**
Frankreich	6847
Indien	6782
USA	6067
Australien	4400
Tschechien	3832

3.12 Aufgaben für die Praxis

- Welche Grundsätze und Elemente sind in einem Umweltmanagementsystem nach DIN EN ISO 14001 zu berücksichtigen?
- Welche Ziele verfolgen Sie in ihrem Unternehmen mit einem UM-System?
- Begründen Sie den Anwendungsbereich ihres Umweltmanagementsystems.
- Welche Rolle kommt der Geschäftsführung im Umweltmanagementsystem zu?
- Welche internen/externen Kontextfaktoren können Sie benennen?
- Was verstehen Sie unter interessierten Parteien?
- Welche Anforderungen werden an die Umweltpolitik eines Unternehmens gestellt?
- Welche Umweltstrategien existieren in ihrem Unternehmen?
- Wie sind die Verantwortlichkeiten der Führungskräfte geregelt?
- Welche bedeutenden Umweltaspekte liegen in ihrem Unternehmen vor?
- Welche umweltrechtlichen Verpflichtungen sind in einem Umweltmanagementsystem zu berücksichtigen?
- Wie werden Umweltziele und -programme ermittelt und aufgestellt?
- Welche Maßnahmen zur Reduzierung der Umweltauswirkungen sind in ihrem Unternehmen geplant?
- Welche Ressourcen werden für das Umweltmanagement zur Verfügung gestellt?
- Wie werden die Mitarbeiterkompetenzen für umweltrelevante Tätigkeiten erfasst und entwickelt?
- Wie werden die Mitarbeiter für Belange des betrieblichen Umweltschutzes sensibilisiert?
- Welche Umweltinformationen/-berichte stellt ihr Unternehmen intern und extern zur Verfügung?
- Welche Kriterien (Parameter) sind zur Steuerung und Überwachung umweltrelevanter Prozesse festgelegt worden?
- Wie werden ausgelagerte Prozesse in das Umweltmanagementsystem integriert?
- Wie sind die Umweltleistungen zu überwachen und zu bewerten?
- Welche Anforderungen werden an die Bewertung und Einhaltung der Rechtsvorschriften gestellt?
- Wie ist ein Umweltaudit durchzuführen?
- Welchen Sinn und Zweck erfüllt die Managementbewertung (Managementreview)?
- Welche Verbesserungen der Umweltleistungen wurden in ihrem Unternehmen in den vergangenen Jahren erzielt?

Weiterführende Literatur

3.1. Ahrens, V.; Hofmann-Kannensky M.; *Integration von Managementsystemen,* Vahlen, **2001**, 3-8006-2593-8

3.2. Albrecht, Th.; *Wertorientiertes Umweltmanagement,* Eul, **2007**, 978-3-89936-583-2

3.3. Becke, G. et al.; *Dialogorientiertes Umweltmanagement und Umweltqualifizierung,* Springer, **2000**, 3-540-67173-0
3.4. Bias, M. et al.; *Integriertes Management – Ein Leitfaden für kleine und mittlere Unternehmen,* Bayrisches Staatsministerium für Wirtschaft, Infrastruktur, Verkehr und Technologie, München, **2003**
3.5. *DIN EN ISO 14001, Umweltmanagementsysteme – Anforderungen mit Anleitung zur Anwendung,* Beuth, **November 2015**
3.6. *DIN EN ISO 14004, Umweltmanagementsysteme – Allgemeiner Leitfaden über Grundsätze, Systeme und unterstützende Methoden,* Beuth, **August 2016**
3.7. *DIN EN ISO 14006, Umweltmanagementsysteme – Leitlinien zur Berücksichtigung umweltverträglicher Produktgestaltung,* Beuth, **Oktober 2011**
3.8. *DIN ISO 37500,Leitfaden Outsourcing,* Beuth, **August 2015**
3.9. Doktoranden-Netzwerk Öko-Audit e. V. (Hrsg.); *Umweltmanagementsysteme zwischen Anspruch und Wirklichkeit,* Springer, **1998**, 3-540-64690-6
3.10. Finkbeiner, M.; Schwager, B.; *Umweltmanagement für kleine und mittlere Unternehmen,* Beuth, **2016**, 978-3-410-25758-5
3.11. Fischer, G. et al.; *Qualitätsmanagement, Arbeitsschutz und Umweltmanagement,* Europa Lehrmittel, **2008**, 978-3-8085-5382-4
3.12. Förster, M.; *Integrierte Managementsysteme,* Kovac, **2003**, 3-8300-0829-5
3.13. Förtsch, G.; Meinholz, H.; *Handbuch Betriebliches Gefahrstoffmanagement,* Springer-Spektrum, **2016**, 978-3-658-13087-9
3.14. Förtsch, G.; Meinholz, H.; *Handbuch Betrieblicher Gewässerschutz,* Springer-Spektrum, **2014**, 978-3-658-03323-1
3.15. Förtsch, G.; Meinholz, H.; *Handbuch Betrieblicher Immissionsschutz,* Springer-Spektrum, **2013**, 978-3-658-00005-9
3.16. Förtsch, G.; Meinholz, H.; *Handbuch Betriebliche Kreislaufwirtschaft,* Springer-Spektrum, **2014**, 978-3-658-06444-0
3.17. International Standard Organization (ISO); *The ISO Survey of Certifications,* **2016**
3.18. Kostka, S., Hassan, A.; *Umweltmanagementsysteme in der chemischen Industrie,* Springer, **1997**, 3-540-62907-6
3.19. Krinn, H., Meinholz, H.; *Einführung eines Umweltmanagementsystems in kleinen und mittleren Unternehmen,* Springer, **1997**, 3-540-62465-1
3.20. Lutz, U.; Roth, K.; *Betriebliches Umweltmanagement,* Springer, **2000**, 3-540-67929-4
3.21. Meinholz, H.; Förtsch, G.; *Führungskraft Ingenieur,* Vieweg + Teubner, **2010**, 978-3-8348-1392-3
3.22. Reimann, G.; Janson-Mundel, O.; *Erfolgreiches Umweltmanagement nach DIN EN ISO 14001:2015*, Beuth, **2017**, 978-3-410-25210-8
3.23. Tischler, K.; *Betriebliches Umweltmanagement als Lernprozess,* Peter Lang, **1998**, 3-631-33914-3
3.24. Umweltbundesamt (UBA); *Wirtschaftsfaktor Umweltschutz – Vertiefende Analyse zu Umweltschutz und Innovation,* Texte 01/2007, **2007**
3.25. *VDI 4070, Blatt 1,Anleitung zum Nachhaltigen Wirtschaften,* Beuth, **Februar 2016**
3.26. *VDI 4075, Blatt 1,Produktionsintegrierter Umweltschutz (PIUS) – Grundlagen und Anwendungsbereich,* Beuth, **Oktober 2014**
3.27. Zeschmann, E.-G.; Wilken M.; *Anleitung für ein Umweltmanagementsystem,* Expert, **2000**, 3-8169-1636-8

3

EG-Öko-Audit-Verordnung (EMAS)

4

4.1 Allgemeine Bestimmungen

Zielsetzung (Art. 1)
Das Ziel von EMAS besteht darin, kontinuierliche Verbesserungen der Umweltleistung von Organisationen zu fördern, indem die Organisationen Umweltmanagementsysteme errichten und anwenden, die Leistung dieser Systeme einer systematischen, objektiven und regelmäßigen Bewertung unterzogen wird, Informationen über die Umweltleistung vorgelegt werden, ein offener Dialog mit der Öffentlichkeit und anderen interessierten Kreisen geführt wird und die Arbeitnehmer der Organisationen aktiv beteiligt werden und eine angemessene Schulung erhalten.

Begriffsbestimmungen (Art. 2)
Für die Zwecke der EMAS-Verordnung gelten folgende Begriffsbestimmungen:

- **Umweltpolitik:**
  die von den obersten Führungsebenen einer Organisation verbindlich dargelegten Absichten und Ausrichtungen dieser Organisation in Bezug auf ihre Umweltleistung, einschließlich der Einhaltung aller geltenden Umweltvorschriften und der Verpflichtung zur kontinuierlichen Verbesserung der Umweltleistung,
- **Umweltleistung:**
  die messbaren Ergebnisse des Managements der Umweltaspekte einer Organisation,
- **Einhaltung der Rechtsvorschriften:**
  vollständige Einhaltung der geltenden Umweltvorschriften, einschließlich der Genehmigungen,
- **Umweltaspekt:**
  derjenige Bestandteil der Tätigkeiten, Produkte oder Dienstleistungen einer Organisation, der Auswirkungen auf die Umwelt hat oder haben kann,

G. Förtsch und H. Meinholz, *Handbuch Betriebliches Umweltmanagement*,
https://doi.org/10.1007/978-3-658-19151-1_4

- **direkter Umweltaspekt:**
  ein Umweltaspekt im Zusammenhang mit Tätigkeiten, Produkten und Dienstleistungen der Organisation selbst, der deren direkter betrieblicher Kontrolle unterliegt,
- **indirekter Umweltaspekt:**
  ein Umweltaspekt, der das Ergebnis der Interaktion einer Organisation mit Dritten sein und in angemessenem Maße von einer Organisation beeinflusst werden kann,
- **Umweltauswirkung:**
  jede positive oder negative Veränderung der Umwelt, die ganz oder teilweise auf Tätigkeiten, Produkte oder Dienstleistungen einer Organisation zurückzuführen ist,
- **Umweltprüfung:**
  eine erstmalige umfassende Untersuchung der Umweltaspekte, der Umweltauswirkungen und der Umweltleistung im Zusammenhang mit den Tätigkeiten, Produkten und Dienstleistungen einer Organisation,
- **Umweltprogramm:**
  eine Beschreibung der Maßnahmen, Verantwortlichkeiten und Mittel, die zur Verwirklichung der Umweltziele getroffen, eingegangen und eingesetzt wurden oder vorgesehen sind, und der diesbezügliche Zeitplan,
- **Umweltzielsetzung:**
  ein sich aus der Umweltpolitik ergebendes und nach Möglichkeit zu quantifizierendes Gesamtziel, das sich eine Organisation gesetzt hat,
- **Umwelteinzelziel:**
  eine für die gesamte Organisation oder Teile davon geltende detaillierte Leistungsanforderung, die sich aus den Umweltzielsetzungen ergibt und festgelegt und eingehalten werden muss, um diese Zielsetzungen zu erreichen,
- **Umweltmanagementsystem:**
  der Teil des gesamten Managementsystems, der die Organisationsstruktur, Planungstätigkeiten, Verantwortlichkeiten, Verhaltensweisen, Vorgehensweisen, Verfahren und Mittel für die Festlegung, Durchführung, Verwirklichung, Überprüfung und Fortführung der Umweltpolitik und das Management der Umweltaspekte umfasst,
- **Umweltbetriebsprüfung:**
  die systematische, dokumentierte, regelmäßige und objektive Bewertung der Umweltleistung einer Organisation, des Managementsystems und der Verfahren zum Schutz der Umwelt,
- **Betriebsprüfer:**
  eine zur Belegschaft der Organisation gehörende Person oder Gruppe von Personen oder eine organisationsfremde natürliche oder juristische Person, die im Namen der Organisation handelt und insbesondere die bestehenden Umweltmanagementsysteme bewertet und prüft, ob diese mit der Umweltpolitik und dem Umweltprogramm der Organisation übereinstimmen und ob die geltenden umweltrechtlichen Verpflichtungen eingehalten werden,

- **Umwelterklärung:**
  die umfassende Information der Öffentlichkeit und anderer interessierter Kreise mit folgenden Angaben zur Organisation:
  - Struktur und Tätigkeiten,
  - Umweltpolitik und Umweltmanagementsystem,
  - Umweltaspekte und -auswirkungen,
  - Umweltprogramm, -ziele,
  - Umweltleistung und Einhaltung der geltenden umweltrechtlichen Verpflichtungen,
- **Umweltgutachter:**
  eine Konformitätsbewertungsstelle im Sinne der Verordnung (EG) Nr. 765/2008 oder jede Vereinigung oder Gruppe solcher Stellen, die gemäß der vorliegenden Verordnung akkreditiert ist; oder jede natürliche oder juristische Person oder jede Vereinigung oder Gruppe solcher Personen, der eine Zulassung zur Durchführung von Begutachtungen und Validierungen gemäß der vorliegenden Verordnung erteilt worden ist,
- **Validierung:**
  die Bestätigung des Umweltgutachters, der die Begutachtung durchgeführt hat, dass die Informationen und Daten in der Umwelterklärung einer Organisation und die Aktualisierungen der Erklärung zuverlässig, glaubhaft und korrekt sind und den Anforderungen dieser Verordnung entsprechen,
- **Umweltleistungsindikator:**
  ein spezifischer Parameter, mit dem sich die Umweltleistung einer Organisation messen lässt.

4.2 Registrierung von Organisationen

Vorbereitung der Registrierung (Art. 4)
Organisationen, die erstmalig eine Registrierung anstreben:

- nehmen eine Umweltprüfung aller sie betreffenden Umweltaspekte vor,
- führen auf der Grundlage der Ergebnisse dieser Umweltprüfung ein von ihnen entwickeltes Umweltmanagementsystem ein, das alle Anforderungen abdeckt und etwaige bewährte branchenspezifische Umweltmanagementpraktiken berücksichtigt,
- führen eine Umweltbetriebsprüfung durch,
- erstellen eine Umwelterklärung.

Die Organisationen erbringen den materiellen oder dokumentarischen Nachweis, dass sie alle für sie geltenden Umweltvorschriften einhalten. Sofern branchenspezifische Referenzdokumente für die betreffende Branche zur Verfügung stehen, erfolgt die Beurteilung der Umweltleistung der Organisation anhand dieser einschlägigen Dokumente.

Die erste Umweltprüfung, das Umweltmanagementsystem, das Verfahren für die Umweltbetriebsprüfung und seine Umsetzung werden von einem akkreditierten oder zugelassenen Umweltgutachter begutachtet und die Umwelterklärung wird von diesem validiert.

Registrierungsantrag (Art. 5)
Organisationen, die die Anforderungen erfüllen, können eine Registrierung beantragen. Der Registrierungsantrag ist bei der zuständigen Stelle zu stellen und umfasst Folgendes:

- die validierte Umwelterklärung in elektronischer oder gedruckter Form,
- die vom Umweltgutachter, der die Umwelterklärung validiert hat, unterzeichnete Erklärung,
- ein ausgefülltes Formular, das mindestens die in Anhang VI der EMAS-Verordnung aufgeführten Mindestangaben enthält.

4.3 Verpflichtungen registrierter Organisationen

Verlängerung der EMAS-Registrierung (Art. 6)
Eine registrierte Organisation muss mindestens alle drei Jahre:

- ihr gesamtes Umweltmanagementsystem und das Programm für die Umweltbetriebsprüfung und deren Umsetzung begutachten lassen,
- eine Umwelterklärung erstellen und von einem Umweltgutachter validieren lassen,
- die validierte Umwelterklärung der zuständigen Stelle übermitteln,
- der zuständigen Stelle ein ausgefülltes Formular mit wenigstens den in Anhang VI der EMAS-Verordnung aufgeführten Mindestangaben übermitteln.

In den dazwischen liegenden Jahren muss eine registrierte Organisation:

- eine Betriebsprüfung ihrer Umweltleistung und der Einhaltung der geltenden Umweltvorschriften vornehmen,
- eine aktualisierte Umwelterklärung erstellen und von einem Umweltgutachter validieren lassen,
- der zuständigen Stelle die validierte aktualisierte Umwelterklärung übermitteln,
- der zuständigen Stelle ein ausgefülltes Formular mit wenigstens den in Anhang VI der EMAS-Verordnung aufgeführten Mindestangaben übermitteln.

Die registrierten Organisationen veröffentlichen ihre Umwelterklärung und deren Aktualisierungen innerhalb eines Monats nach der Registrierung und innerhalb eines Monats nach der Verlängerung der Registrierung. Die registrierten Organisationen können dieser Anforderung nachkommen, indem sie die Umwelterklärung und deren Aktualisierungen auf Anfrage zugänglich machen oder Links zu Internet-Seiten einrichten, auf denen diese Umwelterklärungen zu finden sind.

Ausnahmeregelung für kleine Organisationen (Art. 7)
Auf Antrag einer kleinen Organisation verlängern die zuständigen Stellen für diese Organisation das Dreijahresintervall auf bis zu vier Jahre oder das Jahresintervall auf bis zu zwei Jahre, sofern der Umweltgutachter, der die Organisation begutachtet hat, bestätigt, dass alle nachfolgenden Bedingungen erfüllt sind:

- es liegen keine wesentlichen Umweltrisiken vor,
- die Organisation plant keine wesentlichen Änderungen und
- es liegen keine wesentlichen lokalen Umweltprobleme vor, zu denen die Organisation beiträgt.

Wesentliche Änderungen (Art. 8)
Plant eine registrierte Organisation wesentliche Änderungen, so führt sie eine Umweltprüfung dieser Änderungen, einschließlich ihrer Umweltaspekte und Umweltauswirkungen, durch. Nach der Umweltprüfung der Änderungen aktualisiert die Organisation die erste Umweltprüfung, ändert die Umweltpolitik, das Umweltprogramm und das Umweltmanagementsystem und überprüft und aktualisiert die gesamte Umwelterklärung entsprechend. Alle geänderten und aktualisierten Dokumente sind innerhalb von sechs Monaten zu begutachten und zu validieren. Nach der Validierung übermittelt die Organisation die Änderungen der zuständigen Stelle und veröffentlicht die Änderungen.

Interne Umweltbetriebsprüfung (Art. 9)
Registrierte Organisationen stellen ein Programm für die Umweltbetriebsprüfung auf, das gewährleistet, dass alle Tätigkeiten der Organisation innerhalb eines Zeitraums von höchstens drei Jahren einer internen Umweltbetriebsprüfung unterzogen werden, oder innerhalb eines Zeitraums von höchstens vier Jahren, wenn die genannte Ausnahmeregelung für kleine Organisationen Anwendung findet.

Die Prüfung wird von Betriebsprüfern vorgenommen, die einzeln oder als Gruppe über die erforderlichen fachlichen Qualifikationen für die Ausführung dieser Aufgaben verfügen, und deren Unabhängigkeit gegenüber den geprüften Tätigkeiten ausreichend ist, um eine objektive Beurteilung zu gestatten.

Im Programm der Organisation für die Umweltbetriebsprüfung sind die Zielsetzungen jeder Umweltbetriebsprüfung bzw. jedes Betriebsprüfungszyklus, einschließlich der Häufigkeit der Prüfung jeder Tätigkeit, festzulegen.

Nach jeder Umweltbetriebsprüfung und nach jedem Prüfungszyklus erstellen die Betriebsprüfer einen schriftlichen Bericht. Der Betriebsprüfer teilt die Ergebnisse und Schlussfolgerungen aus der Umweltbetriebsprüfung der Organisation mit. Im Anschluss an die Umweltbetriebsprüfung erstellt die Organisation einen geeigneten Aktionsplan und setzt diesen um. Die Organisation schafft geeignete Mechanismen, die gewährleisten, dass die Ergebnisse der Umweltbetriebsprüfung in der Folge berücksichtigt werden.

Verwendung des EMAS-Logos (Art. 10)
Das EMAS-Logo darf nur von registrierten Organisationen und nur während der Gültigkeitsdauer ihrer Registrierung verwendet werden. Das Logo muss stets die Registrierungsnummer der Organisation aufweisen. Organisationen die nicht alle ihre Standorte in die Sammelregistrierung einbeziehen, müssen sicherstellen, dass in ihren Informationen für die Öffentlichkeit und bei der Verwendung des EMAS-Logos erkenntlich ist, welche Standorte von der Registrierung erfasst sind. Das EMAS-Logo darf nicht verwendet werden:

- auf Produkten oder ihrer Verpackung, oder
- in Verbindung mit Vergleichen mit anderen Tätigkeiten und Dienstleistungen oder in einer Weise, die zu Verwechslungen mit Umwelt-Produktkennzeichnungen führen kann.

Jede von einer registrierten Organisation veröffentlichte Umweltinformation darf das EMAS-Logo tragen, sofern in den Informationen auf die zuletzt vorgelegte Umwelterklärung oder aktualisierte Umwelterklärung der Organisation verwiesen wird, aus der diese Information stammt, und sie von einem Umweltgutachter als:

- sachlich richtig,
- begründet und nachprüfbar,
- relevant und im richtigen Kontext bzw. Zusammenhang verwendet,
- repräsentativ für die gesamte Umweltleistung der Organisation,
- unmissverständlich und
- wesentlich in Bezug auf die gesamten Umweltauswirkungen validiert wurde.

4.4 Vorschriften für die zuständigen Stellen

Benennung und Aufgaben der zuständigen Stellen (Art. 11)
Die Mitgliedstaaten benennen zuständige Stellen, die für die Registrierung von innerhalb der Gemeinschaft angesiedelten Organisationen verantwortlich sind.

Verpflichtungen im Zusammenhang mit dem Registrierungsverfahren (Art. 12)
Die zuständigen Stellen erstellen und führen ein Register der in ihren Mitgliedstaaten registrierten Organisationen, einschließlich der Information, auf welche Weise deren Umwelterklärung bzw. aktualisierte Umwelterklärung erhältlich ist, und bringen im Falle von Änderungen dieses Register monatlich auf den neuesten Stand. Das Register wird auf einer Internet-Seite veröffentlicht.

Aussetzung oder Streichung der Registrierung von Organisationen (Art. 15)
Ist eine zuständige Stelle der Auffassung, dass eine registrierte Organisation die Bestimmungen der EMAS-Verordnung nicht einhält, so gibt sie der Organisation Gelegenheit,

zur Sache Stellung zu nehmen. Ist die Antwort der Organisation unzulänglich, so wird ihre Registrierung ausgesetzt oder gestrichen.

Erhält die zuständige Stelle von der Akkreditierungsstelle oder Zulassungsstelle einen schriftlichen Kontrollbericht, dem zufolge die Tätigkeiten des Umweltgutachters nicht ausreichten, um zu gewährleisten, dass die registrierte Organisation die Anforderungen der EMAS-Verordnung erfüllt, so wird die Registrierung ausgesetzt.

Wird eine zuständige Stelle von der zuständigen Durchsetzungsbehörde in einem schriftlichen Bericht über einen Verstoß der Organisation gegen geltende Umweltvorschriften unterrichtet, so setzt sie die Registrierung der betreffenden Organisation aus bzw. streicht den Registereintrag. Bei ihrer Entscheidung über die Aussetzung oder Streichung einer Registrierung berücksichtigt die zuständige Stelle mindestens Folgendes:

- die Umweltauswirkung der Nichteinhaltung der Verpflichtungen durch die Organisation,
- die Vorhersehbarkeit der Nichteinhaltung von Verpflichtungen durch die Organisation oder die Umstände, die dazu führen,
- die vorangegangene Nichteinhaltung von Verpflichtungen durch die Organisation und
- die besondere Situation der Organisation.

Die zuständige Stelle hört die betroffenen Beteiligten an, einschließlich der Organisation, um sich die erforderlichen Entscheidungsgrundlagen für die Aussetzung der Registrierung der betreffenden Organisation oder ihre Streichung aus dem Register zu verschaffen.

Erhält die zuständige Stelle auf anderem Wege als durch einen schriftlichen Kontrollbericht der Akkreditierungsstelle oder der Zulassungsstelle den Nachweis dafür, dass die Tätigkeiten des Umweltgutachters nicht ausreichten, um zu gewährleisten, dass die Organisation die Anforderungen erfüllt, so konsultiert sie die Akkreditierungsstelle oder Zulassungsstelle, die den Umweltgutachter beaufsichtigt.

Die zuständige Stelle gibt die Gründe für die getroffenen Maßnahmen an. Die zuständige Stelle informiert die Organisation in angemessener Weise über die mit den betroffenen Beteiligten geführten Gespräche. Die Aussetzung der Registrierung einer Organisation wird rückgängig gemacht, wenn die zuständige Stelle hinreichend darüber informiert wurde, dass die Organisation die Vorschriften einhält.

4.5 Umweltgutachter

Aufgaben der Umweltgutachter (Art. 18)

Die Umweltgutachter prüfen, ob die Umweltprüfung, die Umweltpolitik, das Umweltmanagementsystem, die Umweltbetriebsprüfungsverfahren einer Organisation und deren Durchführung den Anforderungen der EMAS-Verordnung entsprechen. Der Umweltgutachter prüft Folgendes:

- die Einhaltung aller Vorschriften der EMAS-Verordnung durch die Organisation in Bezug auf die erste Umweltprüfung, das Umweltmanagementsystem, die Umweltbetriebsprüfung und ihre Ergebnisse und die Umwelterklärung oder die aktualisierte Umwelterklärung,
- die Einhaltung der geltenden gemeinschaftlichen, nationalen, regionalen und lokalen Umweltvorschriften durch die Organisation,
- die kontinuierliche Verbesserung der Umweltleistung der Organisation,
- die Zuverlässigkeit, die Glaubwürdigkeit und die Richtigkeit der Daten und Informationen in folgenden Dokumenten:
  - Umwelterklärung,
  - aktualisierte Umwelterklärung,
  - zu validierende Umweltinformationen.

Der Umweltgutachter prüft insbesondere die Angemessenheit der ersten Umweltprüfung, der Umweltbetriebsprüfung oder anderer von der Organisation angewandter Verfahren, wobei er auf jede unnötige Doppelarbeit verzichtet.

Der Umweltgutachter prüft, ob die Ergebnisse der internen Umweltbetriebsprüfung zuverlässig sind. Gegebenenfalls führt er zu diesem Zweck Stichproben durch. Bei der Begutachtung in Vorbereitung der Registrierung einer Organisation untersucht der Umweltgutachter, ob die Organisation mindestens folgende Anforderungen erfüllt:

- sie verfügt über ein voll funktionsfähiges Umweltmanagementsystem,
- es besteht ein Programm für die Umweltbetriebsprüfung, dessen Planung abgeschlossen und das bereits angelaufen ist, so dass zumindest die bedeutendsten Umweltauswirkungen erfasst sind,
- es wurde eine Managementbewertung vorgenommen und
- es wurde eine Umwelterklärung erstellt und es wurden – soweit verfügbar – branchenspezifische Referenzdokumente berücksichtigt.

Im Rahmen der Begutachtung für die Verlängerung der Registrierung untersucht der Umweltgutachter, ob die Organisation folgende Anforderungen erfüllt:

- die Organisation verfügt über ein voll funktionsfähiges Umweltmanagementsystem,
- die Organisation verfügt über ein Programm für die Umweltbetriebsprüfung, für das die operative Planung und mindestens ein Prüfzyklus abgeschlossen sind,
- die Organisation hat eine Managementbewertung vorgenommen und
- die Organisation hat eine Umwelterklärung erstellt, und es wurden – soweit verfügbar – branchenspezifische Referenzdokumente berücksichtigt.

Häufigkeit der Begutachtungen (Art. 19)

Der Umweltgutachter erstellt in Abstimmung mit der Organisation ein Programm, durch das sichergestellt wird, dass alle für die Registrierung und Verlängerung der Registrierung erforderlichen Komponenten begutachtet werden. Der Umweltgutachter validiert in Abständen von höchstens zwölf Monaten sämtliche aktualisierten Informationen der Umwelterklärung oder der aktualisierten Umwelterklärung.

Anforderungen an Umweltgutachter (Art. 20)
Umweltgutachter, die eine Akkreditierung oder Zulassung anstreben, stellen einen entsprechenden Antrag bei der Akkreditierungsstelle oder Zulassungsstelle. In dem Antrag ist der Geltungsbereich der beantragten Akkreditierung oder Zulassung gemäß der in der Verordnung (EG) Nr. 1893/2006 festgelegten Systematik der Wirtschaftszweige zu präzisieren. Der Umweltgutachter weist der Akkreditierungsstelle oder Zulassungsstelle auf geeignete Weise nach, dass er in den folgenden Bereichen über die für die beantragte Akkreditierung oder Zulassung erforderlichen Qualifikationen, einschließlich der Kenntnisse, einschlägigen Erfahrungen und technischen Fähigkeiten, verfügt:

- vorliegende EMAS-Verordnung,
- allgemeine Funktionsweise von Umweltmanagementsystemen,
- einschlägige branchenspezifische Referenzdokumente,
- Rechts- und Verwaltungsvorschriften für die zu begutachtende und zu validierende Tätigkeit,
- Umweltaspekte und -auswirkungen, einschließlich der Umweltdimension der nachhaltigen Entwicklung,
- umweltbezogene technische Aspekte der zu begutachtenden und zu validierenden Tätigkeit,
- allgemeine Funktionsweise der zu begutachtenden und zu validierenden Tätigkeit, um die Eignung des Managementsystems im Hinblick auf die Interaktion der Organisation, ihrer Tätigkeiten, Produkte und Dienstleistungen mit der Umwelt bewerten zu können, einschließlich mindestens folgender Elemente:
  - von der Organisation eingesetzte Techniken,
  - im Rahmen der Tätigkeiten verwendete Hilfsmittel, Betriebsabläufe und Merkmale ihrer Interaktion mit der Umwelt,
  - Methoden für die Bewertung bedeutender Umweltaspekte,
  - Techniken zur Kontrolle und Verminderung von Umweltbelastungen,
- Anforderungen an die Umweltbetriebsprüfung und angewandte Methoden einschließlich der Fähigkeit, eine wirksame Kontrollprüfung eines Umweltmanagementsystems vorzunehmen, Formulierung der Erkenntnisse und Schlussfolgerungen der Umweltbetriebsprüfung in geeigneter Form sowie mündliche und schriftliche Berichterstattung, um eine klare Darstellung der Umweltbetriebsprüfung zu geben,
- Begutachtung von Umweltinformationen, Umwelterklärung und aktualisierter Umwelterklärung unter den Gesichtspunkten Datenmanagement, Datenspeicherung und Datenverarbeitung, schriftliche und grafische Darstellung von Daten zwecks Evaluierung potenzieller Datenfehler, Verwendung von Annahmen und Schätzungen,

- Umweltdimension von Produkten und Dienstleistungen einschließlich Umweltaspekte und Umweltleistung in der Gebrauchsphase und danach, sowie Integrität der für umweltrelevante Entscheidungen bereitgestellten Daten.

Der Umweltgutachter muss nachweisen, dass er sich beständig auf den Fachgebieten fortbildet, und muss bereit sein, seinen Kenntnisstand von der Akkreditierungsstelle oder Zulassungsstelle bewerten zu lassen. Der Umweltgutachter muss ein externen Dritter und bei der Ausübung seiner Tätigkeit insbesondere von dem Betriebsprüfer oder Berater der Organisation unabhängig sowie unparteiisch und objektiv sein.

Der Umweltgutachter muss die Gewähr bieten, dass er keinem kommerziellen, finanziellen oder sonstigen Druck unterliegt, der sein Urteil beeinflusst oder das Vertrauen in seine Unabhängigkeit und Integrität bei der Gutachtertätigkeit in Frage stellen könnte. Er gewährleistet ferner, dass alle diesbezüglichen Vorschriften eingehalten werden.

Der Umweltgutachter verfügt im Hinblick auf die Einhaltung der Begutachtungs- und Validierungsvorschriften dieser Verordnung über dokumentierte Prüfungsmethoden und -verfahren, einschließlich Qualitätskontrollmechanismen und Vorkehrungen zur Wahrung der Vertraulichkeit.

Organisationen, die Umweltgutachtertätigkeiten ausführen, verfügen über einen Organisationsplan mit ausführlichen Angaben über die Strukturen und Verantwortungsbereiche innerhalb der Organisation sowie über eine Erklärung über den Rechtsstatus, die Besitzverhältnisse und die Finanzierungsquellen. Der Organisationsplan wird auf Verlangen zur Verfügung gestellt.

Die Einhaltung dieser Vorschriften wird durch die vor der Akkreditierung oder Zulassung erfolgende Beurteilung und durch die von der Akkreditierungsstelle oder Zulassungsstelle wahrgenommene Beaufsichtigung sichergestellt.

Zusätzliche Vorschriften für Umweltgutachter, die als natürliche Personen eigenständig Begutachtungen und Validierungen durchführen (Art. 21)

Für natürliche Personen, die als Umweltgutachter eigenständig Begutachtungen und Validierungen durchführen, gelten zusätzlich zu den Vorschriften von Artikel 20 folgende Vorschriften:

- sie müssen über alle fachlichen Qualifikationen verfügen, die für Begutachtungen und Validierungen in den Bereichen, für die sie zugelassen werden, erforderlich sind,
- eine im Umfang begrenzte Zulassung entsprechend ihrer fachlichen Qualifikation erhalten.

Bedingungen für die Begutachtung und Validierung (Art. 25)

Der Umweltgutachter übt seine Tätigkeit im Rahmen des Geltungsbereichs seiner Akkreditierung oder Zulassung und auf der Grundlage einer schriftlichen Vereinbarung mit der Organisation aus. Diese Vereinbarung:

- legt den Gegenstand der Tätigkeit fest,
- legt Bedingungen fest, die dem Umweltgutachter die Möglichkeit geben sollen, professionell und unabhängig zu handeln und
- verpflichtet die Organisation zur Zusammenarbeit im jeweils erforderlichen Umfang.

Der Umweltgutachter gewährleistet, dass die Teile der Organisation eindeutig beschrieben sind und diese Beschreibung der tatsächlichen Aufteilung der Tätigkeiten entspricht. Die Umwelterklärung muss die verschiedenen zu begutachtenden und zu validierenden Punkte klar angeben. Der Umweltgutachter nimmt eine Bewertung der aufgeführten Elemente vor. Im Rahmen der Begutachtung und Validierung prüft der Umweltgutachter die Unterlagen, besucht die Organisation, nimmt Stichprobenkontrollen vor und führt Gespräche mit dem Personal.

Die Organisation liefert dem Umweltgutachter vor seinem Besuch grundlegende Informationen über die Organisation und ihre Tätigkeiten, die Umweltpolitik und das Umweltprogramm, eine Beschreibung des in der Organisation angewandten Umweltmanagementsystems, Einzelheiten der durchgeführten Umweltprüfung oder Umweltbetriebsprüfung, den Bericht über diese Umweltprüfung oder Umweltbetriebsprüfung und über etwaige anschließend getroffene Korrekturmaßnahmen und den Entwurf einer Umwelterklärung oder einer aktualisierten Umwelterklärung.

Der Umweltgutachter erstellt für die Organisation einen schriftlichen Bericht über die Ergebnisse der Begutachtung, der Folgendes umfasst:

- alle für die Arbeit des Umweltgutachters relevanten Sachverhalte,
- eine Beschreibung der Einhaltung sämtlicher Vorschriften dieser Verordnung, einschließlich Nachweise, Feststellungen und Schlussfolgerungen,
- einen Vergleich der Umweltleistungen und Einzelziele mit den früheren Umwelterklärungen und die Bewertung der Umweltleistung und der ständigen Umweltleistungsverbesserung der Organisation,
- die bei der Umweltprüfung oder der Umweltbetriebsprüfung oder dem Umweltmanagementsystem oder anderen relevanten Prozessen aufgetretenen technischen Mängel.

Im Falle der Nichteinhaltung der Bestimmungen enthält der Bericht zusätzlich folgende Angaben:

- Feststellungen und Schlussfolgerungen betreffend die Nichteinhaltung der Bestimmungen durch die Organisation und Sachverhalte, auf denen diese Feststellungen und Schlussfolgerungen basieren,
- Einwände gegen den Entwurf der Umwelterklärung oder der aktualisierten Umwelterklärung sowie Einzelheiten der Änderungen oder Zusätze, die in die Umwelterklärung oder die aktualisierte Umwelterklärung aufgenommen werden sollten.

Nach der Begutachtung validiert der Umweltgutachter die Umwelterklärung oder die aktualisierte Umwelterklärung der Organisation und bestätigt, dass sie die Anforderungen erfüllen, sofern die Ergebnisse der Begutachtung und Validierung zeigen:

- dass die Informationen und Daten in der Umwelterklärung oder der aktualisierten Umwelterklärung der Organisation zuverlässig und korrekt sind und den Vorschriften entsprechen und
- dass keine Nachweise für die Nichteinhaltung der geltenden Umweltvorschriften durch die Organisation vorliegen.

Nach der Validierung stellt der Umweltgutachter eine unterzeichnete Erklärung aus, mit der bestätigt wird, dass die Begutachtung und die Validierung im Einklang mit der EMAS-Verordnung erfolgt sind.

Begutachtung und Validierung von kleinen Organisationen (Art. 26)
Bei der Begutachtung und Validierung berücksichtigt der Umweltgutachter die besonderen Merkmale, die kleine Organisationen kennzeichnen, insbesondere:

- kurze Kommunikationswege,
- multifunktionelles Arbeitsteam,
- Ausbildung am Arbeitsplatz,
- Fähigkeit, sich schnell an Veränderungen anzupassen und
- begrenzte Dokumentierung der Verfahren.

Der Umweltgutachter führt die Begutachtung oder Validierung so durch, dass kleine Organisationen nicht unnötig belastet werden. Er zieht objektive Belege für die Wirksamkeit des Systems heran. Insbesondere berücksichtigt er, ob die Verfahren innerhalb der Organisation in einem angemessenen Verhältnis zum Umfang und zur Komplexität des Betriebs, der Art der damit verbundenen Umweltauswirkungen sowie der Kompetenz der Beteiligten stehen.

4.6 Umweltprüfung

Die Umweltprüfung deckt folgende Bereiche ab:

Erfassung der geltenden Umweltvorschriften
Zusätzlich zur Aufstellung einer Liste der geltenden Rechtsvorschriften gibt die Organisation auch an, wie der Nachweis dafür erbracht werden kann, dass sie die verschiedenen Vorschriften einhält.

Umweltaspekte
Erfassung aller direkten und indirekten Umweltaspekte, die bedeutende Umweltauswirkungen haben und die gegebenenfalls qualitativ einzustufen und zu quantifizieren sind, und Erstellung eines Verzeichnisses der als bedeutend ausgewiesenen Aspekte. Bei der Beurteilung der Bedeutung eines Umweltaspekts berücksichtigt die Organisation Folgendes:

- Umweltgefährdungspotenzial,
- Anfälligkeit der lokalen, regionalen oder globalen Umwelt,
- Ausmaß, Anzahl, Häufigkeit und Umkehrbarkeit der Aspekte oder der Auswirkungen,
- Vorliegen einschlägiger Umweltvorschriften und deren Anforderungen,
- Bedeutung für die Interessenträger und die Mitarbeiter der Organisation.

Direkte Umweltaspekte
Direkte Umweltaspekte sind verbunden mit Tätigkeiten, Produkten und Dienstleistungen der Organisation selbst, die deren direkter betrieblicher Kontrolle unterliegen. Alle Organisationen müssen die direkten Aspekte ihrer Betriebsabläufe prüfen. Die direkten Umweltaspekte betreffen u. a.:

- Rechtsvorschriften und zulässige Grenzwerte in Genehmigungen,
- Emissionen in die Atmosphäre,
- Ein- und Ableitungen in Gewässer,
- Erzeugung, Recycling, Wiederverwendung, Transport und Entsorgung von festen und anderen Abfällen, insbesondere von gefährlichen Abfällen,
- Nutzung und Kontaminierung von Böden,
- Nutzung von natürlichen Ressourcen und Rohstoffen (einschließlich Energie),
- Nutzung von Zusätzen und Hilfsmitteln sowie Halbfertigprodukten,
- lokale Phänomene (Lärm, Erschütterungen, Gerüche, Staub, ästhetische Beeinträchtigung, usw.),
- Verkehr (in Bezug auf Waren und Dienstleistungen),
- Risiko von Umweltunfällen und Umweltauswirkungen, die sich aus Vorfällen, Unfällen und potenziellen Notfallsituationen ergeben oder ergeben könnten,
- Auswirkungen auf die biologische Vielfalt.

Indirekte Umweltaspekte
Indirekte Umweltaspekte können das Ergebnis der Wechselbeziehung einer Organisation mit Dritten sein und in gewissem Maße von der Organisation, die die EMAS-Registrierung anstrebt, beeinflusst werden. Für nichtindustrielle Organisationen wie Kommunalbehörden oder Finanzinstitute ist es wesentlich, dass sie auch die Umweltaspekte berücksichtigen, die mit ihrer eigentlichen Tätigkeit zusammenhängen. Ein Verzeichnis, das sich auf die Umweltaspekte des Standorts und der Einrichtungen einer Organisation beschränkt, reicht nicht aus. Die indirekten Umweltaspekte betreffen u. a.:

- produktlebenszyklusbezogene Aspekte (Design, Entwicklung, Verpackung, Transport, Verwendung und Wiederverwendung/Entsorgung von Abfall),
- Kapitalinvestitionen, Kreditvergabe und Versicherungsdienstleistungen,
- neue Märkte,
- Auswahl und Zusammensetzung von Dienstleistungen (z. B. Transport- oder Gaststättengewerbe),
- Verwaltungs- und Planungsentscheidungen,
- Zusammensetzung des Produktangebots,
- Umweltleistung und -verhalten von Auftragnehmern, Unterauftragnehmern und Lieferanten.

Organisationen müssen nachweisen können, dass die bedeutenden Umweltaspekte im Zusammenhang mit ihren Beschaffungsverfahren ermittelt wurden und bedeutende Umweltauswirkungen, die sich aus diesen Aspekten ergeben, im Managementsystem berücksichtigt wurden. Die Organisation sollte bestrebt sein, dafür zu sorgen, dass die Lieferanten und alle im Auftrag der Organisation Handelnden bei der Ausführung ihres Auftrags der Umweltpolitik der Organisation genügen. Bei diesen indirekten Umweltaspekten sollte die Organisation prüfen, inwiefern sie diese Aspekte beeinflussen kann und welche Maßnahmen zur Reduzierung der Umweltauswirkungen getroffen werden können.

Beschreibung der Kriterien für die Beurteilung der Bedeutung der Umweltauswirkungen

Die Organisation muss Kriterien festlegen, anhand deren die Bedeutung der Umweltaspekte ihrer Tätigkeiten, Produkte und Dienstleistungen beurteilt wird, um zu bestimmen, welche davon bedeutenden Umweltauswirkungen haben. Die von einer Organisation festgelegten Kriterien sollten den gemeinschaftlichen Rechtsvorschriften Rechnung tragen, umfassend und nachvollziehbar sein, unabhängig nachgeprüft werden können und veröffentlicht werden. Bei der Festlegung der Kriterien für die Beurteilung der Bedeutung der Umweltaspekte einer Organisation kann u. a. Folgendes berücksichtigt werden:

- Informationen über den Zustand der Umwelt, um festzustellen, welche Tätigkeiten, Produkte und Dienstleistungen der Organisation Umweltauswirkungen haben können,
- die vorhandenen Daten der Organisation über den Material- und Energieeinsatz, Ableitungen, Abfälle und Emissionen im Hinblick auf das damit verbundene Umweltrisiko,
- Standpunkte der interessierten Kreise,
- geregelte Umwelttätigkeiten der Organisation,
- Beschaffungstätigkeiten,
- Design, Entwicklung, Herstellung, Vertrieb, Kundendienst, Verwendung, Wiederverwendung, Recycling und Entsorgung der Produkte der Organisation,
- Tätigkeiten der Organisation mit den signifikantesten Umweltkosten und Umweltnutzen.

Bei der Beurteilung der Bedeutung der Umweltauswirkungen ihrer Tätigkeiten geht die Organisation nicht nur von den normalen Betriebsbedingungen aus, sondern berücksichtigt auch die Bedingungen bei Aufnahme bzw. Abschluss der Tätigkeiten sowie Notfallsituationen, mit denen realistischerweise gerechnet werden muss. Berücksichtigt werden vergangene, laufende und geplante Tätigkeiten. Zur Umweltprüfung gehören auch die Prüfung aller angewandten Praktiken und laufenden Verfahren des Umweltmanagements, sowie die Bewertung der Reaktionen auf frühere Vorfälle.

4.7 Anforderungen an ein Umweltmanagementsystem

Mit der Verordnung (EU) 2017/1505 wurde die EMAS-Verordnung (EG) 1221/2009 an die Anforderungen der EN ISO 14001:2015 angepasst. Es wurde der Anhang II geändert, wo zusätzliche Anforderungen an EMAS-Organisationen im Vergleich zur Norm aufgeführt sind. In der Verordnung (EU) 2017/1505 wird darauf hingewiesen, dass „… die Vervielfältigung dieses Anhangs für kommerzielle Zwecke … nicht gestattet" ist. In Tab. 4.1 ist noch der Vergleich zur EN ISO 14001:2004 aufgeführt. Für eine genauere Betrachtung der EMAS-Anforderungen wird daher auf die entsprechenden Verordnungen verwiesen.

Tab. 4.1 Anforderungen der EN ISO 14001:2004 und der EMAS-Verordnung

Teil A Anforderungen an ein Umweltmanagementsystem im Rahmen der Europäischen Norm EN ISO 14001:2004	Teil B Von EMAS-Teilnehmerorganisationen anzugehende zusätzliche Fragen
Organisationen, die sich am Gemeinschaftssystem für das Umweltmanagement und die Umweltbetriebsprüfung (EMAS) beteiligen, haben Die Anforderungen zu erfüllen, die in Abschn. 4 der Europäischen Norm EN ISO 14001:2004 festgelegt sind und nachstehend vollständig wiedergegeben werden:	
A. Anforderungen an ein Umweltmanagementsystem	
A.1 Allgemeine Anforderungen	
Die Organisation muss in Übereinstimmung mit den Anforderungen dieser Internationalen Norm ein Umweltmanagementsystem einführen, dokumentieren, verwirklichen, aufrechterhalten und ständig verbessern und bestimmen, wie sie diese Anforderungen erfüllen wird. Die Organisation muss den Anwendungsbereich ihres Umweltmanagementsystems festlegen und dokumentieren.	

Tab. 4.1 (Fortsetzung)

Teil A Anforderungen an ein Umweltmanagementsystem im Rahmen der Europäischen Norm EN ISO 14001:2004	Teil B Von EMAS-Teilnehmerorganisationen anzugehende zusätzliche Fragen
A.2 Umweltpolitik	
Das oberste Führungsgremium muss die Umweltpolitik der Organisation festlegen und sicherstellen, dass sie innerhalb des festgelegten Anwendungsbereichs ihres Umweltmanagementsystems: – in Bezug auf Art, Umfang und Umweltauswirkungen ihrer Tätigkeiten, Produkte und Dienstleistungen angemessen ist, – eine Verpflichtung zur ständigen Verbesserung und zur Vermeidung von Umweltbelastungen enthält, – eine Verpflichtung zur Einhaltung der geltenden rechtlichen Verpflichtungen und anderer Anforderungen enthält, zu denen sich die Organisation bekennt und die auf deren Umweltaspekte bezogen sind, – den Rahmen für die Festlegung und Bewertung der umweltbezogenen Zielsetzungen und Einzelziele bildet, – dokumentiert, implementiert und aufrechterhalten wird, – allen Personen mitgeteilt wird, die für die Organisation oder in deren Auftrag arbeiten und – für die Öffentlichkeit zugänglich ist	

Tab. 4.1 (Fortsetzung)

Teil A Anforderungen an ein Umweltmanagementsystem im Rahmen der Europäischen Norm EN ISO 14001:2004	Teil B Von EMAS-Teilnehmerorganisationen anzugehende zusätzliche Fragen
A.3 Planung	
A.3.1 Umweltaspekte Die Organisation muss (ein) Verfahren einführen, verwirklichen und aufrechterhalten, um: – jene Umweltaspekte ihrer Tätigkeiten, Produkte und Dienstleistungen innerhalb des festgelegten Anwendungsbereichs des Umweltmanagementsystems, die sie überwachen und auf die sie Einfluss nehmen kann, unter Berücksichtigung geplanter oder neuer Entwicklungen oder neuer oder modifizierter Tätigkeiten, Produkte und Dienstleistungen zu ermitteln – jene Umweltaspekte, die bedeutende Auswirkung(en) auf die Umwelt haben oder haben können, zu bestimmen (d. h. bedeutende Umweltaspekte). Die Organisation muss diese Informationen dokumentieren und auf dem neuesten Stand halten. Die Organisation muss sicherstellen, dass die bedeutenden Umweltaspekte beim Einführen, Verwirklichen und Aufrechterhalten ihres Umweltmanagementsystems beachtet werden.	

4

Tab. 4.1 (Fortsetzung)

Teil A Anforderungen an ein Umweltmanagementsystem im Rahmen der Europäischen Norm EN ISO 14001:2004	Teil B Von EMAS-Teilnehmerorganisationen anzugehende zusätzliche Fragen
	B.1 Umweltprüfung Die Organisationen führen eine erste Umweltprüfung gemäß Anhang I der EMAS-Verordnung zur Feststellung und Bewertung ihrer Umweltaspekte sowie zur Ermittlung geltender Umweltvorschriften durch. Organisationen von außerhalb der Gemeinschaft müssen sich auch an die Umweltvorschriften halten, die für ähnliche Organisationen in den Mitgliedsstaaten gelten, in denen sie einen Antrag stellen wollen.
A.3.2 Rechtliche Verpflichtungen und andere Anforderungen Die Organisation muss (ein) Verfahren einführen, verwirklichen und aufrechterhalten, um: – geltende rechtliche Verpflichtungen und andere Anforderungen, zu denen sich die Organisation in Bezug auf ihre Umweltaspekte verpflichtet hat, zu ermitteln und zugänglich zu haben und – zu bestimmen, wie diese Anforderungen auf ihre Umweltaspekte anwendbar sind. Die Organisation muss sicherstellen, dass diese geltenden rechtlichen Verpflichtungen und andere Anforderungen, zu denen sich die Organisation verpflichtet hat, beim Einführen, Verwirklichen und Aufrechterhalten des Umweltmanagementsystems berücksichtigt werden.	**B.2 Einhaltung von Rechtsvorschriften** Organisationen, die sich nach EMAS registrieren möchten, weisen nach, dass sie: – alle geltenden rechtlichen Verpflichtungen im Umweltbereich ermittelt haben und die im Rahmen der Umweltprüfung festgestellten Auswirkungen dieser Verpflichtungen auf ihre Organisationen kennen, – für die Einhaltung der Umweltvorschriften, einschließlich Genehmigungen und zulässiger Grenzwerte in Genehmigungen, sorgen und – über Verfahren verfügen, die es ihnen ermöglichen, diesen Verpflichtungen dauerhaft nachzukommen.

Tab. 4.1 (Fortsetzung)

Teil A Anforderungen an ein Umweltmanagementsystem im Rahmen der Europäischen Norm EN ISO 14001:2004	Teil B Von EMAS-Teilnehmerorganisationen anzugehende zusätzliche Fragen
A.3.3 Zielsetzungen, Einzelziele und Programme Die Organisation muss dokumentierte umweltbezogene Zielsetzungen und Einzelziele für relevante Funktionen und Ebenen innerhalb der Organisation einführen, verwirklichen und aufrechterhalten. Die Zielsetzungen und Einzelziele müssen, soweit praktikabel, messbar sein und im Einklang mit der Umweltpolitik stehen, einschließlich der Verpflichtungen zur Vermeidung von Umweltbelastungen, zur Einhaltung geltender rechtlicher Verpflichtungen und anderer Anforderungen, zu denen sich die Organisation verpflichtet hat und zur ständigen Verbesserung.	**B.3 Umweltleistung** Organisationen müssen nachweisen können, dass das Managementsystem und die Verfahren für die Betriebsprüfung sich in Bezug auf die in der Umweltprüfung ermittelten direkten und indirekten Aspekte an der tatsächlichen Umweltleistung der Organisation orientieren.
Beim Festlegen und Bewerten ihrer Zielsetzungen und Einzelziele muss eine Organisation die rechtlichen Verpflichtungen und andere Anforderungen, zu denen sie sich verpflichtet hat, berücksichtigen und deren bedeutende Umweltaspekte beachten. Sie muss außerdem ihre technologischen Optionen, ihre finanziellen, betrieblichen und geschäftlichen Anforderungen sowie die Standpunkte interessierter Kreise berücksichtigen.	Die Umweltleistung der Organisation gemessen an ihren Zielsetzungen und Einzelzielen muss als Teil der Managementprüfung evaluiert werden. Die Organisation muss sich ferner verpflichten, ihre Umweltleistung kontinuierlich zu verbessern. Dabei kann sie ihre Maßnahmen auf lokale, regionale und nationale Umweltprogramme stützen.
Die Organisation muss (ein) Programm(e) zum Erreichen ihrer Zielsetzungen und Einzelziele einführen, verwirklichen und aufrechterhalten. Das Programm/die Programme muss/müssen enthalten: – Festlegung der Verantwortlichkeit für das Erreichen der Zielsetzungen und Einzelziele für relevante Funktionen und Ebenen der Organisation und – die Mittel und den Zeitraum für ihr Erreichen	Bei den Maßnahmen zur Verwirklichung von Zielsetzungen und Einzelzielen darf es sich nicht um Umweltziele handeln. Hat die Organisation mehrere Standorte, so muss jeder Standort, für den EMAS gilt, alle EMAS-Anforderungen, einschließlich der Verpflichtung zur kontinuierlichen Verbesserung der Umweltleistung erfüllen.

Tab. 4.1 (Fortsetzung)

Teil A Anforderungen an ein Umweltmanagementsystem im Rahmen der Europäischen Norm EN ISO 14001:2004	Teil B Von EMAS-Teilnehmerorganisationen anzugehende zusätzliche Fragen
A.4 Verwirklichung und Betrieb	
A.4.1 Ressourcen, Aufgaben, Verantwortlichkeit und Befugnis Die Leitung der Organisation muss die Verfügbarkeit der benötigten Ressourcen für die Einführung, Verwirklichung, Aufrechterhaltung und Verbesserung des Umweltmanagementsystems sicherstellen. Die Ressourcen umfassen das erforderliche Personal und spezielle Fähigkeiten, die Infrastruktur der Organisation, sowie technische und finanzielle Mittel. Aufgaben, Verantwortlichkeiten und Befugnisse müssen festgelegt, dokumentiert und kommuniziert werden, um wirkungsvolles Umweltmanagement zu erleichtern. Das oberste Führungsgremium der Organisation muss (einen) spezielle(n) Beauftragte(n) des Managements bestellen, welche(r), ungeachtet anderer Zuständigkeiten, festgelegte Aufgaben, Verantwortlichkeiten und Befugnisse hat/haben, um: – sicherzustellen, dass ein Umweltmanagementsystem in Übereinstimmung mit den Anforderungen dieser Internationalen Norm eingeführt, verwirklicht und aufrechterhalten wird, – über die Leistung des Umweltmanagementsystems an das oberste Führungsgremium zur Bewertung, einschließlich Empfehlungen für Verbesserungen, zu berichten.	

Tab. 4.1 (Fortsetzung)

Teil A Anforderungen an ein Umweltmanagement-system im Rahmen der Europäischen Norm EN ISO 14001:2004	Teil B Von EMAS-Teilnehmerorganisationen anzu-gehende zusätzliche Fragen
A.4.2 Fähigkeit, Schulung und Bewusstsein	**B.4 Mitarbeiterbeteiligung** Die Organisation sollte anerkennen, dass die aktive Einbeziehung ihrer Mitarbeiter treibende Kraft und Vorbedingung für kontinuierliche und erfolgreiche Umweltverbesserungen sowie eine der Hauptressourcen für die Verbesserung der Umweltleistung und der richtige Weg zur erfolgreichen Verankerung des Umweltmanagement- und Umweltbetriebsprüfungssystems in der Organisation ist. Der Begriff Mitarbeiterbeteiligung umfasst sowohl die Einbeziehung als auch die Information der einzelnen Mitarbeiter der Organisation und ihrer Vertreter. Daher sollte auf allen Ebenen ein System der Mitarbeiterbeteiligung vorgesehen werden. Die Organisation sollte anerkennen, dass Engagement, Reaktionsfähigkeit und aktive Unterstützung seitens der Organisationsleitung Vorbedingung für den Erfolg dieser Prozesse sind. In diesem Zusammenhang wird auf den notwendigen Informationsrückfluss von der Leitung an die Mitarbeiter der Organisation verwiesen.

Tab. 4.1 (Fortsetzung)

Teil A Anforderungen an ein Umweltmanagementsystem im Rahmen der Europäischen Norm EN ISO 14001:2004	Teil B Von EMAS-Teilnehmerorganisationen anzugehende zusätzliche Fragen
Die Organisation muss sicherstellen, dass jede Person, die für sie oder in ihrem Auftrag Tätigkeiten ausübt, von denen nach Feststellung der Organisation (eine) bedeutende Umweltauswirkung(en) ausgehen können (kann), durch Ausbildung, Schulung oder Erfahrung qualifiziert ist, und muss damit verbundene Aufzeichnungen aufbewahren. Die Organisation muss den Schulungsbedarf ermitteln, der mit ihren Umweltaspekten und ihrem Umweltmanagementsystem verbunden ist. Sie muss Schulungen anbieten oder andere Maßnahmen ergreifen, um diesen Bedarf zu decken, und muss die damit verbundenen Aufzeichnungen aufbewahren. Die Organisation muss (ein) Verfahren einführen, verwirklichen und aufrechterhalten, die sicherstellen (das sicherstellt), dass Personen, die für sie oder in ihrem Auftrag arbeiten, sich bewusst werden über: – die Wichtigkeit des Übereinstimmens mit der Umweltpolitik und den zugehörigen Verfahren und mit den Anforderungen des Umweltmanagementsystems, – die bedeutenden Umweltaspekte und die damit verbundenen tatsächlichen oder potenziellen Auswirkungen im Zusammenhang mit ihrer Tätigkeit und die umweltbezogenen Vorteile durch verbesserte persönliche Leistung, – ihre Aufgaben und Verantwortlichkeiten zum Erreichen der Konformität mit den Anforderungen des Umweltmanagementsystems und – die möglichen Folgen eines Abweichens von festgelegten Abläufen	Über diese Anforderungen hinaus müssen Mitarbeiter in den Prozess der kontinuierlichen Verbesserung der Umweltleistung der Organisation einbezogen werden, die erreicht werden soll durch: – die erste Umweltprüfung und die Prüfung des derzeitigen Stands sowie die Erhebung und Begutachtung von Informationen, – die Festlegung und Durchführung eines Umweltmanagement- und Umweltbetriebsprüfungssystems zur Verbesserung der Umweltleistung, – Umweltgremien, die Informationen einholen und sicherstellen, dass Umweltbeauftragte/Vertreter der Organisationsleitung sowie Mitarbeiter der Organisation und ihre Vertreter mitwirken, – gemeinsame Arbeitsgruppen für Umweltaktionsprogramm und Umweltbetriebsprüfung, – die Ausarbeitung von Umwelterklärungen. Zu diesem Zweck sollte auf geeignete Formen der Mitarbeiterbeteiligung wie das betriebliche Vorschlagswesen oder projektbezogene Gruppenarbeit oder Umweltgremien zurückgegriffen werden. Die Organisationen nehmen Kenntnis von den Leitlinien der Kommission über bewährte Praktiken in diesem Bereich. Auf Antrag werden auch Mitarbeitervertreter einbezogen.

Tab. 4.1 (Fortsetzung)

Teil A Anforderungen an ein Umweltmanagementsystem im Rahmen der Europäischen Norm EN ISO 14001:2004	Teil B Von EMAS-Teilnehmerorganisationen anzugehende zusätzliche Fragen
A.4.3 Kommunikation Im Hinblick auf ihre Umweltaspekte und ihr Umweltmanagementsystem muss die Organisation (ein) Verfahren einführen, verwirklichen und aufrechterhalten für: – die interne Kommunikation zwischen den verschiedenen Ebenen und Funktionsbereichen der Organisation, – die Entgegennahme, Dokumentierung und Beantwortung relevanter Äußerungen externer interessierter Kreise. Die Organisation muss entscheiden, ob sie über ihre bedeutenden Umweltaspekte extern kommunizieren will, und muss ihre Entscheidung dokumentieren. Wenn die Entscheidung fällt zu kommunizieren, muss die Organisation (eine) Methode(n) für diese externe Kommunikation einführen und verwirklichen.	**B.5 Kommunikation** Die Organisationen müssen nachweisen können, dass sie mit der Öffentlichkeit und anderen interessierten Kreisen, einschließlich Lokalgemeinschaften und Kunden, über die Umweltauswirkungen ihrer Tätigkeiten, Produkte und Dienstleistungen in offenem Dialog stehen, um die Belange der Öffentlichkeit und anderer interessierter Kreise in Erfahrung zu bringen. Offenheit, Transparenz und regelmäßige Bereitstellung von Umweltinformationen sind Schlüsselfaktoren, durch die sich EMAS von anderen Systemen abhebt. Diese Faktoren helfen der Organisation auch dabei, bei interessierten Kreisen Vertrauen aufzubauen. EMAS ist so flexibel, das Organisationen relevante Informationen an spezielle Zielgruppen richten und dabei gewährleisten können, dass sämtliche Informationen denjenigen Personen zur Verfügung stehen, die sie benötigen.
A.4.4 Dokumentation Die Dokumentation des Umweltmanagementsystems muss enthalten: – die Umweltpolitik, Zielsetzungen und Einzelziele, – eine Beschreibung des Geltungsbereichs des Umweltmanagementsystems, – eine Beschreibung der Hauptelemente des Umweltmanagementsystems und ihrer Wechselwirkung sowie Hinweise auf zugehörige Dokumente, – Dokumente, einschließlich Aufzeichnungen, die von dieser Internationalen Norm gefordert werden und – Dokumente, einschließlich Aufzeichnungen, die von der Organisation als notwendig eingestuft werden, um die effektive Planung, Durchführung und Kontrolle von Prozessen sicherzustellen, die sich auf ihre bedeutenden Umweltaspekte beziehen.	

4

Tab. 4.1 (Fortsetzung)

Teil A Anforderungen an ein Umweltmanagementsystem im Rahmen der Europäischen Norm EN ISO 14001:2004	Teil B Von EMAS-Teilnehmerorganisationen anzugehende zusätzliche Fragen
A.4.5 Lenkung von Dokumenten Mit Dokumenten, die vom Umweltmanagementsystem und von dieser Internationalen Norm benötigt werden, muss kontrolliert umgegangen werden. Aufzeichnungen sind eine spezielle Art von Dokumenten und müssen nach den Anforderungen in A.5.4 gelenkt werden. Die Organisation muss (ein) Verfahren einführen, verwirklichen und aufrechterhalten, um: – Dokumente bezüglich ihrer Angemessenheit vor ihrer Herausgabe zu genehmigen, – Dokumente zu bewerten und bei Bedarf zu aktualisieren und erneut zu genehmigen, – sicherzustellen, dass Änderungen und der aktuelle Überarbeitungsstatus von Dokumenten gekennzeichnet werden, – sicherzustellen, dass relevante Fassungen aller maßgeblichen Dokumente vor Ort verfügbar sind, – sicherzustellen, dass Dokumente lesbar und leicht identifizierbar bleiben, – sicherzustellen, dass Dokumente externer Herkunft, die von der Organisation als notwendig für die Planung und den Betrieb des Umweltmanagementsystems eingestuft wurden, gekennzeichnet sind und ihre Verteilung gelenkt wird und – die unbeabsichtigte Verwendung veralteter Dokumente zu verhindern und diese in geeigneter Weise zu kennzeichnen, falls sie aus irgendeinem Grund aufbewahrt werden	

Tab. 4.1 (Fortsetzung)

Teil A Anforderungen an ein Umweltmanagementsystem im Rahmen der Europäischen Norm EN ISO 14001:2004	Teil B Von EMAS-Teilnehmerorganisationen anzugehende zusätzliche Fragen
A.4.6 Ablauflenkung	
Die Organisation muss in Erfüllung ihrer Umweltpolitik, Zielsetzungen und Einzelziele die Abläufe ermitteln und planen, die im Zusammenhang mit den festgestellten bedeutenden Umweltaspekten stehen, um sicherzustellen, dass sie unter festgesetzten Bedingungen ausgeführt werden durch: – Einführen, Verwirklichen und Aufrechterhalten dokumentierter Verfahren, um Situationen zu regeln, in denen das Fehlen dokumentierter Verfahren zu Abweichungen von der Umweltpolitik, umweltbezogenen Zielsetzungen und Einzelzielen führen könnte, – Festlegen betrieblicher Vorgaben in den Verfahren und – Einführen, Verwirklichen und Aufrechterhalten von Verfahren in Bezug auf die ermittelten bedeutenden Umweltaspekte der von der Organisation benutzten Waren und Dienstleistungen sowie Bekanntgabe anzuwendender Verfahren und Anforderungen an Zulieferer, einschließlich Auftragnehmer	
A.4.7 Notfallvorsorge und Gefahrenabwehr Die Organisation muss (ein) Verfahren einführen, verwirklichen und aufrechterhalten, um mögliche Notfallsituationen und mögliche Unfälle zu ermitteln, die (eine) Auswirkung(en) auf die Umwelt haben können, und zu ermitteln, wie sie darauf reagiert. Die Organisation muss auf eingetretene Notfallsituationen und Unfälle reagieren und damit verbundene ungünstige Umweltauswirkungen verhindern oder mindern. Die Organisation muss regelmäßig ihre Maßnahmen zur Notfallvorsorge und Gefahrenabwehr überprüfen und, soweit notwendig, überarbeiten, insbesondere nach dem Eintreten von Unfällen und Notfallsituationen. Zudem muss die Organisation diese Verfahren, sofern durchführbar, regelmäßig erproben.	

Tab. 4.1 (Fortsetzung)

Teil A Anforderungen an ein Umweltmanagementsystem im Rahmen der Europäischen Norm EN ISO 14001:2004	Teil B Von EMAS-Teilnehmerorganisationen anzugehende zusätzliche Fragen
A.5 Überprüfung	
A.5.1 Überwachung und Messung Die Organisation muss (ein) Verfahren einführen, verwirklichen und aufrechterhalten, um regelmäßig die maßgeblichen Merkmale ihrer Arbeitsabläufe, die eine bedeutende Auswirkung auf die Umwelt haben können, zu überwachen und zu messen. Diese(s) Verfahren muss (müssen) die Aufzeichnung von Informationen einschließen, um die Leistung, angemessene Steuerung der Arbeitsabläufe und Konformität mit den umweltbezogenen Zielsetzungen und Einzelzielen der Organisation zu überwachen. Die Organisation muss sicherstellen, dass kalibrierte bzw. nachweislich überprüfte Überwachungs- und Messgeräte zur Anwendung kommen, deren Instandhaltung erfolgt und Aufzeichnungen darüber aufbewahrt werden.	
A.5.2 Bewertung der Einhaltung von Rechtsvorschriften Entsprechend ihrer Verpflichtung zur Einhaltung der Rechtsvorschriften muss die Organisation ein Verfahren zur regelmäßigen Bewertung der Einhaltung der einschlägigen rechtlichen Verpflichtungen einführen, verwirklichen und aufrechterhalten. Die Organisation muss Aufzeichnungen über die Ergebnisse ihrer regelmäßigen Bewertungen aufbewahren. Die Organisation muss die Einhaltung anderer Anforderungen, zu denen sie sich verpflichtet hat, bewerten. Die Organisation darf diese Bewertung mit der Bewertung der Einhaltung der Gesetze kombinieren oder (ein) eigene(s) Verfahren einführen. Die Organisation muss Aufzeichnungen über die Ergebnisse ihrer regelmäßigen Bewertungen aufbewahren.	

Tab. 4.1 (Fortsetzung)

Teil A Anforderungen an ein Umweltmanagementsystem im Rahmen der Europäischen Norm EN ISO 14001:2004	Teil B Von EMAS-Teilnehmerorganisationen anzugehende zusätzliche Fragen
A.5.3 Nichtkonformität, Korrektur- und Vorbeugemaßnahmen Die Organisation muss (ein) Verfahren zum Umgang mit tatsächlicher und potenzieller Nichtkonformität und Ergreifen von Korrektur- und Vorbeugemaßnahmen einführen, verwirklichen und aufrechterhalten. Die Verfahren müssen Anforderungen festlegen zum: – Festlegen und Korrigieren von Nichtkonformität(en) und Ergreifen von Maßnahmen zur Minderung ihrer Umweltauswirkung(en), – Ermitteln von Nichtkonformität(en), Bestimmen derer Ursache(n) und Ergreifen von Maßnahmen, um deren Wiederauftreten zu vermeiden, – Bewerten der Notwendigkeit von Maßnahmen zur Vermeidung von Nichtkonformitäten sowie Verwirklichung geeigneter Maßnahmen, um deren Auftreten zu verhindern, – Aufzeichnen der Ergebnisse von ergriffenen Korrektur- und Vorbeugemaßnahmen und – Überprüfen der Wirksamkeit von ergriffenen Korrektur- und Vorbeugemaßnahmen. Die ergriffenen Maßnahmen müssen dem Ausmaß des Problems und der damit verbundenen Umweltauswirkungen angemessen sein. Die Organisation muss sicherstellen, dass alle notwendigen Änderungen der Dokumentation des Umweltmanagementsystems vorgenommen werden.	
A.5.4 Lenkung von Aufzeichnungen Die Organisation muss, soweit zum Nachweis der Konformität mit den Anforderungen ihrer Umweltmanagementsystems und dieser Internationalen Norm beziehungsweise zur Aufzeichnung der erzielten Ergebnisse erforderlich, Aufzeichnungen erstellen und aufrechterhalten. Die Organisation muss (ein) Verfahren für die Identifizierung, Speicherung, Sicherung, Wiederauffindung, Zurückziehung und Vernichtung der Aufzeichnungen einführen, verwirklichen und aufrechterhalten. Aufzeichnungen müssen lesbar, identifizierbar und auffindbar sein und bleiben.	

Tab. 4.1 (Fortsetzung)

Teil A Anforderungen an ein Umweltmanagementsystem im Rahmen der Europäischen Norm EN ISO 14001:2004	Teil B Von EMAS-Teilnehmerorganisationen anzugehende zusätzliche Fragen
A.5.5 Internes Audit Die Organisation muss sicherstellen, dass interne Audits des Umweltmanagementsystems in festgelegten Abständen durchgeführt werden, um: – festzustellen, ob das Umweltmanagementsystem, – die vorgesehenen Regelungen für das Umweltmanagement einschließlich der Anforderungen dieser Internationalen Norm erfüllt, – ordnungsgemäß verwirklicht wurde und aufrechterhalten wird und – dem Management Informationen über Audit-Ergebnisse zur Verfügung zu stellen. (Ein) Auditprogramm(e) muss (müssen) von der Organisation geplant, eingeführt, verwirklicht und aufrechterhalten werden, wobei die Umweltrelevanz der betroffenen Tätigkeit(en) und die Ergebnisse vorangegangener Audits zu berücksichtigen sind. (Ein) Auditverfahren muss (müssen) eingeführt, verwirklicht und aufrechterhalten werden, das (die) Folgendes enthält (enthalten): – die Verantwortlichkeiten für und Anforderungen an die Planung und Durchführung von Audits, die Aufzeichnung von Ergebnissen und die Aufbewahrung damit verbundener Aufzeichnungen, – die Bestimmung der Auditkriterien, des Anwendungsbereichs, der Häufigkeit und der Vorgehensweise. Die Auswahl der Auditoren und die Auditdurchführung(en) müssen Objektivität gewährleisten und die Unparteilichkeit des Auditprozesses sicherstellen.	

Tab. 4.1 (Fortsetzung)

Teil A Anforderungen an ein Umweltmanagementsystem im Rahmen der Europäischen Norm EN ISO 14001:2004	Teil B Von EMAS-Teilnehmerorganisationen anzugehende zusätzliche Fragen
A.6 Managementbewertung	
Das oberste Führungsgremium muss das Umweltmanagementsystem der Organisation in festgelegten Abständen bewerten, um dessen fortdauernde Eignung, Angemessenheit und Wirksamkeit sicherzustellen. Bewertungen müssen die Beurteilung der Verbesserungspotenziale und den Anpassungsbedarf des Umweltmanagementsystems, einschließlich der Umweltpolitik, der umweltbezogenen Zielsetzungen und Einzelziele beinhalten. Aufzeichnungen der Bewertungen durch das Management müssen aufbewahrt werden. Der Input für die Bewertung muss enthalten: – Ergebnisse von internen Audits und der Beurteilung der Einhaltung von rechtlichen Verpflichtungen und anderen Anforderungen, zu denen sich die Organisation verpflichtet hat, – Äußerungen von externen interessierten Kreisen, einschließlich Beschwerden, – die Umweltleistung der Organisation, – den erreichten Erfüllungsgrad der Zielsetzungen und Einzelziele, – Status von Korrektur- und Vorbeugemaßnahmen, – Folgemaßnahmen von früheren Bewertungen durch das Management, – sich ändernde Rahmenbedingungen, einschließlich Entwicklungen bei den rechtlichen Verpflichtungen und anderen Anforderungen in Bezug auf die Umweltaspekte der Organisation und – Verbesserungsvorschläge. Die Ergebnisse von Bewertungen durch das Management müssen alle Entscheidungen und Maßnahmen in Bezug auf mögliche Änderungen der Umweltpolitik, der Zielsetzungen, der Einzelziele und anderer Elemente des Umweltmanagementsystems in Übereinstimmung mit der Verpflichtung zur ständigen Verbesserung enthalten.	

4.8 Interne Umweltbetriebsprüfung

Programm für die Umweltbetriebsprüfung und Häufigkeit der Prüfungen

Das Programm für die Umweltbetriebsprüfung gewährleistet, dass die Leitung der Organisation die Informationen erhält, die sie benötigt, um die Umweltleistung der Organisation und die Wirksamkeit des Umweltmanagementsystems zu überprüfen und nachweisen zu können, dass alles unter Kontrolle ist. Zu den Zielen gehören insbesondere die Bewertung der vorhandenen Managementsysteme und die Feststellung der Übereinstimmung mit der Politik und dem Programm der Organisation, was auch die Übereinstimmung mit den einschlägigen Umweltvorschriften einschließt. Der Umfang der Umweltbetriebsprüfungen bzw. der einzelnen Abschnitte eines Betriebsprüfungszyklus muss eindeutig festgelegt sein, wobei folgende Angaben erforderlich sind:

- die erfassten Bereiche,
- die zu prüfenden Tätigkeiten,
- die zu berücksichtigenden Umweltkriterien,
- der von der Umweltbetriebsprüfung erfasste Zeitraum.

Die Umweltbetriebsprüfung umfasst die Beurteilung der zur Bewertung der Umweltleistung notwendigen Daten. Die Umweltbetriebsprüfung oder der Betriebsprüfungszyklus, die/der sich auf alle Tätigkeiten der Organisation erstreckt, ist in regelmäßigen Abständen abzuschließen. Die Abstände betragen nicht mehr als 3 Jahre, im Fall der Ausnahmeregelung für kleine Unternehmen jedoch 4 Jahre. Die Häufigkeit, mit der eine Tätigkeit geprüft wird, hängt von folgenden Faktoren ab:

- Art, Umfang und Komplexität der Tätigkeiten,
- Bedeutung der damit verbundenen Umweltauswirkungen,
- Wichtigkeit und Dringlichkeit der bei früheren Umweltbetriebsprüfungen festgestellten Probleme,
- Vorgeschichte der Umweltprobleme.

Komplexere Tätigkeiten mit bedeutenderen Umweltauswirkungen werden häufiger geprüft. Die Organisation führt Umweltbetriebsprüfungen mindestens einmal jährlich durch, weil so der Organisationsleitung und dem Umweltgutachter nachgewiesen werden kann, dass die bedeutenden Umweltaspekte unter Kontrolle sind. Die Organisation führt Umweltbetriebsprüfungen durch in Bezug auf:

- ihre Umweltleistung und
- die Einhaltung der geltenden Umweltvorschriften durch die Organisation.

Tätigkeiten der Umweltbetriebsprüfung

Die Umweltbetriebsprüfung umfasst Gespräche mit dem Personal, die Prüfung der Betriebsbedingungen und der Ausrüstung, die Prüfung von Aufzeichnungen, der schriftlichen Verfahren und anderer einschlägiger Unterlagen mit dem Ziel einer Bewertung der Umweltleistung der jeweils geprüften Tätigkeit. Dabei wird untersucht, ob die geltenden Normen und Vorschriften eingehalten, die gesetzten Umweltzielsetzungen und -einzelziele erreicht und die entsprechenden Anforderungen erfüllt werden und ob das Umweltmanagementsystem wirksam und angemessen ist. Die Einhaltung dieser Kriterien sollte unter anderem stichprobenartig geprüft werden, um festzustellen, wie wirksam das gesamte Managementsystem funktioniert. Zur Umweltbetriebsprüfung gehören insbesondere folgende Schritte:

- Verständnis des Managementsystems,
- Beurteilung der Stärken und Schwächen des Managementsystems,
- Erfassung relevanter Nachweise,
- Bewertung der Ergebnisse der Umweltbetriebsprüfung,
- Formulierung von Schlussfolgerungen,
- Berichterstattung über die Ergebnisse und Schlussfolgerungen der Umweltbetriebsprüfung.

Berichterstattung über die Ergebnisse und Schlussfolgerungen der Umweltbetriebsprüfung
Die grundlegenden Ziele eines schriftlichen Umweltbetriebsprüfungsberichts bestehen darin:

- den Umfang der Umweltbetriebsprüfung zu dokumentieren,
- die Leitung der Organisation über den Grad der Übereinstimmung mit der Umweltpolitik der Organisation und über Fortschritte im Bereich des internen Umweltschutzes zu unterrichten,
- die Organisationsleitung über die Wirksamkeit und Zuverlässigkeit der Regelungen für die
- Überwachung der Umweltauswirkungen der Organisation zu unterrichten,
- gegebenenfalls die Notwendigkeit von Korrekturmaßnahmen zu belegen.

4.9 Umweltberichterstattung

Die Umweltinformationen sind klar und zusammenhängend zu präsentieren und in elektronischer oder gedruckter Form vorzulegen.

Umwelterklärung
Die Umwelterklärung enthält mindestens die nachstehenden Elemente und erfüllt die nachstehenden Mindestanforderungen:

- klare und unmissverständliche Beschreibung der Organisation, die sich nach EMAS registrieren lässt, und eine Zusammenfassung ihrer Tätigkeiten, Produkte und Dienstleistungen sowie gegebenenfalls der Beziehung zu etwaigen Mutterorganisationen,
- Umweltpolitik der Organisation und kurze Beschreibung ihres Umweltmanagementsystems,
- Beschreibung aller bedeutenden direkten und indirekten Umweltaspekte, die zu bedeutenden Umweltauswirkungen der Organisation führen, und Erklärung der Art der auf diese Umweltaspekte bezogenen Auswirkungen,
- Beschreibung der Umweltzielsetzungen und Umwelteinzelziele im Zusammenhang mit den bedeutenden Umweltaspekten und -auswirkungen,
- Zusammenfassung der verfügbaren Daten über die Umweltleistung, gemessen an den Umweltzielsetzungen und -einzelzielen der Organisation und bezogen auf ihre bedeutenden Umweltauswirkungen; die Informationen beziehen sich auf die Kernindikatoren und andere bereits vorhandene einschlägige Indikatoren für die Umweltleistung,
- sonstige Faktoren der Umweltleistung, einschließlich der Einhaltung von Rechtsvorschriften im Hinblick auf ihre bedeutenden Umweltauswirkungen,
- Bezugnahme auf die geltenden Umweltvorschriften,
- Name und Akkreditierungs- oder Zulassungsnummer des Umweltgutachters und Datum der Validierung.

Die aktualisierte Umwelterklärung enthält mindestens diese Elemente und erfüllt die Mindestanforderungen der oben genannten Punkte.

Kernindikatoren und andere bereits vorhandene einschlägige Indikatoren für die Umweltleistung

Die Organisationen liefern in der Umwelterklärung und deren Aktualisierungen Angaben zu den nachstehend aufgeführten Kernindikatoren, soweit sie sich auf die direkten Umweltaspekte der Organisation beziehen, und zu anderen bereits vorhandenen Indikatoren für die Umweltleistung. Die Erklärungen enthalten Angaben zu den tatsächlichen Inputs/Auswirkungen. Wenn durch die Offenlegung der Daten die Vertraulichkeit kommerzieller und industrieller Informationen der Organisation verletzt wird und eine solche Vertraulichkeit durch nationale oder gemeinschaftliche Rechtsvorschriften gewährleistet wird, um berechtigte wirtschaftliche Interessen zu wahren, kann die Organisation diese Informationen an eine Messziffer koppeln, z. B. durch die Festlegung eines Bezugsjahrs (mit der Messziffer 100), auf das sich die Entwicklung des tatsächlichen Inputs bzw. der tatsächlichen Auswirkungen bezieht. Die Indikatoren müssen:

- die Umweltleistung der Organisation unverfälscht darstellen,
- verständlich und eindeutig sein,
- einen Vergleich von Jahr zu Jahr ermöglichen, damit beurteilt werden kann, wie sich die Umweltleistung der Organisation entwickelt,

- gegebenenfalls einen Vergleich zwischen verschiedenen branchenbezogenen, nationalen oder regionalen Referenzwerten (Benchmarks) ermöglichen,
- gegebenenfalls einen Vergleich mit Rechtsvorschriften ermöglichen.

Kernindikatoren gelten für alle Arten von Organisationen. Sie betreffen die Umweltleistung in folgenden Schlüsselbereichen:

- Energieeffizienz,
- Materialeffizienz,
- Wasser,
- Abfall,
- biologische Vielfalt und
- Emissionen.

Ist eine Organisation der Auffassung, dass einer oder mehrere Kernindikatoren für ihre direkten Umweltaspekte nicht wesentlich sind, muss die Organisation keine Informationen zu diesen Kernindikatoren geben. Die Organisation gibt hierfür eine Begründung, die in Bezug zu ihrer Umweltprüfung steht. Jeder Indikator setzt sich zusammen aus:

- einer Zahl A zur Angabe der gesamten jährlichen Inputs/Auswirkungen in dem betreffenden Bereich,
- einer Zahl B zur Angabe des gesamten jährlichen Outputs der Organisation und
- einer Zahl R zur Angabe des Verhältnisses A/B.

Jede Organisation liefert Angaben zu allen drei Elementen jedes Indikators. Die gesamten jährlichen Inputs/Auswirkungen in dem betreffenden Bereich (Zahl A) werden wie folgt angegeben:

- Bereich Energieeffizienz:
  - *gesamter direkter Energieverbrauch* mit Angabe des jährlichen Gesamtenergieverbrauchs, ausgedrückt in MWh oder GJ,
  - *Gesamtverbrauch an erneuerbaren Energien* mit Angabe des Anteils der Energie aus erneuerbaren Energiequellen am jährlichen Gesamtverbrauch (Strom und Wärme) der Organisation,
- Bereich Materialeffizienz:
  - *jährlicher Massenstrom der verschiedenen Einsatzmaterialien* (ohne Energieträger und Wasser), ausgedrückt in Tonnen,
- Bereich Wasser:
  - *gesamter jährlicher Wasserverbrauch,* ausgedrückt in m^3,

- Bereich Abfall:
  - *gesamtes jährliches Abfallaufkommen,* aufgeschlüsselt nach Abfallart und ausgedrückt in Tonnen,
  - *gesamtes jährliches Aufkommen an gefährlichen Abfällen,* ausgedrückt in Kilogramm oder Tonnen,
- Bereich biologische Vielfalt:
  - *Flächenverbrauch,* ausgedrückt in m^2 bebauter Fläche,
- Bereich Emissionen:
  - *jährliche Gesamtemissionen von Treibhausgasen,* die mindestens die Emissionen an CO_2, CH_4, N_2O, Hydrofluorkarbonat, Perfluorkarbonat und SF_6 enthalten, ausgedrückt in Tonnen CO_2-Äquivalent,
  - *jährliche Gesamtemissionen in die Luft,* die mindestens die Emissionen an SO_2, NO_X und Stäube enthalten, ausgedrückt in Kilogramm oder Tonnen.

Zusätzlich zu den oben definierten Indikatoren können die Organisationen auch andere Indikatoren verwenden, um die gesamten jährlichen Inputs/Auswirkungen in dem betreffenden Bereich anzugeben. Die Angabe des jährlichen Gesamtoutputs der Organisation (Zahl B) ist in allen Bereichen gleich, wird aber an die verschiedenen Arten von Organisationen nach Maßgabe ihrer Tätigkeitsart angepasst, und ist wie folgt anzugeben:

- Für in der Produktion tätige Organisationen (Industrie) wird die jährliche Gesamtbruttowertschöpfung, ausgedrückt in Millionen Euro (Mio. EUR), oder die jährliche Gesamtausbringungsmenge, ausgedrückt in Tonnen bzw. – bei kleinen Organisationen – der jährliche Gesamtumsatz oder die Zahl der Mitarbeiter angegeben.
- Für Organisationen in den nicht produzierenden Branchen (Verwaltung/Dienstleistungen) wird die Größe der Organisation, ausgedrückt als Zahl ihrer Mitarbeiter, angegeben.

Zusätzlich zu den oben definierten Indikatoren können die Organisationen auch andere Indikatoren verwenden, um ihren jährlichen Gesamtoutput anzugeben. Jede Organisation erstattet zudem alljährlich Bericht über ihre Leistung in Bezug auf die spezifischeren der in ihrer Umwelterklärung genannten Umweltaspekte, wobei sie – soweit verfügbar – branchenspezifische Referenzdokumente berücksichtigt.

Öffentlicher Zugang

Die Organisation muss dem Umweltgutachter nachweisen können, dass jedem, den die Umweltleistung der Organisation interessiert, problemlos und frei Zugang zu den Informationen erteilt werden kann. Die Organisation sorgt dafür, dass diese Informationen in (einer) der Amtssprache(n) des Mitgliedstaats, in dem die Organisation registriert ist, und gegebenenfalls in (einer) der Amtssprache(n) der Mitgliedstaaten, in denen sich von einer Sammelregistrierung erfasste Standorte befinden, verfügbar sind.

Lokale Rechenschaftspflicht
Organisationen, die sich nach EMAS registrieren lassen, ziehen es womöglich vor, eine Art Gesamt-Umwelterklärung zu erstellen, die verschiedene Standorte umfasst. Da in EMAS eine lokale Rechenschaftspflicht angestrebt wird, müssen die Organisationen dafür sorgen, dass die bedeutenden Umweltauswirkungen eines jeden Standorts eindeutig beschrieben und in der Gesamt-Umwelterklärung erfasst sind.

4.10 EMAS-Logo

Das EMAS-Logo kann in allen 23 Sprachen verwendet werden. Für Deutsch gilt der folgende Wortlaut *Geprüftes Umweltmanagement*.

EMAS
VERIFIED
ENVIRONMENTAL
MANAGEMENT

4.11 Anzahl der EMAS-Validierungen

Tab. 4.2 zeigt die Anzahl der Validierungen nach EMAS-Verordnung. Europaweit haben sich in 2016 3751 Organisationen an diesem Umweltmanagementsystem beteiligt. Deutschland nimmt den vordersten Platz ein.

Im Vergleich zu den Zertifizierungen nach DIN EN ISO 14001 spielen EMAS-Validierungen nur eine untergeordnete Rolle. Das zeigt sich auch an der Beteiligung deutscher Unternehmen/Organisationen. Hier ist ein kontinuierlicher Rückgang der Beteiligung zu verzeichnen (Abb. 4.1).

Tab. 4.2 Anzahl der EMAS-Validierungen [4.12]

Land	Anzahl Organisationen
Europäische Union	3943
Deutschland	**1216**
Italien	946
Spanien	894
Österreich	287
Belgien	73
Polen	70
Portugal	47
Griechenland	37
Frankreich	32
United Kingdom	30

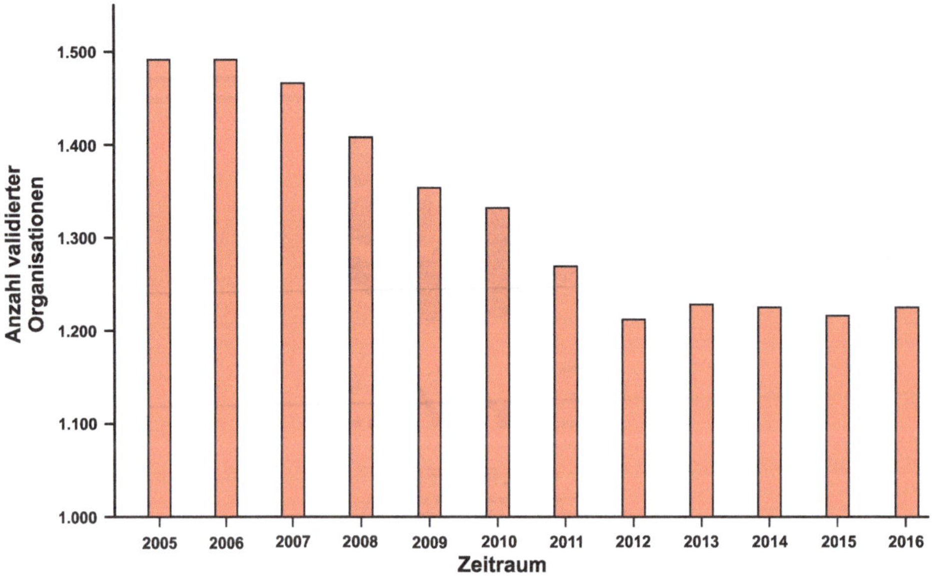

Abb. 4.1 Entwicklung der EMAS-Validierungen in Deutschland [4.3]

4.12 Aufgaben für die Praxis

- Welche Ziele verfolgt die EMAS-Verordnung?
- Erläutern Sie die Aufgaben und Anforderungen an einen Umweltgutachter.
- Wie prüft der Umweltgutachter die Einhaltung geltender Umweltvorschriften?
- Auf welche Fragen müssen die an EMAS teilnehmenden Organisationen in der Umweltprüfung eingehen?

- In welchem Verhältnis stehen die Umweltaspekte und die Umweltauswirkungen zueinander?
- Welche Forderungen stellt die EMAS-Verordnung an ein Umweltmanagementsystem?
- Welche Anforderungen sind an die interne Umweltbetriebsprüfung nach EMAS zu stellen?
- Erläutern Sie die Anforderungen an die EMAS-Umweltberichterstattung.
- Legen Sie die absoluten und relativen Kernindikatoren für ihr Unternehmen fest.
- Vergleichen Sie die Norm DIN EN ISO 14001 mit der EMAS-Verordnung. Worin liegen Gemeinsamkeiten bzw. wesentliche Unterschiede?

Weiterführende Literatur

4.1. *Beschluss 2013/131/EU der Kommission vom 4. März 2013 über ein Nutzerhandbuch mit den Schritten, die zur Teilnahme an EMAS nach der Verordnung (EG) Nr. 1221/2009 des Europäischen Parlaments und des Rates über die freiwillige Teilnahme von Organisationen an einem Gemeinschaftssystem für Umweltmanagement und Umweltbetriebsprüfung unternommen werden müssen,* **19.03.2013**

4.2. Bundesministerium für Umwelt, Naturschutz und Reaktorsicherheit (BMU); Umweltbundesamt (UBA); *EMAS in Deutschland – Evaluierung 2012,* **März 2013**

4.3. Deutscher Industrie- und Handelskammertag e. V. (DIHK); Die Entwicklung von EMAS in Deutschland im Jahr 2016, **März 201**

4.4. Förster, M.; *(Umwelt)strafrechtliche Maßnahmen im Europarecht,* BWV, **2007**, 978-3-8305-1391-9

4.5. Krinn, H.; Meinholz, H.; *Einführung eines Umweltmanagementsystems in kleinen und mittleren Unternehmen,* Springer, **1997**, 3-540-62465-1

4.6. Langerfeldt, M.; *Das novellierte Environmental Management and Audit Scheme (EMAS) und sein Potenzial zur Privatisierung der umweltrechtlichen Betreiberüberwachung in Deutschland,* Duncker & Humblot, **2007**, 978-3-428-12353-7

4.7. Löbel, J.; Schröger, H.; Closhen, H.; *Nachhaltige Managementsysteme,* Schmidt, **2005**, 3-503-08381-2

4.8. Meinholz, H.; *EG-Öko-Audit-Verordnung vs. ISO 14001*, UWSF – Z. Umweltchem. Ökotox. 9, **1997**, 225–226

4.9. Organisation für wirtschaftliche Zusammenarbeit und Entwicklung (OECD); *OECD-Umweltausblick bis 2030*, OECD, **2010**, 978-92-64-04331-2

4.10. Seifert, E.; Krinn, H.; Meinholz, H.; EG-Öko-Audit-Verordnung – Eine Realisierungsmöglichkeit in Klemmer, P.; Meuser, Th.; (Hrsg.); EG-Umweltaudit, Gabler, **1995, 3-409-13240-6**

4.11. *Verordnung (EG) Nr. 1221/2009 des Europäischen Parlaments und des Rates vom 25. November 2009 über die freiwillige Teilnahme von Organisationen an einem Gemeinschaftssystem für Umweltmanagement und Umweltbetriebsprüfung und zur Aufhebung der Verordnung (EG) Nr. 761/2001, sowie der Beschlüsse der Kommission 2001/681/EG und 2006/193/EG,* ***10.06.2013***

4.12. www.emas.de; *EMAS in Zahlen – Statistiken,* **2016**

Energiemanagementsysteme nach DIN EN ISO 50001

5

5.1 Einführung

Im Umweltmanagementsystem nach DIN EN ISO 14001 muss der Umweltaspekt Energie behandelt werden. Die heute verwendeten – überwiegend – fossilen Energieträger führen über ihre CO_2-Emissionen zu drastischen Umweltauswirkungen in Form des Klimawandels. Das Energiemanagementsystem nach DIN EN ISO 50001 lässt sich als Ergänzung bzw. Erweiterung eines Umweltmanagementsystems auffassen und in der Praxis realisieren.

In der folgenden Übersicht (Tab. 5.1) findet sich in der linken Spalte die einheitliche Grundstruktur für Managementsysteme in Form der DIN EN ISO 14001 Umweltmanagementsysteme. Für Energiemanagementsysteme liegt noch keine einheitliche Grundstruktur vor. Die rechte Spalte enthält die gegenwärtigen Anforderungen der DIN EN ISO 50001 Energiemanagementsysteme vom Dezember 2011. Größere Unterschiede ergeben sich im:

- Kontext der Organisation.

Tab. 5.1 Gegenüberstellung DIN EN ISO 14001 und DIN EN ISO 50001

Umweltmanagementsysteme DIN EN ISO 14001	Energiemanagementsysteme DIN EN ISO 50001
4. Kontext der Organisation	**–**
4.1 Verstehen der Organisation und ihres Kontextes	–
4.2 Verstehen der Erfordernisse und Erwartungen interessierter Parteien	–
4.3 Festlegen des Anwendungsbereichs des Umweltmanagementsystems	–
4.4 Umweltmanagementsystem	–

G. Förtsch und H. Meinholz, *Handbuch Betriebliches Umweltmanagement*,
https://doi.org/10.1007/978-3-658-19151-1_5

Tab. 5.1 (Fortsetzung)

Umweltmanagementsysteme DIN EN ISO 14001	Energiemanagementsysteme DIN EN ISO 50001
5. Führung	
5.1 Führung und Verpflichtung	4.2 Verantwortung des Managements
5.2 Umweltpolitik	4.3 Energiepolitik
5.3 Rollen, Verantwortlichkeiten und Befugnisse in der Organisation	4.2.2 Beauftragter des Managements
6. Planung	**4.4 Energieplanung**
6.1 Maßnahmen zum Umgang mit Risiken und Chancen	4.4.1 Allgemeines
	4.4.2 Rechtliche Vorschriften und andere Anforderungen
	4.4.3 Energetische Bewertung
	4.4.4 Energetische Ausgangsbasis
	4.4.5 Energieleistungskennzahlen
6.2 Umweltziele und Planung zu deren Erreichung	4.4.6 Strategische und operative Energieziele sowie Aktionspläne zum Energiemanagement
7. Unterstützung	**4.5 Einführung und Umsetzung**
7.1 Ressourcen	4.5.1 Allgemeines
7.2 Kompetenz	4.5.2 Fähigkeiten, Schulung und Bewusstsein
7.3 Bewusstsein	
7.4 Kommunikation	4.5.3 Kommunikation
7.5 Dokumentierte Information	4.5.4 Dokumentation
	4.6.5 Lenkung von Aufzeichnungen
8. Betrieb	
8.1 Betriebliche Planung und Steuerung	4.5.5 Ablauflenkung
	4.5.6 Auslegung
	4.5.7 Beschaffung von Energiedienstleistungen, Produkten, Einrichtungen und Energie
8.2 Notfallvorsorge und Gefahrenabwehr	–
9. Bewertung der Leistung	**4.6 Überprüfung**
9.1 Überwachung, Messung, Analyse und Bewertung	4.6.1 Überwachung, Messung und Analyse
	4.6.2 Bewertung der Einhaltung rechtlicher Vorschriften und anderer Anforderungen
9.2 Internes Audit	4.6.3 Interne Auditierung des Energiemanagementsystems
9.3 Managementbewertung	4.7 Managementbewertung (Management-Review)
10. Verbesserung	
10.1 Allgemeines	–
10.2 Nichtkonformität und Korrekturmaßnahmen	4.6.4 Nichtkonformitäten, Korrekturen, Korrektur- und Vorbeugemaßnahmen
10.3 Fortlaufende Verbesserung	–

Die anderen Normanforderungen lassen sich relativ leicht zuordnen. In den folgenden Abschnitten wird die DIN EN ISO 50001 auf die DIN EN ISO 14001 bezogen und mit dieser verglichen.

5.2 Ziele und Nutzen eines Energiemanagementsystems

Oberstes Ziel eines Energiemanagementsystems ist die Verbesserung der Energieeffizienz und -leistung im Unternehmen. Dazu ergeben sich mindestens einzuhaltende Anforderungen aus der Einhaltung von Rechtsvorschriften und aus ökonomischen Gründen. Energieverbrauchende Prozesse, Anlagen, Tätigkeiten, Produkte und Dienstleistungen sind zu analysieren und zu bewerten. Bei der Einführung eines Energiemanagementsystems kommt es daher auf die inhaltlichen Aspekte und fortlaufenden Verbesserungen an. Die energieorientierte Leistung eines Unternehmens lässt sich nur dann belegen, wenn sie messbar und transparent gemacht wird.

Der Aufbau eines Energiemanagementsystems ist eine anspruchsvolle Aufgabe, die sich gut mit dem Projekt Umweltmanagementsystem verknüpfen lässt. In beiden Managementsystemen existieren vier Strukturelemente. Im Umweltmanagementsystem sind dies (Abb. 2.3):

- Führung,
- Umweltaspekte,
- Umweltcontrolling und
- Prozesse;

im Energiemanagementsystem sind dies (Abb. 5.1):

- Führung,
- Infrastruktur/Technologien,
- Energieträger und
- Prozesse.

Im Strukturelement Führung sind die einzelnen Arbeitspakete zwischen einem Umweltmanagementsystem und einem Energiemanagementsystem vergleichbar. Das Arbeitspaket Geschäftsführung beschreibt die übergreifenden Aufgaben der Unternehmensleitung. Das Arbeitspaket Anwendungsbereiche beschreibt den Geltungsbereich des Energiemanagementsystems unter Berücksichtigung der interessierten Parteien. Wie die Umweltpolitik verfolgt die Energiepolitik langfristige strategische Ziele, die in betriebliche Energieziele zu übertragen sind. Geltende Rechtsvorschriften im Energiesektor sind von den verantwortlichen Führungskräften umzusetzen und einzuhalten.

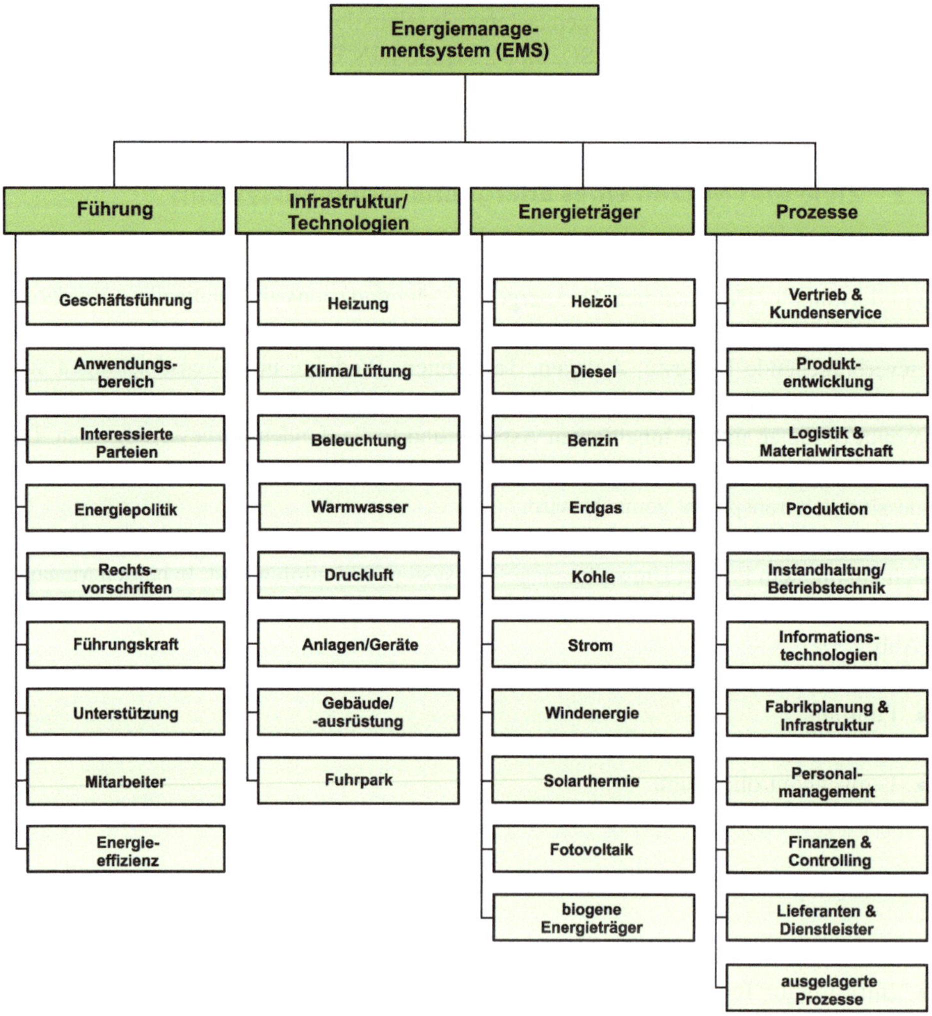

Abb. 5.1 Bestandteile eines Energiemanagementsystems

Unterstützung können sie durch einen Beauftragten für das Energiemanagement und die entsprechenden Fachfunktionen erhalten. Die Mitarbeiter sind für die ordnungsgemäße Ausführung der übertragenen Aufgaben zuständig. Zur Erfüllung müssen sie über die notwendigen Kompetenzen verfügen. Nur in einer konstruktiven Zusammenarbeit aller Beteiligten lässt sich die energetische Leistung (Energieeffizienz) steigern.

Ein zweites Strukturelement umfasst die Infrastruktur und Technologien wie Gebäude, Anlagen, Fuhrpark, Heizung, Klima, Beleuchtung, Warmwasser und Druckluft mit ihren Energieverbräuchen und Einsparmöglichkeiten. Das dritte Strukturelement Energieträger behandelt Art und Menge der verwendeten Energieträger und ihre Substitutionsmöglichkeiten durch regenerative Energieträger. Die prozessbezogenen Anweisungen im Strukturelement Prozesse geben generelle umwelt- und energierelevante Anforderungen für die entsprechenden Tätigkeiten vor. Sie sind unternehmensspezifisch zu entwickeln.

Die Projektplanung zur Realisierung eines Energiemanagementsystems entspricht prinzipiell den in Kap. 2 für die Einführung eines Umweltmanagementsystems gemachten Aussagen. Die identifizierten Arbeitspakete werden nach den Regeln des Projektmanagements bearbeitet.

5.3 Grundsätze und wesentliche Elemente

Das Energiemanagementsystem nach DIN EN ISO 50001 und die zu erzielenden fortlaufenden Verbesserungen der betrieblichen Energieeffizienz basieren auf fünf Grundsätzen (Abb. 5.2):

Abb. 5.2 Fortlaufender Verbesserungsprozess im Energiemanagementsystem

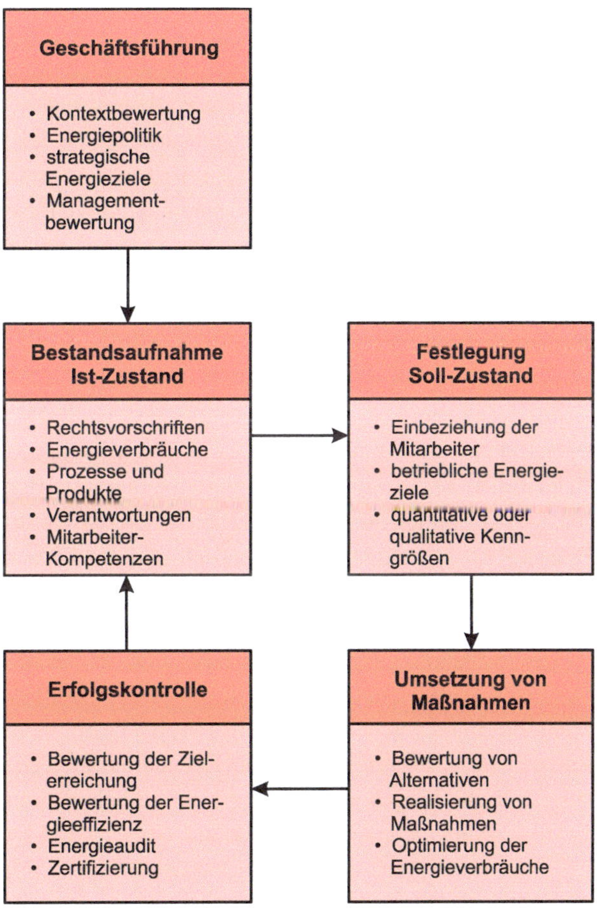

- Verpflichtungen und Führung durch die Geschäftsführung,
- Bestandsaufnahme des Ist-Zustandes,
- Planung und Festlegung der Energieziele,
- Realisierung von Maßnahmen zur Verbesserung der Energieeffizienz und
- Erfolgskontrolle der Zielerreichung und Bewertung der Energieeffizienz.

Der Geschäftsführung kommt eine Vorbildfunktion im Energiemanagementsystem zu. Sie legt die strategischen Ziele in Form der unternehmensinternen Energiepolitik fest und stellt die notwendigen Ressourcen zur Verfügung. Im Zuge einer regelmäßigen Managementbewertung (Managementreview) bewertet sie die Zielerreichung und die Energieeffizienz des Unternehmens.

Die Bestandsaufnahme des Ist-Zustandes liefert einen Überblick über die bedeutendsten Energieaspekte in den einzelnen Prozessen. Da jeder Prozess zuständige Mitarbeiter und verantwortliche Führungskräfte hat, sind die direkten Ansprechpartner zur Verbesserung der Energieeffizienz identifizierbar. So werden in diesem Projektabschnitt u. a. die einzelnen Energieverbräuche erhoben. Neben den Prozessen erfolgt auch eine energetische Betrachtung der Gebäude und der Anlagentechnik.

Abgeleitet aus der unternehmerischen Energiepolitik und den strategischen Energiezielen liefern die betrieblichen (operativen) Energieziele eine Messlatte für die Energieeffizienz (Energieleistung) des Unternehmens. Energieziele sollten möglichst quantifizierbar und über Energieleistungskennzahlen (Energy Performance Indicators, EnPIs) bestimmbar sein. Wo dies nicht möglich ist, sind qualitative Beschreibungen zu verwenden.

Aus dem Vergleich zwischen der energetischen Bestandsaufnahme und den angestrebten betrieblichen Energiezielen klafft eine Lücke. Um diese zu schließen, müssen Alternativen bewertet und Maßnahmen realisiert werden. Dabei erfolgen die Bewertungen unter wirtschaftlichen, ökologischen und technologischen Aspekten. Die einzelnen Maßnahmen müssen mit Prioritäten versehen werden. Sinnvollerweise lassen sich 3 Klassen bilden:

Priorität A Maßnahme ist energetisch und wirtschaftlich sinnvoll,

Priorität B Maßnahme ist energetisch sinnvoll, wirtschaftlich nur eingeschränkt empfehlenswert,

Priorität C Maßnahme ist energetisch und unter Nachhaltigkeitsgesichtspunkten sinnvoll; wirtschaftlich dagegen nicht.

Die Maßnahmen sind nach den Regeln des Projektmanagements umzusetzen. Im fortlaufenden Verbesserungsprozess ist die realisierte Maßnahme einer bewussten Erfolgskontrolle zu unterziehen. Erst dann lässt sich bestimmen ob die betrieblichen und strategischen Energieziele erreicht wurden. Ein internes Energieaudit untermauert diese skizzierte systematische Vorgehensweise und zeigt auf, ob sich die Energieeffizienz des Gebäudes/Prozesses/Unternehmens verbessert hat.

5.4 Kontext der Organisation

In der DIN EN ISO 50001 ist dieser Normabschnitt nicht enthalten. In Anlehnung an die DIN EN ISO 14001 werden daher folgende Punkte behandelt:

- Verstehen der Organisation und ihres Kontextes,
- Verstehen der Erfordernisse und Erwartungen interessierter Parteien,
- Festlegen des Energiemanagementsystems und
- Energiemanagementsystem und seine Prozesse.

5.4.1 Die Organisation und ihre Kontexte

Das Energiemanagementsystem eines Unternehmens wird von einer Reihe interner und externer Faktoren bestimmt. Interne Kontextfaktoren sind z. B.:

- Prozesse und deren Energieeffizienz,
- Anlagen und der Stand der Technik,
- Tätigkeiten und die Kompetenzen der Mitarbeiter,
- Wahrnehmung von Verantwortungen durch die Führungskräfte,
- Ökonomie und Wirtschaftlichkeit,
- Wettbewerbsfähigkeit des Unternehmens.

Externe Kontextfaktoren sind z. B.:

- Treibhauseffekt und Klimawandel,
- gesellschaftspolitische Zusammenhänge,
- Gesetze und andere Rechtsvorschriften,
- Betriebsgenehmigungen und Auflagen,
- Überwachungsbehörden,
- Kundenwünsche, -bedürfnisse und -zufriedenheit im Zusammenhang mit energieeffizienten Produkten.

In Verbindung mit der Organisation und ihrer Kontexte sollten folgende Fragen beachtet werden:

- Wie ermittelt das Unternehmen die für sie relevanten Aspekte des Energiemanagementsystems?
- Welche internen Kontextfaktoren beeinflussen das Energiemanagementsystem?
- Welche externen Kontextfaktoren haben Einfluss auf das Energiemanagementsystem?

- Wie sind in diesem Zusammenhang Sachfaktoren (Prozesse, Anlagen, Tätigkeiten) einerseits und Humanfaktoren (Führungskräfte, Mitarbeiter, Kompetenzen) andererseits zu bewerten?
- Wie lassen sich die internen und externen Kontextfaktoren priorisieren bzw. gewichten?

5.4.2 Erfordernisse und Erwartungen interessierter Parteien

Unter dem Begriff interessierte Parteien lassen sich verschiedene Gruppen zusammenfassen:

- Gesetzgeber und Behörden,
- Versicherungen,
- Eigentümer und Aktionäre,
- Geschäftsführung und Führungskräfte,
- Mitarbeiter und deren Interessensvertretungen,
- Bürgerinitiativen und politische Parteien.

Jede dieser Gruppen hat direkt oder indirekt unterschiedliche Erwartungen an das Unternehmen. In Zeiten des Klimawandels und der Energiewende können diese Erwartungen zu einem unternehmensinternen Spannungsfeld im Nachhaltigkeitsdreieck – insbesondere zwischen Ökonomie und Ökologie – führen. Daher sind die relevanten interessierten Parteien zu identifizieren. Ihre Beweggründe und Interessen sollten ermittelt und verstanden werden.

Folgende Fragen sollten bzgl. interessierter Parteien beachtet werden:

- Welche interessierten Parteien lassen sich im Energiemanagementsystem identifizieren?
- Welche Anforderungen stellen die jeweiligen Gruppen an das Unternehmen?
- Wie werden die Energieziele dadurch beeinflusst?
- Wie wirken sich die Energieziele auf die Energieeffizienz – mit Vor- und Nachteilen – aus?

5.4.3 Anwendungsbereich des Energiemanagementsystems

Der Anwendungsbereich des Energiemanagementsystems sollte unter Beachtung des gesamten Lebenswegs eines Produkts bzw. einer Dienstleistung geschehen. Der Energieverbrauch über den gesamten Lebensweg muss mit berücksichtigt werden. Von daher ist es nicht ausreichend nur das Unternehmen oder einzelne Standorte zu betrachten. Die Nutzung der Produkte/Dienstleistungen lässt sich als ausgelagerter Prozess ins Energiemanagementsystem integrieren. Von daher sind folgende Aspekte mit zu betrachten:

- Energierelevanz von Produkten und Dienstleistungen,
- Relevanz einzelner Prozessschritte und Anlagen,
- Bedeutung ausgelagerter Prozesse,
- Anforderungen an Lieferanten und Dienstleister,
- Kundenanforderungen und -zufriedenheit,
- Forderungen von interessierten Parteien.

Für den Anwendungsbereich des Energiemanagementsystems sind folgende Fragen interessant:

- Auf welcher Basis wurde der Anwendungsbereich des Energiemanagementsystems festgelegt?
- Welche Verantwortungen und Zuständigkeiten existieren im Anwendungsbereich?
- Bei welchen Prozessen, Anlagen und Tätigkeiten liegen bedeutende Energieaspekte vor?
- Bei welchen Produkten und Dienstleistungen spielen Energieaspekte über den gesamten Lebensweg eine wichtige Frage?
- Welche energierelevanten Prozessschritte wurden ausgelagert?
- Wie werden die Anforderungen des Energiemanagementsystems mit seinen Energieaspekten in die verschiedenen Geschäftsprozesse integriert?
- Wie werden Lieferanten und Dienstleister im Energiemanagementsystem berücksichtigt?

5.4.4 Energiemanagementsystem und dessen Prozesse

Wie in jedem Managementsystem sind die relevanten Prozesse zu identifizieren und zu beschreiben. Es müssen die relevanten Prozessparameter und Leistungsindikatoren erfasst werden. Für die Prozesssteuerung sind geeignete Messmethoden und -mittel festzulegen. Die Messergebnisse erlauben eine Bewertung der Prozesse bzgl. deren Energieeffizienz. Zur fortlaufenden Verbesserung sind geeignete Maßnahmen auszuwählen und nach der Realisierung einer Erfolgskontrolle zu unterziehen. Es ist der Prozessverantwortliche mit seinen Kompetenzen, Befugnissen und Zuständigkeiten zu benennen.

Für das Energiemanagementsystem und dessen Prozesse sind folgende Fragen zu beachten:

- Welche energierelevanten Prozesse sind beschrieben?
- Wie wird das Energiemanagement in die einzelnen Prozesse integriert?
- Welche energierelevanten Prozessparameter und Leistungsindikatoren werden erfasst?
- Welche Messmethoden, -mittel und Ressourcen stehen zur Verfügung?
- Welche Verbesserungen der Energieeffizienz sind möglich bzw. wurden erzielt?
- Über welche Kompetenzen, Befugnisse und Zuständigkeiten verfügt der jeweilige Prozessverantwortliche?

5.5 Führung

In der DIN EN ISO 50001 ist dieser Abschnitt enthalten. In Anlehnung an die DIN EN ISO 14001 Umweltmanagementsysteme werden in diesem Kapitel folgende Punkte behandelt:

- Führung und Verpflichtung,
- Energiepolitik,
- Verantwortlichkeiten und Befugnisse.

5.5.1 Führung und Verpflichtung

Die Geschäftsführung muss ihre Unterstützung für ein Energiemanagement klar und deutlich darlegen. Dazu gehören die:

- Festlegung einer Energiepolitik,
- Benennung eines Managementbeauftragten,
- Erfüllung rechtlicher Anforderungen,
- Förderung der Mitarbeiterkompetenzen,
- Unterstützung der verantwortlichen Führungskräfte,
- Bereitstellung der benötigten Ressourcen,
- Sicherstellung der strategischen und betrieblichen Energieziele,
- Sicherstellung der Energieeffizienz für Prozesse und das Unternehmen,
- regelmäßige Durchführung von Managementreviews.

Für den Punkt Führung und Verpflichtung sind einige Fragen von zentraler Bedeutung:

- Wie nimmt die Geschäftsführung ihre Verpflichtungen im Energiemanagementsystem wahr?
- Wie wird im Geschäftsplan des Unternehmens das Energiemanagement berücksichtigt?
- Welche strategischen Energieziele und davon abgeleitete betrieblichen Energieziele wurden verabschiedet?
- Welche Aufgaben, Befugnisse und Verantwortlichkeiten haben die Führungskräfte im Energiemanagementsystem?
- Welche Ressourcen werden für das Energiemanagementsystem und die Verbesserung der Energieeffizienz zur Verfügung gestellt?
- Wie werden die Mitarbeiter in Energiefragen unterstützt und geschult?
- Wie werden die erzielten Ergebnisse und Leistungen veröffentlicht und interessierten Parteien (z. B. Mitarbeiter) zur Verfügung gestellt?

5.5.2 Energiepolitik und -strategien

Die Energiepolitik ist eine strategische Ausrichtung des Unternehmens im Bereich der Ressource Energie. Diese Strategie steckt den Rahmen für Handlungen und Maßnahmen zur Erreichung der energiebezogenen Ziele ab. Sie muss auf eine Verbesserung der energiebezogenen Leistung aller Energieaspekte ausgerichtet sein. Diese sind zu ermitteln und unter wirtschaftlichen und umweltbezogenen Gesichtspunkten fortlaufend zu verbessern. In diesem Zusammenhang sind neben den ablauforganisatorischen und technologischen Belangen auch die rechtlichen Anforderungen zu ermitteln und einzuhalten.

Aus den strategischen Energiezielen sind betriebliche Ziele und Maßnahmen abzuleiten. Die Geschäftsführung stellt zur Zielerreichung die notwendigen wirtschaftlichen, technologischen und personellen Ressourcen zur Verfügung. Mit Hilfe eines Energiekatasters lassen sich Energieleistungskennzahlen ermitteln und Prioritäten festlegen. Im Rahmen eines Energieprogramms führt das Unternehmen eine regelmäßige Überprüfung seiner energiebezogene Ziele durch und überprüft die Wirksamkeit der ergriffenen Maßnahmen. Um Multiplikatoreneffekte zu ermöglichen, werden gegenüber Mitarbeitern, Kunden, Lieferanten, Geschäftspartnern die Ziele, Maßnahmen und Erfolge dargestellt.

Die folgenden Fragen sollten bei der Festlegung einer unternehmerischen, strategischen Energiepolitik berücksichtigt werden:

- Welche strategisch ausgerichtete Energiepolitik wurde durch die Geschäftsführung des Unternehmens verabschiedet?
- Welche strategischen Energieziele wurden festgelegt?
- Wie deckt diese Energiepolitik alle Unternehmensbelange (z. B. Gebäude, Anlage, Prozesse, Produkte, Dienstleister) ab?
- Welche Verpflichtungen zur kontinuierlichen Verbesserung sind enthalten und wie werden diese erreicht?
- Wie wird die Energieeffizienz und -leistung gemessen und gesteigert?
- Welche Energieleistungskennzahlen existieren?
- Wie trägt der Erwerb energieeffizienter Produkte/Dienstleistungen zur Verbesserung der energiebezogenen Leistung bei?
- Welche Ressourcen werden für die Erfüllung der Energiepolitik zur Verfügung gestellt?
- Wie werden die rechtlichen und andere Verpflichtungen überwacht und erfüllt?
- Welche Auswirkungen haben rechtliche Vorschriften auf das Energiemanagementsystem?
- Welche rechtlichen Forderungen sind für die Energieaspekte von Tätigkeiten, Prozessen, Produkten, etc. relevant?
- Wie werden die Energiepolitik und die erzielten Verbesserungen interessierten Kreisen (z. B. Kunden, Mitarbeitern, Geschäftspartner) bekannt gemacht?
- Wie wird die Strategie im Energiesektor regelmäßig von der Geschäftsführung überprüft?

5.5.3 Rollen, Verantwortlichkeiten und Befugnisse

Die erfolgreiche Einführung eines Energiemanagementsystems und die kontinuierliche Weiterentwicklung der Energieeffizienz erfordert die Festlegung der Aufgaben, Verantwortlichkeiten und Befugnisse der Mitarbeiter. Die Aufgaben umfassen alle energierelevanten Unternehmensfunktionen, d. h. letztlich sind alle Kostenstellen und Mitarbeiter davon betroffen. Abgestuft sind die wesentlichen Verantwortlichkeiten der Führungskräfte und Mitarbeiter zu dokumentieren und mit diesen zu besprechen. Innerhalb ihrer Zuständigkeiten sollten Mitarbeiter aller Ebenen für die Energieeffizienz verantwortlich sein.

Die Gesamtverantwortung für das Energiemanagement des Unternehmens sollte bei einem Beauftragten der Unternehmensleitung liegen. Als oberster Projektleiter verfügt er über genügend Ressourcen, Fach- und Führungskompetenz, um zusammen mit seinem Projektteam die energiebezogenen Leistungen des Unternehmens fortlaufend zu verbessern. Regelmäßig erstattet er der Unternehmensleitung Bericht über die erzielten Fortschritte.

Personen, deren Tätigkeiten erheblichen Einfluss auf den Energiebereich haben, müssen aufgrund der energierelevanten Tätigkeiten und Prozesse identifiziert werden. Dies kann durch Organisationspläne, Stellenbeschreibungen, Verfahrensanweisungen, etc. geschehen. Unabhängig von der Unternehmensorganisation lassen sich allerdings einige grundlegende Verantwortungen im Energiebereich identifizieren:

- **Geschäftsführung**
  Entwicklung der Energiepolitik und Festlegung der Strategie,
- **Beauftragter des Managements**
  Projektleiter zur Entwicklung der energiebezogenen Leistungen des Unternehmens,
- **Führungskräfte**
  Erfüllung der rechtlichen Forderungen, Erreichung der Energieziele und Realisierung des Aktionsplans zum Energiemanagement,
- **Mitarbeiter**
  Einhaltung und Verbesserung der festgelegten Verfahren.

Für den Erfolg des Energiemanagementsystems müssen geeignete personelle, finanzielle und technologische Ressourcen zur Verfügung gestellt werden. Im Kräftedreieck zwischen Ökonomie, Ökologie und sozialer Verantwortung sind Kosten-Nutzen-Betrachtungen und entsprechende Abwägungen notwendig. Von daher werden sich immer gewisse Einschränkungen bei den potenziellen Maßnahmen ergeben.

In diesem Zusammenhang sollten folgende Fragen bzgl. Verantwortlichkeiten und Befugnisse beachtet werden:

- Welche Fach- und Führungskompetenz besitzt der Beauftragte der Unternehmensleitung im Energiebereich?
- Wie nehmen die Führungskräfte ihre Verantwortung im Energiemanagement wahr?
- Welche Verantwortungen, Befugnisse und Kompetenzen haben die zuständigen Mitarbeiter?

5.6 Planung

In der DIN EN ISO 50001 ist dieser Abschnitt – wenn auch unter anderen Bezeichnungen – inhaltlich enthalten. In Anlehnung an die DIN EN ISO 14001 werden daher folgende Aspekte behandelt:

- Rechtliche Vorschriften und andere Anforderungen,
- Energetische Bewertung, Ausgangsbasis und Energieleistungskennzahlen,
- Energieziele und Aktionspläne zum Energiemanagement.

5.6.1 Rechtliche Verpflichtungen und andere Anforderungen

Grundsätzlich muss das Unternehmen alle rechtlichen Verpflichtungen ermitteln, die es einzuhalten hat. Das gilt auch für den Energiesektor. Andere Forderungen können z. B. DIN-Normen, VDI-Richtlinien, Selbstverpflichtungen der Wirtschaft und Vereinbarungen mit Kunden und Lieferanten sein. Dazu gehören auch Abkommen und Übereinkünfte mit Behörden. Rechtliche Verpflichtungen und andere Anforderungen und die zugehörigen Energieaspekte können Tätigkeiten, Verfahren, Produkte und Dienstleistungen zugeordnet werden.

Um die Erfüllung der rechtlichen Vorschriften zu gewährleisten, muss eine regelmäßige Ermittlung und Dokumentation durchgeführt werden. Es sollte ein Verzeichnis aller relevanten Gesetze und Vorschriften eingerichtet und aufrechterhalten werden. Rechtsvorschriften können in Form von:

- allgemeinen Gesetzen und Verordnungen,
- speziellen Rechtsvorschriften für Produkte und Dienstleistungen,
- speziellen Vorschriften und Vereinbarungen für bestimmte Branchen,
- Genehmigungen und Auflagen für den Betrieb am Standort

existieren. Für die Ermittlung von laufenden Rechtsänderungen können verschiedene Quellen genutzt werden z. B.:

- Gesetzesblätter der EU, des Bundes und der Länder,
- Behörden auf allen Ebenen,
- Industrieverbände und -vereinigungen,
- Dienstleister und Anbieter von Datenbanken.

Die Einhaltung der Rechtsvorschriften ist Aufgabe der verantwortlichen Personen. Der gesamte Prozess *rechtlicher Verpflichtungen und andere Anforderungen* wird im internen Audit überprüft. Folgende Fragen sollten beachtet werden:

- Wie ermittelt das Unternehmen die rechtlichen Verpflichtungen?
- Wie werden die relevanten Rechtsinformationen an die zuständigen Mitarbeiter weitergeleitet?
- Wie wird die Erfüllung der rechtlichen Vorgaben regelmäßig geprüft?

5.6.2 Bewertung, energetische Ausgangsbasis und Energieleistungskennzahlen

Für alle Tätigkeiten, Verfahren, Prozesse, Produkte und Dienstleistungen eines Unternehmens wird Energie benötigt. Ohne Energie läuft nichts. Der Einsatz von Energie in jeglicher Form hat direkte Auswirkungen auf die Umwelt. Die Ermittlung der Energieaspekte ist ein kontinuierlicher Prozess, der vergangene, gegenwärtige und zukünftige Auswirkungen erfasst.

Der erste Schritt zu einer kontinuierlichen Verbesserung aller Energieaspekte besteht in einer Bestandsaufnahme aller Energieverbraucher. Diese Informationen sind in Form eines Energiekatasters zusammenzustellen. Das Kataster sollte folgende Punkte umfassen:

- Unternehmensbereich (Kostenstelle, Abteilung, Gebäude, Anlagen, Prozesse),
- Energieträger (Heizöl, Erdgas, Kohle, Strom, Dampf, regenerative Energien),
- Energieverbräuche (Mengen, Zählerstände, Betriebsstunden),
- Energiekosten (Rechnungen).

Aus der Erhebung lassen sich die Energieaspekte identifizieren, die den höchsten Energieverbrauch und die bedeutendsten Auswirkungen haben. Unter Berücksichtigung der Energiekosten und der Beiträge des Energieverbrauchs zur Umweltbelastung (z. B. Treibhauseffekt) lassen sich mit dem Energiekataster die größten Potenziale für Energieeinsparungen identifizieren. Die Erfassung der Energieverbräuche über Mengen und Kosten sollte möglichst über Kostenstellen oder Unternehmensbereiche erfolgen. Den zugehörigen Anlagen, Einrichtungen, Prozessen und Gebäuden werden die vergangenen und aktuellen Energieverbräuche zugeordnet.

Im Zusammenhang mit Auslastungen, Anlagenlaufzeiten und Betriebsstunden werden aus den absoluten Energieverbräuchen und -kosten relative Kenngrößen gebildet. Diese Energiekennziffern erlauben eine von der Auslastung bzw. den Produktionszahlen unabhängige Bewertung. Wenn entsprechende Informationen vorliegen, können Verbrauchs- und Kostentendenzen betrachtet und überprüft werden. Der Detaillierungsgrad der Untersuchungen sollte nicht übertrieben werden. Wichtig ist es eine Übersicht zu erlangen, die wichtigsten Energieverbraucher zu identifizieren und Vorstellungen über das mögliche Energieeinsparpotenzial zu erhalten.

In diesem Zusammenhang stellen sich folgende Fragen für die Bewertung der energetischen Ausgangsbasis und von Energieleistungskennzahlen:

- Welcher Ist-Zustand liegt generell im Energiesektor vor?
- Wie werden jene Energieaspekte hinsichtlich ihrer Tätigkeiten, Produkte und Dienstleistungen ermittelt, die das Unternehmen überwachen kann?
- Welche Energieaspekte können bedeutende Auswirkungen auf die Umwelt haben?
- Wie werden die Energieaspekte bewertet?
- Wie lassen sich die Energieverbräuche messen, analysieren und bewerten?
- Wie werden bedeutende Energieaspekte bei der Festlegung energiebezogener Ziele berücksichtigt?
- Welche energieintensiven Anlagen, Verfahren und Prozesse werden betrieben?
- Welche Möglichkeiten zur Verbesserung der energiebezogenen Leistung ergeben sich aus dem Bewertungsverfahren?
- Welche Energieleistungskennzahlen sind aussagekräftig und weiter zu entwickeln?
- Wie wird sich der Energieverbrauch zukünftig entwickeln?
- Wie wird die energetische Bewertung regelmäßig aktualisiert?

5.6.3 Energieziele und Aktionspläne zum Energiemanagement

Um die energetische Situation des Unternehmens zu verbessern und seine Energieeffizienz zu steigern, müssen strategische (langfristige) und betriebliche (kurz-, mittelfristige) Energieziele gesetzt werden. Diese Ziele müssen möglichst quantifiziert, messbar und mit Terminen versehen sein. Bei der Festlegung der Ziele sind die technologischen und ökonomischen Möglichkeiten des Unternehmens zu berücksichtigen. Die Zielerreichung ist durch eine regelmäßige Erfolgskontrolle zu überprüfen. Leistungsindikatoren können dabei als Bewertungsgrundlage dienen.

Bei der Festlegung energiebezogener Ziele sollten folgende Fragen berücksichtigt werden:

- Wie werden die von der Unternehmensleitung festgelegten Energieziele über alle Managementebenen hinweg in Einzelziele aufgebrochen?
- In welchem Zusammenhang stehen die Energieziele zur Energiepolitik?
- Wie werden die gesetzlichen und anderen Forderungen bei der Festlegung und Bewertung der Ziele berücksichtigt?
- Wie berücksichtigt das Unternehmen finanzielle, betriebliche und geschäftliche Rahmenbedingungen?
- Welche quantitativen/qualitativen Ziele und Zielvorgaben enthalten die Energieziele?
- Wie werden die für die Umsetzung verantwortlichen Mitarbeiter in die Zielentwicklung einbezogen?
- Welche Energieleistungskennzahlen werden zur Leistungsbewertung aufgestellt?
- Wie werden die Energieziele regelmäßig bewertet und überwacht, um die erwünschte Verbesserung der energieorientierten Leistung zu erzielen?
- Wie sind die Verantwortungen zur Erreichung der Ziele festgelegt?
- Welche Mittel und Zeiträume stehen für die Verwirklichung zur Verfügung?

5.6.4 Planung von Maßnahmen

Die notwendigen Maßnahmen zur Erreichung der Energieziele werden in einem Aktionsplan zum Energiemanagement zusammengefasst. Der Aktionsplan sollte folgende Punkte umfassen:

- Unternehmensbereich (Kostenstelle, Abteilung, Gebäude, Anlagen, Prozesse),
- Maßnahmen (organisatorische, technische),
- Ressourcen (Geld, Material, Mitarbeiter),
- Einsparpotenzial (Verbräuche, Kosten),
- Personal, Verantwortungen, Zuständigkeiten (Projektleiter, -mitarbeiter),
- Termine (Prioritäten, Anfangszeitpunkt, Meilensteine, Endtermin).

Hier sind für jede einzelne Maßnahme die Verantwortlichkeiten, Mittel und der Zeitrahmen für die Umsetzung festgelegt. Grundsätzlich sind bei neuen Produkt- und Verfahrensentwicklungen die Energieaspekte im Projektablauf zu berücksichtigen. Der Projektablauf umfasst Planung, Design, Produktion, Marketing und Entsorgung. Für Produkte sollte der energetische Aspekt bei Entwicklung, Materialeinsatz, Produktionsverfahren, Produktverwendung und -entsorgung beachtet werden. Bei der Entwicklung oder Veränderung technologischer Verfahren sind Planung, Design, Konstruktion, Installation, Betrieb und Stilllegung nach der besten verfügbaren Technik zu berücksichtigen.

Aktionspläne zum Energiemanagement sollten dynamisch sein und regelmäßig überarbeitet werden. Die Erfolgskontrolle der Zielerreichung darf sich nie auf einen einzelnen Aspekt (z. B. Energie) beschränken. Sie ist immer ganzheitlich unter ökonomischen, sozialen und ökologischen Gesichtspunkten durchzuführen. Dann liefert sie eine gute Ausgangsbasis für den nächsten Zyklus im fortlaufenden Verbesserungsprozess.

Einige Fragen, die bei der Planung von Maßnahmen zur Erstellung von Aktionsplänen zum Energiemanagement beachtet werden sollten:

- Wie werden vom Unternehmen Aktionspläne zum Energiemanagement entwickelt?
- Welche Aktionspläne zur Erreichung der Energieziele existieren?
- Wie werden in diesem Aktionsplan Personal, Finanzen und Termine festgelegt?
- Wie wird der Erfolg des Aktionsplans regelmäßig bewertet?

5.7 Unterstützung

Zur wirkungswollen Einführung eines Energiemanagementsystems und zur Durchführung der Aktionspläne zum Energiemanagement muss das Unternehmen entsprechende Instrumente entwickeln und einsetzen. Dazu berücksichtigt die DIN EN ISO 50001 folgende Punkte:

- Fähigkeiten, Schulung und Bewusstsein,
- Kommunikation,
- Dokumentation des Energiemanagementsystems.

Diese lassen sich relativ leicht auf die Managementstruktur der DIN EN ISO 14001 mit:

- Ressourcen,
- Kompetenz,
- Bewusstsein,
- Kommunikation und
- dokumentierte Information

anpassen bzw. ergänzen.

5.7.1 Ressourcen

Zur wirkungsvollen Einführung und Umsetzung eines Energiemanagementsystems muss die Geschäftsführung entsprechende Ressourcen zur Verfügung stellen. Nur dann kann mit den notwendigen Maßnahmen ein wichtiger unternehmerischer Beitrag zum Klimaschutz geleistet werden. Die fortlaufende Weiterentwicklung kann nur unter Berücksichtigung rechtlicher Anforderungen, Erwartungen von Kunden, Mitarbeiter, Öffentlichkeit und ökonomischen Möglichkeiten erfolgen. Der Nutzen für die Umwelt und das Unternehmen sowie die Verfügbarkeit personeller und finanzieller Ressourcen sind gegeneinander abzuwägen.

Einige Fragen zum Thema Ressourcen sind:

- Welche Ressourcen stellt die Geschäftsführung im Energiemanagement zur Verfügung?
- Nach welchen Kriterien werden diese Ressourcen ausgewählt und eingesetzt?
- Wie hat sich die energetische Leistung des Unternehmens durch den Ressourceneinsatz verbessert?

5.7.2 Kompetenz

Im Rahmen eines Energiemanagementsystems muss eine systematische Kompetenzentwicklung der Mitarbeiter erfolgen. Über eine strukturierte Qualifikationsplanung und systematische Personalentwicklung sollten den Mitarbeitern die notwendigen fachlichen, methodischen und sozialen Kompetenzen vermittelt werden. Im Laufe der Zeit müssen sie die Vorgaben des Energiemanagementsystems und die Erreichung der Energieziele selbstständig und wirkungsvoll umsetzen können.

Für die Ermittlung des Schulungsbedarfs sind folgende Schritte notwendig:

- Anforderungsprofil des Arbeitsplatzes,
- Ausbildung, Berufserfahrung und Kompetenzprofil des Mitarbeiters,
- Identifikation der Schulungs- und Personalentwicklungsmaßnahmen,
- Praxistransfer, Bewertung und Erfolgskontrolle der durchgeführten Schulung.

Das Niveau und die Einzelheiten der Schulung hängen von der Ausbildung und den Kenntnissen des Mitarbeiters ab. Sie ergeben sich aus dem Vergleich des Anforderungsprofils des Arbeitplatzes mit dem Kompetenzprofil des Mitarbeiters. Die für das Unternehmen tätigen Auftragnehmer, Dienstleister und Subunternehmer müssen ebenfalls entsprechende Qualifikationsnachweise vorlegen.

Für den Aspekt Kompetenzen im Energiemanagementsystem sind folgende Fragen relevant:

- Welche Kompetenzanforderungen sind für energierelevante Tätigkeiten notwendig?
- Wie wird der Schulungsbedarf für energierelevante Tätigkeiten ermittelt und dokumentiert?
- Welche Ausbildung und Berufserfahrung haben die Mitarbeiter bzgl. energetischer Belange?
- Wie ist sichergestellt, dass die Bedeutung der Energiepolitik und des Energiemanagementsystems verstanden werden?
- Wie werden den Mitarbeitern die Auswirkungen ihrer Tätigkeiten vermittelt und welchen Beitrag können sie zur Verbesserung der energiebezogenen Leistung leisten?
- Welche Aufgaben und Verantwortlichkeiten der Mitarbeiter liegen vor, damit die Energiepolitik und die Forderungen des Energiemanagementsystems eingehalten werden?
- Welches Weiterbildungsprogramm existiert im Energiesektor?
- Wie werden der Wissenstransfer und der Erfolg einer Weiterbildungsmaßnahme sichergestellt?
- Wie erkennen die Mitarbeiter, dass aufgrund verbesserter persönlicher Leistungen der Nutzen für die Umwelt und das Unternehmen steigt?

5.7.3 Bewusstsein

Die Geschäftsführung hat eine Schlüsselfunktion bei der Mitarbeitermotivation im Energiemanagementsystem. Sie muss die energiebezogenen Ziele und die Bedeutung der Energiepolitik erläutern. Die Mitarbeiter sind verpflichtet, die Vorgaben des Energiemanagementsystems in einen wirkungsvollen Verbesserungsprozess umzusetzen. Sämtliche Mitarbeiter eines Unternehmens sollten die Energieziele, für die sie verantwortlich sind, verstehen und umsetzen können. Insbesondere Mitarbeiter, deren Tätigkeiten bedeutende Auswirkungen auf den Energiebereich haben, sind hier gefordert.

Die erforderlichen Kenntnisse für energierelevante Arbeitsplätze sollten bei der Personalauswahl, -schulung und -entwicklung beachtet werden. Den entsprechenden Mitarbeitern muss bewusst werden, wie aufgrund ihrer persönlichen Leistungen die Energieeffizienz in ihrem Tätigkeitsbereich gesteigert werden kann. Sie müssen entsprechende Ausbildungen, Fähigkeiten und Kompetenzen besitzen, um ihren Aufgaben und Verantwortungen zur Erreichung der Energieziele und zur Umsetzung der Maßnahmen des Energiemanagementprogramms nachkommen zu können.

Grundsätzlich müssen ihnen die möglichen ökonomischen und ökologischen Folgen bei Abweichungen von festgelegten Arbeitsabläufen klar sein. Einige Fragen, die bzgl. Bewusstseins beachtet werden sollten:

- In welchem Umfang verstehen die Mitarbeiter die Energieziele und die Aktionspläne zum Energiemanagement des Unternehmens?
- Wie wird die Motivation zu eigenverantwortlichem Handeln gefördert?
- Wie erkennt das Unternehmen den Beitrag der Mitarbeiter zur Steigerung der energiebezogenen Leistungen an?
- Wie wird das Bewusstsein bzgl. der Energiepolitik und der strategischen/betrieblichen Energieziele gefördert?

5.7.4 Kommunikation

Im Hinblick auf die energetischen Aspekte im Unternehmen müssen zwischen den einzelnen Abteilungen, den Führungsebenen und den Mitarbeitern Kommunikationsabläufe existieren. Über den Umfang der internen – und einer möglichen externen – Berichterstattung kann das Unternehmen selber entscheiden. Mögliche Informationen können umfassen:

- strategische und betriebliche Energieziele,
- Energieverbräuche und jährliche Trends,
- Maßnahmen und potenzielle Verbesserungen,
- ökonomische und ökologische Vorteile.

Die intern (und extern) veröffentlichten Informationen sollten nachprüfbar sein und ein zutreffendes Bild über die energiebezogene Leistungen des Unternehmens liefern. Sie sollten die Mitarbeiter zu weiteren Verbesserungsvorschlägen motivieren und sie an den Erfolgen angemessen beteiligen. Die Berichterstattung sollte die energetischen Aspekte der Tätigkeiten, Produkte, Prozesse und Dienstleistungen darlegen. Sie sollte das Bewusstsein der Mitarbeiter über Wege zur Erreichung der Energieziele und entsprechende Realisierungsmöglichkeiten von Maßnahmen aus dem Aktionsplan zum Energiemanagement stärken.

Einige Fragen, die bzgl. der Kommunikation berücksichtigt werden sollten:

- Welche Informationen bzgl. Energie werden vom Unternehmen veröffentlicht?
- Welche Abläufe bzgl. der internen Kommunikation energierelevanter Aspekte existieren im Unternehmen?
- Wie werden Mitarbeiteranregungen entgegengenommen, bewertet und honoriert?
- Wie werden Auditergebnisse und andere Bewertungen mitgeteilt?
- Wie wird die kontinuierliche Verbesserung der energiebezogenen Leistungen durch die Berichterstattung unterstützt?
- Wie werden Verbesserungsvorschläge zum Energiemanagementsystem berücksichtigt?
- Wie werden von externen Kreisen Anfragen entgegengenommen, bearbeitet und beantwortet?
- Wie werden in Besprechungen energetische Aspekte thematisiert?
- Welche Informationen enthalten interne und externe Veröffentlichungen zum Thema Energie?
- Wie wird die Bedeutung des Energiemanagements im Unternehmen kommuniziert?

5.7.5 Dokumentierte Information

Die DIN EN ISO 50001 stellt relativ geringe Anforderungen an die Dokumentation eines Energiemanagementsystems. Der Umfang der Dokumentation muss nutzbringend für das Unternehmen sein und keinen Selbstzweck erfüllen. Wesentliche Inhalte können z. B. sein:

- Organigramm des Unternehmens,
- Energiepolitik und operative Energieziele,
- Tätigkeiten, Prozesse und Verfahren mit hoher Energierelevanz,
- technische Dokumentationen zu Versorgungseinrichtungen,
- Instandhaltungs- und Wartungspläne,
- Betriebsanleitung für Normalbetrieb und Notfallpläne,
- Energiekataster und Energieleistungskennzahlen.

Durch diese Informationen wird die Transparenz gefördert, wobei das Hauptaugenmerk auf einer Verbesserung der energiebezogenen Leistungen liegen sollte und nicht auf einem aufwändig gepflegten Dokumentationssystem. Die Leistungen eines internen/externen Projektleiters/Auditors/Zertifizierers zeigen sich an seinen inhaltlichen Arbeiten und nicht an der starren Einhaltung und Abprüfung von Formalismen. Die Fixierung auf Dokumentationen, Pflegen von Unterlagen und Lenkung von Dokumenten führt zu einem planwirtschaftlichen und unflexiblen Managementsystem.

Das Unternehmen muss Verfahren für energiebezogene Aufzeichnungen führen. Dies kann z. B. umfassen:

- strategische und operative Ziele im Energiesektor,
- Maßnahmen aus dem Energiemanagementsystem,
- Informationen zu relevanten Rechtsvorschriften und anderen Anforderungen,
- Schulungsaktivitäten,
- Berichte zu Energieverbräuchen,
- Energieleistungskennzahlen zu Prozessen, Anlagen und Verfahren,
- Aufzeichnungen zu Prüf-, Kalibrier- und Wartungsaktivitaten,
- Informationen für und über Lieferanten, Dienstleistern und Auftragnehmern,
- Beschaffungsrichtlinien für energierelevante Einrichtungen, Anlagen und Produkte,
- Ergebnisse von Auditierungen,
- Bewertungen durch die Unternehmensleitung.

Der effektive Umgang mit der vielfältigen und komplexen Menge an Informationen ist ein Schlüsselelement für ein effizientes Energiemanagementsystem. Ein gutes Informationssystem schließt Mittel und Wege zur Kennzeichnung, Sammlung, Registrierung und Aufbewahrung von Daten, Informationen und Berichten ein.

Einige Fragen, die im Zuge der dokumentierten Informationen berücksichtigt werden sollten:

- Welche Informationen zum Energiemanagementsystem werden dokumentiert?
- Welche Aufzeichnungen zu Energieaspekten hat bzw. braucht das Unternehmen?
- Welche Schlüsselindikatoren sind zu ermitteln und zu verfolgen, um die Energieziele zu erreichen?
- Wie stellt das Informationssystem den Mitarbeitern die benötigten Informationen zur Verfügung?
- Welchen ökonomischen, ökologischen und sozialen Nutzen für Unternehmen, Umwelt und Mitarbeiter hat die Dokumentation?

5.8 Betrieb

In der DIN EN ISO 50001 ist dieser Abschnitt enthalten. In Anlehnung an die Norm zu Umweltmanagementsystemen werden in diesem Kapitel folgende Punkte behandelt:

- Ablauflenkung und Auslegung neuer Projekte,
- Beschaffung von Energiedienstleistungen, Produkten, Einrichtungen und Energie.

5.8.1 Ablauflenkung und Auslegung neuer Projekte

Bei der Ablauflenkung werden die energierelevanten Aspekte ermittelt, die bedeutende Auswirkungen auf den Energieverbrauch haben oder haben können. Innerhalb der Organisationsstrukturen müssen die Verantwortlichen für diese Abläufe eindeutig bekannt sein. Abläufe, die zu bedeutenden Energieaspekten beitragen können, sind u. a.:

- Vertrieb & Kundenservice,
- Produktentwicklung,
- Logistik & Materialwirtschaft,
- Produktion,
- Instandhaltung/Betriebstechnik,
- Informationstechnologien,
- Fabrikplanung & Infrastruktur,
- Personalmanagement,
- Finanzen & Controlling,
- Lieferanten & Dienstleister,
- ausgelagerte Prozesse.

Für diese Abläufe sind dokumentierte Verfahren einzuführen, wenn deren Fehlen zu einer Nichterfüllung der Energiepolitik und der Energieziele führen könnte. Bei neuen oder veränderten Anlagen, Einrichtungen und Prozessen sind im Zuge des Projektmanagements entsprechende Auswirkungen auf das Energiemanagementsystem zu prüfen. Solche Projekte müssen zu einer Verbesserung der energiebezogenen Leistung und damit zu einer Verminderung der Umweltbelastung führen.

Folgende Fragen sind im Zusammenhang mit der betrieblichen Planung und Steuerung bei der Ablauflenkung und der Auslegung neuer Projekte zu beantworten:

- Welche Abläufe und Tätigkeiten besitzen wesentliche Auswirkungen auf den Energieeinsatz?
- Wie werden diese Abläufe geplant und unter festgelegten Bedingungen betrieben?
- Wie werden die betrieblichen Vorgaben für Anlagen, Verfahren und Prozesse festgelegt?
- Wie werden neue und geänderte Anlagen, Verfahren und Prozesse ausgelegt, so dass es zu einer Verbesserung der energiebezogenen Leistung kommt?
- Welche betrieblichen Energieziele und Aktionspläne lassen sich für die energieintensivsten Bereiche aufstellen?
- Welche Prozesskriterien und Energieleistungskennzahlen lassen sich formulieren?
- Wie lassen sich neue oder veränderte Anlagen, Einrichtungen oder Prozesse unter energiebezogenen Gesichtspunkten optimieren?
- Über welchen technologischen Stand verfügen diese Prozesse?
- Wie werden Instandhaltungsaktivitäten ermittelt und berücksichtigt?
- Über welche Kompetenzen verfügen die eingesetzten Mitarbeiter?
- Welche zeitliche Entwicklung hat die energetische Leistung der Prozesse genommen?
- Welche energieintensiven Prozesse wurden ausgelagert?

- Wie werden energetische Aspekte im Lebensweg eines Produkts/einer Dienstleistung berücksichtigt?
- Wie werden die notwendigen Verfahren dokumentiert und den Mitarbeitern kommuniziert?

5.8.2 Beschaffung von Energiedienstleistungen, Produkten, Einrichtungen und Energie

Über das eigene Unternehmen hinaus sind im Beschaffungsprozess Forderungen an Zulieferer und Auftragnehmer zu stellen. So wird im Schneeballeffekt das Energiemanagementsystem ausgedehnt. Diese Forderungen beziehen sich auf Energiedienstleistungen bzw. auf den Einkauf von Energie. Einmal erworbene Anlagen oder Produkte lassen sich energetisch kaum oder nur schwer verbessern. Im Beschaffungsprozess muss daher besonderes Augenmerk auf die Energieeffizienz neuer Anlagen, Einrichtungen, DV-System, Produkte, etc. gelegt werden.

Für die Beschaffung sind folgende Fragen zu beachten:

- Wie werden energetische Aspekte bei der Beschaffung von Anlagen, Einrichtungen, Informationstechnologien, etc. berücksichtigt?
- Welche Forderungen existieren an Lieferanten, Dienstleister und Auftragnehmer?

5.9 Bewertung der Leistung

In der DIN EN ISO 50001 ist dieser Abschnitt enthalten. Um die Wirksamkeit des Energiemanagementsystems zu gewährleisten, sollte das Unternehmen seine energieorientierte Leistung messen, überwachen und bewerten. Im Einzelnen sind zu berücksichtigen:

- Überwachung, Messung, Analyse und Bewertung,
- Bewertung der Einhaltung der Rechtsvorschriften,
- Lenkung von Aufzeichnungen,
- interne Auditierung des Energiemanagementsystems,
- Nichtkonformität, Korrektur- und Vorbeugungsmaßnahmen.

5.9.1 Überwachung, Messung, Analyse und Bewertung

Das Unternehmen muss über ein System zum Messen und Überwachen der Energieverbräuche verfügen. Von daher sind Arbeitsabläufe und Tätigkeiten, die eine bedeutende Auswirkung auf den Energieverbrauch haben können, regelmäßig zu überwachen. Mess-

und Überwachungsgeräte sind regelmäßig zu kalibrieren und zu warten. Aufzeichnungen darüber sind z. B. in Betriebstagebüchern aufzubewahren. Überwachungs-, Kalibriervorgänge und Messungen sind zu analysieren, um den Erfolg von Maßnahmen zu erkennen und mögliche Verbesserungen zu identifizieren.

Die Ermittlung geeigneter Indikatoren zur energetischen Leistung kann in Form betrieblicher Energy Performance Indicators (EnPIs) geschehen. Diese Energieindikatoren lassen sich als relative Kennziffern für alle Energiearten (z. B. Heizöl, Erdgas, Dampf, Strom, regenerative Energien) auf Produktionsmengen, Gebäudeflächen, etc. erstellen.

Einige Fragen, die im Zusammenhang mit Überwachung, Messung, Analyse und Bewertung beachtet werden sollten:

- Wie werden die Energieverbräuche gemessen und überwacht?
- Wie werden die maßgeblichen Merkmale energierelevanter Arbeitsabläufe und Tätigkeiten regelmäßig überwacht und gemessen?
- Welche spezifischen Indikatoren zur Messung der energetischen Leistung existieren?
- Wie werden die erreichten Leistungen und die energierelevanten Abläufe mit den Energiezielen verglichen?
- Wie werden Mess- und Überwachungseinrichtungen regelmäßig überprüft und kalibriert?
- Welche Konsequenzen werden aus der Analyse der Verbrauchsdaten gezogen?
- Wie wird die Wirksamkeit des Aktionsplans zur Erreichung der Energieziele bewertet?
- Wie werden Betriebsbegehungen dokumentiert?
- Welchen Berichtspflichten haben die Betriebsbeauftragten bzw. der Managementbeauftragte nachzukommen?

5.9.2 Bewertung der Einhaltung von Rechtsvorschriften

Das Unternehmen muss ein Verfahren zur regelmäßigen Bewertung und Einhaltung der Rechtsvorschriften auch im Energiesektor vorweisen können. Dazu zählen auch die anderen Anforderungen. Idealerweise wird dieses Rechtskataster in einem Umweltmanagementsystem geführt, da Energieverbräuche direkte Auswirkungen auf die Umwelt haben.

Von daher gelten folgende Fragen zur Bewertung der Einhaltung von Rechtsvorschriften:

- Welche Rechtsvorschriften muss das Unternehmen im energetischen Bereich einhalten?
- Welche Auflagen liegen vor?
- Wer ist für die Erstellung und Aktualisierung des Rechtskatasters zuständig?
- In welchem zeitlichen Abstand werden die Rechtsvorschriften aktualisiert?

5.9.3 Internes Audit

Ein Audit ist ein systematischer und dokumentierter Prozess zur objektiven Ermittlung und Bewertung von Nachweisen. Es wird festgestellt, ob das Energiemanagementsystem des Unternehmens die selbst festgelegten Kriterien erfüllt. Audits sind deshalb regelmäßig durchzuführen. Das Auditprogramm muss auf den bedeutenden Energieaspekten des Unternehmens und den Ergebnissen vorangegangener Audits basieren. In einem vollständigen Auditprogramm müssen:

- Tätigkeiten und Bereiche,
- Verantwortlichkeiten für die Leitung und Durchführung,
- Berichterstattung von Auditergebnissen,
- Kompetenz der Auditoren,
- Art der Durchführung des Audits

geregelt sein. Die Häufigkeit der Audits hängt von der Art des Betriebes, seinen Energieaspekten und potenziellen Auswirkungen ab. Audits können durch Mitarbeiter des Unternehmens und/oder durch externe Personen ausgeführt werden. In jedem Fall sollten die Auditoren in der Lage sein, das Audit objektiv und unparteiisch durchzuführen. Die Berichterstattung der Auditergebnisse an die Unternehmensleitung zeigt den Zustand des Energiemanagementsystems auf.

Einige Fragen, die bzgl. des internen Audits beachtet werden sollten:

- Welche Programme zur regelmäßigen Auditierung des Energiemanagementsystems existieren?
- Wie wird festgestellt, ob das Energiemanagementsystem die Anforderungen der DIN EN ISO 50001 erfüllt?
- Wie wird die ordnungsgemäße Implementierung und Aufrechterhaltung des Energiemanagementsystems festgestellt?
- Wie ist das Auditprogramm auf die Energierelevanz der betreffenden Tätigkeiten abgestellt?
- Wie werden Anwendungsbereich, Häufigkeit und Methoden der Auditierung bestimmt?
- Wie sind die Verantwortungen für die Durchführung von Energieaudits geregelt?
- Werden die Unternehmensbereiche auditiert, die bedeutende Auswirkungen auf den Energieverbrauch haben?
- Wie werden die Ergebnisse vorangegangener Energieaudits berücksichtigt?
- Welche Informationen erhält die Unternehmensleitung über die Ergebnisse der internen Auditierungen?
- Haben die internen/externen Auditoren die notwendige fachliche Kompetenz im Energiebereich?
- Ergeben sich aus dem Auditbericht ökonomische und ökologische Potenziale zur kontinuierlichen Verbesserung im Energiemanagement?

5.9.4 Managementbewertung (Managementreview)

Das Unternehmen muss sein Energiemanagementsystem bewerten und fortlaufend verbessern. Dadurch soll insgesamt eine Verbesserung der Energieeffizienz erreicht werden. Die Bewertung sollte breit genug angelegt sein, um die energetischen Aspekte aller Tätigkeiten, Prozesse, Verfahren und Dienstleistungen zu erfassen. In die Bewertung sollten einbezogen werden:

- Eignung der strategischen Energiepolitik und der betrieblichen Energieziele,
- Einhaltung der rechtlichen Verpflichtungen,
- Änderungen von Prozessen, Verfahren und Produkten,
- Fortschritte in Wissenschaft und Technologie,
- Energieeffizienz des Unternehmens,
- Ergebnisse von Audits,
- Wirksamkeit von Korrektur- und Vorbeugungsmaßnahmen,
- Maßnahmen aus Aktionsplänen zum Energiemanagement,
- Verbesserungsvorschläge aus früheren Managementreviews.

Das Konzept der fortlaufenden Verbesserungen ist ein wesentlicher Bestandteil eines Energiemanagementsystems. Der fortlaufende Verbesserungsprozess wird u. a. durch:

- Verbesserungen des Energiemanagementsystems,
- Ursachenermittlung für Fehler und Unzulänglichkeiten,
- Pläne für Korrektur- und Verbesserungsmaßnahmen,
- Steigerung der Energieeffizienz durch Maßnahmen,
- Prozessverbesserungen und Verfahrensänderungen

erreicht. Die Einrichtung eines Energiemanagementsystems nach DIN EN ISO 50001 bedeutet, im fortlaufenden Verbesserungsprozess die Energieeffizienz des Unternehmens laufend zu verbessern.

Für die Managementbewertung sollten folgende Fragen beachtet werden:

- Wie überprüft die Unternehmensleitung die Wirksamkeit des Energiemanagementsystems?
- Wie wird die energiebezogene Leistung in der strategischen Planung berücksichtigt?
- Wie werden vorangegangene Auditergebnisse im Review berücksichtigt?
- Wie werden die strategische Umweltpolitik und betrieblichen Energieziele angepasst?
- Wie wird die Energieeffizienz des Unternehmens verbessert?
- Welche Ergebnisse lieferten die bisherigen Managementreviews?
- Wie und von wem wird an die Geschäftsführung bzgl. der energiebezogenen Leistung und der Weiterentwicklung des Energiemanagementsystems berichtet?
- Wie werden ausgelagerte Prozesse berücksichtigt?

- Wie wird die Bewertung der energiebezogenen Leistung dokumentiert?
- Wie wird die Verpflichtung zur fortlaufenden Verbesserung der energiebezogenen Leistung überprüft?
- Wie werden notwendige Änderungen am Energiemanagementsystem umgesetzt?

5.10 Verbesserung

Mit dem Punkt Verbesserung schließt die DIN EN ISO 14001 Umweltmanagementsysteme ab. Die entsprechenden Anforderungen sind prinzipiell in der DIN EN ISO 50001 enthalten. Von daher werden in diesem Abschnitt noch folgende Aspekte behandelt:

- Nichtkonformität und Korrekturmaßnahmen,
- fortlaufende Verbesserung.

5.10.1 Nichtkonformität und Korrekturmaßnahmen

Die Feststellungen, Schlussfolgerungen und Empfehlungen, die sich als Ergebnis aus Audits, Überwachungen und anderen Bewertungen ergeben, sind schriftlich festzuhalten. Für die notwendigen Korrektur- und Vorbeugungsmaßnahmen sind Verantwortlichkeiten, Ressourcen, Termine, etc. zu nennen. Die Maßnahmen müssen den tatsächlichen und potenziellen Abweichungen entsprechend angemessen sein. Für die Untersuchung von Abweichungen sind folgende Aspekte einzubeziehen:

- Bestimmung der Ursachen für Abweichungen,
- Aufzeichnung der Ergebnisse,
- Bewertung von Lösungsalternativen und Auswahl von Maßnahmen,
- Überprüfung und Bewertung der Wirksamkeit der Maßnahmen.

Durch ein systematisches Vorgehen ist die Wirksamkeit der ergriffenen Maßnahmen sicherzustellen.

Einige Fragen, die bzgl. Nichtkonformität und Korrekturmaßnahmen beachtet werden sollten:

- Wie werden Abweichungen vom Energiemanagementsystem untersucht und behandelt?
- Welche Korrekturmaßnahmen wurden in den letzten Jahren durchgeführt?
- Was waren die Ursachen für die notwendigen Maßnahmen?
- Wer trug die Verantwortung für die Umsetzung der Korrekturmaßnahmen?
- Wie werden die umgesetzten Maßnahmen auf ihre Wirksamkeit überprüft?

5.10.2 Fortlaufende Verbesserung

Im Sinne eines nachhaltigen Wirtschaftens und eines messbaren unternehmerischen Beitrags zum Klimaschutz muss das Unternehmen eine verbesserte energetische Leistung aufzeigen können. Um dieses strategische Ziel zu erreichen, muss das Energiemanagementsystem fortlaufend verbessert werden. Dies mündet in eine abschließende, einfach zu formulierende Frage bzgl. der fortlaufenden Verbesserung eines Energiemanagementsystems:

- **Was bringt's?**

5.11 Zertifizierungen nach DIN EN ISO 50001

Tab. 5.2 zeigt die Anzahl der Zertifizierungen nach DIN EN ISO 50001 Energiemanagementsysteme in 2015. Weltweit wurden ca. 12.000 Zertifikate vergeben, wovon die Hälfte aus Deutschland stammt. Bisher beteiligen sich überwiegend europäische Nationen an dieser Managementnorm. Mit deutlichem Abstand folgen einige asiatische Länder.

Tab. 5.2 Anzahl der Zertifizierungen nach DIN EN ISO 50001 Energiemanagementsysteme in 2015 [5.29]

Land	Anzahl Zertifizierungen
Welt	11.985
Deutschland	**5931**
United Kingdom	1464
Frankreich	500
Italien	470
Indien	405
Spanien	390
Taiwan	262
Österreich	220
Thailand	138
Südkorea	117
Schweden	85

5.12 Energieaudit gemäß DIN EN 16247

5.12.1 Einführung

Für die Durchführung eines Energieaudits nach DIN EN 16247 wurden bisher 5 Normen verabschiedet:

- DIN EN 16247-1
  Energieaudits – Teil 1: Allgemeine Anforderungen
- DIN EN 16247-2
  Energieaudits – Teil 2: Gebäude
- DIN EN 16247-3
  Energieaudits – Teil 3: Prozesse
- DIN EN 16247-4
  Energieaudits – Teil 4: Transport
- DIN EN 16247-5
  Energieaudits – Teil 5: Kompetenz von Energieauditoren

Die Normen DIN EN 16247-2 Gebäude und DIN EN 16247-3 Prozesse verfügen über einen eigenen Prozessablauf zur Durchführung eines Energieaudits. Dieser Ablauf weicht teilweise deutlich von der DIN EN 19011 Leitfaden für Audits von Qualitätsmanagement- und/oder Umweltmanagementsystemen ab.

In Abb. 5.3 wird der Prozessablauf eines Energieaudits betrachtet. Erhebliche Abweichungen zum Umweltaudit gibt es besonders in den Abschn. 3. Datenerfassung und 5. Analyse des Energieaudits. Hier wird eine teilweise sehr tiefgehende Datenerfassung, Analyse und Bewertung durch den Energieauditor erwartet. Um die aktuelle energetische Situation zu erfassen, muss er über die entsprechende messtechnische Ausrüstung verfügen. Er hat konkrete Möglichkeiten zur Verbesserung der Energieeffizienz aufzuzeigen. Diese Anforderungen lassen sich nur mit einer ingenieurmäßigen Beratung im Rahmen einer Dienstleistung im Energiesektor erfüllen. Insgesamt vermitteln die Normen zum Energieaudit den Eindruck, dass es sich um eine Mischung aus Audit, Messung und Analyse sowie einer ganzheitlichen Energieberatung handelt.

Anwendung kann die Normenreihe zu DIN EN 16247 im Rahmen der Verordnung über Systeme zur Verbesserung der Energieeffizienz im Zusammenhang mit der Entlastung von der Energie- und der Stromsteuer in Sonderfällen (Spitzenausgleich – Effizienzsystemverordnung, SpaEfV) finden. In Anhang 1 der genannten Verordnung werden die inhaltlichen Anforderungen an einen Energieaudit-Bericht entsprechend der DIN EN 16247-1 aufgeführt.

Abb. 5.3 Prozessablauf für ein Energieaudit

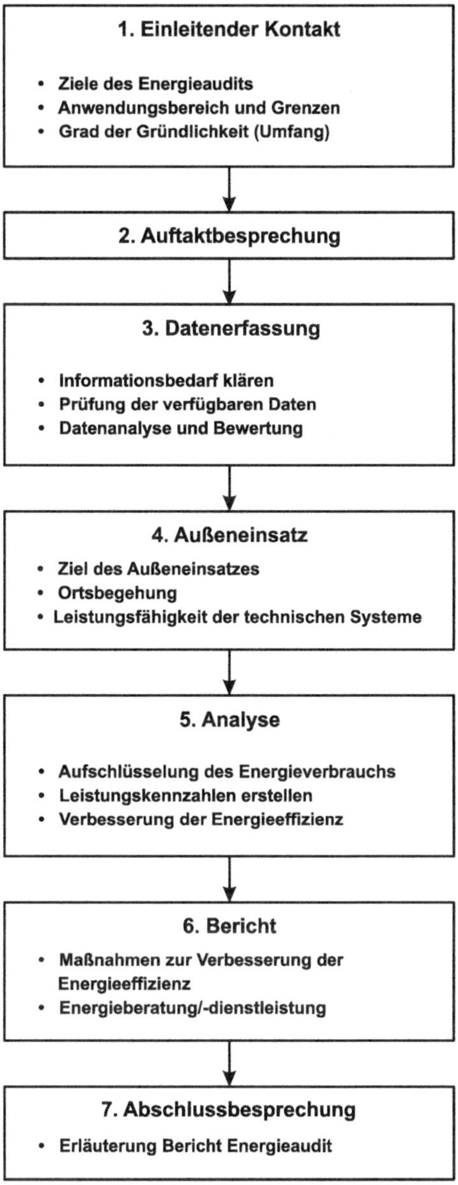

5.12.2 Spitzenausgleich-Effizienzsystemverordnung (SpaEfV)

Zweck, Anwendungsbereich (§ 1)

Die Spitzenausgleich-Effizienzsystemverordnung regelt Anforderungen an alternative Systeme zur Verbesserung der Energieeffizienz, die von kleinen und mittleren Unternehmen anstelle eines Energiemanagementsystems nach DIN EN ISO 50001 oder eines EMAS-Umweltmanagementsystems betrieben werden können.

Alternative Systeme zur Verbesserung der Energieeffizienz für kleine und mittlere Unternehmen (§ 3)
Als alternative Systeme zur Verbesserung der Energieeffizienz für kleine und mittlere Unternehmen gelten folgende Systeme:

- ein Energieaudit entsprechend den Anforderungen der DIN EN 16247-1 oder
- ein alternatives System gemäß der Spitzenausgleich-Effizienzsystemverordnung.

Nachweisführung im Regelverfahren (§ 4)
Voraussetzung für die Nachweisführung über den Betrieb eines alternativen Systems zur Verbesserung der Energieeffizienz durch ein kleines oder mittleres Unternehmen ist die Einhaltung der Anforderungen an einen Energieauditbericht. Die Nachweisführung muss sich auf alle Unternehmensteile, Anlagen, Standorte, Einrichtungen, Systeme und Prozesse eines Unternehmens beziehen. Der Bericht des Energieaudits muss enthalten:

Zusammenfassung

- Rangfolge der Möglichkeiten zur Verbesserung der Energieeffizienz,
- vorgeschlagenes Umsetzungsprogramm.

Hintergrund

- allgemeine Informationen über die auditierte Organisation, den Energieauditor und die Energieauditmethodik,
- Kontext des Energieaudits,
- Beschreibung des/der auditierten Objekte(s),
- relevante Normen und Vorschriften.

Energieaudit

- Beschreibung des Energieaudits mit Anwendungsbereich, Ziel und Gründlichkeit, Zeitrahmen und Grenzen,
- Informationen zur Datenerfassung:
  - Messaufbau (aktuelle Situation),
  - Aussage, welche Werte verwendet wurden (und welche Werte davon gemessen und welche geschätzt sind),
  - Kopie der verwendeten Schlüsseldaten und der Kalibrierungszertifikate, soweit solche Unterlagen vorgeschrieben sind,
- Analyse des Energieverbrauchs,
- Kriterien für die Rangfolge von Maßnahmen zur Verbesserung der Energieeffizienz.

Möglichkeiten zur Verbesserung der Energieeffizienz

- vorgeschlagene Maßnahmen, Empfehlungen, Plan und Ablaufplan für die Umsetzung,
- Annahmen, von denen bei der Berechnung von Einsparungen ausgegangen wurde, und die resultierende Genauigkeit der Empfehlungen,
- Informationen über anwendbare Zuschüsse und Beihilfen,
- geeignete Wirtschaftlichkeitsanalyse,
- mögliche Wechselwirkungen mit anderen vorgeschlagenen Empfehlungen,
- Mess- und Nachweisverfahren, die für eine Abschätzung der Einsparungen nach der Umsetzung der empfohlenen Möglichkeiten anzuwenden sind.

5.12.3 Kompetenz von Energieauditoren

Energieauditoren müssen über eine geeignete Erstausbildung, Arbeitserfahrung und Schulungsdauer verfügen. Die DIN EN 16247-5 Energieaudits – Kompetenz von Energieauditoren macht allerdings keine Aussagen über den jeweiligen Umfang. Energieauditoren müssen u. a. über Kenntnisse und Arbeitserfahrung auf folgenden Gebieten verfügen:

- Energieversorgung, -quellen, -träger,
- Herstellung, Verteilung, Nutzung der verschiedenen Energieträger,
- Energiemerkmale von Prozessen, Gebäuden, Logistik, Produkten, Dienstleistungen,
- Kenntnisse energierelevanter Technologien, Betrieb, Instandhaltung,
- Berechnungs-, Simulations-, Analyseverfahren,
- Messtechnik, Datenerfassung, Auswertung,
- Möglichkeiten zur Energieeinsparung,
- Energieeinsatz und -verbrauch,
- Erhöhung der Energieeffizienz,
- Ermittlung von Energieleistungskennzahlen,
- Energiemarkt, Tarife, Tarifstrukturen,
- Wirtschaftlichkeitsberechnungen, Amortisation,
- Umweltaspekte, -auswirkungen,
- Treibhausgase, Klimawandel,
- Projektmanagement,
- Energieberatung, -dienstleistungen.

5.12.4 Energieaudits von Gebäuden

Die DIN EN 16247-2 beschreibt die Anforderungen an ein Energieaudit von Gebäuden. Die Anforderungen umfassen nicht nur die Gebäudehülle, sondern auch die vorhandene Infrastruktur wie Heizung, Klimatechnik, Beleuchtung, Warmwasser, Druckluft und Anlagen. Damit ist durch den Energieauditor eine ganzheitliche Betrachtungsweise sicher zu stellen. Er muss über die notwendigen Kompetenzen verfügen, um den Energieeinsatz für das Gebäude und seine Benutzung bewerten zu können.

Die folgenden Abschnitte folgen dem Prozessablauf für ein Energieaudit. Wo sinnvoll und notwendig wird ein Vergleich zum Umweltaudit nach DIN EN ISO 19011 hergestellt.

Einleitender Kontakt

Die Anforderungen des Energieaudits sind prinzipiell mit denen des Umweltaudits vergleichbar. Wie bei jedem Audit müssen Auditziele festgelegt werden. Generelle, sich aus der Energiepolitik ergebende strategische Ziele sind die Verbesserung der absoluten und relativen Energieeffizienz, Verbesserung der Wirtschaftlichkeit und Kostensituation sowie eine Verminderung der Umweltauswirkungen. Diese strategischen Energieziele sind in betriebliche Ziele umzusetzen. Für die Durchführbarkeit des Energieaudits muss der Anwendungsbereich festgelegt und das Auditteam zusammengestellt werden.

Mit dem Grad der Gründlichkeit ist Umfang und Durchdringungstiefe des Energieaudits gemeint. An dieser Stelle kommt es zu einem Unterschied zum Umweltaudit. Im Umweltaudit werden die Strukturen und Prozessabläufe des Umweltmanagementsystems auditiert, die eine Einhaltung der Umweltziele und eine Effizienzbewertung der Geschäftsprozesse, Umweltaspekte und -auswirkungen gewährleisten. Diesem Prinzip direkt vergleichbar ist die Auditierung eines Energiemanagementsystems. Die DIN EN 16247-2 Gebäude spricht in diesem Zusammenhang von einer groben Untersuchung. Wird eine gründlichere Untersuchung durchgeführt, findet ein Wechsel vom Auditcharakter hin zur Messung, Berechnung, Analyse und Beratungstätigkeit durch den Energieauditor statt. Entsprechend höher ist der zeitliche und finanzielle Aufwand.

Auftaktbesprechung

Die Anforderungen für das Energieaudit entsprechen grundsätzlich den Aspekten im Umweltaudit. Es werden Informationen zum Umfang und zur Durchführung des Audits gegeben und damit zusammenhängende Punkte geklärt.

Datenerfassung

Im Prozessablauf für ein Energieaudit ist dieser Punkt Programm. Es werden viele Daten zum Gebäude und zur Gebäudenutzung erfasst. Stichwortartig seien genannt:

- Energieverbrauchsdaten,
- zeitliche Frequenz der Datenerfassung,
- Zählerstände für Strom, Heizöl, Erdgas, Warmwasser, etc.,
- Art und Größe der Gebäudehülle,
- technische Gebäudeausrüstung (z. B. Heizung, Klima, Lüftung),
- Nutzung des Gebäudes (z. B. Lager, Büro, Produktion),
- Gebäude- und Leistungskennzahlen.

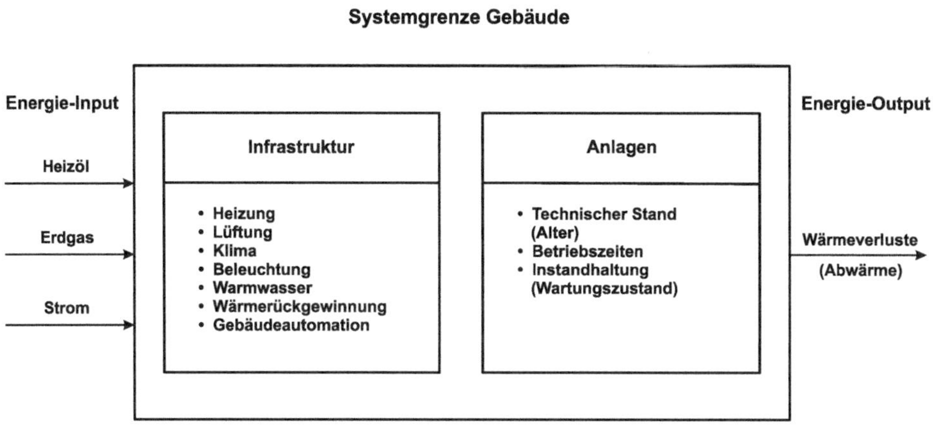

Abb. 5.4 Analysemöglichkeiten innerhalb der Systemgrenze Gebäude (Auswahl)

Die vom Unternehmen zur Verfügung gestellten Daten muss der Energieauditor in einem ersten Schritt analysieren und bewerten. Dadurch sollen eine vorläufige Energiebilanz des Gebäudes und die zugehörigen Energieleistungskennzahlen ermittelt werden. Anhand der vorläufigen Ergebnisse schlägt der Energieauditor erste Maßnahmen zur Verbesserung der Energieeffizienz vor. Die Fokussierung auf Daten unterscheidet das Energieaudit sehr stark vom Umweltaudit. An dieser Stelle unterstützen die Normanforderungen die Tendenz zur Energieberatung.

Außeneinsatz

Die Audittätigkeit vor Ort beginnt immer mit einer Besprechung der beteiligten Personen. Die Anforderungen entsprechen denen des Umweltaudits. Die vorab erhobenen Daten werden vor Ort vom Energieauditor verifiziert. Er muss die Leistungsfähigkeit der technischen Systeme in einem Soll-Ist-Vergleich bewerten und Maßnahmen zur Steigerung der Energieeffizienz vorschlagen und konkretisieren.

Analyse

In diesem Auditschritt muss der Energieauditor den erhobenen Energieverbrauch incl. Kosten und Emissionen (z. B. Treibhausgas CO_2; saure Gase SO_2, NO_x) aufschlüsseln und analysieren. Ziel ist es, das endgültige Potenzial zur Energieeinsparung und zur Effizienzsteigerung zu identifizieren. Abb. 5.4 bietet dazu einen vereinfachten Überblick zu den Systemgrenzen Gebäude, den Analyseansätzen und den Möglichkeiten zur Steigerung der Energieeffizienz.

Die Systemgrenze Gebäude ist durch die Gebäudehülle (z. B. Mauerwerk, Fenster, Dach) gegeben. Der Energie-Input wird im Gebäude zur Versorgung der technischen Infrastruktur und zur Sicherstellung einer angenehmen Arbeitsatmosphäre (z. B. Heizung, Klima, Beleuchtung) benötigt. Ein zweiter Bedarfsbereich sind die innerhalb des Gebäudes betrieben Anlagen, die zur Erstellung unternehmensspezifischer Dienstleistungen und

Produkte notwendig sind. Dazu gehören z. B. Produktionsanlagen, Ausstattungen der Informationstechnologien, Umweltschutzeinrichtungen, etc. Für den energetischen Zustand spielen das Anlagenalter, die Betriebsstunden oder der Wartungszustand eine Rolle. Als Energie-Output jeglicher Energieform treten schließlich Wärmeverluste (Abwärme) auf. Aus den zur Verfügung stehenden Daten sind unternehmensspezifische, aussagekräftige Energieleistungskennzahlen zu bilden.

Energieeffizienzmaßnahmen an Gebäuden lassen sich unter verschiedenen Gesichtspunkten betrachten. Die einfachsten Maßnahmen sind Mitarbeiterschulungen zur Aufklärung und Verhaltensänderung. Auch organisatorische Ablaufänderungen für einen energieeffizienten Betrieb lassen sich leicht umsetzen. Dazu zählen auch Verbesserungen im gesamten Energiemanagement des Gebäudes. Beispiele sind:

- verbesserte Instandhaltung,
- Optimierung der Betriebsstunden und Anlagenlaufzeiten,
- Erneuerung veralteter Anlagen,
- Anpassungen in der technischen Gebäudeausrüstung,
- Maßnahmen zur Reduzierung der Energieverluste,
- Maßnahmen zur Rückgewinnung von Energie,
- Maßnahmen an der Gebäudehülle.

Bei allen Investitionen sind entsprechende Wirtschaftlichkeitsberechnungen durchzuführen.

Bericht

Die Ergebnisse des Energieaudits mit entsprechenden Maßnahmen sind in einem Bericht zu beschreiben. Neben grundlegenden Informationen zum Gebäude werden auch die Ergebnisse zur technischen Gebäudeausrüstung und den vorhandenen Anlagen beschrieben. Die Möglichkeiten zur Verbesserung der Energieeffizienz sind aufzuführen.

Im Umweltaudit stehen die Prozessabläufe des Umweltmanagementsystems im Vordergrund. Diese Prozessabläufe müssen ihre Eignung zur Verbesserung der Umweltleistung des Unternehmens beweisen. Im Energieaudit stehen Daten und deren Analyse im Mittelpunkt. Anhand dieser technischen Analysen werden Verbesserungen erzielt. Dadurch unterscheidet sich das Energieaudit in seinem Charakter und seiner Vorgehensweise deutlich von einem Umweltaudit. Es wäre besser von einer Energieberatung zu sprechen.

Abschlussbesprechung

Nach Fertigstellung des Berichts findet laut Prozessablauf für ein Energieaudit eine Abschlussbesprechung statt. Auch hier werden deutliche Unterschiede zum Umweltaudit sichtbar. Dort findet die Abschlussbesprechung nach der Audittätigkeit vor Ort und vor der Erstellung des Auditberichts statt.

5.12.5 Energieaudits von Prozessen

Die DIN EN 16247-3 beschreibt die Anforderungen an ein Energieaudit von Prozessen. Dazu werden die eigentlichen Herstellungsverfahren und die peripher benötigten Anlagen (z. B. Energieerzeugung, Drucklufterzeugung, umwelttechnische Anlagen) betrachtet. Der Energieauditor muss über die notwendigen Kompetenzen verfügen, um eine ganzheitliche energetische Betrachtung der Prozesse vornehmen zu können. Wie im Abschn. 5.12.4 folgt die Beschreibung dem Prozessablauf für ein Energieaudit. In Anlehnung zu den dort gemachten Ausführungen werden prozessorientierte Bedingungen näher beschrieben und ergänzt.

Einleitender Kontakt
Um die Ziele des Energieaudits von Prozessen zu bestimmen wird eine Beschreibung des Industriestandorts und der dort vorhandenen Herstellungsverfahren benötigt. Als Ansprechpartner sind die verantwortlichen Personen zu benennen.

Auftaktbesprechung
Es gelten die üblichen Bedingungen für Auditbesprechungen.

Datenerfassung
In diesem Abschnitt werden sämtliche Daten zum Herstellungsverfahren erfasst und analysiert. Herstellungsverfahren sind alle industriellen Verfahren zur Herstellung von Produkten. Von daher muss der Energieauditor über fundierte Kenntnisse der jeweiligen Branche (z. B. Chemie, Maschinenbau, Elektrotechnik, Kraftfahrzeuge, Raffinerie, Informationstechnologie) verfügen. An Daten und Informationen sind u. a. zu erheben:

- Beschreibung des Standorts,
- Produkte und Herstellungsverfahren,
- Art der Anlagen (Verfahrenstechnik),
- Prozessketten und -führung,
- Prozessmessung, -steuerung und -optimierung,
- Schnittstellen im Prozess,
- Betriebs-, Rüst- und Stillstandszeiten,
- Einsatzmaterialien,
- Produktmengen, -qualität und -ausschuss,
- eingesetzte Energien und deren Verbräuche,
- Tarife, Rechnungen und Kosten,
- Messungen und Überwachungen der Energieverbräuche,
- elektrotechnische Ausrüstungen,
- Wärmetauscher und Kühlaggregate,
- Druckluft- und Vakuumanlagen,

- Transporteinrichtungen,
- Gebäude, Heizung, Lüftung, Klima, Beleuchtung,
- Mitarbeiterausbildung, Berufserfahrung und Kompetenzen.

Letztlich sind alle energierelevanten Daten für den Prozess zu erfassen und auf Plausibilität zu prüfen. Wenn notwendig und sinnvoll sind neue Messstellen zur Bestimmung des Energieverbrauchs einzurichten. Die Daten liefern eine Energiebilanz des Prozesses und die Möglichkeit zur Aufstellung von Energieleistungskennzahlen. Damit ist die Basis zur Verbesserung der Energieeffizienz gegeben.

Außeneinsatz

Der Außeneinsatz entspricht den Anforderungen eines Umweltaudits. Wenn notwendig, führt der Energieauditor allerdings zusätzliche Messungen durch.

Analyse

Im Analyseschritt muss der Energieauditor den Prozess bilanzieren und Möglichkeiten zur Energieeinsparung aufzeigen. Dazu bestimmt er den optimalen Energiebedarf des Prozesses (Soll-Zustand) und vergleicht ihn mit dem tatsächlich vorgefundenen Energieverbrauch (Ist-Zustand). Dieser Analyseschritt erfordert fundierte fachliche Kenntnisse über den Prozess und die Möglichkeiten zur Prozessoptimierung. Die Analyse muss Maßnahmen zur Steigerung der Energieeffizienz liefern. Sie lassen sich in:

- technische Maßnahmen (T),
- organisatorische Maßnahmen (O),
- personenbezogene Maßnahmen (P)

unterteilen. Zu den technischen Maßnahmen gehören z. B. die Erneuerung veralteter Anlagen oder eine verbesserte Instandhaltung. Organisatorische Maßnahmen können in veränderten Prozessabläufen bestehen. Personenbezogene Maßnahmen umfassen Schulung und Bewusstseinsbildung bei den Mitarbeitern. Werden alle Maßnahmen umgesetzt, dürfte das Unternehmen ökonomisch und ökologisch einen TOP-Zustand im Energiemanagement erzielen.

Bericht

Die Ergebnisse des Energieaudits und die Maßnahmen zur Steigerung der Energieeffizienz sind – wie bereits beschrieben – in einem Bericht darzustellen.

Abschlussbesprechung

Die Anforderungen an eine Abschlussbesprechung werden als bekannt vorausgesetzt. Wie beim Energieaudit von Gebäuden wäre es auch hier besser von einer Energieberatung zu sprechen.

5.12.6 Checkliste für Energieaudits

Die folgende Checkliste fasst einige wichtige Punkte bzgl. eines Energieaudits zusammen:

- Über welche Ausbildung, Berufserfahrung und Kompetenzen verfügt der Energieauditor?
- Welche Arbeitserfahrung hat der Energieauditor z. B. in industriellen Prozessen gesammelt?
- Welche (Auditoren)schulungen hat der Energieauditor in den letzten Jahren absolviert?
- Über welche messtechnische Ausrüstung verfügt der Energieauditor?
- Welche Ziele existieren im betrieblichen Energiesektor?
- Wie wird der heutige Energieverbrauch gemessen, gesteuert und analysiert?
- Welche ingenieurmäßige Beratung und Dienstleistungen kann der Energieauditor anbieten?
- Welche Berichte und Ergebnisse zu Energieaudits bzw. zu Untersuchungen im Energiebereich liegen vor?
- Welche Maßnahmen zur Energieeinsparung sind möglich bzw. wurden umgesetzt?
- Wie lässt sich die Energieeffizienz weiter verbessern?

5.13 Aufgaben für die Praxis

- Welche Grundsätze und Elemente sind in einem Energiemanagementsystem nach DIN EN ISO 50001 zu berücksichtigen?
- Welche Anforderungen werden an die energiepolitischen Strategien eines Unternehmens gestellt?
- Welche rechtlichen und anderen Forderungen sind bei der Planung eines Energiemanagementsystems zu berücksichtigen?
- Welche Bedeutung kommt den Energieleistungskennzahlen zu?
- Wie ist ein Energiemanagementsystem im Unternehmen zu verwirklichen und umzusetzen?
- Wie sind die Leistungen in einem Energiemanagementsystem zu überprüfen?
- Welchen Sinn und Zweck erfüllt die Managementbewertung eines Energiemanagementsystems?
- Welche Kompetenzanforderungen werden an einen Energieauditor gestellt?
- Wodurch unterscheiden sich Energieaudits von Umweltaudits?
- Welche Anforderungen werden an Energieaudits von Gebäuden gestellt?
- Welche Anforderungen werden an Energieaudits von Prozessen gestellt?
- Wo bestehen Schnittstellen fachlich-technischer Natur zwischen den Energieaudits von Gebäuden und den von Prozessen?

Weiterführende Literatur

5.1. Bauernhansl, Th. (Hrsg.); *Energieeffizienz in Deutschland – eine Metastudie,* Springer-Vieweg, **2014**, 978-3-642-55172-7

5.2. Bethe, A.; Pfeiffer. M. (Hrsg.); *Energieberatung und Energiemanagement,* Beuth, **2014**, 978-3-410-21745-9

5.3. *BiokraftNachV – Biokraftstoff-Nachhaltigkeitsverordnung, Verordnung über Anforderungen an eine nachhaltige Herstellung von Biokraftstoffen,* **04.04.2016**

5.4. *BiomasseV – Biomasseverordnung, Verordnung über die Erzeugung von Strom aus Biomasse,* **13.10.2016**

5.5. *BioSt-NachV – Biomassestrom-Nachhaltigkeitsverordnung, Verordnung über Anforderungen an eine nachhaltige Herstellung von flüssiger Biomasse zur Stromerzeugung,* **13.10.2016**

5.6. Bundesministerium für Umwelt, Naturschutz und Reaktorsicherheit (BMU), Umweltbundesamt (UBA); *Energiemanagementsysteme in der Praxis – ISO 50001: Leitfaden für Unternehmen und Organisationen,* **Juni 2012**

5.7. Bundesministerium für Wirtschaft und Energie (BMWi); *Energiedaten: Gesamtausgabe,* **Oktober 2015**

5.8. Bundesministerium für Wirtschaft und Energie (BMWi); *Erneuerbare Energien in Zahlen,* **August 2015**

5.9. Deutsche Energie-Agentur GmbH (dena); *Energieeffizienz in kleinen und mittleren Unternehmen,* **12/2013**

5.10. *DIN EN 16247-1 Energieaudits – Teil 1: Allgemeine Anforderungen*, Beuth, **Oktober 2012**

5.11. *DIN EN 16247-2 Energieaudits – Teil 2: Gebäude*, Beuth, **August 2014**

5.12. *DIN EN 16247-3 Energieaudits – Teil 3: Prozesse*, Beuth, **August 2014**

5.13. *DIN EN 16247-4 Energieaudits – Teil 4: Transport*, Beuth, **August 2014**

5.14. *DIN EN 16247-5 Energieaudits – Teil 5: Kompetenz von Energieauditoren*, Beuth, **Juli 2015**

5.15. *DIN EN ISO 50001, Energiemanagementsysteme – Anforderungen mit Anleitung zur Anwendung,* Beuth, **Dezember 2011**

5.16. *EEG 2017 – Erneuerbare-Energien-Gesetz, Gesetz für den Vorrang Erneuerbarer Energien,* **22.12.2016**

5.17. *EEWärmeG – Erneuerbare-Energien-Wärmegesetz, Gesetz zur Förderung Erneuerbarer Energien im Wärmebereich,* **20.10.2015**

5.18. *EnEG – Energieeinsparungsgesetz, Gesetz zur Einsparung von Energie in Gebäuden,* **04.07.2013**

5.19. *EnEV – Energieeinsparverordnung, Verordnung über energiesparenden Wärmeschutz und energiesparende Anlagentechnik bei Gebäuden,* **24.10.2015**

5.20. European Communities (EC); *EMAS Energy Efficiency Toolkit for Small and Medium sized Enterprises,* EC, **2004**, 92-894-8196-x

5.21. European Environment Agengy (EEA); *Global Megatrends assessment,* Technical report, No 11/2015, **2015**, 978-92-9213-688-8

5.22. *EVPG – Energieverbrauchsrelevante-Produkte-Gesetz, Gesetz über die umweltgerechte Gestaltung von energieverbrauchsrelevanter Produkte,* **31.08.2015**

5.23. Girbig, P. et al.; Energiemanagement gemäß DIN EN ISO 50001, Beuth, **2013, 978-3-410-22393-1**

5.24. Hesselbach, J.; Energie- und klimaeffiziente Produktion, Springer-Vieweg, **2012, 978-3-8348-0448-8**

5.25. Intergovernmental Panel on Climate Change (IPCC); *Climate Change 2014 – Synthesis Report,* **2015**, 978-92-9169-143-2

5.26. International Energy Agency (IEA); *Coal Information 2014*, **2016**, 978-92-64-25863-1
5.27. International Energy Agency (IEA); *CO_2 Emissions From Fuel Combustion*, **2016**, 978-92-64-25855-6
5.28. International Energy Agency (IEA); *World Energy Outlook 2016*, **2016**
5.29. International Standard Organization (ISO); *The ISO Survey of Certifications*, **2016**
5.30. Kals, J.; *Betriebliches Energiemanagement*, Kohlhammer, **2010**, 978-3-17-021133-9
5.31. Mäder, C.; *Chronik weltweiter Temperaturen, Niederschläge und Extremereignisse seit 2010*, Umweltbundesamt, **März 2015**
5.32. Posch, W.; Ganzheitliches Energiemanagement für Industriebetriebe, Gabler, **2011, 978-3-8349-2585-5**
5.33. Reimann, G.; *Erfolgreiches Energiemanagement nach DIN EN ISO 50001*, Beuth, **2015**, 978-3-410-25360-0
5.34. *Richtlinie 2009/28/EG des Europäischen Parlaments und des Rates vom 23. April 2009 zur Förderung der Nutzung von Energie aus erneuerbaren Quellen und zur Änderung und anschließenden Aufhebung der Richtlinien 2001/77/EG und 2003/30/EG*, **15.09.2015**
5.35. *Richtlinie 2009/125/EG des Europäischen Parlaments und des Rates vom 21. Oktober 2009 zur Schaffung eines Rahmens für die Festlegung von Anforderungen an die umweltgerechte Gestaltung energieverbrauchsrelevanter Produkte (Ökodesign-Richtlinie)*, **14.11.2012**
5.36. *Richtlinie 2012/27/EU des Europäischen Parlaments und des Rates vom 25. Oktober 2012 zur Energieeffizienz, zur Änderung der Richtlinie 2009/125/EG und 2010/30/EU und zur Aufhebung der Richtlinie 2004/8/EG und 2006/32/EG (Energieeffizienzrichtlinie)*, **28.05.2013**
5.37. Umweltbundesamt (UBA); *Anteil erneuerbarer Energien am gesamten Endenergieverbrauch für Strom, Wärme und Kraftstoffe*, **02/2015**
5.38. Umweltbundesamt (UBA); *Daten zur Umwelt*, **2016**
5.39. Verl, A.; Bauernhansl, Th.; *Energieeffizienz in der Produktion*, Fraunhofer-Institut für Produktionstechnik und Automatisierung (IPA), **22. Mai 2012**
5.40. Wosnitza, F.; Hilgers, H.G.; *Energieeffizienz und Energiemanagement*, Springer-Spektrum, **2012**, 978-3-8348-1941-3

6 Qualitätsmanagementsysteme nach DIN EN ISO 9001

6.1 Einführung

Die internationale Normenorganisation (International Standard Organization, ISO) hat für Managementsystemnormen eine einheitliche Grundstruktur eingeführt. Durch diese Grundstruktur ist ein leichter Vergleich z. B. zwischen einem Umweltmanagementsystem nach DIN EN ISO 14001 und einem Qualitätsmanagementsystem nach DIN EN ISO 9001 möglich. Neben fachspezifischen Aspekten im Bereich Umwelt bzw. Qualität liegen unabhängig davon im Managementbereich gemeinsame Schnittmengen vor.

In der folgenden Tab. 6.1 werden die ISO-Anforderungen für ein Umweltmanagementsystem und einem Qualitätsmanagementsystem verglichen. Unter Beachtung der fachspezifischen Anforderungen sind die Normpunkte:

Tab. 6.1 Gegenüberstellung DIN EN ISO 14001 und DIN EN ISO 9001

Umweltmanagementsysteme DIN EN ISO 14001	Qualitätsmanagementsysteme DIN EN ISO 9001
4. Kontext	**4. Kontext der Organisation**
4.1 Verstehen der Organisation und ihres Kontextes	4.1 Verstehen der Organisation und ihres Kontextes
4.2 Verstehen der Erfordernisse und Erwartungen interessierter Parteien	4.2 Verstehen der Erfordernisse und Erwartungen interessierter Parteien
4.3 Festlegen des Anwendungsbereichs des Umweltmanagementsystems	4.3 Festlegung des Anwendungsbereichs des Qualitätsmanagementsystems
4.4 Umweltmanagementsystem	4.4 Qualitätsmanagement und dessen Prozesse
5. Führung	**5. Führung**
5.1 Führung und Verpflichtung	5.1 Führung und Verpflichtung
5.2 Umweltpolitik	5.2 Qualitätspolitik
5.3 Rollen, Verantwortlichkeiten und Befugnisse in der Organisation	5.3 Rollen, Verantwortlichkeiten und Befugnisse in der Organisation

G. Förtsch und H. Meinholz, *Handbuch Betriebliches Umweltmanagement*,
https://doi.org/10.1007/978-3-658-19151-1_6

Tab. 6.1 (Fortsetzung)

Umweltmanagementsysteme DIN EN ISO 14001	Qualitätsmanagementsysteme DIN EN ISO 9001
6. Planung	**6. Planung für das Qualitätsmanagementsystem**
6.1 Maßnahmen zum Umgang mit Risiken und Chancen	6.1 Maßnahmen zum Umgang mit Risiken und Chancen
6.2 Umweltziele und Planung zu deren Erreichung	6.2 Qualitätsziele und Planung zu deren Erreichung
	6.3 Planung von Änderungen
7. Unterstützung	**7. Unterstützung**
7.1 Ressourcen	7.1 Ressourcen
7.2 Kompetenz	7.2 Kompetenz
7.3 Bewusstsein	7.3 Bewusstsein
7.4 Kommunikation	7.4 Kommunikation
7.5 Dokumentierte Information	7.5 Dokumentierte Information
8. Betrieb	**8. Betrieb**
8.1 Betriebliche Planung und Steuerung	8.1 Betriebliche Planung und Steuerung
8.2 Notfallvorsorge und Gefahrenabwehr	8.2 Bestimmen von Anforderungen an Produkte und Dienstleistungen
–	8.3 Entwicklung von Produkten und Dienstleistungen
–	8.4 Kontrolle von extern bereitgestellten Produkten und Dienstleistungen
–	8.5 Produktion und Dienstleistungserbringung
–	8.6 Freigabe von Produkten und Dienstleistungen
–	8.7 Steuerung nichtkonformer Prozessergebnisse, Produkte und Dienstleistungen
9. Bewertung der Leistung	**9. Bewertung der Leistung**
9.1 Überwachung, Messung, Analyse und Bewertung	9.1 Überwachung, Messung, Analyse und Bewertung
9.2 Internes Audit	9.2 Internes Audit
9.3 Managementbewertung	9.3 Managementbewertung
10. Verbesserung	**10. Verbesserung**
10.1 Allgemeines	10.1 Allgemeines
10.2 Nichtkonformität und Korrekturmaßnahmen	10.2 Nichtkonformität und Korrekturmaßnahmen
10.3 Fortlaufende Verbesserung	10.3 Fortlaufende Verbesserung

- Kontext der Organisation,
- Führung,
- Unterstützung,
- Bewertung der Leistung,
- Verbesserung

weitgehend identisch. Größere fachspezifisch bedingte Unterschiede liegen in den Normpunkten:

- Planung und
- Betrieb

vor.

In den folgenden Kapiteln wird ein Vergleich zwischen den beiden Normen gezogen. Bezugsgröße ist die DIN EN ISO 14001 Umweltmanagementsysteme. Neben einer kurzen Einführung werden die Anforderungen der DIN EN ISO 9001 Qualitätsmanagementsysteme in kurzen Sätzen beschrieben. Jedes Kapitel endet mit einigen wesentlichen Fragen zu den Anforderungen des jeweiligen Normabschnitts. Hier ist ein direkter Vergleich zum Umweltmanagementsystem sinnvoll.

6.2 Ziele und Nutzen eines Qualitätsmanagementsystems

Oberstes Ziel eines Qualitätsmanagementsystems ist die Verbesserung der Qualitätsleistung eines Unternehmens. Das QM-System liefert einen wesentlichen strategischen Beitrag zur nachhaltigen Unternehmensentwicklung. Dazu sind die Chancen und Risiken sowie die Auswirkungen aller Prozesse, Tätigkeiten, Produkte und Dienstleistungen zu analysieren und zu bewerten. Bei der Einführung und Weiterentwicklung eines Qualitätsmanagementsystems kommt es daher auf die inhaltlichen Aspekte und fortlaufenden Verbesserungen an. Die qualitätsorientierte Unternehmensleistung lässt sich jedoch nur dann belegen, wenn sie messbar und transparent gemacht wird.

Die ziel- und leistungsorientierte Einführung und Anwendung eines Qualitätsmanagementsystems kann sowohl für das Unternehmen wie auch für die Kunden von Nutzen sein. Es wird ein Rahmen geschaffen, um sozio-ökonomische Belange im Gleichgewicht zu halten. Der potenzielle Nutzen ergibt sich zum Beispiel aus:

- Entwicklung strategischer und betrieblicher Qualitätsziele,
- Identifizierung von Risiken und Umsetzung von Maßnahmen zur Qualitätsverbesserung,
- Reduzierung von Ereignissen mit Haftungsfolgen,
- Qualitätsaspekte von Produkten und Dienstleistungen,
- Einsatz der besten verfügbaren Technologien in Prozessen,

- Motivation der Mitarbeiter zu qualitätsorientiertem Handeln und Entwicklung ihrer Kompetenzen,
- Optimierung von Prozessabläufen zur Verbesserung der Ressourcennutzung und Erhöhung der Qualitätsleistung,
- zukunftsorientierte Entwicklung von Produkten und Dienstleistungen mit Orientierung an den Kundenbedürfnissen,
- Einhaltung der geltenden gesetzlichen Bestimmungen und anderer vertraglicher Verpflichtungen,
- Verbesserung der Kostentransparenz und Identifizierung zusätzlicher ökonomischer Potenziale.

6.3 Grundsätze und wesentliche Elemente

Das Qualitätsmanagementsystem nach DIN EN ISO 9001 basiert auf einem prozessorientiertem Ansatz. Durch die fortlaufende Entwicklung, Umsetzung und Verbesserung von Prozessen, Tätigkeiten, Produkten und Dienstleistungen werden die Qualitätsleistungen des Unternehmens und die Kundenzufriedenheit erhöht. Die Kundenorientierung und die Verbesserung der unternehmerischen Qualitätsleistungen basieren auf fünf Grundsätzen (Abb. 6.1):

- Verpflichtungen und Führung durch die Geschäftsführung,
- Bestandsaufnahme und Analyse des Ist-Zustands,
- Planung und Festlegung der Qualitätsziele als Soll-Zustand,
- Identifizierung und Realisierung von Maßnahmen zur Verbesserung der Qualitätsleistung,
- Erfolgskontrolle der Zielerreichung und Bewertung der Qualitätsleistung.

Kundenanforderungen und die Kundenzufriedenheit spielen eine zentrale Rolle im Qualitätsmanagement. Alle Forderungen richten sich auf diese Aspekte aus. Andere interne und externe Faktoren (Themen, interessierte Parteien) beeinflussen ebenfalls den Anwendungsbereich des Qualitätsmanagementsystems. Zu den interessierten Parteien zählen z. B. Lieferanten, Dienstleister oder ausgelagerte Prozesse. Von daher sind die Grenzen des QM-Systems unternehmensspezifisch festzulegen.

Der Geschäftsführung kommt eine Vorbildfunktion im Qualitätsmanagement zu. Ihre Vorbildfunktion strahlt ins Unternehmen aus und motiviert die Mitarbeiter. Die Geschäftsführung legt die Leitlinien im betrieblichen Qualitätsmanagement fest und formuliert die längerfristigen strategischen Qualitätsziele (Qualitätspolitik). Im Rahmen der Managementbewertung (Review) bewertet sie die Zielerreichung und die Qualitätsleistung des Unternehmens.

Für die Einführung und Weiterentwicklung des Qualitätsmanagementsystems müssen im Rahmen des Projektmanagements Arbeitspakete beschrieben werden. So muss das Un-

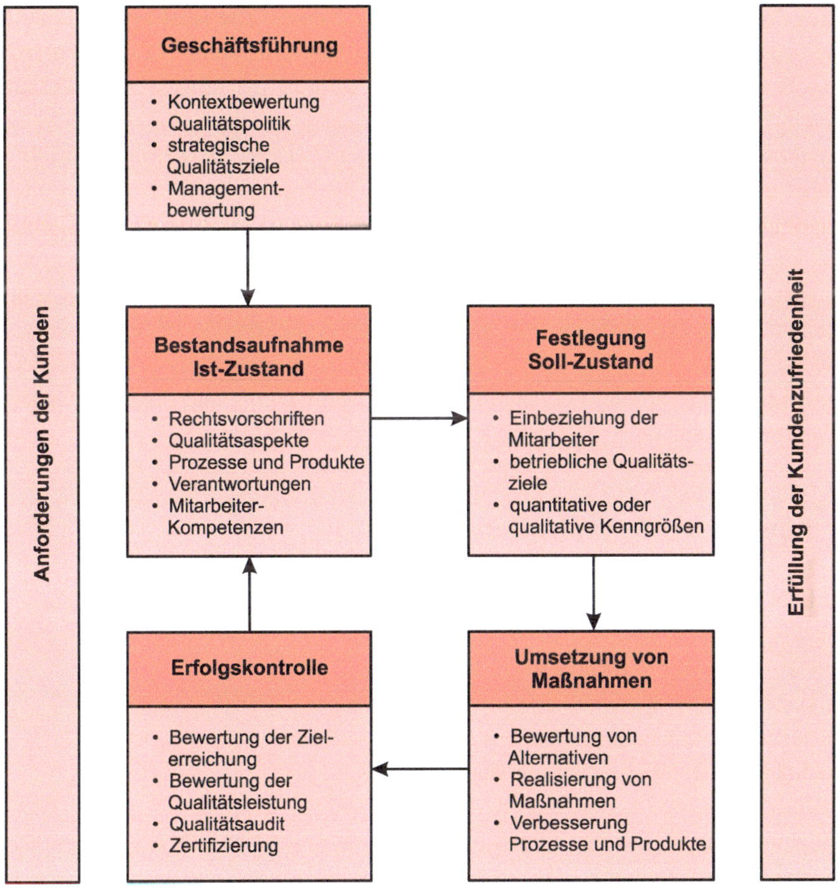

Abb. 6.1 Fortlaufender Verbesserungsprozess im Qualitätsmanagementsystem

ternehmen die bedeutenden Qualitätsaspekte von Prozessen, Tätigkeiten, Produkten und Dienstleistungen ermitteln. Jeder Prozess hat zuständige Mitarbeiter und verantwortliche Führungskräfte. Damit sind die direkten Ansprechpartner identifizierbar, die durch ihr Handeln Verbesserungen der Qualitätsleistung erzielen können.

Abgeleitet aus der unternehmerischen Qualitätspolitik und den strategischen Qualitätszielen liefern die betrieblichen Qualitätsziele eine Messlatte für die Qualitätsleistung des Unternehmens. Qualitätsziele sollten möglichst quantifizierbar sein. Wo dies nicht möglich ist, sollten sie eindeutig qualitativ beschreibbar sein. Nur dann lässt sich der Prozess vernünftig planen und in der Erfolgskontrolle die Zielerreichung sicher überprüfen.

Um die Qualitätsziele zu erreichen sind Maßnahmen zu planen und umzusetzen. Für die Durchführung sind verschiedene Lösungsalternativen mit ihren jeweiligen Chancen und Risiken zu bewerten. Maßnahmen, Verantwortungen und Termine sind nach den Regeln des Projektmanagements festzulegen und umzusetzen. Die Realisierung einer Maßnahme bedeutet nicht zwangsläufig, dass sich die Qualitätsleistung oder die Prozessleistung verbessert. Dazu ist eine konkrete Erfolgsbewertung der umgesetzten Maßnahmen notwendig.

Letzter Schritt im fortlaufenden Verbesserungsprozess ist die Erfolgskontrolle. Hier wird überprüft, ob die durchgeführten Maßnahmen die in sie gesetzten Erwartungen erfüllt haben. Wurden die quantitativ und qualitativ formulierten Qualitätsziele erreicht? Wie hat sich die Qualitätsleistung von Prozessen und des gesamten Unternehmens verbessert? Diese und weitere Fragen werden im internen Qualitätsaudit zu beantworten sein. Mit der stichprobenartigen Überprüfung in der externen Zertifizierung wird dies untermauert. Durch die Managementbewertung (Managementreview) schließt sich der Kreislauf zur fortlaufenden Verbesserung des Qualitätsmanagementsystems und der Qualitätsleistung des Unternehmens.

6.4 Kontext der Organisation

In der DIN EN ISO 9001 werden in diesem Abschnitt folgende Punkte behandelt:

- Verstehen der Organisation und ihres Kontextes,
- Verstehen der Erfordernisse und Erwartungen interessierter Parteien,
- Festlegen des Anwendungsbereichs des Qualitätsmanagementsystems,
- Qualitätsmanagementsystem und dessen Prozesse.

Prinzipiell entsprechen diese Punkte den Anforderungen der DIN EN ISO 14001 Umweltmanagementsysteme.

6.4.1 Die Organisation und ihre Kontexte

Das Qualitätsmanagementsystem eines Unternehmens wird von einer Reihe relevanter interner und externer Themen bestimmt.

Interne Kontextfaktoren sind z. B.:

- Produkte und Dienstleistungen,
- Prozesse und ihre Auswirkungen auf Qualität (und Umwelt),
- Technologien und Anlagen,
- Tätigkeiten und Mitarbeiterkompetenzen,
- Verantwortungen und Zuständigkeiten,
- Ökonomie und Wirtschaftlichkeit,
- Wettbewerbsfähigkeit des Unternehmens.

Externe Kontextfaktoren sind z. B.:

- Kundenwünsche, -bedürfnisse und -zufriedenheit,
- kulturelle und gesellschaftspolitische Zusammenhänge,
- Gesetze und andere Rechtsvorschriften,
- Betriebsgenehmigungen und Auflagen,
- Steuern.

In diesem Zusammenhang sind folgende Fragen für die Organisation und ihrer Kontexte zu beachten:

- Wie ermittelt das Unternehmen die für sie relevanten Aspekte des Qualitätsmanagements?
- Welche internen Kontextfaktoren beeinflussen das Qualitätsmanagementsystem?
- Wie wird die Mitarbeiterzufriedenheit ermittelt?
- Welche externen Kontextfaktoren haben Einfluss auf das QM-System?
- Wie wird die Kundenzufriedenheit ermittelt?
- Wie sind in diesem Zusammenhang Sachfaktoren (Prozesse, Finanzen, Kunden) einerseits und Humanfaktoren (Mitarbeitern, -kompetenzen, Führungskräfte) andererseits zu bewerten?
- Wie lassen sich die internen und externen Kontextfaktoren gewichten bzw. priorisieren?

6.4.2 Erfordernisse und Erwartungen interessierter Parteien

Unter dem Begriff interessierte Parteien lassen sich verschiedenste Kreise zusammenfassen:

- Kunden,
- Lieferanten und Dienstleister,
- Eigentümer und Aktionäre,
- Mitarbeiter und deren Interessensvertretungen,
- Führungskräfte,
- Genehmigungs- und Aufsichtsbehörden.

Jede dieser Gruppen hat unterschiedliche Erwartungen an das Unternehmen. So spielt für Kunden und Investoren die ökonomische Säule der Nachhaltigkeit eine größere Rolle. Mitarbeiter und ihre Bedürfnisse lassen sich eher der sozialen Nachhaltigkeitssäule zuordnen. Die unterschiedlichen Erwartungen der einzelnen Parteien führen zu einem unternehmensinternen Spannungsfeld im Nachhaltigkeitsdreieck. Das Unternehmen muss die Anforderungen der jeweiligen Partei ermitteln und über seine Qualitätsziele und Qualitätsleistungen in das Qualitätsmanagement integrieren. Daher gilt:

- Identifikation der relevanten interessierten Parteien,
- Ermittlung der Beweggründe, Anforderungen und Interessen der verschiedenen Parteien.

Bzgl. der interessierten Parteien sollte Folgendes beachtet werden:

- Welche interessierten Parteien lassen sich im Qualitätsmanagement identifizieren?
- Welche Anforderungen stellen diese Gruppen an das Qualitätsmanagement ihres Unternehmens?
- Welche Muss- bzw. Wunsch-Ziele resultieren aus den Anforderungen an das Qualitätsmanagement?
- Wie wirken sich die Qualitätsziele auf die Qualitätsleistungen aus?

6.4.3 Anwendungsbereich des Qualitätsmanagementsystems

Eine Festlegung des Anwendungsbereichs des Qualitätsmanagementsystems kann nur unter Betrachtung des gesamten Lebenswegs der Produkte bzw. Dienstleistungen geschehen. Von daher sind in das QM-System folgende Aspekte zu integrieren:

- Art der Produkte bzw. Dienstleistungen,
- Relevanz einzelner Prozessschritte,
- Anforderungen von Kunden und Kundenzufriedenheit,
- Qualitätsaspekte von Lieferanten und Dienstleistern,
- Bedeutung ausgelagerter Prozesse,
- Anforderungen anderer interessierter Parteien, z. B. Überwachungsbehörden bei Fragen der Produktsicherheit,
- weitere interne und externe Themen, z. B. Verknüpfungen zum Arbeits-, Gesundheits- und Umweltschutz.

Der Anwendungsbereich muss als dokumentierte Information zur Verfügung stehen. Für den Anwendungsbereich des Qualitätsmanagementsystems sind folgende Fragen interessant:

- Auf welcher Basis wurde der Anwendungsbereich des Qualitätsmanagementsystems festgelegt?
- Welche Verantwortungen und Befugnisse existieren im Anwendungsbereich?
- Wie wurde bei der Ermittlung der Qualitätsaspekte der Lebensweg der Produkte mit einbezogen?
- Wie werden externe Dienstleistungen im Qualitätsmanagementsystem berücksichtigt?
- Wie werden die Anforderungen des Qualitätsmanagementsystems in die verschiedenen Geschäftsprozesse integriert?

6.4.4 Qualitätsmanagementsystem und dessen Prozesse

Im QM-System sind – vergleichbar wie im UM-System – die relevanten Prozesse zu beschreiben. Dazu gehören:

- Prozessparameter und Leistungsindikatoren,
- Messmethoden, -geräte und -ergebnisse,
- Steuerung und Bewertung der Prozesse,
- Verbesserung der Prozess- und Qualitätsleistung,
- Reihenfolge, Wechselwirkungen und Schnittstellen einzelner Prozesse,
- Betrachtung der jeweiligen Chancen und Risiken,
- Ressourcen, z. B. Sach- und Finanzmittel,
- Mitarbeiterausbildung, -berufserfahrung und -kompetenzen,
- Prozessverantwortliche, Zuständigkeiten und Befugnisse.

Die Qualitätsrelevanz von Prozessen muss als dokumentierte Information zur Verfügung stehen. Für das Qualitätsmanagementsystem und seine Prozesse sind folgende Fragen zu beachten:

- Welche qualitätsrelevanten Prozesse sind im QM-System beschrieben?
- Wie wird das Qualitätsmanagement in die einzelnen Prozesse integriert?
- Welche relevanten Prozessparameter und Leistungsindikatoren werden erfasst?
- Welche Messmethoden, -geräte und Ressourcen stehen zur Verfügung?
- Welche Verbesserungen der Qualitätsleistung von Prozessen sind möglich?
- Über welche Befugnisse und Zuständigkeiten verfügt der jeweilige Prozessverantwortliche?

6.5 Führung

In diesem Abschnitt der DIN EN ISO 9001 werden folgende Punkte behandelt:

- Führung und Verpflichtung,
- Qualitätspolitik,
- Rollen, Verantwortlichkeiten und Befugnisse in der Organisation.

Prinzipiell entsprechen diese Punkte den Anforderungen der DIN EN ISO 14001 Umweltmanagementsysteme.

6.5.1 Führung und Verpflichtung

Unabhängig vom fachlichen Aspekt muss die Geschäftsführung eines Unternehmens im Managementsystem eine Reihe von Aufgaben und Verantwortungen übernehmen. Dazu zählen u. a.:

- Erfüllung einer Vorbildfunktion im QM-System,
- Übernahme der Verantwortung für alle (qualitätsrelevanten) Tätigkeiten,
- Erfüllung rechtlicher Anforderungen,
- Festlegung der Qualitätspolitik,
- Entwicklung der strategischen Qualitätsziele,
- Qualitätsanforderungen an die (relevanten) Geschäftsprozesse,
- Freigabe der benötigten Ressourcen (Personal, Finanzen, Anlagen),
- Förderung der Mitarbeiterkompetenzen,
- Unterstützung der verantwortlichen Führungskräfte,
- Orientierung am Kunden,
- fortlaufende Erhöhung der Kundenzufriedenheit,
- Sicherstellung der Qualitätsergebnisse und der -leistung,
- fortlaufende Verbesserung des gesamten Qualitätsmanagementsystems.

Für den Aspekt der Führung und Verpflichtung sind einige Fragen von zentraler Bedeutung:

- Wie nimmt die Geschäftsführung ihre Aufgaben im Qualitätsmanagementsystem wahr?
- Wie wird im Geschäftsplan des Unternehmens das Qualitätsmanagement berücksichtigt?
- Welche strategischen Qualitätsziele und davon abgeleitete betrieblichen Qualitätsziele wurden verabschiedet?
- Welche Aufgaben, Verantwortlichkeiten und Befugnisse haben die Führungskräfte im Qualitätsmanagementsystem?
- Welche Ressourcen werden für das Qualitätsmanagementsystem und die Verbesserung der Qualitätsleistung zur Verfügung gestellt?
- Wie werden die Mitarbeiter in Qualitätsbelangen unterstützt und geschult?
- Wie werden die erzielten Qualitätsergebnisse und -leistungen publiziert und interessierten Parteien zur Verfügung gestellt?
- Wie werden Anforderungen von Kunden und deren Zufriedenheit ermittelt?

6.5.2 Qualitätspolitik

Wie die Umweltpolitik des Unternehmens ist die Qualitätspolitik eine langfristige strategische Ausrichtung des Unternehmens im Qualitätsmanagement. Sie steckt den Rahmen für Handlungen und Maßnahmen zur Erreichung der qualitätsbezogenen Ziele ab. Sie muss auf eine fortlaufende Verbesserung des Qualitätsmanagementsystems ausgerichtet sein. In diesem Zusammenhang sind zu beachten:

- Festlegung der Qualitätspolitik und der strategischen Qualitätsziele,
- Identifikation wirtschaftlicher, organisatorischer, rechtlicher und technologischer Qualitätsaspekte,
- Verpflichtung zur fortlaufenden Verbesserung der Qualitätsleistung,
- Entwicklung von Indikatoren und Kennziffern zur Ermittlung der Qualitätsleistung,
- Information, Aus- und Weiterbildung der Mitarbeiter,
- Integration von Lieferanten, Dienstleistern und ausgelagerten Prozessen in das Qualitätsmanagementsystem,
- Bekanntmachung der Qualitätspolitik für Mitarbeiter, Kunden, Vertragspartner und weiteren interessierten Parteien,
- Ausrichtung auf eine langfristige, ökonomische und ökologische Entwicklung.

Folgende Fragen sollten bei der Festlegung einer strategischen Qualitätspolitik berücksichtigt werden:

- Welche strategisch ausgerichtete Qualitätspolitik wurde durch die Geschäftsführung des Unternehmens verabschiedet?
- Welche strategischen Qualitätsziele wurden festgelegt?
- Welche Verpflichtungen zur fortlaufenden Verbesserung sind enthalten und wie werden diese erreicht?
- Welche Ressourcen werden für die Erfüllung der Qualitätspolitik zur Verfügung gestellt?
- Wie lässt sich die Qualitätsleistung des Unternehmens steigern?
- Wie werden die rechtlichen und anderen vertraglichen Verpflichtungen überwacht und erfüllt?
- Wie werden die Qualitätspolitik und die erzielten Verbesserungen interessierten Parteien (z. B. Kunden, Geschäftspartner) zugänglich gemacht?
- Wie wird die Qualitätspolitik den unternehmerischen Entwicklungen angepasst?

Die Qualitätspolitik eines Unternehmens muss als dokumentierte Information zur Verfügung stehen.

6.5.3 Rollen, Verantwortlichkeiten und Befugnisse

Die Geschäftsführung ist letztlich für Alles verantwortlich, was immer im Unternehmen geschieht. Sie kann jedoch nicht alle Aufgaben selber wahrnehmen, sondern delegiert sie mit abgestufter Verantwortung an andere Personen (Führungskräfte). Durch die entsprechenden Organisationsstrukturen und Verantwortlichkeiten wird die Geschäftsführung nicht von ihrer unternehmerischen Gesamtverantwortung entbunden.

Unabhängig von der Unternehmensorganisation lassen sich einige grundlegende Verantwortungsaspekte identifizieren:

- **Geschäftsführung:**
  - trägt die Gesamtverantwortung,
  - Entwicklung der Qualitätspolitik,
  - Festlegung der strategischen Qualitätsziele,
  - Sicherstellung der Verantwortlichkeiten, Zuständigkeiten und Befugnisse,
  - regelmäßige Managementbewertung (Managementreview).
- **Beauftragter der obersten Leitung (Qualitätsmanagementbeauftragter):**
  - Ansprechpartner zur Verbesserung des Qualitätsmanagementsystems,
  - fortlaufende Überwachung und Entwicklung der Qualitätsleistung.
- **Führungskräfte als verantwortliche Personen:**
  - Erfüllung der Kundenanforderungen,
  - Gewährleistung der Kundenzufriedenheit,
  - Erreichung der betrieblichen Qualitätsziele,
  - Sicherstellung der Prozessergebnisse,
  - Realisierung von Maßnahmen zur fortlaufenden Verbesserung der Qualitätsleistung.
- **Mitarbeiter:**
  - Einhaltung und Verbesserung der festgelegten Verfahren in ihrem Arbeitsbereich.

Einige Fragen, die bei der Wahrnehmung der Verantwortlichkeiten und Befugnisse beachtet werden sollten:

- Wie nimmt die Geschäftsführung ihre Verantwortung im Qualitätsmanagementsystem wahr?
- Welche Fach- und Führungskompetenz besitzt der Qualitätsmanagementbeauftragte?
- Wie nehmen die Führungskräfte ihre Verantwortung im Qualitätsmanagement wahr?
- Welche Zuständigkeiten und Kompetenzen haben Mitarbeiter, deren Arbeiten sich besonders auf die Qualität von Prozessen, Tätigkeiten, Produkten und Dienstleistungen auswirken können?
- Welche Konsequenzen ergeben sich für Führungskräfte und Mitarbeiter bei Nichteinhaltung rechtlicher Vorschriften bzw. unternehmensinterner Vorgaben?

6.6 Planung

Die DIN EN ISO 9001 berücksichtigt unter diesem Grundsatz folgende Punkte:

- Maßnahmen zum Umgang mit Risiken und Chancen,
- Qualitätsziele und Planung zu deren Erreichung,
- Planung von Änderungen.

Im Gegensatz zu den bisherigen Normabschnitten treten im Vergleich zum Umweltmanagementsystem nach DIN EN ISO 14001 größere fachspezifische Unterschiede auf. So werden in der DIN EN ISO 14001 die Normaspekte:

- Umweltvorschriften und andere bindende Verpflichtungen,
- bedeutende Umweltaspekte

besonders hervorgehoben. Vom Gesetzgeber formulierte Umweltvorschriften müssen vom Unternehmen jederzeit eingehalten werden. Sie formulieren Bedingungen, um die mit Umweltaspekten verbundenen negativen Umweltauswirkungen (Risiken) zu minimieren.

6.6.1 Umgang mit Risiken und Chancen

Bei der Planung eines Qualitätsmanagementsystems müssen – wie bei jedem Projekt – die damit verbundenen Chancen und Risiken ermittelt und bewertet werden. Dies betrifft u. a.:

- Kontext des Unternehmens,
- interne und externe Themen,
- interessierte Parteien,
- Auswirkungen auf das Qualitätsmanagementsystem,
- Maßnahmen zur Verbesserung der Qualitätsleistung.

Der Umgang mit Risiken und Chancen lässt sich in einigen Fragen zusammenfassen:

- Welche Chancen und Risiken sind mit den jeweiligen Aktivitäten im Qualitätsmanagementsystem verbunden?
- Wie wird die Erfüllung von Rechtsvorschriften (z. B. Produkthaftung) gewährleistet?
- Wie werden fehlerhafte Produkte erkannt und ausgemustert?
- Welche Notfallpläne existieren, um ausgelieferte fehlerhafte Produkte zurückzurufen?

6.6.2 Qualitätsziele und Planung zu deren Erreichung

Um die Qualität in allen Unternehmensprozessen zu verbessern, muss sich das Unternehmen strategische (langfristige) und betriebliche (kurz-, mittelfristige) Qualitätsziele setzen. Dabei gilt:

- Qualitätsziele müssen messbar sein,
- die Zielerreichung ist mit Terminen zu versehen,
- die technologischen und ökonomischen Möglichkeiten (Ressourcen) sind bei der Zielfindung zu berücksichtigen,

6

- Qualitätsziele sind für alle relevanten Prozesse, Tätigkeiten, Produkte und Dienstleistungen zu formulieren,
- ausgelagerte Prozesse, Lieferanten und Dienstleister sind zu beachten,
- für die Zielerreichung sind die verantwortlichen Personen zu benennen,
- Leistungsindikatoren dienen als Bewertungsgrundlage,
- die Zielerreichung ist einer Erfolgskontrolle zu unterziehen.

Einige Fragen, die bei der Festlegung von Qualitätszielen und entsprechender Planung zu deren Erreichung berücksichtigt werden sollten:

- Wie spiegeln die Qualitätsziele die Leistungen von Prozessen/Tätigkeiten und Produkten/Dienstleistungen des Unternehmens wieder?
- Wie werden die von der Unternehmensleitung festgelegten strategischen Qualitätsziele über alle Managementebenen hinweg in betriebliche Qualitätsziele umgesetzt?
- Wie werden Mitarbeiter, die für die Zielerreichung verantwortlich sind, in die Entwicklung der Qualitätsziele mit eingebunden?
- Welche Qualitätsindikatoren werden zur Leistungsbewertung herangezogen?
- Wie werden Qualitätsziele regelmäßig überwacht und bewertet, um die erwünschten Verbesserungen zu bestätigen?

6.6.3 Planung von Änderungen (Maßnahmen)

Die notwendigen Maßnahmen zur Erreichung der Qualitätsziele werden in einem Qualitätsprogramm zusammengefasst. Das Programm sollte folgende Punkte umfassen:

- Unternehmensbereich (Kostenstelle, Abteilung, Prozesse),
- Maßnahmen (organisatorische, technische),
- Ressourcen (Geld, Material, Mitarbeiter),
- Potenzial (Kosten, Einsparungen),
- Personal, Verantwortungen, Zuständigkeiten (Projektleiter, -mitarbeiter),
- Termine (Prioritäten, Anfangszeitpunkt, Meilensteine, Endtermin).

Für jede einzelne Maßnahme sind die Verantwortlichkeiten, die Mittel und der Zeitrahmen für die Umsetzung festzulegen. Grundsätzlich sind bei neuen Produkt-, Dienstleistungs- und Verfahrensentwicklungen Qualitätsaspekte im Projektablauf zu berücksichtigen. Für Produkte sind Entwicklung, Materialien, Produktionsverfahren, Verwendung und Entsorgung über den gesamten Lebensweg zu beachten. Bei der Entwicklung oder Veränderung technologischer Verfahren sind Planung, Design, Konstruktion, Installation, Betrieb und Stilllegung nach den besten verfügbaren Techniken zu berücksichtigen.

Einige Fragen, die das Qualitätsprogramm und die Planung von Änderungen betreffen:

- Wie werden vom Unternehmen Qualitätsprogramme entwickelt?
- Wie werden im Qualitätsprogramm Maßnahmen, Personal, Finanzen und Termine festgelegt?
- Wie wird der Erfolg des Programms und der realisierten Maßnahmen regelmäßig bewertet?

6.7 Unterstützung

Die DIN EN ISO 9001 enthält in diesem Abschnitt einige wichtige Anforderungen zu:

- Ressourcen,
- Kompetenz,
- Bewusstsein,
- Kommunikation und
- dokumentierten Informationen.

Diese Anforderungen entsprechen prinzipiell den Punkten der DIN EN ISO 14001 Umweltmanagementsysteme.

6.7.1 Ressourcen

Zur wirkungsvollen Implementierung eines Qualitätsmanagementsystems und der Umsetzung der notwendigen Maßnahmen muss das Unternehmen entsprechende Ressourcen zur Verfügung stellen. Dazu gehören:

- Mitarbeiter mit entsprechenden Kompetenzen,
- technische Ressourcen für Prozesse und Infrastruktur,
- Ressourcen für Messgeräte und Auswertungsmöglichkeiten.

Einige Fragen zum Thema Ressourcen sind:

- Welche Ressourcen (Personal, Finanzmittel, Technologien) stellt das Unternehmen für das Qualitätsmanagement zur Verfügung?
- Nach welchen Kriterien werden diese Ressourcen ausgewählt und eingesetzt?
- Wie ist der Erfolg in Bezug auf die Verbesserung der Qualitätsleistung einzustufen?
- Wie werden die zur Erzielung der Qualitätsleistung notwendigen Prozessparameter bestimmt, überwacht und ausgewertet?
- Wie werden die dafür notwendigen Messgeräte und -standards regelmäßig kalibriert und verifiziert?
- Wie wird – wenn notwendig – eine Rückverfolgbarkeit der Messungen gewährleistet?

6.7.2 Kompetenz

Für die erfolgreiche Bewältigung qualitätsrelevanter Prozesse und Tätigkeiten müssen Mitarbeiter des Unternehmens die erforderlichen Kompetenzen besitzen. Die am Unternehmensstandort tätigen Auftragnehmer und Dienstleister müssen ebenfalls entsprechende Qualifikationsnachweise vorlegen können. Dazu gehören:

- (qualitätsrelevantes) Anforderungsprofil des Arbeitsplatzes/der Tätigkeit (Soll-Profil),
- Ausbildung, Berufserfahrung und Kompetenzprofil des Mitarbeiters (Ist-Profil),
- Identifikation der Schulungs- und Personalentwicklungsmaßnahmen,
- Praxistransfer, Bewertung und Erfolgskontrolle der durchgeführten Weiterbildungsmaßnahmen.

Für den Aspekt Kompetenzen sind folgende Fragen von Bedeutung:

- Welche qualitätsrelevanten Tätigkeiten werden im Unternehmen durchgeführt?
- Welche Qualitätsanforderungen sind für die Ausübung dieser Tätigkeiten notwendig?
- Welche Mitarbeiter üben diese qualitätsrelevanten Tätigkeiten aus?
- Über welche Ausbildung, Berufserfahrung und Kompetenzen verfügen diese Mitarbeiter?
- Welches Weiterbildungsprogramm existiert für Mitarbeiter die qualitätsrelevante Tätigkeiten ausüben?
- Wie wird der Wissenstransfer und Erfolg einer Personalentwicklungsmaßnahme (Weiterbildungsmaßnahme) sichergestellt?
- Wie wird die Kompetenz von Auftragnehmern/Dienstleistern und deren Mitarbeiter sichergestellt?
- Wie werden ausgelagerte Prozesse in den Kompetenzaspekt integriert?
- Wie wird der Prozess Aus- und Weiterbildung unter allen Gesichtspunkten im Unternehmen sichergestellt?

6.7.3 Bewusstsein

Die Geschäftsführung hat eine Schlüsselfunktion bei der Mitarbeitermotivation im Qualitätsmanagementsystem. Sie muss die qualitätsbezogenen Ziele und die Bedeutung der Qualitätspolitik erläutern. Es ist die Verpflichtung der einzelnen Mitarbeiter die Vorgaben des Qualitätsmanagementsystems in einen wirkungsvollen Verbesserungsprozess umzusetzen. Sämtliche Mitarbeiter eines Unternehmens sollten die Qualitätsziele, für die sie verantwortlich sind, verstehen und umsetzen können. Insbesondere Mitarbeiter, deren Tätigkeiten bedeutende Auswirkungen auf die Qualität haben, sind hier gefordert. Dazu ist es erforderlich:

- Kenntnisse über qualitätsrelevante Arbeitsplätze zu besitzen,
- der Personalauswahl, -schulung und -entwicklung Beachtung zu schenken,
- den Mitarbeitern die Qualitätsaspekte ihrer Tätigkeiten bewusst zu machen,
- die Bedeutung von Ausbildung, Berufserfahrung und Kompetenzen für die Verbesserung persönlicher Leistungen zu thematisieren,
- mit den Mitarbeitern ihre Aufgaben, Zuständigkeiten und Verantwortungen zur Erreichung der Qualitätsziele zu besprechen,
- ihnen mögliche Folgen bei Abweichungen von festgelegten Arbeitsabläufen klar zu machen.

Einige Fragen, die beim Thema Bewusstsein beachtet werden sollten:

- In welchem Umfang verstehen die Mitarbeiter die Qualitätsziele des Unternehmens?
- Wie fördern Sie bei ihren Mitarbeitern das Verantwortungsbewusstsein für Qualitätsfragen?
- Wie wird die Motivation zu eigenverantwortlichem, qualitätsbezogenem Handeln gefördert?
- Wie erkennt das Unternehmen die Qualitätsleistung der Mitarbeiter an?

6.7.4 Kommunikation

Im Hinblick auf ihre Qualitätsaspekte muss das Unternehmen interne und externe Kommunikationsabläufe gewährleisten. Zu externen interessierten Parteien sollten relevante Mitteilungen entgegengenommen, dokumentiert und beantwortet werden. Über den Umfang der internen und externen Berichterstattung kann das Unternehmen selber entscheiden.

Einige Fragen, die bei der Kommunikation berücksichtigt werden sollten:

- Wie sind die internen Kommunikationsabläufe im Unternehmen geregelt?
- Wie werden Mitteilungen externer Parteien entgegengenommen, beantwortet und dokumentiert?
- Wie werden die Ergebnisse von Qualitätsaudits kommuniziert?
- Wie werden Mitarbeiteranregungen zur fortlaufenden Verbesserung der Qualitätsleistung entgegengenommen, bewertet und honoriert?

6.7.5 Dokumentierte Information

Die DIN EN ISO 9001 stellt umfangreiche Anforderungen an die Dokumentation eines Qualitätsmanagementsystems, seiner Bestandteile und Inhalte. Das Unternehmen muss Verfahren für qualitätsbezogene Aspekte führen und dokumentieren. Es ist zu regeln wie qualitätsbezogene Informationen erstellt, aktualisiert und gelenkt werden. Der wirkungsvolle Umgang mit der vielfältigen und komplexen Menge an Informationen ist ein Schlüsselmerkmal für ein effizientes Qualitätsmanagementsystem. Ein gutes Qualitätsinformationssystem schließt Mittel und Wege zur Kennzeichnung, Sammlung, Registrierung und Aufbewahrung von Daten, Informationen und Berichten ein. Es ist sicherzustellen, dass die Unterlagen organisations-, prozess- und produktbezogen zugeordnet werden können. Dazu gehören:

- Qualitätspolitik und -ziele,
- Geltungsbereich des Qualitätsmanagementsystems,
- Elemente des QM-Systems.

Als Unterlagen können z. B. herangezogen werden:

- Qualitätshandbücher,
- Prozessanweisungen,
- Betriebsanweisungen,
- Betriebstagebücher und Aufzeichnungen,
- Messprotokolle und Auswertungen,
- Prüf- und Kalibrieraktivitäten,
- Ergebnisse von Auditierungen,
- Bewertungen durch die Unternehmensleitung.

Einige Fragen, die im Zuge der dokumentierten Informationen beachtet werden sollten:

- Wie ist das Qualitätsmanagementsystem beschrieben und dokumentiert?
- Welche Qualitätsinformationen werden benötigt und sind zu dokumentieren?
- Wie werden die notwendigen Informationen erstellt und aktualisiert?
- Wie werden die dokumentierten Informationen gelenkt?
- Wie werden den Mitarbeitern die benötigten qualitätsrelevanten Informationen zur Verfügung gestellt?
- Wie werden Qualitätsmanagementverfahren dokumentiert und überwacht?
- Wie haben Mitarbeiter Zugriff auf die Qualitätsmanagement-Dokumentation?
- Was ist der ökonomische, ökologische und soziale Nutzen des Qualitätsmanagementsystems?

6.8 Betrieb

Die DIN EN ISO 9001 berücksichtigt unter diesem Grundsatz folgende Punkte:

- Betriebliche Planung und Steuerung,
- Bestimmen von Anforderungen an Produkte und Dienstleistungen,

- Entwicklung von Produkten und Dienstleistungen,
- Kontrolle von extern bereitgestellten Produkten und Dienstleistungen,
- Produktion und Dienstleistungserbringung,
- Freigabe von Produkten und Dienstleistungen,
- Steuerung nichtkonformer Prozessergebnisse, Produkte und Dienstleistungen.

Im Vergleich zum Umweltmanagementsystem nach DIN EN ISO 14001 treten in diesem Normabschnitt größere fachspezifische Unterschiede auf. Im Umweltmanagement werden alle umweltrelevanten betrieblichen Aspekte quer durch alle Unternehmensbereiche betrachtet. Im Qualitätsmanagementsystem folgt dieser Normabschnitt stärker dem Prozess der Produktentwicklung und der Produktion des Produkts.

6.8.1 Betriebliche Planung und Steuerung

Im Qualitätsmanagementsystem sind grundsätzlich alle Prozesse zu planen und zu steuern, die bedeutende Auswirkungen auf die Qualität haben. Dies lässt sich nur erreichen, wenn für die Prozesse quantitative Qualitätsleistungskriterien (Quality Performance Indicators, QPIs) aufgestellt werden. Mit diesen Messgrößen ist eine Steuerung und Überwachung der Prozesse möglich. Dies gilt auch für ausgelagerte Prozesse. Sie sind ein integraler Bestandteil des Qualitätsmanagementsystems und vom Unternehmen mit zu betrachten. Von daher sind bei ausgelagerten Prozessen Lieferanten/Dienstleister mit zu überwachen. Kernaufgaben eines Unternehmens sind in diesem Zusammenhang:

- Herstellung des Produkts oder Angebot einer Dienstleistung,
- Betrachtung des Lebenswegs eines Produkts oder einer Dienstleistung,
- Qualitätsanforderungen der Prozesse von der Entwicklung über die Produktion bis hin zur Entsorgung,
- Betrachtung der Verwendung bis hin zur Entsorgung am Ende der Lebensdauer,
- integrative Bewertung ausgelagerter Prozesse,
- benötigte Ressourcen und Steuerung der qualitätsrelevanten Prozesse,
- Berücksichtigung von Zukaufteilen/-leistungen für das Produkt,
- ganzheitliche Bewertung der Qualitätsleistung für das Produkt.

Vergleichbares gilt für den Dienstleistungsbereich. Auch hier müssen für die einzelnen Dienstleistungsprozesse Qualitätsleistungskriterien (QPIs) vorhanden sein. Die Qualitätsanforderungen für ausgelagerte Prozesse, Zukaufteilen, Lieferanten und Dienstleistungen sind festzulegen und zu dokumentieren. Sind diese Anforderungen nicht vorhanden, liegt eine schwerwiegende Lücke im Qualitätsmanagementsystem des Unternehmens vor.

In diesem Zusammenhang sind für die betriebliche Planung und Steuerung folgende Fragen relevant:

- Welche qualitätsrelevanten Prozesse wurden im Unternehmen identifiziert?
- Welche Auswahlkriterien wurden dafür herangezogen?
- Welche Qualitätsaspekte treten in diesen Prozessen auf?
- Über welchen technologischen Stand verfügen diese Prozesse?
- Über welche Kompetenzen verfügen die eingesetzten Mitarbeiter?
- Mit welchen Messkriterien wird die Qualitätsleistung der Prozesse bestimmt?
- Welche zeitliche Entwicklung hat die Qualitätsleistung genommen?
- Welche Prozesse wurden ausgelagert?
- Wie werden die ausgelagerten Prozesse ins Qualitätsmanagementsystem integriert?
- Welche Qualitätsanforderungen werden an Lieferanten und Dienstleister gestellt?
- Welche Qualitätsleistungskriterien liegen für Dienstleistungsprozesse vor?
- Welche Ressourcen werden zur Verfügung gestellt?

6.8.2 Bestimmen von Anforderungen an Produkte und Dienstleistungen

Wichtigster Schritt bei der Bestimmung von Anforderungen an Produkte und Dienstleistungen ist die Kommunikation mit dem Kunden. Folgende Punkte sind zu gewährleisten:

- es müssen aussagekräftige Informationen zu Produkten und Dienstleistungen zur Verfügung stehen,
- der Kundenprozess mit Kundenanfragen, -verträgen und -aufträgen ist sicher zu stellen,
- die Kundenzufriedenheit ist zu erheben und zu bewerten,
- zur Verfügung gestelltes Kundeneigentum ist sorgfältig zu handhaben,
- kundenspezifischen Anforderungen sind zu überprüfen,
- Festlegung der Produkt-/Dienstleistungs-Anforderungen incl. (umwelt)rechtlicher Anforderungen,
- rechtliche Anforderungen sind regelmäßig zu überprüfen und zu auditieren,
- Gewährleistung der Produktsicherheit,
- Aspekte der Lieferverpflichtung,
- Berücksichtigung des Produkt-Lebenswegs,
- Festlegung von Auditanforderungen an die mit der Entwicklung, Herstellung, Nutzung und Entsorgung verbundenen Prozesse.

Für das Bestimmen der Anforderungen an Produkte und Dienstleistungen sind folgende Fragen zu beachten:

- Wie werden Kunden über Produkte und Dienstleistungen informiert?
- Wie werden Kundenanfragen, -verträge und -aufträge bearbeitet?
- Wie wird die Kundenzufriedenheit ermittelt?
- Wie wird mit Kundenbeschwerden umgegangen?

- Wie werden Anforderungen an Produkte und Dienstleistungen festgelegt und dem Kunden mitgeteilt?
- Welche rechtlichen Anforderungen sind bei Produkten und Dienstleistungen zu beachten?
- Wie werden Leistungsanforderungen in Kundenaufträgen spezifiziert?

6.8.3 Entwicklung von Produkten und Dienstleistungen

Die Entwicklung von Produkten und Dienstleistungen verläuft in mehreren Prozessschritten:

- Entwicklungsplanung,
- Entwicklungseingaben,
- Entwicklungssteuerung,
- Entwicklungsergebnisse,
- Entwicklungsänderungen.

Entwicklungsplanung
In der Entwicklungsplanung müssen die jeweiligen Entwicklungstätigkeiten nach Art, Dauer und Umfang festgelegt werden. Dies betrifft u. a.:

- Umfang, Aufwand und Dauer des Entwicklungsauftrags,
- die mit den jeweiligen Prozessschritten verbundenen Prüfungen, Verifizierungen und Validierungen,
- Festlegung der Verantwortungen und Zuständigkeiten der am Entwicklungsprozess beteiligten Mitarbeiter,
- Benennung und Beschreibung der Schnittstellen,
- Berücksichtigung der Umweltaspekte und -auswirkungen,
- Einbeziehung der Kunden und Lieferanten in den Entwicklungsprozess.

Entwicklungseingaben
Im Input für den Entwicklungsprozess sind die Funktions- und Leistungsanforderungen für das Produkt bzw. die Dienstleistung zu benennen. Dazu sind u. a.:

- firmeninterne Normen bzw. externe rechtliche Anforderungen zu berücksichtigen,
- intern und extern benötigte Ressourcen zu benennen,
- Risikobetrachtungen mit möglicherweise auftretenden Fehlern und Risiken durchzuführen.

Entwicklungssteuerung
Der Input des Entwicklungsprozesses beeinflusst die Prozesssteuerung und damit die Prozesseffektivität und -effizienz. Es gilt daher:

- klare Beschreibung der zu erzielenden Entwicklungsergebnisse,
- planmäßige Überprüfung (Verifizierung) der Fortschritte und Ergebnisse,
- Validierung der gestellten Anforderungen an die Produkte und Dienstleistungen.

Entwicklungsergebnisse
Die unternehmerischen Prozesse müssen für die Entwicklung und Herstellung der Produkte und Dienstleistungen geeignet sein. Die Entwicklungsergebnisse müssen daher einige wesentliche Punkte umfassen.

- Betrachtung des gesamten Lebenswegs eines Produkts,
- Definition und Überwachung von Prozessparametern für die Herstellungsprozesse,
- Abnahmekriterien für die Produkte und Dienstleistungen,
- Erfüllung der Inputeingaben im Entwicklungsprozess,
- Erfüllung der Kundenerwartungen.

Entwicklungsänderungen
Werden die angestrebten Entwicklungsergebnisse nicht erzielt, müssen Änderungen systematisch geplant und umgesetzt werden. Die Verbesserung der Qualitäts- und Umweltleistung in Form einer höheren Ressourceneffizienz sind zu berücksichtigen. Die Ergebnisse der Entwicklungsänderungen sind einer Erfolgskontrolle zu unterziehen.

Mit der Entwicklung von Produkten und Dienstleistungen sind einige Fragen verbunden:

- Wie wird der Entwicklungsprozess geplant?
- Welche Anforderungen werden für die einzelnen Prozessschritte festgelegt?
- Wie werden die Entwicklungsergebnisse verifiziert?
- Wie werden Anforderungen an Produkte und Dienstleistungen validiert?
- Wie sind die Verantwortungen und Zuständigkeiten im Entwicklungsprozess festgelegt?
- Welche (kritischen) Schnittstellen existieren im Entwicklungsprozess?
- Wie werden Kunden und Lieferanten in den Entwicklungsprozess eingebunden?
- Welche Ressourcen werden für die Entwicklung von Produkten und Dienstleistungen zur Verfügung gestellt?
- Welche rechtlichen Anforderungen und Kundenanforderungen sind bei der Entwicklung zu berücksichtigen?
- Wie werden die Entwicklungsergebnisse überprüft?
- Welche Abnahmekriterien liegen für Prozesse, Produkte und Dienstleistungen vor?

6.8.4 Kontrolle von extern bereitgestellten Produkten und Dienstleistungen

Neben den unternehmensinternen Prozessen spielen in der arbeitsteiligen Industriegesellschaft externe Prozesse für die Bereitstellung von Produkten und Dienstleistungen eine wichtige Rolle. Von daher müssen ausgelagerte Prozesse im Qualitätsmanagementsystem des Unternehmens Berücksichtigung finden. Daher gilt:

- Festlegung der Prozessparameter für ausgelagerte Prozesse,
- Auswahl, Leistungsüberwachung und Beurteilung von Lieferanten und Dienstleistern anhand quantitativer Kriterien,
- regelmäßige Überprüfung der externen Anbieter auf Einhaltung der gestellten Anforderungen,
- Einhaltung der rechtlichen Anforderungen durch Lieferanten und Dienstleister,
- Integration aller Anforderungen (Prozess, Produkt, Rechtsvorschriften) an externe Anbieter in das QM-System des Unternehmens.

Für den externen Lieferanten oder Dienstleister und seine Mitarbeiter gelten somit die gleichen Anforderungen wie für die Mitarbeiter des auftraggebenden Unternehmens. Neben den Sachfaktoren wie Prozess- und Produktfähigkeit betrifft dies auch die Mitarbeiterkompetenzen (Humanfaktoren). Im Rahmen des QM-Systems sind die externen Geschäftspartner regelmäßig zu auditieren.

Mit der Kontrolle von extern bereitgestellten Produkten und Dienstleistungen sind folgende Fragen verbunden:

- Welche Prozesse wurden nach extern ausgelagert?
- Welche Produkte und Dienstleistungen werden von extern bezogen?
- Wie wird die Qualität der von extern zugekauften Produkte und Dienstleistungen sichergestellt?
- Wie werden externe Anbieter ausgewählt, überwacht und bewertet?
- Wie werden Kundenanforderungen im Hinblick auf ausgelagerte Prozesse berücksichtigt?
- Wie wird die Einhaltung rechtlicher Anforderungen bei externen Anbietern gewährleistet?
- Wie werden externe Anbieter in das Qualitätsmanagementsystem des Unternehmens integriert?
- Wie und mit welchen Ergebnissen werden externe Anbieter auditiert?

6.8.5 Produktion und Dienstleistungserbringung

Für die Steuerung und Durchführung der Produktion müssen die entsprechenden Informationen zur Herstellung der Produkte bzw. zur Erbringung der Dienstleistung zur Verfügung stehen. Dazu gehören auch Tätigkeiten die mit ausgelagerten Prozessen verbunden sind. Die bei den durchzuführenden Arbeitsschritten erzielten Ergebnisse sind zu erfassen und zu dokumentieren. Durch entsprechende Mess- und Überwachungstätigkeiten wird die Prozessstabilität sichergestellt. Außerdem werden die Abnahmekriterien für Produkte und

Dienstleistungen erfüllt. Um die Prozessstabilität und die Abnahmekriterien zu gewährleisten, müssen die Mitarbeiter über die notwendige Berufserfahrung und Kompetenz verfügen. Weiterhin gelten folgende Forderungen:

- Kennzeichnung und Dokumentation der Prozessergebnisse,
- Gewährleistung der Rückverfolgbarkeit aufgrund von Rechts- oder Kundenforderungen,
- Kennzeichnung von Kundeneigentum oder von Eigentum externer Anbieter,
- Schutz vor Verlust oder Beschädigungen von fremdem Eigentum.

Nach der Lieferung können auf das Unternehmen weitere Anforderungen zukommen. Dies kann in Zusammenhang mit vertraglichen Vereinbarungen oder rechtlichen Anforderungen stehen. Im Rahmen der Nachhaltigkeit muss das Unternehmen grundsätzlich Verantwortung über den gesamten Lebensweg des Produkts tragen.

Mit der Produktion und der Dienstleistungserbringung sind folgende Fragen verbunden:

- Wie wird die einwandfreie Herstellung der Produkte bzw. die Erbringung der Dienstleistung sichergestellt?
- Wie werden die bei den durchzuführenden Tätigkeiten einzuhaltende Parameter und Prozessergebnisse erfasst und dokumentiert?
- Wie werden die Prozessparameter verifiziert?
- Wie werden die Abnahmekriterien für Produkte und Dienstleistungen erfüllt?
- Welche Ressourcen stehen für die Messung und Überwachung zur Verfügung?
- Über welche Kompetenzen verfügen die mit den einzelnen Tätigkeiten beauftragten Mitarbeiter?
- Wie werden mögliche Freigabeprozeduren umgesetzt?
- Wie werden Prozessergebnisse gekennzeichnet und dokumentiert?
- Wie wird eine möglicherweise geforderte Rückverfolgbarkeit sichergestellt?
- Wie wird durch Kunden oder externe Anbieter überlassenes Eigentum aufbewahrt und geschützt?
- Welche Tätigkeiten sind nach der Lieferung erforderlich?
- Wie nimmt das Unternehmen seine Verantwortung über den gesamten Produktlebensweg wahr?

6.8.6 Freigabe von Produkten und Dienstleistungen

Durch das Unternehmen sind die Anforderungen an das Produkt bzw. die Dienstleistung sicher zu stellen. Die Konformität mit den entsprechenden Abnahmekriterien ist nachzuweisen. Erst dann darf gegenüber dem Kunden das Produkt bzw. die Dienstleistung freigegeben werden. Im Zuge einer möglichen Rückverfolgbarkeit müssen die Personen identifizierbar sein, die die Freigabe erteilt haben.

Mit der Freigabe von Produkten und Dienstleistungen sind folgende Fragen verbunden:

- Wie werden die Anforderungen an das Produkt bzw. die Dienstleistung sichergestellt?
- Wie lassen sich die entsprechenden Abnahmekriterien nachweisen?
- Wie ist eine mögliche Rückverfolgbarkeit gewährleistet?
- Welche Freigabeverfahren existieren für das Produkt bzw. die Dienstleistung?
- Welche Personen sind für die Freigabe verantwortlich?

6.8.7 Steuerung nichtkonformer Prozessergebnisse, Produkte und Dienstleistungen

Werden die Prozessparameter nicht eingehalten und weichen die Prozessergebnisse vom Soll-Zustand ab, so ist dies zu dokumentieren. Gleiches gilt, wenn die Anforderungen an die Produkte und Dienstleistungen nicht erfüllt werden. Bei nichtkonformen Ergebnissen sind geeignete Maßnahmen zu ergreifen. Primär ist der Prozess auf die vorgegebenen Parameter zu stabilisieren. Produkte sind eventuell nachzuarbeiten oder zu verschrotten. Wenn möglich kann in Zusammenarbeit mit dem Kunden eine Sonderfreigabe erteilt werden.

Mit der Steuerung nichtkonformer Prozessergebnisse, Produkte und Dienstleistungen sind folgende Fragen verbunden:

- Welche Ursachen liegen/lagen den von den Soll-Vorgaben abweichenden Prozessparameter zugrunde?
- Welche Maßnahmen wurden zur Wiederherstellung des Soll-Zustands ergriffen?
- Welche Auswirkungen haben abweichende Prozessparameter auf das Produkt bzw. die Dienstleistung?
- Wie wird mit dem Produkt bei abweichenden Produktparametern verfahren?
- Wie werden Kunden bei Nichtkonformität von Prozessergebnissen, Produkten und Dienstleistungen in Entscheidungsprozesse eingebunden?

6.9 Bewertung der Leistung

Um die Wirksamkeit des Qualitätsmanagementsystems zu gewährleisten, muss das Unternehmen seine qualitätsorientierte Leistung messen, überwachen und bewerten. Im Einzelnen sind zu berücksichtigen:

- Überwachung, Messung, Analyse und Bewertung,
- Internes Audit,
- Managementbewertung.

6

Diese Anforderungen entsprechen prinzipiell den Punkten der DIN EN ISO 14001 Umweltmanagementsysteme.

6.9.1 Überwachung, Messung, Analyse und Bewertung

Das Unternehmen muss über einen Prozess zum Messen und Überwachen der Qualitätsleistung verfügen. Dies schließt eine Bewertung über die Einhaltung qualitätsrelevanter Rechtsvorschriften ein. Von daher gilt:

- Arbeitsabläufe und Tätigkeiten, die eine bedeutende Auswirkung auf die Qualität haben können, sind regelmäßig zu überwachen,
- Überwachungsgeräte müssen kalibriert und gewartet werden,
- Überwachungs-, Kalibriervorgänge und Messungen sind zu analysieren und zu bewerten,
- Maßnahmen sind einer Erfolgskontrolle zu unterziehen und mögliche Verbesserungen zu identifizieren,
- Produktkonformität und Kundenzufriedenheit ist nachzuweisen,
- Leistungsfähigkeit der Prozesse und externer Anbieter sind nachzuweisen.

Die Ermittlung geeigneter Indikatoren für die qualitätsorientierte Leistung bzw. für die Fortschritte bei der Erreichung der Qualitätsziele kann in Form betrieblicher Qualitätskennzahlen geschehen.

Einige Fragen die bzgl. Überwachung, Messung, Analyse und Bewertung beachtet werden sollten:

- Mit welchen Verfahren werden qualitätsrelevante Parameter gemessen und ausgewertet?
- Wie werden Mess- und Überwachungseinrichtungen regelmäßig überprüft und kalibriert?
- Wie werden Fortschritte zur Erreichung der Qualitätsziele bestimmt?
- Welche Kennzahlen zur Bestimmung der Qualitätsleistung werden aus den erfassten Parametern gebildet?
- Wie wird die Leistungsfähigkeit des Qualitätsmanagementsystems gewährleistet?
- Wie wird die Leistung externer Anbieter bewertet?

6.9.2 Internes Audit

Ein Audit ist ein systematischer und dokumentierter Prozess zur objektiven Ermittlung und Bewertung von Nachweisen. Es wird festgestellt ob das Qualitätsmanagementsystem eines Unternehmens die selbst festgelegten Kriterien erfüllt. Audits sind deshalb regelmäßig durchzuführen. Das Auditprogramm muss auf den bedeutenden Qualitätsaspekten und den Ergebnissen vorangegangener Qualitätsaudits basieren. In einem vollständigen Auditprogramm müssen:

- Prozesse, Tätigkeiten, Abteilungen und Unternehmensbereiche,
- Verantwortlichkeiten für die Leitung und Durchführung,
- Berichterstattung der Auditergebnisse,
- Kompetenzen der Auditoren,
- Art der Durchführung des Audits

geregelt sein. Die Häufigkeit von Qualitätsaudits hängt von der Art des Betriebs und seiner Qualitätsaspekte ab. Qualitätsaudits können durch Mitarbeiter des Unternehmens und/oder durch externe Personen ausgeführt werden. Die Berichterstattung der Auditergebnisse an die Unternehmensleistung zeigt den Zustand des Qualitätsmanagementsystems auf.

Einige Fragen die bzgl. des internen Audits beachtet werden sollten:

- In welchem zeitlichen Abstand werden Qualitätsaudits durchgeführt?
- Welche Unternehmensbereiche werden nach welchen Auswahlkriterien auditiert?
- Über welche Kompetenzen verfügen interne (oder externe) Auditoren?
- Welche ökonomischen Potenziale ergeben sich aus dem Qualitätsaudit?
- Wie werden die Ergebnisse und Vorschläge aus den Qualitätsaudits der zurückliegenden Jahre umgesetzt?
- Welche Konsequenzen zieht die Geschäftsleitung aus den Ergebnissen von Qualitätsaudits?

6.9.3 Managementbewertung

Die Geschäftsführung des Unternehmens muss das Qualitätsmanagementsystem regelmäßig bewerten und fortlaufend verbessern, wodurch eine Verbesserung der qualitätsorientierten Leistung erreicht werden soll. Für die Überprüfung sind folgende Punkte relevant:

- Eignung der strategischen Qualitätspolitik,
- Erfüllung der betrieblichen Qualitätsziele,
- Einhaltung von Kundenforderungen und rechtlichen Vorschriften,
- Ergebnisse vorhergehender Audits und Zertifizierungen,
- Erfolgskontrolle von Maßnahmen aus dem Qualitätsprogramm,
- Maßnahmen aus früheren Managementreviews,
- Fortschritte in Wissenschaft und Technologie,
- Änderungen von Prozessen und Produkten,

- Anliegen der Kunden und anderer externer Parteien,
- Bedürfnisse von Lieferanten und Dienstleistern,
- Berücksichtigung ausgelagerter Prozesse.

Die Managementbewertung muss nicht ins Detail gehen aber letztlich alle Geschäftsprozesse umfassen. Innerhalb der vorgesehenen Zeiträume müssen allerdings alle wesentlichen Bestandteile des Qualitätsmanagementsystems einer Bewertung unterzogen werden.

Für die Managementbewertung sollten folgende Fragen Berücksichtigung finden.

- Wie wird das Qualitätsmanagementsystem regelmäßig – auch finanziell – bewertet?
- Wie sehen die Ergebnisse der Managementreviews aus?
- Welche wesentlichen Veränderungen ergeben sich bei den Qualitätsaspekten der letzten Jahre?
- Wie hat sich die Qualitätsleistung des Unternehmens verbessert?
- Welche grundlegenden Prozessverbesserungen und Verfahrensänderungen sind notwendig, um die Qualitätsleistung weiter zu verbessern?
- Wie wird der Lebensweg von Produkten bzw. Dienstleistungen integrativ betrachtet?
- Wie werden ausgelagerte Prozesse berücksichtigt?

6.10 Verbesserung

Mit dem Punkt Verbesserung schließt die DIN EN ISO 9001 ab. Hier werden noch folgende Aspekte behandelt:

- Nichtkonformität und Korrekturmaßnahmen,
- fortlaufende Verbesserung.

Die Anforderungen zu diesem Punkt der DIN EN ISO 9001 Qualitätsmanagementsysteme entsprechen prinzipiell der DIN EN ISO 14001 Umweltmanagementsysteme.

6.10.1 Nichtkonformität und Korrekturmaßnahmen

Die Feststellungen, Schlussfolgerungen und Empfehlungen, die sich als Ergebnis von Überwachungen/Messungen, Audits/Zertifizierungen oder anderen Bewertungen ergeben, sind schriftlich festzuhalten. Für die notwendigen Korrekturmaßnahmen sind Verantwortlichkeiten, Ressourcen und Termine nach den Regeln des Projektmanagements festzulegen. Die Maßnahmen müssen der Schwere des Problems/den Abweichungen Rechnung tragen und angemessen sein. Für die Untersuchung von Abweichungen und für Vorbeuge- und Korrekturmaßnahmen sind folgende Punkte zu beachten:

- Bestimmung der Ursachen für Mängel im Qualitätsmanagement,
- Festlegung des einzuhaltenden Soll-Zustands,
- Bewertung von Lösungsalternativen,
- Auswahl und Realisierung von Maßnahmen,
- Überprüfung und Bewertung der Wirksamkeit der Maßnahmen.

Korrekturmaßnahmen sind immer Reparaturmaßnahmen im Qualitätsmanagementsystem. Unter dem Gesichtspunkt der Vorbeugung sollten sie möglichst nicht auftreten.

Einige Fragen die bzgl. Nichtkonformität und Korrekturmaßnahmen beachtet werden sollten:

- Welche Korrekturmaßnahmen waren in den letzten Jahren notwendig?
- Was waren die Ursachen für die Abweichungen?
- Wie wurden die umgesetzten Maßnahmen auf ihre Wirksamkeit überprüft?
- Wer war für die Umsetzung der Korrekturmaßnahmen verantwortlich?

6.10.2 Fortlaufende Verbesserung

Im Sinne eines nachhaltigen Wirtschaftens muss eine absolute Entkopplung der Ressourcennutzung von der Wirtschaftsleistung erfolgen. Um dieses strategische Ziel zu erreichen, muss das Unternehmen sein Qualitätsmanagementsystem und seine Qualitätsleistung fortlaufend verbessern. Dies mündet von daher in eine abschließende, einfache Frage bzgl. eines Qualitätsmanagementsystems:

► **Was bringt's?**

6.11 Anzahl der Zertifizierungen nach DIN EN ISO 9001

Die Tab. 6.2 zeigt die Anzahl der Zertifizierungen nach DIN EN ISO 9001 Qualitätsmanagementsysteme in 2015. Als bevölkerungsreichstes Land der Erde weist China die meisten Zertifizierungen auf. Nach Italien liegt Deutschland an dritter Stelle. Interessant sind die Zertifizierungszahlen für die USA. Im Vergleich zur Europäischen Union weisen sie einen deutlichen Abstand auf.

Tab. 6.2 Anzahl der Zertifizierungen nach DIN EN ISO 9001 Qualitätsmanagementsysteme in 2015 [6.9]

Land	Anzahl Zertifizierungen
Welt	1.033.936
China	292.559
Italien	132.870
Deutschland	**52.995**
Japan	47.101
United Kingdom	40.161
Indien	36.305
USA	33.103
Spanien	32.730
Frankreich	27.844
Rumänien	20.524
Brasilien	17.529
Australien	13.636

6.12 Produktqualität und Umweltauswirkungen

Die Leistung eines Prozesses und dessen Produktqualitäten können direkte Auswirkungen auf die Umwelt haben. In jedem Prozess werden bestimmte Parameter erfasst, die aufgrund von Fluktuationen um einen Mittelwert schwanken. Vergleichbares gilt für die Pro-

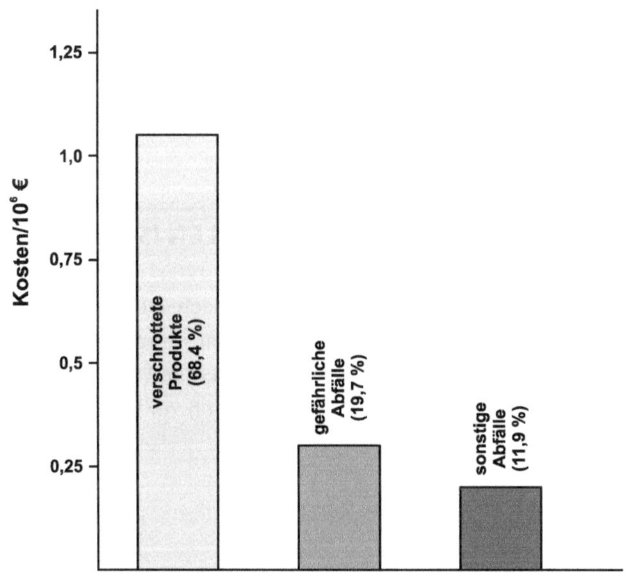

Abb. 6.2 Kosten für verschiedene Abfälle

duktparameter. Liegen die Prozessparameter bzw. Produktqualitäten außerhalb bestimmter Toleranzgrenzen, so müssen die Produkte aufgrund von Qualitätsmängeln nachgearbeitet oder verschrottet werden. Dies erhöht zwangsläufig die Umweltauswirkungen des Herstellungsprozesses.

Qualitätsmängel kosten immer Geld. In Abb. 6.2 sind die Kosten für verschrottete Produkte, gefährliche Abfälle und sonstige Abfälle dargestellt. Im Beispiel liegen die Kosten für verschrottete Produkte bei 2/3 der Gesamtkosten (68,4 %), während die Entsorgungskosten für gefährliche Abfälle 19,7 % und die Kosten für sonstige Abfälle 11,9 % betragen.

Verschrottete Produkte können z. B. als Wertstoffe verkauft werden. Es ist zu beobachten, dass die für den Wertstoffverkauf erzielten Erlöse als Gewinn betrachtet werden. In dieser Betrachtung bleiben die Einkaufspreise für das Material und die bis zur Verschrottung erzielten Wertschöpfungsbeiträge vollkommen unberücksichtigt. Von daher ergibt sich für die Qualitätsleistung ein verzerrtes Bild.

6.13 Aufgaben für die Praxis

- Welche Grundsätze und Elemente sind in einem Qualitätsmanagementsystem nach DIN EN ISO 9001 zu berücksichtigen?
- Welche Ziele verfolgen Sie in ihrem Unternehmen mit einem Qualitätsmanagementsystem?
- Begründen Sie den Anwendungsbereich ihres QM-Systems. Wie werden ausgelagerte Prozesse integriert?
- Welche Rolle spielt die Geschäftsführung im Qualitätsmanagementsystem?
- Welche Anforderungen werden an die Qualitätspolitik eines Unternehmens gestellt?
- Was verstehen Sie unter dem Begriff interessierte Parteien?
- Welche Strategien existieren in ihrem Unternehmen im Qualitätsmanagement?
- Wie sind die Verantwortlichkeiten und Befugnisse bzgl. Qualität geregelt?
- Welche betrieblichen Qualitätsziele existieren im Unternehmen?
- Welche Ressourcen werden für das Qualitätsmanagement zur Verfügung gestellt?
- Wie werden die Mitarbeiterkompetenzen in Qualitätsfragen weiterentwickelt?
- Wie werden die Mitarbeiter für Belange des Qualitätsmanagements sensibilisiert?
- Welche qualitätsrelevanten Informationen stellt ihr Unternehmen zur Verfügung?
- Welche Kriterien sind zur Steuerung und Überwachung qualitätsrelevanter Prozesse festgelegt worden?
- Wie werden die Qualitätsanforderungen an Produkte und Dienstleistungen festgelegt?
- Welche Rolle spielt das Qualitätsmanagement in der Entwicklung von Produkten?
- Wie werden die Qualitätsleistungen in der Produktherstellung überwacht und bewertet?
- Welche Anforderungen werden an ein Qualitätsaudit gestellt?
- Welchen Sinn und Zweck hat die Managementbewertung im Qualitätsmanagement?
- Welche Verbesserungen der Qualitätsleistung wurden in ihrem Unternehmen in den letzten Jahren erzielt?
- Wie sieht ihre Planung und Zielsetzung für die nächsten Jahre aus?

Weiterführende Literatur

6.1. Benes, G.M. E.; Groh, P.E.; *Grundlagen des Qualitätsmanagements,* Hanser, **2012**, 978-3-446-43472-1
6.2. Brüggemann, H.; Bremer, P.; *Grundlagen Qualitätsmanagement,* Springer-Vieweg, **2015**, 978-3-658-09220-7
6.3. Brugger-Gebhardt, S.; *Die DIN EN ISO 9001:2015 verstehen,* Springer-Gabler, **2016**, 978-3-658-14494-4
6.4. Bruhn, M.; *Qualitätsmanagement für Dienstleistungen,* Springer-Gabler, **2013**, 978-3-642-33991-2
6.5. Deutsche Gesellschaft für Qualität e. V. (DGQ); *KVP – Der Kontinuierliche Verbesserungsprozess,* Hanser, **2014**, 978-3-446-44013-5
6.6. *DIN EN ISO 9001, Qualitätsmanagementsysteme – Anforderungen,* Beuth, **November 2015**
6.7. *DIN EN ISO 9004, Leiten und Lenken für den nachhaltigen Erfolg einer Organisation – Ein Qualitätsmanagementansatz,* Beuth, **Dezember 2009**
6.8. Hinsch, M.; *Die neue ISO 9001:2015 – Status, Neuerungen und Perspektiven,* Springer-Vieweg, **2014**, 978-3-662-45028-1
6.9. International Standard Organization (ISO); *The ISO Survey of Certifications,* **2016**
6.10. Kaminske, G.F. (Hrsg.); *Handbuch QM-Methoden,* Hanser, **2013**, 978-3-446-43558-2
6.11. Klein, B.; *Versuchsplanung – DoE;* Oldenbourgh, **2011**, 978-3-486-70684-0
6.12. Kleppmann, W.; *Versuchsplanung – Produkte und Prozesse optimieren,* Hanser, **2013**, 978-3-446-43752-4
6.13. Linß, G.; *Qualitätsmanagement für Ingenieure*, Hanser, **2011**, 978-3-446-41784-7
6.14. Müller, E.; *Qualitätsmanagement für Unternehmer und Führungskräfte,* Springer-Gabler, **2014**, 978-3-642-41001-7
6.15. Pfeifer, T.; Schmitt, R.; *Masing Handbuch Qualitätsmanagement,* Hanser, **2014**, 978-3-446-43431-8
6.16. Rothlauf, J.; *Total Quality Management in Theorie und Praxis,* Oldenbourgh, **2014**, 978-3-486-76379-9
6.17. Schmitt, R.; Pfeifer, T.; *Qualitätsmanagement,* Hanser, **2015**, 978-3-446-43432-5
6.18. Seghezzi, H.D.; Fahrni, F.; Hermann, F.; *Integriertes Qualitätsmanagement – Der St. Galler Ansatz,* Hanser, **2013**, 978-3-446-43461-5
6.19. Töpfer, A. (Hrsg.); *Six Sigma,* Springer, **2007**, 978-3-540-48591-9
6.20. v. Ahsen, A.; *Integriertes Qualitäts- und Umweltmanagement,* DUV, **2006**, 3-8350-0283-x
6.21. Verband der Automobilindustrie (VDA); *Qualitätsmanagement in der Automobilindustrie, Bd. 6 Teil 1, QM-Systemaudit,* **2010**
6.22. Verband der Automobilindustrie (VDA); *Qualitätsmanagement in der Automobilindustrie, Bd. 6 Teil 2, QM-Systemaudit Dienstleistungen,* **2011**
6.23. Verband der Automobilindustrie (VDA); *Qualitätsmanagement in der Automobilindustrie, Bd. 6 Teil 4, QM-Systemaudit Produktionsmittel,* **2011**

Arbeitsschutz

7

7.1 Arbeitsschutzmanagementsysteme (AMS)

7.1.1 Einführung

Wie im Kapitel Qualitätsmanagementsysteme erwähnt, hat die internationale Normenorganisation ISO eine einheitliche Grundstruktur für Managementsysteme entwickelt. Für den Bereich des Arbeitsschutzes liegt mit der DIN ISO 45001 Arbeitsschutzmanagementsysteme ein vergleichbares Normenwerk vor. In der folgenden Tab. 7.1 werden die ISO-

Tab. 7.1 Gegenüberstellung DIN EN ISO 14001 und DIN ISO 45001

Umweltmanagementsysteme DIN EN ISO 14001	Arbeitsschutzmanagementsysteme DIN ISO 45001
4. Kontext der Organisation	**4. Kontext der Organisation**
4.1 Verstehen der Organisation und ihres Kontextes	4.1 Verstehen der Organisation und ihres Kontextes
4.2 Verstehen der Erfordernisse und Erwartungen interessierter Parteien	4.2 Verstehen der Erfordernisse und Erwartungen von Beschäftigten und anderen interessierten Parteien
4.3 Festlegen des Anwendungsbereichs des Umweltmanagementsystems	4.3 Festlegen des Anwendungsbereichs des Arbeitsschutzmanagementsystems
4.4 Umweltmanagementsystem	4.4 Arbeitsschutzmanagementsystem
5. Führung	**5. Führung**
5.1 Führung und Verpflichtung	5.1 Führung und Verpflichtung
5.2 Umweltpolitik	5.1 Arbeitsschutzpolitik
5.3 Rollen, Verantwortlichkeiten und Befugnisse in der Organisation	5.3 Rollen, Verantwortlichkeiten, Rechenschaftspflichten und Befugnisse in der Organisation
	5.4 Beteiligung und Konsultation

G. Förtsch und H. Meinholz, *Handbuch Betriebliches Umweltmanagement*,
https://doi.org/10.1007/978-3-658-19151-1_7

Tab. 7.1 (Fortsetzung)

Umweltmanagementsysteme DIN EN ISO 14001	Arbeitsschutzmanagementsysteme DIN ISO 45001
6. Planung	**6. Planung**
6.1 Maßnahmen zum Umgang mit Risiken und Chancen	6.1 Maßnahmen zum Umgang mit Risiken und Chancen
6.2 Umweltziele und Planung zu deren Erreichung	6.2 Arbeitsschutzziele und Planung zu deren Erreichung
7. Unterstützung	**7. Unterstützung**
7.1 Ressourcen	7.1 Ressourcen
7.2 Kompetenz	7.2 Kompetenz
7.3 Bewusstsein	7.3 Bewusstsein
7.4 Kommunikation	7.4 Information und Kommunikation
7.5 Dokumentierte Information	7.5 Dokumentierte Information
8. Betrieb	**8. Betrieb**
8.1 Betriebliche Planung und Steuerung	8.1 Betriebliche Planung und Steuerung
	8.2 Änderungsmanagement
–	8.3 Ausgliedern
–	8.4 Beschaffung
–	8.5 Auftragnehmer
8.2 Notfallvorsorge und Gefahrenabwehr	8.6 Notfallplanung und -reaktion
9. Bewertung der Leistung	**9. Bewertung der Leistung**
9.1 Überwachung, Messung, Analyse und Bewertung	9.1 Überwachung, Messung, Analyse und Bewertung
9.2 Internes Audit	9.2 Internes Audit
9.3 Managementbewertung	9.3 Managementbewertung
10. Verbesserung	**10. Verbesserung**
10.1 Allgemeines	
10.2 Nichtkonformität und Korrekturmaßnahmen	10.1. Vorfall, Nichtkonformität und Korrekturmaßnahmen
10.3 Fortlaufende Verbesserung	10.2 Fortlaufende Verbesserung

Anforderungen für ein Umweltmanagementsystem mit den Anforderungen für ein Arbeitsschutzmanagementsystem verglichen. Die DIN ISO 45001 verwendet die Begriffe Arbeitsschutzmanagementsystem (AMS) und Arbeits- und Gesundheitsschutz-Managementsystem (A&GS) synonym.

7.1.2 Ziele und Nutzen eines Arbeitsschutzmanagementsystems

Oberstes Ziel eines entsprechenden Managementsystems ist die Verbesserung der unternehmerischen Leistung im Arbeits- und Gesundheitsschutz. Mindestanforderungen ergeben sich aus den Rechtsvorschriften (Gesetze, Verordnungen, BG-Vorschriften) und anderen Verpflichtungen (z. B. Technische Regeln, Betriebsvereinbarungen). Dazu ist das Gefährdungspotenzial aller Prozesse und Tätigkeiten zu analysieren und zu bewerten.

Die Erzielung einer guten Leistung im Arbeits- und Gesundheitsschutz (Arbeitsschutzleistung) wird durch ein systematisches Management und durch das Engagement der Führungskräfte erleichtert. Bei der Einführung eines Arbeitsschutzmanagementsystems kommt es daher auf die inhaltlichen Aspekte und nicht auf eine oft ausufernde Dokumentation an. Die Verbesserung der Arbeitsschutzleistung muss messbar und transparent gemacht werden.

Die ziel- und leistungsorientierte Einführung und Anwendung eines Arbeitsschutzmanagementsystems kann sowohl für das Unternehmen wie auch für die Mitarbeiter von Nutzen sein. Es wird ein Rahmen für einen Teil der sozialen Erfordernisse im Unternehmen geschaffen. Der potenzielle Nutzen für alle Beteiligten ergibt sich zum Beispiel aus:

- Einhaltung der rechtlichen Vorschriften als Mindeststandards,
- Entwicklung strategischer und betrieblicher Ziele im Arbeits- und Gesundheitsschutz,
- Vermeidung von Arbeitsunfällen (Verletzungen, Todesfälle),
- Identifizierung und Beseitigung von Risiken und Gefährdungen,
- Umsetzung von Maßnahmen zur Verbesserung der Arbeitsschutzleistung (Prävention),
- Reduzierung von Ereignissen mit (potenziellen) Haftungsfolgen,
- Einsatz der besten verfügbaren Technologien zum Schutz der Mitarbeiter,
- Motivation der Mitarbeiter zum sicheren Handeln und entsprechende Kompetenzentwicklung,
- Optimierung von Verfahrens- und Prozessabläufen unter dem Gesichtspunkt des Arbeits- und Gesundheitsschutzes,
- verbesserte Beziehungen zu Behörden und Berufsgenossenschaften,
- Verbesserung der Kommunikation zu Mitarbeitern und ihren Interessensvertretungen (z. B. Betriebsrat),
- Identifizierung zusätzlicher ökonomischer und ökologischer Potenziale.

7.1.3 Grundsätze und wesentliche Elemente

Durch fortlaufende Anwendung und Verbesserung des Managementsystems für Arbeits- und Gesundheitsschutz werden die Arbeitsschutzleistungen des Unternehmens erhöht. Dessen Anwendung basiert auf fünf Grundsätzen (Abb. 7.1):

- Verpflichtungen und Führung durch die Geschäftsführung,
- Bestandsaufnahme und Analyse des Ist-Zustands,
- Planung und Festlegung der Ziele im Arbeits- und Gesundheitsschutz,
- Identifizierung und Realisierung von Maßnahmen zur Verbesserung der Arbeitsschutzleistung,
- Erfolgskontrolle der Zielerreichung und Bewertung der Arbeitsschutzleistung.

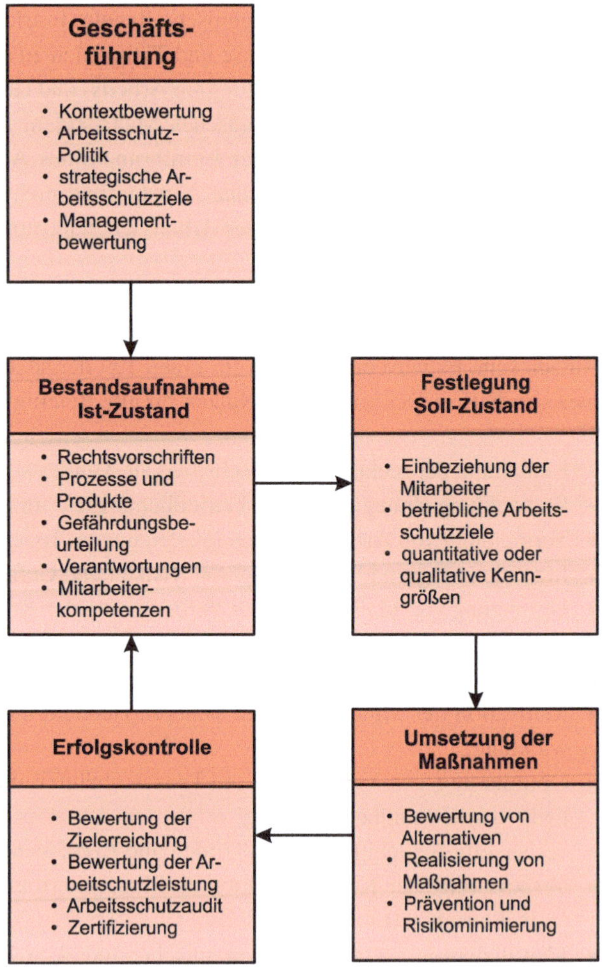

Abb. 7.1 Fortlaufender Verbesserungsprozess im Arbeitsschutzmanagement

Der Anwendungsbereich des Arbeitsschutzmanagementsystems ist unternehmensspezifisch festzulegen. Interne und externe Faktoren können den Anwendungsbereich beeinflussen. Interne Faktoren sind z. B. die Mitarbeiter, externe Faktoren des Arbeits- und Gesundheitsschutzes ergeben sich bei ausgelagerten Prozessen. Hier kann es bei Gefährdungen und Unfällen schnell zu einem schlechten Unternehmensimage kommen. Dieses Risiko existiert dann, wenn ökonomische Faktoren eine alleinige oder dominierende Rolle spielen. Ausgelagerte Prozesse müssen daher in das Managementsystem integriert werden.

Der Geschäftsführung kommt im Arbeitsschutzmanagementsystem eine Schlüsselrolle zu. Ihre Vorbildfunktion ist Motivation für die Mitarbeiter. Die Geschäftsführung legt die Leitlinien im Arbeits- und Gesundheitsschutz in Form der Arbeitsschutzpolitik fest. Daraus entwickelt sie die längerfristigen strategischen Arbeitsschutzziele und stellt die notwendigen Ressourcen zur Verfügung. Im Rahmen der Managementbewertung (Review) bewertet sie die Zielerreichung und die Arbeitsschutzleistung des Unternehmens.

Für die Einführung und Weiterentwicklung des Arbeitsschutzmanagementsystems müssen im Rahmen des Projektmanagements Arbeitspakete beschrieben werden. So muss das Unternehmen jederzeit die Rechtsvorschriften und Auflagen im Arbeitsschutz einhalten. Dies wirkt sich direkt auf die Gefährdungserkennung und Risikobeurteilung aus. Jeder Prozess hat zuständige Mitarbeiter und verantwortliche Führungskräfte. Letztere müssen die Einhaltung der Rechtsvorschriften gewährleisten. Unter Beteiligung ihrer Mitarbeiter sorgen sie für die Integration des Arbeitsschutzes in die Prozesse. Damit sind die direkten Ansprechpartner identifizierbar, die durch ihr Handeln Verbesserungen der Arbeitsschutzleistung erzielen können.

Abgeleitet aus der unternehmerischen Arbeitsschutzpolitik und den strategischen Arbeitsschutzzielen liefern die betrieblichen Arbeitsschutzziele eine Messlatte für die Arbeitsschutzleistung des Unternehmens. Arbeitsschutzziele sollten möglichst quantifizierbar sein, da sich nur dann in der Erfolgskontrolle die Zielerreichung sicher überprüfen lässt. Die AMS-Ziele müssen spezifisch auf die Prozesse abgestimmt sein.

Um die Arbeitsschutzziele zu erreichen, sind Maßnahmen zu planen und umzusetzen. Für die Umsetzung sind verschiedene Lösungsalternativen mit ihren jeweiligen Chancen und Risiken zu bewerten. Maßnahmen, Verantwortungen und Termine sind nach den Regeln des Projektmanagements festzulegen und umzusetzen. Maßnahmen zur Prävention kommt ein besonderer Stellenwert zu. Vorbeugen ist allemal besser als Heilen. Prävention erfordert eine vorausschauende, zukunftsorientierte Sichtweise, die für Mitarbeiter und Unternehmen nur Vorteile (Chancen) bietet. Fehler (Risiken) erfordern dagegen als Korrekturmaßnahmen immer einen größeren Aufwand. Wie bei allen Projekten erfordert die Realisierung einer Maßnahme eine anschließende Erfolgskontrolle.

Letzter Schritt im fortlaufenden Verbesserungsprozess ist die erwähnte Erfolgskontrolle. Hier wird überprüft, ob die realisierten Maßnahmen die in sie gesetzten Erwartungen erfüllt haben. Hat sich die Arbeitsschutzleistung des gesamten Unternehmens verbessert? Diese und weitere Fragen werden im internen Arbeitsschutzaudit hinterfragt. Mit der stichprobenartigen Überprüfung in der externen Zertifizierung wird dies untermauert. Durch die Managementbewertung schließt sich der Kreislauf zur fortlaufenden Verbesserung des Arbeitsschutzmanagementsystems und der Arbeitsschutzleistung des Unternehmens.

7.1.4 Kontext der Organisation

In der DIN ISO 45001 ist dieser Abschnitt enthalten. In Anlehnung an die DIN EN ISO 14001 werden daher folgende Punkte beschrieben:

- Verstehen der Organisation und ihres Kontextes,
- Verstehen der Erfordernisse und Erwartungen von Beschäftigten und anderen interessierten Parteien,
- Festlegen des Anwendungsbereichs des Arbeitsschutzmanagementsystems und
- Arbeitsschutzmanagementsystem und dessen Prozesse.

7.1.4.1 Die Organisation und ihre Kontexte

Das Arbeitsschutzmanagementsystem eines Unternehmens wird von einer Reihe interner und externer Faktoren bestimmt:

Interne Kontextfaktoren sind z. B.:

- Prozesse und ihre Auswirkungen,
- neue Produkte und Dienstleistungen,
- Technologien und Anlagen,
- ausgelagerte Prozesse,
- Tätigkeiten und Mitarbeiterkompetenzen,
- Führungskräfte und deren Rollen/Pflichten,
- Verantwortungen und Zuständigkeiten,
- Mitarbeiter und deren Interessensvertretungen,
- Präventionsmaßnahmen.

Externe Kontextfaktoren sind z. B.:

- kulturelle und gesellschaftspolitische Zusammenhänge,
- Lieferanten, Dienstleister, Auftragnehmer,
- Kunden und Mitbewerber,
- neue Technologien und Prozesse,
- Gesetze und andere Rechtsvorschriften,
- Betriebsgenehmigungen und Auflagen,
- Überwachungsbehörden.

Im Zusammenhang mit der Organisation und ihrer Kontexte sollten folgende Fragen beachtet werden:

- Wie ermittelt das Unternehmen die für sie relevanten Aspekte des Arbeits- und Gesundheitsschutzes?
- Welche internen Kontextfaktoren beeinflussen das Arbeitsschutzmanagementsystem?
- Wie wird die Mitarbeiterzufriedenheit ermittelt?
- Welche externen Kontextfaktoren haben Einfluss auf das Arbeitsschutzmanagementsystem?
- Wie wird die Kundenzufriedenheit ermittelt?
- Wie sind in diesem Zusammenhang Sachfaktoren (Prozesse, Anlagen, Tätigkeiten) einerseits und Humanfaktoren (Mitarbeiter, -kompetenzen, Führungskräfte) andererseits zu bewerten?
- Wie lassen sich die internen und externen Kontextfaktoren gewichten bzw. priorisieren?

7.1.4.2 Erfordernisse und Erwartungen von Mitarbeitern und anderen interessierten Parteien

Unter dem Begriff der interessierten Parteien lassen sich verschiedene Personengruppen zusammenfassen:

- Mitarbeiter und deren Interessensvertretungen,
- Führungskräfte,
- Lieferanten und Dienstleister,
- Genehmigungs- und Aufsichtsbehörden,
- Berufsgenossenschaft/Unfallversicherungsträger,
- Eigentümer und Aktionäre,
- Betriebsärzte und Sicherheitsfachkräfte,
- Versicherungen.

Jede dieser Gruppen hat unterschiedliche Erwartungen an das Unternehmen. So steht für Mitarbeiter und deren Interessensvertretungen sowie für Genehmigungs- und Aufsichtsbehörden u. a. ein sicherer Arbeits- und Gesundheitsschutz im Vordergrund. Führungskräfte haben neben dem Humanaspekt Mitarbeiter stark den Sachaspekt Tätigkeit zu beachten. Lieferanten und Dienstleister müssen bei Tätigkeiten im Unternehmen immer in den Arbeitsschutz einbezogen werden. Die unterschiedlichen Erwartungen der einzelnen Parteien müssen ermittelt und in das Arbeitsschutzmanagementsystem integriert werden. Daher gilt:

- Identifikation der relevanten interessierten Parteien,
- Ermittlung der Beweggründe, Anforderungen und Interessen der verschiedenen Parteien.

Im Zusammenhang mit den interessierten Parteien sollten folgende Fragen beachtet werden:

- Welche interessierten Parteien lassen sich im Arbeitsschutzmanagementsystem identifizieren?
- Welche Anforderungen stellen diese Gruppen an das Arbeitsschutzmanagementsystem des Unternehmens?
- Welche Muss- bzw. Wunsch-Ziele resultieren aus den Anforderungen an das Arbeitsschutzmanagementsystem?
- Wie wirken sich die Arbeitsschutzziele auf die Arbeitsschutzleistungen aus?

7.1.4.3 Anwendungsbereich des Arbeitsschutzmanagementsystems

Der Anwendungsbereich des Arbeitsschutzmanagementsystems kann nur unter Betrachtung des gesamten Lebenswegs der Produkte bzw. Dienstleistungen geschehen. Aufgrund der rechtlichen Anforderungen ist es sinnvoll das Unternehmen als Gesamtorganisation zu betrachten. In einem Teilsystem können auch einzelne Standorte betrachtet werden. Von daher sind folgende Aspekte in das Arbeitsschutzmanagementsystem zu integrieren:

- Anforderungen von Mitarbeitern und ihren Interessensvertretungen,
- Anforderungen an Lieferanten und Dienstleister,
- Anforderungen anderer interessierter Parteien, z. B. Aufsichtsbehörden,
- Relevanz und Gefährdungspotenzial einzelner Prozessschritte,
- Bedeutung ausgelagerter Prozesse,
- Verknüpfungen zu anderen Managementsystemen (Qualität, Umwelt, Energie).

Ausgelagerte Prozesse müssen als externe Kontextfaktoren in das Arbeitsschutzmanagementsystem integriert werden. Das Unternehmen muss bei der Auftragsvergabe den Arbeits- und Gesundheitsschutz als sozialen Aspekt der Nachhaltigkeit mit bewerten.

Für den Anwendungsbereich des Arbeitsschutzmanagementsystems sind folgende Fragen interessant:

- Auf welcher Basis wurde der Anwendungsbereich des Arbeitsschutzmanagementsystems festgelegt?
- Welche Verantwortungen und Befugnisse existieren im Anwendungsbereich?
- Welche relevanten Prozessschritte wurden ausgelagert (ausgelagerte Prozesse)?
- Wie wurde bei der Ermittlung der relevanten Arbeitsschutzaspekte der Lebensweg der Produkte mit einbezogen?
- Wie werden externe Dienstleistungen im Arbeitsschutzmanagementsystem berücksichtigt?
- Wie werden die Anforderungen des Arbeitsschutzmanagementsystems in die verschiedenen Geschäftsprozesse integriert?

7.1.4.4 Arbeitsschutzmanagementsystem und dessen Prozesse

Im Arbeitsschutzmanagementsystem sind die für den Arbeits- und Gesundheitsschutz relevanten Prozesse mit ihren Tätigkeiten zu beschreiben. Dazu gehören:

- Prozessparameter und die für den Arbeits- und Gesundheitsschutz relevanten Leistungsindikatoren,
- Messmethoden, -geräte und -ergebnisse für den Arbeits- und Gesundheitsschutz,
- Verbesserung der Arbeitsschutzleistung der Prozesse,
- Wechselwirkungen und Schnittstellen einzelner Prozesse,
- Betrachtung der jeweiligen Chancen und Risiken,
- zur Verfügung gestellte Ressourcen,
- Mitarbeiterausbildung, -berufserfahrung, und -kompetenzen,
- Prozessverantwortliche, Zuständigkeiten und Befugnisse.

Für das Arbeitsschutzmanagementsystem und seine Prozesse sind folgende Fragen zu beachten:

- Welche für den Arbeits- und Gesundheitsschutz relevanten Prozesse werden im Arbeitsschutzmanagementsystem beschrieben?
- Wie wird das Arbeitsschutzmanagement in die einzelnen Prozesse integriert?
- Welche für den Arbeits- und Gesundheitsschutz relevanten Parameter und Leistungsindikatoren werden erfasst?
- Welche Messmethoden, -geräte und Ressourcen stehen zur Verfügung?
- Welche Verbesserungen der Arbeitsschutzleistung sind möglich?
- Über welche Befugnisse und Zuständigkeiten verfügt der jeweilige Prozessverantwortliche?

7.1.5 Führung

In der DIN ISO 45001 ist dieser Abschnitt inhaltlich enthalten. Ergänzt wird er um einen Punkt Beteiligung und Konsultation der Mitarbeiter und deren Interessensvertretung. In Anlehnung an die DIN EN ISO 14001 Umweltmanagementsysteme werden in diesem Kapitel folgende Punkte behandelt:

- Führung und Verpflichtung,
- Arbeitsschutzpolitik,
- Verantwortlichkeiten und Befugnisse,
- Beteiligung und Konsultation.

7.1.5.1 Führung und Verpflichtung

Die Geschäftsführung eines Unternehmens muss im Arbeitsschutzmanagementsystem eine Reihe von Aufgaben und Verantwortungen übernehmen. Dazu zählen u. a.:

- Erfüllung einer Vorbildfunktion,
- Übernahme der Gesamtverantwortung für alle Aspekte des Arbeits- und Gesundheitsschutzes,
- Erfüllung rechtlicher Anforderungen,
- Festlegung der Arbeitsschutzpolitik und Entwicklung der strategischen Arbeitsschutzziele,
- Integration der AMS-Anforderungen in die jeweiligen Prozesse,
- Freigabe der benötigten Ressourcen (Personal, Finanzen, Messgeräte),
- Beteiligung der Mitarbeiter und deren Interessensvertretung,
- Förderung der Mitarbeiterkompetenzen,
- Unterstützung der verantwortlichen Führungskräfte,

- Sicherstellung der Arbeitsschutzergebnisse und der -leistung,
- fortlaufende Verbesserung des Arbeitsschutzmanagementsystems.

Für den Aspekt Führung und Verpflichtung sind einige Fragen von zentraler Bedeutung:

- Wie nimmt die Geschäftsführung ihre Aufgaben im Arbeitsschutzmanagementsystem wahr?
- Wie wird im Geschäftsplan des Unternehmens das Arbeitsschutzmanagement berücksichtigt?
- Welche strategischen Arbeitsschutzziele und davon abgeleitete betriebliche Arbeitsschutzziele wurden verabschiedet?
- Welche Aufgaben, Verantwortlichkeiten und Befugnisse haben die Führungskräfte im Arbeitsschutzmanagementsystem?
- Welche Ressourcen werden für das Arbeitsschutzmanagementsystem und die Verbesserung der Arbeitsschutzleistung zur Verfügung gestellt?
- Wie werden die Mitarbeiter in Belangen des Arbeits- und Gesundheitsschutzes unterstützt und geschult?
- Wie werden die erzielten Arbeitsschutzergebnisse und -leistungen publiziert und interessierten Parteien zur Verfügung gestellt?

7.1.5.2 Arbeitsschutzpolitik

Wie die Umweltpolitik ist die Arbeitsschutzpolitik eine langfristige strategische Ausrichtung des Unternehmens im Arbeits- und Gesundheitsschutz. Sie bietet einen Rahmen für Handlungen und Maßnahmen zur Erreichung der Arbeitsschutzziele. Sie muss auf eine fortlaufende Verbesserung des Arbeitsschutzmanagementsystems und seiner Leistungen ausgerichtet sein. Die Arbeitsschutzleistungen sind im Sinne der Nachhaltigkeit unter sozialen, ökologischen und ökonomischen Gesichtspunkten zu bewerten. Im Zusammenhang mit der Arbeitsschutzpolitik sind festzulegen:

- Erfüllung und Einhaltung der Rechtsvorschriften im Arbeitsschutz,
- Verpflichtung zur fortlaufenden Verbesserung des Arbeits- und Gesundheitsschutzes,
- Festlegung der strategischen Arbeitsschutzziele,
- Identifikation wirtschaftlicher, organisatorischer, rechtlicher und technologischer Aspekte des Arbeits- und Gesundheitsschutzes,
- fortlaufende Verbesserung der Arbeitsbedingungen und Risikominderung,
- Entwicklung von Indikatoren und Kennziffern zur Ermittlung der Arbeitsschutzleistung,
- Information, Aus- und Weiterbildung der Mitarbeiter sowie deren Beteiligung,
- Integration von Lieferanten, Dienstleistern und ausgelagerten Prozessen in das Arbeitsschutzmanagementsystem,
- Bekanntmachung der Arbeitsschutzpolitik für Mitarbeiter, die Öffentlichkeit und weiteren interessierten Parteien,
- Ausrichtung auf eine langfristige und tragfähige Entwicklung sicherer Arbeitsbedingungen.

Bei der Festlegung einer strategisch ausgerichteten Arbeitsschutzpolitik sollten folgenden Fragen berücksichtigt werden:

- Welche strategisch ausgerichtete Arbeitsschutzpolitik wurde durch die Geschäftsführung des Unternehmens verabschiedet?
- Welche strategischen Arbeitsschutzziele wurden festgelegt?
- Wie deckt die Arbeitsschutzpolitik alle wesentlichen Aspekte des betrieblichen Arbeits- und Gesundheitsschutzes ab?
- Welche Verpflichtungen zur fortlaufenden Verbesserung des Arbeits- und Gesundheitsschutzes sind enthalten und wie werden diese erreicht?
- Wie lässt sich die Arbeitsschutzleistung im Unternehmen verbessern?
- Welche Ressourcen werden für die Erfüllung der Arbeitsschutzpolitik zur Verfügung gestellt?
- Wie werden die rechtlichen und anderen Verpflichtungen im Arbeits- und Gesundheitsschutz überwacht und erfüllt?
- Wie werden die Arbeitsschutzpolitik und die erzielten Verbesserungen interessierten Parteien zugänglich gemacht?
- Wie wird die Arbeitsschutzpolitik den unternehmerischen Entwicklungen angepasst?

7.1.5.3 Rollen, Verantwortlichkeiten und Befugnisse

Die Geschäftsführung eines Unternehmens trägt letztlich die Gesamtverantwortung. Im Zuge der innerbetrieblichen Organisation muss sie Aufgaben, Zuständigkeiten und Verantwortungen auf andere Personen übertragen. Im Rahmen ihrer Zuständigkeiten tragen so Führungskräfte in ihrem Bereich die entsprechenden Verantwortungen. Dies gilt auch für den Arbeits- und Gesundheitsschutz. Die im Unternehmen tätige Fachkraft für Arbeitssicherheit unterstützt beratend die Führungskräfte in der Wahrnehmung ihrer Aufgaben und Verantwortungen. Unabhängig von der Unternehmensorganisation lassen sich einige grundlegenden Verantwortungsaspekte identifizieren:

- **Geschäftsführung:**
  - trägt die Gesamtverantwortung im unternehmerischen Arbeits- und Gesundheitsschutz,
  - Entwicklung der Arbeitsschutzpolitik und Festlegung der strategischen Arbeitsschutzziele,
  - Sicherstellung der Verantwortlichkeiten, Zuständigkeiten und Befugnisse,
  - regelmäßige Managementbewertung.
- **Fachkraft für Arbeitssicherheit:**
  - gesetzlich gefordert nach ASiG,
  - beratende und unterstützende Funktion.
- **Beauftragter der obersten Leitung (Arbeitsschutzmanagementbeauftragter):**
  - Ansprechpartner zur Verbesserung des Arbeitsschutzmanagementsystems,
  - fortlaufende Entwicklung der Arbeitsschutzleistung.

- **Führungskräfte als verantwortliche Personen:**
  - Erfüllung der rechtlichen Forderungen,
  - Erreichung der betrieblichen Arbeitsschutzziele,
  - Realisierung von Maßnahmen zur fortlaufenden Verbesserung der Arbeitsschutzleistung,
  - regelmäßige Erfolgskontrolle im betrieblichen Arbeits- und Gesundheitsschutz,
  - Rechenschaftspflicht nach intern und nach extern.
- **Mitarbeiter:**
  - Einhaltung und Verbesserung der festgelegten Verfahren in ihrem Arbeitsbereich.

Folgende Fragen sollten bei der Wahrnehmung der Verantwortlichkeiten und Befugnisse im Arbeits- und Gesundheitsschutz beachtet werden:

- Wie nimmt die Geschäftsführung ihre Gesamtverantwortung im Arbeits- und Gesundheitsschutz wahr?
- Welche Rolle spielt die Fachkraft für Arbeitssicherheit im Unternehmen?
- Welche Fach- und Führungskompetenz besitzt der Arbeitsschutzmanagementbeauftragte des Unternehmens?
- Wie nehmen die Führungskräfte ihre Verantwortung im betrieblichen Arbeits- und Gesundheitsschutz wahr?
- Wie handhaben Mitarbeiter die sie betreffenden Aspekte des Arbeits- und Gesundheitsschutzes?
- Welche Konsequenzen ergeben sich für Führungskräfte und Mitarbeiter bei Nichteinhaltung rechtlicher Vorschriften?

7.1.5.4 Beteiligung der Mitarbeiter

Im Arbeitsschutzmanagementsystem müssen die Mitarbeiter und ihre Interessensvertretungen (z. B. Betriebsrat) entsprechend beteiligt werden. Das Unternehmen hat sie regelmäßig zu informieren und zu schulen. Den Mitarbeitern ist klar zu vermitteln, welche Risiken und Gefährdungen mit der ausgeübten Tätigkeit verbunden sein können und wie sie sich bzgl. Risikominimierung zu verhalten haben. Auch im AMS sind die Mitarbeiterkompetenzen zu ermitteln und es ist eine zielgruppenspezifische Personalentwicklung zu betreiben. Unterstützung im alltäglichen Betrieb finden die Führungskräfte und Mitarbeiter z. B. durch Sicherheitsfachkräfte/-beauftragte und Betriebsärzte. In entsprechenden Arbeitsschutzgremien werden betriebsbezogene AMS-Anforderungen diskutiert. Allen Beteiligten muss klar sein, dass die rechtlichen Anforderungen im Arbeitsschutz jederzeit einzuhalten sind.

Folgende Fragen sollten bzgl. der Mitarbeiterbeteiligung beachtet werden:

- Welche Sicherheitsfachkräfte/-beauftragte und Betriebsärzte sind bestellt?
- Welche Arbeitsschutzgremien existieren?
- Wie werden die Mitarbeiter zu Fragen des Arbeitsschutzes informiert?

- Wie werden die Mitarbeiter entsprechend den rechtlichen Anforderungen regelmäßig geschult?
- Wie werden die Mitarbeiterkompetenzen im Arbeitsschutz ermittelt und entwickelt?
- Welches Weiterbildungsprogramm existiert für die Mitarbeiter im Arbeitsschutz?
- Wie kommen die Führungskräfte ihrer Verantwortung im Arbeitsschutz nach?

7.1.6 Planung

In der DIN ISO 45001 ist dieser Abschnitt inhaltlich enthalten. In Anlehnung an die DIN EN ISO 14001 werden folgende Aspekte behandelt:

- Identifizierung von Gefährdungen und Risikobeurteilung,
- Bestimmung rechtlicher Verpflichtungen im Arbeitsschutz,
- Ziele im Arbeits- und Gesundheitsschutz,
- Planung von Maßnahmen.

7.1.6.1 Identifizierung von Gefährdungen und Risikobeurteilung

Im Umweltmanagementsystem werden an dieser Stelle die Umweltaspekte mit ihren entsprechenden Auswirkungen erfasst. Im Managementsystem für Arbeits- und Gesundheitsschutz werden an dieser Stelle die Gefährdungen ermittelt und einer Risikobeurteilung unterzogen. Als Instrument zur Gefährdungsbeurteilung eignet sich die Vorgehensweise nach Nohl. Die Gefährdungsbeurteilung ist die Voraussetzung zum Schutz der Mitarbeiter. Sie ist anzuwenden bei:

- möglichen Gefährdungen im Lebenszyklus eines Produkts,
- Gestaltung, Einrichtung und Änderung von Arbeitsplätzen und Arbeitseinrichtungen,
- vorhandenen und neu beschafften Anlagen und Stoffen,
- Änderungen an Prozessen und der Infrastruktur,
- Veränderungen in der Organisation,
- allen rechtlichen Verpflichtungen und deren Novellierungen,
- allen Mitarbeitertätigkeiten und in Abhängigkeit von deren Kompetenzen,
- Arbeiten von Lieferanten und Dienstleistern (Auftragnehmer) im Unternehmen,
- potenziellen Gefahren aus der Nachbarschaft aufgrund von Störfällen.

Die Gefährdungsbeurteilung hat die Art und den Zeitpunkt der Gefährdung wie z. B.:

- physikalisch,
- chemisch,
- biologisch,
- mechanisch,
- thermisch,

- elektrisch,
- psychosozial

unter Beachtung der rechtlichen und technologischen Vorgaben (Stand der Technik) zu berücksichtigen. Die Risiken sind zu klassifizieren und entsprechend einer Risikoklasse zu priorisieren.

Die Gefährdungserkennung und Risikobeurteilung und der Umgang mit Risiken und den davon ausgehenden Gefährdungen lassen sich mit einigen Fragen erfassen:

- Welche Risiken sind mit den jeweiligen Tätigkeiten bzgl. Arbeits- und Gesundheitsschutz verbunden?
- Wie und wann wurde die Gefährdungsbeurteilung durchgeführt?
- Welches Risikopotenzial wurde im Unternehmen identifiziert?
- Welche Notfallpläne existieren im Unternehmen?
- Wie werden externe Personen (z. B. Dienstleister, Besucher) in die Gefährdungsbeurteilung mit einbezogen?
- Welche Rolle spielen die Mitarbeiterkompetenzen im Arbeits- und Gesundheitsschutz?

7.1.6.2 Bestimmung rechtlicher Verpflichtungen im Arbeitsschutz

Die Einhaltung der rechtlichen Verpflichtungen und weiterer Auflagen ist die Basis im betrieblichen Arbeits- und Gesundheitsschutz. Geschäftsführung, Führungskräfte und Mitarbeiter stehen hier in der Pflicht. Ein Verzeichnis aller relevanten Vorschriften ist Grundvoraussetzung für einen Überblick. Mit einer regelmäßigen Aktualisierung sind alle Beteiligten auf dem Laufenden. Die Einhaltung und Umsetzung wird so erleichtert. Das Vorschriftenverzeichnis sollte z. B. enthalten:

- Gesetze und Verordnungen,
- BG-Vorschriften,
- Technische Regeln,
- Genehmigungen und Auflagen,
- Betriebsvereinbarungen.

Führungskräfte tragen die Verantwortung für die Einhaltung der Rechtsvorschriften. Im Rahmen eines Arbeitsschutzaudits wird die Einhaltung der entsprechenden Vorgaben überprüft. Arbeitsschutzauditoren müssen daher über die entsprechenden Fach- und Rechtskenntnisse im Arbeits- und Gesundheitsschutz verfügen.

Im Zusammenhang mit den rechtlichen Verpflichtungen im Arbeits- und Gesundheitsschutz sollten folgende Fragen beachtet werden:

- Wie ermittelt das Unternehmen die rechtlichen Verpflichtungen und deren Aktualisierungen (Novellierungen)?
- Wie werden die verantwortlichen Mitarbeiter über die relevanten Rechtsvorschriften und deren Anforderungen informiert?
- Wie wird die Erfüllung rechtlicher Vorgaben regelmäßig überprüft?

7.1.6.3 Ziele im Arbeits- und Gesundheitsschutz

Um den Arbeits- und Gesundheitsschutz in allen Unternehmensprozessen zu verbessern, muss sich das Unternehmen strategische (langfristige) und betriebliche (kurz-, mittelfristige) Ziele setzen. Die Arbeitsschutzziele berücksichtigen die Ergebnisse der Gefährdungsbeurteilung. Die Zielerreichung lässt sich von den verantwortlichen Personen durch eine Erfolgskontrolle überprüfen.

Für die Festlegung von Arbeitsschutzzielen und den damit verbundenen Leistungsindikatoren gilt:

- Berücksichtigung der rechtlichen Anforderungen,
- Einbeziehung der Mitarbeiter und ihrer Interessensvertretungen,
- Arbeitsschutzziele müssen messbar sein,
- die Zielerreichung ist mit Terminen zu versehen,
- Berücksichtigung der wirtschaftlichen, organisatorischen, rechtlichen und technologischen Anforderungen,
- Arbeitsschutzziele sind für alle relevanten Prozesse und Tätigkeiten zu formulieren,
- Berücksichtigung bei der Beschaffung von Anlagen, Waren und Dienstleistungen,
- ausgelagerte Prozesse und externe Kreise (Lieferanten, Dienstleister, Besucher) sind zu beachten,
- für die Zielerreichung sind die verantwortlichen Personen zu benennen,
- Reduzierung von Risiken und fortlaufende Verbesserung der Arbeitsschutzleistung,
- Leistungsindikatoren dienen als Bewertungsgrundlage,
- die Zielerreichung ist einer Erfolgskontrolle zu unterziehen.

Bei der Festlegung von Arbeitsschutzzielen im Arbeits- und Gesundheitsschutz sollten folgende Fragen berücksichtigt werden:

- Wie spiegeln die Arbeitsschutzziele die Leistungen im Arbeits- und Gesundheitsschutz des Unternehmens wieder?
- Wie werden die von der Unternehmensleitung festgelegten strategischen Arbeitsschutzziele über alle Managementebenen hinweg in betriebliche Arbeitsschutzziele umgesetzt?
- Wie werden Mitarbeiter, die für die Zielerreichung verantwortlich sind, in die Entwicklung der Arbeitsschutzziele mit eingebunden?
- Welche Arbeitsschutzindikatoren werden zur Leistungsbewertung herangezogen?
- Wie werden die Arbeitsschutzziele regelmäßig überwacht und bewertet, um die erwünschten Verbesserungen zu bestätigen?

7.1.6.4 Planung von Maßnahmen

Die notwendigen Maßnahmen zum Erreichen der Ziele im Arbeits- und Gesundheitsschutz werden in einem entsprechen Programm zusammengefasst. Bzgl. der Priorität von Schutzmaßnahmen zur Reduzierung des Risikos gilt:

- Substitution bzw. Eliminierung (S),
- Technische Schutzmaßnahmen (T),
- Organisatorische Maßnahmen (O),
- Persönliche Schutzmaßnahmen (P).

Somit ergibt sich zum Erreichen der Arbeitsschutzziele ein STOP-Prinzip. Wie in jedem Projekt sind für die zu realisierenden Maßnahmen:

- Verantwortlichkeiten,
- benötigte Ressourcen und
- Termine

festzulegen. Um Änderungen der Arbeitsschutzziele zu berücksichtigen, sollten die entsprechenden Arbeitsschutzprogramme regelmäßig überarbeitet und fortgeschrieben werden.

Beim Aufstellen von Arbeitsschutzprogrammen und von Maßnahmen zum Erreichen der Arbeitsschutzziele sollten folgende Fragen beachtet werden:

- Welche Arbeitsschutzprogramme existieren im Unternehmen?
- Wie werden im Arbeitsschutzprogramm Maßnahmen, Verantwortungen, Ressourcen und Termine festgelegt?
- Wie werden die realisierten Maßnahmen einer Erfolgskontrolle unterzogen?
- Welche Leistungsverbesserungen im Arbeits- und Gesundheitsschutz lassen sich durch entsprechende Maßnahmen erreichen?

7.1.7 Unterstützung

In der DIN ISO 45001 ist dieser Abschnitt inhaltlich enthalten. In Verbindung mit der generellen Struktur von Managementnormen werden in diesem Abschnitt behandelt:

- Ressourcen,
- Kompetenz,
- Bewusstsein,
- Information und Kommunikation,
- dokumentierte Informationen.

7.1.7.1 Ressourcen

Für eine wirkungsvolle Anwendung des Arbeitsschutzmanagementsystems muss die Geschäftsführung angemessene Ressourcen zur Verfügung stellen. Dazu zählen:

- Mitarbeiter mit entsprechenden Kompetenzen,
- Anlagen und Infrastruktur,

- technische Ressourcen für Messung und Auswertung,
- Finanzmittel.

Einige Fragen zum Thema Ressourcen sind:

- Welche Ressourcen (Personal, Finanzmittel, Technologien) stellt die Geschäftsführung für das Arbeitsschutzmanagementsystem zur Verfügung?
- Nach welchen Kriterien werden diese Ressourcen ausgewählt und eingesetzt?
- Wie ist der Erfolg im Hinblick auf die Verbesserung der Arbeitsschutzleistung zu bewerten?

7.1.7.2 Kompetenz

Viele Tätigkeiten im Unternehmen haben Einfluss auf den Arbeits- und Gesundheitsschutz der Mitarbeiter. Mitarbeiter die solche Tätigkeiten ausüben müssen über entsprechende Kompetenzen verfügen. Gleiches gilt für im Unternehmen tätig werdende Dienstleister und Auftragnehmer. Dazu gehören:

- Anforderungsprofil des Arbeitsplatzes/der Tätigkeiten unter dem Gesichtspunkt des Arbeits- und Gesundheitsschutzes,
- Ausbildung, Berufserfahrung und Kompetenzprofil des internen oder externen Mitarbeiters,
- Ermittlung der Schulungs- und Personalentwicklungsmaßnahmen,
- Praxistransfer, Bewertung und Erfolgskontrolle der durchgeführten Weiterbildungsmaßnahmen.

Für den Aspekt Kompetenzen sind folgende Fragen von Bedeutung:

- Welche Tätigkeiten, die Auswirkungen auf den Arbeits- und Gesundheitsschutz haben, werden im Unternehmen ausgeführt?
- Welche Qualifikationsanforderungen (Ausbildung, Berufserfahrung) sind für die Ausübung dieser Tätigkeiten notwendig?
- Welche Mitarbeiter üben diese Tätigkeiten aus?
- Über welche Ausbildung, Berufserfahrung und Kompetenzen verfügen diese Mitarbeiter?
- Welches Weiterbildungsprogramm existiert für diese Mitarbeiter im Arbeits- und Gesundheitsschutz?
- Wie wird der Wissenstransfer und Erfolg einer Weiterbildungsmaßnahme sichergestellt?
- Wie wird die Kompetenz von Auftragnehmern/Dienstleistern und deren Mitarbeitern sichergestellt?
- Wie werden ausgelagerte Prozesse und die dort tätigen Mitarbeiter in den Kompetenzaspekt integriert?
- Wie wird der Prozess Aus- und Weiterbildung unter allen Gesichtspunkten im Unternehmen sichergestellt?

7.1.7.3 Bewusstsein

Die Geschäftsführung hat eine Schlüsselfunktion bei der Mitarbeitermotivation im Arbeits- und Gesundheitsschutz. Sie legt die Grundlagen im Unternehmen, um Gefährdungen und Verletzungen zu vermeiden. Durch die richtige Gestaltung der Arbeitsplätze und Tätigkeiten wird Gesundheitsvorsorge betrieben und Erkrankungen vorgebeugt. Im Zuge ihrer Aufgaben ist es Verpflichtung aller Mitarbeiter aktiv am Arbeits- und Gesundheitsschutz mitzuwirken. Für alle Mitarbeiter sollte es im eigenen Interesse selbstverständlich sein die Vorgaben des Arbeitsschutzmanagementsystems einzuhalten und fortlaufend zu verbessern. Dazu ist es erforderlich:

- Kenntnisse über Arbeits- und Gesundheitsschutz am Arbeitsplatz zu besitzen,
- der Mitarbeiterauswahl und -schulung Beachtung zu schenken,
- den Mitarbeitern die Bedeutung des Arbeits- und Gesundheitsschutzes für ihre Sicherheit und Gesundheit bewusst zu machen,
- die Bedeutung von Ausbildung, Berufserfahrung und Weiterbildung zu thematisieren,
- den Mitarbeitern mögliche Folgen bei Abweichungen von festgelegten Arbeitsabläufen klar zu machen,
- mit ihnen ihre Aufgaben, Zuständigkeiten und Anforderungen zur Erreichung der Arbeitsschutzziele zu besprechen.

Zum Thema Bewusstsein sollten folgende Fragen beachtet werden:

- In welchem Umfang verstehen die Mitarbeiter die Belange des Arbeits- und Gesundheitsschutzes für ihre eigene Sicherheit und Gesundheit?
- Wie wird bei allen Mitarbeitern das Bewusstsein für Fragen des Arbeits- und Gesundheitsschutzes gefördert?
- Wie wird die Motivation zu eigenverantwortlichem, sicherem Handeln gesteigert?
- Wie erkennt das Unternehmen die Mitarbeiterleistung zur Erreichung der Arbeitsschutzziele an?

7.1.7.4 Information und Kommunikation

Im Hinblick auf den Arbeits- und Gesundheitsschutz muss das Unternehmen interne und externe Kommunikationsabläufe sicherstellen. Dazu gehören Aspekte der Mitbestimmung durch die Interessensvertretungen der Mitarbeiter bei:

- Entwicklung der Arbeitsschutzpolitik und -ziele,
- Festlegung und Realisierung von Schutzmaßnahmen,
- Durchführung von Gefährdungsbeurteilungen,
- Untersuchungen bei Vorfällen und Notfällen,
- Notfallvorsorge und Gefahrenabwehr,
- Änderungen im Arbeitsschutzmanagementsystem.

Für Notfälle oder Unfälle müssen vorhanden sein:

- Notfallpläne und Gefahrenabwehrpläne,
- Kontakte zu Polizei, Feuerwehr, Krankenhäuser, Behörden,
- Informationsmöglichkeiten der möglicherweise betroffenen Nachbarschaft,
- interne Benachrichtigungskette bzgl. der Mitarbeiter, externer Personen, Besucher, bis hin zur Geschäftsführung,
- externe Benachrichtigungen der Angehörigen.

Beim Thema Information und Kommunikation sollten folgende Fragen beachtet werden:

- Wie sind die Kommunikationsabläufe im Unternehmen bei Vorfällen/Notfällen/Unfällen geregelt?
- Wie werden die Mitbestimmungsorgane in die Entwicklung und Umsetzung des Arbeitsschutzmanagementsystems mit eingebunden?
- Wie werden die Ergebnisse von Arbeitsschutzaudits kommuniziert und den Mitarbeitern zur Verfügung gestellt?
- Wie werden die Ergebnisse von Gefährdungsbeurteilungen mitgeteilt?
- Wie werden Mitarbeiteranregungen zur fortlaufenden Verbesserung der Arbeitsschutzleistung entgegengenommen, bewertet und honoriert?

7.1.7.5 Dokumentierte Information

Wie bei allen Managementsystemen müssen auch im Arbeits- und Gesundheitsschutz einige Punkte dokumentiert werden. Dazu zählen z. B.:

- Arbeitsschutzpolitik und -ziele,
- Geltungsbereich des Arbeitsschutzmanagementsystems,
- Hauptelemente des Arbeitsschutzmanagementsystems,
- Aufzeichnungen und Dokumente aufgrund von Rechtsvorschriften,
- behördliche Genehmigungen und Auflagen,
- Betriebstagebücher und interne Regelungen,
- Notfallpläne für den Standort.

Für die Funktionsweise des Arbeitsschutzmanagementsystems sollte die Dokumentation auf ein Mindestmaß begrenzt werden.

Fragen, die im Rahmen der dokumentierten Informationen beachtet werden sollten:

- Wie wird das Arbeitsschutzmanagementsystem beschrieben und dokumentiert?
- Welche Rechtsvorschriften sind im Arbeits- und Gesundheitsschutz zu beachten?
- Wie werden den Mitarbeitern die benötigten Informationen zur Verfügung gestellt?

- Wie werden die dokumentierten Informationen erstellt, gelenkt und aktualisiert?
- Was ist der ökonomische, ökologische und soziale Nutzen des Arbeitsschutzmanagementsystems?

Wie bei jedem Managementsystem sollte das Hauptargument auf der Leistungsfähigkeit des Arbeitsschutzmanagementsystems liegen und nicht auf einem aufwändigen Dokumentationssystem.

7.1.8 Betrieb

Die Normanforderungen der DIN EN ISO 14001 Umweltmanagementsysteme und der DIN ISO 45001 unterscheiden sich in diesem Abschnitt in einigen Punkten:

- betriebliche Planung und Steuerung,
- Änderungsmanagement,
- Ausgliedern,
- Beschaffung,
- Auftragnehmer und
- Notfallplanung und -reaktion.

Änderungsmanagement, Ausgliedern, Beschaffung und Auftragnehmer lassen sich als Unterpunkte der Planung behandeln. Sie finden sich dort in den entsprechenden Abschnitten wieder.

7.1.8.1 Betriebliche Planung und Steuerung

Bei der Gefährdungsbeurteilung wurden die Tätigkeiten und Abläufe ermittelt, die bedeutende Auswirkungen auf den Arbeits- und Gesundheitsschutz haben oder haben können. Grundsätzlich sind alle Prozesse zu betrachten, für die Rechtsvorschriften im Arbeitsschutz zu beachten sind. Letztlich sind in allen Abteilungen eines Unternehmens Belange des Arbeitsschutzes, z. B. durch Sicherheitsunterweisungen, zu beachten.

Prozesse und Tätigkeiten sind so zu planen und zu steuern, dass von ihnen möglichst geringe Auswirkungen auf den Arbeits- und Gesundheitsschutz zu erwarten sind. Um die Arbeitsschutzleistung des Unternehmens zu bestimmen, muss auch die Leistungsfähigkeit der jeweiligen Prozesse gemessen werden können. Die Steuerung und Überwachung gilt auch für ausgelagerte Prozesse. Von daher sind in der betrieblichen Planung und Steuerung des Arbeits- und Gesundheitsschutzes für die jeweiligen Tätigkeiten und Prozesse festzuhalten:

- Technische Schutzmaßnahmen (T),
- Organisatorische Schutzmaßnahmen (O),
- Persönliche Schutzmaßnahmen (P).

Ergänzt werden diese TOP-Schutzmaßnahmen durch vorbeugende Schutzmaßnahmen (S) für die:

- Beschaffung von Stoffen, Anlagen und Dienstleistungen,
- Instandhaltung und Wartung,
- Tätigkeit von Fremdfirmen,
- Besucher durch entsprechende Hinweise.

Damit werden eindeutige STOP-Signale gesetzt. Alle Schutzmaßnahmen sind regelmäßig auf ihre Wirksamkeit zu überprüfen. In diesem Zusammenhang sind auch ausgelagerte Prozesse zu bewerten, da z. B. bei Personenschäden oder Umwelt-Störfällen diese Vorgänge als negatives Image am Unternehmen haften bleiben.

Im Zusammenhang mit der betrieblichen Planung und Steuerung sind folgende Fragen wichtig:

- Welche Prozesse im Unternehmen sind für den Arbeits- und Gesundheitsschutz besonders relevant?
- Welche Bewertungskriterien wurden dafür herangezogen?
- Über welchen technologischen Sicherheitsstand verfügen diese Prozesse?
- Welche organisatorische Sicherheitsregeln wurden für diese Prozesse verabschiedet?
- Über welche Kompetenzen verfügen die eingesetzten Mitarbeiter im Arbeits- und Gesundheitsschutz?
- Welche Anforderungen werden an Fremdfirmen und Dienstleister im Arbeits- und Gesundheitsschutz gestellt?
- Wie werden Besucher auf die sie betreffenden Regeln des Arbeitsschutzes im Unternehmen hingewiesen?
- Wie werden ausgelagerte Prozesse in das Arbeitsschutzmanagementsystem integriert?
- Wie werden ausgelagerte Prozesse überwacht bzw. auditiert?
- Welche Auditergebnisse liegen bzgl. ausgelagerter Prozesse vor?

7.1.8.2 Notfallplanung und -reaktion

Damit auf Unfälle und unerwartete Notfallsituationen entsprechend reagiert werden kann, müssen Pläne zur Notfallvorsorge und Gefahrenabwehr eingeführt und erprobt werden. Sie sollen negative Auswirkungen auf den Arbeits- und Gesundheitsschutz verhindern. Notfallpläne können enthalten:

- Art der Gefahren und das wahrscheinliche Ausmaß einer Notfallsituation,
- Reaktionsmöglichkeiten auf einen Unfall oder eine (potenzielle) Notfallsituation,
- Übungen zur Reaktionsfähigkeit in Notfällen,
- Maßnahmen zur Verringerung möglicher Gesundheitsschäden,
- Verfahren zur Auswertung eines Unfalls oder Notfalls,
- Fluchtwege und Sammelpunkte,

- Notfallorganisation und -verantwortlichkeiten,
- Liste des Schlüsselpersonals,
- interner und externer Kommunikationsplan,
- Notdienste wie Feuerwehr, Notarzt, Sanitätsdienst, Krankenwagen, Polizei, Behörden,
- Schulungspläne für das bei Notfällen zuständige Personal.

Das Unternehmen muss die Notfallpläne regelmäßig erproben. Dazu gehören z. B. Räumungsübungen. Nach Unfällen oder Notfallsituationen müssen die Maßnahmen und Abläufe zur Notfallvorsorge und Gefahrenabwehr überprüft werden. Letztlich handelt es sich bei der Notfallplanung um eine besondere Form der Ablauflenkung.

Einige zu beachtende Fragen zu Notfallvorsorge und Gefahrenabwehr:

- Welche Notfallpläne existieren im Unternehmen?
- Wer ist für die Erstellung und Anpassung der Notfallpläne verantwortlich?
- Wie wird die Funktionsfähigkeit der Notfallpläne regelmäßig erprobt?
- Welche Ergebnisse bzw. Konsequenzen ergaben sich aus Notfallübungen?

7.1.9 Bewertung der Leistung

Um die Wirksamkeit des Arbeitsschutzmanagementsystems zu gewährleisten, muss das Unternehmen die Arbeitsschutzleistung überwachen, messen und bewerten. Die entsprechenden Anforderungen sind prinzipiell in der DIN ISO 45001 enthalten. Im Einzelnen sind zu berücksichtigen:

- Überwachung, Messung, Analyse und Bewertung,
- Bewertung der Übereinstimmung mit gesetzlichen Vorschriften,
- internes Audit,
- Managementbewertung.

7.1.9.1 Überwachung, Messung, Analyse und Bewertung

Das Unternehmen muss über einen Prozess zum Messen und Bewerten der Arbeitsschutzleistung verfügen. Dies schließt eine Überwachung über die Einhaltung der einschlägigen Rechtsvorschriften ein. Von daher sind zu gewährleisten:

- Überwachung von Tätigkeiten und Arbeitsabläufen, die eine bedeutende Auswirkung auf den Arbeits- und Gesundheitsschutz haben,
- (möglichst) quantitative Messung und Bewertung der Arbeitsschutzleistung,
- wenn nötig qualitative Arbeitsschutzkennzahlen zur Bestimmung der Arbeitsschutzleistungen,
- Erfolgskontrolle und Effektivität der ergriffenen Schutzmaßnahmen,
- Erreichung der Ziele im Arbeits- und Gesundheitsschutz,
- Aufzeichnungen zu Unfällen, Vorfällen und Notfällen incl. Untersuchungsergebnisse.

Für die Überwachung, Messung, Analyse und Bewertung der Arbeitsschutzleistung sollten folgende Fragen beachtet werden:

- Mit welchen Parametern wird die Arbeitsschutzleistung quantitativ oder qualitativ gemessen?
- Wie werden ergriffene Schutzmaßnahmen einer Erfolgskontrolle unterzogen?
- Wie werden Fortschritte zur Erreichung der Arbeitsschutzziele bestimmt?
- Welche Kennzahlen zur Bestimmung der Arbeitsschutzleistung werden gebildet?
- Wie wird die Leistungsfähigkeit des Arbeitsschutzmanagementsystems gewährleistet?
- Wie wird die Arbeitsschutzleistung ausgelagerter Prozesse überwacht und bewertet?
- Wie werden Erkrankungen, Unfälle oder Notfallsituationen analysiert und bewertet?

7.1.9.2 Bewertung der Übereinstimmung mit gesetzlichen Vorschriften

Das Unternehmen muss ein Verfahren zur regelmäßigen Erfassung, Bewertung und Einhaltung der relevanten Rechtsvorschriften vorweisen können. Dieses Rechtskataster ist mindestens vierteljährlich auf Gültigkeit zu überprüfen. Sich aus den Rechtsvorschriften ergebende Anforderungen sind den Führungskräften unverzüglich mitzuteilen, damit diese ihrer Verantwortung nachkommen können. Die Umsetzung der Rechtsanforderungen sind einer Erfolgskontrolle zu unterziehen.

Im Zusammenhang mit der Bewertung der Einhaltung von Vorschriften im Arbeits- und Gesundheitsschutz sind folgende Fragen zu beantworten:

- Welche Rechtsvorschriften muss das Unternehmen im Arbeits- und Gesundheitsschutz beachten?
- Welche weiteren Anforderungen, z. B. in Form von Genehmigungen oder Auflagen, sind einzuhalten?
- Wer ist für die Erstellung und Aktualisierung des Rechtskatasters zuständig?
- In welchem zeitlichen Abstand werden die Rechtsvorschriften aktualisiert?
- Welche Abweichungen bzw. Ergebnisse ergab die Überprüfung der Rechtskonformität?
- Welche Konsequenzen straf- bzw. zivilrechtlicher Natur können sich aus der Nichteinhaltung der Rechtsvorschriften im Arbeits- und Gesundheitsschutz ergeben?

7.1.9.3 Internes Audit

Ein Audit ist ein systematischer und dokumentierter Prozess zur objektiven Ermittlung und Bewertung von Nachweisen. Es wird festgestellt, ob das Arbeitsschutzmanagementsystem eines Unternehmens die selbst festgelegten Kriterien erfüllt. Audits sind deshalb regelmäßig nach den Vorgaben der DIN EN ISO 19011 Leitfaden für Audits von Qualitätsmanagement – und/oder Umweltmanagementsysteme durchzuführen. In einem Audit müssen u. a.:

- Verantwortlichkeiten für die Leitung und Durchführung,
- Kompetenzen der Auditoren,

- Anwendungsbereich und Vorgehensweise,
- Auditkriterien und -ergebnisse

geregelt sein. Die Häufigkeit von Audits oder Begehungen hängt vom Risikopotenzial im Arbeits- und Gesundheitsschutz ab.

Bzgl. der internen Audits im Arbeits- und Gesundheitsschutz sollten folgende Fragen beachtet werden:

- In welchem zeitlichen Abstand werden Arbeitsschutzaudits durchgeführt?
- Welche Unternehmensbereiche werden nach welchen Auswahlkriterien auditiert?
- Über welche Kompetenzen verfügen die internen (oder externen) Auditoren?
- Wie wurden die Ergebnisse und Vorschläge aus den Arbeitsschutzaudits der zurückliegenden Jahre umgesetzt?
- Welche Konsequenzen zieht die Geschäftsleitung aus den Ergebnissen von Arbeitsschutzaudits?

7.1.9.4 Managementbewertung

Die Geschäftsführung des Unternehmens muss das Managementsystem für Arbeits- und Gesundheitsschutz regelmäßig bewerten. Für die Überprüfung sind folgende Punkte relevant:

- Eignung der strategischen Arbeitsschutzpolitik und -ziele,
- Erfüllung der betrieblichen Arbeitsschutzziele,
- Einhaltung der relevanten Rechtsvorschriften,
- Ergebnisse vorhergehender Audits und Zertifizierungen,
- Erfolgskontrolle von Maßnahmen aus dem Arbeitsschutzprogramm,
- Maßnahmen aus früheren Managementreviews,
- Fortschritte in Wissenschaft und Technologie,
- Änderungen von Tätigkeiten, Arbeitsplätzen und Prozessen,
- Leistungen im Arbeitsschutzmanagementsystem,
- Anliegen der Mitarbeiter und ihrer Interessensvertretungen,
- Anliegen externer Parteien,
- Verbesserungspotenziale im Arbeitsschutzmanagementsystem,
- Konsequenzen aus schwerwiegenden Unfällen und Notfällen,
- Berücksichtigung ausgelagerter Prozesse.

Die Managementbewertung muss nicht in Details gehen aber letztlich alle relevanten Aspekte im Arbeits- und Gesundheitsschutz umfassen.

Für die Managementbewertung sind folgende Fragen relevant:

- Wie wird das Arbeitsschutzmanagementsystem regelmäßig bewertet?
- Wie sehen die Ergebnisse des Managementreviews aus?

- Welche wesentlichen Veränderungen ergaben sich beim Arbeits- und Gesundheitsschutz in den letzten Jahren?
- Wie hat sich die Arbeitsschutzleistung des Unternehmens verbessert?
- Welche grundlegenden technologischen oder organisatorischen Maßnahmen sind notwendig, um die Arbeitsschutzleistung weiter zu verbessern?
- Wie werden ausgelagerte Prozesse in der Managementbewertung berücksichtigt?

7.1.10 Verbesserung

Um eine fortlaufende Verbesserung des Managementsystems im Arbeits- und Gesundheitsschutz zu ermöglichen, sind entsprechende Maßnahmen zu ergreifen. Die DIN ISO 45001 macht dazu eine Reihe von Vorgaben. Hier werden in Anlehnung an die DIN EN ISO 14001 folgende Punkte behandelt:

- Vorfall, Nichtkonformität und Korrekturmaßnahmen,
- fortlaufende Verbesserung.

7.1.10.1 Vorfall, Nichtkonformität und Korrekturmaßnahmen

Die Feststellungen und Ergebnisse, die sich aus Überwachungen, Begehungen, Audits oder anderen Bewertungen ergeben, sind schriftlich festzuhalten. Für die sich ergebenden Vorbeuge- und Korrekturmaßnahmen sind Verantwortlichkeiten, Ressourcen und Termine nach den Regeln des Projektmanagements zu benennen. Die Maßnahmen müssen der Schwere des Problems Rechnung tragen und angemessen sein. Für die Überwachung von Abweichungen und für Vorbeuge- und Korrekturmaßnahmen sind folgende Punkte zu beachten:

- Bestimmung der Ursachen für Mängel im Arbeits- und Gesundheitsschutz,
- Ursachen für Unfälle, Vorfälle und Notfälle,
- Verbesserungsmöglichkeiten durch Vorbeugemaßnahmen,
- Festlegung des einzuhaltenden Soll-Zustands,
- Bewertung von Lösungsalternativen,
- Auswahl und Realisierung der Maßnahmen,
- Überprüfung und Bewertung der Wirksamkeit der Maßnahmen.

Korrekturmaßnahmen sind immer Reparaturmaßnahmen. Vorausschauend sollten deshalb bevorzugt Vorbeugemaßnahmen realisiert werden.

Folgende Fragen sollten bei Vorfall, Nichtkonformität und Korrekturmaßnahmen berücksichtigt werden:

- Welche Korrekturmaßnahmen waren in den letzten Jahren notwendig?
- Was waren die Ursachen für die Abweichungen?

- Wie wurden die umgesetzten Maßnahmen auf ihre Wirksamkeit überprüft?
- Wer war für die Umsetzung der Korrekturmaßnahmen verantwortlich?

7.1.10.2 Fortlaufenden Verbesserung

Im Sinne eines nachhaltigen Arbeits- und Gesundheitsschutzes muss das Unternehmen eine fortlaufende Verbesserung im Arbeitsschutzmanagementsystem und seiner Arbeitsschutzleistung erreichen. Dies mündet in eine abschließende, einfache Frage bzgl. eines Managementsystems für Arbeits- und Gesundheitsschutz:

► **Was bringt's?**

7.2 Arbeitsschutzgesetz (ArbSchG)

Zielsetzung und Anwendungsbereich (§ 1)

Dieses Gesetz dient dazu, Sicherheit und Gesundheitsschutz der Beschäftigten bei der Arbeit durch Maßnahmen des Arbeitsschutzes zu sichern und zu verbessern. Es gilt in allen Tätigkeitsbereichen.

Befugnisse der zuständigen Behörden (§ 2)

Die zuständige Behörde kann vom Arbeitgeber oder von den verantwortlichen Personen die zur Durchführung ihrer Überwachungsaufgabe erforderlichen Auskünfte und die Überlassung von entsprechenden Unterlagen verlangen. Die mit der Überwachung beauftragten Personen sind befugt, zu den Betriebs- und Arbeitszeiten Betriebsstätten, Geschäfts- und Betriebsräume zu betreten, zu besichtigen und zu prüfen sowie in die geschäftlichen Unterlagen der auskunftspflichtigen Person Einsicht zu nehmen, soweit dies zur Erfüllung ihrer Aufgaben erforderlich ist.

Außerdem sind sie befugt, Betriebsanlagen, Arbeitsmittel und persönliche Schutzausrüstungen zu prüfen, Arbeitsverfahren und Arbeitsabläufe zu untersuchen, Messungen vorzunehmen und insbesondere arbeitsbedingte Gesundheitsgefahren festzustellen und zu untersuchen, auf welche Ursachen ein Arbeitsunfall, eine arbeitsbedingte Erkrankung oder ein Schadensfall zurückzuführen ist.

Sie sind berechtigt, die Begleitung durch den Arbeitgeber oder eine von ihm beauftragte Person zu verlangen. Der Arbeitgeber oder die verantwortlichen Personen haben die mit der Überwachung beauftragten Personen bei der Wahrnehmung ihrer Befugnisse zu unterstützen. Die zuständige Behörde kann im Einzelfall anordnen:

- welche Maßnahmen der Arbeitgeber und die verantwortlichen Personen oder die Beschäftigten zur Erfüllung der Pflichten zu treffen haben, die sich aus diesem Gesetz und den aufgrund dieses Gesetzes erlassenen Rechtsverordnungen ergeben,
- welche Maßnahmen der Arbeitgeber und die verantwortlichen Personen zur Abwendung einer besonderen Gefahr für Leben und Gesundheit der Beschäftigten zu treffen haben.

7.2.1 Pflichten des Arbeitgebers

Grundpflichten des Arbeitgebers (§ 3)
Der Arbeitgeber ist verpflichtet, die erforderlichen Maßnahmen des Arbeitsschutzes unter Berücksichtigung der Umstände zu treffen, die die Sicherheit und die Gesundheit der Beschäftigten bei der Arbeit beeinflussen. Er hat die Maßnahmen auf ihre Wirksamkeit zu überprüfen und erforderlichenfalls sich ändernden Gegebenheiten anzupassen. Dabei hat er eine Verbesserung von Sicherheit und Gesundheitsschutz der Beschäftigten anzustreben. Zur Planung und Durchführung der Maßnahmen hat der Arbeitgeber unter Berücksichtigung der Art der Tätigkeiten und der Zahl der Beschäftigten:

- für eine geeignete Organisation zu sorgen und die erforderlichen Mittel bereitzustellen sowie
- Vorkehrungen zu treffen, dass die Maßnahmen erforderlichenfalls bei allen Tätigkeiten und eingebunden in die betrieblichen Führungsstrukturen beachtet werden und die Beschäftigten ihren Mitwirkungspflichten nachkommen können.

Allgemeine Grundsätze (§ 4)
Der Arbeitgeber hat bei Maßnahmen des Arbeitsschutzes von folgenden allgemeinen Grundsätzen auszugehen:

- die Arbeit ist so zu gestalten, dass eine Gefährdung für das Leben sowie die physische und die psychische Gesundheit möglichst vermieden und die verbleibende Gefährdung möglichst gering gehalten wird,
- Gefahren sind an ihrer Quelle zu bekämpfen,
- bei den Maßnahmen sind der Stand von Technik, Arbeitsmedizin und Hygiene sowie sonstige gesicherte arbeitswissenschaftliche Erkenntnisse zu berücksichtigen,
- Maßnahmen sind mit dem Ziel zu planen, Technik, Arbeitsorganisation, sonstige Arbeitsbedingungen, soziale Beziehungen und Einfluss der Umwelt auf den Arbeitsplatz sachgerecht zu verknüpfen,
- individuelle Schutzmaßnahmen sind nachrangig zu anderen Maßnahmen,
- spezielle Gefahren für besonders schutzbedürftige Beschäftigtengruppen sind zu berücksichtigen,
- den Beschäftigten sind geeignete Anweisungen zu erteilen,
- mittelbar oder unmittelbar geschlechtsspezifisch wirkende Regelungen sind nur zulässig, wenn dies aus biologischen Gründen zwingend geboten ist.

Beurteilung der Arbeitsbedingungen (§ 5)
Der Arbeitgeber hat durch eine Beurteilung der für die Beschäftigten mit ihrer Arbeit verbundenen Gefährdung zu ermitteln, welche Maßnahmen des Arbeitsschutzes erforderlich sind. Der Arbeitgeber hat die Beurteilung je nach Art der Tätigkeit vorzunehmen. Bei gleichartigen Arbeitsbedingungen ist die Beurteilung eines Arbeitsplatzes oder einer Tätigkeit ausreichend. Eine Gefährdung kann sich insbesondere ergeben durch:

- die Gestaltung und die Einrichtung der Arbeitsstätte und des Arbeitsplatzes,
- physikalische, chemische und biologische Einwirkungen,
- die Gestaltung, die Auswahl und den Einsatz von Arbeitsmittel, insbesondere von Arbeitsstoffen, Maschinen, Geräten und Anlagen sowie den Umgang damit,
- die Gestaltung von Arbeits- und Fertigungsverfahren, Arbeitsabläufen und Arbeitszeit und deren Zusammenwirken,
- unzureichende Qualifikation und Unterweisung der Beschäftigten,
- psychische Belastungen bei der Arbeit.

Dokumentation (§ 6)
Der Arbeitgeber muss über die je nach Art der Tätigkeiten und der Zahl der Beschäftigten erforderlichen Unterlagen verfügen, aus denen das Ergebnis der Gefährdungsbeurteilung, die von ihm festgelegten Maßnahmen des Arbeitsschutzes und das Ergebnis ihrer Überprüfung ersichtlich sind. Bei gleichartiger Gefährdungssituation ist es ausreichend, wenn die Unterlagen zusammengefasste Angaben enthalten. Unfälle in seinem Betrieb, bei denen ein Beschäftigter getötet oder so verletzt wird, dass er stirbt oder für mehr als drei Tage völlig oder teilweise arbeits- oder dienstunfähig wird, hat der Arbeitgeber zu erfassen.

Übertragung von Aufgaben (§ 7)
Bei der Übertragung von Aufgaben auf Beschäftigte hat der Arbeitgeber je nach Art der Tätigkeiten zu berücksichtigen, ob die Beschäftigten befähigt sind, die für die Sicherheit und den Gesundheitsschutz bei der Aufgabenerfüllung zu beachtenden Bestimmungen und Maßnahmen einzuhalten.

Zusammenarbeit mehrerer Arbeitgeber (§ 8)
Werden Beschäftigte mehrerer Arbeitgeber an einem Arbeitsplatz tätig, sind die Arbeitgeber verpflichtet, bei der Durchführung der Sicherheits- und Gesundheitsschutzbestimmungen zusammenzuarbeiten. Soweit dies für die Sicherheit und den Gesundheitsschutz der Beschäftigten bei der Arbeit erforderlich ist, haben die Arbeitgeber je nach Art der Tätigkeiten insbesondere sich gegenseitig und ihre Beschäftigten über die mit den Arbeiten verbundenen Gefahren für Sicherheit und Gesundheit der Beschäftigten zu unterrichten und Maßnahmen zur Verhütung dieser Gefahren abzustimmen. Der Arbeitgeber muss sich je nach Art der Tätigkeit vergewissern, dass die Beschäftigten anderer Arbeitgeber, die in seinem Betrieb tätig werden, hinsichtlich der Gefahren für ihre Sicherheit und Gesundheit während ihrer Tätigkeit in seinem Betrieb angemessene Anweisungen erhalten haben.

Besondere Gefahren (§ 9)
Der Arbeitgeber hat Maßnahmen zu treffen, damit nur Beschäftigte Zugang zu besonders gefährlichen Arbeitsbereichen haben, die zuvor geeignete Anweisungen erhalten haben. Der Arbeitgeber hat Vorkehrungen zu treffen, dass alle Beschäftigten, die einer unmittelbaren erheblichen Gefahr ausgesetzt sind oder sein können, möglichst frühzeitig über

diese Gefahr und die getroffenen oder zu treffenden Schutzmaßnahmen unterrichtet sind. Bei unmittelbarer erheblicher Gefahr für die eigene Sicherheit oder die Sicherheit anderer Personen müssen die Beschäftigten die geeigneten Maßnahmen zur Gefahrenabwehr und Schadensbegrenzung selbst treffen können, wenn der zuständige Vorgesetzte nicht erreichbar ist. Dabei sind die Kenntnisse der Beschäftigten und die vorhandenen technischen Mittel zu berücksichtigen.

Den Beschäftigten dürfen aus ihrem Handeln keine Nachteile entstehen, es sei denn, sie haben vorsätzlich oder grob fahrlässig ungeeignete Maßnahmen getroffen. Der Arbeitgeber hat Maßnahmen zu treffen, die es den Beschäftigten bei unmittelbaren erheblicher Gefahr ermöglichen, sich durch sofortiges Verlassen der Arbeitsplätze in Sicherheit zu bringen. Den Beschäftigten dürfen hierdurch keine Nachteile entstehen. Hält die unmittelbare erhebliche Gefahr an, darf der Arbeitgeber die Beschäftigte nur in besonders begründeten Ausnahmefällen auffordern, ihre Tätigkeit wieder aufzunehmen.

Erste Hilfe und sonstige Notfallmaßnahmen (§ 10)
Der Arbeitgeber hat entsprechend der Art der Arbeitsstätte und der Tätigkeiten sowie der Zahl der Beschäftigten die Maßnahmen zu treffen, die zur Ersten Hilfe, Brandbekämpfung und Evakuierung der Beschäftigten erforderlich sind. Dabei hat er der Anwesenheit anderer Personen Rechnung zu tragen. Er hat auch dafür zu sorgen, dass im Notfall die erforderlichen Verbindungen zu außerbetrieblichen Stellen insbesondere in den Bereichen der Ersten Hilfe, der medizinischen Notversorgung, der Bergung und der Brandbekämpfung eingerichtet sind.

Der Arbeitgeber hat diejenigen Beschäftigten zu benennen, die Aufgaben der Ersten Hilfe, Brandbekämpfung und Evakuierung der Beschäftigten übernehmen. Anzahl, Ausbildung und Ausrüstung der benannten Beschäftigten müssen in einem angemessenen Verhältnis zur Zahl der Beschäftigten und zu den bestehenden besonderen Gefahren stehen. Vor der Benennung hat der Arbeitgeber den Betriebs- oder Personalrat zu hören.

Arbeitsmedizinische Vorsorge (§ 11)
Der Arbeitgeber hat den Beschäftigten auf ihren Wunsch unbeschadet der Pflichten aus anderen Rechtsvorschriften zu ermöglichen, sich je nach den Gefahren für ihre Sicherheit und Gesundheit bei der Arbeit regelmäßig arbeitsmedizinisch untersuchen zu lassen, es sei denn, aufgrund der Beurteilung der Arbeitsbedingungen und der getroffenen Schutzmaßnahmen ist nicht mit einem Gesundheitsschaden zu rechnen.

Unterweisung (§ 12)
Der Arbeitgeber hat die Beschäftigten über Sicherheit und Gesundheitsschutz bei der Arbeit während ihrer Arbeitszeit ausreichend und angemessen zu unterweisen. Die Unterweisung umfasst Anweisungen und Erläuterungen, die eigens auf den Arbeitsplatz oder den Aufgabenbereich der Beschäftigten ausgerichtet sind. Die Unterweisung muss bei der Einstellung, bei Veränderungen im Aufgabenbereich, der Einführung neuer Arbeitsmittel oder einer neuen Technologie vor Aufnahme der Tätigkeit der Beschäftigten erfolgen.

Die Unterweisung muss an die Gefährdungsentwicklung angepasst sein und erforderlichenfalls regelmäßig wiederholt werden.

Verantwortliche Personen (§ 13)
Verantwortlich für die Erfüllung der sich ergebenden Pflichten sind neben dem Arbeitgeber:

- sein gesetzlicher Vertreter,
- das vertretungsberechtigte Organ einer juristischen Person,
- der vertretungsberechtigte Gesellschafter einer Personenhandelsgesellschaft,
- Personen, die mit der Leitung eines Unternehmens oder eines Betriebes beauftragt sind, im Rahmen der ihnen übertragenen Aufgaben und Befugnisse,
- sonstige nach einer aufgrund dieses Gesetzes erlassenen Rechtsverordnung oder nach einer Unfallverhütungsvorschrift verpflichtete Personen im Rahmen ihrer Aufgaben und Befugnisse.

Der Arbeitgeber kann zuverlässige und fachkundige Person schriftlich damit beauftragen, ihm obliegende Aufgaben nach diesem Gesetz in eigener Verantwortung wahrzunehmen.

7.2.2 Pflichten und Rechte der Beschäftigten

Pflichten der Beschäftigten (§ 15)
Die Beschäftigten sind verpflichtet, nach ihren Möglichkeiten sowie gemäß der Unterweisung und Weisung des Arbeitgebers für ihre Sicherheit und Gesundheit bei der Arbeit Sorge zu tragen. Entsprechend haben die Beschäftigten auch für die Sicherheit und Gesundheit der Personen zu sorgen, die von ihren Handlungen oder Unterlassungen bei der Arbeit betroffen sind. Die Beschäftigten haben insbesondere Maschinen, Geräte, Werkzeuge, Arbeitsstoffe, Transportmittel und sonstige Arbeitsmittel sowie Schutzvorrichtungen und die ihnen zur Verfügung gestellte persönliche Schutzausrüstung bestimmungsgemäß zu verwenden.

Besondere Unterstützungspflichten (§ 16)
Die Beschäftigten haben dem Arbeitgeber oder dem zuständigen Vorgesetzten jede von ihnen festgestellte unmittelbare erhebliche Gefahr für die Sicherheit und Gesundheit sowie jeden an den Schutzsystemen festgestellten Defekt unverzüglich zu melden. Die Beschäftigten haben gemeinsam mit dem Betriebsarzt und der Fachkraft für Arbeitssicherheit den Arbeitgeber darin zu unterstützen die Sicherheit und den Gesundheitsschutz der Beschäftigten bei der Arbeit zu gewährleisten und seine Pflichten entsprechend den behördlichen Auflagen zu erfüllen. Unbeschadet ihrer Pflicht sollen die Beschäftigten von ihnen festgestellte Gefahren für Sicherheit und Gesundheit und Mängel an den Schutzsystemen auch

der Fachkraft für Arbeitssicherheit, dem Betriebsarzt oder dem Sicherheitsbeauftragten mitteilen.

Rechte der Beschäftigten (§ 17)
Die Beschäftigten sind berechtigt, dem Arbeitgeber Vorschläge zu allen Fragen der Sicherheit und des Gesundheitsschutzes bei der Arbeit zu machen. Sind Beschäftigte aufgrund konkreter Anhaltspunkte der Auffassung, dass die vom Arbeitgeber getroffenen Maßnahmen und bereitgestellten Mittel nicht ausreichen, um die Sicherheit und den Gesundheitsschutz bei der Arbeit zu gewährleisten, und hilft der Arbeitgeber darauf gerichteten Beschwerden von Beschäftigten nicht ab, können sich diese an die zuständige Behörde wenden.

7.3 Arbeitsstättenverordnung (ArbStättV)

Ziel, Anwendungsbereich (§ 1)
Die Verordnung dient der Sicherheit und dem Gesundheitsschutz der Beschäftigten beim Einrichten und Betreiben von Arbeitsstätten.

Begriffsbestimmungen (§ 2)
Arbeitsstätten sind:

- Arbeitsräume oder andere Orte in Gebäuden auf dem Gelände eines Betriebes,
- Orte im Freien auf dem Gelände eines Betriebes,
- Orte auf Baustellen,

sofern sie zur Nutzung für Arbeitsplätze vorgesehen sind.

Zur Arbeitsstätte gehören insbesondere auch:

- Orte auf dem Gelände eines Betriebes oder einer Baustelle, zu denen Beschäftigte im Rahmen ihrer Arbeit Zugang haben,
- Verkehrswege, Fluchtwege, Notausgänge, Lager-, Maschinen- und Nebenräume, Sanitärräume, Kantinen, Pausen- und Bereitschaftsräume, Erste-Hilfe-Räume, Unterkünfte sowie
- Einrichtungen, die dem Betreiben der Arbeitsstätte dienen, insbesondere Sicherheitsbeleuchtungen, Feuerlöscheinrichtungen, Versorgungseinrichtungen, Beleuchtungsanlagen, raumlufttechnische Anlagen, Signalanlagen, Energieverteilungsanlagen, Türen und Tore, Fahrsteige, Fahrtreppen, Laderampen und Steigleitern.

Arbeitsräume sind die Räume, in denen Arbeitsplätze innerhalb von Gebäuden dauerhaft eingerichtet sind. Arbeitsplätze sind Bereiche, in denen Beschäftigte im Rahmen ihrer Arbeit tätig sind.

Einrichten ist das Bereitstellen und Ausgestalten der Arbeitsstätte. Das Einrichten umfasst insbesondere:

- bauliche Maßnahmen oder Veränderungen,
- das Ausstatten mit Maschinen, Anlagen, anderen Arbeitsmitteln und Mobiliar sowie mit Beleuchtungs-, Lüftungs-, Heizungs-, Feuerlösch- und Versorgungseinrichtungen,
- das Anlegen und Kennzeichnen von Verkehrs- und Fluchtwegen sowie das Kennzeichnen von Gefahrenstellen und brandschutztechnischen Ausrüstungen und
- das Festlegen von Arbeitsplätzen.

Das Betreiben von Arbeitsstätten umfasst das Benutzen, Instandhalten und Optimieren der Arbeitsstätten sowie die Organisation und Gestaltung der Arbeit einschließlich der Arbeitsabläufe in Arbeitsstätten. Instandhalten ist die Wartung, Inspektion, Instandsetzung oder Verbesserung der Arbeitsstätten zum Erhalt des baulichen und technischen Zustandes.

Stand der Technik ist der Entwicklungsstand fortschrittlicher Verfahren, Einrichtungen oder Betriebsweisen, der die praktische Eignung einer Maßnahme zur Gewährleistung der Sicherheit und zum Schutz der Gesundheit der Beschäftigten gesichert erscheinen lässt. Bei der Bestimmung des Stands der Technik sind insbesondere vergleichbare Verfahren, Einrichtungen oder Betriebsweisen heranzuziehen, die mit Erfolg in der Praxis erprobt worden sind. Gleiches gilt für die Anforderungen an die Arbeitsmedizin und die Hygiene.

Fachkundig ist, wer über die zur Ausübung einer in dieser Verordnung bestimmten Aufgabe erforderlichen Fachkenntnisse verfügt. Die Anforderungen an die Fachkunde sind abhängig von der jeweiligen Art der Aufgabe. Zu den Anforderungen zählen eine entsprechende Berufsausbildung, Berufserfahrung oder eine zeitnah ausgeübte entsprechende berufliche Tätigkeit. Die Fachkenntnisse sind durch Teilnahme an Schulungen auf aktuellem Stand zu halten.

Gefährdungsbeurteilung (§ 3)

Bei der Beurteilung der Arbeitsbedingungen hat der Arbeitgeber zunächst festzustellen, ob die Beschäftigten Gefährdungen beim Einrichten und Betreiben von Arbeitsstätten ausgesetzt sind oder ausgesetzt sein können. Ist dies der Fall, hat er alle möglichen Gefährdungen der Sicherheit und der Gesundheit der Beschäftigten zu beurteilen und dabei die Auswirkungen der Arbeitsorganisation und der Arbeitsabläufe in der Arbeitsstätte zu berücksichtigen.

Bei der Gefährdungsbeurteilung hat er die physischen und psychischen Belastungen sowie bei Bildschirmarbeitsplätzen insbesondere die Belastungen der Augen oder die Gefährdung des Sehvermögens der Beschäftigten zu berücksichtigen. Entsprechend dem Ergebnis der Gefährdungsbeurteilung hat der Arbeitgeber Maßnahmen zum Schutz der Beschäftigten gemäß den Vorschriften dieser Verordnung einschließlich ihres Anhangs nach dem Stand der Technik, Arbeitsmedizin und Hygiene festzulegen. Sonstige gesicherte arbeitswissenschaftliche Erkenntnisse sind zu berücksichtigen.

Der Arbeitgeber hat sicherzustellen, dass die Gefährdungsbeurteilung fachkundig durchgeführt wird. Verfügt der Arbeitgeber nicht selbst über die entsprechenden Kenntnisse, hat er sich fachkundig beraten zu lassen.

Der Arbeitgeber hat die Gefährdungsbeurteilung vor Aufnahme der Tätigkeiten zu dokumentieren. In der Dokumentation ist anzugeben, welche Gefährdungen am Arbeitsplatz auftreten können und welche Maßnahmen durchgeführt werden müssen.

Einrichten und Betreiben von Arbeitsstätten (§ 3a)

Der Arbeitgeber hat dafür zu sorgen, dass Arbeitsstätten so eingerichtet und betrieben werden, dass Gefährdungen für die Sicherheit und die Gesundheit der Beschäftigten möglichst vermieden und verbleibende Gefährdungen möglichst gering gehalten werden. Beim Einrichten und Betreiben der Arbeitsstätten hat der Arbeitgeber den Stand der Technik, Arbeitsmedizin und Hygiene, die ergonomischen Anforderungen sowie insbesondere die vom Bundesministerium für Arbeit und Soziales bekannt gemachten Regeln und Erkenntnisse zu berücksichtigen. Bei Einhaltung der bekannt gemachten Regeln ist davon auszugehen, dass die in dieser Verordnung gestellten Anforderungen diesbezüglich erfüllt sind. Wendet der Arbeitgeber diese Regeln nicht an, so muss er durch andere Maßnahmen die gleiche Sicherheit und den gleichen Schutz der Gesundheit der Beschäftigten erreichen.

Beschäftigt der Arbeitgeber Menschen mit Behinderungen, hat er die Arbeitsstätte so einzurichten und zu betreiben, dass die besonderen Belange dieser Beschäftigten im Hinblick auf die Sicherheit und den Schutz der Gesundheit berücksichtigt werden. Dies gilt insbesondere für die barrierefreie Gestaltung von Arbeitsplätzen, Sanitär-, Pausen- und Bereitschaftsräumen, Kantinen, Erste-Hilfe-Räumen und Unterkünften sowie den zugehörigen Türen, Verkehrswegen, Fluchtwegen, Notausgängen, Treppen und Orientierungssystemen, die von den Beschäftigten mit Behinderungen benutzt werden.

Besondere Anforderungen an das Betreiben von Arbeitsstätten (§ 4)

Der Arbeitgeber hat die Arbeitsstätte instand zu halten und dafür zu sorgen, dass festgestellte Mängel unverzüglich beseitigt werden. Können Mängel, mit denen eine unmittelbare erhebliche Gefahr verbunden ist, nicht sofort beseitigt werden, hat er dafür zu sorgen, dass die gefährdeten Beschäftigten ihre Tätigkeit unverzüglich einstellen.

Der Arbeitgeber hat dafür zu sorgen, dass Arbeitsstätten den hygienischen Erfordernissen entsprechend gereinigt werden. Verunreinigungen und Ablagerungen, die zu Gefährdungen führen können, sind unverzüglich zu beseitigen.

Der Arbeitgeber hat die Sicherheitseinrichtungen, insbesondere Sicherheitsbeleuchtung, Brandmelde- und Feuerlöscheinrichtungen, Signalanlagen, Notaggregate und Notschalter sowie raumlufttechnische Anlagen instand zu halten und in regelmäßigen Abständen auf ihre Funktionsfähigkeit prüfen zu lassen.

Der Arbeitgeber hat dafür zu sorgen, dass Verkehrswege, Fluchtwege und Notausgänge ständig freigehalten werden, damit sie jederzeit benutzbar sind. Der Arbeitgeber hat Vorkehrungen so zu treffen, dass die Beschäftigten bei Gefahr sich unverzüglich in Sicherheit bringen und schnell gerettet werden können. Der Arbeitgeber hat einen Flucht- und Rettungsplan aufzustellen, wenn Lage, Ausdehnung und Art der Benutzung der Arbeitsstätte dies erfordern. Der Plan ist an geeigneten Stellen in der Arbeitsstätte auszulegen oder auszuhängen. In angemessenen Zeitabständen ist entsprechend diesem Plan zu üben.

Der Arbeitgeber hat beim Einrichten und Betreiben von Arbeitsstätten Mittel und Einrichtungen zur Ersten Hilfe zur Verfügung zu stellen und regelmäßig auf ihre Vollständigkeit und Verwendungsfähigkeit prüfen zu lassen.

Nichtraucherschutz (§ 5)

Der Arbeitgeber hat die erforderlichen Maßnahmen zu treffen, damit die nicht rauchenden Beschäftigten in Arbeitsstätten wirksam vor den Gesundheitsgefahren durch Tabakrauch geschützt sind. Soweit erforderlich, hat der Arbeitgeber ein allgemeines oder auf einzelne Bereiche der Arbeitsstätte beschränktes Rauchverbot zu erlassen.

In Arbeitsstätten mit Publikumsverkehr hat der Arbeitgeber beim Einrichten und Betreiben von Arbeitsräumen der Natur des Betriebes entsprechende und der Art der Beschäftigung angepasste technische oder organisatorische Maßnahmen zum Schutz der nicht rauchenden Beschäftigten zu treffen.

Unterweisung der Beschäftigten (§ 6)

Der Arbeitgeber hat den Beschäftigten ausreichende und angemessene Informationen anhand der Gefährdungsbeurteilung in einer für die Beschäftigten verständlichen Form und Sprache zur Verfügung zu stellen über:

- das bestimmungsgemäße Betreiben der Arbeitsstätte,
- alle gesundheits- und sicherheitsrelevanten Fragen im Zusammenhang mit ihrer Tätigkeit,
- Maßnahmen, die zur Gewährleistung der Sicherheit und zum Schutz der Gesundheit der Beschäftigten durchgeführt werden müssen, und
- arbeitsplatzspezifische Maßnahmen, insbesondere bei Tätigkeiten auf Baustellen oder an Bildschirmgeräten,

und sie anhand dieser Informationen zu unterweisen.

Die Unterweisung muss sich auf Maßnahmen im Gefahrenfall erstrecken, insbesondere auf:

- die Bedienung von Sicherheits- und Warneinrichtungen,
- die Erste Hilfe und die dazu vorgehaltenen Mittel und Einrichtungen und
- den innerbetrieblichen Verkehr.

Die Unterweisung muss sich auf Maßnahmen der Brandverhütung und Verhaltensmaßnahmen im Brandfall erstrecken, insbesondere auf die Nutzung der Fluchtwege und Notausgänge. Diejenigen Beschäftigten, die Aufgaben der Brandbekämpfung übernehmen, hat der Arbeitgeber in der Bedienung der Feuerlöscheinrichtungen zu unterweisen.

Die Unterweisungen müssen vor Aufnahme der Tätigkeit stattfinden. Danach sind sie mindestens jährlich zu wiederholen. Sie haben in einer für die Beschäftigten verständlichen Form und Sprache zu erfolgen. Unterweisungen sind unverzüglich zu wiederholen, wenn sich die Tätigkeiten der Beschäftigten, die Arbeitsorganisation, die Arbeits- und Fertigungsverfahren oder die Einrichtungen und Betriebsweisen in der Arbeitsstätte wesentlich verändern und die Veränderung mit zusätzlichen Gefährdungen verbunden ist.

Im Anhang der Arbeitsstättenverordnung sind Anforderungen aufgeführt. Dazu zählen:

Allgemeine Anforderungen

- Anforderungen an Konstruktion und Festigkeit von Gebäuden,
- Abmessungen von Räumen, Luftraum,
- Sicherheits- und Gesundheitsschutzkennzeichnung,
- Energieverteilungsanlagen,
- Fußböden, Wände, Decken, Dächer,
- Fenster, Oberlichter,
- Türen, Tore,
- Verkehrswege,
- Fahrtreppen, Fahrsteige,
- Laderampen,
- Steigleitern, Steigeisengänge.

Maßnahmen zum Schutz vor besonderen Gefahren

- Schutz vor Absturz und herabfallenden Gegenständen, Betreten von Gefahrenbereichen,
- Maßnahmen gegen Brände,
- Fluchtwege und Notausgänge.

Arbeitsbedingungen

- Bewegungsflächen,
- Anordnung der Arbeitsplätze,
- Ausstattung,
- Beleuchtung und Sichtverbindungen,
- Raumtemperatur,
- Lüftung,
- Lärm.

Sanitär-, Pausen- und Bereitschaftsräume, Kantinen, Erste-Hilfe-Räume und Unterkünfte

- Sanitärräume,
- Pausen- und Bereitschaftsräume,
- Erste-Hilfe-Räume,
- Unterkünfte

Ergänzende Anforderungen und Maßnahmen für besondere Arbeitsstätten und Arbeitsplätze

- Arbeitsplätze in nicht allseits umschlossenen Arbeitsstätten und Arbeitsplätzen im Freien,
- Baustellen.

Maßnahmen zur Gestaltung von Bildschirmarbeitsplätzen

- allgemeine Anforderungen an Bildschirmarbeitsplätze,
- allgemeine Anforderungen an Bildschirme und Bildschirmgeräte,
- Anforderungen an Bildschirmgeräte und Arbeitsmittel für die ortsgebundene Verwendung an Arbeitsplätzen,
- Anforderungen an tragbare Bildschirmgeräte für die ortsveränderliche Verwendung an Arbeitsplätzen,
- Anforderungen an die Benutzerfreundlichkeit von Bildschirmarbeitsplätzen.

7.4 Fachkräfte für Arbeitssicherheit nach Arbeitssicherheitsgesetz (ASiG)

Grundsatz (§ 1)
Der Arbeitgeber hat Betriebsärzte und Fachkräfte für Arbeitssicherheit zu bestellen. Diese sollen ihn beim Arbeitsschutz und bei der Unfallverhütung unterstützen. Damit soll erreicht werden, dass:

- die dem Arbeitsschutz und der Unfallverhütung dienenden Vorschriften den besonderen Betriebsverhältnissen entsprechend angewandt werden,
- gesicherte arbeitsmedizinische und sicherheitstechnische Erkenntnisse zur Verbesserung des Arbeitsschutzes und der Unfallverhütung verwirklicht werden können,
- die dem Arbeitsschutz und der Unfallverhütung dienenden Maßnahmen einen möglichst hohen Wirkungsgrad erreichen.

Bestellung von Fachkräften für Arbeitssicherheit (§ 5)
Der Arbeitgeber hat Fachkräfte für Arbeitssicherheit (Sicherheitsingenieure, -techniker, -meister) schriftlich zu bestellen und ihnen Aufgaben zu übertragen, soweit dies erforderlich ist im Hinblick auf:

- die Betriebsart und die damit für die Arbeitnehmer verbundenen Unfall- und Gesundheitsgefahren,
- die Zahl der beschäftigten Arbeitnehmer und die Zusammensetzung der Arbeitnehmerschaft,

- die Betriebsorganisation, insbesondere im Hinblick auf die Zahl und Art der für den Arbeitsschutz und die Unfallverhütung verantwortlichen Personen,
- die Kenntnisse und die Schulung des Arbeitgebers oder der verantwortlichen Personen in Fragen des Arbeitsschutzes.

Der Arbeitgeber hat dafür zu sorgen, dass die von ihm bestellten Fachkräfte für Arbeitssicherheit ihre Aufgaben erfüllen. Er hat sie bei der Erfüllung ihrer Aufgaben zu unterstützen. Insbesondere ist er verpflichtet, ihnen, soweit dies zur Erfüllung ihrer Aufgaben erforderlich ist, Hilfspersonal sowie Räume, Einrichtungen, Geräte und Mittel zur Verfügung zu stellen. Er hat sie über den Einsatz von Personen zu unterrichten, die mit einem befristeten Arbeitsvertrag beschäftigt oder ihm zur Arbeitsleistung überlassen sind.

Der Arbeitgeber hat den Fachkräften für Arbeitssicherheit die zur Erfüllung ihrer Aufgaben erforderliche Fortbildung unter Berücksichtigung der betrieblichen Belange zu ermöglichen. Ist die Fachkraft für Arbeitssicherheit als Arbeitnehmer eingestellt, so ist sie für die Zeit der Fortbildung unter Fortentrichtung der Arbeitsvergütung von der Arbeit freizustellen. Die Kosten der Fortbildung trägt der Arbeitgeber.

Aufgaben der Fachkräfte für Arbeitssicherheit (§ 6)

Die Fachkräfte für Arbeitssicherheit haben die Aufgabe, den Arbeitgeber beim Arbeitsschutz und bei der Unfallverhütung in allen Fragen der Arbeitssicherheit einschließlich der menschengerechten Gestaltung der Arbeit zu unterstützen. Sie haben insbesondere:

- den Arbeitgeber und die sonst für den Arbeitsschutz und die Unfallverhütung verantwortlichen Personen zu beraten, insbesondere bei:
  - der Planung, Ausführung und Unterhaltung von Betriebsanlagen und von sozialen und sanitären Einrichtungen,
  - der Beschaffung von technischen Arbeitsmitteln und der Einführung von Arbeitsverfahren und Arbeitsstoffen,
  - der Auswahl und Erprobung von Körperschutzmitteln,
  - der Gestaltung der Arbeitsplätze, des Arbeitsablaufs, der Arbeitsumgebung und in sonstigen Fragen der Ergonomie,
  - der Beurteilung der Arbeitsbedingungen,
- die Betriebsanlagen und die technischen Arbeitsmittel insbesondere vor der Inbetriebnahme und Arbeitsverfahren insbesondere vor ihrer Einführung sicherheitstechnisch zu überprüfen,
- die Durchführung des Arbeitsschutzes und der Unfallverhütung zu beobachten und im Zusammenhang damit:
  - die Arbeitsstätten in regelmäßigen Abständen zu begehen und festgestellte Mängel dem Arbeitgeber oder der sonst für den Arbeitsschutz und die Unfallverhütung verantwortlichen Person mitzuteilen, Maßnahmen zur Beseitigung dieser Mängel vorzuschlagen und auf deren Durchführung hinzuwirken,
  - auf die Benutzung der Körperschutzmittel zu achten,

  - Ursachen von Arbeitsunfällen zu untersuchen, die Untersuchungsergebnisse zu erfassen und auszuwerten und dem Arbeitgeber Maßnahmen zur Verhütung dieser Arbeitsunfälle vorzuschlagen,
- darauf hinzuwirken, dass sich alle im Betrieb Beschäftigten den Anforderungen des Arbeitsschutzes und der Unfallverhütung entsprechend verhalten, insbesondere sie über die Unfall- und Gesundheitsgefahren, denen sie bei der Arbeit ausgesetzt sind, sowie über die Einrichtungen und Maßnahmen zur Abwendung dieser Gefahren zu belehren und bei der Schulung der Sicherheitsbeauftragten mitzuwirken.

Anforderungen an Fachkräfte für Arbeitssicherheit (§ 7)
Der Arbeitgeber darf als Fachkräfte für Arbeitssicherheit nur Personen bestellen, die den nachstehenden Anforderungen genügen:

- Der Sicherheitsingenieur muss berechtigt sein, die Berufsbezeichnung Ingenieur zu führen und über die zur Erfüllung der ihm übertragenen Aufgaben erforderliche sicherheitstechnische Fachkunde verfügen.
- Der Sicherheitstechniker oder -meister muss über die zur Erfüllung der ihm übertragenen Aufgaben erforderliche sicherheitstechnische Fachkunde verfügen.

Fachkräfte für Arbeitssicherheit sind bei der Anwendung ihrer arbeitsmedizinischen und sicherheitstechnischen Fachkunde weisungsfrei. Sie dürfen wegen der Erfüllung der ihnen übertragenen Aufgaben nicht benachteiligt werden. Fachkräfte für Arbeitssicherheit unterstehen unmittelbar dem Leiter des Betriebs.

Zusammenarbeit mit dem Betriebsrat (§ 9)
Fachkräfte für Arbeitssicherheit haben bei der Erfüllung ihrer Aufgaben mit dem Betriebsrat zusammenzuarbeiten. Fachkräfte für Arbeitssicherheit haben den Betriebsrat über wichtige Angelegenheiten des Arbeitsschutzes und der Unfallverhütung zu unterrichten. Sie haben ihm den Inhalt eines Vorschlags mitzuteilen, den sie dem Arbeitgeber machen. Sie haben den Betriebsrat auf sein Verlangen in Angelegenheiten des Arbeitsschutzes und der Unfallverhütung zu beraten. Die Fachkräfte für Arbeitssicherheit sind mit Zustimmung des Betriebsrats zu bestellen und abzuberufen. Das gleiche gilt, wenn deren Aufgaben erweitert oder eingeschränkt werden sollen.

Arbeitsschutzausschuss (§ 11)
Soweit in einer sonstigen Rechtsvorschrift nichts anderes bestimmt ist, hat der Arbeitgeber in Betrieben mit mehr als zwanzig Beschäftigten einen Arbeitsschutzausschuss zu bilden. Dieser Ausschuss setzt sich zusammen aus:

- dem Arbeitgeber oder einem von ihm Beauftragten,
- zwei vom Betriebsrat bestimmten Betriebsratsmitgliedern,
- Betriebsärzten,

- Fachkräften für Arbeitssicherheit und
- Sicherheitsbeauftragten.

Der Arbeitsschutzausschuss hat die Aufgabe, Anliegen des Arbeitsschutzes und der Unfallverhütung zu beraten. Der Arbeitsschutzausschuss tritt mindestens einmal vierteljährlich zusammen.

7.5 Betriebssicherheitsverordnung (BetrSichV)

7.5.1 Anwendungsbereich und Begriffsbestimmungen

Anwendungsbereich und Zielsetzung (§ 1)
Die Betriebssicherheitsverordnung gilt für die Verwendung von Arbeitsmitteln. Ziel der Verordnung ist es, die Sicherheit und den Schutz der Gesundheit von Beschäftigten bei der Verwendung von Arbeitsmitteln zu gewährleisten. Dies soll insbesondere erreicht werden durch:

- die Auswahl geeigneter Arbeitsmittel und deren sichere Verwendung,
- die für den vorgesehenen Verwendungszweck geeignete Gestaltung von Arbeits- und Fertigungsverfahren sowie
- die Qualifikation und Unterweisung der Beschäftigten.

Begriffsbestimmungen (§ 2)

- **Arbeitsmittel:**
  sind Werkzeuge, Geräte, Maschinen oder Anlagen, die für die Arbeit verwendet werden, sowie überwachungsbedürftige Anlagen.
- **Verwendung von Arbeitsmitteln:**
  umfasst jegliche Tätigkeit mit diesen. Hierzu gehören insbesondere das Montieren und Installieren, Bedienen, An- oder Abschalten oder Einstellen, Gebrauchen, Betreiben, Instandhalten, Reinigen, Prüfen, Umbauen, Erproben, Demontieren, Transportieren und Überwachen.
- **Fachkundig:**
  ist, wer zur Ausübung einer in der Betriebssicherheitsverordnung bestimmten Aufgabe über die erforderlichen Fachkenntnisse verfügt. Die Anforderungen an die Fachkunde sind abhängig von der jeweiligen Art der Aufgabe. Zu den Anforderungen zählen eine entsprechende Berufsausbildung, Berufserfahrung oder eine zeitnah ausgeübte entsprechende berufliche Tätigkeit. Die Fachkenntnisse sind durch Teilnahme an Schulungen auf aktuellem Stand zu halten.

- **Zur Prüfung befähigte Person:**
  ist eine Person, die durch ihre Berufsausbildung, ihre Berufserfahrung und ihre zeitnahe berufliche Tätigkeit über die erforderlichen Kenntnisse zur Prüfung von Arbeitsmitteln verfügt.
- **Stand der Technik:**
  ist der Entwicklungsstand fortschrittlicher Verfahren, Einrichtungen oder Betriebsweisen, der die praktische Eignung einer Maßnahme oder Vorgehensweise zum Schutz der Gesundheit und zur Sicherheit der Beschäftigten oder anderer Personen gesichert erscheinen lässt. Bei der Bestimmung des Stands der Technik sind insbesondere vergleichbare Verfahren, Einrichtungen oder Betriebsweisen heranzuziehen, die mit Erfolg in der Praxis erprobt worden sind.
- **Gefahrenbereich:**
  ist der Bereich innerhalb oder im Umkreis eines Arbeitsmittels, in dem die Sicherheit oder die Gesundheit von Beschäftigten und anderen Personen durch die Verwendung des Arbeitsmittels gefährdet ist.

7.5.2 Gefährdungsbeurteilung und Schutzmaßnahmen

Gefährdungsbeurteilung (§ 3)
Der Arbeitgeber hat vor der Verwendung von Arbeitsmitteln die auftretenden Gefährdungen zu beurteilen (Gefährdungsbeurteilung) und daraus notwendige und geeignete Schutzmaßnahmen abzuleiten. Das Vorhandensein einer CE-Kennzeichnung am Arbeitsmittel entbindet nicht von der Pflicht zur Durchführung einer Gefährdungsbeurteilung. In die Beurteilung sind alle Gefährdungen einzubeziehen, die bei der Verwendung von Arbeitsmitteln ausgehen, und zwar von:

- den Arbeitsmitteln selbst,
- der Arbeitsumgebung und
- den Arbeitsgegenständen, an denen Tätigkeiten mit Arbeitsmitteln durchgeführt werden.

Bei der Gefährdungsbeurteilung ist insbesondere Folgendes zu berücksichtigen:

- die Gebrauchstauglichkeit von Arbeitsmitteln einschließlich der ergonomischen, alters- und alternsgerechten Gestaltung,
- die sicherheitsrelevanten einschließlich der ergonomischen Zusammenhänge zwischen Arbeitsplatz, Arbeitsmittel, Arbeitsverfahren, Arbeitsorganisation, Arbeitsablauf, Arbeitszeit und Arbeitsaufgabe,
- die physischen und psychischen Belastungen der Beschäftigten, die bei der Verwendung von Arbeitsmitteln auftreten,
- vorhersehbare Betriebsstörungen und die Gefährdung bei Maßnahmen zu deren Beseitigung.

Die Gefährdungsbeurteilung soll bereits vor der Auswahl und der Beschaffung der Arbeitsmittel begonnen werden. Dabei ist insbesondere die Eignung des Arbeitsmittels für die geplante Verwendung, die Arbeitsabläufe und die Arbeitsorganisation zu berücksichtigen. Die Gefährdungsbeurteilung darf nur von fachkundigen Personen durchgeführt werden. Verfügt der Arbeitgeber nicht selbst über die entsprechenden Kenntnisse, so hat er sich fachkundig beraten zu lassen.

Der Arbeitgeber hat sich die Informationen zu beschaffen, die für die Gefährdungsbeurteilung notwendig sind. Er kann bei der Festlegung der Schutzmaßnahmen bereits vorhandene Gefährdungsbeurteilungen, hierzu gehören auch gleichwertige Unterlagen, die ihm der Hersteller oder Inverkehrbringer mitgeliefert hat, übernehmen, sofern die Angaben und Festlegungen in dieser Gefährdungsbeurteilung den Arbeitsmitteln einschließlich der Arbeitsbedingungen und -verfahren, im eigenen Betrieb entsprechen.

Der Arbeitgeber hat Art und Umfang erforderlicher Prüfungen von Arbeitsmitteln sowie die Fristen von wiederkehrenden Prüfungen zu ermitteln und festzulegen. Die Fristen für die wiederkehrenden Prüfungen sind so festzulegen, dass die Arbeitsmittel bis zur nächsten festgelegten Prüfung sicher verwendet werden können. Ferner hat der Arbeitgeber zu ermitteln und festzulegen, welche Voraussetzungen die zur Prüfung befähigten Personen erfüllen müssen, die von ihm mit den Prüfungen von Arbeitsmitteln zu beauftragen sind.

Die Gefährdungsbeurteilung ist regelmäßig zu überprüfen. Dabei ist der Stand der Technik zu berücksichtigen. Soweit erforderlich, sind die Schutzmaßnahmen bei der Verwendung von Arbeitsmitteln entsprechend anzupassen. Der Arbeitgeber hat die Gefährdungsbeurteilung unverzüglich zu aktualisieren, wenn:

- sicherheitsrelevante Veränderungen der Arbeitsbedingungen einschließlich der Änderung von Arbeitsmitteln dies erfordern,
- neue Informationen, insbesondere Erkenntnisse aus dem Unfallgeschehen oder aus der arbeitsmedizinischen Vorsorge, vorliegen oder
- die Prüfung der Wirksamkeit der Schutzmaßnahmen ergeben hat, dass die festgelegten Schutzmaßnahmen nicht wirksam oder nicht ausreichend sind.

Ergibt die Überprüfung der Gefährdungsbeurteilung, dass keine Aktualisierung erforderlich ist, so hat der Arbeitgeber dies unter Angabe des Datums der Überprüfung in der Dokumentation zu vermerken. Der Arbeitgeber hat das Ergebnis seiner Gefährdungsbeurteilung vor der erstmaligen Verwendung der Arbeitsmittel zu dokumentieren. Dabei sind mindestens anzugeben:

- die Gefährdungen, die bei der Verwendung der Arbeitsmittel auftreten,
- die zu ergreifenden Schutzmaßnahmen,
- Art und Umfang der erforderlichen Prüfungen sowie die Fristen der wiederkehrenden Prüfungen und
- das Ergebnis der Überprüfung der Wirksamkeit der Schutzmaßnahmen.

Grundpflichten des Arbeitgebers (§ 4)
Arbeitsmittel dürfen erst verwendet werden, nachdem der Arbeitgeber:

- eine Gefährdungsbeurteilung durchgeführt hat,
- die dabei ermittelten Schutzmaßnahmen nach dem Stand der Technik getroffen hat und
- festgestellt hat, dass die Verwendung der Arbeitsmittel nach dem Stand der Technik sicher ist.

Ergibt sich aus der Gefährdungsbeurteilung, dass Gefährdungen durch technische Schutzmaßnahmen nach dem Stand der Technik nicht oder nur unzureichend vermieden werden können, hat der Arbeitgeber geeignete organisatorische und personenbezogene Schutzmaßnahmen zu treffen. Technische Schutzmaßnahmen haben Vorrang vor organisatorischen, diese haben wiederum Vorrang vor personenbezogenen Schutzmaßnahmen. Die Verwendung persönlicher Schutzausrüstung ist für jeden Beschäftigten auf das erforderliche Minimum zu beschränken. Der Arbeitgeber hat dafür zu sorgen, dass Arbeitsmittel, für die Prüfungen vorgeschrieben sind, nur verwendet werden, wenn diese Prüfungen durchgeführt und dokumentiert wurden.

Der Arbeitgeber hat die Wirksamkeit der Schutzmaßnahmen vor der erstmaligen Verwendung der Arbeitsmittel zu überprüfen. Der Arbeitgeber hat weiterhin dafür zu sorgen, dass Arbeitsmittel vor ihrer jeweiligen Verwendung durch Inaugenscheinnahme und erforderlichenfalls durch eine Funktionskontrolle auf offensichtliche Mängel kontrolliert werden und Schutz- und Sicherheitseinrichtungen einer regelmäßigen Funktionskontrolle unterzogen werden.

Der Arbeitgeber hat die Belange des Arbeitsschutzes in Bezug auf die Verwendung von Arbeitsmitteln angemessen in seine betriebliche Organisation einzubinden und hierfür die erforderlichen personellen, finanziellen und organisatorischen Voraussetzungen zu schaffen. Insbesondere hat er dafür zu sorgen, dass bei der Gestaltung der Arbeitsorganisation, des Arbeitsverfahrens und des Arbeitsplatzes sowie bei der Auswahl und beim Zur-Verfügung-Stellen der Arbeitsmittel alle mit der Sicherheit und Gesundheit der Beschäftigten zusammenhängenden Faktoren, einschließlich der psychischen, ausreichend berücksichtigt werden.

Anforderungen an die zur Verfügung gestellten Arbeitsmittel (§ 5)
Der Arbeitgeber darf nur solche Arbeitsmittel zur Verfügung stellen und verwenden lassen, die unter Berücksichtigung der vorgesehenen Einsatzbedingungen bei der Verwendung sicher sind. Die Arbeitsmittel müssen:

- für die Art der auszuführenden Arbeiten geeignet sein,
- den gegebenen Einsatzbedingungen und den vorhersehbaren Beanspruchungen angepasst sein und
- über die erforderlichen sicherheitsrelevanten Ausrüstungen verfügen,

so dass eine Gefährdung durch ihre Verwendung so gering wie möglich gehalten wird. Kann durch Maßnahmen die Sicherheit und Gesundheit nicht gewährleistet werden, so hat der Arbeitgeber andere geeignete Schutzmaßnahmen zu treffen, um die Gefährdung so weit wie möglich zu reduzieren.

Der Arbeitgeber darf Arbeitsmittel nicht zur Verfügung stellen und verwenden lassen, wenn sie Mängel aufweisen, welche die sichere Verwendung beeinträchtigen. Er darf nur solche Arbeitsmittel zur Verfügung stellen und verwenden lassen, die den für sie geltenden Rechtsvorschriften über Sicherheit und Gesundheitsschutz entsprechen. Zu diesen Rechtsvorschriften gehören insbesondere Rechtsvorschriften, mit denen EU-Richtlinien in deutsches Recht umgesetzt wurden und die für die Arbeitsmittel zum Zeitpunkt des Bereitstellens auf dem Markt gelten.

Arbeitsmittel, die der Arbeitgeber für eigene Zwecke selbst hergestellt hat, müssen den grundlegenden Sicherheitsanforderungen der anzuwendenden EU-Richtlinien entsprechen. Der Arbeitgeber hat dafür zu sorgen, dass Beschäftigte nur die Arbeitsmittel verwenden, die er ihnen zur Verfügung gestellt hat oder deren Verwendung er ihnen ausdrücklich gestattet hat.

Grundlegende Schutzmaßnahmen bei der Verwendung von Arbeitsmitteln (§ 6)
Der Arbeitgeber hat dafür zu sorgen, dass die Arbeitsmittel sicher verwendet und dabei die Grundsätze der Ergonomie beachtet werden. Die Verwendung der Arbeitsmittel ist so zu gestalten und zu organisieren, dass Belastungen und Fehlbeanspruchungen, die die Gesundheit und die Sicherheit der Beschäftigten gefährden können, vermieden oder, wenn dies nicht möglich ist, auf ein Mindestmaß reduziert werden. Der Arbeitgeber hat darauf zu achten, dass die Beschäftigten in der Lage sind, die Arbeitsmittel zu verwenden, ohne sich oder andere Personen zu gefährden. Insbesondere sind folgende Grundsätze einer menschengerechten Gestaltung der Arbeit zu berücksichtigen:

- die Arbeitsmittel einschließlich ihrer Schnittstelle zum Menschen müssen an die körperlichen Eigenschaften und die Kompetenz der Beschäftigten angepasst sein sowie biomechanische Belastungen bei der Verwendung vermieden werden. Zu berücksichtigen sind hierbei die Arbeitsumgebung, die Lage der Zugriffstellen und des Schwerpunktes des Arbeitsmittels, die erforderliche Körperhaltung, die Körperbewegung, die Entfernung zum Körper, die benötigte persönliche Schutzausrüstung sowie die psychische Belastung der Beschäftigten,
- die Beschäftigten müssen über einen ausreichenden Bewegungsfreiraum verfügen,
- es sind ein Arbeitstempo und ein Arbeitsrhythmus zu vermeiden, die zu Gefährdungen der Beschäftigten führen können,
- es sind Bedien- und Überwachungstätigkeiten zu vermeiden, die eine uneingeschränkte und dauernde Aufmerksamkeit erfordern.

Der Arbeitgeber hat dafür zu sorgen, dass vorhandene Schutzeinrichtungen und zur Verfügung gestellte persönliche Schutzausrüstungen verwendet werden, dass erforderliche Schutz- oder Sicherheitseinrichtungen funktionsfähig sind und nicht auf einfache Weise manipuliert oder umgangen werden können. Der Arbeitgeber hat ferner durch geeignete Maßnahmen dafür zu sorgen, dass Beschäftigte bei der Verwendung der Arbeitsmittel die erhaltenen Informationen sowie Kennzeichnungen und Gefahrenhinweise beachten. Er hat dafür zu sorgen, dass:

- die Errichtung von Arbeitsmitteln, der Auf- und Abbau, die Erprobung sowie die Instandhaltung und Prüfung von Arbeitsmitteln unter Berücksichtigung der sicherheitsrelevanten Aufstellungs- und Umgebungsbedingungen nach dem Stand der Technik erfolgen und sicher durchgeführt werden,
- erforderliche Sicherheits- und Schutzabstände eingehalten werden und
- alle verwendeten oder erzeugten Energieformen und Materialien sicher zu- und abgeführt werden können.

Werden Arbeitsmittel im Freien verwendet, hat der Arbeitgeber dafür zu sorgen, dass die sichere Verwendung der Arbeitsmittel ungeachtet der Witterungsverhältnisse stets gewährleistet ist.

Vereinfachte Vorgehensweise bei der Verwendung von Arbeitsmitteln (§ 7)
Der Arbeitgeber kann auf weitere Maßnahmen verzichten, wenn sich aus der Gefährdungsbeurteilung ergibt, dass:

- die Arbeitsmittel mindestens den sicherheitstechnischen Anforderungen der für sie zum Zeitpunkt der Verwendung geltenden Rechtsvorschriften zum Bereitstellen von Arbeitsmitteln auf dem Markt entsprechen,
- die Arbeitsmittel ausschließlich bestimmungsgemäß entsprechend den Vorgaben des Herstellers verwendet werden,
- keine zusätzlichen Gefährdungen der Beschäftigten unter Berücksichtigung der Arbeitsumgebung, der Arbeitsgegenstände, der Arbeitsabläufe sowie der Dauer und der zeitlichen Lage der Arbeitszeit auftreten und
- Instandhaltungsmaßnahmen getroffen und Prüfungen durchgeführt werden.

Schutzmaßnahmen bei Gefährdungen durch Energien, Ingangsetzen und Stillsetzen (§ 8)
Der Arbeitgeber darf nur solche Arbeitsmittel verwenden lassen, die gegen Gefährdungen ausgelegt sind durch:

- die von ihnen ausgehenden oder verwendeten Energien,
- direktes oder indirektes Berühren von Teilen, die unter elektrischer Spannung stehen, oder
- Störungen ihrer Energieversorgung.

Die Arbeitsmittel müssen ferner so gestaltet sein, dass eine gefährliche elektrostatische Aufladung vermieden oder begrenzt wird. Ist dies nicht möglich, müssen sie mit Einrichtungen zum Ableiten solcher Aufladungen ausgestattet sein. Der Arbeitgeber hat dafür zu sorgen, dass Arbeitsmittel mit den sicherheitstechnisch erforderlichen Mess-, Steuer- und Regeleinrichtungen ausgestattet sind, damit sie sicher und zuverlässig verwendet werden können. Befehlseinrichtungen, die Einfluss auf die sichere Verwendung der Arbeitsmittel haben, müssen insbesondere:

- als solche deutlich erkennbar, außerhalb des Gefahrenbereichs angeordnet und leicht und ohne Gefährdung erreichbar sein; ihre Betätigung darf zu keiner zusätzlichen Gefährdung führen,
- sicher beschaffen und auf vorhersehbare Störungen, Beanspruchungen und Zwänge ausgelegt sein,
- gegen unbeabsichtigtes oder unbefugtes Betätigen gesichert sein.

Arbeitsmittel dürfen nur absichtlich in Gang gesetzt werden können. Soweit erforderlich, muss das Ingangsetzen sicher verhindert werden können oder müssen sich die Beschäftigten Gefährdungen durch das in Gang gesetzte Arbeitsmittel rechtzeitig entziehen können. Hierbei und bei Änderungen des Betriebszustands muss auch die Sicherheit im Gefahrenbereich durch geeignete Maßnahmen gewährleistet werden.

Vom Standort der Bedienung des Arbeitsmittels aus muss dieses als Ganzes oder in Teilen so stillgesetzt und von jeder einzelnen Energiequelle dauerhaft sicher getrennt werden können, dass ein sicherer Zustand gewährleistet ist. Die hierfür vorgesehenen Befehlseinrichtungen müssen leicht und ungehindert erreichbar und deutlich erkennbar gekennzeichnet sein. Der Befehl zum Stillsetzen eines Arbeitsmittels muss gegenüber dem Befehl zum Ingangsetzen Vorrang haben.

Können bei Arbeitsmitteln, die über Systeme mit Speicherwirkung verfügen, nach dem Trennen von jeder Energiequelle noch Energien gespeichert sein, so müssen Einrichtungen vorhanden sein, mit denen diese Systeme energiefrei gemacht werden können. Diese Einrichtungen müssen gekennzeichnet sein. Ist ein vollständiges Energiefreimachen nicht möglich, müssen an den Arbeitsmitteln entsprechende Gefahrenhinweise vorhanden sein.

Kraftbetriebene Arbeitsmittel müssen mit einer schnell erreichbaren und auffällig gekennzeichneten Notbefehlseinrichtung zum sicheren Stillsetzen des gesamten Arbeitsmittels ausgerüstet sein, mit der Gefahr bringende Bewegungen oder Prozesse ohne zusätzliche Gefährdungen unverzüglich stillgesetzt werden können. Auf eine Notbefehlseinrichtung kann verzichtet werden, wenn sie die Gefährdung nicht mindern würde; in diesem Fall ist die Sicherheit auf andere Weise zu gewährleisten.

Vom jeweiligen Bedienungsort des Arbeitsmittels aus muss feststellbar sein, ob sich Personen oder Hindernisse im Gefahrenbereich befinden, oder dem Ingangsetzen muss ein automatisch ansprechendes Sicherheitssystem vorgeschaltet sein, das das Ingangsetzen verhindert, solange sich Beschäftigte im Gefahrenbereich aufhalten. Ist dies nicht möglich, müssen ausreichende Möglichkeiten zur Verständigung und Warnung vor dem

Ingangsetzen vorhanden sein. Soweit erforderlich, muss das Ingangsetzen sicher verhindert werden können, oder die Beschäftigten müssen sich Gefährdungen durch das in Gang gesetzte Arbeitsmittel rechtzeitig entziehen können.

Weitere Schutzmaßnahmen bei der Verwendung von Arbeitsmitteln (§ 9)
Der Arbeitgeber hat dafür zu sorgen, dass Arbeitsmittel unter Berücksichtigung der zu erwartenden Betriebsbedingungen so verwendet werden, dass Beschäftigte gegen vorhersehbare Gefährdungen ausreichend geschützt sind. Insbesondere müssen:

- Arbeitsmittel ausreichend standsicher sein und, falls erforderlich, gegen unbeabsichtigte Positions- und Lageänderungen stabilisiert werden,
- Arbeitsmittel mit den erforderlichen sicherheitstechnischen Ausrüstungen versehen sein,
- Arbeitsmittel, ihre Teile und die Verbindungen untereinander den Belastungen aus inneren und äußeren Kräften standhalten,
- Schutzeinrichtungen bei Splitter- oder Bruchgefahr sowie gegen herabfallende oder herausschleudernde Gegenstände vorhanden sein,
- sichere Zugänge zu Arbeitsplätzen an und in Arbeitsmitteln gewährleistet und ein gefahrloser Aufenthalt dort möglich sein,
- Schutzmaßnahmen getroffen werden, die sowohl einen Absturz von Beschäftigten als auch von Arbeitsmitteln sicher verhindern,
- Maßnahmen getroffen werden, damit Personen nicht unbeabsichtigt in Arbeitsmitteln eingeschlossen werden; im Notfall müssen eingeschlossene Personen aus Arbeitsmitteln in angemessener Zeit befreit werden können,
- Schutzmaßnahmen gegen Gefährdungen durch bewegliche Teile von Arbeitsmitteln und gegen Blockaden solcher Teile getroffen werden; hierzu gehören auch Maßnahmen, die den unbeabsichtigten Zugang zum Gefahrenbereich von beweglichen Teilen von Arbeitsmitteln verhindern oder die bewegliche Teile vor dem Erreichen des Gefahrenbereichs stillsetzen,
- Maßnahmen getroffen werden, die verhindern, dass die sichere Verwendung der Arbeitsmittel durch äußere Einwirkungen beeinträchtigt wird,
- Leitungen so verlegt sein, dass Gefährdungen vermieden werden, und
- Maßnahmen getroffen werden, die verhindern, dass außer Betrieb gesetzte Arbeitsmittel zu Gefährdungen führen.

Der Arbeitgeber hat Schutzmaßnahmen gegen Gefährdungen durch heiße oder kalte Teile, scharfe Ecken und Kanten und raue Oberflächen von Arbeitsmitteln zu treffen. Der Arbeitgeber hat weiterhin dafür zu sorgen, dass Schutzeinrichtungen:

- einen ausreichenden Schutz gegen Gefährdungen bieten,
- stabil gebaut sind,
- sicher in Position gehalten werden,

- die Eingriffe, die für den Einbau oder den Austausch von Teilen sowie für Instandhaltungsarbeiten erforderlich sind, möglichst ohne Demontage der Schutzeinrichtungen zulassen,
- keine zusätzlichen Gefährdungen verursachen,
- nicht auf einfache Weise umgangen oder unwirksam gemacht werden können und
- die Beobachtung und Durchführung des Arbeitszyklus nicht mehr als notwendig einschränken.

Werden Arbeitsmittel in Bereichen mit gefährlicher explosionsfähiger Atmosphäre verwendet oder kommt es durch deren Verwendung zur Bildung gefährlicher explosionsfähiger Atmosphäre, müssen unter Beachtung der Gefahrstoffverordnung die erforderlichen Schutzmaßnahmen getroffen werden. Diese Schutzmaßnahmen sind vor der erstmaligen Verwendung der Arbeitsmittel im Explosionsschutzdokument nach der Gefahrstoffverordnung zu dokumentieren.

Soweit nach der Gefährdungsbeurteilung erforderlich, müssen an Arbeitsmitteln oder in deren Gefahrenbereich ausreichende, verständliche und gut wahrnehmbare Sicherheitskennzeichnungen und Gefahrenhinweise sowie Einrichtungen zur angemessenen, unmissverständlichen und leicht wahrnehmbaren Warnung im Gefahrenfall vorhanden sein.

Instandhaltung und Änderung von Arbeitsmitteln (§ 10)
Der Arbeitgeber hat Instandhaltungsmaßnahmen zu treffen, damit die Arbeitsmittel während der gesamten Verwendungsdauer den für sie geltenden Sicherheits- und Gesundheitsschutzanforderungen entsprechen und in einem sicheren Zustand erhalten werden. Dabei sind die Angaben des Herstellers zu berücksichtigen. Notwendige Instandhaltungsmaßnahmen sind unverzüglich durchzuführen und die dabei erforderlichen Schutzmaßnahmen zu treffen.

Der Arbeitgeber hat Instandhaltungsmaßnahmen auf der Grundlage einer Gefährdungsbeurteilung sicher durchführen zu lassen und dabei die Betriebsanleitung des Herstellers zu berücksichtigen. Instandhaltungsmaßnahmen dürfen nur von fachkundigen, beauftragten und unterwiesenen Beschäftigten oder von sonstigen für die Durchführung der Instandhaltungsarbeiten geeigneten Auftragnehmern mit vergleichbarer Qualifikation durchgeführt werden. Er hat alle erforderlichen Maßnahmen zu treffen, damit Instandhaltungsarbeiten sicher durchgeführt werden können. Dabei hat er insbesondere:

- die Verantwortlichkeiten für die Durchführung der erforderlichen Sicherungsmaßnahmen festzulegen,
- eine ausreichende Kommunikation zwischen Bedien- und Instandhaltungspersonal sicherzustellen,
- den Arbeitsbereich während der Instandhaltungsarbeiten abzusichern,
- das Betreten des Arbeitsbereichs durch Unbefugte zu verhindern, soweit das nach der Gefährdungsbeurteilung erforderlich ist,
- sichere Zugänge für das Instandhaltungspersonal vorzusehen,

- Gefährdungen durch bewegte oder angehobene Arbeitsmittel oder deren Teile sowie durch gefährliche Energien oder Stoffe zu vermeiden,
- dafür zu sorgen, dass Einrichtungen vorhanden sind, mit denen Energien beseitigt werden können, die nach einer Trennung des instand zu haltenden Arbeitsmittels von Energiequellen noch gespeichert sind; diese Einrichtungen sind entsprechend zu kennzeichnen,
- sichere Arbeitsverfahren für solche Arbeitsbedingungen festzulegen, die vom Normalzustand abweichen,
- erforderliche Warn- und Gefahrenhinweise bezogen auf Instandhaltungsarbeiten an den Arbeitsmitteln zur Verfügung zu stellen,
- dafür zu sorgen, dass nur geeignete Geräte und Werkzeuge und eine geeignete persönliche Schutzausrüstung verwendet werden,
- bei Auftreten oder Bildung gefährlicher explosionsfähiger Atmosphäre Schutzmaßnahmen zu treffen,
- Systeme für die Freigabe bestimmter Arbeiten anzuwenden.

Werden bei Instandhaltungsmaßnahmen an Arbeitsmitteln die für den Normalbetrieb getroffenen technischen Schutzmaßnahmen ganz oder teilweise außer Betrieb gesetzt oder müssen solche Arbeiten unter Gefährdung durch Energie durchgeführt werden, so ist die Sicherheit der Beschäftigten während der Dauer dieser Arbeiten durch andere geeignete Maßnahmen zu gewährleisten.

Der Arbeitgeber hat sicherzustellen, dass die geänderten Arbeitsmittel die Sicherheits- und Gesundheitsschutzanforderungen erfüllen. Bei Änderungen von Arbeitsmitteln hat der Arbeitgeber zu beurteilen, ob es sich um prüfpflichtige Änderungen handelt. Er hat auch zu beurteilen, ob er bei den Änderungen von Arbeitsmitteln Herstellerpflichten zu beachten hat, die sich aus anderen Rechtsvorschriften, insbesondere dem Produktsicherheitsgesetz ergeben.

Besondere Betriebszustände, Betriebsstörungen und Unfälle (§ 11)

Der Arbeitgeber hat Maßnahmen zu ergreifen, durch die unzulässige oder instabile Betriebszustände von Arbeitsmitteln verhindert werden. Können instabile Zustände nicht sicher verhindert werden, hat der Arbeitgeber Maßnahmen zu ihrer Beherrschung zu treffen, insbesondere für An- und Abfahr- sowie Erprobungsvorgänge.

Der Arbeitgeber hat dafür zu sorgen, dass Beschäftigte und andere Personen bei einem Unfall oder bei einem Notfall unverzüglich gerettet und ärztlich versorgt werden können. Dies schließt die Bereitstellung geeigneter Zugänge zu den Arbeitsmitteln und in diese sowie die Bereitstellung erforderlicher Befestigungsmöglichkeiten für Rettungseinrichtungen an und in den Arbeitsmitteln ein. Im Notfall müssen Zugangssperren gefahrlos selbsttätig in einen sicheren Bereich öffnen. Ist dies nicht möglich, müssen Zugangssperren über eine Notentriegelung leicht zu öffnen sein, wobei an der Notentriegelung und an der Zugangssperre auf die noch bestehenden Gefahren besonders hingewiesen werden muss. Besteht die Möglichkeit, in ein Arbeitsmittel eingezogen zu werden, muss die Rettung eingezogener Personen möglich sein.

Der Arbeitgeber hat dafür zu sorgen, dass die notwendigen Informationen über Maßnahmen bei Notfällen zur Verfügung stehen. Die Informationen müssen auch Rettungsdiensten zur Verfügung stehen, soweit sie für Rettungseinsätze benötigt werden. Zu den Informationen zählen:

- eine Vorabmitteilung über einschlägige Gefährdungen bei der Arbeit, über Maßnahmen zur Feststellung von Gefährdungen sowie über Vorsichtsmaßregeln und Verfahren, damit die Rettungsdienste ihre eigenen Abhilfe- und Sicherheitsmaßnahmen vorbereiten können,
- Informationen über einschlägige und spezifische Gefährdungen, die bei einem Unfall oder Notfall auftreten können, einschließlich der Informationen über notwendige Maßnahmen.

Treten durch besondere Betriebszustände oder Betriebsstörungen Gefährdungen auf, hat der Arbeitgeber dafür zu sorgen, dass dies durch Warneinrichtungen angezeigt wird.

Werden bei Rüst-, Einrichtungs- und Erprobungsarbeiten oder vergleichbaren Arbeiten an Arbeitsmitteln die für den Normalbetrieb getroffenen technischen Schutzmaßnahmen ganz oder teilweise außer Betrieb gesetzt oder müssen solche Arbeiten unter Gefährdung durch Energie durchgeführt werden, so ist die Sicherheit der Beschäftigten während der Dauer dieser Arbeiten durch andere geeignete Maßnahmen zu gewährleisten. Die Arbeiten dürfen nur von fachkundigen Personen durchgeführt werden.

Insbesondere bei Rüst- und Einrichtungsarbeiten, der Erprobung und der Prüfung von Arbeitsmitteln sowie bei der Fehlersuche sind Gefahrenbereiche festzulegen. Ist ein Aufenthalt im Gefahrenbereich von Arbeitsmitteln erforderlich, sind auf der Grundlage der Gefährdungsbeurteilung weitere Maßnahmen zu treffen, welche die Sicherheit der Beschäftigten gewährleisten.

Unterweisung und besondere Beauftragung von Beschäftigten (§ 12)

Bevor Beschäftigte Arbeitsmittel erstmalig verwenden, hat der Arbeitgeber ihnen ausreichende und angemessene Informationen anhand der Gefährdungsbeurteilung in einer für die Beschäftigten verständlichen Form und Sprache zur Verfügung zu stellen über:

- vorhandene Gefährdungen bei der Verwendung von Arbeitsmitteln einschließlich damit verbundener Gefährdungen durch die Arbeitsumgebung,
- erforderliche Schutzmaßnahmen und Verhaltensregelungen und
- Maßnahmen bei Betriebsstörungen, Unfällen und zur Ersten Hilfe bei Notfällen.

Der Arbeitgeber hat die Beschäftigten vor Aufnahme der Verwendung von Arbeitsmitteln tätigkeitsbezogen zu unterweisen. Danach hat er in regelmäßigen Abständen, mindestens jedoch einmal jährlich, weitere Unterweisungen durchzuführen. Das Datum einer jeden Unterweisung und die Namen der Unterwiesenen hat er schriftlich festzuhalten.

Bevor Beschäftigte Arbeitsmittel erstmalig verwenden, hat der Arbeitgeber ihnen eine schriftliche Betriebsanweisung für die Verwendung des Arbeitsmittels in einer für die Beschäftigten verständlichen Form und Sprache an geeigneter Stelle zur Verfügung zu stellen. Dies gilt nicht für Arbeitsmittel, für die keine Gebrauchsanleitung nach § 3 des Produktsicherheitsgesetzes mitgeliefert werden muss. Anstelle einer Betriebsanweisung kann der Arbeitgeber auch eine bei der Bereitstellung des Arbeitsmittels auf dem Markt mitgelieferte Gebrauchsanleitung oder Betriebsanleitung zur Verfügung stellen, wenn diese Informationen enthalten, die einer Betriebsanweisung entsprechen.

Die Betriebsanweisung ist bei sicherheitsrelevanten Änderungen der Arbeitsbedingungen zu aktualisieren und bei der regelmäßig wiederkehrenden Unterweisung nach § 12 des Arbeitsschutzgesetzes in Bezug zu nehmen. Ist die Verwendung von Arbeitsmitteln mit besonderen Gefährdungen verbunden, hat der Arbeitgeber dafür zu sorgen, dass diese nur von hierzu beauftragten Beschäftigten verwendet werden.

Zusammenarbeit verschiedener Arbeitgeber (§ 13)

Beabsichtigt der Arbeitgeber, in seinem Betrieb Arbeiten durch eine betriebsfremde Person (Auftragnehmer) durchführen zu lassen, so darf er dafür nur solche Auftragnehmer heranziehen, die über die für die geplanten Arbeiten erforderliche Fachkunde verfügen. Der Arbeitgeber als Auftraggeber hat die Auftragnehmer, die ihrerseits Arbeitgeber sind, über die von seinen Arbeitsmitteln ausgehenden Gefährdungen und über spezifische Verhaltensregeln zu informieren. Der Auftragnehmer hat den Auftraggeber und andere Arbeitgeber über Gefährdungen durch seine Arbeiten für Beschäftigte des Auftraggebers und anderer Arbeitgeber zu informieren.

Kann eine Gefährdung von Beschäftigten anderer Arbeitgeber nicht ausgeschlossen werden, so haben alle betroffenen Arbeitgeber bei ihren Gefährdungsbeurteilungen zusammenzuwirken und die Schutzmaßnahmen so abzustimmen und durchzuführen, dass diese wirksam sind. Jeder Arbeitgeber ist dafür verantwortlich, dass seine Beschäftigten die gemeinsam festgelegten Schutzmaßnahmen anwenden.

Besteht bei der Verwendung von Arbeitsmitteln eine erhöhte Gefährdung von Beschäftigten anderer Arbeitgeber, ist für die Abstimmung der jeweils erforderlichen Schutzmaßnahmen durch die beteiligten Arbeitgeber ein Koordinator/eine Koordinatorin schriftlich zu bestellen. Dem Koordinator/der Koordinatorin sind von den beteiligten Arbeitgebern alle erforderlichen sicherheitsrelevanten Informationen sowie Informationen zu den festgelegten Schutzmaßnahmen zur Verfügung zu stellen. Die Bestellung eines Koordinators/einer Koordinatorin entbindet die Arbeitgeber nicht von ihrer Verantwortung.

Prüfung von Arbeitsmitteln (§ 14)

Der Arbeitgeber hat Arbeitsmittel, deren Sicherheit von den Montagebedingungen abhängt, vor der erstmaligen Verwendung von einer zur Prüfung befähigten Person prüfen zu lassen. Die Prüfung umfasst Folgendes:

- die Kontrolle der vorschriftsmäßigen Montage oder Installation und der sicheren Funktion dieser Arbeitsmittel,
- die rechtzeitige Feststellung von Schäden,
- die Feststellung, ob die getroffenen sicherheitstechnischen Maßnahmen wirksam sind.

Prüfinhalte, die im Rahmen eines Konformitätsbewertungsverfahrens geprüft und dokumentiert wurden, müssen nicht erneut geprüft werden. Die Prüfung muss vor jeder Inbetriebnahme nach einer Montage stattfinden.

Arbeitsmittel, die Schäden verursachenden Einflüssen ausgesetzt sind, die zu Gefährdungen der Beschäftigten führen können, hat der Arbeitgeber wiederkehrend von einer zur Prüfung befähigten Person prüfen zu lassen. Ergibt die Prüfung, dass die Arbeitsmittel nicht bis zu der ermittelten nächsten wiederkehrenden Prüfung sicher betrieben werden kann, ist die Prüffrist neu festzulegen.

Arbeitsmittel sind nach prüfpflichtigen Änderungen vor ihrer nächsten Verwendung durch eine zur Prüfung befähigte Person prüfen zu lassen. Arbeitsmittel, die von außergewöhnlichen Ereignissen betroffen sind, die schädigende Auswirkungen auf ihre Sicherheit haben können, durch die Beschäftigte gefährdet werden können, sind vor ihrer weiteren Verwendung einer außerordentlichen Prüfung durch eine zur Prüfung befähigte Person unterziehen zu lassen. Außergewöhnliche Ereignisse können insbesondere Unfälle, längere Zeiträume der Nichtverwendung der Arbeitsmittel oder Naturereignisse sein.

Der Fälligkeitstermin von wiederkehrenden Prüfungen wird jeweils mit dem Monat und dem Jahr angegeben. Die Frist für die nächste wiederkehrende Prüfung beginnt mit dem Fälligkeitstermin der letzten Prüfung. Ist ein Arbeitsmittel zum Fälligkeitstermin der wiederkehrenden Prüfung außer Betrieb gesetzt, so darf es erst wieder in Betrieb genommen werden, nachdem diese Prüfung durchgeführt worden ist. Eine wiederkehrende Prüfung gilt als fristgerecht durchgeführt, wenn sie spätestens zwei Monate nach dem Fälligkeitstermin durchgeführt wurde.

Zur Prüfung befähigte Personen unterliegen bei der Durchführung der vorgeschriebenen Prüfungen keinen fachlichen Weisungen durch den Arbeitgeber. Zur Prüfung befähigte Personen dürfen vom Arbeitgeber wegen ihrer Prüftätigkeit nicht benachteiligt werden.

Der Arbeitgeber hat dafür zu sorgen, dass das Ergebnis der Prüfung aufgezeichnet und mindestens bis zur nächsten Prüfung aufbewahrt wird. Dabei hat er dafür zu sorgen, dass die Aufzeichnungen mindestens Auskunft geben über:

- Art der Prüfung,
- Prüfumfang,
- Ergebnis der Prüfung und
- Name und Unterschrift der befähigten Person.

Bei der wiederkehrenden Prüfung ist auch zu überprüfen, ob die Frist für die nächste wiederkehrende Prüfung zutreffend festgelegt wurde.

7.5.3 Zusätzliche Vorschriften für überwachungsbedürftige Anlagen

Prüfung vor Inbetriebnahme und vor Wiederinbetriebnahme nach prüfpflichtigen Änderungen (§ 15)

Der Arbeitgeber hat sicherzustellen, dass überwachungsbedürftige Anlagen vor erstmaliger Inbetriebnahme und vor Wiederinbetriebnahme nach prüfpflichtigen Änderungen geprüft werden. Bei der Prüfung ist festzustellen:

- ob die für die Prüfung benötigten technischen Unterlagen, wie beispielsweise eine EG-Konformitätserklärung, vorhanden sind und ihr Inhalt plausibel ist und
- ob die Anlage einschließlich der Anlagenteile entsprechend der Betriebssicherheitsverordnung errichtet oder geändert worden ist und sich auch unter Berücksichtigung der Aufstellbedingungen in einem sicheren Zustand befindet.

Prüfinhalte, die im Rahmen von Konformitätsbewertungsverfahren geprüft und dokumentiert wurden, müssen nicht erneut geprüft werden. Bei den Prüfungen ist auch festzustellen, ob die getroffenen sicherheitstechnischen Maßnahmen geeignet und funktionsfähig sind und ob die Frist für die nächste wiederkehrende Prüfung zutreffend festgelegt wurde. Die Prüfungen sind von einer zugelassenen Überwachungsstelle durchzuführen.

Wiederkehrende Prüfung (§ 16)

Der Arbeitgeber hat sicherzustellen, dass überwachungsbedürftige Anlagen wiederkehrend auf ihren sicheren Zustand hinsichtlich des Betriebs geprüft werden.

Prüfaufzeichnungen und -bescheinigungen (§ 17)

Der Arbeitgeber hat dafür zu sorgen, dass das Ergebnis der Prüfung nach den §§ 15 und 16 aufgezeichnet wird. Sofern die Prüfung von einer zugelassenen Überwachungsstelle durchzuführen ist, ist von dieser eine Prüfbescheinigung über das Ergebnis der Prüfung zu fordern. Aufzeichnungen und Prüfbescheinigungen müssen mindestens Auskunft geben über:

- Anlagenidentifikation,
- Prüfdatum,
- Art der Prüfung,
- Prüfungsgrundlagen,
- Prüfumfang,

- Eignung und Funktion der technischen Schutzmaßnahmen sowie Eignung der organisatorischen Schutzmaßnahmen,
- Ergebnis der Prüfung und
- Frist bis zur nächsten wiederkehrenden Prüfung,
- Name und Unterschrift des Prüfers, bei Prüfung durch zugelassene Überwachungsstellen zusätzlich Name der zugelassenen Überwachungsstelle.

Aufzeichnungen und Prüfbescheinigungen sind während der gesamten Verwendungsdauer am Betriebsort der überwachungsbedürftigen Anlage aufzubewahren und der zuständigen Behörde auf Verlangen vorzulegen. Sie können auch in elektronischer Form aufbewahrt werden.

Unbeschadet der Aufzeichnungen und Prüfbescheinigungen muss in der Kabine von Aufzugsanlagen eine Kennzeichnung, zum Beispiel in Form einer Prüfplakette, deutlich sichtbar und dauerhaft angebracht sein, aus der sich Monat und Jahr der nächsten wiederkehrenden Prüfung sowie der festlegenden Stelle ergibt.

7.5.4 Straftaten

Straftaten (§ 23)
Wer durch eine bezeichnete vorsätzliche Handlung Leben oder Gesundheit eines Beschäftigten gefährdet, ist nach § 26 des Arbeitsschutzgesetzes strafbar.

Wer eine vorsätzliche Handlung beharrlich wiederholt oder durch eine solche vorsätzliche Handlung Leben oder Gesundheit eines anderen oder fremde Sachen von bedeutendem Wert gefährdet, ist nach § 40 des Produktsicherheitsgesetzes strafbar.

7.5.5 Technische Regeln zur Betriebssicherheit

Die folgende Tab. 7.2 zeigt eine Auswahl von Technischen Regeln zur Betriebssicherheit. Weitere Hinweise finden sich z. B. in Schriften der Deutschen Gesetzlichen Unfallversicherung (DGUV).

Tab. 7.2 Auswahl von Technischen Regeln zur Betriebssicherheit (TRBS)

TRBS	Titel	Datum
TRBS 1111	Gefährdungsbeurteilung und sicherheitstechnische Bewertung	05.09.2006
TRBS 1112	Instandhaltung	25.08.2010
BekBS 1113	Beschaffung von Arbeitsmitteln	06.03.2015
BekBS 1114	Anpassung an den Stand der Technik bei der Verwendung von Arbeitsmitteln	06.03.2015
TRBS 1201	Prüfung von Arbeitsmitteln und überwachungsbedürftigen Anlagen	24.06.2014
TRBS 1203	Befähigte Personen	17.02.2012
TRBS 2111	Mechanische Gefährdungen – Allgemeine Anforderungen	24.03.2014
TRBS 2121	Gefährdung von Personen durch Absturz – Allgemeine Anforderungen	31.01.2007
TRBS 2141	Gefährdung durch Dampf und Druck – Allgemeine Anforderungen	31.01.2007
TRBS 2152/ TRGS 720	Gefährliche explosionsfähige Atmosphäre – Allgemeines	15.03.2006

7.5.6 VDI-Richtlinien zu befähigten Personen

Tab. 7.3 führt eine Reihe von VDI-Richtlinien zu befähigten Personen auf, wobei diese über entsprechende berufliche Fähigkeiten verfügen müssen.

Tab. 7.3 Auswahl von VDI-Richtlinien zu befähigten Personen

VDI 4068	Titel	Datum
Blatt 1	Qualifikationsmerkmale und Beauftragung	03/2016
Blatt 2	Krane, Anschlag-, Lastaufnahme- und Tragmittel	04/2010
Blatt 3	Leitern, Tritte, fahrbare Arbeitsbühnen und Kleingerüste	04/2010
Blatt 4	Anforderungen an die externe Ausbildung für die Prüfung handgeführter elektrisch betriebener Arbeitsmittel	01/2017
Blatt 5	Flurförderzeuge, Anbaugeräte, Anhänger	06/2011
Blatt 6	Fahrbare Hubarbeitsbühnen	10/2011
Blatt 7	Ladebrücken, -stege, -schienen und fahrbare Rampen	02/2012
Blatt 8	Lagereinrichtungen und Regalbediengeräte	04/2013
Blatt 9	Fahrbare oder ortsveränderliche Hubgeräte und verwandte Einrichtungen	04/2013
Blatt 10	Ortsfeste oder ortsveränderliche und fahrbare Hubtische	04/2013
Blatt 11	Ortsfeste oder ortsveränderliche Zentrifugen	03/2015
Blatt 13	Prüfung von Feuerlöschern	03/2017

7.6 Sicherheits- und Gesundheitsschutzkennzeichnung

7.6.1 Einführung

Die Technischen Regeln für Arbeitsstätten (ASR) geben den Stand der Technik, Arbeitsmedizin und Arbeitshygiene sowie sonstige gesicherte arbeitswissenschaftliche Erkenntnisse für das Einrichten und Betreiben von Arbeitsstätten wieder. Bei Einhaltung der Technischen Regeln kann der Arbeitgeber insoweit davon ausgehen, dass die entsprechenden Anforderungen erfüllt sind. Wählt der Arbeitgeber eine andere Lösung, muss er damit mindestens die gleiche Sicherheit und den gleichen Gesundheitsschutz für die Beschäftigten erreichen.

Die ASR A1.3 konkretisiert die Anforderungen für die Sicherheits- und Gesundheitsschutzkennzeichnung in Arbeitsstätten. Nach § 3a der Arbeitsstättenverordnung sind Sicherheits- und Gesundheitsschutzkennzeichnungen dann einzusetzen, wenn die Risiken für Sicherheit und Gesundheit anders nicht zu vermeiden oder ausreichend zu minimieren sind.

Die Notwendigkeit einer Sicherheits- und Gesundheitsschutzkennzeichnung und von Flucht- und Rettungsplänen sowie von Sicherheitsleitsystemen ist im Rahmen der Gefährdungsbeurteilung zu prüfen. Die Kennzeichnungsarten (z. B. Leuchtzeichen, Handzeichen, Sicherheitszeichen) sind entsprechend der Gefährdungsbeurteilung auszuwählen.

Verschiedene Kennzeichnungsarten dürfen gemeinsam verwendet werden, wenn im Rahmen der Gefährdungsbeurteilung festgestellt wird, dass eine Kennzeichnungsart allein zur Vermittlung der Sicherheitsaussage nicht ausreicht. Bei gleicher Wirkung kann zwischen verschiedenen Kennzeichnungsarten gewählt werden. Die Wirksamkeit einer Kennzeichnung darf nicht durch eine andere Kennzeichnung oder durch sonstige betriebliche Gegebenheiten beeinträchtigt werden (z. B. keine Verwendung von Schallzeichen bei starkem Umgebungslärm).

Die Beschäftigten sind vor Arbeitsaufnahme und danach in regelmäßigen Zeitabständen über die Bedeutung der eingesetzten Sicherheits- und Gesundheitsschutzkennzeichnung zu unterweisen. Insbesondere ist über die Bedeutung selten eingesetzter Kennzeichnungen zu informieren. Die Unterweisung sollte jährlich erfolgen, sofern sich nicht aufgrund der Ergebnisse der Gefährdungsbeurteilung andere Zeiträume ergeben. Darüber hinaus muss auch bei Änderungen der eingesetzten Sicherheits- und Gesundheitsschutzkennzeichnung eine Unterweisung erfolgen.

Der Arbeitgeber hat durch regelmäßige Kontrolle und gegebenenfalls erforderliche Instandhaltungsarbeiten dafür zu sorgen, dass Einrichtungen für die Sicherheits- und Gesundheitsschutzkennzeichnung wirksam sind. Dies gilt insbesondere für Leucht- und Schallzeichen, langnachleuchtende Materialien sowie technische Einrichtungen zur verbalen Kommunikation (z. B. Lautsprecher, Telefone). Die zeitlichen Abstände der Kontrollen sind im Rahmen der Gefährdungsbeurteilung festzulegen.

7.6.2 Kennzeichnung

Sicherheitszeichen und Zusatzzeichen

Sicherheitszeichen und Zusatzzeichen müssen den festgelegten Gestaltungsgrundsätzen nach Abb. 7.2 und 7.3 entsprechen.

Sicherheitszeichen sind deutlich erkennbar und dauerhaft anzubringen. Verbots-, Warn- und Gebotszeichen müssen sichtbar, unter Berücksichtigung etwaiger Hindernisse am Zugang zum Gefahrenbereich angebracht werden.

Geometrische Formen	Bedeutung	Sicherheitsfarbe	Kontrastfarbe zur Sicherheitsfarbe	Farbe des grafischen Symbols	Anwendungsbeispiele
 Kreis mit Diagonalbalken	Verbot	rot	weiß	schwarz	- Rauchen verboten - kein Trinkwasser - Berühren verboten
 Kreis	Gebot	blau	weiß	weiß	- Augenschutz benutzen - Schutzkleidung benutzen - Hände waschen
 gleichseitiges Dreieck	Warnung	gelb	schwarz	schwarz	- Warnung vor heißer Oberfläche - Warnung vor Biogefährdung - Warnung vor elektrischer Spannung
 Quadrat	Gefahrlosigkeit	grün	weiß	weiß	- Erste Hilfe - Notausgang - Sammelstelle
 Quadrat	Brandschutz	rot	weiß	weiß	- Brandmeldetelefon - Mittel und Geräte zur Brandbekämpfung - Feuerlöscher

Abb. 7.2 Kombination von geometrischer Form und Sicherheitsfarbe und ihre Bedeutung für Sicherheitszeichen

Geometrische Formen	Bedeutung	Hintergrundfarbe	Kontrastfarbe zur Hintergrundfarbe	Farbe der zusätzlichen Sicherheitsinformation
 Rechteck	Zusatzinformationen	weiß	schwarz	beliebig
		Farbe des Sicherheitszeichens	schwarz oder weiß	

Abb. 7.3 Geometrische Form, Hintergrundfarben und Kontrastfarben für Zusatzzeichen

Ist eine Sicherheitsbeleuchtung nicht vorhanden, muss auf Fluchtwegen die Erkennbarkeit der dort notwendigen Rettungs- und Brandschutzzeichen durch Verwendung von langnachleuchtenden Materialien auch bei Ausfall der Allgemeinbeleuchtung für den Zeitraum der Flucht in einen gesicherten Bereich erhalten bleiben.

Sicherheitszeichen müssen aus solchen Werkstoffen bestehen, die gegen die Umgebungseinflüsse am Anbringungsort widerstandsfähig sind. Bei der Auswahl der Werkstoffe sind unter anderem mechanische Einwirkungen, feuchte Umgebung, chemische Einflüsse, Lichtbeständigkeit, Versprödung von Kunststoffen sowie Feuerbeständigkeit zu berücksichtigen.

Sicherheitsmarkierungen für Hindernisse und Gefahrstellen

Die Kennzeichnung von Hindernissen und Gefahrstellen ist durch gelbschwarze und rotweiße Streifen (Sicherheitsmarkierungen) deutlich erkennbar und dauerhaft auszuführen. Die Streifen sind in einem Neigungswinkel von etwa 45° anzuordnen. Das Breitenverhältnis der Streifen beträgt 1:1. Die Kennzeichnung soll den Ausmaßen der Hindernisse oder Gefahrstellen entsprechen. Gelbschwarze Streifen sind vorzugsweise für ständige Hindernisse und Gefahrstellen zu verwenden (z. B. Stellen, an denen besondere Gefahren des Anstoßens, Quetschens, Stürzens bestehen). Bei langnachleuchtender Ausführung wird die Erkennbarkeit der Hindernisse bei Ausfall der Allgemeinbeleuchtung erhöht. Rotweiße Streifen sind vorzugsweise für zeitlich begrenzte Hindernisse und Gefahrstellen zu verwenden (z. B. Baugruben).

7.6.3 Verbotszeichen

Die Sicherheitsfarbe für Verbotszeichen ist ROT. In Abb. 7.4 sind konkrete Verbotszeichen angegeben.

P001 Allgemeines Verbotszeichen 	P002 Rauchen verboten 	P003 Keine offene Flamme; Feuer, offene Zündquelle und Rauchen verboten 
P004 Für Fußgänger verboten 	P005 Kein Trinkwasser 	P006 Für Flurförderzeuge verboten 
P007 Kein Zutritt für Personen mit Herzschrittmachern oder implantierten Defibrillatoren 	P009 Aufsteigen verboten 	P010 Berühren verboten 
P011 Mit Wasser löschen verboten 	P012 Keine schwere Last 	P013 Eingeschaltete Mobiltelefone verboten 

Abb. 7.4 Verbotszeichen

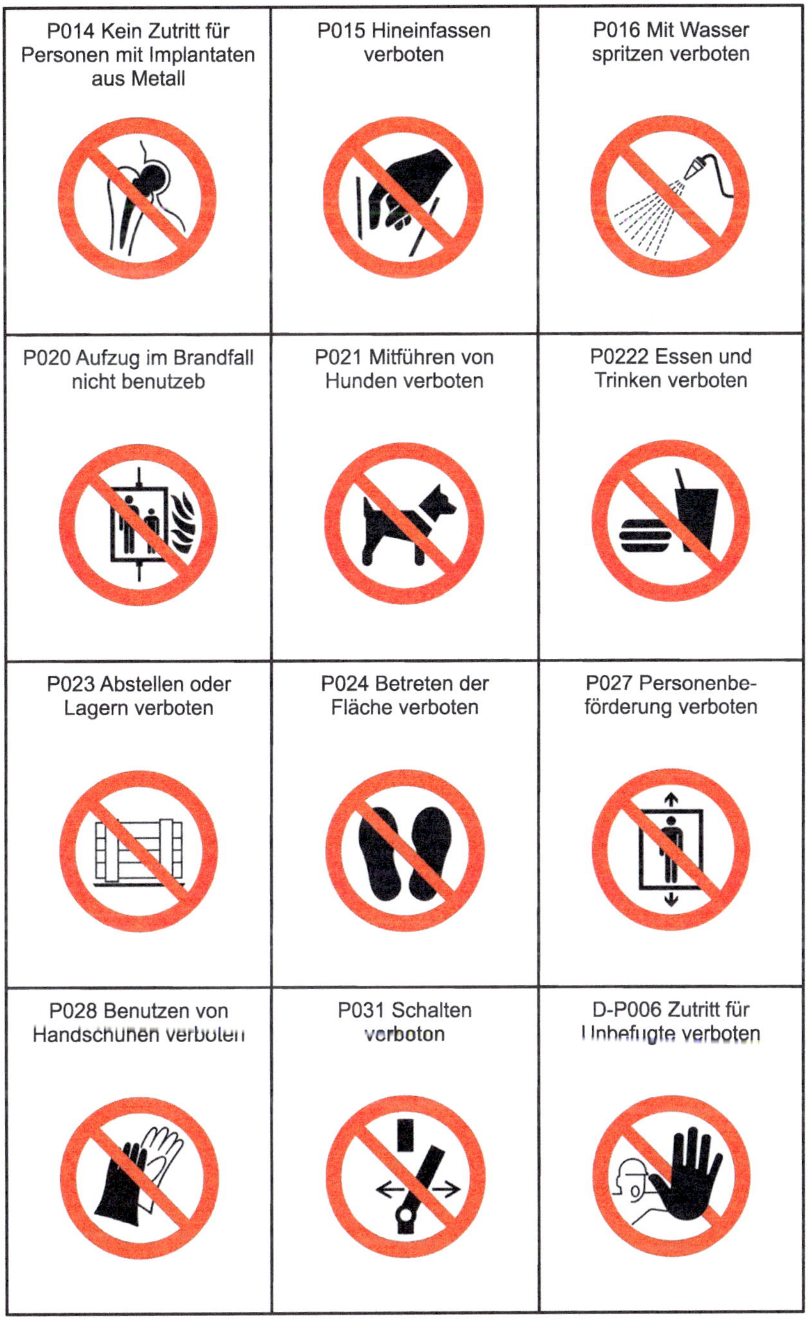

Abb. 7.4 (Fortsetzung)

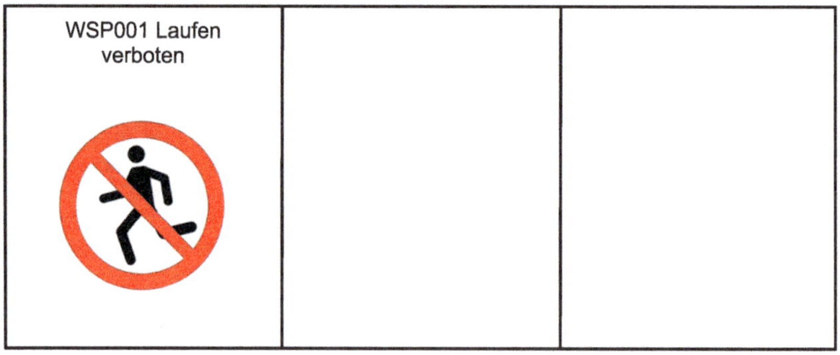

Abb. 7.4 (Fortsetzung)

7.6.4 Warnzeichen

Die Sicherheitsfarbe für Warnzeichen ist GELB. In der Abb. 7.5 sind konkrete Warnzeichen angegeben.

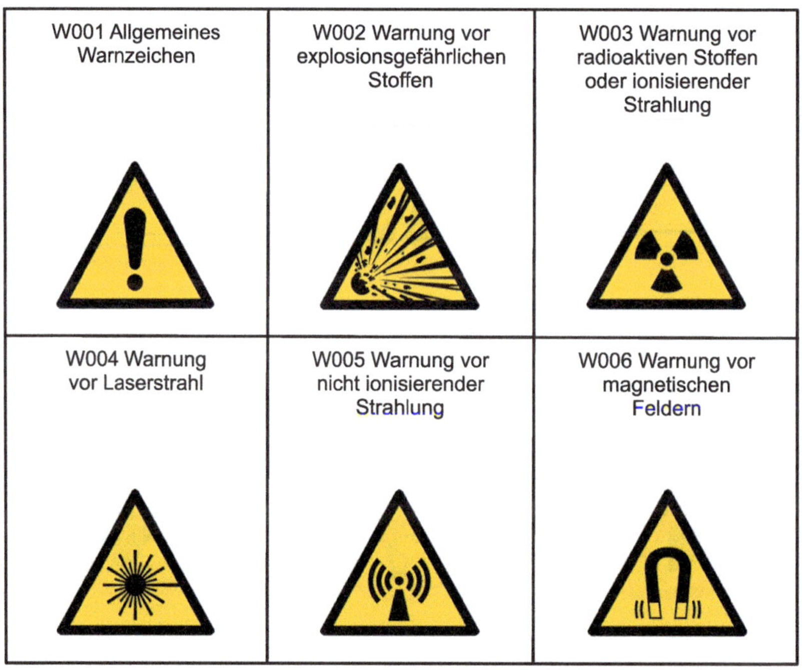

Abb. 7.5 Warnzeichen

W007 Warnung vor Hindernissen am Boden 	W008 Warnung vor Absturzgefahr 	W009 Warnung vor Biogefährdung 
W010 Warnung vor niedriger Temperatur/Frost 	W011 Warnung vor Rutschgefahr 	W012 Warnung vor elektrischer Spannung 
W014 Warnung vor Flurförderzeugen 	W015 Warnung vor schwebender Last 	W016 Warnung vor giftigen Stoffen 
W017 Warnung vor heißer Oberfläche 	W018 Warnung vor automatischem Anlauf 	W019 Warnung vor Quetschgefahr 

Abb. 7.5 (Fortsetzung)

W021 Warnung vor feuergefährlichen Stoffen 	W023 Warnung vor ätzenden Stoffen 	W024 Warnung vor Handverletzungen 
W025 Warnung vor gegenläufigen Rollen 	W026 Warnung vor Gefahren durch das Aufladen von Batterien 	W027 Warnung vor optischer Strahlung 
W028 Warnung vor brandfördernden Stoffen 	W029 Warnung vor Gasflaschen 	D-W021 Warnung vor explosionsfähiger Atmospähre 

Abb. 7.5 (Fortsetzung)

7.6.5 Gebotszeichen

Die Sicherheitsfarbe für Gebotszeichen ist BLAU. In Abb. 7.6 sind konkrete Gebotszeichen angegeben.

Abb. 7.6 Gebotszeichen

M018 Auffanggurt benutzen 	M020 Rückhaltesystem benutzen 	M021 Vor Wartung oder Reparatur freischalten 
M022 Hautschutzmittel benutzen 	M023 Übergang benutzen 	M024 Fußgängerweg benutzen 
M026 Schutzschürze benutzen 	WSM001 Rettungsweste benutzen 	

Abb. 7.6 (Fortsetzung)

7.6.6 Rettungszeichen

Die Sicherheitsfarbe für Rettungszeichen (Gefahrlosigkeit) ist GRÜN. In Abb. 7.7 sind konkrete Rettungszeichen angegeben.

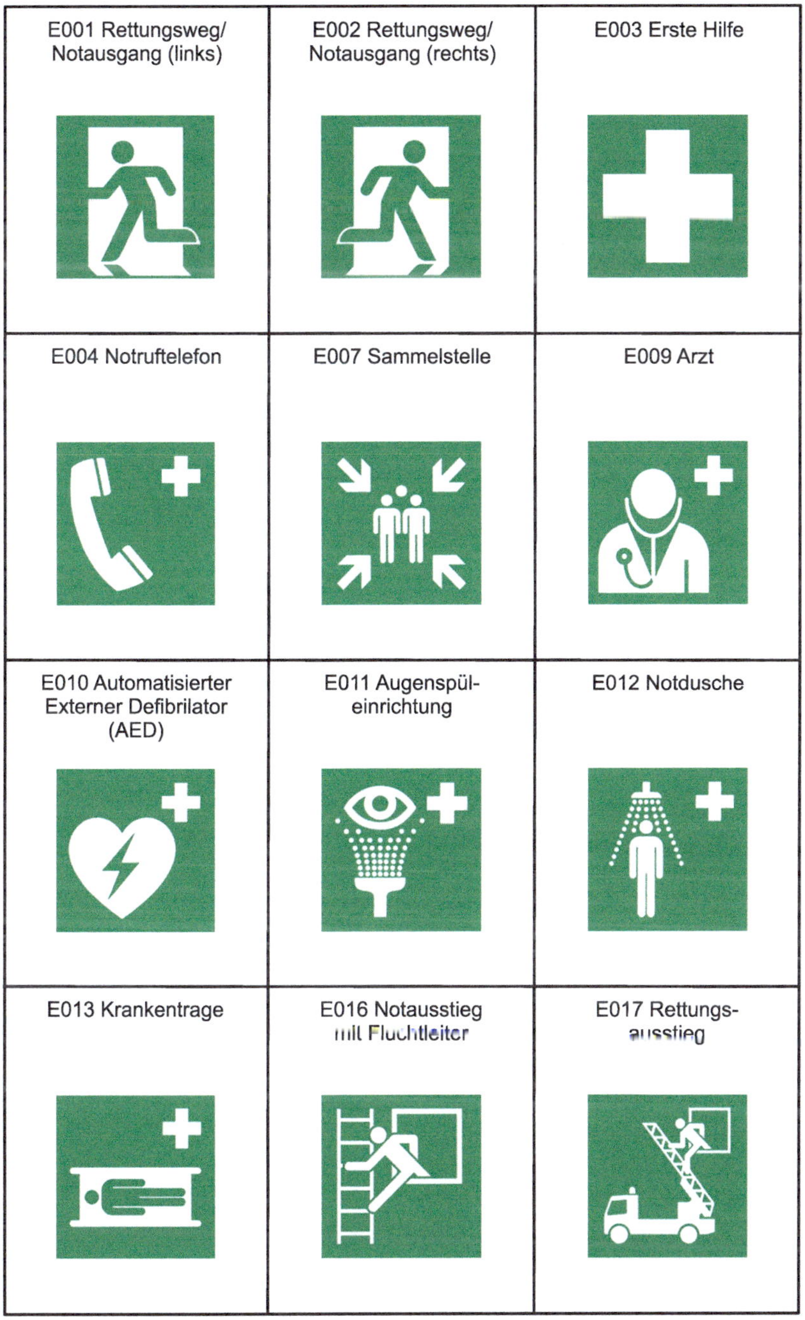

Abb. 7.7 Rettungszeichen

Abb. 7.7 (Fortsetzung)

7.6.7 Brandschutzzeichen

Die Sicherheitsfarbe für Brandschutzzeichen ist ROT. In Abb. 7.8 sind konkrete Brandschutzzeichen angegeben.

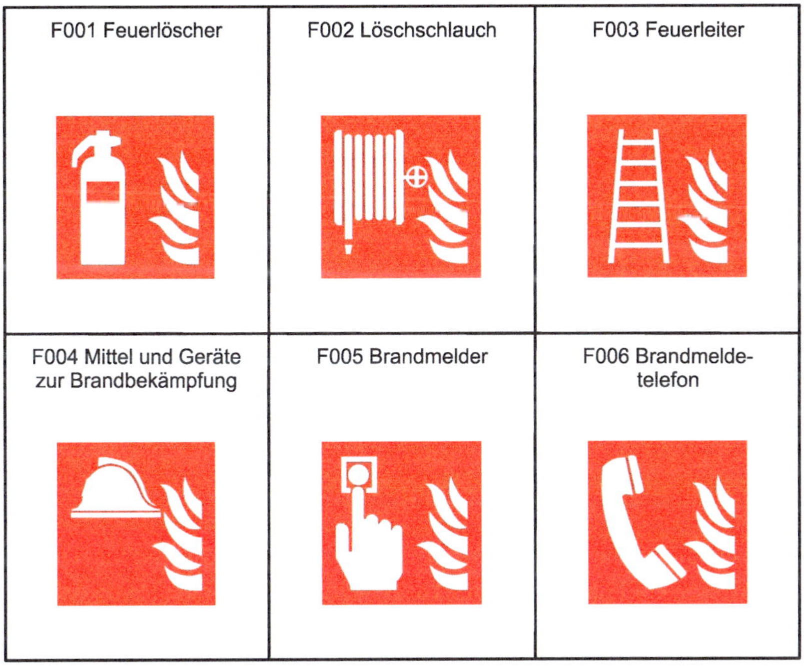

Abb. 7.8 Brandschutzzeichen

7.6.8 Kennzeichnung von Behältern und Rohrleitungen mit Gefahrstoffen

Behälter und Rohrleitungen, in denen gefährliche Stoffe, Gemische oder Biozid-Produkte verwendet werden, sind gemäß Gefahrstoffverordnung zu kennzeichnen. Kennzeichnungen sind deutlich sichtbar und dauerhaft anzubringen. Hierbei können Schilder, Aufkleber oder aufgemalte Kennzeichen verwendet werden. Rohrleitungen, in denen kennzeichnungspflichtige Stoffe und Zubereitungen transportiert werden, sind in ausreichender Häufigkeit (z. B. Anfang, Ende, Wanddurchführungen) und in unmittelbarer Nähe der gefahrenträchtigen Stellen, wie Armaturen, Schiebern, Anschluss- und Abfüllstellen, zumindest mit der Stoffbezeichnung und dem Gefahrensymbol zu versehen.

Orte, Räume oder umschlossene Bereiche, die für die Lagerung erheblicher Mengen gefährlicher Stoffe oder Zubereitungen verwendet werden, sind mit einem geeigneten Warnzeichen zu versehen oder mit den Gefahrensymbolen zu kennzeichnen, sofern die einzelnen Verpackungen oder Behälter nicht bereits mit einer ausreichenden Kennzeichnung versehen sind.

Durchflussstoffe in Rohrleitungen sind nach ihren Eigenschaften in Gruppen eingeteilt, deren Farben in Tab. 7.4 festgelegt sind. Gruppenfarbe und Zusatzfarbe bilden die Basis der Kennzeichnung von Durchflussstoffen in Rohrleitungen. Der Durchflussstoff selber sowie die Durchflussrichtung sind ebenfalls anzugeben.

Tab. 7.4 Zuordnung der Farben zu Durchflussstoffen [7.24]

Durchflussstoff	Gruppe	Gruppenfarbe	Zusatzfarbe	Schriftfarbe
Wasser	1	Grün	–	Weiß
Wasserdampf	2	Rot	–	Weiß
Luft	3	Grau	–	Schwarz
Brennbare Gase	4	Gelb	Rot	Schwarz
Nichtbrennbare Gase	5	Gelb	Schwarz	Schwarz
Säuren	6	Orange	–	Schwarz
Laugen	7	Violett	–	Weiß
Brennbare Flüssigkeiten und Feststoffe	8	Braun	Rot	Weiß
Nichtbrennbare Flüssigkeiten und Feststoffe	9	Braun	Schwarz	Weiß
Sauerstoff	0	Blau	–	Weiß

7.7 Übersicht zu Arbeits- und Wegeunfällen

Im Rahmen der unternehmerischen Verantwortung spielt der Arbeitsschutz eine wichtige Rolle. Um Arbeitsunfälle zu vermeiden, ist das Unternehmen im Zuge seines Arbeitsschutzmanagementsystems verpflichtet, Vorsorge in Form von Präventionsmaßnahmen zu treffen. Einen Eindruck über meldepflichtige Arbeits- und Wegeunfälle bietet die Abb. 7.9.

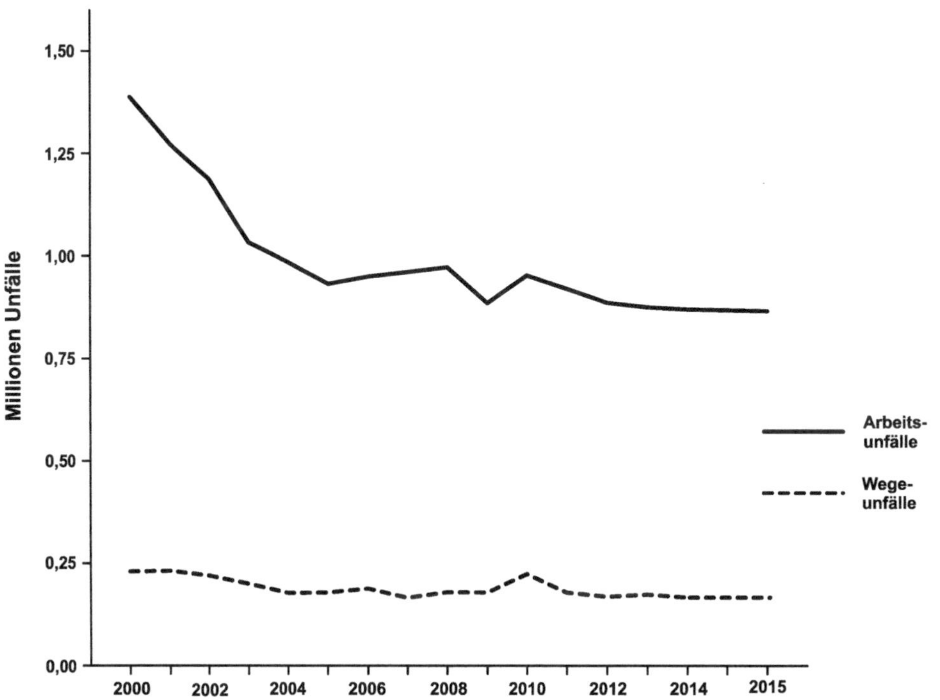

Abb. 7.9 Anzahl der meldepflichtigen Arbeits- und Wegeunfälle [7.23, 7.26]

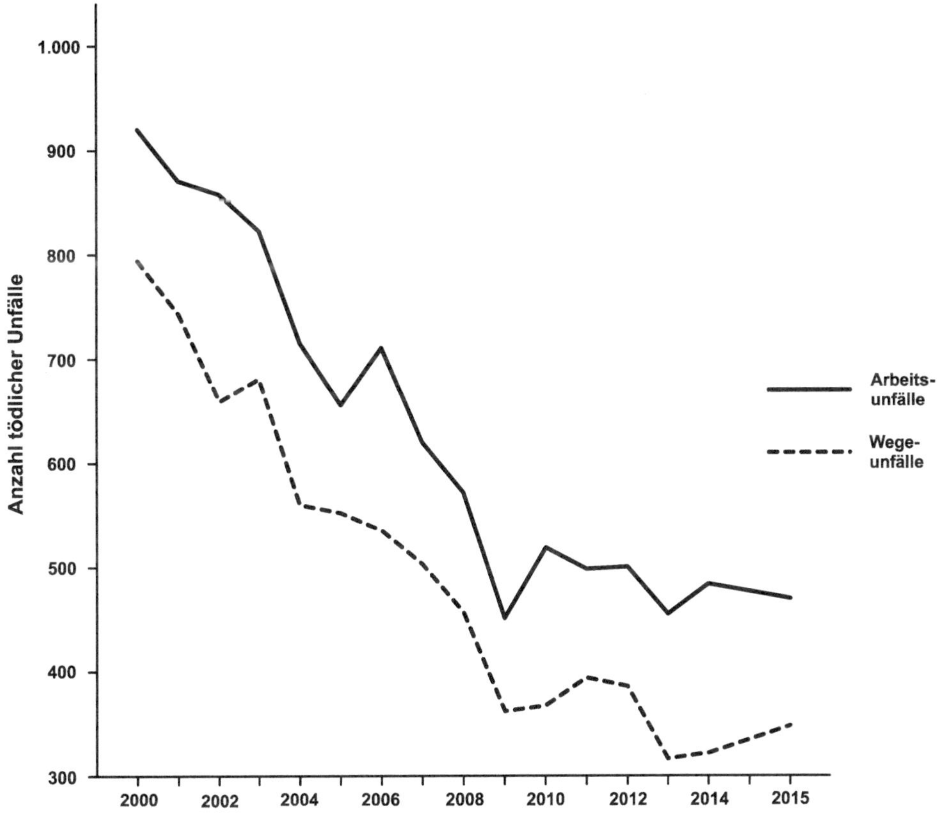

Abb. 7.10 Anzahl der tödlichen Arbeits- und Wegeunfälle [7.23, 7.26]

Als meldepflichtige Arbeits- und Wegeunfälle gilt ein Zeitraum der Arbeitsunfähigkeit von mehr als 3 Tagen, oder wenn dieser Unfall zum Tod führt. Wie aus der Abbildung zu erkennen ist, sind die Unfallzahlen seit 2000 deutlich auf ca. 870.000 Arbeitsunfälle pro Jahr gesunken. Die Anzahl der Wegeunfälle liegt relativ konstant bei 170.000–200.000 pro Jahr.

Abb. 7.10 führt die tödlichen Arbeits- und Wegeunfälle auf. Als tödlicher Unfall gilt, wenn der Tod 30 Tage nach dem Ereignis eintritt. Sowohl bei Arbeitsunfällen als auch bei Wegeunfällen ist eine deutliche Abnahme festzustellen. Die Anzahl der tödlichen Arbeitsunfälle liegt bei ca. 500 pro Jahr.

7.8 Checklisten zum Arbeitsschutz

Um die Anzahl der Unfälle weiter zu verringern, ist es sinnvoll weitere Präventionsmaßnahmen im Arbeitsschutz zu ergreifen. Zur Unterstützung werden daher in diesem Kapitel folgende Punkte behandelt:

- betriebliche Organisation,
- Verantwortung,
- Gefährdungsbeurteilung,
- Dokumentation,
- Überwachung,
- Ressourcen,
- Arbeitsmittel,
- Arbeitsplatz,
- Anlagen,
- persönliche Schutzausrüstungen,
- sozialer Arbeitsschutz.

Betriebliche Organisation

- Welche unternehmenspolitischen Leitlinien gibt es zum Arbeitsschutz?
- Welche Arbeitsschutzziele existieren am Standort?
- Wer ist Mitglied im Arbeitsschutzausschuss?
- Wer ist Mitglied in der Arbeitnehmervertretung (Betriebsrat, Personalrat)?
- Wie informieren Sie sich über aktuelle Entwicklungen im Arbeitsschutz?
- Wie ist die regelmäßige Durchführung von Arbeitsschutzaudits und -reviews geregelt?
- Welche Personen führen die Arbeitsschutzaudits spätestens im Dreijahresrhythmus durch?
- Wer führt die jährlichen Betriebsbegehungen durch?
- Wie wird der Arbeits- und Gesundheitsschutz in die betrieblichen Prozesse integriert?
- Welche Rechtsvorschriften müssen zum betrieblichen Arbeits- und Gesundheitsschutz eingehalten werden?
- Wie werden folgende Gefährdungsgruppen auditiert:
  - mechanische Gefährdungen,
  - elektrische Gefährdungen,
  - chemische Gefährdungen (Gefahrstoffe),
  - biologische Gefährdungen (Biostoffe),
  - Brand- und Explosionsgefährdungen,
  - thermische Gefährdungen,
  - spezielle physikalische Gefährdungen (z. B. Lärm, Vibrationen, Strahlung),
  - Bedingungen der Arbeitsumgebung (z. B. Klima, Beleuchtung),
  - physische Belastungen,
  - psychische Faktoren?

Verantwortung

- Wie sind die Verantwortungen und Zuständigkeiten im Arbeitsschutz geregelt?
- Wie tragen die Führungskräfte zur Wahrnehmung ihrer Verantwortung im Arbeitsschutz bei?

- Wer ist als Fachkraft für Arbeitssicherheit bestellt?
- Über welche Sachkunde und Betriebserfahrung verfügt die Fachkraft für Arbeitssicherheit?
- Welche weiteren beauftragten Personen (Betriebsarzt, Sicherheitsbeauftragte, Umweltbeauftragte, etc.) sind bestellt?
- Wie ist die regelmäßige Fortbildung der bestellten Personen sichergestellt?
- Wie wird sichergestellt, dass die verschiedenen Abteilungen die Beratung und Mitwirkung der bestellten Personen wahrnehmen?
- Wie werden die eigenen Mitarbeiter bzgl. Arbeitsschutz unterwiesen?
- Wie werden Mitarbeiter von Fremdfirmen in die Arbeitsschutzbelange des Unternehmens eingewiesen?
- Wer trägt bei Betriebsstörungen/Störfällen/Notfällen/Unfällen die Verantwortung und hat die Entscheidungsbefugnis?
- Wie werden im Notfall Feuerwehr, Rettungsdienste, Polizei, Behörden benachrichtigt?

Gefährdungsbeurteilung

- Welche Prozesse, Anlagen und Tätigkeiten werden einer Gefährdungsbeurteilung unterzogen?
- Wie werden Gefährdungen durch elektrischen Strom, Vibrationen/Erschütterungen, Gefahrstoffe, heiße Oberflächen, etc. vermieden?
- Wie werden Arbeitsunfälle, Beinahe-Unfälle, berufliche Erkrankungen, etc. in der Gefährdungsbeurteilung berücksichtigt?
- Wie werden die verschiedenen Mitarbeitergruppen (eigene Mitarbeiter, Fremdfirmen, Jugendliche, werdende Mütter, etc.) in der Gefährdungsanalyse berücksichtigt?
- Wie werden die Ergebnisse der Gefährdungsanalyse dokumentiert und den Mitarbeitern zur Kenntnis gebracht?
- Welche Korrekturmaßnahmen ergeben sich aufgrund der Gefährdungsanalyse?
- Wie wird die Wirksamkeit der notwendigen Korrekturmaßnahmen sichergestellt und bewertet?
- Wie werden bei der Planung von Prozessen, der Beschaffung von Anlagen, dem Betrieb von Maschinen, bei Instandhaltungstätigkeiten, etc. Aspekte der Gefährdungsbeurteilung berücksichtigt?
- Wie wird eine Gefährdung an Einzelarbeitsplätzen vermieden?

Dokumentation

- Welche Übersicht existiert zu arbeitsschutzrelevanten Gesetzen, Verordnungen und Technischen Regeln?
- Wer ist für die Einholung und Änderung von Anlagengenehmigungen verantwortlich?
- Welche Berichte zum Arbeitsschutz liegen vor?
- Wie sieht ihre Unfallstatistik aus?

- Welche Dokumentationen zum Managementsystem (Handbuch, Prozess-, Arbeitsanweisungen) existieren?
- Welche Prüfberichte und Prüfbescheinigungen liegen vor?
- Welche Berichte zur Gefährdungsbeurteilung liegen vor?
- Wie sehen ihre Flucht- und Rettungspläne aus?
- Welche Alarm- und Notfallpläne existieren für Betriebsstörungen?
- Haben Sie einen aktuellen Feuerwehrplan?
- Welche arbeitsschutzrelevanten Daten werden erhoben?

Überwachung

- Welche arbeitsmedizinische Pflicht- und Angebotsuntersuchungen werden durchgeführt?
- Welche Räumungsübungen führen Sie regelmäßig durch?
- Wie wird ihr Unternehmen von den Aufsichtsbehörden im Rahmen des Arbeitsschutzes überprüft?
- Wie informieren Sie sich regelmäßig über neuere Rechtsvorschriften im Arbeitsschutz?
- Wie sind die Zuständigkeiten und Verantwortlichkeiten für Überwachungstätigkeiten und Messungen festgelegt?
- Wie ist die ordnungsgemäße Überwachung und Instandhaltung aller Prüf- und Messmittel garantiert?
- Welche Verfahren existieren, um Notfallsituationen rechtzeitig zu erkennen und gezielt die erforderlichen Gegenmaßnahmen einleiten zu können?

Ressourcen

- Welche Ressourcen (Personal, Material, Finanzen) stehen für den Arbeitsschutz zur Verfügung?
- Wie weisen Sie die Einsatzzeiten der Fachkraft für Arbeitssicherheit und anderer bestellter Personen nach?
- Welche Arbeitsschutzmaßnahmen wurden in den letzten Jahren realisiert?

Arbeitsmittel

- Wie ist sichergestellt, dass die verwendeten Arbeitsmittel den jeweiligen sicherheitstechnischen Anforderungen entsprechen?
- Wie werden die Mitarbeiter im Umgang mit Arbeitsmitteln unterwiesen?
- Welche Wartungs- und Prüfpläne existieren für Arbeitsmittel in allen Arbeitsbereichen?
- Welche Prüfberichte liegen vor?
- Wie werden beim manuellen Heben und Tragen von Lasten Gesundheitsgefährdungen vermieden?

Arbeitsplatz

- Wie überprüfen die Mitarbeiter regelmäßig ihr direktes Arbeitsumfeld?
- Verfügen die Mitarbeiter über die notwendigen Fähigkeiten im Arbeitsschutz?
- Welche regelmäßigen Begehungen führen die verantwortlichen Führungskräfte durch?
- Welche Maßnahmen werden getroffen, um die Arbeitsbereiche gemäß der Arbeitsstättenverordnung/-richtlinien zu überwachen?
- Wie ergonomisch sind die Arbeitsplätze gestaltet?
- Welche Sicherheits-, Gefahrenkennzeichnungen, etc. existieren?
- Wie wird die Funktion von Rettungswegen, Notausgängen, Warneinrichtungen, etc. sichergestellt?
- Wie werden die Prüfmodalitäten für Sicherheitseinrichtungen, lüftungstechnischen Anlagen, Feuerlöscheinrichtungen, etc. eingehalten?
- Welche Sozial- und Sanitärräume stehen zur Verfügung?
- Wie wird die Leistung von Erster Hilfe sichergestellt?
- Welche Sicherungsmaßnahmen werden bei Baustellen ergriffen?
- Wie werden Mitarbeiter bei Aufnahme einer neuen Tätigkeit unterwiesen?
- Welche besonderen Anweisungen werden für gefährliche Arbeiten ausgestellt?

7

Anlagen

- Wie sind Arbeitsstätten grundsätzlich einzurichten und zu betreiben?
- Werden folgende Anlagen und Einrichtungen im Unternehmen betrieben:
  - Anlagen für brennbare Flüssigkeiten,
  - Anlagen mit Laser-, Röntgenstrahlung,
  - Aufzugsanlagen,
  - Be- und Entlüftungsanlagen,
  - Beleuchtungsanlagen,
  - Betrieb von Kranen und Hebewerkzeugen,
  - Bildschirmgeräte,
  - Druckbehälter,
  - Gasflaschen,
  - Flurförderfahrzeuge,
  - Heiz- und Kühlanlagen,
  - Rohrleitungen,
  - Schweiß- und Schneidgeräte,
  - Tore?
- Wer ist für den jeweiligen Anlagenbetrieb verantwortlich?
- Wie werden die zuständigen Mitarbeiter unterwiesen?
- Welche Rechts- und Prüfvorschriften sind einzuhalten?
- Welche Genehmigungen/Nachweise liegen für den jeweiligen Betrieb vor?

- Wie wird der sichere Anlagenbetrieb nach dem Stand der Technik gewährleistet?
- Wie sind die jeweiligen Anlagen (z. B. Rohrleitungen) gekennzeichnet?
- Welche anderen Anlagen unterliegen der Störfallverordnung?
- Welche Alarm-, Gefahrenabwehr-, Notfallpläne existieren?
- Welche Gefährdungsbeurteilungen/Sicherheitsanalysen wurden durchgeführt?
- Welche Unterlagen und Prüfberichte liegen über den Anlagenbetrieb vor?
- Wie und von wem werden Instandsetzungsarbeiten mit der notwendigen Qualifikation durchgeführt?
- Wie werden die dem Brandschutz dienenden Anlagen regelmäßig überprüft?

Persönliche Schutzausrüstungen

- Welche persönlichen Schutzausrüstungen (Schutzbrille, -helm, -handschuhe, -kleidung, Augen-, Gesichts- Gehör-, Fußschutz, etc.) müssen von den Mitarbeitern arbeitsplatzspezifisch getragen werden?
- Durch welche technischen und organisatorischen Maßnahmen lässt sich der Einsatz von persönlichen Schutzausrüstungen reduzieren?
- Wie werden die Mitarbeiter in der sachgerechten Nutzung von persönlichen Schutzausrüstungen unterwiesen?
- Welchen sicherheitstechnischen Prüfmodalitäten werden die persönlichen Schutzausrüstungen unterzogen?
- Wie wird eine arbeitsmedizinische Betreuung und Vorsorge gewährleistet?
- Für welche Tätigkeiten müssen Hautschutzmittel zur Verfügung gestellt werden?
- Wie werden technische, organisatorische und verhaltensorientierte Schutzmaßnahmen regelmäßig überprüft?

Sozialer Arbeitsschutz

- Welche Arbeitszeitregelungen existieren für Nacht-, Schicht-, Sonn- und Feiertagsarbeit?
- Welche Abweichungen gibt es bzgl. der werktäglichen Arbeitszeit von 8 h?
- Wie werden die Arbeitszeitregelungen für Jugendliche eingehalten?
- Welche Gefährdungsbeurteilungen liegen arbeitsplatzspezifisch für den Einsatz Jugendlicher vor?
- Wie werden die Beschäftigungsverbote für Frauen und werdende/stillende Mütter eingehalten?
- Welche Schutzmaßnahmen werden für werdende oder stillende Mütter getroffen?
- Welche behinderten Personen werden an welchem Arbeitsplatz beschäftigt?

7.9 Aufgaben für die Praxis

- Erläutern Sie die Systemelemente eines Arbeitsschutzmanagementsystems.
- Erläutern Sie das Systemelement Führung im Arbeitsschutzmanagementsystem.
- Erläutern Sie das Systemelement Prozesse im Arbeitsschutzmanagementsystem.
- Welche Pflichten hat der Arbeitgeber im Arbeitsschutz einzuhalten?
- Wie nehmen die Führungskräfte ihre Verantwortung im Arbeitsschutz wahr?
- Über welche Rechte und Pflichten verfügen die Beschäftigten im Arbeitsschutz?
- Beschreiben Sie einige Anforderungen der Arbeitsstättenverordnung.
- Welche Anforderungen werden an die betriebliche Notfallvorsorge gestellt?
- Welche Anforderungen und Aufgaben werden an Fachkräfte für Arbeitssicherheit gestellt?
- Welche Präventionsgrundsätze hat der Unternehmer einzuhalten?
- Welche Präventionsgrundsätze haben die Versicherten einzuhalten?
- Wie ist der betriebliche Arbeitsschutz zu organisieren?
- Wie ist die Sicherheits- und Gesundheitskennzeichnung am Arbeitsplatz durchzuführen?

Weiterführende Literatur

7.1. *AMR 2.1, Fristen für die Veranlassung/das Angebot von arbeitsmedizinischen Vorsorgeuntersuchungen,* **10.05.2016**

7.2. *ArbMedVV – Verordnung zur arbeitsmedizinischen Vorsorge,* **15.11.2016**

7.3. *ArbSchG – Arbeitsschutzgesetz, Gesetz über die Durchführung von Maßnahmen des Arbeitsschutzes zur Verbesserung der Sicherheit und des Gesundheitsschutzes der Beschäftigten bei der Arbeit,* **31.08.2015**

7.4. *ArbStättV – Arbeitsstättenverordnung, Verordnung über Arbeitsstätten,* **30.11.2016**

7.5. *ASiG – Arbeitssicherheitsgesetz, Gesetz über Betriebsärzte, Sicherheitsingenieure und andere Fachkräfte für Arbeitssicherheit,* **20.04.2013**

7.6. *ASR A1.3, Sicherheits- und Gesundheitsschutzkennzeichnung,* **15.12.2016**

7.7. *ASR A2.3, Fluchtwege und Notausgänge, Flucht- und Rettungsplan,* **15.12.2016**

7.8. Bauer, M.; Engeldinger, A.; *Arbeits- und Gesundheitsschutz in klein- und mittelständischen Unternehmen (KMU),* Deutscher Wirtschaftsdienst, **2005**, 3-87156-508-3

7.9. Bayrisches Staatsministerium für Arbeit und Sozialordnung, Familie und Gesundheit; *Managementsysteme für Arbeitsschutz und Anlagensicherheit, Band 1–4,* München, **2000**

7.10. *BetrSichV – Betriebssicherheitsverordnung, Verordnung über Sicherheit und Gesundheitsschutz bei der Bereitstellung von Arbeitsmitteln und deren Benutzung bei der Arbeit, über Sicherheit beim Betrieb überwachungsbedürftiger Anlagen und über die Organisation des betrieblichen Arbeitsschutzes,* **15.11.2016**

7.11. *BGI 527, Unterweisung – Bestandteil des betrieblichen Arbeitsschutzes,* **07/2012**

7.12. *BGI 587, Arbeitsschutz will gelernt sein – Ein Leitfaden für Sicherheitsbeauftragte,* **01/2013**
7.13. *BGR 500, Betreiben von Arbeitsmitteln,* **04/2008**
7.14. *BGV A1/DGUV Vorschrift 1;Grundsätze der Prävention,* – Muster-UVV, **11/2013**
7.15. *BGV A8/DGUV Vorschrift 9, Sicherheits- und Gesundheitsschutzkennzeichnung am Arbeitsplatz,* **09/2002**
7.16. Bindemann, D.; *Pflichten der Unternehmer und Führungskräfte im Arbeitsschutz,* DC Verlag, **2014**, 978-3-943488-34-0
7.17. Brauweiler, J.; Zenker-Hoffmann, A.; *Arbeitsschutzmanagementsystem nach OHSAS 18001,* Springer-Gabler, **2014**, 978-3-658-07021-2
7.18. Büchner, W.; *Gefährdungsbeurteilung, Prüfung der Arbeitsmittel,* Technik & Information, **2005**, 3-928535-65-X
7.19. Bundesanstalt für Arbeitsschutz und Arbeitsmedizin (BAuA); *Leitfaden für Arbeitsschutzmanagementsysteme,* **2002**
7.20. Bundesanstalt für Arbeitsschutz und Arbeitsmedizin (BAuA); *Ratgeber zur Gefährdungsbeurteilung – Handbuch für Arbeitsschutzfachleute,* BAuA, **2016**, 978-3-88261-211-0
7.21. Bundesministerium für Arbeit und Soziales (BMAS*); Sicherheit und Gesundheit bei der Arbeit 2014*, BAuA, **Dezember 2015**, 978-3-88261-168-7
7.22. Deutsche Gesetzliche Unfallversicherung (DGUV); *Arbeitsschutzmanagementsysteme – Managementsysteme für Sicherheit und Gesundheit bei der Arbeit, DGUV Grundsatz 311–002,* **März 2015**
7.23. Deutsche Gesetzliche Unfallversicherung (DGUV); *Arbeitsunfallgeschehen 2015*, **Dezember 2015**
7.24. Deutsche Gesetzliche Unfallversicherung (DGUV); *DGUV-Information 204-007, Handbuch zur Ersten Hilfe,* **Januar 2017**
7.25. Deutsche Gesetzliche Unfallversicherung (DGUV); *DGUV-Information 211-041, Sicherheits- und Gesundheitsschutzkennzeichnung,* **April 2016**
7.26. Deutsche Gesetzliche Unfallversicherung (DGUV); *DGUV-Statistiken für die Praxis,* **2015**
7.27. *DIN 2403, Kennzeichnung von Rohrleitungen nach dem Durchflussstoff,* Beuth, **Juni 2014**
7.28. *DIN ISO 45001, Arbeitsschutzmanagementsysteme,* Beuth, **Juni 2017**
7.29. Donath, K.; Orgel, Ch.; Rottmann, R.; *Handbuch Prüfung ortsveränderlicher elektrischer Geräte,* FORUM, **2016**, 978-3-86586-696-7
7.30. Gruber, H.; Kittelmann, M.; Barth, Ch.; *Leitfaden für die Gefährdungsbeurteilung,* DC Verlag, **2015**, 978-3-943488-37-1
7.31. Hamacher, W. et al.; *Indikatoren und Parameter zur Bewertung der Qualität des Arbeitsschutzes im Hinblick auf Arbeitsschutzmanagementsysteme,* Verlag für neue Wissenschaft, **2004**, 3-89701-866-7
7.32. Henzel, H.; Wissenstest Arbeits- und Gesundheitsschutz, Erich Schmidt, **2010, 978-3-503-12674-3**
7.33. Internationale Arbeitsorganisation (ILO); *Leitfaden für Arbeitsschutzmanagementsysteme,* ILO/OSH – MS 2001, **21.05.2001**
7.34. *JArbSchG – Jugendarbeitsschutzgesetz, Gesetz zum Schutze der arbeitenden Jugend,* **11.11.2016**
7.35. Kollmer, N.; *Arbeitsstättenverordnung (ArbStättV),* Beck, **2009**, 978-3-406-58384-1
7.36. Kraft, H.; *Betriebssicherheit auf einen Blick,* Beuth, **2005**, 3-410-16065-5
7.37. Länderausschuss für Arbeitsschutz und Sicherheitstechnik (LASI); Arbeitsschutzmanagementsysteme – Spezifikation zur freiwilligen Einführung, Anwendung und Weiterentwicklung von Arbeitsschutzmanagementsystemen (AMS), Düsseldorf, **2006, 3-936415-19-6**
7.38. Luksch, A.; *Gefährdungsbeurteilung richtig machen,* ecomed, **2016**, 978-3-609-61957-6
7.39. Merdian, J.; *Arbeitsschutzaudits,* Beuth, **2011**, 978-3-410-21388-6

7.40. Merdian, J.; *Arbeitssicherheitsaudits im Arbeitsschutzmanagementsystem,* Beuth, **2007**, 978-3-410-16390-9
7.41. *MuSchRiV – Mutterschutzrichtlinienverordnung, Verordnung zum Schutz der Mütter am Arbeitsplatz,* **26.11.2010**
7.42. *PSA-BV – PSA-Benutzungsverordnung, Verordnung über Sicherheit und Gesundheitsschutz bei der Benutzung persönlicher Schutzausrüstung bei der Arbeit,* **04.12.1996**
7.43. Schliephacke, J.; *Führungswissen Arbeitssicherheit,* Erich Schmidt, **2008**, 978-3-503-11233-3
7.44. Schünemann, J.; Lenz, K.; *Pflichtenheft Arbeitsschutzrecht,* Ecomed, **2009**, 978-3-609-61185-3
7.45. Schulze, Th.; *Stand und Perspektive modernen Arbeitsschutzes,* VDI, **2001**, 3-18-313916-2
7.46. Spitaler, F.; *Gefährdungsbeurteilung,* ecomed, **2005**, 3-609-66331-6
7.47. Stratnig, H.; *Partizipatives Arbeitssystem-Audit zu Sicherheit und Gesundheit,* PZH Produktionstechnisches Zentrum, **2005**, 3-936888-97-3
7.48. Traupe, A. et al.; *Monographie Arbeitsschutzmanagementsystem – Systemkonzept und Lösung für eine praxisnahe Implementierung,* Berufsgenossenschaft der Feinmechanik und Elektrotechnik, **2001**
7.49. *TRBS 1112, Instandhaltung,* **25.08.2010**
7.50. *TRBS 1201, Prüfungen von Arbeitsmitteln und überwachungsbedürftigen Anlagen,* **24.06.2014**
7.51. *TRBS 1203, Befähigte Personen,* **17.02.2012**
7.52. *TRGS 201, Einstufung und Kennzeichnung bei Tätigkeiten mit Gefahrstoffen,* **Oktober 2011**
7.53. TÜV Rheinland; *BS OHSAS 18001, Arbeits- und Gesundheitsschutz – Managementsysteme,* Beuth, **2008**, 978-3-8249-1093-9
7.54. *VDI 4055,Betriebssicherheitsmanagement,* Beuth, **November 2015**
7.55. *VDI 4062,Evakuierung von Personen im Gefahrenfall,* Beuth, **April 2016**
7.56. *VDI 4068, Blatt 1,Zur PrüfungBefähigte Personen – Qualifikationsmerkmale und Beauftragung,* Beuth, **März 2016**

7

8 Kontexte des Unternehmens

8.1 Einführung

Unabhängig vom jeweiligen Managementsystem ist jedes Unternehmen in gesellschaftliche Umfeldbedingungen eingebunden. Dazu gehören mindestens die Einhaltung der jeweils geltenden Rechtsvorschriften und sozialer Grundsätze wie der Umgang mit Mitarbeitern. Über entsprechende Mindestanforderungen kann das Unternehmen im Rahmen seiner unternehmerischen Ziele jederzeit hinausgehen. Im Umweltmanagementsystem ist dies z. B. die Erfüllung der selbst gesetzten Umweltziele oder die Verbesserung der Umweltleistung, die über die Anforderungen der Umweltvorschriften und behördlicher Genehmigungsauflagen hinausgehen. Die DIN EN ISO 14001 Umweltmanagementsysteme erwähnt unter dem Kontext des Unternehmens besonders folgende Punkte:

- Externe Themen,
- Interne Themen,
- Interessierte Parteien,
- Anwendungsbereich des Umweltmanagementsystems,
- Umweltmanagementsystem und dessen Prozesse.

G. Förtsch und H. Meinholz, *Handbuch Betriebliches Umweltmanagement*,
https://doi.org/10.1007/978-3-658-19151-1_8

8.2 Externe Themen

Externe Themen können das Unternehmen auf lokaler, regionaler oder globaler Ebene beeinflussen. Wichtige externe Themen finden sich in der Tab. 8.1.

Es bleibt anzumerken, dass diese Themen wie Finanzen, Arbeitsmarkt, Lieferanten, Kunden, Technologien unabhängig vom Managementsystem sind. In der jeweiligen spezifischen Situation muss das Unternehmen die relevanten externen Themen identifizieren, deren Bedeutung beschreiben und begründen.

Tab. 8.1 Beispiele für externe Themen

Externe Themen-Schwerpunkte	Beispiele
Arbeitsmarkt	– Ausbildungssystem (Schule, Hochschule, Berufsausbildung) – Verfügbarkeit von Fachkräften
Finanzwesen	– Finanzierungsmöglichkeiten – Struktur des Bank-/Kreditwesens – Steuersystem
Technologien	– Verfügbarkeit von Ressourcen, Anlagen und Betriebsmitteln – Lokale und regionale Infrastruktur
Kunden	– Kundenerwartungen – Kundenbeziehungen – Kundenzufriedenheit
Markt	– Wettbewerbssituation – Markttendenzen – Geschäftspartner
Lieferanten/Dienstleister	– Beziehungen zu Lieferanten/Dienstleistern – Leistungsfähigkeit

8.3 Interne Themen

Interne Themen können vom Unternehmen direkt beeinflusst werden. Bei externen Themen ist meistens nur eine indirekte Einflussnahme möglich. Einige wichtige interne Themen finden sich in der Tab. 8.2. Sie können in allen Managementsystemen (Umwelt, Energie, Qualität, Arbeitsschutz) vorkommen. Bei der Anwendung im Unternehmen erfahren sie dann ihre fachspezifische Konkretisierung, die sich dann auf die Leistungsfähigkeit des Managementsystems auswirken kann.

Tab. 8.2 Beispiele für interne Themen

Interne Themen-Schwerpunkte	Beispiele
Unternehmensorganisation	– Familienunternehmen – Rechtsform (z. B. AG, GmbH, KG)
Unternehmenskultur	– Führungsstil – Verantwortlichkeiten – Zuständigkeiten – Befugnisse – Entscheidungsprozesse
Unternehmensstrategie	– Risikomanagement – Unternehmensziele – Produktpolitik – Einhaltung Rechtsvorschriften
Prozesse	– Stand der Technik – Prozessleistung – Produktqualität
Leistungsvermögen	– Betriebswirtschaftliche Kenngrößen (z. B. Umsatz, Gewinn, Eigenkapitalquote) – Umweltleistung
Mitarbeiter	– Berufsausbildung – Berufserfahrung – Kompetenzen – Mitarbeiterinformation

8.4 Interessierte Parteien

Interessierte Parteien sind alle Kreise, die ein Interesse am Unternehmen zeigen. Dabei lassen sich interne und externe Parteien unterscheiden (Tab. 8.3). Deren Interesse kann allgemeiner Natur sein oder sich fachspezifisch auf das jeweilige Managementsystem beziehen. Im Rahmen eines Managementsystems sind entsprechende Schwerpunkte zu setzen. So können im Arbeits- und Gesundheitsschutz die Mitarbeiter im Fokus stehen. Beim Umweltmanagementsystem ist es zuerst die Verpflichtung zur Einhaltung der geltenden Umweltvorschriften. Der Kunde und die Produktqualität stehen dagegen im Qualitätsmanagement meistens im Vordergrund.

Tab. 8.3 Beispiele für interessierte Parteien

Interessierte Parteien	Beispiele
Intern	– Mitarbeiter – Betriebsrat – Interessensvertretungen – Führungskräfte – Familieneigentümer
Extern	– Behörden – Versicherer – Investoren – Banken – Gewerkschaften – Nachbarn – Bürgerinitiativen – Kunden – Lieferanten – Dienstleister – Aktionäre – Investoren

8.5 Anwendungsbereich des Umweltmanagementsystems

Der Anwendungsbereich des Umweltmanagementsystems legt dessen räumliche Grenzen fest. Tab. 8.4 bietet dazu einen kurzen Überblick. Wird das Unternehmen als Gesamtorganisation betrachtet, so ergibt sich ein vollständiger Einblick in die Umweltleistung. Die Betrachtung einzelner Gesellschaften oder Standorte ermöglicht den interessierten Parteien eine spezifischere Analyse der Umweltauswirkungen.

Besondere Aufmerksamkeit erfordern ausgelagerte Prozesse. Hier besteht die Möglichkeit besonders umweltrelevante Prozesse auszulagern und so eine verbesserte Umweltleistung des Unternehmens darzustellen. Zur Wahrung seiner Glaubwürdigkeit muss das Unternehmen daher alle besonders umweltrelevanten ausgelagerten Prozesse in sein Umweltmanagementsystem integrieren. Für die interessierten Parteien müssen diese von extern durchgeführten Prozesse, Tätigkeiten, Dienstleistungen, beigestellten Produkte, etc. erkennbar sein.

Tab. 8.4 Anwendungsbereich des Umweltmanagementsystems

Anwendungsbereich UM-System
– Unternehmen als Gesamtorganisation (Konzern) – Teil-Gesellschaften – Einzelne Standorte – Einzelne Betriebe in einem Industriepark – Ausgelagerte Prozesse – Lieferanten – Dienstleister

8.6 Umweltmanagementsystem und dessen Prozesse

Idealerweise werden die jeweiligen Umweltaspekte und deren Umweltauswirkungen über das Umweltmanagementsystem in die Prozesse des Unternehmens integriert. Dadurch sind alle Führungskräfte und Mitarbeiter einbezogen und der Fokus liegt nicht nur auf offensichtlich umweltrelevanten Prozessen wie z. B. die Produktion oder die Abfallwirtschaft. Hier treten die Umweltaspekte und -auswirkungen des Unternehmens nur besonders stark ans Tageslicht. Bei anderen Prozessen liegen sie vielfach im Dunkeln. Für jeden Prozess besitzen wichtige Punkte des Umweltmanagementsystems grundlegende Bedeutung (Tab. 8.5) und sollten als dokumentierte Informationen zur Verfügung stehen.

Tab. 8.5 Relevante Punkte im Umweltmanagementsystem und dessen Prozesse

Umweltmanagementsystem und dessen Prozesse
– Umweltanforderungen und Verpflichtungen der verschiedenen Führungsebenen
– Verantwortungen und Zuständigkeiten
– Strategische und betriebliche Umweltziele
– Prozessbedingte direkte/indirekte Umweltaspekte und Umweltauswirkungen
– Einhaltung von Rechtsvorschriften (nicht nur Umwelt)
– Risiken und Chancen im Prozess
– Planung und Verfügbarkeit von Ressourcen
– Maßnahmen zur Verbesserung der Umweltleistung
– Mitarbeiterausbildung und -kompetenzen
– Kennzahlen und Steuerungsmöglichkeiten im Prozess
– Umgang mit Notfallsituationen und entsprechenden vorbeugenden Maßnahmen
– Unternehmensinterne Audits und Managementbewertungen (Reviews)

8.7 Aufgaben für die Praxis

- Welche externen Themen können im Umweltmanagementsystem eine Rolle spielen?
- Identifizieren Sie die internen Themen zu ihrem Umweltmanagementsystem.
- Was sind die wichtigsten interessierten Parteien für ihre jeweiligen Managementsysteme?
- Nach welchen Kriterien wurde der Anwendungsbereich für die jeweiligen Managementsysteme festgelegt?
- Wie integrieren Sie ihre ausgelagerten Prozesse in ihre Managementsysteme?

Weiterführende Literatur

8.1. Albrecht, Th.; *Wertorientiertes Umweltmanagement,* Eul, **2007**, 978-389936-583-2
8.2. Becke, G. et al.; *Dialogorientiertes Umweltmanagement und Umweltqualifizierung,* Springer, **2000**, 3-540-67173-0
8.3. *DIN EN ISO 14001, Umweltmanagementsysteme – Anforderungen mit Anleitung zur Anwendung,* Beuth, **November 2015**
8.4. *DIN EN ISO 14004, Umweltmanagementsysteme – Allgemeiner Leitfaden über Grundsätze, Systeme und unterstützende Methoden,* Beuth, **August 2016**
8.5. *DIN ISO 26000, Leitfaden zur gesellschaftlichen Verantwortung,* Beuth, **Januar 2011**
8.6. Doktoranden-Netzwerk Öko-Audit e. V. (Hrsg.); *Umweltmanagementsysteme zwischen Anspruch und Wirklichkeit,* Springer, **1998**, 3-540-64690-6
8.7. Dyckhoff, H.; Souren, R.; *Nachhaltige Unternehmensführung,* Springer, **2008**, 978-3-540-74052-0
8.8. Engelfried, J.; *Nachhaltiges Umweltmanagement,* Oldenbourg, **2011**, 978-3-486-59815-5
8.9. Förster, M.; *Integrierte Managementsysteme,* Kovac, **2003**, 3-8300-0829-5
8.10. Krinn, H.; Meinholz. H.; *Einführung eines Umweltmanagementsystems in kleinen und mittleren Unternehmen – Ein Arbeitsbuch,* Springer, **1997**, 3-540-62465-1
8.11. Löbel, J.; Schröger, H.; Closhen, H.; *Nachhaltige Managementsysteme,* Schmidt, **2005**, 3-503-08381-2
8.12. Pfeiffer, J.; *Strukturelle Integration von Umweltmanagementsystemen in gewerblichen Betrieben,* Hampp, **2001**, 3-87988-614-8
8.13. VDI-Kompetenzfeld Betrieblicher Umweltschutz und Umweltmanagement (Hrsg.); *Wettbewerbssicherung durch zukunftsorientiertes Management,* VDI-Berichte 1625, **2001**, 3-18-091625-7
8.14. Walter, K.; *Wettbewerbsvorteile durch Umweltmanagement,* VDM, **2005**, 3-86550-047-1
8.15. Wiesendahl, St.; *Technische Normung in der Europäischen Union,* Schmidt, **2007**, 978-3-503-09761-6
8.16. Zukünftige Technologien Consulting der VDI Technologiezentrum GmbH (Hrsg.); *Mehr Wissen – weniger Ressourcen, Potenziale für eine ressourceneffiziente Wirtschaft,* **April 2009**

9 Verantwortlichkeiten und Rechtsvorschriften

9.1 Einführung

Die Existenz eines Menschen ist unwiderrufbar mit einer Wechselwirkung zu seiner Umwelt verbunden. Er lebt von ihr, beeinflusst sie und verändert sie mit jedem Atemzug, wobei dies kein statischer, sondern ein dynamischer Prozess ist. Umweltschutz bedeutet deshalb nicht Bewahrung des Status quo, sondern welches Maß an Umweltänderungen können und wollen wir uns erlauben. Die Veränderungen beziehen soziale, technologische und ökonomische Systeme mit ein. Jahrzehntelanger technologischer und wirtschaftlicher Aufschwung haben gewaltige Wandlungsprozesse und Fortschritte, aber auch negative Veränderungen hervorgebracht. Dies führte zu einem Bewusstseinswandel in breiten Teilen der Bevölkerung. Der Mensch hat keinen Freibrief zur gnadenlosen Ausbeutung von Mitmenschen und Umwelt, sondern gegenüber beiden heute und zukünftig eine Verantwortung. Das Grundgesetz berücksichtigt in seinen Artikeln 2 und 20a eine entsprechende Schutzbedürftigkeit von Mensch und Umwelt.

Art. 2 (1) Jeder hat das Recht auf die freie Entfaltung seiner Persönlichkeit, soweit er nicht die Rechte anderer verletzt und nicht gegen die verfassungsmäßige Ordnung oder das Sittengesetz verstößt. (2) Jeder hat das Recht auf Leben und körperliche Unversehrtheit. Die Freiheit der Person ist unverletzlich. In diese Rechte darf nur aufgrund eines Gesetzes eingegriffen werden.

Art. 20a Der Staat schützt auch in Verantwortung für die künftigen Generationen die natürlichen Lebensgrundlagen im Rahmen der verfassungsmäßigen Ordnung durch die Gesetzgebung und nach Maßgabe von Gesetz und Recht durch die vollziehende Gewalt und die Rechtsprechung.

Die auftretenden Probleme hängen eng mit der neuzeitlichen Denkweise und der Dynamisierung von Technologie und Ökonomie zusammen. Sie geben immer stärker den Ton an und gewinnen zunehmend an Einfluss und Macht. Zwar wissen wir absolut ge-

G. Förtsch und H. Meinholz, *Handbuch Betriebliches Umweltmanagement*,
https://doi.org/10.1007/978-3-658-19151-1_9

sehen immer mehr, jedoch sind wir gleichzeitig bzgl. der Folgen unseres Tuns ziemlich unwissend. Wir denken überwiegend in linearen Wirkungsketten und nicht in verzweigten Wirkungsnetzen. Das Denken und Arbeiten in Netzwerken kann die Nebenfolgen unserer Handlungen verringern. Prinzipiell sind alle Folgen unserer Maßnahmen jedoch nicht vorhersehbar und bestimmbar. In unserem linearen Denken und in der Hektik unserer heutigen Gesellschaft reparieren wir kurzfristig auftretende Missstände und schaffen womöglich neue, langfristig wirkende Probleme. Trotzdem besteht auch heute noch ein wachsender, erheblicher Bedarf im Bereich des Umweltschutzes. Energieerzeugung mit oder ohne Sonnenenergie, Wärmeversorgung, Produktentwicklung, -verantwortung und -recycling sind nur einige der immer wichtiger werdenden Betätigungsfelder. Aber auch diese Technologien werden Auswirkungen auf den Menschen und die Umwelt haben und zu entsprechenden Veränderungen führen.

Heute unterliegen wir vielfach noch der Funktionalität technokratischer Abläufe, wohlstandsorientierter Konsummuster und einem naiven Materialismus. Regelmäßige Berichte über Rentabilität, Gewinne und Wachstum des Bruttosozialproduktes sind seine Kennzeichen. Sie werden als Sinn des Lebens herausgestellt, um die Sinnleere und Orientierungslosigkeit der Menschen und ihrer Gesellschaft zu übertünchen. Ohne eine – bewusst oder unbewusst – geprägte ethische Grundlage kann der Mensch jedoch keine Verantwortung gegenüber seinen Mitmenschen und der Umwelt übernehmen. Denn Verantwortungsfähigkeit setzt stets Orientierungsvermögen und Wissen voraus. Jeder Mensch nimmt über seine Tätigkeiten auch Verantwortungen wahr. Dies gilt besonders für alle Personen, die andere Menschen führen, betreuen oder ausbilden. Für eine langfristig wirkende Versöhnung von Menschen und Umwelt sind daher ethische Grundlagen unverzichtbar.

Um das Thema Verantwortung im Unternehmen durchleuchten zu können, muss man sich erst einmal ein Bild der verschiedenen Einflussfaktoren interner sowie externer Art machen. Entscheidend sind hier die Normen der Gesellschaft und die sich wandelnde Organisation im Unternehmen. Wer ist für was verantwortlich ist eine der vielen Fragen, die heute gerade auch im betrieblichen Arbeits- und Umweltschutz eine sehr große Rolle spielt. Die Situation für Unternehmen hat sich im Laufe der Zeit immer wieder gewandelt. Während zum Beispiel die technische Sicherheit und der Arbeitsschutz schon immer zur Führungsverantwortung gehörten, kommen heute neue Verantwortungsfelder auf die Führungsebene zu. Ausgelöst durch gesellschaftliche Entwicklungen, neue Wertvorstellungen und ein sensibilisiertes Umweltbewusstsein ist der Druck auf das einzelne Unternehmen gestiegen.

Die Unternehmen werden dazu angehalten gegebene Rahmenbedingungen einzuhalten und sich ihrer Verantwortung gegenüber den Menschen und der Umwelt bewusst zu sein. Dies beinhaltet unter anderem, dass die natürlichen Ressourcen geschont werden, dass bei der Produktentwicklung schon auf Sparsamkeit und Umweltverträglichkeit geachtet wird und in der Produktion, sowie später beim Verbraucher so wenig wie möglich Abfall entsteht. Vermeidung und Verwertung stehen hier im Vordergrund. Nun ist es allerdings nicht nur so, dass die Unternehmen unter der steigenden Verantwortung zu leiden hätten, sondern sie können auch davon profitieren. Arbeitet ein Betrieb besonders umweltfreundlich und macht er eine gute Öffentlichkeitsarbeit, im Sinne von Transparenz, steigt sein Produkt in der Gunst des Verbrauchers. Außerdem sind gerade im Betriebsablauf durch bewusste Ressourcenschonung Einsparungen zu erreichen.

Rahmenbedingungen der Umweltgesetzgebung
Im System Unternehmen sind auch die Teilsysteme Arbeitsschutz und Umweltschutz zu einer komplexen Führungsaufgabe geworden. Die Schnittstellen zwischen Mitarbeitern/Technik/Unternehmen/Gesellschaft müssen vom Management durch technische und organisatorische Maßnahmen bewältigt werden. Zur Lösung dieser Aufgaben braucht das Unternehmen eine geeignete Systemstruktur sowie motivierte und gut ausgebildete Mitarbeiter. Aufbau- und ablauforganisatorische Maßnahmen, Einrichtung eines Managementsystems, Festlegung von Verantwortungs- und Zuständigkeitsbereichen, kontinuierliche Weiterbildung der Mitarbeiter sind einige der Möglichkeiten.

Seit vielen Jahren wurde von Seiten des Gesetzgebers und der Unternehmen vieles im Umweltschutz verbessert. Auch die Industrie hat erkannt, dass die Verringerung der Umweltauswirkungen neben einer Sicherung der wirtschaftlichen Zukunft ein wichtiges Unternehmensziel für die Zukunft ist. Eine Vielzahl von Grenzwerten für die Freisetzung von Substanzen in die Umwelt wurde strenger festgelegt oder überhaupt erst definiert. Sie sollen einen verbesserten Schutz der Umwelt ermöglichen. Eine weitere Strategie zur Verringerung von negativen Umweltauswirkungen ist die Stärkung der Position der Geschädigten gegenüber den Verursachern durch die Gesetzgebung. Ziel dieser Politik ist es modernere Technologien zu etablieren, um in Zukunft weitere negative Umweltauswirkungen zu verringern. Damit verbunden sollen die Kosten verringert und auch die wirtschaftliche Zukunft gesichert werden.

Die Rahmenbedingungen für den betrieblichen Umweltschutz und der entsprechenden Betriebsorganisation werden durch das Umweltrecht gesetzt. Danach hat die Umweltpolitik der Europäischen Union (EU) zum Ziel:

- die Umwelt zu erhalten, zu schützen und ihre Qualität zu verbessern,
- zum Schutze der menschlichen Gesundheit beizutragen und
- eine umsichtige und rationelle Verwendung der natürlichen Ressourcen zu gewährleisten.

Die Tätigkeit der Europäischen Union im Umweltbereich hat Umweltbeeinträchtigungen vorzubeugen und die Umweltverschmutzung nach dem Verursacherprinzip zu bekämpfen. Umgesetzt werden diese Forderungen durch EU-Verordnungen und EU-Richtlinien. Verordnungen gelten unmittelbar in jedem Unionsstaat. Richtlinien geben Ziele und Rahmenbedingungen vor. Sie überlassen jedoch jedem Mitgliedsstaat die Wege und Mittel zur Zielerreichung.

Auf nationaler Ebene wird der Umweltschutz in verschiedenen Fachgesetzen geregelt. Die Gesetze, Verordnungen, Verwaltungsvorschriften, etc. sollen die verschiedenen Umweltmedien (Luft, Wasser, Boden) präventiv schützen. Bestimmte umweltgefährdende

Tätigkeiten wie der Betrieb einer Anlage, das Einleiten von Abwässern oder die Deponierung von Abfällen sind ohne behördliche Genehmigung und Kontrolle verboten. Auf Verordnungsebene werden die gesetzlichen Vorgaben konkretisiert und der technischen Entwicklung angepasst. Die Verpflichtung zur Bestellung der verschiedenen Betriebsbeauftragten im Umweltschutz wird ebenfalls geregelt.

So bestehen nach BImSchG spezielle Vorgaben für die Betriebsorganisation und den Betriebsbeauftragten für Immissionsschutz. Den zuständigen Behörden ist die Person zu benennen, die die Betreiberpflichten für die genehmigungsbedürftige Anlage übernimmt. Gleichzeitig ist mitzuteilen wie die Anordnungen und Vorschriften eingehalten werden und der Schutz vor schädlichen Umwelteinwirkungen gewährleistet wird. Ähnliche Regelungen existieren für die Betriebsbeauftragten für Abfall und Gewässerschutz, den Störfall-, Gefahrgut- und Strahlenschutzbeauftragten.

Umweltschutz und Arbeitssicherheit sind im betrieblichen Alltag eng miteinander verknüpft. So fordert z. B. die Gefahrstoffverordnung definitiv den Schutz des Menschen und der Umwelt. Der Schutz der Umwelt dient damit präventiv dem Schutz der menschlichen Gesundheit und des menschlichen Lebens. Den verschiedenen Überwachungsbehörden kommt zur wirkungsvollen Kontrolle und Einhaltung der Umweltgesetzgebung deshalb eine besondere Verantwortung zu.

9.2 Verantwortungen im betrieblichen Umweltschutz

Jeder Mensch trägt für seine Handlungen eine Verantwortung. Dies betrifft sowohl den privaten wie auch den beruflichen Bereich. Unter Verantwortung ist hier die Pflicht zu verstehen, für seine Handlungen und die Erfüllung einer Aufgabe Rechenschaft abzulegen und die sich daraus ergebenden Konsequenzen zu tragen. Handlungen umfassen Aktivitäten, aber auch Unterlassungen. Neben der persönlichen Verantwortung (Eigenverantwortung) tragen bestimmte Personenkreise eine zusätzliche Verantwortung (Fremdverantwortung). Es handelt sich hier um die Führungskräfte, die für das Tun oder Lassen ihrer Mitarbeiter zusätzliche Verantwortung tragen. Je höher die Position eines Mitarbeiters im Unternehmen ist, desto mehr Fremdverantwortung trägt er innerhalb des Unternehmens. Letztlich ist die Geschäftsführung für alle Unternehmensaktivitäten verantwortlich.

Verantwortung lässt sich durch folgende Fragen umreißen:

- Wer ordnet an und verlangt eine Berichterstattung?
- Wer führt die Anordnung aus?
- Was ist die Maßnahme?
- Weswegen wird die Maßnahme durchgeführt?
- Welche Folgen ergeben sich aus der Handlung?
- Wann wurde die Maßnahme zeitlich durchgeführt?

Kern ist die Verantwortung von Personen. Die Übertragung und die Übernahme von Verantwortung setzen einige Bedingungen voraus. Die Verantwortung übertragende Person muss die Kompetenz zur Delegation und zur Festlegung von Handlungszielen besitzen. Sie besitzt die Kompetenz für Planung, Entscheidung, Anordnung, Realisierung und Kontrolle. Sie muss den Aufgaben übernehmenden Mitarbeiter fachgerecht auswählen und bei der Aufgabendurchführung überwachen. Ein entsprechendes originäres Delegationsrecht besitzen normalerweise nur Führungskräfte der obersten Leitungsebene wie Geschäftsführer, Vorstände, etc. Alle anderen Verantwortungsbereiche sind daraus abgeleitet.

Die Verantwortung übernehmende Person muss entsprechende Handlungsfähigkeiten und -freiräume besitzen. Sie besitzt die Kompetenz und die Qualifikation eigenverantwortlich den vorgegebenen Handlungsspielraum zielgerichtet zu nutzen und die übertragenen Aufgaben zu realisieren. Aus den Verantwortlichkeiten leiten sich verschiedene rechtliche Risiken für die Mitarbeiter und das Unternehmen ab. Dies bezieht sich auf:

- das Unternehmen als Arbeitsstätte,
- die Organisation der Aufgaben und deren Abläufe,
- die Verantwortung gegenüber Mensch und Umwelt,
- die Sicherheit von Produkten.

Die Organisationsverantwortung umfasst die Verpflichtung, die sichere Abwicklung der betrieblichen Aufgaben und Abläufe zu gewährleisten. Dies gelingt z. B. über geeignete Organisationsformen der Aufbau- und Ablauforganisation. Vielfach wird in diesem Zusammenhang neben den Möglichkeiten zur Delegation (top-down) die Pflicht zur regelmäßigen Berichterstattung (bottom-up) stark vernachlässigt. Dies kann im Risikofall zu einem Organisationsverschulden führen.

Die Umweltverantwortung umfasst den Schutz von Menschen, Sachen und Umwelt vor schädigenden Einflüssen. Sie wird durch zahlreiche Umweltgesetze, -verordnungen, etc. geregelt. Die Produktverantwortung umfasst die sichere Funktionsweise, den umweltbewussten Betrieb während der Nutzungsphase und die umweltgerechte Entsorgung des Produktes nach Ablauf der Nutzung.

Während die bisherige Beschreibung die physischen Verantwortungsbereiche umfasst, lässt sich aus juristischer Sicht eine andere Einteilung wählen. So werden die Verantwortungen von Personen und Unternehmen über:

- das Verwaltungsrecht,
- das Zivilrecht,
- das Strafrecht,
- das Ordnungswidrigkeitsrecht

geregelt. Das Verwaltungsrecht umfasst Tätigkeitsbereiche der öffentlichen Verwaltung. Dazu gehören z. B. das Immissionsschutz-, Abfall-, Wasser- und Chemikalienrecht.

Im Zivilrecht werden Rechtsbeziehungen zwischen natürlichen Personen, Personen- und Kapitalgesellschaften geregelt. Das Strafrecht umfasst alle Rechtsvorschriften, die Inhalt und Umfang der staatlichen Strafbefugnis (Geld- und/oder Freiheitsstrafe) bestimmen, während das Ordnungswidrigkeitsrecht den Inhalt und Umfang von Geldbußen bestimmt.

Die aus dem Verwaltungsrecht resultierenden Pflichten richten sich an das Unternehmen. Für den Betrieb einer genehmigungsbedürftigen Anlage oder als Hersteller von Produkten ist das Unternehmen als Betreiber verantwortlich. Handlungsfähig wird das Unternehmen jedoch erst durch Personen in Form des Firmeninhabers, der Geschäftsführung oder des Vorstandes. Dadurch stellt sich die Frage nach der zivilrechtlichen Verantwortung.

Unter zivilrechtlichem Blickwinkel richtet sich die Verantwortung für die Arbeitsstätte, die Umwelt und das Produkt sowohl an das Unternehmen wie auch die dort tätigen Personen. Entsprechend ihres Arbeitsbereiches und ihrer Position in der Unternehmenshierarchie tragen die Geschäftsleitung und die Mitarbeiter eine abgestufte Verantwortung. Rechtliche Regelungen finden sich im Bürgerlichen Gesetzbuch, dem Umwelthaftungsgesetz wie auch im Produkthaftungsgesetz. Aufgrund ihrer herausragenden Position hat die Leitung des Unternehmens eine umfassende Verantwortung für alle Tätigkeiten und Aufgaben. Sie muss entsprechende Maßnahmen treffen um einen sicheren und umweltgerechten Betrieb von der Produktentwicklung über die Herstellung, den Vertrieb bis zur Produktnutzung zu gewährleisten. Dies bezieht die auf dem Betriebsgelände tätig werdende Lieferanten, Dienstleister und Subunternehmer ein. Handelt die Geschäftsleitung nachweisbar rechtswidrig und schuldhaft, trägt sie die zivilrechtliche Verantwortung. Sie ist deshalb gut beraten Sorgfalt zu legen auf:

- organisatorische Gestaltung der Betriebsabläufe,
- Festlegung der Verantwortungs- und Aufgabenbereiche,
- Qualifikation und Leistungsfähigkeit der Mitarbeiter,
- Information und Unterrichtung über maßgebende interne und externe Vorschriften,
- regelmäßige Kontrolle und Dokumentation der Betriebsabläufe,
- Erfolgskontrolle bei notwendigen Korrekturmaßnahmen.

Mit zunehmender Komplexität der Aufgabe und Schwierigkeitsgrad der Tätigkeit muss die Qualifikation des Mitarbeiters ansteigen. Mit zunehmenden Kenntnissen kann sich die Frequenz der Kontrollen verringern. Bei Unregelmäßigkeiten oder der Änderung von Betriebsabläufen ist jedoch eine stärkere Überwachung angebracht. Neben der Geschäftsleitung ist jeder Mitarbeiter zivilrechtlich verantwortlich. Das Maß dieser Verantwortung hängt von seiner Position im Unternehmen und seinem Aufgabenbereich ab. Mitarbeiter in höheren Positionen tragen daher eine größere Verantwortung als Mitarbeiter in niedrigeren Positionen. Aufgrund der Unternehmensorganisation lassen sich drei Funktionen unterscheiden:

- Linienverantwortliche,
- Stabsfunktionen,
- Ausführungsstellen.

Linienverantwortliche sind Mitarbeiter mit Führungsverantwortung. Sie haben fachliche Entscheidungs- und Weisungsbefugnisse gegenüber den ihnen unterstellten Mitarbeitern. Im Rahmen ihres Aufgaben- und Kompetenzbereichs müssen sie die ordnungsgemäße Durchführung von Tätigkeiten und Abläufen regeln. Bei Verletzung ihrer Pflichten machen sie sich schadenersatzpflichtig. Mitarbeiter in Stabsfunktionen sind normalerweise beratend tätig. Sie besitzen keine direkten Entscheidungs- und Weisungsbefugnisse. Sie unterstützen die Linienfunktionen und bereiten relevante Entscheidungen vor.

Aufgrund ihrer herausgehobenen Stellung müssen sich die Linienverantwortlichen auf die Richtigkeit der Informationen und Empfehlungen verlassen können. Ausführende Mitarbeiter arbeiten nach Weisung und besitzen keinen oder nur einen sehr kleinen Entscheidungsspielraum. Sie sind zivilrechtlich nur dann verantwortlich, wenn sie bewusst gegen Betriebs-, Bedienungs- oder Arbeitsanweisungen verstoßen.

Im Gegensatz zum Verwaltungs- und Zivilrecht richtet sich das Strafrecht ausschließlich an Personen und ihrer persönlichen Verantwortung. Wie im zivilrechtlichen Bereich gibt es auch hier eine Abstufung der Verantwortung zwischen der Geschäftsleitung und den Mitarbeitern in ausführenden Funktionen. Sowohl Handlungen wie auch Unterlassungen können entsprechende Folgen nach sich ziehen. Relevant sind beispielsweise die vorsätzliche Verunreinigung von Gewässern, das Inverkehrbringen unsicherer Produkte oder das Unterlassen von Investitionen um Anlagen auf den vorgeschriebenen Stand der Technik zu bringen.

Die Geschäftsleitung nimmt immer die Unternehmerpflichten wahr. Sie kann jedoch einen Teil ihrer Aufgaben, Rechte und Pflichten delegieren. Ob jemand einen Betrieb ganz oder teilweise leitet, lässt sich dem Organigramm des Unternehmens entnehmen. Mit dieser Leitungsfunktion ist automatisch die Übertragung von Verantwortung und Leitungsaufgaben verbunden. Diese Übertragung von Unternehmerpflichten auf Betriebsleiter kann schriftlich, mündlich oder aber auch stillschweigend erfolgen. Soll demgegenüber ein Mitarbeiter mit entsprechenden Pflichten beauftragt werden, so muss eine ausdrückliche schriftliche oder mündliche Beauftragung erfolgen. Betriebsleiter und Mitarbeiter müssen die ihnen übertragenen Aufgaben und Pflichten eigenverantwortlich erfüllen können. Durch die Delegation ist die Geschäftsleitung nicht von ihrer Verantwortung befreit. Sie hat von der organisatorischen Gestaltung der Betriebsabläufe bis zur Erfolgskontrolle bei notwendigen Korrekturmaßnahmen eine entsprechende Sorgfaltspflicht zu erfüllen. Überwachungspflichten verbleiben ebenfalls bei ihr und sind regelmäßig auszuüben.

Beiden Seiten kommt außerdem eine Berichts- und Informationspflicht zu. Mitarbeiter mit Linienverantwortung, denen keine Unternehmerpflichten übertragen wurden, können wegen Unterlassungen zur Verantwortung gezogen werden. Erkennen Sie einen unsicheren Anlagenbetrieb, müssen Sie die Gefahren beseitigen oder beseitigen lassen. Stabsfunktionen machen sich durch falsche Informationen oder Beratung strafbar. Das gilt auch, wenn Sie ihren Beratungs-, Kontroll-, Aufklärungs- und Berichtspflichten nicht nachkommen. Ausführende können aufgrund ihres mangelnden Entscheidungsspielraums nicht zur Verantwortung gezogen werden, es sei denn, der Auftrag wird entgegen der Anweisung durchgeführt. Für Ordnungswidrigkeiten können sowohl das Unternehmen wie auch die Geschäftsleitung verantwortlich sein. Wie beim Strafrecht gilt dies in hierarchisch abgestufter Form auch für die Linienverantwortlichen, Stabsfunktionen und ausführenden Mitarbeiter.

9.3 Aufbau- und Ablauforganisation

Damit ein Unternehmen funktionieren kann, müssen vielfältige Aufgaben und Tätigkeiten ausgeführt werden. Dazu sind u. a.:

- Kundenanforderungen,
- gesellschaftliche Belange,
- gesetzliche Bestimmungen,
- ökologische Aspekte

zu berücksichtigen. Um eine effektive Erfüllung der Aufgaben zu gewährleisten müssen sie systematisch strukturiert und abgearbeitet werden. Da das Unternehmen ein offenes System ist, ist die Strukturierung der Aufgaben und Arbeitsinhalte nicht starr. Sie unterliegt vielmehr dynamischen Veränderungen. Die Organisation des Unternehmens muss sich immer wieder diesen Änderungen anpassen. In der optimalen Gestaltung der Arbeitsinhalte und -strukturen liegt somit ein wesentlicher Faktor für den Unternehmenserfolg. Die Zusammenfassung der festgelegten Arbeitsinhalte erfolgt über eine Stellenbildung. Sie ist dem ausführenden Mitarbeiter zugeordnet und wird manchmal über eine Stellenbeschreibung präzisiert. Die Strukturierung der einzelnen Stellen und die Festlegung der Verantwortungsbereiche erfolgt in Form der Aufbauorganisation. Hier sind die Stellen bestimmten Organisationseinheiten zugeordnet. Eine vielfach gewählte Darstellungsform für die Aufbauorganisation ist das Organigramm (Abb. 9.1).

Die Aufbauorganisation legt die Weisungs- und Berichtslinien und damit die Zusammenarbeit der einzelnen Organisationseinheiten fest. Die Beziehungen zwischen den verschiedenen Stellen und Abteilungen müssen soweit geregelt sein, dass sie zielorientiert zusammenarbeiten können. In der Vergangenheit war die Aufbauorganisation stark funktional nach Vertrieb, Materialwirtschaft, Forschung, Produktion, etc. strukturiert. Dies führte zu einer funktionellen Aufgabenzerlegung und Ausrichtung der Mitarbeiter an die Anweisungen des direkten Vorgesetzten. Die strikt hierarchische Regelung von Weisungsbefugnissen und Kontrolle führt zu Reibungsverlusten und der Schnittstellenproblematik zwischen den einzelnen Organisationseinheiten.

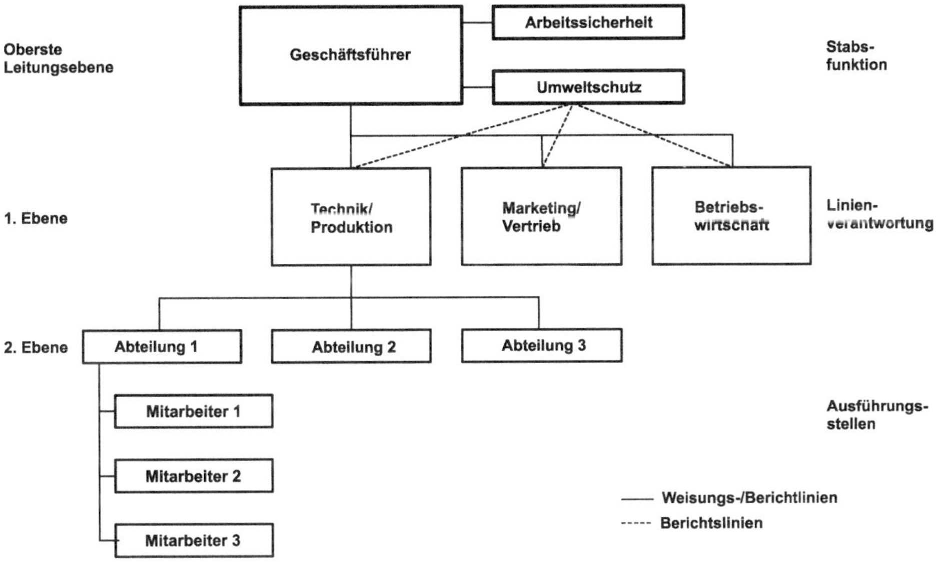

Abb. 9.1 Aufbauorganisation im Unternehmen

Heute orientiert sich die Gestaltung der Verantwortungsbereiche an den Arbeitsinhalten eines Prozesses. Die Orientierung am Material- und Informationsfluss verringert die Zahl der Schnittstellen und führt zur Organisation nach Geschäftsprozessen. Damit verbunden ist eine Verlagerung von Kompetenzen und Verantwortungen auf die Geschäftsbereichsorganisationen. Die Kundenorientierung hat sich aufgrund dieser Organisationsstruktur verstärkt. Zukünftig werden prozessorientierte Verantwortungsbereiche noch stärker durch sich am Kunden ausrichtende problemlösungsorientierte Verantwortungen ersetzt. Die jeweiligen organisatorischen Einheiten sind dann für die Lösung des Kundenproblems und die Weiterentwicklung des Geschäftsfeldes verantwortlich.

Die Zusammenarbeit der einzelnen Organisationseinheiten und die Regelung der betrieblichen Abläufe und Tätigkeiten geschehen durch die Ablauforganisation. Um eine effiziente Unternehmensleistung zu erhalten, verkettet sie z. B. mit Hilfe von Organisationswerkzeugen wie Kanban oder Just-in-Time einzelne Arbeitsschritte. Im Bereich des betrieblichen Umweltschutzes werden als Organisationswerkzeuge z. B.:

- Verfahrensrichtlinien für die einzelnen Organisationseinheiten,
- Dokumentationen der umweltrelevanten Abläufe in einem Umweltmanagementhandbuch,
- Notfallpläne für den Gefahrenfall

verwendet. Für die Darstellung der betrieblichen Abläufe eignen sich grundsätzlich drei Formen. Einfachste Darstellungsform ist die Aufgabenbeschreibung in Form von Anweisungen. Eine weitere Möglichkeit ist die Darstellung als Zuständigkeits- und Verantwortungsmatrix. Neben den einzelnen Abläufen zeigt die Matrix die Verantwortungs-, Mitarbeits- und Informationspflichten auf. Gleichzeitig werden in der Ablaufstrukturierung die Schnittstellen zwischen verschiedenen Abteilungen und Bereichen transparent. Die dritte ausführliche Darstellung besteht in strukturierten Ablaufdiagrammen. Mittels dieser drei Darstellungsformen lassen sich interne und externe Anforderungen an den betrieblichen Umweltschutz leichter erfüllen und ihre Ausführung dokumentieren. Sie stellen für die verantwortlichen Personen ein Hilfsmittel dar, um ihrer Organisationsverantwortung nachzukommen.

Betriebsbeauftragte für Umweltschutz

Der Unternehmer hat im Umweltschutz verschiedene Betriebsbeauftragte zu bestellen:

- Betriebsbeauftragte für Abfall,
- Betriebsbeauftragte für Immissionsschutz,
- Störfallbeauftragte,
- Betriebsbeauftragte für Gewässerschutz,
- Beauftragter für das Umweltmanagement.

Dadurch wird er zu einer innerbetrieblichen Organisation des betrieblichen Arbeits- und Umweltschutzes veranlasst. Normalerweise sind die Betriebsbeauftragten als Stabsfunktion tätig. Die verschiedenen Beauftragtenfunktionen können bei ausreichender Qualifikation auch von einer Person ausgeführt werden. Die Verbindung von Stabsfunktion einerseits und gleichzeitiger Linienverantwortung andererseits sollte möglichst vermieden werden, da Interessenskonflikte nicht ausgeschlossen werden können.

Aus der Verpflichtung zur Bestellung eines Betriebsbeauftragten resultieren für das Unternehmen einige Pflichten. So sind die Aufgaben, Befugnisse und innerbetrieblichen Entscheidungsbereiche schriftlich festzulegen. Dies ist der zuständigen Behörde anzuzeigen. Zum Teil ist der Betriebsrat einzuschalten, was grundsätzlich empfehlenswert ist. Der Betriebsbeauftragte muss vor der Einführung neuer Verfahren, Technologien und Produkten eine Möglichkeit zur Stellungnahme besitzen. Damit ist er direkt in Investitionsentscheidungen eingebunden. Mögliche Bedenken muss er unmittelbar der Geschäftsleitung vortragen können. Diese darf ihn aufgrund seiner Aufgaben und Anregungen nicht benachteiligen. Sie muss ihn vielmehr bei der Erfüllung seiner Tätigkeit unterstützen und ihm die dafür notwendigen Ressourcen zur Verfügung stellen. Da der Betriebsbeauftragte ein Instrument der innerbetrieblichen Eigenkontrolle ist, kommt seiner Position eine besondere Vertrauensgrundlage zu. Ohne diese Grundlage ist eine offene Zusammenarbeit zwischen Geschäftsleitung, Umweltbeauftragtem und Mitarbeitern schwer realisierbar.

Für seine Tätigkeiten muss der Beauftragte fachkundig und zuverlässig sein. Für die verschiedenen Tätigkeitsfelder ergeben sich vergleichbare Aufgaben und Funktionen:

Beauftragter für das Umweltmanagement

Frau/Herr (Name, Vorname) ____________________

wird mit Wirkung vom ____________________

für das Unternehmen (Name, Sitz, Werk) ____________________

____

zur/zum Betriebsbeauftragten für das Umweltmanagement bestellt.

Das Ziel der Tätigkeit ist die Anwendung, Aufrechterhaltung und Weiterentwicklung unseres Umweltmanagementsystems, um damit eine dauerhafte Sicherung unseres firmeninternen Umweltschutzes zu gewährleisten.

Sie/Er nimmt folgende Aufgaben wahr:

- Weiterentwicklung umweltpolitischer Ziele unseres Unternehmens.
- Beobachtung umweltbezogener gesellschafts- und marktpolitischer Entwicklungen.
- Entwicklung entsprechender ablauf- und aufbauorganisatorischer Konzepte.
- Planung und Begleitung von Umweltaudits.
- Bearbeitung umweltschutzbezogener Anfragen zum Umweltmanagementsystem.
- Mithilfe bei der Erstellung des jährlichen Umweltberichts.
- Erarbeitung und Überwachung des Umweltprogramms.
- Unterstützung der einzelnen Unternehmensbereiche in Umweltschutzfragen.

Im Rahmen ihrer/seiner Tätigkeit ist sie/er befugt:

- Erforderliche Informationen und Unterlagen aus allen Unternehmensbereichen anzufordern.
- Personal in Absprache mit dem jeweiligen Leiter der Einrichtung in Anspruch zu nehmen.
- Notwendige Stellungnahmen zu umweltrelevanten Entscheidungen abzugeben.

____________________ Datum, Ort	____________________ Unternehmer/Bevollmächtigter
____________________ Beauftragte(r) für das Umweltmanagement	____________________ Betriebsrat

Abb. 9.2 Ernennungsschreiben für den Beauftragten für das Umweltmanagement

- Aufklärungs- und Informationspflicht,
- Beratungspflicht,
- Kontroll- und Überwachungspflicht,
- Mitwirkungs- und Initiativpflicht,
- Berichtspflicht.

Der Betriebsbeauftragte muss die Mitarbeiter und die Geschäftsleitung über schädliche betriebliche Umweltaspekte informieren. Er hat sie über neuere gesetzliche, technische und wissenschaftliche Entwicklungen zu beraten. Um die Einhaltung der Rechtsvorschriften und Genehmigungen zu gewährleisten, muss er die entsprechenden Einrichtungen kontrollieren. Um eine kontinuierliche Verbesserung des betrieblichen Umweltschutzes zu erreichen, initiiert er die Entwicklung und Einführung umweltfreundlicherer Produkte und Verfahren. Regelmäßig, jedoch mindestens einmal jährlich berichtet er über die Situation des Unternehmens. Damit der Betriebsbeauftragte seinen vielfältigen Aufgaben nachkommen kann, muss er sich regelmäßig weiterbilden. Eine Übertragung der Beauftragtenfunktion auf Externe ist wenig sinnvoll, da diese aufgrund des knappen Zeitbudgets keine informellen Strukturen aufbauen können. Sinnvoller ist dagegen die regelmäßige externe Auditierung der betrieblichen Abläufe.

Neben den vom Betriebsbeauftragten durchgeführten operativen Aufgaben treten immer mehr strategische Umweltschutzaufgaben in den Vordergrund. Hier liegt das Ziel in der Integration des Umweltschutzes in alle betrieblichen Abläufe. Das klassische Beauftragtenwesen dürfte vielfach nicht in der Lage sein diese strategischen Aufgaben zu erfüllen. Dies gelingt eher durch den Beauftragten für das Umweltmanagement. In der Abb. 9.2 ist ein entsprechendes Ernennungsschreiben wiedergegeben.

9.4 Übersicht zu Rechtsvorschriften

Die Unternehmen kommen bei ihren betrieblichen Aufgaben täglich mit dem Umweltrecht in Berührung. Die Gesetze aus den verschiedenen Umweltbereichen (Abfall, Abwasser, Gefahrstoffe, Energie, etc.) werden durch entsprechende Verordnungen, Verwaltungsvorschriften, Normen, etc. konkretisiert. Für das Unternehmen können die Rechtsvorschriften in verschiedenen Formen auftreten:

- Vorschriften, die sich auf eine bestimmte Tätigkeit oder einen bestimmten Prozess beziehen (z. B. Betriebsgenehmigungen),
- Vorschriften, die sich auf bestimmte Produkte oder Dienstleistungen des Unternehmens beziehen (z. B. Stoffverbote),
- Vorschriften, die sich auf eine bestimmte Branche beziehen (z. B. Abwasserverordnung),
- Vorschriften, die den Umgang mit bestimmten Stoffen betreffen (z. B. Gefahrgutverordnungen),
- Vorschriften, die dem Schutz des Menschen und der Umwelt dienen (z. B. Gefahrstoffverordnung).

Sowohl Gesetze und Verordnungen, als auch von den Fachorganen erlassene Richtlinien (z. B. DIN-Normen, VDI-Richtlinien) sind Grundlage für die Kontrolle und Überwachung betrieblicher Vorgänge. Das Unternehmen kann sich bei verschiedenen Institutionen Hilfeleistung für die Ermittlung der zutreffenden Umweltvorschriften einholen. Diese Institutionen fungieren häufig auch als Bezugs- und Interpretationsquelle für die jeweiligen Rechtsgebiete:

- Behörden und Fachbehörden auf allen Ebenen,
- Industrieverbände und Industrievereinigungen,
- Berufsgenossenschaften,
- Industrie- und Handelskammern,
- Handwerkskammern,
- professionelle Dienstleister,
- kommerzielle Datenbankanbieter.

Die Struktur der Rechtsvorschriften reicht von internationalen Vereinbarungen über europäische und nationale Vorschriften bis hin zu spezifischen Rechtsvorschriften des jeweiligen Bundeslandes (Tab. 9.1). Die sich anschließende Tab. 9.2 enthält ausgewählte Rechtsvorschriften der Europäischen Union und Deutschlands, die zur Grundkenntnis eines Umweltauditors gehören sollten. Internationale Vereinbarungen und länderspezifische Vorschriften des jeweiligen Bundeslandes sind nicht aufgeführt. Bei Bedarf sind sie unternehmensspezifisch zu ermitteln.

Tab. 9.1 Gliederung von Rechtsvorschriften

1.	**International**
2.	**Europäische Union**
2.1	Verordnungen/Richtlinien
2.2	Entscheidungen/Empfehlungen
3.	**Deutschland**
3.1	Gesetze
3.2	Verordnungen
3.3	Technische Regeln
3.4	Verwaltungsvorschriften
4.	**Bundesland**
4.1	Gesetze
4.2	Verordnungen
4.3	Verwaltungsvorschriften
4.4	Kommunale Vorschriften

Tab. 9.2 Ausgewählte Rechtsvorschriften der Europäischen Union und Deutschlands

1. Abfall			
2. Europäische Union		**3. Deutschland**	
2.1 Verordnungen/Richtlinien		**3.1 Gesetze**	
Abfall-Richtlinie Richtlinie 2008/98/EG des Europäischen Parlaments und des Rates vom 19. November 2008 über Abfälle und zur Aufhebung bestimmter Richtlinien	11.07.15	**KrWG - Kreislaufwirtschaftsgesetz** Gesetz zur Förderung der Kreislaufwirtschaft und Sicherung der umweltverträglichen Bewirtschaftung von Abfällen	27.03.17
Elektro- und Elektronikgeräte (WEEE) Richtlinie 2012/19/EU des Europäischen Parlaments und des Rates vom 04. Juli 2012 über Elektro- und Elektronikgeräte	24.07.12	**ElektroG - Elektro- und Elektronikgerätegesetz** Gesetz über das Inverkehrbringen, die Rücknahme und die umweltverträgliche Entsorgung von Elektro- und Elektronikgeräten	13.04.17
Batterie-Richtlinie Richtlinie 2006/66/EG des Europäischen Parlaments und des Rates vom 06. September 2006 über Batterien und Akkumulatoren sowie Altbatterien und Altakkumulatoren und zur Aufhebung der Richtlinie 91/157/EWG	10.12.13	**BattG - Batteriegesetz** Gesetz über das Inverkehrbringen, die Rücknahme und die umweltverträgliche Entsorgung von Batterien und Akkumulatoren	13.04.17
Abfallverbringung Verordnung (EG) Nr. 1013/2006 des Europäischen Parlaments und des Rates vom 14. Juni 2006 über die Verbringung von Abfällen	11.11.15	**AbfVerbrG - Abfallverbringungsgesetz** Gesetz zur Ausführung der Verordnung (EG) Nr. 1013/2006 des Europäischen Parlaments und des Rates vom 14. Juni 2016 über die Verbringung von Abfällen und des Basler Übereinkommens vom 22. März 1989 über die Kontrolle der grenzüberschreitenden Verbringung von Abfällen und ihre Entsorgung	01.11.16
		3.2 Verordnungen	
		NachwV - Nachweisverordnung Verordnung über die Nachweisführung bei der Entsorgung von Abfällen	02.12.16
		AbfBeauftrV - Abfallbeauftragtenverordnung	02.12.16

Tab. 9.2 (Fortsetzung)

		AbfAEV - Anzeige- und Erlaubnisverordnung Verordnung über das Anzeige- und Erlaubnisverfahren für Sammler, Beförderer, Händler und Makler von Abfällen	**02.12.16**
		EfbV - Entsorgungsfachbetriebeverordnung Verordnung über Entsorgungsfachbetriebe, technische Überwachungsorganisationen und Entsorgergemeinschaften	**02.12.16**
Abfallverzeichnis Entscheidung 2001/573/EG des Rates vom 23. Juni 2001 zur Änderung der Entscheidung 2000/532/EG über ein Abfallverzeichnis	**28.07.01**	**AVV - Abfallverzeichnis-Verordnung** Verordnung über das Europäische Abfallverzeichnis	**22.12.16**
		Altöl-Verordnung	**24.02.12**
		HKWAbfV - Verordnung über die Entsorgung gebrauchter halogenierter Lösemittel	**20.10.06**
Elektro- und Elektronikgeräte (RoHS) Richtlinie 2011/65/EU des Europäischen Parlaments und des Rates vom 08. Juni 2011 zur Beschränkung der Verwendung bestimmter gefährlicher Stoffe in Elektro- und Elektronikgeräten	**25.06.16**	**ElektroStoffV - Elektro- und Elektronikgeräte-Stoff-Verordnung**	**3.05.17**
		BattGDV - Verordnung zur Durchführung des Batteriegesetzes	**12.11.09**
Altfahrzeuge Richtlinie 2000/53/EG des Europäischen Parlaments und des Rates vom 18. September 2000 über Altfahrzeuge	**19.05.16**	**AltfahrzeugV - Altfahrzeug-Verordnung** Verordnung über die Überlassung, Rücknahme und umweltverträgliche Entsorgung von Altfahrzeugen	**02.12.16**

Tab. 9.2 (Fortsetzung)

Altfahrzeuge Richtlinie 2005/64/EG des Europäischen Parlaments und des Rates vom 26. Oktober 2005 über die Typgenehmigung für Kraftfahrzeuge hinsichtlich ihrer Wiederverwendbarkeit, Recyclingfähigkeit und Verwertbarkeit und der Änderung der Richtlinie 70/156/EWG des Rates	**29.01.08**		
Verpackungsrichtlinie Richtlinie 94/62/EG des Europäischen Parlaments und des Rates vom 20. Dezember 1994 über Verpackungen und Verpackungsabfälle (2005/20/EG)	**06.05.15**	**VerpackV - Verpackungsverordnung** Verordnung über die Vermeidung und Verwertung von Verpackungsabfällen	**02.12.16**
		GewAbfV - Gewerbeabfallverordnung Verordnung über die Entsorgung von gewerblichen Siedlungsabfällen und von bestimmten Bau- und Abbruchabfällen	**18.04.17**
		AltholzV - Altholzverordnung Verordnung über Anforderungen an die Verwertung und Beseitigung von Altholz	**02.12.16**
		BioAbfV - Bioabfallverordnung Verordnung über die Verwertung von Bioabfällen auf landwirtschaftlich, forstwirtschaftlich und gärtnerisch genutzten Böden	**05.12.13**
PCB/PCT-Richtlinie Richtlinie 96/59/EG des Rates vom 16. September 1996 über die Beseitigung polychlorierte Biphenyle und polychlorierte Terphenyle (PCB/PCT)	**18.07.09**	**PCB-AbfallV - PCB/PCT-Abfallverordnung** Verordnung über die Entsorgung polychlorierter Biphenyle, polychlorierter Terphenyle und halogenierter Monomethyldiphenylmethane	**24.02.12**
Abfalldeponien Richtlinie 1999/31/EG des Rates vom 26. April 1999 über Abfalldeponien	**10.12.11**	**DepV - Deponieverordnung** Verordnung über Deponien und Langzeitlager	**04.03.16**
		3.3 Technische Regeln	
		TRGS 201 Einstufung und Kennzeichnung bei Tätigkeiten mit Gefahrstoffen	**24.11.11**

Tab. 9.2 (Fortsetzung)

		TRGS 520 Errichtung und Betrieb von Sammelstellen und zugehörigen Zwischenlagern für Kleinmengen gefährlicher Abfälle	**19.01.12**
		TRBA 212 Thermische Abfallbehandlung: Schutzmaßnahmen	**10/2003**
		TRBA 213 Abfallsammlung: Schutzmaßnahmen	**06.12.10**
		TRBA 214 Abfallbehandlungsanlagen einschließlich Sortieranlagen der Abfallwirtschaft	**30.09.13**
		TRBA 405 Anwendung von Messverfahren und technischen Kontrollwerten für luftgetragene biologische Arbeitsstoffe	**07/2006**
		TRBA 500 Grundlegende Maßnahmen bei Tätigkeiten mit biologischen Arbeitsstoffen	**25.04.12**
2. Arbeitsschutz			
2. Europäische Union		**3. Deutschland**	
2.1 Verordnungen/Richtlinien		**3.1 Gesetze**	
		ASiG - Gesetz über Betriebsärzte, Sicherheitsingenieure und andere Fachkräfte für Arbeitssicherheit	**20.04.13**
		ArbSchG - Arbeitsschutzgesetz Gesetz über die Durchführung von Maßnahmen des Arbeitsschutzes zur Verbesserung der Sicherheit und des Gesundheitsschutzes der Beschäftigten bei der Arbeit	**31.08.15**

Tab. 9.2 (Fortsetzung)

		3.2 Verordnungen	
Persönliche Schutzausrüstung Verordnung (EU) 2016/425 des Europäischen Parlaments und des Rates vom 09. März 2016 über persönliche Schutzausrüstungen und zur Aufhebung der Richtlinie 89/686/EWG des Rates Arbeitsschutz - PSA-Richtlinie	31.03.16	**PSA-Benutzungsverordnung** Verordnung über Sicherheit und Gesundheitsschutz bei der Benutzung persönlicher Schutzausrüstung bei der Arbeit	04.12.96
		ArbMedVV - Verordnung zur arbeitsmedizinischen Vorsorge	15.11.16
		BetrSichV - Betriebssicherheitsverordnung Verordnung über Sicherheit und Gesundheitsschutz bei der Bereitstellung von Arbeitsmitteln und deren Benutzung bei der Arbeit, über Sicherheit beim Betrieb überwachungsbedürftiger Anlagen und über die Organisation des betrieblichen Arbeitsschutzes	15.11.16
Mutterschutz Richtlinie 92/85/EWG des Rates vom 19. Oktober 1982 über die Durchführung von Maßnahmen zur Verbesserung der Sicherheit und des Gesundheitsschutzes von schwangeren Arbeitnehmerinnen am Arbeitsplatz (zehnte Einzelrichtlinie im Sinne des Artikels 16 Absatz 1 der Richtlinie 89/391/EWG)	05.03.14	**MuSchRiV - Mutterschutzrichtlinienverordnung** Verordnung zum Schutz der Mütter am Arbeitsplatz	26.11.10
		JArbSchG - Jugendarbeitsschutzgesetz Gesetz zum Schutz der arbeitenden Jugend	11.11.16
Sicherheits- und Gesundheitsschutzkennzeichnung Richtlinie 92/58/EWG des Rates vom 24. Juni 1992 über Mindestvorschriften für die Sicherheits- und/oder Gesundheitsschutzkennzeichnung am Arbeitsplatz (Neunte Einzelrichtlinie im Sinne von Artikel 16 Absatz 1 der Richtlinie 89/391/EWG)	05.03.14	**ArbStättV - Arbeitsstättenverordnung** Verordnung über Arbeitsstätten	30.11.16

Tab. 9.2 (Fortsetzung)

Arbeitsplatzlärm Richtlinie 2003/10/EG des Europäischen Parlaments und des Rates vom 06. Februar 2003 über Mindestvorschriften zum Schutz von Sicherheit und Gesundheit durch physikalische Einwirkungen (Lärm)	21.11.08	**LärmVibrationsArbSchV - Lärm- und Vibrations-Arbeitsschutzverordnung** Verordnung zum Schutz der Beschäftigten vor Gefährdungen durch Lärm und Vibrationen	15.11.16
Vibrationen am Arbeitsplatz Richtlinie 2002/44/EG des Europäischen Parlaments und des Rates vom 25. Juni 2002 über Mindestvorschriften zum Schutz von Sicherheit und Gesundheit der Arbeitnehmer vor der Gefährdung durch physikalische Einwirkungen (Vibrationen)	21.11.08		
		3.3 Technische Regeln	
		BGV A1/DGUV Vorschrift 1 Grundsätze der Prävention - Muster-UVV	11/2013
		BGV A8/DGUV Vorschrift 9 Sicherheits- und Gesundheitsschutzkennzeichnung am Arbeitsplatz	09/2002
		BGR 500 Betreiben von Arbeitsmitteln	04/2008
		AMR 2.1 Fristen für die Veranlassung/das Angebot von arbeitsmedizinischer Vorsorge	10.05.16
		AMR 3.1 Erforderliche Auskünfte/Informations-beschaffung über die Arbeitsplatzverhältnisse	24.02.14
		AMR 5.1 Anforderungen an das Angebot von arbeitsmedizinische Vorsorge	13.11.14

9

Tab. 9.2 (Fortsetzung)

		AMR 6.1 Fristen für die Aufbewahrung ärztlicher Unterlagen	24.02.14
		ASR A1.3 Sicherheits- und Gesundheitsschutzkennzeichnung.	15.12.16
		ASR A2.3 Fluchtwege und Notausgänge, Flucht- und Rettungsplan	15.12.16
		TRBS 1112 Instandhaltung	25.08.10
		TRBS 1201 Prüfungen von Arbeitsmitteln und überwachungsbedürftige Anlagen	24.06.14
		TRBS 1203 Befähigte Personen	17.02.12
		TRBS 2111 Mechanische Gefährdungen - Allgemeine Anforderungen	24.03.14
		TRBS 2121 Gefährdung von Personen durch Absturz - Allgemeine Anforderungen	31.01.07
		TRBS 2141 Gefährdungen durch Dampf und Druck - Allgemeine Anforderungen	31.01.07
		TRBS 2152/TRGS 720 Gefährliche explosionsfähige Atmosphäre - Allgemeines	15.03.06

Tab. 9.2 (Fortsetzung)

		TRLV Lärm Allgemeines	**15.01.10**
		TRLV Lärm Teil 1 Beurteilung der Gefährdung durch Lärm	**15.01.10**
		TRLV Lärm Teil 2 Messung von Lärm	**15.01.10**
		TRLV Lärm Teil 3 Lärmschutzmaßnahmen	**15.01.10**
		TRLV Vibrationen Allgemeines	**25.03.15**
		TRLV Vibrationen Teil 1 Beurteilung der Gefährdung durch Vibrationen	**25.03.15**
		TRLV Vibrationen Teil 2 Messung von Vibrationen	**25.03.15**
		TRLV Vibrationen Teil 3 Vibrationsschutzmaßnahmen	**25.03.15**
		VDI 4068, Blatt 1 Zur Prüfung befähigte Personen - Qualifikationsmerkmale und Beauftragung	**03/2016**

Tab. 9.2 (Fortsetzung)

3. Biostoffe			
2. Europäische Union		**3. Deutschland**	
2.1 Verordnungen/Richtlinien		**3.1 Gesetze**	
		3.2 Verordnungen	
Biologische Arbeitsstoffe Richtlinie 2000/54/EG des Europäischen Parlaments und des Rates vom 18. September 2000 über den Schutz der Arbeitnehmer gegen Gefährdung durch biologische Arbeitsstoffe bei der Arbeit	17.10.00	**BioStoffV - Biostoffverordnung** Verordnung über Sicherheit und Gesundheitsschutz bei Tätigkeiten mit biologischen Arbeitsstoffen	15.07.13
		3.3 Technische Regeln	
		TRBA 400 Handlungsanleitung zur Gefährdungsbeurteilung bei Tätigkeiten mit biologischen Arbeitsstoffen	04/2006
		TRBA 500 Allgemeine Hygienemaßnahmen: Mindestanforderungen	25.04.12
		BGI 762 Keimbelastung wassergemischter Kühlschmierstoffe	07/2016
		BGI 853 Betriebsanweisungen nach der Biostoffverordnung	06/2010

Tab. 9.2 (Fortsetzung)

4. Boden und Altlasten			
2. Europäische Union		**3. Deutschland**	
2.1 Verordnungen/Richtlinien		**3.1 Gesetze**	
		BBodSchG - Bundes-Bodenschutzgesetz Gesetz zum Schutz vor schädlichen Bodenveränderungen und zur Sanierung von Altlasten	31.08.15
		3.2 Verordnungen	
		BBodSchV - Bundes-Boden-schutz- und Altlastenverordnung	31.08.15
5. Energie			
2. Europäische Union		**3. Deutschland**	
2.1 Verordnungen/Richtlinien		**3.1 Gesetze**	
Energieeffizienz Richtlinie 2012/27/EU des Europäischen Parlaments und des Rates vom 25. Oktober 2012 zur Energieeffizienz, zur Änderung der Richtlinien 2009/125/EG und 2010/30/EU und zur Aufhebung der Richtlinien 2004/8/EG und 2006/32/EG - Energieeffizienzrichtlinie oder EED	28.05.13	**EDL-G** Gesetz über Energiedienstleistungen und andere Energieeffizienzmaßnahmen	17.02.16
		EnEG - Energieeinspargesetz Gesetz zur Einsparung von Energie in Gebäuden	04.07.13
		EEWärmeG - Erneuerbare-Energien-Wärmegesetz Gesetz zur Förderung Erneuerbarer Energien im Wärmebereich	20.10.15

Tab. 9.2 (Fortsetzung)

		EEG 2017 - Erneuerbare-Energien-Gesetz Gesetz für den Vorrang Erneuerbarer Energien	**22.12.16**
		KWKG - Kraft-Wärme-Kopplungsgesetz Gesetz für die Erhaltung, die Modernisierung und den Ausbau der Kraft-Wärme-Kopplung	**22.12.16**
Ökodesign-Richtlinie Richtlinie 2009/125/EG des Europäischen Parlaments und des Rates vom 21. Oktober 2009 zur Schaffung eines Rahmens für die Festlegung von Anforderungen an die umweltgerechte Gestaltung energieverbrauchsrelevanter Produkte	**14.11.12**	**EVPG - Energieverbrauchsrelevante Produkte-Gesetz** Gesetz über die umweltgerechte Gestaltung energieverbrauchsrelevanter Produkte	**31.08.15**
		3.2 Verordnungen	
Erneuerbare Energien Richtlinie 2009/28/EG des Europäischen Parlaments und des Rates vom 23. April 2009 zur Förderung der Nutzung von Energie aus erneuerbaren Quellen und zur Änderung und anschließenden Aufhebung der Richtlinie 2001/177/EG und 2003/30/EG	**15.09.15**	**EnEV - Energieeinsparverordnung** Verordnung über energiesparenden Wärmeschutz und energiesparende Anlagentechnik bei Gebäuden	**24.10.15**
		BioSt-NachV - Biomassestrom-Nachhaltigkeitsverordnung Verordnung über Anforderungen an eine nachhaltige Herstellung von flüssiger Biomasse zur Stromerzeugung	**13.10.16**
		Biokraft-NachV - Biokraftstoff-Nachhaltigkeitsverordnung Verordnung über Anforderungen an eine nachhaltige Herstellung von Biokraftstoffen	**04.04.16**
		BiomassV - Biomasseverordnung Verordnung über die Erzeugung von Strom aus Biomasse	**13.10.16**

Tab. 9.2 (Fortsetzung)

		3.3 Technische Regeln	
		DIN EN 16247-1 Energieaudits - Teil 1: Allgemeine Anforderungen	**10/2012**
		DIN EN 16247 - 2 Energieaudits - Teil 2: Gebäude	**08/2014**
		DIN EN 16247 - 3 Energieaudits - Teil 3: Prozesse	**08/2014**
		DIN EN 16247 - 4 Energieaudits - Teil 4: Transport	**06/2010**
		DIN EN 16247 - 5 Energieaudits - Teil 5: Kompetenz von Energieauditoren	**08/2014**
		DIN EN ISO 50001 Energiemanagementsysteme - Anforderungen mit Anleitung zur Anwendung	**12/2011**

Tab. 9.2 (Fortsetzung)

6. Gefahrgut			
2. Europäische Union		**3. Deutschland**	
2.1 Verordnungen/Richtlinien		**3.1 Gesetze**	
		GGBefG - Gefahrgutbeförderungsgesetz Gesetz über die Beförderung gefährlicher Güter	**26.07.16**
		3.2 Verordnungen	
Gefahrguttransport Richtlinie 2006/89/EG der Kommission vom 03. November 2006 zur sechsten Anpassung der Richtlinie 94/55/EG des Rates zur Angleichung der Rechtsvorschriften der Mitgliedsstaaten für den Gefahrguttransport auf der Straße an den technischen Fortschritt	**04.11.06**	**GGVSEB - Gefahrgutverordnung Straße, Eisenbahn und Binnenschifffahrt** Verordnung über die innerstaatliche und grenzüberschreitende Beförderung gefährlicher Güter auf der Straße, mit Eisenbahnen und auf Binnengewässer	**26.07.16**
Kontrolle von Gefahrguttransporten Richtlinie 95/50/EG des Rates vom 06. Oktober 1995 über einheitliche Verfahren für die Kontrolle von Gefahrguttransporten auf der Straße	**21.06.08**	**GGKontrollV - Verordnung über die Kontrollen von Gefahrguttransporten auf der Straße und in den Unternehmen**	**31.08.15**
		GbV - Gefahrgutbeauftragtenverordnung Verordnung über die Bestellung von Gefahrgutbeauftragten und die Schulung der beauftragten Personen im Unternehmen und Betrieben	**31.08.15**
		3.3 Technische Regeln	
		Anlage A und B zum ADR Anlage A und B des Europäischen Über-einkommens vom 30.09.1957 über die internationale Beförderung gefährlicher Güter auf der Straße (ADR): Allgemeine Vorschriften und Vorschriften für gefährliche Stoffe und Gegenstände und Ordnung für die internationale Eisenbahnbeförderung gefährlicher Güter (RID)	**10.11.16**

Tab. 9.2 (Fortsetzung)

7. Gefahrstoffe und Biozide			
2. Europäische Union		**3. Deutschland**	
2.1 Verordnungen/Richtlinien		**3.1 Gesetze**	
REACH Verordnung (EG) Nr. 1907/2006 des Europäischen Parlaments und des Rates vom 18. Dezember 2006 zur Registrierung, Bewertung, Zulassung und Beschränkung chemischer Stoffe (REACH), zur Schaffung einer Europäischen Chemikalienagentur, zur Änderung der Richtlinie 1999/45/EG und zur Aufhebung der Verordnung (EWG) Nr. 793/93 des Rates, der Verordnung (EG) Nr. 1488/94 der Kommission, der Richtlinie 76/769/EWG des Rates sowie der Richtlinien 91/155/EWG, 93/67/EG und 2002/21/EG der Kommission	**10.02.17**	**ChemG - Chemikaliengesetz** Gesetz zum Schutz vor gefährlichen Stoffen	**18.07.16**
Verordnung (EG) Nr. 440/2008 der Kommission vom 30. Mai 2008 zur Festlegung von Prüfmethoden gemäß der Verordnung (EG) Nr. 1907/2006 des Europäischen Parlaments und des Rates zur Registrierung, Bewertung, Zulassung und Beschränkung chemischer Stoffe (REACH)	**01.03.16**		
CLP/GHS Verordnung (EG) Nr. 1272/2008 des Europäischen Parlaments und des Rates vom 16. Dezember 2008 über die Einstufung, Kennzeichnung und Verpackung von Stoffen und Gemischen, zur Änderung und Aufhebung der Richtlinien 67/548/EWG und 1999/45/EG und zur Änderung der Verordnung (EG) Nr. 1907/2006	**20.07.16**		
Persistente organische Schadstoffe (POP) Verordnung (EG) Nr. 850/2004 des Europäischen Parlaments und des Rates vom 29. April 2004 über persistente organische Schadstoffe und zur Änderung der Richtlinie 79/117/EWG	**31.03.16**		

Tab. 9.2 (Fortsetzung)

		3.2 Verordnungen	
		GefStoffV - Gefahrstoffverordnung Verordnung zum Schutz vor Gefahrstoffen	**15.11.16**
		ChemVerbotsV - Chemikalien-Verbotsverordnung Verordnung über Verbote und Beschränkungen des Inverkehrbringens gefährlicher Stoffe, Zubereitungen und Erzeugnisse nach dem Chemikaliengesetz	**20.01.17**
Gefährdung durch chemische Arbeitsstoffe Richtlinie 98/24/EG des Rates vom 07. April 1998 zum Schutz von Gesundheit und Sicherheit der Arbeitsnehmer vor der Gefährdung durch chemische Arbeitsstoffe bei der Arbeit	**05.03.14**		
Richtlinie 91/322/EWG der Kommission vom 29. Mai 1991 zur Festsetzung von Richtgrenzwerten zur Durchführung der Richtlinie 80/1107/EWG des Rates über den Schutz der Arbeitnehmer vor der Gefährdung durch chemische, physikalische und biologische Arbeitsstoffe bei der Arbeit	**01.02.17**		
Karzinogene oder Mutagene Richtlinie 2004/37/EG des Europäischen Parlaments und des Rates vom 29. April 2004 über den Schutz der Arbeitnehmer gegen Gefährdung durch Karzinogene oder Mutagene bei der Arbeit (Sechste Einzelrichtlinie im Sinne von Artikel 16 Absatz 1 der Richtlinie 89/391/EWG des Rates)	**05.03.14**		
Biozide Verordnung (EU) Nr. 528/2012 des Europäischen Parlaments und des Rates vom 22. Mai 2012 über die Bereitstellung auf dem Markt und die Verwendung von Biozidprodukten - Biozid-Richtlinie	**05.04.14**		

Tab. 9.2 (Fortsetzung)

		3.3 Technische Regeln	
		TRGS 200 Einstufung und Kennzeichnung von Stoffen, Zubereitungen und Erzeugnissen	**11.10.11**
		TRGS 400 Gefährdungsbeurteilung für Tätigkeiten mit Gefahrstoffen	**02.07.12**
		TRGS 401 Gefährdung durch Hautkontakt für Ermittlung - Beurteilung - Maßnahmen	**14.02.11**
		TRGS 402 Ermitteln und Beurteilen der Gefährdung bei Tätigkeiten mit Gefahrstoffen: Inhalative Exposition	**08.09.16**
		TRBA/TRGS 406 Sensibilisierende Stoffe für die Atemwege	**16.02.09**
		BekGS 409 Nutzung der REACH-Informationen für den Arbeitsschutz	**15.03.12**
		TRGS 420 Verfahrens- und stoffspezifische Kriterien (VSK) für die Gefährdungsbeurteilung	**24.08.16**
		TRGS 500 Schutzmaßnahmen	**04.07.08**
		TRGS 509 Lagern von flüssigen und festen Gefahrstoffen in ortsfesten Behältern sowie Füll- und Entleerstellen für ortsbewegliche Behälter	**22.10.15**

Tab. 9.2 (Fortsetzung)

		TRGS 510 Lagerung von Gefahrstoffen in ortsbeweglichen Behältern	22.10.15
		TRGS 555 Betriebsanweisung und Information der Beschäftigten	15.01.13
		TRGS 560 Luftrückführung beim Umgang mit krebserzeugenden Gefahrstoffen	05.01.12
		TRGS 600 Substitution	22.09.08
		TRGS 800 Brandschutzmaßnahmen	31.01.11
		TRGS 900 Arbeitsplatzgrenzwerte	19.09.16
		BekGS 901 Kriterien zur Ableitung von Arbeitsplatzgrenzwerten	21.05.10
		TRGS 903 Biologische Grenzwerte	28.09.15
		TRGS 905 Verzeichnis krebserzeugender, keimzellmutagener oder reproduktionstoxischer Stoffe	14.03.16
		TRGS 906 Verzeichnis krebserzeugender Tätigkeiten oder Verfahren nach § 3 Abs. 2 Nr. 2 - GefStoffV	23.03.07

Tab. 9.2 (Fortsetzung)

		TRGS 907 Verzeichnis sensibilisierender Stoffe	**08.11.11**
		TRGS 910 Risikobezogenes Maßnahmenkonzept für Tätigkeiten mit krebserzeugenden Gefahrstoffen	**11.04.16**
		VDI 3975, Blatt 1 Lagerung von Gefahrstoffen - Planung und Genehmigung	**03/2002**
		VDI 3975, Blatt 2 Lagerung von Gefahrstoffen - Organisation	**11/2001**
		VDI 3975, Blatt 3 Lagerung von Gefahrstoffen - Betreiben von Gefahrstofflagern	**08/2016**
8. Gewässerschutz			
2. Europäische Union		**3. Deutschland**	
2.1 Verordnungen/Richtlinien		**3.1 Gesetze**	
Wasser-Rahmen-Richtlinie (WRRL) Richtlinie 2000/60/EG des Europäischen Parlaments und des Rates vom 23. Oktober 2000 zur Schaffung eines Ordnungsrahmens für Maßnahmen der Gemeinschaft im Bereich der Wasserpolitik	**31.10.14**	**WHG - Wasserhaushaltsgesetz** Gesetz zur Ordnung des Wasserhaushalts	**29.03.17**
		3.2 Verordnungen	
Gewässer Richtlinie 2006/11/EG des Europäischen Parlaments und des Rates vom 15. Februar 2006 betreffend die Verschmutzung infolge der Ableitung bestimmter gefährlicher Stoffe in die Gewässer der Gemeinschaft	**04.03.06**	**AbwV- Abwasserverordnung** Verordnung über Anforderungen an das Einleiten von Abwasser in Gewässer	**10.03.17**

Tab. 9.2 (Fortsetzung)

Kommunales Abwasser Richtlinie 91/271/EWG des Rates vom 21. Mai 1991 über die Behandlung von kommunalem Abwasser	**28.12.13**	**IZÜS - Industriekläranlagen-Zulassungs- und Überwachungsverordnung** Verordnung zur Regelung des Verfahrens bei Zulassung und Überwachung industrieller Abwasserbehandlungsanlagen und Gewässerbenutzungen	**31.08.15**
		AwSV - Verordnung über Anlagen zum Umgang mit wassergefährdenden Stoffen	**18.04.17**
		GrwV - Grundwasserverordnung Verordnung zum Schutz des Grundwassers	**04.08.16**
Trinkwasser-Richtlinie Richtlinie 98/83/EG des Rates vom 03. November 1998 über die Qualität von Wasser für den menschlichen Gebrauch	**07.10.15**	**TrinkwV - Trinkwasserverordnung** Verordnung über die Qualität von Wasser für den menschlichen Gebrauch	**18.07.16**
		3.3 Technische Regeln	
		BGV C5 Abwassertechnische Anlagen	**01/1997**
		TRBA 220 Sicherheit und Gesundheit bei Tätigkeiten mit biologischen Arbeitsstoffen in abwassertechnischen Anlagen	**26.11.10**
		3.4 Verwaltungsvorschriften	
		VwVwS - Verwaltungsvorschrift wassergefährdende Stoffe Allgemeine Verwaltungsvorschrift zum Wasserhaushaltsgesetz über die Einstufung wassergefährdender Stoffe in Wassergefährdungsklassen	**06/2011**

Tab. 9.2 (Fortsetzung)

9. Immissionsschutz			
2. Europäische Union		**3. Deutschland**	
2.1 Verordnungen/Richtlinien		**3.1 Gesetze**	
Schadstoffregister Verordnung (EG) Nr. 166/2006 des Europäischen Parlaments und des Rates vom 18. Januar 2006 über die Schaffung eines Schadstofffreisetzungs- und -verbringungsregister	18.07.09	**BImSchG - Bundes-Immissionsschutzgesetz** Gesetz zum Schutz vor schädlichen Umwelteinwirkungen durch Luftverunreinigungen, Geräusche, Erschütterungen und ähnliche Vorgänge	30.11.16
		Gesetz zu dem Übereinkommen von Paris vom 12. Dezember 2015	28.09.16
Treibhausgashandel Richtlinie 2003/87/EG des Europäischen Parlaments und des Rates vom 13. Oktober 2003 über ein System für den Handel mit Treibhausgasemissionszertifikaten in der Gemeinschaft und zur Änderung der Richtlinie 96/61/EG des Rates	09.10.15	**TEHG - Treibhausgas-Emissionshandelsgesetz** Gesetz über den Handel mit Berechtigungen zur Emission von Treibhausgasen	18.07.16
		3.2 Verordnungen	
Treibhausgase Verordnung (EU) Nr. 517/2014 des Europäischen Parlaments und des Rates vom 6. April 2014 über fluorierte Treibhausgase und zur Aufhebung der Verordnung (EG) Nr. 842/2006 (EU-F-Gase-VO)	20.05.14	**ChemKlimaSchutzV - Chemikalien-Klimaschutzverordnung** Verordnung zum Schutz des Klimas vor Veränderungen durch den Eintrag bestimmter fluorierter Treibhausgase	14.02.17
Ozonabbau Verordnung (EG) Nr. 1005/2009 des Europäischen Parlaments und des Rates vom 16. September 2009 über Stoffe, die zum Abbau der Ozonschicht führen	05.11.13	**ChemOzonSchichtV - Chemikalien-Ozonschichtverordnung** Verordnung über Stoffe, die die Ozonschicht schädigen	20.10.15

Tab. 9.2 (Fortsetzung)

Farben- und Lacke-Richtlinie Richtlinie 2004/42/EG des Europäischen Parlaments und des Rates vom 21. April 2004 über die Begrenzung der Emissionen flüchtiger organischer Verbindungen aufgrund Verwendung organischer Lösemittel in bestimmten Farben und Lacken in Produktion der Fahrzeugreparaturlackierung sowie zur Änderung der Richtlinie 1999/13/EG	20.11.10	**ChemVOCFarbV - Lösemittelhaltige Farben- und Lack-Verordnung**	31.08.15
		1. BImSchV Verordnung über kleine und mittlere Feuerungsanlagen	31.08.15
		2. BImSchV Verordnung zur Emissionsbegrenzung von leichtflüchtigen halogenierten organischen Verbindungen	31.08.15
		4. BImSchV Verordnung über genehmigungsbedürftige Anlagen	09.01.17
		5. BImSchV Verordnung über Immissionsschutz- und Störfallbeauftragte	28.04.15
		7. BImSchV Verordnung zur Auswurfbegrenzung von Holzstaub	18.12.75
		9. BImSchV Verordnung über das Genehmigungsverfahren	09.01.17
		11. BImSchV Verordnung über Emissionserklärungen	09.01.17

Tab. 9.2 (Fortsetzung)

Seveso-Richtlinie Richtlinie 2012/18/EU des Europäischen Parlaments und des Rates vom 04. Juli 2012 zur Beherrschung der Gefahren schwerer Unfälle mit gefährlichen Stoffen, zur Änderung und anschließenden Aufhebung der Richtlinie 96/82/EG des Rates	**04.07.12**	**12. BImSchV** Störfall-Verordnung	**09.01.17**
		13. BImSchV Verordnung über Großfeuerungs- und Gasturbinenanlagen	**31.08.15**
		17. BImSchV Verordnung über die Verbrennung und die Mitverbrennung von Abfällen	**07.10.13**
		30. BImSchV Verordnung über Anlagen zur biologischen Behandlung von Abfällen	**27.04.09**
		31. BImSchV (VOC-Verordnung) Verordnung zur Begrenzung der Emissionen flüchtiger organischer Verbindungen bei der Verwendung organischer Lösemittel in bestimmten Anlagen	**31.08.15**
		32. BImSchV Geräte und Maschinenlärmverordnung	**31.08.15**
		3.3 Technische Regeln	
		3.4 Verwaltungsvorschriften	
		TA Luft Technische Anleitung zur Reinhaltung der Luft	**01.12.14**
Richtlinie 2003/10/EG des Europäischen Parlaments und des Rates vom 06. Februar 2003 über Mindestvorschriften zum Schutz von Sicherheit und Gesundheit der Arbeitnehmer vor der Gefährdung durch physikalische Einwirkungen (Lärm)	**21.11.08**	**TA Lärm** Technische Anleitung zum Schutz gegen Lärm	**26.08.98**

Tab. 9.2 (Fortsetzung)

10. Umweltmanagement/-schutz			
2. Europäische Union		**3. Deutschland**	
2.1 Verordnungen/Richtlinien		**3.1 Gesetze**	
EMAS-Verordnung Verordnung (EG) Nr. 1221/2009 des Europäischen Parlaments und des Rates vom 25. November 2009 über die freiwillige Teilnahme von Organisationen an einem Gemeinschaftssystem für Umweltmanagement und Umweltbetriebsprüfung und zur Aufhebung der Verordnung (EG) Nr. 761/2001, sowie der Beschlüsse der Kommission 2001/681/EG und 2006/193/EG	**10.06.13**	**UAG - Umweltauditgesetz** Gesetz zur Ausführung der Verordnung (EG) Nr. 761/2001 des Europäischen Parlaments und des Rates vom 19. März 2001 über die freiwillige Beteiligung von Organisationen an einem Gemeinschaftssystem für das Umweltmanagement und die Umweltbetriebsprüfung (EMAS)	**25.11.15**
Umwelthaftung/-schaden Richtlinie 2004/35/EG des Europäischen Parlaments und des Rates vom 21. April 2004 über Umwelthaftung zur Vermeidung und Sanierung von Umweltschäden	**28.06.13**	**UmweltHG - Umwelthaftungs-gesetz**	**23.11.07**
		USchadG - Umweltschadens-gesetz Gesetz über die Vermeidung und Sanierung von Umweltschäden	**04.08.16**
IED-Richtlinie Richtlinie 2010/75/EU des Europäischen Parlaments und des Rates vom 24. November 2010 über Industrieemissionen	**21.01.14**		
		3.2 Verordnungen	
2.2 Entscheidungen/Empfehlungen		**3.3 Technische Regeln**	
Umweltleistungskennzahlen Empfehlung 2003/532/EG der Kommission vom 10. Juli 2003 über Leitlinien zur Durchführung der Verordnung (EG) Nr. 761/2001 des Europäischen Parlaments und des Rates über die freiwillige Beteiligung von Organisationen an einem Gemeinschaftssystem für das Umweltmanagement und die	**23.07.03**	**VDI 3800** Ermittlung der Aufwendungen für Maßnahmen zum betrieblichen Umweltschutz	**12/2001**
		VDI 4050 Betriebliche Kennzahlen für das Umweltmanagement - Leitfaden zu Aufbau, Einführung und Nutzung	**09/2001**

Tab. 9.2 (Fortsetzung)

Umweltbetriebsprüfung (EMAS) in Bezug auf die Auswahl und Verwendung von Umweltleistungskennzahlen		**VDI 4070, Blatt 1** Nachhaltiges Wirtschaften in kleinen und mittelständischen Unternehmen - Anleitung zum nachhaltigen Wirtschaften	**02/2016**
		VDI 4075, Blatt 1 Produktintegrierter Umweltschutz (PIUS) - Grundlagen und Anwendungsbereich	**10/2014**
		DIN EN ISO 14001 Umweltmanagementsysteme - Anforderungen mit Anleitung zur Anwendung	**11/2015**
		DIN EN ISO 14004 Umweltmanagementsysteme - Allgemeiner Leitfaden über Grundsätze, Systeme und unterstützende Methoden	**08/2016**
		DIN EN ISO 14006 Umweltmanagementsysteme - Leitlinie zur Berücksichtigung umweltverträglicher Produktgestaltung	**10/2011**
		DIN EN ISO 19011 Leitfaden für Audits von Qualitätsmanagement- und/oder Umweltmanagementsystemen	**05/2013**

Die Einhaltung der Rechtsvorschriften ist im Umweltmanagementsystem zwingend zu gewährleisten. Dazu müssen klare Verantwortungen und Zuständigkeiten vorhanden sein. Die Rechtsvorschriften (incl. Genehmigungen) müssen den Kostenstellen (Anlagen, Prozessen) eindeutig zugewiesen werden. Da jede Kostenstelle einen Kostenstellenverantwortlichen besitzt, ist die eindeutige Zuordnung zu verantwortlichen Personen sicher gestellt. Das Rechtskataster ist mindestens einmal pro Quartal auf Novellierungen und neue Rechtsvorschriften zu überprüfen. Anhand eines Prioritätenplans muss ein jährliches Compliance-Audit durchgeführt werden. Nur dann ist eine Einhaltung der Rechtsvorschriften zu gewährleisten. Ohne Einhaltung der Gesetze, Verordnungen, Genehmigungen, etc. kann es keine nachhaltige Unternehmensentwicklung geben.

Als weitere Hilfestellung können so genannte interne Leistungskriterien oder Umweltkennziffern dienen. Sie finden immer dann Anwendung, wenn die externen Leistungskriterien (Umweltgesetze) nicht ausreichen, oder für das Unternehmen nicht zutreffen. Mit Hilfe von internen Leistungskriterien kann ein Unternehmen die Einhaltung der in der Umweltpolitik formulierten Grundsätze wirkungsvoll unterstützen. Die Organisationsbereiche, für die diese Leistungskriterien formuliert und festgelegt werden können, sind beispielsweise alle Managementebenen, Zulieferer, Auftragnehmer und Dienstleister, Vertragspartner und Produktionsverantwortliche. Die Themenbereiche können dabei sein:

- umweltbezogene Kommunikation und Beziehungen zu Behörden und Öffentlichkeit,
- Maßnahmenplanung und Unfallvorsorge,
- umweltbezogene Bewusstseinsbildung und Schulung,
- umweltbezogene Messung und kontinuierliche Verbesserung,
- Vermeidung von Umweltbelastungen und Ressourcenschonung,
- Verbesserung der Ressourceneffizienz (Material, Energie).

9.5 Straftaten gegen die Umwelt

Dieser Abschnitt enthält einen Überblick über einige Aspekte aus dem Strafgesetzbuch in Bezug auf Straftaten gegen die Umwelt.

Gewässerverunreinigung (§ 324)
Wer unbefugt ein Gewässer verunreinigt oder sonst dessen Eigenschaften nachteilig verändert, wird mit Freiheitsstrafe bis zu fünf Jahren oder mit Geldstrafe bestraft. Der Versuch ist strafbar. Handelt der Täter fahrlässig, so ist die Strafe Freiheitsstrafe bis zu drei Jahren oder Geldstrafe.

Bodenverunreinigung (§ 324a)
Wer unter Verletzung verwaltungsrechtlicher Pflichten Stoffe in den Boden einbringt, eindringen lässt oder freisetzt und diesen dadurch:

- in einer Weise, die geeignet ist, die Gesundheit eines anderen, Tiere, Pflanzen oder andere Sachen von bedeutendem Wert oder ein Gewässer zu schädigen oder
- in bedeutendem Umfang verunreinigt oder sonst nachteilig verändert

wird mit Freiheitsstrafe bis zu fünf Jahren oder mit Geldstrafe bestraft. Der Versuch ist strafbar. Handelt der Täter fahrlässig, so ist die Strafe Freiheitsstrafe bis zu drei Jahren oder Geldstrafe.

Luftverunreinigung (§ 325)
Wer beim Betrieb einer Anlage, insbesondere einer Betriebsstätte oder Maschine, unter Verletzung verwaltungsrechtlicher Pflichten Veränderungen der Luft verursacht, die geeignet sind, außerhalb des zur Anlage gehörenden Bereichs die Gesundheit eines anderen, Tiere, Pflanzen oder andere Sachen von bedeutendem Wert zu schädigen, wird mit Freiheitsstrafe bis zu fünf Jahren oder mit Geldstrafe bestraft. Der Versuch ist strafbar.

Wer beim Betrieb einer Anlage, insbesondere einer Betriebsstätte oder Maschine, unter Verletzung verwaltungsrechtlicher Pflichten Schadstoffe in bedeutendem Umfang in die Luft außerhalb des Betriebsgeländes freisetzt, wird mit Freiheitsstrafe bis zu fünf Jahren oder mit Geldstrafe bestraft.

Wer unter Verletzung verwaltungsrechtlicher Pflichten Schadstoffe in bedeutendem Umfang in die Luft freisetzt, wird mit Freiheitsstrafe bis zu drei Jahren oder mit Geldstrafe bestraft, wenn die Tat nicht nach Absatz 2 mit Strafe bedroht ist.

Handelt der Täter fahrlässig, so ist die Strafe Freiheitsstrafe bis zu drei Jahren oder Geldstrafe. Handelt der Täter leichtfertig, so ist die Strafe Freiheitsstrafe bis zu einem Jahr oder Geldstrafe.

Schadstoffe sind Stoffe, die geeignet sind:

- die Gesundheit eines anderen, Tiere, Pflanzen oder andere Sachen von bedeutendem Wert zu schädigen oder
- nachhaltig ein Gewässer, die Luft oder den Boden zu verunreinigen oder sonst nachteilig zu verändern.

Verursachen von Lärm, Erschütterungen und nichtionisierenden Strahlen (§ 325a)
Wer beim Betrieb einer Anlage, insbesondere einer Betriebsstätte oder Maschine, unter Verletzung verwaltungsrechtlicher Pflichten Lärm verursacht, der geeignet ist, außerhalb des zur Anlage gehörenden Bereichs die Gesundheit eines anderen zu schädigen, wird mit Freiheitsstrafe bis zu drei Jahren oder mit Geldstrafe bestraft. Handelt ein Täter fahrlässig, so ist die Freiheitsstrafe bis zu zwei Jahren oder Geldstrafe.

Wer beim Betrieb einer Anlage, insbesondere einer Betriebsstätte oder Maschine, unter Verletzung verwaltungsrechtlicher Pflichten, die dem Schutz vor Lärm, Erschütterungen oder nichtionisierenden Strahlen dienen, die Gesundheit eines anderen, ihm nicht gehörende Tiere oder fremde Sachen von bedeutendem Wert gefährdet, wird mit Freiheitsstrafe bis zu fünf Jahren oder mit Geldstrafe bestraft. Handelt der Täter fahrlässig, so ist die Strafe Freiheitsstrafe bis zu drei Jahren oder Geldstrafe.

Unerlaubter Umgang mit Abfällen (§ 326)
Wer unbefugt Abfälle, die:

- Gifte oder Erreger von auf Menschen oder Tiere übertragbaren gemeingefährlichen Krankheiten enthalten oder hervorbringen können,
- für den Menschen krebserzeugend, fortpflanzungsgefährdend oder erbgutverändernd sind,
- explosionsgefährlich, selbstentzündlich oder nicht nur geringfügig radioaktiv sind oder
- nach Art, Beschaffenheit oder Menge geeignet sind:
  - nachhaltig ein Gewässer, die Luft oder den Boden zu verunreinigen oder sonst nachteilig zu verändern oder

- einen Bestand von Tieren oder Pflanzen zu gefährden, außerhalb einer dafür zugelassenen Anlage oder unter wesentlicher Abweichung von einem vorgeschriebenen oder zugelassenen Verfahren sammelt, befördert, behandelt, verwertet, lagert, ablagert, ablässt, beseitigt, handelt, makelt oder sonst bewirtschaftet,

wird mit Freiheitsstrafe bis zu fünf Jahren oder mit Geldstrafe bestraft. Ebenso wird bestraft, wer Abfälle entgegen einem Verbot oder ohne die erforderliche Genehmigung in den, aus dem oder durch den Geltungsbereich dieses Gesetzes verbringt. Handelt der Täter fahrlässig, so ist die Strafe Freiheitsstrafe bis zu drei Jahren oder Geldstrafe.

Wer radioaktive Abfälle unter Verletzung verwaltungsrechtlicher Pflichten nicht abliefert, wird mit Freiheitsstrafe bis zu drei Jahren oder mit Geldstrafe bestraft. Handelt der Täter fahrlässig, so ist die Strafe Freiheitsstrafe bis zu einem Jahr oder Geldstrafe.

Die Tat ist dann nicht strafbar, wenn schädliche Einwirkungen auf die Umwelt, insbesondere auf Menschen, Gewässer, die Luft, den Boden, Nutztiere oder Nutzpflanzen, wegen der geringen Menge der Abfälle offensichtlich ausgeschlossen sind.

Unerlaubtes Betreiben von Anlagen (§ 327)
Mit Freiheitsstrafe bis zu drei Jahren oder mit Geldstrafe wird bestraft, wer:

- eine genehmigungsbedürftige Anlage oder eine sonstige Anlage im Sinne des Bundes-Immissionsschutzgesetzes, deren Betrieb zum Schutz vor Gefahren untersagt worden ist,
- eine genehmigungsbedürftige Rohrleitungsanlage zum Befördern wassergefährdender Stoffe im Sinne des Gesetzes über die Umweltverträglichkeitsprüfung,
- eine Abfallentsorgungsanlage im Sinne des Kreislaufwirtschaftsgesetzes oder
- eine Abwasserbehandlungsanlage nach § 60 des Wasserhaushaltsgesetzes

ohne die nach dem jeweiligen Gesetz erforderliche Genehmigung oder Planfeststellung oder entgegen einer auf dem jeweiligen Gesetz beruhenden vollziehbaren Untersagung betreibt. Ebenso wird bestraft, wer ohne die erforderliche Genehmigung oder Planfeststellung oder entgegen einer vollziehbaren Untersagung eine Anlage, in der gefährliche Stoffe oder Gemische gelagert oder verwendet oder gefährliche Tätigkeiten ausgeübt werden, in einem anderen Mitgliedstaat der Europäischen Union in einer Weise betreibt, die geeignet ist, außerhalb der Anlage Leib oder Leben eines anderen Menschen zu schädigen oder erhebliche Schäden an Tieren oder Pflanzen, Gewässern, der Luft oder dem Boden herbeizuführen. Handelt der Täter fahrlässig, so ist die Strafe Freiheitsstrafe bis zu zwei Jahren oder Geldstrafe.

Unerlaubter Umgang mit radioaktiven Stoffen und anderen gefährlichen Stoffen und Gütern (§ 328)
Mit Freiheitsstrafe bis zu fünf Jahren oder mit Geldstrafe wird bestraft, wer unter Verletzung verwaltungsrechtlicher Pflichten:

- beim Betrieb einer Anlage, insbesondere einer Betriebsstätte oder technischen Einrichtung, radioaktive Stoffe oder gefährliche Stoffe und Gemische lagert, bearbeitet, verarbeitet oder sonst verwendet oder
- gefährliche Güter befördert, versendet, verpackt oder auspackt, verlädt oder entlädt, entgegennimmt oder anderen überlässt

und dadurch die Gesundheit eines anderen, Tiere oder Pflanzen, Gewässer, die Luft oder den Boden oder fremde Sachen von bedeutendem Wert gefährdet. Der Versuch ist strafbar. Handelt der Täter fahrlässig, so ist die Strafe Freiheitsstrafe bis zu drei Jahren oder Geldstrafe.

Gefährdung schutzbedürftiger Gebiete (§ 329)
Wer entgegen einer aufgrund des Bundes-Immissionsschutzgesetzes erlassenen Rechtsverordnung über ein Gebiet, das eines besonderen Schutzes vor schädlichen Umwelteinwirkungen durch Luftverunreinigungen oder Geräusche bedarf oder in dem während austauscharmer Wetterlagen ein starkes Anwachsen schädlicher Umwelteinwirkungen durch Luftverunreinigungen zu befürchten ist, Anlagen innerhalb des Gebiets betreibt, wird mit Freiheitsstrafe bis zu drei Jahren oder mit Geldstrafe bestraft. Ebenso wird bestraft, wer innerhalb eines solchen Gebiets Anlagen entgegen einer vollziehbaren Anordnung betreibt, die aufgrund einer bezeichneten Rechtsverordnung ergangen ist. Handelt ein Täter fahrlässig, so ist die Strafe Freiheitsstrafe bis zu zwei Jahren oder Geldstrafe.

Wer entgegen einer zum Schutz eines Wasser- oder Heilquellenschutzgebietes erlassenen Rechtsvorschrift oder vollziehbaren Untersagung:

- betriebliche Anlagen zum Umgang mit wassergefährdenden Stoffen betreibt,
- Rohrleitungsanlagen zum Befördern wassergefährdender Stoffe betreibt oder solche Stoffe befördert oder
- im Rahmen eines Gewerbebetriebs Kies, Sand, Ton oder andere feste Stoffe abbaut

wird mit Freiheitsstrafe bis zu drei Jahren oder mit Geldstrafe bestraft. Betriebliche Anlage ist auch die Anlage in einem öffentlichen Unternehmen. Handelt der Täter fahrlässig, so ist die Strafe Freiheitsstrafe bis zu zwei Jahren oder Geldstrafe.

Wer entgegen einer zum Schutz eines Naturschutzgebietes, einer als Naturschutzgebiet einstweilig sichergestellten Fläche oder eines Nationalparks erlassenen Rechtsvorschrift oder vollziehbaren Untersagung:

- Bodenschätze oder andere Bodenbestandteile abbaut oder gewinnt,
- Abgrabungen oder Aufschüttungen vornimmt,
- Gewässer schafft, verändert oder beseitigt,
- Moore, Sümpfe, Brüche oder sonstige Feuchtgebiete entwässert,
- Wald rodet,

- Tiere einer im Sinne des Bundesnaturschutzgesetzes besonders geschützten Art tötet, fängt, diesen nachstellt oder deren Gelege ganz oder teilweise zerstört oder entfernt,
- Pflanzen einer im Sinne des Bundesnaturschutzgesetzes besonders geschützten Art beschädigt oder entfernt oder
- ein Gebäude errichtet und dadurch den jeweiligen Schutzzweck nicht unerheblich beeinträchtigt

wird mit Freiheitsstrafe bis zu fünf Jahren oder mit Geldstrafe bestraft. Handelt der Täter fahrlässig, so ist die Strafe Freiheitsstrafe bis zu drei Jahren oder Geldstrafe.

Besonders schwerer Fall einer Umweltstraftat (§ 330)
In besonders schweren Fällen wird eine vorsätzliche Tat nach den §§ 324 bis 329 mit Freiheitsstrafe von sechs Monaten bis zu zehn Jahren bestraft. Ein besonders schwerer Fall liegt in der Regel vor, wenn der Täter:

- ein Gewässer, den Boden oder ein Schutzgebiet im Sinne des § 329 Strafgesetzbuch derart beeinträchtigt, dass die Beeinträchtigung nicht, nur mit außerordentlichem Aufwand oder erst nach längerer Zeit beseitigt werden kann,
- die öffentliche Wasserversorgung gefährdet,
- einen Bestand von Tieren oder Pflanzen einer streng geschützten Art nachhaltig schädigt oder
- aus Gewinnsucht handelt.

Wer durch eine vorsätzliche Tat nach den §§ 324 bis 329:

- einen anderen Menschen in die Gefahr des Todes oder einer schweren Gesundheitsschädigung oder eine große Zahl von Menschen in die Gefahr einer Gesundheitsschädigung bringt wird mit Freiheitsstrafe von einem Jahr bis zu zehn Jahren oder
- den Tod eines anderen Menschen verursacht, wird mit Freiheitsstrafe nicht unter 3 Jahren bestraft.

In minder schweren Fällen ist auf Freiheitsstrafe von sechs Monaten bis zu fünf Jahren bzw. von einem Jahr bis zu zehn Jahren zu erkennen.

Schwere Gefährdung durch Freisetzen von Giften (§ 330a)
Wer Stoffe, die Gifte enthalten oder hervorbringen können, verbreitet oder freisetzt und dadurch die Gefahr des Todes oder einer schweren Gesundheitsschädigung eines anderen Menschen oder die Gefahr einer Gesundheitsschädigung einer großen Zahl von Menschen verursacht, wird mit Freiheitsstrafe von einem Jahr bis zu zehn Jahren bestraft. In minder schweren Fällen ist auf Freiheitsstrafe von sechs Monaten bis zu fünf Jahren zu erkennen.

Wer die Gefahr fahrlässig verursacht, wird mit Freiheitsstrafe bis zu fünf Jahren oder mit Geldstrafe bestraft. Wer leichtfertig handelt und die Gefahr fahrlässig verursacht, wird mit Freiheitsstrafe bis zu drei Jahren oder mit Geldstrafe bestraft.

Verursacht der Täter durch die Tat den Tod eines anderen Menschen, so ist die Strafe Freiheitsstrafe nicht unter drei Jahren. In minder schweren Fällen ist auf Freiheitsstrafe von einem Jahr bis zu zehn Jahren zu erkennen.

9.6 Umwelthaftungsgesetz (UmweltHG)

Anlagenhaftung bei Umwelteinwirkungen (§ 1)
Wird durch eine Umwelteinwirkung, die von einer im Anhang 1 des Umwelthaftungsgesetzes genannten Anlage ausgeht, jemand getötet, sein Körper oder seine Gesundheit verletzt oder eine Sache beschädigt, so ist der Inhaber der Anlage verpflichtet, dem Geschädigten den daraus entstehenden Schaden zu ersetzen.

Haftung für nicht betriebene Anlagen (§ 2)
Geht die Umwelteinwirkung von einer noch nicht fertig gestellten Anlage aus und beruht sie auf Umständen, die die Gefährlichkeit der Anlage nach ihrer Fertigstellung begründen, so haftet der Inhaber der noch nicht fertig gestellten Anlage. Geht die Umwelteinwirkung von einer nicht mehr betriebenen Anlage aus und beruht sie auf Umständen, die die Gefährlichkeit der Anlage vor der Einstellung des Betriebs begründet haben, so haftet derjenige, der im Zeitpunkt der Einstellung des Betriebs Inhaber der Anlage war.

Begriffsbestimmungen (§ 3)
Ein Schaden entsteht durch eine Umwelteinwirkung, wenn er durch Stoffe, Erschütterungen, Geräusche, Druck, Strahlen, Gase, Dämpfe, Wärme oder sonstige Erscheinungen verursacht wird, die sich in Boden, Luft oder Wasser ausgebreitet haben. Anlagen sind ortsfeste Einrichtungen wie Betriebsstätten und Lager. Zu den Anlagen gehören auch Maschinen, Geräte, Fahrzeuge und sonstige ortsveränderliche technische Einrichtungen und Nebeneinrichtungen, die mit der Anlage oder einem Anlagenteil in einem räumlichen oder betriebstechnischen Zusammenhang stehen und für das Entstehen von Umwelteinwirkungen von Bedeutung sein können.

Ausschluss der Haftung (§ 4)
Die Ersatzpflicht besteht nicht, soweit der Schaden durch höhere Gewalt verursacht wurde.

Beschränkung der Haftung bei Sachschäden (§ 5)
Ist die Anlage bestimmungsgemäß betrieben worden, so ist die Ersatzpflicht für Sachschäden ausgeschlossen, wenn die Sache nur unwesentlich oder in einem Maße beeinträchtigt wird, das nach den örtlichen Verhältnissen zumutbar ist.

Ursachenvermutung (§ 6)
Ist eine Anlage nach den Gegebenheiten des Einzelfalles geeignet, den entstandenen Schaden zu verursachen, so wird vermutet, dass der Schaden durch diese Anlage verursacht

ist. Die Eignung im Einzelfall beurteilt sich nach dem Betriebsablauf, den verwendeten Einrichtungen, der Art und Konzentration der eingesetzten und freigesetzten Stoffe, den meteorologischen Gegebenheiten, nach Zeit und Ort des Schadenseintritts und nach dem Schadensbild sowie allen sonstigen Gegebenheiten, die im Einzelfall für oder gegen die Schadensverursachung sprechen.

Dies gilt nicht, wenn die Anlage bestimmungsgemäß betrieben wurde. Ein bestimmungsgemäßer Betrieb liegt vor, wenn die besonderen Betriebspflichten eingehalten worden sind und auch keine Störung des Betriebs vorliegt.

Besondere Betriebspflichten sind solche, die sich aus verwaltungsrechtlichen Zulassungen, Auflagen und vollziehbaren Anordnungen und Rechtsvorschriften ergeben, soweit sie die Verhinderung von solchen Umwelteinwirkungen bezwecken, die für die Verursachung des Schadens in Betracht kommen.

Sind in der Zulassung, in Auflagen, in vollziehbaren Anordnungen oder in Rechtsvorschriften zur Überwachung einer besonderen Betriebspflicht Kontrollen vorgeschrieben, so wird die Einhaltung dieser Betriebspflicht vermutet, wenn die Kontrollen in dem Zeitraum durchgeführt wurden, in dem die in Frage stehende Umwelteinwirkung von der Anlage ausgegangen sein kann, und diese Kontrollen keinen Anhalt für die Verletzung der Betriebspflicht ergeben haben, oder im Zeitpunkt der Geltendmachung des Schadensersatzanspruchs die in Frage stehende Umwelteinwirkung länger als zehn Jahre zurückliegt.

Auskunftsanspruch des Geschädigten gegen den Inhaber einer Anlage (§ 8)

Liegen Tatsachen vor, die die Annahme begründen, dass eine Anlage den Schaden verursacht hat, so kann der Geschädigte vom Inhaber der Anlage Auskunft verlangen, soweit dies zur Feststellung, dass ein Anspruch auf Schadensersatz nach dem Umwelthaftungsgesetz besteht, erforderlich ist. Verlangt werden können nur Angaben über die verwendeten Einrichtungen, die Art und Konzentration der eingesetzten oder freigesetzten Stoffe und die sonst von der Anlage ausgehenden Wirkungen sowie die besonderen Betriebspflichten.

Der Anspruch besteht insoweit nicht, als die Vorgänge aufgrund gesetzlicher Vorschriften geheim zu halten sind oder die Geheimhaltung einem überwiegenden Interesse des Inhabers der Anlage oder eines Dritten entspricht. Der Geschädigte kann vom Inhaber der Anlage Gewährung von Einsicht in vorhandene Unterlagen verlangen, soweit die Annahme begründet ist, dass die Auskunft unvollständig, unrichtig oder nicht ausreichend ist, oder wenn die Auskunft nicht in angemessener Frist erteilt wird.

Auskunftsanspruch des Geschädigten gegen Behörden (§ 9)

Liegen Tatsachen vor, die die Annahme begründen, dass eine Anlage den Schaden verursacht hat, so kann der Geschädigte von Behörden, die die Anlage genehmigt haben oder überwachen, oder deren Aufgabe es ist, Einwirkungen auf die Umwelt zu erfassen, Auskunft verlangen, soweit dies zur Feststellung, dass ein Anspruch auf Schadensersatz nach dem Umwelthaftungsgesetz besteht, erforderlich ist. Die Behörde ist zur Erteilung der Auskunft nicht verpflichtet, soweit durch sie die ordnungsgemäße Erfüllung der Aufgaben der Behörde beeinträchtigt würde, das Bekanntwerden des Inhalts der Auskunft dem

Wohle des Bundes oder eines Landes Nachteile bereiten würde oder soweit die Vorgänge nach einem Gesetz oder ihrem Wesen nach, namentlich wegen der berechtigten Interessen der Beteiligten oder dritter Personen, geheim gehalten werden müssen.

Auskunftsanspruch des Inhabers einer Anlage (§ 10)
Wird gegen den Inhaber einer Anlage ein Anspruch aufgrund des Umwelthaftungsgesetzes geltend gemacht, so kann er von dem Geschädigten und von dem Inhaber einer anderen Anlage Auskunft und Einsichtsgewährung oder von den Behörden Auskunft verlangen, soweit dies zur Feststellung des Umfangs seiner Ersatzpflicht gegenüber dem Geschädigten oder seines Ausgleichsanspruchs gegen den anderen Inhaber erforderlich ist.

Haftungshöchstgrenzen (§ 15)
Der Ersatzpflichtige haftet für Tötung, Körper- und Gesundheitsverletzung insgesamt nur bis zu einem Höchstbetrag von 85 Mio. € und für Sachbeschädigungen ebenfalls insgesamt nur bis zu einem Höchstbetrag von 85 Mio. €, soweit die Schäden aus einer einheitlichen Umwelteinwirkung entstanden sind. Übersteigen die mehreren aufgrund der einheitlichen Umwelteinwirkung zu leistenden Entschädigungen die jeweiligen Höchstbeträge, so verringern sich die einzelnen Entschädigungen in dem Verhältnis, in dem ihr Gesamtbetrag zum Höchstbetrag steht.

9.7 Umweltschadensgesetz (USchadG)

Begriffsbestimmungen (§ 2)
Im Sinne des Umweltschadensgesetz sind:

- **Schaden oder Schädigung:**
  eine direkt oder indirekt eintretende feststellbare nachteilige Veränderung einer natürlichen Ressource (Arten und natürliche Lebensräume, Gewässer und Boden) oder Beeinträchtigung der Funktion einer natürlichen Ressource,
- **Verantwortlicher:**
  jede natürliche oder juristische Person, die eine berufliche Tätigkeit ausübt oder bestimmt, einschließlich der Inhaber einer Zulassung oder Genehmigung für eine solche Tätigkeit oder der Person, die eine solche Tätigkeit anmeldet oder notifiziert, und dadurch unmittelbar einen Umweltschaden oder die unmittelbare Gefahr eines solchen Schadens verursacht hat,
- **berufliche Tätigkeit:**
  jede Tätigkeit, die im Rahmen einer wirtschaftlichen Tätigkeit, einer Geschäftstätigkeit oder eines Unternehmens ausgeübt wird, unabhängig davon, ob sie privat oder öffentlich und mit oder ohne Erwerbscharakter ausgeübt wird,

- **unmittelbare Gefahr eines Umweltschadens:**
  die hinreichende Wahrscheinlichkeit, dass ein Umweltschaden in naher Zukunft eintreten wird,
- **Vermeidungsmaßnahme:**
  jede Maßnahme, um bei einer unmittelbaren Gefahr eines Umweltschadens diesen Schaden zu vermeiden oder zu minimieren,
- **Schadensbegrenzungsmaßnahme:**
  jede Maßnahme, um die betreffenden Schadstoffe oder sonstigen Schadfaktoren unverzüglich zu kontrollieren, einzudämmen, zu beseitigen oder auf sonstige Weise zu behandeln, um weitere Umweltschäden und nachteilige Auswirkungen auf die menschliche Gesundheit oder eine weitere Beeinträchtigung von Funktionen zu begrenzen oder zu vermeiden,
- **Sanierungsmaßnahme:**
  jede Maßnahme, um einen Umweltschaden nach Maßgabe der fachrechtlichen Vorschriften zu sanieren.

Anwendungsbereich (§ 3)
Das Umweltschadensgesetz gilt für Umweltschäden und unmittelbare Gefahren solcher Schäden, die durch eine der aufgeführten beruflichen Tätigkeiten verursacht werden:

- Betrieb von Anlagen, für den eine Genehmigung gemäß der Richtlinie 2010/75/EU über Industrieemissionen (integrierte Vermeidung und Verminderung der Umweltverschmutzung) erforderlich ist.
- Abfallbewirtschaftungsmaßnahmen (die Sammlung, die Beförderung, die Verwertung und die Beseitigung von Abfällen, einschließlich der Überwachung dieser Verfahren, der Nachsorge von Beseitigungsanlagen sowie der Tätigkeiten, die von Händlern und Maklern durchgeführt werden), soweit diese Maßnahmen einer Erlaubnis, einer Genehmigung, einer Anzeige oder einer Planfeststellung nach dem Kreislaufwirtschaftsgesetz bedürfen. Diese Maßnahmen umfassen unter anderem den Betrieb von Deponien, die einer Planfeststellung oder Plangenehmigung bedürfen, und den Betrieb von Verbrennungsanlagen, die gemäß Bundes-Immissionsschutzgesetzes (BImSchG) einer Genehmigung bedürfen.
- Einbringung, Einleitung und sonstige Einträge von Schadstoffen in Oberflächengewässer gemäß Wasserhaushaltsgesetz, die einer Erlaubnis bedürfen.
- Einbringung, Einleitung und sonstige Einträge von Schadstoffen in das Grundwasser gemäß Wasserhaushaltsgesetz, die einer Erlaubnis bedürfen.
- Entnahmen von Wasser aus Gewässern gemäß Wasserhaushaltsgesetz, die einer Erlaubnis oder Bewilligung bedürfen.
- Herstellung, Verwendung, Lagerung, Verarbeitung, Abfüllen, Freisetzung in die Umwelt und innerbetriebliche Beförderung von gefährlichen Stoffen, gefährlichen Gemischen, Pflanzenschutzmitteln oder Biozid-Produkten,

- Beförderung gefährlicher oder umweltschädlicher Güter auf der Straße, auf der Schiene, auf Binnengewässern, auf See oder in der Luft gemäß der Gefahrgutverordnung Straße und Eisenbahn.
- Betrieb von Anlagen, für die eine Genehmigung gemäß der Richtlinie 84/360/EWG zur Bekämpfung der Luftverunreinigung durch Industrieanlagen in Bezug auf die Ableitung der durch die genannte Richtlinie erfassten Schadstoffe in die Atmosphäre erforderlich ist.
- Grenzüberschreitende Verbringung von Abfällen in der, in die oder aus der Europäischen Union, für die eine Zustimmungspflicht oder ein Verbot über die Verbringung von Abfällen besteht.
- Bewirtschaftung von mineralischen Abfällen gemäß der Richtlinie 2006/21/EG über die Bewirtschaftung von Abfällen aus der mineralgewinnenden Industrie.

Informationspflicht (§ 4)
Besteht die unmittelbare Gefahr eines Umweltschadens oder ist ein Umweltschaden eingetreten, hat der Verantwortliche die zuständige Behörde unverzüglich über alle bedeutsamen Aspekte des Sachverhalts zu unterrichten.

Gefahrenabwehrpflicht (§ 5)
Besteht die unmittelbare Gefahr eines Umweltschadens, hat der Verantwortliche unverzüglich die erforderlichen Vermeidungsmaßnahmen zu ergreifen.

Sanierungspflicht (§ 6)
Ist ein Umweltschaden eingetreten, hat der Verantwortliche:

- die erforderlichen Schadensbegrenzungsmaßnahmen vorzunehmen,
- die erforderlichen Sanierungsmaßnahmen zu ergreifen.

Allgemeine Pflichten und Befugnisse der zuständigen Behörde (§ 7)
Die zuständige Behörde überwacht, dass die erforderlichen Vermeidungs-, Schadensbegrenzungs- und Sanierungsmaßnahmen vom Verantwortlichen ergriffen werden. Im Hinblick auf die Pflichten aus den §§ 4 bis 6 kann die zuständige Behörde dem Verantwortlichen aufgeben:

- alle erforderlichen Informationen und Daten über eine unmittelbare Gefahr von Umweltschäden, über den Verdacht einer solchen unmittelbaren Gefahr oder einen eingetretenen Schaden sowie eine eigene Bewertung vorzulegen,
- die erforderlichen Vermeidungsmaßnahmen zu treffen,
- die erforderlichen Schadensbegrenzungs- und Sanierungsmaßnahmen zu ergreifen.

Bestimmung von Sanierungsmaßnahmen (§ 8)
Der Verantwortliche ist verpflichtet, die gemäß den fachrechtlichen Vorschriften erforderlichen Sanierungsmaßnahmen zu ermitteln und der zuständigen Behörde zur Zustimmung vorzulegen, soweit die zuständige Behörde nicht selbst bereits die erforderlichen Sanierungsmaßnahmen ergriffen hat. Die zuständige Behörde entscheidet nach Maßgabe der fachrechtlichen Vorschriften über Art und Umfang der durchzuführenden Sanierungsmaßnahmen.

Können bei mehreren Umweltschadensfällen die notwendigen Sanierungsmaßnahmen nicht gleichzeitig ergriffen werden, kann die zuständige Behörde unter Berücksichtigung von Art, Ausmaß und Schwere der einzelnen Umweltschadensfälle, der Möglichkeiten einer natürlichen Wiederherstellung sowie der Risiken für die menschliche Gesundheit die Reihenfolge der Sanierungsmaßnahmen festlegen.

Kosten der Vermeidungs- und Sanierungsmaßnahmen (§ 9)
Der Verantwortliche trägt vorbehaltlich von Ansprüchen gegen die Behörden oder Dritte die Kosten der Vermeidungs-, Schadensbegrenzungs- und Sanierungsmaßnahmen. Für die Ausführung dieses Gesetzes durch Landesbehörden erlassen die Länder die notwendigen Kostenregelungen, Regelungen über Kostenbefreiungen und Kostenerstattungen. Die Behörde ist befugt, ein Verfahren zur Kostenerstattung bis zu fünf Jahre ab dem Zeitpunkt des Abschlusses der Maßnahme oder der Ermittlung des Kostenschuldners einzuleiten, wobei diese Frist ab dem jeweils späteren Zeitpunkt beginnt.

9.8 Industrieemissions-Richtlinie (IED) und BVT-Merkblätter

Gesonderte Konzepte, die lediglich der Verminderung der Emissionen jeweils in Luft, Wasser oder Boden dienen, können dazu führen, dass die Verschmutzung von einem Umweltmedium auf ein anderes verlagert wird, anstatt die Umwelt insgesamt zu schützen. Deswegen empfiehlt es sich, ein integriertes Konzept für die Vermeidung und Verminderung von Emissionen in Luft, Wasser und Boden, für die Abfallwirtschaft, für Energieeffizienz und für die Verhütung von Unfällen aufzustellen. Ein solcher Ansatz wird zudem dazu beitragen, durch die Angleichung der Umweltbilanzanforderungen an Industrieanlagen in der Union gleiche Wettbewerbsbedingungen zu schaffen.

Die Genehmigung sollte alle Maßnahmen enthalten, die für ein hohes Schutzniveau für die Umwelt als Ganzes erforderlich sind und mit denen sichergestellt wird, dass die Anlage im Einklang mit den allgemeinen Prinzipien der Grundpflichten der Betreiber betrieben wird. Die Genehmigung sollte darüber hinaus Emissionsgrenzwerte für Schadstoffe oder äquivalente Parameter bzw. äquivalente technische Maßnahmen, angemessene Vorschriften für den Boden- und Grundwasserschutz sowie Überwachungsvorschriften aufweisen. Den Genehmigungsauflagen sollten die besten verfügbaren Techniken zugrunde liegen.

Um die besten verfügbaren Techniken zu bestimmen und um Ungleichgewichte in der Union beim Umfang der Emissionen aus Industrietätigkeiten zu beschränken, sollten im Wege eines Informationsaustauschs mit Interessenvertretern Referenzdokumente für die besten verfügbaren Techniken (BVT-Merkblätter) erstellt, überprüft und gegebenenfalls aktualisiert werden. Die zentralen Elemente der BVT-Merkblätter (BVT-Schlussfolgerungen) werden im Rahmen des Ausschussverfahrens festgelegt.

Diesbezüglich sollte die Kommission im Wege des Ausschussverfahrens Leitlinien für die Erhebung von Daten sowie für die Ausarbeitung der BVT-Merkblätter und die entsprechenden Qualitätssicherungsmaßnahmen festlegen. BVT-Schlussfolgerungen sollten bei der Festlegung der Genehmigungsauflagen als Referenz dienen. Andere Informationsquellen können diese ergänzen. Die Kommission sollte sich bemühen, die BVT-Merkblätter spätestens acht Jahre nach Veröffentlichung der Vorgängerversion zu aktualisieren.

Um Entwicklungen bei den besten verfügbaren Techniken oder anderen Änderungen an einer Anlage Rechnung zu tragen, sollten die Genehmigungsauflagen regelmäßig überprüft und erforderlichenfalls auf den neuesten Stand gebracht werden, insbesondere dann, wenn neue oder aktualisierte BVT-Schlussfolgerungen festgelegt wurden.

Gegenstand (Art. 1)
Die IVU-Richtlinie regelt die integrierte Vermeidung und Verminderung der Umweltverschmutzung infolge industrieller Tätigkeiten. Sie sieht auch Vorschriften zur Vermeidung und, sofern dies nicht möglich ist, zur Verminderung von Emissionen in Luft, Wasser und Boden und zur Abfallvermeidung vor, um ein hohes Schutzniveau für die Umwelt insgesamt zu erreichen.

Begriffsbestimmungen (Art. 3)
Im Sinne dieser Richtlinie bezeichnet der Ausdruck:

- **Umweltverschmutzung:**
  die durch menschliche Tätigkeiten direkt oder indirekt bewirkte Freisetzung von Stoffen, Erschütterungen, Wärme oder Lärm in Luft, Wasser oder Boden, die der menschlichen Gesundheit oder der Umweltqualität schaden oder zu einer Schädigung von Sachwerten bzw. zu einer Beeinträchtigung oder Störung von Annehmlichkeiten und anderen legitimen Nutzungen der Umwelt führen können,
- **Emission:**
  die von Punktquellen oder diffusen Quellen der Anlage ausgehende direkte oder indirekte Freisetzung von Stoffen, Erschütterungen, Wärme oder Lärm in die Luft, das Wasser oder den Boden,
- **Emissionsgrenzwert:**
  die im Verhältnis zu bestimmten spezifischen Parametern ausgedrückte Masse, die Konzentration und/oder das Niveau einer Emission, die in einem oder mehreren Zeiträumen nicht überschritten werden dürfen,

- **Umweltqualitätsnorm:**
  die Gesamtheit von Anforderungen, die zu einem gegebenen Zeitpunkt in einer gegebenen Umwelt oder einem bestimmten Teil davon nach den Rechtsvorschriften der Union erfüllt werden müssen,
- **allgemeine bindende Vorschriften:**
  Emissionsgrenzwerte oder andere Bedingungen, zumindest auf Sektorebene, die zur direkten Verwendung bei der Formulierung von Genehmigungsauflagen festgelegt werden,
- **beste verfügbare Techniken:**
  den effizientesten und fortschrittlichsten Entwicklungsstand der Tätigkeiten und entsprechenden Betriebsmethoden, der bestimmte Techniken als praktisch geeignet erscheinen lässt, als Grundlage für die Emissionsgrenzwerte und sonstige Genehmigungsauflagen zu dienen, um Emissionen in und Auswirkungen auf die gesamte Umwelt zu vermeiden oder, wenn dies nicht möglich ist, zu vermindern,
- **BVT-Merkblatt:**
  ein Dokument, das für bestimmte Tätigkeiten erstellt wird und insbesondere die angewandten Techniken, die derzeitigen Emissions- und Verbrauchswerte, die für die Festlegung der besten verfügbaren Techniken sowie der BVT-Schlussfolgerungen berücksichtigten Techniken sowie alle Zukunftstechniken beschreibt,
- **BVT-Schlussfolgerungen:**
  ein Dokument, das die Teile eines BVT-Merkblatts mit den Schlussfolgerungen zu den besten verfügbaren Techniken, ihrer Beschreibung, Informationen zur Bewertung ihrer Anwendbarkeit, den mit den besten verfügbaren Techniken assoziierten Emissionswerten, den dazugehörigen Überwachungsmaßnahmen, den dazugehörigen Verbrauchswerten sowie gegebenenfalls einschlägigen Standortsanierungsmaßnahmen enthält,
- **mit den besten verfügbaren Techniken assoziierte Emissionswerte:**
  den Bereich von Emissionswerten, die unter normalen Betriebsbedingungen unter Verwendung einer besten verfügbaren Technik oder einer Kombination von besten verfügbaren Techniken entsprechend der Beschreibung in den BVT-Schlussfolgerungen erzielt werden, ausgedrückt als Mittelwert für einen vorgegebenen Zeitraum unter spezifischen Referenzbedingungen,
- **Zukunftstechnik:**
  eine neue Technik für eine industrielle Tätigkeit, die bei gewerblicher Nutzung entweder ein höheres allgemeines Umweltschutzniveau oder zumindest das gleiche Umweltschutzniveau und größere Kostenersparnisse bieten könnte als bestehende beste verfügbare Techniken,
- **Umweltinspektionen:**
  alle Maßnahmen, einschließlich Besichtigungen vor Ort, Überwachung der Emissionen und Überprüfung interner Berichte und Folgedokumente, Überprüfung der Eigenkontrolle, Prüfung der angewandten Techniken und der Eignung des Umweltmanagements der Anlage, die von der zuständigen Behörde oder in ihrem Namen zur Prüfung und Förderung der Einhaltung der Genehmigungsauflagen durch die Anlagen und gegebenenfalls zur Überwachung ihrer Auswirkungen auf die Umwelt getroffen werden.

Genehmigungspflicht (Art. 4)

Die Mitgliedstaaten treffen die erforderlichen Maßnahmen, um sicherzustellen, dass keine Anlage, Feuerungsanlage, Abfallverbrennungsanlage oder Abfallmitverbrennungsanlage ohne eine Genehmigung betrieben wird.

Erteilung einer Genehmigung (Art. 5)

Unbeschadet sonstiger Anforderungen aufgrund einzelstaatlichen Rechts oder Unionsrechts erteilt die zuständige Behörde eine Genehmigung, wenn die Anlage den Anforderungen dieser Richtlinie entspricht.

Die Mitgliedstaaten treffen die erforderlichen Maßnahmen für eine vollständige Koordinierung der Genehmigungsverfahren und der Genehmigungsauflagen, wenn bei diesen Verfahren mehrere zuständige Behörden oder mehr als ein Betreiber mitwirken oder wenn mehr als eine Genehmigung erteilt wird, um ein wirksames integriertes Konzept aller für diese Verfahren zuständigen Behörden sicherzustellen.

Vorfälle und Unfälle (Art. 7)

Unbeschadet der Richtlinie 2004/35/EG des Europäischen Parlaments und des Rates vom 21. April 2004 über Umwelthaftung zur Vermeidung und Sanierung von Umweltschäden treffen die Mitgliedstaaten bei allen Vorfällen oder Unfällen mit erheblichen Umweltauswirkungen die erforderlichen Maßnahmen, um sicherzustellen, dass:

- der Betrieb die zuständige Behörde unverzüglich unterrichtet,
- der Betreiber unverzüglich die Maßnahmen zur Begrenzung der Umweltauswirkungen und zur Vermeidung weiterer möglicher Vorfälle und Unfälle ergreift,
- die zuständige Behörde den Betreiber dazu verpflichtet, alle weiteren geeigneten Maßnahmen zu treffen, die ihres Erachtens zur Begrenzung der Umweltauswirkungen und zur Vermeidung weiterer möglicher Vorfälle und Unfälle erforderlich sind.

Nichteinhaltung der Anforderungen (Art. 8)

Die Mitgliedstaaten treffen die erforderlichen Maßnahmen, um sicherzustellen, dass die Genehmigungsauflagen eingehalten werden. Bei einer Nichteinhaltung der Genehmigungsauflagen stellen die Mitgliedstaaten Folgendes sicher:

- der Betreiber informiert unverzüglich die zuständige Behörde,
- der Betreiber ergreift unverzüglich die erforderlichen Maßnahmen, um sicherzustellen, dass die Einhaltung der Anforderungen so schnell wie möglich wieder hergestellt wird,
- die zuständige Behörde verpflichtet den Betreiber, alle weiteren geeigneten Maßnahmen zu treffen, die ihres Erachtens erforderlich sind, um die Einhaltung der Anforderungen wieder herzustellen.

Wenn ein Verstoß gegen die Genehmigungsauflagen eine unmittelbare Gefährdung der menschlichen Gesundheit verursacht oder eine unmittelbare erhebliche Gefährdung der Umwelt darstellt, wird der weitere Betrieb der Anlage, Feuerungsanlage, Abfallverbrennungsanlage, Abfallmitverbrennungsanlage oder des betreffenden Teils der Anlage ausgesetzt, bis die erneute Einhaltung der Anforderungen sichergestellt ist.

Allgemeine Prinzipien der Grundpflichten der Betreiber (Art. 11)
Die Mitgliedstaaten treffen die erforderlichen Maßnahmen, damit die Anlage nach folgenden Prinzipien betrieben wird:

- es werden alle geeigneten Vorsorgemaßnahmen gegen Umweltverschmutzungen getroffen,
- die besten verfügbaren Techniken werden angewandt,
- es werden keine erheblichen Umweltverschmutzungen verursacht,
- die Erzeugung von Abfällen wird gemäß der Richtlinie 2008/98/EG vermieden,
- falls Abfälle erzeugt werden, werden sie entsprechend der Prioritätenfolge und im Einklang mit der Richtlinie 2008/98/EG zur Wiederverwendung vorbereitet, recycelt, verwertet oder, falls dies aus technischen oder wirtschaftlichen Gründen nicht möglich ist, beseitigt, wobei Auswirkungen auf die Umwelt vermieden oder vermindert werden,
- Energie wird effizient verwendet,
- es werden die notwendigen Maßnahmen ergriffen, um Unfälle zu verhindern und deren Folgen zu begrenzen,
- bei einer endgültigen Stilllegung werden die erforderlichen Maßnahmen getroffen, um jegliche Gefahr einer Umweltverschmutzung zu vermeiden und einen zufrieden stellenden Zustand des Betriebsgeländes wiederherzustellen.

Genehmigungsantrag (Art. 12)
Die Mitgliedstaaten treffen die erforderlichen Maßnahmen, damit ein Genehmigungsantrag eine Beschreibung von Folgendem enthält:

- Anlage sowie Art und Umfang ihrer Tätigkeiten,
- Roh- und Hilfsstoffe, sonstige Stoffe und Energie, die in der Anlage verwendet oder erzeugt werden,
- Quellen der Emissionen aus der Anlage,
- Zustand des Anlagengeländes,
- gegebenenfalls einen Bericht über den Ausgangszustand,
- Art und Menge der vorhersehbaren Emissionen aus der Anlage in jedes einzelne Umweltmedium sowie Feststellung von erheblichen Auswirkungen der Emissionen auf die Umwelt,
- vorgesehene Technologie und sonstige Techniken zur Vermeidung der Emissionen aus der Anlage oder, sofern dies nicht möglich ist, Verminderung derselben,
- Maßnahmen zur Vermeidung, zur Vorbereitung, zur Wiederverwendung, zum Recycling und zur Verwertung der von der Anlage erzeugten Abfälle,

- sonstige vorgesehene Maßnahmen zur Erfüllung der Vorschriften bezüglich der allgemeinen Prinzipien der Grundpflichten der Betreiber gemäß Artikel 11,
- vorgesehene Maßnahmen zur Überwachung der Emissionen in die Umwelt,
- die wichtigsten vom Antragsteller geprüften Alternativen zu den vorgeschlagenen Technologien, Techniken und Maßnahmen in einer Übersicht.

BVT-Merkblätter und Informationsaustausch (Art. 13)
Zur Erstellung, Überprüfung und erforderlichenfalls Aktualisierung der BVT-Merkblätter organisiert die Kommission einen Informationsaustausch zwischen den Mitgliedstaaten, den betreffenden Industriezweigen, den Nichtregierungsorganisationen, die sich für den Umweltschutz einsetzen, und der Kommission. Tab. 9.3 führt die schon erstellten BVT-Merkblätter auf.

Es findet ein Informationsaustausch insbesondere über folgende Themen statt:

- Leistungsfähigkeit der Anlagen und Techniken in Bezug auf Emissionen, gegebenenfalls ausgedrückt als kurz- und langfristige Mittelwerte sowie assoziierte Referenzbedingungen, Rohstoffverbrauch und Art der Rohstoffe, Wasserverbrauch, Energieverbrauch und Abfallerzeugung,
- angewandte Techniken, zugehörige Überwachung, medienübergreifende Auswirkungen, wirtschaftliche Tragfähigkeit und technische Durchführbarkeit sowie Entwicklungen bei diesen Aspekten,
- beste verfügbare Techniken und Zukunftstechniken, die nach der Prüfung ermittelt worden sind.

9

Genehmigungsauflagen (Art. 14)
Die Mitgliedstaaten sorgen dafür, dass die Genehmigung alle Maßnahmen umfasst, die zur Erfüllung der Genehmigungsvoraussetzungen notwendig sind. Diese Maßnahmen umfassen mindestens Folgendes:

- Emissionsgrenzwerte für die Schadstoffe der Liste in Anhang II, und für sonstige Schadstoffe, die von der betreffenden Anlage unter Berücksichtigung der Art der Schadstoffe und der Gefahr einer Verlagerung der Verschmutzung von einem Medium auf ein anderes in relevanter Menge emittiert werden können,
- angemessene Auflagen zum Schutz des Bodens und des Grundwassers sowie Maßnahmen zur Überwachung und Behandlung der von der Anlage erzeugten Abfälle,
- angemessene Anforderungen für die Überwachung der Emissionen, in denen die Messmethodik, die Messhäufigkeit und das Bewertungsverfahren festgelegt ist,
- eine Verpflichtung, der zuständigen Behörde regelmäßig – mindestens jährlich – Folgendes vorzulegen:
  - Informationen auf der Grundlage der Ergebnisse der genannten Emissionsüberwachung und sonstige erforderliche Daten, die der zuständigen Behörde die Prüfung der Einhaltung der Genehmigungsauflagen ermöglichen; und

  - eine Zusammenfassung der Ergebnisse der Emissionsüberwachung, die einen Vergleich mit den mit den besten verfügbaren Techniken assoziierten Emissionswerten ermöglicht,
- angemessene Anforderungen für die regelmäßige Wartung und für die Überwachung der Maßnahmen zur Vermeidung der Verschmutzung von Boden und Grundwasser sowie angemessene Anforderungen für die wiederkehrende Überwachung von Bo-

Tab. 9.3 Übersicht zu besten verfügbaren Techniken (BVT-Merkblätter)

BVT-Merkblätter
Abfallbehandlungsanlagen
Abfallverbrennungsanlagen
Abwasser- und Abgasbehandlung/-management in der chemischen Industrie
Anorganische Grundchemikalien – Feststoffe und andere –
Chloralkaliindustrie
Eisen- und Stahlerzeugung
Energieeffizienz
Gießereien
Glasherstellung
Großfeuerungsanlagen
Herstellung anorganischer Grundchemikalien: Ammoniak, Säuren und Düngemittel
Herstellung anorganischer Spezialchemikalien
Herstellung organischer Feinchemikalien
Herstellung organischer Grundchemikalien
Herstellung von Polymeren
Industrielle Kühlsysteme
Intensivhaltung von Geflügel und Schweinen
Keramikindustrie
Lagerung gefährlicher Substanzen und staubender Güter
Lederindustrie
Management von Bergbauabfällen und Taubgestein
Nahrungsmittelindustrie
Nichteisenmetallindustrie
Oberflächenbehandlung unter Verwendung von organischen Lösemitteln
Oberflächenbehandlung von Metallen und Kunststoffen
Ökonomische und medienübergreifende Effekte
Raffinerien
Referenzdokument über allgemeine Überwachungsgrundsätze
Stahlverarbeitung
Textilindustrie
Tierschlachtanlagen/Anlagen zur Verarbeitung von tierischen Nebenprodukten
Zellstoff- und Papierindustrie
Zement-, Kalk- und Magnesiumoxidindustrie

den und Grundwasser auf die relevanten gefährlichen Stoffe, die wahrscheinlich vor Ort anzutreffen sind, unter Berücksichtigung möglicher Boden- und Grundwasserverschmutzungen auf dem Gelände der Anlage,

- Maßnahmen im Hinblick auf von den normalen Betriebsbedingungen abweichende Bedingungen, wie das An- und Abfahren, das unbeabsichtigte Austreten von Stoffen, Störungen, kurzzeitiges Abfahren sowie die endgültige Stilllegung des Betriebs,
- Vorkehrungen zur weitest gehenden Verminderung der weiträumigen oder grenzüberschreitenden Umweltverschmutzung,
- Bedingungen für die Überprüfung der Einhaltung der Emissionsgrenzwerte oder einen Verweis auf die geltenden anderweitig genannten Anforderungen.

Die BVT-Schlussfolgerungen dienen als Referenzdokument für die Festlegung der Genehmigungsauflagen. Die zuständige Behörde darf strengere Genehmigungsauflagen vorgeben, als sie mit der Verwendung der in den BVT-Schlussfolgerungen beschriebenen besten verfügbaren Techniken einzuhalten sind. Die Mitgliedstaaten können Regeln festlegen, nach denen die zuständige Behörde solche strengeren Auflagen vorgeben kann.

Legt die zuständige Behörde Genehmigungsauflagen auf der Grundlage einer besten verfügbaren Technik fest, die in keiner der einschlägigen BVT-Schlussfolgerungen beschrieben ist, so gewährleistet sie, dass:

- diese Technik unter besonderer Berücksichtigung der in Anhang III aufgeführten Kriterien bestimmt wird; und
- die Anforderungen des Artikels 15 erfüllt werden.

Liegen für eine Tätigkeit oder einen Typ eines Produktionsprozesses, die bzw. der innerhalb einer Anlage durchgeführt wird, keine BVT-Schlussfolgerungen vor oder decken diese Schlussfolgerungen nicht alle potenziellen Umweltauswirkungen der Tätigkeit oder des Prozesses ab, so legt die zuständige Behörde nach vorheriger Konsultation des Betreibers auf der Grundlage der besten verfügbaren Techniken, die sie für die betreffenden Tätigkeiten oder Prozesse bestimmt hat, die Genehmigungsauflagen fest, wobei sie den Kriterien des Anhangs III besonders Rechnung trägt.

Emissionsgrenzwerte, äquivalente Parameter und äquivalente technische Maßnahmen (Art. 15)

Die Emissionsgrenzwerte für Schadstoffe gelten an dem Punkt, an dem die Emissionen die Anlage verlassen, wobei eine etwaige Verdünnung vor diesem Punkt bei der Festsetzung der Grenzwerte nicht berücksichtigt wird.

Bei der indirekten Einleitung von Schadstoffen in das Wasser kann die Wirkung einer Kläranlage bei der Festsetzung der Emissionsgrenzwerte der betreffenden Anlage berücksichtigt werden, sofern ein insgesamt gleichwertiges Umweltschutzniveau sichergestellt wird und es nicht zu einer höheren Belastung der Umwelt kommt.

9

Die zuständige Behörde legt Emissionsgrenzwerte fest, mit denen sichergestellt wird, dass die Emissionen unter normalen Betriebsbedingungen die mit den besten verfügbaren Techniken assoziierten Emissionswerte, wie sie in den Entscheidungen über die BVT-Schlussfolgerungen festgelegt sind, nicht überschreiten, und trifft hierzu eine der beiden folgenden Maßnahmen:

- Festlegung von Emissionsgrenzwerten, die die mit den besten verfügbaren Techniken assoziierten Emissionswerte nicht überschreiten. Diese Emissionsgrenzwerte werden für die gleichen oder kürzeren Zeiträume und unter denselben Referenzbedingungen ausgedrückt wie die mit den besten verfügbaren Techniken assoziierten Emissionswerte; oder
- Festlegung von Emissionsgrenzwerten, die in Bezug auf Werte, Zeiträume und Referenzbedingungen von den aufgeführten Emissionsgrenzwerten abweichen. Die zuständige Behörde bewertet mindestens jährlich die Ergebnisse der Emissionsüberwachung, um sicherzustellen, dass die Emissionen unter normalen Betriebsbedingungen die mit den besten verfügbaren Techniken assoziierten Emissionswerte nicht überschritten haben.

Abweichend kann die zuständige Behörde in besonderen Fällen weniger strenge Emissionsgrenzwerte festlegen. Solche Ausnahmeregelungen dürfen nur angewandt werden, wenn eine Bewertung ergibt, dass die Erreichung der mit den besten verfügbaren Techniken assoziierten Emissionswerte entsprechend der Beschreibung in den BVT-Schlussfolgerungen aus den folgenden Gründen gemessen am Umweltnutzen zu unverhältnismäßig höheren Kosten führen würde:

- geografischer Standort und lokale Umweltbedingungen der betroffenen Anlage oder
- technische Merkmale der betroffenen Anlage.

Die zuständige Behörde dokumentiert die Gründe für die Ergebnisse der Analyse sowie die Begründung der festgelegten Auflagen im Anhang der Genehmigungsauflagen. Die zuständige Behörde stellt in jedem Fall sicher, dass keine erheblichen Umweltverschmutzungen verursacht werden und ein hohes Schutzniveau für die Umwelt insgesamt erreicht wird.

Umweltqualitätsnormen (Art. 18)
Erfordert eine Umweltqualitätsnorm strengere Auflagen, als durch die Anwendung der besten verfügbaren Techniken zu erfüllen sind, so werden unbeschadet anderer Maßnahmen, die zur Einhaltung der Umweltqualitätsnormen ergriffen werden können, zusätzliche Auflagen in der Genehmigung vorgesehen.

Entwicklungen bei den besten verfügbaren Techniken (Art. 19)
Die Mitgliedstaaten sorgen dafür, dass die zuständige Behörde die Entwicklungen bei den besten verfügbaren Techniken und die Veröffentlichung neuer oder aktualisierter BVT-

Schlussfolgerungen verfolgt oder darüber unterrichtet wird und macht die diesbezüglichen Informationen der betroffenen Öffentlichkeit zugänglich.

Änderungen der Anlagen durch die Betreiber (Art. 20)
Die Mitgliedstaaten treffen die erforderlichen Maßnahmen, damit der Betreiber der zuständigen Behörde beabsichtigte Änderungen der Beschaffenheit oder der Funktionsweise oder eine Erweiterung der Anlage, die Auswirkungen auf die Umwelt haben können, mitteilt. Gegebenenfalls aktualisiert die zuständige Behörde die Genehmigung.

Die Mitgliedstaaten treffen die erforderlichen Maßnahmen, um zu gewährleisten, dass keine vom Betreiber geplante, wesentliche Änderung ohne eine zuvor erteilte Genehmigung durchgeführt wird. Jede Änderung der Beschaffenheit oder der Funktionsweise oder Erweiterung einer Anlage gilt als wesentlich, wenn die Änderung oder Erweiterung für sich genommen die Kapazitätsschwellenwerte in Anhang I erreicht.

Überprüfung und Aktualisierung der Genehmigungsauflagen durch die zuständige Behörde (Art. 21)
Die Mitgliedstaaten treffen die erforderlichen Maßnahmen, damit die zuständige Behörde alle Genehmigungsauflagen regelmäßig überprüft und gegebenenfalls im Hinblick auf die Einhaltung der Bestimmungen diese Auflagen auf den neuesten Stand bringt.

Auf Anfrage der zuständigen Behörde übermittelt der Betreiber ihr alle für die Überprüfung der Genehmigungsauflagen erforderlichen Informationen, insbesondere Ergebnisse der Emissionsüberwachung und sonstige Daten, die ihr einen Vergleich des Betriebs der Anlage mit den besten verfügbaren Techniken gemäß der Beschreibung in den geltenden BVT-Schlussfolgerungen und mit den besten verfügbaren Techniken assoziierten Emissionswerten ermöglichen.

Innerhalb von vier Jahren nach der Veröffentlichung von Entscheidungen über BVT-Schlussfolgerungen zur Haupttätigkeit einer Anlage stellt die zuständige Behörde sicher, dass:

- alle Genehmigungsauflagen für die betreffende Anlage überprüft und erforderlichenfalls auf den neuesten Stand gebracht werden,
- die betreffende Anlage diese Genehmigungsauflagen einhält.

Bei der Überprüfung wird allen für die betreffende Anlage geltenden und seit der Ausstellung oder letzten Überprüfung der Genehmigung neuen oder aktualisierten BVT-Schlussfolgerungen Rechnung getragen.

Wird eine Anlage von keinen BVT-Schlussfolgerungen erfasst, so werden die Genehmigungsauflagen überprüft und erforderlichenfalls aktualisiert, wenn Entwicklungen bei den besten verfügbaren Techniken eine erhebliche Verminderung der Emissionen ermöglichen.

Die Genehmigungsauflagen werden zumindest in folgenden Fällen überprüft und erforderlichenfalls aktualisiert:

- die durch die Anlage verursachte Umweltverschmutzung ist so stark, dass die in der Genehmigung festgelegten Emissionsgrenzwerte überprüft oder in der Genehmigung neue Emissionsgrenzwerte vorgesehen werden müssen,
- die Betriebssicherheit erfordert die Anwendung anderer Techniken,
- es muss eine neue oder überarbeitete Umweltqualitätsnorm eingehalten werden.

Umweltinspektionen (Art. 23)
Die Mitgliedstaaten führen ein System für Umweltinspektionen von Anlagen ein, das die Prüfung der gesamten Bandbreite an Auswirkungen der betreffenden Anlagen auf die Umwelt umfasst. Die Mitgliedstaaten stellen sicher, dass die Betreiber den zuständigen Behörden jede notwendige Unterstützung dabei gewähren, etwaige Vor-Ort-Besichtigungen und Probenahmen durchzuführen und die zur Erfüllung ihrer Pflichten im Rahmen dieser Richtlinie erforderlichen Informationen zu sammeln.

Die Mitgliedstaaten stellen sicher, dass alle Anlagen auf nationaler, regionaler oder lokaler Ebene durch einen Umweltinspektionsplan abgedeckt sind, und sorgen dafür, dass dieser Plan regelmäßig überprüft und gegebenenfalls aktualisiert wird. Jeder Umweltinspektionsplan umfasst Folgendes:

- eine allgemeine Bewertung der wichtigen Umweltprobleme,
- den räumlichen Geltungsbereich des Inspektionsplans,
- ein Verzeichnis der in den Geltungsbereich des Plans fallenden Anlagen,
- Verfahren für die Aufstellung von Programmen für routinemäßige Umweltinspektionen,
- Verfahren für nicht routinemäßige Umweltinspektionen,
- gegebenenfalls Bestimmungen für die Zusammenarbeit zwischen verschiedenen Inspektionsbehörden.

Auf der Grundlage der Inspektionspläne erstellt die zuständige Behörde regelmäßig Programme für routinemäßige Umweltinspektionen, in denen auch die Häufigkeit der Vor-Ort-Besichtigungen für die verschiedenen Arten von Anlagen angegeben ist. Der Zeitraum zwischen zwei Vor-Ort-Besichtigungen richtet sich nach einer systematischen Beurteilung der mit der Anlage verbundenen Umweltrisiken und darf ein Jahr bei Anlagen der höchsten Risikostufe und drei Jahre bei Anlagen der niedrigsten Risikostufe nicht überschreiten. Wurde bei einer Inspektion festgestellt, dass eine Anlage in schwerwiegender Weise gegen die Genehmigungsauflagen verstößt, so erfolgt innerhalb der nächsten sechs Monaten nach dieser Inspektion eine zusätzliche Vor-Ort-Besichtigung.

Die systematische Beurteilung der Umweltrisiken stützt sich mindestens auf folgende Kriterien:

- potenzielle und tatsächliche Auswirkungen der betreffenden Anlagen auf die menschliche Gesundheit und auf die Umwelt unter Berücksichtigung der Emissionswerte und -typen, der Empfindlichkeit der örtlichen Umgebung und des Unfallrisikos,

- bisherige Einhaltung der Genehmigungsauflagen,
- Teilnahme des Betreibers am Unionssystem für das Umweltmanagement und die Umweltbetriebsprüfung (EMAS).

Nicht routinemäßige Umweltinspektionen werden durchgeführt, um bei Beschwerden wegen ernsthaften Umweltbeeinträchtigungen, bei ernsthaften umweltbezogenen Unfällen und Vorfällen und bei Verstößen gegen die Vorschriften sobald wie möglich und gegebenenfalls vor der Ausstellung, Erneuerung oder Aktualisierung einer Genehmigung Untersuchungen vorzunehmen.

Nach jeder Vor-Ort-Besichtigung erstellt die zuständige Behörde einen Bericht mit den relevanten Feststellungen bezüglich der Einhaltung der Genehmigungsauflagen durch die betreffende Anlage und Schlussfolgerungen zur etwaigen Notwendigkeit weiterer Maßnahmen. Der Bericht wird dem betreffenden Betreiber binnen zwei Monaten nach der Vor-Ort-Besichtigung übermittelt. Die zuständige Behörde macht den Bericht der Öffentlichkeit binnen vier Monaten nach der Vor-Ort-Besichtigung zugänglich.

Zukunftstechniken (Art. 27)
Die Mitgliedstaaten fördern gegebenenfalls die Entwicklung und Anwendung von Zukunftstechniken. Dies gilt insbesondere für die in den BVT-Merkblättern bestimmten Zukunftstechniken. Die Kommission legt Leitlinien zur Unterstützung der Mitgliedstaaten bei der Förderung der Entwicklung und Anwendung von Zukunftstechniken fest.

9

Schadstoffliste (Anhang II)
Die Genehmigung umfasst alle Maßnahmen bzgl. der Emissionsgrenzwerte für die folgenden Schadstoffe:

- **Luft:**
  - Schwefeloxide und sonstige Schwefelverbindungen,
  - Stickstoffoxide und sonstige Stickstoffverbindungen,
  - Kohlenmonoxid,
  - flüchtige organische Verbindungen,
  - Metalle und Metallverbindungen,
  - Staub, einschließlich Feinpartikel,
  - Asbest (Schwebeteilchen und Fasern),
  - Chlor und Chlorverbindungen,
  - Fluor und Fluorverbindungen,
  - Arsen und Arsenverbindungen,
  - Zyanide,
  - Stoffe und Gemische mit nachgewiesenermaßen karzinogenen, mutagenen oder sich möglicherweise auf die Fortpflanzung auswirkenden Eigenschaften, die sich über die Luft auswirken,
  - Polychlordibenzodioxine und Polychlordibenzofurane.

- **Wasser:**
  - halogenorganische Verbindungen und Stoffe, die im wässrigen Milieu halogenorganische Verbindungen bilden,
  - phosphororganische Verbindungen,
  - zinnorganische Verbindungen,
  - Stoffe und Gemische mit nachgewiesenermaßen in wässrigem Milieu oder über wässriges Milieu übertragbaren karzinogenen, mutagenen oder sich möglicherweise auf die Fortpflanzung auswirkenden Eigenschaften,
  - persistente Kohlenwasserstoffe sowie beständige und bioakkumulierbare organische Giftstoffe,
  - Zyanide,
  - Metall und Metallverbindungen,
  - Arsen und Arsenverbindungen,
  - Biozide und Pflanzenschutzmittel,
  - Schwebstoffe,
  - Stoffe, die zur Eutrophierung beitragen (insbesondere Nitrate und Phosphate),
  - Stoffe die sich ungünstig auf den Sauerstoffgehalt auswirken (und sich mittels Parametern wie BSB und CSB, usw. messen lassen),
  - Stoffe, die in Anhang X der Richtlinie 2000/60/EG aufgeführt sind.

Kriterien für die Ermittlung der besten verfügbaren Techniken (Anhang III)
Die Kriterien für die Ermittlung der besten verfügbaren Techniken basieren auf folgenden Punkten:

- Einsatz abfallarmer Technologien,
- Einsatz weniger gefährlicher Stoffe,
- Förderung der Rückgewinnung und Wiederverwertung der bei den einzelnen Verfahren erzeugten und verwendeten Stoffe und gegebenenfalls der Abfälle,
- vergleichbare Verfahren, Vorrichtungen und Betriebsmethoden, die mit Erfolg im industriellen Maßstab erprobt wurden,
- Fortschritte in der Technologie und in den wissenschaftlichen Erkenntnissen,
- Art, Auswirkungen und Menge der jeweiligen Emissionen,
- Zeitpunkt der Inbetriebnahme der neuen oder der bestehenden Anlagen,
- für die Einführung einer besseren verfügbaren Technik erforderliche Zeit,
- Verbrauch an Rohstoffen und Art der bei den einzelnen Verfahren verwendeten Rohstoffe (einschließlich Wasser) sowie Energieeffizienz,
- die Notwendigkeit, die Gesamtwirkung der Emissionen und die Gefahren für die Umwelt so weit wie möglich zu vermeiden oder zu verringern,
- die Notwendigkeit, Unfällen vorzubeugen und deren Folgen für die Umwelt zu verringern,
- von internationalen Organisationen veröffentlichte Informationen.

Tab. 9.4 Äquivalenzfaktoren von Dioxinen und Furanen

	Toxischer Äquivalenzfaktor
2,3,7,8 – Tetrachlordibenzodioxin (TCDD)	1
1,2,3,7,8 – Pentachlordibenzodioxin (PeCDD)	0,5
1,2,3,4,7,8 – Hexachlordibenzodioxin (HxCDD)	0,1
1,2,3,6,7,8 – Hexachlordibenzodioxin (HxCDD)	0,1
1,2,3,7,8,9 – Hexachlordibenzodioxin (HxCDD)	0,1
1,2,3,4,6,7,8 – Heptachlordibenzodioxin (HpCDD)	0,01
Octachlordibenzodioxin (OCDD)	0,001
2,3,7,8 – Tetrachlordibenzofuran (TCDF)	0,1
2,3,4,7,8 – Pentachlordibenzofuran (PeCDF)	0,5
1,2,3,7,8 – Pentachlordibenzofuran (PeCDF)	0,05
1,2,3,4,7,8 – Hexachlordibenzofuran (HxCDF)	0,1
1,2,3,6,7,8 – Hexachlordibenzofuran (HxCDF)	0,1
1,2,3,7,8,9 – Hexachlordibenzofuran (HxCDF)	0,1
2,3,4,6,7,8 – Hexachlordibenzofuran (HxCDF)	0,1
1,2,3,4,6,7,8 – Heptachlordibenzofuran (HpCDF)	0,01
1,2,3,4,7,8,9 – Heptachlordibenzofuran (HpCDF)	0,01
Octachlordibenzofuran (OCDF)	0,001

Äquivalenzfaktoren für Dibenzodioxine und Dibenzofurane (Anhang VI)
Zur Bestimmung der kumulierten Werte sind die Massenkonzentrationen folgender Dibenzodioxine und Dibenzofurane mit folgenden Äquivalenzfaktoren (Tab. 9.4) zu multiplizieren, bevor sie zusammengezählt werden.

9.9 Aufgaben für die Praxis

- Welche Rolle spielt die Umweltgesetzgebung im betrieblichen Arbeits- und Umweltschutz?
- Wie werden in ihrem Unternehmen die Verantwortungen im betrieblichen Umweltschutz wahrgenommen?
- Welche Verantwortungen tragen Führungskräfte in ihrem Aufgabenbereich?
- Wie wird der Informations- und Berichtspflicht nachgekommen?
- Welches Verzeichnis der relevanten Rechtsvorschriften liegt in ihrem Unternehmen vor?
- Geben Sie einen Überblick zu Straftaten gegen die Umwelt (mit Beispielen).
- Erläutern Sie die Anforderungen an die Ursachenvermutung nach dem Umwelthaftungsgesetz.
- Erläutern Sie einige berufliche (unternehmerische Tätigkeiten), die dem Umweltschadensgesetz unterliegen.

- Welche Bedeutung besitzen die BVT-Merkblätter?
- Welche Anforderungen stellt die IVU-Richtlinie an die besten verfügbaren Techniken?
- Welche Emissionen sind bei der Anlagengenehmigung zu berücksichtigen?

Weiterführende Literatur

9.1. Förster, M.; *(Umwelt-)strafrechtliche Maßnahmen im Europarecht,* BWV, **2012**, 978-3-503-14106-7
9.2. Gassner, E.; Winkelbrandt, A.; Bernotat, D.; *UVP und strategische Umweltprüfung*, C.F. Müller, **2010**, 978-3-8114-3248-2
9.3. Hansmann, K.; Sellner, D.; *Grundzüge des Umweltrechts,* Schmidt, **2012**, 978-3-503-14106-7
9.4. Kramer, M. (Hrsg.); *Integratives Umweltmanagement,* Gabler, **2010**, 978-3-8349-1947-2
9.5. Kröger, D.; Klauß, I.; *Umweltrecht – Schnell erfasst,* Springer, **2007**, 978-3-540-72745-3
9.6. Nusser, J.; *Zweckbestimmungen in Umweltschutzgesetzen,* Nomos, **2007**, 978-3-8329-2506-2
9.7. Pfaff, Th.; Knopp, L.; Peine, F.-J. (Hrsg.); *Revision des Immissionsschutzrechts durch die Industrieemissionsrichtlinie,* lexxion, **2013**, 978-3-86965-216-0
9.8. Raschauer, Nr.; Wessely, W. (Hrsg.); *Handbuch Umweltrecht,* facultas.wuv, **2010**, 978-3-7089-0567-9
9.9. *Richtlinie 2010/75/EU des Europäischen Parlaments und des Rates vom 24. November 2010 über Industrieemissionen – integrierte Vermeidung und Verminderung der Umweltverschmutzung,* **21.01.2014**
9.10. Sanden, J.; *Fälle und Lösungen zum Umweltrecht,* Boorberg, **2005**, 3-415-03571-9
9.11. Schendel, F.A.; Giesberts, L.; Büge, D. (Hrsg.); *Umwelt und Betrieb – Rechtshandbuch für die betriebliche Praxis,* lexxion, **2012**, 978-3-86965-192-7
9.12. *StGB – Strafgesetzbuch,* **01.03.2017**
9.13. Storm, P.-Ch.; *Umweltrecht – Einführung,* Erich Schmidt, **2002**, 3-503-06612-8
9.14. Tollmann, C.; *Die umweltrechtliche Zustandsverantwortlichkeit: Rechtsgrund und Reichweite,* Duncker & Humblot, **2007**, 978-3-428-12250-9
9.15. Umweltbundesamt (UBA); *BVT-Merkblätter und Durchführungsbeschlüsse,* **2016**
9.16. *UmweltHG – Umwelthaftungsgesetz,* **23.11.2007**
9.17. *USchadG – Umweltschadensgesetz, Gesetz über die Vermeidung und Sanierung von Umweltschäden,* **04.08.2016**

Die betriebliche Umweltpolitik 10

10.1 Einführung

Die Umweltpolitik ist eines der zentralen Elemente innerhalb eines Umweltmanagementsystems im Unternehmen. Sie stellt eine langfristige, umweltbezogene Zielsetzung dar und füllt so den gesetzlichen Handlungsrahmen in Umweltfragen. Die Festlegung der Umweltpolitik sollte daher als einer der ersten Schritte bei der Einführung eines Umweltmanagementsystems erfolgen.

Es ist dabei zu beachten, dass die Umweltpolitik generell von der Geschäftsleitung in schriftlicher Form zu verfassen ist. Die Umweltpolitik muss allen Mitarbeitern im Unternehmen bekannt gemacht werden, und muss darüber hinaus auch der interessierten Öffentlichkeit zugänglich sein. Die betriebliche Umweltpolitik als strategisches Ziel muss vom Unternehmen regelmäßig überprüft und eventuell angepasst werden.

Mit der Umweltpolitik verpflichtet sich ein Unternehmen zur Einhaltung aller einschlägigen Umweltvorschriften sowie zur kontinuierlichen Verbesserung der Umweltsituation am Standort. Um diese Verpflichtungen einhalten zu können, werden in der Umweltpolitik Handlungsgrundsätze als Leitlinien formuliert. Mit diesen Handlungsgrundsätzen wird berücksichtigt, dass alle Tätigkeiten, Produkte und Dienstleistungen eines Unternehmens Auswirkungen auf die Umwelt haben können. Dementsprechend sollten bei der Erstellung einer Umweltpolitik einige Gesichtspunkte beachtet werden.

Die Umweltpolitik sollte sich an der bestehenden Unternehmensphilosophie bzw. den Grundwerten und Einstellungen des Unternehmens orientieren. Sie sollte mit anderen Politiken (bezüglich Qualität, Arbeits- und Gesundheitsschutz) abgestimmt werden. Sie sollte die Forderungen und Ansprüche von interessierten Parteien, sowie besondere regionale Gegebenheiten berücksichtigen und die Kommunikation mit der Öffentlichkeit fördern. Die Umweltpolitik muss die ausdrückliche Verpflichtung zur Einhaltung der relevanten Umweltvorschriften, Verpflichtungen und Erfüllung von Umweltkriterien, sowie die Verpflichtung zur kontinuierlichen Verbesserung der Umweltsituation enthalten. Hierbei gilt die Vermeidung von Umweltbelastungen als vorrangiges Ziel.

G. Förtsch und H. Meinholz, *Handbuch Betriebliches Umweltmanagement*,
https://doi.org/10.1007/978-3-658-19151-1_10

Die umweltpolitischen Handlungsgrundsätze des Unternehmens können sich beispielsweise an folgenden Punkten orientieren:

- Förderung des Verantwortungsbewusstseins für die Umwelt bei allen Arbeitnehmern,
- frühzeitige Beurteilung von Umweltauswirkungen jeder neuen Tätigkeit, jedes neuen Verfahrens und jedes neuen Produktes,
- Beurteilung und Überwachung der Umweltauswirkungen aller Unternehmenstätigkeiten,
- Vermeidung, Verminderung und Beseitigung aller Umweltbelastungen sowie die Erhaltung der Ressourcen,
- Vermeidung unfallbedingter Emissionen von Stoffen oder Energie,
- Festlegung und Anwendung von Verfahren zur Kontrolle der Übereinstimmung mit der Umweltpolitik,
- Festlegung von Verfahren und Maßnahmen bei Nichteinhaltung von Umweltpolitik und Umweltzielen,
- Ausarbeitung von Verfahren in Zusammenarbeit mit Behörden, um die Auswirkungen von etwaigen unfallbedingten Ableitungen möglichst gering zu halten,
- offener Dialog mit der Öffentlichkeit zum Verständnis der Umweltauswirkungen der Tätigkeit des Unternehmens,
- Kundenberatung über die Umweltaspekte im Zusammenhang mit Handhabung, Verwendung und Endlagerung der Produkte,
- treffen von Vorkehrungen zur Gewährleistung der Anwendung gleicher Umweltnormen bei auf dem Betriebsgelände arbeitenden Vertragspartnern.

In Tab. 10.1 sind exemplarisch 10 Leitlinien für eine unternehmerische Umweltpolitik formuliert.

Tab. 10.1 Beispiel für eine betriebliche Umweltpolitik

Unsere unternehmerische Umweltpolitik	
Die 10 Umweltleitlinien	Der Umweltschutz nimmt in unserem Unternehmen eine besonders wichtige Rolle ein. So ist der Schutz und Erhalt unserer natürlichen Lebensgrundlagen ein wichtiges Ziel. Von unserer Geschäftsführung wird dem Umweltmanagement durch Handlungsgrundsätze, Umweltziele und Maßnahmen zur Verbesserung unserer Umweltleistung eine entsprechende Bedeutung zugewiesen. Um dies unseren Mitarbeitern und Geschäftspartnern zu verdeutlichen, hat die Geschäftsführung die Umweltstrategie in Form von zehn Umweltleitlinien verabschiedet. In diesen verpflichtet sich unser Unternehmen einen zukunftweisenden Weg zu einer fortlaufen Verbesserung der Umweltleistung zu beschreiten
1. Führung und Verantwortlichkeiten	Alle Führungskräfte sind dem Schutz unserer Umwelt verpflichtet. In ihrem Verantwortungsbereich sorgen sie für die jederzeitige Einhaltung der rechtlichen Anforderungen im Arbeits- und Umweltschutz

Tab. 10.1 (Fortsetzung)

Unsere unternehmerische Umweltpolitik	
2. Prozesse und Umweltauswirkungen	Für alle unsere Prozesse ermitteln wir die Auswirkungen auf die Umwelt. Durch den fortgeschrittenen Stand der Technik reduzieren wir diese auf ein ökonomisch vertretbares Minimum
3. Notfallvorsorge und Gefahrenabwehr	Damit wir auf mögliche Unfälle und unerwartete Notfallsituationen entsprechend reagieren können, arbeiten wir zur Gefahrenabwehr mit Behörden und Rettungsdiensten entsprechende Verfahren aus und erproben diese regelmäßig
4. Ressourceneffizienz	Mit Ressourcen – wie Energie und Rohstoffen – gehen wir effizient um. Der Wiederverwertung von Materialien und ausgedienten Produkten geben wir den Vorrang vor der Entsorgung
5. Lieferanten, Dienstleister und ausgelagerte Prozesse	Von unseren Lieferanten und Dienstleistern erwarten wir die gleichen Umweltmaßstäbe, wie wir sie für uns setzen. Ausgelagerte Prozesse, die wir als besonders umweltrelevant erkannt haben, beziehen wir in unser Umweltmanagementsystem mit ein
6. Mitarbeiterkompetenzen	In Abhängigkeit von den Umweltaspekten der jeweiligen Tätigkeiten tragen wir für eine angemessene Kompetenzentwicklung unserer Mitarbeiter Sorge. Wir setzen für diese Aufgaben nur qualifizierte Mitarbeiter ein
7. Bewusstsein der Mitarbeiter	Durch regelmäßige Informationen fördern wir das Umweltbewusstsein aller unserer Mitarbeiter. Betrieblicher Umweltschutz ist ein festes Element in unserem Weiterbildungsangebot
8. Bewertung der Umweltleistung	Durch den wirtschaftlich vertretbaren Einsatz der besten verfügbaren Techniken erreichen wir eine fortlaufende Verbesserung unserer betrieblichen Umweltleistung
9. Umweltaudits und Managementbewertung	Das Erreichen unserer Umweltziele und die fortlaufende Verbesserung unserer Umweltleistung überprüfen wir durch regelmäßige interne Umweltaudits und durch eine Managementbewertung unserer Geschäftsführung
10. Umweltinformationen	Mit unserem jährlichen Umweltbericht geben wir Rechenschaft über unsere Umweltleistung ab. Wir informieren nicht nur unsere Mitarbeiter, sondern auch die interessierte Öffentlichkeit

10.2 Handlungsgrundsätze zur Realisierung der betrieblichen Umweltpolitik

Die Umweltpolitik enthält die strategischen Ziele des Unternehmens im Umweltmanagement. Sie formuliert was mittel- und langfristig im betrieblichen Umweltschutz erreicht werden soll und bietet einen Wegweiser für ein zukunftsorientiertes, umweltbewusstes Handeln. Die Umweltpolitik dient der grundlegenden Information der Mitarbeiter, der Kunden und der Öffentlichkeit über die einzuschlagenden Umweltpfade.

In der betrieblichen Umweltpolitik ist mehr als die Erfüllung der rechtlichen Vorgaben festgeschrieben, die ohnehin eingehalten werden müssen. Über die notwendige Einhaltung der Umweltvorschriften und des Standes der Technik hinaus enthält die Umweltpolitik längerfristig wirkende Handlungsgrundsätze des Unternehmens. Als unternehmerische Strategie muss sie zukunftsweisende Wege für eine fortlaufende Verbesserung der Umweltleistung beschreiten.

Vielfach besitzt die Umweltpolitik einen abstrakten Charakter, da Handlungsgrundlagen für ihre Anwendung in den Unternehmen fehlen. Sie ist in der Praxis wenig mit Leben gefüllt und ist für die Mitarbeiter oft nur eine Worthülse, mit der sie wenig anfangen können. Verwirklichen lassen sich die umweltpolitischen Zielsetzungen jedoch nur durch eine umfassende Einbeziehung der Mitarbeiter. Nur dann wird sich im Unternehmen ein moderner und effizienter Umweltschutz realisieren lassen.

In Tab. 10.2 werden die beispielhaft beschriebenen 10 Leitlinien der Umweltpolitik mit einzelnen Kapiteln des vorliegenden Handbuches verknüpft. Aus den Inhalten der jeweiligen Kapitel lassen sich längerfristige Handlungsgrundsätze entwickeln. Dabei ist jedes Unternehmen in der Formulierung seiner umweltpolitischen Leitlinien und den daraus folgenden Schwerpunktsetzungen frei. Die Handlungsgrundsätze ermöglichen eine bessere Einbeziehung der Mitarbeiter und eine zielführendere Entwicklung, Auswahl und Realisierung umweltbezogener Maßnahmen. In regelmäßigen Zeitabständen ist die Umweltpolitik zu überprüfen und gegebenenfalls den veränderten rechtlichen, gesellschaftlichen, technologischen und wirtschaftlichen Rahmenbedingungen anzupassen.

Tab. 10.2 Umweltpolitische Leitlinien und Verweis auf mögliche Handlungsgrundsätze

Umweltpolitische Leitlinien	Verweis auf Kapitel
1. Führung und Verantwortlichkeiten	Kap. 9 Verantwortlichkeiten und Rechtsvorschriften Kap. 16 Mitarbeiterführung
2. Prozesse und Umweltauswirkungen	Kap. 13 Umweltcontrolling und Umweltleistung Kap. 14 Prozessaudit Umweltmanagement Kap. 15 Prozesse
3. Notfallvorsorge und Gefahrenabwehr	Kap. 3 Umweltmanagementsysteme Kap. 7 Arbeitsschutz
4. Ressourceneffizienz	Kap. 5 Energiemanagementsysteme Kap. 6 Qualitätsmanagementsysteme Kap. 11 Bewertung der Umweltaspekte
5. Lieferanten, Dienstleister und ausgelagerte Prozesse	Kap. 14 Prozessaudit Umweltmanagement
6. Mitarbeiterkompetenzen	Kap. 17 Personalentwicklung und Mitarbeiterkompetenzen
7. Bewusstsein der Mitarbeiter	Kap. 17 Personalentwicklung und Mitarbeiterkompetenzen
8. Bewertung der Umweltleistung	Kap. 13 Umweltcontrolling und Umweltleistung
9. Umweltaudits und Managementbewertung	Kap. 14 Prozessaudit Umweltmanagementsystem
10. Umweltinformationen	Kap. 13 Umweltcontrolling und Umweltleistung

10.3 Aufgaben für die Praxis

- Erläutern Sie die wesentlichen Inhalte ihrer betrieblichen Umweltpolitik.
- Welche strategischen Ziele und Arbeitsschwerpunkte leiten Sie daraus ab?
- Welche Bedeutung hat die Umweltpolitik für ihre Führungskräfte und Mitarbeiter?
- Welche Konsequenzen ergeben sich aus der Umweltpolitik für ihre Lieferanten und ausgelagerten Prozesse?
- Wie werden die strategischen Anforderungen in betriebliche Ziele umgesetzt?

Weiterführende Literatur

10.1. Baumann, W.; Kössler, W.; Promberg, K.; *Betriebliche Umweltmanagementsysteme,* Linde, **2005**, 3-7073-0795-6
10.2. Brennecke, V.; Krug, S.; Winkler, C.; *Effektives Umweltmanagement,* Springer, **1998**, 3-540-62904-1
10.3. Dykhoff, H.; Souren, R.; *Nachhaltige Unternehmensführung,* Springer, **2008**, 978-3-540-74052-0
10.4. Kamiske, G. et al.; *Management des betrieblichen Umweltschutzes,* Vahlen, **1999** 3-8006-2490-7
10.5. Krinn, H.; Meinholz, H.; *Einführung des Umweltmanagementsystems in kleinen und mittleren Unternehmen,* Springer, **1997**, 3-540-62465-1
10.6. Müller-Christ, G.; *Umweltmanagement,* Vahlen, **2001**, 3-8006-2646-2
10.7. Pfeifer, J.; *Strukturelle Integration von Umweltmanagementsystemen in gewerblichen Betrieben,* Hampp, **2001**, 3-87988-614-8

Identifizierung und Bewertung der Umweltaspekte

11

11.1 Einführung

Im Rahmen eines Umweltmanagementsystems sind die verschiedenen Umweltaspekte entlang des Lebenswegs von Produkten zu identifizieren und zu bewerten. Er reicht von den Kundenanforderungen über die Produktentwicklung, Herstellung, den Transport und die Nutzung des Produkts bis hin zum Recycling und der Entsorgung der Reststoffe. Verschiedene Instrumente können die Betrachtung des Lebenswegs unterstützen.

Eine konkrete Erhebung und Bewertung der einzelnen Umweltaspekte geschieht durch eine (erste) Umweltprüfung. Unter Bezugnahme auf die (externen) Umweltvorschriften und die (interne) betriebliche Umweltpolitik liefert sie ein umfangreiches und aussagekräftiges Bild zur Umweltsituation des Unternehmens.

Umweltaspekte sind über Ursache-Wirkungs-Netzwerke nichtlinear mit Umweltauswirkungen verknüpft. Die Bewertung der Umweltaspekte und der damit verbundenen Umweltauswirkungen ermöglichen eine Chancen-Risiko-Betrachtung und die Identifizierung von Verbesserungspotenzialen. Alle resultierenden Maßnahmen lassen sich über ein Umweltprogramm zusammenfassen und nach den Regeln des Projektmanagements bearbeiten.

11.2 Lebensweg von Produkten

11.2.1 Einführung

Umweltorientierte Produktverantwortung wird zu einer immer größeren Herausforderung für die Unternehmen. Während in der Vergangenheit die technologische Funktionalität und die ökonomische Nutzung des Produkts im Vordergrund standen, wird zukünftig die umweltverträgliche Produktverantwortung über den gesamten Lebenszyklus ein weiterer wettbewerbsentscheidender Faktor sein. Für die Entwicklung, Herstellung, Be- und Ver-

G. Förtsch und H. Meinholz, *Handbuch Betriebliches Umweltmanagement*,
https://doi.org/10.1007/978-3-658-19151-1_11

arbeitung oder den Vertrieb von Produkten muss die Verantwortung zur Erfüllung der Kreislaufwirtschaftsziele übernommen werden:

- Entwicklung mehrfach verwendbarer, technisch langlebiger und nach der Nutzungsphase ordnungsgemäß und für die Umwelt schadlos zu beseitigender Produkte,
- vorrangiger Einsatz verwertbarer Abfälle oder Sekundärrohstoffe bei der Herstellung,
- Kennzeichnung der schadstoffhaltigen Erzeugnisse,
- Hinweise auf die Möglichkeiten der Rückgabe, Wiederverwendung und Verwertung,
- Rücknahme der Erzeugnisse und der nach Gebrauch verbleibenden Abfälle.

Die Pflicht zur Verwertung von Abfällen ist jedoch nur einzuhalten, soweit dies technisch möglich und wirtschaftlich zumutbar ist. Deshalb müssen bereits in der Produktplanung die Umweltauswirkungen von Materialien, Fertigungsprozessen, Produktnutzung und Recyclingmöglichkeiten berücksichtigt werden. Die Bedeutung der Produktentwicklung wird besonders an folgenden Aspekten klar. Sie legt die:

- Produktfunktionen fest,
- hat Auswirkungen auf die Produktionskosten,
- legt die Herstellungsverfahren und den Fertigungsablauf fest,
- hat Einfluss auf die Umweltaspekte und Umweltauswirkungen.

Über den gesamten Produktlebensweg nimmt die Summe der Umweltauswirkungen zu, während gleichzeitig die Beeinflussungsmöglichkeiten sinken (Abb. 11.1).

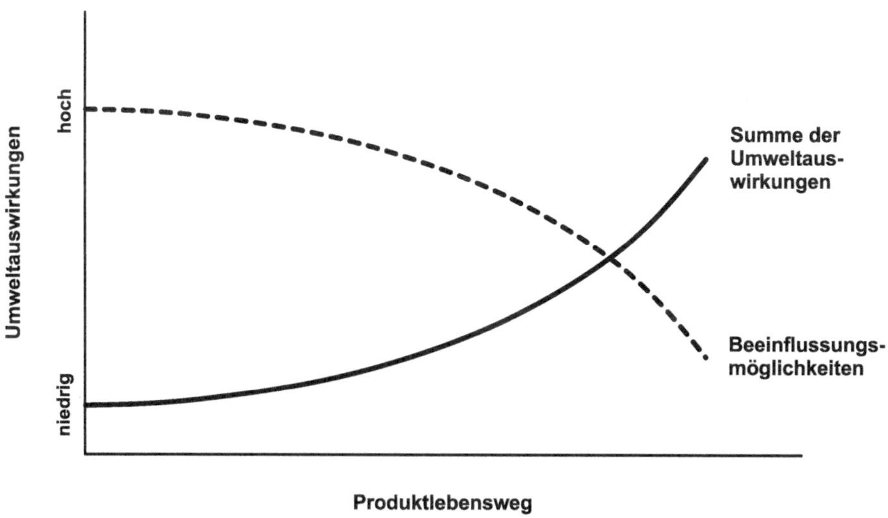

Abb. 11.1 Beeinflussungsmöglichkeiten während des Produktlebenswegs

Von daher müssen bereits frühzeitig im Lebensweg eines Produkts sämtliche Umweltaspekte Berücksichtigung finden. Die folgenden Ausführungen betrachten daher einige Produktaspekte beginnend beim Prozessabschnitt Kunde bis hin zur letztendlichen Entsorgung.

11.2.2 Produktplanung und -entwicklung

Der Lebenszyklus eines Produkts lässt sich in die einzelnen Phasen:

- Kunde,
- Entwicklung,
- Herstellung,
- Transport,
- Nutzung,
- Recycling,
- Entsorgung

unterteilen (Abb. 11.2). Grundsätzlich ergeben sich aus allen Phasen des Produktlebenszyklus Anforderungen an ökologisch optimierte Produkte. Der Grundsatz des Vermeidens und Verminderns negativer Umwelteinwirkungen, des Wiederverwendens, Weiterverwendens und der schadstoffarmen Beseitigung ist somit auf alle Lebenszyklusphasen anzuwenden. Eine gesamtheitliche Betrachtungsweise hilft:

Abb. 11.2 Lebenszyklus von Produkten

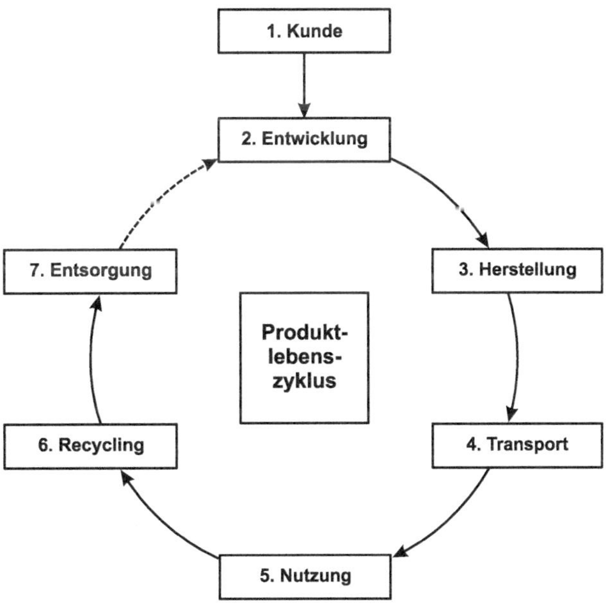

11

- rechtliche Vorgaben einzuhalten,
- eine Verbesserung der Umweltverträglichkeit zu erzielen,
- Kosten über die Produktlebensdauer zu reduzieren,
- Marktchancen zu verbessern.

Die Berücksichtigung von Umweltaspekten bei der Produktentwicklung kann das Risiko möglicher Einsatzbeschränkungen oder Verbote begrenzen.

Kunde

Ausgehend von Marktanforderungen werden in dieser Phase grundsätzliche Aufgaben an ein neues oder geändertes Produkt erarbeitet und definiert. Die Studie findet zweckmäßig in einem interdisziplinär zusammengesetzten Team statt. Hier ist eine enge Zusammenarbeit der Bereiche Marketing/Vertrieb, Entwicklung/Konstruktion, Materialwirtschaft/Lieferanten, Produktion und Umweltschutz notwendig. Mit Unterstützung einer Richtlinie für umweltgerechte Produktentwicklung können ökologische Anforderungen Berücksichtigung finden. Die Richtlinie kann Aussagen zu:

- produktspezifischen Umweltgesetzen und Produktnormen,
- Materialauswahl und -kennzeichnung,
- Baugruppen und -teile,
- Berücksichtigung von Fertigungstechnologien,
- Produktnutzung und -service,
- Recycling- und Entsorgungsstrategien

enthalten. Ergebnis dieser Phase ist u. a. ein Lastenheft.

Entwicklung

In der Entwicklungsphase erfolgen die Konkretisierung der Anforderungen und Aufgaben und die Umsetzung der Produktidee in ein realisierbares Produkt. Als erster Schritt werden die an das Produkt gestellten Aufgaben, Anforderungen und Zusammenhänge möglichst umfassend geklärt und präzisiert. Wesentlich ist in diesem Prozessschritt die enge Zusammenarbeit mit dem Auftraggeber, um alle wichtigen Informationen zusammenzutragen und mögliche Informationslücken zu erkennen und zu schließen. Aus den Ergebnissen wird eine Anforderungsliste bzw. ein Pflichtenheft erarbeitet. Die Anforderungen sollten dabei als unbedingt zu erfüllende Forderungen und zu beachtende Wünsche festgelegt werden. Die Zielvorgaben der Anforderungen sind möglichst detailliert und quantifiziert festzuschreiben.

Die Anforderungsliste dient während der Entwicklung als Informationsspeicher. Sie wird über den Entwicklungsablauf modifiziert, konkretisiert und gegebenenfalls nach Abstimmung mit dem Auftraggeber geändert. Eine Änderung der Ziele findet jedoch nur bis zu einem bestimmten Punkt statt. Danach wird die Anforderungsliste eingefroren. Insbesondere bei Neuentwicklungen werden aus den Vorgaben der Anforderungsliste die

Gesamtfunktion und wesentliche Teilfunktionen des Produkts ermittelt, strukturiert und zu einer Gesamtstruktur zusammengefügt. Auf der Grundlage der abstrakten Funktionsstruktur wird nun systematisch nach prinzipiellen Lösungen gesucht. Diese umfasst grundsätzlich rechtliche, technische, naturwissenschaftliche und umweltrelevante Aspekte.

Ausgehend von der gefundenen, prinzipiellen Lösung werden jetzt die Produktstruktur gestaltet, die Dimensionierung festgelegt und die Werkstoffe ausgewählt. Die Gestaltung eines Produkts beeinflusst direkt die Recyclingmöglichkeiten. Hier lässt sich durch eine demontage- und aufarbeitungsgerechte Produktentwicklung die Wieder- oder Weiterverwendung von Baugruppen und -teilen optimieren. Dazu sind die Vielfalt von Baugruppen zu reduzieren und leicht lösbare Demontageverbindungen zu verwenden. Demontagegerechte Verbindungstechniken führen auch bei Instandhaltungen oder Reparaturen zu Kostensenkungen. Für eine angestrebte Aufarbeitung muss eine Reinigung der Komponenten mit umweltgerechten und aus Sicht der Arbeitssicherheit unbedenklichen Reinigungsmedien möglich sein. Gefahrstoffhaltige Baugruppen sind zum Schutz von Mensch und Umwelt zu kennzeichnen.

Das Produktrecycling ist nicht zwangsläufig eine einfache Umkehrung der Montage. Durch entsprechende Prototypen können geeignete Montage-/Demontageverfahren entwickelt werden. Maßnahmen zur Reduzierung des Materialeinsatzes (Dimensionierung) und der Materialvielfalt (Werkstoffauswahl) sind geeignet, die natürlichen Ressourcen zu schonen und zukünftige Entsorgungsprobleme zu minimieren. Eine systematische Bewertung und Standardisierung der Werkstoffe verringert die Vielfalt der eingesetzten Materialien. Eine durchgängige Materialkennzeichnung nach entsprechenden Normen erleichtert ein Materialrecycling. Hilfreich sind deshalb Werkstoff-Auswahllisten. Die Gestaltung der Baustruktur, die Auslegung der Komponenten und die Auswahl der Werkstoffe legen nicht nur die Produktfunktionen, sondern auch die zur Herstellung benötigten Produktionsverfahren fest. Nach einer weiteren abschließenden technischen, wirtschaftlichen und ökologischen Überprüfung erfolgt bei einer positiven Entscheidung die Herstellungsfreigabe.

Herstellung

Die Auswahl und der Einsatz umweltfreundlicher Technologien ist neben der Entwicklung von umweltfreundlichen Produkten eine der weiteren Herausforderungen für den betrieblichen Umweltschutz in einem modernen Unternehmen. Der Kunde kann erwarten, dass die als umweltfreundlich deklarierten Produkte auch mit umweltschonenden Produktionsverfahren hergestellt wurden. Gerade den Fertigungsabteilungen kommt eine besondere Verantwortung zu, da sich hier die potenziellen Auswirkungen auf die Umwelt konzentrieren. Umweltfreundliche Produktion bedeutet jedoch nicht, dass überhaupt keine Emissionen entstehen und keine Ressourcen verbraucht werden. Umweltfreundliche Produktion heißt ein bewussterer Umgang mit Ressourcen während der Produktion sowie ein sachgerechter Umgang mit entstehenden Abfällen, Abwässern und sonstigen Emissionen.

Besonders für den Herstellungsprozess bestehen heute vielfältige technische und rechtliche Vorgaben. Zur Einhaltung der Umweltvorschriften werden heute noch vorzugsweise nachgeschaltete Umweltschutztechnologien verwendet. Deren Einsatz ist immer mit zusätzlichen Kosten verbunden und daher auf lange Sicht nicht wirtschaftlich und sinnvoll. Vielmehr ist darauf zu achten, dass bei der Entwicklung und Auswahl neuer Produktionstechnologien verstärkt integrierte Technologien zum Einsatz kommen. Für neue Fertigungstechnologien und deren Auswahl gelten prinzipiell die gleichen Kriterien bezüglich Qualität, Kosten und Umwelt wie für jede andere Produktentwicklung auch. Eine Bewertung von Produktionsverfahren unter Gesichtspunkten des Umweltschutzes und der Arbeitssicherheit (Schutz des Menschen) muss folgende Aspekte berücksichtigen:

- Stand der Technik und Wirkungsgrad des Verfahrens (Ausbeute, Qualität),
- Umweltverträglichkeit und Recycelbarkeit der eingesetzten Hilfs- und Betriebsstoffe,
- Ressourceneffizienz (Material, Energie, Wasser),
- Reduzierung und Aufarbeitungsmöglichkeiten der Nebenprodukte,
- Anlagenbedienung und -wartung im laufenden Betrieb,
- Gefährdungsbeurteilung für den laufenden Anlagenbetrieb,
- Aufarbeitungs- bzw. Verwertungsmöglichkeiten der Anlagen nach Stilllegung.

Selten ist die Produktentwicklung gleichzeitig mit der Einführung neuer Produktionstechnologien verbunden. In den meisten Fällen wird auf bestehende Fertigungsanlagen und -verfahren zurückgegriffen. Damit spielt die Anlagenbedienung und -wartung durch den Mitarbeiter im Rahmen seiner täglichen Arbeit eine wichtige Rolle. Um eine umweltfreundliche Produktion zu gewährleisten, müssen die Mitarbeiter hinsichtlich der Umweltauswirkungen ihres Arbeitsplatzes geschult und informiert werden.

Transport

Als Bindeglied zwischen dem Unternehmen und dem Kunden lässt sich die Transport- und Logistikkette von der Umweltbetrachtung nicht ausnehmen. Unter den Tätigkeiten innerhalb der speditiven Abwicklung wie z. B. Erstellen von Versandaufträgen, Verhandeln von Frachtraten, Optimierung der Fahrzeugauslastung, usw. spielt in erster Linie die Auswahl der Verkehrsträger bzw. -mittel eine umweltrelevante Rolle. Auswahlkriterien für verschiedene Verkehrsmittel sind Laufzeit zum Bestimmungsort und Kosten unter Berücksichtigung der Dringlichkeit und dem Warenwert. Zwischen diesen Auswahlkriterien und dem Einsatz umweltfreundlicher Verkehrsmittel bestehen häufig Zielkonflikte. Die gesamte Abwicklungsorganisation muss fortlaufend an die Kundenstruktur, das Mengenaufkommen, Änderungen des Transportgutes, usw. angepasst werden. Im täglichen Betrieb lässt sich so eine Optimierung ökonomischer Kriterien und der Umweltverträglichkeit erzielen.

Die Zusammenstellung der Produkte zum Versand umfasst Kommissionieren und Verpacken. Bei der Auswahl der Transportverpackungen ist dem optimalen Schutz der Güter, aber ebenso auch dem minimalen Aufwand an Verpackungsmaterial, Rechnung zu tragen. Wenn möglich sind Mehrwegverpackungen einzusetzen oder Mehrfachverwendung der Verpackungsmaterialien anzustreben. Die verwendeten Verpackungsmaterialien müssen eindeutig identifizierbar sein und stofflich wiederverwertet werden können. Bei grundsätzlichen Entscheidungen in der Auswahl von Verpackungsmaterialien oder -methoden sind rechtliche Vorgaben oder vorliegende Ökobilanzen von Verpackungen zu berücksichtigen.

Nutzung

Ein Großteil der Umweltbelastungen durch Produkte entsteht in der Nutzungs- und Gebrauchsphase. Davon ist der Kunde direkt betroffen. Er erwartet, dass neben der Produktqualität und -sicherheit zunehmend Aspekte wie:

- Nutzungsdauer und Langlebigkeit,
- Instandhaltungs- und Reparaturmöglichkeit,
- Modernisier- und Aufrüstbarkeit,
- Produktrecycling und -entsorgung

gewährleistet sind. Vordergründig scheint ein Problemfeld zwischen Produktqualität, Nutzungsdauer und Langlebigkeit auf der einen Seite und Produktions-/Absatzzahlen auf der anderen Seite zu existieren. Dies ist immer dann der Fall, wenn man in Stückzahlen und überwiegend unternehmensbezogen denkt. Der Kunde braucht jedoch kein Produkt, er braucht eine Serviceleistung für sein Problem. Kundenorientierung stellt den Nutzen der Lösung für den Kunden in den Vordergrund. Diese Sichtweise führt fast zwangsläufig weg vom Stückzahldenken hin zu einem Servicedenken. Dies muss auch zu einem neuen Denken in der Produktentwicklung führen.

Ein erheblicher Teil der Umweltbelastungen fällt in dieser Lebensphase an. Eine sachgemäße Nutzung von Produkten ist daher unerlässlich. Für die richtige Handhabung der Geräte sind Bedienungsanleitungen, Einweisung und Schulungen durchzuführen. Nur die volle Funktionsfähigkeit des Gerätes/der Anlage einerseits und die verantwortungsvolle Handhabung durch den Nutzer/Mitarbeiter andererseits garantieren eine umweltverträgliche Nutzung und eine Reduzierung der Umweltauswirkungen.

Eine Erhöhung der Nutzungsdauer und der Langlebigkeit von Produkten reduziert den Ressourcenverbrauch und die Umweltbelastungen. Die Zuverlässigkeit und die Qualität des Produkts müssen jedoch über den gesamten Lebenszyklus gewährleistet sein. Fragen der Produkthaftung spielen hier eine Rolle. Die Länge der Lebensdauer und die Verfügbarkeit während der Nutzungsphase kann durch ein wartungs- und reparaturfreundliches Produkt unterstützt werden. Die notwendigen Einrichtungen sind bereitzustellen, damit der Reparaturservice den Qualitäts-, Arbeitsschutz- und Umweltvorschriften gerecht wird. Ein kompetenter, schneller und preisgünstiger Service trägt erheblich zur Kundenzufriedenheit bei. Die Reparaturkosten müssen dabei in einem vernünftigen Verhältnis zum Neupreis eines Produkts stehen, so dass sich eine Reparatur wirtschaftlich lohnt.

Recycling

Über das Kreislaufwirtschaftsgesetz mit seiner Produktverantwortung hat sich der Gesetzgeber eine Verpflichtungsmöglichkeit zur Produktrücknahme geschaffen. Damit steht dem

Kunden des Unternehmens eine Möglichkeit offen, die Verantwortung für das Produktrecycling bzw. die Produktentsorgung an den Hersteller oder Inverkehrbringer zurückzugeben. Mögliche logistische Probleme sollen dabei nicht außer Acht bleiben, denn auch die Rückführung der Produkte verursacht entsprechende Umweltbelastungen.

Die Phase Recycling des Produktlebenszyklus lässt sich in Aufarbeitung und Aufbereitung unterscheiden. Die Aufarbeitung des Produkts ist die höherwertige Form des Recyclings. Hier werden durch gezielte Maßnahmen wie Wiederverwendung von Produktteilen oder Gerätenachrüstung die Produkteigenschaften erhalten oder verbessert. Die Wiederverwendung von Produkten oder Produktteilen stellt eine hohe Form der Ressourcenschonung dar. Sie vermeidet überflüssigen Ressourcenverbrauch und kommt in der Zielhierarchie der Kreislaufwirtschaft dem Vermeidungsgedanken sehr nahe.

Prinzipiell sind alle Produkte aufarbeitungsfähig. Unter Umweltschutz-, Qualitäts- und Kostenaspekten gibt es jedoch einige Kriterien, die für eine Entscheidung Produktrecycling vs. Materialrecycling herangezogen werden können:

- Technologien und Produktion,
- Mengen und Wert,
- Innovationen und Produktdesign,
- Produkthaftung und Patente.

Unter technologischen Aspekten muss die Aufarbeitung machbar sein. Die einzelnen Produktgruppen müssen zerstörungsfrei demontierbar sein und für den weiteren Aufarbeitungsprozess einer Reinigung unterzogen werden. Damit spielen die ursprünglich verwendeten Werkstoffe und ihre Identifizierbarkeit eine Rolle. Unter Qualitätsgesichtspunkten müssen die aufgearbeiteten Teile Neuprodukten ebenbürtig sein. Unter Kostengesichtspunkten spielen die Komplexität der Baustruktur, die Art und Anzahl der Bauteile, die verwendeten Werkstoffe, der Wert des Neuprodukts, usw. eine Rolle. Ein Teil der ausgetauschten Baugruppen und -teile wird sich nicht mehr aufarbeiten lassen. Eventuell lassen sie sich noch einem Materialrecycling zuführen. Dann sind rechtliche Aspekte der Abfallentsorgung zu berücksichtigen.

Für die Produktaufarbeitung lassen sich zwei Zielgruppen identifizieren:

- Unternehmen und Investitionsgüter,
- Privatverbraucher und Gebrauchsgüter.

Unter Berücksichtigung der Wertschöpfung lohnt sich eine Aufarbeitung eher bei Investitionsgütern. Niedrige Stückzahlen korrespondieren hier mit technologischem Nutzen und entsprechendem Produkt- und Produktions-Know-how. Dem relativ niedrigen Wert von Gebrauchsgütern stehen größere Mengen gegenüber. Standardisierte Produkte oder -teile erlauben hier eine wirtschaftliche Aufarbeitung. Vielfach existiert in diesem Sektor jedoch heute ein Materialrecycling.

Wenn man von einer Produktnutzung von 5–10 Jahren ausgeht, stellt sich die Frage nach dem technischen Fortschritt jedes Produkts. Die technologischen, wirtschaftlichen und ökologischen Innovationen sind in einigen Produktsektoren gravierend. Bei neuen Produktentwicklungen lassen sich potenzielle Innovationen teilweise berücksichtigen. Bei Altprodukten ist dies nicht der Fall. Hier sind nur Einzelfallentscheidungen für jedes Produkt möglich. Nicht unterschätzt werden dürfen die Auswirkungen der gesetzlichen Produkthaftung, sowie Patent- und Lizenzfragen.

Neben den Entscheidungskriterien für die Eignung eines Produkts zur Aufarbeitung ist die praktische Durchführung der Produktaufarbeitung wichtig. Sie lässt sich grundsatzlich in die 4 Schritte:

- Demontage und Reinigung,
- Sortierung und Prüfung,
- Aufarbeitung und Ersatz,
- Wiedermontage und Abnahme

unterteilen. Erst die zerstörungsfreie Demontage bereitet das Produkt für die weiteren Aufarbeitungsschritte vor. Heute muss bei der Produktentwicklung die demontagegerechte Konstruktion berücksichtigt werden. Andernfalls verbleibt nur die Alternative des Materialrecyclings. Aber auch hier ist die Demontage ein erster Schritt zur Entfrachtung schadstoffhaltiger Komponenten im Zuge einer ordnungsgemäßen Entsorgung.

Die im Anschluss an die Demontage durchzuführende Reinigung ist ein besonders umweltrelevanter Schritt. Ob mit physikalischen oder chemischen Mitteln durchgeführt, es fallen Stoffe an, die ordnungsgemäß zu entsorgen sind. Aufgrund der nicht oder nur schwer identifizierbaren Bestandteile ist hier mit dem Anfall von gefährlichen Abfällen zu rechnen. Erst nach dem Reinigungsschritt ist eine Beurteilung und Prüfung der Bauteile möglich. Sie lassen sich in die drei Gruppen:

- direkt wiederverwendbar,
- nach Aufarbeitung wiederverwendbar,
- nicht wiederverwendbar

klassifizieren. Nicht wiederverwendbare Teile lassen sich dem Materialrecycling oder der Entsorgung zuführen. Durch die Aufarbeitung der Bauteile und den Einbau neuer Teile wird für das Produkt ein neuer Lebenszyklus erreicht. Im gesamten Aufarbeitungszyklus muss ein Qualitätssicherungsprogramm Anwendung finden. Nach einer abschließenden Abnahme des Produkts ist es in seinen Funktionen, Eigenschaften und Qualitäten Neuprodukten ebenbürtig.

Eine Produktaufarbeitung kann nicht beliebig oft wiederholt werden. In allen Aufarbeitungsschritten fallen Reststoffe an. Wann immer möglich werden sie einem Materialrecycling zur Rückgewinnung von Werkstoffen zugeführt. Bei dieser Aufbereitung handelt es sich um physikalische und/oder chemische verfahrenstechnische Prozesse. Für die Verwertung der rückgewonnenen Stoffe ist eine sortenreine Trennung der Materialien notwendig. Kenntnisse über die Produkt- und Materialzusammensetzung aus der Entwicklungsphase und eine systematische Kennzeichnung sind hier hilfreich. Die für eine

Trennung notwendigen verfahrenstechnischen Prozesse sind heute so ausgereift, dass sich sortenreine Materialfraktionen gewinnen lassen.

Die Wiederverwertung von Metallen und -legierungen ist problemlos möglich. Zwischen Alt- und Neuware gibt es keinen Unterschied bezüglich Qualität und Eigenschaften. Kunststoffe gewinnen erst durch verschiedene Zusätze definierte, gewünschte Eigenschaften. Während Metalle beliebig oft recycelt und in Einzelkomponenten aufgetrennt werden können, liegen die Verhältnisse bei Kunststoffen anders. Jeder Aufarbeitungsschritt führt zu einem Abbau der Polymerkette und damit zu einer Verschlechterung von Produktqualitäten und -eigenschaften. In gewissen Grenzen lassen sich diese Minderungen durch Zusätze auffangen. Dem Kunststoffrecycling sind daher stoffspezifische Grenzen gesetzt. Im Extremen gedacht, schreitet der irreversible Kettenabbau über stoffliches, pyrolytisches bis hin zum energetischen Verwerten fort.

Entsorgung
Alle vom Menschen erzeugten Produkte gelangen eines Tages in die Umwelt, sei es in die Atmosphäre, das Wasser oder den Boden. Es ist nur eine Frage der Zeit und der Form. Der Faktor Zeit lässt sich über die Nutzungsdauer und die Langlebigkeit von Produkten beeinflussen. Heute werden aus Kosten-, Umsatz- und Stückzahldenken heraus Produkte vernichtet, die noch einen hohen Anteil an voll funktionsfähigen Teilen enthalten. Der Gesetzgeber ist hier gefordert, den Erzeuger von Produkten noch stärker in die Verantwortung zu nehmen. Als Inverkehrbringer muss er auch die letztendliche Verantwortung für die umweltgerechte Entsorgung tragen.

Schwieriger zu lösen ist die Frage nach der Form, in der ausgediente Produkte entsorgt werden und damit in die Umwelt gelangen sollten. Eine der schlechtesten Formen ist die Deponierung. Die hier abgelagerten Stoffe sind aufgrund ihrer unnatürlichen Zusammensetzung über längere Zeiträume als potenzielle Altlasten zu betrachten. Sie stellen eine Bedrohung für Luft, Wasser und Boden dar. Idealerweise werden Reststoffe durch verfahrenstechnische Prozesse in naturidentische Materialien umgewandelt. Thermische und physikalisch-chemische Prozesse können diese Umwandlung gewährleisten.

11.2.3 Instrumente im Lebensweg von Produkten

Bei der Bewertung eines Produkts sind drei wesentliche Faktoren zu berücksichtigen:

- ökologische Auswirkungen,
- ökonomische Chancen,
- soziale Fragen.

Eine nur auf die ökologischen Auswirkungen fixierte Bewertung greift zu kurz. Schließlich sind nicht nur die Umweltauswirkungen zu betrachten, sondern der Schutz von Mensch und Umwelt muss gewährleistet werden. Im gesamten Ablauf des Produktlebenszyklus sind daher auch Arbeitsschutzaspekte zu berücksichtigen. Bezüglich der ökonomischen Chancen und Risiken herrscht heute eine starke Fokussierung auf diesen Faktor vor. Langfristig müssen die ökologischen Auswirkungen und die sozialen Fragen einen gleichgewichtigen Stellenwert erreichen.

Bezüglich der Produktbewertung kann man sich nicht nur auf naturwissenschaftliche Fakten abstützen. Es fließen immer die Wertvorstellungen des Menschen ein. Damit spielen kulturelle, ethische und politische Meinungen und Werte eine Rolle. Solange der Mensch auf diesem Planeten existiert wird er durch jede seiner Aktivitäten Veränderungen hervorrufen. Während einige Aktivitäten globale Veränderungen bewirken (z. B. CO_2-Emissionen) beschränken sich andere auf regionale Bereiche (z. B. Abfalldeponierung). Oft werden in diesem Zusammenhang lineare Schlussfolgerungen der Art hoher Energieverbrauch = hohe CO_2-Emissionen = hoher Beitrag zum Treibhauseffekt bezüglich der Umweltauswirkungen gezogen. Solche linearen Schlussfolgerungen sind aufgrund der Komplexität der Zusammenhänge zwischen Mensch und Umwelt schlicht falsch.

Damit bei der Produktentwicklung die ökologischen Produktanforderungen und die Forderungen der produktbezogenen Umweltpolitik, -ziele und -programme des Unternehmens von den Entwicklern konsequent beachtet und in den Entwicklungsablauf integriert werden können, müssen ihnen entsprechende Hilfsmittel zur Verfügung stehen. Diese Instrumente sollten möglichst gut handhabbar und auch in kleinen und mittelständischen Unternehmen ohne großen Aufwand bei der Entwicklungstätigkeit einsetzbar sein.

In den folgenden Abschnitten werden drei Instrumente und Methoden zur ökologischen Produktbewertung skizziert:

- Ökobilanz eines Produkts,
- Entwicklungsrichtlinien und Checklisten,
- Life-Cycle-Screening.

Die Produkt-Ökobilanz stellt den umfassendsten und aufwendigsten Ansatz dar. Checklisten sind ein sehr einfaches Instrumentarium. Das Life-Cycle-Verfahren erlaubt mit vernünftigem Aufwand Schwachstellen im Produktlebenszyklus zu identifizieren, gute Entscheidungen zu treffen und praktikable, praxisnahe Verbesserungen zu erzielen.

11.2.3.1 Ökobilanz eines Produkts

Die Idee der Ökobilanz ist die systematische Bewertung von Umweltauswirkungen, die im Zusammenhang mit Produkten und Dienstleistungen entstehen. Bei der Bilanzierung werden alle Stoff- und Energieströme über den gesamten Lebensweg erfasst, d. h. von der Rohstoffgewinnung über die Herstellung und Nutzung bis hin zur Entsorgung. Durch eine systematische Erfassung aller Daten lassen sich die Auswirkungen der einzelnen Umweltaspekte (z. B. Materialien, Wasser, Energie) erfassen und bewerten. Über den gesamten Lebensweg lassen sich so in einzelnen Phasen Optimierungspotenziale identifizieren.

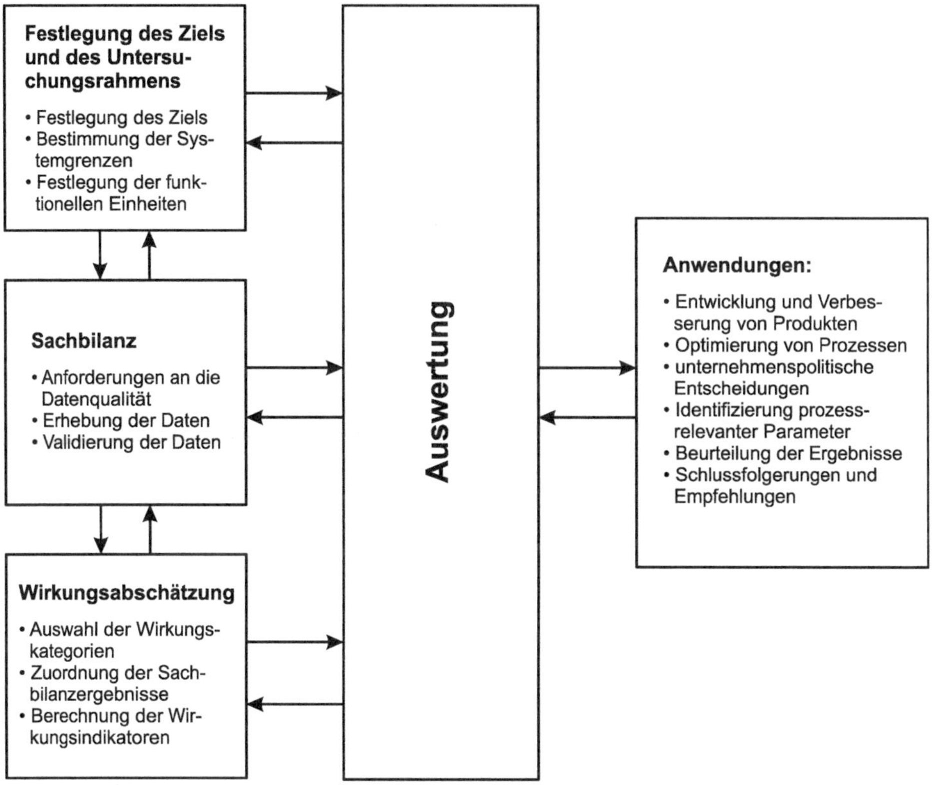

Abb. 11.3 Phasen einer Ökobilanz

Eine Ökobilanz gliedert sich in vier Phasen (Abb. 11.3):

- Festlegung von Ziel und Untersuchungsrahmen,
- Sachbilanz,
- Wirkungsabschätzung,
- Auswertung.

Ziel und Untersuchungsrahmen

Die erste Phase einer Ökobilanz ist die Festlegung des Ziels und des Untersuchungsrahmens. Der Untersuchungsrahmen basiert auf dem Systemgedanken. Das System grenzt die einzelnen Prozessmodule gegenüber der Umgebung ab. Deren Auswahl hängt vom Ziel und dem damit verbundenen Untersuchungsrahmen ab. In Abb. 11.4 enthält das System beispielhaft die drei Prozessmodule Entwicklung, Produktion und Transport. Weitere Prozessmodule (Nutzung, Recycling, Entsorgung) befinden sich außerhalb der festgelegten Systemgrenzen.

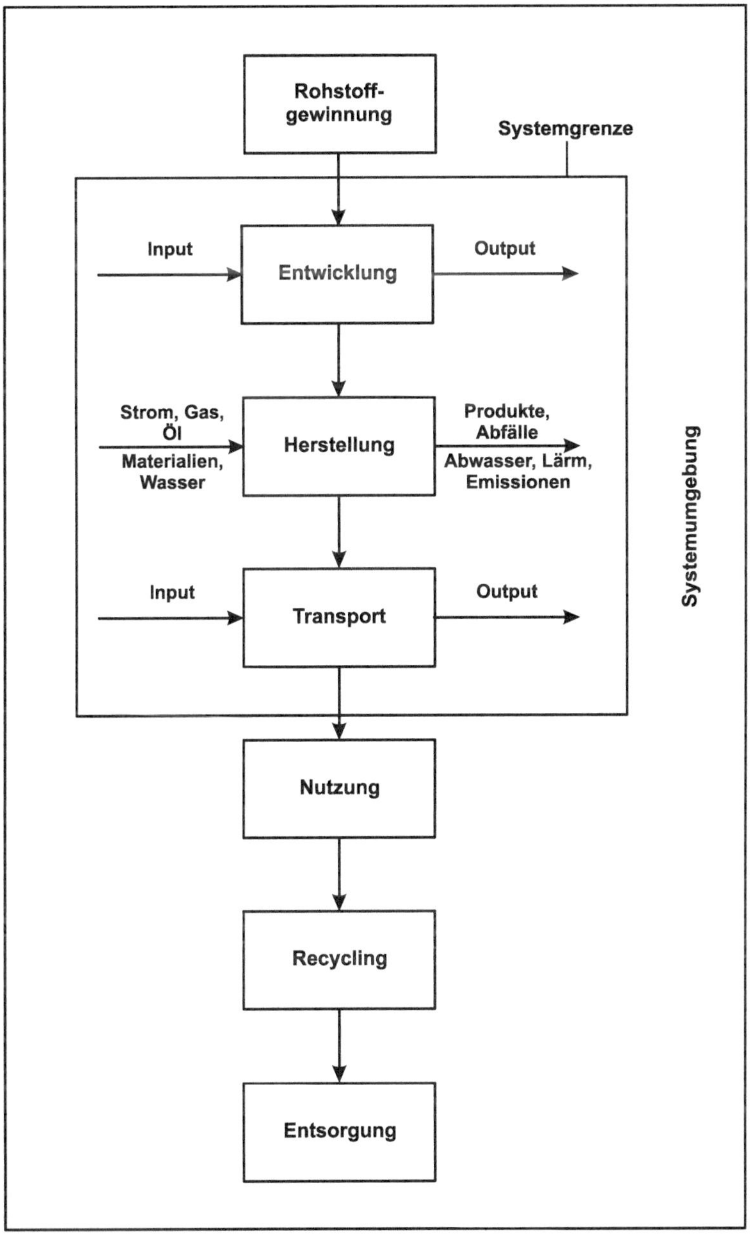

Abb. 11.4 Beispiele für Prozessmodule

Jedes Prozessmodul hat eine Input- und Outputseite und steht mit weiteren Prozessmodulen in einem Austausch. Der Detaillierungsgrad einer Ökobilanz bestimmt die Größe des Prozessmoduls. So lässt sich z. B. das Prozessmodul Produktion in weitere Anlagenmodule aufspalten. Damit lassen sich einzelne Anlagen als funktionelle Einheit erfassen, bewerten und optimieren.

Sachbilanz

Datenerhebungen und die Verfahren zur Berechnung der Daten sind Hauptbestandteile der Sachbilanz. Sie ermöglichen eine Quantifizierung wichtiger Eingangs- und Ausgangsgrößen in einem Prozessmodul und im gesamten System. Die Daten können gemessen, berechnet oder geschätzt werden und beeinflussen damit die Qualität und Genauigkeit der Sachbilanz. Sie lassen sich in verschiedene Klassen strukturieren. Abb. 11.5 zeigt dazu ein Beispiel. Zu den Inputgrößen zählen Materialien, Energien, Wasser; zu den Outputgrößen (Koppel-)Produkte, Wärme, Abwasser, Emissionen, Lärm. Die Daten der Sachbilanz las-

Input	Prozessmodul	Output
Material: • Eisen/Stahl • Aluminium • Bremsflüssigkeit • Fette/Öle • technische Gase • Laugen/Säuren • Lösemittel • Farben/Lacke **Energie:** • elektrische Energie • Erdgas • Fernwärme • Heizöl • Kraftstoffe **Wasser:** • Fremdwasser • Eigenbezug **Boden:** • Werksgelände • bebaute Flächen • Grünflächen	Unternehmen Standort Betrieb Anlage Arbeitsplatz	**Abfall:** • gefährliche Abfälle • Abwasserschlämme • Emulsionen • Altöl • Wertstoffe • Metallschrott • Papier/Pappe • Holz • Gewerbeabfall **Abwasser:** • Sanitärabwasser • Produktionsabwasser **Abluft:** • Schwefeldioxid • Stickoxide • Kohlendioxid • Staub • Lösemittel **Altlasten** **Lärm**

Abb. 11.5 Beispielhafte Bestandteile der Sachbilanz

sen sich als absolute oder spezifische Werte darstellen. Bei spezifischen Kenngrößen muss eine Bezugsgröße als funktionelle Einheit (z. B. Stückzahl) definiert werden.

Die Sachbilanz beruht auf naturwissenschaftlichen Grundlagen und kann anhand von Massen- und Energiebilanzen überprüft werden. Für jedes Prozessmodul muss eine ausgeglichene Bilanz vorhanden sein, andernfalls ist die Qualität der Datenerfassung nicht gegeben. Massen- und Energiebilanzen eignen sich daher sehr gut zur Validierung der verwendeten Daten.

Wirkungsabschätzung

Die Wirkungsabschätzung steht in Zusammenhang mit der Sachbilanz und beurteilt die potenziellen Umweltauswirkungen. Die in der Sachbilanz erhaltenen Informationen und Daten müssen mit Wirkungskategorien und Wirkungsindikatoren verknüpft werden. Zu den Wirkungskategorien zählen:

- Humantoxizitätspotenzial,
- Treibhauspotenzial (GWP),

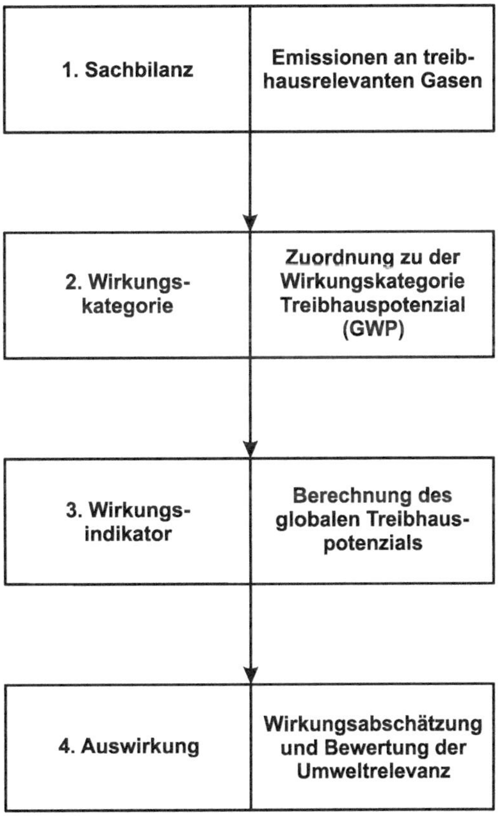

Abb. 11.6 Von der Sachbilanz zur Wirkungsabschätzung

- aquatisches Toxizitätspotenzial,
- Versauerungspotenzial,
- Eutrophierungspotenzial,
- Ozonzerstörungspotenzial (ODP),
- Fotooxidantienbildung,
- kumulierter Energieaufwand (KEA).

Aus den Ergebnissen der Sachbilanz und den zugeordneten Wirkungskategorien werden Wirkungsindikatoren berechnet. Abb. 11.6 zeigt dies am Beispiel der globalen Erwärmung.

Um die Umweltauswirkungen der in der Sachbilanz erhobenen Daten zu bewerten, werden sie verschiedenen Wirkungskategorien zugeordnet. Dadurch können verschiedene Stoffe in ihren Auswirkungen miteinander verglichen werden.

Humantoxizitätspotenzial

Über das Chemikaliengesetz und die Gefahrstoffverordnung werden in Zusammenhang mit der TRGS 900 Arbeitsplatzgrenzwerte für die verschiedensten Gefahrstoffe Grenzwerte festgelegt. Auf der Basis dieser Grenzwerte lässt sich das Gesamtpotenzial für die Humantoxizität berechnen. Bezugsgröße ist der entsprechende Grenzwert für Blei.

Aufgrund des relativen Vergleichs zu Blei ist der Toxizitätsfaktor des Schadstoffs eine dimensionslose Zahl. In Tab. 11.1 sind Humantoxizitätsfaktoren für einige Stoffe aufge-

Tab. 11.1 Humantoxizitätspotenziale für ausgewählte Stoffe [11.28]

Stoff	Humantoxizitätspotenzial
Aceton	12.000
Ammoniak	350
Antimon und seine Verbindungen	5
Arsen	1
Beryllium und seine Verbindungen	0,02
Blei (Bezugsgröße)	1,0
Cadmium und seine Verbindungen	0,15
Chlor	15
Chrom(VI)-verbindungen	0,5
Dichlormethan	3500
Ethanol	9600
Fluoride	25
Formaldehyd	6,2
Methanol	2700
Ozon	2
Phosgen	0,82
Quecksilber und seine Verbindungen	0,1
Schwefelwasserstoff	140
Stickstoffdioxid	95

führt. Je kleiner der angegebene Toxizitätsfaktor ist, umso größer ist die Humantoxizität des Stoffes.

Treibhauspotenzial (GWP)
Für das Treibhauspotenzial (Greenhouse Warming Potential, GWP) hat das Intergovernmental Panel of Climate Change (IPCC) den verschiedenen Treibhausgasen entsprechende Werte zugeordnet. Als Bezugsgröße wurde Kohlendioxid gewählt, dessen GWP (CO_2) = 1 gesetzt wurde. Je höher der GWP-Wert, umso stärker trägt der Stoff zum Treibhauseffekt bei. In Tab. 11.2 sind einige Treibhausgase mit ihren GWP-Faktoren aufgeführt. Das Treibhauspotenzial ist eine Funktion der Verweildauer der Verbindung in der Atmosphäre. Üblicherweise werden GWP-Werte daher für verschiedene Zeiträume, z. B. 100 Jahre angegeben.

Tab. 11.2 Treibhausgase und ihr Treibhauspotenzial [11.17]

Verbindung			Treibhauspotenzial (GWP)		
Kennzeichnung	Formel	Name	20 Jahre	100 Jahre	500 Jahre
	CO_2	Kohlendioxid	1	1	1
	CH_4	Methan	63	23	7
	N_2O	Distickstoffmonoxid	275	296	156
FCKW 11	CCl_3F	Trichlorfluormethan	6330	4680	1630
FCKW 12	CCl_2F_2	Dichlordifluormethan	10.340	10.720	5230
FCKW 113	$CCl_2F{-}CClF_2$	1,1,2-Trichlor-1,2,2-trifluorethan	6150	6030	2700
FCKW 114	$CClF_2{-}CClF_2$	1,2-Dichlor-1,1,2,2-tetrafluorethan	7560	9880	8780
H-FCKW 22	$CHClF_2$	Chlordifluormethan	4850	1780	552
H-FCKW 123	$CHCl_2{-}CF_3$	2,2-Dichlor-1,1,1-trifluorethan	257	76	24
H-FCKW 124	$CHClF{-}CF_3$	2-Chlor-1,1,1,2-tetrafluorethan	1950	599	186
Halon 1301	$CBrF_3$	Bromtrifluormethan	–	7030	–
	SF_6	Schwefelhexafluorid	15.290	22.450	32.780
	CCl_4	Tetrachlormethan	2540	1380	437
	$CH_3{-}CCl_3$	1,1,1-Trichlorethan	476	144	45
H-FKW 23	CHF_3	Trifluormethan	11.100	14.310	12.100
H-FKW 32	CH_2F_2	Difluormethan	2220	670	210
H-FKW 125	$CHF_2{-}CF_3$	Pentafluorethan	5970	3450	1110
H-FKW 134a	$CH_2F{-}CF_3$	Tetrafluorethan	3590	1410	440
H-FKW 143a	$CH_3{-}CF_3$	1,1,1-Trifluorethan	5540	4400	1600

Aquatische Toxizität

Von vielen Stoffen ist deren aquatische Toxizität bekannt. Für jeden Stoff gibt es einen Schwellenwert unterhalb dessen keine Schadwirkung mehr festgestellt werden kann (Predicted no effect concentration, PNEC). Je kleiner der angegebene PNEC-Wert ist, umso größer ist dessen aquatische Toxizität (Tab. 11.3).

Tab. 11.3 Beispiele für aquatische Toxizitätspotenziale [11.28]

Stoff	Aquatische Toxizitätspotenziale/mgL^{-1}
1,1,1-Trichlorethan	2,1
2-Chlorphenol	0,003
Ammoniak	0,0016
Arsen	0,024
Benzol	2,4
Blei	0,011
Cadmium	$3{,}4 \cdot 10^{-4}$
Chlorbenzol	0,69
Chrom	0,0085
Chrom (III)	0,034
Chrom (VI)	0,0085
DDT	$5 \cdot 10^{-6}$
Ethylbenzol	0,37
Formaldehyd	0,0021
Kohlenstoffdisulfid	0,0021
Kupfer	0,0011
Nickel	0,0018
PCB-118	0,0038
PCB-153	0,027
Phenol	$9 \cdot 10^{-4}$
Quecksilber	$2{,}4 \cdot 10^{-4}$
Toluol	0,73
Trichlormethan	5,9
p-Xylol	0,33

Versauerungspotenziale

An die Umwelt abgegebene Gase (z. B. SO_2, NO_x, NH_3) führen zu einer Versauerung. Das Versauerungspotenzial lässt sich leicht in Schwefeldioxid (SO_2)-Äquivalenten berechnen. In Tab. 11.4 sind die Versauerungspotenziale für die wichtigsten Gase zusammengestellt. Bezugsgröße ist Schwefeldioxid (Versauerungspotenzial = 1).

Eutrophierungspotenziale

Bei übermäßigem Nährstoffeintrag kommt es zu einer Schädigung von Gewässern und Böden. Bestimmte Pflanzenarten können davon profitieren, während andere Pflanzen ver-

Tab. 11.4 Versauerungspotenziale verschiedener Säuren und Basen [11.16]

Stoff	Versauerungspotenzial/kg SO_2-Äquivalente
Schwefeldioxid (SO_2)	1
Ammoniak (NH_3)	1,6
Stickstoffdioxid (NO_2)	0,5
Chlorwasserstoff (HCl)	0,88
Schwefelwasserstoff (H_2S)	1,88
Schwefelsäure (H_2SO_4)	0,65
Fluorwasserstoff (HF)	1,60
Salpetersäure (HNO_3)	0,51
Phosphorsäure (H_3PO_4)	0,98

Tab. 11.5 Eutrophierungspotenzial verschiedener Verbindungen [11.28]

Stoff	Formel	Eutrophierungspotenzial/kg PO_4^{3-}-Äquivalente
Ammoniak	NH_3	0,35
Ammonium	NH_4^+	0,33
Nitrat	NO_3^-	0,1
Salpetersäure	HNO_3	0,1
Stickstoffdioxid	NO_2	0,13
Phosphat	PO_4^{3-}	1
Phosphorsäure	H_3PO_4	0,97
Phosphor	P	3,06
Phosphorpentoxid	P_2O_5	1,34

drängt werden. Das Eutrophierungspotenzial lässt sich in Phosphat (PO_4^{3-})-Äquivalenten berechnen. In Tab. 11.5 sind die Eutrophierungspotenziale für einige stickstoff- und phosphorhaltige Verbindungen aufgeführt. Bezugsgröße ist das Phosphation (PO_4^{3-}) mit einem Eutrophierungspotenzial von eins. Je größer der Wert für das Eutrophierungspotenzial, umso stärker trägt dieser Stoff zur Eutrophierung bei.

Ozonabbaupotenzial (ODP)

Besonders halogenierte Kohlenwasserstoffe führen zu einer Zerstörung der Ozonschicht. Wie beim Treibhauspotenzial existiert heute eine internationale Übereinkunft bzgl. des Ozonzerstörungspotenzials (Ozone Depletion Potential, ODP) einzelner Stoffe. Als Bezugsgröße wurde Trichlorfluormethan (FCKW 11) gewählt, dessen ODP (FCKW 11) = 1 gesetzt wurde. Je höher der ODP-Wert, umso stärker trägt der Stoff zum Ozonabbau bei. In Tab. 11.6 sind einige Stoffe mit ihren ODP-Werten zusammengestellt.

Fotooxidantienbildung

Während Ozon in der höheren Atmosphäre (Stratosphäre) schützend wirkt, ist Ozon in der unteren Atmosphäre (Troposphäre) ein Schadstoff. Hier wird es über leicht flüchtige organische Verbindungen (Volatile Organic Compounds, VOC) durch Sonneneinstrahlung

Tab. 11.6 Ozonabbaupotenziale halogenierter Verbindungen [11.32]

Stoff			Ozonabbaupotenzial
CCl_3F	FCKW 11	Trichlorfluormethan	1,0
CCl_2F_2	FCKW 12	Dichlordifluormethan	1,0
$CCl_2F{-}CClF_2$	FCKW 113	1,1,2-Trichlor-1,2,2-trifluorethan	0,8
$CClF_2{-}CClF_2$	FCKW 114	1,2-Dichlor-1,1,2,2-tetrafluorethan	1,0
C_2F_5Cl	FCKW 115	Chlorpentafluorethan	0,6
CF_2BrCl	Halon 1211	Bromchlordifluormethan	3,0
$CBrF_3$	Halon 1301	Bromtrifluormethan	10,0
$C_2F_4Br_2$	Halon 2402	Dibromtetrafluorethan	6,0
CCl_4	CTC	Tetrachlormethan (Tetrachlorkohlenstoff)	1,1
CH_3Br	Methylbromid	Brommethan	0,6
$CHFCl_2$	H-FCKW 21	Dichlorfluormethan	0,040
$CHClF_2$	H-FCKW 22	Chlordifluormethan	0,055
CH_2FCl	H-FCKW 31	Chlorfluormethan	0,020
C_2HFCl_4	H-FCKW 121	Tetrachlorfluorethan	0,040
$C_2HF_2Cl_3$	H-FCKW 122	Trichlordifluorethan	0,080
$C_2HF_3Cl_2$	H-FCKW 123	Dichlortrifluorethan	0,020
C_2HF_4Cl	H-FCKW 124	Chlortetrafluorethan	0,022
$C_2H_2FCl_3$	H-FCKW 131	Trichlorfluorethan	0,050

gebildet. Zu hohe troposphärische Ozonkonzentrationen können zu Gesundheitsschäden führen. Das Potenzial zur Bildung troposphärischen Ozons hängt von der Reaktionsgeschwindigkeit der einzelnen Stoffe ab.

Als Bezugsgröße für das Fotooxidantienbildungspotenzial (photochemical ozon creation potential, POCP) wurde Ethen (Ethylen) gewählt, dessen POCP (Ethen) = 1 gesetzt wurde. Je höher der POCP-Wert, umso stärker trägt der Stoffe zur troposphärischen Ozonbildung bei. In Tab. 11.7 sind einige Stoffe mit ihren POCP-Werten aufgeführt.

Kumulierter Energieaufwand (KEA)

Mit dem kumulierten Energieaufwand lassen sich summarisch die gesamten Primärenergieaufwendungen eines Prozesses bzw. Stoffes erfassen. Dazu lassen sich entsprechenden Produkten oder Dienstleistungen KEA-Werte zuweisen. In Tab. 11.8 sind verschiedene KEA-Werte zusammengestellt.

Die abschließende Phase der Ökobilanz ist die Auswertung der Sachbilanzdaten, der Wirkungsabschätzung und der berechneten Wirkungsindikatoren. Mit der Auswertung sollten die signifikanten Parameter bekannt sein, die die größte Umweltrelevanz besitzen. Es sind Schlussfolgerungen zu ziehen und Empfehlungen zur Reduzierung der Umweltauswirkungen zu geben. Diese Empfehlungen können sich z. B. auf die Entwicklung von Produkten oder die Verbesserung von Produktionsprozessen beziehen.

Tab. 11.7 Fotooxidantienbildungspotenzial organischer Verbindungen [11.16]

Stoff	Potenzial fotochemischer Ozonbildung
1,3-Butadien	0,851
Acetaldehyd	0,641
Aceton	0,094
Benzol	0,218
Cyclohexan	0,29
Dichlormethan	0,068
Diethylether	0,4452
Essigsäure	0,097
Ethan	0,123
Ethanol	0,3992
Ethen	1
Ethylacetat	0,2092
Formaldehyd	0,519
Isopren	1,092
Methan	0,006
Methanol	0,1402
n-Octan	0,453
Propen	1,123
Styrol	0,142
Toluol	0,637

Tab. 11.8 Kumulierter Energieaufwand für verschiedene Produkte oder Dienstleistungen [11.28]

Produkt oder Dienstleistung	Einheit	KEA-Wert in MJ/Einheit
Strom aus öffentlichem Netz	MWh	789
Diesel	kg	42,8
Erdgas	m^3	40,3
Holzpellets	kg	8,9
Natriumhydroxid	kg	19,9
Ammoniak	kg	36
Ethanol	kg	56
Benzol	kg	61,9
Eisen	kg	14,4
Primäraluminium	kg	196
Sekundäraluminium	kg	25,8
Zement	kg	4,29
Beton	kg	0,66
Polyethylen (HDPE)	kg	65,3
Polypropylen (PP)	kg	71,6
Polyvinylchlorid (PVC)	kg	54
LKW-Transport (voll beladen)	t/km	0,81

Die Ergebnisse der Ökobilanz sind in einem nachvollziehbaren Bericht zusammen zu stellen. Dies betrifft insbesondere das Ziel und den Untersuchungsrahmen, die gewählten Systemgrenzen und alle Sachbilanzdaten mit den daraus gezogenen Schlussfolgerungen und Empfehlungen.

11.2.3.2 Entwicklungsrichtlinien und Checklisten

Entwicklungsrichtlinien sind Planungsinstrumente, die für den gesamten Entwicklungsprozess gültig sind. In ihnen werden die Zielvorgaben für alle vom Unternehmen hergestellten Produkte festgeschrieben. Für das Unternehmen stellen die Richtlinien einen wertvollen Informations- und Wissenspool dar.

Einerseits werden darin interne und externe Anforderungen, die sich auf die Produkte beziehen, für den Entwickler aufbereitet und verwendbar gemacht. Zum anderen können mit diesem Hilfsmittel die bei vorangegangenen Entwicklungen gemachten Erfahrungen für neue Produkte nutzbar gemacht werden. Um die Entwicklungsrichtlinien effektiv einsetzen zu können, müssen sie kontinuierlich gepflegt und auf dem aktuellen Stand der Technik gehalten werden. Die in den Richtlinien aufgeführten Punkte müssen vom Entwickler auf jeden Fall beachtet und in die Gestaltung der Produkte einbezogen werden.

Bei der Erstellung von umweltschutzbezogenen Entwicklungsrichtlinien werden interne Vorgaben aus der Umweltstrategie des Unternehmens und den Umweltzielen und Erfahrungen, die bei vorangegangenen Entwicklungen gemacht wurden, herangezogen. Weitere Hilfsmittel sind einschlägige Normen und Richtlinien. Bei der Erstellung zu beachtende Aspekte können u. a. folgende Punkte abdecken:

- Materialauswahl,
- Werkstoffverträglichkeit,
- Materialkennzeichnung,
- Verbindungstechniken,
- Baustruktur,
- Lebensdauerverlängerung,
- Produktionsverfahren,
- Verpackung.

Der Aufwand, der zur Erstellung und Pflege von Entwicklungsrichtlinien notwendig ist, hängt von der Komplexität der Produkte und der Technologien ab. Sie lebt mit den Erfahrungen, die im Laufe weiterer Entwicklungsarbeiten gemacht werden, und wird mit jedem neuen Projekt weiterentwickelt. In der Anwendung im Entwicklungsprozess ist das Instrument mit sehr geringem Aufwand verbunden. Da die Richtlinien jedoch nur generell zu beachtende Aspekte abdecken, müssen die produktspezifischen Anforderungen im Pflichtenheft konkret festgeschrieben und vom Entwickler den jeweiligen Gegebenheiten angepasst werden. Aus dem Einsatz von Entwicklungsrichtlinien kann ein Unternehmen einen mehrfachen Nutzen ziehen. Es können generelle, produktbezogene Umweltziele des Unternehmens transparent gemacht und sowohl intern zum eigenen Entwicklungsteam als auch extern zu Kunden transportiert werden.

Wenn die Entwicklungsrichtlinie im Unternehmen und bei den für das Unternehmen tätigen Zulieferern Gültigkeit besitzt, kann sichergestellt werden, dass die festgelegten ökologischen Aspekte bei der Entwicklung des gesamten Produkts beachtet werden. Aufgrund des geringen Aufwands bei der Erstellung, Pflege und Nutzung sowie des hohen Nutzens, der mit dem Einsatz einer ökologischen Produktentwicklungsrichtlinie verbunden ist, sollte das Instrument auch von kleinen und mittelständischen Unternehmen bei der Entwicklung von Produkten verwendet werden können.

Ergänzt werden die Entwicklungsrichtlinien durch Checklisten. Sie sind ein relativ einfach zu handhabendes und flexibel einsetzbares Instrument sowohl für den Entwickler zur Integration ökologischer Anforderungen in den Entwicklungsprozess, als auch für den Entscheidungsakteur bei der Bewertung. Sie beinhalten eine Aufzählung von Tätigkeiten und Faktoren, welche im Rahmen der Abwicklung eines Vorhabens zu erledigen bzw. zu beachten sind. Durch den Einsatz von Checklisten soll sichergestellt werden, dass alle wichtigen Faktoren und Arbeitsschritte beachtet werden. Die zu überprüfenden Tätigkeiten und Umweltaspekte ergeben sich primär aus den Anforderungen der Umweltpolitik, -ziele und -programme, sowie sonstiger interner bzw. externer Vorgaben. Um die einfache Anwendung dieses Instrumentes zu gewährleisten sollten sich die Checklisten auf wesentliche Aspekte beschränken und nicht überfrachtet werden. Umweltbezogene Checklisten können in jeder Phase des Produktentwicklungsprozesses Anwendung finden. Für die einzelnen Phasen können beispielsweise Fragen zu folgenden Punkten abgeklärt werden (Tab. 11.9).

Tab. 11.9 Beispielhafte Aspekte in Checklisten für die verschiedenen Produktphasen

Produktphasen	Ausgewählte Inhalte
1. Kunde	– Produktstrategie – Lastenheft – Produktionsplanung
2. Entwicklung	– Rechtliche Vorgaben – Funktionelle Struktur – Materialien – Dokumentation – Pflichtenheft
3. Herstellung	– Arbeitsschutz – Fertigungsverfahren – Nebenprodukte
4. Transport	– Logistik – Verpackung
5. Nutzung	– Produktinformationen – Serviceleistungen
6. Recycling	– Produktrücknahme – Produktaufarbeitung – Produktrecycling
7. Entsorgung	– Auswirkungen – Entsorgung

Vom Entwickler werden die in den Checklisten aufgeführten Faktoren während der Entwicklungstätigkeit auf die Erfüllung und Einhaltung hin überprüft. Bei der Erstellung kann auf verschiedene veröffentlichte Checklisten zurückgegriffen werden.

Der Nutzen bei der Verwendung von Checklisten ist vielfältig. Einerseits ermöglicht der Einsatz den Entwicklern eine systematische, selbständige Überprüfung der Arbeitsergebnisse auf deren Übereinstimmung mit den gestellten Aufgaben. Er hat so die Absicherung, dass er nichts vergessen hat. Außerdem muss er sich zwangsläufig mit Umweltaspekten auseinandersetzen und erhält Anregungen für Optimierungen und Verbesserungen. Andererseits können bei Entwicklungsbesprechungen und Design-Reviews die dokumentierten Ergebnisse den Entscheidungsakteuren wichtige Hinweise zum Stand der Entwicklung geben. Durch die systematische Überprüfung und Ermittlung von Mängeln und Fehlern wird die gezielte Einleitung und Durchführung von Korrekturmaßnahmen erleichtert.

11.2.3.3 Life-Cycle-Screening

Die komplexe Zusammensetzung moderner Produkte und Technologien erfordert für eine vollständige Ökobilanzierung entsprechend große Datenmengen und die Bewertung vielfältiger Wechselwirkungen. Basis dafür bilden naturwissenschaftliche Grundlagen und Aussagen. Vielfach liegen entsprechende umfangreiche Kenntnisse jedoch nicht vor. Hinzu kommen die individuellen Bewertungsmaßstäbe, die eine einheitliche, objektive Bewertung verhindern. Für die unternehmerische Praxis sind daher vollständige Ökobilanzen zu zeit- und kostenaufwendig, andererseits sind reine Checklisten zu grob.

Ein vereinfachtes Life-Cycle-Screening-Verfahren sollte die Identifizierung von ökonomischen und ökologischen Handlungspotenzialen ermöglichen. Für jede Phase im Lebenszyklus eines Produkts (Tab. 11.10) werden Bewertungskriterien festgelegt. Es kommt im Screening-Verfahren auch nicht auf absolute Maßstäbe an, sondern relatives Verbesserungspotenzial über den gesamten Produktlebenszyklus muss identifiziert werden. Wohin werden Personal, Zeit und Gelder gelenkt, um Schwachstellen zu verbessern? Eine Er-

Tab. 11.10 Grundlagen der Bewertung im Life-Cycle-Screening

Bewertungskriterien	Grundlagen der Bewertung
1. Kunde	
1.1 Entwicklungsrichtlinie	Aussage zu: – Baustruktur – demontagegerechte Konstruktion – Materialvielfalt – Vermeidung von Verbundwerkstoffen – Aufarbeitungsmöglichkeiten – Produktsicherheit und -haftung – Entscheidungsverfahren für die Produktfreigabe – Wirtschaftlichkeit – Marktpotenzial

Tab. 11.10 (Fortsetzung)

Bewertungskriterien	Grundlagen der Bewertung
1.2 Anweisungen/Informationen	– Benutzerhinweise – Demontageanweisungen – Weiterverwendungsmöglichkeiten – Produktrecycling – Entsorgungshinweise – Rückgabemöglichkeiten – Angaben zum Materialrecycling
2. Entwicklung	
2.1 Materialgewinnung	– Rohstoffgewinnung – Abbau und Aufbereitung – Herkunft und Transport – Energie-, Wasser-, Ressourcenverbrauch – Umweltbelastung durch Abfall, Abwasser und Emissionen – Einsatz von Recyclingmaterial/Sekundärrohstoffen – Flächenverbrauch
2.2 Umweltauswirkungen	Einstufungen, Bewertungen der einzelnen Materialien nach: – Arbeitsplatzgrenzwert (AGW) – Biologischer Grenzwert (BGW) – Wassergefährdungsklasse (WGK) – Ozonzerstörungspotenzial (ODP) – Treibhauspotenzial (GWP) – rechtliche Regelungen – Gesundheitsgefährdungen – Verbots-, Auflagen-, Positivliste – Versauerungspotenzial – Eutrophierung
2.3 Recyclingfähigkeit	– Materialkennzeichnungen – Kennzeichnung gefahrstoffhaltiger, umweltschädlicher Materialien – Einsatz von Verbund-, Mischmaterial – Reduzierung der Materialvielfalt – Anteil an gefährlichem Abfall nach Produktrecycling – Wiederverwendbarkeit des recycelten Materials
3. Herstellung	
3.1 Ressourcenverbrauch	– Energie-, Wasser-, Materialverbrauch – Wirkungsgrad des Verfahrens – Stand der Technik der Fertigungstechnologien – Produktausbeuten und -qualitäten – Möglichkeiten der Wärmerückgewinnung – Anlagenbedienung durch die Mitarbeiter – Anlagenwartung und Instandhaltung – Infrastruktur

11

Tab. 11.10 (Fortsetzung)

Bewertungskriterien	Grundlagen der Bewertung
3.2 Nebenprodukte	– Verwertung/Entsorgung der Fertigungsrückstände – Produktions- und prozessinternes Recycling bzw. Kreislaufführung – Vermeidungs-, Verminderungspotenzial für Abfälle und Abwasser – Umweltschutzmaßnahmen – Aufkommen und Entsorgung gefährlicher Abfälle – Emissionen wie Abluft und Lärm – Rechtliche Vorschriften und Genehmigungen
3.3 Gefahrstoffe	– Vermeidung des Gefahrstoffeinsatzes – Reduzierung der Anzahl an Hilfs- und Betriebsstoffen und Minimierung des Risikopotenzials – Recyclingmöglichkeiten – Maßnahmen zur Standzeitverlängerung – Rechtliche Vorschriften
3.4 Arbeitssicherheit	– Gefährdungsanalysen und Überprüfung der Anlagen – Sicherheitsunterweisungen der Mitarbeiter – Anzahl der Arbeitsunfälle – Rechtliche Vorschriften und Auflagen
4. Transport	
4.1 Verkehrsträger/Logistik	– Art und Auswahl des Verkehrsmittels – Tourenplanung – Dispositionsverfahren
4.2 Verpackungen	– Materialauswahl – Mehrwegverpackungen – Recyclingfähigkeit
5. Nutzung	
5.1 Lebens-/Gebrauchsdauer	– Geplante Nutzungsdauer – Zuverlässigkeit der einzelnen Baugruppen und -teile – Schwachstellenanalyse – Produktqualität
5.2 Reparatur	– Produktservice und Gewährleistung – Modulare Bauweise und Demontierbarkeit – Instandhaltungsmaßnahmen – Reparaturaufwand
5.3 Verbräuche	– Energie-, Wasser-, Betriebsmittelverbrauch
5.4 Produktsicherheit	– Abgabe und Freisetzung von Schadstoffen – Verhalten im Brand- oder Schadensfall

Tab. 11.10 (Fortsetzung)

Bewertungskriterien	Grundlagen der Bewertung
6. Recycling	
6.1 Produktrücknahme	– Rücknahmelogistik – Rücknahmeverpflichtungen
6.2 Produktaufarbeitung	– Aufrüstungsmöglichkeiten – Verwertungsstrategien – Wiedereinsatz in der laufenden Produktion – Aufarbeitungstechnologien
6.3 Recyclingverfahren	– Angaben über den geplanten Recyclingkreislauf – Einsetzbare Aufbereitungstechnologien – Wirtschaftliche Situation des Recyclingmarktes – Umweltbelastung des Recyclingverfahrens – Sortenreine Materialerfassung
7. Entsorgung	
7.1 Reststoffentsorgung	– Freisetzung gesundheitsgefährdender und umweltbelastender Stoffe – Entsorgungsmöglichkeiten von Reststoffen – rechtliche Regelungen und Genehmigungen

gänzung, Änderung und Anpassung der Bewertungskriterien ist unternehmensindividuell jederzeit möglich.

11.2.4 Ökodesign-Richtlinie 2009/125/EG

Mit der Ökodesign-Richtlinie hat die Europäische Union ein wegweisendes Instrument zur umwelt- und prozessorientierten Entwicklung von Produkten geschaffen. Die umweltgerechte Gestaltung von Produkten bietet als vorbeugender Ansatz zur Optimierung der Umweltverträglichkeit und zur gleichzeitigen Erhaltung ihrer Gebrauchsqualität neue konkrete Chancen für Hersteller und Verbraucher.

Durch eine Minderung der potenziellen Umweltauswirkungen für energieverbrauchs relevante Produkte soll ein hohes Umweltschutzniveau erreicht werden, was letztlich den Verbrauchern und anderen Produktnutzern zu Gute kommt. Die Verbesserung der Energie- und Ressourceneffizienz von Produkten trägt zur Sicherheit der Energieversorgung und zur Verringerung der Nachfrage nach natürlichen Ressourcen bei.

Es wird das Ziel verfolgt, die Umweltauswirkungen von Produkten während ihres gesamten Lebenszyklus einschließlich Auswahl und Einsatz von Rohmaterialien, Fertigung, Verpackung, Transport und Vertrieb, Installierung und Wartung, Nutzung und Ende der Lebensdauer zu verringern. Durch die Berücksichtigung der Umweltauswirkungen während des gesamten Lebenszyklus bei der Gestaltung eines Produkts ist es möglich, den Umweltschutz bezüglich der Ressourcen- und Materialeffizienz auf kostengünstige Weise zu verbessern.

Umweltorientierte Produktpolitik

Der Hersteller muss nachweisen können, dass zur Verbesserung der Umweltverträglichkeit der Produkte ein Rahmenkonzept für die Festlegung von Umweltverträglichkeitszielen und -indikatoren und deren Überprüfung vorliegt. Alle Maßnahmen, die der Hersteller trifft, um die Umweltverträglichkeit durch Produktgestaltung und Gestaltung des Herstellungsprozesses zu verbessern und das Umweltprofil zu ermitteln, müssen strukturiert und schriftlich in Form von Verfahren und Anweisungen dokumentiert sein.

Diese Verfahren und Anweisungen müssen beschreiben:

- die Liste der Dokumente, die zum Nachweis der Konformität des Produkts zu erstellen und gegebenenfalls bereitzustellen sind,
- die Umweltverträglichkeitsziele und -indikatoren sowie,
- die Organisationsstruktur, die Verteilung der Zuständigkeiten und die Befugnisse der Geschäftsleitung und
- die Mittelausstattung in Bezug auf die Erfüllung und Beibehaltung dieser Ziele und Indikatoren,
- die nach der Fertigung durchzuführenden Prüfungen des Produkts auf Übereinstimmung mit den Umweltverträglichkeitsvorgaben,
- die Verfahren zur Kontrolle der vorgeschriebenen Dokumentation und zur Sicherstellung ihrer regelmäßigen Aktualisierung und
- das Verfahren, mit dem die Einbeziehung und Wirksamkeit der Umweltkomponenten des Managementsystems überprüft wird.

Ökodesign-Parameter für Produkte

Die wesentlichen Umweltaspekte werden unter Berücksichtigung der nachstehenden Phasen des Lebenszyklus des Produkts festgelegt:

- Auswahl und Einsatz von Rohmaterial,
- Fertigung,
- Verpackung, Transport und Vertrieb,
- Installierung und Wartung,
- Nutzung und
- Ende der Lebensdauer.

Für jede dieser Phasen ist Folgendes abzuschätzen:

- Verbrauch an Material, Energie und anderen Ressourcen,
- Immissionen in Luft, Wasser und Boden,
- Umweltbelastung durch physikalische Einwirkungen wie Lärm, Schwingungen, Strahlung,
- Menge der entstehenden Abfallstoffe und
- Möglichkeiten der Wiederverwendung, des Recyclings und der Verwertung von Material und/oder Energie.

Die Verbesserung der genannten Umweltaspekte eines Produkts ist insbesondere nach folgenden Kriterien zu beurteilen, die bei Bedarf durch andere Kriterien ergänzt werden können:

- Masse und Volumen des Produkts,
- Verwendung von Recyclingmaterial,
- Verbrauch an Energie, Wasser und anderen Ressourcen während des Produktlebenszyklus,
- Verwendung von Stoffen, die gesundheits- und/oder umweltschädlich sind,
- Art und Menge der für die bestimmungsgemäße Nutzung und die ordnungsgemäße Wartung benötigten Verbrauchsmaterialien,
- Verwendung leicht recycelbarer Materialien,
- leichte Zugänglichkeit von wertvollen und anderen recycelbaren Bauteilen und Materialien,
- leichte Zugänglichkeit von Bauteilen und Materialien, die gefährliche Stoffe enthalten,
- Verwendung gebrauchter Teile,
- Vermeidung technischer Lösungen, die der Wiederverwendung und dem Recycling von Bauteilen und vollständigen Geräten entgegenstehen,
- Indikatoren der Produktlebensdauer wie garantierte Mindestlebensdauer, Mindestzeitraum der Lieferbarkeit von Ersatzteilen, Modularität, Nachrüstbarkeit, Reparierbarkeit,
- entstehende Mengen von Abfällen und gefährlichen Abfällen,
- Immissionen in die Atmosphäre (Treibhausgase, Säurebildner, flüchtige organische Verbindungen, Ozon abbauende Stoffe, persistente organische Schadstoffe, Schwermetalle, Fein- und Schwebstaubpartikel),
- Immissionen in das Wasser (Schwermetalle, Stoffe mit nachteiligen Auswirkungen auf die Sauerstoffbilanz, persistente organische Schadstoffe) und
- Immissionen in den Boden (insbesondere durch Austritt gefährlicher Stoffe bei der Nutzung von Produkten und durch Auswaschung von Schadstoffen nach ihrer Deponierung).

11

Festlegung spezifischer Ökodesign-Anforderungen

Spezifische Ökodesign-Anforderungen werden mit dem Ziel festgelegt, ausgewählte Umweltaspekte des Produkts zu verbessern. Es kann sich dabei um Anforderungen für die reduzierte Verwendung eines bestimmten Materials handeln, wie etwa der Begrenzung der Verwendung dieses Materials in den verschiedenen Stadien des Lebenszyklus des Produkts. Dazu können spezifische Ökodesign-Anforderungen festgelegt werden.

In einer technischen, ökologischen und wirtschaftlichen Analyse ist eine Reihe auf dem Markt befindlicher Modelle auszuwählen, die für das betreffende Produkt repräsentativ sind; an ihnen sind die wirtschaftlich tragfähigen technischen Möglichkeiten zur Verbesserung der Umweltverträglichkeit des Produkts zu ermitteln. Anhand der Ergebnisse dieser Analyse sind unter Berücksichtigung der technischen und wirtschaftlichen Machbarkeit und des Verbesserungspotenzials konkrete Maßnahmen zur Minimierung der Umweltauswirkung des Produkts zu treffen.

Die Anforderungen an die Energieeffizienz oder den Energieverbrauch im Betrieb sind so festzusetzen, dass die Lebenszykluskosten des Produkts für den Endnutzer möglichst niedrig sind, wobei die Auswirkungen auf die anderen Umweltaspekte zu berücksichtigen sind.

Interne Entwurfskontrolle
Der Hersteller muss technische Unterlagen zusammenstellen, anhand deren es möglich ist, die Umweltaspekte des Produkts zu beurteilen. Die technischen Unterlagen enthalten insbesondere:

- eine allgemeine Beschreibung des Produkts und der Verwendung, für die es vorgesehen ist,
- die Ergebnisse der vom Hersteller durchgeführten Analyse der Umweltauswirkungen,
- die Beschreibung der Umweltaspekte bzgl. der Gestaltung des Produkts,
- die Angaben zu den umweltrelevanten Gestaltungsmerkmalen des Produkts.

Der Hersteller hat den Fertigungsprozess so zu gestalten und zu überwachen, dass das Produkt mit möglichst geringen Auswirkungen auf die Umwelt hergestellt wird.

Bereitstellung von Informationen
Es kann vorgeschrieben werden, dass der Hersteller Angaben zu machen hat, die den Umgang mit dem Produkt, seine Nutzung oder sein Recycling beeinflussen können, wozu u. a. folgende Angaben gehören:

- Informationen zum Herstellungsprozess,
- Informationen über die wesentlichen Umweltaspekte und die Eigenschaften des Produkts,
- Informationen wie das Produkt mit möglichst geringer Umweltbelastung zu installieren, zu nutzen und zu warten ist,
- wie es eine möglichst hohe Lebensdauer erreicht und wie es zu entsorgen ist, und
- Informationen über Entsorgungsbetriebe zu Zerlegung, Recycling oder Deponierung des Altprodukts.

Bei der Wahl einer bestimmten konstruktiven Lösung ist unter Beachtung aller geltenden Rechtsvorschriften ein sinnvoller Kompromiss zwischen den verschiedenen Umweltaspekten und anderen Erfordernissen wie Sicherheit und Gesundheitsschutz, funktionalen Erfordernissen, Qualität, Leistung und wirtschaftlichen Aspekten, einschließlich Herstellungskosten und Marktfähigkeit, zu erreichen.

Anforderungen an den Hersteller
Hersteller von Produkten nehmen eine Analyse des Produkts für dessen gesamten Lebenszyklus vor und prüfen die wesentlichen Umweltaspekte. Anhand der Ergebnisse dieser Analyse erstellt der Hersteller das ökologische Profil des Produkts. In ihm sind alle umweltrelevanten Produkteigenschaften und alle dem Produkt während seines Lebenszyklus zurechenbaren und als physikalische Größen messbaren Aufwendungen/Abgaben und Umweltauswirkungen zu berücksichtigen. Anhand der Ergebnisse dieser Analyse bewerten die Hersteller Entwurfsalternativen und die erreichte Umweltverträglichkeit des Produkts.

Der Hersteller hat Folgendes auszuarbeiten und zu aktualisieren:

- Verfahren zur Ermittlung des ökologischen Profils des Produkts,
- Umweltverträglichkeitsziele und -indikatoren, die bei der Wahl technischer Lösungen neben technischen und wirtschaftlichen Erfordernissen zu berücksichtigen sind, und
- ein Programm zur Erreichung dieser Ziele.

Prüfungen und Abstellung von Mängeln
Der Hersteller muss:

- alle erforderlichen Maßnahmen ergreifen, um sicherzustellen, dass das Produkt in Einklang mit den Gestaltungsspezifikationen hergestellt wird,
- Verfahren ausarbeiten und aufrechterhalten, mit denen er auf Nichtkonformität reagiert, und
- mindestens alle drei Jahre eine umfassende interne Prüfung (Audit) des Managementsystems in Bezug auf dessen Umweltkomponenten durchführen.

Durchführung und Unterlagen
Die Unterlagen zum Managementsystem müssen insbesondere Folgendes einhalten:

- Zuständigkeiten und Befugnisse sind festzulegen und zu dokumentieren, damit die umweltorientierte Produktpolitik wirksam durchgeführt werden kann, damit ihre Umsetzung schriftlich festgehalten wird und damit Kontrollen und Verbesserungsmaßnahmen möglich sind,
- die Methoden der Entwurfskontrolle und der Prüfung nach der Fertigung sowie die bei der Produktgestaltung zur Anwendung kommenden Verfahren und systematischen Maßnahmen sind schriftlich festzuhalten und
- der Hersteller muss Unterlagen erstellen und aktualisieren, in denen die wesentlichen Umweltkomponenten des Managementsystems und die Verfahren zur Prüfung aller benötigten Unterlagen beschrieben sind.

Die Unterlagen zu dem Produkt müssen insbesondere Angaben zu folgenden Aspekten enthalten:

- eine allgemeine Beschreibung des Produkts und der Verwendung, für die es vorgesehen ist,
- die Ergebnisse der vom Hersteller durchgeführten Analyse der Umweltauswirkungen,
- das ökologische Profil,
- die Ergebnisse zur Prüfung der Übereinstimmung des Produkts mit den Ökodesign-Anforderungen,
- die Angaben zu den umweltrelevanten Gestaltungsmerkmalen des Produkts.

11.3 Umweltaspekte und Umweltprüfung

Ein Unternehmen, das die Umweltsituation am Standort nachhaltig durch die Einführung eines Umweltmanagementsystems verbessern möchte, muss sich zunächst über die gegenwärtige Umweltsituation des Unternehmens informieren. Dies kann durch eine erste Bestandsaufnahme im Rahmen einer Umweltprüfung geschehen. Bei dieser Umweltprüfung untersucht das Unternehmen alle erfassbaren Tätigkeiten, Dienstleistungen und Produkte auf ihre mögliche Umweltrelevanz. Dabei hat das Unternehmen ein Verfahren zu entwickeln, um aus den untersuchten Umwelt- und Unternehmensbereichen diejenigen Umweltaspekte zu ermitteln und zu bewerten, die eine bedeutende Auswirkung auf die Umwelt haben können.

Für die Erhebungen und die spätere Bewertung müssen folgende Punkte Berücksichtigung finden:

- **Wirtschaftliche Aspekte wie:**
  - Gewinne, Rentabilität, Kosten, Verluste,
  - Ausbeuten, Wirkungsgrade,
  - Anlagenverfügbarkeiten,
  - Produktqualitäten.
- **Organisatorische Aspekte wie:**
  - Aufbau-, Ablaufkontrolle,
  - Verantwortungen und Zuständigkeiten,
  - Handbücher, Prozessanweisungen,
  - Mitarbeiterkompetenz und -zufriedenheit,
  - Lieferanten, Dienstleister und ausgelagerte Prozesse.
- **Rechtliche Aspekte wie:**
  - Gesetze, Verordnungen, Verwaltungsvorschriften,
  - Auflagen, Genehmigungen, Grenzwerte,
  - unternehmensinterne Vorgaben, Strategien, Betriebsvereinbarungen,
  - Versicherungsverträge.

- **Technologische Aspekte wie:**
  - Stand der Technik, Anlagen, Verfahren und Prozesse,
  - Risiken, Störfälle, Notfälle,
  - Produkte, Produktnutzung, Produktrecycling,
  - Materialien, Abfälle, Gefahrstoffe,
  - Mengen, Gefährdungspotenziale.

Um effektiv alle Tätigkeiten und Prozesse im Unternehmen erfassen zu können, bedarf es einer sorgfältigen Planung der Umweltprüfung von Seiten der Projektleitung. Je intensiver und gründlicher die Bestandsaufnahme im Zuge der ersten Umweltprüfung erfolgt, desto besser:

- ist der Überblick über die betrieblichen Umweltbelange,
- lassen sich Schwachstellen identifizieren und Handlungsbedarf festlegen,
- können betriebliche Abläufe optimiert werden,
- lassen sich Umweltziele formulieren und Maßnahmen für das Umweltprogramm festlegen,
- und einfacher sind die Verantwortungen und Aufgaben im Umweltmanagementsystem zu dokumentieren.

So ist zu Beginn ein Projektplan zu erstellen, der eine Übersicht über alle zu untersuchenden Abteilungen und Bereiche mit den betreffenden Tätigkeiten, Dienstleistungen, Prozessen und Produkten enthält. Weiterhin wird in diesem Projektplan der zeitliche Ablauf der Umweltprüfung sowie der finanzielle und personelle Aufwand fixiert. Es ist darauf zu achten, dass diejenigen Personen, die die Umweltprüfung in einem bestimmten Bereich durchführen, für diesen Bereich kompetent, jedoch unabhängig sind. So kann eine objektive Untersuchung gewährleistet werden.

Der Projektleiter hat sicherzustellen, dass alle Ergebnisse der Umweltprüfung schriftlich fixiert und dokumentiert werden. Die einzelnen Umweltaspekte, die im Rahmen einer Umweltprüfung auf ihre möglichen Umweltauswirkungen hin untersucht werden sollten, sind z. B.:

- Roh-, Hilfs-, und Betriebsstoffe im Hinblick auf Bewirtschaftung, Einsparung, Auswahl und Transport,
- Energie im Hinblick auf Energiemanagement, Energieeinsparungen und Auswahl von Energiequellen,
- Bewirtschaftung von Wasser, Wassereinsparung, Abwasserbehandlung und Kanalisation,
- Abfälle und Wertstoffe im Hinblick auf Vermeidung, Recycling, Wiederverwendung, Transport und Endlagerung,
- Emissionen und Immissionen (z. B. Abluft, Gerüche, Lärm, Erschütterungen, Staub) im Hinblick auf Ausmaß, Kontrolle und Verringerung,

- Kontaminierung von Erdreich, Altlasten und Bodenversiegelung,
- Marketing und Vertrieb der Produkte und Dienstleistungen,
- Entwicklung und Produktplanung im Hinblick auf Design, Verpackung, Verwendung, Recycling und Entsorgung,
- Technologien und Produktionsverfahren im Hinblick auf die Auswahl neuer Verfahren und die Änderung bestehender Verfahren,
- Lieferanten, Auftragnehmer und ausgelagerte Prozesse im Hinblick auf deren betrieblichen Umweltschutz,
- Einkauf, Materialwirtschaft und Lagerwesen,
- Transport, Logistik und Distribution der Materialien, Produkte und Dienstleistungen,
- Personal im Hinblick auf Information, Ausbildung, Motivation und Kompetenzen,
- internes und externes Berichtswesen über ökologische Fragestellungen.

Die Untersuchung der jeweiligen Bereiche geschieht top-down, von oben nach unten, vom Groben zum Detail. Diese Vorgehensweise zur Untersuchung verringert die Komplexität und lässt die wesentlichen Aspekte leichter erkennen. Um sich nicht in Detailfragen zu verlieren, muss sehr bewusst Wesentliches von Unwesentlichem getrennt werden.

Der Zusammenstellung des Projektteams kommt für die Erhebung und Bewertung eine besondere Bedeutung zu. Von den Betroffenen werden die Arbeiten oft als Bedrohung ihrer Tätigkeit und – besonders bei Identifizierung von Handlungsbedarf – als persönliche Kritik empfunden. Neben den guten Fachkenntnissen der einzelnen Teammitglieder (Betriebsorganisation, Umweltrecht, Verfahrenstechnik, Ökonomie) müssen sie eine hohe soziale Kompetenz besitzen.

Die Integration der Betroffenen in die Untersuchung muss selbstverständlich sein. So sollte ein kompetenter Mitarbeiter des untersuchten Teilsystems Mitglied im Projektteam sein. Alle von der Durchführung betroffenen Mitarbeiter sollten vor der Umweltprüfung ausreichend informiert werden. Der verantwortliche Projektleiter muss unter diesen Gesichtspunkten eine objektive Durchführung und Bewertung sicherstellen.

Die Festlegung des Prüfungsumfangs und der Prüfungskriterien gewährleistet ein umfassendes Verständnis über die ausgewählten Tätigkeiten und Prozesse. Soll z. B. der Umweltbereich Abfall untersucht werden (Prüfungsumfang), so sind:

- die geltenden Umweltvorschriften,
- die zu erfassenden organisatorischen Bereiche mit ihrer Aufbau- und Ablaufkontrolle (Verantwortungen, Zuständigkeiten, innerbetriebliche Regelungen, Entsorgungs- und Verwertungswege),
- der Stand der Technik (Abfallvermeidung, Trennungssysteme, Verwertungsmöglichkeiten, Beseitigungsverfahren, Produktionsverfahren),
- und die wirtschaftlichen Gegebenheiten (Produktausbeuten, Entsorgungskosten, Abfallmengen)

vor der eigentlichen Prüfung zu recherchieren und aufzubereiten. Aus den so gewonnenen Informationen ergeben sich die Prüfungsschwerpunkte, die Prüfungstiefe und die Prüfungsziele. In der Bestandsaufnahme geht es um die Sammlung von Informationen, Daten und Unterlagen, die für die Lösung der Aufgabenstellung wichtig sind. In Verbindung mit der untersuchten Tätigkeit sind die zugehörigen Umweltaspekte und Umweltauswirkungen zu ermitteln. Mit dem Begriff Umweltaspekt wird das Element einer Tätigkeit, eines Prozesses, einer Dienstleistung oder Produkts verstanden, das in irgendeiner Weise eine Auswirkung auf die Umwelt haben kann.

Diese Auswirkung kann positive oder negative Folgen für die Umwelt haben. Einfach formuliert sind Umweltaspekte die Ursachen für mögliche Auswirkungen. Der Begriff der Umweltauswirkung bezeichnet dementsprechend die Wirkung, die sich in der Umwelt als Folge eines Umweltaspekts ereignet. Beispiele für die Beziehung zwischen Tätigkeiten, Umweltaspekten und Umweltauswirkungen können sein:

- Tätigkeit: Umgang mit gefährlichen Stoffen (Gefahrstoffe).
  Umweltaspekt: Die Stoffe könnten verschüttet werden.
  Umweltauswirkung: Kontamination von Boden und Wasser.
- Tätigkeit: Wartung von Kraftfahrzeugen im Fuhrpark (Abluft).
  Umweltaspekt: Abgasemissionen überprüfen.
  Umweltauswirkung: Reduzierung der Luftverunreinigungen.
- Tätigkeit: Entwicklung eines neuen Produkts.
  Umweltaspekt: Bau- und Demontagestruktur des Produkts.
  Umweltauswirkung: Entsorgungsmöglichkeiten nach Ablauf der Nutzungsphase.
- Tätigkeit: Erhöhung der Produktausbeuten.
  Umweltaspekt: Instabile Prozessführung aufgrund unzureichender Prozesstechnik.
  Umweltauswirkung: Erhöhte Verschrottungsrate und Abfallanfall.

Die Bestandsaufnahme sollte vergangene (z. B. Gefahr von Altlasten), gegenwärtige (z. B. laufender Anlagenbetrieb) und zukünftige (z. B. neue Produktplanungen) Aspekte umfassen. Für besonders umweltrelevante Risiken und Unfallgefahren sind im Hinblick auf deren Verhütung und Begrenzung der Umweltauswirkungen besondere Verfahren und Verhaltensanweisungen gefordert.

Für die eigentliche Bestandsaufnahme und Erhebung stehen eine Reihe von Techniken zur Verfügung. Fragebögen erlauben eine standardisierte Vorgehensweise, um die Auswirkungen der einzelnen Tätigkeiten auf die Umwelt zu untersuchen und zu bewerten. Die Fragen sind bewusst offen zu formulieren, so dass eine einfache ja/nein-Beantwortung nicht möglich ist. Die zu untersuchenden Bereiche sollten möglichst von allen Seiten beleuchtet werden. Dazu ist eine intensive Auseinandersetzung der Mitarbeiter des Unternehmens und der Teammitglieder mit dem jeweiligen Sachverhalt notwendig. Durch diese Vorgehensweise lässt sich der bereits vorhandene Standard im betrieblichen Umweltschutz von verschiedenen Seiten ermitteln und beleuchten. Fragebögen können jedoch niemals den gesamten Prüfungsumfang abdecken. Dies gilt besonders für die rechtlichen Aspekte der Umweltprüfung im Teilsystem. Interviews mit betroffenen Mitarbeitern und Begehungen vor Ort ergänzen die Erhebungen über Fragebögen.

Die Analyse und Bewertung setzt sich kritisch mit dem erhobenen Ist-Zustand auseinander. Sie ermittelt die Stärken und Schwächen des untersuchten Teilsystems mit seinen verschiedenen Prozessen/Abläufen und Aufgaben. Die Ursache-Wirkungs-Zusammenhänge müssen klar herausgearbeitet werden. Es sind mehrere Alternativen einer systematischen Bewertung zu unterziehen und auf Lösungsmöglichkeiten hin zu untersuchen. Die Aufbereitung der erhobenen Informationen und Daten stellt dem Projektteam eine Bewertungsgrundlage zur Verfügung. Es ist Folgendes zu berücksichtigen:

- Die erhobenen Informationen und Daten müssen in Bezug auf die Erfüllung der gesetzlichen Vorschriften sowie der innerbetrieblichen Vorgaben überprüft werden.
- Die bestehende Organisation des betrieblichen Umweltschutzes ist im Hinblick auf ein Umweltmanagementsystem nach DIN EN ISO 14001 bzw. nach EMAS-Verordnung zu überprüfen.
- Die erhobenen Informationen und Daten werden nach Art, Umfang und Herkunft ausgewertet.
- Der Zusammenhang zwischen den Informationen und Daten und den Umweltaspekten sollte hergestellt werden. Damit verbunden werden die wichtigsten Umweltauswirkungen identifiziert.
- Es ist ein Vergleich zum Stand der besten verfügbaren Technik unter wirtschaftlichen Gesichtspunkten zu ermöglichen.

Erst nach der Bewertung lassen sich Ziele für das Teilsystem formulieren. In diesem Sinne sind Ziele vorweggenommene Vorstellungen über einen zu erreichenden Soll-Zustand. Er wird z. B. in einem Abfallwirtschaftskonzept formuliert. Die Unterschiede zwischen dem erhobenen Ist-Zustand und dem in der Zielformulierung festgelegten Soll-Zustand sind durch entsprechende Maßnahmen im Laufe der Zeit abzubauen.

Zum Abschluss der Umweltprüfung wird vom verantwortlichen Projektleiter ein Prüfungsbericht verfasst. Er enthält alle erhobenen Sachverhalte, Ergebnisse und Schlussfolgerungen. In einer kurzen Zusammenfassung für die Geschäftsleitung des Unternehmens weist er auf etwaige Risiken, wirtschaftliches Einsparpotenzial und auf Übereinstimmungen mit den Prüfungskriterien hin. Der Bericht über die Umweltprüfung:

- informiert alle Beteiligten über den erhobenen Ist-Zustand,
- legt Schwachstellen und Verbesserungspotenziale offen,
- unterbreitet Maßnahmen und Prioritäten für das Umweltprogramm,
- bildet die Grundlage für den Aufbau des Umweltmanagementsystems,
- enthält alle Informationen für einen Umweltbericht/-erklärung,

- liefert jederzeit allen Beteiligten eine gemeinsame Diskussionsplattform,
- und ist Handlungsgrundlage für die folgenden Umweltbetriebsprüfungen/Umweltaudits.

Nach Abstimmung mit den betroffenen Funktionen wird der Prüfungsbericht von den verantwortlichen Personen abgezeichnet. Er bietet dann eine mächtige Grundlage für die fortlaufende Verbesserung des betrieblichen Umweltschutzes. Einige Fragen und Checklisten, die in der Vorbereitung und Durchführung der Umweltprüfung hilfreich sein können, sind im Folgenden zusammengestellt.

11.4 Praxiserfahrungen zur Bestandaufnahme

Dieses Kapitel dient der systematischen Bestandsaufnahme zu relevanten Themen bei der Einführung eines Umweltmanagementsystems. Zu den einzelnen Punkten werden zuerst einige Praxiserfahrungen beschrieben. Ergänzend lässt sich durch Checklisten die Ist-Situation des Unternehmens intensiver beleuchten. Beide Aspekte – Praxiserfahrungen und Checklisten – bieten dem Anwender Unterstützungsmöglichkeiten bei der Einführung und dem Aufbau eines Umweltmanagementsystems.

11.4.1 Umweltmanagementsystem

Die Entscheidung des Unternehmens ein Umweltmanagementsystem einzuführen hängt häufig von Kundenforderungen ab. Damit sie ihren Lieferantenstatus aufrechterhalten können, werden die Unternehmen zur Einführung verpflichtet. Dies ist seitens des Kunden meistens mit einer kurzen Zeitvorgabe verbunden. Deshalb wird oft nur darauf hingearbeitet, die Normanforderungen zu erfüllen und ein Zertifikat zu erlangen. Die mit dem Projekt verbundenen Chancen und Möglichkeiten für das Unternehmen werden dadurch häufig vernachlässigt.

Um diese Chancen nutzen zu können, ist eine detaillierte und strukturierte Aufnahme des Ist-Zustandes notwendig. Nur durch eine gute Bestandsaufnahme lassen sich Schwachstellen im Unternehmen erkennen. Durch die Einführung des Umweltmanagementsystems werden diese behoben und Optimierungspotenziale erkannt. Gleichzeitig lässt sich die Rechtssicherheit für das Unternehmen und die verantwortlichen Personen gewährleisten. Für diese anspruchsvollen und vielfältigen Aufgaben ist es notwendig, dem zu bestellenden Umweltmanagementbeauftragten als Projektleiter qualifizierte Mitarbeiter in einer Projektgruppe zur Seite zu stellen.

Die Bestandsaufnahme ist eine umfangreiche Tätigkeit. Wird sie strukturiert durchgeführt und dokumentiert, lassen sich aus ihr relativ leicht die Verbesserungspotenziale incl. der rechtlichen Anforderungen an das Unternehmen ableiten. Aus diesen Grunddaten kann anschließend das unternehmensspezifische Umweltmanagementsystem aufgebaut werden, das die Tätigkeiten und Belange des Unternehmens widerspiegelt und allen Abteilungen und Mitarbeitern von Nutzen ist.

Aus der Praxis heraus muss immer wieder festgestellt werden, dass diese Arbeiten in ihrem Umfang und ihrer Tragweite, insbesondere was die zeitliche Erarbeitung betrifft, enorm unterschätzt werden. Bei der Einführung eines Umweltmanagementsystems ist deshalb eine gute Projektplanung, -steuerung und -umsetzung durch den Projektleiter unerlässlich.

Im Rahmen eines Umweltmanagementsystems sind folgende Fragencluster zu beantworten:

- betriebliche Organisation,
- Umweltaspekte/-auswirkungen,
- Umweltschutzbeauftragter,
- Umweltpolitik/-strategie,
- Umweltziele/-programm,
- Umweltaudit/-review,
- Führungskräfte.

Betriebliche Organisation

- Welche internen bzw. externen Kontextfaktoren beeinflussen das Umweltmanagementsystem?
- Welches Mitglied der Geschäftsleitung ist für Umweltfragen verantwortlich?
- Welche interessierten Parteien stellen Forderungen an den betrieblichen Umweltschutz?
- Beschreiben Sie kurz die einzelnen Systemelemente ihres Umweltmanagementsystems sowie die Wechselwirkungen der Systemelemente untereinander.
- Wie ermittelt das Unternehmen die für sie relevanten Umweltzustände?
- Wie wird der Umweltschutz in die einzelnen Unternehmensbereiche integriert und welchen Stellenwert hat er dort?
- Wie sind die Zuständigkeiten und Verantwortlichkeiten innerhalb des Umweltmanagementsystems geregelt?
- Wer wurde als Managementvertreter zur Aufrechterhaltung des Umweltmanagementsystems bestellt?
- Wer ist für die regelmäßige Bewertung und Weiterentwicklung des Umweltmanagementsystems verantwortlich?
- Wie setzt sich eine Arbeitsgruppe oder ein regelmäßig tagender Umweltausschuss zusammen?
- Wie informieren Sie sich über Entwicklungen in betrieblichen Umweltbelangen (Gesetze, Verordnungen, neue Techniken, etc.)?
- Welche Ressourcen werden für den betrieblichen Umweltschutz zur Verfügung gestellt?

Umweltaspekte/-auswirkungen

- Was sind die bedeutendsten Umweltaspekte im Unternehmen?
- Welche Umweltauswirkungen gehen von diesen Umweltaspekten aus?
- Wie wird der Lebensweg von Produkten/Dienstleistungen unter den Gesichtspunkten Umweltaspekte und -auswirkungen betrachtet?
- Wie werden die Umweltaspekte und -auswirkungen neuer Prozesse/Tätigkeiten, Anlagen/Maschinen oder Produkte/Dienstleistungen ermittelt und bewertet?
- Wie werden die Umweltaspekte und -auswirkungen von ausgelagerten Prozessen ermittelt?
- Wie werden die benötigten Mitarbeiterkompetenzen bei umweltrelevanten Tätigkeiten sichergestellt?

Umweltschutzbeauftragter

- Für welche Aufgaben haben Sie Betriebsbeauftragte (externe oder interne) bestellt?
- Über welche Sachkunde und Zuverlässigkeit verfügt der bestellte Mitarbeiter?
- Welche Ausbildung und Betriebszugehörigkeit besitzt der beauftragte Mitarbeiter?
- Welche Umweltschutzaufgaben werden von diesen Mitarbeitern wahrgenommen?
- Welche Aufgabenbeschreibungen liegen für diese Mitarbeiter vor?
- Welche weiteren Funktionen übt der Betriebsbeauftragte neben seiner Umweltschutztätigkeit noch aus?
- Wie wird sichergestellt, dass der Umweltschutzbeauftragte (Managementbeauftragte) seinen Informations-, Beratungs- und Koordinationspflichten nachkommt?
- Welche Zielkonflikte gab/gibt es zwischen Linienverantwortlichen und dem Betriebsbeauftragen für Umweltschutz?
- Wie wird sichergestellt, dass bei Doppelbenennungen (z. B. Abteilungsleiter in der Produktion und gleichzeitig Umweltschutzbeauftragter) keine Interessenkonflikte entstehen können?
- Wie ist die regelmäßige Fortbildung der Betriebsbeauftragten sichergestellt?
- Wie wird sichergestellt, dass die verschiedenen Funktionen/Abteilungen die Beratung und Mitwirkung durch den Betriebsbeauftragten ausreichend wahrnehmen?
- Welche notwendigen Arbeitsmittel werden dem Betriebsbeauftragten für die Erfüllung seiner Umweltschutzaufgaben zur Verfügung gestellt?

Umweltpolitik/-strategie

- Wie schätzen Sie die gegenwärtige Umweltsituation in ihrem Unternehmen und im Umfeld ihres Standortes ein?
- Wie schätzen die Anwohner und andere interessierte Parteien ihr Unternehmen bzgl. des Umweltschutzes ein?
- Welche Strategien für einen betrieblichen Umweltschutz (Umweltpolitik) existieren in ihrem Unternehmen?

- Welche konkreten Ziele wurden aus den umweltpolitischen Leitlinien abgeleitet?
- Wie unterstützen die Führungskräfte die Umweltstrategie des Unternehmens?
- Wie vermitteln Sie allen Mitarbeitern die Bedeutung der betrieblichen Umweltpolitik?
- Wie wird der Umweltschutz in die einzelnen Geschäftsprozesse integriert? Welchen Stellenwert hat er dort?
- Welche Rolle spielt die Einhaltung der Umweltpolitik an umweltrelevanten Arbeitsplätzen?
- Wie sichert die Umweltpolitik die kontinuierliche Verbesserung der Umweltsituation in Ihrem Betrieb?
- Wie informieren Sie sich regelmäßig über gesellschaftliche, rechtliche und technologische Entwicklungen im betrieblichen Umweltmanagement?

Umweltziele/-programm

- Welche betrieblichen Umweltziele sind aus den strategischen Zielen der unternehmerischen Umweltpolitik abgeleitet worden?
- Wie tragen die Ziele zur kontinuierlichen Verbesserung des betrieblichen Umweltschutzes bei?
- Wie wird sichergestellt, dass die aus den Zielen abgeleiteten Maßnahmen im Rahmen eines Umweltprogramms tatsächlich umgesetzt werden und einer Erfolgskontrolle unterliegen?
- Welche Umweltschutzmaßnahmen wurden in den letzten Jahren durchgeführt?
- Welche Umweltaktivitäten sind für die nächsten Jahre geplant?
- Welche Mittel (Personal, Kapital, Zeit) stehen für die Umsetzung der Maßnahmen zur Verfügung?
- Welche Umweltindikatoren werden zur Bestimmung der Zielerreichung und zur Leistungsbewertung eingesetzt?
- Wie werden die Entwicklung neuer Produkte und neuer Technologien in den Umweltzielen berücksichtigt?
- Welche Verbesserungen der betrieblichen Umweltleistung konnten in den letzten Jahren erzielt werden?
- In welcher Position stehen Sie zu ihren Mitbewerbern bzgl. der Umweltleistung?

Umweltaudit/-review

- Verfügt ihr Unternehmen über ein Programm zur regelmäßigen internen Auditierung des Umweltmanagementsystems?
- Wie sind im Programm die Verantwortlichkeiten, Verfahren und Ziele der Auditierung festgelegt?
- Wie wird die Unternehmensführung über die Ergebnisse der Audits informiert?
- Wie und durch wen wird das Umweltmanagementsystem gemäß der Verpflichtung zur kontinuierlichen Verbesserung aktualisiert und sich ändernden Umständen angepasst?

- Wie ist die regelmäßige Durchführung von Umweltmanagementreviews geregelt?
- Welche Ergebnisse haben die bisherigen Umweltmanagementreviews geliefert?

Führungskräfte

- Wie nimmt die Geschäftsführung ihre Verantwortungen und Aufgaben im Umweltmanagementsystem wahr?
- Wie nehmen die Führungskräfte ihre (Umwelt-)Verantwortung wahr?
- Wie kommt die Führungskraft ihrer grundlegenden Führungsaufgabe nach?
- Wie sieht die Führungskompetenz der einzelnen Führungskräfte aus?
- Welche Umweltziele und Maßnahmen hat die Führungskraft in ihrem Verantwortungsbereich entwickelt?
- Wie stellt die Führungskraft die umweltrelevante Fachkompetenz ihrer Mitarbeiter sicher?
- Welche Personalentwicklungsmaßnahmen hat die Führungskraft für Mitarbeiter veranlasst, die umweltrelevante Tätigkeiten ausüben?
- Wie stellt die Führungskraft die Einhaltung relevanter Rechtsvorschriften und Genehmigungsauflagen sicher?
- Welche Ergebnisse lieferte das letzte Umweltaudit für den Verantwortungsbereich der Führungskraft?

11.4.2 Dokumentierte Informationen

Bei der Einführung eines Umweltmanagementsystems steht bei der Überprüfung der Unterlagen die Rechtskonformität an erster Stelle. Dies sind z. B.:

- Rechtsvorschriften,
- Inhalte von Genehmigungsbescheiden,
- Bescheide zu Anlagenanzeigen,
- sonstige Behördenauflagen.

Weiterhin sind zu überprüfen:

- Kundenforderungen,
- Forderungen von Banken und Versicherungen,
- Forderungen von interessierten Parteien.

In diesen Unterlagen stehen Bestimmungen, die das Unternehmen aus Rechtsgründen einzuhalten bzw. zu denen sich das Unternehmen selbst verpflichtet hat. Aus den Vorgabedokumenten (Soll-Vorgaben) ergeben sich weitreichende Verpflichtungen, deren Einhaltung zu dokumentieren ist. Nur durch eine ordnungsgemäße Führung dieser Dokumente lässt sich nachweisen, dass Rechtsvorschriften, Behörden- und Kundenvorgaben, etc. umgesetzt und eingehalten werden. Zur Sicherstellung ihrer Einhaltung müssen diese Unterlagen strukturiert zusammengestellt werden. Dazu dienen u. a.:

- Rechtskataster,
- Auflistungen von Nebenbestimmungen aus Genehmigungen, Anzeigen und Behördenauflagen,
- Forderungen von Versicherungen (z. B. Brandschutz),
- Führung von Abfallnachweisen (Abfallregister),
- Gefahrstoffverzeichnisse,
- Betriebstagebücher,
- Emissionsmessungen,
- Schulungsnachweise,
- weitere Messprotokolle und Unterlagen.

Die Sicherstellung der Rechtskonformität ist eine anspruchsvolle und komplexe Aufgabe und in ihrer Tragweite für das Unternehmen, die verantwortlichen Führungskräfte und die zuständigen Mitarbeiter nicht zu unterschätzen. Für die Aufrechterhaltung eines ordnungsgemäßen betrieblichen Umweltschutzes ist eine gute Dokumentation der betrieblichen Belange notwendig. Dazu zählen u. a. Fragen bzgl.:

- Daten und Anweisungen,
- Aufsichtsämter und Behörden,
- Umweltvorschriften,
- Umweltaufzeichnungen,
- Umweltberichte und -erklärungen.

Daten und Anweisungen

- Welche umweltrelevanten Daten und Informationen werden im Unternehmen erhoben und dokumentiert?
- Wie und von wem werden diese Daten genutzt?
- Welche Betriebstagebücher existieren?
- Von welchen Mitarbeitern werden die Betriebstagebücher geführt bzw. abgezeichnet?
- Welche aktuellen Prozess- und Arbeitsanweisungen liegen vor?

Aufsichtsämter und Behörden

- Mit welchen Behörden hatte ihr Unternehmen bereits Kontakt?
- Wie wird ihr Betrieb von der Behörde im Bereich des Umweltschutzes überprüft?
- Welche genehmigungspflichtigen, umweltrelevanten Anlagen betreiben Sie im Unternehmen?

- Für welche Anlagen sind Sicherheitsanalysen zu erstellen?
- Welche Genehmigungsbescheide liegen für genehmigungsbedürftige Anlagen vor?
- Wer ist für die Einholung und Änderung der Anlagen-Genehmigungen verantwortlich?
- Welche nichtgenehmigungsbedürftigen Anlagen werden am Standort betrieben?
- Wie wird sichergestellt, dass die in ihrem Betrieb vorhandenen Umweltschutzeinrichtungen die Anforderungen erfüllen?

Umweltvorschriften

- Wie informieren Sie sich regelmäßig über neuere Gesetze und Verordnungen im Umweltschutz?
- Welche Übersicht existiert über die für ihren Standort gültigen Gesetze, Verordnungen, Genehmigungen bzw. behördlichen Auflagen?
- Wie wird die ständige Aktualisierung dieser Übersicht sichergestellt?
- Wie und von wem werden die Rechtsvorschriften den einzelnen Betriebsbereichen (Kostenstellen) zugeordnet?
- Wie stellen Sie die Einhaltung der für ihr Unternehmen geltenden Umweltvorschriften sicher?
- Wie berücksichtigen Sie Verwaltungsvorschriften in ihrem betrieblichen Umweltschutz?

Umweltschutzaufzeichnungen

- Welche Zusammenstellung aller umweltrelevanten Dokumente gibt es im Unternehmen?
- Wie stellen Sie sicher, dass alle wichtigen Kataster zu den Umweltbereichen Abfälle, Abwasser, Emissionen (Abluft), Lärm, Gefahrstoffe, Energien, Wasserverbrauch ordnungsgemäß geführt werden?
- Wie stellen Sie sicher, dass alle Aufzeichnungen (Kataster, Messergebnisse) regelmäßig aus den jeweiligen Abteilungen zur zentralen Stelle (Umweltschutzbeauftragter) gelangen?
- Wie stellen Sie die Einhaltung der gesetzlichen Aufbewahrungsfristen für Messdaten, etc. sicher?
- Wie und wo werden die Daten zur Kalibrierung von Messgeräten erfasst?

Umweltberichte und Umwelterklärungen

- Welche Umwelterklärungen/-berichte liegen in ihrem Unternehmen vor?
- Aus welchen Betriebsdaten werden die zusammenfassenden Zahlenangaben ermittelt?
- Wer ist für die Erhebung, Aufbereitung und Qualität der Umweltdaten des Unternehmens verantwortlich?

- Wie hat sich die Umweltleistung über die letzten Jahre entwickelt?
- Welche Öffentlichkeitsarbeit betreiben Sie im betrieblichen Umweltschutz bzgl. interessierter Parteien?

11.4.3 Nichtkonformität und Korrekturmaßnahmen

Aus Gesetzen, Verordnungen und Auflagen resultiert sehr häufig, dass ausgewählte Parameter (z. B. Einhaltung von Grenzwerten) gemessen werden müssen. Dazu muss sichergestellt werden, dass die vorgeschriebenen Parameter erfasst und die Messergebnisse nachvollziehbar und reproduzierbar sind. Die notwendigen Mess- und Prüfmittel müssen kalibriert, überwacht und instandgehalten werden. Damit dies gewährleistet werden kann, sind für die Tätigkeiten verantwortliche Personen zu benennen. Die mit Messaufgaben betrauten Mitarbeiter müssen entsprechend den durchzuführenden Tätigkeiten ausgebildet sein und regelmäßig geschult werden.

Bei Abweichungen von Sollwerten sind die entsprechend festgelegten Korrekturmaßnahmen durchzuführen. Wenn die gleiche Abweichung häufiger auftritt sind weitergehende Vorbeugemaßnahmen abzuleiten und umzusetzen. Durch die sich anschließende Wirksamkeitskontrolle ist der Erfolg der Korrektur- und Vorbeugemaßnahmen zu überprüfen. Umweltrelevante Daten und Informationen sind regelmäßig zu erfassen. In diesem Zusammenhang spielen folgende Fragencluster eine Rolle:

- betriebliche Organisation,
- Überwachung und Messung,
- Abweichungen und Korrekturen.

Betriebliche Organisation

- Wie sind die Zuständigkeiten und Verantwortlichkeiten im Falle von Überwachung und Messung sowie Korrekturmaßnahmen festgelegt?
- Wie stellen Sie sicher, dass die bei Kontrollen und Überwachungen ermittelten Soll-Ist-Abweichungen durch geeignete Korrekturmaßnahmen behoben werden?
- Welche Verfahren gibt es, die die Festlegung und Durchführung von Maßnahmen zur Ursachenbeseitigung von Fehlern festlegen?
- Wie unterziehen Sie die umgesetzten Korrekturmaßnahmen einer Erfolgskontrolle?

Überwachung und Messung

- Wer ist für die Beschaffung, Kalibrierung, Überwachung und Instandhaltung der Prüfmittel verantwortlich?
- Wie ist die ordnungsgemäße Überwachung, Kalibrierung und Instandhaltung aller Prüfmittel und Prüfhilfsmittel (inclusive Software) garantiert?

- Wie und wo ist der Anlass (gesetzlich, behördlich, intern) und der Inhalt (Prüfparameter, Häufigkeit) einer Messung dokumentiert?
- Wie werden Messergebnisse dokumentiert?
- Wie wird mit als fehlerhaft erkannten Prüfmitteln verfahren?
- Wie werden die mit fehlerhaften Prüfmitteln ermittelten Daten überprüft und deren Auswirkungen auf die Ergebnisse bewertet?

Abweichungen und Korrekturen

- Wer hat bei Betriebsstörungen/Störfällen/Notfällen die Verantwortung und die Entscheidungsbefugnis?
- Welche Alarm- oder Notfallpläne für Betriebsstörungen existieren an ihrem Standort?
- Welche besonderen Verfahren wurden zusammen mit den Behörden ausgearbeitet, um die Auswirkungen von Störfällen möglichst gering zu halten?
- Wie wird sichergestellt, dass alle festgestellten Umweltschäden bezüglich ihrer Ursachen systematisch untersucht werden?
- Wie ist sichergestellt, dass bei Betriebsstörungen oder Störfällen die möglicherweise betroffene Nachbarschaft oder Öffentlichkeit unverzüglich sachgerecht informiert wird?
- Wie ist sichergestellt, dass alle Maßnahmen zum Schutz vor freigesetzten Stoffen und Vorkehrungen für den Brandfall getroffen werden?
- Welche speziellen Sicherheitseinrichtungen sind z. B. in Form von Brandfrüherkennungs-/Löscheinrichtungen in der Nähe von Lagern und Umschlagsplätzen vorhanden?
- Existieren Verfahren mit denen Notfallsituationen schnell erkannt werden und die erforderlichen Maßnahmen eingeleitet werden können?
- Werden Notfallsituationen regelmäßig geprobt und die Erkenntnisse in den Notfallanweisungen verarbeitet?
- In welchen zeitlichen Abständen werden mit den Mitarbeitern in ihrem Unternehmen Notfallübungen durchgeführt?

11.4.4 Vertrieb und Service

Für viele kleine und mittelständische Unternehmen stehen Fragen des Marketings sehr stark im Hintergrund. Technologische und wirtschaftliche Aspekte stehen eindeutig im Vordergrund. Dies lässt sich auch durch die Arbeiten an einem Umweltmanagementsystem kaum verändern. Nachhaltige Unternehmensführung wird zukünftig immer mehr an Stellenwert gewinnen. Entsprechend muss sich der Vertrieb positionieren. Von daher sind Fragen zu:

- betrieblicher Organisation,
- Kunden und
- Markenpolitik

relevant.

Betriebliche Organisation

- Woher beziehen Sie Informationen über die relevanten Umweltaspekte im Bereich Vertrieb und Service?
- Welche umweltrelevanten Aspekte werden bei der Angebots- und Vertragsprüfung berücksichtigt?
- Wie werden die Innen- und Außendienstmitarbeiter hinsichtlich umweltrelevanter Produktmerkmale informiert und geschult?
- Welche konkreten Vorgaben gibt es, um die Umweltphilosophie des Unternehmens nach außen hin zu vertreten?
- Wie werden Öffentlichkeit und Kunden regelmäßig über umweltrelevante Aspekte der Produkte/Dienstleistungen informiert?
- Welche Studien zur Umweltrelevanz der Produkte/Dienstleistungen wurden angefertigt?

Kunden

- Wie werden Kunden über das Umweltmanagementsystem des Unternehmens informiert bzw. in das System integriert?
- Wie werden Kundenerwartungen zum Umweltmanagement erfasst und bewertet?
- Welche Anforderungen stellen die Kunden an das Qualitätsmanagement?
- Wie wirken sich diese Kundenanforderungen auf das Umweltmanagement aus?
- Welche Serviceleistungen zur Erhöhung der Produktlebensdauer bieten Sie an?
- Wie werden ihre Kunden über diese Serviceleistungen informiert?
- Wie wird in Gebrauchsanweisungen und Betriebsanleitungen für das Produkt auf Umweltfragen eingegangen?
- Wie werden Verbesserungsvorschläge bezüglich Entsorgung und Umweltschutz von Seiten des Kunden im Unternehmen umgesetzt?
- Welches Konzept zur Weiter-/Wiederverwendung ihrer Produkte bieten Sie Ihren Kunden an?
- Welche Recycling- und Entsorgungsmöglichkeiten werden dem Kunden aufgezeigt?
- Wie berücksichtigen Sie ökologische Belange bei der Akquisition von Aufträgen?

Markenpolitik

- Welche Rolle spielen Umweltschutzgedanken bei der Festlegung der Markenpolitik?
- Welche ökologischen Richtlinien gibt es für den Auftritt bei Messen, Konferenzen oder Ausstellungen?
- Welche Hinweise auf Umweltaspekte finden sich auf den Produktverpackungen bzw. den Gebrauchsanweisungen?
- Wie werden Umweltschutzaspekte bei der Handelspromotion berücksichtigt?
- Wieweit spielt Umweltschutz beim Sponsoring des Unternehmens eine Rolle?

- Wie wird sichergestellt, dass keine umweltschädigenden Engagements übernommen werden?
- Welche Informationen über Umweltaktivitäten und Umweltauswirkungen sind in der Pressearbeit des Unternehmens festgelegt?

11.4.5 Produktentwicklung

Bei der Produktentwicklung stehen die Kundenwünsche und der Markt im Vordergrund. Für die Zukunftsorientierung eines Unternehmens spielen jedoch Punkte wie:

- Produkthaftung,
- Produktlebenszyklus,
- Nachhaltigkeit mit Schließung von Stoffkreisläufen (Recycling)

eine immer größer werdende Rolle. Aus den genannten Gründen muss bei der Entwicklung des Produkts der gesamte Lebenszyklus betrachtet werden. Fragen der Material- und Energieeffizienz sind zu berücksichtigen. Daher kann sich die Entwicklung nicht nur auf das Produkt beschränken, sondern muss auch die gesamte Prozesskette im Unternehmen mit all ihren Prozessen, Technologien und Tätigkeiten einbeziehen.

Über den Herstellungsprozess hinaus sind nicht nur die Auswirkungen der unternehmensinternen Tätigkeit zu berücksichtigen. Eine der größten Herausforderungen der Zukunft liegt in der Rückgewinnung von Stoffen und Einsatzmaterialien nach dem Gebrauch der Produkte sowie die umweltverträgliche Verwertung bzw. Beseitigung der Reststoffe. Diese Fakten sind ganzheitlich zu betrachten, da die Verknappung von Ressourcen und die Rücknahme von Altprodukten durch entsprechende rechtliche Vorgaben verstärkt auf die Unternehmen zu kommt und dies somit zu einem wirtschaftlichen Faktor wird. Hier stehen viele Unternehmen noch am Anfang.

Zur Reduzierung des Material- und Energieverbrauchs kommt einer umweltorientierten Produktentwicklung ein hoher Stellenwert zu. Verstärkt werden entsprechend Entwicklungen durch rechtliche Rahmenbedingungen des Gesetzgebers. Fragen die zu beantworten sind beziehen sich auf:

- betriebliche Organisation,
- Produktplanung,
- Materialien und Produkte.

Betriebliche Organisation

- Wie und durch wen werden die Umweltauswirkungen neuer Produkte innerhalb der Entwicklung beurteilt?
- Wie ist ihr Unternehmen von Ökodesign-Anforderungen betroffen?

- Wie bereiten Sie sich schon heute bei der Entwicklung neuer Produkte auf etwaige Rechtsschriften vor?
- Wie wird bei der Entwicklung auf die generelle Vermeidung oder Verminderung von Produktionsabfällen geachtet?
- Wie wird sichergestellt, dass bei der Entwicklungsplanung alle Möglichkeiten zur Kreislaufführung ausgeschöpft werden?
- Welche ökologischen Produktinformationen werden bei der Entwicklung eines neuen Produkts erarbeitet?
- Wie wird bei der Erstellung von Pflichtenheften auf die Berücksichtigung von Umweltaspekten geachtet?
- Wie stellen Sie sicher, dass die Kriterien für Umweltverträglichkeit und Materialauswahl jedem verantwortlichen Mitarbeiter im Bereich Entwicklung bekannt sind?
- Wie werden unvollständige und/oder unklare Umweltanforderungen an das Produkt mit dem Betriebsbeauftragten für Umweltschutz geklärt?
- Wie werden Pläne über neue Entwicklungsvorhaben der aktuellen und zukünftig absehbaren Umweltgesetzgebung und dem fortgeschrittenen Stand der Technik angepasst?

Produktplanung

- Welche produkt- und prozessspezifischen Umweltschutzanforderungen liegen vor?
- Wie werden die Umweltauswirkungen der Prozesse in der Produktentwicklung berücksichtigt?
- Wie werden die Umweltauswirkungen von Produkt- oder Prozessänderungen berücksichtigt und bewertet?
- Inwiefern bezieht sich die Erfüllung der Umweltschutzanforderungen sowohl auf das Produkt als auch auf das Produktionsverfahren?
- Wie werden die Produkte unter ganzheitlichen Aspekten konzipiert, d. h. Berücksichtigung der ökologischen Anforderungen von der Entwicklung über Produktion und Verwendung bis zur Entsorgung (Lebenswegbetrachtung)?
- Wie und von wem werden Forschungs- und Entwicklungsergebnisse auf umweltgefährdende Aspekte überprüft?
- Wie wird sichergestellt, dass auch bei Produktänderungen ökologische Gesichtspunkte berücksichtigt werden?
- Wie und durch wen wird geprüft, welche Auswirkungen bestimmte Inhaltsstoffe, Rezepturen oder Verpackungsmaterialien auf die Umwelt haben?
- Wie werden bei der Produktentwicklung umweltgefährdende Materialien durch umweltfreundliche Rohstoffe und Materialien ersetzt?

Materialien und Produkte

- Wie ist sichergestellt, dass Produkte, die den festgeschriebenen Umweltschutzanforderungen nicht genügen, ausgesondert werden, so dass sie keinesfalls weiterverwendet oder benutzt werden können?

- Wie stellen Sie sicher, dass durch diese Produkte keine Gefährdungen durch Lagerung, Handhabung und Entsorgung für Mensch und Umwelt entstehen können?
- In welchem Maß sind die von ihnen hergestellten Produkte umweltfreundlich und recyclingfähig?
- Lässt sich das Produkt in recycelbare Komponenten demontieren oder zerlegen?
- Welche Komponenten ihres Produkts können recycelt werden?
- Welche Einsatzmaterialien für ihr Produkt können recycelt werden?
- Wie wird durch den Einsatz von Sekundärrohstoffen auf die Schonung der Ressourcen und die Verbesserung der Materialeffizienz geachtet?
- Welche Vorbehandlungen und Behandlungsprozesse sind für ein Produkt-/Materialrecycling notwendig?
- Wie überprüfen Sie die Umweltrelevanz der Roh-, Hilfs- und Betriebsstoffe (RHB-Stoffe)?
- Gibt es eine Zusammenstellung von Stoffen oder Produkten, die generell nicht eingesetzt werden dürfen? Um welche Stoffe oder Produkte handelt es sich?
- Wie hoch sind ihre Produktausbeuten?

11.4.6 Technologien und Produktion

Bei der Auswahl neuer Technologien stehen hauptsächlich die Kriterien Produktqualität und Lieferfähigkeit für die Beschaffung im Vordergrund. Ein weiterer wichtiger Punkt sind die Beschaffungskosten. Aus diesen Gründen wird häufig wenig Wert auf mögliche Primärmaßnahmen zur Reduzierung der Umweltauswirkungen gelegt. Da häufig zusätzliche Ausgaben für nachgeschaltete Reparaturmaßnahmen nicht in die Gesamtbetrachtung der Technologieauswahl und -beschaffung mit einbezogen werden, erfolgt keine ganzheitliche Kostenbetrachtung. Weitere Aspekte wie:

- höhere Material- und Energieeffizienz,
- verbesserte Arbeitsschutzmaßnahmen,
- Vermeidung schwer zu reinigender Abwässer,
- Verminderung gefährlicher Abfälle

spielen meist ebenfalls eine untergeordnete Rolle. Erst im laufenden Betrieb werden auftretende Probleme nach alter Manier durch kostenträchtige End-off-Pipe-Lösungen behoben. Material- und energieeffiziente Technologien und Produktionsverfahren tragen wesentlich zu einem umweltorientierten Betrieb bei. Wichtige Fragen beziehen sich auf die:

- betriebliche Organisation,
- Herstellungsverfahren,
- Stand der Technik,
- Qualitätsmanagement.

Betriebliche Organisation

- Wie und von wem werden etwaige Umweltauswirkungen im Voraus für jedes neue oder geänderte Verfahren beurteilt?
- Wie berücksichtigen Sie Umweltaspekte bei der Einführung neuer Technologien?
- Welche umweltfreundlichen Technologien haben Sie in den letzten Jahren eingeführt?
- Wie informieren Sie sich über mögliche Umweltschutzmaßnahmen und Verbesserungen für ihre Produktionsverfahren?
- Wie, von wem und nach welchen Kriterien werden bisher eingesetzten Technologien und Fertigungsverfahren auf ihre Umweltverträglichkeit hin überprüft?
- Über welche Marktinformationen zum Stand der Technik verfügen Sie?
- Besteht eine Auflistung umweltrelevanter Produktions- und Fertigungsverfahren nach Art, Standort, Genehmigung, z. B. in Form eines Anlagenkatasters?
- Welche Lastenhefte zur Beschaffung umweltfreundlicher Technologien existieren?
- Wie berücksichtigen Sie Umweltaspekte bei der Inbetriebnahme von Anlagen?

Herstellungsverfahren

- Geben Sie einen Überblick über den Materialfluss und die technischen Abläufe innerhalb der Produktion und des Unternehmens.
- Welche technischen Verfahren setzen Sie zur Herstellung des Produkts ein?
- In welchem Maß sind die Herstellungsprozesse umweltbelastend?
- Wie können Produktionsverfahren umweltfreundlicher gestaltet werden?
- Welche umweltfreundlicheren Produktionsverfahren kämen für ihr Produkt in Betracht?
- Wie lassen sich die Produktionsprozesse optimieren?
- Von welchen Anlagen gehen in ihrem Betrieb die größten Umweltauswirkungen aus?
- Welche Überwachungs- und Instandhaltungspläne liegen für alle umweltrelevanten Anlagen und Einrichtungen vor?
- Von wem wird die regelmäßige Überwachung und Instandhaltung durchgeführt und wie wird sie dokumentiert?
- Sind in den Überwachungsplänen auch die Überwachungsbedingungen mit ihren Akzeptanzkriterien ausreichend beschrieben?
- Wie schulen Sie Mitarbeiter, die umweltrelevante Anlagen betreuen?
- Welche Maßnahmen ergreifen die Mitarbeiter bei Abweichungen vom Normalbetrieb?
- Existiert ein RI-Fließbild aller Rohrleitungen?
- Existiert ein Layout ihrer Fertigungseinrichtungen?
- Welche Schadstoffe/Abfälle setzen die Produktionsabteilungen frei?
- An welchen Anlagen treten in ihrem Betrieb diese Umweltbelastungen auf?

Stand der Technik

- Wie wird der Einsatz einer abfallarmen Technologie sichergestellt?
- Auf welchem Wege werden weniger gefährliche Stoffe ausgewählt und eingesetzt?

- Wie werden im Verfahren anfallende Reststoffe und Abfälle zurückgewonnen und wiederverwertet?
- Beschreiben Sie den besten verfügbaren Stand der Technik für ihre Herstellungsverfahren.
- Wie informieren Sie sich regelmäßig über technologische Fortschritte und neue wissenschaftliche Erkenntnisse?
- Wie bewerten Sie die im Prozess auftretenden Umweltauswirkungen?
- Wann wurden die Anlagen in Betrieb genommen?
- Welche Investitionsbetrachtungen haben Sie für die Einführung einer besseren verfügbaren Technik durchgeführt?
- Wie ist die Material- und Energieeffizienz ihrer Prozesse?
- Wie lässt sich die Ressourceneffizienz der Herstellungsprozesse verbessern?
- Wie lassen sich die von den Anlagen ausgehenden Gefahren für Mensch und Umwelt verringern?
- Wie kann im gegenwärtigen Produktionsprozess Unfällen vorgebeugt werden?
- Wie informieren Sie sich über die neuesten besten verfügbaren Techniken (BVT)?

Qualitätsmanagement

- Wie werden Kundenanforderungen bzgl. Qualitätsmanagement berücksichtigt?
- Wie ist die Prozessstabilität und -leistung der Fertigungsprozesse einzustufen?
- Welche Qualitätsparameter werden erfasst?
- In welchem Zusammenhang stehen die Qualitätsparameter mit den Umweltaspekten und -auswirkungen der Prozesse?
- Wie hoch sind die Produktausbeuten bzw. Nacharbeiten?
- Was geschieht mit Ausschussteilen (Verschrottung)?
- Welche ökonomischen und ökologischen Auswirkungen sind damit verbunden?
- Welche Kompetenzen besitzen die Mitarbeiter zur Überwachung der Produktqualität und Prozessstabilität?

11.4.7 Materialwirtschaft und Logistik

Die umweltorientierte Beschaffung von Materialien, Hilfs- und Betriebsstoffen spielt eine immer wichtiger werdende Rolle. So sprechen Kunden beispielsweise Verbote bzgl. des Einsatzes bestimmter Stoffe aus. Teilweise müssen die eingesetzten Hilfs- und Betriebsstoffe speziell vom Kunden freigegeben werden. Neben den Kundenvorgaben tritt der Arbeits-, Gesundheits- und Umweltschutz immer stärker in den Vordergrund. So sind besonders gefährliche Stoffe durch weniger gefährliche Materialien zu ersetzen.

Die zu beschaffenden Materialmengen wirken sich auf die Kapitalbindung und die Lagerhaltung im Unternehmen aus. Handelt es sich bei den Materialien um gefährliche Stoffe oder Erzeugnisse, sind rechtliche Auflagen bei der Lagerung einzuhalten. So können gerade die Gefahrstofflläger anzeige- oder genehmigungspflichtig werden. Dies verursacht sowohl einen höheren administrativen als auch technischen Aufwand. Durch die Erfassung der für eine reibungslose Produktion benötigten Mengen kann eine Festlegung für die minimalen und maximalen Lagermengen ermittelt werden. Eine Optimierung der Beschaffungskosten ist in vielen Fällen angezeigt.

Was die Kunden von unserem Unternehmen erwarten, erwarten wir auch von unseren Lieferanten. Diese müssen kompetente Ansprechpartner benennen und die Umwelt- und Arbeitssicherheitsstandards einhalten. Sie sind zur Einführung entsprechender Managementsysteme zu verpflichten.

Viele Anlagen unterliegen einer Überwachungs- oder Prüfpflicht, die häufig durch externe Dienstleister abgedeckt wird. Im Beschaffungsprozess müssen die zugrunde liegenden Fach- bzw. Sachkundenachweise für diese Tätigkeiten bekannt sein. Es dürfen nur solche Dienstleister beauftragt werden, die diese Nachweise erbringen können. Um dies sicherstellen, ist eine enge Zusammenarbeit zwischen den Fachleuten des eigenen Unternehmens (z. B. Fachkraft für Arbeitssicherheit, Gewässerschutzbeauftragten, Immissionsschutzbeauftragten) und dem Bereich Beschaffung notwendig.

Die Logistik ist dafür verantwortlich, dass Produkte unbeschädigt und fristgerecht beim Kunden ankommen. Somit spielt die Auswahl der geeigneten Verpackungen eine grundlegende Rolle. Es ist abzuwägen, wie viel Verpackung notwendig ist und welche Verpackungsmaterialen für das Produkt geeignet sind. Andererseits muss auch beachtet werden, dass Verpackungen nach dem Ende ihrer Bestimmung zu Abfällen werden. Eine ordnungsgemäße Entsorgung verursacht somit entsprechende Kosten. Seit Jahren versucht man diesem Sachverhalt durch den Einsatz von Mehrwegverpackungen gerecht zu werden. In wie weit dieses Einsparpotenzial ausgeschöpft ist, ist im Rahmen der betrieblichen Weiterentwicklung zum Thema Ressourcenschonung zu überprüfen.

Der Just-in-time-Gedanke prägt das wirtschaftliche Handeln. Damit die Kunden zum gewünschten Termin beliefert werden können bedarf es einer Betrachtung der gesamten unternehmensinternen Prozessabläufe vom Auftragseingang über die Arbeitsvorbereitung, die Produktfertigung, das Lagerwesen bis hin zum Versand. Um eine erfolgreiche Prozessoptimierung durchführen zu können, ist der gesamte Ablauf ganzheitlich und abteilungsübergreifend zu bewerten. So lassen sich z. B. Qualitätsdaten, Durchlaufzeiten oder innerbetriebliche Lagerbestände im Sinne des Kanban als Parameter zur Prozessoptimierung heranziehen.

Zur Herstellung von Produkten und der dazu notwendigen Fertigungsverfahren müssen Roh-, Hilfs-, Betriebsstoffe (RHB-Stoffe) und Anlagen beschafft werden. Lieferanten sind daher in eine umweltorientierte Betriebsführung zu integrieren. In diesem Zusammenhang müssen folgende Cluster berücksichtigt werden:

- Bedarfsdeckung,
- Lieferanten (Dienstleister/ausgelagerte Prozesse),
- Transport und Versand.

Bedarfsdeckung

- Welche Unterlagen existieren, die Angaben über Umweltanforderungen an das zu beschaffende Produkt/die Dienstleistung enthalten?
- Nach welchen Richtlinien werden angelieferte Waren auf einzuhaltende Anforderungen bzgl. des Arbeits- und Umweltschutzes überprüft?
- In welchem Maß hat der Umweltschutzbeauftragte Mitspracherecht bei der Beschaffung umweltrelevanter Anlagen, Produkte, Stoffe und Dienstleistungen?
- Welche konkreten Einkaufsbedingungen gibt es für gefährliche oder umweltgefährdende Stoffe?
- Gibt es eine Zusammenstellung von Stoffen oder Produkten, die generell nicht bestellt werden dürfen?
- Welche Kriterien wurden für einen umweltgerechten Einkauf festgelegt?

Lieferanten (Dienstleister/ausgelagerte Prozesse)

- Nach welchen umweltrelevanten Kriterien werden ihre Lieferanten/Dienstleister ausgewählt?
- In welchem Maß spielen Umweltschutzaspekte bei der Lieferantenauswahl eine Rolle?
- Von wem wurden Lieferanteninformationen bzgl. Umweltmanagement angefordert und zusammengestellt?
- In welchem Maß werden bereits vorliegende Erfahrungen mit den Lieferanten (z. B. Qualität, Liefertreue) in die Beurteilung einbezogen?
- Wie und von wem werden die Lieferantenverträge auf umweltrelevante Aspekte überprüft und welches sind die Prüfkriterien?
- Wie wird verfahren, wenn Lieferanten die Umweltvorschriften offensichtlich nicht einhalten?
- Wie stellen Sie sicher, dass Konsequenzen getroffen werden, wenn Lieferanten auch nach wiederholten Beanstandungen den bestehenden Umweltschutzanforderungen nicht nachkommen?
- Wie informieren Sie ihre Lieferanten über die Umweltpolitik ihres Unternehmens?
- Wie überprüfen Sie die Umweltleistung ihrer Lieferanten bzgl. deren Herstellungsverfahren und Einrichtungen?
- Wie werden Umweltaspekte und -auswirkungen im Kontext der Lieferanten berücksichtigt?
- Wie sind die Führungs- und Mitarbeiterkompetenzen beim Lieferanten einzustufen?
- Über welche Prozessfähigkeiten/-leistungen verfügen die Lieferanten?
- Welche Anforderungskataloge an Lieferanten existieren?
- Wie werden die an Lieferanten/Dienstleister ausgelagerten Prozesse in eine Umweltbewertung einbezogen?

- Wie lässt sich die Umweltleistung bei ausgelagerten Prozessen verbessern?
- Wie werden ausgelagerte Prozesse auditiert und bewertet?

Transport und Versand

- Welche Transportarten benötigen Sie für ihre betrieblichen Aktivitäten?
- Wie und von wem werden die einzelnen Transportarten auf ihr Umweltpotenzial und auf mögliche Alternativen hin untersucht?
- Wie stellen Sie sicher, dass die Anforderungen der Verpackungsverordnung für Transportverpackungen, Umverpackungen und Verkaufsverpackungen umgesetzt werden?
- Welche Produkte können Sie in Mehrwegbehältern ausliefern?
- Welche Produkte liefern Sie in Einweggebinden aus?
- Wer hat letztendlich die Entscheidungsbefugnis über die Wahl des Transportmittels?
- Wie wird sichergestellt, dass alle gesetzlichen Auflagen für den internen und externen Transport, insbesondere die Regelungen der Gefahrgutverordnung, eingehalten werden?
- Wie und von wem werden die beauftragten Transportunternehmen auf Kompetenz und Seriosität geprüft?
- Wer ist für die ordnungsgemäße Ausstellung der Transportpapiere und deren Kontrolle verantwortlich?

11.4.8 Personal und Schulung

Hochwertige Produkte mit schlecht qualifizierten Mitarbeitern zu produzieren, wird auf Dauer zum Scheitern verurteilt sein, stellt doch das Know-how der Mitarbeiter ein wichtiges Unternehmenskapital dar. Schon bei der Mitarbeiterauswahl ist es notwendig, die für den Arbeitsplatz benötigten Qualifikationen zu erfassen und bei der Besetzung der Arbeitsstelle zu berücksichtigen. Mitarbeiter mit einer niedrigeren Qualifikation können die geforderten Tätigkeiten nur erfüllen, wenn die fehlenden Kenntnisse durch entsprechende Weiterbildungsmaßnahmen vermittelt werden.

Neben rechtlich vorgeschriebenen Schulungsinhalten (z. B. Arbeitsschutz) sind die Mitarbeiter auch im Umweltschutz entsprechend zu qualifizieren. Ihnen muss die Bedeutung ihrer Tätigkeiten und deren Auswirkungen auf die Umwelt bewusst gemacht werden. So ergeben sich vielfältige Anforderungen an die Schulungs- und Weiterbildungsmaßnahmen. Um diese Anforderungen im Unternehmen strukturiert umsetzen zu können, bietet sich der Aufbau einer Qualifikationsmatrix an. Der Aufbau dieser Matrix erfordert eine enge Zusammenarbeit zwischen Führungskräften, Mitarbeitern und der Personalabteilung.

Durch die Einführung von Mitarbeitergesprächen mit Zielvereinbarung und Förderung des Entwicklungspotenzials der Mitarbeiter kann deren Weiterentwicklung gezielt unterstützt werden. Das entsprechende Personalentwicklungskonzept ist arbeitsplatz- und mitarbeiterspezifisch zu entwickeln und umzusetzen. Nur mit motivierten Mitarbeitern lässt sich eine zukunftsweisende, nachhaltige Entwicklung des Unternehmens bewerkstelligen. Dazu müssen die Mitarbeiter für ihr jeweiliges Aufgabengebiet unterwiesen und geschult werden. Folgende Fragencluster sind zu bearbeiten:

- Mitarbeiter,
- Schulung,
- Kompetenzen.

Mitarbeiter

- Wie werden Umweltschutzbelange in ein Verbesserungsvorschlagswesen einbezogen?
- Wie versuchen Sie bei ihren Mitarbeitern in allen Bereichen das Verantwortungsbewusstsein für die Umwelt zu fördern?
- Wie informieren Sie ihre Mitarbeiter über den betrieblichen Umweltschutz?
- Wie motivieren Sie ihre Mitarbeiter zu umweltbewusstem Verhalten am Arbeitsplatz?
- Welche Anweisungen für umweltrelevante Tätigkeiten sind am jeweiligen Arbeitsplatz der Abteilung verfügbar?
- Wie stehen die Mitarbeiter dem Umweltschutz gegenüber?

Schulung

- Welches sind die hauptsächlich zu unterweisenden umweltrelevanten Zielgruppen im Unternehmen?
- Wie ist sichergestellt, dass die gesetzlich vorgeschriebenen Mitarbeiterschulungen innerhalb der vorgeschriebenen Zeiträume durchgeführt werden?
- Nennen Sie die Mindestanforderungen an Kenntnissen und die Ausbildungsinhalte für diese Zielgruppen?
- Existiert ein Schulungsplan, aus dem sich die folgenden Angaben – Mitarbeiter, Kostenstelle/Tätigkeit, Schulungsinhalt, Datum, Dauer – ermitteln lassen?
- Von wem werden die erforderlichen internen bzw. externen Schulungen durchgeführt?
- Welche Schulungszertifikate liegen vor?
- Wie werden neue Mitarbeiter über den Umweltschutz und die Umweltpolitik im Unternehmen informiert?

Kompetenzen

- Über welche Ausbildung verfügen Mitarbeiter, die umweltrelevante Tätigkeiten ausführen?
- Welche einschlägigen Berufserfahrungen haben die einzelnen Mitarbeiter?
- Wie wird der Personalentwicklungsbedarf für die Mitarbeiter ermittelt?
- Welcher Kompetenzentwicklungsplan existiert im gesamten Unternehmen für Führungskräfte und Mitarbeiter?

- Wie haben sich die Mitarbeiterkompetenzen in den letzten Jahren entwickelt?
- Wie wird nach einer Fortbildungsmaßnahme der Transfer des neuen Wissens in die Praxis sichergestellt?

11.4.9 Betriebswirtschaft

Die Betriebswirtschaft steuert die Finanzlage und -entwicklung eines Unternehmens. Wichtige Fragen beziehen sich auf die:

- betriebliche Organisation,
- Kosten/Finanzen,
- Umweltleistungen/-controlling.

Betriebliche Organisation

- Wer ist für das (Umwelt-)Controlling im Unternehmen verantwortlich?
- Welche Informationen werden im Rahmen des Controllings erhoben?
- Woher stammen die Daten und Zahlenangaben?
- Wer ist für die Datenerfassung, Qualitätskontrolle und Aufbereitung zuständig?
- Welche Planzahlen liegen vor?
- Welche Maßnahmen werden bei Soll-Ist-Abweichungen ergriffen?

Kosten/Finanzen

- Über welches Budget verfügt ihr Unternehmen, das ausschließlich für den Umweltschutz vorgesehen ist?
- Wie werden die (wesentlichen) Verursacher von Umweltkosten im Unternehmen ermittelt?
- Wie werden die Kosten (z. B. Abfall, Energie) verursachergerecht umgelegt?
- Wie werden die durch Qualitätsmängel verursachten Verluste erfasst?
- Wie hoch sind ihre Kosten wegen mangelnder Produktqualität?
- Welche Einsparungen wurden in den letzten Jahren durch Verbesserungsvorschläge erzielt?

Umweltleistung/-controlling

- Welche Umweltcontrolling-Instrumente verwenden Sie?
- Wie hat sich die Umweltleistung bzgl. der direkten Umweltaspekte/-auswirkungen entwickelt?
- Welchen Einfluss haben die indirekten Umweltaspekte auf die Umweltleistung?
- Wie werden Umweltaspekte in der Leistung von Prozessen berücksichtigt?

- Welche Kennzahlen verwenden Sie zur Messung der Umweltleistung?
- Wie wird regelmäßig über die Umweltleistung Bericht erstattet?
- Wie werden die verantwortlichen Führungskräfte über die Umweltleistung ihres Bereichs informiert?
- Wie sieht die Ressourceneffizienz (Material, Energie) in den einzelnen Prozessen und für das gesamte Unternehmen aus?

11.4.10 Gefahrstoffe/Biologische Arbeitsstoffe/Gefahrgut

Gefahrstoffe spielen im Unternehmen die zentrale Rolle bzgl. umweltrelevanter Fragestellungen. Sie sind in der Regel Auslöser für wesentliche Umweltauswirkungen, da Gefahrstoffe alle Unternehmensprozesse von der Beschaffung bis hin zur Entsorgung beeinflussen.

Bereits bei der Auswahl von Roh-, Betriebs- und Hilfsstoffen ist auf die Gefährlichkeit der ausgewählten Materialien zu achten. Vor der Beschaffung muss geprüft werden, ob eine Notwendigkeit zum Einsatz von Gefahrstoffen mit hohem Gefährdungspotenzial besteht. Wenn möglich, sind Stoffe mit einem niedrigerem Gefährdungspotenzial zu verwenden. Um Wildwuchs beim Einsatz gefährlicher Stoffe zu vermeiden, wurde in den Unternehmen vielfach ein Gefahrstofffreigabeprozess etabliert.

Das Gefährdungsrisiko beginnt bereits im Wareneingang und setzt sich über die Lagerung, die Verwendung bis hin zur Entsorgung fort. Je nach Gefährdungsmerkmalen unterliegen die Gefahrstoffläger einer Mengenlimitierung, d. h. ab bestimmten Lagermengen sind besondere Schutzmaßnahmen vorzusehen. Diese Maßnahmen sind mit Anzeige-, Genehmigungs- und Prüfpflichten gekoppelt.

Bei der Verwendung von Gefahrstoffen steht neben dem Umweltschutz der Schutz der Mitarbeiter im Vordergrund. Zu deren Schutz sind neben technischen und organisatorischen Maßnahmen auch das zur Verfügung stellen und Tragen von persönlicher Schutzausrüstung, Überwachungsmessungen am Arbeitsplatz und arbeitsmedizinische Vorsorgeuntersuchungen umzusetzen. Diese Anforderungen bedeuten für das Unternehmen erhöhte Aufwendungen, die sehr häufig durch Gefahrstoffe mit niedrigerem Gefährdungspotenzial reduziert werden können.

Nach Gebrauch der Gefahrstoffe müssen diese entsorgt werden. Aufgrund ihrer Eigenschaften werden sie häufig zu gefährlichen Abfällen, so dass sowohl an die Zwischenlagerung als auch an die Entsorgung entsprechende Anforderungen zu stellen sind. Werden alle genannten Faktoren sorgfältig beachtet, ist es oft sinnvoll und hilfreich sich bereits im Vorfeld genauere Überlegungen bzgl. Auswahl und Einsatz von Gefahrstoffen zu machen.

Eines der größten Probleme im Umweltschutz von Unternehmen stellt der unkontrollierte Einsatz von Gefahrstoffen dar. Von daher bedürfen sie einer besonderen Aufmerksamkeit. Notwendige Fragen befassen sich mit folgenden Aspekten:

- betriebliche Organisation,
- Gefahrstoffeinsatz und -verwendung,

- Gefahrstofflagerung,
- Biologische Arbeitsstoffe,
- Gefahrgut.

Betriebliche Organisation

- Wer ist für die Einhaltung der Gefahrstoffverordnung verantwortlich? Das betrifft den Umgang mit Gefahrstoffen sowie die innerbetriebliche Freigabe, den Einkauf, und die Lagerung von Gefahrstoffen.
- Wer erstellt Betriebsanweisungen?
- Für welchen Anteil aller eingesetzten Gefahrstoffe existieren aktuelle Sicherheitsdatenblätter?
- Wie ist eine regelmäßige Aktualisierung der Sicherheitsdatenblätter gewährleistet und wer veranlasst die Aktualisierung?
- Wer ist für die Überprüfung von Beschaffungsdokumenten für gefährliche Stoffe zuständig?
- Wer ist bei der Entwicklung eines neuen Produkts dafür verantwortlich, dass eingesetzte Gefahrstoffe bewertet werden?
- Wer ist beim Einsatz eines neuen oder geänderten Verfahrens dafür verantwortlich, dass eingesetzte Gefahrstoffe bewertet werden?
- Wie ist sichergestellt, dass die eingesetzten Gefahrstoffe möglichst durch weniger gefährliche Stoffe ersetzt werden?
- Wie wird die Wareneingangskontrolle für angelieferte Gefahrstoffe durchgeführt?
- Wer ist für die Lagerentnahme von Gefahrstoffen verantwortlich?
- In welcher Form und wie oft werden Mitarbeiter im Umgang mit Gefahrstoffen unterwiesen und geschult? Wer ist dafür verantwortlich?
- Wie wird sichergestellt, dass aus Gesundheitsgründen von den Mitarbeitern beim Umgang mit Gefahrstoffen ein generelles Ess-, Trink- und Rauchverbot eingehalten wird?
- Wie werden die arbeitsmedizinischen Pflicht- und Angebotsuntersuchungen organisiert und durchgeführt?
- Enthalten die Prozessanweisungen/Arbeitsanweisungen Hinweise über Gefahrstoffe und sind diese für alle Mitarbeiter verständlich und zu jeder Zeit verfügbar?
- In welchen Zeitabständen und von wem werden Sicherheitsbegehungen durchgeführt (Teilnehmer, Bereiche/Abteilungen)?

Gefahrstoffeinsatz und -verwendung

- Führen Sie ein Gefahrstoffverzeichnis (Bezeichnung, Einstufung, Mengenbereiche im Betrieb, Arbeitsbereiche), in denen mit dem Gefahrstoff umgegangen wird?
- Welche Informationen werden beim Umgang mit Gefahrstoffen zur Prüfung einer eventuellen Gefährdung genutzt?
- Überprüfen Sie gemäß der Substitutionsverpflichtung die Verwendung der Gefahrstoffe?

- Welche Maßnahmen zur Reduzierung oder zum Ersatz der eingesetzten Gefahrstoffe ergreifen Sie?
- Wie werden die Fachkraft für Arbeitssicherheit und/oder der Betriebsarzt bei Auswahl, Einsatz und Verwendung von Gefahrstoffen einbezogen?
- Wie wird der Einsatz von krebserzeugenden, erbgutverändernden, fortpflanzungsgefährdenden Gefahrstoffen (CMR-Stoffe) reduziert?
- Welche gefährliche und gesundheitsrelevante Reaktionsprodukte/Nebenprodukte/Abfälle können bei einem Herstellungsprozess aus den eingesetzten Ausgangsmaterialien entstehen?
- Wie wird sichergestellt, dass Behälter/Gefäße für Gefahrstoffe mit allen erforderlichen Angaben zum Umgang und zur Lagerung mit den neuesten Vorgaben gekennzeichnet sind?
- Wer ist für die Handhabung der Kennzeichnung verantwortlich?
- Welche Sicherheitsvorkehrungen sind für die Verpackung von Gefahrstoffen vorgesehen?
- Wie werden bei auftretenden Gefahren durch Gefahrstoffe Schutzmaßnahmen unverzüglich eingeleitet?
- Welche Hygienemaßnahmen sind im Umgang mit Gefahrstoffen einzuhalten?

Gefahrstofflagerung

- Wo werden in Ihrem Betrieb Gefahrstoffe gelagert?
- Wie stellen Sie sicher, dass alle Lagerorte, an denen sich Gefahrstoffe befinden, eindeutig nach den neuesten Vorgaben gekennzeichnet sind?
- Welche speziellen Sicherheitseinrichtungen existieren für die einzelnen Gefahrstofflä-ger?
- Wer hat Zugang zu den Gefahrstofflägern?
- Wie und durch wen wird sichergestellt, dass nur die unbedingt notwendige Menge an Gefahrstoffen vorrätig ist?
- Wie und durch wen wird sichergestellt, dass entnommene Mengen eindeutig erfasst werden?
- Welche gesetzlich vorgeschriebenen Mengenschwellen und Zusammenlagerungsverbote existieren für alle eingelagerten Gefahrstoffe? Wie wird die Beachtung dieser rechtlichen Vorschrift sichergestellt?
- Wie stellen Sie eine getrennte Lagerung von Neuware und Altstoffen sicher?
- Wie wird sichergestellt, dass die Lagerung von Gefahrstoffen an allen Stellen im Betrieb und zu jeder Zeit nach dem Stand der Technik erfolgt?
- Welche vorbeugenden Brandschutzmaßnahmen wurden getroffen um sicherzustellen, dass durch den Brand von Gefahrstoffen keine unkontrollierbaren Gefahrensituationen entstehen können?
- Welche verbindlichen Vorschriften gibt es für den internen Transport von Gefahrstoffen?

Biologische Arbeitsstoffe

- Welche Tätigkeiten unterliegen der Biostoffverordnung?
- Welche gezielten und nicht gezielten Tätigkeiten werden durchgeführt?
- Welche Hygienemaßnahmen werden ergriffen?
- Welche technischen, organisatorischen und personellen Schutzmaßnahmen werden ergriffen?
- Welche Ergebnisse liefert die Gefährdungsbeurteilung?
- Wie und nach welchen Unterlagen wird die Unterweisung der Mitarbeiter durchgeführt?

Gefahrgut

- Welche gefährlichen Güter werden transportiert?
- Wie wird den Anforderungen des Gefahrgutrechts entsprochen?
- Wer ist als Gefahrgutbeauftragter bzw. verantwortliche Person bestellt?
- Wie werden der Gefahrgutbeauftragte und die verantwortlichen (beauftragten) Personen geschult?
- Wie werden die Mitarbeiterschulungen durchgeführt?
- Wie werden die Gefahrguteinrichtungen regelmäßig geprüft?
- Welche Schulungs-, Prüfnachweise und Berichte liegen vor?

11.4.11 Lärm und Vibrationen

Lärm spielt im Alltag eine allgegenwärtige Rolle. Da Menschen ständig Lärmeinwirkungen ausgesetzt sind, wird das Thema Lärm/Vibrationen in Rechtsvorschriften sowohl im unternehmensinternen Bereich (Schutz der Mitarbeiter) als auch im unternehmensexternen Bereich (Nachbarschaft) berücksichtigt. Hier steht bei allen betroffenen Gruppen der Gesundheitsschutz im Vordergrund.

Lärm- und Vibrationsbelastungen lassen sich am einfachsten an ihrer Wurzel behandeln, d. h. schon bei der Beschaffung von Anlagen und Technologien muss ein gezieltes Augenmerk auf diese Themen gerichtet werden. Sekundärmaßnahmen zur Minderung von Lärm und Vibrationen sind in der Regel mit einem hohen technischen Aufwand, wie Schallschutzkabinen, räumliche Schalldämmmaßnahmen, etc. verbunden und damit kostenträchtig.

Lärm- und Vibrationsbelastungen führen nicht erst ab Erreichen der gesetzlichen Grenzwerte zu körperlichen Beeinträchtigungen. Sie können schon unterhalb der Grenzwerte Konzentrationsstörungen und somit auch eine verminderte Leistungsfähigkeit beim Mitarbeiter auslösen. Psychosomatische Erkrankungen und Ausfallzeiten der Mitarbeiter sind häufig auf solche Belastungen zurückzuführen.

Sind Nachbarn von Lärm und/oder Vibrationen betroffen, schalten diese häufig die zuständigen Behörden ein. Bei berechtigten Beschwerden sind umfangreiche und teilweise teure Maßnahmen zur Beseitigung der Ursachen vom Unternehmen umzusetzen. Eine vorbeugende Betrachtung dieses Umweltaspektes trägt somit frühzeitig zur Vermeidung späterer Nachteile bei.

Lärm, Erschütterungen und Vibrationen sind schwer einzudämmende Umweltaspekte. Von daher müssen sie vorbeugend untersucht und bereits frühzeitig durch eine entsprechende Gestaltung der Prozesse minimiert werden. Es sind:

- betriebliche Organisation,
- Lärmaufkommen und
- Prozesse und Technologien

zu berücksichtigen.

Betriebliche Organisation

- Wer ist für den Immissionsschutz, insbesondere den Lärm betreffend, verantwortlich?
- Wie stellen Sie sicher, dass alle wichtigen Lärm-/Vibrationsquellen identifiziert und gemessen werden?
- Durch wen wird die regelmäßige Überwachung der Lärmemissionen sichergestellt?
- Welche Eigenkontrollen werden im Rahmen des Immissionsbereichs Lärm/Vibrationen durchgeführt?
- Wie und von wem werden die Messgeräte zur Lärmüberwachung geprüft und kalibriert?
- Wie stellen Sie sicher, dass die Mitarbeiter, die die Messungen durchfuhren über die nötige Fachkenntnis verfügen?
- Wer ist für die ordnungsgemäße Dokumentation der Lärm-/Vibrationsmessungen verantwortlich?
- Werden relevante Lärmemissionen behördlich überwacht? Liegen behördliche Auflagen vor? Wenn ja, welche?

Lärmaufkommen

- Welche relevanten Lärm-/Vibrationsquellen existieren in ihrem Unternehmen?
- Sind diese in Form eines Katasters (Kostenstelle, Anlage, gemessener Schalldruckpegel, zulässiger Schalldruckpegel, etc.) erfasst?
- Welche Maßnahmen wurden ergriffen, um Lärm/Erschütterungen/Vibrationen zu reduzieren?
- Gab es Grenzwertüberschreitungen in den letzten Jahren? Wenn ja, welche?
- Gab es Beschwerden von Nachbarn über Lärmbelästigungen?

- Welches behördliche Vorgehen gab es in der Vergangenheit wegen Lärmemissionen?
- Welche behördlichen Auflagen liegen vor?
- Welche relevanten Lärmimmissionen werden behördlicherseits überwacht?
- Gibt es in Ihrem Betrieb lärmbedingte Erkrankungen von Mitarbeitern?

Prozesse und Technologien

- Welche Schutzmaßnahmen bzw. Technologien haben Sie eingeführt, um Lärm/Vibrationen auf den zulässigen Pegel zu begrenzen?
- Wie stellen Sie sicher, dass dieser Pegel auch wirklich eingehalten wird?
- Welche weiteren Lärmschutzmaßnahmen sind geplant?
- Wie schützen Sie ihre Mitarbeiter gegen entsprechende Emissionen?
- Wie wird bei der Konzeption, Planung oder Entwicklung einer neuen Anlage auf entsprechende Reduktion der Lärm-/Vibrationspegel geachtet?
- Wie und durch wen ist die regelmäßige Wartung aller Anlagen und Anlagenteile, die starken Lärm/Vibrationen verursachen können, sichergestellt?
- Wie wird sichergestellt, dass der durch defekte Anlagen oder Anlagenteile entstehende Lärm sofort behoben wird?
- Welche Lärmmessungen finden auch außerhalb des Betriebsgeländes statt?

11.4.12 Energie

Beim Einsatz von Energie spielen Kosten die entscheidende Rolle. Um die Energieeffizienz des Unternehmens zu erhöhen, ist eine Erfassung des Ausgangszustands im Energiesektor notwendig. Häufig existieren nur wenige Messstellen, so dass eine detaillierte Bewertung der Hauptenergieverbrauchsstellen schwierig ist. Hier ist es notwendig, sich eine Übersicht über die betriebliche Situation zu verschaffen und eventuell weitere Messstellen aufzubauen. Durch eine sorgfältige Planung erhält man so eine gute Datenbasis, aus der sich Optimierungspotenziale ableiten lassen. Viele Unternehmen scheuen den anfangs notwendigen Aufwand, mit dem sich die notwendige Transparenz herstellen lässt.

Ein weiterer Punkt der bei der betrieblichen Energiesituation unterschätzt wird, ist die Bedeutung des Beschaffungsprozesses. Oft werden Anlagen unter dem Gesichtspunkt geringer Investitionskosten beschafft. Aus ökologischer Sicht ist es jedoch notwendig sich verstärkt mit den Energieverbräuchen und den laufenden Betriebskosten der Anlagen auseinander zu setzen. Ebenso besteht die Notwendigkeit sich mit Fragen der Instandhaltung und Wartung zu beschäftigen. Diese Arbeiten gewährleisten, dass die Anlagen in einem energetisch optimalen Zustand betrieben werden.

Nicht zuletzt spielt das Mitarbeiterverhalten beim Anlagenbetrieb eine wichtige Rolle. Durch prozessorientiertes Mitarbeiterverhalten lassen sich oft Energiekosten einsparen, ohne dass das Unternehmen Investitionen tätigen muss. Das Zusammenspiel von Investitionen, Überprüfung der Unternehmensprozesse und die Motivation von Mitarbeitern führen regelmäßig zur Reduzierung der Energieverbräuche und damit auch der Kosten. Gleichzeitig sorgt diese Vorgehensweise für ein nachhaltiges Wirtschaften des Unternehmens.

Der Energieverbrauch eines Betriebes ist direkt mit dem weltweiten Klimawandel verbunden. Jedes Unternehmen kann durch energieeffiziente Maßnahmen einen Beitrag in Richtung Nachhaltigkeit leisten. Fragen aus den Bereichen:

- betriebliche Organisation,
- Energieverbrauch,
- Prozesse und Technologien,
- Inspektion und Wartung

sind zu beantworten.

Betriebliche Organisation

- Wie sind die Verantwortlichkeiten im Bereich der innerbetrieblichen Energiewirtschaft geregelt?
- Welche Programme und Maßnahmenkataloge zur Senkung des Energieverbrauches gibt es?
- Welche Eigenkontrollen werden im Energiesektor durchgeführt?
- Wie stellen Sie sicher, dass alle Mitarbeiter zum Thema der rationellen Energienutzung ausreichend informiert und geschult werden?
- Welche Anweisungen über den schonenden Umgang mit Energie existieren für die Mitarbeiter des Unternehmens?
- Wie und durch wen sind die Überwachung der Energieverbräuche sowie die ordnungsgemäße Dokumentation geregelt?
- Wie stellen Sie sicher, dass der mit den Messungen betraute Mitarbeiter über die nötige Fachkenntnis verfügt?
- Welche Messstellen existieren, um die tatsächlichen Energieverbräuche zu erfassen?
- Welches Energiemanagementsystem existiert im Unternehmen?
- Welche Energieaudits wurden bisher durchgeführt? Was waren die Ergebnisse?
- Über welche Kompetenzen verfügte der durchführende Energieauditor?
- Welche Managementreviews incl. Ergebnisse wurden bisher im Energiebereich durchgeführt?
- Welche Erkenntnisse wurden aus Energieaudits und -reviews gewonnen?
- Wie hat sich durch diese Erkenntnisse die Energieeffizienz verbessert?
- Welche Konzepte und Strategien existieren, um auf erneuerbare, ressourcenschonende Energiequellen zu wechseln?

Energieverbrauch

- Gibt es eine Dokumentation über die Energieverbräuche und die wesentlichen Verbraucher z. B. in Form eines Energiekatasters?
- Welches sind die größten Energieverbraucher in Ihrem Unternehmen?
- Wie und durch wen wurde geprüft, ob durch Einführung alternativer Technologien oder anderer Maßnahmen die Energieverbräuche reduziert werden können?
- Welche aussagekräftigen Energieleistungskennzahlen liegen vor?
- Welche strategischen bzw. betrieblichen Energieziele hat sich das Unternehmen gesetzt?
- Wie wird die Erreichung der Energieziele regelmäßig überwacht und bewertet?
- Wie und durch wen wurde geprüft, ob auf ressourcenschonendere oder erneuerbare Energieträger umgestellt werden kann?
- Wie können Sie die Energieeffizienz ihres Unternehmens und der jeweiligen Prozesse belegen?
- Wie lässt sich die Energieeffizienz durch einen kontinuierlichen Verbesserungsprozess steigern?
- Wie werden Maßnahmen zur Steigerung der Energieeffizienz einer Erfolgskontrolle unterzogen?
- Welche Ressourcen werden für das Energiemanagement im Unternehmen zur Verfügung gestellt?

Prozesse und Technologien

- Was sind die energieintensivsten Anlagen und Prozesse?
- Welche betrieblichen Energieziele und Maßnamenpläne existieren für die energieintensivsten Bereiche?
- In welchem Maß spielt die Energieeffizienz bei der Planung, der Konstruktion und der Implementierung von Anlagen und Gebäuden eine Rolle?
- Wie und durch wen wurden mögliche Einsparungspotenziale z. B. durch den Einsatz erneuerbarer Energiequellen, durch Gebäudeisolation sowie den Einsatz anderer bzw. neuerer Verfahrenstechniken untersucht?
- Wie lässt sich durch Änderungen/Anpassungen der Prozesse die Energieeffizienz verbessern?
- Welche Möglichkeiten zur Nutzung von Prozesswärme existieren?
- Wie werden Leerlaufzeiten (Standby-Zeiten) reduziert?

Inspektion und Wartung

- Wie werden besonders energierelevante Prozesse und Anlagen regelmäßig überprüft und gewartet?
- Wie und durch wen ist die regelmäßige Inspektion und Wartung aller Messgeräte zur Energieüberwachung sichergestellt?

- Wie stellen Sie sicher, dass insbesondere ältere Anlagen und Anlagenteile regelmäßig auf ihre Energieverbräuche kontrolliert werden?
- Wie stellen Sie sicher, dass überhöhte Energieverbräuche durch defekte oder stark veraltete Anlagen oder Anlagenteile so schnell wie möglich behoben werden?

11.4.13 Wasser/Abwasser

Der sparsame Umgang mit der Ressource Wasser hat sich über die letzten Jahre in den Unternehmen etabliert. In der Praxis treten jedoch ganz andere Schwierigkeiten auf. Oft werden im Bereich der Abwasserbehandlung mit ihren anspruchsvollen Aufgaben Mitarbeiter ohne entsprechende berufliche Qualifikation beschäftigt. Hier ist es zwingend notwendig, diese Mitarbeiter so zu qualifizieren, dass sie ihre Tätigkeiten mit der notwendigen Sorgfalt durchführen können.

Entsprechende naturwissenschaftliche und technische Kenntnisse spielen hier eine entscheidende Rolle. Neben dem Anlagenbetrieb werden die Mitarbeiter häufig auch mit der Überwachung und Messung des einzuleitenden Abwassers betraut. Gerade bei der Wasseranalytik reicht eine kurze Einweisung nicht aus. Neben der Vermittlung des notwendigen Grundlagenwissens muss den Mitarbeitern auch die Bedeutung der Qualitätssicherung in der Abwasseranalytik vermittelt werden. Der Verbrauch von Wasser und der Anfall von mehr oder minder stark belastetem Abwasser gehören zu jeder wirtschaftlichen Unternehmensführung. Zur Schonung der Wasserressourcen sind daher Maßnahmen zu ergreifen. Fragen aus den Bereichen:

- betriebliche Organisation,
- Abwasseranfall und -behandlung,
- Prozesse und Technologien, sowie
- Wartung und Inspektion

sind für die Verbesserung der betrieblichen Wasserwirtschaft hilfreich.

Betriebliche Organisation

- Wer ist für die Wasser-/Abwasserwirtschaft im Unternehmen verantwortlich?
- Welche Eigenkontrollen werden im Rahmen des Umweltbereichs Wasser/Abwasser durchgeführt?
- Wer ist für die vorschriftsmäßige, regelmäßige Überwachung der Abwasserströme verantwortlich?
- Wie stellen Sie sicher, dass die mit der Abwasserüberwachung betrauten Mitarbeiter ausreichend informiert und geschult sind?
- Welche Arbeitsanweisungen und Informationen über den Umgang mit wassergefährdenden Stoffen sind im Unternehmen vorhanden?

- Ist ihr Betrieb Direkteinleiter oder Indirekteinleiter?
- Welche behördlichen Auflagen bestehen in Bezug auf die Reinigung und Einleitung von Abwasser?
- Wer ist für die Führung und Dokumentation eines Betriebstagebuches im Rahmen der Abwasserbehandlung verantwortlich?
- Wer kontrolliert und unterzeichnet regelmäßig das Betriebstagebuch?
- Wie stellen Sie sicher, dass in allen Bereichen grundsätzlich sparsam mit Wasser umgegangen wird?
- Wie oft und von wem werden die Messgeräte, Analysengeräte und Abwasserbehandlungsanlagen auf ordnungsgemäßen Zustand überprüft und instand gehalten?
- Über welche Fachkenntnisse verfügen die verantwortlichen Mitarbeiter?
- Welche Weiterbildungsmaßnahmen haben diese Mitarbeiter in den letzten Jahren besucht?

Abwasseranfall und -behandlung

- Welche Abwasserströme fallen im Betrieb an bzw. verlassen den Betrieb?
- Existiert ein Abwasserkataster mit Entstehungsort, Art, Menge, etc.?
- Welche internen Abwasserbehandlungen existieren im Betrieb?
- Werden Abwasserströme getrennt behandelt?
- Auf welche Parameter/Zusammensetzung wird das Abwasser regelmäßig intern untersucht?
- Aus welchen Prozessen stammen die Inhaltsstoffe des Abwassers?
- Welche Analysen werden von internen bzw. externen Stellen durchgeführt?
- Gab es Grenzwertüberschreitungen in den letzten Jahren? Wenn ja, welche?
- Wie werden die durch die Abwasseraufbereitung entstehenden Abfälle entsorgt?
- Wird Regenwasser getrennt von Labor- und Prozessabwässern abgeleitet?
- Wie und durch wen wird die öffentliche Kläranlage über die Abwasserzusammensetzung, den Einsatz wassergefährdender Stoffe und mögliche im Unglücksfall entstehende Stoffe informiert?
- Werden die Input- und Outputströme auf Plausibilität geprüft, um Einsparpotenziale zu identifizieren?

Prozesse und Technologien

- Wo und in welchen Mengen verwenden Sie Wasser im Betrieb? Herkunftsbereich (wie eigener Brunnen, öffentliche Trinkwasserversorgung, Oberflächenwasser), Verwendungsarten (Trinkwasser, Kühlwasser, Anlagen, Mengen), etc.
- Existiert ein Kataster (z. B. Gefahrstoffkataster), aus dem die Lager- und Einsatzorte von wassergefährdenden Stoffen entnommen werden können?
- Welche wassergefährdenden Stoffe können gegen weniger wassergefährdende Stoffe ersetzt werden?

- In welchem Maß wird bei der Anschaffung einer neuen Anlage, der Erweiterung bestehender Anlagen, der Planung neuer Prozesse und der Einführung neuer Produkte die Wasser-/Abwasserseite berücksichtigt?
- Wie stellen Sie sicher, dass die Anlagen zum Lagern, Abfüllen, Herstellen, Behandeln und Einsatz von wassergefährdenden Stoffen nach dem Stand der Technik betrieben werden?
- In welchem Maß werden Kreislaufverfahren und Wiederaufbereitungsverfahren angewandt?
- Wie und durch wen werden weitere Möglichkeiten zur Wassereinsparung und zur Verringerung der Schadstofffracht im Abwasser geprüft?
- Welche wassergefährdenden Neben- und Zwischenprodukte oder Abfälle können in den einzelnen Prozessen entstehen?
- Welche der entstehenden wassergefährdenden Stoffe können durch Prozessänderungen vermieden oder vermindert werden?

Wartung und Inspektion

- Wie und durch wen ist die regelmäßige Wartung der Abwasseranlagen geregelt?
- Wie stellen Sie sicher, dass das betriebsinterne Kanalnetz dicht ist?
- Liegt ein Kanalkataster o. ä. vor?
- Welche Rohrleitungen/Tanks existieren? Wie wird ihre Dichtigkeit sichergestellt?
- Welche Auffangräume für Fassläger und Container sind vorhanden?
- Wie stellen Sie sicher, dass entdeckte Leckagen sofort behoben werden?
- Wie wurde sichergestellt, dass alle Flächen, auf denen eine Verschüttung möglich ist, aus undurchdringlichen Materialien bestehen?
- Welche Rückhaltekapazitäten sind für eventuelle Betriebsstörungen (z. B. Löschwasser) vorhanden?

11.4.14 Abfall/Wertstoffe

Das Abfallrecht beschäftigt sich nicht nur mit der ordnungsgemäßen Abfallentsorgung. Heute steht vielmehr die Ressourcenschonung und Kreislaufführung der eingesetzten Materialien immer stärker im Vordergrund. Unternehmen müssen verstärkt einer ganzheitlichen Produktverantwortung von der Entwicklung über die Herstellung bis zur Entsorgung nachkommen können.

Schon im Entwicklungsprozess sind Abfallvermeidungsstrategien zu berücksichtigen und im Fertigungsprozess umzusetzen. Die umweltschonende Produktgestaltung verbunden mit einer abfallarmen Prozessorientierung wird daher für die Unternehmen immer wichtiger. Nach Ablauf der Nutzungsphase müssen sie entsprechende Recyclingstrategien umsetzen können.

Das Abfallrecht nimmt den Abfallerzeuger sehr stark in die Pflicht. Er bleibt für seinen Abfall bis zur endgültigen und ordnungsgemäßen Entsorgung in der Verantwortung. Die Unternehmen stellen deshalb entsprechend hohe Anforderungen an Entsorgungsunternehmen. Häufig haben sie interne Regelungen, nur mit zertifizierten Entsorgungsfachbetrieben zusammen zu arbeiten.

Dem Wunsch nach einer hochwertigen und gesetzeskonformen Entsorgung der Abfälle stehen jedoch die Kostenaspekte entgegen. Um diesen gegenläufigen Anforderungen gerecht zu werden, darf die Auswahl des Entsorgers nicht alleine dem Einkauf überlassen werden. Hier kommt es öfters zu unternehmensinternen Konflikten. In den Entscheidungsprozess ist unbedingt der Abfallbeauftragte mit einzubinden. Nur er verfügt über die notwendigen Kenntnisse, damit die ordnungsgemäße Entsorgung kostengünstig durchgeführt werden kann.

Ein Teil der eingesetzten Roh-, Hilfs- und Betriebsstoffen (RHB-Stoffe) wird prozesstechnisch bedingt zu Abfällen. Eine ordnungsgemäße betriebliche Abfallwirtschaft muss daher vom Unternehmen gewährleistet werden. Fragen aus den Bereichen:

- betriebliche Organisation,
- Abfallanfall und -erfassung,
- Entsorgung und Verwertung,
- Prozesse und Technologien

sind zu beantworten.

Betriebliche Organisation

- Wer ist für die Entsorgung der gefährlichen Abfälle, die Beantragung von Entsorgungsnachweisen und die Ausstellung der Abfallbegleitscheine verantwortlich?
- Wie und durch wen wird die Zusammensetzung der gefährlichen Abfälle geprüft?
- Welche Auflagen/Bescheide der zuständigen Behörde liegen vor?
- Wie sind Vollständigkeit und regelmäßige Aktualisierung des Abfallregisters sichergestellt?
- Wie wird sichergestellt, dass alle Rückstände (gefährliche Abfälle und nicht gefährliche Abfälle) zentral erfasst, bewertet und mit Abfallschlüsselnummern versehen werden?
- Existiert ein Konzept zur Abfallvermeidung? Erläutern Sie die innerbetrieblichen Regelungen und Abläufe.
- Wie kann durch eine verbesserte Produktentwicklung in Verbindung mit dem Kunden eine Kreislaufwirtschaft erreicht werden?
- Wie stellen Sie sicher, dass die Mitarbeiter zur Abfallthematik ausreichend informiert und geschult werden?
- Liegen alle erforderlichen Nachweise über Abfälle zur Beseitigung und zur Verwertung vor?

Abfallanfall und -erfassung

- Wird regelmäßig eine Abfallbilanz bzw. ein Abfallregister über Art, Entstehungsort, Menge und Verbleib erstellt?
- Welche betrieblichen gefährlichen und nicht gefährlichen Abfälle fallen bei welchen Prozessen in welchen Mengen an?
- Wie werden Vollständigkeit und die regelmäßige Aktualisierung des Abfallregisters sichergestellt?
- Welche Einsatzmaterialien werden nach ihrem Gebrauch zu gefährlichen Abfällen?
- Durch wen wurde geprüft, ob diese Einsatzmaterialien durch weniger umweltgefährdende Materialien substituiert werden können?
- Wie stellen Sie die getrennte Erfassung von gefährlichen und nicht gefährlichen Abfällen nach Stoffzusammensetzung und Stoffeigenschaft sicher?
- Wer ist für die regelmäßige Inspektion der Bereitstellungsläger für die Abfälle verantwortlich?
- Wie werden die Mitarbeiter über die getrennte Erfassung von Abfällen unterwiesen?
- Wird die durch Produktionsausschuss verursachte Abfallmenge erfasst?

Entsorgung und Verwertung

- Zeigen Sie, auf welche Art und Weise die gefährlichen und nicht gefährlichen Abfälle von der Entstehung bis hin zur Übergabe an den Entsorger überwacht werden.
- Erläutern Sie den Verbleib der Abfälle/gefährliche Abfälle nachdem sie den Betrieb verlassen haben und legen Sie entsprechende Dokumente vor.
- Welche internen oder externen Verwertungsmöglichkeiten von gefährlichen und nicht gefährlichen Abfällen gibt es?
- Wie stellen Sie sicher, dass die Verwertung verbleibender Rückstände als Wertstoffe systematisch überprüft wird?
- Welche gefährliche und nicht gefährliche Abfälle werden auf dem Betriebsgelände behandelt oder deponiert?
- Wer überprüft, ob alle dafür notwendigen Regelungen und Genehmigungen vorhanden sind?
- Wer transportiert und entsorgt die Abfälle?
- Mit welchen Entsorgern sind entsprechende Verträge abgeschlossen?
- Wie und von wem werden diese Verträge regelmäßig auf umweltrelevante Aspekte überprüft?

Prozesse und Technologien

- Welche vorbeugenden Maßnahmen zur Vermeidung von Abfällen erfolgen bei der Entwicklung neuer Produkte und neuer Fertigungsverfahren?
- Wie werden absehbare rechtliche Entwicklungen in der Forschung, Entwicklung und Planung neuer Verfahren bzw. neuer Produkte berücksichtigt?

- Welche Maßnahmen zur Verminderung der gefährlichen und nicht gefährlichen Abfälle haben Sie in den letzten Jahren durchgeführt? Wie sieht die Erfolgsbilanz aus?
- Wie lassen sich durch eine Produktions- und Prozessumstellung gefährliche und nicht gefährliche Abfälle vermeiden?

11.4.15 Abluft/Emissionen

Im Immissionsschutz werden Anforderungen an den Betrieb genehmigungsbedürftiger Anlagen und nicht genehmigungsbedürftiger Anlagen gestellt. Vielen Unternehmen ist dieser Unterschied nicht bekannt. Hier bietet die Einführung eines Umweltmanagementsystems eine gute Grundlage zur Überprüfung der betrieblichen Situation und somit zur Gewährleistung der Rechtskonformität.

Betreiber genehmigungsbedürftiger Anlagen sind sich häufig nicht bewusst, dass jede Anlagenänderung gegenüber der Behörde anzuzeigen ist. Wenn es sich bei den Änderungen zudem um eine wesentliche Änderung handelt, muss dies durch die Behörde genehmigt werden. Ansonsten kommt es zu einem illegalen Anlagenbetrieb. Um diesem Sachverhalt gerecht zu werden, ist eine enge Zusammenarbeit zwischen Anlagenbetreiber und Immissionsschutzbeauftragten notwendig. Er muss frühzeitig in den Entscheidungsprozess bei der Einführung neuer Verfahren und Anlagen mit einbezogen werden.

Nicht genehmigungsbedürftige Anlagen unterliegen ebenfalls immissionsschutzrechtlichen Vorschriften. So existieren Vorgaben für kleine und mittlere Feuerungsanlagen, für den Einsatz halogenierter Lösemittel zur Oberflächenreinigung oder für die Verwendung leichtflüchtiger organischer Verbindungen. Neben dem technischen Aufbau der Anlagen werden Anforderungen an den Anlagenbetrieb und die Anlagenüberwachung geregelt. Entsprechende Betriebstagebücher müssen vorliegen.

Abluftemissionen tragen zu regionalen und globalen Umweltproblemen bei. Von daher sind Unternehmensprozesse zu ihrer Minimierung zu installieren. Fragen aus den Bereichen:

- betriebliche Organisation,
- Emissionen und Abluftbehandlung,
- Prozesse und Technologien,
- Wartung und Inspektion

sind bei diesem Umweltaspekt zu beantworten.

Betriebliche Organisation

- Wer ist für den Bereich der Emissionsmessungen und Emissionsbegrenzungen verantwortlich?
- Wie stellen Sie sicher, dass alle zur Emissionsmessung verwendeten Messgeräte auf ordnungsgemäßen Zustand überprüft werden?

- Wer ist für die Dokumentation der Messungen und das Führen der Betriebstagebücher verantwortlich?
- Wie stellen Sie sicher, dass Mitarbeiter, die Messungen durchführen und dokumentieren, ausreichend informiert und geschult sind?
- Von welchen Anlagen gehen die meisten umweltrelevanten Emissionen aus?
- Welche behördlichen Auflagen bestehen für die Emissionsüberwachung?
- Wie werden die behördlichen Anforderungen und Grenzwerte eingehalten?

Emissionen und Abluftbehandlung

- Welche Abluftströme verlassen den Betrieb?
- Existiert ein Emissionskataster nach Entstehungsort, Parameter und abgeleiteten Konzentrationen?
- Welche Emissionsmessungen werden wie oft und von wem durchgeführt?
- Welche internen Abluftbehandlungsanlagen existieren in ihrem Betrieb?
- Gab es Grenzwertüberschreitungen in den letzten Jahren? Wenn ja, welche?
- Wie werden die durch die Abluftreinigung entstehenden Abfälle (z. B. Aktivkohlefilter) entsorgt?

Prozesse und Technologien

- In welchem Maß wird schon bei der Verfahrensentwicklung auf die Einführung emissionsfreier bzw. -armer Prozesse geachtet?
- Wie stellen Sie sicher, dass schädliche Umwelteinwirkungen durch belastete Abluft generell verhindert werden, sofern sie nach dem Stand der Technik vermeidbar sind?
- Wie stellen Sie sicher, dass die nach dem Stand der Technik unvermeidbaren schädlichen Umwelteinwirkungen durch belastete Abluft auf ein Mindestmaß beschränkt werden?
- Welche umweltrelevanten Stoffe werden hauptsächlich emittiert?
- Werden die Grenzwerte für diese emittierten Stoffe immer eingehalten?
- Welche der entstehenden Stoffe können durch Verfahrensänderung vermieden oder vermindert werden?
- Welche Vorrichtungen werden eingesetzt oder geplant, um die zukünftige Einhaltung der Grenzwerte sicherstellen?
- Gab es in der Vergangenheit Nachbarschaftsbeschwerden oder behördliche Eingriffe? Wie wurde damit umgegangen?

Wartung und Inspektion

- Wie und durch wen ist die regelmäßige Wartung der Abluftanlagen geregelt?
- Welche Abluftführungen existieren und wie stellen Sie ihre Dichtigkeit fest?

11.4.16 Boden/Altlasten

Altlasten spielen in manchen Unternehmen eine Rolle. So führte der Einsatz von halogenierten Lösemitteln in der Vergangenheit zu Altlasten, die sich nicht nur auf den Boden sondern auch auf das Grundwasser auswirken. Zum Schutz des Grundwassers und des Bodens müssen diese Altlasten heute kostenaufwendig saniert werden.

Durch die Forderungen zur integrierten Vermeidung und Verminderung von Umweltbelastungen werden die Unternehmen angehalten, sich bewusst mit diesem Thema zu beschäftigen. Die europäische Industrieemissions-Richtlinie (IED-Richtlinie) fordert die betroffenen Unternehmen auf, vor dem Betrieb der Anlage einen Bericht über den Ausgangszustand am Standort zu erstellen. Die entsprechenden Anforderungen sollen gewährleisten, dass während des Betriebs und nach Stilllegung der Anlage der Ausgangszustand aufrechterhalten bzw. wieder hergestellt werden kann.

Auch Unternehmen, die nicht unter die IED-Richtlinie fallen, können Altlasten nur vermeiden, wenn ihre Mitarbeiter ordnungsgemäß mit den eingesetzten Gefahrstoffen umgehen und die Anlagen sicher bedienen können. Dies erfordert einen guten Ausbildungs- und Wissensstand. Wenn von den Vorgaben abgewichen wird müssen sie die möglichen Umweltauswirkungen kennen.

Manchmal sind am Standort des Unternehmens Bodenbelastungen festzustellen. Über die:

- betriebliche Organisation,
- Standortbeschaffenheit und
- Altlastensanierung

ist diese Belastung zu beheben.

Betriebliche Organisation

- Wer ist für den Bodenschutz und die Altlastenüberwachung verantwortlich?
- Seit wann besteht ihr Betrieb auf dem jetzigen Betriebsgelände?
- Welche anderen industriellen oder gewerblichen Tätigkeiten gab es bereits auf diesem Betriebsgelände?
- Ist ihnen bekannt, ob auf diesem Gelände Altlasten existieren und ob bisher Sanierungsmaßnahmen vorgenommen wurden? Liegen entsprechende Gutachten vor?
- Ist ihnen bekannt, ob es in der näheren Umgebung ihres Standorts Bodenverunreinigungen gibt?
- Welche Materialien (z. B. CKWs, PCB), die zu einer Altlast führen können, haben Sie in der Vergangenheit eingesetzt?
- Wie und durch wen wurde geprüft, ob diese Materialien nicht durch weniger umweltgefährdende Materialien substituiert werden können?
- Welche umweltgefährdenden Stoffe (Asbest, PCB-Kondensatoren, etc.) wurden beim Bau ihres Betriebes eingesetzt?

Standortbeschaffenheit

- Wie groß ist die versiegelte Fläche des Standorts?
- Kennen Sie den Flächennutzungsplan ihrer Gemeinde in der Umgebung ihres Betriebs?
- Welche weiteren umweltrelevanten Betriebe befinden sich in ihrer Nachbarschaft?
- Wie ist die Lage ihres Betriebes in Bezug auf Geologie, Hydrologie, Schutzgebiete?
- Gibt es auf ihrem Gelände Aufschüttungen, Verfüllungen, Abgrabungen, etc.?
- Gibt es Wasserschutzgebiete in der näheren Umgebung ihres Standortes?

Altlastensanierung

- Welche Oberflächen- oder Grundwasserschäden sind im Zusammenhang mit möglichen Altlasten aufgetreten?
- Wer ist für die Durchführung regelmäßiger Messungen verantwortlich, insbesondere im Fall von bekannten Oberflächen- oder Grundwasserschäden?
- Wurden bereits Beschwerden oder Beanstandungen wegen vermuteter oder tatsächlicher Schäden erhoben? Wie wurde damit umgegangen?
- Wie stellen Sie sicher, dass alle erforderlichen Schritte (Gutachten, Sanierungsmaßnahmen, Einbindung der Behörden, etc.) für eine Altlastensanierung stattfinden?
- Gab es seit Bestehen des Betriebes an diesem Standort Betriebsstörungen, Vorfälle oder Unfälle, die zu einer Kontaminierung von Boden und/oder Grundwasser führten oder hätten führen können?

11.4.17 Materialien

Die Auswahl von Materialen bei der Produktentwicklung wirken sich im gesamten Lebenszyklus der Produkte aus. Hier werden die Weichen für umweltfreundliche Produkte und später zur umweltgerechten Entsorgung der entstehenden Abfälle gestellt. Hierbei sind folgende Fragestellungen wichtig:

- Welche Verfahren werden benutzt, um sicherzustellen, dass alle in der Produktion eingesetzten umweltrelevanten Stoffe erfasst werden, so dass Wildwuchs ausgeschlossen werden kann?
- Nach welchen Verfahren wird systematisch nach alternativen, umweltfreundlicheren Einsatzstoffen gesucht?
- Welche Verfahren gibt es, um Beeinträchtigungen der Umwelt durch die eingesetzten Materialien zu verhindern?
- Nach welchen Richtlinien und Prüfvorgaben (Bestellvorschriften, Normen) werden angelieferte Waren auf einzuhaltende Umweltschutzanforderungen überprüft?
- Wie wird sichergestellt, dass zugelieferte Produkte/Stoffe erst dann verwendet oder verarbeitet werden, wenn diese geprüft wurden? Wer ist für die Eingangsprüfung verantwortlich?

- Welche Vorbehandlungen und Behandlungsprozesse sind für ein Materialrecycling notwendig?
- Wie berücksichtigen Sie die Umweltrelevanz ihrer eingesetzten Materialien?
- Wie können Sie die Materialeffizienz ihres Unternehmens und der zugehörigen Prozesse belegen?
- Wie lässt sich die Materialeffizienz steigern?

11.5 Risikobewertung der Umweltaspekte

Aus der (ersten) Umweltprüfung bzw. zu einem späteren Zeitpunkt der Umweltbetriebsprüfung (dem Umweltaudit) ergeben sich für die verschiedenen direkten und indirekten Umweltaspekte die damit verbundenen Chancen und Gefahren. Grundlage für die Bewertung des einzelnen Umweltaspekts sind grundsätzlich wirtschaftliche, organisatorische,

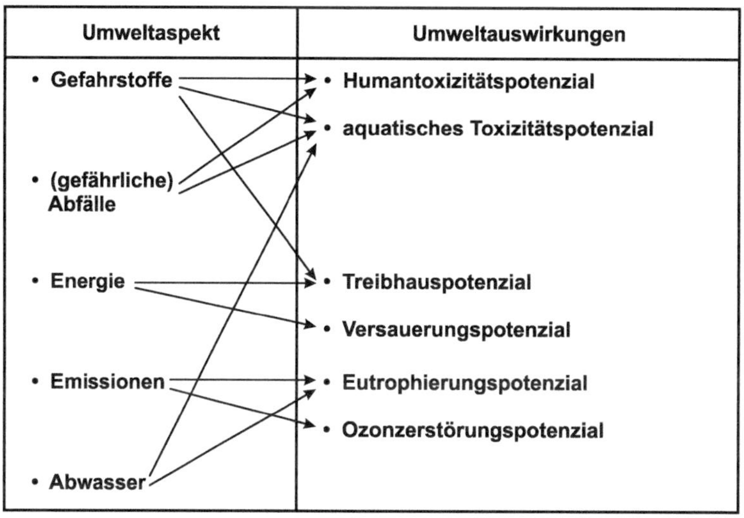

Abb. 11.7 Ausgewählte Wechselwirkungen zwischen Umweltaspekten und Umweltauswirkungen

Tab. 11.11 Risikoerfassung der Umweltaspekte

1. Erkennen	– Identifizierung der Chancen und Risiken – Zusammenhänge Umweltaspekte ↔ Umweltauswirkungen
2. Erfassen	– Wirtschaftlichkeit – Verantwortung, Zuständigkeiten – Rechtsvorschriften, Genehmigungen – Stand der Technik
3. Bewertung	– Risikobewertung
4. Betrieb	– Sicherer, umweltgerechter Betrieb

Tab. 11.12 Risikobewertung des Umweltaspekts Wasser

	Teilaspekt Wasser				
Risiko und Umweltauswirkungen (Verbesserungspotenzial)	Verbrauch	Kanalisation	Abwasserbehandlung	Dokumentation	Anmerkungen
1 **(gering)**	– Geringer Verbrauch – Niedrige Kosten – Stand der Technik				
2				– Betriebstagebuch vorhanden und geführt – Keine regelmäßige Kontrolle	
3 **(mittel)**		– Kanalisationsprüfung überfällig – Eigenkontrolle nicht sichergestellt			
4					
5 **(hoch)**			– Abwasserbehandlungsanlage demontiert – Schwermetallhaltiges Abwasser wird in die Kanalisation eingeleitet – Vorsätzlicher Rechtsverstoß		

11

Tab. 11.13 Risikobewertung des Umweltaspekts Gefahrstoffe

	Teilaspekt Gefahrstoffe					
Risiko und Umweltauswirkungen (Verbesserungspotenzial)	Beschaffung	Substitution	Lagerung	Einsatz	Dokumentation	Anmerkungen
1 (gering)						
2			– Vor Ort überwiegend in Ordnung		– Betriebsanweisungen vorhanden – Mitarbeiterunterweisungen angemessen	
3 (mittel)	– Keine Freigabeverfahren – Wildwuchs im Unternehmen			– Zu hohe Gefahrstoffmengen vor Ort		
4		– Substitutionsverpflichtung wird nicht eingehalten			– Sicherheitsdatenblätter veraltet	
5 (hoch)			– Unordnung im Zentrallager – Zugang für jedermann möglich	– Keine Gefährdungsbeurteilung vorhanden	– Gefahrstoffverzeichnis nicht aktuell	

Tab. 11.14 Risikobewertung des Umweltaspekts Umweltvorschriften

	Teilaspekt Umweltvorschriften				
Risiko und Umweltauswirkungen (Verbesserungspotenzial)	Rechtskataster	Verantwortungen	Kontrolle		Anmerkungen
1 (gering)					
2					
3 (mittel)	– Kein aktuelles Rechtskataster vorhanden				
4		– Fahrlässiger Verstoß gegen Rechtsvorschriften – Genehmigungsauflagen werden nicht eingehalten	– Keine Kontrolle (Compliance-Audit) vorhanden – Keine regelmäßigen Begehungen		
5 (hoch)		– Nicht genehmigter Anlagenbetrieb			

Tab. 11.15 Risikobewertung des Umweltaspekts Technologien

	Teilaspekt Technologien					
Risiko und Umweltauswirkungen (Verbesserungspotenzial)	Stand der Technik	Ressourceneffizienz	Instandhaltung	Emissionen		Anmerkungen
1 (gering)						
2	– Anlagen entsprechen dem Stand der Technik – Gute Anlagenverfügbarkeit		– Regelmäßige Instandhaltung	– Grenzwerte werden eingehalten, teilweise deutlich unterschritten		
3 (mittel)		– Gute Ressourceneffizienz – Optimierungspotenzial vorhanden				
4						
5 (hoch)						

rechtliche und technologische Aspekte. Diese können mit einem gewissen Risiko eintreten und schädliche Umweltauswirkungen hervorrufen.

Umweltaspekte und Umweltauswirkungen stehen als Ursache und Wirkung in einem nichtlinearen Zusammenhang zueinander. Für dieses Netzwerk von Verknüpfungen und Rückkopplungsschleifen sind in Abb. 11.7 einige vereinfachte Wechselwirkungen dargestellt. Die einzelnen Umweltaspekte sind meistens mit mehreren Umweltauswirkungen verknüpft. So können Gefahrstoffe Auswirkungen bzgl. Humantoxizität, aquatischer Toxizität oder Treibhauspotenziale haben. Die einzelnen Energieträger im Umweltaspekt Energie tragen unterschiedlich stark zum Treibhauspotenzial oder zum Versauerungspotenzial bei. In einer Rückkopplungsbetrachtung sind die identifizierten Umweltaspekte mit ihren Umweltauswirkungen einer Risikobewertung zu unterziehen.

Im Zuge entsprechender Maßnahmen werden die identifizierten Risiken abgestellt und ein sicherer, umweltgerechter Betrieb gewährleistet. Tab. 11.11 fasst dies in einem kurzen Ablauf zusammen.

In den Tab. 11.12, 11.13, 11.14 und 11.15 sind verschiedene direkte (Wasser, Gefahrstoffe) und indirekte (Umweltvorschriften, Technologien) Umweltaspekte in vereinfachter Form bewertet. Für das Risiko einer schädlichen Umweltauswirkung werden fünf Wirkungskategorien (1 = niedrig; 5 = hoch) gebildet. Die erhaltene Einstufung ermöglicht die

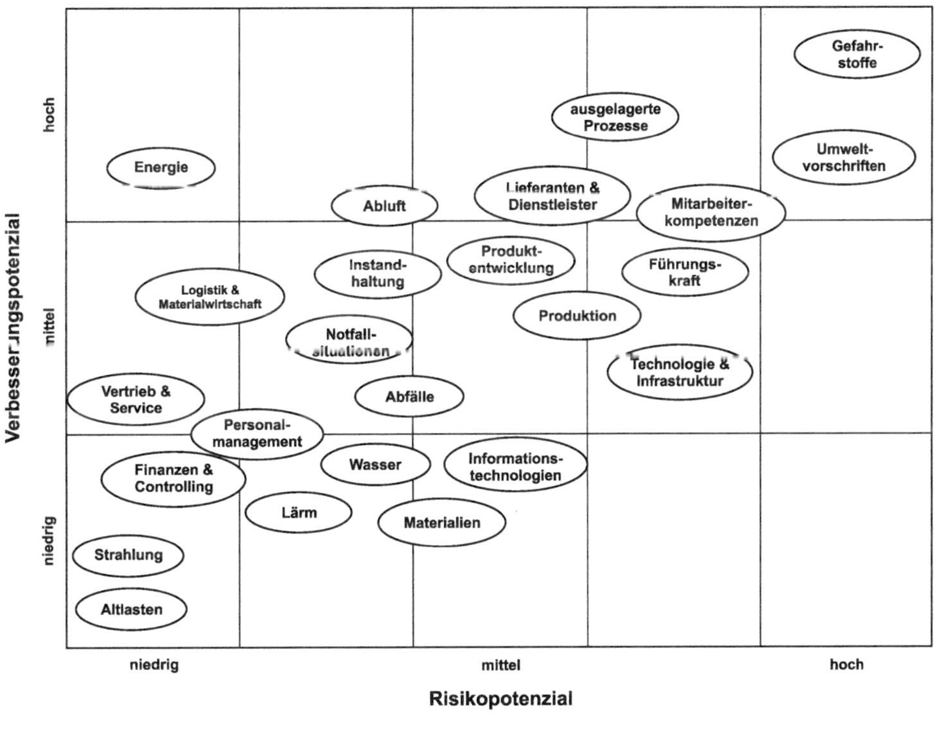

Abb. 11.8 Risikobewertung der Umweltaspekte in Verbindung mit Gefahren und Chancen

Festlegung von Prioritäten im Projektmanagement. Für die kritischen Kategorien 4 und 5 sind Sofortmaßnahmen umzusetzen.

Die aufgeführten Teilaspekte sind nur beispielhaft genannt. Entsprechend den unternehmensspezifischen Gegebenheiten sind weitere Teilaspekte zu betrachten und zu bewerten. Zusammenfassend werden in Abb. 11.8 eine Reihe von direkten und indirekten Umweltaspekten in der Risikobewertung betrachtet. Die einzelnen (kritischen) Teilaspekte, d. h. die bedeutenden Umweltaspekte, müssen sich in Prozessanweisungen für den Betrieb wiederfinden.

11.6 Umweltziele und -programm

11.6.1 Einführung

Ziele sind vorweggenommene Vorstellungen über einen zu erreichenden Soll-Zustand. Die notwendigen Grundlagen, um diesen Soll-Zustand der betrieblichen Umweltsituation festzulegen haben sich aus der Umweltprüfung ergeben. Der Vergleich des dort erfassten Ist-Zustands der betrieblichen Umweltsituation mit dem gewünschten Soll-Zustand ergibt erste Maßnahmen für ein Umweltprogramm. Die Realisierung der Maßnahmen und ihre Erfüllung muss regelmäßig einer Erfolgskontrolle unterzogen werden. Die erzielten Ergebnisse sind – wo immer möglich – zu messen. Die in der Umweltprüfung bzw. bei späteren Umweltbetriebsprüfungen/Umweltaudits identifizierten Verbesserungspotenziale können nicht alle gleichzeitig umgesetzt werden. Es sind Prioritäten zu setzen:

- **Priorität 1** umfasst alle Maßnahmen, die sich aus der Gefährdung von Mitarbeitern ergeben,
- **Priorität 2** ist die Behebung von Schwachstellen, die gegen Umweltvorschriften verstoßen und daher für die verantwortlichen und zuständigen Personen ein Risiko darstellen,
- **Priorität 3** umfasst alle Maßnahmen mit Verbesserungspotenzial in den Bereichen Wirtschaftlichkeit, Umwelt und Qualität.

Die Erfüllung dieser Maßnahmen führt im ersten Schritt zu einer Verbesserung der betrieblichen Umweltsituation. Es werden jedoch noch keine fortlaufenden Verbesserungen erzielt. Diese lassen sich erst erreichen, wenn aus der Umweltpolitik des Unternehmens heraus strategische Weichen gesetzt und Ziele formuliert werden.

Beispiel

Die normale Produktentwicklung führt durch Materialauswahl, entsprechenden Fertigungsverfahren, etc. zu einer Reihe von Umweltproblemen. Diese werden heute in end-off-pipe-Manier gelöst. Die Fertigung steht dabei im Fokus der Problemlösungen. Es kommt letztlich zu einer suboptimalen Verbesserung der Umweltleistungen. Die umweltgerechte Produktentwicklung berücksichtigt bereits in der Produktplanung die möglichen Umweltauswirkungen im gesamten Produktlebenszyklus. Hier werden strategische Weichen für einen optimalen betrieblichen Umweltschutz gestellt. Um die in der Umweltpolitik eingegangene Verpflichtung zur fortlaufenden Verbesserung der Umweltsituation zu gewährleisten, muss das Unternehmen die Zielsetzung im Umweltschutz sowie die dafür erforderlichen Maßnahmen konkret in Einzelzielen formulieren.

Die Umweltziele sind vom Unternehmen für alle betroffenen Unternehmensbereiche auf allen Ebenen festzulegen. Dabei ist zu beachten, dass die Umweltziele mit der festgelegten Umweltpolitik übereinstimmen und im Rahmen des Umweltprogramms umgesetzt werden können. Sie müssen so formuliert werden, dass die fortlaufende Verbesserung der Umweltleistung am Unternehmensstandort greifbar wird. Das heißt, die angestrebten Verbesserungen müssen quantitativ erfassbar und mit Zeitvorgaben versehen werden. Dies kann durch die Einführung entsprechender Umweltleistungsindikatoren erreicht werden.

Ein Umweltleistungsindikator ist ein Parameter, der den Fortschritt bei der Umsetzung der Umweltziele messbar bzw. erfassbar macht. Das kann beispielsweise:

- die Menge des verwendeten Rohmaterials oder der Energie,
- die Menge an freigesetzten Emissionen,
- die Menge an produziertem Abfall,
- die Effizienz des Material- und Energieverbrauchs,
- der Anteil des recycelten Abfalls,
- Investitionen in den Umweltschutz sowie
- die Zahl der Beanstandungen von Seiten der Behörden und der Öffentlichkeit

sein. Die Umweltziele können dann nach folgendem Beispiel formuliert werden:

Zielsetzung
Verminderung des Energieverbrauchs im Unternehmen zur Schonung von Ressourcen (Umweltpolitik).

Umweltziel
Reduktion des Energieverbrauchs im Unternehmen um 10 % gegenüber dem Vorjahr (Umweltprogramm).

Leistungsindikator
Erfassung der verbrauchten Menge an Brennstoffen und Elektrizität je Unternehmenseinheit/Produktionseinheit (Maßnahmen).

Die Umweltziele können auf diese Weise über die ganze Organisation definiert oder auf einzelne Tätigkeiten bezogen werden. Wenn das Unternehmen die Umweltziele für alle relevanten Bereiche formuliert hat, werden diese zu ihrer Verwirklichung in einem Umweltprogramm für den Standort festgeschrieben. Innerhalb des Umweltprogramms werden die Verantwortungen zur Erreichung der Umweltziele für jeden Aufgabenbereich, der Zeitrahmen, sowie die dafür erforderlichen finanziellen und personellen Mittel festgelegt.

Um eine fortlaufende Verbesserung der Umweltleistung zu erreichen, gilt es in erster Linie, die absoluten Umweltbelastungen zu minimieren. Spezifische Schadstoffmengen sind nicht aussagekräftig genug, da die Umweltauswirkungen stets von der Produktionsmenge abhängig sind. So können die Schadstoffmengen/Produkt im Rahmen von Verbesserungsmaßnahmen zwar relativ sinken, aufgrund einer steigenden Zahl produzierter Einheiten die absoluten Schadstoffmengen jedoch steigen. Trotz umweltverantwortlichen Handelns im Unternehmen können sich somit bei steigender Produktion die Umweltauswirkungen verschlechtern. Spezifische Angaben sind jedoch ebenfalls von Bedeutung, da sie den Wirkungsgrad von Prozessen widerspiegeln. Sowohl spezifische als auch absolute Umweltbelastungen zeigen Umweltpotenziale zur fortlaufenden Verbesserung auf. Letztere ist jedoch nur über die Minimierung der absoluten Schadstoffmengen zu erreichen. Eine Ausweitung der Produktion bedingt daher verstärkte Anforderungen zur Verringerung der Umweltbelastungen.

Das Umweltprogramm kann als Hilfe zur Verbesserung der umweltorientierten Leistung im Unternehmen betrachtet werden. Es sollte daher dynamisch gestaltet sein. Das heißt, das Unternehmen muss auch hier ein Verfahren einführen, das eine regelmäßige Überarbeitung und gegebenenfalls eine Anpassung an Veränderungen im Unternehmen garantiert. Im Einzelnen sollte das betriebliche Umweltprogramm folgende Elemente beinhalten:

Ist-Zustand

Welcher Handlungsbedarf wurde in der Umweltprüfung/-betriebsprüfung anhand welcher Kriterien identifiziert? Es sollte beschrieben und begründet werden, warum dieser Punkt in das Umweltprogramm übernommen wurde.

Ziele

Der zu erreichende Soll-Zustand stellt das angestrebte Ziel dar. Der neue Zustand enthält die potenziellen Verbesserungen. Diese sind – wo immer möglich – zu quantifizieren. Da die Einhaltung der Umweltvorschriften einen Mindeststandard darstellt, gehen die im Umweltprogramm hinterlegten Umweltziele immer über diese Mindestanforderungen hinaus.

Maßnahmen

Sie beschreiben, welche technischen oder organisatorischen Aktivitäten ergriffen werden, um das formulierte Ziel zu erreichen. Für die interne und/oder externe Erfolgskontrolle muss ein Zeitrahmen für die Realisierung vorgegeben werden. Besonders bei einer Vielzahl von Projekten ist auf die zur Verfügung stehenden finanziellen und personellen Mittel zu achten. Umweltauswirkungen sind in dem Umfang zu verringern, wie es sich mit der wirtschaftlich vertretbaren Anwendung der besten verfügbaren Technik erreichen lässt. Aus den unternehmensinternen Wirtschaftlichkeitsberechnungen muss daher hervorgehen, welche Kosten-Nutzen-Relationen diese Maßnahme hervorruft. Umgekehrt heißt dies, es muss begründet werden können, warum in der Bestandsaufnahme bzw. im Umweltaudit identifizierter Handlungsbedarf nicht ins Umweltprogramm übernommen wurde.

Zuständigkeit/Termine
Um eine termingerechte Realisierung der festgelegten Maßnahmen zu erreichen, ist eine verantwortliche Person für die Durchführung zu benennen. Bei größeren Aufgaben (Projekten) ist dies der Projektleiter. Weiterhin können die Personen oder Abteilungen genannt werden, die an der Realisierung mitwirken. Die Termine bis zur Umsetzung der Maßnahmen sind in das Umweltprogramm aufzunehmen.

Erfolgskontrolle
Je nach Aufwand der Maßnahme bzw. des Projekts ist wie im Projektmanagement ein Berichtswesen sinnvoll. Für die erfolgreiche Umsetzung wird zum Abschluss eine Erfolgskontrolle durchgeführt. In ihr werden u. a. die Zielerreichung, der Aufwand und die Kosten-Nutzen-Relationen überprüft. Im Umweltbericht werden die einzelnen Maßnahmen einer externen Erfolgskontrolle unterzogen und somit die Umweltleistungen des Unternehmens transparent gemacht.

Tab. 11.16 zeigt einen Auszug aus einem Umweltprogramm für den Unternehmensbereich Produktion.

In den folgenden Abschnitten finden sich einige wesentliche Erfahrungsgrundsätze, wie sie sich aus Umweltprüfungen/-audits ergaben. Mit Handlungsgrundlagen, Zielen und Maßnahmen werden zusammenfassend behandelt:

- Führung und Verantwortung,
- Bewusstseinsbildung und Kompetenzentwicklung der Mitarbeiter,
- Lebensweg von Produkten und Qualitätsmanagement,
- Arbeitsschutz und Gefährdungsbeurteilung,
- Lieferanten und ausgelagerte Prozesse,
- Gefahrstoffe und umweltrelevante Materialien,
- Abfälle und Wertstoffe,
- Wasser, Abwasser und Kanalisation,
- Gas- und staubförmige Emissionen incl. Lärm,
- Energie und Verkehr.

11.6.2 Führung und Verantwortung

Handlungsgrundlagen
Führungskräfte tragen in ihrem Aufgabenbereich die Verantwortung z. B. zu Fragen des Arbeits- und Umweltschutzes. Sie sind dafür verantwortlich, dass die rechtlichen Anforderungen und die behördlichen Genehmigungsauflagen eingehalten werden. Ein erfolgreiches Umweltmanagement kann nicht allein durch die Erfüllung der Umweltvorschriften oder die Erlangung eines Zertifikats betrieben werden.

Eigene mittel- und langfristige Ziele sind notwendig, um dem Umweltschutz eine entsprechende Bedeutung zuzuweisen. Von daher müssen Führungskräfte aus der stra-

Tab. 11.16 Umweltprogramm für die Produktion

PRODUKTION							
Bereich	Ist-Zustand	Ziel	Maßnahmen	Zuständigkeit	Termin	Kosten	Erfolgskontrolle
Gleitschleifen	Wirkungsgrad der Umkehrosmose ist schlecht	Trinkwasser-Reduktion um 5 % in diesem Bereich	Anlage wird ersetzt; vorbereitende Maßnahmen laufen				
Produktion	Auffangwannen für – KSS-Anlage – Entfettung – Elektropolierbäder	Verbesserung des Arbeits- und Umweltschutzes, Verbesserung der Sauberkeit	Bei Umzug/Neuaufstellung von Anlagen – wo technisch möglich – Auffangwannen installieren				
Polierraum	Absaugleistung im Polierbereich muss verbessert werden	Weitere Verbesserung Luftreinhaltung	Neue Anlage wird installiert				
Produktion	Ölnebel in der Raumluft	Luftreinhaltung	Zentrale Absaugung für alle Anlagen wegen Ölnebel installieren				

tegischen Umweltpolitik des Unternehmens für ihren Verantwortungsbereich abteilungsspezifische Umweltziele entwickeln. Dies erfordert eine vollständige Integration des Umweltschutzes in die tägliche Arbeit. Die sich aufgrund der Umweltziele ergebenden Maßnahmen sind nach ihrer Realisierung einer Erfolgskontrolle zu unterziehen. Durch diese Vorgehensweise ist eine stärkere Durchdringung aller Prozesse im Rahmen des Umweltmanagementsystems zu gewährleisten.

Alle abteilungsspezifischen Maßnahmen lassen sich zu einem Umweltprogramm zusammenfassen. Damit ist eine fortlaufende Verbesserung der unternehmensbezogenen Umweltleistung möglich. Die entsprechenden Maßnahmen sollten über den vorhandenen Stand der Technik hinausgehen.

Neben den fachlichen Anforderungen kommen alle Führungskräfte auch ihrer Personalverantwortung nach. Im Rahmen eines Führungskräfteprogramms werden systematische Anforderungen an Auswahl und Entwicklung der Führungskräfte gestellt. In der Mitarbeiterführung kommen sie den grundsätzlichen Anforderungen in Mitarbeitergesprächen, in der Vereinbarung von Umweltzielen und in ihrem gesamten Führungsverhalten nach. Sie beachten die fachlichen, methodischen und sozialen Aspekte der Mitarbeiterführung und sorgen für eine systematische Kompetenzentwicklung ihrer Mitarbeiter. Regelmäßig bewerten sie die Umweltleistung und die Mitarbeiterleistung.

Die Umweltleistung mit ihren verschiedenen Kennziffern lassen sich komprimiert in einem Umweltbericht zusammenfassen, der intern als Informationsquelle für alle Mitarbeiter dienen kann. Nach extern kann er sich an Kunden, die Öffentlichkeit oder andere interessierte Parteien wenden.

Das Umweltmanagementsystem des Unternehmens ist fortlaufend über Umweltaudits zu prüfen. In einem Auditplan sind die einzelnen Umweltaspekte, Prozesse, etc. nach Prioritäten festgelegt. In einem 3-Jahres-Zyklus sollten alle Abteilungen des Unternehmens auditiert werden. In Abhängigkeit von der Umweltrelevanz bewertet die Geschäftsführung das Umweltmanagementsystem des Unternehmens auf seine Funktions- und Leistungsfähigkeit.

Ziele

Aus den Handlungsgrundlagen lassen sich folgende Ziele für die Führung und Verantwortung herleiten:

- Gewährleistung der Einhaltung von Rechtsvorschriften und Genehmigungen,
- Integration von Umweltaspekten in Prozesse,
- Entwicklung von betrieblichen Umweltzielen in jeder Abteilung,
- Aufbau eines Umweltprogramms zur Verbesserung der Umweltleistung,
- systematische Auswahl und Entwicklung von Führungskräften,
- klare Anforderungen an die Mitarbeiterführung und das Führungsverhalten,
- regelmäßige Durchführung von Umweltaudits und Managementbewertungen.

Maßnahmen
Aus den Handlungsgrundlagen und Zielen ergeben sich folgende Realisierungsmöglichkeiten:

- Aufbau und Pflege eines Rechtskatasters,
- Entwicklung von Umweltzielen in Zusammenarbeit mit den Mitarbeitern,
- Identifikation von Maßnahmen zur Verbesserung der Umweltleistung,
- Beschreibung des Standes der Technik und von Möglichkeiten zur Verbesserung der Prozess- und Umweltleistung,
- Integration der Anforderungen des Umweltmanagements in die Prozesse/Abteilungen,
- Umsetzung eines Programms zur Kompetenzentwicklung der Mitarbeiter,
- Aufstellung und Umsetzung eines Umweltauditprogramms mit dreijährigem Rhythmus,
- regelmäßige Managementbewertung in Abhängigkeit von der Umweltrelevanz der Prozesse und den Umweltauswirkungen des Unternehmens.

11.6.3 Bewusstseinsbildung und Kompetenzentwicklung der Mitarbeiter

Handlungsgrundlagen
Bildung und Entwicklung des Bewusstseins für Fragen des Umweltmanagements ist eine unverzichtbare Voraussetzung für eine nachhaltige Entwicklung und die Verbesserung der Umweltleistung im Unternehmen. Durch die Beachtung ökologischer Faktoren ist gleichzeitig eine Verbesserung der ökonomischen Situation möglich. Bewusstseinsbildung betrifft daher alle Umweltaspekte und Prozesse. Sie verbessert die Fähigkeit der Mitarbeiter komplexe Zusammenhänge zu erkennen. Durch Vermittlung von Fakten und Einstellungen ist sie mit Voraussetzung für einen Bewusstseinswandel und einer Verhaltensänderung am Arbeitsplatz. Mit der Stärkung der eigenen Verantwortung lässt sich ein größeres Engagement für eine nachhaltige Unternehmensentwicklung fördern.

Besonders Mitarbeiter die umweltrelevante Tätigkeiten ausüben, müssen über eine gut fundierte Berufsausbildung verfügen. Entsprechende Ausbildungsgrundlagen werden durch praktische Berufserfahrung ergänzt. Darüber hinaus sind im Rahmen einer Kompetenzentwicklung umweltorientierte fachliche Zusatzqualifikationen und -kenntnisse zu vermitteln. Dadurch lässt sich ein sicherer Anlagenbetrieb gewährleisten und immer notwendig werdende Strukturanpassungen leichter umsetzen. So sind z. B. die Einarbeitung in neue Aufgaben und Verfahren oder zu Aspekten der Arbeitssicherheit, des Umweltschutzes und der Qualitätssicherung wichtige Inhalte.

In diesem Zusammenhang ist im Personalprozess ein gesamtheitliches Personalentwicklungskonzept zu entwickeln und umzusetzen. Es ist der relevante Bildungsbedarf zu ermitteln und in konkrete Weiterbildungsaktivitäten umzusetzen. Dabei kann es sich um interne oder externe Schulungen, Workshops, Mitarbeit in Projekten, etc. handeln. Die erlangten Kenntnisse und Kompetenzen müssen sich in einem Transferprozess bewähren. Nur wenn dies sichergestellt ist, lässt sich die Umweltleistung des Unternehmens unter dem Gesichtspunkt der Kompetenzentwicklung verbessern. Gleichzeitig trägt dies zu einer Erhöhung der Kundenzufriedenheit bei. In die Planung und Durchführung entsprechender Realisierungsmöglichkeiten sind die Interessensvertretungen der Mitarbeiter einzubeziehen.

Über die erzielten Umweltleistungen sind die Mitarbeiter regelmäßig zu informieren. Dies sollte so selbstverständlich sein, wie der regelmäßige Austausch über Produktionsdaten, Qualitätsaspekte und ökonomische Faktoren. Entsprechende Informationsmöglichkeiten lassen sich in jedem Prozess etablieren.

Im Rahmen eines Umweltcontrollings lassen sich die notwendigen Umweltinformationen zielgruppenrelevant aufbereiten. Kunden können Informationen zu Umwelteigenschaften der Produkte, zur Umweltrelevanz des Herstellungsprozesses oder zu den Recycling- und Entsorgungsmöglichkeiten nach der Nutzungsphase erhalten. Mitarbeiter erhalten arbeitsplatzspezifische Informationen, während Führungskräften verdichtet Aussagen zur Umweltleistung ihres Verantwortungsbereichs erhalten.

Ziele
Aus den Handlungsgrundlagen lassen sich für die Bewusstseinsbildung und Kompetenzentwicklung der Mitarbeiter folgende Ziele herleiten:

- Entwicklung eines integrierten Konzepts zur Kompetenzentwicklung für Mitarbeitern,
- Schaffung von Informationsmöglichkeiten zur Darstellung der Umweltleistungen,
- Einbindung von Umweltaspekten in alle Tätigkeiten.

Maßnahmen
Aus den Handlungsgrundlagen und Zielen ergeben sich folgende Realisierungsmöglichkeiten:

- Fortbildungsmaßnahmen für Mitarbeiter zu allen Themen des betrieblichen Umweltmanagements,
- verstärkter Informationsaustausch über aktuelle rechtliche und technologische Entwicklungen,
- Selbststudium zu arbeitsplatzbezogenen Aufgaben und Fragestellungen
- Jobrotation und Mitwirkungen in Projektgruppen,
- Durchführung von Umwelt-Workshops,
- regelmäßige Audits im Personalprozess und
- Umsetzung von Möglichkeiten zur Anpassung der Kompetenzentwicklung.

11.6.4 Lebensweg von Produkten und Qualitätsmanagement

Handlungsgrundlagen

Im Umweltmanagementsystem eines Unternehmens ist der gesamte Lebensweg eines Produkts zu betrachten, wodurch auch ausgelagerte Prozesse mit einbezogen werden. Ein wichtiger Schritt ist die Bestimmung der (Umwelt-)Anforderungen mit dem und durch den Kunden. Es müssen aussagekräftige (Umwelt-)Anforderungen zu den Produkten vorliegen. Dadurch wird auch die Umweltrelevanz von Prozessen festgelegt bzw. beeinflusst.

Die Umweltanforderungen sind bereits in die Entwicklungsplanung zu integrieren. Entsprechend müssen für Produkte und Prozesse Lasten- und Pflichtenhefte vorliegen, die die Umweltaspekte und die daraus resultierenden Umweltauswirkungen beschreiben. Der Input des Entwicklungsprozesses beeinflusst damit die Prozesseffektivität und -effizienz.

Das Ergebnis des Entwicklungsprozesses liefert Aussagen für die Überwachung von Prozessparametern und für die Herstellungsprozesse. Hier werden ebenfalls die Abnahmekriterien für die Produkte und Dienstleistungen festgelegt. Nach extern ausgelagerte Prozesse müssen ebenfalls Berücksichtigung finden. Von daher müssen alle Prozesse und Produkte Berücksichtigung im Qualitätsmanagement des Unternehmens finden. Neben der Produktqualität und der Prozessleistung wird so auch die Umweltleistung betrachtet.

Werden die Prozessparameter nicht eingehalten oder weichen die Produktanforderungen von den Soll-Vorgaben ab, so hat dies nicht nur Auswirkungen im Qualitätsmanagement, sondern auch im Umweltmanagement. Abweichungen von den Prozessparametern müssen durch Korrekturmaßnahmen kompensiert werden, die fast zwangsläufig mit höheren Material- und Energieaufwendungen verbunden sind. Produktverschrottungen aufgrund von minderer Qualität erhöhen die Abfallmengen. Zusätzliche Kosten und geringe Materialeffizienz sind die Folge.

Zwischen dem Qualitätsmanagement und dem Umweltmanagement existieren daher eine Reihe von Schnittstellen. Beide Managementsysteme beeinflussen sich gegenseitig. Zur Bewertung der jeweiligen Systemleistung müssen geeignete Instrumente zur Überwachung, Messung, Analyse und Bewertung zur Verfügung stehen. Dann liefert die Qualitätsleistung einen nachhaltigen Beitrag zur ökonomischen Unternehmensleistung.

Ziele

Aus den Handlungsgrundlagen lassen sich folgende Ziele für den Lebensweg von Produkten und das Qualitätsmanagement herleiten:

- Lebenswegbetrachtung von Produkten über alle Prozessstufen,
- Umweltleistungsbewertung für Produkte und alle Unternehmensprozesse,
- Einsatz der besten verfügbaren umweltfreundlichen Technologien,
- Qualitätsmanagementsystem zur Ermittlung der Qualitätsleistung
- integrative Betrachtung von Qualitäts- und Umweltmanagement im Zuge einer nachhaltigen Unternehmensführung.

Maßnahmen
Aus den Handlungsgrundlagen und Zielen ergeben sich folgende Realisierungsmöglichkeiten:

- Identifikation und Bewertung der umweltkritischsten Produkt- und Prozessschritte,
- Integration der gesamten Betrachtungsweise zu Umweltaspekten und -auswirkungen in der Produkt-/Prozessentwicklung,
- Entwicklung entsprechender Lasten- und Pflichtenhefte unter den Gesichtspunkten Qualität, Umwelt und Finanzen,
- Aufbau eines Controllingsystems zur Produkt- und Umweltleistung des Unternehmens,
- Einsatz der besten verfügbaren Technologien unter Qualitäts- und Umwelt-Gesichtspunkten.

11.6.5 Arbeitsschutz und Gefährdungsbeurteilung

Handlungsgrundlagen
Eine der Grundpflichten im Unternehmen betrifft die Sicherheit und den Gesundheitsschutz aller Mitarbeiter. Um dies zu gewährleisten sind die Ursachen und Bedingungen zu ermitteln und zu bewerten, die zu Unfällen und Gesundheitsgefahren führen können. Die Gefährdungsbeurteilung hilft wirksame und zielgerichtete Maßnahmen einzuleiten und den Schutz aller Mitarbeiter zu verbessern.

Einfluss auf einen sicheren Betrieb können die Gestaltung und Einrichtung der Arbeitsplätze, -abläufe und -verfahren haben. Bei der Auswahl und Beschaffenheit von Maschinen und Anlagen müssen sicherheitstechnische Mittel mögliche Gefährdungen beseitigen. Der Einsatz oder die Entstehung von Gefahrstoffen bedürfen besonderer Aufmerksamkeit. Brandschutzmaßnahmen sind ein weiterer Aspekt für einen langfristig sicheren Betrieb im Unternehmen.

Die Mitarbeiter sind über mögliche Gefährdungen vor Aufnahme ihrer neuen Tätigkeit, mindestens jedoch einmal jährlich zu unterrichten. Der Betriebsrat ist in allen Fragen zu hören. Unabhängig von den Unterweisungen haben die Mitarbeiter für ihre eigene Sicherheit und Gesundheit Vorsorge zu tragen. Sie können aktiv bei der Gestaltung des betrieblichen Arbeitsschutzes mitwirken und sind verpflichtet, eine unmittelbare Gefahr oder festgestellte Mängel zu melden.

Der Schutz des Menschen steht im Managementsystem für Arbeits- und Gesundheitsschutz im Vordergrund. Beim Umweltmanagementsystem ist es diesbezüglich der Umweltschutz. Beide Managementsysteme sind stark miteinander verknüpft. Der Schutz des Menschen ist ohne Schutz der Umwelt – und umgekehrt – nicht möglich. So sind beide Managementsysteme z. B. über den Umweltaspekt Gefahrstoffe miteinander verbunden. Im Rahmen von Audits ergeben sich von daher immer wieder entsprechende Schnittmengen.

Ziele

Aus den Handlungsgrundlagen lassen sich für den Arbeitsschutz und die Gefährdungsbeurteilung folgende Ziele herleiten:

- Schaffung eines systematischen, durchgehenden Arbeitsschutzmanagements,
- Aufbau eines Informationssystems zum Arbeitsschutz und zur Gefährdungsbeurteilung,
- Berücksichtigung aktueller Entwicklungen, um rechtliche und technologische Anforderungen jederzeit erfüllen zu können,
- Einrichtung wirksamer Bildungsprogramme für Beschäftigte zum Arbeitsschutz,
- regelmäßige Audits, um die rechtlichen, organisatorischen, technischen und wirtschaftlichen Aspekte des Arbeitsschutzes zu prüfen.

Maßnahmen

Aus den Handlungsgrundlagen und Zielen ergeben sich folgende Realisierungsmöglichkeiten:

- Zusammenstellung der relevanten Gesetze, Verordnungen, Auflagen, Genehmigungen und technischen Regeln im Arbeitsschutz,
- Erstellung von Betriebsanweisungen über den sicheren Umgang mit Einrichtungen und Anlagen,
- mindestens jährliche Unterweisungen von Mitarbeitern im Arbeitsschutz,
- Durchführung von Gefährdungsbeurteilungen und regelmäßige Bewertung des Standes der Technik,
- Erstellung von Weiterbildungsmaterialien zur Arbeitssicherheit und Durchführung entsprechender Personalentwicklungsmaßnahmen,
- regelmäßige Audits, um insbesondere die Umsetzung der rechtlichen und technologischen Anforderungen sicherzustellen.

11.6.6 Lieferanten und ausgelagerte Prozesse

Handlungsgrundlagen

Wesentliche Voraussetzung für die Verbesserung der Umweltleistung ist eine größere Umwelteffizienz der Produkte und Prozesse. Dies betrifft nicht nur das eigene Unternehmen, sondern auch Lieferanten und die dorthin ausgelagerten Prozesse. Eine umwelteffiziente Produkt- und Prozessentwicklung muss daher die Umweltleistung der Lieferanten – und damit die der ausgelagerten Prozesse – mit in das Umweltmanagementsystem des Unternehmens integrieren.

Es muss sichergestellt sein, dass gravierende Umweltaspekte und -auswirkungen nicht von Seiten der Lieferanten in das eigene Unternehmen getragen werden. Dazu muss der Informationsfluss zwischen Lieferanten und Unternehmen fortlaufend aufrechterhalten werden. Während ein direkter Zugang zu aussagekräftigen Umweltinformationen oft nur schwer zu realisieren ist, existiert ein indirekter Zugang zu den Umweltleistungen des Lieferanten und der ausgelagerten Prozesse. Durch die Einrichtung von Umweltmanagementsystemen beim Lieferanten und die fortlaufende Verbesserung der Umweltleistung sollte es dort zu einer umweltbewussten Unternehmensführung kommen.

Lieferanten müssen regelmäßig auf die Umweltleistung bzgl. Produkte, Technologien, (ausgelagerte) Prozesse und Mitarbeiterkompetenzen auditiert werden. Zur Überprüfung werden zunächst vor Vertragsabschluss und anschließend in maximal dreijährigem Abstand Lieferantenaudits durchgeführt. Die Häufigkeit und der Aufwand richten sich nach der Relevanz im Umwelt- und Arbeitsschutz sowie im Qualitätsmanagement. Ein Lieferantenaudit wird nach dem gleichen Ablauf wie ein unternehmensinternes Audit durchgeführt. Die Mitglieder des Auditteams müssen über die notwendigen Kompetenzen verfügen. Die Auditergebnisse werden in einem Auditbericht zusammengefasst und mit dem Lieferanten besprochen. Die Bewertung des Lieferanten und der ausgelagerten Prozesse richtet sich nach den Ergebnissen aus dem Lieferantenaudit. Entsprechend werden die Lieferanten nach einem 3-Punkte-System als A-Lieferanten (gut), B-Lieferanten (förderungswürdig) oder C-Lieferanten (kritisch) klassifiziert.

Ziele

Aus den Handlungsgrundlagen lassen sich folgende Ziele für Lieferanten und ausgelagerten Prozesse herleiten:

- Existenz eines Umweltmanagementsystems,
- Bewertung der Umweltleistung des Lieferanten bzgl. Produkte und (ausgelagerte) Prozesse,
- partnerschaftlicher Dialog mit dem Lieferanten und seinen Mitarbeitern,
- gemeinsame Kompetenzentwicklung der Mitarbeiter bei kritischen Prozessen.

Maßnahmen

Aus den Handlungsgrundlagen und Zielen ergeben sich folgende Realisierungsmöglichkeiten:

- Durchführung von regelmäßigen Lieferantenaudits,
- Lieferantenbewertung und -klassifikation unter den Gesichtspunkten Qualität, Umwelt und Arbeitsschutz,
- Bewertung der Umweltleistung ausgelagerter Prozesse und deren Integration ins eigene Umweltmanagementsystem.

11.6.7 Gefahrstoffe und umweltrelevante Materialien

Handlungsgrundlagen

In jedem Unternehmen aus Industrie, Handel und Dienstleistungen muss davon ausgegangen werden, dass Gefahrstoffe oder umweltrelevante Materialien eingesetzt werden.

Es muss die Sicherheit für Mensch und Umwelt in der gesamten logistischen Kette von der Bestellung über die Anlieferung und Lagerung bis hin zur Entsorgung gewährleistet sein. Um dies sicherzustellen, müssen die von diesen Stoffen ausgehenden Gefährdungen bekannt sein und bewertet werden.

Mit den einschlägigen europäischen und nationalen Rechtsvorschriften und den zugehörigen Technischen Regeln werden die rechtlichen Anforderungen an einen sicheren umweltgerechten Umgang geregelt. Sicherheitsdatenblätter enthalten umfangreiche Informationen zu den einzelnen Stoffen, Piktogramme stellen auch für den Nichtfachmann eine einfache und wirkungsvolle Möglichkeit dar, Gefahren, die von diesen Stoffen ausgehen, zu erkennen. Gefahrenhinweise (H-Sätze) und Sicherheitshinweise (P-Sätze) informieren über eine sichere Handhabung und Verwendung. Die Gefahrgutverordnung mit entsprechenden Leitlinien gewährleistet einen sicheren Transport.

Für viele der heute verwendeten toxischen und umweltrelevanten Materialien gibt es Ersatzstoffe. Durch eine systematisch und regelmäßig durchgeführte Substitution kann eine Risikominimierung erreicht werden. Zusammen mit technischen (T), organisatorischen (O) und persönlichen (P) Schutzmaßnahmen kann ein deutliches STOP-Signal gegen einen undifferenzierten Einsatz von Gefahrstoffen gesetzt werden. Immer wieder ist festzustellen, dass diesen Anforderungen nicht in vollem Umfang nachgekommen wird. Der Umweltaspekte Gefahrstoffe ist einer der kritischsten direkten Umweltaspekte im Unternehmen.

Entsprechende vorbeugende Realisierungsmöglichkeiten können in Umweltaudits überprüft und durchgeführt werden. Diese Ersatzstoffsuche ist auch rechtlich vorgeschrieben. Auf freiwilliger Basis kann ein Freigabeverfahren den Einsatz neuer gefährlicher Stoffe vorbeugend bewerten und mögliche spätere Probleme im Unternehmen verhindern. Über das Freigabeverfahren werden letztlich Anwendungsbeschränkungen verhängt, Entsorgungswege vereinfacht, Kosten eingespart und zum Schutz von Mensch und Umwelt beigetragen.

Die Lagerung, der Einsatz und die Entsorgung von Gefahrstoffen müssen an allen Stellen des Unternehmens nach dem Stand der Technik erfolgen. Besonders kritische Gefahrstoffe (z. B. akut toxische, CMR-Stoffe) sind unter Verschluss zu halten. Nur ein besonders ausgewiesener Kreis von Mitarbeitern hat Zugang.

Der mögliche Einsatz von Gefahrstoffen und umweltrelevanten Materialien ist auch bei der Entwicklung neuer Produkte und Technologien zu berücksichtigen. Im laufenden Betrieb ist der Informationsaustausch zwischen allen Beteiligten z. B. in Form von Betriebsbegehungen, regelmäßigen Sicherheitsunterweisungen und Audits zu gewährleisten. Die Mitarbeiter und die Öffentlichkeit sind über die Risiken, die beim Umgang oder bei der Freisetzung von Gefahrstoffen existieren, hinzuweisen.

Ziele

Aus den Handlungsgrundlagen lassen sich folgende Ziele für einen sicheren Umgang mit Gefahrstoffen und umweltrelevanten Materialien sowie die Ausschaltung entsprechender Risiken herleiten:

- Schaffung eines Gefahrstoffmanagements, das von der Beschaffung, Lagerung, Verwendung bis hin zur Entsorgung, der Vorsorge und der vorbeugenden Gefahrenabwehr besondere Bedeutung zumisst,
- Aufbau eines Informationssystems, das die regelmäßige Erfassung, Bewertung und Risikoabschätzung eingesetzter Stoffe gewährleistet,
- Berücksichtigung aktueller Produkt- und Prozessentwicklungen, um rechtliche und technologische Anforderungen jederzeit erfüllen zu können,
- Einrichtung wirksamer Umweltbildungsprogramme für interne Beschäftigte,
- regelmäßige Audits, um die rechtlichen, organisatorischen, technischen und wirtschaftlichen Aspekte des gesamten innerbetrieblichen Gefahrstoffmanagements zu prüfen.

Maßnahmen
Aus den Handlungsgrundlagen und Zielen ergeben sich folgende Realisierungsmöglichkeiten:

- Zusammenstellung der relevanten Gesetze, Verordnungen, Auflagen, Genehmigungen und technischen Regeln und deren regelmäßige Überprüfung,
- Erstellung eines Gefahrstoffkatasters mit Bezeichnung (z. B. intern, extern, Handelsname), Einsatzorten (z. B. Kostenstellen, Prozess, Arbeitsplatz), Gefährdungen (z. B. Piktogramme, H-Sätze, P-Sätze, Wassergefährdungsklassen) und Mengen (z. B. Plan, Vorrat, Verbrauch),
- Vorlage von aktuellen EG-Sicherheitsdatenblättern aller vorhandenen Stoffe, Erstellung von Betriebsanweisungen und deren regelmäßige Überprüfung,
- Einrichtung einer Freigabestelle zur vorbeugenden Bewertung und Sicherstellung der sachgemäßen Anwendung von Gefahrstoffen,
- deutliche Kennzeichnung der Lagerorte und Festlegung der Zugangsberechtigung,
- eindeutige Erfassung der gelagerten, entnommenen und verbrauchten Gefahrstoffmengen,
- mindestens jährliche Unterweisung der Mitarbeiter in allen Anwendungsbereichen,
- regelmäßige Bewertung und Ersatzstoffsuche (Substitution) für die gefährlichsten und umweltrelevantesten Stoffe durch eine abteilungsübergreifende Arbeitsgruppe,
- klare Benennung der Verantwortlichkeiten im Umgang mit Gefahrstoffen,
- langfristige Programme und Strategien, um die Anzahl der Gefahrstoffe und umweltrelevanten Materialien durch verbesserte Produkte und Prozesse zu senken,
- regelmäßige Überprüfung des gesamten Gefahrstoffmanagements (Gefahrstoffauswahl, -lagerung, -einsatz, -entsorgung) durch entsprechende Begehungen und Audits nach dem Stand der Technik,
- Aufstellung von Plänen zur umweltgerechten und sicheren Gestaltung von Produkten/Prozessen/Versuchen und deren Berücksichtigung in allen Tätigkeiten,
- Aufstellung und Erprobung von Notfall- und Gefahrenabwehrplänen, z. B. im Brand- oder Störfall,
- Erstellung von Weiterbildungsmaterialien für das inner- und außerbetriebliche Gefahrstoffmanagement und dem Schutz von Mensch und Umwelt.

11

11.6.8 Abfälle und Wertstoffe

Handlungsgrundlagen

Da kein Prozess ideal abläuft, ist jeder Einsatz von Stoffen zwangsläufig mit der Entstehung von Abfällen verbunden. Der sichere Umgang mit Abfällen von der Entstehung, über die Lagerung, den Transport, die Verwertung bis hin zur Beseitigung ist von eminenter Bedeutung für den Schutz der menschlichen Gesundheit und den Erhalt der Umweltqualität. Um dies zu gewährleisten, ist ein integriertes Abfallwirtschaftskonzept zu entwickeln.

Durch das Kreislaufwirtschaftsgesetz, den zugehörigen Verordnungen und technischen Regeln zum Umgang mit Abfällen werden die rechtlichen Anforderungen an einen sicheren und umweltgerechten Umgang geregelt. Dem Abfallerzeuger bzw. -besitzer kommt in diesem Zusammenhang eine sehr große Verantwortung zu, da er im gesamten Abfallkreislauf die Sicherheit für Mensch und Umwelt gewährleisten muss. Die entsprechenden Kontrollen der Beförderer, Verwerter und Entsorger müssen sich auf alle Abfallarten erstrecken. Einstufungen und Kennzeichnungen gefährlicher Abfälle erleichtern die Überwachung.

Im Vordergrund eines abfallwirtschaftlichen Gesamtkonzepts steht die Vermeidung von Abfällen. Abfallvermeidung ist jedoch nur zu erreichen, wenn industrielle Prozesse und Verfahren verändert bzw. optimiert werden. Im Zusammenhang mit dem Einsatz von Gefahrstoffen und umweltrelevanten Materialien kommt der Optimierung des Materialeinsatzes ebenfalls besondere Bedeutung zu. Die Erhöhung des Wirkungsgrads von Prozessen, die Steigerung der Ausbeute und die Verbesserung der Qualität führen automatisch zu weniger Abfällen. Die Entwicklung abfallarmer Produktionsverfahren, neuer umweltverträglicher Produkte und der Einsatz umweltfreundlicher Materialien sind daher besonders zu fördern.

Der Gesamtanfall der Abfälle ist mengenmäßig bekannt. Die Entsorgungskosten werden oft auf eine gemeinsame Kostenstelle gebucht. Zur Erstellung eines Abfallwirtschaftskonzepts ist eine bessere Transparenz nötig. Die anfallenden Abfallmengen sind in den Kostenstellen zu erfassen und die Kosten verursacherspezifisch umzulegen. Eine vergleichbare Transparenz muss mit Abfällen geschehen, die bei minderer Produktqualität anfallen. Die aufgrund von Verschrottungen anfallenden Erlöse werden oft als Einnahmen verbucht. Geringere Produktausbeuten führen allerdings immer zu Verlusten, da die gesamte Wertschöpfungskette mit zu betrachten ist.

Die Aufgabe der betrieblichen Abfallwirtschaft sollte sich nicht auf die Dienstleistung des Wegschaffens der Abfälle reduzieren. Sie muss zu einer tragfähigen, nachhaltigeren Materialeffizienz und Kostentransparenz beitragen. Durch die verursachergerechte Umlegung der Mengen und Kosten gelingt eine Sensibilisierung und Bewusstseinsbildung der Mitarbeiter. Solange sie nicht erfahren, welche Abfallmengen und Entsorgungskosten durch bestimmte Verhaltensweisen und Entscheidungen verursacht werden, entzieht man den Mitarbeitern die Selbstverantwortung.

Ein weiterer Schritt im Abfallwirtschaftskonzept ist die Verwertung von Abfällen und ihre Umwandlung in neue gebrauchsfähige Materialien und Produkte. Dazu sind primär Getrenntsammlungs- und Verwertungssysteme aufzubauen. Innovative Vorhaben zum Thema Recyclingtechnologien und Bereitstellung entsprechender Informationen erleichtern das Erschließen geeigneter Absatzmärkte. Einkaufs- und Beschaffungsrichtlinien für solche Materialien und Produkte unterstützen den Entwicklungsprozess.

Selbst wenn es gelingt, die Abfallmengen weitgehend zu minimieren, verbleibt aufgrund nicht idealer Prozesse zwangsläufig immer ein Abfallrest übrig. Diese Abfälle sind so zu behandeln, dass sie weder gesundheits- noch umweltschädlich sind. Verbrennung, Kompostierung, chemisch-physikalische Behandlung und Deponierung sind einige der möglichen Technologien zur Abfallbeseitigung. Nur eine ordnungsgemäße Beseitigung verhindert langfristig eine Verschmutzung von Boden, Wasser und Luft.

Da Abfälle bei entsprechenden Tätigkeiten zwangsläufig anfallen, kommt der Aufklärung und Information der Mitarbeiter ebenfalls besondere Bedeutung zu. Über den gesamten Lebenszyklus des Produkts von der Herstellung über Nutzung bis hin zur Beseitigung sind in Weiterbildungsprogrammen abfallspezifische Fragestellungen zu behandeln. Regeln für die Durchführung von Umweltbetriebsprüfungen in diesem Bereich unterstützen die Umsetzung der skizzierten Handlungsgrundsätze. Mitarbeiter sind über die Abfallmengen, und -zusammensetzung, die damit verbundenen Risiken und eingeleitete bzw. geplante Maßnahmen zur Verbesserung der Abfallsituation im Unternehmen zu informieren.

Ziele

Aus den Handlungsgrundlagen lassen sich folgende Ziele für den Umweltaspekt Abfälle und Wertstoffe herleiten:

- Entwicklung eines Abfallwirtschaftskonzepts das vom Lebenszyklus eines Produkts ausgeht,
- Aufbau eines Managementinformationssystems, das die regelmäßige Erfassung, Bewertung und Risikoabschätzung der im Unternehmen anfallenden Abfälle gewährleistet,
- Berücksichtigung aktueller Produkt- und Prozessentwicklungen, um rechtliche und technologische Anforderungen jederzeit erfüllen zu können,
- Errichtung wirksamer Umweltbildungsprogramme für Beschäftigte,
- regelmäßige Audits, um die rechtlichen, organisatorischen, technischen und wirtschaftlichen Anforderungen zu prüfen.

Maßnahmen

Aus den Handlungsgrundlagen und Zielen ergeben sich folgende Realisierungsmöglichkeiten:

- Zusammenstellung der relevanten Gesetze, Verordnungen, Auflagen, Genehmigungen und technischen Regeln,
- Erstellung eines Abfallregisters mit Abfallbezeichnung (EAK-Nummer), Anfallorten (z. B. Kostenstellen), Gefährdungen (z. B. Gefahrensymbolen), Mengen, Kosten, Entsorger,
- regelmäßige Bewertung für die gefährlichsten und umweltrelevantesten Abfälle zur qualitativen Verbesserung der Abfallsituation,
- langfristige Programme und Strategien zur Senkung der Abfallmengen anhand der Informationen des Abfallregister im Rahmen eines Abfallwirtschaftskonzepts,
- verursachergerechte Zuordnung der Verantwortungen und Zuständigkeiten,
- Aufstellung von Plänen zur abfallfreundlichen Gestaltung von Prozessen und Produkten,
- Erstellung von Betriebsanweisungen über den sicheren und umweltgerechten Umgang mit Abfällen,
- regelmäßige Fortbildungsprogramme für Mitarbeiter in allen abfallrelevanten Bereichen zur Vermeidung, Sammlung und Entsorgung,
- regelmäßige Überprüfung des gesamten Abfallmanagements durch innerbetriebliche Umweltaudits,
- Sicherstellung der ordnungsgemäßen Abfallentsorgung und -beseitigung über zertifizierte Entsorgungsfachbetriebe.

11.6.9 Wasser, Abwasser und Kanalisation

Handlungsgrundlagen

Wasser wird in allen Lebensbereichen und als Lebensmittel benötigt. Das gesamte soziale und wirtschaftliche Leben ist in erheblichem Maße von der Güte des angebotenen Wassers abhängig. Den Konzepten für eine rationelle Wassernutzung, einem sicheren Anlagenbetrieb von Abwasserreinigungsanlagen und Kanalisationssystemen kommt daher eine besondere Bedeutung zu. Nach dem Vorsorgeprinzip ist eine Verringerung der Schadstoffbelastung an der Quelle anzustreben. Durch Verwendung neuer, umweltschonender Technologien und Prozesse lässt sich eine weitgehende Reduzierung von Verschmutzungen und die Einsparung von Wasser erreichen.

Des Öfteren werden in Unternehmen kleinere galvanische Wirkbäder betrieben, die nicht zu den Kernkompetenzen gehören. Im Zuge der Neukonzeption von Fertigungsprozessen werden sie daher an Subunternehmen vergeben. Die dadurch entstehenden ausgelagerten Prozesse sind im Umweltmanagementsystem mit zu betrachten und zu bewerten.

Der Schutz des Wassers wird durch das Wasserhaushaltsgesetz, den zugehörigen Verordnungen und technischen Regeln rechtlich geregelt. Anforderungen an den Betrieb von Abwasserbehandlungsanlagen und Standards für die Ableitung von Abwässern gewährleisteten eine sichere und umweltverträgliche Beseitigung. Die Abwasserkanalisation ist entsprechend den rechtlichen Vorgaben zu überprüfen. Die Einhaltung von Grenzwerten und von Einleitungserlaubnissen ist zu gewährleisten und über entsprechende Betriebstagebücher nachzuweisen.

In der Abwasserbehandlung werden wassergefährdende Stoffe eingesetzt bzw. fallen an. Dabei handelt es sich letztlich um Gefahrstoffe, deren Lagerung, Handhabung und Entsorgung entsprechend durchzuführen ist. Dies ist immer wieder ein besonders umweltrelevanter Punkt.

Ein Wasserwirtschaftskonzept ermöglicht die Schonung von Ressourcen (Frisch-, Grundwasser) durch Verminderung des Frischwassereinsatzes und der anfallenden Abwassermengen. Aus Kostengründen ist zu beachten, dass aufgrund von Verdunstungen die Abwassermengen kleiner sein können als die eingesetzten Wassermengen. Durch Prozessumstellungen kann auch eine Verminderung der Schadstofffracht im Abwasser bzw. eine Vermeidung von Schadstoffen erreicht werden.

Ziele

Aus den Handlungsgrundlagen lassen sich folgende Ziele für den Umweltaspekt Wasser, Abwasser und Kanalisation herleiten:

- Anwendung integrierter Ansätze von der Wassernutzung, der Abwasserbelastung und -behandlung bis hin zur Ableitung in die Kanalisation,
- Aufbau eines Management- und Informationssystem, das die regelmäßige Erfassung, Bewertung und Kontrolle der Wasser/Abwasserströme sichergestellt (Wasserwirtschaftskonzept),
- Berücksichtigung aktueller Entwicklungen, um rechtliche und technologische Anforderungen jederzeit erfüllen zu können,
- Einrichtung wirksamer Umweltbildungsprogramme für Beschäftigte,
- regelmäßige Audits, um die rechtlichen, organisatorischen, technischen und wirtschaftlichen Anforderungen zu prüfen.

Maßnahmen

Aus den Handlungsgrundlagen und Zielen ergeben sich folgende Realisierungsmöglichkeiten:

- Zusammenstellung der relevanten Gesetze, Verordnungen, Auflagen, Genehmigungen und technischen Regeln,
- Erstellung eines Katasters mit Einsatzorten (z. B. Kostenstellen, Prozess), Verbrauchsmengen, anfallende Abwassermengen, Abwassergrenzwerte,
- Anlagen müssen dem Stand der Technik entsprechen,
- regelmäßige Bewertung der eingesetzten wassergefährdenden Stoffe, der anfallenden Abfälle und deren Entsorgungswege,
- Aufstellung von Programmen für eine rationelle Wassernutzung und Abwasserentsorgung,

- verursachergerechte Zuordnung der Verantwortungen (Betreiberpflichten) und Zuständigkeiten,
- Überprüfung der Rohrleitungen, Tanks und Abwasserkanäle auf Dichtigkeit und Funktionsfähigkeit,
- Aufstellung eines Kanalisationskatasters und Sanierung defekter Abwasserleitungen,
- Erstellen von Betriebsanweisungen über den sicheren und umweltverträglichen Betrieb von Abwasserbehandlungsanlagen einschließlich der Kontrolle von Abwasserleitungen,
- regelmäßige Fortbildungsprogramme für Mitarbeiter in abwasserrelevanten Bereichen zum sicheren und umweltverträglichen Betrieb von Anlagen,
- regelmäßige Überprüfung des gesamten Wassermanagements durch innerbetriebliche Umweltaudits.

11.6.10 Gas- und staubförmige Emissionen incl. Lärm

Handlungsgrundlagen

Reine Luft ist eine der elementaren Grundlagen für ein gesundes Leben. Von daher sind Mensch und Umwelt entsprechend zu schützen. Emissions- und lärmrelevante Anlagen müssen jederzeit dem Stand der Technik entsprechen. Das gilt sowohl für genehmigungspflichtige als auch für nicht-genehmigungspflichtige Anlagen. Eine regelmäßige Überwachung und Messung der entsprechenden Parameter muss selbstverständlich sein. Über das Ergebnis der Messung ist ein Messbericht zu erstellen. Die auftretenden (Lärm)Emissionen sind jährlich in einem internen Emissionsbericht oder in einer externen Emissionserklärung darzustellen.

Die konkrete Durchführung der Analysen und die ordnungsgemäße Überwachung der Anlagen werden durch den zuständigen Mitarbeiter sichergestellt. Sämtliche Analysenergebnisse, Kontroll- und Überwachungstätigkeiten sowie Instandhaltungen sind in einem Betriebstagebuch zu dokumentieren. Den Anforderungen durch die Überwachungsbehörden (Genehmigungen/Auflagen) sowie durch die einschlägige Gesetzgebung muss jederzeit entsprochen werden.

Es existiert ein Zusammenhang zu den Umweltaspekten Gefahrstoffe und Energie. Umweltrelevante Stoffe, die zum Klimawandel bzw. zur Ozonzerstörung beitragen, dürfen nicht mehr eingesetzt werden. Sie sind mit einem Einsatzverbot zu belegen. CO_2-Emissionen treten beim Umweltaspekte Energie auf. Entsprechende Ziele und Maßnahmen sind dort beschrieben. Die anfallenden gas- und staubförmigen Emissionen werden durch Abluftbehandlungsanlagen oft in die Umweltkompartimente Abwasser und Abfall verlagert. Entsprechend sind diese Umweltaspekte auch unter dem Gesichtspunkt Emissionen zu betrachten.

Ziele

Aus den Handlungsgrundlagen lassen sich folgende Ziele für den Umweltaspekt gas- und staubförmige Emissionen incl. Lärm herleiten:

- Berücksichtigung der rechtlichen und technologischen Entwicklungen bzgl. Produkte und Prozesse,
- regelmäßige Bewertung des Standes der Technik,
- aussagekräftige Übersicht zu allen genehmigungspflichtigen und nicht genehmigungspflichtigen emissionsrelevanten Anlagen,
- Konzept zur Reduzierung umweltrelevanter (Lärm-)Emissionen.

Maßnahmen
Aus den Handlungsgrundlagen und Zielen ergeben sich folgende Realisierungsmöglichkeiten:

- Zusammenstellung der relevanten Rechtsvorschriften,
- Führung eines Betriebstagebuchs und Erstellung eines Emissionskatasters bzw. Lärmkatasters,
- Aufstellung eines Programms zur regelmäßigen Instandhaltung und Wartung,
- Erstellung von Prozessanweisungen zum sicheren und umweltgerechten Anlagenbetrieb,
- klare Zuordnung der Verantwortungen und Zuständigkeiten,
- Aufstellung von Plänen zur umweltfreundlicheren und lärmärmeren Gestaltung von Prozessen und Produkten,
- regelmäßige Fortbildungsprogramme für Mitarbeiter,
- regelmäßige Überprüfung durch innerbetriebliche Umweltaudits.

11.6.11 Energie und Verkehr

Handlungsgrundlagen
Energie in Form von Strom, Wärme oder Treibstoff ist einer der wichtigsten Faktoren für die wirtschaftliche Entwicklung. Die heutige Art der Energieversorgung trägt jedoch durch Emissionen umweltrelevanter Gase zu einer Reihe von Umweltproblemen insbesondere zum Klimawandel bei. Die langfristige Senkung des Energieverbrauchs kann daher zu einer Senkung der Umweltbelastungen führen. Gleichzeitig kann eine größere Energie- und Ressourceneffizienz zu einer höheren Produktivität führen und die Wettbewerbsfähigkeit des Unternehmens steigern.

Weiterhin bedürfen insbesondere regenerative und neue Energieträger wie Solarthermie, Fotovoltaik, Windenergie und Blockheizkraftwerke einer verstärkten Beachtung. Nur durch den Umstieg auf diese umweltverträglichen Energieträger lassen sich die anthropogenen Einflüsse auf die Atmosphäre und das Klima reduzieren. Energiesparende Technologien, Produkte und Bauweisen können dies unterstützen. Durch das Energieeinspargesetz und den zugehörigen Verordnungen werden die rechtlichen Anforderungen an einen umweltgerechten und energiesparenden Einsatz geregelt.

Energiemanagement im Rahmen eines Umweltmanagementsystems bedeutet eine umweltorientierte Planung und Kontrolle der Energieflüsse im Unternehmen. Durch eine systematische Erfassung der Energieverbräuche (z. B. Strom, Gas, Öl) über alle Bereiche (z. B. Prozesse, Verkehr, Gebäude und Verbraucher) ergibt sich die notwendige Transparenz.

Für ein Konzept zum Energiemanagement sind Art und Menge der eingesetzten Energien, die Notwendigkeit des Energieeinspargesetzes und Maßnahmen zur Energieeinsparung (Verbesserung der Energieeffizienz) zu beschreiben und zu begründen. Dazu sind für Prozesse, Anlagen und Gebäude Daten zu erheben und Kennziffern zu bilden. Durch die Installation einer entsprechenden Messtechnik werden die gesamten Energieverbräuche in aussagekräftige Größen aufgebrochen. Eine regelmäßige Wartung und Instandhaltung von Anlagen gewährleistet den bestimmungsgemäßen Betrieb und verhindert überhöhte Energieverbräuche.

Ziele

Aus den Handlungsgrundlagen lassen sich folgende Ziele für ein Energiekonzept im Umweltaspekt Energie und Verkehr herleiten:

- Schaffung eines Energiemanagements, das den einzelnen Energieträgern, der Energieversorgung und der Energieverwendung besonderes Augenmerk widmet,
- Aufbau eines Controllingsystems, das die regelmäßige Erfassung und Bewertung der eingeleiteten Realisierungsmöglichkeiten erlaubt,
- Reduzierung der Schadstoffemissionen in die Atmosphäre durch umweltverträgliche Energiesysteme,
- Entwicklung von Produkten und Einsatz von Technologien mit verbesserter Energieeffizienz,
- Einrichtung wirksamer Umweltbildungsprogramme für die Beschäftigten,
- Ausarbeitung von Verkehrskonzepten zur Optimierung der Logistiksysteme.

Maßnahmen

Aus den Handlungsgrundlagen und Zielen ergeben sich folgende Realisierungsmöglichkeiten:

- Zusammenstellung der relevanten Gesetze, Verordnungen, Auflagen und Genehmigungen,
- Erstellung eines Energiekatasters mit Energieträger (z. B. Gas, Öl, Strom), Verbrauchsstellen (z. B. Kostenstellen, Prozess, Anlage) und Verbrauchsmengen,
- bevorzugter Einsatz regenerativer Energieträger,
- Anlagen, Prozesse und Gebäude werden auf den Stand der Technik ertüchtigt,
- Aufstellung von Programmen zur Senkung des absoluten und spezifischen Energieverbrauchs,
- verursachergerechte interne Zuordnung der Energiekosten und Verantwortlichkeiten,
- Erstellen von Richtlinien über den umweltschonenden Energieeinsatz,

- regelmäßige Fortbildungsprogramme für Mitarbeiter in energierelevanten Bereichen zur Energieeinsparung/-nutzung und Verbesserung der Energieeffizienz,
- verbesserte Planung der Logistik und Erhöhung des Anteils umweltfreundlicher Verkehrsmittel,
- Aufzeigen von Möglichkeiten zur Reduzierung des Individualverkehrs,
- regelmäßige Überprüfung des gesamten Energiemanagements durch innerbetriebliche Umweltaudits.

11.7 Aufgaben für die Praxis

- Welche wesentlichen Umweltaspekte haben Sie für ihr Unternehmen identifiziert?
- Welche Anforderungen stellt das Kreislaufwirtschaftsgesetz an die Produktverantwortung?
- Erläutern Sie wesentliche Anforderungen an den Lebenszyklus von Produkten.
- Welche Konsequenzen ergeben sich aus der Lebenswegbetrachtung für die einzelnen Prozesse?
- Welche Anforderungen werden an das Ökodesign von Produkten gestellt?
- Mit welchen Wirkungskategorien können Sie eine Abschätzung der Umweltauswirkungen vornehmen?
- Wie stehen Umweltaspekte und Umweltauswirkungen zueinander?
- Welche Möglichkeiten bieten Entwicklungsrichtlinien (Checklisten) für eine umweltgerechte Produkt- und Prozessentwicklung?
- Erläutern Sie die Möglichkeiten eines Life-Cycle-Screening.
- Welche Anforderungen stellt die Ökodesign-Richtlinie an die Entwicklung von Produkten?
- Welche grundlegenden Anforderungen werden an die Erhebung, Analyse und Bewertung von Umweltaspekten gestellt?
- Worin liegt der Unterschied zwischen einer Umweltprüfung und einer Umweltbetriebsprüfung (Umweltaudit)?
- Wie lässt sich die Risikobewertung der Umweltaspekte durchführen?
- Welche Ergebnisse lieferte die letzte Risikobewertung ihrer Umweltaspekte?
- Welche strategischen und betrieblichen Umweltziele verfolgt ihr Unternehmen?
- Welche Maßnahmen zur Verbesserung der Umweltleistung haben Sie in den letzten Jahren umgesetzt bzw. wollen Sie in den nächsten Jahren realisieren?

Weiterführende Literatur

11.1. Abele, E. et al. (Hrsg.); EcoDesign, Springer, 2008, 978-3-540-75437-4

11.2. Ahrens, V.; Hofmann-Kannensky, M.; *Integration von Managementsystemen,* Vahlen, **2001**, 3-8006-2593-8

11.3. Bartholmes, Th.; *Umweltrechtliche Verantwortlichkeit als mittelbarer Verursacher von Umwelteinwirkungen,* Schmidt, **2005**, 3-503-09074-6

11.4. Baumann, W.; Kössler, W.; Promberg, K.; *Betriebliche Umweltmanagementsysteme,* Linde, **2005**, 3-7073-0795-6

11.5. Baumast, A.; Pape, J. (Hrsg.); *Betriebliches Umweltmanagement,* Ulmer, **2009**, 978-3-8001-5995-6

11.6. Betz, G.; Vogl, H.; Das umweltgerechte Produkt, Luchterhand, 1996, 3-472-02230-2

11.7. Brennecke, V.; Krug, S.; Winkler, C.; *Effektives Umweltmanagement,* Springer, **1998**, 3-540-62904-1

11.8. Bühlmann, R.; Heutzer, A.; *Erfolgskontrolle von Umweltmaßnahmen,* Springer, **2000**, 3-540-66473-4

11.9. DIN EN ISO 14006, Umweltmanagementsysteme – Leitlinie zur Berücksichtigung umweltverträglicher Produktgestaltung, Beuth, Oktober 2011

11.10. DIN EN ISO 14040, Umweltmanagement – Ökobilanz – Grundsätze und Rahmenbedingungen, Beuth, November 2009

11.11. DIN EN ISO 14044/A1 Umweltmanagement – Ökobilanz – Anforderungen und Anleitungen, Beuth, Januar 2017

11.12. DIN-Fachbericht ISO/TR 14062; Umweltmanagement – Integration von Umweltaspekten in Produktdesign und -entwicklung, Beuth, 2003, 3-410-15480-9

11.13. Engelfried, J.; *Nachhaltiges Umweltmanagement,* Oldenburg, **2011**, 978-3-486-59815-5

11.14. Fachverlag Deutscher Wirtschaft; Der Umweltschutz-Berater, 2004, 3-87156-100-2

11.15. Fleischer, G. (Hrsg.) Eco-Design, Springer, 2000, 3-540-65814-9

11.16. Guinée, J. (Ed.); Handbook of Life Cycle Assessment, Kluwer Academic Publishers, 2002, 1-4020-0228-9

11.17. Intergovernmental Panel on Climate Change (IPCC); IPCC/TEAP Special Report: Safeguarding the Ozone Layer and the Global Climate System, Cambridge University Press, 2006, 978-0-512-689206-0

11.18. Kamiske, G. et al.; *Management des betrieblichen Umweltschutzes,* Vahlen, **1999**

11.19. Krinn, H.; Meinholz, H.; *Einführung eines Umweltmanagementsystems in kleinen und mittleren Unternehmen – Ein Arbeitsbuch,* Springer, **1997**, 3-540-62465-1

11.20. Lutz, U.; Roth, K.; *Betriebliches Umweltmanagement,* Springer, **2000**, 3-540-67929-4

11.21. Müller-Christ, G.; *Umweltmanagement,* Vahlen, **2001**, 3-8006-2646-2

11.22. Pelěs-Dobbern, S.; Systematische Entwicklung von Recyclinganforderungen in der Produktentwicklung, Technische Universität Kaiserslautern, 2006, 978-3-939432-08-1

11.23. Pfeiffer, J.; *Strukturelle Integration von Umweltmanagementsystemen in gewerblichen Betrieben,* Hampp, **2001**, 3-87988-614-8

11.24. Richtlinie 2009/125/EG des Europäischen Parlaments und des Rates vom 21. Oktober 209 zur Schaffung eines Rahmens für die Festlegung von Anforderungen an die umweltgerechte Gestaltung energieverbrauchsrelevanter Produkte (Ökodesign-Richtlinie), 14.11.2012

11.25. Rombach, G.; Grenzen des Recyclings, Shaker, 2003, 3-8322-1429-1

11.26. Tischler, K.; *Betriebliches Umweltmanagement als Lernprozess,* Peter Lang, **1998**, 3-631-33914-3

11.27. Tollmann, C.; *Die umweltrechtliche Zustandsverantwortlichkeit: Rechtsgrund und Reichweite,* Duncker & Humblot, **2007**, 978-3-428-12250-9

11.28. Umweltbundesamt; Integrierte Vermeidung und Verminderung der Umweltverschmutzung – BVT-Merkblatt zu ökonomischen und medienübergreifenden Effekten, Juni 2005

11.29. VDI 2243, Recyclingorientierte Produktentwicklung, Juli 2002

11.30. VDI 4600, Kumulierter Energieaufwand – Begriffe, Berechnungsmethoden, Beuth, Januar 2012

11.31. VDI 4600 Blatt 1, Kumulierter Energieaufwand – Beispiele, Beuth, August 2015
11.32. Verordnung (EG) Nr. 1005/2009 des Europäischen Parlaments und des Rates vom 16. September 2009 über Stoffe, die zum Abbau der Ozonschicht führen, 05.11.2013
11.33. Walter, K.; Wettbewerbsvorteile durch Umweltmanagement, VDM, 2005, 3-86550-047-1
11.34. Zabel, H.-U. (Hrsg.); Betriebliches Umweltmanagement – nachhaltig und interdisziplinär, Schmidt, 2002, 3-503-07007-9

11

Umweltmanagement im Betrieb

12

12.1 Einführung

Das Umweltmanagementsystem ist derjenige Teil des gesamten übergreifenden Managementsystems, das die Organisationsstruktur, Verantwortungen und Zuständigkeiten, Verhaltensweisen und förmliche Verfahren, Abläufe und Mittel für die Festlegung, Umsetzung und Durchführung der Umweltvorschriften und der betrieblichen Umweltpolitik einschließt. Beim Aufbau eines Umweltmanagementsystems geht es um die Verwirklichung der Umweltstrategien und der gesetzten Ziele. Übergeordnetes Ziel ist die fortlaufende Verbesserung des betrieblichen Umweltschutzes.

Innerhalb eines funktionierenden Umweltmanagementsystems müssen die Verantwortlichkeiten, sowie die jeweiligen Aufgaben und Befugnisse klar definiert und beschrieben werden. Insbesondere gilt dies für diejenigen Personen im Unternehmen, die in Schlüsselfunktionen die umweltrelevanten Tätigkeiten und Prozesse leiten, durchführen und überwachen. Je nach Organisationsstruktur wird die Umweltverantwortlichkeit auf der Grundlage der jeweiligen Arbeitsprozesse von der Geschäftsleitung festgelegt, dokumentiert und im Unternehmen bekannt gemacht.

Zu den Aufgaben der Geschäftsleitung innerhalb eines Umweltmanagementsystems gehören die Implementierung und Überwachung des Umweltmanagementsystems, sowie die Bereitstellung der dafür erforderlichen Mittel, wie Finanzen und geeignetes Personal. Zu diesem Zweck bestellt die Geschäftsleitung einen oder mehrere Beauftragte. Hierzu sollten Personen mit höheren Funktionen und genügend Autorität sowie fachlicher Kompetenz gewählt werden und mit ausreichenden Ressourcen ausgestattet sein.

Durch die Bestellung von Betriebsbeauftragten kann die Geschäftsleitung sicherstellen, dass die Forderungen an das Umweltmanagementsystem aufrechterhalten werden. Dies muss dann in Übereinstimmung mit den Rechtsvorschriften und den Anforderungen internationaler Normen geschehen. Der Beauftragte muss der Geschäftsleitung regelmäßig über die Leistungen des Umweltmanagementsystems Bericht erstatten. Er ist dafür

G. Förtsch und H. Meinholz, *Handbuch Betriebliches Umweltmanagement*,
https://doi.org/10.1007/978-3-658-19151-1_12

Tab. 12.1 Beispiele für Verantwortungszuordnung

Umweltverantwortung	Verantwortliche Person
Festlegung der Gesamtrichtung, Umweltstrategie	Sprecher der Geschäftsleitung, Vorstand, leitender Beauftragter
Sicherstellung der Erfüllung der gesetzlichen Forderungen	Betriebsleiter/Abteilungsleiter
Sicherstellung der fortlaufenden Verbesserung	Alle Manager/leitende Personen

verantwortlich, dass die Mitarbeiter aller Ebenen im Unternehmen ihre Aufgaben und Verantwortlichkeiten innerhalb des Umweltmanagementsystems kennen und wahrnehmen.

Typische Beispiele für eine Verantwortungszuordnung (Tab. 12.1) können sein.

Das Unternehmen sollte dokumentierte Anweisungen und Verfahren einführen und aufrechterhalten, in denen die Art und Weise, wie eine umweltrelevante Tätigkeit durchzuführen ist, beschrieben wird. Diese Anweisungen und Verfahren legen neben den betrieblichen Vorgaben auch fest, welche Mitarbeiter diese Tätigkeiten ausüben. Organisatorisch betrachtet geht es darum, die Aufbauorganisation und die Ablauforganisation festzulegen. Erstere behandelt den statischen Aspekt des Systems, letztere den dynamischen Aspekt in Form der Aufgabenfolgen. Im System müssen somit die Organisationsstrukturen und die Ablaufregelungen zur Verfügung stehen. Zu den Strukturen gehören Organigramme, Schnittstellenmatrizen, Stellenbeschreibungen, etc.

Es sollten Verfahren für Lieferanten, Dienstleister und Auftragnehmer eingerichtet und aufrechterhalten werden, um die Beschaffungsvorgänge und Tätigkeiten entsprechend den ökologischen Anforderungen aus der Umweltstrategie und den Umweltzielen durchführen zu können. Für alle vom Unternehmen in Anspruch genommenen Dienstleistungen und Tätigkeiten sowie alle benutzten Güter, wie z. B. Rohstoffe und Halbfertigwaren, sollten Verfahren entwickelt und implementiert werden, die eine Bewertung und eine Kontrolle nach ökologischen Gesichtspunkten erlauben. Die Kriterien, die das Unternehmen im Umweltschutz gemäß den gesetzlichen Ansprüchen und der Umweltstrategie zu erfüllen hat, können in schriftlicher Form als betriebliche Norm festgelegt werden.

Ebenso grundlegend wichtig wie eine sorgfältige Dokumentation ist eine funktionierende Kommunikation. Es muss von Seiten der Geschäftsleitung auf einen regelmäßigen und umfassenden Informationsaustausch zwischen den einzelnen Organisationseinheiten, sowie auf eine regelmäßige Berichterstattung an den verantwortlichen Beauftragten oder die Geschäftsleitung geachtet werden. Dies kann ein Unternehmen beispielsweise durch die Einrichtung von Arbeitsgruppen erreichen.

Zum Bereich der Aufbau- und Ablauflenkung im Umweltmanagementsystem gehört auch die Planung von Vorsorge- und Verhütungsmaßnahmen für etwaige Notfälle bzw. Unfälle im Unternehmen. So muss das Unternehmen Verfahren einführen und aufrechterhalten, um Unfallsituationen frühzeitig erkennen, bewerten und entsprechende Gegenmaßnahmen einleiten zu können. Unter Unfall- bzw. Notfallsituationen werden allgemein unbeabsichtigte Freisetzungen von Schad- bzw. Giftstoffen in die Umwelt verstanden.

Eine effektive Notfallplanung kann bei Bedarf in Zusammenarbeit mit Behörden oder Schutzdiensten (z. B. Feuerwehr) erfolgen. Bei der Erstellung von Notfallplänen müssen alle Vorfälle berücksichtigt werden, die sich als Folge von anormalen Betriebsbedingungen und Unfällen ereignen können. Dabei müssen die spezifischen Einflüsse von unfallbedingten Freisetzungen auf die Umwelt und das Ökosystem beachtet werden.

Idealerweise enthalten die ausgearbeiteten Notfallpläne Informationen über die Notfallorganisation und die Verantwortlichkeiten, eine Liste des Schlüsselpersonals, Einzelheiten zu Notdiensten sowie einen internen und externen Kommunikationsplan. In den Plänen sollten die einzelnen Maßnahmen für verschiedene Arten von Notfällen beschrieben sein. Wenn im Unternehmen Gefahrstoffe verwendet werden, müssen die Informationen über die möglichen Auswirkungen auf Mensch und Umwelt im Falle einer Freisetzung enthalten sein.

Um ein Umweltmanagementsystem implementieren, aufrechterhalten und verbessern zu können, ist es notwendig, dass sich die Mitarbeiter auf allen Ebenen des Unternehmens über ihre Verantwortung und die Umweltrelevanz ihrer Tätigkeit bewusst werden. Sie müssen die Umweltrelevanz der Aufgaben verstehen und entsprechende Vorgaben einhalten. Dazu gehört, dass sie die Bedeutung von Umweltstrategie, Umweltzielen und die Anforderungen des Umweltmanagementsystems erfassen.

Die Mitarbeiter sollten die möglichen Auswirkungen ihrer Tätigkeit auf die Umwelt verstehen und den ökologischen Nutzen eines verbesserten betrieblichen Umweltschutzes durch eine Verbesserung der persönlichen Leistung erkennen. Sie müssen sich also jederzeit ihrer Rolle bei der Implementierung und Aufrechterhaltung eines Umweltmanagementsystems bewusst sein.

Das Unternehmen muss die Einhaltung der Umweltvorschriften und der in Umweltpolitik und Umweltprogramm definierten Anforderungen sicherstellen können. Dazu sind die maßgeblichen Merkmale aller umweltrelevanten Arbeitsabläufe regelmäßig zu überwachen und zu messen. Diese regelmäßigen Überwachungen und Messungen sind als Schlüsselfunktionen im Umweltmanagementsystem anzusehen, da so Erfolge registriert und Misserfolge korrigiert werden können. Das Unternehmen sollte hierbei folgende Punkte beachten:

- Die für die Kontrolle erforderlichen Informationen müssen ermittelt und dokumentiert werden.
- Die dafür notwendigen Verfahren müssen spezifiziert und dokumentiert werden.
- Die für die Überwachung notwendigen Geräte müssen kalibriert und gewartet werden. Alle Mess- und Überwachungsergebnisse sind zu protokollieren und aufzubewahren.
- Es müssen Akzeptanzkriterien und Korrekturmaßnahmen, für den Fall, dass unbefriedigende Ergebnisse erzielt werden, definiert und dokumentiert werden.
- Für den Fall, dass bisher angewandte Kontrollsysteme schlecht funktioniert haben, müssen die Informationen aus diesen früheren Kontrollmaßnahmen auf ihre Brauchbarkeit hin beurteilt und dokumentiert werden.

Wenn sich im Rahmen dieser Kontrollen herausstellen sollte, dass die Umweltstrategie, die Umweltziele oder das Umweltprogramm nicht eingehalten werden können, dann muss das Unternehmen:

- den Grund für die Nichteinhaltung ermitteln,
- einen entsprechenden Aktionsplan aufstellen,
- vorbeugende Maßnahmen, deren Umfang den aufgetretenen Risiken entspricht, einleiten,
- Kontrollen durchführen, um die Wirksamkeit der ergriffenen Vorbeugemaßnahmen zu gewährleisten und
- alle Verfahrensänderungen festhalten und dokumentieren, die sich aus den Korrekturmaßnahmen ergeben.

Für die Kontrolle und Überwachung der umweltorientierten Leistung sollte das Unternehmen auf objektive, nachprüfbare und vergleichbare Indikatoren zurückgreifen. Diese Indikatoren sollten für die jeweiligen Tätigkeiten bezeichnend sein, mit der Umweltstrategie im Einklang stehen, praktisch anwendbar und wirtschaftlich sowie technologisch sinnvoll sein.

Alle umweltbezogenen Ergebnisse aus den Kontrollmaßnahmen müssen aufgezeichnet und aufbewahrt werden. Diese Aufzeichnungen sind wesentlich für den fortlaufenden Betrieb eines Umweltmanagementsystems. In diesen Aufzeichnungen sollten folgende Informationen enthalten sein:

- rechtliche Forderungen und Genehmigungen,
- Umweltaspekte und Umweltauswirkungen,
- Schulungsaktivitäten,
- Prüf-, Kalibrier-, Wartungsaktivitäten und Überwachungsdaten,
- Einzelheiten zu Fehlern wie Vorfälle, Beschwerden und Folgemaßnahmen,
- Produktkennzeichnungen in Bezug auf Zusammensetzungen und Eigenschaften,
- Informationen für Lieferanten und Auftragnehmer,
- Umweltaudits und -bewertungen.

Innerhalb des Umweltmanagementsystems muss ein Unternehmen für eine sorgfältige Erstellung und Aufrechterhaltung von Aufzeichnungen und Dokumenten, die den Umweltschutz betreffen, sorgen. Diese Aufzeichnungen sind vom Unternehmen derart zu gestalten, dass die Einhaltung der Anforderungen des Umweltmanagementsystems belegt werden kann. Es muss daraus hervorgehen können, inwieweit die gesetzten Umweltziele erreicht werden konnten.

Eine angepasste Dokumentation beschreibt deshalb die Umweltstrategie des Unternehmens, die Umweltziele und das zur Erreichung dieser Ziele verfasste Umweltprogramm. Es müssen alle relevanten Tätigkeiten, Abläufe und Verfahren im Unternehmen, sowie die jeweiligen Zuständigkeiten und Verantwortlichkeiten übersichtlich dargestellt werden.

Darüber hinaus muss das Unternehmen die einzelnen Elemente des Umweltmanagementsystems beschreiben und die Wechselwirkungen zwischen diesen Systemelementen aufzeigen. Innerhalb eines sorgfältig geführten Dokumentationssystems sind Hinweise für das Auffinden zugehöriger Dokumente und Aufzeichnungen zu geben.

Eine derart aufgebaute Dokumentation kann zur Unterstützung der Eigenverantwortung und Motivation der Mitarbeiter im Unternehmen dienen. Wenn den Mitarbeitern im Unternehmen ihre jeweiligen Aufgaben im betrieblichen Umweltschutz, sowie alle dafür erforderlichen Maßnahmen, die ihre Tätigkeiten betreffen, bewusst sind, können sie aktiv und innovativ an der Verbesserung der Umweltsituation im Unternehmen mitwirken. Zu diesem Zweck sollte ein Verfahren eingeführt werden, mit dem ein Unternehmen sicherstellen kann, dass:

- alle Dokumente auffindbar sind,
- befugtes und qualifiziertes Personal regelmäßig alle Dokumente bewertet und wenn nötig überarbeitet,
- in der jeweiligen Funktionseinheit des Unternehmens die relevanten Dokumente in den aktuellen Fassungen verfügbar sind,
- ungültige Dokumente sofort an allen Stellen entfernt werden und durch gültige ersetzt werden,
- ein unbeabsichtigter Gebrauch von ungültigen Dokumenten verhindert werden kann und
- alle Dokumente, auch ungültige, aus rechtlichen Gründen oder zur Erhaltung des Wissensstands über eine festgelegte Dauer aufbewahrt werden.

12.2 Prozessanweisungen für den Betrieb

Die Dokumentationen im Umweltmanagementsystem eines Unternehmens, z. B. in Form von Prozess- oder Arbeitsanweisungen, dienen der strukturierten Darstellung von Abläufen und Tätigkeiten. Sie können Aspekte des gesamten Unternehmens/Standorts; eines Gebäudes/Prozesses oder eines Arbeitsplatzes/einer Tätigkeit umfassen (Abb. 12.1). Damit ergibt sich eine hierarchische Struktur der dokumentierten Informationen. Im Bereich des Arbeits- und Umweltschutzes sollen sie folgende Punkte gewährleisten:

- Erfüllung der rechtlichen und behördlichen Anforderungen und damit
- Minimierung der Risiken für die verantwortlichen Personen,
- Festlegung der Verantwortungen und Zuständigkeiten,
- Anwendung von Stand der Technik,
- Sicherstellung der Anlagenverfügbarkeiten,
- Realisierung von ökonomischen und ökologischen Aspekten,
- Kosteneinsparungen.

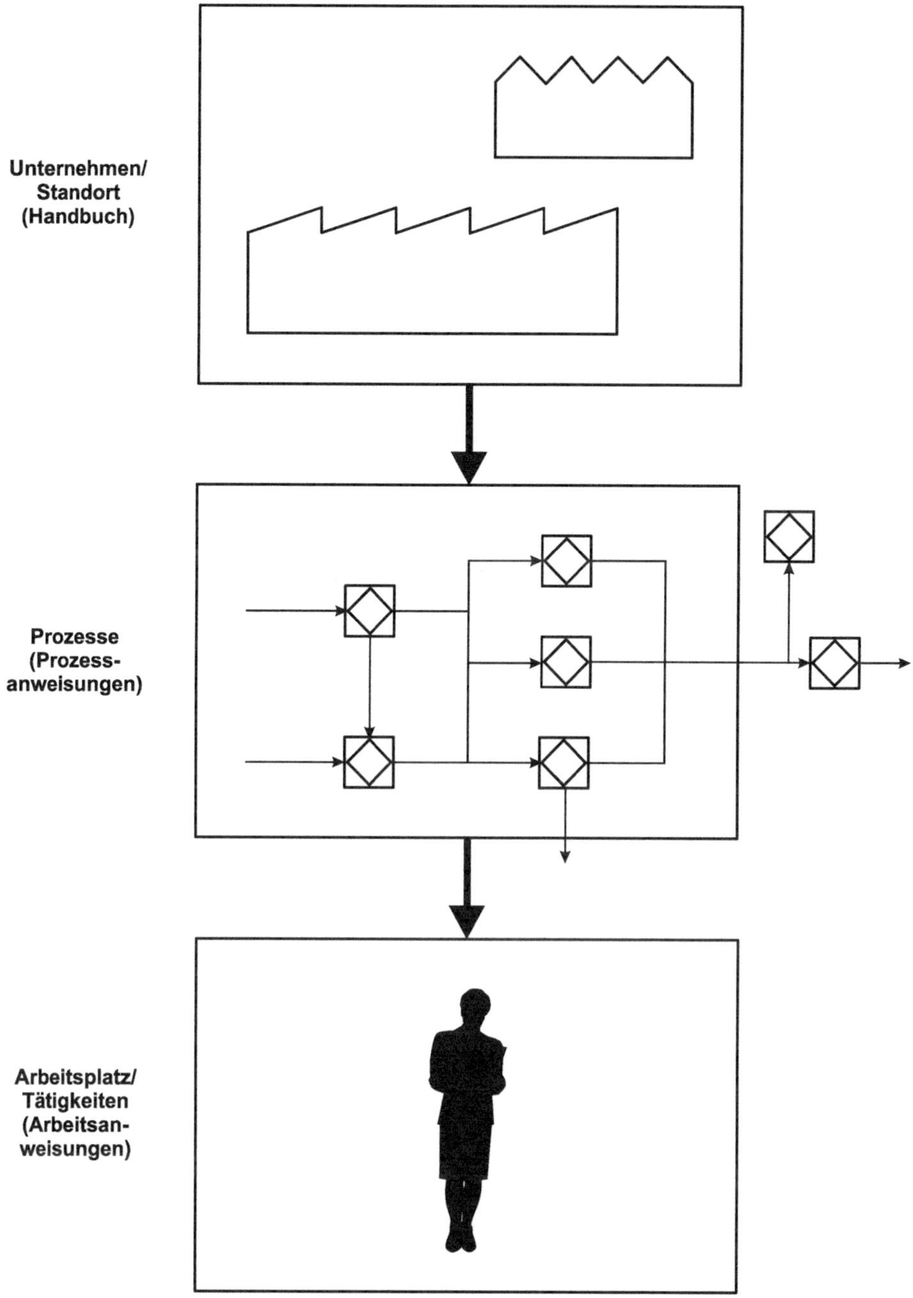

Abb. 12.1 Hierarchische Struktur der dokumentierten Informationen im Umweltmanagementsystem

Die Ablauforganisation legt die einzelnen Tätigkeiten fest und verknüpft sie zu einem größeren Ablauf. Diese Organisation der einzelnen Arbeitsschritte resultiert in einer effizienteren Leistung. Im Zuge der Ablauforganisation und ihrer Dokumentation in Form von Prozessanweisungen sind eine Reihe von Fragen für die Erstellung hilfreich:

ZIEL	Was ist das Ziel des Ablaufes und seiner Dokumentation?
TÄTIGKEITEN	Welche Tätigkeiten sind im gesamten Ablauf durchzuführen?
VERANTWORTUNG	Wer ist für die ordnungsgemäße Durchführung der Tätigkeiten zuständig?
ZUSAMMENARBEIT	Welche Abteilungen sind in die Tätigkeit/den Ablauf einzubeziehen?
AUSFÜHRUNG	Wie sind die einzelnen Tätigkeiten/Abläufe auszuführen?
ERGEBNIS	Wer ist wann und wie oft über die Ausführung und Ergebnisse zu informieren?

Je nach Strukturierungstiefe der Abläufe ergeben sich unter Umständen relativ komplizierte Strukturen. Bei der Darstellung ist einerseits zwischen Detaillierungsgrad und Genauigkeit der Beschreibung, andererseits zwischen dem Dokumentationsaufwand und dem Aufwand zur Pflege des gesamten Systems zu gewichten.

In den folgenden Abschnitten werden Praxisbeispiele in Form der:

- Verantwortungsmatrix,
- Struktur- und Flussdiagramme,

beschrieben.

12.3 Verantwortungsmatrix

Eine anschauliche Art der Dokumentation ist die Darstellung der Tätigkeiten, Verantwortungen und Zusammenarbeit in Form einer Verantwortungsmatrix. Durch eine ergänzende Beschreibung der Ziele, Ausführungen und Ergebnisse erhält man eine gute Beschreibung des gesamten Ablaufs, wobei logische Verknüpfungen nicht dargestellt werden können.

12.3.1 Prozessanweisung Abfall

In dieser Prozessanweisung werden wesentliche:

- Ziele,
- Verantwortungen und
- Abläufe

beschrieben.

1. Ziele

Die betriebliche Abfallwirtschaft ist ein wesentliches Element innerhalb der Umweltmanagementsystems. Als oberstes Ziel der betrieblichen Abfallwirtschaft ist zunächst die Vermeidung von Abfällen sowie die Verminderung der Schädlichkeit und der Menge zu nennen. Ist eine weitere Verminderung nicht möglich, so ist eine hochwertige Abfallverwertung der Beseitigung von Abfällen vorzuziehen.

Ohne Kenntnisse der Abfallmengen und -zusammensetzung sowie der Anfallorte ist es nicht möglich, Reduzierungspotenziale zu erkennen und Maßnahmen einzuleiten. Um mittel- bis langfristig Projekte zur Vermeidung und Reduzierung zu initiieren, Verwertungs- und Beseitigungskapazitäten zu planen und die nötigen Mittel bereitzustellen, benötigt man Transparenz im Abfallbereich und aussagekräftige Planungsunterlagen in Form von Abfallregistern, Betriebstagebüchern, Abfallhandbüchern.

Die Abfallwirtschaft darf jedoch nicht als Endstation der Verschiebung betrieblicher Umweltprobleme gesehen werden. Die Menge und Zusammensetzung eines Abfalls wird in der Regel durch die Auswahl der Roh-, Hilfs- und Betriebsstoffe und/oder den Produktionsprozess bedingt. Auch die Abluft- und Abwasserreinigung hat Einfluss auf die Abfallseite. Daher müssen die Bereiche Instandhaltung, Entwicklung und Materialwirtschaft intensiv in den Arbeitsbereich des betrieblichen Abfallmanagements mit einbezogen werden.

2. Verantwortungen

Im Schnittstellenplan Abfälle/Wertstoffe wurden folgende umweltrelevanten Abläufe identifiziert (Abb. 12.2).

Bereich / Abläufe	Geschäftsführung	Marketing/Vertrieb	Entwicklung	Qualitätsmanagement	Instandhaltung	Materialwirtschaft	Produktion	EDV	Umweltschutz/ Arbeitssicherheit	Logistik	Betriebswirtschaft/ Controlling	Kundendienst	Personal
1. Abfallwirtschaftskonzept					M	M	M		V				
2. Abfallregister					I	M	M		V				
3. Dokumentation/Abfallhandbuch					I		M		V				
4. Überwachung von Sammlung/Verwertung und Beseitigung					I		M		V				
5. Jahresbericht	I				M		M		V				

Abb. 12.2 Verantwortungsmatrix. *V* = Verantwortlich, *M* = Mitarbeit, *I* = Information

3. Abläufe
Die umweltrelevanten Abläufe sind im Folgenden kurz beschrieben:

Ablauf 1: Abfallwirtschaftskonzept
Im Rahmen eines Abfallwirtschaftskonzepts wird der Umweltbereich Abfall genau analysiert und bewertet. Dies geschieht mit dem Ziel, Abfälle zu vermeiden bzw. zu vermindern, Verwertungspotenziale besser zu nutzen, Schadstoffe im Abfall zu eliminieren bzw. zu minimieren sowie Entsorgungskosten zu sparen. Bei der Erstellung eines Konzepts zur Abfallvermeidung müssen folgende Punkte berücksichtigt werden:

- **Art, Menge und Verbleib der zu entsorgenden Abfälle**
  Die Daten zu Art (Abfallschlüsselnummer, Zusammensetzung) und Menge der einzelnen Abfälle werden in einem Abfallregister erfasst. Der Verbleib des Abfalls ist über den Entsorger bzw. Verwerter bekannt und wird ebenfalls im Register erfasst.
- **Maßnahmen zur Vermeidung, Verwertung und zur Beseitigung**
  Darstellung und Erläuterung der bereits umgesetzten sowie geplanten Maßnahmen sowie die geplanten und gewünschten Lösungen. Grundlage sind auch hier die im Register erhobenen Daten, die Daten aus dem Umweltbereich Gefahrstoffe sowie die Projekte des Bereichs Instandhaltung zur Verfahrensoptimierung, Gefahrstoffsubstitution, Abfallreduzierung bzw. -vermeidung.
- **Notwendigkeit der Abfallbeseitigung**
  Ausführliche Begründung der Notwendigkeit der Abfallbeseitigung. Begründung, warum keine Kreislaufführung bzw. kein internes oder externes Recycling praktiziert wird bzw. nicht möglich ist.
- **Entsorgungssicherheit**
  Überprüfung der Entsorgungsverträge und Nachweis einer mehrjährigen vertraglich gesicherten Entsorgung der entsprechenden Abfälle.
- **Produkte nach der Nutzungsphase**
  Erläuterung der umweltfreundlichen Entsorgbarkeit aller im Unternehmen hergestellten Produkte. Darstellung von Rücknahmegarantien, Recyclingmöglichkeiten sowie die für das jeweilige Produkt empfohlenen Entsorgungswege.
- **Information der Öffentlichkeit im Rahmen einer Umwelterklärung/eines Umweltberichts**
  Die Öffentlichkeit wird im Rahmen der Umwelterklärung/Umweltbericht über die Abfallsituation des Unternehmens informiert.

Ablauf 2: Abfallregister
Im Abfallregister werden sämtliche relevanten Daten aus dem Abfallbereich erfasst. Die Daten werden vom Abfallbeauftragten aus dem Nachweisbuch zusammengestellt. Das Register wird mit dem Ziel erstellt, Transparenz im Abfallbereich zu gewinnen, Ent-

sorgungskosten verursacherspezifisch umzulegen und Abfallbilanzen zu erstellen. Das Abfallregister liefert somit die grundlegenden Daten zur Erstellung eines Konzeptes zur Abfallvermeidung. Es enthält u. a. Angaben zu folgenden Punkten:

- Abfallschlüsselnummer (ASN),
- Abfallart,
- Abfall zur Verwertung/zur Beseitigung,
- Anfallstelle (KSt., Anlage),
- Menge pro Zeiteinheit: (Gesamtmenge im Betrieb, Menge je Anfallstelle)
- Kosten,
- Bemerkungen.

Ablauf 3: Dokumentation/Abfallhandbuch
Im Abfallhandbuch sind alle im Betrieb anfallenden Abfälle, gefährliche Abfälle und nicht gefährliche Abfälle sowie die genaue Regelung der innerbetrieblichen Sammlung und der Verwertung bzw. Beseitigung aufgeführt. Für jede einzelne Abfallart sind folgende Punkte zu beschreiben:

- Definition,
- interne Sammlung,
- Annahmezeiten,
- Vermeidung,
- Entsorgung.

Die Angaben im Abfallhandbuch sind gleichzeitig Schulungsgrundlage für die Mitarbeiter.

Ablauf 4: Überwachung von Sammlung/Verwertung und Beseitigung
Der Abfallbeauftragte veranlasst und kontrolliert die sachgerechte Sammlung der Abfälle im Betrieb und überwacht den gesamten Weg der Abfälle von ihrer Entstehung in der Kostenstelle bis zu ihrer Entsorgung. Durch die Erfassung aller Abfallarten und -mengen in den Kostenstellen bzw. Anfallstellen ergibt sich die nötige Transparenz für entsprechende Maßnahmen zur Vermeidung bzw. Reduzierung von Abfällen.

Die im Betrieb anfallenden Abfälle unterschiedlichster Art und Herkunft müssen ordnungsgemäß getrennt gesammelt und einer Verwertung bzw. Beseitigung zugeführt werden. Bei der innerbetrieblichen Sammlung von Abfällen sowie bei deren Verwertung oder Beseitigung müssen folgende Punkte berücksichtigt werden:

- Alle Abfälle sind nach Art getrennt zu sammeln. Dadurch ergeben sich bessere Verwertungsmöglichkeiten.
- Gefährliche Abfälle dürfen nicht mit ungefährlichen Abfällen vermischt werden. Bei einer Vermischung muss die gesamte Menge als gefährlicher Abfall entsorgt werden.

- Für die innerbetriebliche Sammlung sind Sammelstellen einzurichten. Diese sind deutlich als solche zu kennzeichnen.

Die Sammlung darf nur in zugelassenen und entsprechend gekennzeichneten Behältern erfolgen. Die Zuverlässigkeit von Beförderern und Entsorgern ist in regelmäßigen Abständen durch den Abfallbeauftragten im Rahmen von Audits zu überprüfen.

Ablauf 5: Jahresbericht
Der Jahresbericht enthält eine Zusammenfassung aller relevanten Daten aus dem Bereich Abfall. Hierzu zählen eine Aufstellung aller Abfallmengen, ein Vergleich des Abfallaufkommens zum Vorjahr, eine Bewertung der Abfallsituation sowie die Formulierung geplanter Maßnahmen und Ziele. Die Daten aus dem Jahresbericht gehen in das entsprechende Kapitel der Umwelterklärung/des Umweltberichts ein.

12.3.2 Prozessanweisung Führung

In dieser Prozessanweisung werden wesentliche:

- Ziele,
- Verantwortungen und
- Abläufe

beschrieben.

1. Ziele
Unser Unternehmen trägt Eigenverantwortung für die Bewältigung der Umweltfolgen seiner Tätigkeiten und wir wollen daher in diesem Bereich zu einem aktiven Konzept kommen. Diese Verantwortung verlangt von unserem Unternehmen die Festlegung und Umsetzung einer betrieblichen Umweltpolitik (Strategie), von Umweltzielen/-programmen, den Aufbau eines wirksamen Umweltmanagementsystems und die regelmäßige Durchführung von Umweltaudits und Managementreviews.

Unser Unternehmen will eine gute umweltorientierte Leistung erzielen und nachweisen, indem wir die Auswirkungen unserer Tätigkeiten und Produkte/Dienstleistungen auf die Umwelt prüfen. Die Einhaltung aller einschlägigen Umweltvorschriften ist für uns selbstverständlich. Darüber hinaus verpflichten wir uns zu einer fortlaufenden Verbesserung des betrieblichen Umweltschutzes.

Bei der Anwendung unseres Umweltmanagementsystems beziehen wir die Mitarbeiter unseres Unternehmens ein. Wir unterrichten sie über die für ihren Arbeitsplatz notwendigen Anforderungen und bilden sie entsprechend aus. Die Unterrichtung der Öffentlichkeit über die Umweltaspekte unserer Tätigkeiten geschieht über unseren Umweltbericht. Er ist ein wesentlicher Bestandteil guten Umweltmanagements.

Ablauf \ Bereich	Geschäftsführung	Marketing/Vertrieb	Forschung/Entwicklung	Qualitätsmanagement	Instandhaltung	Materialwirtschaft	Produktion	EDV	Umweltschutz/ Arbeitsschutz	Logistik	Betriebswirtschaft/ Controlling	Kundendienst	Personal
1. Umweltpolitik und -strategien	V			M					M				
2. Organisationsstruktur und Verantwortlichkeiten	V			M					M				
3. Umweltziele und -programme	V	M	M	M	M	M	M	M	M	M	M	M	M
4. Mitarbeiterkenntnisse	Verantwortlich sind alle Vorgesetzten im Rahmen ihres Aufgabengebietes												
5. Managementbewertung	V			M					M				

Abb. 12.3 Schnittstellenplan Führung

Unser Unternehmen hat einen Beauftragten für das Umweltmanagement bestellt. Er hat die Befugnis und Verantwortung, die Anwendung und Aufrechterhaltung des Umweltmanagementsystems zu gewährleisten. Über die Leistungen im betrieblichen Umweltschutz berichtet er in regelmäßigen Abständen an die Geschäftsführung. Für die Implementierung und Überwachung des Umweltmanagementsystems stellt sie die benötigten Mittel bereit. Zu den Mitteln gehören auch das erforderliche Personal, Technologien und Finanzmittel.

2. Verantwortungen

Im Schnittstellenplan Führung (Abb. 12.3) wurden folgende umweltrelevanten Abläufe identifiziert.

3. Abläufe

Ablauf 1: Umweltpolitik und -strategien

Die Umweltstrategie bestimmt die Entwicklungsrichtung des Umweltschutzes und legt die Grundsätze für die Handlungen aller Mitarbeiter unseres Unternehmens fest. Aus der Umweltstrategie ergeben sich für uns die Umweltziele und die notwendigen Maßnahmen zur Zielerreichung. Die Umweltpolitik unseres Unternehmens beruht auf den nachstehenden Handlungsgrundsätzen:

- Mitarbeiter mit umweltrelevanten Tätigkeiten werden regelmäßig geschult.
- Für neue Tätigkeiten, Produkte und Verfahren werden die Umweltauswirkungen zukunftsorientiert beurteilt.

- Wir überwachen und prüfen regelmäßig die Auswirkungen unserer gegenwärtigen Tätigkeiten auf die Umwelt.
- Es werden bevorzugt umweltfreundliche Technologien eingesetzt.
- Wir unternehmen die notwendigen und möglichen technologischen und wirtschaftlichen Maßnahmen, um die Umweltbelastungen zu vermeiden oder auf ein Minimum zu beschränken.
- Zusammen mit den Behörden und Gefahrenabwehrkräften arbeiten wir Verfahren und Vorgehensweisen aus, um unfallbedingte Emissionen zu vermeiden. Die Verfahren werden regelmäßig erprobt und kritisch bewertet.
- Wir setzen Verfahren, Messungen und Versuche ein, um die Einhaltung unserer Umweltpolitik zu gewährleisten. Entsprechende Ergebnisse werden regelmäßig bewertet.
- Stellen wir Abweichungen von unseren Vorgaben fest, werden umgehend Korrekturmaßnahmen eingeleitet.
- Mit Mitarbeitern und den Anliegern wird ein offener Dialog über die Umweltauswirkungen unserer Tätigkeiten geführt. Dazu veröffentlichen wir regelmäßige Umweltberichte.
- Unsere Kunden erhalten alle notwendigen Informationen bzgl. der Umweltrelevanz unserer Produkte in Zusammenhang mit Verwendung und Entsorgung.
- Wir halten unsere Lieferanten und Dienstleister dazu an, ein Umweltmanagementsystem zu implementieren.
- In regelmäßigen Abständen überprüfen wir die Umweltrelevanz aller unserer Tätigkeiten. Auf diese Weise identifizieren wir fortlaufend entsprechendes Verbesserungspotenzial. Darüber hinaus wird die Umweltstrategie unseres Unternehmens in regelmäßigen Zeitabständen überprüft und angepasst.

Ablauf 2: Organisationsstruktur und Verantwortlichkeiten
Das Umweltmanagementsystem unseres Unternehmens ist der Teil des gesamten übergreifenden Managementsystems, das die Organisationsstrukturen, Zuständigkeiten, Verhaltensweisen, förmlichen Verfahren, Abläufe und Mittel für die Festlegung und Durchführung der Umweltpolitik, der Umweltziele und des Umweltprogramms einschließt. Es basiert auf folgenden 5 Grundsätzen:

- Verpflichtung und Politik,
- Planung,
- Implementierung,
- Messung und Bewertung,
- Systembewertung und -verbesserung.

Unser Unternehmen verpflichtet sich zur Festlegung einer Umweltpolitik. Wir erstellen einen Plan, um über unsere Umweltziele und -programme eine Erfüllung der Umweltpolitik zu ermöglichen. Für eine wirkungsvolle Implementierung stellen wir die notwendigen Ressourcen zur Verfügung. Die sich aus der Anwendung und Umsetzung ergebende umweltorientierte Leistung wird regelmäßig gemessen, überwacht und bewertet. Im Zuge von Audits und Reviews bewerten wir regelmäßig unser Umweltmanagementsystem und verbessern es kontinuierlich. Mit diesen Grundsätzen kann das Umweltmanagementsystem als ein organisatorischer Rahmen betrachtet werden, der den Umweltaktivitäten unseres Unternehmens eine wirkungsvolle Richtung gibt. Mit unserem Beauftragten für das Umweltmanagement gewährleisten wir die Anwendung und Aufrechterhaltung des Systems. Er hat die dafür notwendigen Befugnisse.

Ablauf 3: Umweltziele und -programm
Unser Unternehmen legt seine Umweltziele auf allen betroffenen Unternehmensebenen fest. Sie gewährleisten die Erfüllung unserer Verpflichtungen zur stetigen Verbesserung des betrieblichen Umweltschutzes. Wo immer dies in der Praxis möglich ist, sind sie quantifiziert und mit Zeitvorgaben versehen. Entsprechende Indikatoren dienen als Grundlage für die Ermittlung der umweltorientierten Leistung. Bei der Festlegung und Bewertung der Umweltziele werden die gesetzlichen und unternehmensinternen Forderungen berücksichtigt. Die technologischen, finanziellen und personellen Rahmenbedingungen und Ressourcen sind bei der Festlegung der Umweltziele einzubeziehen. Zur Verwirklichung der Umweltziele hat unser Unternehmen ein Umweltprogramm aufgestellt. Es umfasst u. a.:

- die Festlegung der Verantwortung für die Erreichung der Ziele in jedem Aufgabenbereich und auf jeder Ebene,
- die Mittel, mit denen diese Ziele erreicht werden sollen,
- den Zeitrahmen für ihre Verwirklichung.

Bei der Entwicklung von neuen/geänderten Produkten, Dienstleistungen und/oder Verfahren werden gesonderte Umweltprogramme aufgestellt. In ihnen wird festgelegt:

- die angestrebten Umweltziele,
- die Instrumente für die Verwirklichung dieser Ziele,
- die bei Änderungen im Projektverlauf anzuwendenden Verfahren,
- die erforderlichenfalls anzuwendenden Korrekturmaßnahmen.

Ablauf 4: Mitarbeiterkenntnisse
Eine kontinuierliche Weiterentwicklung des betrieblichen Umweltmanagements und der Umweltleistungen ist nur gewährleistet, wenn sich die Mitarbeiter auf allen Ebenen bewusst sind über:

- die Bedeutung der betrieblichen Umweltpolitik/-strategie,
- die Erreichung der Umweltziele,
- die möglichen Auswirkungen ihrer Arbeit auf die Umwelt,
- den ökologischen und ökonomischen Nutzen eines verbesserten betrieblichen Umweltschutzes,

- ihre Rolle im Umweltmanagementsystem,
- die Folgen, wenn sie von festgelegten Arbeitsabläufen abweichen.

Unser Unternehmen ermittelt die Kompetenzen und den notwendigen Ausbildungsbedarf für alle Mitarbeiter, die mit umweltrelevanten Tätigkeiten betraut sind. Einschlägige Ausbildungsmaßnahmen werden von den direkten Vorgesetzten veranlasst. Die für umweltrelevante Arbeitsplätze erforderlichen Kenntnisse und Fertigkeiten werden bei der Personalauswahl und -einstellung berücksichtigt. Unser Unternehmen stellt auch sicher, dass Auftragnehmer, die an unserem Standort tätig sind, über die entsprechenden Nachweise, Kenntnisse und Fertigkeiten verfügen, um die notwendigen Arbeiten in umweltverantwortlicher Weise durchführen zu können.

Ablauf 5: Managementbewertung

Das Konzept der kontinuierlichen Verbesserung ist Bestandteil unseres Umweltmanagementsystems. Es wird durch regelmäßiges Bewerten der umweltorientierten Leistung gegenüber der Umweltstrategie und den Umweltzielen erreicht. Unser kontinuierlicher Verbesserungsprozess umfasst:

- Ergebnisse von internen Audits,
- Beurteilung der Einhaltung von rechtlichen Verpflichtungen und anderen Anforderungen, zu denen sich unser Unternehmen verpflichtet hat,
- Äußerungen von externen interessierten Kreisen, einschließlich Beschwerden,
- die Umweltleistung unseres Unternehmens,
- den erreichten Erfüllungsgrad der Zielsetzungen,
- Status von Korrektur- und Vorbeugemaßnahmen,
- Folgemaßnahmen von früheren Bewertungen durch das Management,
- sich ändernde Rahmenbedingungen, einschließlich Entwicklungen bei den rechtlichen Verpflichtungen und anderen Anforderungen in Bezug auf die Umweltaspekte der Organisation und
- Verbesserungsvorschläge.

4. Mitgeltende Unterlagen

- Umweltpolitik,
- Umweltziele/-programm,
- Schulungsplan,
- Ernennungsschreiben Umweltmanagementbeauftragter.

12.4 Struktur- und Flussdiagramme

Eine umfassende Darstellungsmöglichkeit komplexer Abläufe bieten Flussdiagramme. Einerseits lassen sich Tätigkeiten in ihren Verknüpfungen, Ausführungen und Ergebnissen gut darstellen, jedoch geht andererseits die Übersicht bezüglich Verantwortung und Zusammenarbeit verloren. Praktische Beispiele finden sich in den folgenden Prozessanweisungen.

12.4.1 Prozessanweisung Gefahrstoffe

In dieser Prozessanweisung werden wesentliche:

- Ziele und
- Abläufe

beschrieben.

1. Ziele
Der Umgang mit Gefahrstoffen ist in der Gefahrstoffverordnung (GefStoffV) geregelt. Die GefStoffV beinhaltet sowohl den Arbeits- und Gesundheitsschutz als auch den Schutz der Umwelt. Sie ist somit als Schnittstelle zwischen Arbeitssicherheit und Umweltschutz zu sehen.

In der Gefahrstoffverordnung werden Maßnahmen zum Schutz der Arbeitnehmer und der Umwelt ergriffen, welche die Einführung, den Umgang, die Lagerung und die Kennzeichnung von Gefahrstoffen betreffen. Im Rahmen unseres Umweltmanagementsystems gelten diese Maßnahmen und Vorschriften jedoch nicht ausschließlich für die in der Gefahrstoffverordnung genannten Stoffe sondern für alle umweltgefährdenden Stoffe und Materialien.

Gefahrstoffmanagement im Rahmen des Umweltmanagementsystems bedeutet eine umweltorientierte Planung und Kontrolle der Stoff- und Materialflüsse im Unternehmen. Es umfasst die Bewertung von Stoffen und Materialien vor dem Einsatz im Unternehmen im Rahmen eines Freigabeverfahrens, die regelmäßige Kontrolle der eingesetzten Stoffe sowie des Umgangs mit diesen Stoffen und die regelmäßige Prüfung der verwendeten Verfahrenstechnologien nach dem fortgeschrittenen Stand der Technik.

2. Abläufe
In Abb. 12.4 ist der Prozessablauf für den Einsatz von Gefahrstoffen dargestellt.

2.1 Waren- und Versuchsmuster
Bei Warenmustern ist besondere Aufmerksamkeit gefordert! Der Besteller/Empfänger/Anwender muss sicherstellen, dass keine Gefahren für Mensch und Umwelt von der versuchsweisen Anwendung dieses Stoffes ausgehen. Auch bei Warenmustern muss ein Sicherheitsdatenblatt vorhanden sein! Der Besteller/Empfänger/Anwender trägt sämtliche Konsequenzen. Er ist für die ordnungsgemäße Anwendung, Überwachung und Entsorgung nicht verbrauchter Mengen verantwortlich.

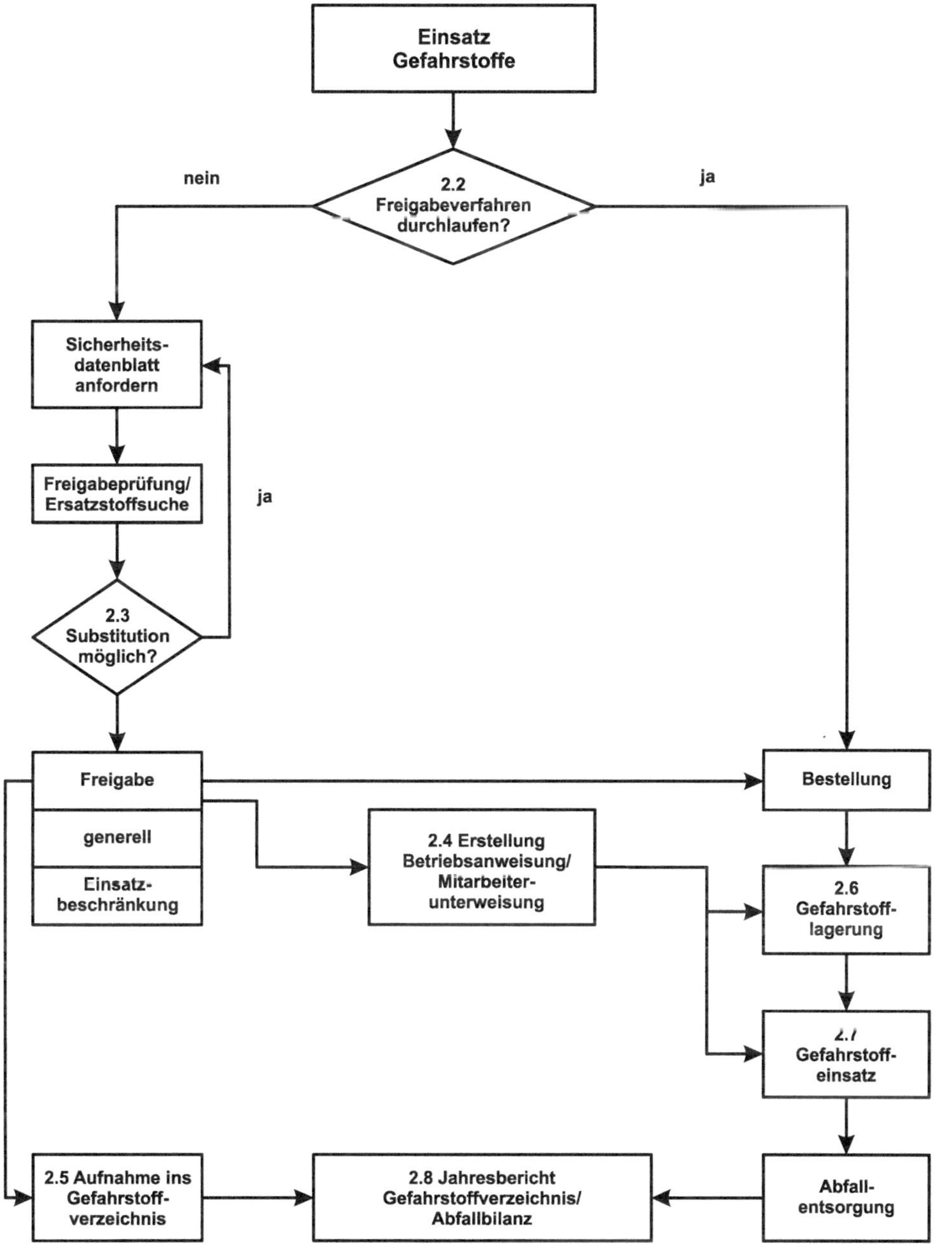

Abb. 12.4 Prozessablauf für den Einsatz von Gefahrstoffen

2.2 Freigabe Gefahrstoffe

Für den vorsorgenden Umweltschutz ist die Beurteilung von Stoffen vor der ersten Bestellung und Anwendung ein entscheidender Punkt. Der Stoff wird hinsichtlich der Gefahren für Mensch und Umwelt bewertet. Nach dieser Bewertung durch die verantwortlichen Mitarbeiter der Freigabestelle wird der Stoff freigegeben oder gesperrt. Für die Freigabe neuer Gefahrstoffe muss ein entsprechender Freigabeantrag gestellt werden. Nach Erfüllung des Freigabeantrags wird eine Artikelnummer für den Gefahrstoff vergeben. Erst danach darf der Einkauf den entsprechenden Gefahrstoff bestellen.

2.3 Substitution

Nach der Gefahrstoffverordnung ist der Einsatz von Gefahrstoffen zu überprüfen. Es ist zu prüfen, ob die eingesetzten Gefahrstoffe durch umweltverträglichere Stoffe ersetzt werden können. Neben dieser stofflichen Seite ist darüber hinaus zu prüfen, ob durch eine Änderung des Herstellungsverfahrens bzw. des Produktdesigns auf die Verwendung der Gefahrstoffe verzichtet werden kann. Die Ergebnisse der Prüfungen müssen schriftlich festgehalten werden, um sie auf Verlangen der zuständigen Behörde vorzulegen.

2.4 Betriebsanweisung

Sie ist für jeden Gefahrstoff zu erstellen, wobei das Sicherheitsdatenblatt die Grundlage für die Betriebsanweisung bildet. Unterstützung bei der Erstellung wird durch den Bereich Umweltschutz/Arbeitssicherheit gegeben. Die Vorgesetzten haben die Verpflichtung, die Betriebsanweisungen auszuhängen und fehlende Betriebsanweisungen anzufordern. Die Mitarbeiter müssen von ihnen geschult werden und sie haben die sachgemäße Anwendung von Gefahrstoffen zu beachten. Im Rahmen der rechtlich vorgeschriebenen Sicherheitsunterweisung, die mindestens einmal jährlich durchzuführen ist, dient die Betriebsanweisung als Schulungsunterlage.

2.5 Gefahrstoffverzeichnis

Das Gefahrstoffverzeichnis gibt einen vollständigen Überblick über die im Betrieb vorhandenen und eingesetzten Gefahrstoffe sowie die als umweltrelevant eingestuften Materialien. Es liefert die grundlegenden Daten für die Substitutionsverpflichtung sowie zur Durchführung weiterer definierter Projekte inklusive deren Erfolgskontrolle. Gesetzliche Grundlage für die Erstellung eines Gefahrstoffverzeichnisses ist die Gefahrstoffverordnung, wonach der Arbeitgeber verpflichtet ist, ein Verzeichnis aller Gefahrstoffe, mit denen Arbeitnehmer umgehen, zu führen. Aufgrund der Vorgaben ist das Gefahrstoffverzeichnis mindestens einmal jährlich zum Ende des Geschäftsjahres von Umweltschutz/Arbeitssicherheit zu überarbeiten. Das Gefahrstoffverzeichnis enthält Angaben zu folgenden Punkten:

- Artikel-Nr.,
- interne Bezeichnung,
- chemische Bezeichnung,

- Gefahrenkennzeichen,
- WGK,
- Angaben über die Brennbarkeit,
- Einsatzorte im Betrieb (Kostenstelle, Arbeitsbereich oder Anlage),
- Lagerorte im Betrieb,
- Mengen (Gesamtmenge, Menge im Arbeitsbereich, am Einsatzort),
- Bemerkungen.

2.6 Lagerung

Bei der Lagerung von Gefahrstoffen ist in erster Linie darauf zu achten, dass die Gefahren, die beim Lagern entstehen, zu minimieren sind. Es sind folgende Punkte zu beachten:

- getrennte Lagerung von Stoffen mit verschiedenen Gefährdungseigenschaften hinsichtlich ihrer chemischen Charakteristik,
- getrennte Lagerung von Stoffen, die unterschiedliche Löschmittel erfordern,
- Auffangräume/Auffangwannen für die Chemikalien, um einen Eintrag in die Umwelt zu vermeiden,
- der Boden des Lagers muss mit einem entsprechend der gelagerten Stoffe geeigneten Material versiegelt sein,
- für den Brandfall sind Löschmitteleinrichtungen vorzusehen,
- für kleine Mengen ausgetretener Stoffe müssen zum Aufsaugen bzw. Binden geeignete Chemikalienbinder vorhanden sein,
- die Raumluft des Lagers muss abgesaugt werden,
- alle elektrischen Einrichtungen des Lagers müssen, wo notwendig, explosionsgeschützt sein.

Die Beschäftigten sind vom Lagerverantwortlichen bzw. vom Vorgesetzten hinsichtlich der Gefahren, die von dem entsprechenden Lager ausgehen können, zu unterweisen. Die Lager sollten nur von unterwiesenen Personen betreten werden. Die Ein- und Abgänge in den Lagern müssen dokumentiert werden. Dadurch sind zu jedem Zeitpunkt die aktuellen Lagerbestände abfragbar.

2.7 Einsatz und Überwachung

Dies betrifft auch die ordnungsgemäße Lagerung vor Ort. Vor dem Einsatz von Gefahrstoffen hat der Vorgesetzte sichergestellt, dass alle technischen und organisatorischen Voraussetzungen erfüllt sind, um die Einhaltung des Arbeitsplatzgrenzwertes (AGW) bzw. des Biologischen Grenzwertes (BGW) zu gewährleisten. Im Rahmen der Freigabe neuer Gefahrstoffe hat der Antragsteller sichergestellt, dass am Arbeitsplatz eine Gefährdung ausgeschlossen ist. Zur Überwachung dienen der AGW und der BGW. Zu Beginn des Ersteinsatzes neuer Gefahrstoffe ist vom Bereich Umweltschutz/Arbeitssicherheit eine entsprechende Gefährdungsbeurteilung durchzuführen oder es sind entsprechende Messungen zu veranlassen.

2.8 Jahresbericht
Der Jahresbericht enthält eine Zusammenfassung aller relevanten Daten aus dem Gefahrstoffbereich. Hierzu zählen eine Auflistung aller in den verschiedenen Arbeitsbereichen des Betriebs eingesetzten Gefahrstoffe, ein mengenmäßiger Vergleich des Gefahrstoffeinsatzes zum Vorjahr, eine Bewertung der Gefahrstoffsituation sowie die Formulierung geplanter Ziele und Maßnahmen. Die Daten aus dem Jahresbericht gehen in das entsprechende Kapitel der Umwelterklärung/des Umweltberichts ein.

12.4.2 Prozessanweisung Produktentwicklung

In dieser Prozessanweisung werden wesentliche Ziele und Abläufe beschrieben.

1. Ziele
Eine ganzheitliche, umweltorientierte Produktverantwortung wird für unser Unternehmen zu einer immer größeren Herausforderung. Während in der Vergangenheit die technologische Funktionalität und die ökonomische Nutzung des Produkts im Vordergrund standen, wird zukünftig die umweltverträgliche Produktverantwortung über den gesamten Lebenszyklus ein wettbewerbsentscheidender Faktor sein. Für die Prozessabläufe Entwicklung, Produktion, Transport, Nutzung, Recycling, Entsorgung werden im Zusammenwirken mit dem Kunden folgende Ziele verfolgt:

- Entwicklung mehrfach verwendbarer, technisch langlebiger und nach der Nutzungsphase ordnungsgemäß und für die Umwelt schadlos zu beseitigender Produkte,
- Verbesserung der Umweltverträglichkeit des Produkts,
- Betrachtung und Minderung der Umweltauswirkungen über den gesamten Lebensweg,
- Verbesserung der Material- und Energieeffizienz über den gesamten Lebensweg,
- vorrangiger Einsatz verwertbarer Sekundärrohstoffe,
- Kennzeichnung schadstoffhaltiger Bestandteile,
- Hinweise auf die Möglichkeiten der Rückgabe, Verwertung und Entsorgung.

2. Abläufe
In dieser Prozessanweisung werden 7 Entwicklungsphasen (Abb. 12.5) – vom Kunden bis zur Entsorgung – beschrieben. Jede dieser Phasen ist in der Produktentwicklung zu berücksichtigen und zu bearbeiten. Nur so ist eine Betrachtung des gesamten Produktlebenswegs möglich.

2.1 Kunde
Ausgehend von Kunden- und Marktanforderungen werden in dieser Phase grundsätzliche Anforderungen an ein neues oder geändertes Produkt erarbeitet und definiert. Die Studie zur Entwicklung der Produktstrategie findet in einem interdisziplinär zusammengesetzten Team statt. Hier ist eine enge Zusammenarbeit der verschiedenen Unternehmensbe-

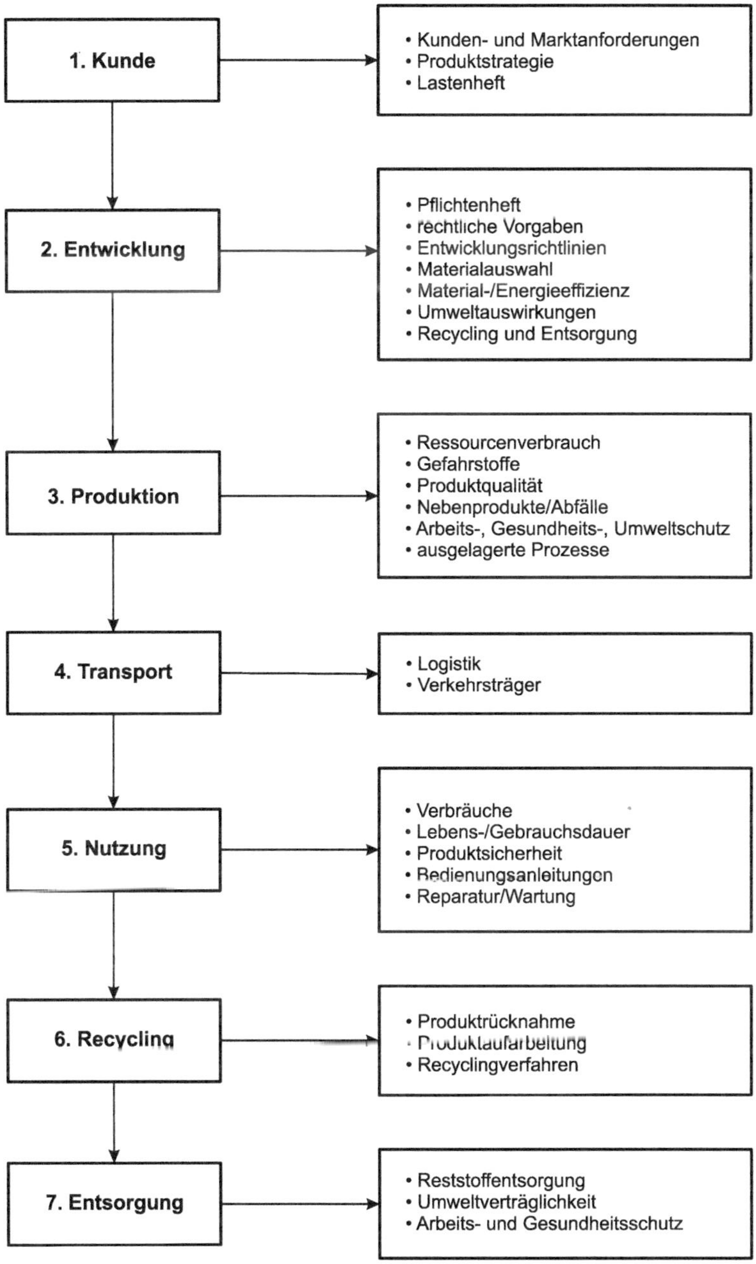

Abb. 12.5 Prozesskette Produktentwicklung über den Produktlebensweg

reiche Vertrieb, Entwicklung, Materialwirtschaft, Produktion, Qualitätsmanagement und Umwelt-/Arbeitsschutz notwendig. Die Kunden- und Marktanforderungen an das Produkt werden in einem Lastenheft zusammengefasst.

2.2 Entwicklung

In der Entwicklungsphase erfolgt die Konkretisierung der Anforderungen aus dem Lastenheft. Aus den Ergebnissen wird ein Pflichtenheft erarbeitet, das wirtschaftliche, rechtliche und technologische Aspekte enthält. Durch rechtliche Vorgaben und unsere Entwicklungsrichtlinien erfolgt eine Detailbearbeitung der Anforderungen. Für jede der folgenden Phasen sind die entsprechenden Materialien auszuwählen. Der Verbrauch an Materialien, Energie und anderen Ressourcen ist abzuschätzen und somit die Material- und Energieeffizienz zu bestimmen. Die potenziellen Umweltauswirkungen sind zu bewerten und zu minimieren. Möglichkeiten des Recyclings und einer umweltgerechten Entsorgung sind zu prüfen und umzusetzen.

2.3 Produktion

Neben der Entwicklung von umweltfreundlichen Produkten sind die Auswahl und der Einsatz umweltfreundlicher Herstellungsverfahren eine weitere Herausforderung. Unser Kunde kann erwarten, dass die im Ökodesign-Prozess entwickelten Produkte auch mit umweltschonenden Produktionsverfahren hergestellt werden. Dies gilt auch für einzelne ausgelagerte Prozessschritte.

Der Ressourcenverbrauch ist durch Maßnahmen zur Verbesserung der Material- und Energieeffizienz zu vermindern. Neue Gefahrstoffe dürfen erst nach einem Freigabeverfahren eingesetzt werden. Grundsätzliches Ziel ist die Minimierung des Gefahrstoffeinsatzes. Cancerogene, mutagene und reproduktionstoxische Stoffe (CMR-Stoffe) sollten weder im Produkt noch im Herstellungsverfahren Verwendung finden. Eine Bewertung der Produktionsverfahren aus Entwicklungssicht muss auch die Produktqualität (Ausbeuten) und die Möglichkeiten zur Verwendung/Entsorgung der Nebenprodukte/Abfälle berücksichtigen. Schlechte Produktausbeuten bzw. -qualitäten führen automatisch zu einer höheren Umweltbelastung (ökologischer Faktor) und zu höheren Kosten (ökonomischer Faktor).

Selten ist die Produktentwicklung gleichzeitig mit der Einführung neuer Produktionstechnologien verbunden. In den meisten Fällen wird auf bestehende Fertigungsanlagen und -verfahren zurückgegriffen. Lassen sich einzelne Fertigungsschritte nicht firmenintern durchführen, werden sie als ausgelagerte Prozesse in Auftragsfertigung gegeben. Ausgelagerte Prozesse müssen die gleichen Anforderungen an den Arbeits-, Gesundheits- und Umweltschutz wie in unserem eigenen Unternehmen erfüllen.

2.4 Transport

Als Bindeglied zwischen unserem Unternehmen und unseren Kunden lässt sich die Transport- und Logistikkette von einer ganzheitlichen Betrachtung des Produktlebenswegs nicht ausnehmen. Unter den Tätigkeiten innerhalb der speditiven Abwicklung wie Verpackungsauswahl, Erstellen von Versandaufträgen, Optimierung der Fahrzeugauslastung spielt die Auswahl der Verkehrsträger eine umweltrelevante Rolle. Auswahlkriterien für verschiedene Verkehrsmittel sind Laufzeit zum Bestimmungsort und Kosten unter Berücksichtigung der Dringlichkeit und des Warenwerts. Zwischen diesen Auswahlkriterien und dem Einsatz umweltfreundlicher Verkehrsmittel bestehen häufig Zielkonflikte. Die gesamte Abwicklungsorganisation muss fortlaufend an die Kundenstruktur, Änderungen des Transportguts, das Mengenaufkommen, etc. angepasst werden. Im täglichen Betrieb lässt sich so eine Optimierung zwischen ökonomischen und ökologischen Kriterien erzielen.

2.5 Nutzung

Ein Großteil der Umweltbelastungen durch Produkte entsteht in der Nutzungsphase. Davon ist der Kunde direkt betroffen. Durch Maßnahmen zur Steigerung der Material- und Energieeffizienz sind Verbräuche zu mindern. Eine Erhöhung der Nutzungsdauer und der Langlebigkeit von Produkten reduziert den Ressourcenverbrauch und die Umweltauswirkungen. Für die richtige und sichere Gerätehandhabung ist eine sachgemäße Nutzung unerlässlich. Nur die volle Funktionsfähigkeit des Geräts/der Anlage einerseits und die verantwortungsvolle Handhabung durch den Kunden andererseits garantiert eine umweltverträgliche Nutzung. Für die richtige Handhabung der Geräte/Anlagen sind eindeutige Bedienungsanleitungen zu erstellen und Einweisungen/Schulungen durchzuführen.

Die Zuverlässigkeit und die Qualität des Produkts/der Anlage müssen über den gesamten Lebenszyklus gewährleistet sein. Die Lebensdauer und die Verfügbarkeit während der Nutzungsphase lassen sich durch ein reparatur- und wartungsfreundliches Produkt unterstützen. Ein kompetenter, schneller und preisgünstiger Service trägt erheblich zur Kundenzufriedenheit bei.

2.6 Recycling

Über das Kreislaufwirtschaftsgesetz mit seiner Produktverantwortung wurden rechtliche Möglichkeiten zur Produktrücknahme geschaffen. Damit stehen unseren Kunden prinzipiell Möglichkeiten offen, die Verantwortung für das Produktrecycling bzw. die Produktentsorgung an den Hersteller zurückzugeben. Diese Möglichkeiten sind unsererseits in der gesamten Produktentwicklung zu beachten. Wenn technologisch möglich und ökologisch sinnvoll sind durch Aufarbeitung und Modernisierung die Produkte/Anlagen an den Stand der Technik anzupassen. Entsprechende Anforderungen sind in unseren Entwicklungsrichtlinien enthalten. In unseren Entwicklungsprozessen müssen immer Möglichkeiten zum Recycling untersucht werden. Es sind Angaben über den geplanten Recyclingkreislauf und die einsetzbaren Aufbereitungstechnologien zu machen. Dabei werden die Umweltbelastung des Recyclingverfahrens (ökologische Säule) und die wirtschaftliche Situation des Recyclingmarktes (ökonomische Säule) berücksichtigt.

2.7 Entsorgung

Alle erzeugten Produkte gelangen eines Tages in die Umwelt. Es ist nur eine Frage der Zeit und der Art. Der Faktor Zeit lässt sich über die Nutzungsdauer und die Langlebigkeit von Produkten berücksichtigen. Dies berücksichtigen wir in unserer Produktentwicklung. Um nachhaltiges Recycling und eine umweltgerechte Entsorgung zu ermöglichen, setzen wir vorwiegend Materialien ein, die geringe Auswirkungen auf Mensch und Umwelt haben. So sind der Einsatz und die Verwendung von CMR-Stoffen bei neuen Produkten verboten. In diesem Kontext beachten wir auch Fragen des Arbeits- und Gesundheitsschutzes in der Entsorgung unserer Produkte.

3. Mitgeltende Unterlagen

- Pflichtenheft,
- Entwicklungsrichtlinien,
- ausgelagerte Prozesse,
- Freigabeverfahren Gefahrstoffe,
- Bedienungsanleitungen,
- Recycling-/Entsorgungsmöglichkeiten.

12.5 Notfallvorsorge und Gefahrenabwehr

Zu den grundlegenden Sicherheitspflichten eines Unternehmens gehört die Aufstellung betrieblicher Alarm- und Gefahrenabwehrpläne. Sie haben den Schutz der Beschäftigten, der Einsatzkräfte (Feuerwehr, Rettungsdienst, etc.) und Dritter (Subunternehmer, Dienstleister, Besucher, etc.) sicherzustellen. Bei der anlagenbezogenen Planung sind die Auswirkungen auf Nachbarschaft und Umwelt mit zu berücksichtigen. Es gilt immer der Grundsatz Personenschutz geht vor Objektschutz. In der betrieblichen Gefahrenabwehrplanung sind die organisatorischen und technischen Maßnahmen zu beschreiben, die in einer Gefahrensituation bzw. bei einem Notfall zu ergreifen sind. Er basiert auf anlagen-, verfahrens- und stoffspezifischen Gefahrensituationen z. B. durch:

- Freisetzung von Stoffen/Chemikalien,
- Auswirkungen eines Brandes,
- Auswirkungen von Explosionen.

Die Wirkungen der in der Anlage vorhandenen Stoffe und deren Ausbreitung in der Luft, in Gewässern oder im Boden sind zu berücksichtigen. Dies schließt auch Folgen und Schäden nach einer möglichen Freisetzung, einem Brand oder einer Explosion ein. Der Betreiber einer Anlage hat anhand geeigneter Bedienungs- und Sicherheitsanweisungen die Mitarbeiter zu schulen. Die schriftlichen Anweisungen (z. B. Betriebshandbücher, Brandschutzordnungen) müssen Angaben zu:

- anlagen-, verfahrens- und stoffspezifischem Gefahrenpotenzial,
- sicherheitstechnischen Einrichtungen, Schutzausrüstungen und deren Standort,
- erforderlichen Schutzmaßnahmen und Verhaltensregeln im Gefahrfall enthalten.

Die Beschäftigten anderer Unternehmen (Subunternehmer, Dienstleister, etc.), die auf dem Betriebsgelände tätig sind, sind über die organisatorischen und technischen Maßnahmen der betrieblichen Alarm- und Gefahrenabwehrplanung zu informieren. Dazu hat der Betreiber der Anlage dem betreffenden Unternehmer die notwendigen Hinweise zu geben. Der Betreiber hat letztlich dafür Sorge zu tragen, dass die Beschäftigten betriebsfremder Unternehmen angemessene Informationen und Anweisungen für den Gefahrfall erhalten.

Mit den zuständigen Behörden ist eine Abstimmung der betrieblichen Alarm- und Gefahrenabwehrpläne vorzunehmen. Nur so ist eine inner- und außerbetriebliche Zusammenarbeit zur wirksamen Gefahrenabwehr gewährleistet. Gemeinsame Besprechungen und Betriebsbegehungen, auch unter Beteiligung der Feuerwehr, sorgen für ein besseres gemeinsames Verständnis und reduzieren die Reibungsverluste zwischen innerbetrieblicher und außerbetrieblicher Alarm- und Gefahrenabwehrplanung. Nach der Aufstellung und der Fortschreibung der betrieblichen Alarm- und Gefahrenabwehrplanung ist allen im Verteiler genannten Stellen eine aktuelle Fassung zu übermitteln.

Der Anlagenbetreiber hat bei Vorliegen neuer Erkenntnisse, mindestens aber alle drei Jahre, die in der Planung enthaltenen Angaben zu überprüfen, zu ergänzen und fortzuschreiben. Bei Eintritt eines Notfalles sind die Anlieger und die Öffentlichkeit über die Auswirkungen und die ergriffenen Maßnahmen zu informieren. Ein Alarm- und Gefahrenabwehrplan lässt sich wie folgt gliedern:

- allgemeine Angaben zum Unternehmen,
- Anlagenverzeichnis,
- Gefahrenabwehr,
- Alarmplan und Warnungen,
- Informationen der Behörden und der Öffentlichkeit.

In den folgenden Abschnitten werden nähere Erläuterungen zu den einzelnen Punkten gegeben:

Betriebliche Alarm- und Gefahrenabwehrpläne

Das Deckblatt des betrieblichen Alarm- und Gefahrenabwehrplanes enthält Angaben mit:

- postalischer Anschrift,
- Telefon-/Telefax-Nr. der Zentrale,
- Angabe der inner-/außerbetrieblichen Empfänger (Verteiler),
- Nachweis über Änderungen (Änderungsdienst).

Objekte (Anlagen, Gebäude, etc.) sind kurz und verständlich zu beschreiben. Ihr Zweck ist zu erläutern. Ein Ortsplan zeigt die Einbettung in die Nachbarschaft. In den Lageplan kann der Anwendungsbereich des betrieblichen Alarm- und Gefahrenabwehrplanes mit den zugehörigen Anlagen und Betrieben (Gefährdungsbereiche) gekennzeichnet werden. Den außerbetrieblichen Gefahrenabwehrkräften (z. B. Feuerwehr) werden so die Zufahrtsmöglichkeiten aufgezeigt. Angaben über Anzahl und Aufenthaltsort der während der normalen Betriebszeiten am Ort Beschäftigten dienen zur Vorbereitung eventueller Rettungsmaßnahmen. Sie ersetzen nicht die notwendige Anwesenheitskontrolle durch die verantwortlichen Personen am festgelegten Sammelort.

Feuerwehrplan

Damit die Gefahrenabwehrkräfte im Gefahrfall effizient entsprechende Abwehrmaßnahmen treffen können, ist ein Feuerwehrplan zu erstellen. Er enthält feuerwehrrelevante Angaben über die Einsatzobjekte. Die zugehörigen Pläne sind so detailliert darzustellen, wie es für die Begrenzung der Notfallauswirkungen notwendig ist. So enthält der Feuerwehrplan z. B. Angaben über:

- Grundrisse der einzelnen Gebäude,
- Straßen auf dem Betriebsgelände,
- Zugänge zu den Gebäuden,
- Brandmeldeanlagen,
- Standorte der Hydranten,
- Querschnitte/Druck der Löschwasserleitungen,
- ortsfeste Löschanlagen (Sprinkleranlage),
- Sammelplätze.

Weiterhin müssen Gefahrenschwerpunkte in den Feuerwehrplan eingezeichnet werden. Dies sind insbesondere Anlagen in denen z. B. mit:

- Radioisotopen,
- gefährlichen Stoffen,
- Hochdruckapparaturen

umgegangen wird.

Anlagenkataster

Über diese Anlagen ist ein Anlagenkataster zu führen. Es enthält Angaben zu:

- Maschinen-/Inventarnummer,
- Kostenstelle,
- Anlage/Prozess,
- Genehmigungsbescheid,
- Inbetriebnahme,
- Einsatzstoffe/Nebenprodukte.

Gefahrstoffverzeichnis

Gefährliche Bereiche sind gegen unbefugtes Betreten zu sichern. Bei gefährlichen Anlagen (z. B. Reaktoren, Rektifikationsanlagen, etc.) sind Notabfahrpläne zu erstellen. Sie enthalten Anweisungen und Verfahrensbeschreibungen zur Not-/Schnellabschaltung. Anlagen mit besonderem Gefahrenpotenzial sind nach ihrer Inbetriebnahme einer regelmäßigen Überprüfung zu unterziehen. Wird mit gefährlichen Stoffen gearbeitet muss ein Gefahrstoffverzeichnis vorliegen. Grundlage dafür sind die entsprechenden Sicherheitsdatenblätter und weitere betriebsinterne Stoffinformationen. Das Gefahrstoffverzeichnis enthält Angaben zu:

- Artikel-Nr.,
- interne Bezeichnung,
- chemische Bezeichnung,
- Gefahrenkennzeichnungen,
- Mengen (Plan/Ist),
- Einsatzorte im Betrieb/Kostenstellen,
- Anlage/Prozess/Arbeitsbereich,
- Bemerkungen.

Abwasserkanalplan

Ein Abwasserkataster bzw. ein Betriebstagebuch liefert Aussagen zu Art, Menge und Zusammensetzung des Abwassers im Normalbetrieb. Hinweise über mögliche Reaktionen der gefährlichen Stoffe z. B. mit Löschwasser sind anzugeben. Um das Eindringen von Löschwasser zu verhindern, ist ein Abwasserkanalplan zu erstellen. In diesem sind die Abwasserkanäle und die Übergabestelle in das öffentliche Kanalnetz bzw. in den Vorfluter verzeichnet. Der Plan enthält Angaben zu:

- Absperrvorrichtungen,
- Kanal- und Bodenabläufe,
- Verschlussmöglichkeiten von Abläufen,
- Löschwasserrückhaltung mit Volumenangabe.

Energieversorgung

Für die Energieversorgung ist ein Übersichtsplan über den Verlauf und den Inhalt der Versorgungsleitungen zu erstellen. Diese sind entsprechend zu kennzeichnen. Der Plan enthält Angaben zu:

- elektrischer Energie,
- Notstromversorgung,
- Wärmeträger und Dampf (Druck und Temperatur),
- Druckluft und Inertgase (z. B. N_2, CO_2, Druck),
- Heizgas/Erdgas (Druck),
- Absperreinrichtungen.

Sicherheitseinrichtungen
Aus dem Feuerwehrplan müssen ebenfalls die Sicherheitseinrichtungen hervorgehen. Ein zugehöriger Lageplan gibt Hinweise auf die Lage und Funktion der Alarm- und Warneinrichtungen. Dazu zählen:

- Notabschalteinrichtungen,
- Rauch- und Wärmeabzugsanlagen,
- Feuermeldeeinrichtungen,
- Nottelefone,
- Sirenen/Lautsprecheranlagen.

Flucht- und Rettungsplan
Um die sichere Evakuierung eines Gebäudes zu gewährleisten, muss ein Flucht- und Rettungsplan aufgestellt werden. Er hängt deutlich sichtbar in Fluren und Treppenhäusern. Er ermöglicht es den Anwesenden, das Gebäude schnell und sicher zu verlassen und den vereinbarten Sammelort aufzusuchen. Der Flucht- und Rettungsplan muss folgende Angaben enthalten:

- Grundriss des Geschosses/Gebäudes, in dem sich die Personen befinden,
- deutliche Markierung des Standorts im Geschoss/Gebäude,
- Einzeichnung der Flucht- und Rettungswege,
- Einzeichnung von Sammelplätzen.

Für die Kennzeichnung der Gefahrenschwerpunkte, der Sicherheitseinrichtungen, der Fluchtwege, etc. sind DIN-Symbole zu verwenden.

Notfallszenarien
Auf der Basis der vorhandenen Informationen (Feuerwehrplan, Anlagenkataster, Gefahrstoffverzeichnis, etc.) lassen sich Notfallszenarien über die Auswirkungen durch:

- Freisetzung von Stoffen,
- Brände,
- Explosionen

aufstellen. Bei der direkten Freisetzung von Stoffen ist deren Ausbreitung in:

- der Atmosphäre (Luft),
- Gewässern (Oberflächengewässer, Kanalisation, Grundwasser),
- Böden

zu betrachten. Das größte Gefahrenpotenzial geht in der Regel durch Brände von Gebäuden oder -abschnitten aus. Um hier für Laboratorien und Chemikalienläger eine brandschutzrelevante Lagerung zu gewährleisten, gilt Folgendes:

- Zusammenlagerungsverbote für bestimmte Stoffe,
- Lagerung entsprechend den Wassergefährdungsklassen und der Gefährlichkeit,
- Begrenzung der Lagermengen,
- mögliche Reaktionen der Stoffe bei höheren Temperaturen berücksichtigen,
- mögliche Reaktionen der Stoffe mit Löschmitteln/Löschwasser berücksichtigen,
- automatische Gefahrenmeldeanlagen,
- stationäre bzw. automatische Löschanlagen.

Durch bauliche Brandschutzmaßnahmen wie:

- Sicherheitsabstände,
- Brandschutztüren,
- Brandschutzisolierungen,
- Einstufung der Bauteile nach Baustoff- und Feuerwiderstandsklassen,
- ausreichende Löschwasserversorgung,
- Löschwasserrückhaltebecken,
- Rauch- und Wärmeabzugsanlagen,
- Brandmeldeanlagen

sind entsprechende Vorkehrungen zu treffen. Für Objekte mit besonderem Gefahrenpotenzial ist regelmäßig eine Überprüfung sinnvoll. Bauliche Mängel, technische Ausrüstungsgegenstände zur Gefahrenbekämpfung, sowie organisatorische Fragen zur Zusammenarbeit der Gefahrenabwehrkräfte sind zu behandeln.

Gefahrenabwehrkräfte

Um dem von den Anlagen ausgehenden Gefahrenpotenzial begegnen zu können, muss eine Übersicht zu den inner- und außerbetrieblichen Gefahrenabwehrkräften vorhanden sein. Zu den werksinternen Stellen zählen:

- Alarmzentrale,
- Werkschutz/Pförtner,
- Feuerwehr/Brandschutzbeauftragter,
- Sanitätsdienst,
- Spezielle Fachkräfte:
  - Umweltschutzbeauftragter,
  - Sicherheitsingenieur,
  - Strahlenschutzbeauftragter,
- Geschäftsleitung/Betriebsleitung,
- Fachabteilungen (Technische Dienste, Personal).

Seitens der Geschäftsleitung muss sichergestellt sein, dass jederzeit eine verantwortliche und entscheidungsbefugte Person erreichbar ist. Zu den innerbetrieblichen Einsatzkräften sind folgende Angaben zu machen:

- Personalliste,
- Qualifikation/Ausbildungsstand,
- Standort,
- Zeiten der Besetzung, Schichtstärke,
- Aufgaben und Zuständigkeiten.

Diese Angaben sind mit den zuständigen Behörden und den außerbetrieblichen Gefahrenabwehrkräften abzustimmen. Nur so ist im Gefahrfall eine ausreichende Unterstützung durch externe Kräfte zu gewährleisten. Im Rahmen der erforderlichen Abstimmung des betrieblichen Alarm- und Gefahrenabwehrplans zwischen dem Betreiber und den für Katastrophenschutz und allgemeine Gefahrenabwehr zuständigen Behörden sowie der Verpflichtung des Betreibers, in einem Notfall die für die Gefahrenabwehr zuständigen Behörden und die Einsatzkräfte unverzüglich, umfassend und sachkundig zu beraten, sind die abstimmungsbedürftigen Punkte zu klären. Die getroffenen Vereinbarungen insbesondere zu:

- Einweisung, Information und Beratung externer Kräfte,
- Einsatzleitung bei gemeinsamem Einsatz interner und externer Kräfte,
- Auskünfte an Presse, Rundfunk und Fernsehen,
- für den Einsatz erforderliche Daten über das Werk

sind im Alarm- und Gefahrenabwehrplan festzuhalten. Gemeinsame Übungen zwischen den inner- und außerbetrieblichen Gefahrenabwehrkräften (Feuerwehren) verbessern die notwendige Zusammenarbeit für den Notfall. Betriebsinterne technische Einrichtungen und Ausrüstungen ermöglichen eine schnelle Kommunikation und einen effektiven Einsatz. Dazu sollte ein Überblick über die Einsatzmittel und die Ausrüstungen vorhanden sein. Dies betrifft auch die Warneinrichtungen für die Beschäftigten. Hier sind Angaben zu deren Funktion zu machen. Vorhandene Messgeräte ermöglichen eine Beurteilung von Umweltbeeinträchtigungen.

Betriebliche Alarmpläne

Nach dem Erkennen einer Gefahrensituation bzw. eines Notfalls muss die betriebliche Alarmplanung gewährleisten, dass eine schnelle Meldung an die zuständigen internen oder externen Stellen erfolgt. Betriebliche Alarmpläne enthalten konkrete Handlungsanweisungen, um die Weitergabe aller Meldungen bei:

- Personenschäden,
- Bränden/Explosionen,
- Freisetzung von Stoffen/Chemikalien,
- Störungen des bestimmungsgemäßen Betriebes

sicherzustellen. Im Alarmfall darf keine Zeit verloren werden. Daher ist der Alarmierungsablauf regelmäßig zu prüfen und zu üben. Die Erreichbarkeit der innerbetrieblichen Alarmzentrale, die Funktionsfähigkeit einer automatischen Brandmeldeanlage oder die Alarmierung externer Einsatzkräfte (Polizei, Feuerwehr, Notarzt, etc.) muss sichergestellt sein. Eine Alarmmeldung sollte folgende Mindestangaben enthalten:

- Welche Person (Name, Standort, Telefon) meldet die Gefahr?
- Wo (Ort) trat die Gefahr auf?
- Wann (Zeitpunkt) trat die Gefahr auf?
- Was (Stofffreisetzung, Brand, Explosion) ist passiert?
- Wie viele Verletzte sind zu beklagen?
- Welche Verletzungen liegen vor?
- Wie viele Personen befinden sich noch im Gefahrenbereich?
- Welche Gefahren existieren für die Umgebung (andere Anlagen, Gebäudeteile, Nachbarschaft)?
- Welche Gefahren existieren für die Umwelt?

Um die Annahme entsprechender Meldungen zu ermöglichen, sind Alarmadressen zusammenzustellen. An einzelnen Anlagen, Gebäuden oder Einrichtungen ist es sinnvoll einen gesonderten Alarmplan auszuhängen, damit im Notfall sofort die erforderlichen Rufnummern und Ansprechpartner zu finden sind (Tab. 12.2).

Ein Alarmierungsschema (Abb. 12.6) gewährleistet die zielgerichtete Information der inner- und außerbetrieblichen Einsatzkräfte. Im Rahmen des Personenschutzes kommt dem sicherheitsgerechten Verhalten der Beschäftigten und Dritter (Subunternehmer, Dienstleister, etc.) besondere Bedeutung zu. Entsprechende Alarmordnungen sind an exponierten Stellen im Betrieb auszuhängen. Sie enthalten die notwendigen Informationen über das Verhalten im Gefahrfall, wie:

- Warnung der Beschäftigten,
- Warnung Dritter, die sich auf dem Betriebsgelände aufhalten,
- Festlegung der Sammelstellen für Beschäftigte und Dritte,
- Angaben, wo Dritte und deren Beschäftigungsorte auf dem Betriebsgelände registriert sind,
- Benutzung von Flucht- und Rettungswegen,
- Warnung der Nachbarschaft.

Im Notfall sind eine Reihe von Maßnahmen notwendig. Dazu zählen:

- Alarmierung entsprechend Alarmplan,
- Warnung der Beschäftigten und Dritter, die sich auf dem Betriebsgelände aufhalten,
- Einrichtung von Einsatzleitungen,

Tab. 12.2 Muster für Alarmplan für einzelne Anlagen oder Gebäude

Anlagen Nr.:					
Verhalten im Stör- oder Notfall:					
Meldung über:					
Leckage		**Brand**		**Explosion auslaufender Flüssigkeiten**	
Unfall		**Sonstiges**			
Inhalt der Meldung: **– Wo ist es passiert?** **– Was ist passiert?** **– Wann ist es passiert?** **– Wer meldet?** **– Gibt es Verletzte? Wie viele?**					
Ort				**Name** **Vertreter**	**Telefon dienstlich:** **Telefon privat:**
Zentrale Meldestelle					
Werkschutz					
Feuerwehr					
Polizei					
Betriebsleiter					
Immissionsschutzbeauftragter					
Störfallbeauftragter					
Gewässerschutzbeauftragter					
Fachkraft für Arbeitssicherheit					
Betriebsarzt					
Nachbaranlagen					
Zuständige Behörde					
Gesundheitsamt					
Berufsgenossenschaft					
Treffpunkt der Werksleitung					
Sammelplatz der Belegschaft					
Datum:				**Stand:**	

- Sofortmaßnahmen wie:
  - persönlicher Schutz von Beschäftigten und Einsatzkräften,
  - Anwesenheitskontrolle,
  - Gefahrenumfang bestimmen,
  - Gefahrenbereich räumen und absperren,
  - Stoffabsperrungen und Anlagenabschaltungen,
  - Schutz von Nachbargebäuden und -anlagen,
  - Entscheidung über weitergehende Alarmierung und Warnung,
  - Notversorgung (Energie, Medien) gewährleisten,
  - Versorgung der Verletzten,
  - Bekämpfungsmaßnahmen einleiten.

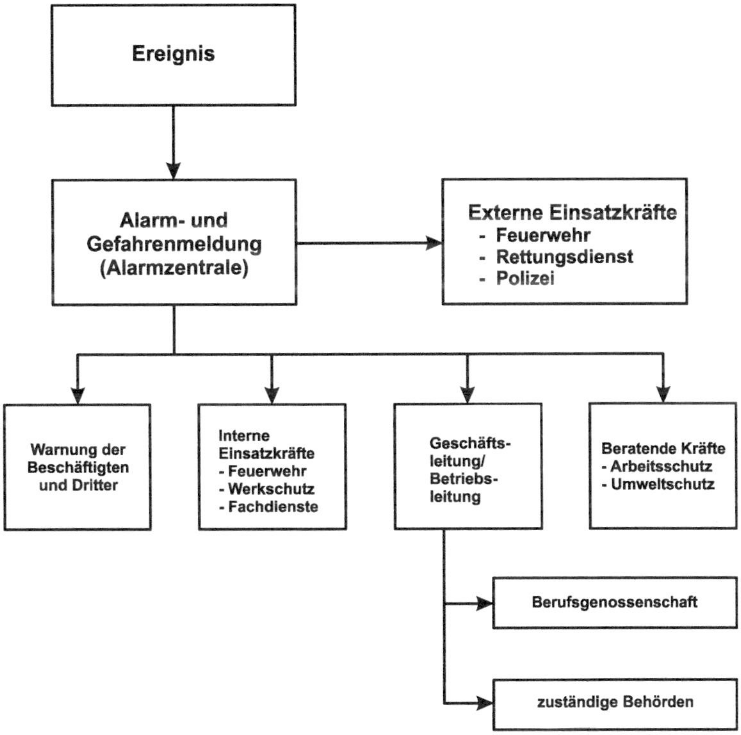

Abb. 12.6 Alarmierungsschema

Diese Sofortmaßnahmen sind je nach Gefahrensituation durch eine Reihe von Sondermaßnahmen zu ergänzen. Der Ausbildungsstand der Einsatzkräfte muss gewährleisten, dass Maßnahmen:

- bei der Freisetzung gefährlicher/umweltrelevanter Stoffe,
- bei Bränden,
- bei Gefahren durch radioaktive Materialien,
- bei Gefährdungen von Gewässern,
- bei Gefährdungen von Böden

beherrscht werden. Regelmäßige Notfallübungen bilden eine gute Grundlage für im Ernstfall zu ergreifende Maßnahmen.

Mitarbeiterschulungen

Um Fehlverhalten von Personen vorzubeugen, die im Zusammenhang mit dem Anlagenbetrieb tätig werden oder die Aufgaben entsprechend der betrieblichen Alarm- und

12

Gefahrenabwehrplanung wahrzunehmen haben, hat der Anlagenbetreiber geeignete Bedienungs- und Sicherheitsanweisungen zu erstellen und das Personal zu schulen. Die Bedienungs- und Sicherheitsanweisungen, zu denen auch eine Brandschutzordnung gehört, sollen schriftlich festgelegt und regelmäßig fortgeschrieben werden.

Die Schulung des Personals ist vor Aufnahme der Tätigkeit und danach in Abständen, die ein Jahr nicht überschreiten dürfen, vorzunehmen. Die schriftlichen Betriebsanweisungen (z. B. in Betriebshandbüchern) müssen für die Gefahrenabwehr wichtige Informationen enthalten, insbesondere:

- Hinweise auf anlagen-, verfahrens- und stoffspezifische sowie umgebungsbedingte Gefahren,
- Angaben zu sicherheitstechnischen Einrichtungen, Schutzausrüstungen und deren Standort,
- Anweisungen zu erforderlichen Schutzmaßnahmen und zu Verhaltensregeln bei Störungen des bestimmungsgemäßen Betriebs oder Störfällen.

Die Betreiber von Anlagen haben die betroffenen Beschäftigten über die für sie in den betrieblichen Alarm- und Gefahrenabwehrplänen für den Notfall enthaltenen Verhaltensregeln zu unterweisen.

In höchstens jährlichen Abständen müssen mit den Beschäftigten Übungen über das Verhalten bei Störungen des bestimmungsgemäßen Betriebs und Notfällen und die zu ergreifenden Gefahrenabwehr- und Hilfsmaßnahmen abgehalten werden. Über Übungen ist ein schriftlicher Nachweis zu führen. Schwerpunkte der Schulungen und Unterweisungen sind Betriebsgefahren, einzuhaltende Sicherheitsbestimmungen und Verhaltensregeln bei Störungen des bestimmungsgemäßen Betriebs und bei Notfällen. Inhalt und Zeitpunkt der Schulungen und Unterweisungen sind schriftlich festzuhalten und von den Unterwiesenen durch Unterschrift zu bestätigen.

Der Betreiber hat für den Fall, dass Beschäftigte betriebsfremder Unternehmen auf dem Betriebsgelände tätig sind, die betreffenden Unternehmer über die Maßnahmen, die sich aus dem betrieblichen Alarm- und Gefahrenabwehrplan ergeben, zu informieren. Der Betreiber hat dafür Sorge zu tragen, dass die in seinem Betrieb zum Einsatz kommenden Beschäftigten betriebsfremder Unternehmen ihren Aufgaben entsprechend angemessene Informationen und Anweisungen hinsichtlich des betrieblichen Alarm- und Gefahrenabwehrplanes erhalten haben.

Informationen der Behörden und der Öffentlichkeit

Auskünfte über einen Alarmfall sollten sachgerecht sein und auf keinen Fall Mutmaßungen über mögliche Ursachen enthalten. Sie würden eventuell ein falsches Bild liefern und Ermittlungen der Behörden vorgreifen. Auskünfte sind stets schriftlich festzuhalten. Um eine unnötige Beunruhigung der Bevölkerung durch Falschmeldungen zu vermeiden ist entsprechende Vorsorge zu treffen. Im Alarmfall sind die Medien sofort und sachlich richtig zu informieren. Anfragen aus der Bevölkerung müssen entgegengenommen und sachlich sowie ausreichend beantwortet werden können. Dazu ist es notwendig und sinnvoll folgende Informationen für die Öffentlichkeit bereitzuhalten.

Name, Anschrift und Angaben zur Firma. Aus den Angaben zum Standort muss eine eindeutige räumliche Zuordnung der Anlage, von welcher der Alarmfall ausging, möglich sein. Ein Lageplan erleichtert die Zuordnung. Für Informationen über den Alarmfall und Rückfragen sollte namentlich eine Person oder Stelle benannt sein. Sie kann allgemeine Informationen zur Anlage und zum Gefahrenpotenzial geben.

Eine kurze Beschreibung der Anlage erläutert deren Zweck. Angaben zum technischen Verfahren, der eingesetzten Stoffe sowie der Produkte sind nützlich. Werden eine große Anzahl von Stoffen eingesetzt, so sollten die gefährlichsten und mengenmäßig bedeutsamsten Materialien genannt werden. Entsprechende Angaben können dem Gefahrstoffverzeichnis und den zugehörigen Sicherheitsdatenblättern entnommen werden.

Es sind notwendige Informationen über die Gefahr und deren Auswirkungen auf Mensch und Umwelt zu geben. So sind Angaben zu Personenschäden, Bränden, Stofffreisetzungen, Explosion, etc. notwendig. Mögliche Auswirkungen auf die Umwelt wie Luft-, Wasser- oder Bodenverunreinigungen sind abzuschätzen. Gegebenenfalls sind die Auswirkungen und das betroffene Gebiet näher zu erläutern. In einer Gefahrensituation sind den Anliegern und der Bevölkerung eindeutige Verhaltensmaßregeln zu geben. Es sind folgende Punkte zu berücksichtigen:

- Hinweise zu Alarmsignalen,
- Zugänglichkeit zu Informationen,
- Nachbarschaftshilfe,
- Verhalten in Wohnungen,
- Verhalten bei Evakuierungen,
- Entwarnung durch Behörden.

Der genaue Wortlaut der Hinweise muss zwischen dem Anlagenbetreiber und den zuständigen Behörden abgestimmt sein. Es muss der Bevölkerung vermittelt werden, dass am Standort geeignete Maßnahmen getroffen werden, und die notwendigen Ausrüstungen zur Behebung der Gefahrensituation vorhanden sind.

12

Vorbeugender Brandschutz

Die Schäden, die durch den Störfall Brand entstehen, können ein erschreckend großes Ausmaß annehmen, obwohl die Ursache oft nur eine Kleinigkeit war. In Betrieben können durch Brände insbesondere:

- die Menschen,
- die baulichen Anlagen,
- die Arbeitsplätze,
- die technischen Betriebsanlagen und -einrichtungen,

- die erwirtschafteten Güter bzw. Leistungen sowie
- das für die Betriebsführung wichtige und in entsprechenden Unterlagen festgehaltene Wissen

gefährdet, geschädigt oder vernichtet werden. Brände in Betrieben können aber auch die Nachbarschaft beeinträchtigen. Aufgrund des Verursacherprinzips kann dann der Betrieb für die dort entstandenen Schäden haftbar gemacht werden. Die Notwendigkeit vorbeugender Brandschutzmaßnahmen zur Verhinderung oder Abwehr betrieblicher Störfälle ergibt sich vor allem aus:

- dem wirtschaftlichen Erfordernis Belastungen des Betriebs durch Störfälle zu vermeiden und die Störfallauswirkungen gering zu halten,
- den Zwang aus Rechtsvorschriften und
- dem Streben nach einer möglichst niedrigen, aber risikogerechten Versicherungsprämie.

Die Belastungen des Betriebs ergeben sich aus Wertverlusten bei Betriebsanlagen und Produktionsgütern sowie aus der meistens mit diesen Störfällen verbundenen Betriebsunterbrechungen. Gerade die Betriebsunterbrechung kann bis zur Beseitigung der Folgen von Bränden lange Zeit dauern und dadurch Arbeitsplätze gefährden sowie zu geschäftlichen Nachteilen führen.

Der Schutz des menschlichen Lebens – vor allem der Arbeitnehmer – und auch der Umwelt liegt nicht nur im Interesse der Betriebe. Diese beiden Schutzgüter sind in besonderem Maße Anliegen der Allgemeinheit und daher durch Rechtsvorschriften geschützt.

12.6 Aufgaben für die Praxis

- Welche Anforderungen werden an die Dokumentation im Umweltmanagementsystem gestellt?
- Welche Bedeutung kommt Prozess- und Arbeitsanweisungen für den Betrieb zu?
- Welche Darstellungsmöglichkeiten bieten sich für Prozessanweisungen an?
- Wodurch unterscheiden sich Prozessanweisungen (Verfahrensanweisungen) von Arbeitsanweisungen?
- Welche Anforderungen werden an die Notfallvorsorge und Gefahrenabwehr gestellt?
- Wie sieht die Notfall- und Gefahrenabwehrplanung für ihr Unternehmen aus?

Weiterführende Literatur

12.1. Baumann, W.; Kössler, W.; Promberg, K.; *Betriebliche Umweltmanagementsysteme,* Linde, **2005**, 3-7073-0795-6

12.2. Baumast, A.; Pape, J. (Hrsg.); *Betriebliches Umweltmanagement,* Ulmer, **2009**, 978-3-8001-5995-6

12.3. Deja. A. G.; Linsenmann, H.; Meinholz, H.; *Umweltmanagementsystem nach DIN EN ISO 9001/9004,* UWSF – Z. Umweltchem. Ökotox. 5, **1993**, 336–340

12.4. Global Reporting Initiative; *Leitfaden zur Nachhaltigkeitsberichterstattung,* **2006**

12.5. Kramer, M. (Hrsg.); *Integratives Umweltmanagement,* Gabler, **2010**, 978-3-8349-1947-2

12.6. Krinn, H.; Meinholz, H.; *Einführung eines Umweltmanagementsystems in kleinen und mittleren Unternehmen,* Springer, **1997**, 3-540-62465-1

12.7. Löbel, J.; Schröger, H.; Closhen, H.; *Nachhaltige Managementsysteme,* Schmidt, **2005**, 3-503-08381-2

12.8. Meinholz, H.; *Umweltmanagement an der Fachhochschule Furtwangen* in Hochschul-Informations-System (HIS), Technische Universität Clausthal Umweltmanagement in Hochschulen, Papierflieger, **1998**, 3-89720-132-1

12.9. Müller-Christ, G.; *Umweltmanagement,* Vahlen, **2001**, 978-3-8006-2646-5

12.10. Pfeiffer, J.; *Strukturelle Integration von Umweltmanagementsystemen in gewerblichen Betrieben,* Hampp, **2001**, 3-87988-614-8

12.11. Promberger, K.; Kössler; W. *Betriebliche Umweltmanagementsysteme,* Linde, **2005**, 978-3-7073-0795-5

12.12. Seifert, E.; Sallermann, Th.; Krinn, H.; Meinholz, H.; *Die Organisation des betrieblichen Umweltschutzes durch ein effizientes Umweltmanagementsystem,* UWSF – Z. Umweltchem. Ökotox. 6, **1994**, 151–156

12.13. Theden, Ph.; Colsman, H.; *Qualitätstechniken – Werkzeuge zur Problemlösung und ständigen Verbesserung,* Hanser, **2005**, 978-3-446-40044-3

12.14. VDI-Kompetenzfeld Betrieblicher Umweltschutz und Umweltmanagement (Hrsg.); *Wettbewerbssicherung durch zukunftsorientiertes Management,* VDI-Bericht 1625, **2001**, 3-18-091625-7

12.15. Vorbach, St.; *Prozessorientiertes Umweltmanagement,* Deutscher Universitäts-Verlag, **2000**, 3-8244-7144-2

12.16. Walter, K.; *Wettbewerbsvorteile durch Umweltmanagement,* VDM, **2005**, 3-86550-047-1

12.17. Wiesendahl, St.; *Technische Normung in der Europäischen Union,* Schmidt, **2007**, 978-3-503-09761-6

12.18. Zabel, H.-U. (Hrsg.); *Betriebliches Umweltmanagement – nachhaltig und interdisziplinär,* Schmidt, **2002**, 3-503-07007-9

12.19. Zukünftige Technologien Consulting der VDI Technologiezentrum GmbH (Hrsg.); *Mehr Wissen – weniger Ressourcen; Potenziale für eine ressourceneffiziente Wirtschaft,* **April 2009**

13 Umweltcontrolling und Umweltleistung

13.1 Einführung

Eine zielgerichtete Verbesserung der betrieblichen Umweltsituation ist nur möglich, wenn die umweltrelevanten Informationen systematisch erfasst und aufbereitet werden. Die grundlegenden Anforderungen an ein betriebliches Umweltinformationssystem resultieren aus den Vorgaben der Umweltgesetze, -verordnungen, etc., d. h. den Umweltvorschriften. Neben diesen rechtlichen Anforderungen sind technologische Aspekte (z. B. Aussagen über Produktionsanlagen) und organisatorische Anforderungen (z. B. Aussagen zum Umweltmanagementsystem) mit zu berücksichtigen. Die strukturierte und kontinuierliche Erfassung umweltrelevanter Daten liefert eine Basis für das betriebliche Tagesgeschäft. Für die kontinuierliche Verbesserung der betrieblichen Umweltsituation muss ein Umweltinformationssystem Unterstützung bei der Planung und Umsetzung von Maßnahmen des Umweltprogramms bieten.

Dazu gehören die Möglichkeiten von Schwachstellenanalysen und die Erfolgskontrolle durchgeführter Maßnahmen mittels Soll-Ist-Vergleichen. Die umweltrelevanten Informationen sind so aufzubereiten, dass sie den Forderungen der relevanten Zielgruppen gerecht werden. Adressaten können Geschäftsführung, Führungskräfte, Betriebsbeauftragte oder Mitarbeiter des Unternehmens sein. Aber auch externe interessierte Parteien sind zu berücksichtigen. Dazu gehören immer die Überwachungsbehörden, Lieferanten und Kunden, Banken, Versicherungen und die Öffentlichkeit im Zuge einer Umweltberichterstattung.

Die Unternehmensführung und die Führungskräfte benötigen übersichtlich aufbereitete Informationen um Trends und Risikopotenziale für ihren Verantwortungsbereich erkennen zu können. Die Umweltauswirkungen verschiedener Alternativen müssen für diesen Personenkreis erkennbar sein. Auf der anderen Seite benötigen die verschiedenen Betriebsbeauftragten für Umweltschutz und die Sicherheitsfachkräfte Zugriff auf alle umweltrelevanten Detailinformationen zu Stoffen, Prozessen und Produkten. Sie überwachen die Einhaltung der rechtlichen Vorgaben und führen Schwachstellen und Risikoanalysen durch. Da Forschung und Entwicklung bereits weit im Vorfeld direkt die Umweltrelevanz neu-

G. Förtsch und H. Meinholz, *Handbuch Betriebliches Umweltmanagement*,
https://doi.org/10.1007/978-3-658-19151-1_13

er Produkte und indirekt auch die der zugehörigen Fertigungsprozesse beeinflussen, sind Informationen über Stoffe, Prozesse, recyclinggerechte Konstruktion, etc. unentbehrlich.

Anhand der vorhandenen Informationen beschäftigt sich das Beschaffungswesen mit der Suche nach umweltverträglicheren Substitutionsprodukten. Eine entsprechende Datei zur Lieferanten- und Produktbewertung erleichtert das Auswahlverfahren. Ablauforganisatorisch bedingt fallen die meisten Umweltprobleme im Produktionsbereich an, obwohl die eigentlichen Verursacher in anderen Betriebsfunktionen zu suchen sind. Die Optimierung der gesamten Produktionskette benötigt Querschnittsinformationen über Material- und Energieeinsatz, Anlagen und deren Auslastung, Nutzungsgrade und Angaben über Wartungsintervalle, Wirkungsgrade von Prozessen, Emissionen, etc.

Gegenüber den Kunden können Informationen zu den Umwelteigenschaften der Produkte, der Umweltrelevanz des Herstellungsprozesses, den Entsorgungs- und Recyclingmöglichkeiten nach Ablauf der Nutzungsdauer gegeben werden. Behörden sind Informationen bezüglich der rechtlich vorgegebenen Auskünfte zu Emissionserklärungen, Gefahrstoffverzeichnissen, verantwortliche Personen, etc. zur Verfügung zu stellen. In diesem Zusammenhang ist das Unternehmen auch zur Überwachung seiner Entsorger angehalten und muss entsprechende Nachweise führen. Soweit die Unternehmensführung verdichtete Umweltinformationen benötigt, sind für einen Umweltbericht ausgewählte Informationen über die Umweltsituation des Unternehmens zur Verfügung zu stellen.

13.2 Umweltleistungskennzahlen

In Umweltleistungskennzahlen werden umfangreiche Umweltdaten zu wenigen wesentlichen Schlüsselinformationen zusammengefasst. Dies erleichtert den Unternehmen die Quantifizierung und die Berichterstattung über ihre Umweltleistung. Eine weitere wichtige Funktion von Umweltkennzahlen liegt darin, dass sie den Unternehmen beim Management ihrer Umweltaspekte und Umweltauswirkungen nützlich sein können. Für ein System von Umweltindikatoren gilt:

- Kennzahlen und Indikatoren sollen einen Vergleich ermöglichen und Änderungen der Umweltleistung aufzeigen,
- eine Ausgewogenheit zwischen problematischen (schlechten) und aussichtsreichen (guten) Bereichen darstellen,
- Kennzahlen und Indikatoren sollen auf gleichen Kriterien beruhen und über vergleichbare Zeiträume betrachtet werden,
- Kennzahlen und Indikatoren sollen ausreichend häufig aktualisiert werden, damit auch Maßnahmen getroffen werden können,
- Kennzahlen und Indikatoren sollen klar und verständlich sein.

In der Regel werden bei der Bewertung der Umweltleistung eines Unternehmens drei Kategorien von Umweltkennzahlen unterschieden (Tab. 13.1).

Tab. 13.1 Kategorien von Umweltleistungskennzahlen [13.8]

Operative Leistungskennzahlen (OPIs)			Management-Leistungskennzahlen (MPIs)		Umweltzustandsindikatoren (ECIs)	
Input-Kennzahlen	Kennzahlen für technische Anlagen und Ausstattung	Output-Kennzahlen	Systemkennzahlen	Funktionsbereichs-kennzahlen	Indikatoren für Umweltmedien	Indikatoren für die Bio- und Anthroposphäre
Material	Design	Hergestellte Produkte	Umsetzung von Politiken und Programmen	Verwaltung und Planung	Luft	Flora
Energie	Installation	Erbrachte Dienstleistungen	Konformität	Beschaffung und Investitionen	Wasser	Fauna
Dienstleistungen, die den operativen Bereich unterstützen	Betrieb	Abfälle	Finanzielle Leistung	Gesundheit und Sicherheit	Boden	Menschen
Produkte, die den operativen Bereich unterstützen	Wartung	Emissionen	Einbeziehung der Arbeitnehmer	Beziehung zur Öffentlichkeit		Ästhetik, Erbe und Kultur
	Bodennutzung					
	Verkehr					

13

Operative Leistungskennzahlen (OPIs)
beziehen sich auf die Aspekte, die mit dem Betrieb eines Unternehmens, also ihren operativen Tätigkeiten, den Produkten oder Dienstleistungen, zusammenhängen z. B. Emissionen, stoffliche Verwertung von Produkten und Rohstoffen, Kraftstoffverbrauch der Fahrzeuge oder Energienutzung. Zu den operativen Leistungskennzahlen gehören die Input-Kennzahlen, die Kennzahlen für technische Anlagen und Ausstattung und die Output-Kennzahlen. Sie beziehen sich vor allem auf die Planung, Steuerung und Überwachung der Umweltauswirkungen, die sich aus der Betriebstätigkeit des Unternehmens ergeben. Operative Leistungskennzahlen sind außerdem ein Instrument zur Kommunikation von Umweltdaten in Form von Umweltberichten oder Umwelterklärungen. Durch die Einbeziehung von Kostenaspekten dienen sie überdies als Grundlage des Umweltkostenmanagements.

Managementleistungskennzahlen (MPIs)
beziehen sich auf die Anstrengungen der Geschäftsleitung zur Schaffung der für ein erfolgreiches Umweltmanagement notwendigen Infrastruktur und umfassen z. B. Umweltprogramme, Zielsetzungen und Einzelziele, Schulungen, Anreizsysteme, Häufigkeit von Betriebsprüfungen, Standortbesichtigungen, Leitungsentscheidungen und Beziehungen zur Öffentlichkeit. Diese Kennzahlen dienen als interne Steuerungs- und Informationskennzahlen, sind allein jedoch nicht ausreichend, um einen genauen Überblick über die Umweltleistung des Unternehmens zu geben.

Umweltzustandsindikatoren (ECIs)
geben Auskunft über die Umweltqualität in der Umgebung des Unternehmens und den örtlichen, regionalen oder globalen Zustand der Umwelt. Dazu zählen z. B. die Wasserqualität eines nahe gelegenen Sees, Luftqualität in der Region, die Konzentration von Treibhausgasen oder die Anreicherung bestimmter Schadstoffe im Boden. Trotz ihrer großen Vielfalt können sie dazu dienen, die Aufmerksamkeit der Geschäftsleitung auf die Umweltaspekte zu lenken, von denen wesentliche Umweltauswirkungen ausgehen. Der Zustand der Umweltmedien (Luft, Wasser, Boden) und der daraus resultierenden Umweltprobleme hängen meist von verschiedensten Einflüssen ab z. B. von Emissionen anderer Unternehmen, privater Haushalte oder des Verkehrs.

Daten über den Zustand der Umweltmedien werden in der Regel von staatlichen Stellen gemessen und registriert. Aus diesen Daten werden spezielle Umweltindikatorensysteme für die wichtigsten Umweltprobleme abgeleitet. In Verbindung mit umweltpolitischen Zielsetzungen dienen solche Umweltindikatoren den Unternehmen als Orientierungshilfe für die Festlegung ihrer eigenen Kennzahlen und Zielsetzungen.

Das gilt insbesondere, wenn ein Unternehmen an seinem Standort einer der Hauptverursacher eines Umweltproblems ist z. B. bei Lärmbelastungen durch einen Flughafen oder örtlicher Wasserverschmutzung durch einen großen Direkteinleiter. Gerade in diesen Fällen eignen sich Umweltzustandsindikatoren zur Ermittlung der Umweltauswirkungen des Unternehmens. Bei Unternehmen mit nur geringen Umweltauswirkungen und einem recht einfachen Umweltmanagementsystem kommt es in der Regel vor allem auf die operativen Umweltleistungskennzahlen (OPIs) an.

13.3 Auswahl von Umweltkennzahlen

Bei der Auswahl von Umweltleistungskennzahlen für einen bestimmten Umweltaspekt sollte sich das Unternehmen folgende Fragen stellen:

- Was sind die wichtigsten Umweltaspekte und Umweltauswirkungen unseres Unternehmens?
- Wo können die größten Verbesserungen erreicht werden?
- Wo können Umweltverbesserungen gleichzeitig zu Kostensenkungen führen?

Kennzahlen sollen die Umweltleistung unverfälscht darstellen
Es ist wichtig, dass das Unternehmen seine Umweltleistung richtig bewerten kann. Die Kennzahlen sollen daher die Umweltleistung möglichst genau wiedergeben und alle Umweltaspekte und Umweltauswirkungen ausgewogen darstellen. Wenn z.B. ein Unterneh-

Tab. 13.2 Beispiele für Input-Kennzahlen [13.8]

Input-Kennzahlen		
Kategorie	Beispiele für Kennzahlen	Beispiele für Maßeinheiten
Material	– Roh- und Ausgangsstoffe – Betriebs- und Hilfsstoffe – Grundwasser – Oberflächenwasser – Fossile Kraftstoffe	– Tonne pro Jahr – Tonnen gefährlicher/schädlicher Stoffe pro Jahr – Kubikmeter pro Jahr – Kubikmeter pro Produkttonne
Energie	– Strom – Erdgas – Erdöl – Erneuerbare Energien	– Megawattstunden pro Jahr – Kilowattstunden pro Produkttonnen
Produkte	– Vorprodukte – Hilfsprodukte – Bürobedarf	– Tonnen pro Jahr – Kilogramm gefährlicher/schädlicher Stoffe pro – Produkttonnen – Anzahl/Anteil der Produkte mit Umweltzeichen
Dienstleistungen	– Reinigung – Abfallentsorgung – Verpflegung – Bürodienste – Verkehr – Dienstreisen – Weiterbildung – Verwaltung	– Tonnen pro Jahr – Kilogramm gefährlicher/schädlicher Stoffe pro Dienstleistungseinheit – Anzahl/Anteil der Dienstleistungen mit Umweltzeichen

Tab. 13.3 Kennzahlen für technische Anlagen und Ausstattung [13.8]

Kennzahlen für technische Anlagen und Ausstattung		
Kategorie	Beispiele für Kennzahlen	Beispiele für Maßeinheiten
Design	– Gebäude – Anlagen – Ausrüstungen	– Wärmeverluste der Gebäude in Watt pro Quadratmeter und Kelvin – Anteil der Ausrüstungen mit wiederverwendbaren Teilen
Installation	– Gebäude – Anlagen – Ausrüstungen	– Anteil der zur Wiederverwendung ausgelegten Maschinenteile – Anteile oder Anzahl der Ausrüstungen mit Umweltzeichen oder Umwelterklärungen
Betrieb	– Gebäude – Anlagen – Ausrüstungen	– Betriebsstunden bestimmter Maschinen- oder Ausrüstungsteilen pro Jahr – Tonnen der zum Betrieb eingesetzten Stoffe, Materialien oder Produkte pro Jahr
Wartung	– Gebäude – Anlagen – Ausrüstungen – Transportfahrzeuge	– Wartungsstunden bestimmter Anlagen oder Ausrüstungen pro Jahr – Tonnen der zur Wartung eingesetzten Stoffe, Materialien oder Produkte pro Jahr
Bodennutzung	– Natürliche Lebensräume – Grünflächen – Gepflasterte Flächen	– Quadratkilometer
Verkehr	– Kraftstoffverbrauch – Fahrzeugabgase – Dienstreisen nach Beförderungsart (Flug, PKW, Bus, Bahn) – Fahrzeuge	– Kraftstoffverbrauch des Fuhrparks in Tonnen pro Jahr – Treibhausgasemissionen des Fuhrparks in Tonnen pro Jahr – Masse oder Anzahl der vom Fuhrpark abgegebenen feinen und ultrafeinen Partikel – Personenkilometer

men seinen Abluft- und Abwasserausstoß verringert, dadurch aber mehr feste Deponieabfälle erzeugt, so soll sie auf den Gesamtnutzen für die Umwelt eingehen und darüber berichten. Dabei sind auch finanzielle Auswirkungen zu beachten, denn auch die Deponiekosten müssen berücksichtigt werden, um die Kosten und Vorteile solcher Maßnahmen richtig einschätzen zu können. Nachfolgend werden Beispiele für Kennzahlen, Indikatoren und Maßeinheiten aufgeführt, die sich für eine Verwendung im Umweltbericht eignen (Tab. 13.2–13.7).

Kennzahlen und Indikatoren sollen verständlich und unzweideutig sein

Sowohl im Interesse der Glaubwürdigkeit als auch der Managementkontrolle ist es wichtig, dass die Kennzahlen oder Indikatoren keinen falschen Eindruck erwecken oder das Zielpublikum irreführen. Die Kennzahlen und Indikatoren sollen für den Nutzer klar und verständlich sein und dessen Informationsbedürfnissen entsprechen. Sie sollen kohärent sein und sich auf wesentliche Daten konzentrieren. Für die Berichterstattung werden Daten häufig zusammengefasst und standardisiert. Dies ermöglicht zwar eine prägnante Dar-

Tab. 13.4 Beispiele für Output-Kennzahlen [13.8]

Output-Kennzahlen		
Kategorie	Beispiele für Kennzahlen	Beispiele für Maßeinheiten
Emissionen	– Luftemissionen wie Treibhausgase – Flüchtige organische Verbindungen – Feine und ultrafeine Partikel – Abwässer, mit Einleitung von gefährlichen Stoffen – Prozesswasser und Kühlwasser – Abfall, gefährliche und nicht gefährliche Abfälle – Wärmeabgabe – Lärm	– Tonnen pro Jahr – Kilogramm pro Produkttonnen – Kubikmeter pro Jahr – Kubikmeter pro Produkttonnen – Kilogramm der Stoffe pro Kubikmeter des Abwassers – Anteil des recyclingfähigen Abfalls – Megajoule pro Jahr – Megajoule pro Produkttonnen – Dezibel (an bestimmten Orten)
Produkte	– Stoffe in Produkten – Verpackungsmaterialien – Energieverbrauch der Vorrichtungen	– Tonnen gefährlicher/schädlicher Stoffe pro Jahr (und Produkteinheit) – Massenanteil der zur Wiederverwertung ausgelegten Produktteile pro Jahr – Anzahl und Anteil der Produkte mit Umweltzeichen – Tonnen Verpackungsmaterial pro Jahr
Dienstleistungen	– Reinigung – Abfallentsorgung – Gartenpflege – Verpflegung – Bürodienste – Verkehr Dienstreisen – Weiterbildung – Verwaltung – Planung – Finanzdienste	– Dienstleistungseinheit und Jahr – Kraftstoffverbrauch in Liter pro Dienstleistungseinheit und Jahr – Anzahl oder Anteil der Dienstleistungen mit Umweltzeichen

stellung, es muss aber darauf geachtet werden, dass das Endergebnis leicht nachvollziehbar bleibt.

Das Abstellen der Daten auf ein Ausgangsjahr eignet sich unter Umständen für einen jährlichen Vergleich, spiegelt aber nicht unbedingt alle Aspekte der Umweltleistung wieder. So kommt es auch darauf an, dass die Auswirkungen von Übernahmen und Entflechtungen deutlich dargestellt werden, und dass das Zielpublikum den absoluten Stellenwert des betreffenden Aspekts, über den berichtet wird, beurteilen kann.

Kennzahlen und Indikatoren sollen einen Vergleich von Jahr zu Jahr gestatten
Dadurch wird sichergestellt, dass die Entwicklung der Umweltleistung eines Unternehmens leicht verfolgt werden kann. Wie wichtig die Auswahl der richtigen Kennzahlen zu Beginn der Berichterstattung ist, wird beim Vergleich von Jahr zu Jahr deutlich. Ändern

Tab. 13.5 Beispiele für Systemkennzahlen [13.8]

Systemkennzahlen		
Kategorie	Beispiele für Kennzahlen	Beispiele für Maßeinheiten
Umsetzung von Politiken und Programmen	– Umweltzielsetzungen und -einzelziele – Arbeitsbedingungen – Datenverwaltung	– Anteil der erfüllten Zielsetzungen und Einzelziele – Anteil der Abteilungen/Arbeitsplätze mit festgelegten Umweltanforderungen – Anteil der in die Umweltmessung und Datenverwaltung integrierten Abteilungen/Arbeitsplätze
Konformität	– Betriebsprüfungen – Einhaltung freiwilliger Umweltverpflichtungen	– Anteil der geprüften Abteilungen/Arbeitsplätze – Anzahl der erreichten Einzelziele aus freiwilligen Verpflichtungen
Finanzielle Leistungen	– Ressourceneinsparungen	– Euro pro Jahr
Einbeziehung der Arbeitnehmer	– Umweltschonung – Anhörung und Verbesserungsvorschläge der Arbeitnehmer	– Schulungstage pro Arbeitnehmer und Jahr – Gesamtanteil der Schulungen pro Jahr – Anzahl der Vorschläge pro Mitarbeiter und Jahr – Anzahl/Anteil der umgesetzten Vorschläge pro Jahr

Tab. 13.6 Beispiele für Funktionskennzahlen [13.8]

Funktionskennzahlen		
Kategorie	Beispiele für Kennzahlen	Beispiele für Maßeinheiten
Verwaltung und Planung	– Direkte und indirekte Umweltaspekte und Auswirkungen von Planungsentscheidungen – Politiken – Bodennutzungsplanung – Engagement auf grünen Märkten	– Anzahl der strategischen Entwicklungen, für die Umweltverträglichkeitsprüfungen durchgeführt werden – Anteil der Böden, die natürliche Lebensräume oder Grünflächen bleiben oder werden sollen – Gesamtwert oder Anteil der auf grünen Märkten verkauften Produkte
Beschaffung und Investitionen	– Umweltleistung von Lieferanten und Vertragspartner – Investitionen in Umweltvorhaben	– Anzahl/Anteil der Lieferanten und Vertragspartner mit einer Umweltpolitik oder Managementsystemen – Gesamtwert oder Anteil der Kapitalinvestitionen in Umweltvorhaben
Sicherheit und Gesundheitsschutz am Arbeitsplatz	– Umweltunfälle – Erkrankungen – Innenraum-Luftqualität – Lärm	– Anzahl der Mitarbeiterunfälle pro Jahr – Krankheitstage pro Mitarbeiter und Jahr – Konzentration schädlicher Stoffe – Örtlicher Geräuschpegel in Dezibel
Beziehungen zur Öffentlichkeit	– Gespräche mit Interessensgruppen – Externe Anfragen nach der Umwelterklärung	– Anzahl der Gespräche in Personentagen pro Jahr – Anzahl der externen Anfragen pro Jahr – Anzahl der externen Abfragen pro Jahr

sich die Parameter für einen bestimmten Umweltaspekt oder eine Auswirkung, so ist es meist schwierig festzustellen, ob Verbesserungen erreicht wurden.

Wird der Energieverbrauch z. B. im 1. Jahr als Gesamtverbrauch, im 2. Jahr aber als Energieverbrauch pro Produkttonne ausgewiesen, so ist kein Vergleich zwischen den beiden Jahren möglich. Deshalb ist bei der Auswahl der Kennzahlen darauf zu achten, dass die zeitliche Kontinuität und Vergleichbarkeit gewahrt wird. Um Verwirrung zu vermeiden, sollten zu den Kennzahlen auch stets die absoluten Zahlen angegeben werden.

Unternehmen sollten sich auch bewusst sein, dass zur möglichst genauen Darstellung der jährlichen Leistungsentwicklung absolute Jahresmittelwerte und gegebenenfalls deren Abweichungen angegeben werden sollten. Ist dies nicht sinnvoll, sollte ein Durchschnittsjahr oder ein langjähriger Durchschnitt als Bezugsjahr gewählt werden. Außergewöhnliche Spitzenjahre eignen sich also nicht als Bezugsjahr.

Kennzahlen und Indikatoren sollen Benchmark-Vergleiche ermöglichen
Eine Grundvoraussetzung für solche Gegenüberstellungen ist, dass die Daten nach gleichen Kriterien erhoben wurden, damit es nicht zu einem Vergleich von Äpfeln mit Birnen kommt. Beim Energieverbrauch wäre beispielsweise die Frage zu klären, ob über den Primär- oder Sekundärenergieverbrauch berichtet werden soll. Das Unternehmen muss also darauf achten, dass die Festlegung seiner Kennzahlen nach einem gemeinsamen Standard erfolgt. Solche gemeinsamen Standards werden bisweilen von Forschungseinrichtungen, Wirtschaftsverbänden, Nichtregierungsorganisationen oder von örtlichen, regionalen oder nationalen Behörden festgelegt. Das Unternehmen sollte solche Benchmarking-Vorgaben kennen und bei der Berichterstattung über die betreffenden Aspekte solche Kennzahlen wählen, die damit direkt vergleichbar sind. Gibt es mehrere Benchmarking-Systeme, so sollte sich das Unternehmen für das System entscheiden, das sich am besten für seine Branche eignet.

Tab. 13.7 Indikatoren für Umweltmedien [13.8]

Indikatoren für Umweltmedien		
Kategorie	Beispiele für Kennzahlen	Beispiele für Maßeinheiten
Luft	– Vorhandensein bestimmter Stoffe in der Luft z. B. Schwefeloxide, Stickstoffoxide, Ozon, flüchtige organische Verbindungen, feine und ultrafeine Partikel	– Milligramm pro m^3 – Teile je Million (ppm)
Wasser	– Vorhandensein bestimmter Stoffe in Flüssen, Seen und im Grundwasser, z. B. Nährstoffe, Schwermetalle, organische Verbindungen	– Milligramm pro Liter
Boden	– Natürliche Lebensräume – Schutzgebiete – Bodenbelastungen durch Schwermetalle – Pestizide und Nährstoffe	– Anteil der Gebiete – Veränderung in Quadratkilometern pro Jahr – Quadratmeter/Kubikmeter belasteter Böden

Kennzahlen und Indikatoren sollen einen Vergleich mit Rechtsvorschriften ermöglichen
Sowohl für die interne Organisationsführung als auch im Interesse ihrer Glaubwürdigkeit nach außen sollten Unternehmen in der Lage sein, darzustellen auf welche Art und Weise sie die Rechtsvorschriften einhalten. Soweit es für den jeweiligen Aspekt solche Vorschriften gibt, sollten die Unternehmen die gesetzlichen Vorgaben zusammen mit ihrer Leistung in der gleichen Tabelle oder im gleichen Diagramm darstellen.

13.4 Umweltkennzahlensystem

Das Umweltkennzahlensystem muss absolute Größen (A) und relative Kennzahlen (R) umfassen. Unternehmensspezifisch sind Bezugsgrößen (B) zu wählen, die eine aussage-

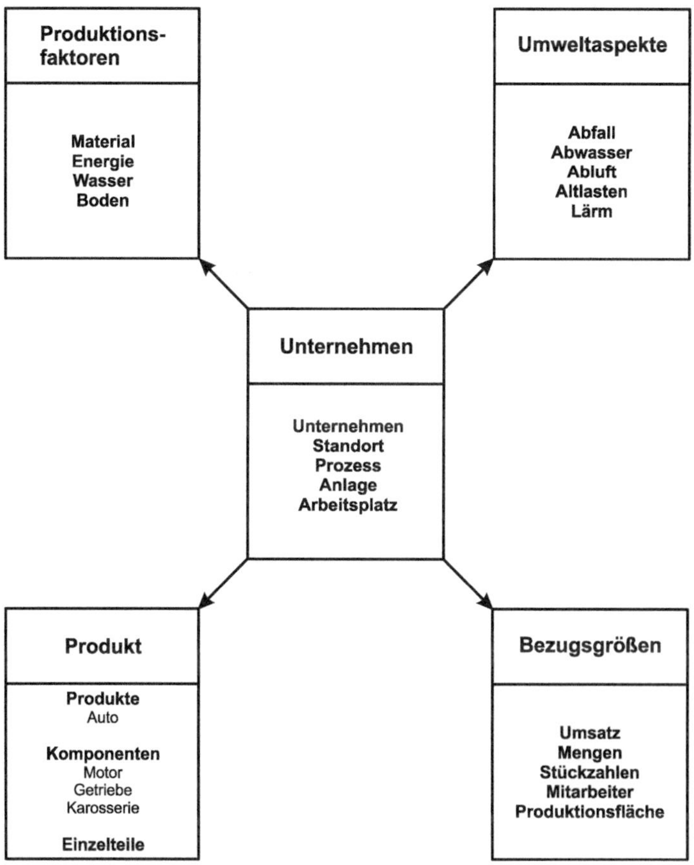

Abb. 13.1 Bildung von relativen Kennzahlen

kräftige Bewertung ermöglichen.

$$\text{relative Kennzahl (R)} = \frac{\text{absolute Größe (A)}}{\text{Bezugsgröße (B)}}$$

Absolute Kennzahlen sind maßgeblich für die Bewertung der Umweltauswirkungen. Je nach Bedarf können sie unternehmens-, standort-, prozess- oder anlagenbezogen erfasst werden. Relative oder spezifische Kennzahlen setzen die absoluten Werte ins Verhältnis zu verschiedenen Betriebsgrößen wie Umsatz, Anzahl Mitarbeiter, Mengen, etc. (Abb. 13.1). Die Möglichkeiten sind vielfältig und müssen anhand der innerbetrieblichen Notwendigkeiten festgelegt werden. Für die relativen Kennzahlen spielt auch die Auslastung der Prozesse eine Rolle. Unabhängig von der Auslastung tragen Prozesse einen fixen Anteil zu den Umweltauswirkungen bei, der durch einen variablen, auslastungsabhängigen Teil ergänzt wird.

Während die absoluten Werte (Kennzahlen) eine Bewertung der Umweltauswirkungen ermöglichen, liefern relative Kennzahlen eine Aussage zur Effizienz der Prozesse. In den Abb. 13.2 , 13.3, 13.4, 13.5, 13.6, 13.7, 13.8, 13.9 und 13.10 sind beispielhaft Daten für die Umweltaspekte Rohstoff/Abfall, Wasser/Abwasser und Stromverbrauch/CO_2-Emissionen dargestellt.

Abb. 13.2 zeigt den absoluten Rohstoffverbrauch des Unternehmens auf. Dieser ist umsatzbedingt von ca. 10.000 Tonnen auf ca. 15.000 Tonnen angestiegen. Aufgrund der hergestellten Produkte fallen zwangsläufig Abfälle an (Abb. 13.3). Diese Abfallmengen

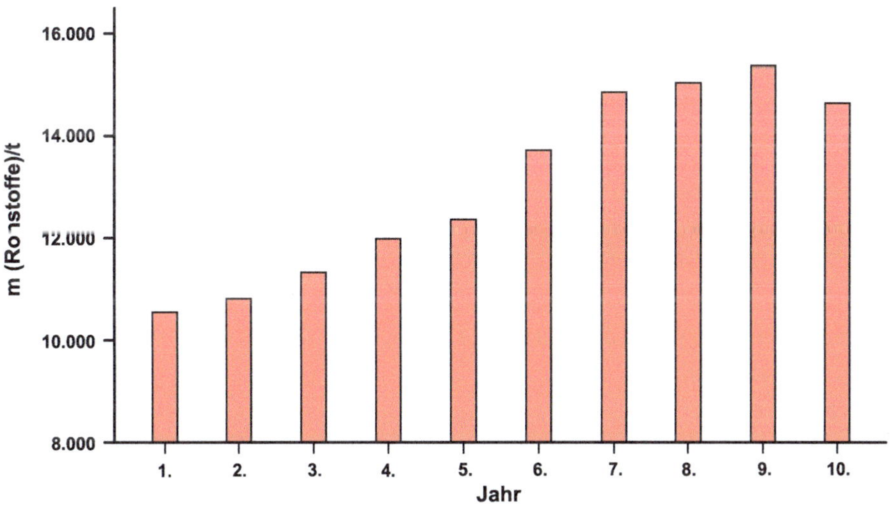

Abb. 13.2 Rohstoffverbrauch im Unternehmen

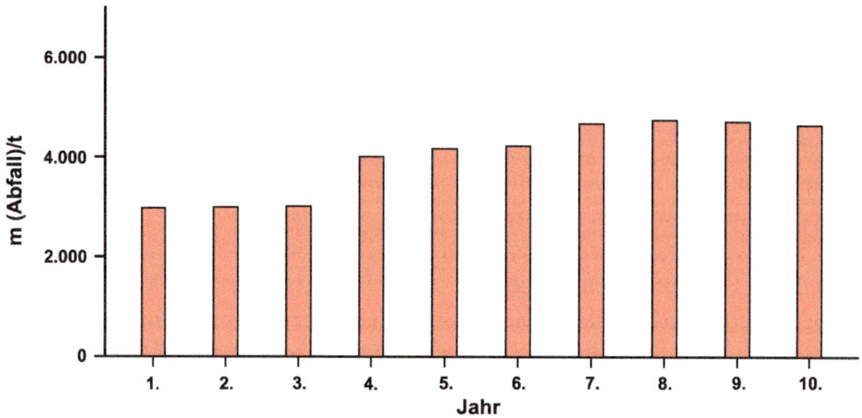

Abb. 13.3 Abfallmengen im Unternehmen

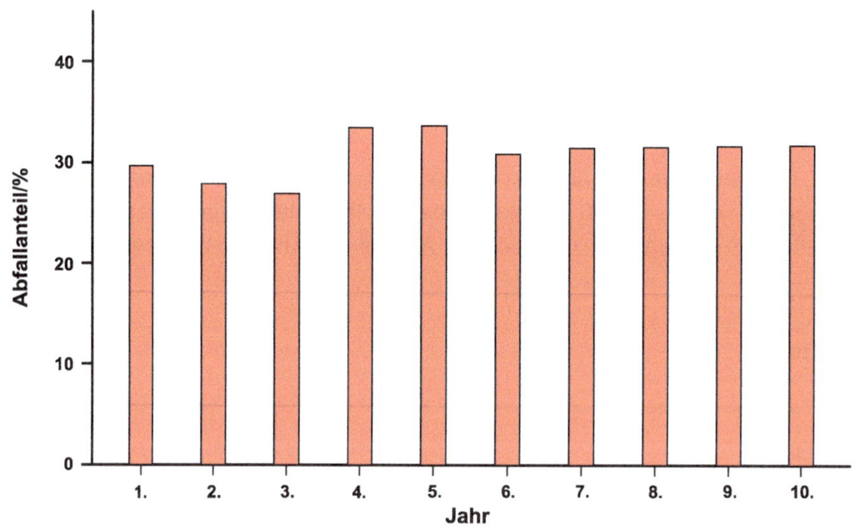

Abb. 13.4 Relativer Abfallanfall im Unternehmen

stiegen von ca. 3000 t über die Jahre auf 4700 t an. Aus beiden Angaben lässt sich eine relative Kennziffer bilden.

$$\text{Abfallanteil}\,(\%) = \frac{\text{m (Abfall)}}{\text{m (Rohstoff)}} \times 100\,\%$$

Über die Jahre hinweg verharrte der prozentuale Abfallanteil bei ca. 30 %. Bei diesem Umweltaspekt ist somit keine Verbesserung der Umweltleistung erzielt worden.

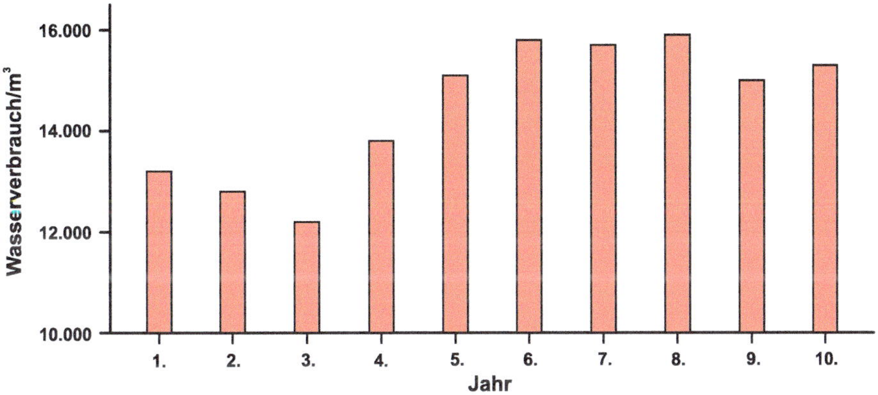

Abb. 13.5 Wasserverbrauch im Unternehmen

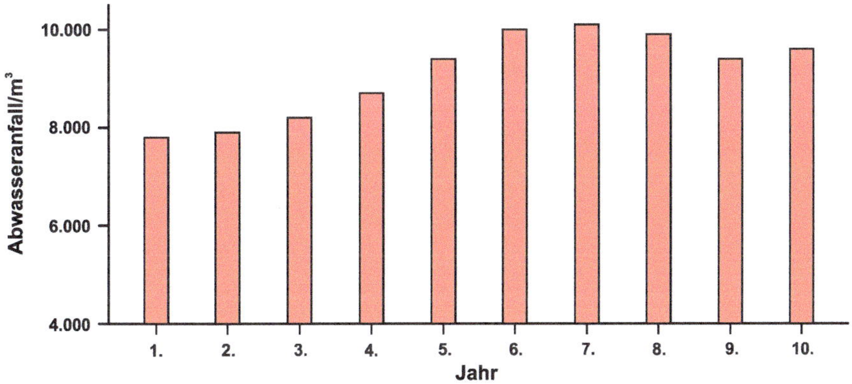

Abb. 13.6 Abwasseranfall im Unternehmen

Die Abb. 13.5, 13.6 und 13.7 betrachten den Umweltaspekt Wasser/Abwasser. Abb. 13.5 zeigt den absoluten Wasserverbrauch auf. Dieser ist über die Jahre von 13.200 auf 15.300 m^3 angestiegen; entsprechend stieg der Abwasseranfall von 7800 auf 9600 m^3 (Abb. 13.6). Der relative Abwasseranteil

$$\text{Abwasseranteil}\,(\%) = \frac{\text{V (Abwasser)}}{\text{V (Wasser)}} \times 100\,\%$$

blieb mit ca. 60 % nahezu konstant. Auch bei diesem Umweltaspekt ist somit keine Verbesserung der Umweltleistung erkennbar. Die erfassten Abwassermengen besitzen eine wirtschaftliche Bedeutung. Vielfach werden die Abwassergebühren aufgrund des Frischwasserverbrauchs berechnet. Im betrachteten Praxisfall führt dies bei der Abrechnung über die Frischwassermenge zu signifikant höheren Abwassergebühren.

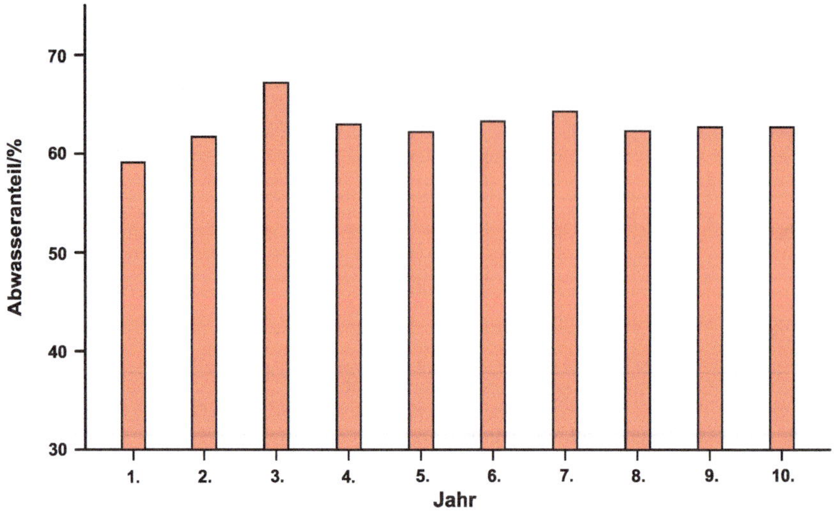

Abb. 13.7 Relativer Abwasseranteil im Unternehmen

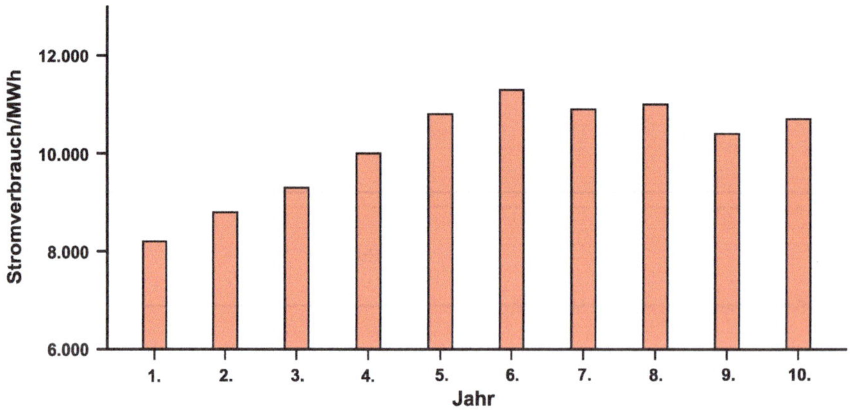

Abb. 13.8 Stromverbrauch im Unternehmen

Das 3. Beispiel behandelt den Umweltaspekt Energie. Der Stromverbrauch ist von 8200 MWh auf 10.700 MWh angestiegen (Abb. 13.8). Die spezifischen Emissionen in g CO_2/kWh Strom wurden aus Daten des Umweltbundesamt entnommen (Abb. 13.9). Mit dem absoluten Stromverbrauch lassen sich so die absoluten CO_2-Emissionen des Unternehmens für diesen Sektor berechnen. Diese sind über die Jahre angestiegen. Bei diesem Umweltaspekt hat sich somit die Umweltleistung des Unternehmens verschlechtert.

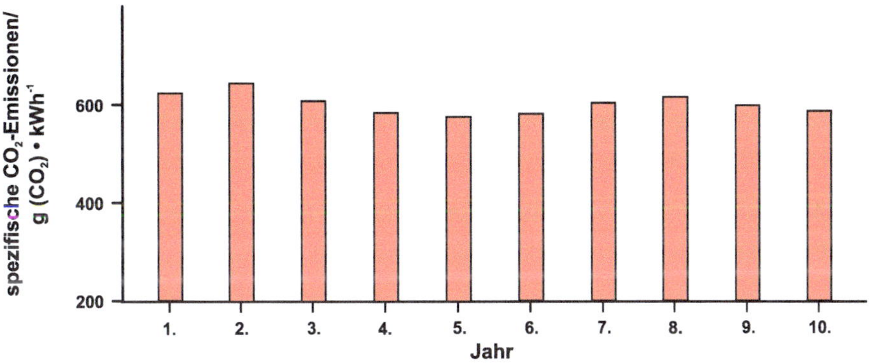

Abb. 13.9 Spezifische CO_2-Emissionen pro kWh Strom [13.12]

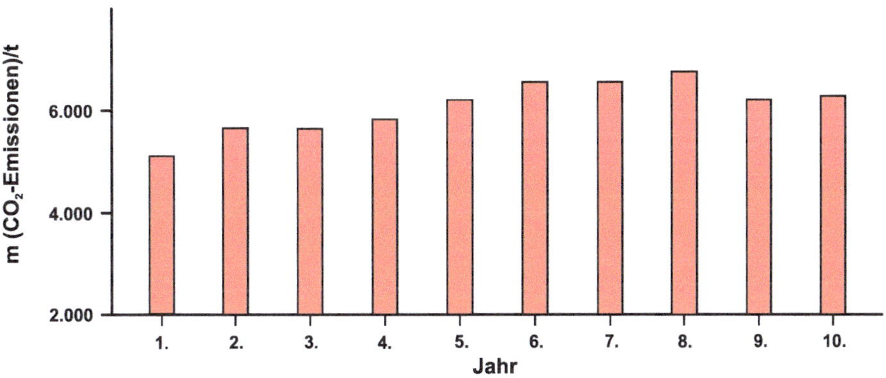

Abb. 13.10 CO_2-Emissionen im Unternehmen bezogen auf den Stromverbrauch

13.5 Bewertung der Umweltleistung

Das Umweltmanagementsystem eines Unternehmens liefert den Rahmen zur fortlaufenden Verbesserung der betrieblichen Umweltleistung. Ausgangspunkt für die Leistungsverbesserung ist die Betrachtung der direkten und indirekten Umweltaspekte sowie die damit verbundenen Umweltauswirkungen.

Um verschiedene direkte Umweltaspekte (z. B. Abfall, Gefahrstoffe, Energie) bzw. indirekte Umweltaspekte (z. B. Umweltvorschriften, Mitarbeiterkompetenzen, Lieferanten) miteinander vergleichen zu können, ist die Bildung von Leistungsklassen sinnvoll. Im vorliegenden Beispiel werden 5 Leistungsklassen für Umweltindikatoren (environmental performance indicators, EPIs) gebildet. Der Umwelt-Leistungs-Indikator (EPI = 1) entspricht einem sehr guten Zustand; der EPI = 5 einem mangelhaften Zustand.

In Tab. 13.8 sind generelle Aussagen zu den 5 Leistungsklassen zusammengefasst. Die Tab. 13.9, 13.10, 13.11, 13.12, 13.13, 13.14, 13.15 und 13.16 erweitern die Beschreibungen für die direkten Umweltaspekte; die Tab. 13.17, 13.18, 13.19, 13.20, 13.21 und 13.22 für die indirekten Umweltaspekte.

Tab. 13.8 Die 5 Klassen der Umwelt-Leistungs-Indikatoren (EPIs)

Umwelt-Leistungs-Indikatoren (EPIs)	Bewertungskriterien
1	– Keine Auswirkungen auf Mensch und Umwelt – Sehr guter Zustand – Keine Probleme – Kein Handlungsbedarf
2	– Geringe Auswirkungen auf Mensch und Umwelt – Guter Zustand – Kleinere Probleme – Geringer Handlungsbedarf
3	– Mittlere Auswirkungen auf Mensch und Umwelt – Befriedigender Zustand – Verbesserungen empfehlenswert
4	– Größere Auswirkungen auf Mensch und Umwelt – Nicht akzeptabler Zustand – Hoher Handlungsbedarf – Verbesserung notwendig
5	– Sehr große Auswirkungen auf Mensch und Umwelt – Kritischer Zustand – Verbesserung zwingend notwendig – Sehr hoher, sofortiger Handlungsbedarf

Tab. 13.9 Bewertung des direkten Umweltaspekts Abfall/Wertstoffe

Umwelt-aspekt	Bewertungskriterien	Umwelt-Leistungs-Indikatoren (EPIs)	Umweltauswirkungen	Bemerkungen
Abfall	– Entstehung und Entsorgung von gefährlichem Abfall zur Beseitigung in verschiedenen Prozessen (Menge, Gefährlichkeitsmerkmale)	**5**	– Gefahren für die menschliche Gesundheit – Gefahren für die Umwelt (Luft, Wasser, Boden)	Die Einstufung ergibt sich aus den Rechtsvorschriften im Abfallbereich. So ist der gefährliche Abfall zur Beseitigung in die kritischste EPI = 5 eingestuft. Gelingt es für diesen zu beseitigenden Abfall ein Verwertungsverfahren zu etablieren, verbessert sich die Einstufung in die EPI = 4 gefährlicher Abfall zur Verwertung.
	– Entstehung und Entsorgung von gefährlichen Abfällen zur Verwertung in verschiedenen Prozessen (Menge, Gefährlichkeitsmerkmale)	**4**		
	– Anfall und Entsorgung von Abfall zur Beseitigung in verschiedenen Prozessen (Menge)	**3**		
	– Anfall und Entsorgung von Abfall zur Verwertung in verschiedenen Prozessen (Menge)	**2**		
	– Keine nennenswerte Abfälle (Menge)	**1**		

Tab. 13.10 Bewertung des direkten Umweltaspekts Gefahrstoffe

Umwelt-aspekt	Bewertungskriterien	Umwelt-Leistungs-Indikatoren (EPIs)	Umweltauswirkungen	Bemerkungen
Gefahr-stoffe	– Zunehmender Einsatz und Entstehung von SVHC-Stoffen (Menge, Gefährlichkeitsmerkmale) – Keine Aktivitäten bzgl. Substitution – Keine regelmäßigen Mitarbeiterunterweisungen/-untersuchungen	**5**	– Gefahren für die menschliche Gesundheit – Physikalisch-chemische Gefahren – Gefahren für die Umwelt (Luft, Wasser, Boden)	Die Einstufung ergibt sich aus den Rechtsvorschriften im Gefahrstoffbereich. Unter SVHC-Stoffen (Substances of Very High Concern) sind u. a.: – Cancerogene (C), – Mutagene (M), – Reproduktionstoxische (R), Stoffe zu verstehen. Sie werden in EPI = 5 eingestuft. Werden keine SVHC-Stoffe verwendet, kann eine Einstufung in EPI = 3 erfolgen.
	– Einsatz und Entstehung anderer Gefahrstoffe (Menge, Gefährlichkeitsmerkmale) – Keine Aktivitäten bzgl. Substitution – Regelmäßige Mitarbeiterunterweisungen/-untersuchungen – Gleichbleibender Verbrauch an SVHC-Stoffen	**3**		
	– Keine Gefahrstoffe vorhanden – Unkritische Situation	**1**		

Tab. 13.11 Bewertung des direkten Umweltaspekts Materialien

Umwelt-aspekt	Bewertungskriterien	Umwelt-Leistungs-Indikatoren (EPIs)	Umweltauswirkungen	Bemerkungen
Materialien	– Mangelhafte Produktqualität – Niedrige Produktausbeute – Hohe Verschrottungen – Qualitätsmanagement stark verbesserungsbedürftig – Keine Maßnahmen zur Verbesserung der Materialeffizienz – Zunehmender Materialverbrauch	**5**	– Schonung der natürlichen Ressourcen	Eingesetzte Materialien finden sich im Produkt wieder oder werden im Herstellungsprozess benötigt. Damit spielt die Prozessstabilität und die Produktqualität eine wichtige Rolle für die Ressourceneffizienz. So können Prozessinstabilitäten zu schlechten Produktqualitäten, damit zu höheren Verschrottungen und vermehrtem Abfallanfall führen. Mit diesem Umweltaspekt ist eine Verknüpfung zum Qualitätsmanagement gegeben.
	– Durchgehendes Qualitätsmanagement – Einige Aktivitäten zur Verbesserung der Produktqualität – Einige Maßnahmen zur Verbesserung der Materialeffizienz – Absoluter Verbrauch an Materialien bleibt gleich	3		
	– Hohe Ressourceneffizienz – Sehr gute Materialverwendung – Hohe Produktqualität – Sehr hohe Produktausbeute – Kaum Verschrottungen – Abnehmender Materialverbrauch	1		

Tab. 13.12 Bewertung des direkten Umweltaspekts Wasser/Abwasser

Umwelt-aspekt	Bewertungskriterien	Umwelt-Leistungs-Indikatoren (EPIs)	Umweltauswirkungen	Bemerkungen
Wasser/ Abwasser	– Hoher zunehmender Wasserverbrauch – Keine Aktivitäten zur Verbesserung der Wassereffizienz – Öfters Grenzwertüberschreitungen in der Abwasserbehandlung – Keine analytischen Nachweise zu CSB, BSB, Schwermetalle, etc.	**5**	– Physikalisch-chemische Gewässergüte – Biologische Gewässergüte – Schonung der Wasserressourcen	Die Einstufung ergibt sich aus den Rechtsvorschriften und den Möglichkeiten zur Verbesserung der Effizienz im Wasserbereich.
	– Normaler gleichbleibender Wasserverbrauch – Einige Aktivitäten zur Verbesserung der Wassereffizienz – Vereinzelte Grenzwertüberschreitungen in der Abwasserbehandlung	**3**		
	– Hohe Ressourceneffizienz bezogen auf Wasser – Sehr gute Abwasserqualität – Keine Grenzwertüberschreitungen – Absoluter Verbrauch an Wasser nimmt ab	**1**		

Tab. 13.13 Bewertung des direkten Umweltaspekts Luft

Umwelt-aspekt	Bewertungskriterien	Umwelt-Leistungs-Indikatoren (EPIs)	Umweltauswirkungen	Bemerkungen
Luft	– Sehr hohe zunehmende staub- und gasförmige Emissionen (Menge, Gefährlichkeitsmerkmale) – Sehr oft Grenzwertüberschreitungen – Keine Aktivitäten bzgl. Verbesserung der Situation	**5**	– Troposphärische Ozonbildung – Gefahren für die menschliche Gesundheit – Klimaerwärmung	Die Einstufung ergibt sich aus den Rechtsvorschriften zum Immissionsschutz
	– Beachtenswerte staub- und gasförmige Emissionen (Menge, Gefährlichkeitsmerkmale) – Vereinzelte Grenzwertüberschreitungen – Einige Aktivitäten zur Verbesserung der Situation	**3**		
	– Keine nennenswerten, abnehmende staub- und gasförmige Emissionen – Insgesamt unkritische Situation	**1**		

Tab. 13.14 Bewertung des direkten Umweltaspekts Lärm

Umwelt-aspekt	Bewertungskriterien	Umwelt-Leistungs-Indikatoren (EPIs)	Umweltauswirkungen	Bemerkungen
Lärm	– Sehr hohe Lärmbelastung – Sehr oft Grenzwertüberschreitungen – Keine Aktivitäten zur Verbesserung der Situation	**5**	– Gefahren für die menschliche Gesundheit	Die Einstufung ergibt sich aus den Rechtsvorschriften zum Immissionsschutz und Gesundheitsschutz.
	– Beachtenswerte Lärmemissionen – Vereinzelte Lärmquellen – Vereinzelte Grenzwertüberschreitungen – Einige Aktivitäten zur Verbesserung der Situation	**3**		
	– Keine nennenswerten Lärmemissione – Insgesamt unkritische Situation	**1**		

Tab. 13.15 Bewertung des direkten Umweltaspekts Energie

Umwelt-aspekt	Bewertungskriterien	Umwelt-Leistungs-Indikatoren (EPIs)	Umweltauswirkungen	Bemerkungen
Energie	– Hoher (zunehmender) Bedarf an fossilen Energieträgern (Menge) – Sehr geringer Einsatz regenerativer Energieträger – Keine Maßnahmen zur Verbesserung der Energieeffizienz in den Bereichen Strom, Wärme, Treibstoff	**5**	– Treibhauseffekt bzw. Klimawandel – Saurer Regen – Troposphärische Ozonbildung	Die Einstufung ergibt sich aus den Rechtsvorschriften im Energiebereich und den Möglichkeiten zur Verbesserung der Energieeffizienz. Werden ausschließlich fossile (und atomare) Energieträger eingesetzt, erfolgt aufgrund des sich abzeichnenden Klimawandels eine Einstufung in EPI = 5. Der schrittweise Ersatz fossiler Energieträger durch regenerative Energien führt zu einer Verbesserung des Umwelt-Leistungs-Indikators in Richtung EPI = 1.
	– Absoluter Anteil an regenerative Energieträgern am gesamten Energieverbrauch bleibt gleich – Einige Aktivitäten zur Verbesserung der Energieeffizienz – Absoluter Verbrauch an fossilen Energieträgern bleibt gleich	**3**		
	– Ausschließlicher Einsatz regenerativer Energieträger in den Bereichen Strom, Wärme, Treibstoff – Hohe Energieeffizienz	**1**		

Tab. 13.16 Bewertung des direkten Umweltaspekts Boden/Flächennutzung

Umwelt-aspekt	Bewertungskriterien	Umwelt-Leistungs-Indikatoren (EPIs)	Umweltauswirkungen	Bemerkungen
Boden	– Absolut bebaute/versiegelte Fläche nimmt zu – Biologische Vielfalt am Standort und dessen Umgebung nimmt ab – Aufgrund der Standort-Historie, der eingesetzten Stoffe und des Gesamteindrucks Verdacht auf Altlasten gegeben – Keine weiteren, notwendigen Untersuchungen durchgeführt	**5**	– Altlasten – Flächennutzung – Biologische Vielfalt	Die Einstufung ergibt sich aus den Rechtsvorschriften im Bodenbereich.
	– Absolut bebaute/versiegelte Fläche bleibt gleich – Biologische Vielfalt am Standort und dessen Umgebung bleibt gleich – Altlasten vorhanden – Sanierungsmaßnahmen in der Durchführung – Regelmäßige Überwachung der Sanierungsmaßnahmen	**3**		
	– Absolut bebaute/versiegelte Fläche nimmt ab – Biologische Vielfalt am Standort und dessen Umgebung nimmt zu – Keine Altlasten vorhanden	**1**		

Tab. 13.17 Bewertung des indirekten Umweltaspekts Umweltvorschriften

Umwelt-aspekt	Bewertungskriterien	Umwelt-Leistungs-Indikatoren (EPIs)	Umweltauswirkungen	Bemerkungen
Umwelt-vor-schriften	– Vorsätzlicher Verstoß gegen Umweltvorschriften – Vorsätzliche Nichteinhaltung von Genehmigungsauflagen – Nicht genehmigter (illegaler) Anlagenbetrieb – Wissentliche Gefährdung von Mensch und Umwelt	**5**	– Schutz von Mensch und Umwelt in allen rechtlich geregelten Bereichen, z. B. Abfall, Gefahrstoffe, Emissionen, Energie, etc.	Die sichere Einhaltung der Umweltvorschriften und Genehmigungsauflagen ist die Basis für ein Umweltmanagementsystem. Umweltvorschriften und Genehmigungsauflagen sind Mindestanforderungen zur Minimierung der Umweltauswirkungen. Das Umweltmanagement geht über diese Anforderungen hinaus, z. B. in Führung und Mitarbeiterkompetenzen.
	– Fahrlässiger Verstoß gegen Umweltvorschriften – Fahrlässige Nichteinhaltung von Genehmigungsauflagen – Keine Kontrolle vorhanden	**4**		
	– Keine aktuelles Rechtskataster vorhanden (veraltet) – Keine Zuordnung der Umweltvorschriften zu Abteilungen/Anlagen – Kein regelmäßiges, systematisches Compliance-Audit	**3**		
	– Rechtskataster vorhanden – Keine regelmäßige Kontrollen/Begehungen – Zuordnung zu Abteilungen/Anlagen vorhanden	**2**		
	– Einhaltung der Umweltvorschriften und Genehmigungsauflagen sichergestellt – Regelmäßige Aktualisierung des Rechtskatasters – Regelmäßige Kontrollen und Begehungen – Zuordnung zu Abteilungen/Anlagen vorhanden – Klare Regelungen bzgl. Verantwortungen/Zuständigkeiten – Jährliche Rechtsaudits (Compliance-Audit) laut Prioritätsplan	**1**		

Tab. 13.18 Bewertung des indirekten Umweltaspekts Technologien

Umweltaspekt	Bewertungskriterien	Umwelt-Leistungs-Indikatoren (EPIs)	Umweltauswirkungen	Bemerkungen
Technologien (Innovations-management)	– Veraltete Technik – Anlagen wirtschaftlich abgeschrieben – Seit Jahren keine Neuinvestitionen – Eingeschränkte Anlagenverfügbarkeit – Hoher Instandhaltungsaufwand – Sehr hohe Emissionen (Abluft Abwasser, Abfall) – Grenzwerte nur mit hohem Aufwand einzuhalten – Sehr hoher Energiebedarf	**5**	– Prozesse und Anlagen müssen den Schutz von Mensch und Umwelt gewährleisten. – Über die eingesetzten Roh-, Hilfs- und Betriebsstoffe und ihre freigesetzten Emissionen (Abluft, Abwasser, Abfall) beeinflussen sie das Mensch-Umwelt-System. – Vergleichbares gilt für den Energieeinsatz.	Die eingesetzten Technologien haben aufgrund ihrer Emissionen Auswirkungen auf die Umwelt. Es ist davon auszugehen, dass veraltete Technologien (EPI = 5) ineffizienter sind als neueste Technologien die Benchmarking markieren (EPI = 1). Prozess- und Anlagentechnik die dem Stand der Technik entspricht, wird mit EPI = 3 eingestuft.
	– Anerkannter, weit verbreiteter Stand der Technik – Gute Wirtschaftlichkeit – Gute Anlagenverfügbarkeit – Gute Ressourceneffizienz (Material) – Zufriedenstellende Energieeffizienz – Grenzwerte werden überwiegend eingehalten	**3**		
	– Modernste Anlagen- und Prozesstechnik – Beste verfügbare Technologien (BVT) – Benchmarking – Hohe Wirtschaftlichkeit – Hohe Anlagenverfügbarkeiten – Sehr hohe Ressourceneffizienz (Material, Energie) – Geringe Emissionen (Luft, Abwasser, Abfall) – Grenzwerte deutlich unterschritten	**1**		

Tab. 13.19 Bewertung des indirekten Umweltaspekts Produkt-Lebensweg

Umwelt-aspekt	Bewertungskriterien	Umwelt-Leistungs-Indikatoren (EPIs)	Umweltauswirkungen	Bemerkungen
Produkt-Lebensweg	– Keine Berücksichtigung von Umweltaspekten in der Produktentwicklung und im gesamten Lebenszyklus – Keine Berücksichtigung von Material- und Energieeffizienz – Rein funktionale Betrachtungsweise – Keine Reduzierung der potenziellen Umweltauswirkungen	**5**	– Treibhauseffekt und Klimawandel durch entsprechende Energieverbräuche – Schonung der natürlichen Ressourcen (Rohstoffe, Wasser) – Gefahren für die menschliche Gesundheit und die Umwelt durch Abfälle – Gefahren für die menschliche Gesundheit durch gefährliche Einsatzstoffe	Die Einstufung ergibt sich aus den Ökodesign-Anforderungen der Europäischen Union und aus der Lebenszyklus-Betrachtung von Produkten.
	– Einige Umweltaspekte werden in der Produktentwicklung berücksichtigt – Betrachtung der Umweltaspekte nur im eigenen System Unternehmen (z. B. Produktion) – Keine Lebenswegbetrachtung außerhalt des Unternehmen (z. B. Nutzung, Recycling, Entsorgung) – Geringe Minderung der Umweltauswirkungen	**3**		
	– Entwicklungsrichtlinien mit Zielvorgaben vorhanden – Fortlaufende Verbesserung der Material- und Ressourceneffizienz – Betrachtung des gesamten Lebenszyklus (Kunde, Entwicklung, Produktion, Transport, Nutzung, Recycling, Entsorgung) – Entwicklungsindikatoren zur Verbesserung der Umweltverträglichkeit, d. h. Reduzierung der Umweltauswirkungen – Lange technologisch-ökologische Produktlebensdauer	**1**		

Tab. 13.20 Bewertung des indirekten Umweltaspekts Lieferanten/Dienstleister/ausgelagerte Prozesse

Umweltaspekt	Bewertungskriterien	Umwelt-Leistungs-Indikatoren (EPIs)	Umweltauswirkungen	Bemerkungen
Lieferanten/ Dienstleister/ ausgelagerte Prozesse	– Umweltleistung von Lieferanten/ Dienstleistern in allen Umweltaspekten nicht bekannt bzw. mangelhaft – Umweltleistung von ausgelagerten Prozessen in allen Umweltaspekten nicht bekannt bzw. mangelhaft	**5**	– Prinzipiell können bei Lieferanten/Dienstleistern – wie beim auftraggebenden Unternehmen – alle Umweltauswirkungen auftreten. – Besonders relevante Umweltaspekte und -auswirkungen sind im Einzelfall zu betrachten.	Bedingt durch die Arbeitsteilung in der industriellen Gesellschaft kommt es zu einer starken Fragmentierung der Bewertungsmöglichkeiten von Umweltaspekten und -auswirkungen. Über die Auslagerung von besonders umweltrelevanten Prozessen lässt sich die Umweltleistung des Unternehmens verbessern, während die Systembetrachtung etwas anderes zeigen kann. Für eine ganzheitliche systembezogene Betrachtung müssen von daher Lieferanten/Dienstleister/ausgelagerte Prozesse in das Umweltmanagementsystem des Unternehmens mit einbezogen werden.
	– Umweltleistung von Lieferanten/ Dienstleistern in einigen (wichtigen) Umweltaspekten bekannt bzw. zufriedenstellend – Umweltleistung von ausgelagerten Prozessen in einigen (wichtigen) Umweltaspekten bekannt bzw. zufriedenstellend	**3**		
	– Umweltmanagementsystem eingerichtet und leistungsfähig – Umweltleistung in allen Umweltaspekten bekannt bzw. Benchmarking-Niveau – Umweltleistung von ausgelagerten Prozessen in allen Umweltaspekten bekannt bzw. Benchmarking-Niveau	**1**		

Tab. 13.21 Bewertung des indirekten Umweltaspekts Führung

Umwelt-aspekt	Bewertungskriterien	Umwelt-Leistungs-Indikatoren (EPIs)	Umweltauswirkungen	Bemerkungen
Führung	– Geschäftsführung und Führungskräfte zeigen kein Interesse am Umweltmanagement im Unternehmen – Umweltmanagement spielt im Führungsalltag keine Rolle – Kein Kompetenztraining für Führungskräfte vorhanden	**5**	– Über eine entsprechende Prioritätensetzung können Führungskräfte die Auswirkungen von Umweltaspekten auf Mensch und Umwelt direkt beeinflussen. – Führungskräfte müssen die entsprechenden Vorgaben zum Schutz von Mensch und Umwelt kennen und deren Einhaltung gewährleisten.	Führungskräfte nehmen eine zentrale Stellung im Unternehmen und im Umweltmanagementsystem ein. Aufgrund ihrer (Rechts)verantwortungen müssen sie neben fachlich-methodischen Kompetenzen auch über sozial-personale Kompetenzen bzw. Führungskompetenzen verfügen.
	– Geschäftsführung und Führungskräfte sind zertifikatsorientiert, nicht leistungsorientiert – Umweltmanagement spielt nur in klassischen, direkten Umweltaspekten (z. B. Abfall) eine Rolle – Bei indirekten Umweltaspekten (z. B. Produktentwicklung) spielt das Umweltmanagement keine Rolle – Unspezifisches Führungskräftetraining nach dem Gießkannenprinzip – Führungskräfte betrachten Umweltfragen klassisch fragmentiert – Führungskräfte betrachten Umweltmanagement nicht ganzheitlich als System	**3**		
	– Führungskräfte aller Geschäftsprozesse haben das Umweltmanagement in ihren Berufsalltag integriert – Führungskräfte aller Geschäftsprozesse betrachten das Umweltmanagement ganzheitlich und als System – Individuelles, am Bedarf orientiertes Kompetenztraining für Führungskräfte vorhanden	**1**		

13

Tab. 13.22 Bewertung des indirekten Umweltaspekts Mitarbeiterkompetenzen

Umweltaspekt	Bewertungskriterien	Umwelt-Leistungs-Indikatoren (EPIs)	Umweltauswirkungen	Bemerkungen
Mitarbeiter-kompetenzen	– Nur angelernte Mitarbeiter ohne fachspezifische Ausbildung führen wesentliche, umweltrelevante Tätigkeiten aus – Keine Kompetenzanalyse bzw. kein mitarbeiterspezifisches Weiterbildungskonzept vorhanden – Potenzielle Notfallsituationen werden vom Mitarbeiter nicht beherrscht – Mitarbeiter zeigen kein Interesse am Umweltschutz im Unternehmen	**5**	– Mitarbeiterhandlungen, z. B. in Form von Anlagenbedienungen haben unter Beachtung der jeweiligen Umweltaspekte Auswirkungen auf Mensch und Umwelt. – Mitarbeiter müssen die entsprechenden Vorgaben zum Schutz von Mensch und Umwelt kennen, beachten und einhalten.	Mitarbeiter sind ausführendes Organ im Umweltmanagement. Sie müssen über die fachlich-methodischen Kompetenzen zur Ausführung umweltrelevanter Tätigkeiten verfügen. Dazu ist eine einschlägige Aus- und Weiterbildung notwendig.
	– Umweltschutz im Unternehmen spielt nur in klassischen, direkten Umweltaspekten (z. B. Abfallsammlung und -entsorgung) eine Rolle – Umweltorientierte Tätigkeiten werden mit der notwendigen Routine ausgeführt – Kein mitarbeiterspezifisches Weiterbildungskonzept vorhanden	**3**		
	– Mitarbeiter mit fachspezifischer Aus- und Weiterbildung führen umweltrelevante Tätigkeiten aus – Unternehmensweites Personalentwicklungskonzept vorhanden – Individuelles, am Bedarf orientiertes Kompetenztraining für Mitarbeiter vorhanden – Hohes, handlungsorientiertes Interesse der Mitarbeiter am Umweltmanagement im Unternehmen – Notfallsituationen werden vom Mitarbeiter beherrscht	**1**		

Tab. 13.23 Beispielhafte Umweltleistungsbewertung der Prozesse: direkte Umweltaspekte

Direkter Umweltaspekt / **Prozesse**	**Materialien**	**Gefahrstoffe**	**Abfall**	**Energie**	**Ø EPI**
Produktentwicklung	2	2	1	2	1,75
Produktion	3	4	4	4	3,75
Instandhaltung	2	3	2	2	2,25
Ausgelagerte Prozesse	4	5	5	4	4,50
Ø EPI	2,75	3,5	3,0	3,0	

Tab. 13.24 Beispielhafte Umweltleistungsbewertung der Prozesse: indirekte Umweltaspekte

Indirekter Umweltaspekt / **Prozesse**	**Umweltvorschriften**	**Technologien**	**Führung**	**Mitarbeiterkompetenzen**	**Ø EPI**
Produktentwicklung	2	2	2	2	2,00
Produktion	3	3	3	3	3,00
Instandhaltung	3	3	3	3	3,00
Ausgelagerte Prozesse	4	4	5	5	4,50
Ø EPI	3,00	3,00	3,25	3,25	

Tab. 13.23 zeigt ein Einstufungsbeispiel für direkte Umweltaspekte. Danach sind bzgl. der Umweltleistung die ausgelagerten Prozesse am kritischsten einzustufen (EPI = 4,50). Für die direkten Umweltaspekte ist der Gefahrstoffsektor der kritischste Bereich (EPI = 3,50).

Vergleichbares lässt sich für die indirekten Umweltaspekte aufstellen (Tab. 13.24). Die ausgelagerten Prozesse sind auch hier am schlechtesten eingestuft worden. Bzgl. der vier indirekten Umweltaspekte gibt es keine nennenswerten Unterschiede.

Anhand der gezeigten Beispiele ist eine Umweltleistungsbewertung von:

- direkten Umweltaspekten,
- indirekten Umweltaspekten,
- Prozessen und
- Unternehmen

möglich. Die Einstufungen lassen sich optisch in einer Nachhaltigkeitsampel (Abb. 13.11) zusammenfassen.

Nachhaltigkeitsampel					
Umweltaspekt	**rot** ⑤	④	**gelb** ③	②	**grün** ①
Abfall/Wertstoff	○	○	○	○	○
Gefahrstoffe	○	○	○	○	○
Materialien	○	○	○	○	○
Wasser/Abwasser	○	○	○	○	○
Luft	○	○	○	○	○
Lärm	○	○	○	○	○
Energie	○	○	○	○	○
Boden	○	○	○	○	○
Umweltvorschriften	○	○	○	○	○
Technologien	○	○	○	○	○
Produkt-Lebensweg	○	○	○	○	○
Lieferanten/Dienstleister	○	○	○	○	○
ausgelagerte Prozesse	○	○	○	○	○
Führung	○	○	○	○	○
Mitarbeiterkompetenzen	○	○	○	○	○

Abb. 13.11 Zusammenfassende Darstellung der Leistungsbewertung für direkte und indirekte Umweltaspekte

Aus den Umwelt-Leistungs-Indikatoren lassen sich direkt Umweltziele ableiten. Für die Indikatoren EPI = 4 und EPI = 5 sind MUSS-Ziele zu formulieren. Für die Indikatoren EPI = 2 und EPI = 3 können WUNSCH-Ziele aufgestellt werden. Der Umwelt-Leistungs-Indikator EPI = 1 erfordert keine Ziele. Entsprechend sind im Umweltprogramm Maßnahmen festzulegen. Es gilt:

EPI = 4 bzw. 5 ⟶ MUSS-Ziele ⟶ PFLICHT-Maßnahmen

EPI = 2 bzw. 3 ⟶ WUNSCH-Ziele ⟶ KANN-Maßnahmen

EPI = 1 ⟶ keine Ziele ⟶ keine Maßnahmen

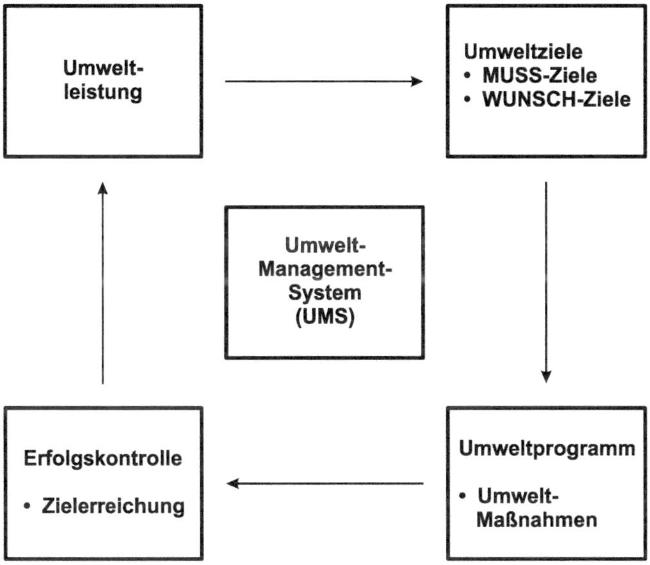

Abb. 13.12 Fortlaufende Verbesserung des Umweltmanagementsystems

Diese Maßnahmen sind nach ihrer Umsetzung einer Erfolgskontrolle zu unterziehen (Abb. 13.12) und müssen eine Verbesserung der Umweltleistung des Unternehmens zur Folge haben.

13.6 Aufgaben für die Praxis

- Welche Kategorien von Umweltleistungskennzahlen kennen Sie?
- Erstellen Sie ein aussagekräftiges Umweltkennzahlensystem für ihr Unternehmen.
- Erläutern Sie den Unterschied zwischen absoluten und relativen Kennzahlen.
- Was versteht man unter der Material- und Energieeffizienz?
- Wie lässt sich die Umweltleistung bewerten?
- Wie hat sich die Umweltleistung ihres Unternehmens entwickelt?

Weiterführende Literatur

13.1. Bühlmann, R.; Heutzer, A.; *Erfolgskontrolle von Umweltmaßnahmen,* Springer, **2000**, 3-540-66473-4
13.2. Bundesministerium für Umwelt, Naturschutz und Reaktorsicherheit (BMU); Umweltbundesamt (UBA); *Umweltkennzahlen in der Praxis,* **Juli 2013**
13.3. Bundesumweltministerium, Umweltbundesamt; *Handbuch Umweltcontrolling,* Vahlen, **2001**, 978-3-8006-2536-9

13.4. Bundesumweltministerium, Umweltbundesamt; *Leitfaden Betriebliches Umweltkostenmanagement,* **2003**

13.5. Colsman, B.; *Nachhaltigkeitscontrolling,* Springer-Gabler, **2016**, 978-3658-09436-2

13.6. Dietrich, E.; Schulze, A.; Weber, St.; *Kennzahlensystem für die Beurteilung in der industriellen Produktion,* Hanser, **2007**, 978-3-446-41053-4

13.7. *DIN EN ISO 14031,Umweltleistungsbewertung – Leitlinien,* Beuth, **Dezember 2013**

13.8. *Empfehlung 2003/532/EG der Kommission vom 10. Juli 2003 über Leitlinien zur Durchführung der Verordnung (EG) Nr. 761/2001 des Europäischen Parlaments und des Rates über die freiwillige Beteiligung von Organisationen an einem Gemeinschaftssystem für das Umweltmanagement und die Umweltbetriebsprüfung (EMAS) in Bezug auf die Auswahl und Verwendung von Umweltleistungskennzahlen,* **23.07.2003**

13.9. Förtsch, G. et al.; *Umwelterklärung im Rahmen der EG-Öko-Audit-Verordnung,* UWSF – Z. Umweltchem. Ökotox. 8, **1996**, 104–106

13.10. Gastl, R.; Kontinuierliche Verbesserung im Umweltmanagement, vdf, **2005, 978-3-7281-3034-1**

13.11. Gleich, R.; Bartels, P.; Breisig, V. (Hrsg.); *Nachhaltigkeitscontrolling – Konzepte, Instrumente und Fallbeispiele für die Umsetzung,* Haufe-Lexware, **2012**, 978-3-648-03219-0

13.12. Global Reporting Initiative; *Leitfaden zur Nachhaltigkeitsberichterstattung,* **2006**

13.13. Icha, P.; *Entwicklung der spezifischen Kohlendioxid-Emissionen des deutschen Strommix in den Jahren 1990 bis 2016*, Umweltbundesamt (UBA), **2017**, Climate Change 15/2017

13.14. Krinn, H.; Meinholz, H.; *Einführung eines Umweltmanagementsystems in kleinen und mittleren Unternehmen,* Springer, **1997**, 3-540-62465-1

13.15. Orthmann, F.; *Effizienzsteigerung im Umweltschutz,* Deutscher Universitäts-Verlag, **2002**, 3-8244-0615-2

13.16. Tschandl, M.; Posch, A.; *Integriertes Umweltcontrolling,* Gabler, **2011**, 978-3-8349-3031-6

13.17. *VDI 4050, Betriebliche Kennzahlen für das Umweltmanagement – Leitfaden zu Aufbau, Einführung und Nutzung,* Beuth, **September 2001**

13.18. Zukünftige Technologien Consulting der VDI Technologiezentrum GmbH (Hrsg.); *Mehr Wissen – weniger Ressourcen; Potenziale für eine ressourceneffiziente Wirtschaft,* **April 2009**

14 Prozessaudit Umweltmanagement

14.1 Einführung

Prozessaudit bezieht sich in diesem Abschnitt auf Prozesse wie Umwelt, Energie, Arbeitsschutz oder Qualität. Die Auditprinzipien sind für alle diese Prozesse gleich und können daher zusammenfassend behandelt werden. Unterschiede gibt es in den fachspezifisch notwendigen Qualifikationen der Auditoren.

Die Norm DIN EN ISO 19011 Leitfaden zur Auditierung von Managementsystemen gibt u. a. eine Anleitung für:

- das Management von Auditprogrammen,
- die Durchführung eines Audits,
- die Kompetenz von Auditoren.

Ein Audit stellt ein wichtiges und wirksames Werkzeug der Geschäftsführung dar, um die Eignung des eigenen Managementsystems regelmäßig zu beurteilen. Audits liefern den objektiven Nachweis über vorhandene Schwachstellen und legen Abhilfemaßnahmen fest, überwachen deren Verwirklichung und optimieren somit entsprechende Tätigkeiten und Prozesse.

Auditergebnisse spielen eine wichtige Rolle für das Management und sind daher in die Bewertung des Umweltmanagementsystems mit einzubeziehen. Korrekturmaßnahmen sind durchzuführen, wenn Abläufe nicht eingehalten werden. Audits sollen auch Potenziale für Verbesserungsmaßnahmen aufzeigen. In diesem Zusammenhang sind Mitarbeiter zu schulen und bzgl. der veränderten Abläufe zu unterweisen. Prozessänderungen müssen sich auch in verständlichen Arbeitsanweisungen wieder finden.

Unternehmen haben den Nutzen eines Audits zur Optimierung von Prozessen und Abläufen erkannt und Audit- und Review-Systeme als wesentlichen Bestandteil der Unternehmensstrategie eingeführt. Audits sind heute integrierte Bestandteile einer modernen Unternehmensführung. Wird dieses Werkzeug richtig eingesetzt, dient es der Lenkung,

G. Förtsch und H. Meinholz, *Handbuch Betriebliches Umweltmanagement*,
https://doi.org/10.1007/978-3-658-19151-1_14

Kontrolle und der Korrektur des Managementsystems und garantiert den Erfolg eines Unternehmens.

Jede Auditierung stützt sich auf eine Reihe von Prinzipien. Diese machen das Audit zu einem wirksamen und zuverlässigen Werkzeug. Durch das Audit werden Informationen bereitgestellt, auf deren Grundlage ein Betrieb handeln kann, um die Qualität und die Leistung im Umweltmanagement zu verbessern. Die Einhaltung dieser Prinzipien ist eine Voraussetzung, um zu relevanten und ausreichenden Auditschlussfolgerungen zu kommen. Die Feststellungen und Schlussfolgerungen eines Audits spiegeln die untersuchten Tätigkeiten wieder. Die während des Audits erlangten Erkenntnisse finden sich alle im Auditbericht wieder. Die Auditoren lassen gemäß der Bedeutung der Aufgabe Sorgfalt walten. Sie erfüllen das in sie gesetzte Vertrauen.

Auditoren sind unabhängig von der Tätigkeit die auditiert wird, d. h. sie haben keine direkte Verantwortung in den zu auditierenden Bereichen. Sie sind frei von Voreingenommenheit und Interessenkonflikten. Sie müssen unparteiisch sein. Daher beruhen ihre Erkenntnisse und Folgerungen nur auf erhobenen Nachweisen. Diese Nachweise sind eindeutig überprüfbar. In einem systematischen Auditprozess sind sie die Grundlage um zu objektiven und nachvollziehbaren Schlussfolgerungen zu gelangen. Es ist jedoch zu beachten, dass für einen Audit immer nur Stichproben untersucht werden. Daher müssen diese Stichproben mit der notwendigen Sorgfalt ausgewählt werden. Aufgrund ihrer Erfahrungen müssen die Auditoren erkennen in welchen Unternehmensbereichen und bei welchen Prozessen am ehesten Abweichungen auftreten können.

14.2 Auditprogramm

Das Unternehmen sollte ein effizientes und wirksames Auditprogramm besitzen. Dieses Auditprogramm muss den Status und die Bedeutung der zu auditierenden Tätigkeiten und Bereiche sowie die Ergebnisse früherer Audits berücksichtigen. Ferner sind der Auditumfang, die Audithäufigkeit und die Auditmethoden festzulegen. Die Art und die Anzahl von Audits sind angemessen zu planen und die Ressourcen für die Durchführung zu ermitteln und bereitzustellen. Die Verantwortlichen für das Auditprogramm sind von der Geschäftsleitung bestellt worden und sollen:

- die Zielsetzung und den Umfang des Auditprogramms festlegen,
- die Auditkriterien definieren,
- die Verantwortlichkeiten und Ressourcen benennen,
- die Umsetzung des Auditprogramms sicherstellen,
- gewährleisten, dass angemessene Aufzeichnungen zum Auditprogramm geführt werden,
- das Auditprogramm überwachen, bewerten und verbessern.

Wichtig bei der Gestaltung des Auditprogramms ist die Zielsetzung, dass Verbesserungspotenziale zu identifizieren sind.

Auditprogrammziele
Um die Planung und die Durchführung von Audits zu ermöglichen, müssen Auditprogrammziele festgelegt werden. Diese Ziele können auf folgenden Punkten beruhen:

- Prioritäten der Unternehmensleitung,
- Anforderungen des Managementsystems,
- Umweltaspekten von Produkten und Prozessen,
- Erfüllung von rechtlichen Vorschriften und vertragliche Anforderungen,
- Notwendigkeit der Lieferantenbeurteilung,
- Kundenanforderungen und Markterfordernissen,
- Ermittlung organisatorischer, technischer, personenbezogener Verbesserungspotenziale.

Diese Ziele müssen zur Verbesserung der Umweltleistung des Unternehmens unter ökologischen, ökonomischen und sozialen Gesichtspunkgen beitragen.

Verantwortlichkeiten
Die Verantwortung für das Auditprogramm sollte einer oder mehreren Personen übertragen werden, die über ein allgemeines Verständnis der Auditprinzipien, der Qualifikation von Auditoren und der Auditmethoden verfügen. Sie sollten über Managementfähigkeiten sowie über ein technisches, rechtliches, organisatorisches und wirtschaftliches Verständnis hinsichtlich der zu auditierenden Tätigkeiten verfügen. Die verantwortlichen Personen sollen das Auditprogramm festlegen, verwirklichen, bewerten und verbessern. Für das Auditprogramm haben sie die notwendigen Ressourcen festzulegen und bereitzustellen. Anforderungen von Kunden bzw. an Lieferanten sind zu berücksichtigen.

Umfang
Der Umfang eines Auditprogramms kann variieren und wird durch:

- Häufigkeit, Umfang, Ziel und Dauer jedes durchzuführenden Audits,
- Größe, Art und Komplexität des zu auditierenden Unternehmens,
- rechtliche und vertragliche Anforderungen,
- Erfordernisse einer Zertifizierung,
- Ergebnisse früherer Audits und Reviews,
- erhebliche Änderungen in der Aufbau- und Ablauforganisation,
- bedeutsame Änderungen in den Prozess- und Verfahrensabläufen

beeinflusst. Die Ansprüche und Vorstellungen interessierter Parteien können ebenfalls den Auditumfang beeinflussen.

Ressourcen
Bei der Festlegung von finanziellen und personellen Ressourcen für das Auditprogramm sind folgende Punkte zu berücksichtigen:

- Planungen, die erforderlich sind, um Audits zu entwickeln,
- Realisierung und kontinuierliche Verbesserung von Audits,
- Kompetenzen von Auditoren und Auditteamleitern,
- Dauer und Umfang von Audits,
- Realisierung von Folgemaßnahmen.

Planungen sind immer mit gewissen Risiken verbunden. Als kritisch sind die Auswahl und Kompetenzen der internen/externen Auditoren einzustufen. Von ihrem Können hängt der Beitrag zur Steigerung der ökonomischen und ökologischen Leistungsfähigkeit des Unternehmens ab.

Auditkriterien
Wichtige Auditkriterien ergeben sich aus wirtschaftlichen, organisatorischen, rechtlichen und technologischen Anforderungen und können umfassen:

- Stand der Technik bzgl. Prozesse und Produkten und ihrer Umweltaspekte/-auswirkungen,
- Sicherstellung der rechtlichen und weiteren Anforderungen,
- Verantwortungen und Zuständigkeiten innerhalb der Organisationsstrukturen,
- ökonomische Aspekte der Unternehmensleistung.

Umsetzung und Aufzeichnungen
Es sind Aufzeichnungen zu führen, die die Umsetzung des Auditprogramms belegen. Diese Aufzeichnungen berücksichtigen die Zielsetzung, den Umfang, die Verantwortlichkeiten und die zur Verfügung stehenden Ressourcen. Nachweise liegen in Form von:

- Auditplänen,
- Auditberichten,
- Aufzeichnungen zu Folgemaßnahmen,
- Kompetenzen der Auditoren

vor.

Überwachung und Bewertung
Die Umsetzung des Auditprogramms sollte überwacht und in angemessenen Abständen bewertet werden. Es ist abzuschätzen ob die Ziele erreicht wurden und welche Möglichkeiten für eine Verbesserung existieren. Die Bewertung sollte mit Hilfe von Leistungsindikatoren vorgenommen werden, die z. B. Folgendes messen:

- die Kenntnisse und Fähigkeiten des Auditors bzw. des Auditteams, den Auditplan zu verwirklichen,
- Übereinstimmung mit den Planungen,

- Zeit und Aufwand die benötigt werden, um Korrekturmaßnahmen zum Auditprogramm abzuschließen.

Ergebnisse der Bewertung von Auditprogrammen können zu Korrektur- und Vorbeugungsmaßnahmen und zur Verbesserung des Auditprogramms führen.

14.3 Auditdurchführung

Bevor ein Audit durchgeführt werden kann, müssen bestimmte Voraussetzungen erfüllt sein. Die Unternehmensleitung muss sich mit der Aufgabenstellung und mit der Zielsetzung des Audits identifizieren und sie als Bestandteil ihrer Umweltpolitik betrachten. Der Auditumfang beschreibt z. B. Standorte, Abteilungen, Tätigkeiten und Prozesse, die zu auditieren sind. Die notwendigen Auditkriterien werden als Referenz verwendet und umfassen Rechtsvorschriften, Technische Regeln und Normen, innerbetriebliche Anforderungen oder den Stand der Technik. Abb. 14.1 zeigt einen schematischen Ablauf zur Durchführung eines Audits.

14.3.1 Veranlassen des Audits

Die verantwortlichen Personen für das Auditprogramm benennen den Auditleiter für das konkret geplante Audit. Die Benennung des Auditleiters sollte in Abstimmung mit den zu auditierenden Bereichen erfolgen. So lassen sich bereits im Vorfeld mögliche Kompetenzprobleme vermeiden.

Auditziele festlegen
Für jedes Audit sind im Vorfeld Ziele festzulegen, die mit diesem verfolgt werden. Die Ziele sind mit der Unternehmensleitung abzustimmen und bei Bedarf anzupassen. Beispiele für Ziele sind:

- Prüfung der Übereinstimmung des Managementsystems mit externen und internen Vorgaben,
- Beurteilung der Eignung des Managementsystems zur Erreichung der Umweltziele,
- Festlegen von Möglichkeiten zur Verbesserung des Managementsystems,
- Sicherstellung der Rechtskonformität,
- Prüfung der Umweltaspekte und ihrer Umweltauswirkungen,
- Überprüfung des Standes der Technik für Prozesse und Produkte.

Wird ein kombiniertes Audit (z. B. Umwelt/Energie) durchgeführt, muss der Auditleiter sicherstellen, dass Auditziele, Auditumfang und Auditkriterien sowie die Zusammensetzung des Auditteams für ein solches Audit geeignet sind.

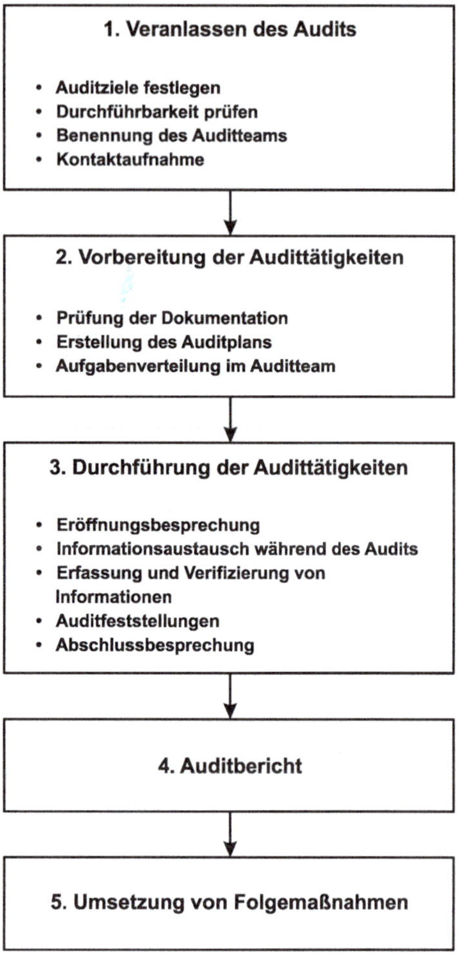

Abb. 14.1 Schematischer Ablauf zur Durchführung eines Audits

Durchführbarkeit prüfen

Der Auditleiter prüft die Durchführbarkeit des Audits unter Berücksichtigung folgender Faktoren:

- Sind Informationen für die Planung und Durchführung des Audits ausreichend vorhanden?
- Ist die Bereitschaft der zu auditierenden Bereiche vorhanden?
- Sind Zeit und notwendige Ressourcen vorhanden?

Ergibt diese Prüfung ein unzulässiges Ergebnis, wird vom Auditleiter in Absprache mit dem Auftraggeber eine Alternative festgelegt.

Benennung des Auditteams

Das Auditteam wird auf der Basis des Auditumfangs, der Auditkriterien und der Auditziele festgelegt. Bei der Festlegung des Auditteams sind folgende Aspekte zu berücksichtigen:

- Ziele, Umfang, Kriterien und Dauer des Audits,
- notwendige Gesamtqualifikation des Auditteams,
- Anforderungen seitens Zertifizierungsgesellschaften,
- Unabhängigkeit des Auditteams von den zu auditierenden Bereichen,
- Kooperationsfähigkeit des Auditteams.

Sollte die erforderliche Gesamtqualifikation des Auditteams nicht gegeben sein, so ist das Auditteam durch weitere Sachkundige (z. B. externe Stellen) zu ergänzen.

Kontaktaufnahme

Nachdem das Auditteam zusammengestellt ist, erfolgt der erste Kontakt hinsichtlich des Audits mit dem zu auditierenden Bereich. Dieser kann formell oder informell sein und sollte vom Auditleiter hergestellt werden. Zweck des ersten Kontakts ist es:

- Informationen über Terminplanung und Zusammensetzung des Auditteams zu geben,
- Zugang zu relevanten Dokumenten und Aufzeichnungen zu erhalten,
- Vorbereitungen für das Audit zu treffen.

14.3.2 Vorbereitung der Audittätigkeiten

Vor der Durchführung des Audits sind eine Reihe von Tätigkeiten notwendig. Dazu gehören die Prüfung der vorhandenen Dokumente, die Erstellung des Auditplans und die Aufgabenverteilung im Auditteam.

Prüfung der Dokumentation

Vor der Auditierung von Prozessen und Abläufen sind die gültigen Dokumentationen zu prüfen. Dadurch informieren sich die Auditoren über die Abläufe im jeweiligen Bereich. Im Vorfeld wird die Übereinstimmung der Dokumentation mit dem Managementsystem sichergestellt. Zur Dokumentation gehören in der Regel:

- Handbücher,
- Prozessanweisungen,
- Rechtsvorschriften (Gesetze, Verordnungen, Technische Regeln),
- Nachweisdokumente (Aufzeichnungen, Checklisten, Prüfunterlagen, Verträge).

Bei Abweichungen im Rahmen der Dokumentenprüfung sollte das Audit vor Ort so lange verschoben werden, bis der Bereich diese Mängel beseitigt hat.

Erstellung des Auditplans
Der Auditleiter erstellt einen Auditplan für die durchzuführenden Audittätigkeiten. Der Auditplan sollte ausreichend flexibel sein, um Änderungswünsche der zu auditierenden Bereiche berücksichtigen zu können. Der Auditplan enthält folgende Punkte:

- Auditziele,
- Auditkriterien und relevante Bezugsdokumente,
- Auditumfang (Ort, Bereiche, Abteilungen, Prozesse, Tätigkeiten),
- Termine und Dauer der Audittätigkeiten,
- benötigte Ressourcen und Unterlagen von Seiten der zu auditierenden Bereiche,
- Vertreter der auditierten Bereiche für das Audit.

Der Auditzeitplan sollte von der Unternehmensleitung geprüft und freigegeben werden und dem zu auditierenden Bereich im Vorfeld übermittelt werden.

Aufgabenverteilung im Auditteam
Arbeitsdokumente werden vom Auditteam vorbereitet und angewendet, um die Audittätigkeiten zu dokumentieren. Das können Checklisten, Stichprobenpläne, Formulare und Protokolle sein. Das Auditteam legt die Audittätigkeiten und -verantwortungen entsprechend den Qualifikationen der beteiligten Auditoren fest. Die Auditoren prüfen die für ihre Auditaufgaben relevanten Informationen anhand ihrer Arbeitsunterlagen. Der Gebrauch von Checklisten und Formularen sollte den Umfang der Audittätigkeiten nicht bürokratisch einschränken. Im Mittelpunkt sollte stets das Gespräch mit den Mitarbeitern stehen. Auditaufzeichnungen sind aufzubewahren und vertraulich zu behandeln.

14.3.3 Durchführung der Audittätigkeiten

Die Durchführung des Audits beginnt und endet mit einer Besprechung. Es werden Informationen erhoben und bewertet. Die Erkenntnisse münden in Auditfeststellungen und entsprechenden Maßnahmen, die nach den Regeln des Projektmanagements umzusetzen sind.

Eröffnungsbesprechung
Die Eröffnungsbesprechung findet stets mit der Leitung der zu auditierenden Bereiche statt. Es werden folgende Punkte behandelt:

- Vorstellung der Teilnehmer und ihrer Aufgaben,
- Besprechung des Auditplans mit Umfang, Zielen und Kriterien,

- kurze Beschreibung des Auditablaufs,
- Berücksichtigung möglicher Änderungswünsche der Bereiche,
- Berücksichtigung vertraulicher Informationen,
- Berücksichtigung relevanter Arbeitsschutz-, Notfall- und Sicherheitsverfahren für das Auditteam.

Informationsaustausch während des Audits
Das Auditteam sollte sich in regelmäßigen Abständen während des Audits treffen, um Informationen auszutauschen, den Fortschritt des Audits zu bewerten und möglicherweise Änderungen in der Aufgabenverteilung vorzunehmen. Der Auditleiter ist Ansprechpartner für die Weitergabe möglicher Audit(zwischen)ergebnisse an die Leitung des Bereichs. Feststellungen mit dringendem Handlungsbedarf (z. B. Gefahr im Verzug) sind unverzüglich zu übermitteln. Ergeben die Auditfeststellung ein Nichterreichen der Auditziele ist es Aufgabe des Auditleiters die weitere Vorgehensweise abzustimmen. Dies kann von einer Änderung des Auditplans bis hin zum Abbruch des Audits reichen.

Erfassung und Verifizierung von Informationen
Methoden zur Erfassung von Informationen während des Audits sind:

- Befragung der Mitarbeiter aller Hierarchieebenen,
- Beobachtung von Umsetzungstätigkeiten innerhalb der Prozesse,
- Erfassung der Arbeitsumgebung und -bedingungen,
- Überprüfung von Dokumenten wie Besprechungsprotokollen, Auditberichten, Aufzeichnungen,
- Erhebung von Aufzeichnungen zu Daten, Analysen und Leistungsindikatoren,
- Auswertungen bzgl. Reklamationen, Fehlerkosten, Lieferantenbewertungen.

Die Befragung der Mitarbeiter steht im Mittelpunkt der Informationserfassung. Gespräche sind so zu führen, dass sie an die jeweilige Situation angepasst sind. Das reine Abfragen von Checklisten ist nicht besonders sinnvoll. Checklisten sollten lediglich als roter Faden für die Gespräche und als Dokumentationshilfsmittel dienen. Das Gespräch sollte während der üblichen Arbeitszeit und am Arbeitsplatz des Mitarbeiters erfolgen. Ihm ist der Grund der Befragung zu erläutern. Eine Prüfungs- und Stresssituation ist zu vermeiden. Der Mitarbeiter soll in seinen Worten die relevanten Abläufe beschreiben. Die Ergebnisse des Gesprächs werden zusammengefasst und mit dem Mitarbeiter besprochen.

Auditfeststellungen
Die Informationen aus einem Audit werden den Auditkriterien gegenübergestellt und bewertet. Auditfeststellungen ergeben entweder eine Konformität oder eine Abweichung zu den Auditkriterien. Ziel ist das Aufzeigen und Umsetzen von Verbesserungspotenzialen in den auditierten Prozessen. Die Feststellungen zu einem Audit sind zusammenfassend zu dokumentieren. Die Zusammenfassung erfolgt unter Einbeziehung aller Auditoren ei-

nes Auditteams. Positive Feststellungen werden ebenfalls aufgeführt. Abweichungen aus einem Audit sind bzgl. ihrer Bedeutung zu klassifizieren und mit Prioritäten zu versehen. Feststellungen zu Abweichungen sind mit dem Leiter des auditierten Bereichs zu besprechen. Notwendige Folgemaßnahmen werden erarbeitet und diskutiert.

Abschlussbesprechung
Der Auditleiter hat die Pflicht festgestellte Abweichungen an die Bereichsleitung zu berichten. Ziel der Abschlussbesprechung ist es, Feststellungen und Schlussfolgerungen aus dem Audit so darzulegen, dass sie von den auditierten Bereichen verstanden und akzeptiert werden. Es ist auf mögliche Korrektur- und Vorbeugemaßnahmen einzugehen. Verantwortlich für die Umsetzung entsprechender Maßnahmen ist der Bereich selber.

14.3.4 Auditbericht

Verantwortlich für die Abfassung des Auditberichts ist der Auditleiter. Er ist für die Genauigkeit und Vollständigkeit des Berichts verantwortlich. Eine knappe und präzise Form ist anzustreben. Der Auditbericht enthält mindestens Angaben zu:

- Auftraggeber,
- Auditziele und -umfang,
- Auditleiter und -team,
- Auditkriterien und -feststellungen,
- Schlussfolgerungen und Maßnahmen.

14.3.5 Umsetzung von Folgemaßnahmen

Wenn kritische Abweichungen festgestellt werden, sind unverzüglich Folgemaßnahmen einzuleiten. Der beurteilte Bereich muss innerhalb der vereinbarten Zeit zum Auditbericht und den vorgeschlagenen Maßnahmen Stellung beziehen. Er muss die Verantwortungen und den Zeitraum für die Umsetzung der Folgemaßnahmen angeben. Es ist die Aufgabe des Auditleiters die termingerechte Umsetzung der Maßnahmen in Form eines nachfolgenden Audits zu überwachen. Grundsätzlich sind die Regeln und Anforderungen des Projektmanagements zu beachten.

14.4 Qualifikation der Auditoren

Damit ein Auditor bzw. Auditleiter seine Aufgabe erfüllen kann, muss er über eine fundierte Ausbildung verfügen. Zur Erhaltung und Entwicklung seiner Qualifikation muss er sich regelmäßig weiterbilden. Es muss gewährleistet sein, dass Auditoren:

- gewisse persönlichen Eigenschaften aufweisen,
- Kenntnisse und Fähigkeiten haben, Audits erfolgreich durchzuführen.

Ausbildung, Berufserfahrung, Auditorenschulung und Auditerfahrung sind die Mittel, mit denen eine Person die erforderlichen Kenntnisse und Kompetenzen erwerben kann, um als Auditor tätig zu werden.

Die persönlichen Eigenschaften sind von grundlegender Bedeutung. Der Auditor sollte aufgeschlossen sein, über die nötige persönliche Reife, ein gesundes Urteilsvermögen, analytische Fähigkeiten besitzen und über Beharrlichkeit verfügen. Ein Auditor muss die zu auditierende Tätigkeit situationsgerecht und realistisch erfassen können. Komplexe Verhältnisse muss er sinnvoll strukturieren und in überschaubare Vorgänge zerlegen. Innerhalb der Gesamtorganisation muss er das Zusammenspiel der einzelnen Abteilungen und Prozesse verstehen.

14.4.1 Wissen und Fertigkeiten

Um Managementaudits durchführen zu können, müssen Auditoren über Wissen und Fertigkeiten auf verschiedenen Gebieten verfügen.

Soziale und methodische Kompetenzen
Für die Durchführung von Audits benötigen Auditoren grundlegende soziale und methodische Kompetenzen. Dazu gehören u. a.:

- persönliche Souveränität und Integrität,
- Handlungs- und Leistungsbereitschaft,
- Teamfähigkeit,
- Kommunikations- und Konfliktfähigkeit,
- Moderations- und Präsentationsfähigkeiten,
- Kenntnisse im Projektmanagement,
- ausgeprägte persönliche Arbeitsorganisation.

Auditprinzipien, -verfahren und -techniken
Damit soll sichergestellt werden, dass Audits in konsequenter und systematischer Weise durchgeführt werden. Der Auditor sollte vor allem in der Lage sein:

- Auditprinzipien, -verfahren und -techniken anzuwenden,
- Audits sorgfältig zu planen und zu organisieren,
- Audits wirkungsvoll durchzuführen,
- Prioritäten für die wesentlichen Angelegenheiten zu setzen,
- Informationen durch wirksames Befragen, Zuhören, Beobachten und Auswerten von Dokumenten zu erfassen,

- die Korrektheit von erfassten Informationen zu verifizieren,
- die Angemessenheit und Eignung der Auditnachweise zur Unterstützung von Auditfeststellungen und -schlussfolgerungen zu bestätigen,
- Auditberichte zu erstellen.

Managementsysteme
Um den Auditumfang zu verstehen und Auditkriterien anzuwenden zu können, sind Kenntnisse über die Funktionsweise von Managementsystemen notwendig. Dazu gehören insbesondere:

- die Wechselwirkungen zwischen den Bestandteilen des Managementsystems zu verstehen,
- Kenntnis über Normen zu Managementsystemen zu besitzen,
- Managementsysteme in verschiedenen Wirtschaftszweigen anwenden zu können.

Organisationsstrukturen
Kenntnisse auf diesem Gebiet sind notwendig, um die innerbetrieblichen Abläufe zu verstehen. Dazu gehören Kenntnisse über:

- Größe, Aufbau, Organisationsformen und Beziehungen im Unternehmen,
- Struktur der Aufbau- und Ablauforganisation,
- allgemeine Geschäftsprozesse und darauf bezogene Terminologie,
- kulturelle und soziale Gepflogenheiten des auditierten Unternehmens.

Rechtsvorschriften
Auditoren und Auditleiter müssen über die das Unternehmen betreffenden Rechtsvorschriften Bescheid wissen. Dazu zählen Vorschriften in den Bereichen:

- International
- Europäische Union
  - Verordnungen,
  - Richtlinien,
  - Entscheidungen,
  - Empfehlungen
- Deutschland
  - Gesetze,
  - Verordnungen,
  - Verwaltungsvorschriften,
  - Technische Regeln und Normen
- Bundesland
  - Gesetze,
  - Verordnungen,
  - kommunale Satzungen.

Zu diesem Bereich zählen ebenfalls interne (z. B. Betriebsvereinbarungen) oder externe Aspekte (z. B. Versicherungsverträge).

14.4.2 Spezifische Fähigkeiten im Umweltaudit

Zusätzlich zu den allgemeinen Kenntnissen und Fähigkeiten müssen Auditoren von Umweltmanagementsystemen über Kenntnisse und Fähigkeiten auf dem Gebiet des Umweltschutzes verfügen. Sie müssen umweltbezogene Methoden und Techniken beherrschen, um Umweltmanagementsysteme zu prüfen und zu angemessenen Auditfeststellungen und Auditschlussfolgerungen zu gelangen. Kenntnisse und Fähigkeiten auf diesen Gebieten müssen einschließen:

- Umweltaspekte von Prozessen, Anlagen, Produkten und Dienstleistungen,
- branchenspezifische Technologien,
- Kenntnisse zu Umweltwissenschaften, -technologien, -schutz,
- Ressourcenmanagement und Verbesserung der Ressourceneffizienz (Material, Energie),
- Bewertungsmöglichkeiten von Umweltaspekten und Umweltauswirkungen,
- Auswirkungen auf die Umweltmedien wie Luft, Wasser, Boden, etc.,
- Auswirkungen auf den Menschen und die menschliche Gesundheit,
- Gefährdungsbeurteilung und Risikobewertung,
- Messung und Bewertung der Umweltleistung mittels Umweltkennzahlen.

Dies bezieht sich u. a. auf Geschäftsprozesse wie:

- Vertrieb und Kundenservice,
- Produktentwicklung,
- Produktion,
- Instandhaltung & Betriebstechnik,
- Informationstechnologien,
- Fabrikplanung & Infrastruktur,
- Logistik & Materialwirtschaft,
- Personalmanagement,
- Betriebswirtschaft,
- Lieferanten & Dienstleister,
- ausgelagerte Prozesse

und Umweltaspekte wie:

- Produkte,
- Prozesse,
- Materialien, Gefahrstoffe,
- Abfälle, Wertstoffe,

- Wasser, Abwasser, Kanalisation,
- Energie,
- Abluft, Emissionen,
- Lärm,
- Strahlung,
- Boden, Altlasten.

Umweltauditoren

Der Umweltauditor benötigt eine entsprechende Berufsausbildung. Er muss Berufserfahrung in einer technischen, leitenden oder anderen beruflichen Funktion gesammelt haben, wobei Urteilsvermögen, Problemlösungen und Kommunikation mit anderem Leitungspersonal oder Kunden erforderlich sind. Ein Teil der Arbeitserfahrung muss im Umweltmanagement vorliegen.

Auditoren müssen sich einer Auditorenschulung unterziehen, die zur Entwicklung der notwendigen Kenntnisse und Fähigkeiten beiträgt. Die Schulung kann durch das eigene Unternehmen oder durch externe Organisationen erfolgen und ist nachzuweisen. Auditoren müssen Auditerfahrung bei verschiedenen Audittätigkeiten gesammelt haben.

Die Qualifikation von Auditoren ist einer regelmäßigen Bewertung zu unterziehen. Der Bewertungsumfang hängt von der Komplexität der Aufgabe ab. Um eine Bewertung vornehmen zu können, sind entsprechende:

- Kompetenzfelder,
- Bewertungskriterien und
- Bewertungsmethoden

festzulegen. In Tab. 14.1 ist eine mögliche Bewertung für Auditoren zusammengestellt.

Tab. 14.1 Bewertung von Auditoren

Kompetenzfeld	Bewertungskriterien	Bewertungsmethoden
Berufsausbildung	– Lehre – Studium	– Zeugnis – Zertifikate
Berufserfahrung	– Aufgaben, Fachkenntnisse – Methodische Qualifikationen – Arbeitsergebnisse – Weiterbildung – Führungspositionen	– Bewertung der Fach-/Projektaufgabe – Erfahrung als Projektleiter – Leistungsbeurteilungen – Schulungen, Prüfungen – Verantwortungsbereiche – Arbeitszeugnisse
Umweltschutz	– Umweltmanagement – Umwelttechnologien – Umweltrecht	– Arbeitsunterlagen – Berufserfahrung – Lehrgänge – Prüfungen
Auditerfahrungen	– Auditprinzipien – Auditprogramme – Auditverfahren – Auditdurchführung	– Lehrgänge, Prüfungen – Beurteilungsgespräche – Kundenumfragen – Begleitung bei Audits

Auditleiter
Für den Leiter eines Audits sind Erfahrungen bei der Durchführung mehrerer Audits erforderlich. Seine ständige fachliche Weiterentwicklung zielt auf die Aufrechterhaltung und Verbesserung von Kenntnissen, Fähigkeiten und persönlichen Eigenschaften ab. Dies kann er mit einer Reihe von Maßnahmen wie Schulung, Teilnahme an Arbeitskreisen, Seminaren, etc. erreichen. Auditoren müssen ihre ständige fachliche Entwicklung nachweisen können und regelmäßig Audits durchführen. Nur so können Sie ihre Fähigkeiten zum Auditieren von Umweltmanagementsystemen aufrechterhalten.

14.5 Checkliste für ein Umweltaudit

Der folgende Abschnitt enthält eine Checkliste zur Auditierung eines Umweltmanagementsystems (Tab. 14.2). Für andere Managementsysteme (Qualität, Energie, Arbeits- und Gesundheitsschutz) lässt sich diese Checkliste leicht anpassen. Die folgende Aufstellung enthält die entsprechenden Anforderungen der DIN EN ISO 14001 zur Auditierung eines Umweltmanagementsystems.

4. Kontext der Organisation
- 4.1 Verstehen der Organisation und ihres Kontextes
- 4.2 Verstehen der Erfordernisse und Erwartungen interessierter Parteien
- 4.3 Festlegen des Anwendungsbereichs des Umweltmanagementsystems
- 4.4 Umweltmanagementsystem und seine Prozesse

5. Führung
- 5.1 Führung und Verpflichtung
- 5.2 Umweltpolitik
- 5.3 Rollen, Verantwortlichkeiten und Befugnisse in der Organisation

6. Planung
- 6.1 Maßnahmen zum Umgang mit Risiko in Verbindung mit Gefahren und Chancen
  - 6.1.1 Allgemeines
  - 6.1.2 Bedeutende Umweltaspekte
  - 6.1.3 Bindende Verpflichtungen
  - 6.1.4 Risiko in Verbindung mit Gefahren und Chancen
  - 6.1.5 Planung zu ergreifender Maßnahmen
- 6.2 Umweltziele und Planung zu deren Erreichen
  - 6.2.1 Umweltziele
  - 6.2.2 Planung von Maßnahmen zum Erreichen der Umweltziele

7. Unterstützung
- 7.1 Ressourcen
- 7.2 Kompetenz
- 7.3 Bewusstsein
- 7.4 Kommunikation

7.4.1 Allgemeines
7.4.2 Interne Kommunikation
7.4.3 Externe Kommunikation
7.5 Dokumentierte Information
7.5.1 Allgemeines
7.5.2 Erstellen und Aktualisieren
7.5.3 Lenkung dokumentierter Information

8. Betrieb

8.1 Betriebliche Planung und Steuerung
8.2 Notfallvorsorge und Gefahrenabwehr

9. Bewertung der Leistung

9.1 Überwachung, Messung, Analyse und Bewertung
9.1.1 Allgemeines
9.1.2 Bewertung der Einhaltung von Vorschriften
9.2 Internes Audit
9.3 Managementbewertung

10. Verbesserung

10.1 Nichtkonformität und Korrekturmaßnahmen
10.2 Fortlaufende Verbesserung.

Tab. 14.2 Checkliste für ein Umweltaudit

Element 4.1: Verstehen der Organisation und ihres Kontextes					
Frage	**Ist-Zustand**	**Maßnahmen**	**Verantwortlich**	**Termin**	**Status**
Wie ermittelt das Unternehmen die für sie relevanten Umweltzustände (z. B. Klima, Wasser, Boden), die durch das Unternehmen beeinflusst werden?					
Welche externen (z. B. rechtliche, technologische, wirtschaftliche, soziale, Behörden, Lieferanten, Dienstleister) Kontextfaktoren haben Einfluss auf das Umweltmanagementsystem (UMS)?					
Welche internen (z. B. Prozesse, Tätigkeiten, Produkte, Dienstleistungen, Führungsverantwortung, Mitarbeiterkompetenzen) Kontextfaktoren beeinflussen das UMS?					
Wie können sich die internen und externen Kontextfaktoren auf die Ergebnisse des UMS auswirken?					
Wie sind in diesem Zusammenhang Sachfaktoren (Prozesse, Anlagen, Finanzen) einerseits und Humanfaktoren (Mitarbeiterkompetenzen, -einsatz, -entwicklung) andererseits zu bewerten?					

Tab. 14.2 (Fortsetzung)

Element 4.2: Verstehen der Erfordernisse und Erwartungen interessierter Parteien					
Frage	**Ist-Zustand**	**Maßnahmen**	**Verantwortlich**	**Termin**	**Status**
Welche Parteien (z. B. Behörden, Kunden, Lieferanten, Eigentümer, Mitarbeiter, Bürgerinitiativen) haben Interesse am UMS des Unternehmens?					
Welche Rolle spielen direkte Nachbarn/Anlieger im Umweltmanagementsystem?					
Welche Erwartungen und Anforderungen stellen diese interessierten Parteien?					
Welche Umweltziele resultieren aus den Erwartungen der interessierten Parteien?					
Wie hoch sind die Erwartungen der Mitarbeiter an den betrieblichen Umweltschutz?					
In welchem Verhältnis stehen diese Anforderungen zu den Umweltzielen und Umweltleistungen des Unternehmens?					

Tab. 14.2 (Fortsetzung)

Element 4.3: Festlegen des Anwendungsbereichs des UMS **Element 4.4: Umweltmanagementsystem und seine Prozesse**					
Frage	**Ist-Zustand**	**Maßnahmen**	**Verantwortlich**	**Termin**	**Status**
Für welche Organisationseinheiten (z. B. Unternehmen, Standort, Betrieb) gilt der Anwendungsbereich des Umweltmanagementsystems (UMS)?					
Bei welchen Prozessen/Tätigkeiten (incl. ausgelagerter Prozessschritte) Produkten/Dienstleistungen Legen bedeutende Umweltaspekte vor?					
Welche Erwartungen verbinden die Prozessverantwortlichen mit dem Umweltmanagementsystem?					
Wie wird der Lebensweg des Produkts/der Dienstleistungen im UMS integrativ betrachtet und bewertet?					
Welche Rolle spielen interne/externe Kontextfaktoren, interessierte Parteien und Rechtsvorschriften (bindende Verpflichtungen) bei der Festlegung des Anwendungsbereichs?					
Wie kann das UMS die Umweltleistung des Unternehmens fortlaufend verbessern?					

14

Tab. 14.2 (Fortsetzung)

Element 5.1: Führung und Verpflichtung					
Frage	**Ist-Zustand**	**Maßnahmen**	**Verantwortlich**	**Termin**	**Status**
Wer trägt in der obersten Leitung (Geschäftsführung) die Verantwortung für das UMS?					
Welche Umweltpolitik und strategische Umweltziele wurden festgelegt?					
Wie werden die Anforderungen des UMS in die Geschäftsprozesse integriert?					
Welche Ressourcen werden zur Verfügung gestellt?					
Wie wird die Bedeutung des UMS vermittelt?					
Welche Ergebnisse in Bezug auf die Umweltleistung werden erreicht?					
Wie werden Mitarbeiter in der fortlaufenden Verbesserung des UMS unterstützt?					
Welche Aufgaben, Zuständigkeiten und Verantwortungen haben die Führungskräfte?					
Wie tragen die Führungskräfte zur Verbesserung der Umweltleistung bei?					

Tab. 14.2 (Fortsetzung)

Element 5.2: Umweltpolitik					
Frage	**Ist-Zustand**	**Maßnahmen**	**Verantwortlich**	**Termin**	**Status**
Welche Umweltpolitik hat die Unternehmensleitung festgelegt?					
Wie angemessen ist die Umweltpolitik in Bezug auf Art, Umfang, Umweltauswirkungen ihrer Prozesse, Tätigkeiten, Produkte und Dienstleistungen?					
Welchen Rahmen liefert die Umweltpolitik zur Festlegung von strategischen und betrieblichen Umweltzielen?					
Welche Verpflichtungen zum Umweltschutz und der Verhinderung von Umweltbelastungen sind enthalten?					
Welche Verpflichtungen zur fortlaufenden Verbesserung des UMS und der Umweltleistung enthält die Umweltpolitik?					
Welche Verpflichtungen zur Einhaltung der relevanten Umweltgesetze und -vorschriften sind enthalten?					
Wie wird die Umweltpolitik Mitarbeitern, Kunden, Lieferanten und anderen interessierten Parteien zugänglich gemacht?					

Tab. 14.2 (Fortsetzung)

Element 5.3: Rollen, Verantwortlichkeiten und Befugnisse in der Organisation					
Frage	**Ist-Zustand**	**Maßnahmen**	**Verantwortlich**	**Termin**	**Status**
Wie nehmen alle Führungskräfte ihre Verantwortung im Umweltmanagementsystem (UMS) wahr?					
Wie sind die Aufgaben, Zuständigkeiten, Befugnisse und Verantwortlichkeiten festgelegt und bekannt gemacht worden?					
Welche Aufbau- und Ablauforganisation existiert im Unternehmen?					
Wer wurde als Beauftragter für das UMS mit welchen Befugnissen bestellt?					
Über welche Kompetenzen verfügt der Umweltmanagementbeauftragte (UMB)?					
Welche rechtlich geforderten Betriebsbeauftragte sind bestellt und geschult worden?					
Über welche Kompetenzen verfügen die einzelnen Betriebsbeauftragten?					
Welche Konsequenzen ergeben sich für die Führungskräfte, Mitarbeiter, UMB und Betriebsbeauftragte bei Nichteinhalten (umwelt)rechtlicher Vorschriften?					

Tab. 14.2 (Fortsetzung)

Element 6.1.2: Bedeutende Umweltaspekte					
Frage	**Ist-Zustand**	**Maßnahmen**	**Verantwortlich**	**Termin**	**Status**
Nach welchen Kriterien werden die Umweltaspekte und -auswirkungen von Prozessen und Produkten ermittelt?					
Auf welche direkten Umweltaspekte kann das Unternehmen Einfluss ausüben?					
Welche indirekten Umweltaspekte spielen eine Rolle?					
Wie werden die Umweltaspekte und die damit verbundenen Umweltauswirkungen bewertet und gewichtet?					
Wie werden Umweltaspekte bei gegenwärtigen und zukünftigen Planungen und Entwicklungen berücksichtigt?					
Welche Umweltaspekte spielen bei ausgelagerten Prozessen eine Rolle?					
Welche Risiken sind mit den Umweltaspekten verbunden?					
Wie werden bedeutende Umweltaspekte bei der Festlegung von Umweltzielen berücksichtigt?					
Wie hält das Unternehmen die notwendigen Informationen zu bedeutenden Umweltaspekten auf dem neuesten Stand?					

Tab. 14.2 (Fortsetzung)

Element 6.1.3: Bindende Verpflichtungen					
Frage	**Ist-Zustand**	**Maßnahmen**	**Verantwortlich**	**Termin**	**Status**
Wie ermittelt das Unternehmen umweltrechtliche und andere Verpflichtungen?					
Welche Betriebsvereinbarungen spielen im Umweltmanagementsystem eine Rolle?					
Wie werden die verantwortlichen Führungskräfte und zuständigen Mitarbeiter über die relevanten Vorschriften informiert?					
Wie werden die Rechtsvorschriften den betroffenen Abteilungen/Prozessen/Anlagen zugeordnet?					
Wie wird die Erfüllung rechtlicher Vorgaben regelmäßig überprüft?					
Welche anderen Verpflichtungen sind für die Umweltaspekte und -auswirkungen der Prozesse, Tätigkeiten, Produkte und Dienstleistungen bindend?					
Wie werden die vertraglichen Beziehungen bzgl. ausgelagerter Prozesse/Lieferanten/Dienstleister berücksichtigt?					

Tab. 14.2 (Fortsetzung)

Element 6.1.4: Risiko in Verbindung mit Gefahren und Chancen					
Frage	**Ist-Zustand**	**Maßnahmen**	**Verantwortlich**	**Termin**	**Status**
Welches Verfahren wird zur Risikobewertung verwendet und welche Ergebnisse liegen vor?					
Welche unerwünschten Umweltauswirkungen können durch firmeninterne Umstände entstehen?					
Welche Auswirkungen können die Risiken auf die Funktionsfähigkeit des Umweltmanagementsystems (UMS) haben?					
Welche Auswirkungen können die Risiken auf die Umweltziele und die Umweltleistung des Unternehmens haben?					
Welche Notfallpläne existieren im Unternehmen?					
Element 6.1.5: Planung zu ergreifender Maßnahmen					
Frage	**Ist-Zustand**	**Maßnahmen**	**Verantwortlich**	**Termin**	**Status**
Welche Maßnahmen zur Risikominimierung sind notwendig bzw. möglich?					
Wer ist für die Realisierung der Maßnahmen verantwortlich?					
Wie wird der Erfolg von Maßnahmen zur Beseitigung bzw. Verminderung des Risikos gemessen?					

14

Tab. 14.2 (Fortsetzung)

Element 6.2.1: Umweltziele					
Frage	**Ist-Zustand**	**Maßnahmen**	**Verantwortlich**	**Termin**	**Status**
Welche strategischen bzw. betrieblichen Umweltziele wurden unter Berücksichtigung der Umweltaspekte und der Risiken festgelegt?					
Für welche Abteilungen wurden umweltbezogene Ziele entwickelt?					
Wie werden die rechtlichen Vorschriften bei der Zielfindung berücksichtigt?					
Wie berücksichtigt das Unternehmen wirtschaftliche und soziale Rahmenbedingungen?					
Welche quantitative bzw. qualitative Ziele und Zeitvorgaben enthalten die Umweltziele?					
Wie werden durch Erreichung der Umweltziele die Umweltbelastungen reduziert bzw. die Umweltleistungen verbessert?					
Welche technologischen, ökonomischen und soziale Faktoren in Form von Mitarbeiterkompetenzen stehen für die Zielerreichung zur Verfügung?					
Welche Umweltindikatoren (Kennzahlen) werden für die Überwachung und Erreichung der Umweltziele eingesetzt?					

Tab. 14.2 (Fortsetzung)

Element 6.2.2: Planung von Maßnahmen zur Erreichung der Umweltziele					
Frage	**Ist-Zustand**	**Maßnahmen**	**Verantwortlich**	**Termin**	**Status**
Welche Maßnahmen wurden in den letzten Jahren zum Erreichen der Umweltziele umgesetzt?					
Wie wurde der Erfolg der realisierten Maßnahmen bewertet?					
Welche Maßnahmen sind für die Zukunft geplant?					
Welche Ressourcen (Material, Finanzen, Mitarbeiter) stehen für die Zukunft zur Verfügung?					
Wer ist im Rahmen des zugehörigen Projektmanagements für die Realisierung verantwortlich?					
Welche Verbesserungen der Umweltleistung konnten in der Vergangenheit erreicht werden bzw. sind zukünftig geplant?					
Welche Ziele existieren für die Verbesserung von (ausgelagerten) Prozessen bzw. für Produkte?					
Welche Umweltaspekte (Chancen) und Umweltauswirkungen (Risiken) sind mit den Maßnahmen verbunden?					

14

Tab. 14.2 (Fortsetzung)

Element 7.1: Ressourcen					
Frage	**Ist-Zustand**	**Maßnahmen**	**Verantwortlich**	**Termin**	**Status**
Welche Ressourcen (Personal, Finanzen, Technologien) stehen für das Umweltmanagementsystem (UMS) zur Verfügung?					
Wie sind die Ressourcen mit den einzelnen Prozessen im Umweltmanagementsystem verknüpft?					
Welche Rolle spielen Kunden, Mitarbeiter und Öffentlichkeit bei der Bereitstellung von Ressourcen?					
Nach welchen Kriterien werden die Ressourcen eingesetzt?					
Welche Rolle spielt der Produkt-Lebensweg beim Ressourceneinsatz?					
Wie fließen Ressourcen bei ausgelagerten Prozessen in die Umweltziele ein?					
Wie ist die Erfolgsquote in Bezug auf die Verbesserung der Umweltleistung?					
Welche Umweltaspekte (Chancen) und Umweltauswirkungen (Risiken) sind mit den Ressourcen verbunden?					

Tab. 14.2 (Fortsetzung)

Element 7.2: Kompetenz					
Frage	**Ist-Zustand**	**Maßnahmen**	**Verantwortlich**	**Termin**	**Status**
Über welche Kompetenzen verfügen Führungskräfte, der Umweltmanagementbeauftragte (UMB) und die Betriebsbeauftragten?					
Welche Mitarbeiter führen umweltrelevante Tätigkeiten aus?					
Welche Kompetenzen sind für die Ausführung dieser Tätigkeiten notwendig?					
Wie werden die zugehörigen Mitarbeiterkompetenzen ermittelt?					
Wie wird der Weiterbildungsbedarf für Mitarbeiter systematisch ermittelt?					
Welches Weiterbildungsprogramm existiert im Umweltmanagementsystem?					
Welche Mitarbeiter, deren Tätigkeiten bedeutende Umweltauswirkungen haben können, haben entsprechende Schulungen erhalten?					
Wie wird der Wissenstransfer einer Kompetenzschulung gewährleistet?					

Tab. 14.2 (Fortsetzung)

Element 7.3: Bewusstsein					
Frage	**Ist-Zustand**	**Maßnahmen**	**Verantwortlich**	**Termin**	**Status**
Wie werden Mitarbeiter die Umweltauswirkungen ihrer Tätigkeiten vermittelt?					
Welchen Beitrag leisten die Führungskräfte, um das Verantwortungsbewusstsein der Mitarbeiter zu stärken?					
Wie wird bei den Mitarbeitern das Verantwortungsbewusstsein für die Umwelt gefördert?					
Wie wird die Mitarbeitermotivation zu umweltorientiertem Handeln gefördert?					
Wie erkennen die Mitarbeiter, dass aufgrund verbesserter persönlicher Leistung der Nutzen für die Umwelt steigt?					
Wie werden ausgelagerte Prozesse in den Kontextbewusstsein eingebunden?					
Welche Rolle spielen in diesem Zusammenhang Lieferanten und Dienstleister?					

Tab. 14.2 (Fortsetzung)

Element 7.4: Kommunikation					
Frage	**Ist-Zustand**	**Maßnahmen**	**Verantwortlich**	**Termin**	**Status**
Welche Abläufe bzgl. der internen Kommunikation umweltrelevanter Aspekte existieren im Unternehmen?					
Wie werden Mitarbeiter über wichtige Entwicklungen im betrieblichen Umweltschutz informiert?					
Wie werden von externen Parteien Anfragen entgegengenommen, bearbeitet und beantwortet?					
Welche Informationen bzgl. der Umweltleistung des Unternehmens werden veröffentlicht?					
Welche Umweltberichte werden für die Mitarbeiter/Kunden/Öffentlichkeit erstellt?					
Wie werden Mitarbeiteranregungen zur Verbesserung der Umweltleistung honoriert?					
Wie werden die Ergebnisse von Begehungen und Audits kommuniziert?					
Wie werden die Ergebnisse von Managementreviews kommuniziert?					

Tab. 14.2 (Fortsetzung)

Element 7.5: Dokumentierte Informationen					
Frage	**Ist-Zustand**	**Maßnahmen**	**Verantwortlich**	**Termin**	**Status**
Welche rechtlich vorgeschriebenen Dokumentationen sind auszuführen?					
Welche Umweltinformationen werden aufgezeichnet und dokumentiert?					
Welche Aufbewahrungszeiten wurden für verschiedene Umweltinformationen festgelegt?					
Wie werden die Elemente des UMS und ihre Wechselwirkungen beschrieben?					
Welchen Nutzen liefern die dokumentierten Informationen?					
Wie können umweltrelevante Dokumente identifiziert und aufgefunden werden?					
Wie werden ungültige Dokumente entfernt und deren unbeabsichtigter Gebrauch verhindert?					
Welche Verfahren existieren für die Erstellung und Änderung von Dokumenten?					
Welchen Zugriff haben Mitarbeiter auf dokumentierte Informationen?					

Tab. 14.2 (Fortsetzung)

Element 8.1: Betriebliche Planung und Steuerung					
Frage	**Ist-Zustand**	**Maßnahmen**	**Verantwortlich**	**Termin**	**Status**
Welche Prozesse – incl. ausgelagerter Prozesse – und Tätigkeiten besitzen wesentliche Umweltaspekte und Umweltauswirkungen?					
Wie werden diese Prozesse geplant, betrieben und überwacht?					
Wie werden ausgelagerte Prozesse gesteuert und überwacht?					
Über welchen technologischen Stand verfügen die Prozesse?					
Nach welchen Kriterien wird die Umweltleistung der Prozesse verbessert?					
Welche Anforderungen bzgl. Umweltleistung werden an Lieferanten und Dienstleister gestellt?					
Welche Umweltanforderungen werden über den gesamten Lebensweg an Produkte und Dienstleistungen gestellt?					
Welche Informationen über die Umweltauswirkungen von Prozessen und Produkten werden zur Verfügung gestellt?					

14

Tab. 14.2 (Fortsetzung)

Element 8.2: Notfallvorsorge und Gefahrenabwehr					
Frage	**Ist-Zustand**	**Maßnahmen**	**Verantwortlich**	**Termin**	**Status**
Welche Unfälle/Notfälle sind in den letzten Jahren aufgetreten?					
Welche möglichen Notfallsituationen, die Auswirkungen auf die Umwelt haben, können auftreten?					
Wie werden die Mitarbeiter in die Notfallplanung einbezogen?					
Wie bereitet man sich auf solche Notfallsituationen inner- und außerbetrieblich vor?					
Wie werden Verfahren zur Notfallvorsorge regelmäßig erprobt?					
Welche Alarm- und Gefahrenplanung existiert im Unternehmen?					
Wie werden beim Eintritt eines Notfalls die Umweltauswirkungen begrenzt?					
Wie wird die Notfallvorsorge – insbesondere nach Unfällen – regelmäßig überprüft und angepasst?					
Wer ist für die Erstellung, Pflege und Erprobung der Notfallpläne verantwortlich?					

Tab. 14.2 (Fortsetzung)

Element 9.1: Überwachung, Messung, Analyse und Bewertung					
Frage	**Ist-Zustand**	**Maßnahmen**	**Verantwortlich**	**Termin**	**Status**
Wie werden die maßgeblichen Merkmale umweltrelevanter Prozesse und Tätigkeiten überwacht und gemessen?					
Wie werden die Messeinrichtungen kalibriert und gewartet?					
Wie werden Aufzeichnungen ausgewertet und aufbewahrt?					
Wie ist das gesamte System zur Überwachung, Messung, Analyse und Bewertung der Umweltleistung strukturiert?					
In welchem Verhältnis stehen Aufwand und Nutzen zueinander?					
Welchen rechtlichen Betreiberpflichten muss das Unternehmen nachkommen?					
Wie wird die Erfüllung der relevanten Umweltvorschriften regelmäßig bewertet?					
Wie werden die erreichten Prozessleistungen über Umweltkennzahlen mit den Umweltzielen verglichen?					

Tab. 14.2 (Fortsetzung)

Element 9.2: Internes Audit					
Frage	**Ist-Zustand**	**Maßnahmen**	**Verantwortlich**	**Termin**	**Status**
Wie werden Betriebsbegehungen und deren Ergebnisse dokumentiert?					
Welchen Berichtspflichten haben Managementbeauftragte und Betriebsbeauftragte nachzukommen?					
Wie ist das Auditprogramm auf die Umweltrelevanz der betreffenden Prozesse und Tätigkeiten abgestellt?					
Über welche Kompetenzen verfügen die internen Auditoren bzw. externen Zertifizierer?					
Welche Umweltaudit-Berichte liegen vor?					
Welche Maßnahmen ergaben sich aus zurückliegenden Umweltaudits?					
Wer ist für die Umsetzung dieser Maßnahmen verantwortlich?					
Wie wird die Unternehmensleitung über die Ergebnisse des Umweltaudits informiert?					
Wie sind die Verantwortungen für die Durchführung von Umweltaudits geregelt?					

Tab. 14.2 (Fortsetzung)

Element 9.3: Managementbewertung					
Frage	**Ist-Zustand**	**Maßnahmen**	**Verantwortlich**	**Termin**	**Status**
Wie bewertet die Unternehmensleitung regelmäßig die Eignung und Wirksamkeit des UMS?					
Wie werden die Ergebnisse vorangegangener Managementreviews berücksichtigt?					
Wie werden Veränderungen bei internen/externen Themen und Umweltvorschriften eingebunden?					
Welche Rolle spielen die Umweltleistung und der Erfüllungsgrad von Umweltzielen im Managementreview?					
Welche Möglichkeiten zur fortlaufenden Verbesserung der UMS werden aufgezeigt?					
Welche Schlussfolgerungen ergeben sich aus dem Managementreview bzgl. der strategischen Ausrichtung?					
Welche Entscheidungen zur Weiterentwicklung des UMS wurden getroffen?					
Wer ist für die Umsetzung der – mit der Entscheidung verbundenen – Maßnahmen verantwortlich?					

Tab. 14.2 (Fortsetzung)

Element 10.1: Nichtkonformität und Korrekturmaßnahmen					
Frage	**Ist-Zustand**	**Maßnahmen**	**Verantwortlich**	**Termin**	**Status**
Welche Abweichungen vom Normalbetrieb traten in den letzten Jahren auf?					
Was waren die Ursachen für notwendige Korrekturmaßnahmen?					
Wie werden die umgesetzten Korrekturmaßnahmen auf ihre Wirksamkeit überprüft?					
Wer trägt für die Untersuchung der Abweichungen und deren Korrektur die Verantwortung?					
Wie werden Korrekturmaßnahmen und damit verbundene Änderungen des Umweltmanagementsystems (UMS) dokumentiert?					
Element 10.2: Fortlaufende Verbesserung					
Frage	**Ist-Zustand**	**Maßnahmen**	**Verantwortlich**	**Termin**	**Status**
Wie lässt sich die Umweltleistung des Unternehmens bestimmen?					
Welche Erfolge wurden in den letzten Jahren erzielt?					
Wie sieht die Weiterentwicklung des Umweltmanagementsystems (UMS) in den nächsten Jahren aus?					

14.6 Aufgaben für die Praxis

- Erläutern Sie die Anforderungen an ein Umweltauditprogramm.
- Erläutern Sie den grundsätzlichen Ablauf zur Durchführung eines Umweltaudits.
- Welche Vorbereitungen sind für eine Umweltaudittätigkeit vor Ort zu treffen?
- Wie laufen Umweltaudittätigkeiten vor Ort ab?
- Welche Anforderungen werden an einen Umweltauditbericht gestellt?
- Über welche Kenntnisse und Fähigkeiten müssen Umweltauditoren verfügen?
- Welche Anforderungen werden an die Berufsausbildung, -erfahrung und Kompetenz von Umweltauditoren gestellt?
- Welche Anforderungen werden an die Ausbildung, Arbeitserfahrung und Schulung von Energieauditoren gestellt?

Weiterführende Literatur

14.1. *DIN EN 16247-1, Energieaudits – Teil 1: Allgemeine Anforderungen,* Beuth, **Oktober 2012**

14.2. *DIN EN 16247-5, Energieaudits – Teil 5: Kompetenz von Energieauditoren,* Beuth, **Juli 2015**

14.3. *DIN EN ISO 19011, Leitfaden für Audits von Qualitätsmanagement- und/oder Umweltmanagementsystemen,* Beuth, **Mai 2013**

14.4. Ewer, W.; Lechelt, R.; Theuer, A.; *Handbuch Umweltaudit,* Beck, **1998**, 3-406-41896-1

14.5. Fachverlag Deutscher Wirtschaft; *Der Umweltschutz-Berater,* **2004**, 3-87156-100-2

14.6. Kallmeyer, W.; Kretschmar, S.C.; v. Below, F.; *Die ISO 19011:2011*, TÜV Media, **2012**, 978-3-8249-1524-8

14.7. Langerfeldt, M.; *Berufsausübungs- und -zulassungsregelungen für Betriebsprüfer und Umweltgutachter,* Nomos, **2002**, 3-7890-7664-3

14.8. Pfeufer, H.-J.; Schreiber, F.; Rau, W.; *Internes Audit,* Hanser, **2007**, 978-3-446-40742-8

14.9. *UAG – Umweltauditgesetz; Gesetz zur Ausführung der Verordnung (EG) 1221/2009 des Europäischen Parlaments und des Rates vom 25. November 2009 über die freiwillige Teilnahme von Organisationen an einem Gemeinschaftssystem für das Umweltmanagement und die Umweltbetriebsprüfung (EMAS),* **25.11.2015**

14.10. v. Ahsen, A.; *Integriertes Qualitäts- und Umweltmanagement,* DUV, **2006**, 3-8350-0283-X

14.11. Verband der Automobilindustrie e. V. (VDA); *Qualitätsmanagement in der Automobilindustrie – VDA 6, Teil 3 Prozessaudit,* **12/2013**

14.12. Wloka, M.; *Leitfaden zur Auditierung von Managementsystemen,* Beuth, **2012**, 978-3-410-22388-7

14

Prozesse im Unternehmen 15

15.1 Einführung

Prozesse im Unternehmen haben eine fundamentale Bedeutung, da die Erfüllung der Kundenbedürfnisse oberstes Ziel des Unternehmens ist. Jeder Prozess hat einen:

- Eigentümer,
- Lieferanten,
- Kunden.

Der Eigentümer des Prozesses hat mit seinen Ressourcen (Anlagen, Material, Personal, Finanzen) einen qualitäts- und termingerechten Ablauf der Tätigkeiten und die Erfüllung der Kundenzufriedenheit zu gewährleisten. Dazu ist er vom Input seines Lieferanten abhängig. Durch die sich aufbauende Prozesskette (Abb. 15.1) ist er gleichzeitig Prozesseigentümer, Lieferant und Kunde.

Im Prozessablauf befinden sich Schnittstellen, an denen der Kunde eines Teilprozesses zum Lieferanten des nächsten Teilprozesses wird. Solche Schnittstellen sind immer mit Risiken und Reibungsverlusten verbunden. Der Prozessverantwortliche muss daher stets das gesamte Bild des komplexen Systems im Auge behalten und ganzheitlich denken und handeln können. Nur wenn er die Vernetzungen der einzelnen Teile erkennt und die

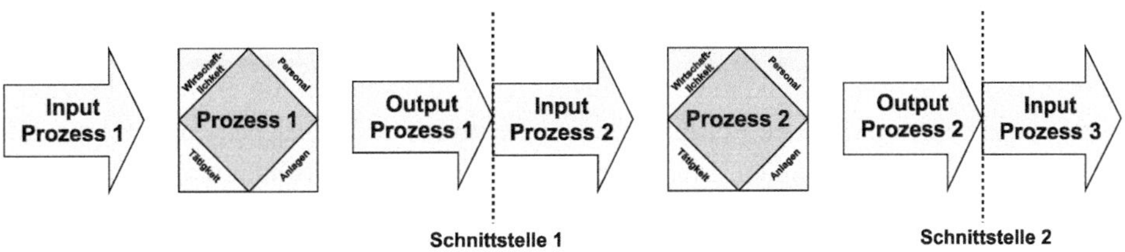

Abb. 15.1 Prozesskette im Unternehmen

G. Förtsch und H. Meinholz, *Handbuch Betriebliches Umweltmanagement*,
https://doi.org/10.1007/978-3-658-19151-1_15

Auswirkungen richtig einschätzt, kann er die potenziellen Risiken eines jeden Prozesses managen und die:

- Qualität der Leistungen und Ergebnisse,
- Termintreue,
- Wirtschaftlichkeit des Prozesses,
- Arbeitsmethoden und Lerneffekte

gewährleisten. Für das Management von Prozessen sind zwei Begriffe von grundlegender Bedeutung:

- Effektivität und
- Effizienz.

Effektivität bedeutet, das Richtige zu tun. In vielen Unternehmen wird über eine hohe Arbeitsbelastung gestöhnt. Ein hohes Arbeitspensum sagt jedoch nichts über die Effektivität aus. Wie wird sichergestellt, dass wertschöpfende Arbeiten ausgeführt werden? Um effektiv arbeiten zu können, müssen zumindest die:

- strategischen und betrieblichen Ziele,
- Kundenbedürfnisse und -erwartungen,
- Prozess- und Produktanforderungen

bekannt sein. Prozesse, Teilprozesse und Arbeitsschritte müssen auch beherrscht werden. Die anstehenden Tätigkeiten müssen nicht nur richtig, sondern auch effizient ausgeführt werden. Die Effizienz eines Prozesses lässt sich grundsätzlich mit Leistungsparametern (Key Performance Indicators, KPIs) messen. Ein prozessorientiertes Kennzahlensystem umfasst dazu die Cluster:

- Kunden,
- Kosten,
- Qualität,
- Zeit.

Prozesse werden in primäre und sekundäre Geschäftsprozesse unterteilt (Tab. 15.1). Erstere leisten einen direkten Beitrag zum Kundennutzen in Form von Produkten und/oder Dienstleistungen. Zu den primären Geschäftsprozessen zählen z. B. Vertrieb, Entwicklung und Produktion. Sekundäre Geschäftsprozesse unterstützen die primären Prozesse, wodurch sie einen indirekten Einfluss auf die Effektivität und Effizienz haben. Dazu zählten z. B. Personalmanagement, Finanzwesen und Informationstechnologie (IT). Wichtig für den unternehmerischen Erfolg ist die Identifikation von wertschöpfenden und nichtwertschöpfenden Aktivitäten. Durch eine entsprechende Prozessoptimierung, z. B. unter den Gesichtspunkten Umwelt, Qualität, Energie, lässt sich die Unternehmensleistung verbessern.

Tab. 15.1 Beispiele für primäre und sekundäre Geschäftsprozesse

Geschäftsprozesse	
Primäre	Sekundäre
– Kundenorientierung – Strategieplanung – Innovations- und Planungsprozess Produktentwicklung – Auftragsabwicklung – Vertrieb und Service	– Personalmanagement – Ressourcenmanagement – Finanzen & Controlling – Risikomanagement – Informationstechnologie

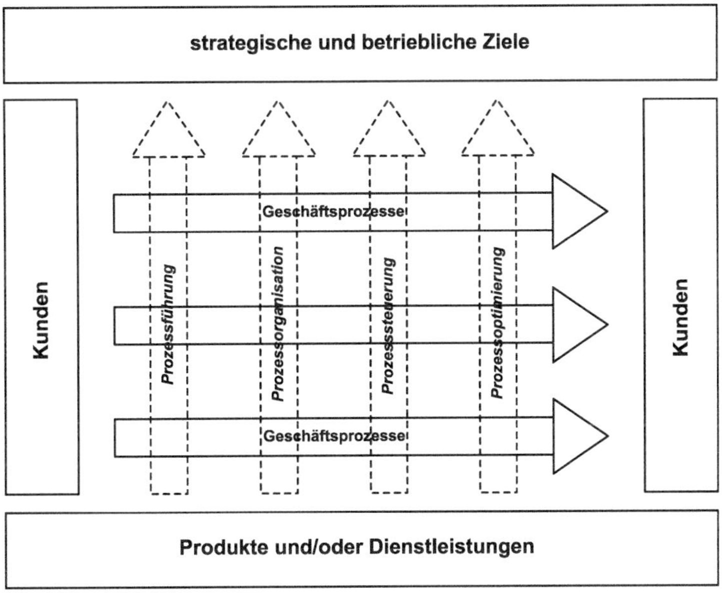

Abb. 15.2 Aufgabenfelder des Prozessmanagements

Um Prozesse zielgerichtet steuern zu können, sind im Zuge des Prozessmanagements vier Aspekte näher zu betrachten (Abb. 15.2):

- Prozessführung,
- Prozessorganisation,
- Prozessplanung und -steuerung,
- Prozessoptimierung.

Basierend auf den Kundenwünschen bzgl. Produkte und/oder Dienstleistungen leistet so jeder Prozess seinen Beitrag zur Erreichung der betrieblichen und strategischen Ziele. In den folgenden Abschnitten werden die genannten Aufgabenfelder des Prozessmanagements näher betrachtet, wobei dem Thema Führung ein eigenes Kapitel gewidmet wird.

15.2 Prozessorganisation und -führung

15.2.1 Einführung

Die klassische Form der Unternehmensorganisation ist die Funktionsorganisation. Zu den Funktionen (Abteilungen) zählen z. B. Marketing & Vertrieb, Forschung & Entwicklung, Fertigung, Personalmanagement und Betriebswirtschaft/Controlling (Abb. 15.3).

Bei der Prozessorganisation steht der Prozessgedanke, z. B. Kundenorientierung/-zufriedenheit, Produktplanung/-entwicklung, Auftragsabwicklung und Kundenservice an erster Stelle. Aus den strategischen Zielen des Unternehmens werden die betrieblichen Ziele der Funktion (Abteilung) und des Prozesses abgeleitet, aus denen letztlich die Unternehmensergebnisse resultieren.

Durch den hohen Grad an Spezialisierung und der damit verbundenen Hierarchie steht bei der Funktionsorganisation häufig die Frage nach der Zuständigkeit – und nicht die Kundenorientierung – im Vordergrund. Durch die Hierarchie werden Prozessketten unterbrochen, was erheblichen Abstimmungs- und Koordinationsaufwand zwischen den ein-

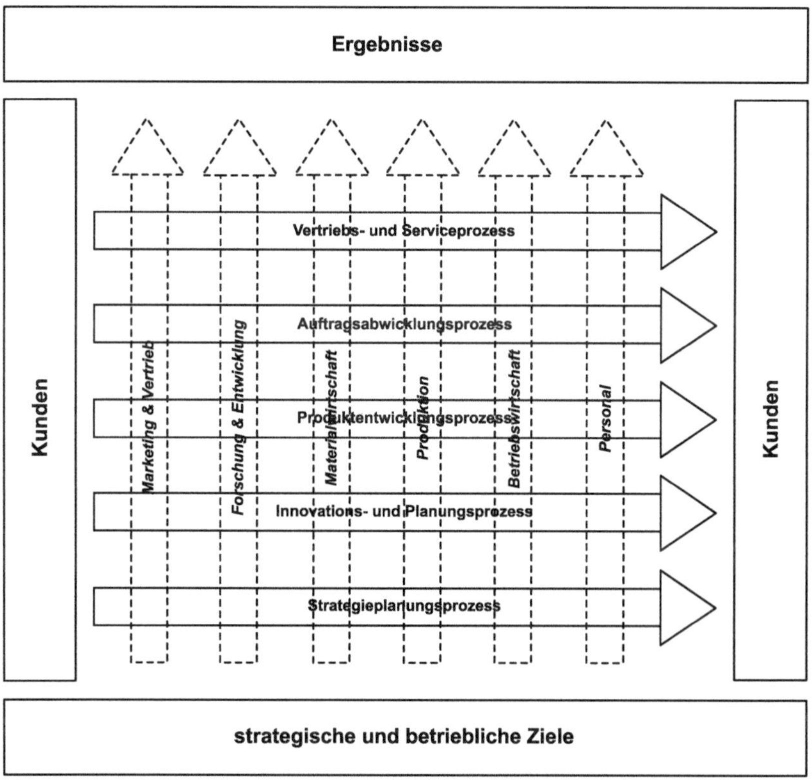

Abb. 15.3 Funktions- und Prozessorientierung im Unternehmen

zelnen Abteilungen mit sich bringen kann. Eine Funktionsorganisation macht daher bei kleinen und mittelständischen Unternehmen Sinn, da dort die Komplexität der Abläufe nicht so zum Tragen kommt.

In einem prozessorientierten Unternehmen steht der Kunde sowohl am Anfang als auch am Ende eines Prozesses. Die Erfüllung der Kundenwünsche mündet in die Erfüllung der Prozessziele. Prozesse haben bestimmte (interne/externe) kundenbezogene Ergebnisse. Im Gegensatz zu den oft tiefen Hierarchien einer Funktionsorganisation sind bei einer Prozessorganisation eher flache Strukturen mit einem hohen Maß an Arbeitsintegration zu finden.

15.2.2 Organisationsregeln für Prozesse

Die Gestaltung und Organisation von Prozessen hat einen großen Einfluss auf die Prozesseffizienz. Von daher sind einige einfache Organisationsregeln sinnvoller Weise zu beachten.

Kundenorientierung
Kernprozesse tragen direkt zur Wertschöpfung bei. Deshalb beginnt und endet jeder dieser Prozesse beim (internen/externen) Kunden. Der Kunde stellt die Anforderungen an die zu erfüllenden Leistungen in Form von Produkten oder Dienstleistungen. Diesem Input stehen die übergebenen Prozessergebnisse als Output gegenüber. Diese Kernprozesse orientieren sich im gesamten Prozessablauf vom Kunden bis zum Kunden.

Verantwortungen und Mitarbeiter
Es gibt keinen Prozess ohne verantwortliche Führungskraft; einen Arbeitsschritt ohne zuständigen Mitarbeiter. Die jeweiligen Verantwortungen, Zuständigkeiten und Befugnisse sind festgelegt. Der Prozessverantwortliche muss die Ziele des Prozesses erreichen und die Prozessleistung kontinuierlich verbessern. Der Prozessmitarbeiter ist für die ordnungsgemäße Durchführung der einzelnen Arbeitsschritte zuständig. Nur ein gut ausgebildeter und motivierter Mitarbeiter wird mehr Verantwortung für sein Handeln übernehmen und zur stetigen Verbesserung der einzelnen Teilprozesse beitragen.

Ablaufstrukturierung
Jeder Prozess ist in Teilprozesse und einzelne Arbeitsschritte unterteilt. Die einzelnen Abläufe im Prozess sollten logisch miteinander in Beziehung stehen und in einem Ablaufdiagramm dargestellt werden. Mit dieser Dokumentation lässt sich der Soll-Zustand des Prozesses festlegen. Aus dem Vergleich mit dem existierenden Ist-Zustand im Unternehmen ergeben sich Optimierungspotenziale für den Prozess. Nichtwertschöpfende Arbeitsschritte werden eliminiert; suboptimale Teilprozesse optimiert. Durch die Verbesserung der Ablaufstruktur lässt sich die Prozesseffizienz erhöhen.

Leistungsparameter
Jeder Prozess wird bzgl. Kundenzufriedenheit (Kunde), Termine, Qualität und Kosten gemessen. Nur dann ist eine eindeutige Steuerung und Messung des Prozesses möglich. Die Messergebnisse müssen eine Aussage über die Effizienz des jeweiligen Prozesses liefern, um Optimierungsmaßnahmen auf ihre Wirkung hin überprüfen zu können. Oft werden Maßnahmen initiiert, ohne Aufwand und Nutzen gegeneinander abzuwägen. Realisierte Maßnahmen müssen einer Erfolgskontrolle unterzogen werden. Nur dann ist sichergestellt, dass die erzielten Prozessleistungen den geplanten Vorgaben entsprechen.

Lieferanten
Jeder Prozess benötigt Inputs, damit er seine Leistungen für den Kunden erbringen kann. Dieser Input wird von internen oder externen Lieferanten zur Verfügung gestellt. Damit allen Beteiligten klar ist, welche Leistungen die jeweiligen Lieferanten zu erbringen haben, sind entsprechende Vereinbarungen abzuschließen. Die Leistungsvereinbarungen beschreiben z. B. Inhalt, Umfang, Qualität und Messgrößen der zu erbringenden Leistungen. Durch die genauen Festlegungen können erbrachte Leistungen leichter überwacht werden.

15.2.3 Prozesse

Bei Kernprozessen stehen die Wertschöpfung des Unternehmens und die Erfüllung der Kundenwünsche im Vordergrund. Kernprozesse haben einen direkten Bezug zu den erstellten Produkten und/oder Dienstleistungen. Sekundäre Prozesse unterstützen die Kernprozesse, damit diese ihre Funktion erfüllen können.

Kundenorientierung
Ein interner Kunde ist der Empfänger einer Leistung eines vorangegangenen (Teil)Prozesses. Der externe Kunde ist der Auftraggeber und Abnehmer eines Produktes und/oder einer Dienstleistung. Kunden sind somit alle Personen oder Organisationen, die Leistungen vom betrachteten Prozess empfangen.

Oberstes Ziel des Unternehmens ist die Erfüllung der Kundenwünsche; es muss den Kunden zufrieden stellen. Der Kunde soll den größtmöglichen Nutzen erhalten. Dazu sind regelmäßig die Anforderungen, Bedürfnisse und Erwartungen des Kunden zu analysieren:

- Was erwarten die Kunden heute und in Zukunft von den Produkten und Dienstleistungen des Unternehmens?
- Wie lassen sich die Kundenanforderungen realisieren?
- Sind die Produkte und Dienstleistungen zweckmäßig, zuverlässig und umweltfreundlich?
- Worin liegen die Wettbewerbsvorteile und wie lassen sich diese ausbauen?

Bei allen Prozessen steht die Erfüllung der Kundenwünsche im Mittelpunkt. Je besser die Prozesse die Erwartungen eines Kunden erfüllen, desto zufriedener wird der Kunde sein. Können die Kunden selbst ihre Wünsche nicht genau spezifizieren, ist es Aufgabe des Unternehmens, sich mit den Kundenprozessen zu befassen und daraus letztendlich die Kundenbedürfnisse und Kundenerwartungen abzuleiten. Zwischen Kunden und Unternehmen besteht somit eine symbiotische Wechselwirkung, die den gemeinsamen Erfolg wechselseitig beeinflusst. Langfristige Geschäftsbeziehungen sind daher von gegenseitigem Interesse.

Strategieplanung
In diesem Prozess werden die längerfristigen strategischen Ziele des Unternehmens geplant. Ein Instrument für die Planung kann die Balanced Scorecard sein. Sie betrachtet die vier Dimensionen Kunden, Prozesse, Finanzen und Mitarbeiter (Abb. 15.4). Ein übergreifendes strategisches Ziel könnte z. B. eine umweltorientierte nachhaltige Unternehmensführung sein. Beispiele für strategische Ziele in den jeweiligen Dimensionen finden sich in der Tab. 15.2.

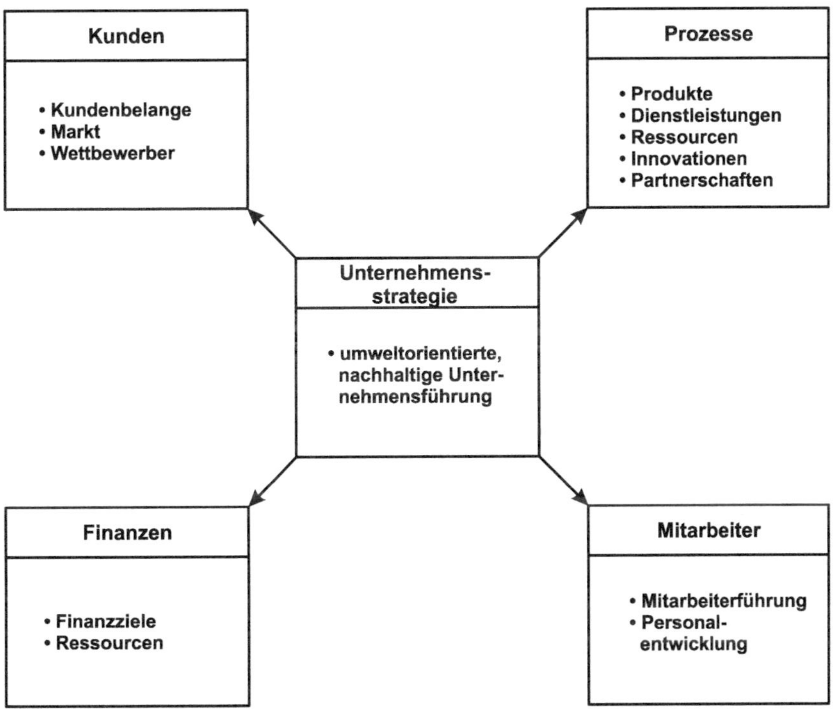

Abb. 15.4 Strategische Inhalte einer Balanced Scorecard

Tab. 15.2 Betriebliche Inhalte einer Balanced Scorecard

	Strategische Ziele	Messkriterien	Zielgrößen	Maßnahmen
Kunden	– Verstärke Akquisition neuer Kunden und von Folgeaufträgen	– Image – Kundenorientierung – Kundenzufriedenheit – Entwicklung des Kundenstamms – Umgang mit Reklamationen	– Erhöhung der Anzahl neuer Kunden um 10 % pro Jahr	
Prozesse	– Verbesserung der Produkt- und Dienstleistungsqualität	– Qualität – Termine – Produktivität	– Reduzierung der Kundenreklamationen um 5 % pro Jahr	
Finanzen	– Gleichgewichtiger Anteil aller Geschäftsfelder am Unternehmenserfolg	– Umsatz – Kosten – Erlöse – Rendite	– Umsatzrendite von 10 % im Geschäftssegment A	
Mitarbeiter	– Mitarbeiter als eigenverantwortliche Prozesseigentümer	– Kompetenzbilanzen – Mitarbeiterorientierung – Mitarbeiterzufriedenheit – Personalentwicklung	– Erhöhung der Mitarbeiterqualifikation durch mindestens 3 Schulungstage pro Jahr	

Jede dieser Dimensionen enthält:

- strategische Ziele,
- Messkriterien,
- Zielgrößen,
- Maßnahmen.

Die Dimension Kunden enthält kundenbezogene Aspekte wie Kundenbelange, Marktentwicklungen und Fragen des Wettbewerbs. Mit der Dimension Prozesse werden strategische Ziele für alle Produkte und Dienstleistungen festgelegt. Der effiziente Einsatz von Ressourcen und technologischen Innovationen ermöglichen Prozessoptimierungen. Die Dimension Finanzen enthält die längerfristig orientierten Finanzziele des Unternehmens. Die Dimension Mitarbeiter umfasst alle Fragen der Personalführung, des Mitarbeitereinsatzes und der Kompetenzentwicklung.

Aus der Balanced Scorecard mit ihren strategischen Zielen lassen sich die betrieblichen Ziele für jeden Prozess (jede Abteilung) ableiten (Tab. 15.2). Bezogen auf die Dimension Kunden sind Messkriterien z. B. Kundenorientierung, -zufriedenheit oder die Entwicklung des Kundenstamms, d. h. Anzahl neuer Kunden bzw. verlorener Kunden. Partnerschaften mit Lieferanten und anderen Organisationen (z. B. Hochschulen) finden sich hier wieder.

Eine Zielgröße könnte lauten Erhöhung der Anzahl neuer Kunden um 10 %/Jahr. Die notwendigen Maßnahmen finden sich in der Spalte Maßnahmen.

Die Dimension Prozesse orientiert sich an den Messkriterien Qualität, Termine und Produktivität. Beispiele für Messkriterien sind Ausbeuten, Fehlerraten, Durchlaufzeiten, Termintreue, Prozesskosten und die Produktivität allgemein. Hier könnte z. B. eine Zielgröße heißen Reduzierung der Kundenreklamationen um 5 %/Jahr.

Die Dimension Finanzen kann klassische betriebswirtschaftliche Faktoren wie Umsatz, Kosten, Erlöse, Rendite, etc. umfassen. Eine operative Zielgröße könnte lauten Umsatzrendite von 10 % im Geschäftssegment A.

Die vierte Dimension Mitarbeiter erfasst deren Potenzial in Form von Kompetenzbilanzen. Mitarbeiterzufriedenheit und Fragen der Personalentwicklung drücken sich in der Mitarbeiterorientierung aus. Eine mögliche Zielgröße ist die Erhöhung der Mitarbeiterqualifikationen durch mindestens 3 Schulungstage/Jahr.

Innovations- und Planungsprozess

Im Innovationsprozess werden neue Ideen für Produkte und Dienstleistungen generiert. Lieferanten der Ideen können Kunden, Mitarbeiter, Wettbewerber, Forschungsinstitute, etc. sein. Die Analyse von Kundenbedürfnissen, Marktentwicklungen, Forschungsergebnissen, Patenten oder internen Informationen resultiert in Innovationen. Kreativität ist an dieser Stelle gefragt, z. B.:

- Wie können wir das Produkt umwelt- und recyclingfreundlicher gestalten?
- Wie können wir die Umweltauswirkungen der Prozesse bei Herstellung und Nutzung reduzieren?

Im Innovationsprozess findet jedoch nicht nur die Ideenfindung statt. Die Ideen sind zu bewerten, so dass nur die technisch sinnvollen, realisierbaren und wirtschaftlich profitablen Ideen weiter verfolgt werden. Die Betrachtung und Bewertung hat außerdem immer unter dem Blickwinkel Kunde zu erfolgen. Ergebnisse dieses Prozesses sind z. B. neue Produkte/Dienstleistungen oder neue (Prozess)Technologien, die in die Produktplanung einfließen.

Der Teilprozess Planung baut auf dem Innovationsprozess auf und liefert am Ende u. a. einen Projektplan. Das Ergebnis des Projekts wird zu einem erheblichen Anteil im Planungsprozess bestimmt. Der Planungsprozess kann sowohl die Einführung eines neuen Produkts, die Realisierung neuer Fertigungstechnologien oder die Konzipierung eines neuen Standortes umfassen. Aus den vorliegenden Ideen des Innovationsprozesses wird ein Anforderungsprofil mit Businessplan und Lastenheft erstellt, das anschließend in ein Pflichtenheft umgesetzt wird. Es schließt sich eine Planungs- und Realisierungsphase an, die mit der Abnahmephase durch den internen/externen Kunden endet. Die Wirtschaftlichkeit und Nachhaltigkeit des neuen Produkts oder der neuen Technologien sind einem Plan-Ist-Vergleich (z. B. Qualität, Kosten, Durchsatz, Produktivität) zu unterziehen.

Produktentwicklung
Die Entscheidungen im vorausgegangenen Planungsprozess werden im Produktentwicklungsprozess bearbeitet. Es kann sich dabei um vollständig neue Produkte oder um Produktänderungen handeln. Der Produktentwicklungsprozess beinhaltet zahlreiche Teilprozesse. Angefangen mit der Erstellung des Pflichtenheftes kann dies über den Bau und Test eines Prototyps bis hin zur abschließenden Produktfreigabe reichen.

In der Produktentwicklung werden wesentliche Umweltaspekte mit beeinflusst. Dies betrifft die Auswahl der verwendeten Materialien (Roh-, Hilfs-, Betriebsstoffe) und deren Relevanz für Mensch (Arbeitsschutz) und Umwelt (Umweltschutz). Wesentliche Umweltauswirkungen ergeben sich auch durch die Herstellung, die Nutzung und das Recycling bzw. die Entsorgung nach Ende der Nutzungsphase. Die Anforderungen an die Unternehmen werden in diesen Punkten zukünftig weiter steigen:

- Bei welchen Stoffen ist der Einsatz verboten bzw. wo liegen Beschränkungen vor?
- Welche rechtlichen Entwicklungen sind bei Einsatzbeschränkungen von Stoffen absehbar?
- Wie lassen sich gefährliche Stoffe durch ungefährlichere Materialien ersetzen?
- Wie lassen sich die Produkte umweltfreundlicher herstellen?
- Wie lassen sich die Umweltauswirkungen in der Nutzungsphase reduzieren?
- Wie lässt sich das Recycling nach Ablauf der Nutzungsphase verbessern?
- Wie lässt sich eine umweltgerechte Entsorgung sicherstellen?

Der Produktentwicklungsprozess zeichnet sich durch einen hohen Grad an wiederkehrenden Teilprozessen und Tätigkeiten aus. Die einzelnen fachlichen Inhalte der jeweiligen konkreten Entwicklungsprojekte können aber jedes Mal unterschiedlich sein. Der Produktentwicklungsprozess ist somit der organisatorische Rahmen für alle Entwicklungsprojekte.

In den Produktentwicklungsprozess ist auch die Prozessentwicklung eingebunden. Hier werden die Herstellungsprozesse geplant, also alle Teilprozesse von der Serienentwicklung bis hin zur Fertigungsplanung. Spätestens in der Fertigung fallen alle Mängel in der umweltrelevanten Planung an. Daher müssen bereits in der Prozessentwicklung alle umweltrelevanten Fragestellungen beantwortet werden.

Zum Abschluss des Produktentwicklungsprozesses sind alle notwendigen Dokumente (z. B. Genehmigungen, Zulassungen, Arbeitsanweisungen, Bedienungshinweise) für Fertigung, Einkauf, Logistik, Vertrieb und Service vorhanden.

Auftragsabwicklungsprozess
Als relativ großer Prozess ist die Auftragsabwicklung in mehrere Teilprozesse gegliedert. Dazu zählen Kundenauftrag, Materialwirtschaft, Fertigung, Lieferung und Rechnungswesen. Die Prozessergebnisse lassen sich über Leistungsparameter wie Produktqualität, Durchlaufzeiten, Produktivität, Prozesskosten relativ leicht erfassen und steuern.

Den externen Kunden interessiert am Ende nur das Ergebnis. Er möchte das bestellte Produkt zur gewünschten Zeit mit den gewünschten Eigenschaften und der zugesagten Qualität erhalten. Alle anderen Tätigkeiten des Auftragsabwicklungsprozesses sind unternehmensinterne Angelegenheiten. Dazu gehört neben der Prozesssteuerung auch die Prozessoptimierung, z. B. in Form von:

- Reduzierung der Durchlaufzeiten,
- Erhöhung der Prozessqualität,
- Verringerung des Lagerbestands,
- geringerer Platzbedarf für Zwischenlagerung.

Damit verbunden sind eine Erhöhung der Termintreue, der Reduzierung der Prozesskosten und damit eine steigende Kundenzufriedenheit.

Umweltaspekte im Unternehmen machen sich sehr stark im Teilprozess Fertigung bemerkbar. Die Umweltbelange eines Unternehmens fallen hier in Form von Abfällen, Abwässern, Emissionen und Material- und Energieverbrauch sofort ins Auge. Dabei liegen die Verursacher in einem ganz anderen Bereich, nämlich dem Produktentwicklungsprozess. Aufgrund der Produkt- und Prozessentwicklung bildet dieser Prozess den Fokus für die Umweltleistung des Unternehmens. Verbesserungsmaßnahmen im betrieblichen Umweltschutz müssen deshalb hier ansetzen.

Vom Gesetzgeber wurde diese Problematik bereits vor längerer Zeit erkannt. Fragen der Abfall-, Abwasser- und Abluftbehandlung können als gelöst angesehen werden. Der Umweltfocus muss sich verstärkt auf die Produkt- und Prozessentwicklung legen. Hier werden und müssen die rechtlichen Anforderungen steigen, da die heutige Verschwendung von Ressourcen so nicht weiter gehen kann.

Vertriebs- und Serviceprozess

Das Unternehmen lebt vom Kunden und mit ihm. Der Vertriebsmitarbeiter hat in seiner Betreuungsfunktion enge Kundenkontakte und sollte daher über die Kundenbedürfnisse und -zufriedenheit informiert sein. Um den Kunden an das Unternehmen zu binden, muss ein regelmäßiger Kundenkontakt herrschen. Die Durchführung eines Kundenbesuchs, das Auftreten des Mitarbeiters und der Verlauf des Kundengesprächs entscheiden über den ersten Erfolg im Vertriebsprozess.

Auch im Vertriebsprozess wiederholen sich einzelne Tätigkeiten nach einem bestimmten Muster. Dazu gehören z. B. das Kundengespräch, die Angebotserstellung und der Auftragsabschluss. Im Zuge der Kundenbetreuung muss der Vertriebsmitarbeiter über den Stand des Auftrags oder Projektes informiert sein. Regelmäßig sollte die Kundenzufriedenheit erfasst werden, um Verbesserungen im Vertriebsprozess zu ermöglichen. Mit den Innovationsprozessen ist der Vertriebsprozess über die Analyse der Zielgruppen, des Markts und der Mitbewerber verknüpft.

Ein Unternehmen, das seine Kunden auch weiterhin binden möchte, betreut diese auch nach der Erfüllung des Auftrags im Zuge des Kundenservice. Servicemitarbeiter erbringen Dienstleistungen für den Kunden, z. B. in Form von Reparaturen oder Wartungen der Produkte. Der Servicemitarbeiter hinterlässt als Vertreter des Unternehmens einen direkten Eindruck. Entsprechend sollte sein Auftreten sein.

Kundenreklamationen, die das Unternehmen erreichen, müssen in einem Reklamationsmanagement ernst genommen werden. Beschwerden haben eine hohe Priorität und müssen kundenorientiert gelöst werden. Nichts ist für den Ruf des Unternehmens schlimmer, als wenn sich der Beschwerde führende Kunde abgewimmelt fühlt. Die Kundenzufriedenheit dürfte in solchen Fällen drastisch sinken. Kundenreklamationen sollten in einer zentralen Datenbank erfasst und vom Prozessverantwortlichen wöchentlich auf ihren Bearbeitungsstatus hin überprüft werden. Den Mitarbeitern wird dadurch deutlich die Bedeutung der Kundenorientierung vor Augen geführt.

15.3 Prozessplanung und -steuerung

15.3.1 Einführung

Für den Unternehmenserfolg und die erzielte Leistung (Performance) spielen die Mitarbeiter (People), die Produkte und die Prozesse eine wichtige Rolle. Das Zusammenspiel aller genannten Faktoren ist erforderlich, um den gewünschten Erfolg zu erzielen.

$$\text{Performance} = \text{People} \times \text{Product} \times \text{Process}$$

In diesem P^4-Konzept wird sehr schnell deutlich, dass bei einer Verschlechterung eines der drei Ps (People, Product, Process) auch die Leistung und damit der Erfolg abnehmen. Es muss daher auf alle Faktoren in der Gleichung geachtet werden.

People
Ohne gut ausgebildete und engagierte Mitarbeiter kann kein Unternehmen existieren. Sie sind es, die ihre Aufgaben in den Prozessen kompetent ausführen müssen. Eine systematische und gezielte Personalentwicklung ist daher die Voraussetzung, die Effizienz der Prozesse zu erhalten und zu erhöhen. Zu den Mitarbeitern gehören auch gut ausgebildete Führungskräfte. Mitarbeiterführung kann nicht einfach nebenher laufen. Mitarbeiterführung erfordert die notwendige Handlungskompetenz, um der herausfordernden Führungsaufgabe gerecht werden zu können. Auch Führungskräfte brauchen eine solide Aus- und Weiterbildung in ihrem Berufsfeld.

Product
Das Produkt oder die Dienstleistung stellen das direkte Ergebnis des Wertschöpfungsprozesses dar. Dazu muss es den Qualitätsansprüchen des Kunden entsprechen. Um Kunden zu halten und neue Kunden zu gewinnen, müssen neue, innovative und umweltfreundli-

che Produkte entwickelt werden. Sie sind für die weitere Entwicklung des Unternehmens überlebenswichtig.

Process
Menschen arbeiten im Unternehmen in Prozessen. Produkte durchlaufen im Unternehmen Prozesse. Prozesse verkörpern die zentralen Punkte der Wertschöpfung im Unternehmen. Sehr oft liegt der Fokus im Unternehmen auf den Produkten, weniger auf den Mitarbeitern und den Prozessen. Die Konsequenzen sollten eigentlich allen verantwortlichen Personen klar sein. Es ist erschreckend, wie oft mit suboptimalen und ineffizienten Prozessen gearbeitet wird. Vieles ist im Laufe der Zeit im Unternehmen zur Gewohnheit geworden. Mit einem entsprechenden Aufwand wird viel gearbeitet, um die gewünschten Leistungen zu erzielen. Ob allerdings effektiv gearbeitet wird, steht auf einem anderen Blatt. Daher besteht in Prozessen oft Handlungsbedarf, um ein effizienteres Arbeiten zu ermöglichen. Um dieses Potenzial zu entdecken, müssen Prozesse überwacht, gesteuert und optimiert werden.

15.3.2 Strategische Prozesssteuerung

Durch die strategische Prozesskontrolle und -steuerung entsteht eine Verknüpfung zwischen der Unternehmensstrategie und den Geschäftsprozessen. Die Balanced Scorecard ist dafür eine wichtige Basis. Sie enthält Messgrößen und kritische Erfolgsfaktoren, mit deren Hilfe eine Kontrolle der strategischen Ziele möglich ist. Sie führt außerdem Maßnahmen zur Zielerreichung auf. In einem rollierenden System wird die Balanced Scorecard quartalsweise überprüft und jährlich fortgeschrieben. Die Geschäftsführung steuert Abweichungen von der Zielerreichung mit entsprechenden Maßnahmen entgegen.

Durch die Systematik der Balanced Scorecard wird die Umsetzung und Kontrolle der Strategie erleichtert. Der Fokus liegt nicht mehr nur allein auf finanziellen Kennzahlen. Aufgrund ihrer klaren Struktur lässt sich die Akzeptanz der strategischen Ziele über alle Hierarchieebenen hinweg erhöhen. Die immer eingeschränkt zur Verfügung stehenden Ressourcen können strategisch gebündelt und zielorientiert eingesetzt werden. Bei der Erarbeitung der strategischen Ziele, Messkriterien und Zielgrößen sind immer mögliche Potenziale zu identifizieren, die über entsprechende Maßnahmen realisiert werden.

15.3.3 Betriebliche Prozesssteuerung

Die betriebliche Prozessplanung und -steuerung umfasst die Auswahl der notwendigen Leistungsparameter. Diesen kritischen Erfolgsfaktoren (Key Perfomance Indicators) kommt eine besondere Bedeutung zu. Mit ihnen wird die Effizienz und Effektivität von Prozessen gemessen. Die Parameter müssen sich aus der strategischen Prozesssteuerung ableiten lassen und relevant sein. Sie müssen für die notwendige Transparenz und Objektivität sorgen. Die zuständigen Mitarbeiter müssen die Bedeutung der Leistungsparameter

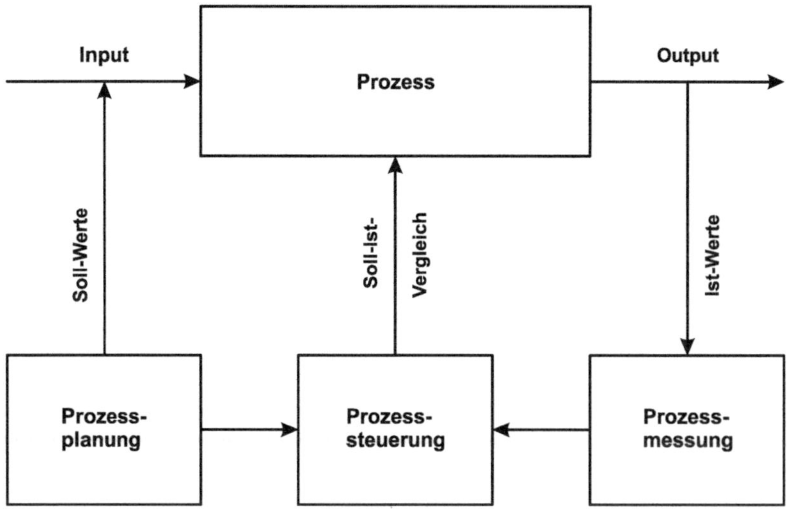

Abb. 15.5 Regelkreis der Prozesssteuerung

erkennen. Nur dann werden sie auf Akzeptanz und Anwendung stoßen. Und zum Schluss: Die Erfassung, Auswertung und Anwendung der Parameter muss wirtschaftlich und nützlich sein.

Die Prozessplanung liefert die für die Prozesssteuerung notwendigen Soll-Vorgaben (Abb. 15.5). Mit einem entsprechenden Überwachungs- und Kontrollinstrumentarium werden die Ist-Werte der Prozessausführung erfasst. Über einen Soll-Ist-Vergleich wird der Prozess gesteuert.

Für die Messung der Prozessleistung haben sich vier globale Indikatoren heraus kristallisiert (Abb. 15.6):

- Kundenzufriedenheit,
- Kosten,
- Qualität,
- Zeit.

So müssen die Kundenzufriedenheit hoch und die Kosten gleichzeitig niedrig sein. Entsprechendes gilt für die Qualität. Der Kunde kann z. B. eine hohe Produktqualität mit niedrigen Kosten bei schneller Lieferung erwarten.

Kundenzufriedenheit

Der Kundenzufriedenheit wird von vielen Unternehmen ein hoher Stellenwert zugeordnet. Unausgesprochen werden vom Kunden bestimmte Anforderungen (z. B. Qualität, Service, Liefertreue) als selbstverständlich erachtet. Werden diese Anforderungen erfüllt, hat dies keine Auswirkungen auf die Kundenzufriedenheit. Der Kunde wird erst aufmerksam, wenn diese Anforderungen nicht erfüllt werden. Er reagiert mit Unzufriedenheit.

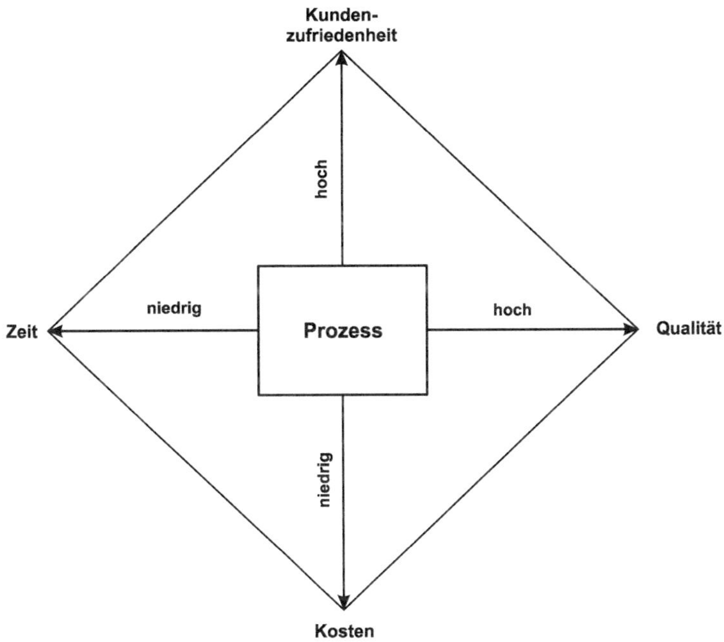

Abb. 15.6 Key Performance Indicators

Jeder Kunde stellt an das gewünschte Produkt oder die Dienstleistung bestimmte Leistungsanforderungen. Je nach Erfüllung der Anforderungen kann ein bestimmtes Maß an Zufriedenheit erreicht werden. Werden die Erwartungen übertroffen, führt dies zu einer höheren Zufriedenheit. Verfügt das Produkt zudem über ganz besondere Eigenschaften, steigt die Kundenzufriedenheit zusätzlich an. Werden die Leistungsanforderungen nicht erfüllt, führt dies zu einer starken Unzufriedenheit beim Kunden.

Messungen zur Kundenzufriedenheit können gezielt durch Fragebögen, Telefonumfragen oder persönliche Gespräche durchgeführt werden. Nach extern können Mitarbeiter, die in häufigem Kundenkontakt stehen, gute Quellen für eine Messung der Kundenzufriedenheit sein. Nach intern können Beschwerden, Garantiefälle, Reklamationen, etc. eine sehr aufschlussreiche und zugleich kostengünstige Quelle sein.

Kosten

Die Kostenrechnung stellt eine Wirtschaftlichkeitskontrolle dar, deren Aussagekraft entscheidend von der Art der Kostenrechnung abhängt. Bei der klassischen Kostenrechnung werden die einzelnen Kosten den entsprechenden betrieblichen Leistungen zugeordnet. Problematisch ist, dass anfallende Gemeinkosten keiner Bezugsgröße direkt zugeordnet werden können. Sie werden über pauschale Schlüssel verteilt, ohne z. B. Rücksicht auf Serienfertigung oder Spezialanfertigungen zu nehmen. Besitzen die Gemeinkosten gegenüber den Einzelkosten ein Übergewicht, so entstehen weitere Probleme. Die Kostenkalkulation wird ungenauer und fehlerbehaftet sein.

Bei der Prozesskostenrechnung werden die Kosten umfassender und spezifischer aufgeteilt. Die entstehenden Produktkosten lassen sich verursachergerechter ermitteln. Dabei baut die Prozesskostenrechnung auf der Kostenstellen- und Kostenartenrechnung auf. Die einzelnen Tätigkeiten werden über die Teilprozesse zu den Hauptprozessen zusammengefasst. Die in den Teilprozessen anfallenden Gemeinkosten lassen sich besser in einen leistungsabhängigen und in einen leistungsneutralen Anteil unterscheiden.

Qualität

In der Praxis des Unternehmens wird viel Wert auf die Produktqualität gelegt. Im Gegensatz dazu kommt die Prozessqualität eher zu kurz. Dabei hängt die Produktqualität direkt von der Prozessqualität ab. Schließlich entstehen hochwertige Produkte nur dann, wenn die Prozesse beherrscht werden und fehlerfrei sind. Ursachen für Produktfehler sind daher immer u. a. in Prozessfehlern zu suchen. Mangelnde Qualität hat immer Kosten und Umweltbelastungen zur Folge.

Zur Gewährleistung von Produktqualität – und damit verbunden von Prozessqualität – muss die Leistung von Prozessen eindeutig definiert sein. Für die Planung der notwendigen Messungen und Auswertungen müssen eine Reihe von Fragen beantwortet werden:

- Was soll gemessen werden (Produkt-, Anlagen-, Prozessparameter)?
- Wie soll gemessen werden (Messmethode, -instrument, -größen)?
- Wo soll gemessen werden (Messwert)?
- Wann soll gemessen werden (kontinuierlich, diskontinuierlich)?
- Wie soll ausgewertet werden (z. B. Mittelwert, Standardabweichung, First Pass Yield)?
- Wer ist für die Durchführung, Auswertung, Berichterstattung zuständig bzw. verantwortlich?

Messmethoden umfassen quantitative (z. B. Stückzahlen, Konzentrationen) und qualitative (z. B. Kunden-, Mitarbeiterzufriedenheit) Methoden. Sie sind regelmäßig zu kalibrieren (quantitative Messungen) bzw. zu evaluieren (qualitative Messungen). Sorgfältige Messungen sind die Grundlage für die Produkt- bzw. Prozessqualität. Nur mit aussagekräftigen Messungen lassen sich Leistungsverbesserungen erzielen.

Bei der Planung und Durchführung von Messungen spielen quality gates eine wichtige Rolle. Sie stellen die critical control points im Prozess dar. Von daher müssen sie unbedingt sorgfältig geplant werden. Werden zu viele Kontrollpunkte gesetzt, fallen zusätzliche Messkosten an. Werden zu wenige Kontrollpunkte gesetzt, besteht die Gefahr des Fehlerschlupfs. In späteren Prozessabschnitten können so höhere Fehlerkosten entstehen.

Parameter, die Kundenzufriedenheit und Kosten umfassen, werden diskontinuierlich gemessen. So wird z. B. die externe Kundenzufriedenheit halbjährlich oder jährlich gemessen. Die Kostenkontrolle kann z. B. auf monatlicher oder quartalsmäßiger Basis erfolgen.

Parameter, die Qualität und Zeit umfassen, sollten möglichst kontinuierlich oder in kurzen Zeitabständen gemessen werden. So lässt sich die Produktqualität prinzipiell nach jeder Tätigkeit messen. Prozessparameter (z. B. Temperaturen, Konzentrationen) lassen

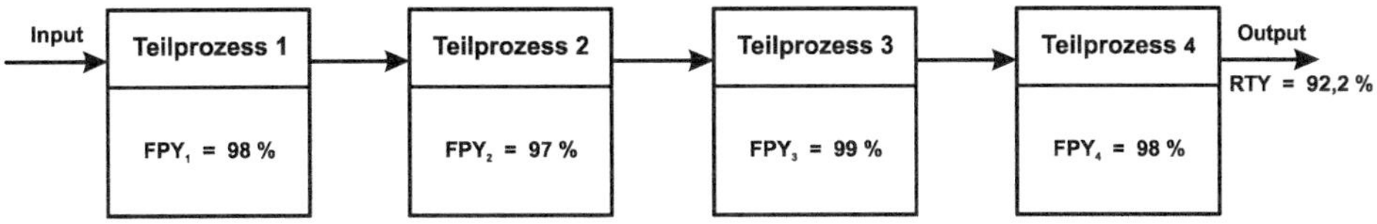

Abb. 15.7 First Pass Yield und Gesamtausbeute bei Prozessen ***erst wenn Seiten eingerichtet***

sich oft kontinuierlich bestimmen. Um schneller und gezielter auf Abweichungen reagieren zu können, sollten kontinuierliche bzw. häufige Messintervalle angestrebt werden. Ziel muss es sein, Fehler möglichst frühzeitig zu entdecken, um rechtzeitig Gegenmaßnahmen einleiten zu können.

First Pass Yield (FPY)

Eine wichtige Qualitätsangabe in Prozessen ist der First Pass Yield (FPY). Er gibt die Anzahl an bearbeiteten Objekten an, die innerhalb einer bestimmten Zeiteinheit fehlerfrei bearbeitet wurden. Bezugsgröße ist die Gesamtheit aller bearbeiteten Objekte.

$$\text{FPY}\,(\%) = \frac{\Sigma \text{ fehlerfrei bearbeitete Objekte}}{\Sigma \text{ alle bearbeitete Objekte}} \times 100\,\%$$

Die Multiplikation aller FPYs verschiedener Teilprozesse liefert die Gesamtausbeute oder Rolled Throughput Yield (RTY) des Prozesses. Abb. 15.7 zeigt einen schematischen Prozess mit vier Teilprozessen. Für jeden Teilprozess ist der First Pass Yield angegeben. Multipliziert man alle Werte miteinander, so wird eine Gesamtausbeute von:

$$\begin{aligned} \text{RTY} &= 0{,}98 \times 0{,}97 \times 0{,}99 \times 0{,}98 \\ \text{RTY} &= 0{,}922 \\ \text{RTY}\,(\%) &= 92{,}2\,\% \end{aligned}$$

erhalten. Dieses Ergebnis wird oft über eine Nacharbeit der fehlerhaft bearbeiteten Objekte verbessert; und dies kostet Geld. Warum also nicht dafür Sorge tragen, dass diese Fehler erst gar nicht auftreten?

Six Sigma (6σ)

Eine weitere oft verwendete Qualitätsangabe ist 6 Sigma (6σ). Mit dieser Angabe wird die Prozessleistung gemessen. In jedem Prozess werden bestimmte Messgrößen oder Parameter erfasst. Aufgrund zufälliger Fluktuationen schwanken die Messwerte um einen Mittelwert. Mathematisch werden diese Streuungen über Mittelwert ($\overline{\text{x}}$) und Standardabweichung (σ) angegeben und als Gaußsche Fehlerverteilung dargestellt.

Unter den Kurven in Abb. 15.8 befinden sich alle Messwerte. Für beide Prozesse A und B sind die Mittelwerte $\overline{\text{x}}_{\text{A}}$ und $\overline{\text{x}}_{\text{B}}$ gleich. Im Prozesse B ist die Streuung der Messwerte jedoch wesentlich geringer, d. h. dieser Prozess ist stabiler und damit leistungsfähiger.

15

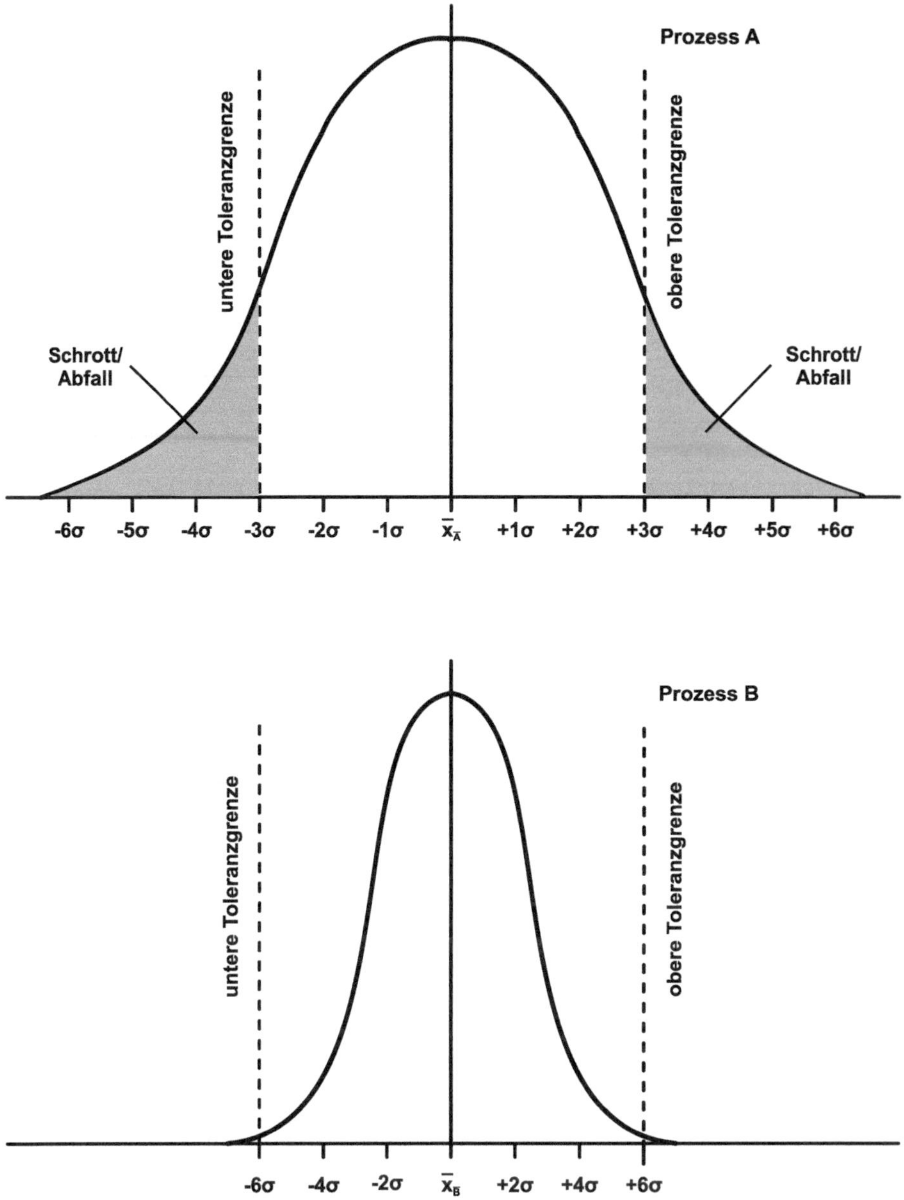

Abb. 15.8 Gaußsche Fehlerverteilung für zwei Prozesse A und B

Produkte, die die Toleranzgrenzen im Prozess A überschreiten, müssen aufgrund von Qualitätsmängeln nachgearbeitet oder verschrottet werden. Dies erhöht zwangsläufig die Umweltauswirkungen des Prozesses.

Die 6-Sigma-Philosophie sagt nun aus, dass bei einer Million Messungen im Schnitt nur 3,4 Messungen außerhalb der Toleranzgrenzen liegen. Die Fehlerrate wird dann oft auch in ppm (parts per million) angegeben. Eine Prozessqualität von 6σ ist dann mit einer Fehlerrate von 3,4 ppm verbunden.

Prozesszeiten

Durch die Dimension Zeit werden die Prozesseffektivität und die Prozesseffizienz wesentlich beeinflusst. Eine kurze Prozesszeit ist vorteilhaft, weil damit die Flexibilität erhöht, die Kosten gesenkt und letztlich ein besseres Ergebnis erzielt werden kann. Neben der Prozesszeit ist auch die Termintreue gegenüber dem Kunden von hoher Bedeutung für ein Unternehmen. Werden Termine nicht eingehalten, entsteht nicht nur beim und mit dem Kunden ein Problem. Auch die gesamte unternehmensinterne Kosten- und Terminplanung gerät ins Wanken.

In Prozessen lässt sich die Zeit anhand verschiedener Größen wie:

- Durchlaufzeit (t_{DZ}),
- Zykluszeit (t_{ZZ}),
- statische Prozesszeit (t_{sPZ}),
- dynamische Prozesszeit (t_{dPZ}),
- Zeitdifferenz (η_Z),
- Termintreue (η_T)

messen und bewerten.

Die Durchlaufzeit t_{DZ} ermittelt die Zeit vom Start eines Prozesses bis zu seinem Ende. Parallel verlaufende Teilprozesse werden nicht berücksichtigt. Sie werden über die Zykluszeit t_{ZZ} ausgedrückt (Abb. 15.9). Im Beispiel ergeben sich für die Durchlaufzeit und Zykluszeit aller Teilprozesse und Zwischenlagerungen:

- $t_{DZ} = 25$ Tage,
- $t_{ZZ} = 37$ Tage.

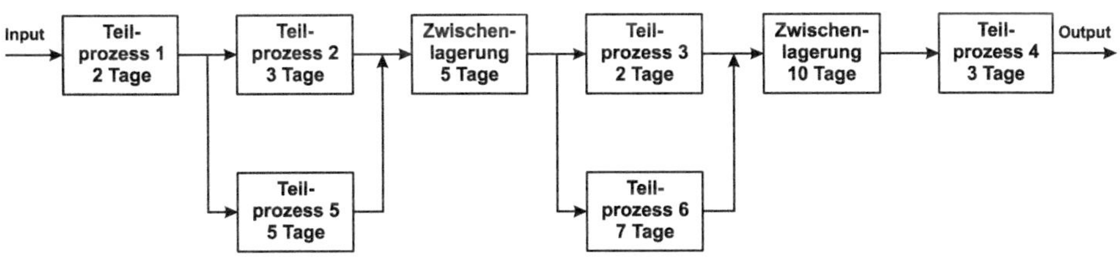

Abb. 15.9 Durchlaufzeit und Zykluszeit

Durch die Parallelisierung von Teilprozessen und Eliminierung von Zwischenlagern lässt sich die Durchlaufzeit reduzieren.

Die statische Prozesszeit (t_{sPZ}) gibt an, wie lange die durchschnittliche Bearbeitung eines Objektes in einem Teilprozess gedauert hat. Dazu wird die benötigte Bearbeitungsdauer (Δt) aller Objekte (N_i) aufsummiert und durch die Gesamtanzahl der Objekte (ΣN_i) dividiert.

$$t_{sPZ} = \frac{\Sigma\, \Delta t(N_i)}{\Sigma\, N_i}$$

Bei der dynamischen Prozesszeit (t_{dPZ}) werden auch die begonnenen und noch nicht fertig gestellten Objekte in die Berechnung mit einbezogen. Bezugsgröße ist die mittlere Prozessgeschwindigkeit (v_{PG}). Sie beschreibt das Verhältnis aller bearbeiteten und abgeschlossenen Objekte (ΣN_i (abgeschlossen)) innerhalb einer Messperiode (Δt).

$$V_{PG} = \frac{\Sigma\, N_i\,(\text{abgeschlossen})}{\Delta t}$$

Für die dynamische Prozesszeit gilt dann:

$$t_{dPZ} = \frac{\Sigma\, N_i\,(\text{in Arbeit})}{V_{PG}}$$

Das Beispiel in Tab. 15.3 verdeutlicht den Unterschied zwischen der statischen und dynamischen Prozesszeit. Für die statische Prozesszeit ergibt sich:

$$\begin{aligned} t_{sPZ} &= \frac{1\,\text{Tag} + 5\,\text{Tage} + 2\,\text{Tage}}{3\,\text{Objekte}} \\ &= 2{,}7\,\text{Tage/Objekt} \end{aligned}$$

Für die dynamische Prozesszeit ergibt sich:

$$\begin{aligned} V_{PG} &= \frac{3\,\text{Objekte}}{10\,\text{Tage}} \\ t_{dPZ} &= \frac{2\,\text{Objekte (in Arbeit)}}{V_{PG}} = 6{,}7\,\text{Tage} \end{aligned}$$

Tab. 15.3 Beispiel für statische (t_{sPZ}) und dynamische (t_{dPZ}) Prozesszeiten

Objekt	Starttermin (tS)	Endtermin (tE)	Zeitdifferenz (tE–tS)
1	Tag 1	Tag 2	1 Tag
2	Tag 2	Tag 7	5 Tage
3	Tag 5	–	–
4	Tag 6	Tag 8	2 Tage
5	Tag 10	–	–

Während die statische Prozesszeit die mittlere Bearbeitungsdauer pro Objekt angibt, beschreibt die dynamische Prozesszeit wie schnell die zu bearbeitenden Objekte durch den Prozess laufen. Letztere liefert daher eine bessere Aussage über die Leistung des Prozesses.

Wie aus Abb. 15.9 zu erkennen ist, enthält der Prozess mehrere Zwischenlagerungen. Zusätzlich müssen bearbeitete Objekte von einem Teilprozess zum nächsten transportiert werden. Diese Transfer- und Lagerzeiten leisten keinen Beitrag zur Wertschöpfung und sind primär zu eliminieren. Um das Leistungsniveau eines Prozesses zu messen wird die Zeiteffizienz (η_Z) verwendet. Sie setzt die Summe der einzelnen Bearbeitungszeiten für ein Objekt (t_B) zur Durchlaufzeit (t_{DZ}) ins Verhältnis:

$$\eta_Z = \frac{\Sigma t_B}{t_{DZ}}$$

Eine weitere wichtige zeitliche Kenngröße ist die Termintreue (η_T). Darunter ist die Einhaltung der im Vertrag mit dem Kunden vereinbarten Lieferzeiten zu verstehen. Gemessen wird die Termintreue durch den Anteil an Objekten der fristgerecht abgeliefert wurde, dividiert durch die Anzahl aller bestellten Objekte.

$$\eta_T = \frac{\Sigma N_i\ (\text{fristgerecht})}{\Sigma N_i\ (\text{bestellt})}$$

Damit ergibt sich eine maximale Termintreue von 100 %. Ungenügende Termintreue kann z. B. auf geringer Prozessleistung, schlechter Terminplanung, Qualitätsmängeln oder zu geringer Kapazität beruhen.

15.4 Prozessoptimierung

Ein wichtiger Teil der operativen Prozesssteuerung und -optimierung sind regelmäßige Prozessberichte. Sie geben einen schnellen und aktuellen Überblick zu Soll- und Istwerten, Trends und Abweichungen der einzelnen Prozesse. Der Prozessbericht muss nach Aufbereitung der entsprechenden Daten die Leistungssituation und die Leistungsentwicklung des Prozesses darstellen. Als Standard sollten in den Prozessberichten die vier Schlüsselindikatoren mit ihren abgeleiteten Größen ausgewiesen werden.

Basierend auf den Prozessberichten kann ein kontinuierlicher Verbesserungsprozess (Kaizen-Prozess) eingeleitet werden. Eine Prozessoptimierung kann an verschiedenen Punkten ansetzen, z. B. an der Prozessführung mit ihren Führungskräften und Mitarbeitern. Potenziale bieten sich hier in einer gezielten Kompetenzentwicklung. Bei der Prozessorganisation ist die Reduzierung von Transport- und Liegezeiten ein Ansatzpunkt für die Optimierung. Für die Prozesssteuerung müssen die richtigen Informationen zeitnah am benötigten Ort vorliegen. Veränderungen können auch am Produkt selber durchgeführt werden.

Primäres Ziel eines kontinuierlichen Verbesserungsprozesses muss die Erhöhung der Kundenzufriedenheit sein. Weitere Ziele können die Erhöhung der Prozess- und Produktqualität oder die Reduzierung der Umweltauswirkungen sein, in dem Schwachstellen erkannt und beseitigt werden.

Kostensenkungen kommen nicht nur dem Kunden, sondern dem Unternehmen selber in Form einer verbesserten Wettbewerbsfähigkeit und höheren Gewinnen zu gute. Durch eine Erhöhung der Zeiteffizienz kann das Unternehmen außerdem schneller auf Änderungen der Kundenbedürfnisse reagieren.

Total Quality Management (TQM)
Der kontinuierliche Verbesserungsprozess zur Prozessoptimierung ist mit zahlreichen Managementkonzepten des Total Quality Managements (TQM) verbunden, z. B.:

- Kanban,
- Just-In-Time (JIT),
- Kaizen,
- Qualitätszirkel (Quality Circle),
- Failure Mode and Effects Analysis (FMEA),
- Ökoeffizienzbewertung,
- Plan-Do-Check-Action (PDCA-Zyklus),
- Wertanalyse,
- Wertstromdesign.

Zur Vertiefung der jeweiligen Konzepte wird auf die einschlägige Literatur verwiesen.

In den beiden folgenden Abschnitten wird auf einige wichtige Qualitäts- und Managementwerkzeuge eingegangen, mit deren Hilfe eine Prozess- und Produktoptimierung möglich ist. Mit Hilfe der Qualitätswerkzeuge werden Daten und Informationen für eine Entscheidungsfindung aufgearbeitet. Die Managementwerkzeuge sind dagegen Moderationstechniken, die die Entscheidungsfindung und kreative Problemlösungsprozesse unterstützen.

15.4.1 Qualitätswerkzeuge

Durch die visuelle Darstellung von Daten und Informationen sind bei den Qualitätswerkzeugen die Informationen gut zu erkennen. Wichtige Qualitätswerkzeuge sind:

- Fehlersammellisten,
- Qualitätsregelkarten,
- Histogramme,
- Gaußsche Fehlerverteilung,

- Pareto-Diagramme,
- Korrelationsdiagramme.

Fehlersammellisten

Die Fehlersammelliste (Strichliste) ist eine sehr einfache Methode zur Fehlererfassung. Die zu erfassenden Fehler werden benannt und in einer Tabelle zusammengestellt (Abb. 15.10). In einer weiteren Spalte wird die Anzahl der Fehler notiert. Mit relativ geringem Aufwand lassen sich Fehlerschwerpunkte identifizieren. Eine Aussage über das zeitliche Auftreten der Fehler ist dagegen nicht möglich. Bei sehr vielen verschiedenen Fehlern wird die Fehlersammelliste schnell unübersichtlich.

Abb. 15.10 Einfache Fehlersammelliste

Nr.	Fehlerart	Anzahl der Fehler
1	falsche Beschriftung	II
2	interne Reklamationen	IIII
3	fehlende Freigabe	~~IIII~~ IIII
4	fehlende Unterweisung	~~IIII~~ II
5	veraltetes Datenblatt	~~IIII~~ ~~IIII~~ IIII
N	sonstige Fehler	IIII

Qualitätsregelkarte

Mit der Qualitätsregelkarte wird die Prozessqualität in Abhängigkeit von der Zeit betrachtet. Aufgetragen wird das zu überwachende Qualitätsmerkmal als Funktion eines anderen Parameters (Zeit, Temperatur, etc.) (Abb. 15.11). Der festgelegte Soll-Wert wird um statistische Abweichungen nach oben und unten ergänzt. Regelkarten werden im Rahmen der statistischen Prozesssteuerung (statistical process control, SPC) angewandt.

Kontinuierlich oder diskontinuierlich werden im Prozess Daten erhoben und in die Qualitätsregelkarte eingetragen. Bei Erreichung der Warngrenzen ist eine erhöhte Aufmerksamkeit notwendig; bei Überschreitung der Eingriffsgrenzen ist ein Eingreifen erforderlich. Bei der Auswertung einer Qualitätsregelkarte muss zwischen zufälligen und systematischen Fehlern unterschieden werden.

Zufällige Fehler führen zu einer statistischen Streuung der Messdaten um den Soll-Wert. Systematische Fehler führen zu einer langsamen trendmäßigen Verschiebung der Messdaten des Qualitätsmerkmals. Von einem Trend wird gesprochen, wenn mehr als 7 Werte in gleicher Richtung verlaufen.

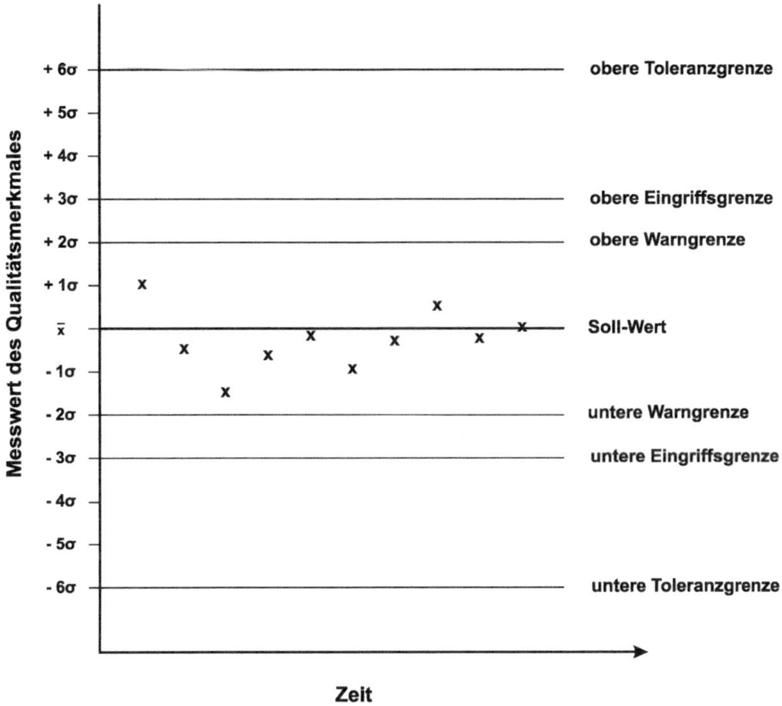

Abb. 15.11 Qualitätsregelkarte mit verschiedenen Eingriffsgrenzen

Histogramm

Das Histogramm ist ein Balkendiagramm zur grafischen Darstellung der Häufigkeitsverteilung von Daten. Die Balkenhöhe ist proportional der Häufigkeit der Daten; die Klassenbreite (Säulenbreite) ist im Histogramm immer gleich (Abb. 15.12). Das Histogramm macht sofort deutlich, ob die erhaltenen Messwerte normal verteilt sind. Die Häufigkeitsverteilung der einzelnen Klassen streut um den häufigsten Wert. Im Beispiel ist dies die Klasse 6. Bei den Messdaten der Klasse 13 könnte es sich um Ausreißer handeln, da dieser Balken stark von der Normalverteilung abweicht. Dies ist im Einzelfall zu prüfen.

Um die Daten zu klassifizieren, muss der gesamte Messbereich ($x_{max} - x_{min}$) in eine bestimmte Anzahl von Klassen (m) unterteilt werden. Die Klassenbreite (b) berechnet sich zu

$$b = \frac{x_{max} - x_{min}}{\sqrt{N}}$$

wobei N die Gesamtanzahl der Daten ist.

Klasse	Messwert	relative Häufigkeit
1	46,6 - 47,0	0 %
2	47,1 - 47,5	2 %
3	47,6 - 48,0	4 %
4	48,1 - 48,5	10 %
5	48,6 - 49,0	16 %
6	49,1 - 49,5	20 %
7	49,6 - 50,0	14 %
8	50,1 - 50,5	11 %
9	50,6 - 51,0	6 %
10	51,1 - 51,5	3 %
11	51,6 - 52,0	3 %
12	52,1 - 52,5	1 %
13	52,6 - 53,0	10 %

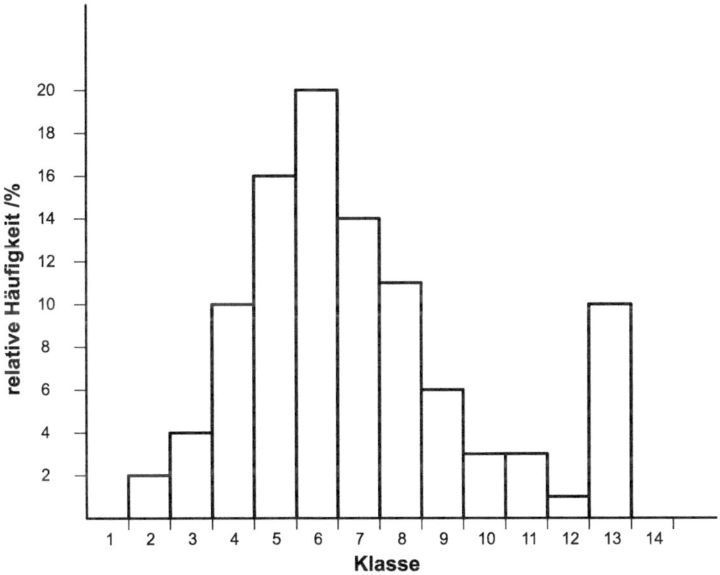

Abb. 15.12 Histogramm mit Ausreißer

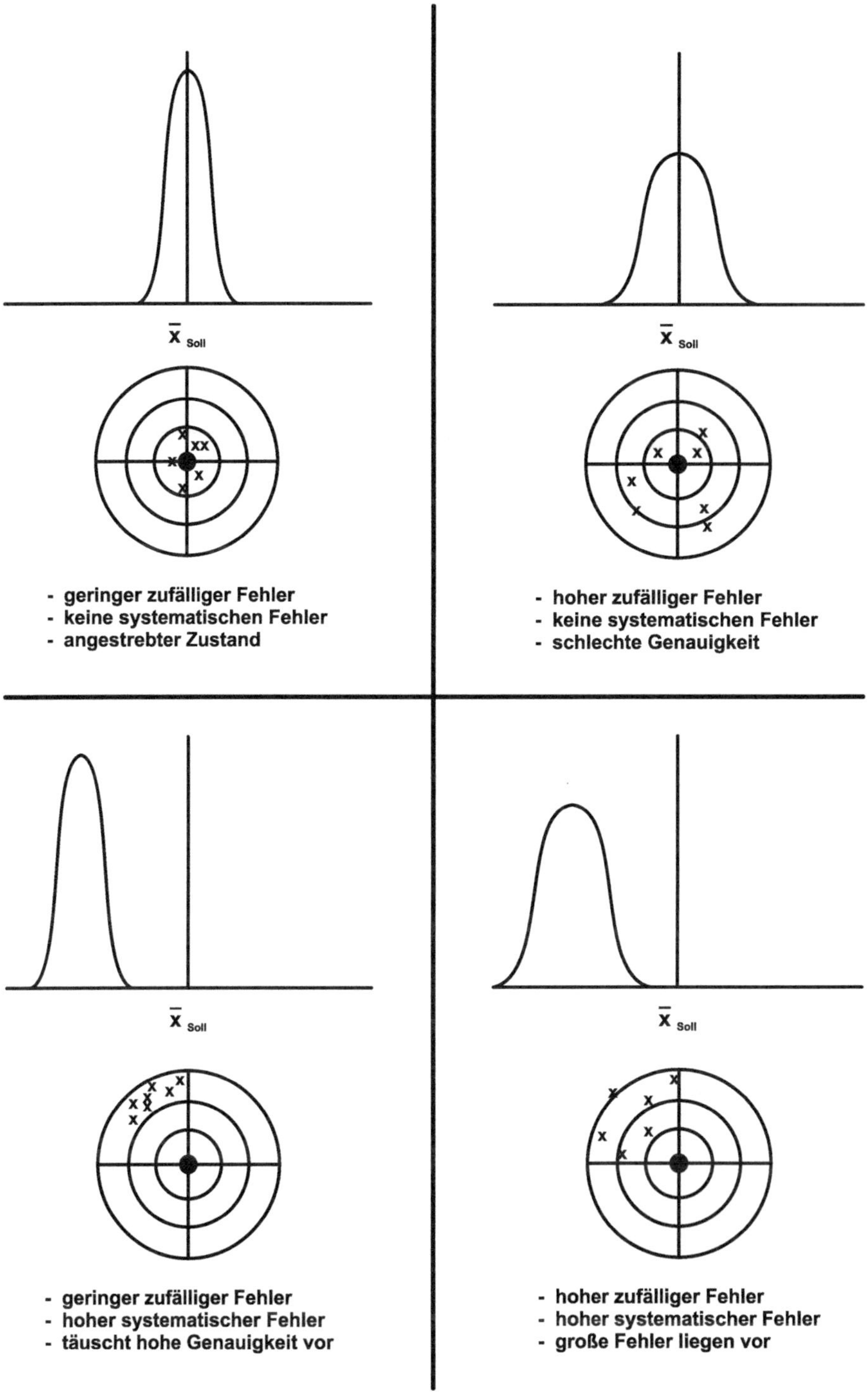

Abb. 15.13 Gaußsche Fehlerverteilung mit verschiedenen Fehlertypen

Gaußsche Fehlerverteilung

Auch bei sehr sorgfältigem Arbeiten ist die Zuverlässigkeit eines Prozesses bis zu einem gewissen Grad vom Zufall abhängig und dadurch mit Fehlern behaftet. Sie lassen sich nie mit absoluter Sicherheit vermeiden. Liegen sehr viele Messwerte vor, so geht das Histogramm in eine Gaußsche Fehlerverteilung über.

Grundsätzlich wird zwischen systematischen und zufälligen Fehlern unterschieden (Abb. 15.13). Bei systematischen Fehlern liegen die Ergebnisse entweder oberhalb oder unterhalb des wahren Wertes. Sie können beispielsweise durch Gerätefehler wie Drift oder Methodenfehler entstehen. Bei zufälligen Fehlern wird die Präzision der Ergebnisse verschlechtert. Sie haben ihre Ursachen meist in Ungenauigkeiten bzgl. der Arbeitsweise und der Handhabung von Geräten.

Pareto-Diagramm

Im Pareto-Diagramm werden die Ergebnisse einer Untersuchung nach ihrer Häufigkeit geordnet und grafisch aufgetragen. Die Hauptfaktoren sind durch ihre Rangfolge und Größe leicht erkennbar. Abb. 15.14 zeigt die Ergebnisse der Fehlersammelliste (Abb. 15.9) als Pareto-Diagramm.

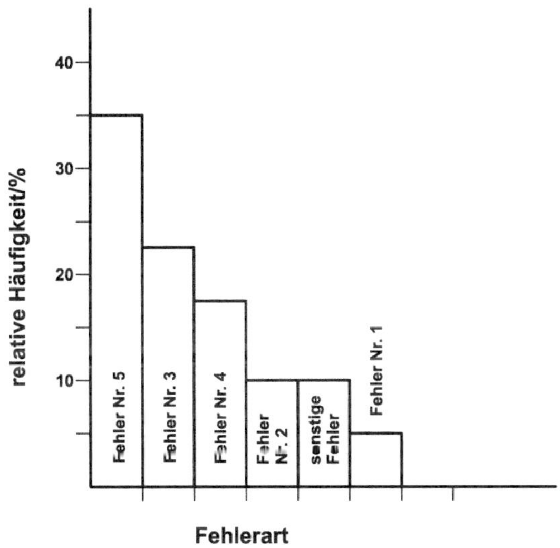

Abb. 15.14 Pareto-Diagramm verschiedener Fehlerarten

Das Pareto-Diagramm ist ein Histogramm (Balkendiagramm), bei dem die Säulen nach absteigender Größe sortiert sind. Die Hauptverursacher lassen sich so leicht identifizieren.

Korrelationsdiagramm

Das Korrelationsdiagramm stellt die Beziehung zwischen zwei Größen grafisch und mathematisch dar. Dafür werden die zueinander gehörenden Werte in ein Koordinatensystem übertragen. Zur näheren Überprüfung der Korrelationsvermutung wird mathematisch eine Regressionsgerade erstellt und der Korrelationskoeffizient (r) berechnet.

Abb. 15.15 Korrelationsdiagramm für eine biologische Abwasserbehandlung

Abwasservolumen/ m^3	BSB_5 - Bedarf/ g O_2
35,8	10
38,7	15
40,0	15
41,1	20
43,4	20
44,5	20
52,2	30
56,8	30
72,1	50
78,3	55
82,2	60
84,9	60
88,5	70

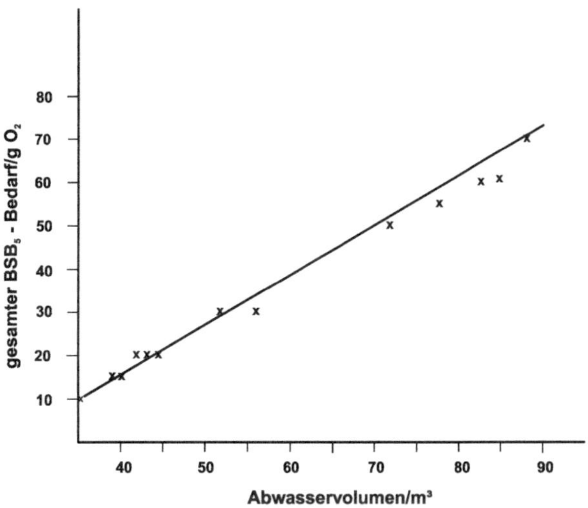

Abb. 15.15 zeigt den gesamten biologischen Sauerstoffbedarf (BSB_5) als Funktion des Abwasservolumens. Es ergibt sich mit einem Korrelationskoeffizient von $r = 0{,}99$ ein linearer Zusammenhang zwischen beiden Größen.

Der Korrelationskoeffizient errechnet sich aus den x- und y-Werten zu:

$$r = \frac{\Sigma\,(x_i - \overline{x})\,(y_i - \overline{y})}{\sqrt{\Sigma\,(x_i - \overline{x})^2 \cdot \Sigma\,(y_i - \overline{y})^2}}$$

Grundsätzlich sind fünf Arten von Korrelationsbeziehungen möglich:

- absoluter positiver Zusammenhang ($r = +1$),
- schwacher positiver Zusammenhang ($0 < r < 1$),
- kein Zusammenhang ($r = 0$),
- schwacher negativer Zusammenhang ($-1 < r < 0$),
- absoluter negativer Zusammenhang ($r = -1$).

Korrelationsdiagramme (Abb. 15.16) sind besonders geeignet, um lineare Zusammenhänge zwischen zwei Größen zu erkennen. Die beiden Parameter sind im Idealfall linear voneinander abhängig. Bei der Prozesssteuerung oder der Überwachung der Produktqualität ist es deshalb ausreichend, nur einen Parameter zu messen. Die zweite Größe lässt sich dann mathematisch berechnen.

15.4.2 Managementwerkzeuge

Die Qualitätswerkzeuge liefern mit ihren Aufbereitungs- und Darstellungsmöglichkeiten die Grundlage für eine sorgfältige Prozess- und Produktanalyse. Für Analyse- und Optimierungszwecke lassen sich verschiedene Managementwerkzeuge einsetzen. Dazu gehören Moderationstechniken, wie:

- Brainstorming,
- Methode 6-3-5,
- Ishikawa-Diagramm,
- Matrixdiagramm,
- Portfoliodiagramm.

Brainstorming
Die Brainstorming-Methode lässt sich auf zwei Grundprinzipien zurückführen:

- Quantität führt zu Qualität,
- Bewertungsaufschub der Ideen.

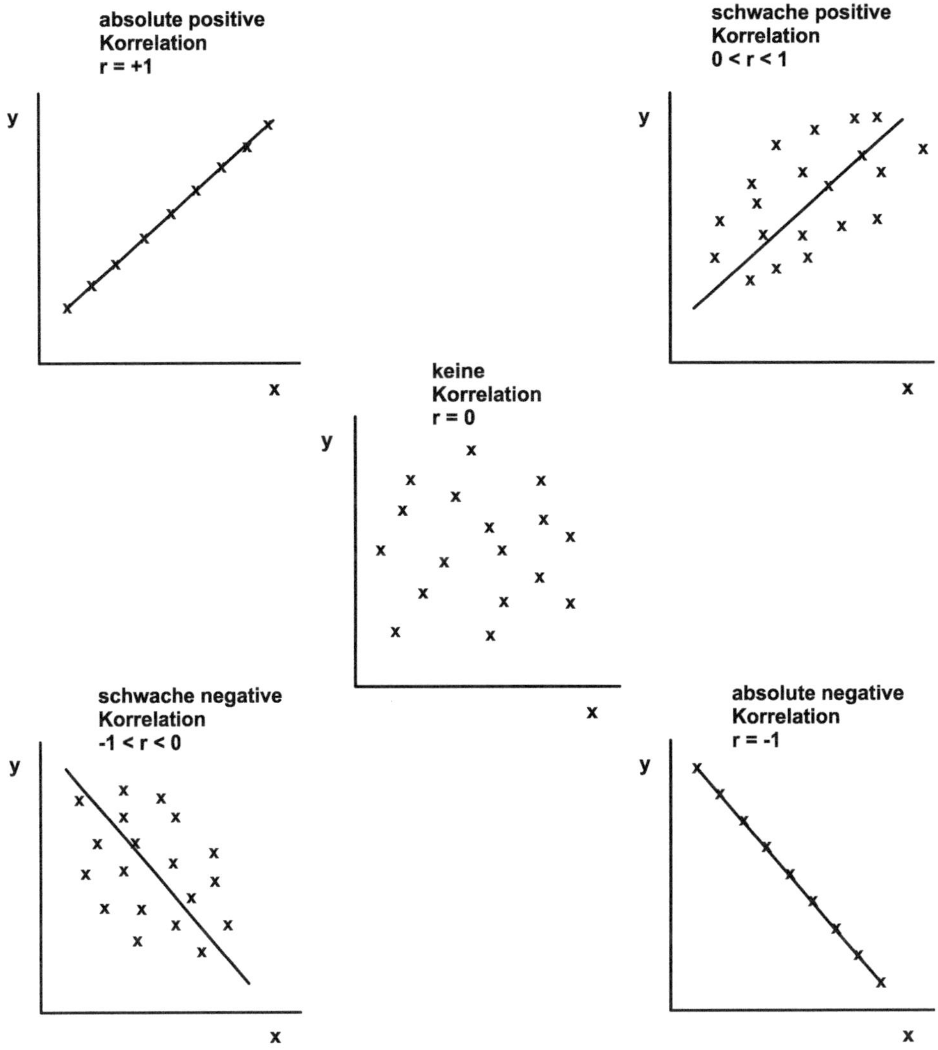

Abb. 15.16 Fünf Möglichkeiten für Korrelationen

Dazu lässt sich der gesamte Problemlösungsprozess in vier Phasen unterteilen (Abb. 15.17). Um einen optimalen Problemlösungsprozess zu erhalten, ist eine strikte Trennung dieser vier Phasen notwendig. Das Ziel des Brainstormings ist es, so viele Ideen oder Lösungsmöglichkeiten wie möglich zu einem vorgegebenen Thema zu entwickeln.

Dies geschieht durch spontane Ideenäußerungen, die frei von Zwängen geschehen sollten. Deswegen geht man nach bestimmten Verhaltensweisen vor, die Barrieren verringern und kreatives Verhalten unterstützen. Die Vorgehensweise und die Regeln für das Brainstorming sind so weit verbreitet, dass sie als allgemeine Regeln in vielen Bereichen zu finden sind und ihre ursprüngliche Herkunft nicht mehr zu erkennen ist:

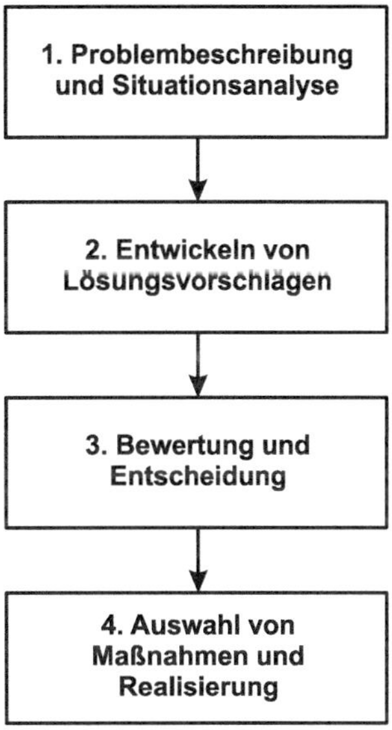

Abb. 15.17 Ablauf einer Brainstorming-Sitzung

- Jede Idee, egal ob unrealistisch oder korrekt, ist erwünscht.
- Die Menge der Vorschläge ist entscheidend, nicht die Qualität.
- Eine Ideenbewertung, also Kritik, Kommentare oder Korrekturen sind nicht erlaubt.
- Die Ideen der anderen Teilnehmer dürfen aufgegriffen und weiterentwickelt werden.
- Jeder Teilnehmer lässt sein spezifisches Wissen einfließen.
- Vorschläge der Teilnehmer dürfen nicht reglementiert werden.
- Es wird sich mehr am Problem als an der Lösung orientiert.

Der Moderator der Sitzung hat folgende Aufgaben:

- Er führt in das Thema ein.
- Er achtet auf die Einhaltung der Brainstorming-Regeln.
- Er aktiviert stille Teilnehmer.
- Durch Nachfragen hält er den Ideenfluss aufrecht.
- Er achtet darauf, dass sich die Gruppe nicht vom gestellten Thema entfernt.
- Er bestimmt das Ende der Brainstorming-Sitzung.

Es ist ein Protokollführer zu benennen, der das Wesentliche der Sitzung festhält. Er arbeitet nicht kreativ mit. Das Protokoll kann auf Papier, Pinnwand, Tafel oder ein Flipchart geschrieben werden. Kurz vor Ende des Brainstormings werden die Stichworte noch einmal durchgelesen und Unklarheiten beseitigt. Die Teilnehmer sollten auch noch nachträglich Ideen nennen können.

Es ist nicht zu erwarten, dass das Brainstorming fertige Lösungen liefert. Es liefert nur Rohmaterial, das aufbereitet werden muss. Dies geschieht, indem das gesammelte Material strukturiert und bewertet wird. Jetzt ist auch Kritik erlaubt und sogar notwendig. Als Abschluss der Auswertung wird eine Liste mit Vorschlägen für die weitere Vorgehensweise erstellt.

Die Methode 6-3-5

Die 6-3-5-Methode (Brainwriting-Methode) ist ein Verwandter des Brainstormings. Hier sollen die Teilnehmer ebenfalls ihrer Fantasie freien Lauf lassen. Wie beim Brainstorming werden die Ideen niedergeschrieben, gesammelt und danach ausgewertet. Die Zahlen 6-3-5 bedeuten:

6: Es sollten sich höchstens 6 Teilnehmer in der Gruppe befinden.
3: Jeder Teilnehmer schreibt pro Runde 3 Ideen auf das vorgefertigte Formular.
5: Pro Runde sollten nicht mehr als 5 min zur Ideenfindung vergehen.

Insgesamt werden 6 Runden durchlaufen (Abb. 15.18). Zuerst wird die Problemstellung, die vor Beginn der Sitzung allen Teilnehmern erklärt wurde, in das obere Feld des Formulars eingetragen. Ebenfalls können die Namen der Teilnehmer eingetragen werden.

Im ersten Durchgang schreibt jeder Teilnehmer seine drei Ideen zur Problemlösung in seiner Zeile nieder. Dies sollte innerhalb von 5 min geschehen. Sobald jeder Teilnehmer seine drei Ideen niedergeschrieben hat werden die Blätter entgegen dem Uhrzeigersinn weitergegeben.

Jeder Teilnehmer erhält somit ein Blatt auf dem die Ideen seines Vorgängers stehen. Der Teilnehmer kann sich die Ideen des Vorgängers ansehen, sich von ihnen inspirieren lassen, weiterentwickeln und neue Ideen dazuschreiben. Dieser Vorgang wird sechsmal wiederholt, bis jeder Teilnehmer $6 \times 3 = 18$ Ideen niedergeschrieben hat (Abb. 15.19).

Bei 6 Teilnehmern ergeben sich insgesamt 108 Ideen in 30 min. Aus diesen 108 Ideen werden die besten herausgesucht. Jeder Teilnehmer wählt aus jedem Formblatt eine bestimmte Anzahl von Favoriten aus. Aufgrund der Mehrfachnennungen lassen sich schnell die besten Ideen identifizieren. Bei dieser Methode müssen nicht zwingend 6 Teilnehmer anwesend sein. Befinden sich in einem bestimmten Projekt nur 4 Teilnehmer kann die Methode ohne Bedenken in die 4-3-5-Methode abgeändert werden.

Ishikawa-Diagramm

Im Ishikawa-Diagramm können mit einfachen Mitteln häufig Potenziale identifiziert werden. In einer ersten Brainstorming-Sitzung ermittelt das Team das Hauptthema und zeichnet dies als langen Grundpfeil horizontal von links nach rechts auf. Die Pfeilrichtung zeigt dabei auf das Thema, dessen Ursachen analysiert werden sollen. Sollte die zu analysierende Wirkung zu komplex sein, so ist das Thema in sinnvolle Teilobjekte zu unterteilen.

6-3-5 Formular		
Datum:	**Problemstellung:**	**Teilnehmer:** 1. ____ 2. ____ 3. ____ 4. ____ 5. ____ 6. ____

Teilnehmer		1. Idee	2. Idee	3. Idee
1. TN	**1. Runde**			
	2. Runde			
	3. Runde			
	4. Runde			
	5. Runde			
	6. Runde			
2. TN	**1. Runde**			
	2. Runde			
	3. Runde			
	4. Runde			
	5. Runde			
	6. Runde			
3. TN	**1. Runde**			
	2. Runde			
	3. Runde			
	4. Runde			
	5. Runde			
	6. Runde			
4. TN	**1. Runde**			
	2. Runde			
	3. Runde			
	4. Runde			
	5. Runde			
	6. Runde			
5. TN	**1. Runde**			
	2. Runde			
	3. Runde			
	4. Runde			
	5. Runde			
	6. Runde			
6. TN	**1. Runde**			
	2. Runde			
	3. Runde			
	4. Runde			
	5. Runde			
	6. Runde			

Abb. 15.18 6-3-5 Formular zum Brainwriting

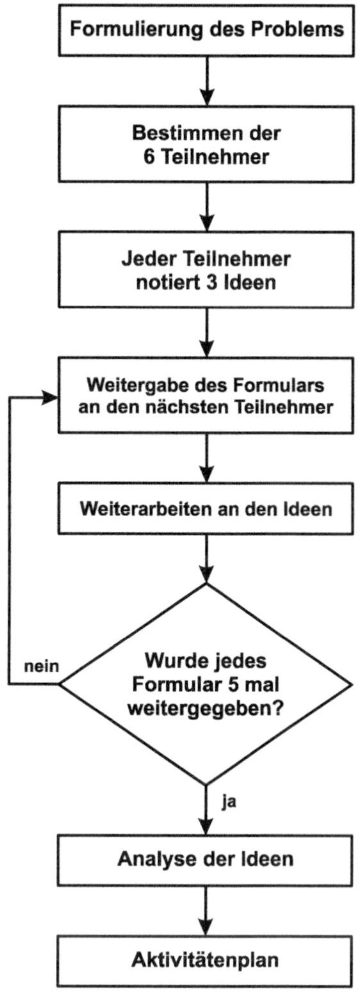

Abb. 15.19 Ablaufdiagramm der 6-3-5-Methode

Seine Struktur erhält das Ishikawa-Diagramm durch Festlegung der Ursachenkategorien Mensch, Maschine, Methode und Material (Abb. 15.20). Diese Hauptursachen werden als Gräten in das Ishikawa-Diagramm eingezeichnet. Es ist jedoch nicht zwingend vorgeschrieben diese 4 Ms einzusetzen. Je nach Problemstellung können weitere Kategorien Messung, Mitwelt (Umwelt) und Management eingeführt werden (7 Ms).

Die einzelnen Kategorien enthalten u. a.:

Mensch: Alle am Problem beteiligten Personen, die aufgrund fehlender Erfahrungen, Fähigkeiten, Kenntnisse, persönlichem Verhalten und Einstellung zur Arbeit als Ursache in Frage kommen.

Maschine: Einrichtungen, Arbeitsplatzgestaltung, Anlagen, Werkzeuge und sonstige Hilfs- und Betriebsmittel.

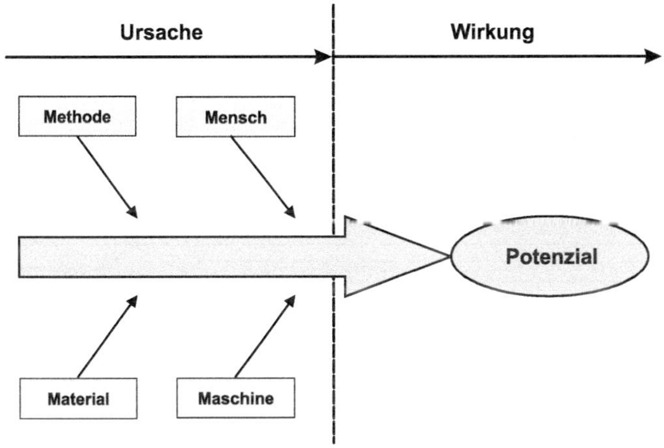

Abb. 15.20 Die 4M-Einflussgrößen im Ishikawa-Diagramm

Methode:	Alle Ursachen, die durch intern vorgegebene Arbeitsabläufe, Prozesse, Organisationsstrukturen, Anweisungen, Kontroll- und Genehmigungsverfahren entstanden sein könnten.
Material:	Alle durch die eingesetzten Roh-, Hilfs- und Betriebsstoffe auftretenden Mängel.
Messung:	Durch Fehler bei den verwendeten Mess- und Erfassungsmethoden entstandene Probleme.
Mitwelt (Umwelt):	Alle durch externe Einflüsse wie Kundenverhalten, gesetzliche Vorschriften, Konkurrenzsituation, Arbeitsmarktsituation vorhandenen Ursachen.
Management:	Alle Ursachen, die durch Unternehmensprinzipien oder strategische/ betriebliche Entscheidungen des Managements entstanden sein könnten.

Im nächsten Schritt werden zu jeder Hauptursachenkategorie die Einzelursachen und deren Nebenursachen gesucht. Bei der strukturierten Vorgehensweise werden nacheinander die 4 Ms analysiert, d. h. man beginnt z. B. mit der Hauptursache Mensch und ermittelt alle dazugehörigen Einzel- und Nebenursachen.

In der Brainstorming-Variante werden unstrukturierte und ohne Einschränkung mögliche Ursachen ermittelt. Dies ist vorteilhaft, um eine breite Basis an möglichen Ideen zu schaffen. Erst nachdem keine weiteren möglichen Ursachen gefunden werden können, sollte mit der strukturierten Vorgehensweise fortgefahren werden.

Bei der Ursachenanalyse ist es wichtig sorgfältig und vollständig vorzugehen. Zur konkreten Ursachenfindung ist der Einsatz verschiedener Fragetechniken nach der 6-W-Methode mit:

15

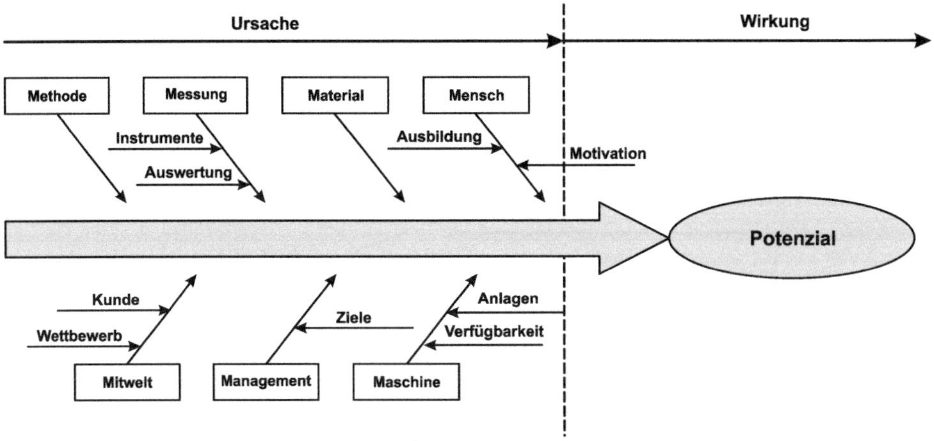

Abb. 15.21 Einzel- und Nebenursachen im Ishikawa-Diagramm

- Was?
- Wann?
- Wo?
- Warum?
- Wer?
- Wie?

sinnvoll. Die ermittelten Ursachen werden dem Ursache-Wirkungs-Diagramm an der entsprechenden Stelle hinzugefügt (Abb. 15.21). Die zweite Vorgehensweise, die insbesondere bei der tieferen Ursachenfindung hilfreich ist, ist die Methode der 5 Warums. Bei dieser Technik nimmt man an, dass man im Durchschnitt fünfmal Warum? fragen muss, um die Wurzel eines Problems konkret zu ermitteln. Die gefundenen Ursachen erscheinen im Ishikawa-Diagramm als horizontale kleinere Gräten (Einzelursachen) an den Hauptgräten. Diese können genauer in noch kleineren Gräten (Nebenursachen) unterteilt werden.

Der Schritt ist abgeschlossen, wenn alle Ursachen und Einflussfaktoren gefunden sind, die das Ermitteln und Formulieren von Korrektur- und Verbesserungsmaßnahmen ermöglichen. Es ist jedoch zu beachten, dass an dieser Stelle lediglich Ursachen ermittelt und nicht schon Lösungsmöglichkeiten aufgezeigt werden. Die identifizierten Ursachen müssen im nächsten Schritt analysiert werden, um die wahrscheinlichsten Ursachen zu ermitteln. Diese Ursachen werden im Diagramm visuell hervorgehoben, wobei eine Kennzeichnung nach Wichtigkeit und Bedeutung durch vorher festgelegte Symbole bzw. Farben erfolgt. Bei der Überprüfung der Ursachen werden die als am wahrscheinlichsten angenommenen Ursachen auf ihre Richtigkeit überprüft. Hat eine Ursache nicht den erwarteten Einfluss wird die nächste, wahrscheinlichste Ursache analysiert. Dieser Prozess sollte so lange fortgesetzt werden, bis im Projektteam eine Übereinstimmung über die zentralen

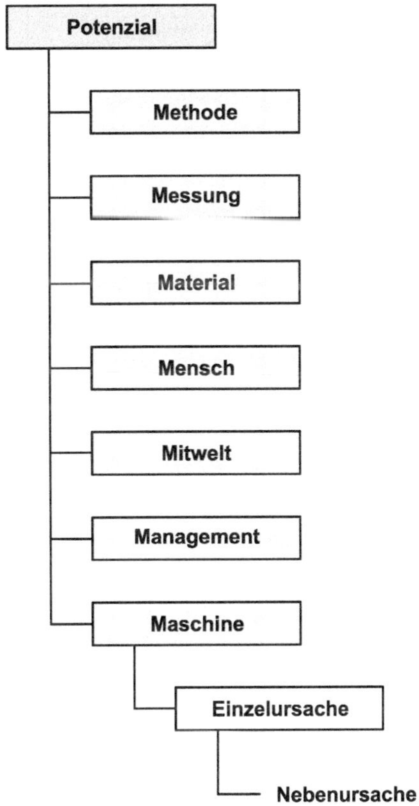

Abb. 15.22 Liniendiagramm des Ishikawa-Diagramms

Einzelursachen gefunden wurde. Aus den einzelnen Ursachen werden Maßnahmen mit ihren Vor- und Nachteilen bewertet. Zusätzlich werden auch die Qualität, die Kosten und die Einführungsdauer jeder Maßnahme ermittelt und mit in die Bewertung einbezogen.

Die Anwendung eines Liniendiagramms zur Visualisierung der Ergebnisse empfiehlt sich besonders bei der Analyse komplexer Aufgaben (Abb. 15.22). Die Vorteile eines Liniendiagramms liegen insbesondere in der Übersichtlichkeit. Durch die baumartige Struktur lässt es sich leicht von der Hauptursache zu den dazugehörigen Nebenursachen verzweigen. Bei dieser Form der Visualisierung kommt es nicht zu Platzproblemen, da das Ishikawa-Diagramm problemlos nach unten wachsen kann.

Mit Hilfe eines Ishikawa-Diagramms können alle Ursachen systematisch und detailliert erfasst werden. Ein weiterer Vorteil besteht in der universellen Verwendbarkeit, insbesondere zur Optimierung von Prozessen, Verfahren und Tätigkeiten. So ist es z. B. auch möglich, alltägliche Probleme mit diesem Verfahren zu analysieren und zu optimieren. Durch die anschauliche und vollständige Visualisierung aller denkbaren Einflussgrößen wird die Beschränkung auf nur wenige Ursachen vermieden. Durch die Gewichtung der Ursachen wird deutlich, wo eine schnelle und Erfolg versprechende Einflussnahme möglich ist.

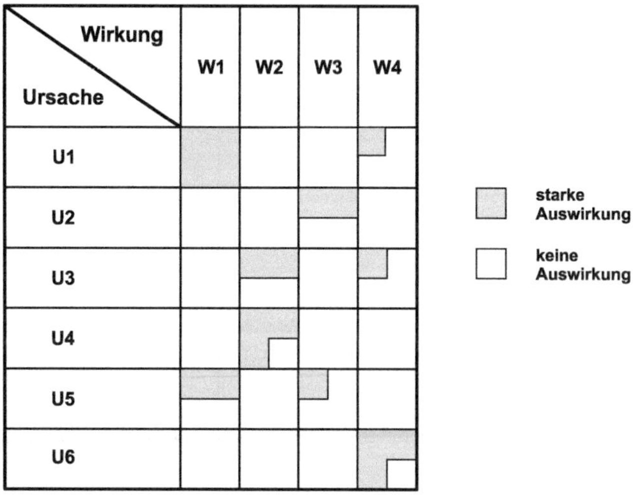

Abb. 15.23 Matrixdiagramm als Ursache-Wirkungs-Diagramm

Matrixdiagramm

Das Matrixdiagramm ist ein Ursache-Wirkungs-Diagramm. In ihm werden zweidimensional die Wechselwirkungen zwischen Ursachen (Problemen) und den Auswirkungen dargestellt (Abb. 15.23). Die Stärke der Wechselwirkungen wird mit Symbolen gekennzeichnet. Das Matrixdiagramm erlaubt im ersten Schritt nur die Darstellung der Wechselwirkungen. Die Wechselwirkungen müssen nicht einfacher Natur sein. Sie können und werden komplexer sein. So zeigt die Ursache U1 starke Auswirkungen auf W1 und schwächere auf W4. Umgekehrt hat die Auswirkung W1 ihre Ursache in U1 und U5. In einem weiteren Schritt sind mit Hilfe anderer Moderationstechniken Maßnahmen zu identifizieren.

Portfoliodiagramm

Die Portfoliotechnik ist ebenfalls eine zweidimensionale grafische Darstellung. Sie basiert auf den 4 Dimensionen:

- Stärken (Strength),
- Schwächen (Weakness),
- Möglichkeiten/Chancen (Opportunities),
- Gefahren/Risiken (Threats)

und wird deshalb auch als SWOT-Analyse bezeichnet. Bei dem in Abb. 15.24 gezeigten Beispiel sind die Umweltaspekte (z. B. Energie, Abfall, Wasser, etc.) eines Unternehmens dargestellt. Auf der y-Achse stehen die Umweltauswirkungen des jeweiligen Umweltaspektes; auf der x-Achse die unternehmensinternen Möglichkeiten den jeweiligen Umweltaspekt zu beeinflussen. Die Portfolio-Darstellung zeigt auf einen Blick, bei welchen Umweltaspekten sinnvolle Maßnahmen eingeleitet werden können. Im Beispiel

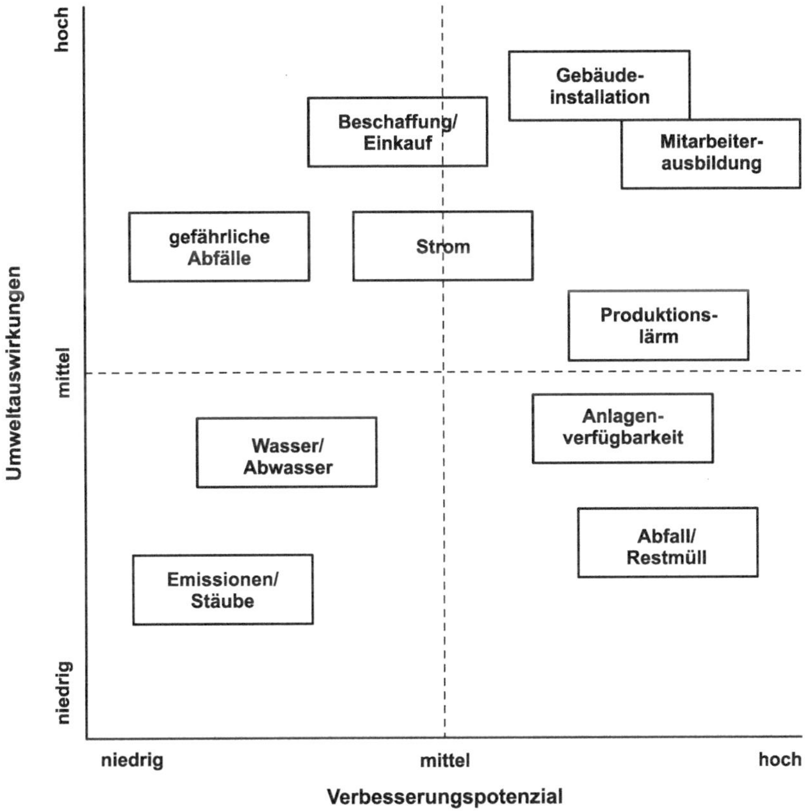

Abb. 15.24 Bewertung der Umweltaspekte im Portfoliodiagramm

sind dies die Umweltaspekte Gebäudeinstallation, Mitarbeiterausbildung und Produktionslärm. Hier liegt ein hohes Verbesserungspotenzial vor, um die Umweltauswirkungen deutlich zu reduzieren.

15.5 Lösungsorientierte Vorgehensweise

15.5.1 Lösungszyklus

Der in Abb. 15.25 dargestellte Lösungszyklus ist ein standardisiertes, prozessorientiertes Vorgehensmodell und universell zur Lösungssuche geeignet. Mit ihm lassen sich Fachaufgaben (z. B. Produktbelange, Problemlösungen, Effizienzsteigerungen, Prozessoptimierungen) oder Führungsaufgaben (z. B. Kompetenzanalysen, Zeitmanagement, Arbeitsorganisation, Mitarbeitergespräche) systematisch bearbeiten. Der Lösungszyklus besteht aus den vier charakteristischen Schrittfolgen:

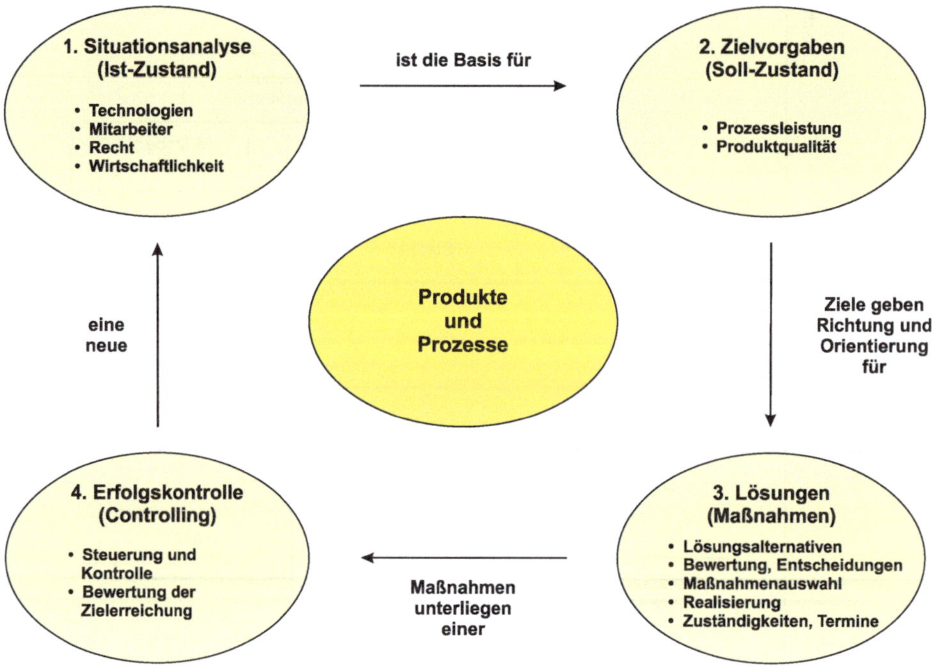

Abb. 15.25 Schritte im kontinuierlichen Verbesserungsprozess

- Situationsanalyse (Ist-Zustand),
- Zielvorgaben (Soll-Zustand),
- Lösungen (Maßnahmen),
- Erfolgskontrolle (Controlling).

Um zu einem kontinuierlichen Verbesserungsprozess zu gelangen, ist der gezeigte Ablauf spiralförmig zu verstehen.

Schritt 1: Situationsanalyse

Die Ausgangssituation sollte besser verstanden werden, in dem sie beschrieben, abgegrenzt und genauer analysiert wird. Alle für die Situation zur Verfügung stehenden Informationen (z. B. Messdaten, Qualitätsdaten, Kosten, Mitarbeiterbefragungen) werden gesammelt und beschrieben. Was sind harte Tatsachen; wo fließen Annahmen ein? Auch Wissenslücken werden dokumentiert, da sie für die später zu treffenden Entscheidungen einen Risikofaktor darstellen.

Die Abgrenzung muss aus verschiedenen Blickwinkeln (z. B. Technik, Mitarbeiter, Finanzen, Recht) geschehen. Eine Gewichtung der Probleme kann durch die Unterscheidung von zentralen und untergeordneten Aufgaben oder durch die Einstufung nach Wichtigkeit und Dringlichkeit erreicht werden. Für Schlüsselfaktoren müssen die gegenseitigen, relevanten Abhängigkeiten ermittelt und zueinander in Beziehung gesetzt werden.

Schritt 2: Zielvorgaben

Prozesse und Produkte müssen mit einzuhaltenden Sollvorgaben (z. B. Prozessleistung, Produktqualität) versehen sein. Diese müssen für alle Beteiligten präzise und verständlich sein. Sie müssen vollständig sein und dürfen keine Lücken enthalten. Nur so lassen sich unerwünschte (Neben)Wirkungen vermeiden. Zielvorgaben sind einzuhaltende Soll-Zustände.

Schritt 3: Lösungen und Maßnahmen

Abweichungen von der gewünschten Produktqualität bzw. Prozessleistung sind immer Soll-Ist-Abweichungen. Von daher sind Maßnahmen notwendig, um die Abweichungen zu beheben. Die Lösungsalternativen werden durch einige Randbedingungen stark beeinflusst. Je mehr grundsätzliche Informationen vorhanden sind, je besser die Randbedingungen geklärt sind, desto kleiner wird die Lösungsmenge und umso schneller werden realistische Lösungsalternativen gefunden.

Die Entwicklung von Alternativen ist der kreative Teil des kontinuierlichen Verbesserungsprozesses und besteht aus drei Teilschritten:

- geeignete Arbeitsmethode bestimmen,
- Ideen erzeugen und analysieren,
- besonders lösungsträchtige Ideen weiterentwickeln.

Die gefundenen Lösungsmöglichkeiten müssen prinzipiell tauglich sein und werden zunächst nicht bewertet. Wichtig ist deshalb eine Trennung von Lösungssuche (Ideenerzeugung) und Lösungsbewertung (Ideenanalyse). Eine Bewertung kann entweder summarisch oder aufgrund von Bewertungskriterien erfolgen.

Bei der summarischen Bewertung – die oft intuitiv erfolgt – werden die Alternativen als Ganzes verglichen und bewertet. Sie ist dann berechtigt, wenn:

- die Konsequenzen der Entscheidung klar sind,
- die Handlung nachträglich beeinflusst werden kann,
- die Qualitätsunterschiede der vorliegenden Lösungsalternativen nicht groß sind und
- sich eine eindeutige Bevorzugung einer Lösung ergibt.

Eine Bewertung sollte anhand unterschiedlich gewichteter Kriterien vorgenommen werden. Anhand systematischer Bewertungsmethoden lassen sich Entscheidungen versachlichen. Sie leisten somit einen wichtigen Beitrag für den konstruktiven Umgang mit potenziellen Konflikten.

Die Entscheidung ist die Auswahl einer Lösungsalternative. Bei der Entscheidung für eine bestimmte Lösung muss bedacht werden, wie die zugehörigen Maßnahmen umgesetzt werden können. Es wird geplant, wie und in welcher Reihenfolge etwas geschieht und welche Auswirkungen dies hat. Um die geplanten Maßnahmen zu realisieren sind außerdem Zuständigkeiten, Termine und Abnahmekriterien festzulegen.

Beim Auftreten einer Abweichung im Ist-Zustand wird sehr oft die erstbeste Lösung genommen. Mit einem entsprechenden Aufwand wird dann der Prozessfehler behoben, ohne ihn näher zu beleuchten. Die eigentliche Fehlerursache wurde nicht erkannt und der Fehler nur oberflächlich repariert. Diese Vorgehensweise ist auf Dauer ineffektiv, kostenträchtig und trägt nicht zur Steigerung der Prozessleistung bei.

Schritt 4: Erfolgskontrolle
Während der Realisierung muss ständig eine Steuerung und Kontrolle der ausgewählten Maßnahmen erfolgen. Das Tun muss regelmäßig kritisch hinterfragt werden. Der vierte Schritt im Lösungszyklus dient somit der Steuerung (Controlling) und Bewertung der Maßnahmen sowie der Zielerreichung. Der Soll-Ist-Abgleich bietet außerdem die Möglichkeit Lernprozesse zu initiieren.

15.5.2 Lösungsmatrix

Der Lösungszyklus lässt sich in einem zweiten Schritt zu einer zweidimensionalen Lösungsmatrix erweitern. Im (Umwelt-)Managementsystem treten immer wieder gleichartig gelagerte Aspekte auf (Tab. 15.4).

Jedes Unternehmen muss primär die rechtlichen Aspekte einhalten. Dazu zählen neben Gesetzen und Verordnungen auch Genehmigungsbescheide aller Art. Bzgl. deren Einhaltung sind regelmäßig Überraschungen möglich. Zu den organisatorischen Aspekten zählen u. a. Verantwortungen und Zuständigkeiten. Hier fehlt es öfters am rechten Bewusstsein und der Verantwortungsverteilung zwischen Stab- und Linienfunktionen.

Tab. 15.4 Einflussgrößen im Managementsystem

Wirtschaftliche Aspekte (W)	**Organisatorische Aspekte (O)**
– Gewinn/Umsatz – Kosten – Anlagenverfügbarkeit – Produktqualität – Wettbewerbsvorteil – Kundenservice	– Aufbau-, Ablaufkontrolle – Verantwortung und Zuständigkeiten – Mitarbeiterorientierung – Lieferanten – Dienstleister – Kunden – Mitbewerber
Rechtliche Aspekte (R)	**Technologische Aspekte (T)**
– Gesetze – Verordnungen – Verwaltungsvorschriften – Auflagen und Genehmigungen – Verträge – Unternehmensrichtlinien – Betriebsvereinbarungen	– Anlagen, Verfahren, Prozesse – Risiken, Störfälle, Notfälle – Produkte – Roh-, Hilfs-, Betriebsstoffe – Umweltauswirkungen – Energie – Daten, Informationen

Unternehmensaspekte / Prozessschritte	wirtschaftliche Aspekte (W)	organisatorische Aspekte (O)	rechtliche Aspekte (R)	technologische Aspekte (T)
1. Situationsanalyse (Ist-Zustand)				
2. Zielvorgaben (Soll-Zustand)				
3. Lösungen (Maßnahmen)				
4. Erfolgskontrolle (Controlling)				

Abb. 15.26 Zweidimensionale Lösungsmatrix

Fachliche Aspekte stehen im Fokus der meisten Personen, da sie diese aus ihrer täglichen Arbeit kennen. Abschließend seien noch wirtschaftliche Aspekte erwähnt, die letztlich mitentscheidend für die Realisierung von Maßnahmen sind.

Jeder Geschäftsprozess und jeder Umweltaspekte ist im Rahmen der Lösungsmatrix unter diesen Gesichtspunkten zu betrachten. So sind in der Bestandsaufnahme der Umweltprüfung (Situationsanalyse) die in Abb. 15.26 aufgeführten Aspekte zu beachten und zu erheben. Es ergeben sich vielfache Verknüpfungen untereinander, die zu bewerten sind und in den folgenden Prozessschritten Berücksichtigung finden müssen. Eindimensionale Lösungen sind in den meisten Fällen nicht zielführend. Die aufgeführten Aspekte sind vielmehr in einem Netzwerk miteinander verknüpft. Die Bewertung der erhobenen und miteinander vernetzten Einflussgrößen erfordert daher eine entsprechend hohe Handlungskompetenz.

15.6 Aufgaben für die Praxis

- Erläutern Sie die grundlegende Bedeutung von Prozessen im Unternehmen.
- Erstellen Sie eine einfache Prozesslandkarte für ihr Unternehmen.
- Welche Rechte und Pflichten hat der Prozessverantwortliche insbesondere unter dem Gesichtspunkt Arbeits- und Umweltschutz?
- Welche Anforderungen werden an einzelne Prozesse (z. B. Vertriebs- und Serviceprozess, Auftragsabwicklungsprozess, Produktentwicklungsprozess, etc.) gestellt?
- Wie lassen sich Prozesse steuern und bewerten?
- Welche Qualitätswerkzeuge stehen für eine Prozessoptimierung zur Verfügung?
- Erläutern Sie einige Managementwerkzeuge für die Optimierung von Prozessen.
- Wie können Sie einen systematischen Lösungszyklus zur Prozesssteuerung und -optimierung einsetzen?
- Welche Einsatzmöglichkeiten bieten sich für eine Lösungsmatrix?
- Welche Möglichkeiten zur Prozessoptimierung existieren in ihrem Unternehmen?

Weiterführende Literatur

15.1. Ahlrichs, F.; Knuppertz, Th.; *Controlling von Geschäftsprozessen,* Schäffer-Poeschel, **2006**, 978-3-7910-2496-7

15.2. Binner, H.; *Integriertes Organisations- und Prozessmanagement,* Hanser, **2007**, 978-446-19174-7

15.3. Bräkling, E.; Oidtmann, K.; *Kundenorientiertes Prozessmanagement,* expert, **2005**, 978-3-8169-2528-6

15.4. Dietrich, E.; Schulze, A.; *Statistische Verfahren zur Maschinen- und Prozessqualifikation,* Hanser, **2009**, 978-3-446-41525-6

15.5. *DIN EN 12973 Value Management,* Beuth, **Februar 2002**

15.6. *DIN EN ISO 14045; Ökoeffizienzbewertung von Produktsystemen – Prinzipien, Anforderungen und Leitlinien,* Beuth, **Oktober 2012**

15.7. Feldbrügge, R.; Brecht-Hadraschet, B.; *Prozessmanagement leicht gemacht,* Redline Wirtschaft, **2008**, 978-636-01555-6

15.8. Fischer, F.; Scheibler, A; *Handbuch Prozessmanagement,* Hanser, **2003**, 3-446-21925-0

15.9. Fischer, G. et al.; *Qualitätsmanagement – Arbeitsschutz, Umweltmanagement und IT-Sicherheitsmanagement,* Europa-Lehrmittel, **2010**, 978-3-8085-5383-1

15.10. Fischermanns, G.; *Praxishandbuch Prozessmanagement,* Dr. Götz Schmidt, **2013**, 978-3-921313-89-3

15.11. Hirzel, M.; Gaida, I.; Geiser, U.; *Prozessmanagement in der Praxis,* Springer-Gabler, **2013**, 978-3-8349-4576-1

15.12. Kaschny, M.; Hürth, N.; *Innovationsaudit,* Erich Schmidt, **2010**, 978-3-503-12030-7

15.13. Koch, S.; Einführung in das Management von Geschäftsprozessen, Springer, **2011, 978-3-642-01120-7**

15.14. Meinholz, H.; Förtsch, G; *Führungskraft Ingenieur,* Vieweg + Teubner, **2010**, 978-3-8348-1392-3

15.15. Scheibeler, A.; *Balanced Scorecard für KMU,* Springer, **2004**, 3-540-40484-8

15.16. Schmelzer, H; Sesselmann, W.; *Geschäftsprozessmanagement in der Praxis,* Hanser **2010**, 978-3-446-42185-1
15.17. Schneider, G.; Geiger, I.K.; Scheuring, J.; *Prozess- und Qualitätsmanagement,* Compendio, **2008**, 978-3-7155-9345-6
15.18. Schulte-Zurhausen, M.; *Organisation,* Vahlen, **2002**, 3-8006-2825-2
15.19. Töpfer, A. (Hrsg.); *Six Sigma,* Springer, **2007**, 978-3-540-48591-9
15.20. Umweltbundesamt (UBA); *Aktivitäten und Hemmnisse der Steigerung der betrieblichen Materialeffizienz,* Texte 58/2014, **August 2014**
15.21. *VDI 2800 Blatt 1; Wertanalyse,* Beuth, **August 2010**
15.22. *VDI 2800 Blatt 2; Wertanalysearbeitsplan nach DIN EN 12973*, Beuth, **August 2010**
15.23. *VDI 4800 Blatt 1; Ressourceneffizienz – Methodische Grundlagen, Prinzipien und Strategien,* Beuth, **Februar 2016**
15.24. *VDI 4800 Blatt 2; Ressourceneffizienz – Bewertung des Rohstoffaufwands,* Beuth, **März 2016**
15.25. *VDI 4801;Ressourceneffizienz in kleinen und mittleren Unternehmen (KMU),* Beuth, **Februar 2016**
15.26. VDI-Gesellschaft; *Produkt- und Prozessgestaltung (Hrsg.); Wertanalyse – das Tool im Value Management,* Springer, **2011**, 978-3-540-79516-2
15.27. Vorbach, St.; *Prozessorientiertes Umweltmanagement,* Deutscher Universitäts-Verlag, **2000**, 3-8244-7144-2
15.28. Wagner, K.W.; Lindner, A.M.; *WPM – Wertstromorientiertes Prozessmanagement,* Hanser, **2013**, 978-3-446-42513-2
15.29. Wagner, K.; Patzak, G.; *Performance Excellence – Der Praxisleitfaden zum effektiven Prozessmanagement,* Hanser, **2007**, 978-3-446-40575-2
15.30. Wittig, K.; *Prozessmanagement,* Schlembach, **2002**, 3-935340-21-4

16 Mitarbeiterführung im Managementsystem

16.1 Einführung

Im Umweltmanagementsystem gibt es zwei zentrale Elemente, die für den Erfolg maßgeblich sind:

- die Wahrnehmung der Verantwortung durch die Führungskräfte,
- die Einhaltung der Umweltvorschriften und Genehmigungen.

Vergleichbares gilt für alle anderen Managementsysteme.

Führungskräfte und Verantwortung

Jeder Prozess im Unternehmen hat eine verantwortliche Führungskraft. Sie steht für alle ihre Handlungen – auch Unterlassungen – in der Pflicht. Eine Führungskraft trägt Verantwortung für ihr eigenes Handeln (Eigenverantwortung) und für die Handlungen ihrer Mitarbeiter (Fremdverantwortung). Je höher der Unternehmensangehörige in der Unternehmenshierarchie steht, umso größer ist seine Verantwortung. So ist z. B. im Bereich der Produktverantwortung das Unternehmen verpflichtet, Produkte so herzustellen und auf den Markt zu bringen, dass durch deren Anwendung im Normalfall keine Gefahren entstehen.

Führungskräfte haben dafür Sorge zu tragen, dass von allen Tätigkeiten in ihrem Prozess keine Gefahren für Mensch und Umwelt ausgehen. Sie müssen die Einhaltung der unternehmensinternen und externen Vorschriften (Rechtsvorschriften) gewährleisten. Mitarbeiter müssen vor Gefahren am Arbeitsplatz durch Stoffe oder Maschinen geschützt werden. Rechtliche Regelungen und Anforderungen finden sich im Arbeitsschutz wieder.

Umweltspezifische Anforderungen haben einen erheblichen Einfluss auf nahezu alle Unternehmensprozesse. Diese müssen auf der Basis rechtlicher, wirtschaftlicher, technischer und organisatorischer Kenntnisse optimiert werden. Eigenverantwortliches Handeln

G. Förtsch und H. Meinholz, *Handbuch Betriebliches Umweltmanagement*,
https://doi.org/10.1007/978-3-658-19151-1_16

dient in diesem Zusammenhang der Erfüllung der Unternehmensziele und der Einhaltung der einschlägigen Umweltvorschriften.

Auch das Unterlassen einer Handlung kann im Schadensfall Konsequenzen nach sich ziehen. Welche Konsequenzen sich im Einzelnen für die Person ergeben, hängt von ihrer Funktion und Position im Unternehmen ab. Führungskräfte sind oft der Ansicht, dass für die Überwachung und Einhaltung von Rechtsvorschriften und Auflagen die Mitarbeiter der Stabsfunktionen Arbeits- und Umweltschutz verantwortlich sind. Dies ist keineswegs der Fall. Fachkräfte für Arbeitssicherheit und Umweltschutzbeauftragte können die verantwortlichen Führungskräfte in ihrer Arbeit unterstützen. Diese haben die Verpflichtung, die Schutzfunktion für Mensch und Umwelt sicher zu stellen.

Um die Zuständigkeit bzw. die Verantwortung für bestimmte (Teil)Prozesse genauer ableiten zu können, muss eine klare, innerbetriebliche Organisationsstruktur vorhanden sein. Diese Organisationspflicht ist mit einer Aufsichts- und Kontrollpflicht verknüpft. Aufgrund der Komplexität von Unternehmen müssen Aufgaben delegiert werden. Ziel der Delegation ist es, die Eigeninitiative der Mitarbeiter anzuregen und dadurch deren Motivation zu steigern. Neben der Zuständigkeit für eine bestimmte Aufgabe werden durch die Delegation auch (Teil)Verantwortungen übertragen.

Der Delegierende muss den Mitarbeiter anhand seiner Kompetenzen auswählen. Er muss sicherstellen, dass dieser in der Lage ist, die delegierte Aufgabe ordnungsgemäß auszuführen. Der Mitarbeiter muss kompetent und der Aufgabe gewachsen sein. Während der Mitarbeiter die Ausführungsverantwortung trägt, verbleibt bei der Führungskraft die Überwachungs- und Kontrollpflicht. Diese Überwachung kann durch eine nachweisbare, regelmäßige Berichtspflicht des Mitarbeiters gegenüber der Führungskraft geschehen.

Umweltvorschriften und Genehmigungen
Sie sind die Basis und die Voraussetzung für die Wirkung und den Nutzen des Gesamtkonzepts. Ein Umweltmanagementsystem muss immer die Einhaltung der jeweiligen Rechtsvorschriften gewährleisten. Alle anderen Systemkomponenten müssen auf diesen Rechtsgrundlagen aufbauen. Im Projekt ist es daher sinnvoll und notwendig ein Verzeichnis der für das Unternehmen zutreffenden Umweltvorschriften und Genehmigungen zu erstellen. Dies betrifft u. a. folgende Rechtsgebiete:

- Abfall/Kreislaufwirtschaft,
- Arbeitssicherheit/-schutz,
- Energie,
- Gefahrstoffe/-gut,
- Gewässerschutz,
- Immissionsschutz.

Umweltpolitik und Umweltziele
Die betriebliche Umweltpolitik (Umweltstrategie) stellt eine langfristige Zielsetzung für den betrieblichen Umweltschutz dar. Sie muss auf der höchsten Managementebene festgelegt und jedem Mitarbeiter im Unternehmen vertraut gemacht werden. Die innerhalb

der Umweltpolitik formulierten Ziele geben die Strategie vor, nach der der betriebliche Umweltschutz betrieben werden soll. Sie ist mehr längerfristig und zukunftsorientiert. Die Umsetzung der strategischen Zielvorgaben geschieht über zeitlich kürzer wirkende betriebliche Umweltziele. Auf Jahresbasis formuliert können sie Zielvorgaben für die Führungskräfte und Mitarbeiter enthalten.

Mitarbeiterkompetenzen und Personalentwicklung
Mitarbeiter, die besonders umweltrelevante Tätigkeiten ausführen, müssen über eine einschlägige Berufsausbildung und -erfahrung verfügen. Die Kompetenzentwicklung der Mitarbeiter ist von grundlegender Bedeutung für das Unternehmen und die Weiterentwicklung des Umweltmanagementsystems. Die Analyse des Entwicklungsbedarfs umfasst eine:

- Tätigkeitsanalyse und eine
- Mitarbeiteranalyse.

Die Tätigkeitsanalyse umfasst umweltrelevante Aktivitäten des Unternehmens, die für den Erfolg des Umweltmanagementsystems relevant sind. Im Zusammenhang damit steht die Mitarbeiteranalyse. Es muss gewährleistet werden, dass für die umweltrelevanten Tätigkeiten ausreichend qualifiziertes Personal zur Verfügung steht. Aus der Analyse des Entwicklungsbedarfs lassen sich:

- Ziele der Personalentwicklung,
- mitarbeiterspezifische Zielgruppen und
- relevante Lehrgangsinhalte ableiten.

16.2 Menschenbilder

Welches Bild haben Sie von sich selbst? Welche Vorstellungen machen Sie sich über andere? Führungsentscheidungen bauen bewusst oder unbewusst auf den Bildern auf, die wir uns von anderen Menschen machen. Sie beruhen auf richtigen oder falschen Annahmen über menschliche Verhaltensweisen, Wertvorstellungen oder Ziele. Die Entwicklung und Anwendung von Menschenbildern sagt jedoch nichts darüber aus, wie differenziert wir bei dieser Bildentwicklung vorgehen und ob das Bild der Realität entspricht.

Umgekehrt entwickeln auch die Mitarbeiter Bilder über die Person ihres Vorgesetzten. Führungskräfte und Mitarbeiter sollten sich immer bewusst sein, dass die entwickelten Menschenbilder Vereinfachungen der Realität darstellen und nicht unbedingt wahr sein müssen. Die einerseits persönliche, subjektive Sichtweise der Führungskraft über den Mitarbeiter mündet dann andererseits in konkreten Handlungsweisen der Führung.

McGregor veröffentlichte zwei gegensätzliche Theorien über das Verhalten von Mitarbeitern eines Unternehmens. Die unterschiedlichen Menschenbilder die er dabei zeichnete stellen Grenztypen in einer bipolaren Welt von Arbeitnehmern dar. Mit der Theorie X

Theorie X:

- Von Natur aus hat der Mensch eine Abneigung gegen Arbeit.
- Es fehlt ihm an Ehrgeiz; er sucht Befriedigung außerhalb der Arbeit.
- Er vermeidet Verantwortung und will geführt werden.
- Er ist gleichgültig gegenüber den Unternehmenszielen.
- Er ist widerspenstig gegenüber Veränderungen.

Theorie Y:

- Für den Mitarbeiter sind Leistungen natürlicher Bestandteil seines Lebens.
- Mitarbeiter sind lernwillig und entwickeln Eigeninitiative.
- Sie sind fähig zur selbstständigen Kontrolle und Steuerung ihres Verhaltens.
- Mitarbeiter suchen nach Verantwortung.
- Sie haben ein Bedürfnis nach Selbstverwirklichung.

Abb. 16.1 Annahmen der Theorien X und Y [16.40]

zeichnete er eine kritische Sichtweise des Mitarbeiters. Andererseits postulierte er in der Theorie Y die positive Ansicht eines Mitarbeiters (Abb. 16.1).

Theorie X

Der Theorie X liegt ein von Natur aus träger Mensch zugrunde. Als fauler Geselle arbeitet er so wenig wie möglich. Er hat eine innere Abneigung gegenüber der Arbeit. Es fehlt ihm generell an Ehrgeiz und er strebt stark nach Sicherheit an seinem Arbeitsplatz. Eigeninitiative ist ihm fremd. Er wird erst auf Anweisung aktiv. Nach Erledigung der Aufgabe fällt er in einen passiven Zustand zurück. Seine persönliche Befriedigung sucht er außerhalb seiner beruflichen Tätigkeit. Hier kann er sogar zu persönlichen Höchstformen auflaufen. Außerdem verabscheut er Verantwortung und möchte geradezu als Untergebener von einem Vorgesetzten geführt werden.

Mitarbeitern aus der Theorie X ist eine egozentrische Willensausprägung eigen, die sie gleichgültig gegenüber jeglichen unternehmerischen Anforderungen auftreten lässt. Das Unternehmen ist für diesen Mitarbeiter eine Quelle, die ausschließlich der Befriedigung der eigenen materiellen Bedürfnisse dient. Veränderungen steht der Mitarbeiter widerwillig gegenüber. In seiner Leichtgläubigkeit und Einfalt ist er prädestiniert über den Tisch gezogen zu werden.

Führung unter Annahme der Theorie X

Der Führungskraft kommt die Aufgabe zu, das Potenzial an menschlicher Arbeitskraft für die Zwecke des Unternehmens nutzbar zu machen. Die besondere Herausforderung liegt darin, die Anstrengungen der Mitarbeiter zu koordinieren, sie zu motivieren und ihre Tätigkeit zu lenken. Zu einem gewissen Grade muss das Verhalten der Mitarbeiter so gesteuert werden, dass es den Bedürfnissen des Unternehmens genügt.

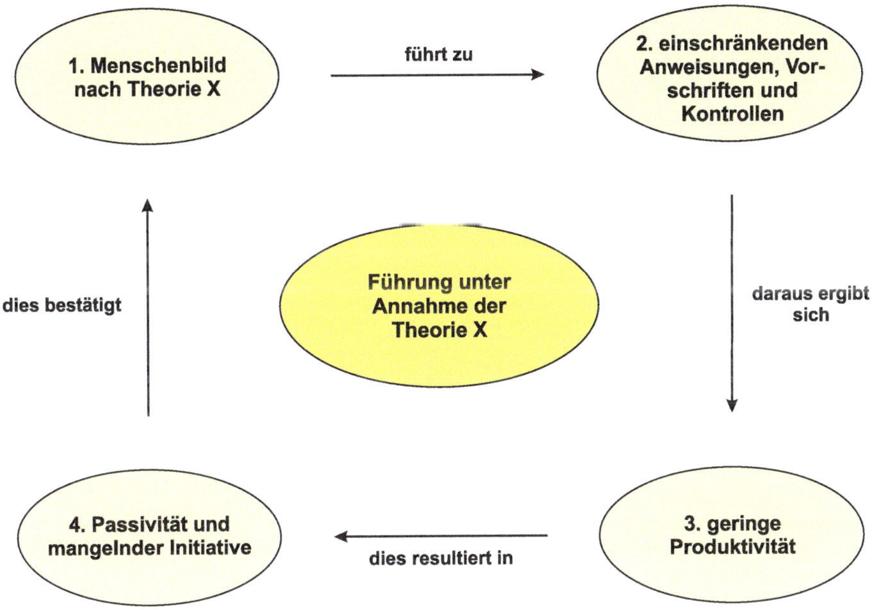

Abb. 16.2 Teufelskreis der Theorie X

Unter der Voraussetzung einer Theorie X und dem entsprechenden Menschenbild ist das aktive Eingreifen des Managements unumgänglich. Führung ist notwendigerweise von einer strengen hierarchischen Kommandostruktur geprägt. Leitung geschieht durch die Weitergabe von Anweisungen (Abb. 16.2).

Um die Unternehmensprozesse aufrecht zu erhalten, müssen die Mitarbeiter überzeugt, ausgezeichnet, bestraft oder kontrolliert werden. Eine harte Leitung setzt auf Zwang und Drohung, um die Mitarbeiter auf eine Linie mit den Unternehmenszielen zu bringen. Eine unnachgiebige Leitung und scharfe Kontrolle des Verhaltens führen zu einer angespannten Atmosphäre im Betrieb, die sich in eingeschränkter Produktivität, militanter Rottenbildung und sorgsamer Sabotage der Zielsetzungen des Managements durch die Mitarbeiter äußert.

Demgegenüber steht die weiche Führung für das Streben nach Harmonie. Mit Toleranz und dem Zufriedenstellen der Wünsche versucht man gefügige Mitarbeiter zu gewinnen. Vorauszusehen ist eine aufkommende Gleichgültigkeit in Bezug auf die Leistung. Die Mitarbeiter erwarten immer mehr von ihrer Führung, sind aber im Gegenzug immer weniger bereit zu geben.

Das Verständnis eines faulen, arbeitsträgen Menschen nach Theorie X basiert auf der falschen Wahrnehmung von Ursache und Wirkung und führt damit zu einem Teufelskreis. Die Maßnahmen des harten und weichen Managementstils, die den arbeitsscheuen und unzufriedenen Mitarbeiter voraussetzen, werden Passivität und damit mangelnde Initiative nur verstärken und eine propagierte Theorie X bedienen.

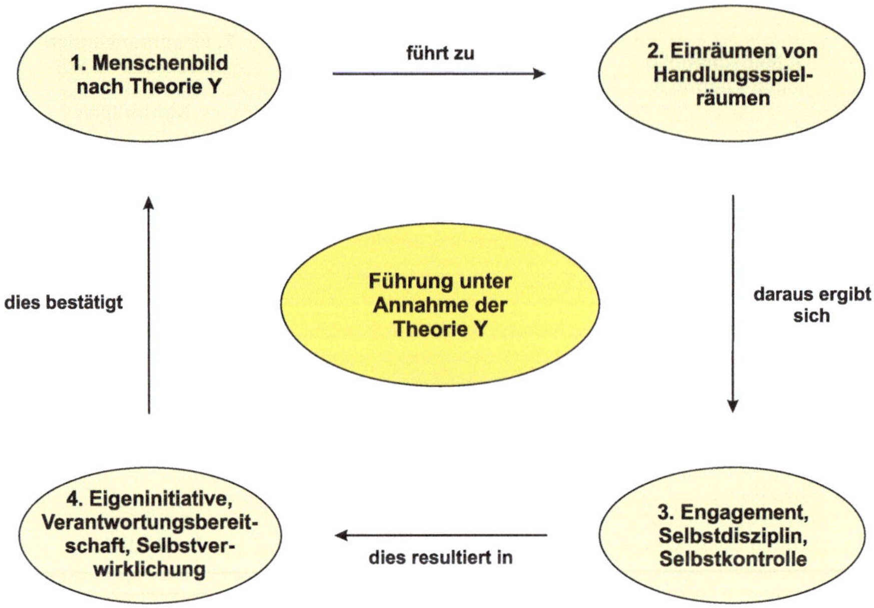

Abb. 16.3 Positiv-selbstverstärkende Wirkung der Theorie Y

McGregor sieht in den Menschen generell eine andere Grundeinstellung vorliegen. Er empfiehlt Sichtweisen, wie sie Theorie X beinhaltet, abzulegen und nach einer anderen Sichtweise – der Theorie Y – zu handeln.

Theorie Y
Das Menschenbild ist in diesem Fall ein optimistisches bzw. positives. Mitarbeiter verspüren ein natürliches Bedürfnis nach Leistung. Sie verfügen über ungenutzte Potenziale, sind lernwillig und von Selbstdisziplin und Selbstkontrolle beseelt. Ihre Fähigkeiten möchten die Mitarbeiter verantwortungsbewusst einsetzen (Abb. 16.3). Sie entwickeln Eigeninitiative und wollen sich mit ihrem beruflichen Engagement zum Teil selbstverwirklichen.

Führung unter Annahme der Theorie Y
Das Versagen des Managements unter Theorie X ist unausweichlich. Im Allgemeinen beschäftigt sich der Mensch immer nur mit den Bedürfnissen, die ihm am dringlichsten erscheinen. Sobald bestimmte Bedürfnisse erfüllt werden, kann dieses Bedürfnis nicht mehr Motivator im Leben des betreffenden Menschen sein, weil der befriedigte Anspruch von nun an als gegeben angenommen wird. Sobald die wirtschaftliche Absicherung gewährleistet ist, müssen Führungsstile, die nur auf monetärer Basis beruhen, versagen.

Da ein Arbeitsplatz gewöhnlich die unteren Schichten der Bedürfnispyramide befriedigt, muss es Ziel des Managements sein, die Bedürfnisse der oberen Motivationsebenen anzusprechen. Dezentralisierung und Delegierung von Arbeiten, Job Enlargement und beratendes Management, Zielsetzungsgespräche mit den Mitarbeitern greifen genau an den Ich-Bedürfnissen und den Selbstverwirklichungswünschen eines Mitarbeiters an. Es gilt Eigenverantwortung und das Streben nach Selbstverwirklichung zu fördern. Die Führung schafft die Grundlage zur Eigeninitiative eines generell im Sinne des Unternehmens handelnden Mitarbeiters.

Als Umkehrschluss resultiert die positive Einschätzung der Mitarbeiter als Voraussetzung unternehmerischer Führung in einer sich selbstverstärkenden, positiven Spirale. Dem Mitarbeiter werden Handlungsspielräume gewährt, die dieser engagiert in die Arbeit einbringt, so dass die gezeigte Initiative das positive Menschenbild verstärkt. Kontrolle und Autorität sind erwünscht, solange sie der Förderung des Mitarbeiters und dem Zweck des Unternehmens dienen.

16.3 Führungsverhalten

16.3.1 Entwicklungslinien

Das Phänomen Führung wird von vielen Faktoren wie Arbeitsprozesse, Motivation, Arbeitszufriedenheit, Zusammenarbeit in der Arbeitsgruppe, menschliches Erleben und Verhalten in der Organisation beeinflusst. Die Führungskraft mit ihrem Führungsverhalten beeinflusst das grundlegende Führungsklima. Die Entwicklungslinien der Führungsforschung behandeln in ihrem theoretischen Ansatz:

- Merkmale der Persönlichkeit (Eigenschaftsansatz),
- Verhalten der Führungskraft (Verhaltensansatz),
- Beziehungssituation zwischen Mitarbeiter und Führungskraft (Situationsansatz) und
- Unternehmen als offenes System (Systemansatz).

Im Laufe der Zeit wurden die Ansätze immer wieder überarbeitet und in Frage gestellt, wobei keiner jedoch endgültig an Bedeutung verloren hat.

Eigenschaftsansatz
Dieser geht davon aus, dass bestimmte Persönlichkeitsmerkmale die Führungskraft auszeichnen. Die Idee beruht auf der Vorstellung, dass nur die Fähigsten und Besten im Wettbewerb bestehen. Die Eigenschaftstheorie findet ihre Anhänger durch die Vorstellung, dass ein großer Herrscher, der die Zügel fest in den Händen hält, auch Mitarbeiter sehr gut führen kann. Nach diesen Vorstellungen muss eine Führungskraft über bestimmte persönliche Eigenschaften verfügen. Im Mittelpunkt des Interesses steht die Frage:

- Was unterscheidet eine erfolgreiche Führungskraft von einer weniger erfolgreichen?
- Was unterscheidet die Führungskraft vom Mitarbeiter?

Die Antwort muss demnach lauten: Es gibt eine endliche Menge von messbaren Persönlichkeitseigenschaften, die den Führer von Nichtführern unterscheidet. Direkte Zusammenhänge zwischen einzelnen Persönlichkeitsmerkmalen und Führungseigenschaften sind sehr kritisch zu bewerten, denn es zeigt sich immer wieder der nicht zu unterschätzende Einfluss der Führungssituation. Die Führungsforschung ist inzwischen zu der Erkenntnis gekommen, dass der Erfolg von Führung nicht in dem Maße von den persönlichen Eigenschaften der Führungskraft abhängt, wie dies zuerst angenommen wurde. Trotz der einseitigen Betrachtungsweise darf jedoch nicht behauptet werden, dass der Persönlichkeitsansatz ein Schritt in die falsche Richtung gewesen wäre. Die Persönlichkeitsvariable ist aber nur eine unter mehreren Einflussgrößen, von der der Führungserfolg letztlich abhängig ist. Aus dieser Einsicht heraus haben sich quasi als Ergänzung zur Eigenschaftstheorie die verhaltenstheoretischen Ansätze entwickelt.

Verhaltensansatz
Die Frage war nun:

- Wie verhalten sich erfolgreiche und effiziente Führer in der Gruppe?
- Was tun sie eigentlich um eine effektive, zufriedene Arbeitsgruppe zu führen?

Nach diesem Ansatz kann die Führungskraft hinsichtlich ihres Verhaltens in zwei Gruppen unterteilt werden:

- Die arbeits- und aufgabenzentrierten Führungskräfte:
  Die Beziehungen zu Mitarbeitern konzentrieren sich auf organisieren und planen, um eine bestimmte Aufgabe zu lösen.
- Die personen- oder mitarbeiterzentrierten Führungskräfte:
  Die Aufmerksamkeit wendet sich im Arbeitsprozess vor allen Dingen den persönlichen Bedürfnissen ihrer Mitarbeiter zu.

Natürlich sind diese beiden Extreme im Alltag nie anzutreffen. Vielmehr tritt ein Führungsstil, egal ob mehr personen- oder aufgabenzentriert, in einer Vielzahl gradueller Abstufungen auf. Nach dem Verhaltensansatz muss sich die Führungskraft bei Anwendung eines Führungsstils über die verschiedenen Faktoren, die das Verhalten ihrer Mitarbeiter im Arbeitsprozess beeinflussen, im Klaren sein. Jede unterschiedliche Konstellation in den Charakteristika erfordert einen unterschiedlichen Führungsstil. Es kann keinen einzigen richtigen Führungsstil für alle Situationen geben. Flexibilität des Führungsverhaltens ist daher der Schlüssel zum Erfolg.

Situationsansatz
Nach diesem Ansatz ist die Effizienz einer Führungskraft von gewissen Führungssituationen abhängig. Wesentliche Merkmale sind:

- der Gestaltungswille der Führungskraft,
- die Struktur, Art und Ziele der Tätigkeit,
- die Arbeitsmethoden und -prozesse,
- das Beziehungsgeflecht (Soziogramm zwischen Führungskraft und Mitarbeitern) und
- die Charaktere und Qualifikationen der Mitarbeiter.

Dann soll sich durch die Anwendung des situativ richtigen Führungsstils der Führungserfolg ergeben.

Systemansätze

Eine neue Konzeption in der Führungsforschung stellen diejenigen Modelle dar, die als Weg-Ziel-Theorien bezeichnet werden. Nach diesen Ansätzen ist eine Führungskraft deshalb erfolgreich und effektiv, weil sie positiven Einfluss auf die Motivation, Fähigkeit und Zufriedenheit ihrer Mitarbeiter ausübt. Die Definition von Weg – Ziel resultiert aus der Beeinflussung der Mitarbeiter durch die Führungskraft in Erfassung und Wahrnehmung der Arbeitsziele, die Wahl der persönlichen Ziele und die Selbstentwicklung des Einzelnen im Arbeitsprozess. Dem Zielbildungsprozess kommt unter diesen Gesichtspunkten besondere Bedeutung zu. Die Führungskraft muss die Ziele klar und eindeutig formulieren, den dahinter liegenden Sinn und Zweck erläutern und laufend Feedback über die Fortschritte bei der Zielerreichung geben. Die Führungskraft trägt somit Verantwortung für die Zielerreichung (Erfolgsverantwortung) und für die Mitarbeiter (Humanverantwortung).

Im Systemansatz sind die komplexen:

- Persönlichkeitsfaktoren,
- Arbeitsmethoden, -verfahren und -prozesse,
- Führungsstile, -verhalten, -situationen und
- Unternehmenszweck und Kundenorientierung

zu berücksichtigen. Nicht eine persönliche Führungseigenschaft, ein bestimmtes Verhalten oder eine Anwendung eines Führungswerkzeuges in einer bestimmten Situation führen zum Erfolg, sondern die Führungskraft muss im Kraftfeld Unternehmen die optimalen Rahmenbedingungen schaffen, damit Mitarbeiter ihren Beitrag zum Unternehmenserfolg selbstverantwortlich wahrnehmen können.

Führungsstile

Jede Führungskraft entwickelt im Laufe der Zeit ihren eigenen Führungsstil, der über einen längeren Zeitraum konstant bleibt. Demgegenüber steht das in konkreten Führungssituationen stark modifizierbare Führungsverhalten. So überrascht es Mitarbeiter immer wieder, wenn eine kooperative Führungskraft in manchen Situationen autoritär reagiert. Wie Menschenbilder sind auch Führungsstile vereinfachende Modelle, um komplexe Sachverhalte klassifizierbar und konkretes Verhalten fassbar zu machen. Den verschiedenen Theorien zu Führungsstilen liegen inhaltlich und zahlenmäßig unterschiedliche Aspekte zugrunde. Besonders häufig finden sich Ausprägungen in Richtung:

- Aufgabenorientierung und
- Mitarbeiterorientierung.

In den folgenden Abschnitten werden einige ausgewählte Führungstheorien beschrieben, die von:

- eindimensionalen (Tannenbaum/Schmidt) über
- zweidimensionalen (Blake/Mouton) hin zu
- dreidimensionalen (Hersey/Blanchard)

Modellen reichen.

16.3.2 Führungskontinuum von Tannenbaum/Schmidt

Tannenbaum und Schmidt haben bei der Einteilung ihrer Führungsstile 7 Grundformen definiert und diese in einem Kontinuum von führungszentriert (autoritär) bis mitarbeiterzentriert (autonom) dargestellt (Abb. 16.4). Nach diesen Vorstellungen ist der Führungsstil und -erfolg abhängig von einer Reihe von Eigenschaften:

- Eigenschaften der Führungskraft (persönliches Wertesystem, Vertrauen, Führungsqualitäten, Selbstsicherheit),
- Eigenschaften der Mitarbeiter (fachliche Kompetenz, Engagement, persönliche Ansprüche und Bedürfnisse) und
- Eigenschaften der Situation (Art des Problems, Unternehmensorganisation und -kultur, Gruppencharakteristika).

Unterschieden werden die einzelnen Führungsstile durch den Grad der Autorität der Führungskraft und der eingeräumten Freiheiten des Mitarbeiters in Bezug auf Entscheidungsbefugnisse. Ein mitarbeiterorientierter Führungsstil zeichnet sich durch die gleichwertige Berücksichtigung der sozialen Beziehungen in der Aufgabenerfüllung aus. Bei autoritärer Führung wird der Mitarbeiter als Mittel zum Zweck gesehen, der die Unternehmensziele zu erfüllen hat. Bevorzugt werden die fachlichen Aspekte der Aufgabenerfüllung betrachtet.

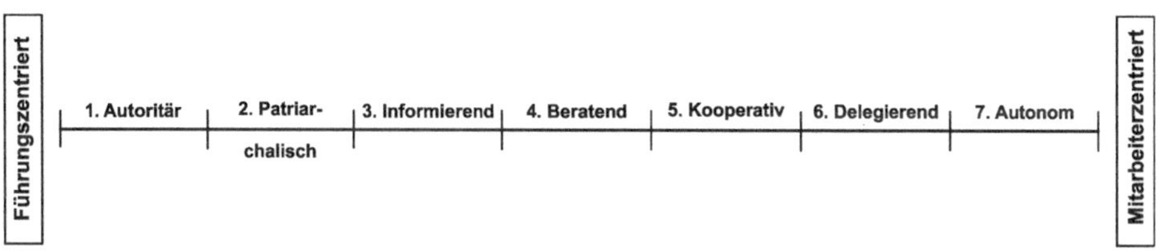

Abb. 16.4 Eindimensionales Kontinuum der Führungsstile [16.64]

1. Autoritär

Die Führungskraft entscheidet und verkündet die Entscheidung. Sie erarbeitet die Lösungen und entscheidet über die zu ergreifenden Maßnahmen. Eventuell berücksichtigt sie dabei mögliche Reaktionen der Mitarbeiter. Sie räumt ihnen jedoch keine Möglichkeit zur direkten Einflussnahme ein. Es gibt also keine alternativen Lösungsvorschläge seitens der Mitarbeiter.

2. Patriarchalisch

Die Führungskraft entscheidet und verkauft ihre Entscheidung an das Team. Sie entscheidet wie die autoritäre Führungskraft alleine. Sie erklärt jedoch der Gruppe warum sie sich so entschieden hat und welche Vorteile das Team daraus ziehen kann. Damit versucht sie möglichen Widerstand der von dieser Entscheidung betroffenen Mitarbeiter zu überwinden.

3. Informierend

Die Führungskraft stellt ihre Entscheidung und Ideen vor und lässt die Teammitglieder Fragen stellen. Sie entscheidet sich für eine Lösung, möchte jedoch, dass diese vom Team verstanden, akzeptiert und befürwortet werden. Sie informiert die Mitarbeiter, damit diese die Entscheidung besser nachvollziehen können. Dieses Geben und Nehmen ermöglicht es der Führungskraft und den Mitarbeitern außerdem die Auswirkungen der Entscheidung besser zu erfassen.

4. Beratend

Die Führungskraft schlägt eine mögliche Entscheidung vor und lädt zur Diskussion ein. Zwar bleibt es Sache der Führungskraft das Problem zu erkennen und erste Lösungsansätze zu erarbeiten. Ihre vorläufige Entscheidung stellt sie dann aber dem Team vor, um mit ihm zu diskutieren. Die Führungskraft trifft eine endgültige Entscheidung, bei der sie die Meinungen und Vorschläge der Teammitglieder berücksichtigt.

5. Kooperativ

Das Team erarbeitet gemeinsam Vorschläge und die Führungskraft entscheidet. Bisher hat die Führungskraft zu einem Problem immer auch eine Lösung vorgestellt. Nun stellt sie lediglich das Problem und eventuell einige Vorschläge vor. Sie fordert das Team zur Lösung des Problems auf und erwartet von ihm, dass es selbst Alternativen ausarbeitet und Maßnahmen identifiziert. Die Führungskraft entscheidet zwar auch bei diesem Führungsstil allein, das Team hat allerdings einen größeren Einfluss als bisher. Dies ist sinnvoll, da im Team oft mehr Wissen und Erfahrung im Bereich des auftretenden Problems vorliegen, als bei der Führungskraft.

6. Delegierend

Die Führungskraft legt den Rahmen zur Problemlösung fest und delegiert das Entscheidungsrecht an das Team weiter. Dieses trifft die notwendigen Entscheidungen, schlägt Lösungsalternativen vor und setzt die ausgewählten Maßnahmen selbstständig um. Die Führungskraft führt die notwendigen Erfolgskontrollen durch.

7. Autonom
Das Team definiert das Problem und entscheidet gemeinsam innerhalb des festgelegten Rahmens. Der autonome Führungsstil gibt dem Team sehr viele Freiheiten. Es muss Probleme selbstständig identifizieren, Lösungen entwickeln und entscheiden was zu tun ist. Die Führungskraft unterstützt die Entscheidungen des Teams und hilft diese umzusetzen. Sie hat dabei nicht mehr Autorität als jeder andere im Team. Die einzigen Grenzen die es für Entscheidungen gibt sind die, die der Führungskraft von höheren Hierarchieebenen auferlegt worden sind.

16.3.3 Verhaltensgitter nach Blake/Mouton

Das Führungsgitter nach Blake/Mouton (Abb. 16.5) geht von zwei Führungsdimensionen, nämlich dem sozialen Aspekt (Betonung des Menschen), sowie dem rationalen Aspekt (Betonung der Produktivität) aus. Blake und Mouton vertreten die Meinung, dass nur durch die Abhängigkeit der beiden Dimensionen voneinander ein effektiver Führungsstil erreicht werden kann. Der rationale Aspekt (Sachorientierung) orientiert sich an Ergebnissen, Leistungen, Umsatz oder Gewinn. Er lässt sich qualitativ und quantitativ bewerten und zeigt sich z. B. durch:

- Umfang und Qualität von Entscheidungen,
- Anzahl kreativer Ideen und neuer Produktentwicklungen,
- Qualität von Produkten und Dienstleistungen und
- optimalen Einsatz von Ressourcen und Anlagen.

Der soziale Aspekt (Mitarbeiterorientierung) zeigt sich an den Bemühungen der Führungskräfte um ihre Mitarbeiter. Sichtbar wird dies z. B. durch folgende Punkte:

- gute Arbeitsbedingungen,
- Gehaltsstruktur und Sozialleistungen,
- Unterstützung und Verständnis für den Mitarbeiter und
- Freundlichkeit und Umgang miteinander.

Das Verhaltensgitter zur Mitarbeiterführung hat in der Praxis eine weite Verbreitung gefunden.

1,1-Führungsstil
Schlechtester Arbeitsstil. Es gibt nur unzufriedene Mitarbeiter, die lediglich das Notwendigste tun, um ihre Arbeit zu verrichten. Ebenso wenig bemüht sich die Führungskraft um das Wohl ihrer Mitarbeiter. Es besteht keine Möglichkeit der Kommunikation. Die Führungskraft legt keinen großen Wert auf die Mitarbeiter. Auch die Leistung spielt für die Führungskraft keine nennenswerte Rolle. Um sich im Unternehmen zu halten, werden nur minimale Anstrengungen zur Erledigung der geforderten Arbeit unternommen.

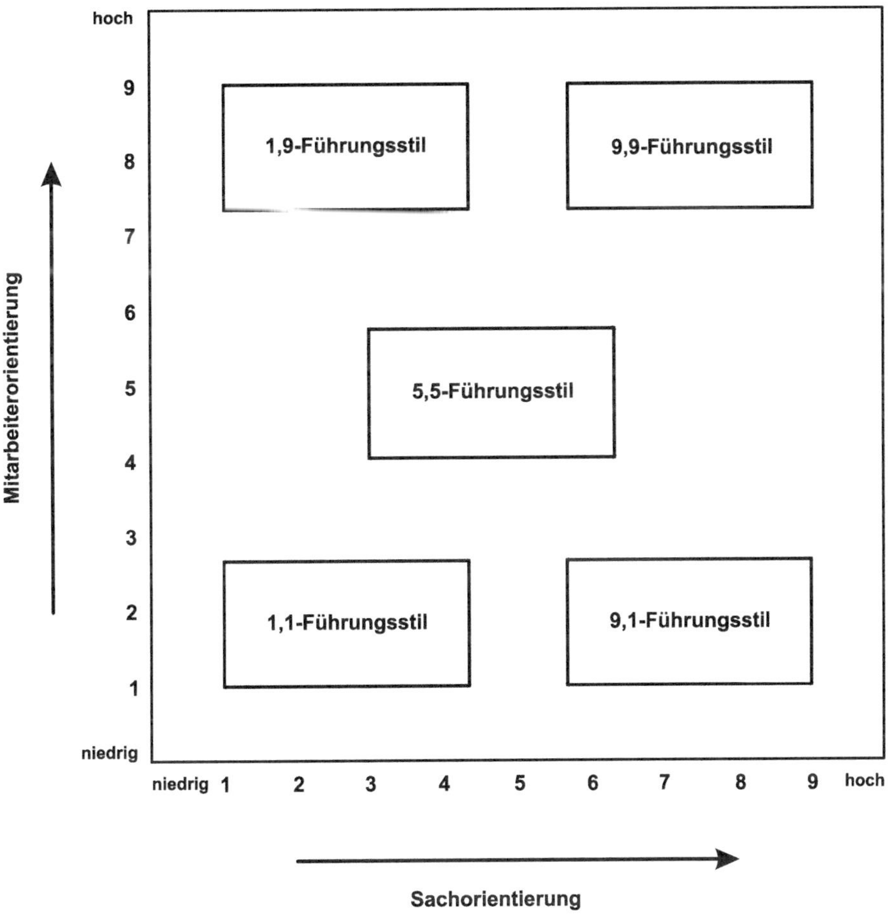

Abb. 16.5 Zweidimensionales Verhaltensgitter nach Blake/Mouton [16.2]

9,1-Führungsstil

Im Mittelpunkt steht lediglich die Arbeit. Die festgelegten Ziele müssen unter allen Umständen erreicht werden. Hier ist kein Platz für Menschliches. Dies führt zu fehlender Kompromissbereitschaft, sowohl unter den Mitarbeitern, als auch zwischen Mitarbeiter und Vorgesetztem. Die persönlichen Beziehungen sind auf ein Minimum beschränkt.

1,9-Führungsstil

Die Führungskraft legt das Hauptaugenmerk auf das Wohlbefinden der Mitarbeiter. Es entwickelt sich ein tolles und familiäres Betriebsklima, mit allerdings nur gemächlichem Arbeitstempo. Dies ist ein sehr ineffizienter Arbeitsstil bei dem keine Selbstkritik zustande kommt, die zur Erreichung der gesetzten Ziele unter Umständen notwendig sein könnte. Die Rücksichtnahme auf die Mitarbeiterbedürfnisse und nach guten zwischenmenschlichen Beziehungen steht im Vordergrund.

5,5-Führungsstil

Die Führungskraft versucht, ein Gleichgewicht zwischen der Prioritätssetzung auf Mitarbeiter und deren Leistung zu schaffen. Sowohl das Betriebsklima als auch das Arbeitstempo halten sich in einem befriedigenden Gleichgewicht. Die Arbeit wird getan.

9,9-Führungsstil

Dieser Führungsstil wird als optimal angesehen. Die Aufmerksamkeit der Führungskraft wird sowohl auf den Mitarbeiter, als auch auf seine Leistung gelegt. Zufriedene und sehr engagierte Mitarbeiter führen zu einer hohen Arbeitsleistung. Führungskraft und Mitarbeiter sind in gegenseitigem Vertrauen miteinander verbunden.

Mit der folgenden Übung 16.1 wird deutlich, dass Mitarbeiter aus unterschiedlichen Unternehmensfunktionen unterschiedliches Führungsverhalten erfordern.

Übung 16.1: Führungsverhalten für unterschiedliche Unternehmensfunktionen

Wie würden Sie Mitarbeiter aus folgenden Unternehmensfunktionen:

- *Forschung & Entwicklung,*
- *Produktion,*
- *Einkauf/Beschaffung,*
- *Logistik/Lagerwesen/Versand,*
- *Betriebswirtschaft,*
- *Personal,*
- *Marketing/Vertrieb und*
- *Qualitätswesen*

in den beiden Dimensionen:

- *Sachorientierung und*
- *Mitarbeiterorientierung*

führen? Begründen Sie Ihre Entscheidung.

Wie stufe ICH mich selber in meinem grundlegenden Führungsstil nach Blake & Mouton ein?

Bei einer hohen Sachorientierung (z. B. Produktion) steht die Erfüllung der Sachaufgabe im Vordergrund. Die Mitarbeiterorientierung und die zwischenmenschlichen Komponenten spielen eine untergeordnete Rolle. Bei Unternehmensbereichen mit stark interpersonellen Beziehungen wird sich das Führungsverhalten verstärkt an der Mitarbeiterorientierung orientieren. Die Führungskraft braucht sich nur in geringem Maße um die Sachaufgaben zu kümmern.

16.3.4 Reifegradmodell von Hersey/Blanchard

Ein dreidimensionales Führungskonzept stammt von Hersey und Blanchard (Abb. 16.6). Sie kommen zu dem Ergebnis, dass es nicht einen einzigen richtigen Führungsstil für alle Mitarbeiter gibt. Nach ihren Vorstellungen ist der Führungsstil neben der Aufgaben- und Beziehungsorientierung von einer weiteren Komponente, dem sogenannten Reifegrad des Mitarbeiters, abhängig.

Der aufgabenrelevante Reifegrad des Mitarbeiters setzt sich aus:

- seiner fachlichen Fähigkeit, die zum Erfüllen einer Aufgabe notwendig ist und
- seiner persönlichen Reife, die sich in Selbstvertrauen und Motivation äußert,

zusammen. Der Reifegrad des Mitarbeiters wird vor allem durch dessen Fähigkeit und Motivation, insbesondere zur selbstständigen Erledigung übertragener Aufgaben, bestimmt. Vier Faktoren beschreiben den Reifegrad des Mitarbeiters:

- aufgabenspezifische Ausbildung,
- Berufserfahrung,
- Leistungsmotivation und
- Bereitschaft und Fähigkeit zur Verantwortungsübernahme.

Aufgabenspezifische Ausbildung und Erfahrung stellen das Wissen (Know-how) des Mitarbeiters dar. Ein Mitarbeiter mit einem hohen Reifegrad arbeitet unabhängig, besitzt eine ganzheitliche Betrachtungsweise und hat ein hohes Streben nach Leistung. Bei einem Mitarbeiter mit niedrigem Reifegrad ist auch die Leistungsmotivation eher gering. Nach diesem Führungsmodell wird der aufgabenrelevante Reifegrad des Mitarbeiters in vier Stufen (M1 bis M4) eingeteilt. Entsprechend dem Reifegrad des Mitarbeiters wird ein bestimmter Führungsstil empfohlen (Tab. 16.1).

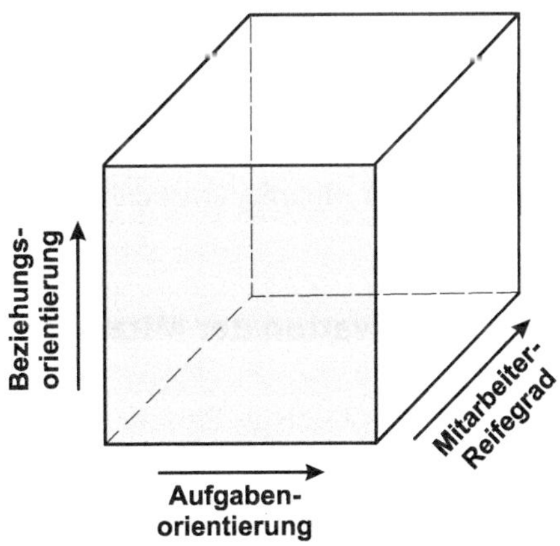

Abb. 16.6 Dreidimensionales Reifegradmodell nach Hersey/Blanchard

Tab. 16.1 Reifegrad des Mitarbeiters und Führungsstil

Reifegrad des Mitarbeiters	Führungsstil
M1: Motivation, Wissen und Fähigkeiten sind gering	**F1 Autoritärer Führungsstil:** Die Tätigkeit und der Zeitpunkt werden sachlich und zeitlich vorgegeben. Der Mitarbeiter wird aufgabenorientiert geführt.
M2: Motivation ist vorhanden, Fähigkeiten sind gering	**F2 Integrierender Führungsstil:** Die Meinung des Mitarbeiters wird berücksichtigt. Die Entscheidungsbefugnis bleibt aber der Führungskraft vorbehalten. Es wird angestrebt, den Mitarbeiter zu überzeugen.
M3: Motivation ist gering, Fähigkeiten sind vorhanden	**F3 Partizipativer Führungsstil:** Der Mitarbeiter spielt bei Entscheidungsfindungen eine wichtigere und aktivere Rolle. Die Ansichten des Vorgesetzten und des Mitarbeiters gehen gleichberechtigt in die Entscheidungen ein. Der Führungsstil ist mehr mitarbeiter- als aufgabenorientiert.
M4: Motivation, Wissen und Fähigkeiten sind vorhanden	**F4 Delegierender Führungsstil:** Weitestgehend wird auf Führung verzichtet. Der Mitarbeiter entscheidet nach Startinformationen allein über Mittel und Wege, um das vorgegebene Ziel zu erreichen.

Die Aufgabenorientierung soll mit steigender Reife des Mitarbeiters reduziert, die Beziehungsorientierung dagegen verstärkt werden. Bei überdurchschnittlich hohem Reifegrad des Mitarbeiters sollen sowohl Aufgabenorientierung als auch Beziehungsorientierung zurückgenommen werden. Der Mitarbeiter verfügt über Führungspotenzial und kann selbstständig über die Realisierung der Aufgabe entscheiden.

Der Reifegrad der Mitarbeiter ist nicht absolut zu sehen, sondern in Relation zur gestellten Aufgabe. Ein Mitarbeiter kann bei zwei verschiedenen Aufgaben einmal einen sehr hohen und einmal einen sehr niedrigen Reifegrad besitzen. Um den Reifegrad des Mitarbeiters zu fördern wird der Zwei-Stufen-Prozess empfohlen. In Stufe 1 delegiert der Vorgesetzte einen begrenzten Aufgabenbereich (Aufgabenorientierung). Bei guten Resultaten erfolgt Stufe 2. Hier erkennt der Vorgesetzte die gute Leistung an. Er fördert, indem er dem Mitarbeiter einen verstärkten Verantwortungsbereich überlässt (Beziehungsorientierung). Dieser Prozess der sukzessiven Approximation ist beliebig oft wiederholbar. Es folgt eine Stufe 3 mit einem anspruchsvolleren Aufgabenbereich, dem bei erfolgreicher Bewältigung ein erweiterter Verantwortungsbereich (Stufe 4) folgt. Die Beachtung des Reifegrads der Mitarbeiter ist daher ein wesentlicher Einflussfaktor des Führungserfolgs.

16.4 Motivation der Mitarbeiter

Motivation lässt sich als Prozess auffassen, wobei Motive die Antriebskräfte unseres Verhaltens darstellen. Wird das angestrebte Ziel erreicht, werden die Motive befriedigt und es stellt sich Zufriedenheit ein. Der Mitarbeiter hat Erfahrungen gesammelt und wird eine positive Einstellung zur erfolgreich bewältigten Arbeitssituation entwickeln. Möglicher-

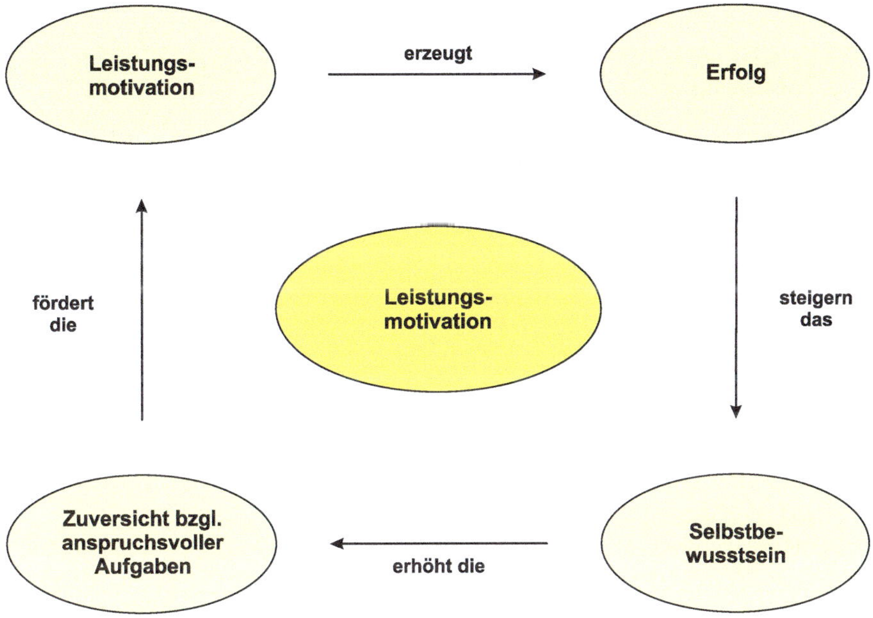

Abb. 16.7 Kreislauf der Leistungsmotivation

weise wird dann ein neues, höheres Ziel gesetzt, das nur durch größere Anstrengungen und Leistungen zu erreichen ist. Das Verhalten des Mitarbeiters wird dann durch dessen Leistungsmotiv bestimmt, wobei der erfolgreiche Abschluss einer Aufgabe dessen Selbstbewusstsein stärkt. Dies gibt die nötige Sicherheit, um die Messlatte für das nächste Ziel anzuheben. Abb. 16.7 zeigt diesen Kreislauf der Leistungsmotivation.

Demgegenüber steht die Demotivation. Viele Führungskräfte sehen die Mitarbeiterleistungen als selbstverständlich an. Werden trotz guter Leistungen immer wieder die Unzulänglichkeiten und Fehler des Mitarbeiters in den Vordergrund gestellt, kommt es leicht zum Teufelskreis der Demotivation (Abb. 16.8). Gleichgültigkeit gegenüber dem Mitarbeiter, verbunden mit fehlender Anerkennung, führt auf Dauer bei ihm zu persönlichen Enttäuschungen. Das Tor zur Demotivation ist geöffnet und führt fast zwangsläufig zu einer entsprechenden inneren Ablehnung gegenüber der Arbeit. Der Kreis schließt sich.

Kann die Führungskraft die Mitarbeitermotive immer erkennen? Manche Motive wird der Mitarbeiter mitteilen wollen. Dazu gehören Gründe, die die Führungskraft gerne hört und die ihrer eigenen Einstellung entsprechen (z. B. persönliches Engagement). Andere Motive verschweigt der Mitarbeiter bewusst, da sie eventuell nicht gerne gesehen werden (z. B. egoistische Motive). Ein dritter Motivbereich umfasst solche Motive, die dem Mitarbeiter selbst nicht bekannt sind und für ihn im Unbewussten verborgen liegen.

Alle drei Motivbereiche spielen für das Verhalten, die Handlung und Zielerreichung eine Rolle. Kommen noch die bewussten und unbewussten Motive der Führungskraft hinzu sowie die Vorstellungen der Unternehmensleitung, so ergibt sich ein komplexes Hand-

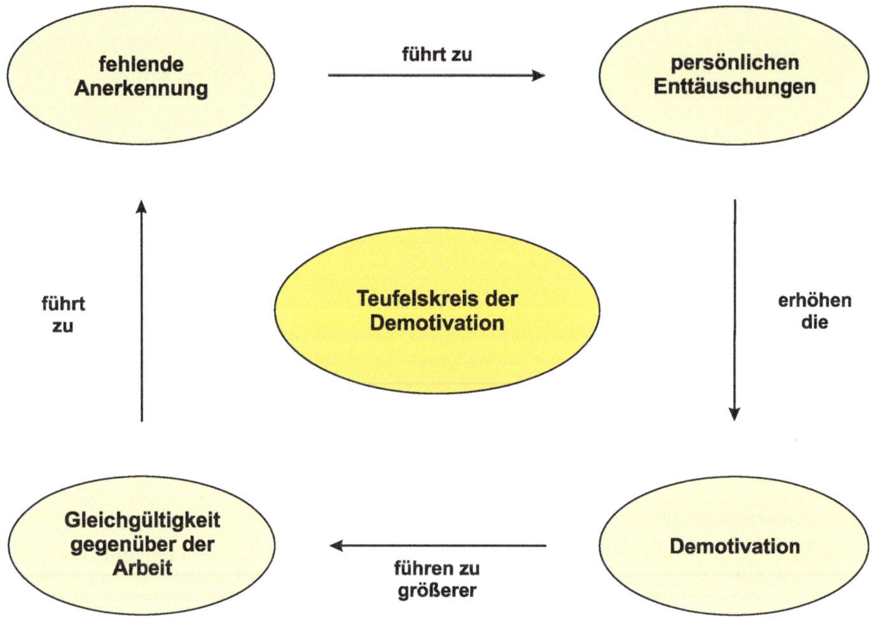

Abb. 16.8 Teufelskreis der Demotivation

lungs- und Bewertungsgeflecht. Einer Führungskraft muss bewusst sein, dass sie ihre eigene Motivstruktur als Maßstab zugrunde legt und die des Mitarbeiters nur unvollständig erkennen kann. Von daher ist immer mit selektiven Bewertungen und Beurteilungen für bestimmte Verhaltensweisen und Arbeitssituationen zu rechnen.

Bewusste und unbewusste Motive machen es nicht einfach etwas über die Motive anderer Personen in Erfahrung zu bringen. Praktisch lassen sich dazu drei Wege beschreiben, die:

- Selbstbeobachtung,
- Fremdbeobachtung und
- Ergebnisanalyse.

Bei der Selbstbeobachtung betrachtet sich der Betroffene selbst und kann dadurch etwas über die Ursache seines Verhaltens bzw. seiner Motivation erfahren. Die Beweggründe für sein Handeln sind nur ihm selbst zugänglich und beobachtbar. Andere Personen können nur indirekt die Motive erkennen. Möglichkeiten nähere Einblicke in die Motive des Mitarbeiters zu erhalten, bieten Einstellungs-, Mitarbeiter- oder Zielvereinbarungsgespräche. Bei der Selbstbeobachtung werden die bewussten Motive reflektiert, während die unbewussten weiterhin im Verborgenen bleiben.

Bei der Fremdbeobachtung können mehrere Außenstehende die betroffene Person, z. B. im Rahmen eines Assessment Centers, beobachten. Mit entsprechenden objektiven Methoden lässt sich dann zu einem gemeinsamen Ergebnis kommen. Da jedoch auch beim Beobachter immer seine unbewussten Motive in die Bewertung mit einfließen, muss man sich der Gefahr der Verfälschung bewusst werden. Eine Reflexion des Selbst- und Fremdbildes hilft allen Beteiligten sich ihre bewussten und unbewussten Motive klarer vor Augen zu führen.

Bei der Ergebnisanalyse wird vom Ergebnis der Arbeitssituation auf das Verhalten und die zugrunde liegenden Motive geschlossen. Solche Analysen sind immer mit Interpretationen verbunden. Selbstkritisch ist daher zu hinterfragen, wie die Schlussfolgerungen zustande gekommen sind. Hinweise auf die Motive liefert auch eine Kompetenzanalyse. Motive und Kompetenzen stehen hier in einem engen Zusammenhang. Da in einer spezifischen Arbeitssituation niemals alle Motive und Kompetenzen zum Tragen kommen, ist bei einem Wechsel des Arbeitsplatzes mit einer Veränderung der Motivationsstruktur zu rechnen.

16.4.1 Motivation und Leistungsverhalten

Motive wirken sich über das Verhalten in einer bestimmten Situation auf die Arbeitsleistung und -zufriedenheit aus. Es können direkte Anreize durch die Führungskraft (z. B. Aussicht auf Gehaltserhöhung oder Beförderung) oder indirekte Anreize durch die Werbung (z. B. Statussymbol) sein. Anreize wirken aber nicht auf alle Mitarbeiter gleich, sondern sind individuell anzustoßen.

Extrinsisch motivierte Verhaltensweisen, wie:

- Bedarf an Geld,
- Sicherheitsbedürfnis und
- Geltungsbedürfnis,

sind mit Anerkennung in unserer Gesellschaft verknüpft. Auf längere Sicht gesehen ist aber der Einfluss der intrinsischen Arbeitsmotive auf Leistung und Verhalten bei der Arbeit wichtiger. Letztere werden umso bedeutender je mehr Entscheidungsspielräume und Verantwortung mit der Arbeit verbunden sind. Ein wichtiges intrinsisches Arbeitsmotiv ist das Bedürfnis nach sozialen Kontakten innerhalb und außerhalb des Unternehmens. Ein Ziel, das man sich selbst setzt, motiviert mehr als extern gesetzte Ziele. So spielt die Leistungsmotivation bei anspruchsvollen und entscheidungsreichen Aufgaben eine große Rolle.

Intrinsisch motivierte Verhaltensweisen, wie:

- Kontaktbedürfnis,
- Leistungsmotivation,
- Machtmotive,
- Selbstverwirklichung und
- Lebenszweck

gelten als Prototyp selbst bestimmten Verhaltens. Der Mitarbeiter ist bestrebt eine Sache voll und ganz zu beherrschen. Intrinsische Motivation beinhaltet Neugier, Spontaneität, Erforschung und Interesse an den unmittelbaren Gegebenheiten der Umwelt.

Gelingt es extrinsische und intrinsische Arbeitsmotive im Unternehmen gut miteinander zu verknüpfen, kann sich ein entsprechendes Betriebsklima ausbilden. Es kann als Maßstab für die Zufriedenheit der einzelnen Mitarbeiter herangezogen werden. Die zugehörigen Aspekte sind vielfältig und können umfassen:

- Einstellungen zur Unternehmensleitung,
- Verhältnis zum Betriebsrat,
- Arbeitsplatz, -inhalt, -bedingungen,
- Vorgesetzte und Kollegen,
- Weiterbildungs- und Karrieremöglichkeiten und
- Gehalt und Sozialleistungen.

Nur, wie sieht der Zusammenhang zwischen Motivation und Leistungsverhalten aus? Dass dies kein linearer Zusammenhang sein kann, ist auf Anhieb klar. Sonst ließe sich durch entsprechende Motivation das Leistungsverhalten ins unendliche steigern, was aufgrund der eingeschränkten körperlichen Fähigkeiten des Menschen nicht möglich ist. Irgendwann muss ein Leistungsplateau erreicht sein, wobei sich zeigt, dass bei zu viel Motivation die Leistungskurve wieder abfällt.

Gründe können in der Übermotiviertheit der eigenen Person liegen. Es kann verstärkt zu Fehlern und Fehlentscheidungen kommen und die Effektivität lässt nach. Zu starke Motivation seitens der Führungskraft kann vom Mitarbeiter als Druck erlebt werden. Dementsprechend nehmen Angst und Unsicherheiten zu, was sich negativ auf die Arbeitsleistungen auswirken kann.

16.4.2 Arbeitszufriedenheit und Arbeitsleistung

Das Leistungsverhalten eines Mitarbeiters basiert nur teilweise auf den der Führungskraft bekannten Motiven. Verfügt der Mitarbeiter über die entsprechenden Fähigkeiten, so kann die Führungskraft die spezifischen und das Unternehmen die organisatorischen Bedingungen schaffen, damit in der jeweiligen Arbeitssituation möglichst hohe Arbeitszufriedenheit erzielt wird. Normalerweise ist hohe (niedrige) Arbeitszufriedenheit mit hoher (niedriger) Arbeitsleistung verbunden.

Arbeitszufriedenheit und -leistung können somit zusammenhängen, müssen es aber nicht. Maßnahmen der Führungskraft und des Unternehmens zur Steigerung der Motivation sollten daher immer berücksichtigen, welchen Einfluss sie auf die Arbeitszufriedenheit und Arbeitsleistung haben. Einige wichtige Faktoren sind:

- Einkommen,
- Führungsverhalten,

- Kommunikationsverhalten,
- Teamzusammenhalt,
- Arbeitsinhalt und
- Karrieremöglichkeiten.

Einkommen

Einkommen spielt nicht so sehr in der absoluten Höhe eine Rolle, sondern im relativen Vergleich zu Kollegen oder vergleichbaren Einkommensgruppen. Dabei fließen Faktoren wie Ausbildung, Betriebszugehörigkeit, Anzahl der unterstellten Mitarbeiter, Freiräume bzgl. selbstständigem Arbeiten, erbrachte Leistungen, etc. ebenfalls mit ein. Schneidet der Mitarbeiter bei diesem Vergleich nach seiner Einschätzung relativ gut ab, wird Unzufriedenheit vermieden. Auf Dauer ist das Einkommen jedoch kein Motivationsfaktor, sondern es wird als relativ selbstverständlich angesehen. Fällt der Vergleich dagegen ungünstig aus, führt dies mit Sicherheit zu Unzufriedenheit. Eine vermutete Unterbezahlung löst beim Mitarbeiter eine sehr viel stärkere Reaktion aus, als eine mutmaßliche Überbezahlung.

Führungsverhalten

Den idealen, universell einsetzbaren Führungsstil gibt es nicht. Trotzdem besteht auch hier ein Zusammenhang zu Arbeitsleistung und Arbeitszufriedenheit. Praktiziert die Führungskraft einen mitarbeiterorientierten Führungsstil, so führt dies zu einer höheren Zufriedenheit. Eine entsprechende Aufgabenorientierung führt dagegen zu einer höheren Leistung. Letztlich ist situations- und mitarbeiterspezifisch eine sinnvolle Mischung anzuwenden. Die entsprechenden Umfeldbedingungen müssen natürlich vorhanden sein. Ist die zu führende Mitarbeitergruppe sehr groß, stößt ein mitarbeiterorientierter Führungsstil schnell an praktikable Grenzen. Aufgaben, die rein routinemäßig oder unter Zeitdruck ablaufen, bieten ebenfalls wenig Möglichkeiten zur Mitarbeiterbeteiligung. Sie lässt sich auch nur dann einsetzen, wenn der Mitarbeiter bereit und fähig ist, für seine Tätigkeiten und Ergebnisse selbst Verantwortung zu übernehmen.

Kommunikationsverhalten

Offene und konstruktive Kommunikation zusammen mit einem authentischen Führungsverhalten ist ein großer Motivationsfaktor. Sie fördert Kontakte und ermöglicht den Sinn der Arbeit zu verstehen. Davon zu unterscheiden sind Informationen, die ohne direkten persönlichen Austausch vermittelt werden. Kommunikation bindet den Mitarbeiter in die Tätigkeiten ein und befriedigt seine Neugier. Sie ermöglicht es Probleme zu besprechen, verbessert die Zusammenarbeit und bietet Identifikationsmöglichkeiten. Letztlich kann dadurch die Führungskraft ihre Wertschätzung für den Mitarbeiter ausdrücken.

Teamzusammenhalt

Ein starkes Gefühl der Zusammengehörigkeit im Team hat hohe Auswirkungen auf die Arbeitszufriedenheit. Bezüglich der Arbeitsleistung ist die Antwort nicht so leicht zu geben. Bei Teams mit hoher Kohäsion führen die Gruppennormen zu einer entsprechenden

Leistungsanpassung. Ausreißer nach oben und unten werden seltener. Über die absolute Leistungshöhe des Teams ist damit aber noch nichts ausgesagt. Sind die Mitarbeiter mit ihrer Führungskraft und dem Unternehmen zufrieden, wird auch die Arbeitsleistung dementsprechend hoch sein. Andernfalls dürfte sie sich auf einem niedrigen Niveau bewegen. In Teams mit geringerem Zusammenhalt sind die Leistungsstreuungen dagegen viel breiter. Spitzenleute trauen sich hier eher aus der Deckung; Mitläufer lassen sich leichter identifizieren. Eine hohe Arbeitszufriedenheit und Arbeitsleistung wird dann erreicht, wenn die Führungskraft im Team integriert und anerkannt ist.

Arbeitsinhalt
Monotone, hoch fragmentierte Arbeit führt mit Sicherheit zu einer niedrigen Arbeitszufriedenheit, die sich auch in einer entsprechenden Arbeitsleistung niederschlägt. Durch job enlargement und job rotation lässt sich der Weg hin zum Optimum beschreiten. Die Bewertung und Abwechslung der Arbeitsinhalte ist jedoch kein einmaliger Vorgang, sondern muss von der Führungskraft und dem Mitarbeiter regelmäßig betrachtet und diskutiert werden. Tätigkeiten sind möglichst abwechslungsreich zu gestalten. Sie sollen dem Mitarbeiter Chancen zur fachlichen und persönlichen Weiterentwicklung bieten. In angemessenen Herausforderungen kann er dann einen Sinn in seiner Arbeit nach innen und außen erkennen. Sowohl Überforderung wie auch Unterforderung kann zu Stress führen. Entsprechende Zielvereinbarungen zwischen Mitarbeiter und Führungskraft sind dabei ein hervorragendes Instrument zur Leistungsmotivation und Leistungssteuerung.

Karrieremöglichkeiten
Karriere und Aufstieg in der Unternehmenshierarchie bedingt größere berufliche Entwicklungschancen aber auch höhere Belastungen. Karriere basiert auf den in der Vergangenheit erbrachten Leistungen und kann die Arbeitszufriedenheit erhöhen oder vermindern. Führen die zu erwartenden Belastungen (z. B. in Form längerer Arbeitszeiten) zu persönlichen und privaten Auseinandersetzungen sinkt mit Sicherheit die eigene Zufriedenheit. Trotzdem ist besonders in jungen Berufsjahren die Aufstiegsmöglichkeit im Unternehmen ein wichtiger Motivationsfaktor. Erkennt der Mitarbeiter Aufstiegsmöglichkeiten, führt dies zu entsprechenden Erwartungen. Werden sie nicht erfüllt, sinkt die Arbeitszufriedenheit deutlich. Dies kann bis hin zur Kündigung führen. Deshalb sollte die Führungskraft dem Mitarbeiter regelmäßig horizontale Weiterentwicklungs- und vertikale Aufstiegsmöglichkeiten aufzeigen.

16.4.3 Bedürfnishierarchie von Maslow

In seiner Theorie geht Maslow davon aus, dass die Motivation menschlichen Handelns in fünf Gruppen von Bedürfnissen eingeteilt werden kann:

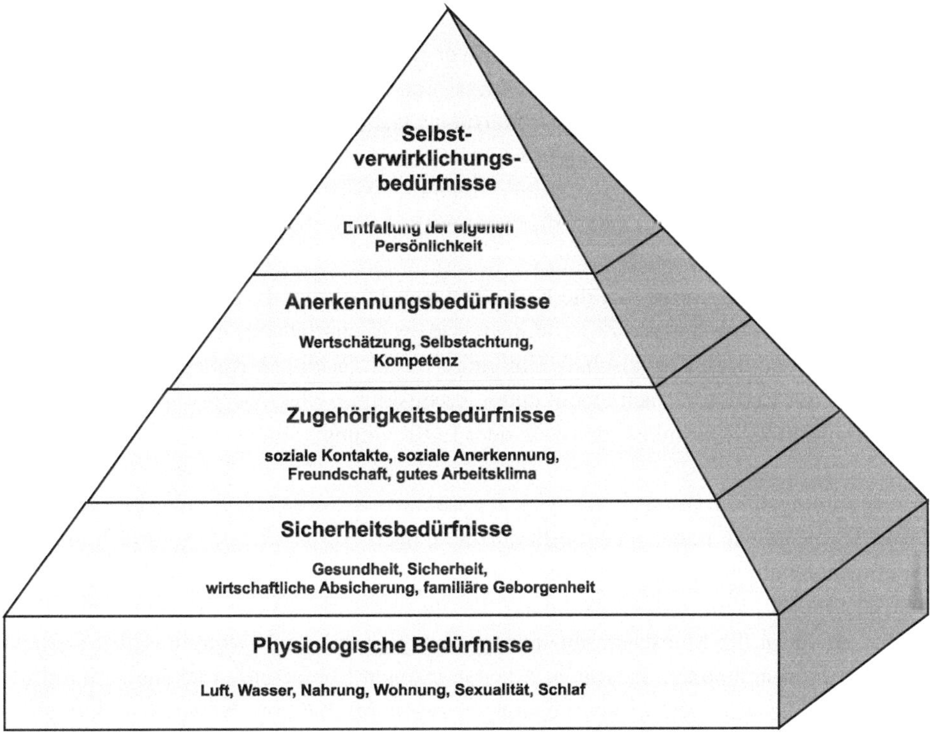

Abb. 16.9 Die 5 Stufen der Maslowschen Bedürfnispyramide [16.75]

- physiologische Bedürfnisse,
- Sicherheitsbedürfnisse,
- Zugehörigkeitsbedürfnisse,
- Anerkennungsbedürfnisse und
- Selbstverwirklichungsbedürfnisse.

Dargestellt wird diese Bedürfnisstruktur meist als Pyramide, wobei an der Basis die existenziellen Bedürfnisse stehen und an der Spitze die Selbstverwirklichungsbedürfnisse (Abb. 16.9). Dabei setzen sich die einzelnen Klassen aus einer Vielzahl von Einzelmotiven zusammen.

Physiologische Bedürfnisse

Physiologische Bedürfnisse sind die biologisch bedingten Grundbedürfnisse des Menschen nach Luft, Wasser, Nahrung, Ruhe, Schlaf, Sexualität. Diese Bedürfnisse sind die stärksten, da sie existenziellen Charakter haben.

Sicherheitsbedürfnisse
Dies sind jene Bedürfnisse nach Sicherheit vor Existenzbedrohung, sowie nach Gesundheit, Schutz und frei sein von Furcht, Angst und Chaos. Außerdem zählen hierzu die Bedürfnisse nach einem gesicherten Arbeitsplatz, sicheres Einkommen, Altersversorgung und einer stabilen Umwelt. In Zeiten von Not oder Umbruchsituationen in der sozialen Struktur treten diese Bedürfnisse verstärkt hervor.

Zugehörigkeitsbedürfnisse
In der dritten Ebene finden sich die Bedürfnisse nach sozialen Bindungen. Hierzu zählen das Bedürfnis nach Liebe und Zuwendung sowie der Wunsch nach Gruppenzugehörigkeit, Geselligkeit und nach Freundschaft. Ein gutes Verhältnis zu den Kollegen gehört ebenso dazu, wie das Bedürfnis nach einem guten Arbeitsklima. Eine Nichterfüllung dieser Bedürfnisse führt zu Einsamkeit, Isolation oder Entfremdung.

Anerkennungsbedürfnisse
Unter dieser Rubrik finden sich die Bedürfnisse nach Wertschätzung, Selbstachtung und Anerkennung durch andere; das Streben nach einem hohen sozialen Ansehen sowie nach Macht, Prestige, Lob und Anerkennung für die geleistete Arbeit. Um sich wertvoll zu fühlen brauchen die Menschen ein stabiles, fest gegründetes Niveau an Selbst-Respekt und Respekt durch andere Personen. Aus den eigenen Kompetenzen heraus wird Selbstachtung für die erzielten eigenen Leistungen geschöpft und eine Weiterentwicklung der eigenen Persönlichkeit angestrebt.

Selbstverwirklichungsbedürfnisse
In dieser höchsten Klasse der Bedürfnishierarchie siedelt Maslow das Streben nach Erfüllung eines Selbstkonzeptes und die Verwirklichung der eigenen Möglichkeiten an. Es geht um die Entwicklung und Entfaltung der eigenen Persönlichkeit. Diese idealtypischen Klassifikationen der menschlichen Bedürfnisse sind in einer Hierarchie relativer Vorherrschaft geordnet und verlangen nach Befriedigung in Abhängigkeit vom Stand der Persönlichkeitsentwicklung des jeweiligen Menschen. Während die oberste Ebene das Endziel (Wachstumsziel) umfasst, werden die unteren Bedürfniskategorien als Mangelbedürfnisse bezeichnet. Hat der Mensch das Endziel erreicht, so verbleibt er in dieser Klasse des Wachstums. Dies ist ein stetig andauernder Prozess der menschlichen Selbstverwirklichung, der keinen endgültigen Sättigungszustand erreichen kann.

Die Übergänge zwischen den Bedürfnisstufen vollziehen sich nicht abrupt. Abb. 16.10 verdeutlicht den Zusammenhang zwischen der relativen Bedürfnisintensität und der Persönlichkeitsentwicklung. Die relative Vorrangigkeit der Bedürfnisse verändert sich mit dem Grad der Befriedigung der einzelnen Kategorien. Zu Beginn der Persönlichkeitsentwicklung dominieren die existenziellen Bedürfnisse unser Verhalten. Mit zunehmender Befriedigung dieser Bedürfnisse verlieren diese an verhaltenslenkender Kraft. Die nächst höhere Kategorie der Sicherheitsbedürfnisse macht sich allmählich bemerkbar. So setzt sich dieser Verlauf fort, bis schließlich die Selbstverwirklichungsmotive im Vordergrund stehen.

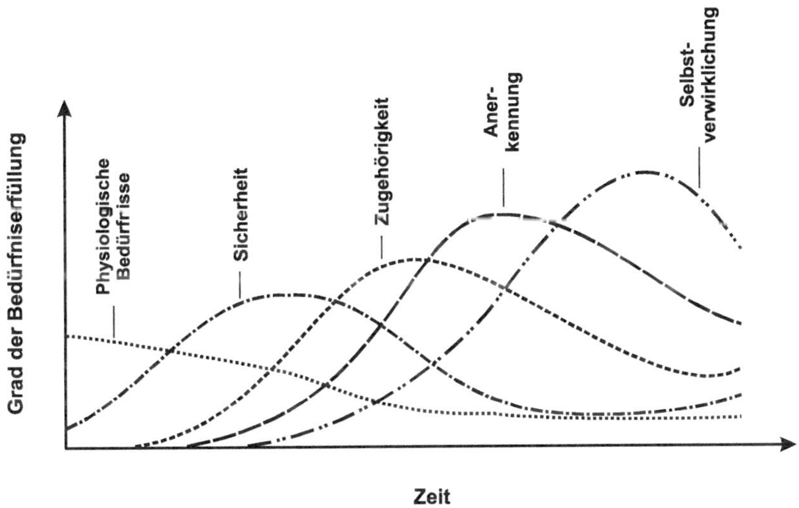

Abb. 16.10 Zeitliche Abhängigkeit der Bedürfnisarten [16.29]

16.4.4 Zwei-Faktoren-Theorie nach Herzberg

Herzberg unterscheidet zwischen zwei Kategorien von Bedürfnissen, den Hygienefaktoren und den Motivatoren (Abb. 16.11), die im Arbeitsprozess Zufriedenheit hervorrufen bzw. eher zu Unzufriedenheit führen. Hygienefaktoren sind Bedürfnisse, die durch extrinsische Bedingungen bestimmt sind und befriedigt werden. Wenn sie als negativ bewertet werden, bewirken sie bei der Mehrzahl der Befragten Gefühle der Unzufriedenheit. Zu dieser Gruppe zählen Faktoren wie Bezahlung, Beziehungen zu Kollegen, Vorgesetzten und Mitarbeitern, äußere Arbeitsbedingungen und Arbeitsplatzsicherheit.

Den Hygienefaktoren stehen Motivatoren gegenüber, deren positiv empfundene Gestaltung die Mehrzahl der Befragten zu voller Arbeitszufriedenheit anregt. Werden die entsprechenden Bedürfnisse nicht befriedigt, so stellen sie keinen motivierenden Faktor mehr dar. Sie führen jedoch nicht zu Arbeitsunzufriedenheit. Motivatoren entsprechen Bedürfnissen, die in der Arbeit selbst begründet sind. Zu diesen intrinsischen Arbeitsbedürfnissen gehören Leistungserfolg, Anerkennung, Verantwortung, Aufstiegschancen und Entfaltungsmöglichkeiten. Motivatoren haben eine größere Langzeitwirkung als Hygienefaktoren.

Herzberg zeigt jedoch auch, dass die genannten Aspekte nicht ausschließlich einer der beiden Gruppen zugeordnet werden können und nicht isoliert voneinander gesehen werden sollten. Auch Hygienefaktoren können motivierend sein. Geld ist ein Hygienefaktor und beruflicher Aufstieg ein Motivator. Nun bringen eine Beförderung und mehr Verantwortung meistens ein höheres Einkommen mit sich. Daher wird Geld in solch einem Fall auch als Motivator empfunden.

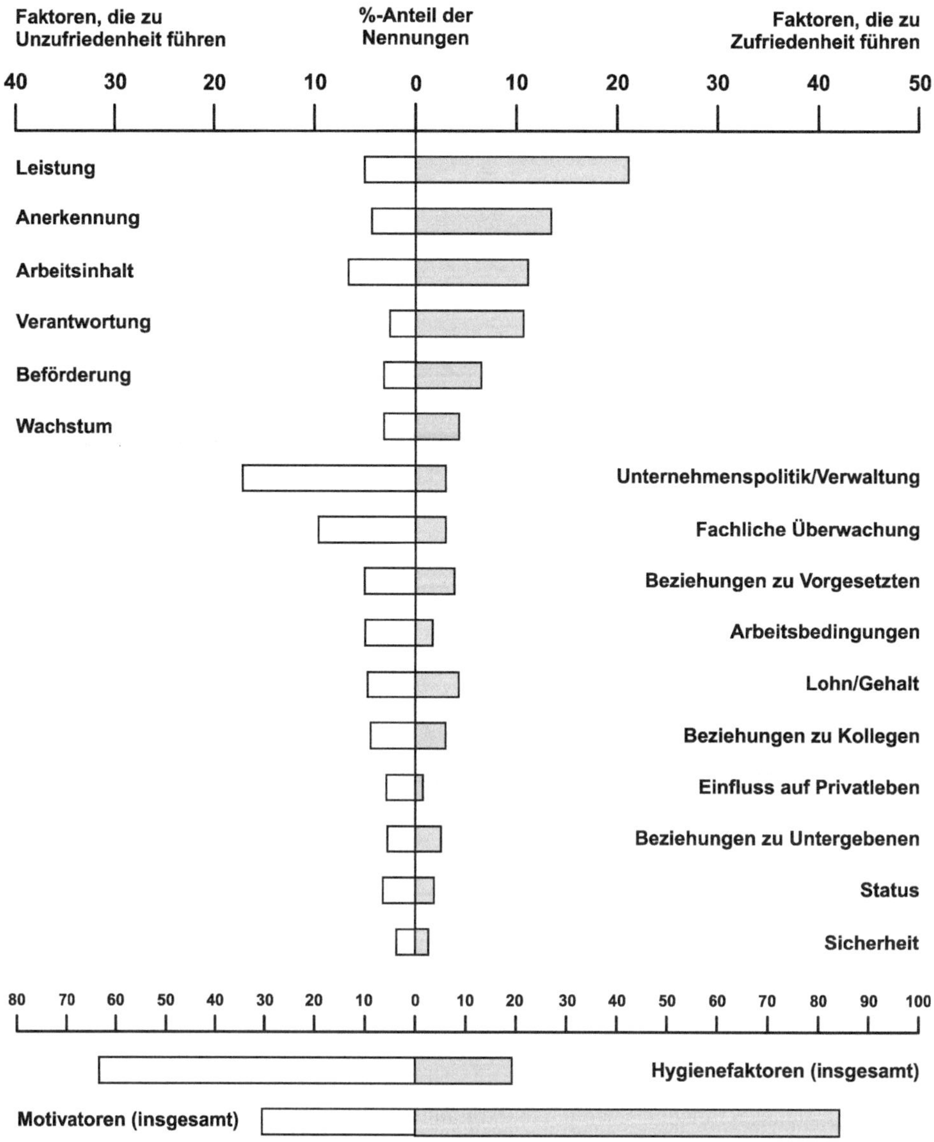

Abb. 16.11 Motivatoren und Hygienefaktoren [16.43]

Es bleibt anzumerken, dass ein Faktor für eine Person als Motivator, für eine andere Person als Hygienefaktor wirken kann. Die Wirkung hängt dabei von situativen Variablen wie Beruf, Hierarchie, Alter, Geschlecht, Erziehung, Kultur, Zeitbezug und Position in der Gruppe ab. So reagieren die Angehörigen niedriger Organisationsebenen stärker auf Mängel im Hygienebereich als Angehörige höherer Führungsebenen. Diese messen ihrerseits der Arbeitsgestaltung größeres Gewicht bei. Ein bestimmter Faktor kann außerdem nur bis zu einer gewissen Grenze als Motivator eingesetzt werden. Darüber hinaus bleibt seine Wirkung aus. Weiterhin ergibt sich, dass Mitarbeiter dazu neigen, Erfolge sich selbst zuzuschreiben z. B. aus intrinsischer Motivation. Der eigene Misserfolg wird dagegen äußeren Ursachen z. B. dem Hygienefaktor Führungsstil zugeschrieben.

Die Erfüllung von Motivatoren verspricht deutliche Motivationsschübe und damit auch eine nachhaltige Steigerung des unternehmerischen Denkens und Handelns. Hier sind folgende Aspekte von besonderer Bedeutung:

- interessante, sinnvolle und fordernde Arbeit,
- Entwicklungsmöglichkeiten für den Mitarbeiter,
- Handlungsspielräume und Übertragung von Verantwortung und
- leistungsgerechte Entlohnung, Ausdruck für Wertschätzung und Anerkennung.

Herzberg argumentierte dass job enrichment (Arbeitsbereicherung) für eine intrinsische Motivation erforderlich ist. Arbeitsbereicherung ist jedoch kein einmaliger, abgrenzbarer Vorgang sondern eine kontinuierliche Managementaufgabe. Die begonnenen Veränderungen sollten lange Zeit gelten. Dazu müssen die Tätigkeiten auf das Anforderungsniveau gehoben werden, das den Fähigkeiten des Mitarbeiters entspricht.

Letztendlich bleibt festzuhalten, dass dauerhafte Motivation aus dem Inneren einer Person selbst kommen muss und nicht durch von außen an sie herangetragenen Faktoren erzwungen werden kann.

16.4.5 Bedürfnismotive nach McClelland

McClelland hat in seiner Theorie der erlernten Bedürfnisse erklärt, welche Faktoren die Menschen zu Leistungen motivieren. Er sieht vier grundlegende Bedürfnisse als Schlüsselelemente im menschlichen Leben an. Dies sind die Grundmotive:

- Leistungsmotiv,
- Machtmotiv,
- Zugehörigkeitsmotiv und
- Vermeidungsmotiv.

Abb. 16.12 zeigt das Zusammenwirken der vier Grundmotive auf das Leistungsverhalten des Menschen.

Leistungsmotiv
Das Leistungsmotiv zeigt sich im Setzen von Zielen und in Anstrengungen zur Zielerreichung.

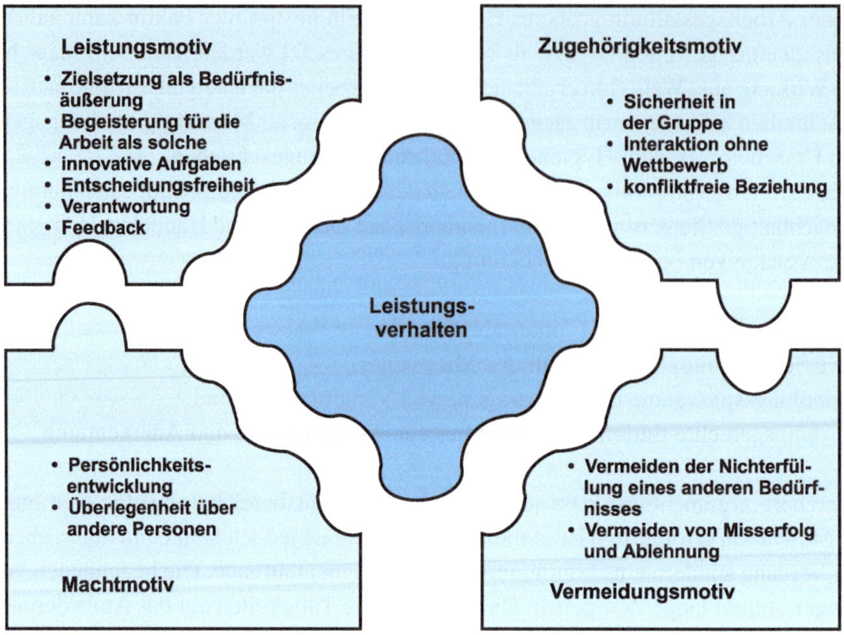

Abb. 16.12 Zusammenwirken der vier Grundmotive nach McClelland

McClelland stellte fest, dass das Leistungsmotiv gleichzeitig auch ein Effizienzmotiv ist, da es vorrangig um den Wunsch geht, Arbeiten besser zu erledigen. Für Menschen in einem Produktionsprozess zeigt sich das Leistungsmotiv im Ziel, die gleiche Menge mit weniger Aufwand zu produzieren, mit gleichem Aufwand mehr zu produzieren oder sogar mit weniger Aufwand mehr zu produzieren. Das Ziel der Person ist es, effizienter zu arbeiten. Für das Leistungsmotiv ist ein Streben nach innovativen Aufgaben, die Eigenverantwortung mit sich bringen, sehr typisch.

Machtmotiv

Das Machtmotiv äußert sich im Streben nach einer gegenüber anderen Personen überlegenen Position. Der Mensch ist bestrebt Problem- und Konfliktsituationen mittels Autorität zu lösen. Das Machtmotiv durchläuft verschiedene Entwicklungsstadien, die nach McClelland nicht nur einmalig, sondern auf verschiedenen Positionen in einem Unternehmen immer wieder durchlaufen werden. Das Machtmotiv äußert sich in der Möglichkeit zur Einflussnahme oder in der Delegation von Aufgaben.

Zugehörigkeitsmotiv

Personen mit großem Drang nach Zugehörigkeit suchen konfliktfreie Situationen und Tätigkeiten mit geringem Wettbewerb. Sie möchten integrierter Bestandteil eines Teams sein, wo sie Anschluss und Sicherheit finden. Zur Motivation eines Mitarbeiters mit hohem

Zugehörigkeitsbedürfnis sind eine persönliche Beziehung und ein offenes Verhältnis notwendig.

Vermeidungsmotiv
Dieses Motiv ist bisher nur wenig erforscht und wird größtenteils noch nicht zu den Grundmotiven gezählt. Es ist auf die Verhinderung des Eintretens von Versagen, Ablehnung, Misserfolg und Verlust von Macht ausgerichtet. Das Vermeidungsmotiv folgt aus der Erfüllung eines Grundmotivs. Es ergibt sich z. B. die Furcht vor Zurückweisung aus dem Zugehörigkeitsmotiv.

McClelland nimmt an, dass ein geringer Anteil aller Menschen durch eine außergewöhnlich starke Leistungsmotivation geprägt ist. Er ist der Meinung, dass sich die Motivation dieser Menschen in den meisten Fällen auf Einflüsse in der Kindheit zurückführen lässt. Eine leistungsbewusste Erziehung erhöht die Leistungsmotivation. Leistungsmotivierte Menschen haben insbesondere folgende charakteristische Eigenschaften:

- Sie wollen Probleme selbstständig, ohne Hilfe anderer lösen.
- Sie bevorzugen einen sichtbaren Leistungserfolg nach vollzogener Arbeit.
- Sie beachten Vorschläge, die leistungssteigernd wirken.
- Sie setzen sich mittelschwere Ziele, da ein Versagen bei der Zielerreichung verhindert werden muss und da leicht erreichbare Ziele keine ausreichende Befriedigung darstellen.

Das Leistungsverhalten von Mitarbeitern mit geringerer Leistungsmotivation lässt sich u. a. durch folgende Faktoren steigern:

- klare Zielsetzungen und kurzfristig formulierte Ziele,
- überschaubare Risiken,
- Informationen über den Leistungsstand des Einzelnen,
- Förderung der Verantwortungsbereitschaft,
- zielbezogene Kontrollen,
- leistungsgerechte Be- und Entlohnung,
- besondere Ehrungen und
- geringe Tadelungen.

Interessant ist die Tatsache, dass Menschen mit hohem Leistungsmotiv ihre Erfolge meist ihrem Können zuschreiben und Misserfolge einer schlechten Vorbereitung auf die Aufgaben. Dies ist mit der Überzeugung verbunden, sich das nächste Mal besser vorbereiten zu müssen. Menschen mit niedrigem Leistungsmotiv hingegen begründen einen Erfolg mit Zufall oder Glück und einen Misserfolg durch mangelndes Können. In Tab. 16.2 sind einige Motivationsaspekte durch:

Tab. 16.2 Motivationsfaktoren und -aspekte

Motivationsfaktoren	Motivationsaspekte
Person	– Innerer Antrieb – Reflexion und Wertung des eigenen Verhaltens – Fähigkeit zum Selbstmanagement und zur -steuerung – Optimismus und Selbstvertrauen – Entwicklung der Persönlichkeit
Aufgabe	– Interessante Aufgabenstellungen – Einbindung in die Entscheidungsfindung – Übertragung von Verantwortung – Einräumen von Handlungs- und Entscheidungsspielräumen – Arbeitsmittel und -umfeld
Team	– Gutes Arbeitsklima – Soziale Kontakte – Konfliktfreie Beziehungen – Sicherheit in der Gruppe – Persönliche Anerkennung durch Kollegen und Vorgesetzte
Führungskraft	– Aufbau von Vertrauen – Unterstützung von Mitarbeitern – Offen, auch kontroverse Mitarbeitergespräche – Konstruktive Konfliktlösung – Förderung der Selbstbestimmung und Teamentwicklung – Vorbildfunktion und Authentizität – Delegation von Aufgaben – Anerkennung der Einzel- und Teamleistungen
Unternehmen	– Gehalt und Sozialleistungen – Weiterbildungsmöglichkeiten – Sicherheit des Arbeitsplatzes – Personalpolitik – Erstklassige Ausbildung der Führungskräfte – Vertikale und horizontale Karrieremöglichkeiten

- die eigene Persönlichkeit,
- die Aufgabe,
- das Team,
- die Führungskraft und
- das Unternehmen

zusammengestellt.

Mit der Übung 16.2 lassen sich die eigenen Verhaltensweisen und Reaktionen der Mitarbeiter bewusster machen. Motivations- bzw. Demotivationsfaktoren für Führungskräfte und Mitarbeiter werden transparenter. Es sollte klar werden, dass die Motivation/Demotivation von Führungskräften/Mitarbeitern auf unterschiedlichen Motiven beruht.

Übung 16.2: Der Umweltbeauftrage

I. Fallbeschreibung – Sichtweise Führungskraft:

Ich arbeite seit Jahren als Führungskraft Produktion in einem mittelständischen Unternehmen. Mir ist personell der langjährige Mitarbeiter Peters (55 Jahre) unterstellt. Er ist seit 2 Jahren in meiner Abteilung. Gleichzeitig nimmt Herr Peters als Umweltbeauftragter eine Stabsfunktion war.

Herr Peters ist in allen Umweltthemen fachlich sehr versiert. Jedoch behält er sein gutes Fachwissen für sich. Im letzten Jahr hatte ich sogar den Eindruck, dass er sein Wissen nicht weitergeben möchte, insbesondere gegenüber dem neuen Abteilungsleiter Oberflächenbehandlung (Hr. Müller).

Die Geschäftsführung hat Herrn Peters vor ca. 15 Jahren zum Leiter Galvanik ernannt. Vor ca. 10 Jahren hat Peters mit externer Unterstützung unser Umweltmanagementsystem im Unternehmen eingeführt.

Vor 4 Jahren hatte sich die Geschäftsführung dazu entschieden unsere sehr flache Hierarchie, bedingt durch starke Expansion unseres Unternehmens, um eine neue Führungsebene zu erweitern. Dadurch wurde vor 2 Jahren die Stelle des Abteilungsleiters Oberflächenbehandlung geschaffen. Diese Stelle wurde mit einem fachlich hochqualifizierten Mitarbeiter (Herr Müller) besetzt. Im Zuge dieser Umorganisation wurde Peters in die Abteilung Produktion versetzt.

Herr Müller ist 15 Jahre jünger als Peters. Müller nahm einige Veränderungen in der Galvanik vor. Bei technischen Änderungen hat er die Rückendeckung der Geschäftsführung, selbst wenn Investitionen getätigt werden müssen. Müller als extrovertierter Mensch und Peters eher introvertiert sind sich gegenseitig nicht ganz grün. Sobald sich beide in einem Raum befinden, ändert sich das Klima und jeder wartet darauf, dass die Beiden aneinander geraten.

Nicht nur die Zusammenarbeit zwischen Müller und Peters ist schwierig. Peters hält auch gegenüber anderen Mitarbeitern sein spezifisches Umweltwissen zurück. Nur, wie sollen wir ohne Peters Unterstützung unser Umweltmanagementsystem aufrecht erhalten bzw. weiter entwickeln? Unsere Kunden stellen hier sehr hohe Anforderungen an uns.

Ich habe im letzten Jahr Peters mehrmals auf sein Verhalten angesprochen, doch in den letzten drei Monaten entstand bei mir der Eindruck, dass Peters in den Zustand der Arbeitsverweigerung abgetaucht ist. Es muss dringend etwas geschehen. Nächste Woche habe ich ihn zu einem Mitarbeitergespräch gebeten.

II. Aufgabe Führungskraft:

- *Setzen Sie den Fallbericht in ein Mitarbeitergespräch um.*
- *Wie können Sie ihren Mitarbeiter motivieren?*

III. Fallbeschreibung – Sichtweise Mitarbeiter:
Ich arbeite seit über 20 Jahren im Unternehmen und habe es zu etwas gebracht.

Vor ca. 15 Jahren hat mir die Geschäftsführung den Aufbau der Galvanik übertragen. Durch mein persönliches Engagement habe ich es geschafft, diese Aufgabe im Sinne des Unternehmens umzusetzen. Natürlich waren die Ressourcen beschränkt. Das betraf sowohl die technischen Möglichkeiten als auch die fachliche Qualifikation des Personals, das mir zur Verfügung gestellt wurde. Mir ist es jedoch gelungen, diesen Produktionsbereich auch zur Zufriedenheit unserer sehr anspruchsvollen Kunden gut zu leiten.

Vor ca. 10 Jahren habe ich ein Umweltmanagementsystem aufgebaut. Auch hier war ich ein Einzelkämpfer und habe mir das notwendige Wissen selbst angeeignet. Natürlich konnte ich das eine oder andere Seminar besuchen. Doch im Unternehmen war ich bei der Umsetzung meist auf mich alleine gestellt.

Seit 2 Jahren sieht es jedoch ganz anders aus. Urplötzlich wurde für den Bereich Oberflächenbehandlung mit Galvanik und Lackiererei ein Abteilungsleiter eingestellt. Ich wurde damals in die Abteilung Produktion in meiner Funktion als Umweltschutzbeauftragter versetzt. Der neue Abteilungsleiter, Herr Müller, ist ausgebildeter Galvaniseur. Das, was ich all die Jahre geleistet habe, hat nun keinen Stellenwert mehr.

Der Neue kommt ständig mit Neuerungen, die das Unternehmen sehr viel Geld kosten. Und wie der Neue sich ständig in Szene setzen muss. Mir gegenüber benimmt er sich öfters von oben herab.

Aber ich habe ja als Umweltbeauftragter eine Stabsfunktion inne. Wenn die meinen, dass sie mein Fachwissen nicht mehr brauchen, dann sollen sie doch zusehen wie es weitergeht. In meinem Alter kann ich es nach all der Hektik etwas ruhiger angehen lassen. Der Neue aber auch die Anderen brauchen nicht zu glauben, dass ich sie mit meinem hohen Fachwissen im Umweltschutz freiwillig füttere.

Im letzten Jahr hat mich mein Chef ein paar Mal angesprochen. Er sprach von aktiver Informationspolitik gegenüber den Mitarbeitern. Nächste Woche hat er mich zu einem Gespräch gebeten. Ich weiß gar nicht was der von mir will, schließlich habe ich immer gute Arbeit geleistet. In meiner Stabsfunktion als Umweltbeauftragter bin ich sowieso nur der Geschäftsführung gegenüber berichtspflichtig. Wenn die mir blöd kommen schalte ich einfach auf stur.

IV. Aufgaben Mitarbeiter:

- *Bereiten Sie sich auf das Gespräch mit Ihrem Chef vor.*

16.5 Real praktizierte Führungsstile

Was ist der richtige Führungsstil? In diesem Zusammenhang sind der grundsätzliche Führungsstil und das von verschiedenen Faktoren abhängige variable Führungsverhalten zu unterscheiden. So kann eine kooperativ agierende Führungskraft in entsprechenden Situationen durchaus autoritär handeln. Einen bestimmten Führungsstil (z. B. kooperativ) als den optimalen Führungsstil zu propagieren greift zu kurz. Jeder Führungsstil und jedes Führungsverhalten hat seine Stärken und Schwächen, Vor- und Nachteile. Im folgenden Abschnitt werden die am häufigsten praktizierten Führungsstile skizziert.

16.5.1 Konsultativer Führungsstil

Die Grundidee der konsultativen Führung liegt darin, dass die Mitarbeiter erst auf Anfrage der Führungskraft um ihren Rat gefragt werden. Eine aktive, eigenständige Beratung durch Mitarbeiter ist bei diesem Führungsstil nicht erwünscht. Die Führungskraft trifft letztlich die Entscheidungen selbst; gegebenenfalls auch gegen die Auffassung ihrer Mitarbeiter. Konsultative Führungsstile werden hauptsächlich bei:

- der Vorbereitung einer Entscheidung,
- Problemen in der Realisierungsphase,
- Themen- oder Projektbesprechungen,
- der Führung durch den nächsthöheren Vorgesetzten und
- der Zusammenarbeit zwischen Linie und Stab

eingesetzt. Für eine erfolgreiche Anwendung dieser Führungsform, sollten die Mitarbeiter über eine mittlere Fachqualifikation und Berufserfahrung verfügen und einen niederen Reifegrad besitzen. Ebenfalls als günstig erweist es sich, wenn die Führungskraft über gute Fachkenntnisse und einen guten Einblick in die Arbeit der Mitarbeiter verfügt. Die höchste Effektivität erreicht diese Art der Führung bei turbulenten Situationen, wenn Entscheidungen schnell getroffen werden müssen. Eine weitere Bedingung für eine Anwendung dieses Stils ist eine zentralistische Ausrichtung der gesamten Unternehmensstruktur. Der konsultative Führungsstil kann als Vorstufe zur Weiterentwicklung in Richtung auf kooperativ-delegative Führungsformen betrachtet werden. In Tab. 16.3 sind die Vor- und Nachteile konsultativer Führung dargestellt.

Tab. 16.3 Vor- und Nachteile konsultativer Führung

Vorteile des konsultativen Führungsstils	Nachteile des konsultativen Führungsstils
– Regt die Mitarbeiter zum Mitdenken an – Größere Einheitlichkeit bei Entscheidungen – Fördert die Mitarbeiterqualifikation – Erhöhung der Mitarbeitermotivation – Kürzere Entscheidungszeiten – Umfassende Information der Führungskraft	– Mögliche Verschiebung von Verantwortung auf die Mitarbeiter – Geringere Motivation bei qualifizierten Mitarbeitern durch unzureichende Einbeziehung – Keine Förderung der Teambildung – Kaum Unterstützung von Mitarbeiterinitiativen

16.5.2 Kooperativer Führungsstil

Im Zuge der Forderungen nach Demokratisierung von Wirtschaft und Gesellschaft wurde die kooperative Führung, oft auch als partnerschaftliche Führung bezeichnet, zum idealen Stil erkoren. Beim kooperativen Führungsstil werden die Mitarbeiter an den Entscheidungen beteiligt und Lösungsvorschläge gemeinsam erarbeitet. Ihnen wird ein ausreichendes Maß an Freiheit und Selbstständigkeit bei der Aufgabenerledigung eingeräumt. Daher können sie sich für die Arbeitsergebnisse persönlich verantwortlich fühlen.

Eine weitgehende Selbstkontrolle der Mitarbeiter wird angestrebt und die Ergebniskontrolle gemeinsam durchgeführt. Die Führungskraft beschränkt ihre Aufsicht auf Stichproben. Durch Vertrauen und Offenheit wird ein gutes soziales Klima gefördert. Die herausragendsten Merkmale des kooperativen Führungsstils können durch folgende Punkte zusammengefasst werden:

- wechselseitige Kommunikations- und Informationsbeziehungen,
- Gruppenorientierung und soziale Konfliktregelungen,
- Vertrauen als Grundlage der Zusammenarbeit und
- Ziel- und Leistungsorientierung.

Allerdings setzt diese Führungsart sowohl reife Mitarbeiter als auch Führungskräfte voraus, die ausreichende Qualifikationen und Fähigkeiten zur Motivation besitzen. Beide Seiten sollten sich durch Offenheit, Toleranz, Lernfähigkeit, Selbstsicherheit, Kritikfähigkeit, Kreativität und Freude an der eigenen Leistung sowie Vertrauen in sich selbst und zu ihren Mitmenschen auszeichnen.

Die Bedeutung des kooperativen Führungsstils spielt bei extrovertierten Mitarbeitern mit hohen Identifikationsbedürfnissen und bei geringer Arbeitsteilung eine viel größere Rolle als bei hoher Arbeitsteilung, strukturierten Abläufen (z. B. Fließbandarbeit) sowie introvertierten Mitarbeitern. Tab. 16.4 führt die wesentlichsten Vor- und Nachteile des kooperativen Führungsstils auf.

Tab. 16.4 Vor- und Nachteile kooperativer Führung

Vorteile des kooperativen Führungsstils	Nachteile des kooperativen Führungsstils
– Hohe Motivation der Mitarbeiter und Führungskräfte – Entlastung der Führungskräfte – Förderung der Mitarbeiterentwicklung – Erhöhung der Mitarbeitermotivation – Entscheidungen werden gemeinsam getroffen – Kreativere und innovativere Problemlösungen – Risiko der Fehlentscheidung wird reduziert – Gutes Arbeitsklima	– Entscheidungsgeschwindigkeit wird verlangsamt – Zu viele Köpfe mit unterschiedlichen Ideen lassen die Entscheidungsfindung zu einem schwierigen Prozess ausarten – Unter Umständen wird ein spontanes Reagieren auf Veränderungen erschwert – Missverständnisse und Konflikte durch unterschiedliche Auffassungen über Rechte und Pflichten – Anspruchsvolle Anforderungen an das persönliche Verhalten

16.5.3 Delegativer Führungsstil

Delegation kann im weitesten Sinne als eine Übertragung von Rechten und Pflichten verstanden werden. Allgemeines Ziel der Delegation ist die Aufgabenverteilung zwischen verschiedenen Hierarchieebenen. Im Idealfall identifiziert sich der Mitarbeiter vollständig mit der Aufgabe und den damit verbundenen Zielen.

Wenn die Führungskraft delegiert, muss sie mit einem geringeren Fachwissen immer noch kompetent führen können. Dazu benötigt sie Kenntnisse über die Ziele und Aufgabenstellungen des Arbeitsbereichs, die sie in kleinere Arbeitspakete aufteilen und an geeignete Mitarbeiter delegieren kann. Sie muss Abläufe steuern und Ergebniskontrollen durchführen können. Für die Lösung der anstehenden Aufgaben ist ein fundiertes Führungswissen und Kenntnis über Arbeitsmethoden und -techniken erforderlich. Die Einstellungen zur Aufgabe und zum Mitarbeiter prägen dabei das Beziehungssystem der delegativen Führung.

Wenn eine Führungskraft Aufgaben, Zuständigkeiten und Entscheidungsbefugnisse delegiert, behält sie trotzdem die Gesamtverantwortung in ihrem Bereich. Zwar werden Rechte und Pflichten delegiert, jedoch die Kette der Haftbarkeit lediglich verlängert. Deshalb muss der Mitarbeiter, an den delegiert wird, sorgfältig ausgewählt werden. Der Lösungsweg und die Handlungsverantwortung liegen beim Mitarbeiter. Zur Delegation und Wahrnehmung der Gesamtverantwortung gehören selbstverständlich das Controlling und die Erfolgskontrolle. Letztlich nicht delegierbar ist die Führungsverantwortung des Vorgesetzten.

Die Delegation setzt eine fachliche und persönliche Qualifikation beim Mitarbeiter voraus. Die Bereitschaft selbstständig zu arbeiten und Verantwortung zu übernehmen ist nicht bei allen Mitarbeitern vorhanden. Die delegierte Aufgabe muss deshalb in das persönliche Leistungsvermögen des Mitarbeiters fallen. Er muss über die erforderliche Selbstdisziplin und den Leistungswillen verfügen, die angestrebten Ziele zu erreichen. Die Eignung des Mitarbeiters kann die Führungskraft nur durch entsprechende Beobachtung und Bewertung zurückliegender Zeitabschnitte feststellen.

Der Unternehmenserfolg korreliert eng mit der Mitarbeiterzufriedenheit. Denn entscheidend ist wie stark der Mitarbeiter sein persönliches Leistungsvermögen zur Realisierung der Ziele einsetzt. Die entscheidende Größe zur Erbringung der Arbeitsleistung ist seine Selbstmotivation. Dabei muss die Führungskraft die Aufgabe und den persönlichen Freiheitsgrad des Mitarbeiters so gestalten, dass dieser eine stetige und steigende Arbeitszufriedenheit verspürt. Gleichzeitig ergeben sich Möglichkeiten der persönlichen Entwicklung des Mitarbeiters indem er seine fachlichen, methodischen und sozialen Kompetenzen entwickelt.

Zur Absicherung der Zielerreichung muss die Führungskraft ein persönliches Controllingsystem aufbauen. Es ist ein steuerndes Instrument und kein kontrollierendes Misstrauensinstrument gegenüber dem Mitarbeiter. Daher ist es eher offen als verdeckt, eher vertrauens- als misstrauensorientiert. Da der Mitarbeiter den Weg zur Zielerreichung weitgehend selbst bestimmen kann, ist das notwendige Controlling auch mehr ergebnis- als

Tab. 16.5 Vor- und Nachteile delegativer Führung

Vorteile des delegativen Führungsstils	Nachteile des delegativen Führungsstils
– Entspricht am besten der gesellschaftlichen Werteentwicklung – Berücksichtigt aktuelle betriebliche Erfordernisse (z. B. Selbstorganisation, Eigenverantwortung) – Förderung der Identifikation durch ergebnisorientierte Komponente – Erfüllung der zunehmenden betrieblichen Flexibilitätserfordernisse	– Sehr anspruchsvolles Konzept – Hohe Anforderungen an Motivation und Qualifikation aller Beteiligten – Hohe Anforderungen an den kulturellen, strategischen und organisatorischen Reifegrad des Unternehmens – Lange Implementations- und Transformationszeiten

handlungsorientiert. Es hat immer einen formellen Charakter bei dem die Ist-Leistung mit der zur Zielerreichung notwendigen Soll-Leistung verglichen wird. Der Austausch von Informationen ist bei der Delegation von Aufgaben mit die wichtigste Führungsaufgabe. Ohne Sachinformationen können Mitarbeiter weder selbstständig handeln noch andere vertreten, unterstützen oder beraten.

Heute besteht das Problem nicht in der Informationsbeschaffung und -weitergabe, sondern in einer aufgaben- und zielorientierten Selektion der zur Verfügung stehenden Informationen. Es kann, darf und soll keine Totalinformation erfolgen, da ein Zuviel an Informationen auch zu Arbeits- und Entscheidungsblockaden führen kann. Die notwendige Kommunikation zum Austausch von Informationen ist für beide Seiten Pflicht. Insbesondere Risiken oder das Eintreten entsprechender Situationen erfordern eine vertrauensvolle Offenheit zwischen Führungskraft und Mitarbeiter.

Die erfolgreiche Realisierung der delegativen Führung ist nur begrenzt bzw. nur unter bestimmten Voraussetzungen möglich. So lassen sich gut strukturierte Aufgaben besser delegieren als neue oder komplexe Aufgaben. Zwischen der Führungskraft und dem Mitarbeiter muss ein gutes fachliches und persönliches Vertrauensverhältnis bestehen. Die Führungskraft muss die notwendige Reife besitzen, um Aufgaben und Verantwortung delegieren zu können und zu wollen. Andererseits muss der Mitarbeiter zur eigenständigen und selbstverantwortlichen Aufgabenerfüllung fähig und bereit sein. In Tab. 16.5 sind die wichtigsten Vor- und Nachteile der delegativen Führung zusammengefasst.

16.5.4 Charismatischer Führungsstil

Im Zuge der Debatte um die Unternehmenskultur sind Werte und Normen von immer stärkerer Bedeutung. Gleichzeitig sehen sich Unternehmen einer stetig wachsenden Dynamik und Komplexität ausgesetzt, weil das Umfeld immer weniger planbar ist. In den durch Unsicherheit geprägten Situationen wird der Ruf nach charismatischen Führungskräften immer lauter. Sie sollen das Selbstvertrauen der Mitarbeiter festigen und mit ihrer Kraft den Glauben vermitteln, dass trotz Sprunghaftigkeit und Wandel die Ziele erreicht werden können. Die Mitarbeiter binden sich emotional an die Führungskraft, identifizieren sich mit deren Visionen und setzen sich über das normale Maß zur Erreichung der Ziele ein.

Der Ruf nach einer charismatischen Führung wird besonders in krisenhaften Zeiten stärker. Sind diese situativen Voraussetzungen nicht mehr gegeben, wird sie stärker in Frage gestellt. Die Situation kann sich zum Beispiel dann verändern, wenn die Gefährdung eines Unternehmens aufgrund schlechter Wirtschaftsdaten gelindert wurde. Ob Charisma erhalten bleibt wird durch den Erfolg entschieden. Ein Misserfolg führt fast zwangsläufig zum Verlust des Charismas. Die charismatische Führungskraft muss in der Lage sein auch in krisenhaften Zeiten ihre Botschaft zu vermitteln.

So lebt die Führungskraft bestimmte Werte vor, um die grundlegende Wertestruktur der Mitarbeiter zu verändern. Durch ihr eigenes Verhalten sind charismatische Führungskräfte Vorbild. Der Charismatiker verhält sich fürsorglich und kommuniziert Erfolge. Er gibt sich als kompetenter Experte mit bestimmten Fähigkeiten zu erkennen. Die charismatische Führungskraft beeinflusst das Fremdbild so, dass es ihren eigenen Zielvorstellungen entspricht. Sie vertraut den Mitarbeitern mit ihren Fähigkeiten. Gleichzeitig formuliert sie aber auch hohe Erwartungen bzgl. der Zielerreichung. Für die Bewältigung der Aufgabe wichtige Motive wie Macht, Zugehörigkeit und Leistung werden ungezwungen angesprochen.

Charisma wird eher solchen Führungskräften zugeschrieben, die sich mit ihren Visionen gegen den Status quo wenden. Sie genießen die volle Akzeptanz der Mitarbeiter weil sie sehr feinfühlig für deren Fähigkeiten und Bedürfnisse sind. Um ihre Ziele zu erreichen, verhalten sie sich unkonventionell. Sie beeindrucken durch ihre hohe Kompetenz und ihre Sensibilität für das Umfeld.

Führungskräfte werden auch dann als charismatisch betrachtet, wenn sie für das Erreichen ihrer Visionen persönliche Risiken eingehen. Ein starker Drang nach Macht, ein hohes Selbstbewusstsein bzw. Selbstvertrauen, Einflussstreben und starke Überzeugungen in Bezug auf die eigenen moralischen Wertvorstellungen sind Grundlage für ein überzeugendes und glaubwürdiges Auftreten.

Charismatische Führungskräfte vermeiden negatives Führungsverhalten. So äußern sie keine öffentliche Kritik am Mitarbeiter oder machen witzige Bemerkungen über ihn. Unhöflichkeiten und Herabsetzungen werden unterlassen. Die Leistungen des Mitarbeiters werden nicht als eigene Erfolge; Fehler nicht als Versagen des Mitarbeiters verkauft. Bei Besprechungen lässt man den Mitarbeiter aussprechen ohne ihn rüde zu unterbrechen. Dies sollten Selbstverständlichkeiten sein, gegen die jedoch oft verstoßen wird.

Bei den Mitarbeitern ruft charismatische Führung ein hohes Maß an Einsatzwillen und Loyalität hervor. Sie identifizieren sich mit den Werten, Zielen, Aufgaben und Verhaltensweisen der Führungskraft. Autonomes Arbeiten und Partizipation werden ausdrücklich gefördert. Um die Führungskraft zu akzeptieren und anzuerkennen muss ihr nicht unbedingt ständig nach dem Mund geredet werden. Gerade in einer offenen, argumentativen Atmosphäre muss auch die charismatische Führungskraft um bestimmte Ansichtspunkte kämpfen.

Tab. 16.6 Vor- und Nachteile charismatischer Führung

Vorteile des charismatischen Führungsstils	Nachteile des charismatischen Führungsstils
– Hohe Verantwortung und Vorbildfunktion der Führungskraft als Persönlichkeit – Steigerung der Leistungsfähigkeit der Mitarbeiter – Identifikation der Mitarbeiter mit den Visionen und Zielen – Hohe gegenseitige Akzeptanz zwischen Mitarbeitern und Führungskraft – Förderung von Mitarbeiter-Autonomie und -Partizipation	– Nachfolger charismatischer Führungskräfte werden nur schwer akzeptiert – Auseinanderbrechen des sozialen Gefüges im Zuge eines Führungswechsels – Enttäuschungen der Mitarbeiter wenn sich die Visionen nicht realisieren lassen – Charismatische Führungskräfte müssen ständig die Erwartungen der Mitarbeiter erfüllen – Gefahr der Verführung durch starke Meinungsführerschaft

Durch das von der Führungskraft beeinflusste Selbstwertgefühl der Mitarbeiter kommt es zu einer Leistungssteigerung. Sie stecken sich selbst höhere Ziele und können diese auch erreichen, wodurch ihre Selbstsicherheit steigt. Trotzdem ist auch dieses Führungsverhalten mit Vor- und Nachteilen behaftet (Tab. 16.6).

16.6 Was sind wichtige Aspekte im Führungsverhalten?

Werden Führungskräfte im Personaltraining nach ihrem Führungsstil gefragt, antworten fast alle Teilnehmer, dass der kooperative Führungsstil das ideale Führungsverhalten darstelle. Was sich hinter diesem Begriff versteckt, wird oftmals nicht hinterfragt bzw. blumig umschrieben. Die Teilnehmer sind sich sehr schnell einig, dass sie einen autoritären Führungsstil nicht wollen. Nachdenklich werden sie, wenn es um Führung mit persönlicher Autorität geht. Autoritär und Autorität haben den gleichen Wortstamm. Ist Letzteres etwa schlecht oder falsch?

In Führungskräftetrainings wird viel zu viel Wert auf den richtigen Führungsstil gelegt. Diesen gibt es nicht bzw. er hängt von vielen Faktoren (z. B. die Aufgabe, den Mitarbeiterfähigkeiten, der Unternehmenskultur, etc.) ab. Ein gutes, offenes, transparentes Führungsverhalten – das die Mitarbeiter erkennen und nachvollziehen können – ist wichtig.

Kooperativer Führungsstil bedeutet nicht unbedingt kompetent; kompetent muss nicht unbedingt kooperativ sein. Führungskräfte werden an ihren Ergebnissen und nicht an ihrem Führungsstil gemessen. Was nützt mir eine Führungskraft die kooperativ führt aber keine Ergebnisse erzielt? Wirksames Führungsverhalten umfasst Handlungen, Maßnahmen und Ergebnisse. Führen mit Autorität – und damit erzielter Erfolg – ist immer besser als kooperatives aber unwirksames Führen.

In den folgenden Abschnitten werden einige wichtige Aspekte (Tab. 16.7) näher betrachtet, die für ein gutes Führungsverhalten und das Erzielen exzellenter Ergebnisse maßgebend sind. Dabei sind immer zwei Seiten einer Medaille zu betrachten. Einerseits

Tab. 16.7 Wichtige Aspekte im Führungsverhalten

Den Mensch sehen	Die Ergebnisse zählen
– Respekt erweisen – Vertrauen aufbauen – Entscheidungen treffen – Verantwortung übernehmen – Mitarbeiter einsetzen Leistung beurteilen – Mitarbeiter befähigen – Miteinander reden	– Ziele setzen – Erfolge erzielen – Chancen erkennen – Möglichkeiten wahrnehmen – Besprechungen lenken – Maßnahmen umsetzen – Persönliche Arbeitsorganisation – Persönliches Vorbild

die menschliche Komponente; ohne den Faktor Mitarbeiter läuft nichts. Andererseits die sachliche Komponente; welche Ergebnisse haben wir erzielt? In beiden Facetten und den jeweiligen Aspekten ist die Führungskraft ihren Mitarbeitern ein Vorbild. Ob sie sich dies eingestehen will oder nicht; die Mitarbeiter werden die Führungskraft an ihrem Verhalten messen.

16.6.1 Den Menschen sehen

Mitarbeiter sind die wichtigste Ressource im Unternehmen. Ohne sie läuft keine Anlage; alle Räder stehen still. Von daher sollte ich ihnen mit dem notwendigen Respekt und der entsprechenden Achtung entgegentreten. Nur so lässt sich auf Dauer Vertrauen aufbauen. Ich muss Entscheidungen treffen und für unser aller Handeln Verantwortung übernehmen. Es liegt in meiner Verantwortung die Mitarbeiter richtig einzusetzen und ihre Arbeitsleistung gerecht zu beurteilen. Ich als Führungskraft muss sie für zukünftige Herausforderungen befähigen und sie entsprechend entwickeln. Gleichbehandlung in Form von Gleichmacherei ist hier fehl am Platz. Ich habe meine Mitarbeiter entsprechend ihren unterschiedlichen Fähigkeiten unterschiedlich zu führen.

Respekt erweisen – Vertrauen aufbauen

Im Berufsleben ist der gegenseitige Respekt von sehr hoher Bedeutung. Dabei handelt es sich um eine fundamentale Grundlage für alle Beteiligte und Betroffene. Führungskraft und Mitarbeiter sollen den Menschen achten und anerkennen, mit all seinen Stärken und Schwächen. Durch einen respektvollen Umgang untereinander wird ein egoistisches Verhalten ausgeschlossen. Es wird Rücksicht auf andere genommen.

Das Gegenteil ist egoistisches Verhalten. Ich stehe immer im Vordergrund; meine Bedürfnisse kommen an erster Stelle. Mitarbeiter merken sehr schnell, dass sie nur die zweite Geige spielen. Sie sind nur ein Instrument in den Händen ihrer Führungskraft, das nach Gebrauch (getaner Arbeit) abgelegt wird. Wenn dann noch entsprechende unangemessene Umgangsformen herrschen, wird sich schwerlich ein angemessenes Vertrauen aufbauen können.

Wenn ich als Führungskraft erfolgreich sein will, geht dies nur zusammen mit meinen Mitarbeitern. Dazu gehört persönliche Integrität. Die Mitarbeiter müssen sich auf mich und mein Wort verlassen können. Meine Handlungen müssen für sie transparent und verlässlich sein. Die Führungskraft muss als zuverlässig in der Sache und in der Person erkannt werden. Sie steht zu ihrem Wort und zu ihren Fehlern. Ihre Fehler sind nicht die Fehler der Mitarbeiter. Erfolge der Mitarbeiter sind deren Erfolge. Wenn gute Ergebnisse erzielt wurden, dann haben Wir sie erreicht und nicht Ich als Chef.

Als Führungskraft muss ich Zeit für meine Mitarbeiter haben und ihnen zuhören können. Offen und ehrlich miteinander reden ist das wichtigste Führungsinstrument. Nur über konkrete Taten und Gespräche mit den Mitarbeitern lässt sich Vertrauen aufbauen. Gegenseitiges Vertrauen ist einer der Ecksteine für ein gegenseitig belastbares Führungsverhalten. Jeder Mensch macht Fehler; nicht nur Mitarbeiter sondern auch Führungskräfte. Beide Seiten müssen darüber reden können. Wenn Vertrauen seitens der Mitarbeiter vorhanden ist, sehen sie Führungsfehler leichter nach. Sie wissen, dass sie sich im Normalfall auf ihre Führungskraft verlassen können.

Mitarbeiter müssen kontrolliert werden. Dies hat nichts mit Misstrauen dem Mitarbeiter gegenüber zu tun. Die Führungskraft steht in der letztendlichen Verantwortung. Sie muss dafür Sorge tragen, dass die Aufgaben effektiv und effizient erledigt werden. Kontrollen dienen der Steuerung von Aufgaben und Mitarbeitern. Wer nicht steuert, verpasst den Weg und verfehlt das Ziel.

Kontrolle setzt Offenheit und gegenseitiges Vertrauen voraus. Der Mitarbeiter soll sich nicht überprüft sondern unterstützt fühlen. Kontrollen sollen ihm Bestätigung für sein Handeln geben und bei Abweichungen rechtzeitig Korrekturmaßnahmen ermöglichen. Diese Aussage ist kein Widerspruch in sich. Die Führungskraft muss sich um ihre Mitarbeiter kümmern und Ergebnisse erzielen. Dazu muss sie in regelmäßigen Abständen den Arbeitsfortschritt kontrollieren und eventuell steuernd eingreifen. Dies hat nichts mit Misstrauen dem Mitarbeiter gegenüber zu tun. Es handelt sich vielmehr um eine Sorgfaltspflicht seitens der Führungskraft. Idealerweise wird durch die Fremdkontrolle seitens der Führungskraft die Fähigkeit zur Selbstkontrolle durch den Mitarbeiter gestärkt. Kontrollen sollen den Handlungsspielraum des Mitarbeiters möglichst nicht einschränken.

Die Häufigkeit von Kontrollen ist immer abhängig von der Komplexität, dem Risiko der Aufgabe und den Kompetenzen des Mitarbeiters. So sind etwa risikobehaftete Projekte oder unerfahrene Mitarbeiter öfters zu kontrollieren. Kontrollen, deren Inhalte und Zeitpunkte sind gegenüber den Mitarbeitern offen zu kommunizieren. Sie dürfen keine Überraschungen sein. Letztlich sind alle delegierten Aufgaben spätestens zum Fälligkeitsdatum auf Erfüllung zu überprüfen. In diesem Zusammenhang darf die Führungskraft keine Aufgaben vergessen, denn für das Arbeitsergebnis haben letztlich zwei geradezu stehen – Führungskraft und Mitarbeiter.

Entscheidungen treffen – Verantwortung übernehmen

Menschen müssen immer wieder Entscheidungen treffen und für ihr Handeln Verantwortung übernehmen. Im Berufsleben gilt dies besonders für Führungskräfte, da sie nicht nur ihr Handeln sondern auch das ihrer Mitarbeiter verantworten müssen. Entscheiden und Handeln gehört somit zum Führungsalltag.

Wichtige Entscheidungen basieren meistens auf unvollständigen Informationen. Sie sind immer mit Chancen aber auch mit Risiken verbunden. Sorgfältig und mit Bedacht getroffene Entscheidungen reduzieren das Risiko; mit dem Restrisiko lässt sich (hoffentlich) leben. Weist die Entscheidung Mängel auf, machen sich Fehler bemerkbar, so lassen sich diese nur mit einem entsprechenden Aufwand beheben. Meistens ist dieser größer als für eine sorgfältige Vorbereitung der Entscheidung selbst.

Entscheidungen sollten nach Vorliegen aller wichtigen Informationen unter Abwägung der Vor- und Nachteile getroffen werden. In den Entscheidungsprozess sind die Mitarbeiter einzubeziehen, die über das notwendige Fachwissen und entsprechende Berufserfahrung verfügen. Sie müssen später die mit der Entscheidung verbundenen Maßnahmen umsetzen und vertreten. Eine Entscheidung wird umso besser, je mehr sie einem systematischen Entscheidungsprozess (Abb. 16.13) folgt. Dieser entspricht von seiner Prozessstruktur dem beschriebenen Lösungszyklus.

Im 1. Schritt des Entscheidungsprozesses muss das Problem klar und eindeutig beschrieben werden:

- Was sind belastbare Tatsachen?
- Was sind Annahmen?
- Was sind nicht belegbare Vorurteile bzw. Vermutungen?

Alle notwendigen Informationen und Daten sowie mögliche Ursachen und Wirkungen müssen vorliegen. Aus der Zeitnot heraus werden oft auf der Basis unvollständig vorliegender Informationen Entscheidungen getroffen. Um sich selbst zu bestätigen, werden Argumente gesucht, die einen in seiner Vorgehensweise bestätigen. Die mit den Informationslücken verbundenen Risiken werden (un)bewusst ausgeblendet.

Der 2. Schritt enthält die Anforderungen, welche die Entscheidung erfüllen muss. Mit der Erfüllung der Anforderungen wird ein bestimmtes Ziel erreicht. Dieser Soll-Zustand muss eindeutig beschrieben werden und möglichst messbar sein. Dann ist nach der Realisierung ein Soll-Ist-Vergleich möglich. Über die MUSS-Anforderungen hinaus können noch weitere wünschenswerte Anforderungen gestellt werden, wenn sie einen wichtigen Betrag zum Unternehmenserfolg liefern.

Der 3. Schritt besteht in der Identifizierung von Lösungsalternativen mit ihren jeweiligen Vor- und Nachteilen. Eine entsprechende Abwägung und Gewichtung ergeben die Chancen und Risiken der jeweiligen Alternativen. Diese sind mit dem Ist-Zustand zu vergleichen:

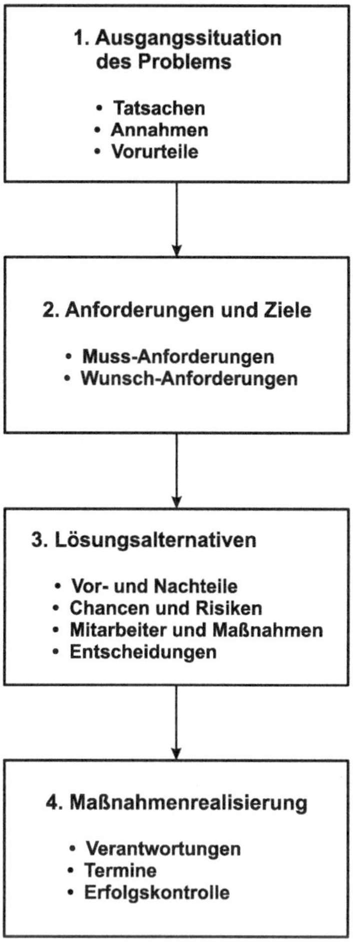

Abb. 16.13 Phasen im Entscheidungsprozess

- Liefert die gefundene Alternative wirklich wesentliche Verbesserungen?
- Überwiegen die Chancen oder können erhebliche Risiken auftreten?
- Welche Ressourcen sind für die Realisierung zur Verfügung zu stellen?

Wenn alle Lösungsalternativen mit der notwendigen Sorgfalt begutachtet und bewertet wurden, muss eine Entscheidung getroffen werden. Kompetente Führungskräfte treffen nicht unbedingt schnelle Entscheidungen; sie treffen sorgfältig vorbereitete und durchdachte Entscheidungen. Dann gibt es noch entschlusslose Führungskräfte, die ihre Mitarbeiter zur Verzweiflung bringen. Sie schauen mehr auf die Lücken in den vorliegenden Informationen und wollen noch mehr Daten, noch mehr Untersuchungen und erreichen zum Schluss – Nichts.

Die Realisierung der gewählten Lösungsalternativen kann nur durch gut informierte und kompetente Mitarbeiter erfolgen. Von daher sollte es selbstverständlich sein, diese frühzeitig in den Entscheidungsprozess einzubinden. Kooperative, mitarbeiterorientierte Führung ist angesagt. Für die Realisierung der Maßnahmen hat sich ein schriftlicher, eindeutig formulierter Arbeitsauftrag immer wieder als angebracht herausgestellt. So werden mögliche Missverständnisse bereits frühzeitig vermieden. Auch sollte nur ein Mitarbeiter als Verantwortlicher benannt werden. Einer diffusen Verantwortungsverschieberei wird so ein Riegel vorgeschoben. Dass die Umsetzung im Team erfolgt sollte selbstverständlich sein.

Der 4. Schritt umfasst die Umsetzung der getroffenen Entscheidung und den damit verbundenen Maßnahmen. Dies bedarf einer regelmäßigen Kontrolle des Arbeitsfortschritts. Die kann z. B. durch Statusberichte und Besprechungen geschehen. Unter Führungsgesichtspunkten viel wichtiger, effektiver und motivierender ist es, sich beim Mitarbeiter Vor-Ort ein direktes Bild zu verschaffen. Die Führungskraft zeigt Präsenz.

Eine kompetente Führungskraft braucht Mut, Mut für ihre Entscheidungen einzutreten und dafür die Verantwortung zu übernehmen. Dies umfasst auch die Risikobereitschaft Fehler zu begehen und damit die Möglichkeit kritisiert zu werden. Mut erfordert es auch, für die Fehler seiner Mitarbeiter einzustehen, denn als Führungskraft trägt sie die Verantwortung für alle Tätigkeiten in ihrem Bereich. Starke Führungskräfte ermuntern und unterstützen ihre Mitarbeiter darin neue Wege einzuschlagen, Risiken einzugehen und innovative Lösungen zu suchen.

Führungskräfte die nicht entscheiden können haben Angst vor den möglichen Konsequenzen und sitzen daher das Problem aus. Sie lassen andere die Entscheidungen treffen. Damit zeigen sie jedoch eine Willensschwäche; auch ihren Mitarbeitern gegenüber. Wie können sie von ihren Mitarbeitern Leistungen erwarten und einfordern, wenn ihnen selbst der Mut zu Entscheidungen fehlt? Sich nicht entscheiden heißt auch seine Mitarbeiter nicht zu führen. Entscheidungsschwäche ist Führungsschwäche und mangelnder Mut Verantwortung zu übernehmen.

Mitarbeiter einsetzen – Leistung beurteilen

Führungskräfte müssen die anstehenden Aufgaben in ihrem Verantwortungsbereich organisieren und mit der Arbeit die richtigen Mitarbeiter betrauen. Idealerweise kann der Mitarbeiter die zu erledigenden Aufgaben alleine bewältigen. Er wird durch nichts abgelenkt und kann zielstrebig arbeiten.

Für die zu erledigenden Aufgaben wählt die Führungskraft kompetente Mitarbeiter aus. Sie nutzt deren Stärken. Von daher muss die Führungskraft eine konkrete Vorstellung über die Stärken und Schwächen jedes einzelnen Mitarbeiters besitzen. Können die Mitarbeiter ihre Stärken einsetzen, sind sie normalerweise motivierter und erzielen bessere Ergebnisse.

Niemand käme auf die Idee mit einer wichtigen Aufgabe einen schwachen Mitarbeiter zu beschäftigen. Natürlich hat jeder Mensch seine Stärken und Schwächen. Wenn ich als Führungskraft darauf fixiert bin, was der Mitarbeiter alles nicht kann, verbaue ich mir die Sicht auf seine Stärken, seine Fähigkeiten, seine Kompetenzen.

Ein gutes Beispiel für diese Sichtweise sind Schüler. Nach ihrem Schulabschluss entscheiden sie sich, welches Fach sie studieren wollen, d. h. in welchem Bereich sie sich weiterentwickeln möchten. Ein Schüler, der nicht besonders gut in Chemie ist, wird kein Chemie-Studium wählen. Die Wahrscheinlichkeit, dass er sich im Studium schwer tut oder scheitern wird, ist sehr hoch. Er wird eher einen Studiengang wählen, in dem er seine Stärken wieder erkennt und Erfolgserlebnisse erzielt.

Die Stärken seiner Mitarbeiter nutzen heißt nicht deren Schwächen zu ignorieren. Der Fokus muss primär auf dem Nutzen der Stärken liegen. Schwächen lassen sich durch sinnvolle und zielführende Personalentwicklungsmaßnahmen reduzieren. PE-Maßnahmen nach dem Gießkannenprinzip führen nicht zum Ziel. Hier ist eine sorgfältige Kompetenzanalyse notwendig, um zielgerichtete Entscheidungen zu treffen.

Als Führungskraft ist es wichtig die Stärken (und die Schwächen) seiner Mitarbeiter zu kennen. Richtig eingesetzt können die Mitarbeiterstärken große Beiträge zum Abteilungserfolg und damit zum Unternehmenserfolg liefern. Gute Mitarbeiter sind für die wirklich wichtigen Aufgaben einzusetzen. Durch eine effektive Arbeitsorganisation sorgt die Führungskraft dafür, dass sie von Routineaufgaben befreit werden. Es gilt zuerst die richtigen Aufgaben effektiv anzupacken und diese dann effizient zu erledigen.

Seitens der Führungskraft ist es sinnvoll und üblich mindestens jährlich eine Leistungsbewertung durchzuführen. Dazu ist es notwendig, dass die Führungskraft belastbare Belege vorlegen kann. In regelmäßigen Abständen hat sie sich Notizen zu den Arbeitsleistungen und Verhaltensweisen des Mitarbeiters gemacht. Mit der notwendigen Sorgfalt gehen sie an diese Führungsaufgaben heran. Sie kann ihre Beobachtungen und Bewertungen anhand kritischer Ereignisse belegen. Dabei unterliegen sie nicht der Führungsschwäche mal schnell vor einem formellen, jährlichen Leistungsgespräch eine Beurteilung aus der Tasche zu zaubern. Im Mitarbeitergespräch zeigt sie eine Ausgewogenheit bzgl. Stärken und Schwächen des Mitarbeiters und weicht auch kritischen Einschätzungen nicht aus.

Mitarbeiter befähigen – Miteinander reden

Die wichtigste Ressource im Unternehmen sind kompetente Mitarbeiter. Daher gilt es sie zu befähigen und zu entwickeln.

Mitarbeiterbefähigung geschieht zu aller erst in der übertragenen Aufgabe. Der Mitarbeiter muss in der Lage sein, die ihm zugewiesene Arbeit durch eine methodisch-systematische Vorgehensweise effizient zu erledigen. Hat er in seinem Fachgebiet genügend Erfahrung gesammelt kann er mit neuen, schwierigeren und komplexeren Aufgaben betraut werden. Im Idealfall wächst der Mitarbeiter durch die Herausforderungen in seinen neuen Aufgaben. Er kann stolz auf seine erzielten Leistungen und die damit verbundenen Verantwortungen sein. Wird der individuelle Beitrag im unternehmerischen Umfeld sichtbar kann dies auch die Selbstmotivation des Mitarbeiters erhöhen.

Neben den Aufgaben spielen die persönlichen Eigenschaften des Menschen eine wichtige Rolle. Selbstvertrauen, Engagement oder Durchsetzungsvermögen sind notwendige Voraussetzungen für die Leistungsfähigkeit des Mitarbeiters. Personale Kompetenzen sind ein Bestandteil in der Mitarbeiterentwicklung. Soziale Kompetenzen wie

Kommunikations-, Konflikt- und Teamfähigkeit müssen sie ergänzen. Ohne die Bereitschaft offen und ehrlich miteinander auch schwierige zwischenmenschliche Situationen zu lösen ist jede Zusammenarbeit zum Scheitern verurteilt. Der Mitarbeiter muss selber seine diesbezüglichen Stärken erkennen und einsetzen. Wenn er die Bereitschaft und den Willen hat an seinen Schwächen zu arbeiten, bieten sich ihm die Chancen seinen persönlichen Horizont zu erweitern.

Die Unterstützung in der Mitarbeiterförderung muss durch einen kompetenten Vorgesetzten erfolgen. Er kann die Rahmenbedingungen schaffen, dass sich sein Mitarbeiter leistungsorientiert einbringen und entwickeln kann. Als Führungskraft hat er das unternehmerische Gesamtbild im Auge. Neben seiner fachlichen Kompetenz verfügt er auch über die notwendigen Führungskompetenzen. Als Persönlichkeit kann sich sein Mitarbeiter auf ihn verlassen. Die Führungskraft schaut über ihren eigenen Tellerrand hinaus und unterstützt die Mitarbeiterentwicklung in eine bestimmte Richtung. Sie ist zukunftsorientiert und hat klare Vorstellungen darüber wohin die Reise geht.

Den Menschen sehen bedeutet auch miteinander zu reden. Kommunikation und Mitarbeitergespräche sind das primäre Führungsinstrument. Offener, konstruktiver Gedankenaustausch trägt zum gegenseitigen Verständnis bei. Schweigen ist kein lösungsorientierter Beitrag; Schweigen führt nicht zum Ziel. Prozessorientierte Kommunikationsformen helfen auch schwierige Führungssituationen zu meistern.

16.6.2 Die Ergebnisse zählen

In der Mitarbeiterführung den Menschen sehen ist die eine Seite der Medaille. Gemessen werden Führungskräfte allerdings an den erzielten Ergebnissen. Dazu ist es wichtig sich Ziele zu setzen, denn dann lassen sich die Erfolge quantifizieren. Es müssen die Chancen erkannt und Möglichkeiten beim Schopf ergriffen werden. Dazu sind zielführende Maßnahmen effizient umzusetzen. Durch ihre persönliche Arbeitsorganisation ist die Führungskraft Vorbild für ihre Mitarbeiter.

Ziele setzen – Erfolge erzielen

Ziele geben Orientierung für das Was ich erreichen möchte. Sie sind zukunftsorientiert und beschreiben einen zu erreichenden Soll-Zustand. Quantifiziert sind sie ein Maß für die Beurteilung der Zielerreichung. Als Grundlage für die Bestimmung von Wirksamkeit und Erfolg sind Ziele unerlässlich.

Der Weg, um das Ziel zu erreichen, beschreibt das Wie, um vom Ist-Zustand (Gegenwart) zum Soll-Zustand (Zukunft) zu gelangen. Oft hört man der Weg ist das Ziel. Dies ist ziemlicher Unfug. Es können viele Wege beschritten werden, viel Arbeit investiert werden, ohne dass ein vernünftiges Ergebnis erzielt wird. Wer ohne Ziele viel arbeitet muss nicht unbedingt effektiv arbeiten.

Durch ihre schriftliche Formulierung geben Ziele Richtung und Perspektiven vor und sind so eine Orientierung für Führungskräfte und Mitarbeiter. Zudem lenken sie die Konzentration auf die wichtigen Dinge. Gut durchdachte Ziele erleichtern die Entscheidung, welche Maßnahmen zur Zielerreichung getroffen werden müssen. Durch sie bekommen die damit zusammenhängenden Tätigkeiten eine Eigendynamik. Die Eigenverantwortung der Mitarbeiter wird gefördert, da diese einen wesentlichen Teil zur Zielerreichung beitragen.

Dabei gilt, weniger ist mehr. Einige gut durchdachte, konkrete Ziele sind viel mehr wert als dutzende kleiner Zielhäppchen. Hier besteht die Gefahr, dass die Mitarbeiter sich verzetteln und das große Ganze aus den Augen verlieren. Ziele müssen für den Mitarbeiter eine Herausforderung darstellen, ohne ihn zu überfordern. Damit ergibt sich für die Führungskraft eine wichtige Aufgabe. Anhand der Mitarbeiterkompetenzen muss sie erkennen, welche Ziele sie mit dem jeweiligen Mitarbeiter vereinbaren kann. Unerfahrenen Mitarbeitern muss die Führungskraft auf dem Weg zur Zielerreichung unterstützend zur Seite stehen. Erfahrenere Mitarbeiter bedürfen eines geringeren Führungsaufwands.

Es müssen nicht unbedingt mit allen Mitarbeitern Ziele vereinbart werden. Hier kommt es auf die Schlüsselfunktion des Mitarbeiters bzw. der Aufgabe an. So ist die Zielvereinbarung mit einem Fertigungsleiter sinnvoll; mit Fertigungsmitarbeitern in den meisten Fällen nicht unbedingt. Letztere haben Aufgaben zu erfüllen.

Wo immer möglich sind Ziele zu quantifizieren. Damit lassen sie sich messen und den Weg steuern. Oft kann es schwierig sein Messgrößen zu definieren. Eine Größe steht jedoch immer zur Verfügung; das ist der Termin. Kein Ziel und keine Maßnahme wird ohne Zuordnung einer Zuständigkeit (Verantwortung) und eines Termins vergeben.

Manchmal ist es schwierig zwischen Zielen und Maßnahmen zu unterscheiden. Manche Ziele sind im Nebel der Zukunft nur schwer zu präzisieren. Man weiß zwar die große Richtung, kann seine Vorstellungen aber nicht exakt beschreiben. Dann kann es sinnvoll sein Maßnahmen zu definieren, von denen man aufgrund seiner Berufserfahrung davon ausgehen kann, dass sie zur Erreichung des (unpräzisen) Ziels geeignet sind.

Ob Ziele vorgegeben oder vereinbart werden, ist zweitrangig. Hauptsache, es gibt überhaupt Ziele. Wenn es möglich ist sollten aus Gründen der Motivation Ziele zusammen mit dem Mitarbeiter vereinbart werden. Der Vorteil von vereinbarten Zielen liegt eindeutig in der Diskussion mit dem Mitarbeiter. Dieser kann seine Ideen, Vorstellungen oder auch Bedenken einfließen lassen. Im gemeinschaftlichen Dialog werden die Ziele präzisiert und das gegenseitige Verständnis gestärkt. Durch die kooperative Zusammenarbeit entwickelt der Mitarbeiter eine stärkere Identifikation mit den Zielen und eine höhere Verantwortungsbereitschaft.

Manchmal muss die Führungskraft aus den verschiedensten Gründen Ziele auch einfach vorgeben. Partizipative Mitarbeiterbeteiligung ist gut. Wenn dieser nicht kann, nicht will oder z. B. ein Bedenkenträger ist, hört kooperative Führung auf. Es wurde genug diskutiert und besprochen; es werden Anordnungen getroffen. Auch basisdemokratische Diskussionen haben ihre Grenzen.

Chancen erkennen – Möglichkeiten wahrnehmen

Probleme gibt es in jedem Unternehmen zu Hauf. Sie können einen belasten und erdrücken, wobei es immer auf die Sichtweise ankommt. Ein Seitenwechsel lässt manche

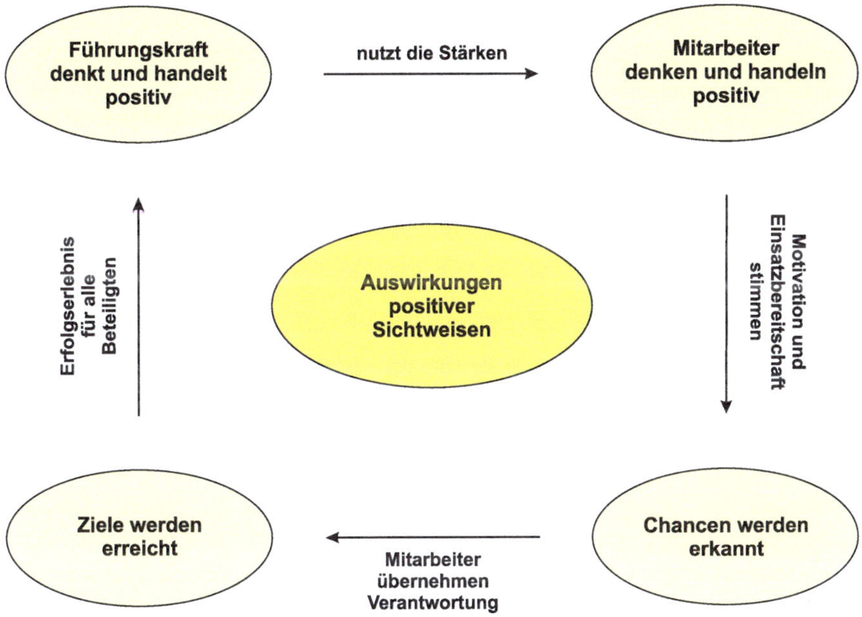

Abb. 16.14 Kreislauf des positiven Denkens

Schwierigkeiten in einem anderen Licht erscheinen. Positives Denken und Motivation liegen sehr nahe beieinander. Ein Mensch der motiviert ist, denkt gleichzeitig auch positiv. Positive Sichtweisen bauen auf; Probleme erscheinen als Herausforderungen, als Chancen die es zu ergreifen gilt.

Positives Denken und Handeln kann für alle Beteiligten vielfältige Vorteile haben (Abb. 16.14). Eine positiv eingestellt Führungskraft glaubt an die Leistungsfähigkeit und Einsatzbereitschaft ihrer Mitarbeiter. Anerkannte, positiv denkende Mitarbeiter sind motivierter und selbstbewusster. Sie sehen die Chancen in den aufgetretenen Problemen und handeln dementsprechend zielorientierter. Sie übernehmen Verantwortung und wollen etwas verändern; sie wollen Dinge zum Positiven wenden. Dem Mitarbeiter eröffnen sich Chancen das Problem zu lösen und die gesteckten Ziele zu erreichen.

Positives Denken alleine ist nicht ausreichend, um Probleme zu lösen. Es müssen auch die notwendigen Kompetenzen vorhanden sein. Selbst dann besteht immer noch die Möglichkeit des Scheiterns. Aber auch aus dem negativen Aspekt des Scheiterns lässt sich wieder etwas lernen. Was muss ich beim nächsten Mal anders machen? Wie kann ich die mir zur Verfügung stehenden Ressourcen besser einsetzen? Welche Rahmenbedingungen muss ich verändern bzw. aufbrechen?

Oft lassen sich Probleme nur suboptimal lösen, da nicht genügend Ressourcen in Form von Personal, Material (Anlagen), Geld und Zeit zur Verfügung steht. Nicht durch verschieben in die Zukunft werden die Probleme gelöst, sondern im hier und jetzt sind die Chancen zu ergreifen. Wenn ich warte bis sich optimale Bedingungen zur Problemlösung einstellen, kann ich lange warten. Eine Veränderung der Denkweisen und Einstellungen ist notwendig. Weg vom Problem, hin zu den Chancen. Eine andere Perspektive zeigt neue Lösungsmöglichkeiten auf.

Probleme treten immer als Facetten einer Grundgesamtheit auf. Auch der Seitenwechsel hin zu Chancen und positivem Denken erfordert eine ganzheitliche Betrachtungsweise. Werden Chancen zu eng gesehen, können daraus schnell wieder Probleme entstehen. Um den Blickwinkel zu erweitern, müssen Führungskräfte einen ganzheitlichen Beitrag leisten. Sie sind die Generalisten, während ihre Mitarbeiter auf bestimmte Aufgabengebiete spezialisiert sind. Dort müssen sie ihre Fähigkeiten und Stärken einbringen.

Die Führungskraft muss den Mitarbeitern ein Bild der Grundgesamtheit vermitteln, damit die Mitarbeiter ihren spezifischen Beitrag erkennen und einordnen können. Sie muss für Transparenz und Ordnung sorgen. Sonst besteht die Gefahr, dass die Mitarbeiter arbeiten aber keine Leistung erbringen, da sie an den wichtigen Dingen vorbei arbeiten.

Ohne Transparenz in der Arbeit entstehen Missverständnisse und Kommunikationsprobleme. Um dies zu verhindern, ist es notwendig nicht nur den eigenen Arbeitsplatz (Mitarbeiter), die eigene Abteilung (Führungskraft) zu betrachten, sondern über den Tellerrand hinaus zu schauen. Es ist zu klären wie abhängig andere Abteilungen von unseren Ergebnissen sind und wie wir zur Kundenzufriedenheit und damit zum Unternehmenserfolg beitragen können.

Nicht jede Aufgabe hat das gleiche Gewicht; nicht alles muss sofort erledigt werden. Bei der heutigen Aufgabenvielfalt besteht nicht selten die Gefahr der Verzettelung. Zeitdruck, Stress und Misserfolge können daraus resultieren. Als Führungskraft gilt es sich auf die wirklich wichtigen Aufgaben zu konzentrieren. Es müssen unbedingt Prioritäten gesetzt werden. Dies lässt sich mit dem Treffen von Entscheidungen gleichsetzen.

Das Setzen von Prioritäten verschafft Zeit, Übersicht und entlastet den Arbeitsalltag. Sie schaffen Freiraum für Neues, beseitigen Stress und ermöglichen eine bessere Planung. In diesem Zusammenhang ist seitens der Führungskraft Selbstdisziplin gefragt. Diszipliniert und strukturiert arbeitende Vorgesetzte sind ein Vorbild für ihre Mitarbeiter. Wichtige Aufgaben werden zielorientiert bearbeitet. Den Mitarbeitern verbleibt genug Zeit und Freiraum um ihre Aufgaben zu erledigen. Die gesamte Leistungsbilanz der Abteilung kann sich sehen lassen.

Unstrukturiert arbeitende Führungskräfte stürzen ihre Abteilung immer wieder ins Chaos. Mehr oder minder willkürlich werden Prioritäten geändert, Zuständigkeiten verschoben oder Aufgaben neu definiert. Um den Mangel an Disziplin und Arbeitsorganisation zu verschleiern, wird das angerichtete Chaos als Flexibilität oder Dynamik dargestellt. Es wird zwar viel gearbeitet, der Arbeitstag ist lang; die Leistungsbilanz der gesamten Abteilung dagegen ist schlecht. Es liegt in der Verantwortung der Führungskraft hier für Ordnung zu sorgen.

Besprechungen lenken – Maßnahmen umsetzen

Protokolle (Berichte) erstellen und Besprechungen durchführen gehören zum Berufsalltag jeder Führungskraft. So einfach diese beiden Punkte erscheinen, es ist erschreckend mit welcher Ineffizienz sie gehandhabt werden. Viele Besprechungen sind schlecht vorbereitet und werden in der Durchführung nicht gemanagt. Viel zu viele Mitarbeiter nehmen daran teil; die Hälfte von ihnen ist überflüssig und könnte sich wichtigeren Aufgaben widmen.

Die wichtigste Regel für Besprechungen lautet: Ist sie überhaupt notwendig? Im Zuge des Rufs nach mehr Teamarbeit wächst automatisch der Abstimmungsbedarf im Team. Nahezu zwangsläufig steigt damit auch die Anzahl der notwendigen Besprechungen. Vernünftige Teamarbeit ist sinnvoll und notwendig. Sie ist jedoch so zu strukturieren und zu organisieren, dass die Anzahl der Besprechungen nicht ausufert.

Die Effizienz einer Sitzung hängt von einigen wenigen aber wichtigen Punkten ab. Zu allererst ist eine Besprechung sorgfältig vorzubereiten. Welche relevanten Punkte kommen auf die Tagesordnung; wer muss unbedingt daran teilnehmen? Weniger ist in diesem Zusammenhang mehr. Wenn 30 Personen und mehr eingeladen werden, 20 und mehr Punkte auf der Tagesordnung stehen, kann nur eines passieren: Die Besprechung verkommt zur Quasselbude ohne Ergebnisse.

Wichtige Unterlagen sind rechtzeitig an alle Teilnehmer zu verschicken, damit sie sich inhaltlich mit den verschiedenen Tagesordnungspunkten auseinander setzen können. Werden Unterlagen zu spät versandt, verkommt die Besprechung zu einer Informationsveranstaltung, ohne dass es zu einer Entscheidung kommt.

Die Durchführung einer Besprechung ist richtige Führungsarbeit. Mit einer straffen aber höflichen, disziplinierten Sitzungsleitung verschafft sich der Leiter Respekt bei allen Teilnehmern. Er muss aufmerksam alle Wortmeldungen verfolgen und sein Hauptaugenmerk auf die Leitungsfunktion legen. Bei inhaltlichen Diskussionen sollte er sich möglichst zurückhalten. Leiten und mitdiskutieren funktioniert meistens nicht. Es besteht die Gefahr, dass wichtige (gruppendynamische) Aspekte übersehen werden.

Jeder Tagesordnungspunkt gehört ins Protokoll. Er ist mit Maßnahmen, einer verantwortlichen Person und einem Termin zu versehen. Wird dies unterlassen, liegt ein hängender Punkt vor. Er verschwindet nicht von alleine sondern taucht irgendwann wieder auf.

Der Besprechungsleiter muss dafür sorgen, dass dies nicht passiert. Er ist für die Erfolgskontrolle der Umsetzung verantwortlich. Er muss die vereinbarten Termine verfolgen und in seinem Organisationsmanagement berücksichtigen. Wenn alle Beteiligten merken, dass er konsequent die Termine und Maßnahmenrealisierung verfolgt, wird er ernst genommen. Ihm wird auch in solch einer einfachen Aufgabe wie die Durchführung einer Besprechung Führungsleistung bescheinigt. Das gleiche Prozedere gilt auch für die Handhabung von Berichten. Protokolle und Berichte sind in diesem Sinne synonym zu verstehen.

Persönliche Arbeitsorganisation – persönliches Vorbild

Die eigene, persönliche Arbeitsorganisation ist die Grundlage für eine gute Mitarbeiterführung. Dies ist etwas was die Mitarbeiter täglich sehen. Letztlich ist es ein nonverbales Signal das die Führungskraft ihren Mitarbeitern sendet. Eine methodisch-systematische Vorgehensweise erleichtert allen Beteiligten die Arbeit. Von ihr hängen direkt die Arbeitsergebnisse ab. In diesem Zusammenhang ist die Führungskraft ihren Mitarbeitern ein Vorbild im Selbstmanagement.

Im Studium (der Berufsausbildung) wird sehr viel Wert auf eine fachlich fundierte Ausbildung gelegt. Die notwendigen methodischen Kompetenzen, um theoretisches Wissen in die Praxis umsetzen zu können, wird dagegen sehr vernachlässigt. Im Berufsleben muss dann jeder Beschäftigte selber schauen wie er sein theoretisches Wissen in praktische Ergebnisse umsetzen kann. Das dafür notwendige Handwerkszeug muss er sich mehr oder minder selber aneignen.

Die eine, für alle beruflichen Tätigkeiten geeignete persönliche Arbeitsorganisation, gibt es nicht. Sie hängt von einer Reihe von Faktoren ab. So stellen unterschiedliche Tätigkeiten unterschiedliche Anforderungen. Die Leitung einer Produktionsabteilung erfordert andere Arbeitsweisen als die einer Entwicklungsabteilung. Die hierarchische Position im Unternehmen weist dem Facharbeiter, der Führungskraft oder der Unternehmensleitung unterschiedliche Rollen und damit unterschiedliche Arbeitsmethoden zu.

Selbst verschiedene Organisationsformen im Unternehmen stellen jeweils andere Anforderungen an die persönliche Organisation. So ist der Mitarbeiter in der Matrixorganisation Diener mehrerer Herren. Wem soll er zuerst gehorchen? Wenn sich seine Vorgesetzten nicht einig sind, sind Konflikte um die Organisation der Arbeit unausweichlich. Hier stellen hierarchisch strukturierte funktionale Organisationsformen andere Anforderungen.

Mit einer der wichtigsten Einflussfaktoren für die persönliche Arbeitsorganisation ist der direkte Vorgesetzte. Wir arbeiten so wie unser Chef es will. Viele Mitarbeiter können sich mit einem strukturiert arbeitenden Vorgesetzten glücklich schätzen. Ohne Hektik und ohne Stress werden die anstehenden Aufgaben systematisch bearbeitet und gute Ergebnisse erzielt. Auf der anderen Seite infiziert ein chaotisch arbeitender Vorgesetzter sein Team. Prioritäten werden laufend verschoben, Zuständigkeiten nicht sauber geregelt. Das Ganze wird als kreatives Management verkauft. Fieberhafte Hektik herrscht in der Abteilung bei unterdurchschnittlichen Ergebnissen.

Diese Beispiele sollen die Abhängigkeiten der persönlichen Arbeitsorganisation zeigen. Sie ist regelmäßig zu überprüfen, da sich die beruflichen Anforderungen mit der Zeit ändern. Dies gilt auf jeden Fall bei Übernahme einer neuen Tätigkeit oder bei einem neuen Vorgesetzten. Womit ich gestern erfolgreich war, muss morgen nicht mehr der Fall sein. Immer und überall das gleiche methodische Handwerkszeug zu benutzen führt nicht unbedingt zum Erfolg. Dieser hängt auch von der methodisch-systematischen Arbeitsweise und den dabei benutzten Instrumenten ab.

Einer der wichtigsten Instrumente ist die persönliche Zeitplanung. Wieviel Zeit will ich für Beruf, Familie bzw. meine eigenen Bedürfnisse aufwenden? Das jeweilige Zeitbudget setzt einen Rahmen für die möglichen Tätigkeiten. Im Berufsleben ist es unumgänglich einen gut strukturierten Terminkalender zu führen. Basierend auf einer Jahresplanung wird er bis auf eine Tagesplanung heruntergebrochen und im rollierenden System fortgeschrieben. So gibt es in jedem Unternehmen wichtige Routinetätigkeiten (z. B. Besprechungen), die jede Woche/jeden Monat stattfinden und als Ankerpunkte für die Terminplanung dienen.

Im Zusammenhang mit der Zeitplanung stehen die Termine für delegierte Aufgaben, Maßnahmen und Projekte. Als Führungskraft muss ich die mit den Mitarbeitern vereinbarten Termine nachhalten. Sie müssen in meiner Terminplanung erscheinen. Sind sie nicht hinterlegt, werden sie leicht vergessen. Mitarbeiter können das Vergessen als Führungsschwäche auslegen. Von daher braucht jede Führungskraft in ihrer Terminplanung ein Wiedervorlagesystem. Mit den heutigen technischen Möglichkeiten sollte dies kein Problem sein. Was gefordert wird ist persönliche Disziplin seitens der Führungskraft.

Im Berufsalltag einer Führungskraft gibt es zahlreiche Aufgaben zu bewältigen. Versuche diese Aufgaben alle selbst zu bearbeiten sind von vorne herein zum Scheitern verurteilt. Als Führungskraft brauche ich ein einfaches Entscheidungsinstrument. Welche Aufgaben sind wichtig, welche sind dringlich? Was kann ich delegieren, was muss ich selber machen? Das Eisenhower-Prinzip liefert hier gute Dienste. Es gilt zu bedenken, jede delegierte Aufgabe kommt irgendwann zurück; spätestens bei der notwendigen Erfolgskontrolle. Sie muss daher in der Terminplanung hinterlegt sein.

Ohne persönliche Kommunikation bzw. der Nutzung von Informationstechnologien läuft in einem Unternehmen nichts. Als Führungskraft ist es für mich wichtig zu erkennen, wann ich ein persönliches Gespräch von Angesicht zu Angesicht führen sollte bzw. muss. Die persönliche Kommunikation hat immer einen höheren Stellenwert als der technologische Informationsaustausch z. B. über E-Mail. Das Telefon nimmt in diesem Zusammenhang eine mittlere Stellung ein.

Durch ihre leichte Handhabung werden viele Mitarbeiter und Führungskräfte von E-Mails regelrecht überschwemmt. Dabei sind 3/4 aller erhaltenen E-Mails überflüssig. Als Absender muss ich mit der notwendigen Disziplin den Verteiler erstellen. Alles und jeden zu informieren zeigt nur eine mangelnde Sorgfalt im täglichen Umgang mit diesem Arbeitsinstrument.

Für eine Führungskraft ist es empfehlenswert jährlich Bilanz zu ziehen:

- Was tun wir heute?
- Was sollten wir zukünftig nicht mehr tun?
- Welche Tätigkeiten können wir bis wann einstellen?
- Wo sollten wir uns in den nächsten Jahren hin entwickeln?
- Wie sieht unsere Erfolgskontrolle aus?

Diese Fragen lassen sich im Rahmen eines Teamworkshops bearbeiten. In einer Abteilung kann nur dann etwas Neues wachsen und gedeihen, wenn zuvor Ballast abgeworfen wird und Freiräume geschaffen werden. Berichte die kaum jemand liest, Prozeduren weil wir es schon immer so gemacht haben, sind nur einige Beispiele. Sinn und Zweck der Tätigkeiten sind zu hinterfragen. Um sich Freiräume zu schaffen, gibt es nichts Einfacheres als Dinge nicht mehr zu tun. Anforderungen und Prioritäten ändern sich; Entwicklungen gehen in eine andere Richtung; es gilt sich für die Zukunft zu wappnen und die vorhandenen Ressourcen neu zu verteilen und einzusetzen. Dies ist eine permanente, nie endende Aufgabe, deren man sich regelmäßig widmen muss.

16.7 Prozessorientiertes Führen

Mitarbeiter haben ein Recht unterschiedlich geführt und damit ungleich behandelt zu werden! Dies ergibt sich schon aus der Tatsache, dass jeder Mensch unterschiedliche Stärken und Schwächen besitzt; Aufgaben kompliziert oder einfach sein können. Prozessorientiertes Führen muss dem Rechnung tragen und basiert auf den vier Aspekten:

- Aufgabenorientierung,
- Mitarbeiterorientierung,
- Umfeldorientierung und
- Situationsorientierung,

wobei die Kompetenzen der Führungskraft maßgeblich für ihre Handlungskompetenz sind (Abb. 16.15).

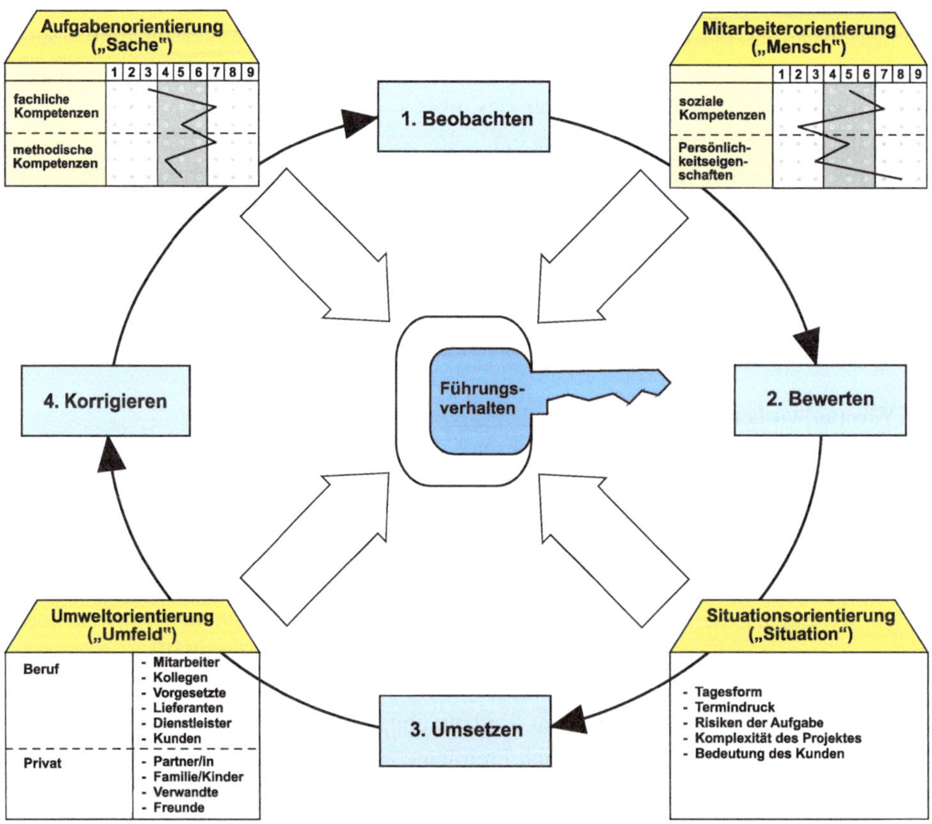

Abb. 16.15 Systemansatz des prozessorientierten Führens

Führungskraft

Jeder Mensch entwickelt im Laufe seines Lebens ein Selbstbild und ein entsprechendes Menschenbild über andere Personen. Die Entwicklung dieser Bilder basiert auf den persönlichen Wesenszügen und Charaktereigenschaften eines Menschen. Durch die Erziehung im Elternhaus und das soziale Umfeld werden zudem Werte und Normen vermittelt, die in persönliche Überzeugungen und grundlegende Verhaltensweisen münden.

Basierend auf ihren persönlichen Werten und Erfahrungen wird die Führungskraft bestimmte Verhaltensweisen bevorzugen. Hat sie in den zwischenmenschlichen Beziehungen optimistische Ansichten über ihre Mitmenschen, so wird sie ihren Mitarbeitern eventuell mit einem Vertrauensvorschuss gegenüber treten. Hat sie dagegen ein kritisches Menschenbild verinnerlicht, wird sie in den Beziehungen zu ihren Mitarbeitern einen anderen Führungsstil anwenden.

Maßgebend für den sich ausprägenden Führungsstil ist auch die Unternehmenskultur. So ist ein kooperativer Führungsstil in einem autoritär geführten Unternehmen ungeeignet und dürfte zum Scheitern der Führungskraft führen.

Von den grundlegenden Überzeugungen der Führungskraft und ihrem bevorzugten Führungsstil ist das von mehreren Faktoren abhängige Führungsverhalten zu differenzieren. Abhängig von den Systemfaktoren Aufgabe, Mitarbeiter, Umfeld und Situation muss die Führungskraft gezielt ihren Führungsstil modifizieren und ein angepasstes Führungsverhalten an den Tag legen.

Um Überraschungen und Unbehagen bei den Mitarbeitern zu vermeiden, müssen Führungsstil und -verhalten kommuniziert werden. Die Mitarbeiter müssen verstehen, warum die Führungskraft so reagiert. Gemessen wird die Führungskraft in ihrem Führungserfolg an (wirtschaftlichen) Ergebnissen. Sie verfolgt mit Sicherheit aber – bewusst oder unbewusst – auch eigene Interessen. Wenn dann auch noch Mitarbeiter- und Kundenzufriedenheit stimmen, steht der persönlichen beruflichen Entwicklung nichts mehr im Wege.

Aufgabenorientierung

Wenn eine neue Aufgabe oder ein neues Projekt in Angriff zu nehmen ist, muss eine Aufgabenanalyse durchgeführt werden. Unter dem Blickwinkel der fachlichen und methodischen Kompetenzen wird der ausführende Mitarbeiter ausgewählt. Die Führungskraft muss die derzeitigen Kompetenzen und den Entwicklungsstand des Mitarbeiters kennen, den sie mit dieser Aufgabe betrauen möchte. Dazu greift sie auf ihre persönlichen Erfahrungen aus der Vergangenheit und vergleichbaren Aufgaben/Projekten zurück. Durch die aufgabenorientierte Kompetenzanalyse kann sie Chancen und Risiken identifizieren und vorausschauend agieren.

Mitarbeiterorientierung

Eine vergleichbare Analyse muss im Bereich der Mitarbeiterorientierung mit ihren Persönlichkeitseigenschaften und sozialen Kompetenzen geschehen. Auch wenn Mitarbeiter nach außen hin fachlich gleichwertig sind bzw. erscheinen, sind sie immer noch unterschiedliche Individuen mit ihren jeweiligen Stärken und Schwächen. Die einen Mitarbeiter sind selbstsicher und können sich selber zu Spitzenleistungen motivieren. An anderen nagt der Selbstzweifel und sie stellen ihre gute Arbeit öfters in Frage. Dieser Mitarbeitertyp benötigt mehr Zuwendung, Zuspruch und Anerkennung.

Entsprechend ihrer jeweiligen Kompetenzen sind Mitarbeiter unterschiedlich zu behandeln und zu führen. Eine Gleichmacherei über oft propagiertes kooperatives Führungsverhalten ist unangemessen und fehl am Platz. Jeder Mitarbeiter hat das Recht auf individuelle Führung, die von einem straffen bis zu einem eigenverantwortlichen Führungsverhalten reichen kann.

Schwierigkeiten treten in der Mitarbeiterführung immer dann auf, wenn diese Flexibilisierung des Führungsverhaltens den Mitarbeitern nicht kommuniziert wird. Das Führungsverhalten muss für die Mitarbeiter nachvollziehbar sein und darf nicht in Beliebigkeit abdriften.

Umfeldorientierung

Das Führungsverhalten wird auch vom beruflichen und privaten Umfeld bestimmt. So wird ein der Führungskraft nahe stehender Mitarbeiter anders geführt als ein Mitarbeiter zu dem ein distanziertes Verhältnis besteht. Auch sorgen die Kollegen und Vorgesetzten auf Dauer für eine Anpassung des Führungsstils. Auch hier spielt die Beziehung und das Ansehen im Unternehmen eine Rolle. Es kommt zur Ausbildung der Führungskultur im Unternehmen. Und wenn der Kunde pfeift, kann die bis dahin kooperativ agierende Führungskraft ganz schnell zu einem autoritären Eingreifen und Verhalten gezwungen werden.

Situationsorientierung

Der vierte Systemfaktor im prozessorientierten Führen betrifft die Situationsorientierung. Führungskraft und Mitarbeiter sind nicht immer gleich gut drauf. Die Tagesform kann aus verschiedensten Gründen Schwankungen unterliegen. Dazu können z. B. eigene Krankheiten, familiäre Auseinandersetzungen, finanzielle Probleme, etc. zählen. Sie wirken sich unweigerlich auf das eigene Wohlbefinden und damit auf das Führungsverhalten aus. Während eine Führungskraft normalerweise auch in kritischen Situationen um- und zugänglich ist, kann sich dies aufgrund persönlicher Stressfaktoren ändern. Sie wird in diesem Moment dünnhäutig und reagiert ab- und zurückweisend.

Die Risiken einer Aufgabe oder die Komplexität eines Projektes erfordern ebenfalls eine Anpassung des Führungsverhaltens. Die Führungskraft muss eine Einschätzung der Situation und eine Bewertung der Risiken vornehmen können. Denn letztlich ist sie für das Ergebnis verantwortlich. Wenn es im Krisenfall darauf ankommt, müssen Entscheidungen getroffen und Maßnahmen – auch gegen Widerstände seitens der Mitarbeiter – durchgesetzt werden. Wenn viel auf dem Spiel steht, kann kooperatives Führungsverhalten zum Verlust des Einsatzes führen.

Manche Kunden wollen nur mit der Geschäftsführung oder der Führungskraft sprechen, obwohl der fachlich versierte Mitarbeiter der bessere Ansprechpartner wäre. Aufgrund des Kundenverhaltens ändert auch die Führungskraft gegenüber dem Mitarbeiter ihr Führungsverhalten. Ähnliches passiert aus Unternehmenssicht, wenn es um die Bedeutung des Kunden, z. B. als Neukunde, geht. Bei einem volumenmäßig geringen Erstauftrag wird sich die Führungskraft stärker einbringen müssen, um diesen neuen Kunden für das Unternehmen zu gewinnen. Das Risiko des Verlustes ist viel zu groß, als dass die Führungskraft ein zurückhaltendes Verhalten an den Tag legen könnte.

Führungsverhalten
In Abhängigkeit von der Aufgabe und dem Mitarbeiter ergeben sich einige Phasen im prozessorientierten Führen. Jeder Mensch legt ein bestimmtes grundlegendes Verhalten an den Tag. Jede Führungskraft pflegt einen besonderen Führungsstil. Aufgrund ihrer Führungserfahrung nimmt sie eine Kompetenz- und Persönlichkeitseinschätzung ihrer Mitarbeiter vor. Diese Einschätzung wird benutzt, um dem Mitarbeiter neue Aufgaben zuzuweisen. Jeder Mitarbeiter ist in einem Tätigkeitsfeld – wenn auch nur graduell – unterschiedlich weit entwickelt.

So hat ein unerfahrener Berufsanfänger noch wenig Kenntnis über die Geschäftsabläufe. Er ist anfangs stärker zu beaufsichtigen und straffer zu führen als ein erfahrener Mitarbeiter. Aufgaben sind in kleinere Arbeitspakete zu zerlegen und Arbeitsfortschritte öfters zu kontrollieren. Demgegenüber können bei einem erfahreneren Mitarbeiter Aufgaben delegiert werden. Er braucht kaum Führung und kann selbstständig über die Wege und Möglichkeiten zur Lösung der Aufgabe entscheiden.

Ein weiteres Beispiel betrifft einen fachlich kompetenten Ingenieur mit mehrjähriger Berufserfahrung. Rein technische Aufgaben werden mit dem notwendigen Fachwissen zielstrebig gelöst. Auch hier ist delegatives Führungsverhalten angebracht. Andererseits sind seine Kenntnisse und Fähigkeit zur Budgetierung und zu wirtschaftlichem Denken und Handeln laienhaft. Im Gegensatz zu technischen Aufgaben ist er in wirtschaftlichen Belangen stärker zu führen und zu kontrollieren.

Ein kooperatives Führungsverhalten erleichtert in dieser Führungsphase allen Beteiligten die Zusammenarbeit. In Abhängigkeit von den Mitarbeiterkompetenzen ist jedoch der Beteiligungsgrad an der Entscheidungsfindung und am Delegationsumfang der Aufgabe zu differenzieren. Unerfahrenen Mitarbeitern sind klare Zielvorgaben und Anweisungen zu erteilen. Es wird detaillierter festgelegt was, wann, wie, bis wann zu tun ist. Erfahreneren Mitarbeitern wird in dieser Phase mehr Mitsprache eingeräumt. Wichtig ist in dieser Phase die Kommunikation des Führungsverhaltens. Der Mitarbeiter muss verstehen, warum die Führungskraft in Abhängigkeit von Kompetenz- und Aufgabenanalyse ein bestimmtes Führungsverhalten als angemessen betrachtet.

Die Realisierung der Maßnahmen liegt zuerst in der Verantwortung des Mitarbeiters. Die Führungskraft muss ihn hier begleiten und unterstützen, sofern es notwendig und angebracht ist. Sie braucht ein persönliches Controllingsystem um alle in ihrem Verantwortungsbereich anstehenden Aufgaben und Projekte steuern zu können. Ein persönlicher Projektplan kann hier hervorragende Dienste leisten.

In der Führungsphase der Ergebnis- und Erfolgskontrolle wechselt wieder das Führungsverhalten. Für das erzielte Ergebnis trägt die Führungskraft die Verantwortung. Sie muss sicherstellen, dass die angestrebten Ziele erreicht wurden und dies kontrollieren. Zielabweichungen oder unzulängliche Ergebnisse sind deutlich, aber konstruktiv zu kommunizieren. Die Führungskraft muss sich fragen lassen, ob sie ihrer Führungsverantwortung in ausreichendem Maße nachgekommen ist? Klare Vereinbarungen in der Aufgabenanalyse (Ziele, Zeit, etc.) und ein effektives Führungscontrolling in der Maßnahmenrealisierung führen normalerweise zu guten Ergebnissen, wenn die Führungskraft in allen Phasen präsent ist.

Bestandteil der Ergebnis- und Erfolgskontrolle ist auch eine Leistungsbewertung des Mitarbeiters. Hat er die an ihn und sein Leistungsvermögen gestellten Erwartungen erfüllt? Wie hat er sich weiterentwickelt oder war ein Stillstand zu verzeichnen? Diese (Teil)Bewertungen fließen im Bewertungszeitraum in das Gesamtbild ein, das sich die Führungskraft von ihrem Mitarbeiter gemacht hat. Das Bild und die Einschätzung wird jedoch nur dann ein gewisses Maß an Objektivität besitzen, wenn die Führungskraft im Zuge des prozessorientierten Führens sich selber, das System, die Aufgabe und den Mitarbeiter betrachtet.

Von Führungskräften wird erwartet, dass sie mit wenig strukturierten und schlecht definierten Aufgabenstellungen erfolgreich umgehen können. Sie sollen jederzeit über Sachprobleme und Führungsaspekte zu ihren Mitarbeitern informiert sein. Im normalen Unternehmensablauf ist jedoch die Fokussierung auf Tagesprobleme sehr stark. Ein regelmäßiges, aussagekräftiges Feedback ist dort meistens nicht gegeben.

Nur wer Erfahrungen sammelt und bewusst aufbereitet, ist in der Lage zu lernen und mögliche Veränderungen vorzunehmen. Für die ausgewiesenen Kompetenzfelder lassen sich Stärken benennen und Entwicklungspotenziale identifizieren. Das Lernen aus kritischen Situationen ist notwendig, aber noch nicht ausreichend. Seine eigenen Ansichten und die Anderer wahr- und anzunehmen und für sich positiv zu bewerten, ist als Chance zur eigenen Entwicklung zu sehen. Die positive, kritische Auseinandersetzung mit sich selbst und den möglicherweise anderen Wahrnehmungen des Umfeldes zeichnet eine gute Führungskraft aus. Die Fähigkeit den eigenen Standpunkt zu relativieren und einen Perspektivenwechsel vorzunehmen bietet die Chance zur Kompetenzentwicklung.

Erfolgreiche Führungskräfte zeichnen sich durch entsprechende Offenheit aus. Sie suchen aktiv nach Feedback und benutzen verschiedene Quellen, um sich ein ganzheitliches Bild zu ihrer Person zu verschaffen. Sie sind lernbereit und können auch mit mehrdeutigen Arbeitssituationen gut umgehen. Ihr Lernpotenzial und ihre Lernprozesse sind überdurchschnittlich ausgeprägt. Sie suchen regelrecht nach Lerngelegenheiten und können die gewonnenen Erkenntnisse für ihre Persönlichkeitsentwicklung nutzbringend anwenden.

Sich als Führungskraft weiterzuentwickeln umfasst die Bereitschaft Kritik von anderen Personen anzunehmen und diese für sich positiv zu bewerten. Sie ist als Chance zu sehen nicht an einem Punkt stehen zu bleiben, sondern neue Entwicklungen anzustoßen und Herausforderungen standzuhalten. Offenheit für Neues sorgt für Qualität in der Führungsarbeit. Die kritische Auseinandersetzung mit einem Problem liefert Möglichkeiten für internes und externes kundenorientiertes Arbeiten. Das Ergebnis eines Feedbackprozesses ist eine Erhöhung der Selbsteinsicht. Damit verbunden sind eine Persönlichkeitsentwicklung und ein Ausbau der einzelnen Kompetenzen.

Mit den Übungen 16.3 und 16.4 werden die vielfältigen Facetten des Führungsverhaltens verdeutlicht.

Übung 16.3: Der Sicherheitsingenieur

I. Fallbeschreibung – Sichtweise Führungskraft:

Ein Unternehmen hat als Sicherheitsfachkraft einen Dipl.-Ing. Maschinenbau mit einer ½-Stelle als Stabsfunktion eingesetzt. Rein rechtlich wäre eine ¼-Stelle ausreichend. Ansonsten ist er in der Abteilung Betriebswirtschaft im Controlling tätig. Stillschweigend hat er in der Vergangenheit seine Aufwendungen für die Arbeitssicherheit auf eine volle Stelle ausgedehnt. Dies wurde auch von ihrem Vorgänger so akzeptiert. Fachlich ist der Sicherheitsingenieur hervorragend. Er ist ein wandelndes Lexikon und kann (fast) immer zu Fragen des Arbeitsschutzes Auskunft geben. Stellt er Wissenslücken fest, werden diese von ihm durch Eigeninitiative geschlossen.

Ihm selbst macht die Arbeit Spaß. Mängel im Arbeitsschutz werden von ihm mit hoher Wahrscheinlichkeit erkannt. Die Unfallquote ist daher gering. Schwerwiegende Unfälle sind nicht zu verzeichnen; meistens handelt es sich um Wegeunfälle.

Gegenüber den Mitarbeitern des Unternehmens ist die Akzeptanz des Sicherheitsingenieurs eher gering. Er zeigt penetrant Probleme auf; unterstützt die Mitarbeiter kaum bei deren Beseitigung. Entscheidungen, welche Maßnahmen wie zu realisieren sind, weicht er konsequent aus. Die rein beratende Funktion als Sicherheitsingenieur will oder kann er nicht verlassen. Sie gewinnen den Eindruck, dass er keine Entscheidungen treffen will, um nicht in die Verantwortung genommen zu werden. Er verweist hier auf die Verantwortung der Führungskräfte und dass diese die Entscheidungen treffen müssen. Von daher trifft er öfters auf Widerstände gegenüber seiner Person.

Bezüglich der auftretenden Probleme im Arbeitsschutz kann er weiterhin nur schwer Prioritäten setzen. Probleme des Tages haben für ihn die gleiche Priorität wie z. B. schwerwiegende Sicherheitsmängel. So bewertet er den unsachgemäß reparierten Hammer genauso wichtig, wie Sicherheitsmängel an einer wichtigen Produktionsmaschine. Andererseits legt er wichtige Anlagen aufgrund von Mängeln still, ohne Sie über diese Maßnahme zu informieren und den Wiederanlauf zu forcieren.

Aufgrund der mangelnden Fähigkeiten müssen Sie mit ihm alle 14 Tage ein Abstimmungsgespräch führen. Als verantwortliches Mitglied der Geschäftsleitung entlastet Sie der Sicherheitsingenieur kaum. Die häufigen Gespräche nehmen Sie zeitlich sehr in Anspruch. Diese Zeit würden Sie gerne anderweitig verwenden.

II. Aufgabe Führungskraft:
Führen Sie mit dem Mitarbeiter ein Mitarbeitergespräch.

III. Sichtweise Sicherheitsingenieur:
Sie sind Sicherheitsfachkraft (Dipl.-Ing. Maschinenbau) eines Unternehmens, als Stabsstelle organisiert und berichten direkt an das verantwortliche Mitglied der Geschäftsleitung. Ihre Stelle ist offizielle mit 50 % ausgeschrieben, obwohl laut rechtlichen Vorgaben eine ¼-Stelle ausreichen würde. Ansonsten sind Sie in der Abteilung Betriebswirtschaft im Controlling tätig. Aufgrund ihrer großen Freude an dieser Arbeit, haben Sie ihre Stelle auf 100 % ausgedehnt, was auch von ihrem Vorgesetzten in der Vergangenheit stillschweigend akzeptiert wurde. Nun haben Sie vor kurzem einen neuen Chef erhalten, dessen Haltung zu diesem Punkt Sie nicht kennen.

Ihre fachlichen Qualifikationen stufen Sie selbst als hervorragend ein. Sie können den Mitarbeitern des Unternehmens (fast) jederzeit Auskünfte geben. Wissensdefizite werden von Ihnen mit der notwendigen Sorgfalt und einem entsprechenden Aufwand geschlossen. Mängel im betrieblichen Arbeitsschutz werden von Ihnen mit hoher Wahrscheinlichkeit aufgedeckt. Unter Androhung der rechtlichen Konsequenzen wollen Sie die Mitarbeiter motivieren die Probleme abzustellen. Außerdem haben Sie vor kurzem eine wichtige Anlage stillgelegt, jedoch ihren Vorgesetzten darüber nicht informiert.

Entsprechend gering ist daher die Unfallquote. Schwerwiegende Unfälle sind nicht zu verzeichnen; meistens handelt es sich um Wegeunfälle. Wenn Mängel zu verzeichnen sind, erwarten Sie von den Führungskräften entsprechende Vorschläge für Maßnahmen und dass diese die Entscheidungen zu treffen haben. Sie wollen die rein beratende Funktion nicht verlassen und legen auf diesen Punkt sehr viel Wert.

Alle 14 Tage treffen Sie sich mit ihrem Vorgesetzten. Sie benutzen dieses Gespräch, um ihm detailliert Verstöße gegen die Arbeitsschutzvorschriften aufzuzeigen. Sie erwarten von ihm Unterstützung für die tägliche Arbeit und haben dazu kenntnisreich alle Mängel im Arbeitsschutz aufgelistet. Die Geschäftsführung scheint jedoch andere Prioritäten zu setzen. Sie fühlen sich von ihrem Vorgesetzten und den Mitarbeitern nicht ausreichend unterstützt und akzeptiert. Dies macht sich in offenen oder versteckten Widerständen gegenüber ihrer Arbeit bemerkbar.

IV. Aufgabe Sicherheitsingenieur:
Ihr Vorgesetzter hat Sie zu einem Mitarbeitergespräch eingeladen. Bereiten Sie sich auf das Gespräch vor und machen Sie ihre persönlichen Prioritäten deutlich klar.

Übung 16.4: Der Fertigungsleiter

I. Fallbeschreibung – Sichtweise Führungskraft:
Ein mittelständisches Unternehmen mit ca. 200 Beschäftigten stellt medizintechnische Produkte her. Die wirtschaftliche Situation ist sehr gut. Die Produkte sind qualitativ hochwertig und genießen einen hervorragenden Ruf. Eine Ausdehnung der Produktion

wäre sinnvoll und wünschenswert. Die Fertigungs- und Raumverhältnisse sind jedoch beengt. Von den Standortgegebenheiten her ist eine räumliche Ausdehnung fast nicht möglich.

Der Fertigungsleiter ist Dipl.-Ing. und wird in der Produktion von 2 Meistern unterstützt. Er ist Anfang 40 und ein sehr umgänglicher Typ.

Aufgrund von Kundenanforderungen hat sich das Unternehmen dazu entschlossen, ein Umweltmanagementsystem nach ISO 14001 einzuführen. Dazu wurde in einem ersten Schritt eine Bestandsaufnahme aller Umweltaspekte – u. a. auch einer Abwasserbehandlungsanlage – durchgeführt. In einem Gespräch zwischen der Geschäftsführung, Fertigungsleiter und externem Projektleiter stellte sich heraus, dass die mit der Anlagengenehmigung verbundenen Anforderungen nicht erfüllt werden. So hat das Unternehmen keinen Umweltbeauftragten bestellt. Bei einer Begehung vor Ort müssen Sie feststellen, dass die genehmigte alte Abwasserbehandlungsanlage teilweise demontiert und verschrottet wurde.

Innerhalb der Umweltprojektgruppe ist die Diskussion über notwendige Maßnahmen im Umweltbereich offen. Vom Fertigungsleiter kommt teilweise Zustimmung, sehr oft aber auch die Aussage „Ja, aber ... ". Die beschlossenen Maßnahmen werden innerhalb der Fertigung nur schleppend umgesetzt.

II. Aufgabe Führungskraft:
Sie sind der Vorgesetzte des Fertigungsleiters. Führen Sie mit dem Mitarbeiter ein Projektgespräch.

III. Sichtweise Fertigungsleiter:
Als Fertigungsleiter eines mittelständischen Unternehmens der Medizintechnik mit ca. 200 Mitarbeitern stehen Sie im täglichen Druck, die notwendigen Produkte mit der gewünschten hohen Qualität herzustellen. Die Raumsituation ist beengt und Erweiterungen wären dringend notwendig und wünschenswert. Aus den Gegebenheiten am Standort ist eine räumliche Ausdehnung fast nicht möglich.

Aus räumlichen aber auch aus wirtschaftlichen Gründen haben Sie die vorhandene Abwasserbehandlungsanlage teilweise demontiert und die Anlagenteile verschrottet. Gleichzeitig haben Sie einen Genehmigungsantrag für eine neue Abwasserbehandlungsanlage gestellt. In einem Gespräch zwischen Geschäftsführer, Fertigungsleiter und externem Projektleiter merken Sie, dass die Demontage und Verschrottung der alten Anlage voreilig war. Sie bewegen sich rechtlich auf sehr dünnem Eis. Die Situation ist so vollkommen inakzeptabel. Die von Ihnen praktizierte Abwasserbehandlung ist illegal. Sie leiten das anfallende Abwasser praktisch unbehandelt in die öffentliche Kanalisation ein.

Ihr Unternehmen hat sich dazu entschlossen ein Umweltmanagementsystem nach ISO 14001 einzuführen. In der Umwelt-Projektgruppe werden zahlreiche Maßnahmen erarbeitet, von denen auch Sie mit der Fertigung betroffen sind. Ihre persönlichen Schwerpunkte liegen nicht auf der Umweltseite, sondern eindeutig auf der Produktseite.

Die vorgeschlagenen Maßnahmen (z. B. Abfalltrennung, Energie-, Wassereinsparung, Mitarbeiterschulung) sehen Sie mehr als Last denn als Nutzen. Entsprechend setzen Sie die Prioritäten für sich und ihre Mitarbeiter. Sie versuchen Umweltmaßnahmen nachrangig zu bearbeiten. Dies schlägt sich in einer „Ja, aber . . . " Einstellung nieder.

IV. Aufgabe Fertigungsleiter:

- *Ihr Vorgesetzter hat Sie zu einem Gespräch gebeten. Zeigen Sie deutlich, wo Sie ihre Prioritäten setzen.*

16.8 Aufgaben für die Praxis

- Wie ist meine bisherige Entwicklung als Führungskraft verlaufen?
- Was möchte ich zukünftig erreichen?
- Was sind meine persönlichen Führungsleitlinien?
- Welche persönlichen Werte bestimmen mein Handeln als Führungskraft?
- Wie ist das Verhältnis zu meinen Mitarbeitern?
- Welchen grundlegenden Führungsstil praktiziere ich im Berufsalltag?
- Wie variabel bin ich in meinem situationsbedingten Führungsverhalten?
- Wie beurteilen meine Mitarbeiter mein Führungsverhalten?
- Woran möchte ich in meiner Führungspraxis konkret arbeiten?
- Wie sind meine Entscheidungsfähigkeit und mein Durchsetzungsvermögen innerhalb und außerhalb des Teams?
- Wie passe ich mein Führungsverhalten dem Mitarbeiter bzw. der Aufgabe an?
- Welche Faktoren motivieren mich (Selbstmotivation)?
- Ist mir das Fremdbild meiner Mitarbeiter bekannt?
- Wie verhält sich das Fremdbild zu meinem persönlichen Selbstbild?
- Wie kann ich andere Personen motivieren (Fremdmotivation)?
- Wie ist die Motivationslage meiner Mitarbeiter im Team?
- Wie motivieren wir uns gegenseitig im Team?
- Wie fördere ich als Führungskraft eine konstruktive Zusammenarbeit?
- Wie lässt sich das Arbeitsklima für eine motivierende Zusammenarbeit gestalten?
- Nutze ich die Delegation anspruchsvoller Aufgaben als Motivationsfaktor?
- Wie beziehe ich die Mitarbeiter in Entscheidungsfindungen ein?
- Gebe ich bei erkennbaren Problemen konkrete, konstruktive Unterstützung?
- Wie setze ich mich als Führungskraft für die Mitarbeiter ein?
- Welche Rolle spielt das Thema Persönlichkeit in der Mitarbeiterführung?
- Wie wirken sich unterschiedliche Mitarbeiterpersönlichkeiten im Führungsverhalten aus?
- Welche vertrauensbildenden Maßnahmen werden in der Personalführung ergriffen?

- Wie wird die geleistete Arbeit von der Führungskraft anerkannt? Gebe ich regelmäßig ein konstruktives Feedback?
- Verfolge ich als Führungskraft überwiegend meine eigenen Vorstellungen? Treffe ich öfters einsame Entscheidungen?
- Wie gehe ich als Führungskraft mit berechtigter Kritik um? Akzeptiere ich andere Meinungen?

Weiterführende Literatur

16.1. Blake, R.R.; McCanse, A.A.; *Das GRID-Führungsmodell*, ECON, **1995**, 3-430-11394-6
16.2. Blake, R.R.; Mouton, J.S.; *Besser führen mit GRID*, ECON, **1998**, 3-430-11414-4
16.3. Blanchard, K.; Zigarmi, P.; Zigarmi, D.; *Führungsstile*, Rowohlt, **1995**, 3-499-61435-9
16.4. Böhmer, N.; Schinnenburg, H.; Steinert, C.; *Fallstudien im Personalmanagement,* Pearson, **2012,** 978-3-86894-106-7
16.5. Bröckermann, R.; *Personalführung*, Bachem, **2000**, 3-89172-404-7
16.6. Buchinger, K.; Klinkhammer, M.; Beratungskompetenz, Kohlhammer, **2007, 978-3-17-019102-0**
16.7. Bühner, R.; *Personalmanagement*, moderne industrie, **1997**, 3-478-39162-3
16.8. Busch, B.; *Erfolg mit Mitarbeitern in kleinen Unternehmen*, Cornelsen, **2000**, 3-464-49044-0
16.9. Comelli, G.; v. Rosenstiel, L.; Nerdinger, F.; *Führung durch Motivation,* Vahlen, **2014**, 978-3-8006-4839-9
16.10. Dahms, M.; *Motivieren, Delegieren, Kritisieren,* Gabler, **2010**, 978-3-8349-1873-4
16.11. Domsch, M.; Regnet, E.; v. Rosenstiel, L.; *Führung von Mitarbeitern,* Schäffer-Poeschel, **2001**, 3-7910-1540-0
16.12. Franken, S.; *Verhaltensorientierte Führung,* Gabler, **2010**, 978-3-8349-2232-8
16.13. Fuchs, H.; Huber, A.; *Die 16 Lebensmotive,* dtv, **2005**, 3-423-24319-8
16.14. Gölzner, H.; *Erfolg trotz Führung*, DUV, **2006**, 3-8244-0752-3
16.15. Goihl, K.; *Transformationale Führung*, FU Berlin, **2003**
16.16. Gutknecht, S.; *Arbeitszufriedenheit und Commitment*, VDM Verlag Dr. Müller, **2007**, 978-3-8364-1061-8
16.17. Heckhausen, J.; Heckhausen, H.; *Motivation und Handeln,* Springer, **2010**, 978-3-642-12692-5
16.18. Hentze, J.; Kammel, A.; Lindert, K.; *Personalführungslehre*, Paul Haupt, **1997**, 3-8252-1374-9
16.19. Hersey, P.; Blanchard, K.; Johnson, D.; *Management of Organizational Behavior*, Prentice Hall, **1996**, 0-13-255662-6
16.20. Herzberg, F.; Mausner, B.; Snyderman, B.B.; *The Motivation to Work*, Transaction Publishers, **2008**, 1-56000-634-X
16.21. Hofbauer, H.; Kauer, A.; *Einstieg in die Führungsrolle*, Hanser, **2008**, 978-3-446-40926-2
16.22. Hintz, A.; *Erfolgreiche Mitarbeiterführung durch soziale Kompetenz,* Springer-Gabler, **2013,** 978-3-8349-4544-0
16.23. Hofmann, E.; *Wege zur beruflichen Zufriedenheit*, Hans Huber, **2006**, 3-456-84329-1
16.24. Jung, R.; Bruck, J.; Quarg, S.; *Allgemeine Managementlehre*, Erich Schmidt, **2013**, 978-3-503-14463-1
16.25. Kälin, K.; Müri, P.; *Sich und andere führen*, Ott, **2002**, 3-7225-6675-4
16.26. Kell, Th.; *Die Kunst der Führung*, Gabler, **2005**, 3-409-14320-3

16.27. Kemman, B.; Hemmerking, P.; *Vom Ingenieur zur Führungskraft*, Hüthig, **2007**, 978-3-7785-4016-9
16.28. Kirchler, E. (Hrsg.); *Arbeits- und Organisationspsychologie*, UTB, **2005**, 978-3-8252-2659-6
16.29. Krech, D.; Crutchfield, R.S.; Ballachey, E.L.; *Individual in Society*, Mc Graw-Hill, **1962**
16.30. Kühn, St.; Platte, I.; Wottawa, H.; *Psychologische Theorien für Unternehmen,* Vandenhoeck & Ruprecht, **2006**, 3-525-46240-9
16.31. Kuhl, J.; Heckhausen, H.; *Motivation, Volition und Handlung,* Hogrefe, **1996**, 3-8017-0521-8
16.32. Kuhn, Th.; Weibler, J.; *Führungsethik in Organisationen,* Kohlhammer, **2012**, 978-3-17-022331-8
16.33. Kunz, G.; *Vom Mitarbeiter zur Führungskraft*, dtv, **2007**, 978-3-423-50913-8
16.34. Lang, St.; *Durchgängige Mitarbeiterinformation zur Steigerung von Effizienz und Prozesssicherheit in der Produktion*, Meisenbach, **2007**, 978-3-87525-257-6
16.35. Laufer, H.; *Grundlagen erfolgreicher Mitarbeiterführung*, GABAL, **2005**, 3-89749-548-1
16.36. Lieber, B.; *Personalführung ... leicht verständlich,* Lucius & Lucius, **2007**, 978-3-8252-8365-0
16.37. Maslow, A.H.; *Motivation und Persönlichkeit*, rororo, **2008**, 978-3-499-17395-0
16.38. McClelland, D.C.; *Human Motivation*; University of Cambridge, **1987**, 0-521-36951-7
16.39. McClelland, D.C.; *Personality*, The Dryden Press, **1953**
16.40. McGregor, D.; *Der Mensch im Unternehmen*, Econ, **1971**, 3-430-16385-4
16.41. Mertel, B.; *Arbeitszufriedenheit*, VDM Verlag Dr. Müller, **2007**, 978-3-8364-2057-0
16.42. Nerdinger, F.; *Arbeitsmotivation und Arbeitshandeln,* Asanger, **2013**, 978-3-89334-578-6
16.43. Nerdinger, F.; Blickle, G.; Schaper, N.; *Arbeits- und Organisationspsychologie,* Springer, **2014,** 978-3-642-41129-8
16.44. Neubauer, S.; Rankl, St.; *Auftrag Führung,* Springer, **2010**, 978-3-642-11724-4
16.45. Neuberger, O.; *Führen und führen lassen*, UTB, **2002**, 3-8252-2234-9
16.46. Niermeyer, R.; Postall, N.; *Führen – Die erfolgreichsten Instrumente und Techniken,* Haufe, **2008**, 978-3-448-08577-8
16.47. Paschen, M.; Dihsmaier, E.; *Psychologie der Menschenführung,* Springer, **2014**, 978-3-642-41051-2
16.48. Payne, J.; Payne, S.; *Richtig delegieren,* Falken, **2000,** 3-8068-4976-5
16.49. Pinnow, D.; *Führen – Worauf es wirklich ankommt*, Gabler, **2006**, 978-3-8349-0331-0
16.50. Prost, W (Hrsg.); *Vom Umgang mit schwierigen Menschen,* Gabler, **2010**, 978-3-8349-1109-4
16.51. Raich, M.; *Führungsprozesse – Eine ganzheitliche Sicht von Führung,* Deutscher Universitäts-Verlag, **2005**, 3-8244-0809-0
16.52. Richter, M.; *Personalführung,* Schäffer-Poeschel, **1999**, 3-7910-6030-9
16.53. Rudolph, U.; *Motivationspsychologie,* Beltz, **2013**, 978-3-621-27793-8
16.54. Scheffer, D.; Kuhl, J.; *Erfolgreich motivieren*, Hogrefe, **2006**, 978-3-8017-1779-7
16.55. Schein, E.; *Organisationspsychologie*, Gabler, **1980**, 3-409-96601-3
16.56. Schirmer, U.; Woydt, S.; *Mitarbeiterführung,* Springer-Gabler, **2012**, 978-3-642-32267-9
16.57. Scholz, Ch.; *Personalmanagement*, Vahlen, **2000**, 3-8006-2182-7
16.58. Schuler, H.; Sonntag, K. (Hrsg.); *Handbuch der Arbeits- und Organisationspsychologie*, Hogrefe, **2007**, 978-3-8017-1849-7
16.59. Seelos, H.-J.; *Personalführung in Medizinbetrieben,* Gabler, **2007**, 978-3-8349-0431-7
16.60. Steiger, Th.; Lippmann, E.; *Handbuch Angewandte Psychologie für Führungskräfte*, Springer, **2013**, 978-3-642-34356-8
16.61. Stock-Homburg, R.; *Personalmanagement,* Springer-Gabler, **2013,** 978-3-658-02908-1
16.62. Strackbein, R.; Strackbein, D.; *Führen mit Power*, Gabler, **2005**, 3-409-12374-1
16.63. Stroebe, R.W.; *Grundlagen der Führung*, Sauer, **2002**, 3-7938-7286-6

16.64. Tannenbaum, R.; Schmidt, W.H.; *How to Choose A Leadership Pattern*, Harvard Business Review, **2008**, 978-1-4221-7552-1
16.65. Turtschany, S.; Selbstevaluation als Führungsinstrument, VDM, **2007, 978-3-8364-1648-1**
16.66. VDI Wissensforum IWB GmbH (Hrsg.); *Ingenieurwissen effektiv managen*, VDI-Berichte 1964, **2006**, 3-18-091964-7
16.67. v. Rosenstiel, L.; *Motivation im Betrieb,* Rosenberger, **2010**, 978-3-931085-75-9
16.68. v. Rosenstiel, L.; Regnet, E.; Domsch, M.; *Führung von Mitarbeitern,* Schäffer-Poeschel, **2014**, 978-3-7910-3316-7
16.69. Weibler, J.; *Personalführung,* Vahlen, **2001**, 3-8006-2675-6
16.70. Weiner, B.; *Motivationspsychologie,* Beltz, **1994**, 3-621-27221-6
16.71. Wiedmann, S.; *Erfolgsfaktoren der Mitarbeiterführung*, Deutscher Universitätsverlag, **2006**, 3-835003933
16.72. Winkelhofer, G.; *Kreativ managen*, Springer, **2006**, 978-3-540-28407-9
16.73. Withauer, K.; *Führungskompetenz und Karriere,* Gabler, **2011**, 978-3-8349-2647-0
16.74. Wollert, A.; *Führen – Verantworten – Werte schaffen,* Frankfurter Allgemeine Buch, **2001**, 3-89843-020-0
16.75. Wunderer, R.; *Führung und Zusammenarbeit*, Luchterhand, **2001**, 3-472-04675-9
16.76. Wunderer, R.; *Mitarbeiter als Mitunternehmer*, Luchterhand, **1999**, 978-3-472-03422-3
16.77. Zaugg, R.; *Nachhaltiges Personalmanagement,* Gabler, **2009**, 978-3-8349-2103-1

Personalentwicklung und Mitarbeiterkompetenzen 17

17.1 Einführung

Lernen ist mit Abschluss einer formalen Ausbildung (Lehre, Studium) nicht beendet. Die auch zukünftig zu erwartenden Herausforderungen im Umweltbereich stellen immer wieder neue Anforderungen an das Wissen und die Kompetenzen der Mitarbeiter. Das Schlagwort vom lebenslangen Lernen ist nicht neu. Nur muss es heute bewusster und zielstrebiger mit Inhalten und Leben gefüllt werden. Die sich ergebenden Chancen bieten vielfältige Entwicklungsmöglichkeiten.

Während neuen Technologien das notwendige Augenmerk gewidmet wird, wird das Potenzial der Mitarbeiter und Führungskräfte oft stark vernachlässigt. Investitionen in Anlagen, Produkte und Dienstleistungen lassen sich leichter erfassen und bewerten als die Kompetenzentwicklung von Personen. Um langfristig erfolgreich zu sein, müssen harte und weiche Faktoren gleichberechtigt gefördert werden. Eine systematische Personalentwicklung liegt im ureigensten Unternehmensinteresse. Nur qualifizierte Mitarbeiter verfügen über das notwendige Innovationspotenzial, um die Wettbewerbsfähigkeit des Unternehmens sicherzustellen.

Für den jeweiligen Arbeitsplatz müssen generelle Kompetenzanforderungen z. B. in Form von Stellenbeschreibungen vorliegen. Zielvereinbarungen mit dem Mitarbeiter ermöglichen der Führungskraft eine Leistungsbeurteilung des Mitarbeiters. Die vorhandenen Mitarbeiterkompetenzen erlauben dann in einem Soll-Ist-Vergleich Aussagen zu seinen Stärken und Potenzialen. Die notwendige Personalentwicklung umfasst dabei personale, soziale, methodische und fachliche Kompetenzen. Die mitarbeiterspezifischen Personalentwicklungsmaßnahmen sind einer Transfersicherung und Erfolgskontrolle zu unterziehen (Abb. 17.1). Die einzelnen Personalentwicklungsmaßnahmen müssen in ihrer Realisierung:

- theoretisch-fachliche,
- methodisch-didaktische,

G. Förtsch und H. Meinholz, *Handbuch Betriebliches Umweltmanagement*,
https://doi.org/10.1007/978-3-658-19151-1_17

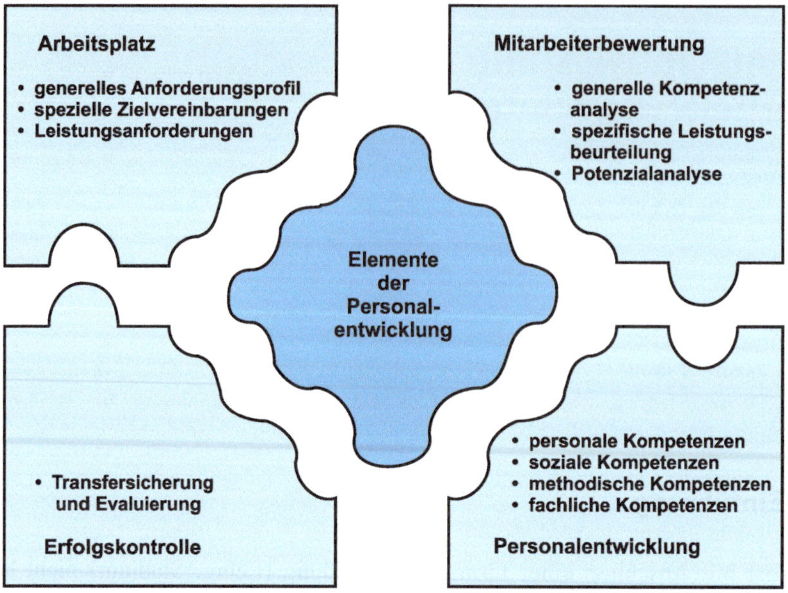

Abb. 17.1 Elemente der Personalentwicklung

- sozial-interaktive und
- personale

Komponenten umfassen. Persönlichkeitseigenschaften und soziale Kompetenzen ändern sich zeitlich viel weniger als methodische und fachliche Kompetenzen. Mit einem qualifizierten methodisch-didaktischen Konzept bietet die Weiterentwicklung von personalen und sozialen Kompetenzen eine hervorragende Basis für die berufliche Entwicklung.

So lassen sich die Kompetenzen anhand von vier Bausteinen entwickeln. Unterlagen zum Selbststudium liefern das notwendige theoretische Fachwissen. In einem praxisorientierten Prozesstraining lassen sich personenzentrierte Verhaltensweisen beobachten, trainieren und entwickeln. Regelmäßige Qualifizierungs- und Entwicklungsgespräche können die Entwicklungsprozesse begleiten. Umgesetzt werden die gewonnenen Erkenntnisse in einem zielgerichteten Transfer durch Projekt- und Praxisarbeiten.

17.2 Zielvereinbarungen

17.2.1 Führen durch Zielvereinbarungen

Führen durch Zielvereinbarungen (Management by objectives) ist ein Managementkonzept, bei dem Führungskraft und Mitarbeiter in einem partnerschaftlichen Gespräch für einen bestimmten Zeitraum gemeinsame Ziele vereinbaren. Es werden der personenbezogene Verantwortungs- und Kompetenzbereich und die zur Verfügung stehenden Ressourcen festgelegt. Auf dieser Basis können die Leistungsbeiträge der einzelnen Mitarbeiter bewertet und verglichen werden. Führen durch Zielvereinbarungen fordert und fördert das Leistungsverhalten. Die Ziele sind klar, jedoch entscheiden die Mitarbeiter selbstständig über den Realisierungsweg.

Durch klare Zielvereinbarungen können die Mitarbeiter den Erfüllungsgrad der Aufgabe und ihren eigenen Leistungsstand besser selbst bewerten. Sie sind in der Lage Zielabweichungen frühzeitig zu erkennen, Möglichkeiten zur Selbststeuerung zu realisieren und geeignete Maßnahmen zur Korrektur einzuleiten. Da Ziele nicht nur auf der Individualebene sondern auch auf Abteilungs- und Unternehmensebene existieren, müssen sich die innerbetriebliche Kommunikation und das Kooperationsverhalten zur Zielerreichung verbessern.

Die Hauptaufgabe von Zielvereinbarungen besteht in der Bündelung der einzelnen Mitarbeiterkräfte einer Organisation auf gemeinsame Unternehmensziele, so dass diese zur Optimierung der Unternehmensleistung beitragen. Das konsequente Festlegen von Zielen soll Arbeits- und Planungsvorgänge verbessern und die Mitarbeiter durch mehr Selbstständigkeit motivieren, den Wirkungsgrad ihrer eigenen Arbeit durch Vergrößerung der individuellen Entscheidungsspielräume zu erhöhen.

Das Zielsystem in einem Unternehmen besteht aus mehreren Stufen einer Zielkaskade. Ausgehend von der Unternehmensspitze werden die Ziele auf die nachgeordneten Abteilungen bis hin zum Mitarbeiter aufgebrochen. Mit zunehmender Entfernung von

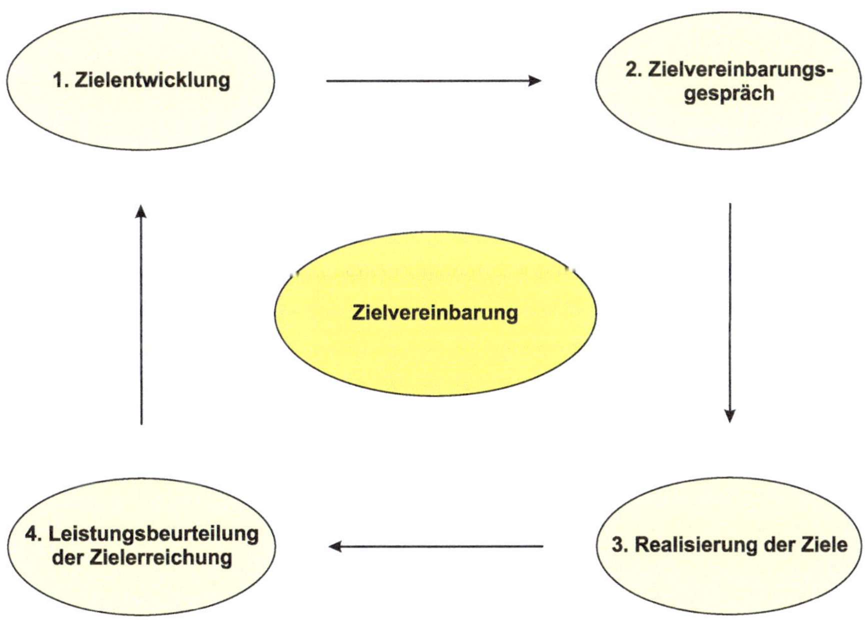

Abb. 17.2 Phasenmodell der Zielvereinbarung

der Spitze der Zielhierarchie werden die Ziele immer detaillierter. Strategische Unternehmensziele enthalten meistens Zielvorgaben von langfristiger Dauer für die nächsten Jahre. Die sich auf der untersten Ebene ergebenden betrieblichen Ziele sind von kurzfristiger Dauer und umfassen maximal ein Jahr.

Das Phasenmodell der Zielvereinbarung besteht aus vier Schritten (Abb. 17.2). In einem Zielvereinbarungsgespräch zwischen Führungskraft und Mitarbeiter werden die Ziele gemeinsam besprochen und festgelegt. Der Weg für die Zielerreichung sollte dem Mitarbeiter überlassen sein. Die Führungskraft hat hier eine überwachende und steuernde Funktion. Nach Abschluss der Aufgabe führt die Führungskraft eine Leistungsbeurteilung bzgl. der Zielerreichung durch und erläutert ihre Bewertung in einem entsprechenden Mitarbeitergespräch.

17.2.2 Zielvereinbarungen zwischen Führungskraft und Mitarbeiter

Zielvereinbarungen sind Abkommen zwischen Mitarbeiter und Führungskraft. Voraussetzung für eine effektive Vereinbarung ist eine widerspruchsfreie und verständliche Beschreibung der angestrebten Ziele. Nur dann ist eine grundlegende Basis für die Zielerfüllung und die sich anschließende Leistungsbeurteilung gegeben. Dazu müssen in der Zielvereinbarung mehrere notwendige Punkte enthalten sein:

- Beschreibung des Ziels als zu erreichender Sollzustand,
- Messkriterien zur Ergebnisbewertung,
- Durchführungsplan mit Teilzielen, Terminen, Prioritäten und
- Rahmenbedingungen und Ressourcen.

Zielvereinbarungen sollten in einem partnerschaftlichen Dialog zwischen Führungskraft und Mitarbeiter getroffen werden, jedoch ist ein Mindestmaß an Vorgaben notwendig. Letztlich trägt die Führungskraft immer die Verantwortung für die Zielerreichung. So muss sie herausfinden und entscheiden, ob der Mitarbeiter der übertragenen Aufgabe gewachsen oder über- bzw. unterfordert ist. Ziele sollten herausfordernd aber nicht unerfüllbar sein. Sie sind ein nicht zu unterschätzender Motivationsfaktor für die Leistungsvereinbarung mit dem Mitarbeiter.

Unterforderte Mitarbeiter haben normalerweise keine herausragenden Erfolgserlebnisse und sind nicht in der Lage ihre Kompetenzen auszuschöpfen. Umgekehrt führt eine Überforderung des Mitarbeiters ebenfalls zur Demotivation, da seine Anstrengungen nicht von Erfolg gekrönt sind. Zusätzlich handelt sich die Führungskraft ein anderes Problem ein. Da das Ziel mit hoher Wahrscheinlichkeit nicht erreicht wird, muss sie selber aktiv werden und erfährt dadurch keine persönliche Entlastung.

Die Führungskraft muss den Prozess der Zielvereinbarung aktiv gestalten. Sie hat die Macht Zuständigkeiten und Verantwortlichkeiten zu übertragen. Sie legt die Rahmenbedingungen fest und fungiert als Prozessbegleiter. Als Beschreibung eines zu erreichenden Sollzustandes müssen Ziele Vorgaben enthalten, die einen Vergleich des Arbeitsfortschritts ermöglichen. Die Messbarkeit von Zielen ist daher von elementarer Bedeutung. Denn nur dann lassen sich der Grad der Zielerreichung und damit die Qualität des Ergebnisses messen. Zur Zielvereinbarung gehören immer Termine z. B. in Form von Start- und Endterminen. Zwischentermine und Meilensteingespräche erleichtern die Kontrolle durch die Führungskraft und ermöglichen eine Selbstkontrolle seitens des Mitarbeiters. Der Mitarbeiter liefert einen Statusbericht über die bisher erfolgten Arbeiten und eingeschlagenen Wege. Zwischengespräche können auch genutzt werden, um Probleme zu diskutieren und/oder Korrekturschritte einzuleiten.

Eine kompetente Betreuung und Beratung seitens der Führungskraft beinhaltet eine Stärken-Schwächen-Analyse und zeigt entsprechende Auswirkungen auf. Über die Terminvereinbarungen kann auch eine Steuerung der Prioritäten erfolgen. Aufgrund von Änderungen im Umfeld kann es auch notwendig sein, bereits getroffene Zielvereinbarungen zu korrigieren. Mit der Zielvereinbarung zwischen Führungskraft und Mitarbeiter sollten auch Kriterien für die Leistungsbeurteilung nach Abschluss der Aufgaben festgelegt werden. Dies objektiviert die Diskussion bzgl. der Zielerreichung.

Leistungsfaktoren die hier eine Rolle spielen können sind:

- Zeit: Wie war die Termintreue?
- Methoden: Wie war die persönliche Arbeitsorganisation?
- Wirtschaftlichkeit: Wie wurden die zur Verfügung stehenden Ressourcen genutzt?
- Arbeitsleistung: Wie gut (Qualität) und in welchem Umfang (Quantität) wurde das Ziel erreicht?

Zielvereinbarungen lassen sich gut in ein Mitarbeiterjahresgespräch integrieren. Hier wird ein Rückblick über die vergangene Periode vorgenommen und die dort erzielten Ergebnisse werden beleuchtet. Im weiteren Gesprächsverlauf werden die neuen Aufgaben und Ziele für das Folgejahr diskutiert. Anhand der Beurteilung lässt sich der Förderungsbedarf hinsichtlich Kompetenzentwicklung planen.

Von Zielvereinbarungen zu unterscheiden ist die kurzfristige Erteilung von Einzelaufträgen. Es ist jedoch nach ähnlichen Grundsätzen zu verfahren:

- Das angestrebte Ziel des Einzelauftrages ist zu benennen.
- Der Arbeitsumfang und die zu beachtenden Rahmenbedingungen sind zu beschreiben.
- Verantwortungen und Zuständigkeiten sind zu klären.
- Prioritäten und Termine im Vergleich zu anderen Aufgaben sind zu erläutern.

Über den Weg zur Erledigung des Einzelauftrages entscheidet auch hier der Mitarbeiter. Wenn notwendig gibt die Führungskraft Unterstützung. Fallweise nimmt sie das Arbeitsergebnis ab und bewertet die erzielte Leistung.

17.2.3 Leistungsbeurteilung der Zielerreichung

Überprüfung und Kontrolle der vereinbarten Ziele sind unverzichtbare Bestandteile zur Beurteilung von Leistungen. Nur mit Hilfe von Kontrollen sind Soll-Ist-Vergleiche und Steuerungsmaßnahmen möglich. Vielfach werden Kontrollen als negativ empfunden, Anerkennung dagegen als positiv. Es ist zentrale Aufgabe der Führungskraft offen und ehrlich mit diesem Thema umzugehen. Mangelnde Kontrolltätigkeit ist immer ein Zeichen von Führungsschwäche. Potenziellen Auseinandersetzungen wird aus dem Weg gegangen. Mitarbeiter erkennen dieses Verhalten sehr schnell und stufen ihre Führungskraft entsprechend ein.

Damit ist nicht eine permanente Überprüfung der Mitarbeiter gemeint. Vielmehr wird eine der Arbeitssituation angemessene Kontrolle verlangt. Offen praktizierte Kontrolle verbunden mit einer entsprechenden Kommunikation kann sogar das Vertrauensverhältnis zum Mitarbeiter stärken. Dem Mitarbeiter ist das Gefühl einer sachgerechten Kontrolle zu vermitteln. Die Führungskraft wird als gerecht anerkannt und gewinnt somit Führungsautorität. Überprüfungen sind immer in Gegenwart des Mitarbeiters durchzuführen.

Ablauf- oder Ergebniskontrollen konzentrieren sich im Wesentlichen auf Arbeitsabläufe und das -verhalten des Mitarbeiters. Ziel ist die Überprüfung der bisher erbrachten Leistung (Ist) bezogen auf das erwartete Arbeitsergebnis (Soll). Wichtige Erkenntnisse im Sinne von positiver oder negativer Abweichung werden festgehalten und begründet. Kontrollen sind umso häufiger durchzuführen, je größer das Risiko einer Zielabweichung ist. Umgekehrt reduziert sich die Kontrollhäufigkeit, je höher die fachliche Qualifikation des Mitarbeiters ist. Unter wirtschaftlichen Gesichtspunkten müssen die durch die Überprüfungen entstehenden Kosten in einem vernünftigen Verhältnis zum ökonomischen Nutzen stehen.

Während Führungskräfte eine Kontrollpflicht haben, haben Mitarbeiter ein Recht auf Rückmeldungen. Dies sind bewertende Stellungnahmen gegenüber den Mitarbeitern. Ihnen wird die Auswertung der Ergebnisse aus den stattgefundenen Kontrollen näher erläutert und ob diese zur Erreichung der Ziele positiv oder negativ beigetragen haben. Es erfolgt eine gemeinsame Analyse der Ist-Zustände im Hinblick auf die vereinbarten Soll-Zustände und eine Bewertung der sich ergebenden Konsequenzen. Somit kann der Mitarbeiter seine eigene Leistung beurteilen und gegebenenfalls Korrekturen einleiten.

Feedback

In der zwischenmenschlichen Kommunikation ist es unabdingbar dem einzelnen Mitarbeiter Feedback für die geleistete Arbeit zu geben. Nur so ist es möglich positive Impulse zu verstärken und kritische Entwicklungen zu korrigieren. Leider ist es sehr oft der Fall, positives Feedback sträflich zu vernachlässigen und sich überwiegend auf kritische Punkte zu konzentrieren.

Positives Feedback dient nicht nur der Mitarbeiterinformation und der Würdigung seiner Leistung, sondern steigert auch seine Motivation und das Engagement. Indikatoren für ein positives Feedback sind dann gegeben, wenn vereinbarte Leistungen übertroffen und überdurchschnittliche Anstrengungen erbracht wurden. Einzelne Ergebnisse bestätigen eine erhöhte Leistungsbereitschaft des Mitarbeiters. Die positive Rückmeldung erhöht das Selbstwertgefühl und steigert die Freude an der Arbeit. Die Führungskraft drückt damit ihre persönliche Anerkennung für die geleistete Arbeit aus.

Kritisches Feedback ist im Falle einer Unterschreitung der Ergebnisse hinsichtlich Qualität oder Quantität angebracht. Weitere Indikatoren sind Verstöße gegen arbeitsvertragliche Pflichten und fachliche/methodische Mängel im Arbeitsprozess, die das geforderte Arbeitsergebnis gefährden. Hier dient das Feedback der Beseitigung von Mängeln oder der Behebung von Fehlern. Dem Mitarbeiter werden Informationen zur Verhinderung einer zukünftigen Wiederholung des Fehlers gegeben.

Positives und kritisches Feedback sind möglichst nahe am Zeitpunkt des Anlasses zu geben. Tritt das Feedback innerhalb der vom Mitarbeiter erwarteten Zeit ein, ist eine positive Auswirkung auf die Motivation und das Einsatzverhalten zu erwarten. Verspätetes Feedback führt meistens zu keiner Verbesserung der Motivation. Es ist vielmehr eine kritische Distanzierung zur Führungskraft und eine Abnahme des Einsatzverhaltens zu erwarten. Wird das erwartete Feedback dann zu einem späteren Zeitraum gegeben, kann der Führungsfehler wenigstens teilweise wieder ausgeglichen werden.

Positive und kritische Rückmeldungen sind die beiden Extrempunkte des zu gebenden Feedbacks. Oft sind in der Summe wertneutrale Rückmeldungen vorzufinden. Bezogen auf eine bestimmte Arbeitssituation ergeben sich überwiegend positive aber auch (vereinzelte) kritische Beiträge. Es ist eine Führungskunst, hier ein angemessenes Verhältnis zu finden.

17.3 Die Mitarbeiterbewertung

Wenn wir mit Menschen zusammentreffen, machen wir uns gefühlsmäßig ein Bild vom Anderen. Diese Bewertung und das damit verbundene Urteil geschehen mehr oder minder unbewusst. Auch Führungskräfte unterliegen der Gefahr, sich vorschnell ein Urteil über ihre Mitarbeiter zu bilden. Ohne genügende fachliche und methodische Erfahrungen in der Mitarbeiterbewertung kann daraus jedoch sehr schnell ein Vorurteil werden. Jeder einzelne Schritt im Bewertungsprozess ist subjektiv gefärbt.

So muss damit gerechnet werden, dass verschiedene Führungskräfte bei der Bewertung eines Mitarbeiters zu unterschiedlichen Ergebnissen kommen, da sie die zu bewertende Situation aufgrund ihrer persönlichen Entwicklung und Erfahrung unterschiedlich wahrnehmen und einschätzen. Unterschiede sind auch aus der Bewertungsperspektive zu erwarten. In der Rolle des Beobachters wird die Situation anders wahrgenommen, als in der Rolle des Ausführenden. Damit sind unterschiedliche Sichtweisen, Ansichten und Wertungsmaßstäbe gegeben.

Im Zusammenhang mit einer Mitarbeiterbewertung muss daher von unterschiedlichen Standpunkten und Sichtweisen zwischen Führungskraft und Mitarbeiter ausgegangen werden. Im Bewertungsgespräch zwischen Führungskraft und Mitarbeiter sind die unterschiedlichen Sichtweisen zwischen Selbstbild und Fremdbild zu klären und es ist möglichen Missverständnissen und Konflikten vorzubeugen. In einem Unternehmen hat die Mitarbeiterbewertung einen wichtigen Stellenwert. Sie muss ein möglichst objektives und aussagekräftiges Bild bzgl. der Mitarbeiterleistungen liefern. Dann bietet sie eine gute Grundlage für den Personaleinsatz, die Mitarbeiterführung und die Durchführung von Personalentwicklungsmaßnahmen. Sie ist daher eines der wichtigsten Führungsinstrumente.

Grundlage für die Mitarbeiterbewertung ist ein Anforderungsprofil für den Arbeitsplatz und jährliche Zielvereinbarungen. Sie erlauben es den Mitarbeiter entsprechend seiner Qualifikation einzusetzen und zu bewerten. Arbeitsverhalten, -ergebnisse und persönliches Verhalten müssen der Führungskraft in einem Soll-Ist-Vergleich Entscheidungsgrundlagen liefern. Formale Bewertungskriterien erlauben eine standardisierte Bewertung verschiedener Mitarbeiter und interpersonellen Vergleich. Der Mitarbeiter sollte auf einer regelmäßigen Bewertung durch seine Führungskraft bestehen. Nur dann erhält er eine Einschätzung zu seiner Person und seinen Arbeitsleistungen. Eine aussagekräftige Mitarbeiterbewertung kann einen wichtigen Motivationsfaktor darstellen. Umgekehrt merkt der Mitarbeiter ziemlich schnell, wenn er durch eine leichtfertig erstellte Bewertung nur oberflächlich, formal oder aus taktischen Gründen beurteilt wurde. Der Mitarbeiter hat ein Recht auf eine ehrliche, fundierte und wahrheitsgemäße Bewertung durch seine Führungskraft.

Nur Anerkennung und Kritik in einem möglichst objektiven Bewertungsverfahren liefern Ansatzpunkte für Leistungsverbesserungen und berufliche Entwicklungsmöglichkeiten. Sie können auch Hinweise für die Gehaltsfindung und für Personalentscheidungen liefern. Die Auswahl und Entwicklung von Führungskräften ist ohne ein solches Verfahren nicht möglich. Ergibt das Bewertungsverfahren, dass die Mitarbeiterqualifikationen dem Anforderungsprofil entsprechen, stellt die Stellenbesetzung kein Problem dar. Unterschreitet die Bewertung das Anforderungsprofil ist zu prüfen, ob andere Mitarbeiter für diese Tätigkeiten besser geeignet sind oder der Mitarbeiter die Defizite durch Personalentwicklungsmaßnahmen ausgleichen kann. Übertrifft das Bewertungsergebnis das Anforderungsprofil, kann der Mitarbeiter nicht optimal eingesetzt werden. Er ist nicht ausgelastet und kann höherwertige Aufgaben übernehmen.

17.3.1 Verfahren der Mitarbeiterbeurteilung

Neben dem Verfahren zur Leistungsbeurteilung bei Zielvereinbarungen gibt es in der Personalbeurteilung merkmalsorientierte Beurteilungsverfahren. Bei diesen Verfahren erfolgt die Beurteilung anhand von bestimmten Bewertungsmerkmalen, z. B. Kundenzufriedenheit, Teamfähigkeit, Kommunikationsverhalten, Fachwissen, Führungsverhalten, etc. Diese Merkmale müssen die wichtigsten Anforderungen an den jeweiligen Arbeitsplatz abdecken. So spielt das Merkmal Führungsverhalten für die Beurteilung einer Führungskraft eine wichtige Rolle, während dieses Merkmal für die Beurteilung eines Mitarbeiters keine Rolle spielt. Für die Erstellung eines Beurteilungsbogens sind folgende Punkte zu berücksichtigen:

- Beurteilungsziele,
- Beurteilungszeitraum,
- Bewertungsmerkmale und
- Bewertungsskala.

Verfahren zur Mitarbeiterbeurteilung können vergangenheitsorientiert oder zukunftsorientiert sein. Im ersten Fall wird die Leistung für einen zurückliegenden Zeitraum bewertet. Diese Leistungsbeurteilung wird als Regelbeurteilung bezeichnet und umfasst den Zeitraum eines Jahres. Neben der Regelbeurteilung gibt es die Anlassbeurteilung, um z. B. bei der Beendigung eines Arbeitsverhältnisses ein Arbeitszeugnis zu erstellen. Eine zukunftsorientierte Mitarbeiterbewertung findet als Potenzialbeurteilung Anwendung, wenn z. B. über die personelle Besetzung einer Führungsposition zu entscheiden ist.

Der Auswahl und der Anzahl der Bewertungsmerkmale kommt die größte Bedeutung zu. Würden für jeden Arbeitsplatz die Bewertungsmerkmale individuell zusammengestellt, so würden die jeweiligen Anforderungen bei der Beurteilung am besten berücksichtigt. Dafür würde man für jede Tätigkeit eine detaillierte Stellenbeschreibung benötigen, um die geeigneten Merkmale zu identifizieren. Da dieser Aufwand zu groß ist, werden vergleichbare Tätigkeiten in gruppenspezifischen Merkmalskatalogen zusammengefasst.

Eine Möglichkeit zur Beurteilung ist die Beschreibung der benötigten Kompetenzen. Die Bewertungsmerkmale sollten alle wichtigen Bereiche für die Arbeit des Mitarbeiters abdecken. Außerdem müssen sie sich deutlich voneinander unterscheiden. Je mehr Merkmale aufgeführt werden, umso schwieriger wird es, sie voneinander unabhängig bzw. unterscheidbar zu beschreiben. Schließlich muss das Beurteilungsverfahren für den Anwender einfach zu handhaben sein.

Um Beurteilungsfehler zu vermeiden kommt der Auswahl und Beschreibung der Bewertungsmerkmale eine Schlüsselfunktion zu. Von weiterer großer Bedeutung ist die Skalierung. Dazu wird jedem Merkmal eine Abstufung zugeordnet, z. B. von 1 bis 5. Hier kann die niedrigste Zahl für die beste Bewertung und die höchste Zahl für die schlechteste Bewertung stehen. Da diese Notengebung stark an Schule und Studium erinnert, kann hier ein Systemfehler im Beurteilungsverfahren liegen. Der Anwender wird weg von der schlechtesten Note zu besseren Bewertungen tendieren. Um dieser Tendenz auszuweichen existieren notenunabhängige Bewertungsskalen, die Buchstaben (A; B; C; D; E) oder Zeichen (++; +; 0; –; ––) enthalten. Auch eine verbalisierte Skala (hervorragend; Erwartungen erfüllt; unzureichend) wird angewendet.

Um diese unbewusste Verknüpfung zu Schulnoten aufzubrechen empfiehlt sich eine sieben- oder neunstufige Skala. Die Verwendung einer 9er-Skala weist mehrere Vorteile auf. Im ersten Bewertungsschritt lässt sich über eine A-B-C-Klassifizierung eine grobe Einteilung ($A = 9 - 7$; $B = 6 - 4$; $C = 3 - 1$) erreichen, die in einem zweiten Schritt durch positiv ($A+ = 9$); neutral ($A = 8$) oder negativ ($A- = 7$) verfeinert werden kann. Durch diesen Effekt ist eine ausreichende Differenzierung zwischen allen Mitarbeitern über die gesamte Skala möglich. Für eine optimale Beurteilungsskala muss auf jeden Fall eine genaue Merkmalsbeschreibung angefertigt werden. Dies verhindert, dass verschiedene Beurteiler das jeweilige Bewertungsmerkmal unterschiedlich interpretieren.

17.3.2 Das Bewertungsdilemma der Führungskraft

Im Mittelpunkt der Mitarbeiterbewertung steht die Führungskraft. Mit ihren Fähigkeiten steht und fällt der Bewertungsvorgang. Wenn die Bewertung in einem jährlichen Rhythmus stattfindet, müssen in dieser Zeitspanne regelmäßigere Beobachtungen und Erhebungen erfolgen. Eine räumliche und personelle Nähe zum Mitarbeiter muss gegeben sein.

Hat die Führungskraft eine zu große Berichtsspanne, ist eine systematische Leistungserhebung für jeden einzelnen Mitarbeiter aus zeitlichen Gründen kaum möglich. Vielfach sind bestimmte Stichtage für eine Mitarbeiterbewertung einzuhalten. Führungskräfte neigen dann zu kurzfristigen Bewertungszeiträumen. Wie habe ich den Mitarbeiter in den letzten Wochen und Monaten erlebt? Aus diesem kurzen Zeitraum wird dann anhand zufälliger Eindrücke eine mehr oder minder gute Mitarbeiterbewertung erstellt. Diese Vorgehensweise kann kein zuverlässiges Ergebnis liefern.

Wird mit Zielvereinbarungen geführt, lassen sich über die vereinbarten Aufgaben, Inhalte und Termine relativ leicht Mitarbeiterbewertungen erstellen. Über den Bewertungszeitraum sind immer wieder Gespräche zwischen Führungskraft und Mitarbeiter über den Leistungsfortschritt notwendig. Mit entsprechenden Notizen kann die Führungskraft ihr Urteil untermauern. Fehlen Aufzeichnungen, Zielvereinbarungen oder regelmäßige Kontakte, werden Zufallsbeobachtungen Maßstab für die Bewertung. In vielen Fällen könnte gleich gewürfelt werden.

Im Mitarbeitergespräch ist die Führungskraft Berater, Förderer und Richter in einer Person. Als Berater kann sie dem Mitarbeiter aus einer neutralen Position heraus dessen Stärken und Schwächen vermitteln. Als Förderer befindet sie sich in einer angenehmen Position. Die Führungskraft kann Maßnahmen für die Entwicklung des Mitarbeiters unterbreiten. Dies ist nicht gleichzusetzen mit mehr Gehalt oder Karriere. Persönliche Entwicklung hin zu mehr Zuständigkeiten oder höherer Verantwortung sind hier möglich.

In der Funktion des Richters tritt das Dilemma der Führungskraft deutlich zu Tage. Einerseits muss sie auch zukünftig mit dem starken oder schwachen Mitarbeiter zusammenarbeiten. Andererseits erwartet das Unternehmen zu recht, dass schwache Mitarbeiter am weiteren Aufstieg gehindert und nur die Starken gefördert werden. Die Mitarbeiter können prinzipiell Gleichberechtigung im Bewertungsverfahren einfordern. Die Bewertungsergebnisse führen jedoch zwangsläufig zu unterschiedlichen Entwicklungspfaden. Dies muss den Mitarbeitern deutlich gemacht werden.

Als Beurteiler vertritt die Führungskraft neben den Unternehmensbelangen auch ihre eigenen Interessen. Sie muss sich die Akzeptanz aller Mitarbeiter erhalten und für ein gutes Arbeitsklima sorgen. Sie befindet sich auch in einem stetigen Wettbewerb mit Kollegen um Aufgaben, Personal, Ressourcen, Zuständigkeiten und Verantwortungen und darf ihre eigene, langfristige Entwicklung nicht gefährden. Mitarbeiterbewertungen wirken daher

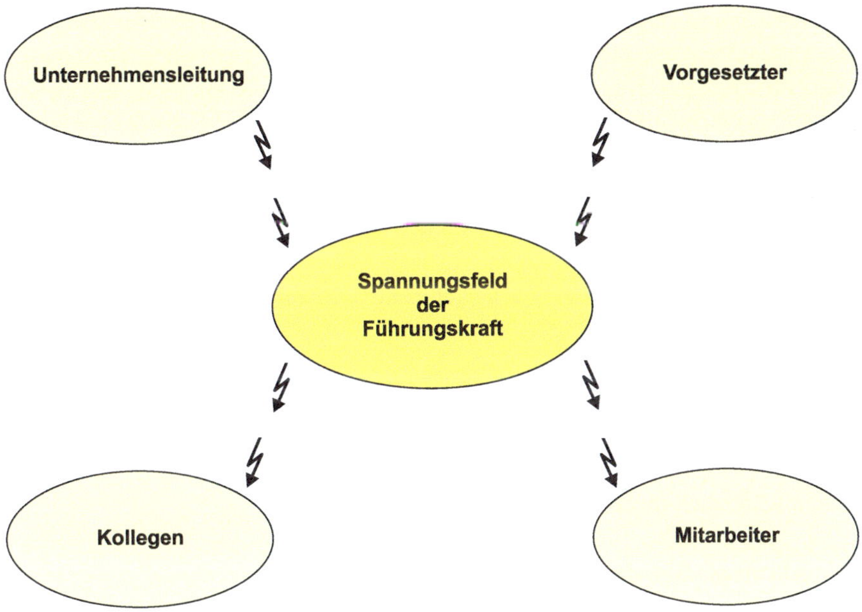

Abb. 17.3 Spannungsfeld der Mitarbeiterbewertung

auf die Führungskraft zurück. Aufgrund ihrer eigenen Interessen ist sie gleichsam befangen. Sie muss daher prinzipiell mit Unzufriedenheit seitens des Unternehmens, der Kollegen und Mitarbeiter rechnen.

So kann ihr die Unternehmensleitung vorhalten, sich von ihren Mitarbeitern vor den Karren spannen zu lassen. Die Mitarbeiter können ihr willkürliche und subjektive Bewertungen unterstellen. Von ihren Kollegen muss sie sich vielleicht unkollegiales Verhalten vorhalten lassen. Wie immer eine Mitarbeiterbewertung erstellt wird, ein Spannungsfeld (Abb. 17.3) ist immer vorhanden. Es lässt sich zwischen Unternehmensleitung, Kollegen, Vorgesetzten und Mitarbeiter nur durch eine ehrliche und möglichst objektive Wertung minimieren.

Eine Führungskunst, dies zu verringern liegt auch in der gekonnten Durchführung des Mitarbeitergesprächs. Wer Mitarbeiter bewerten muss, stellt immer Vergleiche zu anderen Personen an. Damit fließen automatisch Sympathie und Antipathie in das Bewertungsverfahren mit ein. Sympathische Mitarbeiter werden positiver bewertet; unsympathische Mitarbeiter kritischer eingestuft. Wählt sich die Führungskraft mit ihren eigenen Stärken und Schwächen zum Vergleichsmaßstab, ist ebenfalls Vorsicht angezeigt. Die eigenen, positiven Merkmale werden dann beim Mitarbeiter gesucht und besser bewertet, während die eigenen, kritischen Merkmale schärfer beurteilt werden.

Die Erstellung einer fundierten Bewertung und das zugehörige Mitarbeitergespräch benötigen Zeit. Es ist eine sehr wichtige Führungsaufgabe, mit der die Mitarbeiterentwicklung und ihr Beitrag zum Unternehmenserfolg wesentlich beeinflusst werden. Eine gerechte Bewertung zeigt dem Mitarbeiter im Entwicklungs- und Zielvereinbarungsgespräch, was an ihm geschätzt (Stärken) wird und wo Verbesserungspotenzial (Schwächen) vorhanden ist. Aus der Mitarbeiterbewertung sollte sich immer ein jährlicher bis mittelfristiger Entwicklungsplan ergeben.

17.3.3 Fehlerquellen bei der Bewertung

Die Mitarbeiterbewertung ist der Versuch subjektive Eindrücke zu objektivieren. Mögliche Fehlerquellen beruhen auf:

- der Führungskraft als Bewerter,
- dem zu beurteilenden Mitarbeiter,
- dem Beurteilungsverfahren und
- den Umfeldbedingungen des Unternehmens.

Führungskraft als Bewerter
Die meisten Menschen halten sich für gute Menschenkenner, was bekanntermaßen nicht immer den Tatsachen entspricht. Jeder Mensch trägt mehr oder minder starke Vorurteile in sich, die ihn im Bewertungsprozess beeinflussen und eine sachlich-differenzierte Beurteilung erschweren. Der erste Eindruck den zwei Menschen voneinander haben führt in der Regel zu einem langanhaltenden Urteil über die jeweils andere Person. Besonders vorurteilsvollen Menschen fällt es schwer die eigene Meinung und Urteilsbildung zu revidieren. Dies gilt sowohl für einen positiven Ersteindruck als auch für wenig erfreuliche Erlebnisse.

Der erste Eindruck prägt und wirkt für spätere Erlebnisse wie ein Filter. Er erschwert es positive oder negative Entwicklungen des Mitarbeiters realistisch zu erfassen. Ob Menschen sich gut verstehen hängt von vielen Faktoren ab. Liegen gleiche Interessen vor, finden sie sich meistens sympathisch. Aber auch Gegensätzlichkeiten können sich anziehen. Beim Partner wird dann das geschätzt, was man selber nicht vorweisen kann. Da Menschen emotionale Wesen sind, gelingt es kaum sich nur sachlich-rational mit dem Gegenüber auseinander zusetzen.

Jeder Mensch hat seine eigenen Beweggründe und Ziele, die sein Verhalten steuern. So werden unsere Mitmenschen manchmal auch durch unsere eigenen unbewussten Absichten beurteilt. Unsere eigenen Motive lenken unser Verhalten und damit auch unsere Wahrnehmung. Sie reichen von profanen Dingen wie Kleidung (Kleider machen Leute) über das Bestreben Karriere zu machen bis hin zur Freizeitgestaltung. Der Bewerter wird im Beurteilungsprozess auch nach Wegen und Möglichkeiten suchen, seine eigenen Ziele zu erreichen. Entsprechend stuft er dann die Mitarbeiter ein.

Die eigenen Einstellungen, wie soziales Verhalten und die persönliche Haltung gegenüber Glaubens- und Lebensfragen, kommen ebenfalls ins Spiel. Wenn Bewertungen stets dasselbe Leistungsbild aufweisen heißt das nicht, dass alle Mitarbeiter auch wirklich die gleichen Leistungen erbracht haben. Vielmehr ist es ein Anzeichen dafür, dass die Führungskraft zu milde, zu streng oder zu vorsichtig beurteilt hat. Verschiedene Menschen können niemals die gleiche Leistung erbringen. Sie müssen sich in einzelnen Punkten unterscheiden.

Sicherlich spielt auch die Position der Führungskraft als Bewerter eine Rolle. Ist sie in ihrem Team als Persönlichkeit angesehen, ist es für sie einfacher, eine kritischere Bewertung zu verfassen. Hat sie bei ihren Mitarbeitern einen schwachen Stand und kann sich nicht richtig durchsetzen, wird sie mit einem Hang zur Milde versuchen ihre Beliebtheit zu steigern. Umgekehrt kann sie über einen Hang zur Strenge versuchen Autorität zu erzwingen. Wenn sie niemandem auf die Füße treten will oder eine zu starke persönliche Nähe zum zu beurteilenden Mitarbeiter besteht, wird sie eher zur Mitte tendieren.

Wird eine Führungskraft von ihrem Vorgesetzten selbst schlecht beurteilt, wird sie sich schwer tun, ihre eigenen Mitarbeiter besser zu bewerten. Die Angst, dass schlechte Beurteilungen auf die eigene Führungsfähigkeit projiziert werden, lässt manches Urteil milder ausfallen. Hier übernimmt die Führungskraft internalisierte Denk- und Verhaltensmuster, da sie sich selber auch in der Rolle des Mitarbeiters wiederfindet.

Ein weiteres Beispiel für verzerrte Beurteilungstendenzen zeigt sich im Halo-Effekt. Hier überstrahlen einzelne positive oder negative Ereignisse die Gesamtbewertung. Er tritt besonders bei langen Beurteilungszeiträumen auf. Wenn ein Mitarbeiter sich bei einer speziellen Tätigkeit als kompetent erwiesen hat, traut man ihm dies auch bei anderen Tätigkeiten zu, für die er noch keine Erfahrungen besitzt. Nur wird aus einem guten Fachmann noch lange keine gute Führungskraft. Ähnlich verhält es sich bei Mitarbeitern, die sich bei einer Tätigkeit als wenig kompetent erwiesen haben. Vielleicht hat die Führungskraft nur den Mitarbeiter mit der falschen Tätigkeit betraut?

Eine der bekanntesten Formen der bewussten Bewertungsmanipulation ist das Wegloben. Ein Mitarbeiter mit nur mäßigen Leistungen wird überdurchschnittlich gut beurteilt. Der Beurteiler will damit erreichen, dass dem Mitarbeiter die Tür zu einer anderen Aufgabe schneller offen steht und er sein Team verlässt. Insbesondere kritische Fälle, wie Alkohol- oder Suchtkranke und psychisch belastete Mitarbeiter, werden so behandelt. So bewertende Führungskräfte handeln unkollegial und sind zu feige sich ihrer Personalverantwortung zu stellen.

Fehlerquellen auf Seiten des Mitarbeiters

Auch der Mitarbeiter kann ein hohes Fehlerpotenzial beim Bewertungsvorgang in sich bergen. Die Notlüge oder Täuschungsmanöver sind noch die harmloseste Form schlechte Arbeitsleistungen zu verbergen. Eine aufmerksame Führungskraft wird dies im Zuge eines management-by-walking-around erkennen. Bei einer betonten Überformung seines eigenen Verhaltens versucht der Mitarbeiter den unterstellten Erwartungen der Führungskraft gerecht zu werden. Der Mitarbeiter meint zu glauben, dass der Bewerter auf ganz besondere Tatsachen Wert legt und nutzt diese Vorstellungen zur Selbstdarstellung. Als positiver Effekt kann die Erreichung des eigenen Ziels gelingen. In vielen Fällen führt dies eher zu einer Fehlanpassung, die besonders von Kollegen als Unterwürfigkeit oder Kriecherei ausgelegt wird.

Als Mitarbeiter gibt es eine Vielzahl an Möglichkeiten sich gut zu verkaufen. Beim primacy effect (der große Auftritt) bemüht sich der Mitarbeiter schon beim Antritt der Arbeitsstelle um eine hohe Arbeitsleistung. Er möchte von Anfang an einen guten Eindruck hinterlassen. Nach einiger Zeit sinkt die Leistung wahrscheinlich ab. Es schließt sich der recency effect (der gute Abgang) an. Kurz vor Ablauf des Beurteilungszeitraumes bringt der Mitarbeiter wieder herausragende Arbeitsleistungen, um eine gute Bewertung zu erzielen.

Auch unbewusste Verhaltensweisen des Mitarbeiters können zu fehlerhaften Bewertungen führen. Als Regression wird der Rückfall in Verhaltensmuster früherer Entwicklungsstufen bezeichnet. Dieses Phänomen lässt sich vor allem bei Mitarbeitern, die unter sehr autoritären Führungskräften arbeiten, beobachten. Die Führungskraft verkörpert das Eltern-Ich, während sich der Mitarbeiter im Kind-Ich wieder findet.

Bei der sich selbst erfüllenden Prophezeiung wirken (Vor-)Urteile gleichzeitig als Erwartungen, an die sich der zu Beurteilende anpasst. In der Mitarbeiterbeurteilung hat dieses Phänomen einen besonderen Stellenwert, da die Führungskraft Bedingungen für das Eintreffen oder Nicht-Eintreffen der Prognose schaffen kann. In der positiven Form stachelt dieses Phänomen an (Ich kann das). In der negativen Form führt es zu Hemmungen und Blockaden (Das habe ich noch nie gut gekonnt).

Fehlerquellen aufgrund des Beurteilungsverfahrens

Auch das Beurteilungsverfahren selbst enthält eine Reihe von Fehlerquellen. Dies beginnt bereits mit der Sprache und damit zusammenhängenden begrifflichen Unklarheiten. Die meisten Begriffe lassen mehrfache Deutungen zu und sind nicht eindeutig definiert. Was heißt z. B. Gewissenhaftigkeit oder welche Bedeutung besitzt Entscheidungsfreude? Dies führt zu dem Problem, dass der erste Beurteiler dem Mitarbeiter Eigenschaften und Fähigkeiten zuweist, die ein zweiter Beurteiler ganz anders sieht.

Wird von der ersten Führungskraft der Mitarbeiter als verantwortungsbewusst, sorgfältig und ausdauernd bewertet, sieht ihn eine andere Führungskraft vielleicht als unzuverlässig, leichtsinnig und oberflächlich an. Besonders problematisch ist dies bzgl. der Aussagekraft von Arbeitszeugnissen. Mögliche Unschärfen eines Begriffs können in einem Gespräch geklärt werden. Bei einer schriftlichen Aussage muss die Führungskraft dem geschriebenen Wort vertrauen. Hier muss durch eine Beurteilersprache eine gemeinsame Verständigungsbasis zwischen den Beteiligten geschaffen werden.

Auch die schriftliche Form der Bewertung ist wichtig, aber auch mit Fehlern verbunden. Die freie Beschreibung erlaubt der Führungskraft einen großen Spielraum. Die Kennzeichnung des Arbeitsverhaltens:

> Der Mitarbeiter ist sorgfältig, gewissenhaft und konsequent. In seinen Projekten werden Qualität und Termine eingehalten.

erfährt durch Weglassen des zweiten Satzes einen deutlichen Wandel:

> Der Mitarbeiter ist sorgfältig, gewissenhaft und konsequent.

Aus einer Bewertung des Arbeitsverhaltens in einer speziellen Aufgabe wird so eine generellere Aussage zur Person des Mitarbeiters formuliert. Der Umkehrschluss, dass ein sorgfältiger, gewissenhafter und konsequenter Mitarbeiter auch seine Projekte zu einem guten Abschluss bringt, ist mit Zweifeln zu verbinden.

Mit einer Merkmalsliste werden die freien Darstellungsmöglichkeiten einer Bewertung stark eingeschränkt. Die Führungskraft kann ein Leistungsprofil des Mitarbeiters nur noch mit bestimmten, vorgegebenen Formulierungen erstellen. Dies macht die Arbeit zwar in vielen Punkten einfacher, jedoch nicht unbedingt genauer.

Bei weitergehenden Einstufungs- oder Skalierungsverfahren wird jedem Merkmal eine bestimmte Punkteskala zugewiesen. Die Führungskraft braucht dann lediglich die Gewichtungspunkte anzukreuzen. Beispielsweise kann ein Skalierungsverfahren aus neun Stufen bestehen, wobei hohe Werte (= 9) für eine starke Ausprägung und niedrige Werte (= 1) für eine schwache Ausprägung stehen. Beim Skalierungsverfahren mit Merkmalsliste sind Bewertungsfehler am geringsten, da alle Beteiligten auf eine gemeinsame Basis zugreifen.

Umfeldbedingungen des Unternehmens
Kein Unternehmen beschäftigt nur Spitzenleute. Die Mitarbeiterqualifikationen unterliegen immer einer Streuung z. B. in Form einer Gauß-Verteilung. Gleichzeitig nehmen die zu besetzenden Funktionen in der Unternehmenshierarchie nach oben hin ab. Gute Mitarbeiterbewertungen führen daher nicht automatisch zu einem Karriereaufstieg. Auch Mitarbeiterentwicklungen in die Breite müssen möglich sein.

Da nur eine bestimmte Anzahl von Positionen zur Verfügung steht, kommt es durch diese Randbedingungen letztlich zu Verzerrungen. In Boomzeiten müssen auch Unternehmen mehr um Mitarbeiter werben. Dann erreichen diese Positionen, die sie zu normalen Zeiten nie erreichen würden. Es existiert somit eine Abhängigkeit von verschiedenen Umfeldfaktoren, die ein Bewertungsergebnis zu einer relativen Sache werden lässt.

17.4 Personalentwicklung bei Mitarbeitern

Mitarbeiter werden nicht als Naturtalente geboren. Sie erhalten zu aller erst eine fachliche Ausbildung. Erst während des Berufslebens zeigt es sich anhand praktischer Aufgabenstellungen, ob sie für weitere komplexere Aufgaben geeignet sind. Dann erhalten sie eine geeignete Weiterbildung für Mitarbeiterführung, wobei dieser Personalentwicklung das in Abb. 17.4 gezeigte Phasenmodell mit:

- Analyse des Entwicklungsbedarfs,
- Konzeption des PE-Trainings,
- Realisierung der Maßnahmen,
- Transfersicherung und Evaluierung

zugrunde liegt.

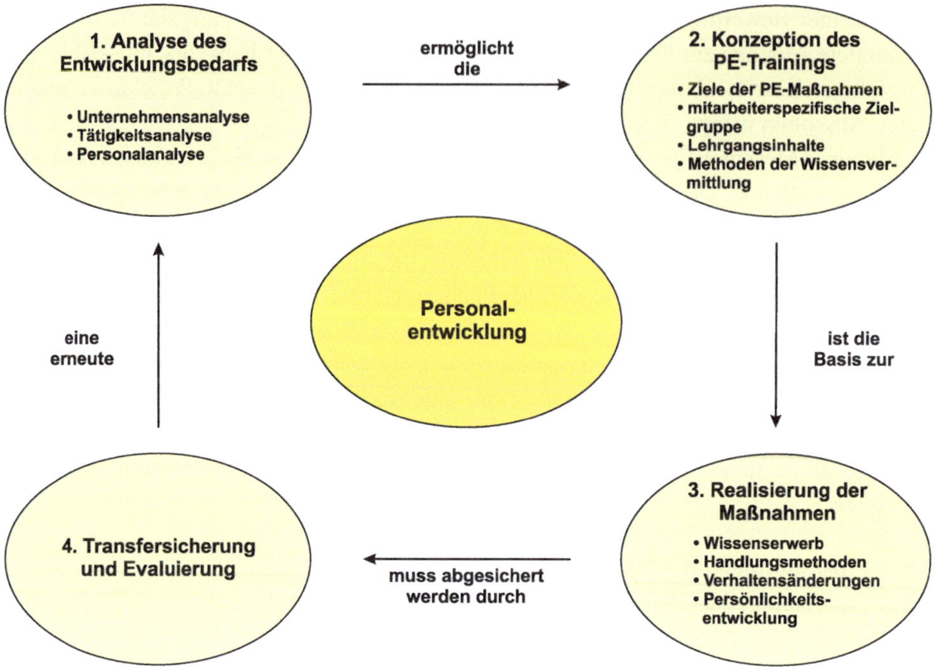

Abb. 17.4 Phasenmodell der Personalentwicklung

17.4.1 Analyse des Entwicklungsbedarfs

Der Beitrag der betrieblichen Weiterbildung von Mitarbeitern ist von grundlegender Bedeutung für das Unternehmen. Dadurch lassen sich die Unternehmensziele besser erreichen und langfristiger absichern. Voraussetzung dafür ist eine fundierte Analyse des Entwicklungsbedarfs, die in regelmäßigen Abständen durchgeführt werden sollte. Sie dient zur Erfassung der individuellen Qualifikationsbedürfnisse (Übung 17.1). Gleichzeitig wird verhindert, dass ein Weiterbildungsangebot per Gießkannenprinzip geschaffen wird, das dem Unternehmen keinen Nutzen bringt.

Die Analyse des Entwicklungsbedarfs umfasst drei Aspekte:

- Tätigkeitsanalyse,
- Personalanalyse,
- Unternehmensanalyse.

Die Tätigkeitsanalyse umfasst Kernaktivitäten des Unternehmens, die auch für den zukünftigen Unternehmenserfolg relevant sind. Im Zusammenhang damit steht die Personalanalyse. Es muss gewährleistet werden, dass für die relevanten Kerntätigkeiten ausreichend qualifiziertes Personal vorhanden ist. Die Zusammenfassung der jeweiligen Tätigkeits- und Personalanalyse liefert letztlich die Aussage zum gesamten Unternehmen.

Übung 17.1: Meine Entwicklung als Mitarbeiter

Die berufliche Entwicklung sollte regelmäßig reflektiert und selbstkritisch bewertet werden. Dann ist eine zielgerichtete Steuerung der eigenen Entwicklung möglich.

I. Werte:

- *Welche persönlichen Werte bestimmen mein Handeln?*
- *Wie wirke ich auf andere Personen?*

II. Vergangenheit:

- *Was ist mir in den zurückliegenden Jahren gelungen?*
- *Was kann ich gut?*
- *Wo liegen meine Stärken?*
- *Was habe ich erreicht?*
- *Was ist mir in den zurückliegenden Jahren misslungen?*
- *Welche inneren Barrieren hemmen mich in meiner Entwicklung?*
- *Mit welchen Situationen komme ich nicht gut zurecht?*
- *Was macht mir zu schaffen?*

III. Gegenwart:

- *Welche Anforderungen und Erwartungen werden an meine berufliche Rolle aus verschiedenen Blickwinkeln (Mitarbeiter, Vorgesetzte, Kollegen, Kunden, Lieferanten) gestellt?*
- *Welche Ansprüche stelle ich an mich selbst?*
- *Was tue ich heute für mich selbst?*
- *Wie gehe ich mit meiner eigenen Zeit und Lebensenergie um?*
- *Was habe ich bisher vernachlässigt?*

IV. Zukunft:

- *Was macht mir Mühe?*
- *Wo liegen meine Schwächen?*
- *Woran möchte ich in meiner Berufspraxis arbeiten?*
- *Welche konkreten Schritte und Maßnahmen ergreife ich dazu?*
- *Wie will ich meine Kompetenzentwicklung steuern?*

V. Aufgabe:

- *Erstellen Sie einen persönlichen Entwicklungsplan für die nächsten 3–5 Jahre.*

17.4.2 Konzeption des PE-Trainings

Aus der Analyse des Entwicklungsbedarfs lassen sich:

- Ziele der PE-Maßnahmen,
- mitarbeiterspezifische Zielgruppen,
- Lehrgangsinhalte und
- Methoden der Wissensvermittlung

ableiten. Mit dem Anforderungsprofil für eine Tätigkeit sind PE-Themen zu verknüpfen, so dass der Bedarf an einer Personalentwicklungsmaßnahme relativ leicht erkannt und erhoben werden kann.

Ziele der Personalentwicklungsmaßnahmen

Zu unterscheiden sind Maßnahmen die auf eine öffentlich-rechtliche Prüfung vorbereiten oder die veranstalterspezifisch definiert sind. Bei öffentlich-rechtlichen Prüfungen müssen sich die Lehrgangsziele an den vorgegebenen Rechtsgrundlagen orientieren. Dort ist festgelegt, welche Fachkenntnisse und Kompetenzen im Lehrgang zu vermitteln sind. In einer Prüfung mit hinterlegter Prüfungsordnung hat der Teilnehmer seine Kenntnisse nachzuweisen.

Bei veranstalterspezifisch konzipierten Lehrgängen leiten sich die Anforderungen aus dem beruflichen Tätigkeitsfeld bzw. dem spezifizierten Aufgabenprofil ab. Da die Lehrgangsziele die Richtung vorgeben, sind sie ein erstes, wichtiges Qualitätskriterium. Auf dieser Basis werden alle weiteren Entscheidungen bzgl. Gestaltung der Lehrgangsunterlagen und -durchführung getroffen. Lehrgangsziele lassen sich in die vier Felder:

- fachlich-inhaltlich,
- methodisch-didaktisch,
- sozial-interaktiv und
- persönlich

unterteilen und daraus Einzelziele herleiten.

Fachlich-inhaltliche Ziele sind z. B. das Denken und Arbeiten in Systemen, die Verknüpfung verschiedener Fachaspekte und Kompetenzen, sowie die Einsatzmöglichkeiten des Gelernten in verschiedenen Anwendungsgebieten. Methodisch-didaktische Ziele können die Verknüpfung systematischer Arbeits- und Entscheidungsweisen oder die Verknüpfung verschiedener Lehr- und Arbeitsformen mittels ganzheitlicher Lernmethoden enthalten. Sozial-interaktive Ziele umfassen konkretes Handeln und Verhalten in Gruppen oder die Vermittlung von Einstellungen und Werten in der Zusammenarbeit. Persönliche Ziele setzen sich aus den Zielen des Dozenten und der Teilnehmer zusammen.

Lehrgangsziele enthalten wichtige Informationen für die Teilnehmer und den Durchführenden. Sie geben die Richtung vor und legen Maßstäbe fest. Jeder weiß, was auf ihn zukommt und welche Erwartungen gestellt werden. Mit der Erreichung des Lehrgangsziels ist immer ein Erfolgserlebnis verbunden. Der Teilnehmer und die Dozenten haben sich angestrengt und gemeinsam etwas erreicht.

Zielgruppe
Anhand der Zielgruppe ergeben sich wichtige Entscheidungen hinsichtlich der fachlich-inhaltlichen, methodisch-didaktischen Gestaltung der Unterlagen und der sozial-interaktiven Durchführung des Lehrgangs. Relevante Aspekte für die zweite wichtige Bestimmungsgröße Zielgruppe ergeben sich aus deren:

- schulischen Abschlüssen (z. B. Berufskolleg, Realschule, Gymnasium),
- beruflichen Abschlüssen (z. B. Ausbildung, Studium),
- beruflichen Erfahrungen (z. B. Art, Dauer der Tätigkeiten) und
- weitere Kenntnisse und Fähigkeiten (z. B. Weiterbildung).

Die Zielgruppenorientierung ist im Hinblick auf die Lernvoraussetzungen der Teilnehmer wichtig. So ergeben sich z. B. bei heterogen zusammengesetzten Teilnehmergruppen mit stark unterschiedlichem Wissens- und Erfahrungsstand direkt methodisch-didaktische Konsequenzen für die Durchführung der Veranstaltung.

Lehrgangsinhalte
Lehrgangsinhalte sind personen- und damit kompetenzspezifisch zu entwickeln. Seminare müssen ein theoretisches und praktisches Fundament zum Thema liefern. Sie dürfen sich nicht auf die Vermittlung theoretischen Wissens beschränken. In der Durchführung müssen sie die Theorie mit den praktischen Bedürfnissen der Teilnehmer verknüpfen. Hierin liegt die besondere Herausforderung für die Seminarleitung. Von daher muss sie individuell auf jeden Teilnehmer eingehen und ihn entsprechend seinen Fähigkeiten fordern und fördern.

Der zweite große Bereich der Personalentwicklung ist das Unternehmen. Die in Seminaren erworbenen Kenntnisse müssen in den Berufsalltag übertragen werden. Dies ist im Zuge der Transfersicherung und Evaluierung sicher zu stellen. Andererseits muss sich der Mitarbeiter neuen Herausforderungen in Form von Stellvertretung, Projektleitung, Teamleitung, etc. stellen.

Der dritte Bereich ist das Selbststudium. Es kann von jedem Mitarbeiter ein Eigenbeitrag zu seiner beruflichen Entwicklung erwartet werden. Dazu zählen z. B. das Selbststudium entsprechender Literatur oder die teilweise Durchführung eines Seminars außerhalb der Arbeitszeit.

Methoden der Wissensvermittlung
Der Ausschreibungstext eines Lehrgangs liefert Aussagen über dessen Inhalte und beantwortet teilweise die Frage, mit welchen Methoden gearbeitet wird. Entsprechend den Lehrgangszielen sind auch hier vier Punkte relevant. Dazu zählen:

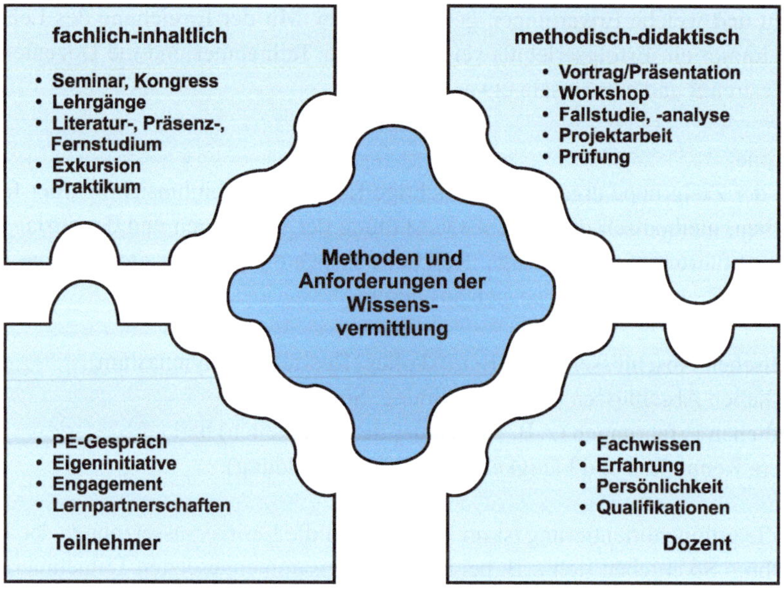

Abb. 17.5 Methoden und Anforderungen der Wissensvermittlung

- die fachlich-inhaltlichen Anforderungen an den Lehrgang und die Lehrgangsmaterialien,
- der methodisch-didaktische Aufbau und die Art der Wissensvermittlung,
- die Anforderungen an den Dozenten und
- die Anforderungen an die Teilnehmer.

Diese verschiedenen Anforderungen tragen zur effektiven Wissensvermittlung bei (Abb. 17.5).

17.4.3 Realisierung der Maßnahmen

Die fachlich-inhaltliche Vermittlung des Wissens kann in Form von Seminaren oder Lehrgängen erfolgen. Hier ist die Aktivierung der Teilnehmer relativ gering. Bei der Wissensvermittlung verbleiben sie in einer überwiegend passiven Grundhaltung. Dies ändert sich, wenn sie in Form eines Literatur-, Präsenz- oder Fernstudiums selbst aktiv werden müssen. Bei Exkursionen können sie das vorhandene Wissen reflektieren und in Praktika anwenden. Die Lehrgangsinhalte müssen sich bei öffentlich-rechtlichen Prüfungen an die Vorgaben (z. B. Rechts-, Prüfungsordnung, Rahmenstoffplan) halten. Bei veranstalterspezifischen Lehrgängen orientieren sich die Inhalte am Markterfolg in Form der Tätigkeitsfelder oder von Anforderungsprofilen. Die fachliche Qualität der Lehrmaterialien entspricht dem aktuellen Wissensstand. Eine regelmäßige Aktualisierung der

Lehrgangsinhalte ist gewährleistet. Eine klare Gliederung des Lehrgangsmaterials mit Inhaltsverzeichnis, einheitlicher Strukturierung, Literaturverzeichnis, etc. liefert eine aussagekräftige Gesamtübersicht. Prüfungsrelevante Abschnitte lassen sich einwandfrei identifizieren.

Eine realistische Zeit- und Aufwandsplanung bezogen auf die Teilnehmer ist Grundbedingung für den Lernerfolg. Oft ist hier eine krasse Fehleinschätzung seitens des Dozenten festzustellen. Begründet liegt dies in der mangelnden Auseinandersetzung mit der Zielgruppe. Die Gesamtdauer des Lehrgangs ist meistens durch äußere Rahmenbedingungen vorgegeben. Innerhalb dieser zeitlichen Vorgaben ist es die Pflicht des Dozenten, eine zeitliche Differenzierung des zu vermittelnden Themas vorzunehmen.

Fachliche und inhaltliche Anforderungen sind die eine Seite des Lehrgangs; die methodische und didaktische Vermittlung der Trainingsinhalte die andere. Sind die methodisch-didaktischen Vermittlungsmethoden seitens des Dozenten zu schwach ausgeprägt, kommt es zu einer theoretischen Schieflage in der Veranstaltung. Die Qualität des Lehrgangs wird leiden, der Transfer in die Praxis nur schwer ermöglicht und die Lehrgangsbewertung sich in einem minderwertigen Ergebnis niederschlagen.

Die Auswahl der Inhalte und der Vermittlungsmethoden müssen daher gleichgewichtig betrachtet werden. Als didaktische Methoden kommen u. a.:

- eigene Vorträge und Präsentationen,
- Literatur- und Selbststudium,
- handlungs- und situationsorientierte Fallanalysen,
- strukturierte Lösungsprozesse,
- individuelles Coaching und kollegiale Beratung und
- Selbstbeobachtung und -reflexion

in Betracht. Selbststudium und Präsentationen sind klassische Formen der Wissensvermittlung. Diese Art der Informationsaufnahme besitzt nur einen geringen Grad der Informationsspeicherung. Mit handlungs- und situationsorientierten Fallanalysen lässt sich der Wissenserwerb deutlich verbessern. Neben fachlichen Aspekten lassen sich sehr gut methodische Vorgehensweisen und kooperatives Lernen in einem sozialen Umfeld integrieren. Strukturierte Lösungsprozesse laufen in den vier Phasen Situationsanalyse, Zielformulierung, Lösungsalternativen/Maßnahmen, sowie Erfolgskontrolle/Transfersicherung ab. Komplexe Anwendungen lassen sich hier unter verschiedenen Blickwinkeln betrachten.

Der mögliche Perspektivenwechsel erlaubt auch neue Anwendungsmöglichkeiten zu erkennen, verschiedene Fachgebiete zu verknüpfen und die Teilnehmer zu Eigenaktivitäten zu motivieren. Sie können eigene Erfahrungen einbringen und alternative Lösungswege konzipieren. Durch entsprechende räumliche, didaktische, methodische und organisatorische Möglichkeiten seitens des Dozenten lässt sich das selbstständige Arbeiten der Teilnehmer unterstützen. Feedback zur methodischen Vorgehensweise und zu den erzielten Ergebnissen erhöht die Transferleistung.

Eine Änderung des persönlichen Verhaltens lässt sich nicht durch theoretische Vorträge erzielen. Sie müssen in einem geeigneten Umfeld praktisch trainierbar sein. Das Wahrnehmen und Akzeptieren eigener Verhaltensweisen öffnet hier die Tore zur Entwicklung der eigenen Persönlichkeit. Entsprechende Veranstaltungen müssen auch die Möglichkeit zum Überschreiten persönlicher und sozialer Grenzen bieten, ohne dass dies direkte Konsequenzen hat.

Eine weitere wichtige aber schwierige Methode zur Änderung des eigenen Verhaltens und zur Persönlichkeitsentwicklung ist die Selbstbeobachtung und -reflexion. Um hier Erfolge zu erzielen muss sie regelmäßig möglichst objektiv durchgeführt werden. Sich selbstkritisch zu hinterfragen bietet Möglichkeiten zur Entwicklung seiner personalen Kompetenzen. Wird dies nicht durchgeführt bedeutet das normalerweise persönlichen Stillstand.

17.4.4 Transfersicherung und Evaluierung

Bereits bei der Erstellung des Trainingskonzepts muss sich mit der Transfersicherung und Evaluierung befasst werden. Aus den Zielen der PE-Maßnahmen sind entsprechende Kriterien zu formulieren. Die bei der Durchführung der Evaluierung gewonnenen Erkenntnisse werden in die einzelnen PE-Phasen eingebracht. Nur dann lässt sich der Kreislauf der Personalentwicklungsmaßnahmen kontinuierlich verbessern. In diesem Zusammenhang muss die Evaluierung auch zeigen, wie der Transfer der vermittelten Methoden und Fähigkeiten am Arbeitsplatz sichergestellt wird.

Der eigentliche Erfolg einer PE-Maßnahme kann erst durch eine Transferanalyse erfolgen. Wie konnte der Mitarbeiter das Erlernte in die Praxis umsetzen und auf seine Tätigkeiten im Unternehmen anwenden? Bei innerbetrieblichen Maßnahmen sind im Allgemeinen die Transfererfolge höher als bei außerbetrieblichen Maßnahmen. Bei einer innerbetrieblichen Veranstaltung lassen sich die Lernziele und -inhalte besser an die Anforderungen im Unternehmen anpassen. Bei außerbetrieblichen Veranstaltungen muss immer ein Kompromiss getroffen werden, der es allen Teilnehmern ermöglicht, einige Aspekte des Lerninhaltes an ihrem Arbeitsplatz umzusetzen.

Die Transfererfolge hängen jedoch auch vom Teilnehmer selbst ab. Ist dieser davon überzeugt, dass ihm das Erlernte von Nutzen ist, wird er eher dazu bereit sein, dies in der Praxis umzusetzen. Es gibt allerdings auch eine Reihe von Faktoren, die den Transfererfolg hemmen. Führungsverhalten hängt nicht nur von der Person und der Aufgabe, sondern auch von der Situation ab. So können z. B. Vorgesetzte und Gruppennormen den Erfolg von PE-Maßnahmen verhindern. Wird z. B. mitarbeiterorientiertes Führungsverhalten trainiert, im Unternehmen aber ein autoritärer Führungsstil praktiziert, lässt sich leicht ein Misserfolg vorhersagen. Gleiches gilt für Gruppennormen, wenn die Mitarbeiter der Führungskraft bestimmte Verhaltensweisen verinnerlicht haben und neue ablehnen. Weitere Widerstände im Transfer können sich auf Kollegenebene ergeben.

Damit der Transfer und Erfolg einer PE-Maßnahme gesichert ist, sind eine Reihe von Punkten zu gewährleisten. So muss eine Übereinstimmung zwischen den Lehrgangszielen/-inhalten und den Motiven der Teilnehmer herrschen. Dadurch werden sie motiviert das neu erlernte Wissen und neu vermittelte Verhaltensweisen auch gegenüber Widerständen anzuwenden. Im Zuge eines Feedbackgespräches und einer regelmäßigen Mitarbeiterbeurteilung ist eine Kontrolle des Transfererfolges zu gewährleisten. Anhand dieser Gespräche lässt sich feststellen, ob und wie weit die Ziele einer PE-Maßnahme erreicht worden sind. Diese Methode kann allerdings nur dann sinnvoll angewandt werden, wenn die Gespräche regelmäßig stattfinden. Nur wenn klar ist, wie die Mitarbeiterqualifikation vor der PE-Maßnahme war, kann eine Änderung festgestellt werden.

Die Struktur des Lehrgangs muss Wissens- und Verhaltensunterschiede zwischen den Teilnehmern berücksichtigen. Im Idealfall ist er so aufgebaut und strukturiert, dass eine teilnehmerspezifische Durchführung möglich ist. Teilnehmerspezifische Fragen und Erfahrungen werden in den Lehrgang eingebaut. Ein modularer Aufbau über einen längeren Zeitraum ermöglicht zwischenzeitliche Transfers auf die unternehmensspezifische Arbeitssituation. Insbesondere bei Verhaltensänderungen wirkt sich dies positiv aus. Eine kontinuierliche Auffrischung des Gelernten ist jedoch ratsam, um dauerhaft Änderungen des Verhaltens zu gewährleisten.

Kompetenz- und Transferjournal

Es ist zu erkennen, dass eine Bewertung des Transfererfolgs von PE-Maßnahmen sehr schwierig sein kann. Sinnvollerweise werden mehrere Bewertungsmethoden gleichzeitig eingesetzt. Teilnehmerbefragungen direkt im Anschluss an die PE-Maßnahme, regelmäßige Mitarbeiterbeurteilungen und eine sinnvolle Auswahl von Kennziffern ermöglichen aussagekräftige Beurteilungen. Ein weiteres Arbeitsmittel ist ein Kompetenz- und Transferjournal (Abb. 17.6). Es hilft dem Mitarbeiter das neue Wissen zu reflektieren und in die berufliche Praxis zu übertragen. Das Kompetenz- und Transferjournal enthält:

- die Seminarunterlagen mit eigenen Notizen,
- darauf aufbauend eigene Kompetenz- und Transferziele,
- Maßnahmen zur Erreichung dieser Ziele und
- persönliche Controlling-Instrumente zur Überprüfung der Transfersicherung und Zielerreichung.

Durch das Kompetenz- und Transferjournal findet eine aktive Wiederholung des Gelernten statt, indem es durch eigene Formulierungen durchdacht und dokumentiert wird. Der Mitarbeiter ist dadurch in der Lage, sich kritisch mit den fachlichen Inhalten auseinanderzusetzen und kann selbst für eine effektive Umsetzung in den beruflichen Alltag sorgen.

Aufbauend auf den Seminarinhalten werden wichtige Sachverhalte auf den Punkt gebracht. Zentrale Konzepte sind kurz und prägnant mit der eigenen Erfahrung zu ver-

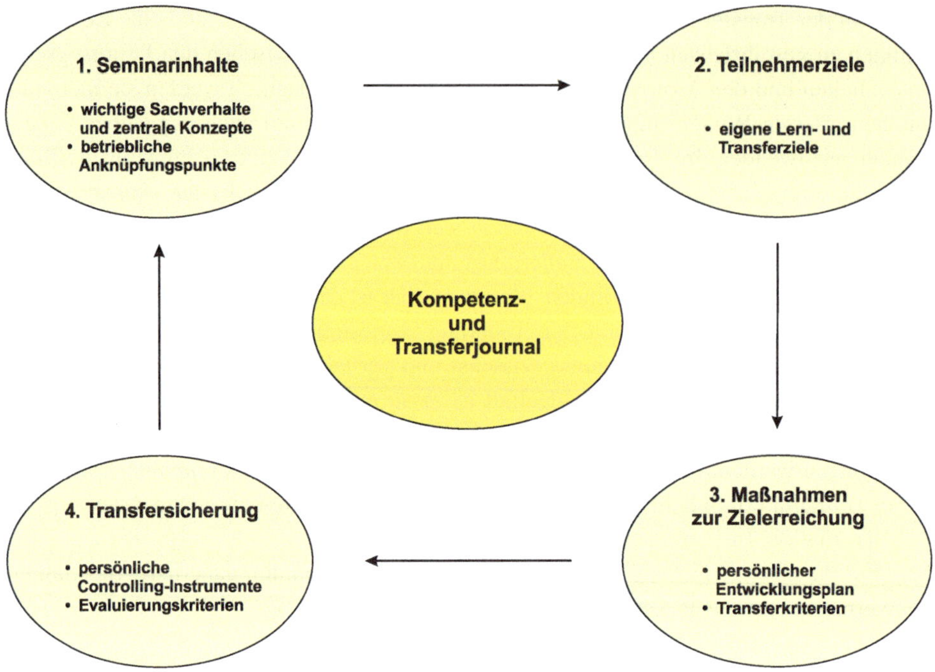

Abb. 17.6 Kompetenz- und Transferjournal

knüpfen. Hervorzuheben sind die Aspekte des Gelernten die interessant, nützlich und überzeugend sind. Es sind Bezüge, Anknüpfungspunkte und Verbindungen zwischen den verschiedenen Themen und anderen bereits bekannten Befunden und Methoden herzustellen. Offene Punkte bzgl. des Praxistransfers sind hervorzuheben. Eigene teilnehmerspezifische Lern- und Transferziele sind durch entsprechende Maßnahmen zu erreichen und mit einem persönlichen Controlling-Instrument zur Transfersicherung zu steuern.

Ergänzend zum Kompetenz- und Transferjournal lassen sich Lern- und Kompetenzpartnerschaften bilden. Dazu treffen sich Teilnehmer eines PE-Programms in regelmäßigen Abständen zur gegenseitigen Unterstützung. Zu vorher abgestimmten Themen werden Wissen und Erfahrungen ausgetauscht sowie neue Maßnahmen zur Kompetenzentwicklung erarbeitet. Der Kompetenzkreislauf wird dadurch zu einem kontinuierlichen Verbesserungsprozess der persönlichen Kompetenzen mit einem entsprechenden Kompetenzcontrolling.

Der Erfolg einer PE-Maßnahme steht und fällt mit dem Dozenten. Die Qualifikation hängt von seiner Persönlichkeit, seinem Fachwissen und den methodischen sowie sozialen Fähigkeiten ab. Als Fachmann beherrscht er den Stoff und kann das Wesentliche herausarbeiten. Er geht fallorientiert und praxisbezogen vor und kann Einzelheiten in einem Gesamtzusammenhang transparent darstellen.

Als Lernpartner realisiert er eine abwechslungsreiche aber trotzdem klar strukturierte Veranstaltung. Der zu vermittelnde Stoff wird verständlich und lerngerecht vermittelt. Auf die Lernbedürfnisse der Teilnehmer und deren Fragen wird eingegangen, wobei die Verknüpfung zum Berufsalltag hergestellt werden muss. Mit seinem großen praktischen Erfahrungsschatz wird der Lerneffekt der Teilnehmer verstärkt und der Transfer erleichtert.

17.5 Mitarbeiterkompetenzen

Unternehmerische Prozesse werden heute immer komplexer, dynamischer und in ihren Auswirkungen weniger vorhersagbar. Die Unsicherheiten über die angestrebten Ziele erfordern deshalb eine hohe Fähigkeit zur Organisation und Steuerung der eigenen Verhaltens- und Handlungsprozesse. Problemlösungsprozesse lassen sich vielfach nicht mehr anhand eines linearen Ablaufs bewältigen, sondern erfordern netzwerkartige Denk-, Handlungs- und Entscheidungsmuster. In diesem mehrdimensionalen Wechselspiel ist Kompetenz ein Zusammenspiel von:

- Handlungsfähigkeit auf fachlich-methodischer Basis,
- Handlungsbereitschaft als aktivitätsbezogener Motivationsfaktor,
- Handlungserfolg als tatsächlich erreichte Leistung,
- sozial-kommunikativen Komponenten der Persönlichkeitseigenschaften

innerhalb komplexer, nichtlinearer Prozesse. Um von Kompetenzen sprechen zu können, muss die Komplexität der Anforderungen und Entscheidungen entsprechend hoch sein. Die vielfach geforderte Vermittlung von Kompetenzen ist deshalb differenzierter zu betrachten. Was primär (z. B. durch externe Quellen) vermittelt werden kann ist Wissen. In einem zweiten Schritt sind Verhaltens- und Handlungsprozesse selbstständig oder mit Unterstützung zu realisieren. Die Entwicklung von Kompetenzen ergibt sich dann individuell als komplexer Lernprozess durch Anwendung und Gebrauch von Wissen und durch die tatsächlich erzielten Erfolge.

Für die erfolgreiche Bewältigung komplexer Verhaltens- und Handlungsprozesse (z. B. Umweltbeauftragte) sind grundlegende Schlüsselkompetenzen erforderlich. Diese Schlüsselkompetenzen (z. B. Kommunikationsverhalten) können in einem gewissen Maße das Fehlen anderer Kompetenzen (z. B. Präsentationsfähigkeiten) kompensieren. Im Zuge einer Kompetenzentwicklung sind jedoch alle Kompetenzfelder (Abb. 17.7) entsprechend ihrer Bedeutung zu berücksichtigen.

Personale Kompetenzen umfassen Persönlichkeitseigenschaften, wie:

- Unabhängigkeit bei der Selbsteinschätzung,
- Integrität der Person bezogen auf Werte und Einstellungen,
- Engagement um eigene Handlungen zu gestalten.

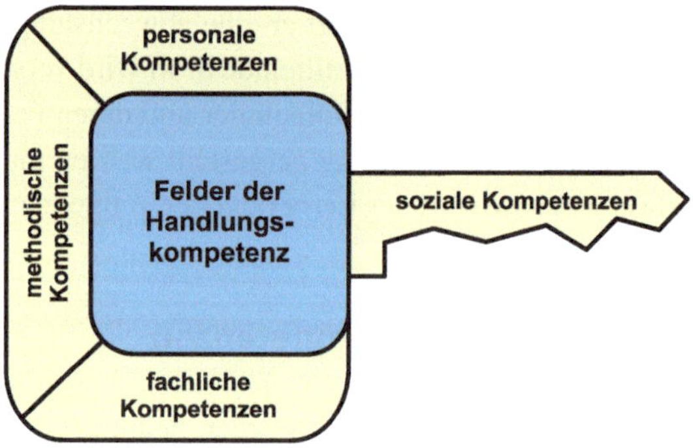

Abb. 17.7 Kompetenzfelder der Handlungskompetenz

Soziale Kompetenzen umfassen Eigenschaften, um:

- kommunikativ-kooperativ handeln zu können,
- sich beziehungs- und gruppenorientiert zu verhalten,
- sich mit anderen Personen konstruktiv-kritisch auseinander zu setzen.

Methodische Kompetenzen umfassen Fähigkeiten, um:

- die persönliche Arbeitsorganisation effektiv zu gestalten,
- Aufgaben und Probleme zielorientiert zu lösen,
- vorhandene Arbeitsmethoden selbstständig und kreativ weiterzuentwickeln.

Fachliche Kompetenzen umfassen Fähigkeiten, um:

- Fachwissen situationsgerecht anwenden zu können,
- kundenorientiert zu denken und zu handeln,
- Wissen unternehmerisch einzusetzen.

17.5.1 Personale Kompetenzen

Personale Kompetenzen bzw. Persönlichkeitseigenschaften (Tab. 17.1) umfassen grundlegende Wesenszüge und Fähigkeiten zur Übernahme von Verantwortung. In seiner Persönlichkeitsstruktur ist der Mensch integer und verfügt über die notwendige persönliche Souveränität. Er ist leistungs- und handlungsorientiert und schöpft seine Stärke aus dem Selbst heraus. Personale Kompetenzen sind auf die eigene Persönlichkeit zentriert (ICH).

17.5.1.1 Persönliche Souveränität

Eine hohe persönliche Souveränität beschreibt den Menschen, der selbstbestimmt und eigenständig den Anforderungen des Lebens gegenübertritt. In seinem Auftreten ist er

Tab. 17.1 Persönlichkeitseigenschaften

Kompetenzfeld	Kompetenzcluster	Kompetenzen
Personale Kompetenz	1. Persönliche Souveränität	P1 Selbstbewusstsein P2 Selbstvertrauen und -sicherheit P3 Selbstkritik
	2. Persönliche Integrität	P4 Vertrauen und Glaubwürdigkeit P5 Authentizität
	3. Handlungssouveränität	P6 Eigeninitiative P7 Aufgeschlossenheit für Veränderungen P8 Entscheidungsfähigkeit P9 Durchsetzungsvermögen
	4. Leistungssouveränität	P10 Engagement P11 Erfolgszuversicht P12 Anspruchsniveau P13 Selbstmotivation
	5. Führungsfähigkeit	P14 Führungswille und -vermögen P15 Verantwortungsbereitschaft

selbstsicher und nicht fremdbestimmt. Persönliche Souveränität stärkt den Menschen in seinem Selbstwertgefühl und ermutigt ihn zur Selbstkritik. In vielen Situationen verhalten sie sich aktiv, so dass ihnen der Umgang mit neuen, unbekannten Situationen leicht fällt. Sie übernehmen Verantwortung und können Kritik vielfach gelassen entgegennehmen. Das Eingestehen von Fehlern sehen sie als Schritt zur persönlichen Entwicklung und können dies für sich gewinnbringend nutzen. Menschen mit einer hohen persönlichen Souveränität setzen starkes Vertrauen in ihre persönlichen Ansichten und sind unabhängig bzgl. der Meinungen anderer Personen.

P1: Selbstbewusstsein

Selbstbewusstsein ist das Erleben der persönlichen ICHs. Beim Selbst geht es um die Eigenbetrachtung wie in einem Spiegel, wobei das eigene Denken und Handeln gespiegelt wird. Als Spiegel kann aber auch unser Umfeld fungieren, das unsere eigenen Beobachtungen und Empfindungen reflektiert. Die Betrachtung der Verhältnisse zwischen der eigenen Person und dem Umfeld führt immer zu einer Bewertung. Es gibt keine Nicht-Bewertung und Nicht-Meinung.

Menschen mit echtem Selbstbewusstsein zeichnen sich durch den Verzicht auf Dinge aus, die man angeblich haben oder machen muss. Sie sind unabhängig davon, was andere über sie denken und vertreten auch bei Widerspruch ihre Meinungen und Standpunkte, ohne überheblich zu wirken. Sie erkennen und akzeptieren ihre eigenen Stärken und Schwächen und können Kritik annehmen.

Um die Ziele zu erreichen, werden die Stärken gezielt eingesetzt. Die eigenen Schwächen werden als Herausforderung zur Verbesserung und nicht als unüberwindbare Hürde angesehen. Das Selbstbewusstsein erzeugt eine innere Selbstsicherheit, die sich im Umgang mit anderen Menschen zeigt.

P2: Selbstvertrauen und -sicherheit

Selbstvertrauen bezeichnet das Vertrauen mir selbst gegenüber. Dem Menschen sind die eigenen Grenzen und Möglichkeiten bewusst. Das Selbstvertrauen resultiert aus dem Vergleich der Fähigkeiten mit den Anforderungen, die an die Person gestellt werden. Gegenüber Anforderungen wird ein hohes Selbstvertrauen gezeigt, in dem realistisch eingeschätzt wird, ob und wie eine Situation gemeistert werden kann. Menschen mit einem hohen Selbstvertrauen bilden sich ihre eigene Meinung und verleihen dieser selbstsicher Ausdruck.

Mit dem Selbstvertrauen hängt die Selbstsicherheit eng zusammen, die u. a. die Sicherheit im Umgang mit anderen Personen ausdrückt. Die Zuversicht in die eigenen Leistungen und das Erreichen anspruchsvoller Ziele sprechen die sachliche Seite der Selbstsicherheit an. Sie bildet sich durch das Erhalten von Wertschätzung und Anerkennung aus. Die Identifikation mit selbstsicheren Bezugspersonen kann das eigene Selbstvertrauen erhöhen. Personen mit geringem Selbstvertrauen fühlen sich ohne den Rat und die Bestätigung anderer hilflos. Sie sind in ihrer Meinung und in ihrem Verhalten leicht zu beeinflussen und wirken wankelmütig.

P3: Selbstkritik

Die Fähigkeit zur Selbstkritik (Kritikfähigkeit) ist maßgeblich für den Erwerb von Kenntnissen, Fähigkeiten und damit für die Weiterentwicklung im Beruf und als Mensch. Sie ist ein bedeutsamer Bereich für die Entwicklung der eigenen Persönlichkeit. Die Fähigkeit zur Selbstkritik ist auch mit der Fähigkeit zur realistischen Selbsteinschätzung verbunden.

Eine Person mit hoher Fähigkeit zur Selbstkritik schätzt ihre Wirkungen auf andere richtig ein und reagiert in unterschiedlichen Situationen auf angemessene Art und Weise. Aufgrund ihrer Kritikfähigkeit ist sie selbst in der Lage, bei unangemessenem Verhalten Korrekturmaßnahmen in die Wege zu leiten. Bei einer zu schwachen Ausprägung der Kritikfähigkeit werden die Ursachen des eigenen Verhaltens bei anderen Personen oder Umständen gesucht, wodurch sie gegenüber ihren Mitmenschen überheblich wirken können. Die mangelnde Fähigkeit zur Selbstkritik führt zu einem Stillstand in der persönlichen Entwicklung.

17.5.1.2 Persönliche Integrität

Persönliche Integrität besteht in der Übereinstimmung zwischen verinnerlichten Werten, den geäußerten Worten und dem persönlichen Verhalten. So kann z. B. nur derjenige integer sein, der sein gegebenes Wort einhält. Ein integerer Mensch lebt in der Gewissheit, dass sich seine persönlichen Überzeugungen, Maßstäbe und Wertvorstellung in seinem Verhalten ausdrücken. Dadurch wird er gleichzeitig auch glaubwürdig und baut entsprechendes Vertrauen auf. Er ist authentisch. Ein integerer Mensch zeigt Verlässlichkeit, Konstanz und Konsequenz in seiner Haltung und in seinen Handlungen.

Basis für seine persönliche Integrität sind ethische Wertvorstellungen. Diese verinnerlichten Werte und Normen legt der integere Mensch nicht leichtfertig ab. Sie lenken seine Verhaltensweisen und untersagen bestimmte Handlungen.

P4: Vertrauen und Glaubwürdigkeit

Ohne Glaubwürdigkeit kann sich kein Vertrauen aufbauen. Ohne Vertrauen gewinnt man keine Glaubwürdigkeit. Glaubwürdigkeit setzt die Fähigkeit zu realitäts- und sinngetreuer Auffassung und Wiedergabe voraus. Glaubwürdige Menschen stehen zu ihrem Wort und geben einander besonders in schwierigen Situationen persönliche Orientierung. An Vereinbarungen wird sich gehalten und die Vertraulichkeit gewahrt. Bei vertrauensvollen und glaubwürdigen Menschen stimmen Denken, Reden und Handeln überein. Man kann sich auf sie verlassen und ist im Ernstfall nicht von ihnen verlassen. Vertrauen schafft auch gegenseitigen Respekt ohne eine kritische Sichtweise zu verlieren.

Vertrauensaufbau braucht Zeit und gemeinsame positive Erfahrungen. Um eine Vertrauensbasis aufbauen zu können, muss ich mich dem Partner öffnen. Ich muss ihm einen Vertrauensvorschuss schenken, d. h. ich muss den ersten Schritt wagen. Nur dann hat der Partner die Möglichkeit, das entgegengebrachte Vertrauen zu erwidern. Um Vertrauen aufrecht zu erhalten ist dauerhafte Zuverlässigkeit notwendig.

In zwischenmenschlichen Beziehungen spielt das Vertrauen und die Glaubwürdigkeit eine wichtige Rolle. Trotzdem kann es enttäuscht oder sogar mit Füssen getreten werden (z. B. Wortbruch). Auch in solch einem Fall, der für den Betroffenen schmerzhaft ist, darf man die Hoffnung nicht aufgeben und sich innerlich verschließen. Vielmehr ist ein neuer Schritt zu wagen und dem persönlichen Wert des Vertrauens und der Glaubwürdigkeit Ausdruck zu geben.

P5: Authentizität

Will eine Person authentisch sein, muss sie Ehrlichkeit und Echtheit ausstrahlen. Er muss aufrichtig und lauter sein. Im zwischenmenschlichen Umgang ist er wahrhaftig. Ehrlichkeit wird bereits in der elterlichen Erziehung beigebracht. Trotzdem gibt es Situationen, in denen zu einer Notlüge gegriffen wird, um etwas Unangenehmem aus dem Weg zu gehen oder um jemanden zu schützen. In der Familie oder gegenüber Freunden geht Ehrlichkeit mit loyalem Verhalten einher. Zu diesen Menschen ist man sehr oft ehrlich. Anders verhält es sich zu entfernter stehenden Personen.

Hier fällt die Notlüge viel leichter und wird auch öfters angewandt. Als Mensch muss ich meine eigenen Werte und inneren Uberzeugungen kennen und auch vertreten können. Kenne ich meine eigenen Werte und Überzeugungen, kann ich unerwünschtes Verhalten erkennen und beseitigen. Wenn eine Person authentisch ist, stimmen ihre Aussagen mit ihrem Verhalten und Wertesystem überein.

Mitarbeiter spüren, wenn es keine Widersprüche gibt und reagieren auf Anforderungen mit hohem Engagement. Greifen Menschen öfters zur Notlüge, so wird das auf Dauer von ihrer Umgebung erkannt und sie machen sich unglaubwürdig. Sie wirken unaufrichtig und nehmen keine Vorbildfunktion ein. Authentizität kann man nicht gewinnen, wenn man anderen nach dem Mund redet und seine eigene Meinung verbiegt.

17.5.1.3 Handlungssouveränität

Handlungssouveränität steht für ein eigenständiges und selbstsicheres Handeln im Umgang mit Aufgaben und Menschen. Sie erfordert Aufgeschlossenheit und Offenheit gegenüber unbekannten, neuen Situationen. Die notwendigen Lösungen werden unter verschiedenen Gesichtspunkten betrachtet und bewertet; die sich herauskristallisierenden Maßnahmen auch gegen Widerstände durchgesetzt.

Mitarbeiter mit einer hohen Handlungssouveränität erkennen die anstehenden Probleme und treffen aus eigenem Willen heraus die notwendigen Entscheidungen. Souveränes, eigenverantwortliches Handeln setzt daher diverse persönliche Eigenschaften wie Eigeninitiative, Entscheidungsfreude und Lösungsorientierung voraus.

P6: Eigeninitiative

Wer etwas bewirken will, muss aktiv auf andere Personen Einfluss nehmen und sie zum zielorientierten Handeln bewegen. Personen mit hoher Eigeninitiative übernehmen selbstständig neue Aufgaben und Projekte. Sie suchen nach Verbesserungen in bestehenden Arbeitsabläufen und lieben Herausforderungen. Sie sind bereit sich zeitlich stark zu engagieren und sind durch ein hohes Aktivitätsniveau gekennzeichnet.

Personen mit geringer Eigeninitiative bringen sich nur passiv in die Arbeitsabläufe ein. Sie müssen an die Hand genommen werden und benötigen laufend Anstöße von außen. Sie treffen keine eigenständigen Entscheidungen und versuchen diesen aus dem Weg zu gehen.

P7: Aufgeschlossenheit für Veränderungen

Personen, die die Notwendigkeit von Veränderungen erkennen, gehen Probleme offensiv und zielorientiert an. Die Bereitschaft Neues zu lernen und neue Lernstrategien auszuprobieren ist überdurchschnittlich vorhanden. Sie bevorzugen abwechslungsreiche und herausfordernde Tätigkeiten. Änderungen und Neuerungen werden auch gegen Widerstände oder Passivitäten aus dem Umfeld durchgesetzt.

Anderen Mitarbeitern gegenüber können sie konstruktiv sein und diese in die Problemlösung einbeziehen. Bei Widersprüchen setzen sie sich intensiv damit auseinander. Sie üben einen starken Einfluss auf die Leistungen und die Bereitschaft zu Veränderungen bei anderen Personen aus. In ihrem Leistungsverhalten engagieren sie sich über das normale Maß hinaus. Auftretende Probleme werden systematisch analysiert und aus mehreren Perspektiven betrachtet.

In der negativen Ausprägung halten Personen am bestehenden Selbstbild fest. Aus Angst Fehler zu begehen, geben sie sich mit dem Status quo zufrieden. Anregungen und Kritik gegenüber verhalten sie sich ablehnend. Veränderungen bedeuten für sie auch das Aufgeben von bisher sicheren und geschätzten Dingen. Die Möglichkeit des Scheiterns sehen sie als potenzielle Bedrohung für ihre Person. Sie bevorzugen deshalb klare Regeln, feste Abläufe und verlassen sich lieber auf altbewährte Vorgehensweisen.

P8: Entscheidungsfähigkeit

Mitarbeiter mit einer hohen Entscheidungsfähigkeit nutzen die ihnen eingeräumten Handlungs- und Entscheidungsspielräume aus. In ihrer Entscheidungsfindung sind sie auch fremden Argumenten gegenüber offen. In diesem Zusammenhang haben persönliche Überzeugungen eine starke unterstützende Wirkung. Entscheidungsfreudige Menschen möchten nicht lange auf der Stelle treten. Sie reagieren schnell auf Ereignisse und versuchen Ungewissheit durch Entscheidungen zu beseitigen. Werden die getroffenen Entscheidungen am Ergebnis reflektiert, so wachsen mit jeder richtigen Entscheidung die Entscheidungsfähigkeit und damit das Selbstvertrauen.

Menschen, die über eine gering ausgeprägte Entscheidungsfähigkeit verfügen, lieben es darüber zu diskutieren, was sie in einer bestimmten Lage tun sollten. Sie sind in ihren Entscheidungen wankelmütig. Falls sie zu einem Entschluss kommen, sind sie von ihrer Entscheidung nicht immer überzeugt. Sie haben Angst etwas zu tun, weil es sich als falsch erweisen könnte. Sie möchten sich Alternativen nicht wegnehmen lassen und versuchen sich möglichst alle Optionen offen zu halten. Sie zögern Entscheidungen hinaus, bis sie ein anderer trifft. Sichert sich die Person vor Entscheidungen nach allen Seiten ab, kann dies zu einer Handlungsunfähigkeit führen.

Verfügt ein Mensch nicht über genug Fachwissen und trifft schnell eine Entscheidung, so handelt er fahrlässig. Er verfügt dann über kein Verantwortungsbewusstsein und ist leichtsinnig. Es kommt öfters vor, dass Entscheidungen getroffen werden, ohne vorher die Folgen dieser Entscheidung genauer zu bewerten. Mit derselben Geschwindigkeit, mit der sich Menschen für eine Lösung entschlossen haben, können sie sich im nächsten Moment genau für die entgegengesetzte Richtung entscheiden.

P9: Durchsetzungsvermögen

Im Durchsetzungsvermögen drückt die Person ihre Wünsche und Meinungen deutlich aus. Bei Arbeiten übernimmt sie eine Führungsrolle und setzt sich für ihre Standpunkte ein. In Situationen, bei denen es eine letzte Wahrheit zwischen verschiedenen Parteien nicht gibt, kann sie andere Personen von ihren eigenen Ansichten überzeugen. Situationsabhängig ist sie in der Lage ihre Durchsetzungsstrategie zu variieren. Gegenüber anderen spielt sie eine dominierende Rolle und kann sich auch gegen Widerstände durchsetzen. Sie kann ihre Argumente aus verschiedenen Blickwinkeln betrachtet darlegen und so den Adressaten leichter überzeugen. Personen mit hohem Durchsetzungsvermögen nehmen die Dinge selbst in die Hand und ergreifen die Initiative.

Ist das Durchsetzungsvermögen schwächer ausgeprägt, tendiert die Person zur Nachgiebigkeit und zeigt eine zu rasche Kompromissbereitschaft. Sie kämpft nicht für ihre Auffassungen und gibt bei Auseinandersetzungen um des lieben Friedens willen nach. Aus Rücksicht auf die Wünsche anderer stellt sie ihre eigenen Bedürfnisse zurück. Dadurch wirkt sie eher unsicher und bleibt lieber im Hintergrund.

17.5.1.4 Leistungssouveränität

Eine wichtige persönliche Voraussetzung zur Lösung anstehender Aufgaben ist ein gewisses Maß an Optimismus und Erfolgszuversicht. Herausforderungen werden nicht als Belastung sondern als Chance gesehen. Die Möglichkeit des Rückschlags wird einkalkuliert, spornt aber eher zu größeren Anstrengungen an.

Menschen mit einer hohen Leistungssouveränität messen sich an schwierigen und anspruchsvollen Problemstellungen. Routineaufgaben können für sie sehr schnell langweilig werden und demotivierend wirken. Wie bei einem Hochspringer erhöhen sie aus ihrer Selbstmotivation heraus ihr persönliches Anspruchsniveau. Sie sind mit Engagement bei der Arbeit und erbringen bei herausfordernden Aufgabenstellungen überdurchschnittliche Leistungen. Aus ihrer Persönlichkeitsstruktur heraus können sie sich selbst stark motivieren und anspornen.

P10: Engagement

Ohne Engagement kann es keine Leistungsbereitschaft geben. Bei ausgeprägtem Leistungswillen können anspruchsvolle Aufgaben das Engagement des Mitarbeiters verstärken. Der Mitarbeiter kann und will selber hohe Anforderungen an seine Leistungsbereitschaft stellen.

Er strebt von sich aus eine Erweiterung seines Wissens und seiner Kompetenzen an. Dazu braucht er gleichzeitig Freiräume für die Verwirklichung seiner Leistungen. Die Erreichung der Ziele wird von ihm selbstständig überwacht. Mitarbeiter mit einem hohen Engagement besitzen einen starken Impuls für überdurchschnittliche berufliche Leistungen.

Mitarbeiter mit einem eher geringen Engagement lassen sich durch anspruchsvolle und herausfordernde Aufgaben nur wenig motivieren. Ohne Engagement wird es keinen Leistungswillen und demzufolge auch keine Leistungsbereitschaft geben. Diese Mitarbeiter schöpfen ihre eigenen Leistungsreserven nicht aus. Das Vollbringen außergewöhnlicher Leistungen ist für sie kein Ziel. Sie stoßen schnell an die Grenzen ihrer Leistungsfähigkeit. Es fehlen eigene, objektive Leistungsmaßstäbe, um die erzielte Arbeitsleistung realistisch einschätzen zu können. Auftretenden Schwierigkeiten weichen sie durch Verschiebung der Prioritäten oder durch Umorientierung in den Aufgaben aus.

P11: Erfolgszuversicht

Erfolgszuversicht ist als eine positive Zukunftserwartung zu sehen. Mit Herausforderungen wird aktiv und konstruktiv umgegangen. Es existieren keine Versagensängste. Damit wird die Hoffnung verknüpft, dass für die erbrachte Leistung eine positive Rückmeldung erfolgt. Um Erfolgszuversicht richtig aufbauen zu können, muss eine gewisse emotionale Stabilität vorhanden sein.

Eine Ergänzung zur Erfolgszuversicht ist der Optimismus. Trotz möglicher Misserfolge und Widrigkeiten wird das Ziel verfolgt. Ohne einen entsprechenden Optimismus wäre jede Arbeit zum Scheitern verurteilt. Würde man viele Projekte allzu realistisch oder aufgrund der zu erwartenden Widerstände zu pessimistisch anpacken, würden viele Aufgaben niemals realisiert. Optimismus ist eine wichtige Kraft, um Risiken und Schwierigkeiten wahrzunehmen und realistisch einzuschätzen. Gerade bei Rückschlägen ist es wichtig, sich nicht entmutigen zu lassen, sondern mit einer gewissen Erfolgszuversicht an neue Aufgaben heranzugehen.

Angst als Gegenpol zu Erfolgszuversicht und Optimismus hemmt die eigenen Entscheidungen, beeinflusst sie negativ, fördert unsicheres Handeln und führt schließlich zum Misserfolg. Herausforderungen stehen ängstliche Personen hilflos gegenüber. Sie neigen zu pessimistischen Einschätzungen und sind unsicher in ihren Entscheidungen. Durch Rückschläge lassen sie sich leicht entmutigen.

P12: Anspruchsniveau

Das Anspruchsniveau ist ein Aspekt der Leistungsorientierung. Es soll anspornen eine Hürde zu überwinden, die aber nicht unüberwindbar sein darf. Ein hohes Anspruchsniveau mit schwierigen Aufgaben und anspruchsvollen Problemstellungen motiviert den Mitarbeiter sich selbst neue und höhere Anforderungen zu stellen und sich so eigenständig weiterzuentwickeln. Er rechnet damit, auch bei neuen und schwierigen Aufgaben sein Ziel zu erreichen. Wird seitens der Führungskraft das Anspruchsniveau richtig gesetzt, fördert es die Fähigkeiten des Mitarbeiters.

Durch das in ihn gesetzte Vertrauen ist er bereit mehr in die Erledigung seiner Arbeit zu investieren, um seine Leistungsbereitschaft und -fähigkeit zu zeigen und das in ihn gesetzte Vertrauen zu bestätigen. Er erwartet, dass er auch zukünftig seine Kenntnisse und Fähigkeiten erfolgreich zum Einsatz bringen kann. Die Bewältigung komplexer Aufgaben ist für ihn eher Ansporn als Hemmnis. Macht er Fehler, sieht er dies nicht als Rückschlag oder persönliche Niederlage an. Vielmehr erkennt er die Chance daraus zu lernen.

Ist das Anspruchsniveau des Mitarbeiters eher niedrig ausgeprägt, stößt er schnell an seine Grenzen, die er auch nicht überwinden kann oder will. Er hat Zweifel, ob er seine Ziele und die damit verbundene Erfüllung seiner Aufgaben erreichen kann. Auftretende Schwierigkeiten sind für ihn eher eine Belastung denn eine Herausforderung. Seine eigenen Fähigkeiten und Kenntnisse stellt er öfters in Frage. Mit seinem einmal erworbenen Wissen ist er zufrieden.

P13: Selbstmotivation

Bei der Selbstmotivation spielen die intrinsischen Motivationsfaktoren eine Rolle. Hier liegen die Gründe für Handlungen in den Wurzeln einer Persönlichkeit und/oder im besonderen Reiz der beabsichtigten Handlung. Menschen mit einer hohen Selbstmotivation kennen die Gründe, warum sie einerseits etwas gerne tun bzw. andererseits Dinge ablehnen. Menschen mit einer hohen Selbstmotivation vertreten überzeugend den Wert und Sinn einer Aufgabe, wodurch sie Ansehen und Anerkennung gewinnen. Durch persönliche Vorbildfunktion und Begeisterung lassen sich auch Mitarbeiter besser motivieren.

Schlägt sich die Selbstmotivation in Desinteresse nieder, wird der persönliche Nutzen an der Arbeit nicht vermittelt. Durch negative Äußerungen oder pessimistische Einstellungen wirkt die Person demotivierend auf die Mitarbeiter und ihr Umfeld.

17.5.1.5 Führungsfähigkeit

Führungsfähigkeit umfasst die grundlegende Bereitschaft für sich und andere Verantwortung zu tragen. Ohne die Bereitschaft für das Handeln fremder Personen und deren eventuellen Misserfolgen einzustehen, ist keine Führung möglich.

Menschen mit einem hohen Führungsvermögen übernehmen gerne eine Leitungsfunktion. Ihre Führungsfähigkeit besteht in der Übereinstimmung zwischen ihren inneren Werten und dem persönlichen Verhalten. Sie wirken glaubwürdig und bauen entsprechendes Vertrauen auf. In ihren Handlungen zeigen sie Verlässlichkeit. Sie sind authentisch und integer. Sie geben dem Mitarbeiter eine feste Richtschnur, an der er sich in seinem eigenem Verhalten ausrichten kann.

Je besser die Fähigkeit zur Führung ausgeprägt ist, umso motivierter und selbstständiger wird der Mitarbeiter arbeiten. Aufgrund seiner hohen Selbstmotivation handelt der Mitarbeiter aus eigener Überzeugung und eigenem Antrieb heraus. Sie gestalten ihr Prozessumfeld und benötigen für ihre Arbeit einen großen Gestaltungsspielraum.

P14: Führungswille und -vermögen

Menschen mit einem hohen Führungswillen wollen durch direkte Einflussnahme überzeugen. Sie wollen im Rahmen ihrer Arbeit Führungsaufgaben übernehmen und andere Personen anleiten. In einem Team übernehmen sie die Leitungsfunktion. Sie wollen andere von ihrem Standpunkt und ihren Fähigkeiten überzeugen. Personen mit hoher Führungsmotivation üben starken Einfluss aus. Sie strahlen Autorität aus, wobei sie eventuell zur Selbstüberschätzung neigen. Es besteht die Gefahr, dass Selbst- und Fremdeinschätzung nicht übereinstimmen.

Für Menschen mit niedrigem Führungswillen besteht kein Anreiz darin, andere Menschen zu führen. Für sie genießt eine fachlich anspruchsvolle Aufgabe eine hohe Wertschätzung. Sie fühlen sich eher in einer Fachaufgabe wohl und wollen selbst in einem Team nicht die Funktion des Teamleiters übernehmen. Beim Eingreifen in den Handlungsspielraum anderer fühlen sie sich äußerst unwohl. Personen mit einem schwach ausgeprägten Führungswillen fehlen wichtige Eigenschaften wie persönliche Ausstrahlung, Autorität und eine gewisse positive Aggressivität.

P15: Verantwortungsbereitschaft

Ein verantwortungsbewusster Mensch fühlt sich verpflichtet, alles Notwendige zu tun, um das Beste für die Menschen und das Vorhaben zu erreichen. Es gilt negative Auswirkungen zu vermeiden und seine Entscheidungen und Handlungen entsprechend auszurichten. Für Misserfolge fühlen sie sich selbst verantwortlich und schieben diese nicht auf andere Personen ab. Die Verantwortung wird aktiv übernommen und es eröffnen sich entsprechende Entfaltungs- und Gestaltungsspielräume. Wer eine Aufgabe übernimmt, verpflichtet sich diese auch ordnungsgemäß auszuführen.

Personen mit einer geringen Verantwortungsbereitschaft schieben Fehler gerne auf andere ab und/oder verleugnen eigene Fehler. Sie machen die Situation oder die Sache dafür verantwortlich. Bei Erfolgen stehen sie gerne im Rampenlicht; bei Misserfolgen lassen sie andere gerne im Regen stehen.

17.5.2 Soziale Kompetenzen

Bei sozialen Kompetenzen (Tab. 17.2) geht es um das Wissen, die Fähigkeit und die Bereitschaft zur zwischenmenschlichen Zusammenarbeit. Die sozialen und kommunikativen Aspekte stehen im Vordergrund. Situationsbewusst werden die sozialen Beziehungen und Interessenslagen der Beteiligten erfasst. Wertende Handlungen gegenüber Personen sind hier zu finden und spiegeln das Verhalten in mitarbeiterorientierter Zusammenarbeit wider. Soziale Kompetenzen sind wechselseitig personenzentriert (WIR).

17.5.2.1 Teamorientierung

Teamorientierung misst sich am Willen und Vermögen mit anderen Menschen zusammen zu arbeiten. Personen mit einer guten Teamfähigkeit können sich in einem angemessenen Umfang in eine Gruppe integrieren und an gemeinsamen Zielen arbeiten. Sie bilden soziale Kontakte aus und werden von anderen Teammitgliedern akzeptiert. Mit der notwendigen Sensitivität steuern sie die Gruppendynamik im Team. Teamfähigkeit trägt zum gegenseitigen Verständnis aller Teammitglieder bei.

Eine geringe Kompetenz ist bei zu hoher oder niedriger Teamorientierung gegeben. Bei Personen mit hoher Teamorientierung besteht die Gefahr, dass die (zwischen)menschlichen Beziehungen stark im Vordergrund stehen. Die Aufgabenbewältigung und Zielerreichung wird vernachlässigt. Personen mit einer niedrigen Teamorientierung handeln lieber als Einzelgänger. Sie lieben ihre Eigenständigkeit, wollen unabhängig sein und selbstständig arbeiten.

F 1: Einfühlungsvermögen und Sensitivität

Die Bereitschaft und die Fähigkeit andere Menschen gefühlsmäßig zu verstehen, wird als Einfühlungsvermögen bezeichnet. Personen mit höherem Einfühlungsvermögen fällt es leicht sich in die Absichten, Bedürfnisse und Gefühle der betreffenden Menschen hineinzuversetzen. Sie verfügen über ein feines Gespür für Stimmungen. Besonders in schwierigen Gesprächssituationen macht sich dies positiv bemerkbar. Mit der entsprechenden Sensitivität können sie beim Umgang mit schwierigen Personen das eigene Verhalten situationsgerecht abstimmen. Persönliche Ausgeglichenheit, Verlässlichkeit und Vertrauensbereitschaft sind ihre Basis für ein gutes Einfühlungsvermögen.

Tab. 17.2 Soziale Kompetenzen

Kompetenzfeld	Kompetenzcluster	Kompetenzen
Soziale Kompetenzen	6. Teamorientierung	F1 Einfühlungsvermögen und Sensitivität F2 Integrationsfähigkeit F3 Kooperationsfähigkeit
	7. Kommunikationsfähigkeit	F4 Gesprächsführung F5 Argumentationsstärke
	8. Konflikte	F6 psychische Belastbarkeit F7 Wahrnehmung von Konflikten F8 Konfliktfähigkeit

Menschen mit einem geringen Einfühlungsvermögen können auch in normalen Situationen die Befindlichkeiten ihres Gegenübers nicht richtig einschätzen. Ihnen ist nicht klar, wie ihre eigenen Handlungen aufgenommen und interpretiert werden. Es fehlt ein entsprechendes Fingerspitzengefühl. Aufgrund dieses Mangels gehen sie schwierigen Gesprächssituationen aus dem Wege. An Kontakten sind sie wenig interessiert. Sie zeigen kein Interesse an den Gefühlen anderer und treten häufig ins Fettnäpfchen. Es wird nicht erkannt, wann und warum andere verletzt wurden; sie wirken unsensibel.

F 2: Integrationsfähigkeit
Integration ist ein sozialer Prozess, bei dem ein Mensch unter Zuweisung von Positionen und Funktionen in die Sozialstruktur einer Gruppe aufgenommen wird. Integrationsfähigkeit ist dabei von verschiedenen Seiten zu betrachten. Sie umfasst sowohl die Fähigkeit einer Person sich in eine Gruppe einfügen zu können, als auch die Fähigkeit der Gruppe neue Personen zu integrieren. Integrationsfähigkeit hängt von einer Reihe von Merkmalen ab. Dazu zählt das Beobachten und Analysieren von Rollen, Umgangsformen und Ritualen im Team.

Den verschiedenen Teammitgliedern wird mit Interesse und Aufmerksamkeit entgegengetreten. Die Fähigkeit zur Integration setzt auch Vertrauen und Offenheit den anderen Teammitgliedern gegenüber voraus. Das notwendige partnerschaftliche Verhalten erleichtert die soziale Integration. Je schneller das neue Teammitglied das soziale Gebilde Team versteht, desto sicherer fühlt es sich und desto früher kann es einen erfolgreichen Beitrag zur Teamarbeit leisten. Mit der sozialen Integration und entsprechender Unterstützung steigt auch die Identifikation mit Team und Aufgabe.

F 3: Kooperationsfähigkeit
Während die Integrationsfähigkeit den sozialen Prozess in einem Team betrachtet, umfasst die Fähigkeit zur Kooperation das gemeinsame Arbeiten an einer Aufgabe. Innerhalb des Teams müssen dazu Wissen und Erkenntnisse ausgetauscht werden. Jeder profitiert dabei vom spezifischen Wissen des Anderen und hat einen Nutzen an der gefundenen Lösung. Kooperationsfähigkeit bedeutet auch, sich kritisch mit seinen eigenen Ansichten auseinander zu setzen und den anderen Teammitgliedern ein Recht auf andere, eigenständige Meinungen einzuräumen.

Kooperation basiert auf gemeinsamem Handeln. Teamorientierte, kooperationsfähige Mitarbeiter setzen sich aktiv für die vom Team getroffenen Entscheidungen ein und tragen zur Effizienzsteigerung in der Arbeit bei. Gemeinsam wird für das Erreichte Verantwortung übernommen und das Ergebnis verteidigt.

17.5.2.2 Kommunikationsfähigkeit

Ein hohes Kommunikationsvermögen ist ein weiterer wichtiger Baustein der sozialen Kompetenzen. Menschen mit einer hohen Kommunikationsfähigkeit legen ihre Gedanken klar und strukturiert dar. Sie können verständlich informieren und hören aktiv zu. Sie gehen auf ihren Gesprächspartner ein und beachten dessen nonverbale Körpersprache.

Durch ihr Ausdrucksvermögen und ihre Argumentationsstärke können sie den Gesprächspartner überzeugen, ohne diesen zu überrumpeln oder zu verletzen. Sie beziehen persönlich Stellung und geben konstruktives Feedback. Schwierigen und konfliktträchtigen Gesprächssituationen weichen sie nicht aus. Sie achten darauf, dass ihr Gesprächspartner seine Würde behält.

F 4: Gesprächsführung

Im Gespräch erfolgt die Vorbereitung und Durchführung immer auf einer Sach- und Beziehungsebene. Eine gute Situationsanalyse mündet in der Festlegung klar definierter Gesprächsziele. Menschen mit einer guten Gesprächsführung sorgen auch bei kritischen Gesprächen für einen positiven Gesprächsausklang. Bei einer guten Gesprächsführung können sie dem Gesprächspartner immer das Gefühl geben, dass die (gemeinsam) festgelegten Ziele und Maßnahmen beiden Seiten die besten Möglichkeiten bieten.

Bei einem guten Gesprächsverhalten wird auf die Argumente des Gesprächspartners eigegangen und ihm aktiv zugehört. Informationen und Gedankengänge werden offen und transparent dargelegt und Ansichten nachvollziehbar begründet. Unklar formulierte Äußerungen werden hinterfragt und somit verhindert, dass womöglich aneinander vorbeigeredet wird. Die Reaktionen des Gesprächspartners werden richtig erkannt und das eigene Gesprächsverhalten darauf abgestimmt. Letztlich wird ein partnerschaftlicher, wertschätzender Gesprächsstil gepflegt.

F 5: Argumentationsstärke

Unter einem Argument versteht man eine begründete Behauptung. In Gesprächen werden immer verschiedene Themen diskutiert oder behandelt. Um sich gegenüber dem Gesprächspartner zu behaupten, muss ich gut argumentieren können. Mit einer guten Argumentationsstärke wird der Partner überzeugt und es werden gemeinsam Lösungen gefunden. Eine kooperative Argumentation schafft auf der Beziehungsebene eine offene und vertrauensvolle Atmosphäre. Berechtigte Kritik wird angenommen, unberechtigte Kritik argumentativ sachlich fair entkräftet. Durch die entstehende gegenseitige Anerkennung wird für eine bessere Akzeptanz der getroffenen Vereinbarungen gesorgt.

Bei schwach ausgeprägten Argumentationsfähigkeiten kann mich der Gesprächspartner argumentativ überfahren. Es gelingt ihm, sein Gesprächsziel durchzusetzen und mich zu überreden. Die möglicherweise entstehenden Belastungen des Selbstwertgefühls rufen Abwehrreaktionen hervor. Aber auch eine unsensibel gehandhabte Argumentationsstärke kann zu negativen Reaktionen führen. Mit entsprechenden Argumenten wird dem Gesprächspartner Inkompetenz oder Unglaubwürdigkeit aufgezeigt und mit der Kompetenz der Argumentationsstärke seine Person in Frage gestellt.

17.5.2.3 Konflikte

Konfliktfähig zu sein bedeutet, andere Ansichten und Bedürfnisse als solche zu akzeptieren. Anderen Personen und Meinungen ist mit Toleranz gegenüber zu treten. Es kann nicht immer alles harmonisch zugehen und nicht immer stößt man mit seinen eigenen Ideen oder Vorstellungen auf positive Resonanz. Konfliktfähigkeit bedeutet auch, Konflikte konstruktiv zu bewältigen, rechtzeitig zu erkennen und wenn es die Situation zulässt diese offen und fair auszutragen. Ein Mitarbeiter ist dann konfliktfähig, wenn er mit schwierigen Situationen souverän umgehen kann. Er versucht aus Konflikten zu lernen und sich zukünftig anders zu verhalten. Durch Fehlschläge in der Konfliktlösung lässt er sich nicht entmutigen. Störende Dinge spricht er direkt, konkret und fair an. Er kann in Konfliktgesprächen für alle Beteiligte zufrieden stellende Lösungen finden.

F 6: Psychische Belastbarkeit

Mit psychischen Belastungen sind alle Einflüsse gemeint, die von außen auf den Menschen einwirken. So ist Stress eine Reaktion auf Ereignisse, die wir als bedrohlich ansehen und die unsere Lebensqualität einschränken können. Belastende Anforderungen im Beruf oder Schwierigkeiten in zwischenmenschlichen Beziehungen können zu länger andauernden Belastungen führen. Minderwertigkeitsgefühle, geringes Selbstvertrauen oder Unzufriedenheit führen zu Dauerbelastungen. Extreme Formen von Stress werden durch Arbeitslosigkeit, schwere Erkrankungen oder den Tod eines geliebten Menschen hervorgerufen. Besonders wichtig ist die psychische Belastbarkeit in schwierigen Situationen.

Eine hohe psychische Belastbarkeit hängt mit einer positiven Einstellung zur eigenen Person und zum Beruf zusammen. Unter hohem psychischem Druck werden auch komplexe Aufgaben erfolgreich bewältigt. Eine hohe psychische Belastbarkeit zeigt sich auch durch eine innere Gelassenheit. Die Dinge ernst nehmen, aber sich nicht durch jede Kleinigkeit aus der Ruhe bringen zu lassen.

Personen mit einer geringen psychischen Belastbarkeit fühlen sich durch die an sie gestellten Anforderungen überfordert. Sie reagieren gereizt, ängstlich und unsicher. Dadurch verlieren sie an Effektivität und können aus sich heraus nicht angemessen aktiv reagieren.

F 7: Wahrnehmung von Konflikten

Menschen mit einer hohen Kompetenz in diesem Bereich achten darauf, dass ihre Wahrnehmungs- und Entscheidungsfähigkeit nicht eingeschränkt wird. Sie sehen im Laufe der Konfliktereignisse die Dinge auch weiterhin klar und deutlich. Die Sicht auf das eigene Verhalten und die anderen Konfliktbeteiligten wird nicht geschmälert oder verzerrt. Mit ihrer ausgeprägten Wahrnehmungsfähigkeit erkennen sie die Symptome für sich anbahnende Konflikte und können frühzeitig gegensteuern.

Demgegenüber können Menschen mit einer gering ausgeprägten Wahrnehmungskompetenz den Verursacher von Meinungsverschiedenheiten und Konflikten nicht identifizieren. Sie sind unsensibel für die sich aufbauenden Spannungen und erkennen das heraufziehende Gewitter nicht. In ihrer Wahrnehmung des Konflikts sind sie so getrübt, dass sie Ursache-Wirkungs-Beziehungen nicht mehr analysieren können. Sie suchen nur noch den eigenen Vorteil und halten selbst bei sich abzeichnendem Misserfolg an ihrer Position fest. Die Sichtweise im Konflikt wird immer schmaler, verzerrter und einseitiger. Im anderen Extremfall wollen sie es allen Konfliktbeteiligten recht machen.

F 8: Konfliktfähigkeit

Konflikte rechtzeitig zu erkennen und diese konstruktiv zu bewältigen, zeichnet die Konfliktfähigkeit aus. Dazu gehört auch die Fähigkeit, die Konfliktarten und den Eskalationsgrad einschätzen zu können, sowie die eigenen und fremden Beiträge zu erkennen. Auf der Basis von Akzeptanz, Gleichwertigkeit und Fairness setzen sich konfliktfähige Personen mit ihrem Konfliktpartner auseinander. Sie halten eine beruhigende, zuversichtliche Haltung bei und vertreten ihre eigene Meinung konstruktiv, auch wenn dies Auseinandersetzungen hervorrufen könnte. Sie sprechen Kritik und unangenehme Dinge offen aus und setzen sich auch für unpopuläre aber notwendige Maßnahmen ein. Dabei können sie spannungsgeladene Auseinandersetzungen ertragen und verzichten auf eine übertriebene Harmonie. Ihnen gelingt es, Befürchtungen und Ängste zu relativieren. Sie können auch eigene Fehler zugeben. Personen mit einer hohen Kompetenz zur Konfliktlösung gehen Konflikte direkt an und sehen sie als Chancen zur eigenen Entwicklung.

Konfliktscheue Menschen dagegen fühlen sich sehr leicht angegriffen oder in die Ecke gedrängt und reagieren sehr schnell beleidigt, wütend, entschuldigend oder auch rechtfertigend. Sie weichen Konflikten aus, ignorieren oder leugnen sie. In Auseinandersetzungen wirken sie wie gelähmt und sind Mitläufer. Eigene, abweichende Meinungen werden nicht vertreten und Unangenehmes nur indirekt angesprochen. Konfliktscheue Menschen können angenehm, unterstützend und liebenswürdig wirken.

17.5.3 Methodische Kompetenzen

Methodische Kompetenzen umfassen die grundlegenden Fähigkeiten, Aufgaben und Prozesse situationsübergreifend flexibel und effektiv zu gestalten (Tab. 17.3). In der entsprechenden Handlung zeigt sich die Stärke und Ausprägung der dafür benötigten Kompetenz.

Bei der Bewältigung komplexer Aufgaben und Prozesse stehen die Fähigkeit zur Strukturierung und das analytisch-konzeptionelle Denken zur Komplexitätsbewältigung im Vordergrund. Die Anwendung verschiedener Methoden und Verfahrensweisen befähigt zu fachübergreifenden Lösungsstrategien und exzellenten Leistungen.

Tab. 17.3 Methodische Kompetenzen

Kompetenzfeld	Kompetenzcluster	Kompetenzen
Methodische Kompetenzen	9. Persönliche Arbeitsorganisation	M1 Organisationsfähigkeit M2 Delegationsvermögen M3 Selbst- und Zeitmanagement
	10. Projektmanagement	M4 Komplexitätsverständnis und Aufgabenstrukturierung M5 systematisch-methodische Vorgehensweise M6 Zielorientierung

Mit einem entsprechenden Moderationsvermögen gelingt die Strukturierung und Klärung von Diskussionsprozessen. Eine systematisch-methodische Vorgehensweise erleichtert auch die Organisation der eigenen Person und Arbeit. Zielorientierte Entscheidungsfindungen, kreative Lösungsvorschläge und transparentes, nachvollziehbares setzen von Prioritäten sind ebenfalls wichtige methodische Fähigkeiten. Methodenkompetenzen sind sachorientiert (THEMA).

17.5.3.1 Persönliche Arbeitsorganisation

Die Fähigkeit zur Bewältigung einer Aufgabe beginnt bei der Organisation der eigenen Arbeit. Das Vermögen seine eigene Arbeit zu strukturieren und zu organisieren muss stark ausgeprägt sein. Sonst besteht die Gefahr, dass das eigene Arbeitschaos auf die Mitarbeiter und Kollegen übertragen wird. Ein gutes Zeit- und Selbstmanagement sorgt für die notwendige Zuverlässigkeit. Die Fähigkeit, komplexe Aufgaben zu strukturieren, ist die Grundlage für die Delegation von Aufgaben. In diesem Zusammenhang umfasst die persönliche Arbeitsorganisation immer auch ein persönliches Controllingsystem. Mit diesem werden delegierte Aufgaben gesteuert und kontrolliert. Im Rahmen des Zeit- und Selbstmanagements muss ein hohes Vermögen zur Selbststeuerung vorhanden sein.

M 1: Organisationsfähigkeit

Organisationsfähigkeit ist die Gabe, Termine und Arbeitsabläufe so zu planen, zu strukturieren und zu organisieren, dass die eigene und fremde Arbeitszeit möglichst optimal genutzt wird. Organisationstalente setzen Prioritäten und schieben Pflichten nicht auf. In ihrem Aufgabenbereich sind sie diszipliniert und konzentriert bei der Arbeit. Sowohl Tagesaufgaben als auch längerfristige Tätigkeiten werden nach klaren Strukturen bearbeitet. Auch Details finden eine angemessene Beachtung. Es wird jedoch darauf geachtet, nicht zu tief in die Materie einzudringen und sich dadurch zu lange und zu intensiv mit einem Thema zu beschäftigen.

Menschen mit einer geringen Kompetenz in diesem Bereich unterschätzen die Dauer von Tätigkeiten, wodurch sie Termine häufig nicht einhalten. Sie arbeiten daher oft auf den letzten Drücker und sind immer überlastet. Ihre persönliche Arbeitsorganisation ist chaotisch. Sie führen keine längerfristige Arbeits- und Terminplanung und leben daher von heute auf morgen. Durch ihren Arbeitsstil verbreiten sie Unruhe in ihrem beruflichen Umfeld und sind weniger effektiv.

M 2: Delegationsvermögen

Bei der Fähigkeit zur Delegation wird persönliche Zuständigkeit für Aufgaben gezielt auf Mitarbeiter übertragen. Kompetenzorientiertes Delegationsvermögen setzt Wissen über die jeweiligen Stärken und Schwächen der Mitarbeiter voraus. Die zu übertragenden Aufgaben werden mit der notwendigen Sorgfalt ausgewählt. Für die Realisierung werden dem Mitarbeiter die notwendigen Handlungs- und Entscheidungsspielräume eingeräumt. Der Weg und die Art und Weise wie der Mitarbeiter die Aufgabe löst, bleibt ihm überlassen. Personen mit einem hohen Delegationsvermögen können, abhängig von den Mitarbeiterfähigkeiten, Aufgaben gezielt auswählen und übertragen. Im Controlling des Arbeitsprozesses halten sie sich zurück und lassen dem Mitarbeiter die notwendigen Freiräume.

Personen mit einem geringen Delegationsvermögen führen Aufgaben lieber selbst aus. Müssen Aufgaben übertragen werden, so überprüfen sie laufend den Arbeitsfortschritt. Sie geben den Lösungsweg vor und räumen den Mitarbeitern kaum Handlungsspielräume ein. Entscheidungen werden von ihnen getroffen. Entsprechen die Arbeitsergebnisse nicht ihren Erwartungen, werden die Mitarbeiter dafür verantwortlich gemacht. Ein schwaches Delegationsvermögen zeigt sich auch darin, dass die Rückdelegation von Aufgaben durch die Mitarbeiter toleriert wird. Die Delegationsschwäche wird hinter der Fachaufgabe versteckt.

M 3: Selbst- und Zeitmanagement

Selbstmanagement steht für die Gestaltung der eigenen Lebenssituation, der beruflichen Situation und umfasst auch das persönliche Zeitmanagement. Personen mit einer hohen Kompetenz im Selbstmanagement sind in der Lage sich selbst zu führen. Sie können für sich die richtigen Entscheidungen treffen und wissen welches Ziel sie erreichen und welchen Weg sie einschlagen möchten.

Personen mit einem guten Zeitmanagement können ihre Zeit sinnvoll einteilen, Wichtiges von Unwichtigem trennen und vernünftige Prioritäten setzen. Sie kennen ihre eigenen Motivatoren und Antriebsmechanismen und können diese kontrollieren. Ihre Fähigkeit zur Selbstbeurteilung lässt sie ihre persönlichen Stärken festigen und die Schwächen beheben. Gutes Zeit- und Selbstmanagement ermöglicht eine adäquate Aufwandsschätzung für die anstehenden Tätigkeiten. Handlungsblockaden werden überwunden und es wird sich auf das Wesentliche konzentriert. Eine hohe Kompetenz in diesem Bereich ermöglicht eine objektive Situationsanalyse der persönlichen Arbeitsorganisation.

17.5.3.2 Projektmanagement

Das Managen von Aufgaben und Projekten ist eine der wichtigsten methodischen Kompetenzen. Letztlich wird jeder Mitarbeiter eines Unternehmens am Erfolg seiner Arbeit gemessen. Die Fähigkeit sich selbst und den Mitarbeitern Ziele zu setzen gibt Richtung und Weg vor. Das Erreichen der Ziele erfordert eine systematische und methodische Vorgehensweise; Aufgaben sind zu strukturieren und ein Verständnis für komplexe Strukturen muss vorhanden sein. Ist die Handlungsorientierung schwach ausgeprägt, wird ziellos und ineffektiv gehandelt.

M 4: Komplexitätsverständnis und Aufgabenstrukturierung

Eine komplexe Situation enthält mehr Aspekte und Informationen als die Person normalerweise erfassen oder verarbeiten kann. Die einzelnen Aspekte sind auf vielfältige Weise miteinander in Ketten, Regelkreisen oder Wirkungsnetzen verbunden. Der persönliche Kenntnisstand über die einzelnen Wirkfaktoren ist unzulänglich und undurchsichtig. Nur wenn Einsichten in den inneren Zusammenhang eines Systems gewonnen werden, lassen sich Probleme auch effektiv lösen. Gelingt es einer Person komplexe Situationen zu strukturieren, erzielt sie einen Lerneffekt und kann zukünftig Zusammenhänge einfacher überblicken und besser nachvollziehen.

Strukturen erlauben auch themenfremden Personen einen schnellen Einstieg in einen neuen Themenbereich. In der beruflichen Ausbildung wird in der Hauptsache das Lösen von gut strukturierten Problemen mit einer eindeutigen Lösung gefordert. In der beruflichen Praxis stellt ein vorgegebenes, klar abgegrenztes System eher die Ausnahme dar. Vielmehr setzt die Fähigkeit zur Problemlösung voraus, isolierte Wissenselemente zu vernetzen und in Systemen zu denken.

Ein Mitarbeiter mit einer hohen Kompetenz zur Strukturierung komplexer Aufgaben erkennt im Chaos Ursache-Wirkungs-Zusammenhänge. Er erkennt Beziehungen zwischen Phänomenen, die nicht offensichtlich sind und kann auch unkonventionelle Lösungen entwickeln. Bekannte Phänomene kann er neu interpretieren und in einen anderen Zusammenhang stellen.

In seiner schwachen Ausprägung wird drauflosgearbeitet. Aktivitäten sind wichtiger als Effektivität. Für auftretende Schwierigkeiten werden Situationen oder andere Personen verantwortlich gemacht. Der Mitarbeiter ist mit komplexen Aufgaben überfordert und erkennt keine grundlegenden Zusammenhänge. Mit seinen geringen Fähigkeiten folgt er vorgefertigten Denkschemata. Mögliche Konsequenzen aus neuen Strukturvorschlägen und Konzepten sind ihm fremd.

M 5: Systematisch-methodische Vorgehensweise

Menschen mit einer hohen Kompetenz in diesem Bereich sind in der Lage aus den vielfältigsten Informationen die relevanten auszufiltern. Sie analysieren die wichtigsten Informationen und legen Ziele für die Lösung der Aufgabenstellung fest. Ein weiterer Schritt umfasst das Erarbeiten und Festlegen der notwendigen Arbeitsschritte sowie die Auswahl der richtigen Arbeitsmethoden bzw. -verfahren, um das Ziel zu erreichen. Dazu zählen u. a. inhaltlich-strukturelle und methodisch-organisatorische Planungsschritte, die letztlich in einen Zeitplan münden. Es schließt sich die Umsetzung und Realisierung der ausgewählten Lösungen und Maßnahmen an.

Menschen mit einer hohen Fähigkeit in der systematischen Vorgehensweise nehmen regelmäßig Soll-Ist-Vergleiche ihrer Arbeitsprozesse vor. Dieser Kontrollschritt dient der Optimierung persönlicher Arbeitsprozesse und unterstützt die Zielerreichung. Gleichzeitig werden dadurch eigene Lernprozesse effektiv gestaltet.

Menschen mit einer geringen Kompetenz im systematisch-methodischen Vorgehen arbeiten einfach drauf los. Sie sind immer beschäftigt und wählen ihre Arbeitsmethoden und Vorgehensweise ad hoc aus. Die Formulierung von Zielen wird selten vorgenommen und eine Kontrolle der Zielerreichung nicht durchgeführt.

M 6: Zielorientierung

Ein Ziel bezieht sich immer auf einen zukünftig zu erreichenden Soll-Zustand. Zur Zielerreichung kann immer unter verschiedenen Handlungsvarianten gewählt werden, wobei Entscheidungen notwendig sind, um den definierten Endzustand zu erreichen. Normalerweise werden mehrere Ziele gleichzeitig festgelegt und verfolgt, die in sich schlüssig und widerspruchsfrei sein sollten. Dann kann es auf der Ebene der Handlungsorientierung nicht zu Widersprüchen und Konflikten bei der Zielerreichung kommen.

Ein Mitarbeiter mit einer hohen Zielorientierung richtet seine Aufmerksamkeit auf die relevanten Aspekte der Aufgabe und lässt sich nicht durch andere Dinge ablenken. Er ist handlungs- und ergebnisorientiert und kann aus der Analyse und Aufgabenstrukturierung heraus begründete Prioritäten setzen. Er verfügt über Controlling-Instrumente zur Steuerung von Qualität, Terminen, Ressourcen und Kosten in seinem Aufgabenbereich.

Durch Probleme und Hindernisse lässt er sich nicht von seiner Zielerreichung abschrecken. Auch bei großen Schwierigkeiten gibt er nicht auf, sondern stellt sich auf Veränderungen und neue Situationen ein.

Im Gegensatz dazu setzt sich ein Mitarbeiter mit einer geringen Zielorientierung selbst kaum Ziele in der täglichen Arbeit. Persönlich hat er keine längerfristigen Entwicklungsziele und ist zufrieden mit dem was er hat. Er ist unsicher in der Aufgabenbewältigung und Zielerreichung. Durch äußere Umstände lässt er sich leicht von seinem Ziel ablenken. Die Erreichung eines vereinbarten Ergebnisses bereitet ihm Mühe und er kann sich nur schwer auf wechselnde Bedingungen einstellen. Er selbst verfügt über keine Controlling-Instrumente zur zielorientierten Steuerung seiner Aufgaben und Projekte.

17.5.4 Fachliche Kompetenzen

Unter der fachlichen Kompetenz sind fach-, prozess- und kundenspezifische berufliche Fähigkeiten zu verstehen (Tab. 17.4). Neben dem Erwerb von neuem Wissen steht auch dessen Anwendung im Mittelpunkt. Innovationen bringen dem Unternehmen einen strategischen Vorteil im Markt. Deshalb muss der unternehmerisch denkende Mitarbeiter Markt- und Branchenkenntnisse besitzen, um sein Wissen in neue innovative Produkte und Prozesse mit einfließen zu lassen. Eine interne und externe Kundenorientierung ist dabei zu berücksichtigen.

Tab. 17.4 Fachliche Kompetenzen

Kompetenzfeld	Kompetenzcluster	Kompetenzen
Fachliche Kompetenzen	11. Prozesse	U1 Prozessorientierung U2 Prozessverantwortung U3 Prozesscontrolling
	12. Fachwissen	U4 Wissenserwerb U5 Wissensanwendung
	13. Umwelt	U6 Umweltmanagement U7 Umweltaudit U8 Umweltrecht U9 Umwelttechniken U10 Umweltwissenschaften

Produkte und Dienstleistungen lassen sich nur effektiv entwickeln, produzieren und vermarkten, wenn Kenntnisse der Prozesse vorhanden sind. Mit einer effektiven Umsetzung ist eine ressourcenschonende und umweltfreundliche Handlung verbunden, die die sozialen Belange der Mitarbeiter mit berücksichtigt. Fachliche Kompetenzen sind sachorientiert (THEMA).

17.5.4.1 Prozesse

Jeder Prozess im Unternehmen hat einen Eigentümer und ist zugleich Lieferant und Kunde anderer Prozesse. Für den optimalen Einsatz der zur Verfügung stehenden Ressourcen (Anlagen, Material, Personal, Finanzen) trägt der Prozesseigentümer die Verantwortung. In seiner Funktion muss er die Leistungsergebnisse, Wirtschaftlichkeit und die (interne/externe) Kundenzufriedenheit gewährleisten. Daher ist die Beherrschung des Prozesses sicher zu stellen. Über ein entsprechendes Prozesscontrolling werden die Prozesse kontinuierlich auf Verbesserungspotenziale hin untersucht.

U 1: Prozessorientierung

Jeder Prozess hat einen Input und einen Output und ist kundenorientiert (intern oder extern). Prozesskompetente Mitarbeiter kennen die Leistungsanforderungen an ihre Prozesse. Sie können die Ziele, Vorgaben und Ergebnisse transparent und nachvollziehbar erläutern. Zwischen den Teilprozessen und Tätigkeiten ergeben sich Abhängigkeiten und Schnittstellen, die zu Reibungsverlusten führen können. Die damit verbundenen Risiken und Leistungsverluste sind ihnen bekannt.

Der prozesskompetente Mitarbeiter analysiert und bewertet die Schlüsselprozesse. Er überprüft deren Effektivität und Struktur und realisiert Verbesserungen. Schnittstellenbelange zwischen den Prozessen werden im Sinne einer internen/externen Kundenorientierung bearbeitet. Die notwendigen Ressourcen zur Prozessoptimierung setzt er optimal ein.

In der kompetenzschwachen Ausprägung folgen die Mitarbeiter den vorgegebenen Anweisungen ohne deren Sinn und Zweck zu hinterfragen. Sie machen sich keine Gedanken, um mögliche Prozessverbesserungen zu realisieren. Sie leben mit dem Status quo im hier und jetzt und sind nicht zukunftsorientiert.

U 2: Prozessverantwortung

Jeder Prozess hat eine prozessverantwortliche Person. Diese trägt die Verantwortung zur Überwachung der prozessspezifischen Anforderungen. Die Verantwortung umfasst die sachliche Verantwortung bzgl. der ordnungsgemäßen Durchführung der einzelnen Aufgaben und Tätigkeiten. Sie umfasst auch eine mögliche disziplinarische Verantwortung gegenüber den Mitarbeitern. Mit der Prozessverantwortung sind die Festlegung der Prozessziele, die Identifikation der kritischen Erfolgsfaktoren und die Planung der Prozessressourcen verbunden. Sie umfasst sämtliche Aufgaben Richtung Kunde (intern, extern), Lieferanten und Mitarbeitern inklusive Leistungs- und Zielvereinbarungen. Über ein entsprechendes Controllingsystem wird der Prozess gesteuert und die Zielerreichung kontrolliert.

Personen, die ihre Prozessverantwortung wahrnehmen, unterstützen die Mitarbeiter und schenken ihnen die notwendige Aufmerksamkeit. Während Anlagen abgeschrieben werden (Wertverlust), erzielen Mitarbeiter aufgrund ihrer Berufserfahrung einen Wertgewinn. Einbezogen in den Verantwortungsbereich ist auch die Beachtung der einzuhaltenden Rechtsvorschriften, z. B. aus dem Arbeits- und Umweltschutz. Der Prozessverantwortliche fördert das Bewusstsein bzgl. Gesundheit, Arbeits- und Umweltschutz und trägt vorbeugend zur Verhütung von (Arbeits-)Unfällen bei.

Verantwortungslose Personen nehmen ihre verschiedenen Organisations- und Überwachungspflichten nicht wahr. Sie verstoßen fahrlässig oder vorsätzlich gegen geltende Rechtsvorschriften. Ihre Verantwortungspflichten gegenüber den Mitarbeitern nehmen sie nicht wahr. Durchzuführende Pflichtunterweisungen, z. B. im Arbeits- und Umweltschutz oder Arbeiten zur Betriebssicherheit werden als überflüssig betrachtet und unterlassen.

U 3: Prozesscontrolling und -optimierung

Aus der Prozessplanung heraus verfügt der Prozessverantwortliche über ein Controllingsystem zur Steuerung seines Prozesses. Anhand von Leistungsparametern kann er die Erreichung seiner Prozessziele verfolgen. Kritische Erfolgsfaktoren müssen mindestens die Parameter Kunde, Kosten, Qualität, Termine umfassen und lassen sich in Zielvereinbarungsgesprächen mit den Mitarbeitern konkretisieren. Mit den resultierenden Kennzahlen werden die Grundlagen und das Steuerungsinstrument für die Prozessleistung geschaffen.

Anhand des Prozesscontrollings kann der prozessorientierte Mitarbeiter Soll-Ist-Abweichungen identifizieren, Maßnahmen erarbeiten und deren Umsetzung einer Erfolgskontrolle unterziehen. Er gewährleistet die Prozessfähigkeit und sorgt dafür, dass der Prozess beherrscht wird. Für die Optimierung und Verbesserung seiner Prozesse verfügt der Mitarbeiter über ein Set an verschiedenen Instrumenten. Die Verfahren zur Prozessoptimierung werden von ihm im Zuge von Prozessaudits regelmäßig auf ihre Wirksamkeit überprüft.

17.5.4.2 Fachwissen

Berufsanfänger bringen aufgrund ihrer Ausbildung ein umfangreiches theoretisches Wissen mit. Dieses Wissen wurde durch die Ausbildung in Form von Fakten und Theorien vermittelt. Auch die berufliche Weiterbildung vermittelt zu aller erst Wissen.

Die Umsetzung des Wissens in praktisches Können findet im Berufsleben statt. Die Entwicklung entsprechender Fähigkeiten (Berufserfahrung) ist damit für den Erfolg im Berufsleben maßgebend. Wissenserwerb und -anwendung sind somit Bestandteile der individuellen Handlungsfähigkeiten.

U 4: Wissenserwerb

Wissensorientierte Personen erkennen ihre Wissenslücken und unternehmen Anstrengungen diese selbstständig zu schließen. Sie suchen Informationen zu Fragestellungen, die über ihre aktuelle Aufgabe hinausgehen. Das erworbene Wissen bringen sie auch außerhalb ihres direkten Aufgabenbereichs ein. Sie können es zielgruppengerecht darstellen und den Mitarbeitern vermitteln. Wissensorientierte Personen sind neugierig zusätzliches Wissen zur Aufgabenbewältigung zu erwerben und sich auf Neuerungen einzustellen.

Demgegenüber vernachlässigen wissensstatische Personen die Aktualisierung ihres Fachwissens. Sie sind mit dem Status quo zufrieden und leben nur von ihrer Praxiserfahrung. Sie sind nicht in der Lage oder willens, ihr Wissen weiterzuentwickeln und entsprechende Lücken zu schließen. Noch kritischer zu beurteilen sind Personen, die ihre Wissenslücken nicht erkennen, aber selber der Ansicht sind, über das neueste Wissen zu verfügen. Sie denken nicht über den Horizont ihres Fach- und Arbeitsgebietes hinaus.

U 5: Wissensanwendung
Vom Wissenserwerb unterscheidet sich die Wissensanwendung. Es ist wie Theorie und Praxis. Anwendungsstarke Personen können das neu erworbene Wissen einsetzen und in der Praxis umsetzen. Im Zuge ihrer Arbeit können sie die erarbeiteten Vorgehensweisen, Erfahrungen und Lösungswege auf andere Aufgabenstellungen übertragen. Es ist die Bereitschaft vorhanden, das vorhandene Wissen und die gesammelten Erfahrungen mit anderen zu diskutieren und auszutauschen. Anwendungsstarke Mitarbeiter initiieren Neuerungen und können dafür Wissensquellen direkt nutzen.

Bei auftretenden Problemen sind inkompetente Personen nicht in der Lage ihr Wissen bzw. extern vorhandene Wissensquellen zur Problemlösung zu identifizieren und einzusetzen. Bei neuen Aufgabenstellungen müssen sie das Rad jedes Mal neu erfinden. Das vorhandene oder neu erworbene Wissen können sie nicht in die Praxis transferieren oder anderen vermitteln. Insgesamt sind sie in der Anwendung des vorhandenen Wissens mehr statisch als dynamisch.

17.5.4.3 Umwelt
Mit einem Umweltmanagementsystem nach DIN EN ISO 14001 bzw. EMAS werden Unternehmen in die Lage versetzt, den betrieblichen Umweltschutz systematisch aufzubauen und kontinuierlich zu entwickeln. Umweltaudits nach DIN EN ISO 19011 dienen der Überwachung und Verifizierung von Umweltmanagementsystemen. Für die Anwendung von Umweltmanagementsystemen und -audits müssen die zuständigen Mitarbeiter über die notwendigen Kompetenzen verfügen.

U 6: Umweltmanagement
Mitarbeiter im Umweltbereich (z. B. Umweltmanagementbeauftragte) müssen über grundlegende Kenntnisse zum Umweltmanagement verfügen. Sie sind in der Lage ein Projekt Umweltmanagementsystem zu planen und im Unternehmen umzusetzen. Sie kennen und beherrschen die rechtlichen Anforderungen, die an das Unternehmen und die verantwortlichen Personen gestellt werden. Sie kennen die umweltrelevanten Prozesse und Produkte, deren Umweltaspekte bedeutende Auswirkungen auf die Umwelt haben. Über Umweltziele und -programme sorgen sie für eine kontinuierliche Verbesserung des betrieblichen Umweltschutzes. Insbesondere Mitarbeiter deren Tätigkeiten bedeuten-

de Umweltauswirkungen haben, werden in einen wirkungsvollen Verbesserungsprozess einbezogen.

Im Hinblick auf die Umweltaspekte und -auswirkungen sowie das Umweltmanagementsystem sind die internen Kommunikationsabläufe zwischen den einzelnen Abteilungen, Führungskräften, verantwortlichen Personen und zu externen Kreisen (z. B. Behörden, Anlieger) geklärt. Die Wirksamkeit des Umweltmanagementsystems wird durch regelmäßige Reviews sichergestellt.

U 7: Umweltaudit

Im Rahmen eines Umweltaudits muss der interne/externe Umweltauditor über Kompetenzen in den Bereichen:

- Umweltrecht,
- Umwelttechnik,
- Umweltmanagement,
- Umweltwissenschaften

verfügen. Er legt die Ziele und den Umfang des Auditprogramms fest und sorgt dafür, dass die notwendigen Ressourcen zur Verfügung stehen. Der Umweltauditor sorgt für die Umsetzung des Auditprogramms. Die notwendigen Audittätigkeiten bereitet er vor, führt das Audit durch und leitet entsprechende Auditberichte an die verantwortlichen Personen weiter.

Der Umweltauditor verfügt über das notwendige Wissen bzgl. der Prinzipien des Umweltmanagements. Seine Kenntnisse der Umwelttechnologien und -wissenschaften versetzen ihn in die Lage, Umweltauswirkungen zu bewerten. Mit Hilfe seiner Rechtskenntnisse im Umweltbereich unterstützt er die verantwortlichen Personen in der Wahrnehmung ihrer Verantwortungen.

U 8: Umweltrecht

Mitarbeiter, die umweltrelevante Tätigkeiten ausüben, müssen über ausreichende Rechtskenntnisse im Umweltschutz und angrenzenden Rechtsgebieten verfügen. Dazu gehören u. a.:

- Immissionsschutz,
- Gewässerschutz,
- Kreislaufwirtschaft/Abfall,
- Gefahrstoffe,
- Arbeitsschutz.

Diese Grundkenntnisse sind um prozessspezifische Kenntnisse und Regelungen (z. B. interne Arbeitsanweisungen) und externe Vereinbarungen (z. B. Kunden) zu ergänzen. Nachweise dieser Rechtskenntnisse sind über eine entsprechende Aus-/Weiterbildung zu erbringen. Dies schließt eine entsprechende Berufserfahrung ein.

U 9: Umwelttechniken

Mitarbeiter, die umweltrelevante Tätigkeiten ausüben, müssen über die notwendigen technologischen Kenntnisse im Umweltschutz und angrenzenden Gebieten verfügen. Dazu zählen z. B. Bewertungsmöglichkeiten im Rahmen einer Lebenszyklusanalyse bzw. einer Bewertung der Umweltleistungen des Unternehmens. Für die Prozesse und Technologien sind Kenntnisse z. B. in den Bereichen:

- Immissions- und Gewässerschutz,
- Materialeffizienz,
- Energiemanagement und -effizienz,
- Gefahrstoffe und Gefahrgut,
- Arbeits- und Gesundheitsschutz,
- Messtechniken und Analytik

notwendig. Nachweise dieser Kenntnisse sind über eine entsprechende Aus-/Weiterbildung und Praxiserfahrung zu erbringen.

U 10: Umweltwissenschaften

Mitarbeiter, die umweltrelevante Tätigkeiten ausüben, müssen über die notwendigen Kenntnisse zu Umweltaspekten und -auswirkungen verfügen. Nur dann können sie zielgerichtete Maßnahmen zur Verbesserung des betrieblichen Umweltschutzes einleiten. Von daher müssen sie über Kenntnisse zu:

- Umweltauswirkungen von Produkten/Dienstleistungen,
- Ressourceneinsatz und -einsparung,
- Treibhausgasen und -effekt,
- Ozonabbau und entsprechende Emissionen,
- Wechselwirkungen mit Ökosystemen

verfügen. Der Schutz von Mensch und Umwelt muss für sie einen entsprechenden Stellenwert einnehmen. Nachweise der Kenntnisse sind über eine entsprechende Aus-/Weiterbildung und Berufserfahrung zu erbringen.

17.5.5 Kompetenzprofil

Bei der Beobachtung und Messung von Kompetenzen lassen sich zwei grundsätzliche Möglichkeiten betrachten:

- das objektive Messverfahren und
- das subjektive Einschätzungsverfahren.

Beim objektiven Messverfahren geht es um den Versuch, Kompetenzen zu definieren und wie mathematisch-naturwissenschaftliche Größen zu messen. Kompetenzen sollen so möglichst weitgehend erklärbar gemacht werden können. Letztlich sollen Aussagen möglich sein, die aufgrund heutiger Messungen die Effektivität zukünftigen Handelns vorhersagbar machen. Maßnahmen zur Entwicklung von Kompetenzen sind dann ebenfalls objektivierbar.

Beim subjektiven Einschätzungsverfahren wird davon ausgegangen, dass solch ein objektives Verfahren nicht in allen Bereichen möglich ist. Hier geht es darum den Sinn und Inhalt von Kompetenzen zu erfassen und zu verstehen. Methodisch wird nach einem subjektiven Verfahren zur Einschätzung und Beschreibung von Kompetenzen gesucht. Auch hier wird der Versuch unternommen, eine subjektive Einschätzung mit Hilfe einer Skala zu quantifizieren. Maßnahmen zur Entwicklung von Kompetenzen behalten dann immer einen gewissen Unsicherheitsfaktor oder subjektiven Faktor bzgl. ihrer Effektivität.

Zwischen objektivem Messverfahren und subjektivem Einschätzungsverfahren besteht in den einzelnen Kompetenzen ein fließender Übergang. So ist bei fachlich-methodischen Kompetenzen eine Objektivierung leichter möglich. Andere Kompetenzen lassen sich durch eine subjektive Einschätzung leichter erfassen.

Die Qualität der Auswahl und Entwicklung von Umweltmanagementbeauftragten hängt entscheidend von der Qualität der Anforderungsanalyse in Form eines Anforderungsprofils ab. Dies liefert Aussagen über die Art und Ausprägungen der zur Erfüllung der Aufgaben notwendigen Kompetenzen. Personen, die über die notwendigen Kompetenzen verfügen, sollten in der Lage sein, sich schnell auf neue Anforderungen einstellen zu können. Sie können ihre Fähigkeiten und Qualifikationen effizient einsetzen und sie bei geänderten Anforderungen an die Position weiterentwickeln und ergänzen.

Das hier verwendete Verfahren basiert auf einer persönlichen Einschätzung der benötigten Kompetenzen für einen Umweltmanagementbeauftragten. Die einzelnen Kompetenzen wurden von ihnen diskutiert und mit hohen Werten (9 = starke Kompetenzausprägung notwendig) bis zu niedrigen Werten (1 = schwache Kompetenzausprägung notwendig) quantifiziert. Aus den beschriebenen Kompetenzen wurde für die Anforderungen an einen Umweltmanagementbeauftragten ein Anforderungsprofil (Abb. 17.8) erstellt. Es stellt einen geforderten Soll-Zustand bzgl. der notwendigen Kompetenzen dar.

Das aktuelle Kompetenzprofil des Mitarbeiters liefert einen Ist-Zustand und erlaubt eine Aussage, inwieweit er die Stellenanforderungen erfüllt und zum Unternehmenserfolg beitragen kann. Die Differenzen zwischen Anforderungsprofil (Soll) und Kompetenzprofil (Ist) führen zu Personalentwicklungsmaßnahmen für die Kompetenzentwicklung.

Neben der Berufsausbildung werden weitere wichtige Kompetenzen überwiegend im Berufsalltag und im sozialen Umfeld entwickelt. Die frühzeitige Bereitschaft zum Engagement und die Übernahme von Verantwortung prägen das Kompetenzprofil viel stärker als Veranstaltungen und Kurse. Während die gegenwärtigen Kompetenzen eines Menschen u. a. auf dessen Persönlichkeit beruhen, liegt das zukünftige Potenzial in der Aneignung und Entwicklung der anderen Kompetenzfelder. Dazu müssen die innerbetrieblichen Rahmenbedingungen in Form von:

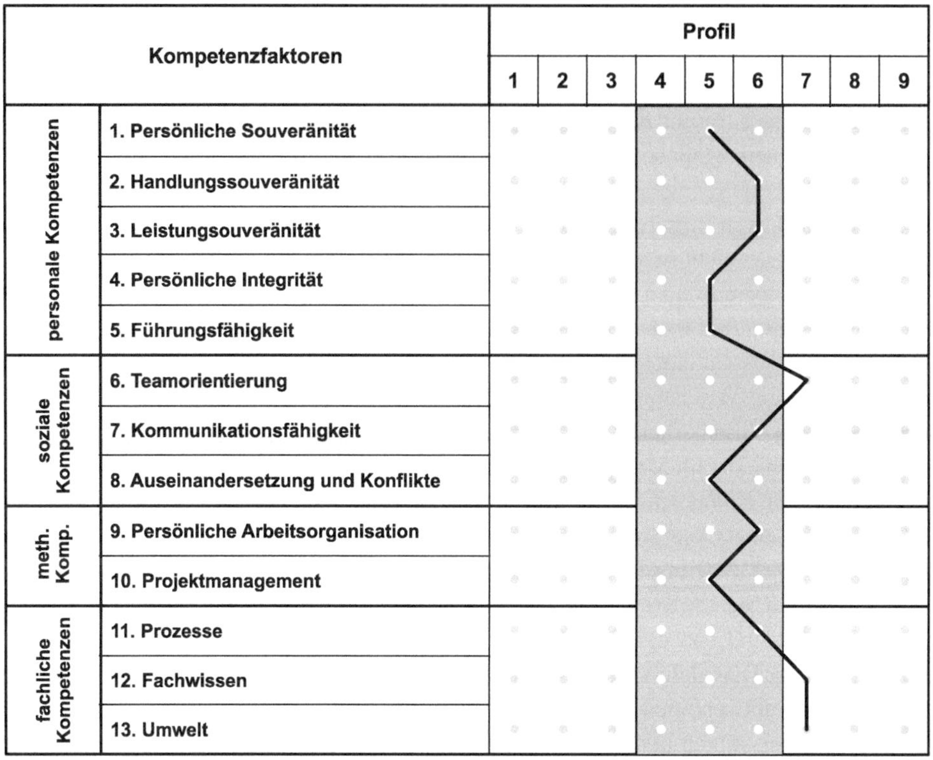

Abb. 17.8 Anforderungsprofil für Umweltmanagementbeauftragte

- Wissensvermittlung (Theorie),
- Handlungsmöglichkeiten (Projekten),
- Trainingsmöglichkeiten (Verhaltenstraining),
- Personalführung (Mitarbeitergespräche)

als wesentliche Bestandteile der Personalentwicklung gegeben sein. Dann ist auf dem Weg vom Wissen über das Handeln zur Kompetenz eine erfolgreiche Bewältigung von Fach- und Projektaufgaben möglich.

17.6 Aufgaben für die Praxis

- Welche beruflichen Ziele verfolge ich?
- Wie weit identifiziere ich mich mit den Unternehmenszielen?
- Wie ist der gesellschaftliche, unternehmerische, persönliche Nutzen dieser Ziele?
- Welche Ziele wurden im Zielvereinbarungsgespräch vereinbart?
- Wurden zur Zielerreichung konkrete Maßnahmen definiert?

- Welche Freiräume haben die Mitarbeiter zur Verwirklichung ihrer Ziele?
- Führe ich regelmäßig persönliche Erfolgskontrollen bzgl. der Zielerreichung durch?
- Ergreife ich Maßnahmen, wenn ich eine Zielabweichung feststelle oder passe ich die Ziele meinen Vorstellungen entsprechend an?
- Welche Konsequenzen ziehe ich für mich aus der Zielerreichung bzw. aus der Nichterreichung des Ziels?
- Wie kommuniziere ich eine mögliche Zielverfehlung?
- Anhand welcher Kriterien bewerte ich meine Mitarbeiter?
- Welchen Fehlerquellen bin ich in der Vergangenheit bei der Mitarbeiterbewertung unterlegen?
- Welche Personalentwicklungsmaßnahmen habe ich für meine Mitarbeiter vorgesehen?
- Wie gewährleiste ich die Transfersicherung von PE-Maßnahmen?
- Welche Maßnahmen ergreife ich, um meine eigenen Potenziale zu entwickeln?

Weiterführende Literatur

17.1. Beck, S.; *Skill-Management – Konzeption für die betriebliche Personalentwicklung,* DUV, **2005**, 3-8244-8212-6

17.2. Becker, F.; *Grundlagen betrieblicher Leistungsbeurteilungen,* Schäffer-Poeschel, **2003**, 3-7910-2172-9

17.3. Becker, M.; *Personalentwicklung,* Schäffer-Poeschel, **2013**, 978-3-7910-3243-6

17.4. Braun, W.; Müller, G.; *Praxisfeld Selbstführung*, Hans Huber, **2009**, 978-3-456-84741-2

17.5. Brinkmann, R.; *Techniken der Personalentwicklung,* Recht und Wirtschaft, **2011**, 978-3-937444-88-8

17.6. Bungard, W.; Kohnke, O. (Hrsg.); *Zielvereinbarungen erfolgreich umsetzen,* Gabler, **2002**, 978-3-409-21477-3

17.7. Domscheit, A.; *Organisations- und Personalentwicklung nach Maß,* moderne industrie, **2007**, 978-3-636-03093-1

17.8. Echelmeyer, W.; *Entwicklung einer modularen, prozessintegrierten Anpassungsqualifizierung in klein- und mittelständischen Unternehmen,* Verlagsgruppe Mainz, **2006**, 3-86130-525-9

17.9. Greif, S.; Kurtz, H. J. (Hrsg.); *Handbuch Selbstorganisiertes Lernen,* Angewandte Psychologie, **1998**, 3-8017-0837-3

17.10. Gülpen, B.; *Mitarbeiter fördern – Programme zur Personalentwicklung,* Schäffer-Poeschel, **2004**, 3-7910-2310-1

17.11. Hamborg, K.-Ch.; Holling, H.; *Innovative Personal- und Organisationsentwicklung,* Hogrefe, **2004**, 3-8017-1798-4

17.12. Heimerl, P.; Loisel, O.; *Lernen mit Fallstudien in der Organisations- und Personalentwicklung,* Linde, **2005**, 3-7143-0039-2

17.13. Kanning, U.; *Die Psychologie der Personenbeurteilung*, Hogrefe, **1999**, 3-8017-1312-1

17.14. Kanning, U. (Hrsg.); *Förderung sozialer Kompetenzen in der Personalentwicklung*, Hogrefe, **2007**, 978-3-8017-2072-8

17.15. Kiefer, B.-U.; Knebel, H.; *Taschenbuch Personalbeurteilung*, Windmühle, **2011**, 978-3-937444-78-9

17.16. Kunz, G.; *Führen durch Zielvereinbarungen,* C.H. Beck, **2003**, 3-406-48778-5
17.17. Lurse, K.; Stockhausen, A.; *Manager und Mitarbeiter brauchen Ziele*, Luchterhand, **2002**, 3-472-05146-9
17.18. Meier, R.; *Praxis Weiterbildung,* Gabal, **2005**, 3-89749-473-6
17.19. Meifert, M. (Hrsg.); *Strategische Personalentwicklung*, Springer, **2013**, 978-3-658-01548-9
17.20. Mentzel, W.; *Personalentwicklung,* dtv, **2001**, 3-423-50854-X
17.21. Müller, R.; Brenner, D.; *Mitarbeiterbewertungen und Zielvereinbarungen*, moderne industrie, **2006**, 3-636-03069-8
17.22. Negri, Ch. (Hrsg.); *Angewandte Psychologie für die Personalentwicklung,* Springer, **2010**, 978-3-642-12624-6
17.23. Phillips, J.; Schirmer, F.; *Return on Investment in der Personalentwicklung,* Springer, **2008**, 978-3-540-79429-5
17.24. Schell-Kiehl, I.; *Mentoring: Lernen aus Erfahrung?*, wbv, **2007**, 978-3-7639-3231-3
17.25. Schlieper-Damrich, R.; Kipfelsberger, P. (Hrsg.); *Wertecoaching,* managerSeminare, **2008**, 978-3-936075-72-7
17.26. Schmidt, K.-H.; Kleinbeck, U.; *Führen mit Zielvereinbarung*, Hogrefe, **2006**, 3-8017-1491-8
17.27. Sonntag, K. (Hrsg.); *Personalentwicklung in Organisationen*, Hogrefe, **2006**, 3-8017-1817-4
17.28. Stanek, W.; Mayer, L.; *Persönlichkeitsentwicklung und soziale Kompetenz,* Trauner, **2007**, 978-3-85499-211-0
17.29. Stöwe, Ch.; Weidemann, A.; *Mitarbeiterbeurteilung und Zielvereinbarung,* Haufe, **2007**, 978-3-448-08018-6
17.30. Storch, M.; Krause, F.; *Selbstmanagement - ressourcenorientiert*, Huber, **2006**, 978-3-456-84323-0
17.31. Thom, N.; Zaugg, R. (Hrsg.); *Moderne Personalentwicklung*, Gabler, **2008**, 978-3-8349-1060-8
17.32. Tischler, K.; *Betriebliches Umweltmanagement als Lernprozess,* Peter Lang, **1998**, 3-631-33914-3
17.33. Voß, B.; *Kommunikations- und Verhaltenstraining,* Angewandte Psychologie, **1996**, 3-87844-102-9
17.34. Wien, A.; Franzke, N.; *Systematische Personalentwicklung,* Springer-Gabler, **2013**, 978-3-658-01075-1

Kreislaufwirtschaftsrecht 18

18.1 Kreislaufwirtschaftsgesetz (KrWG)

18.1.1 Allgemeine Vorschriften des Kreislaufwirtschaftsgesetzes

Zweck des Gesetzes (§ 1)
Zweck des Gesetzes ist es, die Kreislaufwirtschaft zur Schonung der natürlichen Ressourcen zu fördern und den Schutz von Mensch und Umwelt bei der Erzeugung und Bewirtschaftung von Abfällen sicherzustellen.

Geltungsbereich (§ 2)
Die Vorschriften dieses Gesetzes gelten für die:

- Vermeidung von Abfällen,
- Verwertung von Abfällen,
- Beseitigung von Abfällen und
- sonstigen Maßnahmen der Abfallbewirtschaftung.

Begriffsbestimmungen (§ 3)

- **Abfälle:**
  sind alle Stoffe oder Gegenstände, derer sich ihr Besitzer entledigt, entledigen will oder entledigen muss. Abfälle zur Verwertung sind Abfälle, die verwertet werden; Abfälle, die nicht verwertet werden, sind Abfälle zur Beseitigung. Für die Beurteilung der Zweckbestimmung ist die Auffassung des Erzeugers oder Besitzers unter Berücksichtigung der Verkehrsanschauung zugrunde zu legen.

G. Förtsch und H. Meinholz, *Handbuch Betriebliches Umweltmanagement*,
https://doi.org/10.1007/978-3-658-19151-1_18

- **Besitzer:**
  muss sich Stoffen oder Gegenständen entledigen, wenn diese nicht mehr entsprechend ihrer ursprünglichen Zweckbestimmung verwendet werden, aufgrund ihres konkreten Zustandes geeignet sind, gegenwärtig oder zukünftig das Wohl der Allgemeinheit, insbesondere die Umwelt, zu gefährden und deren Gefährdungspotenzial nur durch eine ordnungsgemäße und schadlose Verwertung oder gemeinwohlverträgliche Beseitigung ausgeschlossen werden kann.
- **Gefährlich:**
  sind die Abfälle, die durch Rechtsverordnung nach § 48 KrWG oder aufgrund einer solchen Rechtsverordnung bestimmt worden sind.
- **Nicht gefährlich:**
  sind alle übrigen Abfälle.
- **Inertabfälle:**
  sind mineralische Abfälle die:
  - keinen wesentlichen physikalischen, chemischen oder biologischen Veränderungen unterliegen,
  - sich nicht auflösen, nicht brennen und nicht in anderer Weise physikalisch oder chemisch reagieren,
  - sich nicht biologisch abbauen und
  - andere Materialien, mit denen sie in Kontakt kommen, nicht in einer Weise beeinträchtigen, die zu nachteiligen Auswirkungen auf Mensch und Umwelt führen könnte.

  Die gesamte Auslaugbarkeit und der Schadstoffgehalt der Abfälle sowie die Ökotoxizität des Sickerwassers müssen unerheblich sein und dürfen insbesondere nicht die Qualität von Oberflächen- oder Grundwasser gefährden.
- **Bioabfälle:**
  sind biologisch abbaubare pflanzliche, tierische oder aus Pilzmaterialien bestehende:
  - Garten- und Parkabfälle,
  - Landschaftspflegeabfälle,
  - Nahrungs- und Küchenabfälle aus Haushaltungen, aus dem Gaststätten- und Cateringgewerbe, aus dem Einzelhandel und vergleichbare Abfälle aus Nahrungsmittelverarbeitungsbetrieben sowie
  - Abfälle aus sonstigen Herkunftsbereichen, die den genannten Abfällen nach Art, Beschaffenheit oder stofflichen Eigenschaften vergleichbar sind.
- **Erzeuger:**
  von Abfällen ist jede natürliche oder juristische Person:
  - durch deren Tätigkeit Abfälle anfallen (**Ersterzeuger**) oder
  - die Vorbehandlungen, Mischungen oder sonstige Behandlungen vornimmt, die eine Veränderung der Beschaffenheit oder der Zusammensetzung dieser Abfälle bewirken (**Zweiterzeuger**).

- **Besitzer:**
  von Abfällen ist jede natürliche oder juristische Person, die die tatsächliche Sachherrschaft über Abfälle hat.
- **Sammler:**
  von Abfällen ist jede natürliche oder juristische Person, die gewerbsmäßig oder im Rahmen wirtschaftlicher Unternehmen, das heißt, aus Anlass einer anderweitigen gewerblichen oder wirtschaftlichen Tätigkeit, die nicht auf die Sammlung von Abfällen gerichtet ist, Abfälle sammelt.
- **Beförderer:**
  von Abfällen ist jede natürliche oder juristische Person, die gewerbsmäßig oder im Rahmen wirtschaftlicher Unternehmen, das heißt, aus Anlass einer anderweitigen gewerblichen oder wirtschaftlichen Tätigkeit, die nicht auf die Beförderung von Abfällen gerichtet ist, Abfälle befördert.
- **Händler:**
  von Abfällen ist jede natürliche oder juristische Person, die gewerbsmäßig oder im Rahmen wirtschaftlicher Unternehmen, das heißt, aus Anlass einer anderweitigen gewerblichen oder wirtschaftlichen Tätigkeit, die nicht auf das Handeln mit Abfällen gerichtet ist, oder öffentlicher Einrichtungen in eigener Verantwortung Abfälle erwirbt und weiterveräußert. Die Erlangung der tatsächlichen Sachherrschaft über die Abfälle ist hierfür nicht erforderlich.
- **Makler:**
  von Abfällen ist jede natürliche oder juristische Person, die gewerbsmäßig oder im Rahmen wirtschaftlicher Unternehmen, das heißt, aus Anlass einer anderweitigen gewerblichen oder wirtschaftlichen Tätigkeit, die nicht auf das Makeln von Abfällen gerichtet ist, oder öffentlicher Einrichtungen für die Bewirtschaftung von Abfällen für Dritte sorgt. Die Erlangung der tatsächlichen Sachherrschaft über die Abfälle ist hierfür nicht erforderlich.
- **Abfallbewirtschaftung:**
  sind die Bereitstellung, die Überlassung, die Sammlung, die Beförderung, die Verwertung und die Beseitigung von Abfällen, einschließlich der Überwachung dieser Verfahren, der Nachsorge von Beseitigungsanlagen sowie der Tätigkeiten, die von Händlern und Maklern vorgenommen werden.
- **Sammlung:**
  ist das Einsammeln von Abfällen, einschließlich deren vorläufiger Sortierung und vorläufiger Lagerung zum Zweck der Beförderung zu einer Abfallbehandlungsanlage.
- **Getrennte Sammlung:**
  ist eine Sammlung, bei der ein Abfallstrom nach Art und Beschaffenheit des Abfalls getrennt gehalten wird, um eine bestimmte Behandlung zu erleichtern oder zu ermöglichen.
- **Gemeinnützige Sammlung:**
  von Abfällen ist eine Sammlung, die durch eine steuerbefreite Körperschaft, Personenvereinigung oder Vermögensmasse getragen wird und der Beschaffung von Mitteln zur Verwirklichung ihrer gemeinnützigen, mildtätigen oder kirchlichen Zwecke dient.

Um eine gemeinnützige Sammlung von Abfällen handelt es sich auch dann, wenn die Körperschaft, Personenvereinigung oder Vermögensmasse einen gewerblichen Sammler mit der Sammlung beauftragt und dieser den Veräußerungserlös nach Abzug seiner Kosten und eines angemessenen Gewinns vollständig an die Körperschaft, Personenvereinigung oder Vermögensmasse auskehrt.

- **Gewerbliche Sammlung:**
  von Abfällen ist eine Sammlung, die zum Zweck der Einnahmeerzielung erfolgt. Die Durchführung der Sammeltätigkeit auf der Grundlage vertraglicher Bindungen zwischen dem Sammler und der privaten Haushaltung in dauerhaften Strukturen steht einer gewerblichen Sammlung nicht entgegen.
- **Kreislaufwirtschaft:**
  sind die Vermeidung und Verwertung von Abfällen.
- **Vermeidung:**
  ist jede Maßnahme, die ergriffen wird, bevor ein Stoff, Material oder Erzeugnis zu Abfall geworden ist, und dazu dient, die Abfallmenge, die schädlichen Auswirkungen des Abfalls auf Mensch und Umwelt oder den Gehalt an schädlichen Stoffen in Materialien und Erzeugnissen zu verringern. Hierzu zählen insbesondere die anlageninterne Kreislaufführung von Stoffen, die abfallarme Produktgestaltung, die Wiederverwendung von Erzeugnissen oder die Verlängerung ihrer Lebensdauer sowie ein Konsumverhalten, das auf den Erwerb von abfall- und schadstoffarmen Produkten sowie die Nutzung von Mehrwegverpackungen gerichtet ist.
- **Wiederverwendung:**
  ist jedes Verfahren, bei dem Erzeugnisse oder Bestandteile, die keine Abfälle sind, wieder für denselben Zweck verwendet werden, für den sie ursprünglich bestimmt waren.
- **Abfallentsorgung:**
  sind Verwertungs- und Beseitigungsverfahren, einschließlich der Vorbereitung vor der Verwertung oder Beseitigung.
- **Verwertung:**
  ist jedes Verfahren, als dessen Hauptergebnis die Abfälle innerhalb der Anlage oder in der weiteren Wirtschaft einem sinnvollen Zweck zugeführt werden, indem sie entweder andere Materialien ersetzen, die sonst zur Erfüllung einer bestimmten Funktion verwendet worden wären, oder indem die Abfälle so vorbereitet werden, dass sie diese Funktion erfüllen.
- **Vorbereitung zur Wiederverwendung:**
  ist jedes Verwertungsverfahren der Prüfung, Reinigung oder Reparatur, bei dem Erzeugnisse oder Bestandteile von Erzeugnissen, die zu Abfällen geworden sind, so vorbereitet werden, dass sie ohne weitere Vorbehandlung wieder für denselben Zweck verwendet werden können, für den sie ursprünglich bestimmt waren.
- **Recycling:**
  ist jedes Verwertungsverfahren, durch das Abfälle zu Erzeugnissen, Materialien oder Stoffen entweder für den ursprünglichen Zweck oder für andere Zwecke aufbereitet werden. Es schließt die Aufbereitung organischer Materialien ein, nicht aber die ener-

getische Verwertung und die Aufbereitung zu Materialien, die für die Verwendung als Brennstoff oder zur Verfüllung bestimmt sind.

- **Beseitigung:**
  ist jedes Verfahren, das keine Verwertung ist, auch wenn das Verfahren zur Nebenfolge hat, dass Stoffe oder Energie zurückgewonnen werden.
- **Deponien:**
  sind Beseitigungsanlagen zur Ablagerung von Abfällen oberhalb der Erdoberfläche (oberirdische Deponien) oder unterhalb der Erdoberfläche (Untertagedeponien). Zu den Deponien zählen auch betriebsinterne Abfallbeseitigungsanlagen für die Ablagerung von Abfällen, in denen ein Erzeuger von Abfällen die Abfallbeseitigung am Erzeugungsort vornimmt.
- **Stand der Technik:**
  ist der Entwicklungsstand fortschrittlicher Verfahren, Einrichtungen oder Betriebsweisen, der die praktische Eignung einer Maßnahme zur Begrenzung von Emissionen in Luft, Wasser und Boden, zur Gewährleistung der Anlagensicherheit, zur Gewährleistung einer umweltverträglichen Abfallentsorgung oder sonst zur Vermeidung oder Verminderung von Auswirkungen auf die Umwelt zur Erreichung eines allgemein hohen Schutzniveaus für die Umwelt insgesamt gesichert erscheinen lässt. Bei der Bestimmung des Standes der Technik sind insbesondere die in Tab. 18.1 aufgeführten Kriterien zu berücksichtigen.

Nebenprodukte (§ 4)
Fällt ein Stoff oder Gegenstand bei einem Herstellungsverfahren an, dessen hauptsächlicher Zweck nicht auf die Herstellung dieses Stoffes oder Gegenstandes gerichtet ist, ist er als Nebenprodukt und nicht als Abfall anzusehen, wenn:

- sichergestellt ist, dass der Stoff oder Gegenstand weiter verwendet wird,
- eine weitere, über ein normales industrielles Verfahren hinausgehende Vorbehandlung hierfür nicht erforderlich ist,
- der Stoff oder Gegenstand als integraler Bestandteil eines Herstellungsprozesses erzeugt wird und
- die weitere Verwendung rechtmäßig ist. Dies ist der Fall, wenn der Stoff oder Gegenstand alle für seine jeweilige Verwendung anzuwendenden Produkt-, Umwelt- und Gesundheitsschutzanforderungen erfüllt und insgesamt nicht zu schädlichen Auswirkungen auf Mensch und Umwelt führt.

Die Bundesregierung wird ermächtigt, durch Rechtsverordnung Kriterien zu bestimmen, nach denen bestimmte Stoffe oder Gegenstände als Nebenprodukt anzusehen sind und Anforderungen zum Schutz von Mensch und Umwelt festzulegen.

Ende der Abfalleigenschaft (§ 5)
Die Abfalleigenschaft eines Stoffes oder Gegenstandes endet, wenn dieser ein Verwertungsverfahren durchlaufen hat und so beschaffen ist, dass:

Tab. 18.1 Kriterien zur Bestimmung des Standes der Technik

Kriterien zur Bestimmung des Standes der Technik	
1.	Einsatz abfallarmer Technologie
2.	Einsatz weniger gefährlicher Stoffe
3.	Förderung der Rückgewinnung und Wiederverwertung der bei den einzelnen Verfahren erzeugten und verwendeten Stoffe und gegebenenfalls der Abfälle
4.	Vergleichbare Verfahren, Vorrichtungen und Betriebsmethoden die mit Erfolg im Betrieb erprobt wurden
5.	Fortschritte in der Technologie und in den wissenschaftlichen Erkenntnissen
6.	Art, Auswirkungen und Menge der jeweiligen Emissionen
7.	Zeitpunkt der Inbetriebnahme der neuen oder der bestehenden Anlagen
8.	Für die Einführung einer besseren verfügbaren Technik erforderliche Zeit
9.	Verbrauch an Rohstoffen und die Art der bei den einzelnen Verfahren verwendeten Rohstoffen (einschließlich Wasser) sowie Energieeffizienz
10.	Notwendigkeit, die Gesamtwirkung der Emissionen und die Gefahren für den Menschen und die Umwelt so weit wie möglich zu vermeiden oder zu verringern
11.	Notwendigkeit, Unfällen vorzubeugen und deren Folgen für den Menschen und die Umwelt zu verringern
12.	Informationen, die von der Europäischen Kommission gemäß Artikel 17 Abs. 2 der Richtlinie 2008/1/EG des Europäischen Parlament und des Rates vom 15. Januar 2008 über die integrierte Vermeidung und Verminderung der Umweltverschmutzungen, die durch die Richtlinie 2009/31/EG geändert worden sind oder von internationalen Organisationen veröffentlicht werden

- er üblicherweise für bestimmte Zwecke verwendet wird,
- ein Markt für ihn oder eine Nachfrage nach ihm besteht,
- er alle für seine jeweilige Zweckbestimmung geltenden technischen Anforderungen sowie alle Rechtsvorschriften und anwendbaren Normen für Erzeugnisse erfüllt sowie
- seine Verwendung insgesamt nicht zu schädlichen Auswirkungen auf Mensch oder Umwelt führt.

Die Bundesregierung wird ermächtigt, durch Rechtsverordnung die Bedingungen näher zu bestimmen, unter denen für bestimmte Stoffe und Gegenstände die Abfalleigenschaft endet und Anforderungen zum Schutz von Mensch und Umwelt, insbesondere durch Grenzwerte für Schadstoffe, festzulegen.

18.1.2 Grundsätze und Pflichten der Erzeuger und Besitzer von Abfällen

Abfallhierarchie (§ 6)
Maßnahmen der Vermeidung und der Abfallbewirtschaftung stehen in folgender Rangfolge:

- Vermeidung,
- Vorbereitung zur Wiederverwendung,
- Recycling,
- sonstige Verwertung, insbesondere energetische Verwertung und Verfüllung,
- Beseitigung.

Ausgehend von der Rangfolge soll diejenige Maßnahme Vorrang haben, die den Schutz von Mensch und Umwelt bei der Erzeugung und Bewirtschaftung von Abfällen unter Berücksichtigung des Vorsorge- und Nachhaltigkeitsprinzips am besten gewährleistet. Für die Betrachtung der Auswirkungen auf Mensch und Umwelt ist der gesamte Lebenszyklus des Abfalls zugrunde zu legen. Hierbei sind insbesondere zu berücksichtigen:

- die zu erwartenden Emissionen,
- das Maß der Schonung der natürlichen Ressourcen,
- die einzusetzende oder zu gewinnende Energie sowie
- die Anreicherung von Schadstoffen in Erzeugnissen, in Abfällen zur Verwertung oder in daraus gewonnenen Erzeugnissen.

Die technische Möglichkeit, die wirtschaftliche Zumutbarkeit und die sozialen Folgen der Maßnahme sind zu beachten.

Grundpflichten der Kreislaufwirtschaft (§ 7)
Die Erzeuger oder Besitzer von Abfällen sind zur Verwertung ihrer Abfälle verpflichtet. Die Verwertung von Abfällen hat Vorrang vor deren Beseitigung. Der Vorrang entfällt, wenn die Beseitigung der Abfälle den Schutz von Mensch und Umwelt am besten gewährleistet. Der Vorrang gilt nicht für Abfälle, die unmittelbar und üblicherweise durch Maßnahmen der Forschung und Entwicklung anfallen.

Die Verwertung von Abfällen, insbesondere durch ihre Einbindung in Erzeugnisse, hat ordnungsgemäß und schadlos zu erfolgen. Die Verwertung erfolgt ordnungsgemäß, wenn sie im Einklang mit den Vorschriften des KrWG und anderen öffentlich-rechtlichen Vorschriften steht. Sie erfolgt schadlos, wenn nach der Beschaffenheit der Abfälle, dem Ausmaß der Verunreinigungen und der Art der Verwertung Beeinträchtigungen des Wohls der Allgemeinheit nicht zu erwarten sind, insbesondere keine Schadstoffanreicherung im Wertstoffkreislauf erfolgt.

Die Pflicht zur Verwertung von Abfällen ist zu erfüllen, soweit dies technisch möglich und wirtschaftlich zumutbar ist, insbesondere für einen gewonnenen Stoff oder gewonnene Energie ein Markt vorhanden ist oder geschaffen werden kann. Die Verwertung von Abfällen ist auch dann technisch möglich, wenn hierzu eine Vorbehandlung erforderlich ist. Die wirtschaftliche Zumutbarkeit ist gegeben, wenn die mit der Verwertung verbundenen Kosten nicht außer Verhältnis zu den Kosten stehen, die für eine Abfallbeseitigung zu tragen wären.

Rangfolge und Hochwertigkeit der Verwertungsmaßnahmen (§ 8)
Bei der Erfüllung der Verwertungspflicht hat diejenige Verwertungsmaßnahme Vorrang, die den Schutz von Mensch und Umwelt nach der Art und Beschaffenheit des Abfalls am besten gewährleistet. Zwischen mehreren gleichrangigen Verwertungsmaßnahmen besteht ein Wahlrecht des Erzeugers oder Besitzers von Abfällen. Bei der Ausgestaltung der durchzuführenden Verwertungsmaßnahme ist eine den Schutz von Mensch und Umwelt am besten gewährleistende, hochwertige Verwertung anzustreben.

Die Bundesregierung bestimmt durch Rechtsverordnung für bestimmte Abfallarten:

- den Vorrang oder Gleichrang einer Verwertungsmaßnahme und
- Anforderungen an die Hochwertigkeit der Verwertung.

Durch Rechtsverordnung kann insbesondere bestimmt werden, dass die Verwertung des Abfalls entsprechend seiner Art, Beschaffenheit, Menge und Inhaltsstoffe durch mehrfache, hintereinander geschaltete stoffliche und anschließende energetische Verwertungsmaßnahmen (Kaskadennutzung) zu erfolgen hat.

Soweit der Vorrang oder Gleichrang der energetischen Verwertung nicht in einer Rechtsverordnung festgelegt wird, ist anzunehmen, dass die energetische Verwertung einer stofflichen Verwertung gleichrangig ist, wenn der Heizwert des einzelnen Abfalls, ohne Vermischung mit anderen Stoffen, mindestens 11.000 Kilojoule pro Kilogramm beträgt. Die Bundesregierung überprüft auf der Grundlage der abfallwirtschaftlichen Entwicklung bis zum 31. Dezember 2016, ob und inwieweit der Heizwert zur effizienten und rechtssicheren Umsetzung der Abfallhierarchie noch erforderlich ist.

Getrennthalten von Abfällen zur Verwertung, Vermischungsverbot (§ 9)
Soweit dies zur Erfüllung der Anforderungen erforderlich ist, sind Abfälle getrennt zu halten und zu behandeln. Die Vermischung, einschließlich der Verdünnung, gefährlicher Abfälle mit anderen Kategorien von gefährlichen Abfällen oder mit anderen Abfällen, Stoffen oder Materialien ist unzulässig. Eine Vermischung ist ausnahmsweise dann zulässig, wenn:

- sie in einer nach dem KrWG oder nach dem Bundes-Immissionsschutzgesetz hierfür zugelassenen Anlage erfolgt,
- die Anforderungen an eine ordnungsgemäße und schadlose Verwertung eingehalten und schädliche Auswirkungen der Abfallbewirtschaftung auf Mensch und Umwelt durch die Vermischung nicht verstärkt werden sowie
- das Vermischungsverfahren dem Stand der Technik entspricht.

Soweit gefährliche Abfälle in unzulässiger Weise vermischt worden sind, sind diese zu trennen, soweit dies erforderlich ist, um eine ordnungsgemäße und schadlose Verwertung sicherzustellen, und die Trennung technisch möglich und wirtschaftlich zumutbar ist.

Anforderungen an die Kreislaufwirtschaft (§ 10)
Die Bundesregierung wird ermächtigt, durch Rechtsverordnung:

- die Einbindung oder den Verbleib bestimmter Abfälle in Erzeugnisse/Erzeugnissen nach Art, Beschaffenheit oder Inhaltsstoffen zu beschränken oder zu verbieten,
- Anforderungen an das Getrennthalten, die Zulässigkeit der Vermischung sowie die Beförderung und Lagerung von Abfällen festzulegen,
- Anforderungen an das Bereitstellen, Überlassen, Sammeln und Einsammeln von Abfällen durch Hol- und Bringsysteme, jeweils auch in einer einheitlichen Wertstofftonne oder durch eine einheitliche Wertstofferfassung in vergleichbarer Qualität gemeinsam mit gleichartigen Erzeugnissen oder mit auf dem gleichen Wege zu verwertenden Erzeugnissen, festzulegen,
- für bestimmte Abfälle, deren Verwertung aufgrund ihrer Art, Beschaffenheit oder Menge in besonderer Weise geeignet ist, Beeinträchtigungen des Wohls der Allgemeinheit herbeizuführen, nach Herkunftsbereich, Anfallstelle oder Ausgangsprodukt festzulegen, dass diese:
  - nur in bestimmter Menge oder Beschaffenheit oder nur für bestimmte Zwecke in Verkehr gebracht oder verwertet werden dürfen,
  - mit bestimmter Beschaffenheit nicht in Verkehr gebracht werden dürfen,
- Anforderungen an die Verwertung von mineralischen Abfällen in technischen Bauwerken festzulegen.

Durch Rechtsverordnung können auch Verfahren zur Überprüfung bestimmt werden, insbesondere:

- dass Nachweise oder Register zu führen und vorzulegen sind,
- dass die Entsorger von Abfällen diese bei Annahme oder Weitergabe in bestimmter Art und Weise zu überprüfen und das Ergebnis dieser Prüfung in den Nachweisen oder Registern zu verzeichnen haben,
- dass die Beförderer und Entsorger von Abfällen ein Betriebstagebuch zu führen haben, in dem bestimmte Angaben zu den Betriebsabläufen zu verzeichnen sind, die nicht schon in die Register aufgenommen werden,
- dass die Erzeuger, Besitzer oder Entsorger von Abfällen bei Annahme oder Weitergabe der Abfälle auf die Anforderungen, die sich aus der Rechtsverordnung ergeben, hinzuweisen oder die Abfälle oder die für deren Beförderung vorgesehenen Behältnisse in bestimmter Weise zu kennzeichnen haben,
- die Entnahme von Proben, der Verbleib und die Aufbewahrung von Rückstellproben und die hierfür anzuwendenden Verfahren,
- die Analyseverfahren, die zur Bestimmung von einzelnen Stoffen oder Stoffgruppen erforderlich sind,
- dass der Verpflichtete mit der Durchführung der Probenahme und der Analysen einen von der zuständigen Landesbehörde bekannt gegebenen Sachverständigen, eine von

dieser Behörde bekannt gegebene Stelle oder eine sonstige Person, die über die erforderliche Sach- und Fachkunde verfügt, zu beauftragen hat,
- welche Anforderungen an die Sach- und Fachkunde der Probenehmer zu stellen sind sowie
- dass Nachweise, Register und Betriebstagebücher elektronisch zu führen und Dokumente in elektronischer Form vorzulegen sind.

Durch Rechtsverordnung kann vorgeschrieben werden, dass derjenige, der bestimmte Abfälle, an deren schadlose Verwertung aufgrund ihrer Art, Beschaffenheit oder Menge besondere Anforderungen zu stellen sind, in Verkehr bringt oder verwertet:

- dies anzuzeigen hat,
- dazu einer Erlaubnis bedarf,
- bestimmten Anforderungen an seine Zuverlässigkeit genügen muss oder
- seine notwendige Sach- oder Fachkunde in einem näher festzulegenden Verfahren nachzuweisen hat.

Kreislaufwirtschaft für Bioabfälle und Klärschlämme (§ 11)
Soweit dies zur Erfüllung der Anforderungen erforderlich ist, sind Bioabfälle spätestens ab dem 1. Januar 2015 getrennt zu sammeln. Die Bundesregierung wird ermächtigt, durch Rechtsverordnung zur Förderung der Verwertung von Bioabfällen und Klärschlämmen insbesondere festzulegen:

- welche Abfälle als Bioabfälle oder Klärschlämme gelten,
- welche Anforderungen an die getrennte Sammlung von Bioabfällen zu stellen sind,
- ob und auf welche Weise Bioabfälle und Klärschlämme zu behandeln, welche Verfahren hierbei anzuwenden und welche anderen Maßnahmen hierbei zu treffen sind,
- welche Anforderungen an die Art und Beschaffenheit der unbehandelten, der zu behandelnden und der behandelten Bioabfälle und Klärschlämme zu stellen sind sowie
- dass bestimmte Arten von Bioabfällen und Klärschlämmen nach Ausgangsstoff, Art, Beschaffenheit, Herkunft, Menge, Art oder Zeit der Aufbringung auf den Boden, Beschaffenheit des Bodens, Standortverhältnissen und Nutzungsart nicht, nur in bestimmten Mengen, nur in einer bestimmten Beschaffenheit oder nur für bestimmte Zwecke in Verkehr gebracht oder verwertet werden dürfen.

Durch Rechtsverordnung können Anforderungen für die gemeinsame Verwertung von Bioabfällen und Klärschlämmen mit anderen Abfällen, Stoffen oder Materialien festgelegt werden. Es können auch Verfahren zur Überprüfung der dort festgelegten Anforderungen an die Verwertung von Bioabfällen und Klärschlämmen bestimmt werden, insbesondere:

- Untersuchungspflichten hinsichtlich der Wirksamkeit der Behandlung, der Beschaffenheit der unbehandelten und behandelten Bioabfälle und Klärschlämme, der anzuwendenden Verfahren oder der anderen Maßnahmen,

- Untersuchungsmethoden, die zur Überprüfung der Maßnahmen erforderlich sind,
- Untersuchungen des Bodens.

Durch Rechtsverordnung kann vorgeschrieben werden, dass derjenige, der bestimmte Bioabfälle oder Klärschlämme, an deren schadlose Verwertung aufgrund ihrer Art, Beschaffenheit oder Menge besondere Anforderungen zu stellen sind, in Verkehr bringt oder verwertet:

- dies anzuzeigen hat,
- dazu einer Erlaubnis bedarf,
- bestimmten Anforderungen an seine Zuverlässigkeit genügen muss oder
- seine notwendige Sach- oder Fachkunde in einem näher festzulegenden Verfahren nachzuweisen hat.

Pflichten der Anlagenbetreiber (§ 13)
Die Pflichten der Betreiber von genehmigungsbedürftigen und nicht genehmigungsbedürftigen Anlagen nach dem Bundes-Immissionsschutzgesetz, diese so zu errichten und zu betreiben, dass Abfälle vermieden, verwertet oder beseitigt werden, richten sich nach den Vorschriften des Bundes-Immissionsschutzgesetzes.

Förderung des Recyclings und der sonstigen stofflichen Verwertung (§ 14)
Zum Zweck des ordnungsgemäßen, schadlosen und hochwertigen Recyclings sind Papier-, Metall-, Kunststoff- und Glasabfälle spätestens ab dem 1. Januar 2015 getrennt zu sammeln, soweit dies technisch möglich und wirtschaftlich zumutbar ist. Die Vorbereitung zur Wiederverwendung und das Recycling von Siedlungsabfällen sollen spätestens ab dem 1. Januar 2020 mindestens 65 Gewichtsprozent insgesamt betragen.

Die Vorbereitung zur Wiederverwendung, das Recycling und die sonstige stoffliche Verwertung von nicht gefährlichen Bau- und Abbruchabfällen mit Ausnahme von in der Natur vorkommenden Materialien, die in der Anlage zur Abfallverzeichnisverordnung mit dem Abfallschlüssel 17 05 04 gekennzeichnet sind, sollen spätestens ab dem 1. Januar 2020 mindestens 70 Gewichtsprozent betragen. Die sonstige stoffliche Verwertung schließt die Verfüllung, bei der Abfälle als Ersatz für andere Materialien genutzt werden, ein. Die Bundesregierung überprüft diese Zielvorgabe vor dem Hintergrund der bauwirtschaftlichen Entwicklung und der Rahmenbedingungen für die Verwertung von Bauabfällen bis zum 31. Dezember 2016.

18.1.3 Abfallbeseitigung

Grundpflichten der Abfallbeseitigung (§ 15)
Die Erzeuger oder Besitzer von Abfällen, die nicht verwertet werden, sind verpflichtet, diese zu beseitigen. Durch die Behandlung von Abfällen sind deren Menge und Schäd-

lichkeit zu vermindern. Energie oder Abfälle, die bei der Beseitigung anfallen, sind hochwertig zu nutzen.

Abfälle sind so zu beseitigen, dass das Wohl der Allgemeinheit nicht beeinträchtigt wird. Eine Beeinträchtigung liegt insbesondere dann vor, wenn:

- die Gesundheit der Menschen beeinträchtigt wird,
- Tiere oder Pflanzen gefährdet werden,
- Gewässer oder Böden schädlich beeinflusst werden,
- schädliche Umwelteinwirkungen durch Luftverunreinigungen oder Lärm herbeigeführt werden,
- die Ziele oder Grundsätze und sonstigen Erfordernisse der Raumordnung nicht beachtet oder die Belange des Naturschutzes, der Landschaftspflege sowie des Städtebaus nicht berücksichtigt werden oder
- die öffentliche Sicherheit oder Ordnung in sonstiger Weise gefährdet oder gestört wird.

Anforderungen an die Abfallbeseitigung (§ 16)
Die Bundesregierung wird ermächtigt, durch Rechtsverordnung entsprechend dem Stand der Technik Anforderungen an die Beseitigung von Abfällen nach Herkunftsbereich, Anfallstelle sowie nach Art, Menge und Beschaffenheit festzulegen, insbesondere:

- Anforderungen an das Getrennthalten und die Behandlung von Abfällen,
- Anforderungen an das Bereitstellen, Überlassen, Sammeln und Einsammeln, die Beförderung, Lagerung und Ablagerung von Abfällen.

Durch Rechtsverordnung kann vorgeschrieben werden, dass derjenige, der bestimmte Abfälle, an deren Behandlung, Sammlung, Einsammlung, Beförderung, Lagerung und Ablagerung aufgrund ihrer Art, Beschaffenheit oder Menge besondere Anforderungen zu stellen sind, in Verkehr bringt oder beseitigt:

- dies anzuzeigen hat,
- dazu einer Erlaubnis bedarf, bestimmten Anforderungen an seine Zuverlässigkeit genügen muss oder
- seine notwendige Sach- oder Fachkunde in einem näher festzulegenden Verfahren nachzuweisen hat.

Überlassungspflichten (§ 17)
Erzeuger oder Besitzer von Abfällen aus privaten Haushaltungen sind verpflichtet, diese Abfälle den nach Landesrecht zur Entsorgung verpflichteten juristischen Personen (öffentlich-rechtliche Entsorgungsträger) zu überlassen, soweit sie zu einer Verwertung auf den von ihnen im Rahmen ihrer privaten Lebensführung genutzten Grundstücken nicht in der Lage sind oder diese nicht beabsichtigen. Dies gilt auch für Erzeuger und Besitzer von Abfällen zur Beseitigung aus anderen Herkunftsbereichen, soweit sie diese nicht in eigenen Anlagen beseitigen. Die Befugnis zur Beseitigung der Abfälle in eigenen Anlagen besteht

nicht, soweit die Überlassung der Abfälle an den öffentlich-rechtlichen Entsorgungsträger aufgrund überwiegender öffentlicher Interessen erforderlich ist. Die Überlassungspflicht besteht nicht für Abfälle:

- die einer Rücknahme- oder Rückgabepflicht aufgrund einer Rechtsverordnung unterliegen, soweit nicht die öffentlich-rechtlichen Entsorgungsträger an der Rücknahme mitwirken; hierfür kann insbesondere eine einheitliche Wertstofftonne oder eine einheitliche Wertstofferfassung in vergleichbarer Qualität vorgesehen werden, durch die werthaltige Abfälle aus privaten Haushaltungen in effizienter Weise erfasst und einer hochwertigen Verwertung zugeführt werden,
- die in Wahrnehmung der Produktverantwortung freiwillig zurückgenommen werden, soweit dem zurücknehmenden Hersteller oder Vertreiber ein Freistellungs- oder Feststellungsbescheid erteilt worden ist,
- die durch gemeinnützige Sammlung einer ordnungsgemäßen und schadlosen Verwertung zugeführt werden,
- die durch gewerbliche Sammlung einer ordnungsgemäßen und schadlosen Verwertung zugeführt werden, soweit überwiegende öffentliche Interessen dieser Sammlung nicht entgegenstehen.

18.1.4 Produktverantwortung

Produktverantwortung (§ 23)
Wer Erzeugnisse entwickelt, herstellt, be- oder verarbeitet oder vertreibt, trägt zur Erfüllung der Ziele der Kreislaufwirtschaft die Produktverantwortung. Erzeugnisse sind möglichst so zu gestalten, dass bei ihrer Herstellung und ihrem Gebrauch das Entstehen von Abfällen vermindert wird und sichergestellt ist, dass die nach ihrem Gebrauch entstandenen Abfälle umweltverträglich verwertet oder beseitigt werden. Die Produktverantwortung umfasst insbesondere:

- die Entwicklung, die Herstellung und das Inverkehrbringen von Erzeugnissen, die mehrfach verwendbar, technisch langlebig und nach Gebrauch zur ordnungsgemäßen, schadlosen und hochwertigen Verwertung sowie zur umweltverträglichen Beseitigung geeignet sind,
- den vorrangigen Einsatz von verwertbaren Abfällen oder sekundären Rohstoffen bei der Herstellung von Erzeugnissen,
- die Kennzeichnung von schadstoffhaltigen Erzeugnissen, um sicherzustellen, dass die nach Gebrauch verbleibenden Abfälle umweltverträglich verwertet oder beseitigt werden, den Hinweis auf Rückgabe-, Wiederverwendungs- und Verwertungsmöglichkeiten oder -pflichten und Pfandregelungen durch Kennzeichnung der Erzeugnisse sowie
- die Rücknahme der Erzeugnisse und der nach Gebrauch der Erzeugnisse verbleibenden Abfälle sowie deren nachfolgende umweltverträgliche Verwertung oder Beseitigung.

Die Bundesregierung bestimmt durch Rechtsverordnungen welche Verpflichteten die Produktverantwortung wahrzunehmen haben. Sie legt zugleich fest, für welche Erzeugnisse und in welcher Art und Weise die Produktverantwortung wahrzunehmen ist.

Anforderungen an Verbote, Beschränkungen und Kennzeichnungen (§ 24)
Zur Festlegung von Anforderungen nach § 23 KrWG wird die Bundesregierung ermächtigt, durch Rechtsverordnung zu bestimmen, dass:

- bestimmte Erzeugnisse, insbesondere Verpackungen und Behältnisse, nur in bestimmter Beschaffenheit oder für bestimmte Verwendungen, bei denen eine umweltverträgliche Verwertung oder Beseitigung der anfallenden Abfälle gewährleistet ist, in Verkehr gebracht werden dürfen,
- bestimmte Erzeugnisse nicht in Verkehr gebracht werden dürfen, wenn bei ihrer Entsorgung die Freisetzung schädlicher Stoffe nicht oder nur mit unverhältnismäßig hohem Aufwand verhindert werden könnte und die umweltverträgliche Entsorgung nicht auf andere Weise sichergestellt werden kann,
- bestimmte Erzeugnisse nur in bestimmter, die Abfallentsorgung spürbar entlastender Weise in Verkehr gebracht werden dürfen, insbesondere in einer Form, die die mehrfache Verwendung oder die Verwertung erleichtert,
- bestimmte Erzeugnisse in bestimmter Weise zu kennzeichnen sind, um insbesondere die Erfüllung der Pflichten zur Rücknahme zu sichern oder zu fördern,
- bestimmte Erzeugnisse wegen des Schadstoffgehalts der nach dem bestimmungsgemäßen Gebrauch in der Regel verbleibenden Abfälle nur mit einer Kennzeichnung in Verkehr gebracht werden dürfen, die insbesondere auf die Notwendigkeit einer Rückgabe an die Hersteller, Vertreiber oder bestimmte Dritte hinweist,
- für bestimmte Erzeugnisse an der Stelle der Abgabe oder des Inverkehrbringens Hinweise auf die Wiederverwendbarkeit oder den Entsorgungsweg der Erzeugnisse zu geben oder die Erzeugnisse entsprechend zu kennzeichnen sind,
- für bestimmte Erzeugnisse, für die eine Rücknahme- oder Rückgabepflicht verordnet wurde, an der Stelle der Abgabe oder des Inverkehrbringens auf die Rückgabemöglichkeit hinzuweisen ist oder die Erzeugnisse entsprechend zu kennzeichnen sind,
- bestimmte Erzeugnisse, für die die Erhebung eines Pfandes verordnet wurde, entsprechend zu kennzeichnen sind, gegebenenfalls mit Angabe der Höhe des Pfandes.

Anforderungen an Rücknahme- und Rückgabepflichten (§ 25)
Zur Festlegung von Anforderungen nach § 23 KrWG wird die Bundesregierung ermächtigt, durch Rechtsverordnung zu bestimmen, dass Hersteller oder Vertreiber:

- bestimmte Erzeugnisse nur bei Eröffnung einer Rückgabemöglichkeit abgeben oder in Verkehr bringen dürfen,
- bestimmte Erzeugnisse zurückzunehmen und die Rückgabe durch geeignete Maßnahmen sicherzustellen haben, insbesondere durch die Einrichtung von Rücknahmesystemen, die Beteiligung an Rücknahmesystemen oder durch die Erhebung eines Pfandes,

- bestimmte Erzeugnisse an der Abgabe- oder Anfallstelle zurückzunehmen haben,
- gegenüber dem Land, der zuständigen Behörde, dem öffentlich-rechtlichen Entsorgungsträger, einer Industrie- und Handelskammer oder, mit dessen Zustimmung, gegenüber einem Zusammenschluss von Industrie- und Handelskammern Nachweis zu führen haben über die in Verkehr gebrachten Produkte und deren Eigenschaften, über die Rücknahme von Abfällen, über die Beteiligung an Rücknahmesystemen und über Art, Menge, Verwertung und Beseitigung der zurückgenommenen Abfälle sowie
- Belege beizubringen, einzubehalten, aufzubewahren, auf Verlangen vorzuzeigen sowie bei einer Behörde, einem öffentlich-rechtlichen Entsorgungsträger, einer Industrie- und Handelskammer oder, mit dessen Zustimmung, bei einem Zusammenschluss von Industrie- und Handelskammern zu hinterlegen haben.

Durch Rechtsverordnung kann zur Festlegung von Anforderungen nach § 23 KrWG sowie zur ergänzenden Festlegung von Pflichten sowohl der Erzeuger und Besitzer von Abfällen als auch der öffentlich-rechtlichen Entsorgungsträger im Rahmen der Kreislaufwirtschaft weiter bestimmt werden:

- wer die Kosten für die Rücknahme, Verwertung und Beseitigung der zurückzunehmenden Erzeugnisse zu tragen hat,
- dass die Besitzer von Abfällen diese den verpflichteten Herstellern, Vertreibern oder eingerichteten Rücknahmesystemen zu überlassen haben,
- auf welche Art und Weise die Abfälle überlassen werden, einschließlich der Maßnahmen zum Bereitstellen, Sammeln und Befördern sowie der Bringpflichten der Besitzer von Abfällen. Für die genannten Tätigkeiten kann auch eine einheitliche Wertstofftonne oder eine einheitliche Wertstofferfassung in vergleichbarer Qualität vorgesehen werden,
- dass die öffentlich-rechtlichen Entsorgungsträger durch Erfassung der Abfälle als ihnen übertragene Aufgabe bei der Rücknahme mitzuwirken und die erfassten Abfälle den Verpflichteten zu überlassen haben.

Freiwillige Rücknahme (§ 26)
Das Bundesministerium für Umwelt, Naturschutz, Bau und Reaktorsicherheit wird ermächtigt, durch Rechtsverordnung Zielfestlegungen für die freiwillige Rücknahme von Abfällen zu treffen, die innerhalb einer angemessenen Frist zu erreichen sind.

Hersteller und Vertreiber, die Erzeugnisse und die nach Gebrauch der Erzeugnisse verbleibenden Abfälle freiwillig zurücknehmen, haben dies der zuständigen Behörde vor Beginn der Rücknahme anzuzeigen, soweit die Rücknahme gefährliche Abfälle umfasst.

Die für die Anzeige zuständige Behörde soll auf Antrag den Hersteller oder Vertreiber, der von ihm hergestellte oder vertriebene Erzeugnisse nach deren Gebrauch als gefährliche Abfälle in eigenen Anlagen oder Einrichtungen oder in Anlagen oder Einrichtungen von ihm beauftragter Dritter freiwillig zurücknimmt, von Pflichten zur Nachweisführung nach § 50 KrWG über die Entsorgung gefährlicher Abfälle bis zum Abschluss der Rücknahme der Abfälle sowie von Verpflichtungen nach § 54 KrWG freistellen, wenn:

- die freiwillige Rücknahme erfolgt, um die Produktverantwortung im Sinne des § 23 KrWG wahrzunehmen,
- durch die Rücknahme die Kreislaufwirtschaft gefördert wird und
- die umweltverträgliche Verwertung oder Beseitigung der Abfälle gewährleistet bleibt.

Die Rücknahme gilt spätestens mit der Annahme der Abfälle an einer Anlage zur weiteren Entsorgung, ausgenommen Anlagen zur Zwischenlagerung der Abfälle, als abgeschlossen, soweit in der Freistellung kein früherer Zeitpunkt bestimmt wird.

Die Freistellung gilt für die Bundesrepublik Deutschland, soweit keine beschränkte Geltung beantragt oder angeordnet wird. Die für die Freistellung zuständige Behörde übersendet je eine Kopie des Freistellungsbescheids an die zuständigen Behörden der Länder, in denen die Abfälle zurückgenommen werden.

Erzeuger, Besitzer, Beförderer oder Entsorger von gefährlichen Abfällen sind bis zum Abschluss der Rücknahme von den Nachweispflichten nach § 50 KrWG befreit, soweit sie die Abfälle an einen Hersteller oder Vertreiber zurückgeben oder in dessen Auftrag entsorgen, der für solche Abfälle von Nachweispflichten freigestellt ist. Die zuständige Behörde kann die Rückgabe oder Entsorgung von Bedingungen abhängig machen, sie zeitlich befristen oder Auflagen für sie vorsehen, soweit dies erforderlich ist, um die umweltverträgliche Verwertung und Beseitigung sicherzustellen.

18.1.5 Ordnung und Durchführung der Abfallbeseitigung

Ordnung der Abfallbeseitigung (§ 28)

Abfälle dürfen zum Zweck der Beseitigung nur in den dafür zugelassenen Anlagen oder Einrichtungen (Abfallbeseitigungsanlagen) behandelt, gelagert oder abgelagert werden. Abweichend ist die Behandlung von Abfällen zur Beseitigung auch in solchen Anlagen zulässig, die überwiegend einem anderen Zweck als der Abfallbeseitigung dienen und die einer Genehmigung nach § 4 des Bundes-Immissionsschutzgesetzes bedürfen. Die Lagerung oder Behandlung von Abfällen zur Beseitigung in den diesen Zwecken dienenden Abfallbeseitigungsanlagen ist auch zulässig, soweit diese nach dem Bundes-Immissionsschutzgesetz aufgrund ihres geringen Beeinträchtigungspotenzials keiner Genehmigung bedürfen. Flüssige Abfälle, die kein Abwasser sind, können unter den Voraussetzungen des § 55 des Wasserhaushaltsgesetzes mit Abwasser beseitigt werden.

Durchführung der Abfallbeseitigung (§ 29)

Die zuständige Behörde kann dem Betreiber einer Abfallbeseitigungsanlage, der Abfälle wirtschaftlicher als die öffentlich-rechtlichen Entsorgungsträger beseitigen kann, auf seinen Antrag die Beseitigung dieser Abfälle übertragen. Die Übertragung kann insbesondere mit der Auflage verbunden werden, dass der Antragsteller alle Abfälle, die in dem von den öffentlich-rechtlichen Entsorgungsträgern erfassten Gebiet angefallen sind, gegen Erstattung der Kosten beseitigt, wenn die öffentlich-rechtlichen Entsorgungsträger die verbleibenden Abfälle nicht oder nur mit unverhältnismäßigem Aufwand beseitigen können. Dies gilt nicht, wenn der Antragsteller darlegt, dass es unzumutbar ist, die Beseitigung auch dieser verbleibenden Abfälle zu übernehmen.

Die zuständige Behörde kann den Abbauberechtigten oder den Unternehmer eines Mineralgewinnungsbetriebs sowie den Eigentümer, Besitzer oder in sonstiger Weise Verfügungsberechtigten eines zur Mineralgewinnung genutzten Grundstücks verpflichten, die Beseitigung von Abfällen in freigelegten Bauen in seiner Anlage oder innerhalb seines Grundstücks zu dulden, während der üblichen Betriebs- oder Geschäftszeiten den Zugang zu ermöglichen und dabei, soweit dies unumgänglich ist, vorhandene Betriebsanlagen oder Einrichtungen oder Teile derselben zur Verfügung zu stellen. Die dem Verpflichteten entstehenden Kosten hat der Beseitigungspflichtige zu erstatten. Kommt eine Einigung über die Erstattung der Kosten nicht zustande, werden sie auf Antrag durch die zuständige Behörde festgesetzt. Der Vorrang der Mineralgewinnung gegenüber der Abfallbeseitigung darf nicht beeinträchtigt werden. Für die aus der Abfallbeseitigung entstehenden Schäden haftet der Duldungspflichtige nicht.

18.1.6 Abfallwirtschaftspläne und Abfallvermeidungsprogramme

Abfallwirtschaftspläne (§ 30)

Die Länder stellen für ihr Gebiet Abfallwirtschaftspläne nach überörtlichen Gesichtspunkten auf. Die Abfallwirtschaftspläne stellen Folgendes dar:

- die Ziele der Abfallvermeidung, der Abfallverwertung, insbesondere der Vorbereitung zur Wiederverwendung und des Recyclings, sowie der Abfallbeseitigung,
- die bestehende Situation der Abfallbewirtschaftung,
- die erforderlichen Maßnahmen zur Verbesserung der Abfallverwertung und Abfallbeseitigung einschließlich einer Bewertung ihrer Eignung zur Zielerreichung sowie
- die Abfallentsorgungsanlagen, die zur Sicherung der Beseitigung von Abfällen sowie der Verwertung von gemischten Abfällen aus privaten Haushaltungen einschließlich solcher, die dabei auch in anderen Herkunftsbereichen gesammelt werden, im Inland erforderlich sind.

Die Abfallwirtschaftspläne enthalten mindestens:

- Angaben über Art, Menge und Herkunft der im Gebiet erzeugten Abfälle und der Abfälle, die voraussichtlich aus dem oder in das deutsche Hoheitsgebiet verbracht werden, sowie eine Abschätzung der zukünftigen Entwicklung der Abfallströme,
- Angaben über bestehende Abfallsammelsysteme und bedeutende Beseitigungs- und Verwertungsanlagen, einschließlich spezieller Vorkehrungen für Altöl, gefährliche Abfälle oder Abfallströme, für die besondere Bestimmungen gelten,
- eine Beurteilung der Notwendigkeit neuer Sammelsysteme, der Stilllegung bestehender oder der Errichtung zusätzlicher Abfallentsorgungsanlagen,

- ausreichende Informationen über die Ansiedlungskriterien zur Standortbestimmung und über die Kapazität künftiger Beseitigungsanlagen oder bedeutender Verwertungsanlagen,
- allgemeine Abfallbewirtschaftungsstrategien, einschließlich geplanter Abfallbewirtschaftungstechnologien und -verfahren, oder Strategien für Abfälle, die besondere Bewirtschaftungsprobleme aufwerfen.

Abfallwirtschaftspläne können weiterhin enthalten:

- Angaben über organisatorische Aspekte der Abfallbewirtschaftung, einschließlich einer Beschreibung der Aufteilung der Verantwortlichkeiten zwischen öffentlichen und privaten Akteuren, die die Abfallbewirtschaftung durchführen,
- eine Bewertung von Nutzen und Eignung des Einsatzes wirtschaftlicher und anderer Instrumente zur Bewältigung verschiedener Abfallprobleme unter Berücksichtigung der Notwendigkeit, ein reibungsloses Funktionieren des Binnenmarkts aufrechtzuerhalten,
- den Einsatz von Sensibilisierungskampagnen sowie Informationen für die Öffentlichkeit oder eine bestimmte Verbrauchergruppe,
- Angaben über geschlossene kontaminierte Abfallbeseitigungsstandorte und Maßnahmen für deren Sanierung.

Abfallvermeidungsprogramme (§ 33)
Der Bund erstellt ein Abfallvermeidungsprogramm. Die Länder können sich an der Erstellung des Abfallvermeidungsprogramms beteiligen. In diesem Fall leisten sie für ihren jeweiligen Zuständigkeitsbereich eigenverantwortliche Beiträge. Diese Beiträge werden in das Abfallvermeidungsprogramm des Bundes aufgenommen.

Soweit die Länder sich nicht an einem Abfallvermeidungsprogramm des Bundes beteiligen, erstellen sie eigene Abfallvermeidungsprogramme. Das Abfallvermeidungsprogramm:

- legt die Abfallvermeidungsziele fest; die Ziele sind darauf gerichtet, das Wirtschaftswachstum und die mit der Abfallerzeugung verbundenen Auswirkungen auf Mensch und Umwelt zu entkoppeln,
- stellt die bestehenden Abfallvermeidungsmaßnahmen dar und bewertet die Zweckmäßigkeit der in Tab. 18.2 angegebenen oder anderer geeigneter Abfallvermeidungsmaßnahmen,
- legt, soweit erforderlich, weitere Abfallvermeidungsmaßnahmen fest und
- gibt zweckmäßige, spezifische, qualitative oder quantitative Maßstäbe für festgelegte Abfallvermeidungsmaßnahmen vor, anhand derer die bei den Maßnahmen erzielten Fortschritte überwacht und bewertet werden; als Maßstab können Indikatoren oder andere geeignete spezifische qualitative oder quantitative Ziele herangezogen werden.

Die Abfallvermeidungsprogramme sind erstmals zum 12. Dezember 2013 zu erstellen, alle sechs Jahre auszuwerten und bei Bedarf fortzuschreiben. Bei der Aufstellung oder

Änderung von Abfallvermeidungsprogrammen ist die Öffentlichkeit von der zuständigen Behörde zu beteiligen.

18.1.7 Überwachung

Allgemeine Überwachung (§ 17)
Die zuständige Behörde überprüft in regelmäßigen Abständen und in angemessenem Umfang Erzeuger von gefährlichen Abfällen, Anlagen und Unternehmen, die Abfälle entsor-

Tab. 18.2 Abfallvermeidungsmaßnahmen in den verschiedenen Lebensphasen

Maßnahmen, die sich auf die Rahmenbedingungen im Zusammenhang mit der Abfallerzeugung auswirken können:
– Einsatz von Planungsmaßnahmen oder sonstigen wirtschaftlichen Instrumenten, die die Effizienz der Ressourcennutzung fördern – Förderung einschlägiger Forschung und Entwicklung mit dem Ziel, umweltfreundlichere und weniger abfallintensive Produkte und Technologien hervorbringen, sowie Verbreitung und Einsatz dieser Ergebnisse aus Forschung und Entwicklung – Entwicklung wirksamer und aussagekräftiger Indikatoren für die Umweltbelastungen im Zusammenhang mit der Abfallerzeugung als Beitrag zur Vermeidung der Abfallerzeugung auf sämtlichen Ebenen, vom Produktvergleich auf Gemeinschaftsebene über Aktivitäten kommunaler Behörden bis hin zu nationalen Maßnahmen
Maßnahmen, die sich auf die Konzeptions-, Produktions- und Vertriebsphase auswirken können:
– Förderung von Ökodesign (systematische Einbeziehung von Umweltaspekten in das Produktdesign mit dem Ziel, die Umweltbilanz des Produkts über den gesamten Lebenszyklus hinweg zu verbessern) – Bereitstellung von Informationen über Techniken zur Abfallvermeidung im Hinblick auf einen erleichterten Einsatz der besten verfügbaren Techniken in der Industrie – Schulungsmaßnahmen für die zuständigen Behörden hinsichtlich der Einbeziehung der Abfallvermeidungsanforderungen bei der Erteilung von Genehmigungen aufgrund des KrWG sowie des Bundes-Immissionsschutzgesetzes und der auf Grundlage des Bundes-Immissionsschutzgesetzes erlassenen Rechtsverordnungen – Einbeziehung von Maßnahmen zur Vermeidung der Abfallerzeugung in Anlagen, die keiner Genehmigung nach § 4 des Bundes-Immissionsschutzgesetzes bedürfen – hierzu könnten gegebenenfalls Maßnahmen zur Bewertung der Abfallvermeidung und zur Aufstellung von Plänen gehören – Sensibilisierungsmaßnahmen oder Unterstützung von Unternehmen bei der Finanzierung oder der Entscheidungsfindung – besonders wirksam dürften derartige Maßnahmen sein, wenn sie sich gezielt an kleine und mittlere Unternehmen richten, auf diese zugeschnitten sind und auf bewährte Netzwerke des Wirtschaftsleben zurückgreifen – Rückgriff auf freiwillige Vereinbarungen, Verbraucher- und Herstellergremien oder branchenbezogene Verhandlungen, damit die jeweiligen Unternehmen oder Branchen eigene Abfallvermeidungspläne oder -ziele festlegen oder abfallintensive Produkte oder Verpackungen verbessern – Förderung anerkannter Umweltmanagementsysteme

Tab. 18.2 (Fortsetzung)

Maßnahmen, die sich auf die Verbrauchs- und Nutzungsphase auswirken können:
– Wirtschaftliche Instrumente wie zum Beispiel Anreize für umweltfreundlichen Einkauf oder die Einführung eines vom Verbraucher zu zahlenden Aufpreises für einen Verpackungsartikel oder Verpackungsteil, der sonst unentgeltlich bereitgestellt werden würde – Sensibilisierungsmaßnahmen und Informationen für die Öffentlichkeit oder eine bestimmte Verbrauchergruppe – Förderung von Ökozeichen – Vereinbarungen mit der Industrie, wie der Rückgriff auf Produktgremien etwa nach dem Vorbild der integrierten Produktpolitik, oder mit dem Einzelhandel über die Bereitstellung von Informationen über Abfallvermeidung und umweltfreundliche Produkte – Einbeziehung von Kriterien des Umweltschutzes und der Abfallvermeidung in Ausschreibungen des öffentlichen und privaten Beschaffungswesens im Sinne des Handbuchs für eine umweltgerechte öffentliche Beschaffung, das von der Kommission veröffentlicht wurde – Förderung der Wiederverwendung und Reparatur geeigneter entsorgter Produkte oder ihrer Bestandteile, vor allem durch den Einsatz pädagogischer, wirtschaftlicher, logistischer und anderer Maßnahmen wie Unterstützung oder Einrichtung von akkreditierten Zentren und Netzen für Reparatur und Wiederverwendung, insbesondere in dicht besiedelten Regionen

gen, sowie Sammler, Beförderer, Händler und Makler von Abfällen. Die Überprüfung der Tätigkeiten der Sammler und Beförderer von Abfällen erstreckt sich auch auf den Ursprung, die Art, die Menge und den Bestimmungsort der gesammelten und beförderten Abfälle.

Auskunft über Betrieb, Anlagen, Einrichtungen und sonstige der Überwachung unterliegende Gegenstände haben den Bediensteten und Beauftragten der zuständigen Behörde auf Verlangen zu erteilen:

- Erzeuger und Besitzer von Abfällen,
- zur Abfallentsorgung Verpflichtete,
- Betreiber sowie frühere Betreiber von Unternehmen oder Anlagen, die Abfälle entsorgen oder entsorgt haben, auch wenn diese Anlagen stillgelegt sind, sowie
- Sammler, Beförderer, Händler und Makler von Abfällen.

Betreiber von Verwertungs- und Abfallbeseitigungsanlagen oder von Anlagen, in denen Abfälle mitverwertet oder mitbeseitigt werden, haben diese Anlagen den Bediensteten oder Beauftragten der zuständigen Behörde zugänglich zu machen, die zur Überwachung erforderlichen Arbeitskräfte, Werkzeuge und Unterlagen zur Verfügung zu stellen und nach Anordnung der zuständigen Behörde Zustand und Betrieb der Anlage auf eigene Kosten prüfen zu lassen.

Für alle zulassungspflichtigen Deponien stellen die zuständigen Behörden in ihrem Zuständigkeitsbereich Überwachungspläne und Überwachungsprogramme auf. Zur Überwachung gehören insbesondere auch die Überwachung der Errichtung, Vor-Ort-Besichtigungen, die Überwachung der Emissionen und die Überprüfung interner Berichte, Folgedokumente sowie Messungen und Kontrollen, die Überprüfung der Eigenkontrolle, die Prüfung der angewandten Techniken und der Eignung des Umweltmanagement der Deponie.

Abfallbezeichnung, gefährliche Abfälle (§ 48)
An die Entsorgung sowie die Überwachung gefährlicher Abfälle sind nach Maßgabe des KrWG besondere Anforderungen zu stellen. Zur Umsetzung von Rechtsakten der Europäischen Union wird die Bundesregierung ermächtigt, durch Rechtsverordnung die Bezeichnung von Abfällen sowie gefährliche Abfälle zu bestimmen und die Bestimmung gefährlicher Abfälle durch die zuständige Behörde im Einzelfall zuzulassen.

Registerpflichten (§ 49)
Die Betreiber von Anlagen oder Unternehmen, die Abfälle in einem Verfahren nach Tab. 18.3 oder 18.4 entsorgen (Entsorger von Abfällen), haben ein Register zu führen, in dem folgende Angaben verzeichnet sind:

Tab. 18.3 Beseitigungsverfahren für Abfälle

Beseitigungsverfahren	
D1	Ablagerung in oder auf dem Boden (z. B. Deponien)
D2	Behandlung im Boden (z. B. biologischer Abbau von flüssigen oder schlammigen Abfällen im Erdreich)
D3	Verpressung (z. B. Verpressung pumpfähiger Abfälle in Bohrlöcher, Salzdome oder natürliche Hohlräume)
D4	Oberflächenaufbringung (z. B. Ableitung flüssiger oder schlammiger Abfälle in Gruben, Teiche oder Lagunen)
D5	Speziell angelegte Deponien (z. B. Ablagerung in abgedichteten, getrennten Räumen, die gegeneinander und gegen die Umwelt verschlossen oder isoliert werden)
D6	Einleitung in ein Gewässer mit Ausnahme von Meeren und Ozeanen
D7	Einleitung in Meere und Ozeane einschließlich Einbringung in den Meeresboden
D8	Biologische Behandlung, die nicht an anderer Stelle beschrieben ist und durch die Endverbindungen oder Gemische entstehen, die mit einem der in D1 bis D12 aufgeführten Verfahren entsorgt werden
D9	Chemisch-physikalische Behandlung, die nicht an anderer Stelle beschrieben ist und durch die Endverbindungen oder Gemische entstehen, die mit einem der in D1 bis D12 aufgeführten Verfahren entsorgt werden (z. B. Verdampfen, Trocknen, Kalzinieren)
D10	Verbrennung an Land
D11	Verbrennung auf See (nach EU-Recht und internationalen Übereinkünften verbotenes Verfahren)
D12	Dauerlagerung (z. B. Lagerung von Behältern in einem Bergwerk)
D13	Vermengen oder Vermischen vor Anwendung eines der in D1 bis D12 aufgeführten Verfahren
D14	Neuverpacken vor Anwendung eines der in D1 bis D13 aufgeführten Verfahren
D15	Lagerung bis zur Anwendung eines der in D1 bis D14 aufgeführten Verfahren (ausgenommen zeitweilige Lagerung bis zur Sammlung auf dem Gelände der Entstehung der Abfällen)

Tab. 18.4 Verwertungsverfahren für Abfälle

Verwertungsverfahren	
R1	Hauptverwendung als Brennstoff oder andere Mittel der Energieerzeugung
R2	Rückgewinnung und Regenerierung von Lösemittel
R3	Recycling und Rückgewinnung organischer Stoffe, die nicht als Lösemittel verwendet werden (einschließlich der Kompostierung und sonstiger biologischer Umwandlungsverfahren)
R4	Recycling und Rückgewinnung von Metallen und Metallverbindungen
R5	Recycling und Rückgewinnung von anderen anorganischen Stoffen
R6	Regenerierung von Säuren und Basen
R7	Wiedergewinnung von Bestandteilen, die der Bekämpfung der Verunreinigungen dienen
R8	Wiedergewinnung von Katalysatorbestandteilen
R9	Erneute Ölraffination oder andere Wiederverwendung von Öl
R10	Aufbringung auf den Boden zum Nutzen der Landwirtschaft oder zur ökologischen Verbesserung
R11	Verwendung von Abfällen, die bei einem der in R1 bis R10 aufgeführten Verfahren gewonnen werden
R12	Austausch von Abfällen, um sie einem der R1 bis R11 aufgeführten Verfahren zu unterziehen
R13	Ansammlung von Abfällen, um sie einem der in R1 bis R12 aufgeführten Verfahren zu unterziehen (ausgenommen zeitweilige Lagerung bis zur Sammlung auf dem Gelände der Entstehung der Abfälle)

- die Menge, die Art und der Ursprung sowie
- die Bestimmung, die Häufigkeit der Sammlung, die Beförderungsart sowie die Art der Verwertung oder Beseitigung, einschließlich der Vorbereitung vor der Verwertung oder Beseitigung, soweit diese Angaben zur Gewährleistung einer ordnungsgemäßen Abfallbewirtschaftung von Bedeutung sind.

Entsorger, die Abfälle behandeln oder lagern haben die erforderlichen Angaben, insbesondere die Bestimmung der behandelten oder gelagerten Abfälle, auch für die weitere Entsorgung zu verzeichnen, soweit dies erforderlich ist, um aufgrund der Zweckbestimmung der Abfallentsorgungsanlage eine ordnungsgemäße Entsorgung zu gewährleisten.

Die Pflicht, ein Register zu führen, gilt auch für die Erzeuger, Besitzer, Sammler, Beförderer, Händler und Makler von gefährlichen Abfällen. Auf Verlangen der zuständigen Behörde sind die Register vorzulegen oder Angaben aus diesen Registern mitzuteilen.

In ein Register eingetragene Angaben oder eingestellte Belege über gefährliche Abfälle haben die Erzeuger, Besitzer, Händler, Makler und Entsorger von Abfällen mindestens drei Jahre, die Beförderer von Abfällen mindestens zwölf Monate jeweils ab dem Zeitpunkt der Eintragung oder Einstellung in das Register gerechnet aufzubewahren, soweit eine Rechtsverordnung keine längere Frist vorschreibt.

Nachweispflichten (§ 50)
Die Erzeuger, Besitzer, Sammler, Beförderer und Entsorger von gefährlichen Abfällen haben sowohl der zuständigen Behörde gegenüber als auch untereinander die ordnungsgemäße Entsorgung gefährlicher Abfälle nachzuweisen. Der Nachweis wird geführt:

- vor Beginn der Entsorgung in Form einer Erklärung des Erzeugers, Besitzers, Sammlers oder Beförderers von Abfällen zur vorgesehenen Entsorgung, einer Annahmeerklärung des Abfallentsorgers sowie der Bestätigung der Zulässigkeit der vorgesehenen Entsorgung durch die zuständige Behörde und
- über die durchgeführte Entsorgung oder Teilabschnitte der Entsorgung in Form von Erklärungen der Verpflichteten über den Verbleib der entsorgten Abfälle.

Die Nachweispflichten gelten nicht für die Entsorgung gefährlicher Abfälle, welche die Erzeuger oder Besitzer von Abfällen in eigenen Abfallentsorgungsanlagen entsorgen, wenn diese Entsorgungsanlagen in einem engen räumlichen und betrieblichen Zusammenhang mit den Anlagen oder Stellen stehen, in denen die zu entsorgenden Abfälle angefallen sind. Die Registerpflichten nach § 49 KrWG bleiben unberührt.

Die Nachweispflichten gelten nicht bis zum Abschluss der Rücknahme oder Rückgabe von Erzeugnissen oder der nach Gebrauch der Erzeugnisse verbleibenden gefährlichen Abfälle, die einer verordneten Rücknahme oder Rückgabe nach § 25 KrWG unterliegen. Eine Rücknahme oder Rückgabe von Erzeugnissen und der nach Gebrauch der Erzeugnisse verbleibenden Abfälle gilt spätestens mit der Annahme an einer Anlage zur weiteren Entsorgung, ausgenommen Anlagen zur Zwischenlagerung der Abfälle, als abgeschlossen, soweit die Rechtsverordnung, welche die Rückgabe oder Rücknahme anordnet, keinen früheren Zeitpunkt bestimmt.

Anforderungen an Nachweise und Register (§ 52)
Die Bundesregierung wird ermächtigt, durch Rechtsverordnung die näheren Anforderungen an die Form, den Inhalt sowie das Verfahren zur Führung und Vorlage der Nachweise, Register und der Mitteilung bestimmter Angaben aus den Registern festzulegen sowie die verpflichteten Anlagen oder Unternehmen zu bestimmen. Durch Rechtsverordnung kann auch bestimmt werden, dass:

- der Nachweis nach § 50 KrWG nach Ablauf einer bestimmten Frist als bestätigt gilt oder eine Bestätigung entfällt, soweit jeweils die ordnungsgemäße Entsorgung gewährleistet bleibt,
- auf Verlangen der zuständigen Behörde oder eines früheren Besitzers Belege über die Durchführung der Entsorgung der Behörde oder dem früheren Besitzer vorzulegen sind,
- für bestimmte Kleinmengen, die nach Art und Beschaffenheit der Abfälle auch unterschiedlich festgelegt werden können, oder für einzelne Abfallbewirtschaftungsmaßnahmen, Abfallarten oder Abfallgruppen bestimmte Anforderungen nicht oder abwei-

chende Anforderungen gelten, soweit jeweils die ordnungsgemäße Entsorgung gewährleistet bleibt,

- die zuständige Behörde unter dem Vorbehalt des Widerrufs auf Antrag oder von Amts wegen Verpflichtete ganz oder teilweise von der Führung von Nachweisen oder Registern freistellen kann, soweit die ordnungsgemäße Entsorgung gewährleistet bleibt,
- die Register in Form einer sachlich und zeitlich geordneten Sammlung der vorgeschriebenen Nachweise oder der Belege, die in der Entsorgungspraxis gängig sind, geführt werden,
- die Nachweise und Register bis zum Ablauf bestimmter Fristen aufzubewahren sind sowie
- bei der Beförderung von Abfällen geeignete Angaben zum Zweck der Überwachung mitzuführen sind.

Sammler, Beförderer, Händler und Makler von Abfällen (§ 53)
Sammler, Beförderer, Händler und Makler von Abfällen haben die Tätigkeit ihres Betriebs vor Aufnahme der Tätigkeit der zuständigen Behörde anzuzeigen, es sei denn, der Betrieb verfügt über eine Erlaubnis nach § 54 KrWG. Die zuständige Behörde bestätigt dem Anzeigenden unverzüglich schriftlich den Eingang der Anzeige. Zuständig ist die Behörde des Landes, in dem der Anzeigende seinen Hauptsitz hat.

Der Inhaber eines Betriebs sowie die für die Leitung und Beaufsichtigung des Betriebs verantwortlichen Personen müssen zuverlässig sein. Der Inhaber, soweit er für die Leitung des Betriebs verantwortlich ist, die für die Leitung und Beaufsichtigung des Betriebs verantwortlichen Personen und das sonstige Personal müssen über die für ihre Tätigkeit notwendige Fach- und Sachkunde verfügen.

Die zuständige Behörde kann die angezeigte Tätigkeit von Bedingungen abhängig machen, sie zeitlich befristen oder Auflagen für sie vorsehen, soweit dies zur Wahrung des Wohls der Allgemeinheit erforderlich ist. Sie kann Unterlagen über den Nachweis der Zuverlässigkeit und der Fach- und Sachkunde vom Anzeigenden verlangen. Sie hat die angezeigte Tätigkeit zu untersagen, wenn Tatsachen bekannt sind, aus denen sich Bedenken gegen die Zuverlässigkeit des Inhabers oder der für die Leitung und Beaufsichtigung des Betriebs verantwortlichen Personen ergeben, oder wenn die erforderliche Fach- oder Sachkunde nicht nachgewiesen wurde.

Die Bundesregierung wird ermächtigt, durch Rechtsverordnung für die Anzeige und Tätigkeit der Sammler, Beförderer, Händler und Makler von Abfällen, für Sammler und Beförderer von Abfällen insbesondere unter Berücksichtigung der Besonderheiten der jeweiligen Verkehrsträger, Verkehrswege oder der jeweiligen Beförderungsart:

- Vorschriften zu erlassen über die Form, den Inhalt und das Verfahren zur Erstattung der Anzeige, über Anforderungen an die Zuverlässigkeit, die Fach- und Sachkunde und deren Nachweis,
- anzuordnen, dass das Verfahren zur Erstattung der Anzeige elektronisch zu führen ist und Dokumente in elektronischer Form vorzulegen sind,

- bestimmte Tätigkeiten von der Anzeigepflicht auszunehmen, soweit eine Anzeige aus Gründen des Wohls der Allgemeinheit nicht erforderlich ist, sowie
- Anforderungen an die Anzeigepflichtigen und deren Tätigkeit zu bestimmen, die sich aus Rechtsvorschriften der Europäischen Union ergeben,
- anzuordnen, dass bei der Beförderung von Abfällen geeignete Unterlagen zum Zweck der Überwachung mitzuführen sind.

Sammler, Beförderer, Händler und Makler von gefährlichen Abfällen (§ 54)
Sammler, Beförderer, Händler und Makler von gefährlichen Abfällen bedürfen der Erlaubnis. Die zuständige Behörde hat die Erlaubnis zu erteilen, wenn:

- keine Tatsachen bekannt sind, aus denen sich Bedenken gegen die Zuverlässigkeit des Inhabers oder der für die Leitung und Beaufsichtigung des Betriebs verantwortlichen Personen ergeben, sowie
- der Inhaber, soweit er für die Leitung des Betriebs verantwortlich ist, die für die Leitung und Beaufsichtigung des Betriebs verantwortlichen Personen und das sonstige Personal über die für ihre Tätigkeit notwendige Fach- und Sachkunde verfügen.

Von der Erlaubnispflicht ausgenommen sind:

- öffentlich-rechtliche Entsorgungsträger sowie
- Entsorgungsfachbetriebe im Sinne von § 56 KrWG, soweit sie für die erlaubnispflichtige Tätigkeit zertifiziert sind.

Die Bundesregierung wird ermächtigt, durch Rechtsverordnung für die Erlaubnispflicht und Tätigkeit der Sammler, Beförderer, Händler und Makler von gefährlichen Abfällen, für Sammler und Beförderer von gefährlichen Abfällen, insbesondere unter Berücksichtigung der Besonderheiten der jeweiligen Verkehrsträger, Verkehrswege oder Beförderungsart:

- Vorschriften zu erlassen über die Antragsunterlagen, die Form, den Inhalt und das Verfahren zur Erteilung der Erlaubnis, die Anforderungen an die Zuverlässigkeit, Fach- und Sachkunde sowie deren Nachweis, die Fristen, nach denen das Vorliegen der Voraussetzungen erneut zu überprüfen ist,
- anzuordnen, dass das Erlaubnisverfahren elektronisch zu führen ist und Dokumente in elektronischer Form vorzulegen sind,
- bestimmte Tätigkeiten von der Erlaubnispflicht auszunehmen, soweit eine Erlaubnis aus Gründen des Wohls der Allgemeinheit nicht erforderlich ist,
- Anforderungen an die Erlaubnispflichtigen und deren Tätigkeit zu bestimmen, die sich aus Rechtsvorschriften der Europäischen Union ergeben, sowie
- anzuordnen, dass bei der Beförderung von Abfällen geeignete Unterlagen zum Zweck der Überwachung mitzuführen sind.

Kennzeichnung der Fahrzeuge (§ 55)
Sammler und Beförderer haben Fahrzeuge, mit denen sie Abfälle in Ausübung ihrer Tätigkeit auf öffentlichen Straßen befördern, vor Antritt der Fahrt mit zwei rückstrahlenden weißen Warntafeln zu versehen (A-Schilder). Dies gilt nicht für Sammler und Beförderer, die im Rahmen wirtschaftlicher Unternehmen Abfälle sammeln oder befördern.

Zertifizierung von Entsorgungsfachbetrieben (§ 56)
Entsorgungsfachbetriebe wirken an der Förderung der Kreislaufwirtschaft und der Sicherstellung des Schutzes von Mensch und Umwelt bei der Erzeugung und Bewirtschaftung von Abfällen nach Maßgabe der hierfür geltenden Rechtsvorschriften mit. Entsorgungsfachbetrieb ist ein Betrieb, der:

- gewerbsmäßig, im Rahmen wirtschaftlicher Unternehmen oder öffentlicher Einrichtungen Abfälle sammelt, befördert, lagert, behandelt, verwertet, beseitigt, mit diesen handelt oder makelt und
- in Bezug auf eine oder mehrere der genannten Tätigkeiten durch eine technische Überwachungsorganisation oder eine Entsorgergemeinschaft als Entsorgungsfachbetrieb zertifiziert ist.

Das Zertifikat darf nur erteilt werden, wenn der Betrieb die für die ordnungsgemäße Wahrnehmung seiner Aufgaben erforderlichen Anforderungen an seine Organisation, seine personelle, gerätetechnische und sonstige Ausstattung, seine Tätigkeit sowie die Zuverlässigkeit und Fach- und Sachkunde seines Personals erfüllt. In dem Zertifikat sind die zertifizierten Tätigkeiten des Betriebs, insbesondere bezogen auf seine Standorte und Anlagen sowie die Abfallarten, genau zu bezeichnen. Das Zertifikat ist zu befristen. Die Gültigkeitsdauer darf einen Zeitraum von 18 Monaten nicht überschreiten. Das Vorliegen der Voraussetzungen wird mindestens jährlich von der technischen Überwachungsorganisation oder der Entsorgergemeinschaft überprüft.

Mit Erteilung des Zertifikats ist dem Betrieb von der technischen Überwachungsorganisation oder Entsorgergemeinschaft die Berechtigung zum Führen eines Überwachungszeichens zu erteilen, das die Bezeichnung *Entsorgungsfachbetrieb* in Verbindung mit dem Hinweis auf die zertifizierte Tätigkeit und die das Überwachungszeichen erteilende technische Überwachungsorganisation oder Entsorgergemeinschaft aufweist. Ein Betrieb darf das Überwachungszeichen nur führen, soweit und solange er als Entsorgungsfachbetrieb zertifiziert ist.

Technische Überwachungsorganisation und Entsorgergemeinschaft haben sich für die Überprüfung der Betriebe Sachverständiger zu bedienen, die die für die Durchführung der Überwachung erforderliche Zuverlässigkeit, Unabhängigkeit sowie Fach- und Sachkunde besitzen.

Entfallen die Voraussetzungen für die Erteilung des Zertifikats, hat die technische Überwachungsorganisation oder die Entsorgergemeinschaft dem Betrieb das von ihr erteilte Zertifikat und die Berechtigung zum Führen des Überwachungszeichens zu entziehen sowie den Betrieb aufzufordern, das Zertifikat zurückzugeben und das Überwachungszeichen nicht weiterzuführen. Kommt der Betrieb dieser Aufforderung innerhalb einer von der technischen Überwachungsorganisation oder Entsorgergemeinschaft gesetzten Frist nicht nach, kann die zuständige Behörde dem Betrieb das erteilte Zertifikat und die Berechtigung zum Führen des Überwachungszeichens entziehen sowie die sonstige weitere Verwendung der Bezeichnung Entsorgungsfachbetrieb untersagen.

Anforderungen an Entsorgungsfachbetriebe, technische Überwachungsorganisationen und Entsorgergemeinschaften (§ 57)
Die Bundesregierung wird ermächtigt, durch Rechtsverordnung Anforderungen an Entsorgungsfachbetriebe, technische Überwachungsorganisationen und Entsorgergemeinschaften zu bestimmen. In der Rechtsverordnung können insbesondere:

- Anforderungen an die Organisation, die personelle, gerätetechnische und sonstige Ausstattung und die Tätigkeit eines Entsorgungsfachbetriebs bestimmt sowie ein ausreichender Haftpflichtversicherungsschutz gefordert werden,
- Anforderungen an den Inhaber und die im Entsorgungsfachbetrieb beschäftigten Personen, insbesondere Mindestanforderungen an die Fach- und Sachkunde und die Zuverlässigkeit sowie an deren Nachweis, bestimmt werden,
- Anforderungen an die Tätigkeit der technischen Überwachungsorganisationen, insbesondere Mindestanforderungen an den Überwachungsvertrag sowie dessen Abschluss, Durchführung, Auflösung und Erlöschen, bestimmt werden,
- Anforderungen an die Tätigkeit der Entsorgergemeinschaften, insbesondere an deren Bildung, Auflösung, Organisation und Arbeitsweise, einschließlich der Bestellung, Aufgaben und Befugnisse der Prüforgane sowie Mindestanforderungen an die Mitglieder dieser Prüforgane, bestimmt werden,
- Mindestanforderungen an die für die technischen Überwachungsorganisationen oder für die Entsorgergemeinschaften tätigen Sachverständigen sowie deren Bestellung, Tätigkeit und Kontrolle bestimmt werden,
- Anforderungen an das Überwachungszeichen und das zugrunde liegende Zertifikat, insbesondere an die Form und den Inhalt, sowie Anforderungen an ihre Erteilung, ihre Aufhebung, ihr Erlöschen und ihren Entzug bestimmt werden,
- die besonderen Voraussetzungen, das Verfahren, die Erteilung und Aufhebung der Zustimmung zum Überwachungsvertrag durch die zuständige Behörde geregelt werden sowie der Anerkennung der Entsorgergemeinschaften durch die zuständige Behörde geregelt werden; dabei kann die Anerkennung der Entsorgergemeinschaften bei drohenden Beschränkungen des Wettbewerbes widerrufen werden,
- die näheren Anforderungen an den Entzug des Zertifikats und der Berechtigung zum Führen des Überwachungszeichens sowie an die Untersagung der sonstigen weiteren Verwendung der Bezeichnung *Entsorgungsfachbetrieb* durch die zuständige Behörde bestimmt werden sowie
- für die erforderlichen Erklärungen, Nachweise, Benachrichtigungen oder sonstigen Daten die elektronische Führung und die Vorlage von Dokumenten in elektronischer Form angeordnet werden.

18.1.8 Betriebsorganisation, Betriebsbeauftragter für Abfall und Erleichterungen für auditierte Unternehmensstandorte

Mitteilungspflichten zur Betriebsorganisation (§ 58)
Besteht bei Kapitalgesellschaften das vertretungsberechtigte Organ aus mehreren Mitgliedern oder sind bei Personengesellschaften mehrere vertretungsberechtigte Gesellschafter vorhanden, so ist der zuständigen Behörde anzuzeigen, wer von ihnen nach den Bestimmungen über die Geschäftsführungsbefugnis für die Gesellschaft die Pflichten des Betreibers einer genehmigungsbedürftigen Anlage im Sinne des § 4 des Bundes-Immissionsschutzgesetzes oder die Pflichten des Besitzers im Sinne des § 27 KrWG wahrnimmt, die ihm nach diesem Gesetz und nach den aufgrund dieses Gesetzes erlassenen Rechtsverordnungen obliegen. Die Gesamtverantwortung aller Organmitglieder oder Gesellschafter bleibt hiervon unberührt.

Der Betreiber einer genehmigungsbedürftigen Anlage im Sinne des § 4 des Bundes-Immissionsschutzgesetzes, der Besitzer im Sinne des § 27 KrWG oder im Rahmen ihrer Geschäftsführungsbefugnis die anzuzeigende Person hat der zuständigen Behörde mitzuteilen, auf welche Weise sichergestellt ist, dass die Vorschriften und Anordnungen, die der Vermeidung, Verwertung und umweltverträglichen Beseitigung von Abfällen dienen, beim Betrieb beachtet werden.

Bestellung eines Betriebsbeauftragten für Abfall (§ 59)
Betreiber von genehmigungsbedürftigen Anlagen im Sinne des § 4 des Bundes-Immissionsschutzgesetzes, Betreiber von Anlagen, in denen regelmäßig gefährliche Abfälle anfallen, Betreiber ortsfester Sortier-, Verwertungs- oder Abfallbeseitigungsanlagen, Besitzer im Sinne des § 27 sowie Betreiber von Rücknahmesystemen und -stellen, die von den Besitzern im Sinne des § 27 eingerichtet worden sind oder an denen sie sich beteiligen, haben unverzüglich einen oder mehrere Betriebsbeauftragte für Abfall (Abfallbeauftragte) zu bestellen, sofern dies im Hinblick auf die Art oder die Größe der Anlagen oder die Bedeutung der abfallwirtschaftlichen Tätigkeit, insbesondere unter Berücksichtigung von Art oder Umfang der Rücknahme der Abfälle und der damit verbundenen Besitzerpflichten, erforderlich ist wegen der:

- anfallenden, zurückgenommenen, verwerteten oder beseitigten Abfälle,
- technischen Probleme der Vermeidung, Verwertung oder Beseitigung oder
- Eignung der Produkte oder Erzeugnisse, die bei oder nach bestimmungsgemäßer Verwendung Probleme hinsichtlich der ordnungsgemäßen und schadlosen Verwertung oder umweltverträglichen Beseitigung hervorrufen.

Das Bundesministerium für Umwelt, Naturschutz, Bau und Reaktorsicherheit bestimmt nach Anhörung der beteiligten Kreise (§ 68) durch Rechtsverordnung mit Zustimmung des Bundesrats die Betreiber von Anlagen, die Besitzer sowie die Betreiber von Rücknahmesystemen und -stellen, die Abfallbeauftragte zu bestellen haben. Durch Rechtsverordnung kann auch bestimmt werden, welche Besitzer von Abfällen und welche Betreiber von Rücknahmesystemen und -stellen, Abfallbeauftragte zu bestellen haben.

Die zuständige Behörde kann anordnen, dass Betreiber von Anlagen, Besitzer und Betreiber von Rücknahmesystemen und -stellen, für die die Bestellung eines Abfallbeauftragten nicht durch Rechtsverordnung vorgeschrieben ist, einen oder mehrere Abfallbeauftragte zu bestellen haben, soweit sich im Einzelfall die Notwendigkeit der Bestellung ergibt.

Ist nach § 53 des Bundes-Immissionsschutzgesetzes ein Immissionsschutzbeauftragter oder nach § 64 des Wasserhaushaltsgesetzes ein Gewässerschutzbeauftragter zu bestellen, so können diese auch die Aufgaben und Pflichten eines Abfallbeauftragten wahrnehmen.

Aufgaben des Betriebsbeauftragten für Abfall (§ 60)

Der Abfallbeauftragte berät den zur Bestellung Verpflichteten und die Betriebsangehörigen in Angelegenheiten, die für die Abfallvermeidung und Abfallbewirtschaftung bedeutsam sein können. Er ist berechtigt und verpflichtet:

- den Weg der Abfälle von ihrer Entstehung oder Anlieferung bis zu ihrer Verwertung oder Beseitigung zu überwachen,
- die Einhaltung der Vorschriften des KrWG und der aufgrund dieses Gesetzes erlassenen Rechtsverordnungen sowie die Erfüllung erteilter Bedingungen und Auflagen zu überwachen, insbesondere durch Kontrolle der Betriebsstätte und der Art und Beschaffenheit der bewirtschafteten Abfälle in regelmäßigen Abständen, Mitteilung festgestellter Mängel und Vorschläge zur Mängelbeseitigung,
- die Betriebsangehörigen aufzuklären:
  - über Beeinträchtigungen des Wohls der Allgemeinheit, welche von der abfallwirtschaftlichen Tätigkeit ausgehen können,
  - über Einrichtungen und Maßnahmen zur Verhinderung von Beeinträchtigungen des Wohls der Allgemeinheit unter Berücksichtigung der für die Vermeidung, Verwertung und Beseitigung von Abfällen geltenden Gesetze und Rechtsverordnungen,
- hinzuwirken auf die Entwicklung und Einführung:
  - umweltfreundlicher und abfallarmer Verfahren, einschließlich Verfahren zur Vermeidung, ordnungsgemäßen und schadlosen Verwertung oder umweltverträglichen Beseitigung von Abfällen,
  - umweltfreundlicher und abfallarmer Erzeugnisse, einschließlich Verfahren zur Wiederverwendung, Verwertung oder umweltverträglichen Beseitigung nach Wegfall der Nutzung, sowie
- bei der Entwicklung und Einführung neuer Verfahren mitzuwirken, insbesondere durch Begutachtung der Verfahren und Erzeugnisse unter den Gesichtspunkten der Abfallbewirtschaftung,
- bei Anlagen, in denen Abfälle anfallen, verwertet oder beseitigt werden, zudem auf Verbesserungen des Verfahrens hinzuwirken.

Der Abfallbeauftragte erstattet dem zur Bestellung Verpflichteten jährlich einen schriftlichen Bericht über die getroffenen und beabsichtigten Maßnahmen.

Betriebsbeauftragter für Abfall

Frau/Herr (Name, Vorname) ______________________

wird mit Wirkung vom ______________________

für das Unternehmen (Name, Sitz, Werk) ______________________

____

zur/zum Betriebsbeauftragten für Abfall gemäß §§ 59 KrWG bestellt.

Sie/er nimmt gemäß § 60 KrWG folgende Aufgaben wahr:

- Überwachung der Abfälle von ihrer Entstehung oder Anlieferung bis zu ihrer Verwertung oder Beseitigung.
- Überwachung der Einhaltung der Vorschriften des KrWG, der aufgrund dieses Gesetzes erlassenen Rechtsvorschriften sowie der erteilten Bedingungen und Auflagen.
- Beratung des Betreibers und der Betriebsangehörigen in Angelegenheiten, die für die Kreislaufwirtschaft bedeutsam sein können.
- Hinwirkung auf die Entwicklung, Einführung und Begutachtung umweltfreundlicher Produkte und Verfahren.
- Jährliche Berichtserstattung über die getroffenen und beabsichtigten Maßnahmen.

Die/der Betriebsbeauftragte für Abfall berichtet Frau/Herrn

____

als Verantwortliche(r) der Geschäftsleitung.

Je eine Kopie dieser Bestellungsurkunde erhalten die zuständige Behörde, der Betriebsrat und die Personalabteilung unseres Unternehmens.

______________________	______________________
Datum, Ort	Unternehmer/Bevollmächtigter
______________________	______________________
Abfallbeauftragte/r	Betriebsrat

Abb. 18.1 Ernennungsschreiben Betriebsbeauftragter für Abfall

Auf das Verhältnis zwischen dem zur Bestellung Verpflichteten und dem Abfallbeauftragten finden § 55 und die §§ 56 bis 58 des Bundes-Immissionsschutzgesetzes entsprechende Anwendung. Das Bundesministerium für Umwelt, Naturschutz, Bau und Reaktorsicherheit wird ermächtigt, nach Anhörung der beteiligten Kreise (§ 68) durch Rechtsverordnung mit Zustimmung des Bundesrats vorzuschreiben, welche Anforderungen an die Fachkunde und Zuverlässigkeit des Abfallbeauftragten zu stellen sind. Abb. 18.1 enthält ein Ernennungsschreiben für den Betriebsbeauftragten für Abfall.

18.2 Abfallverzeichnisverordnung (AVV)

Anwendungsbereich (§ 1)
Die Abfallverzeichnisverordnung gilt für:

- die Bezeichnung von Abfällen,
- die Einstufung von Abfällen nach ihrer Gefährlichkeit.

Abfallbezeichnung (§ 2)
Zur Bezeichnung sind die Abfälle den im Abfallverzeichnis mit einem sechsstelligen Abfallschlüssel und der Abfallbezeichnung gekennzeichneten Abfallarten zuzuordnen. Die Zuordnung zu den Abfallarten erfolgt unter den im Abfallverzeichnis vorgegebenen Kapiteln (zweistellige Kapitelüberschrift) und Gruppen (vierstellige Kapitelüberschrift). Innerhalb einer Gruppe ist die speziellere vor der allgemeineren Abfallart maßgebend.

Gefährlichkeit von Abfällen (§ 3)
Die Abfallarten im Abfallverzeichnis, deren Abfallschlüssel mit einem Sternchen (*) versehen sind, sind gefährlich im Sinne des § 48 des Kreislaufwirtschaftsgesetzes. Ein Abfall wird im Abfallverzeichnis als gefährlich eingestuft, wenn dieser Abfall relevante gefährliche Stoffe enthält, aufgrund derer er eine oder mehrere der in Anhang III der Richtlinie 2008/98/EG aufgeführten gefahrenrelevanten Eigenschaften HP 1 bis HP 8 oder HP 10 bis HP 15 aufweist. Das Vorliegen der gefahrenrelevanten Eigenschaft HP 9 wird angenommen bei mit gefährlichen Erregern behafteten Abfällen.

Abfallarten (Anlage)
Die verschiedenen Abfallarten im Verzeichnis (Tab. 18.5) sind vollständig definiert durch den sechsstelligen Abfallschlüssel und die entsprechenden zwei- bzw. vierstelligen Kapitelüberschriften. Deshalb ist ein Abfall im Verzeichnis in den folgenden vier Schritten zu bestimmen:

1. Bestimmung der Herkunft der Abfälle in den Kap. 1–12 bzw. Kap. 17–20 und des entsprechenden sechsstelligen Abfallschlüssels (ausschließlich der auf 99 endenden Schlüssel dieser Kapitel). Eine bestimmte Anlage muss ihre Abfälle je nach der Tä-

Tab. 18.5 Verzeichnis von Abfällen

01	Abfälle, die beim Aufsuchen, Ausbeuten und Gewinnen sowie bei der physikalischen und chemischen Behandlung von Bodenschätzen entstehen
02	Abfälle aus Landwirtschaft, Gartenbau, Teichwirtschaft, Forstwirtschaft, Jagd und Fischerei sowie der Herstellung und Verarbeitung von Nahrungsmitteln
03	Abfälle aus der Holzbearbeitung und der Herstellung von Platten, Möbeln, Zellstoffen, Papier und Pappe
04	Abfälle aus der Leder-, Pelz- und Textilindustrie
05	Abfälle aus der Erdölraffination, Erdgasreinigung und Kohlepyrolyse
06	Abfälle aus anorganisch-chemischen Prozessen
07	Abfälle aus organisch-chemischen Prozessen
08	Abfälle aus Herstellung, Zubereitung, Vertrieb und Anwendung (HZVA) von Beschichtungen (Farben, Lacke, Email), Klebstoffen, Dichtmassen und Druckfarben
09	Abfälle aus der fotografischen Industrie
10	Abfälle aus thermischen Prozessen
11	Abfälle aus der chemischen Oberflächenbearbeitung und Beschichtung von Metallen und anderen Werkstoffen; Nichteisen-Hydrometallurgie
12	Abfälle aus Prozessen der mechanischen Formgebung sowie der physikalischen und mechanischen Oberflächenbehandlung von Metallen und Kunststoffen
13	Ölabfälle und Abfälle aus flüssigen Brennstoffen (außer Speiseöle und Ölabfälle, die unter 05, 12 und 19 fallen)
14	Abfälle aus organischen Lösemitteln, Kühlmitteln und Treibgasen (außer 07 und 08)
15	Verpackungsabfälle, Aufsaugmassen, Wischtücher, Filtermaterialien und Schutzkleidung (a.n.g.)
16	Abfälle, die nicht anderswo im Verzeichnis aufgeführt
17	Bau- und Abbruchabfälle (einschließlich Aushub von verunreinigten Standorten)
18	Abfälle aus der humanmedizinischen oder tierärztlichen Versorgung und Forschung (ohne Küchen- und Restaurantabfälle, die nicht aus der unmittelbaren Krankenpflege stammen)
19	Abfälle aus Abfallbehandlungsanlagen, öffentlichen Abwasserbehandlungsanlagen sowie der Aufbereitung von Wasser für den menschlichen Gebrauch und Wasser für industrielle Zwecke
20	Siedlungsabfälle (Haushaltsabfälle und ähnliche gewerbliche und industrielle Abfälle sowie Abfälle aus Einrichtungen), einschließlich getrennt gesammelter Fraktionen

tigkeit gegebenenfalls auf mehrere Kapitel aufteilen. So kann z. B. ein Automobilhersteller seine Abfälle je nach Prozessstufe unter Kap. 12 (Abfälle aus Prozessen der mechanischen Formgebung und Oberflächenbearbeitung von Metallen), Kap. 11 (anorganische metallhaltige Abfälle aus der Metallbearbeitung und -beschichtung) und Kap. 8 (Abfälle aus der Anwendung von Überzügen) finden. Anmerkung: Getrennt gesammelte Verpackungsabfälle (einschließlich Mischverpackungen aus unterschiedlichen Materialien) werden nicht in 20 01, sondern in 15 01 eingestuft.

2. Lässt sich in den Kap. 1–12 und 17–20 kein passender Abfallschlüssel finden, dann müssen zur Bestimmung des Abfalls die Kap. 13, 14 und 15 geprüft werden.
3. Trifft keiner dieser Abfallschlüssel zu, dann ist der Abfall gemäß Kap. 16 zu bestimmen.

4. Fällt der Abfall auch nicht unter Kap. 16, dann ist der auf 99 endende Schlüssel (Abfälle a. n. g.) in dem Teil des Verzeichnisses zu verwenden, der der in Schritt 1 bestimmten abfallerzeugenden Tätigkeit entspricht.

18.3 Nachweisverordnung (NachwV)

Anwendungsbereich (§ 1)
Die Verordnung gilt für die Führung von Nachweisen und Registern über die Entsorgung von gefährlichen und nicht gefährlichen Abfällen elektronisch oder unter Verwendung von Formblättern durch:

- Erzeuger oder Besitzer von Abfällen (Abfallerzeuger),
- Einsammler oder Beförderer von Abfällen (Abfallbeförderer),
- Betreiber von Anlagen oder Unternehmen, welche Abfälle in einem Verfahren nach Tab. 18.3 oder 18.4 des Kreislaufwirtschaftsgesetzes entsorgen (Abfallentsorger), sowie
- Händler und Makler von Abfällen.

18.3.1 Nachweisführung über die Entsorgung von Abfällen

Kreis der Nachweispflichtigen und Form der Nachweisführung (§ 2)
Zur Nachweisführung verpflichtet sind Abfallerzeuger, Abfallbeförderer und Abfallentsorger, soweit eine Pflicht zur Führung von Nachweisen nach:

- § 50 des Kreislaufwirtschaftsgesetzes über die Entsorgung gefährlicher Abfälle oder
- § 51 des Kreislaufwirtschaftsgesetzes über die Entsorgung nicht gefährlicher Abfälle auf Anordnung der zuständigen Behörde

besteht. Von der Nachweispflicht ausgenommen sind Abfallerzeuger, wenn bei ihnen nicht mehr als insgesamt zwei Tonnen gefährlicher Abfälle (Kleinmengen) jährlich anfallen. Die Pflichten zur Führung der Übernahmescheine nach § 12 NachwV sowie nach § 16 NachwV bleiben unberührt. Die Verfahren und Inhalte zur Führung der Nachweise gelten für die elektronische Nachweisführung und unter Verwendung von Formblättern, soweit nichts anderes bestimmt ist.

Entsorgungsnachweis (§ 3)
Wer nachweispflichtige Abfälle zur Entsorgung in eine Abfallentsorgungsanlage bringen oder solche Abfälle dort annehmen will, hat vor Beginn der Abfallentsorgung die Zulässigkeit der vorgesehenen Entsorgung durch einen Entsorgungsnachweis unter Verwendung der hierfür vorgesehenen Formblätter zu belegen. Der Entsorgungsnachweis

besteht aus dem Deckblatt *Entsorgungsnachweise*, der *Verantwortlichen Erklärung* des Abfallerzeugers einschließlich der *Deklarationsanalyse* und der *Annahmeerklärung* des Abfallentsorgers (Nachweiserklärungen) sowie, soweit keine Freistellung von der Pflicht zur Einholung einer Bestätigung nach § 5 NachwV vorliegt, der Bestätigung der für die zur Entsorgung vorgesehenen Anlage (Entsorgungsanlage) zuständigen Behörde.

Der Abfallerzeuger hat vor Zuleitung der Nachweiserklärungen an die für die Entsorgungsanlage zuständige Behörde das Deckblatt *Entsorgungsnachweise* sowie den Teil *Verantwortliche Erklärung* einschließlich der *Deklarationsanalyse* des Entsorgungsnachweises auszufüllen und dem Abfallentsorger zuzuleiten. Eine Deklarationsanalyse ist nicht erforderlich, soweit die Art, Beschaffenheit und die den Abfall bestimmenden Parameter und Konzentrationswerte bekannt sind oder das Verfahren, bei dem der Abfall anfällt, und im Falle der Vorbehandlung des Abfalls, die Art der Vorbehandlung des Abfalls angegeben wird und sich aus diesen Angaben die Art, Beschaffenheit und Zusammensetzung in einem für die weitere Durchführung des Nachweisverfahrens ausreichenden Umfang ergeben. Die Angaben sind im Feld *Weitere Angaben des Formblattes Deklarationsanalyse* einzutragen.

Der Abfallentsorger hat vor Zuleitung der Nachweiserklärungen an die für die Entsorgungsanlage zuständige Behörde den Teil *Annahmeerklärung* auszufüllen und eine Ablichtung dem Abfallerzeuger zuzuleiten. Das Original der Nachweiserklärungen übersendet der Abfallentsorger mit dem Teil *Behördliche Bestätigung* der für die Entsorgungsanlage zuständigen Behörde.

Der Abfallerzeuger kann mit der Abgabe der Verantwortlichen Erklärung einen Vertreter bevollmächtigen. Die Vollmacht ist schriftlich zu erteilen und auf Verlangen der für den Erzeuger oder der für den Entsorger zuständigen Behörde vorzulegen. Im Formblatt Deckblatt *Entsorgungsnachweise* DEN sind sowohl der Abfallerzeuger als auch der bevollmächtigte Vertreter anzugeben.

Eingangsbestätigung (§ 4)

Die für den Abfallentsorger zuständige Behörde hat dem Abfallerzeuger und dem Abfallentsorger innerhalb von zwölf Kalendertagen den Eingang der Nachweiserklärungen unter Angabe des Eingangsdatums zu bestätigen (Eingangsbestätigung), sofern sie nicht bereits innerhalb dieser Frist die Zulässigkeit der vorgesehenen Entsorgung gemäß § 5 NachwV bestätigt. Sie hat nach Eingang unverzüglich zu prüfen, ob die Nachweiserklärungen den Anforderungen entsprechen. Entsprechen die Nachweiserklärungen nicht den Anforderungen, so hat die für den Abfallentsorger zuständige Behörde den Abfallerzeuger und den Abfallentsorger unverzüglich aufzufordern, die Nachweiserklärungen innerhalb einer angemessenen Frist zu ergänzen oder weitere für die Prüfung erforderliche Unterlagen vorzulegen.

Bestätigung des Entsorgungsnachweises (§ 5)

Die für die Entsorgungsanlage zuständige Behörde bestätigt innerhalb von 30 Kalendertagen nach Eingang der Nachweiserklärungen die Zulässigkeit der vorgesehenen Entsorgung, wenn:

- die Abfälle in der vorgesehenen Entsorgungsanlage behandelt, stofflich oder energetisch verwertet, gelagert oder abgelagert werden,
- die Ordnungsgemäßheit und Schadlosigkeit der Verwertung oder die Gemeinwohlverträglichkeit der Beseitigung der Abfälle gewährleistet ist und
- im Falle einer Lagerung der Abfälle die weitere Entsorgung durch entsprechende Entsorgungsnachweise bereits festgelegt ist.

Der Lauf der Frist wird durch eine Aufforderung zur Ergänzung der Nachweiserklärungen oder zur Vorlage weiterer Unterlagen nach § 4 NachwV unterbrochen, soweit die Ergänzung oder die weiteren Unterlagen zur Bearbeitung der Nachweiserklärungen unerlässlich sind. Mit Eingang der ergänzten Nachweiserklärungen oder der weiteren Unterlagen bei der Behörde wird eine neue Frist in Gang gesetzt.

Bei der Entscheidung über die Zulässigkeit der Entsorgung ist nicht zu prüfen, ob es sich bei der vorgesehenen Entsorgungsmaßnahme um eine Verwertung oder Beseitigung von Abfällen handelt oder die im Übrigen aus dem Kreislaufwirtschaftsgesetz und sonstigen Rechtsvorschriften des Bundes und der Länder folgenden Pflichten des Abfallerzeugers eingehalten sind.

Die Bestätigung gilt längstens fünf Jahre. Sie kann unter Bedingungen erteilt und mit Auflagen verbunden werden sowie einen kürzeren Geltungszeitraum vorsehen. Trifft die für die Entsorgungsanlage zuständige Behörde innerhalb der bestimmten Frist keine Entscheidung über die beantragte Bestätigung, so gilt die Bestätigung als erteilt.

Handhabung nach Entscheidung (§ 6)

Die für die Entsorgungsanlage zuständige Behörde übersendet das Original des bestätigten Entsorgungsnachweises dem Abfallerzeuger sowie eine Ablichtung dem Abfallentsorger. Das Original des Entsorgungsnachweises verbleibt beim Abfallerzeuger, der eine Ablichtung spätestens vor Beginn der Entsorgung der für ihn zuständigen Behörde zuzuleiten hat.

Gilt die Bestätigung nach § 5 NachwV als erteilt, so hat der Abfallerzeuger vor Übersendung der Nachweiserklärungen an die für ihn zuständige Behörde auf der ihm nach § 3 NachwV übersandten Ablichtung der Nachweiserklärungen den Ablauf der Frist nach § 5 NachwV zu vermerken. Er übersendet spätestens vor Beginn der Entsorgung die Ablichtung der Nachweiserklärungen sowie der Eingangsbestätigung nach § 4 der für ihn zuständigen Behörde.

Der Abfallerzeuger hat dem Abfallbeförderer eine Ablichtung des Entsorgungsnachweises zu übergeben oder, soweit die Bestätigung nach § 5 NachwV als erteilt gilt, eine Ablichtung der Nachweiserklärungen sowie der Eingangsbestätigung nach § 4 NachwV. Der Beförderer, auch jeder weitere Beförderer, hat die genannten Unterlagen bei der Beförderung mitzuführen und diese Unterlagen auf Verlangen den zur Kontrolle und Überwachung Befugten vorzulegen.

Erfolgt die Beförderung mittels schienengebundener Fahrzeuge, so entfällt die Pflicht zur Mitführung von Unterlagen. In diesem Fall hat der Abfallbeförderer in geeigneter

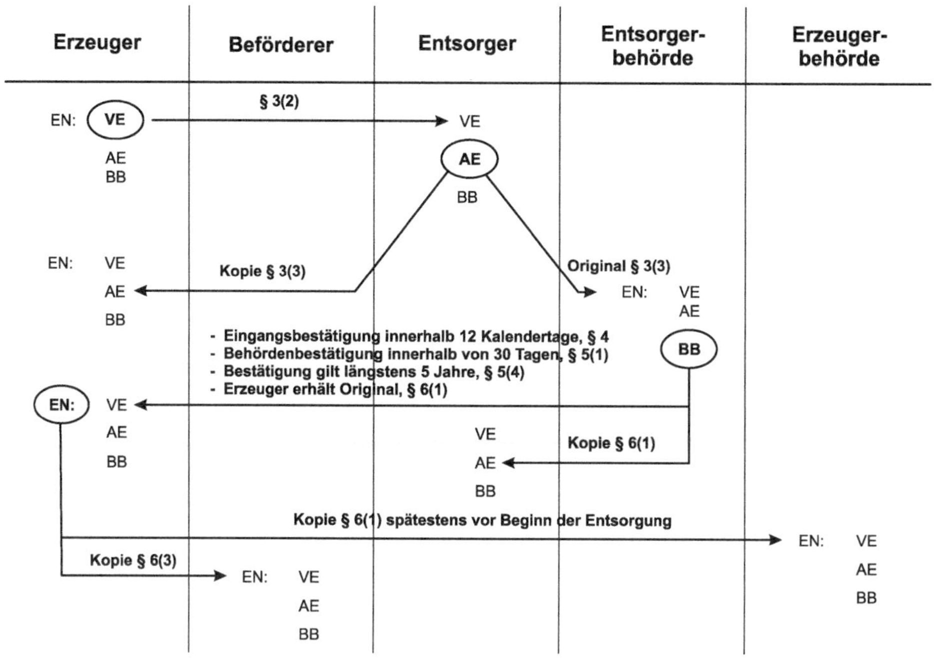

Abb. 18.2 Prozessablauf Entsorgungsnachweis (EN)

Weise sicherzustellen, dass bei einem Wechsel des Abfallbeförderers die genannten Unterlagen übergeben werden.

Wird die Bestätigung abgelehnt, fertigt die für die Entsorgungsanlage zuständige Behörde für sich eine Ablichtung der Originalunterlagen an. Sie übersendet die Originalunterlagen unmittelbar an den Abfallerzeuger sowie eine Ablichtung an die für den Abfallerzeuger zuständige Behörde und den Abfallentsorger. Der Laufweg der einzelnen Bestandteile des Entsorgungsnachweises ist in Abb. 18.2 dargestellt.

Freistellung und Privilegierung (§ 7)

Die Pflicht zur Erteilung einer Eingangsbestätigung nach § 4 NachwV und zur Einholung einer Bestätigung nach § 5 NachwV entfällt, soweit der Abfallentsorger für die von ihm betriebene Abfallentsorgungsanlage und dort durchzuführende Behandlung, stoffliche oder energetische Verwertung, Lagerung oder Ablagerung:

- als Entsorgungsfachbetrieb zertifiziert,
- auf Antrag durch die zuständige Behörde von der Bestätigungspflicht freigestellt worden ist oder
- die betriebene Abfallentsorgungsanlage zu einem nach der Verordnung (EG) Nr. 761/2001 vom 19. März 2001 über die freiwillige Beteiligung von Organisationen an einem Gemeinschaftssystem für das Umweltmanagement und die Umweltbetriebsprüfung (EMAS) und nach dem Umweltauditgesetz in das EMAS-Register eingetragenen

Standort oder Teilstandort eines Unternehmens gehört, eine Eintragung ist der zuständigen Behörde mitzuteilen.

Die Freistellung gilt nur, wenn der für die Entsorgungsanlage zuständigen Behörde ein gültiges Überwachungszertifikat vorliegt, in dem die zertifizierten Tätigkeiten des Betriebs bezogen auf seine Standorte und Anlagen einschließlich der jeweiligen Abfallarten und dazugehörigen Abfallschlüssel bezeichnet sind. Die Freistellung gilt nur, wenn in der für gültig erklärten Umwelterklärung Angaben zur Abfallentsorgungsanlage und zu den Abfallschlüsseln der in der Anlage entsorgten Abfälle enthalten sind und diese Angaben mit den entsprechenden Angaben aus den Nachweiserklärungen übereinstimmen.

Die zuständige Behörde hat auf Antrag unter Verwendung der hierfür vorgesehenen Formblätter den Abfallentsorger von der Bestätigungspflicht freizustellen, wenn:

- die Einhaltung der in § 5 NachwV genannten Voraussetzungen hinsichtlich der im Antrag aufgelisteten Abfälle gewährleistet ist und
- keine Anhaltspunkte vorliegen oder Tatsachen bekannt sind, dass der Abfallentsorger gegen die ihm bei der Entsorgung oder im Rahmen der Überwachung obliegenden Pflichten verstößt oder verstoßen hat.

Soweit die Bestätigungspflicht entfällt, übersendet der Abfallentsorger die nach § 3 NachwV zu erbringenden Nachweiserklärungen vor Beginn der vorgesehenen Entsorgung an die für die Entsorgungsanlage zuständige Behörde. Der Abfallerzeuger übersendet vor Beginn der Entsorgung eine Ablichtung der vollständigen Nachweiserklärungen an die für ihn zuständige Behörde. Die Nachweiserklärungen gelten längstens fünf Jahre ab dem Datum der Annahmeerklärung des Abfallentsorgers. Die für die Entsorgungsanlage zuständige Behörde kann in entsprechender Anwendung des § 5 NachwV eine kürzere Geltungsdauer der Nachweiserklärungen sowie Auflagen für die Durchführung der Tätigkeiten bestimmen.

Der Abfallentsorger hat dem Abfallerzeuger unverzüglich mitzuteilen, wenn die erteilte Freistellung unwirksam wird, die Voraussetzungen der Freistellung entfallen sind oder gegenüber dem Abfallentsorger eine Anordnung oder ein Widerruf nach § 8 NachwV ergangen ist. Soweit die Voraussetzungen für eine Freistellung entfallen, hat dies der Abfallentsorger auch der für ihn zuständigen Behörde mitzuteilen.

Sammelentsorgungsnachweis (§ 9)

Abweichend von § 3 NachwV kann der Nachweis über die Zulässigkeit der vorgesehenen Entsorgung vom Einsammler durch einen Sammelentsorgungsnachweis geführt werden, wenn die einzusammelnden Abfälle:

- denselben Abfallschlüssel haben,
- den gleichen Entsorgungsweg haben,

- in ihrer Zusammensetzung den im Sammelentsorgungsnachweis genannten Maßgaben für die Sammelcharge entsprechen und
- die bei dem einzelnen Abfallerzeuger am jeweiligen Standort anfallende Abfallmenge 20 Tonnen je Abfallschlüssel und Kalenderjahr nicht übersteigt.

Im Falle der Einsammlung von Altölen oder Althölzern kann der Nachweis über die Zulässigkeit der Entsorgung durch den die Altölsammelkategorie oder die Altholzkategorie prägenden Abfallschlüssel geführt werden.

Auf die Führung des Sammelentsorgungsnachweises findet die NachwV entsprechende Anwendung mit der Maßgabe, dass die den Abfallerzeuger nach diesen Bestimmungen treffenden Pflichten entsprechend durch den Einsammler zu erfüllen sind.

Soweit der Einsammlungsbereich die Grenzen des Landes überschreitet, in dem die für den Einsammler zuständige Behörde ihren Sitz hat, hat der Einsammler den Sammelentsorgungsnachweis oder bei Entfallen der Bestätigungspflicht die Nachweiserklärungen spätestens vor Beginn der Einsammlung zusätzlich auch den zuständigen Behörden der anderen Länder zur Kenntnis zu geben.

Der Einsammler hat über die Zulässigkeit der vorgesehenen Entsorgung auch dann einen Sammelentsorgungsnachweis zu führen, wenn die Erzeuger der eingesammelten Abfälle nach § 2 NachwV von Nachweispflichten ausgenommen sind. Der Sammelentsorgungsnachweis ist nicht übertragbar. Der Laufweg der einzelnen Bestandteile des Entsorgungsnachweises ist in Abb. 18.3 dargestellt.

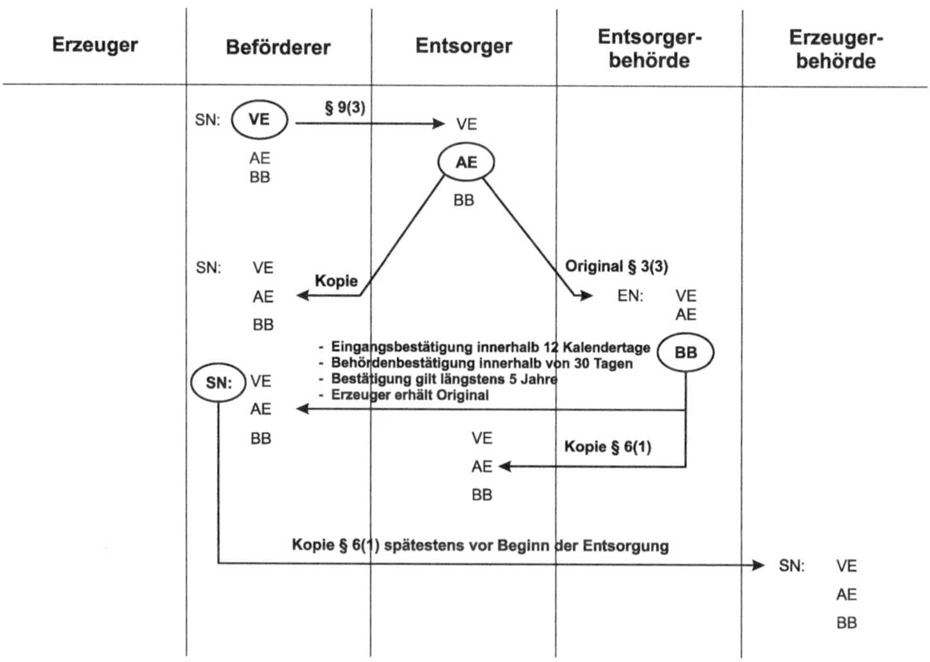

Abb. 18.3 Prozessablauf Sammelentsorgungsnachweis

18.3.2 Nachweisführung über die durchgeführte Entsorgung

Begleitschein (§ 10)
Der Nachweis über die durchgeführte Entsorgung nachweispflichtiger Abfälle wird mit Hilfe der Begleitscheine unter Verwendung der hierfür vorgesehenen Formblätter geführt.

Bei der Übergabe von Abfällen aus dem Besitz eines Abfallerzeugers ist für jede Abfallart ein gesonderter Satz von Begleitscheinen zu verwenden, der aus sechs Ausfertigungen besteht. Die Zahl der auszufüllenden Ausfertigungen verringert sich, sobald Abfallerzeuger oder Abfallbeförderer und Abfallentsorger ganz oder teilweise personengleich sind. Bei einem Wechsel des Abfallbeförderers ist die Übergabe der Abfälle dem Übergebenden vom übernehmenden Abfallbeförderer mittels Übernahmeschein in entsprechender Anwendung des § 12 NachwV oder in anderer geeigneter Weise zu bescheinigen.

Von den Ausfertigungen der Begleitscheine sind:

- die Ausfertigungen 1 (weiß) und 5 (altgold) als Belege für das Register des Abfallerzeugers,
- die Ausfertigungen 2 (rosa) und 3 (blau) zur Vorlage an die zuständige Behörde,
- die Ausfertigung 4 (gelb) als Beleg für das Register des Abfallbeförderers, bei einem Wechsel des Abfallbeförderers für das Register des letzten Abfallbeförderers,
- die Ausfertigung 6 (grün) als Beleg für das Register des Abfallentsorgers

bestimmt.

Ausfüllen und Handhabung der Begleitscheine (§ 11)
Die Begleitscheine sind nach Maßgabe der für die jeweilige Person bestimmten Aufdrucke auf den Ausfertigungen auszufüllen und zu unterschreiben, und zwar:

- vom Abfallerzeuger: spätestens bei Übergabe,
- vom Beförderer oder Einsammler sowie von jedem weiteren Beförderer: spätestens bei Übernahme,
- vom Betreiber eines Geländes zur kurzfristigen Lagerung oder zum Umschlag: spätestens bei Übernahme und
- vom Abfallentsorger: unverzüglich nach Annahme der Abfälle zur ordnungsgemäßen Entsorgung.

Liegt ein Entsorgungsnachweis für die Entsorgung von Altölen oder Althölzern mit mehr als einem Abfallschlüssel vor, hat der Abfallerzeuger im Abfallschlüsselfeld des Begleitscheins den prägenden Abfallschlüssel einzutragen und im Mehrzweckfeld *Frei für Vermerke* die Abfallschlüssel der tatsächlich auf der Grundlage dieses Begleitscheins entsorgten Abfälle.

Zu den bezeichneten Zwecken sind die Begleitscheine als Begleitscheinsatz im Durchschreibeverfahren zu verwenden. Der Begleitscheinsatz beginnt mit der Ausfertigung

2 (rosa). Es folgen in numerischer Reihenfolge die Ausfertigungen 3 (blau) bis 6 (grün). Als letzte Ausfertigung wird die Ausfertigung 1 (weiß) angefügt. Der Abfallerzeuger, der Einsammler oder der Beförderer füllt entsprechend den Anforderungen die für ihn bestimmten Aufdrucke der Ausfertigung 1 (weiß) aus, in dem er die entsprechenden Aufdrucke der Ausfertigung 2 (rosa) ausfüllt und die Angaben bis zur Ausfertigung 1 (weiß) durchschreibt.

Bei Übernahme der Abfälle übergibt der Abfallbeförderer dem Abfallerzeuger die Ausfertigung 1 (weiß) der Begleitscheine als Beleg für das Register, nachdem er die ordnungsgemäße Beförderung versichert und die erforderlichen Ergänzungen vorgenommen hat. Die Ausfertigungen 2 bis 6 hat der Abfallbeförderer während des Beförderungsvorgangs mitzuführen und dem Abfallentsorger bei Übergabe der Abfälle auszuhändigen sowie auf Verlangen den zur Überwachung und Kontrolle Befugten vorzulegen. Dies gilt entsprechend für weitere an der Beförderung Beteiligte. Bei einer kurzfristigen Lagerung oder einem Umschlag sind die Ausfertigungen 2 bis 6 vom Abfallbeförderer dem Betreiber des Lager- oder Umschlagplatzes und von diesem dem übernehmenden Beförderer jeweils bei Übergabe der Abfälle auszuhändigen.

Spätestens zehn Kalendertage nach Annahme der Abfälle vom Abfallbeförderer übergibt oder übersendet der Abfallentsorger die Ausfertigungen 2 (rosa) und 3 (blau) der für die Entsorgungsanlage zuständigen Behörde als Beleg über die Annahme der Abfälle; die Ausfertigung 4 (gelb) übergibt oder übersendet er dem Abfallbeförderer, die Ausfertigung 5 (altgold) dem Abfallerzeuger als Beleg zu deren Registern. Die Ausfertigung 6 (grün) behält der Abfallentsorger als Beleg für sein Register.

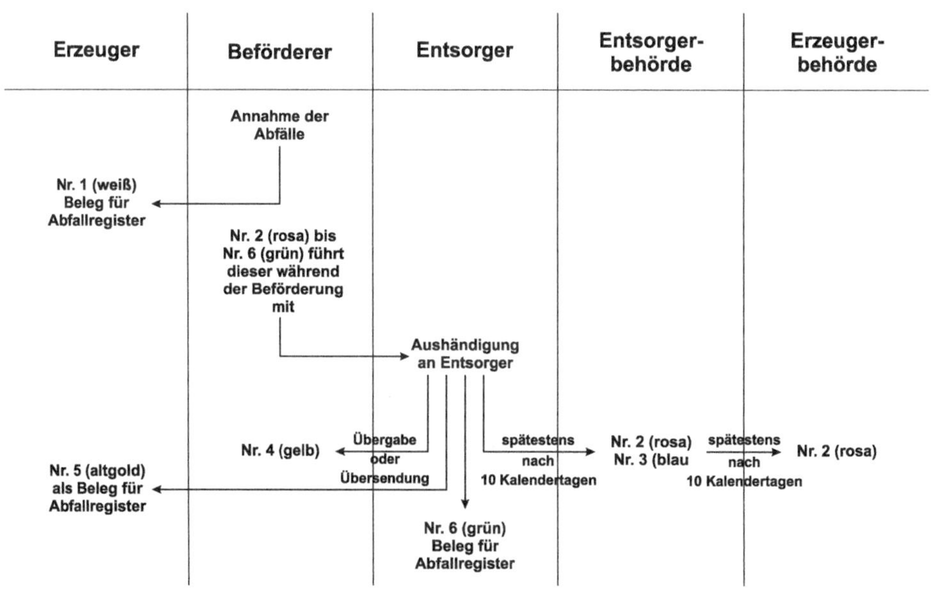

Abb. 18.4 Prozessablauf Begleitscheinverfahren nach § 11 NachwV

Spätestens zehn Kalendertage nach Erhalt übersendet die für die Entsorgungsanlage zuständige Behörde die Ausfertigung 2 (rosa) an die für den Abfallerzeuger zuständige Behörde; im Falle der Sammelentsorgung erfolgt die Übersendung an die für das jeweilige Einsammlungsgebiet zuständige Behörde.

Wird der Begleitschein geändert oder ergänzt, muss der geänderte oder ergänzte Begleitschein unverzüglich erneut den zuständigen Behörden und den übrigen am Begleitscheinverfahren Beteiligten übersandt werden. Der Laufweg der einzelnen Begleitscheine ist in Abb. 18.4 dargestellt.

Übernahmeschein bei Sammelentsorgung (§ 12)

Bei der Verwendung eines Sammelentsorgungsnachweises oder der Nachweiserklärungen bei Entfallen der Bestätigungspflicht nach § 9 NachwV wird der Nachweis über die durchgeführte Entsorgung mit Hilfe der Übernahmescheine unter Verwendung der hierfür vorgesehenen Formblätter, die im Durchschreibverfahren als Übernahmescheinsatz zu verwenden sind, und der Begleitscheine im Sinne des § 10 NachwV geführt. Auf dem Übernahmeschein finden die Bestimmungen des § 10 NachwV entsprechende Anwendung.

Der Übernahmeschein besteht aus zwei Ausfertigungen. Davon sind:

- die Ausfertigung 1 (weiß) als Beleg für das Register des Abfallerzeugers,
- die Ausfertigung 2 (gelb) als Beleg für das Register des Einsammlers

bestimmt.

Der Abfallerzeuger sowie der Einsammler haben die Übernahmescheine nach Maßgabe der für ihn bestimmten Aufdrucke auf den Ausfertigungen spätestens bei Übernahme der Abfälle durch den Einsammler auszufüllen. Liegt ein Sammelentsorgungsnachweis für die Entsorgung von Altölen oder Althölzern mit mehr als einem Abfallschlüssel vor, haben der Einsammler und der Abfallerzeuger im Abfallschlüsselfeld des Übernahmescheins den prägenden Abfallschlüssel einzutragen und im Mehrzweckfeld *Frei für Vermerke* die Abfallschlüssel der tatsächlich auf der Grundlage dieses Übernahmescheins übernommenen Abfälle.

Bei der Übernahme der Abfälle übergibt der Einsammler dem Abfallerzeuger die Ausfertigung 1 (weiß) des Übernahmescheins als Beleg für dessen Register. Die Ausfertigung 2 (gelb) hat der Einsammler während des Beförderungsvorgangs mitzuführen, auf Verlangen den zur Überwachung und Kontrolle Befugten vorzulegen und nach Übergabe der Abfälle an den Abfallentsorger zusammen mit der Ausfertigung 4 (gelb) des Begleitscheins in sein Register einzustellen.

Handhabung des Begleitscheins bei Sammelentsorgung (§ 13)

Der Einsammler hat mit Beginn der Einsammlung nach Maßgabe des § 11 NachwV die Begleitscheine auszufüllen und sich dabei als Abfallbeförderer einzutragen sowie insbesondere die Sammelentsorgungsnachweisnummer anzugeben. Der Einsammler hat im

Erzeugerfeld ausschließlich eine fiktive Erzeugernummer einzutragen. Diese beginnt mit dem Landeskenner gemäß den Vorgaben des § 28 NachwV, es folgt ein *S*, in die restlichen Felder werden Nullen eingetragen. Vor Übergabe der Abfälle hat er in das Mehrzweckfeld des Begleitscheins *Frei für Vermerke* die Nummern der Übernahmescheine einzutragen, aus denen sich die Sammelladung zusammensetzt. Das weitere Verfahren richtet sich nach den Bestimmungen über die Begleitscheine.

Erstreckt sich die Einsammlung über die Grenzen eines Landes hinaus, so ist für jedes Land, in dem gesammelt wird, ein separater Begleitschein zu führen. Die Kennung des Einsammlungsgebietes ist, wie beschrieben, einzutragen. Nach Annahme der Abfälle durch den Abfallentsorger ist die Begleitscheinausfertigung 2 (rosa) in entsprechender Anwendung von § 11 NachwV der für das jeweilige Land, in dem gesammelt wurde, der zuständigen Behörde zuzuleiten.

Kleinmengen (§ 16)
Den Nachweis über die ordnungsgemäße Entsorgung von Kleinmengen gefährlicher Abfälle im Sinne des § 2 NachwV hat der Abfallerzeuger und der Abfallentsorger durch die Führung eines Übernahmescheins entsprechend den Bestimmungen des § 12 NachwV zu führen.

Vorlage von Belegen auf Verlangen eines früheren Besitzers (§ 16a)
Sofern keine Nachweispflichten nach § 2 bestehen, sind dem Erzeuger oder früheren Besitzer von gefährlichen Abfällen auf dessen Verlangen bei der Übergabe Belege über die Durchführung der Abfallbewirtschaftung von demjenigen vorzulegen, dem der Erzeuger oder Besitzer die gefährlichen Abfälle zur weiteren Bewirtschaftung übergibt. Der Erzeuger oder frühere Besitzer von gefährlichen Abfällen kann die Belege auch noch innerhalb von drei Jahren nach der Übergabe der gefährlichen Abfälle verlangen. Der Beleg wird mit Hilfe des Formblatts *Begleitschein* in einfacher Ausfertigung vorgelegt.

Verlangt der Erzeuger oder der frühere Besitzer der Abfälle die Vorlage eines Belegs erst nach Übergabe der Abfälle, so füllt er den Begleitschein nach Maßgabe der für den Abfallerzeuger bestimmten Aufdrucke aus, unterschreibt und übersendet ihn an denjenigen, dem er die Abfälle zur weiteren Bewirtschaftung übergeben hat. Dieser füllt den übersandten Begleitschein im Falle der Beförderung nach Maßgabe der für den Abfallbeförderer bestimmten Aufdrucke und in allen anderen Fällen nach Maßgabe der für den Abfallentsorger bestimmten Aufdrucke aus, unterschreibt ihn und übersendet ihn spätestens zehn Kalendertage nach Eingang dem Erzeuger oder früheren Besitzer der Abfälle.

Die Vorlagepflicht kann auch durch die Vorlage von Praxisbelegen, wie Wiege- oder Lieferscheinen erfüllt werden, wenn diese die im Begleitschein vorgesehenen Angaben enthalten.

Mitführungspflicht (§ 16b)
Bei der Beförderung nicht nachweispflichtiger gefährlicher Abfälle hat der Abfallbeförderer Unterlagen mit folgenden Angaben mitzuführen und auf Verlangen den zur Überwachung und Kontrolle Befugten vorzulegen:

- Menge des beförderten Abfalls in Tonnen,
- Bezeichnung des Abfalls und der Abfallschlüssel laut Abfallverzeichnis-Verordnung,
- Angaben zum Beförderer, insbesondere Name und Anschrift sowie die Beförderernummer, sofern vorhanden,
- Datum der Übernahme der Abfälle zur Beförderung,
- Angaben zum Abfallerzeuger oder Abfallbesitzer, von dem die Abfälle zur Beförderung übernommen wurden, insbesondere Name und Anschrift sowie die Erzeugernummer, sofern vorhanden, und
- Angaben zur Entsorgungsanlage oder zum Gelände zur kurzfristigen Lagerung oder zum Umschlag, zu der oder zu dem die Abfälle befördert werden, insbesondere Anschrift und Inhaber sowie dessen Entsorgernummer, sofern vorhanden.

18.3.3 Registerführung über die Entsorgung von Abfällen

Kreis der Registerpflichtigen (§ 23)
Zur Führung von elektronischen Registern verpflichtet sind Erzeuger, Einsammler, Beförderer Händler, Makler und Entsorger von Abfällen, soweit eine Pflicht zur Führung von Registern nach:

- § 49 des Kreislaufwirtschaftsgesetzes oder
- § 51 des Kreislaufwirtschaftsgesetzes auf Anordnung der zuständigen Behörde

besteht.

Führung der Register (§ 24)
Die Register bestehen aus einer den Anforderungen des § 49 des Kreislaufwirtschaftsgesetzes sowie der NachwV entsprechend sachlich und zeitlich geordneten Darstellung der registerpflichtigen Entsorgungsvorgänge, wobei die entsprechenden Belege oder Angaben vollständig und in der jeweils aktuellen Version im Register enthalten sein müssen. Die Register über nachweispflichtige Abfälle werden geführt, indem:

- die Abfallerzeuger, Einsammler und Abfallentsorger die für sie bestimmten Ausfertigungen der Begleitscheine, insoweit der Abfallerzeuger die für ihn bestimmten Ausfertigungen 5 (altgold) und 1 (weiß) einander ohne Rücksicht auf die zeitliche Reihenfolge zugeordnet, spätestens innerhalb von zehn Kalendertagen nach Erhalt den jeweiligen Entsorgungsnachweisen, und Sammelentsorgungsnachweisen in zeitlicher Reihenfolge zuordnen,
- die Einsammler darüber hinaus die für ihn bestimmten Ausfertigungen der Übernahmescheine spätestens zehn Kalendertage nach Erhalt den jeweiligen für ihn bestimmten Ausfertigungen der Begleitscheine in zeitlicher Reihenfolge zuordnen und
- die Abfallbeförderer die für sie bestimmten Ausfertigungen der Begleitscheine spätestens zehn Kalendertage nach Erhalt und nach Abfallarten getrennt und in zeitlicher Reihenfolge ordnen

und abheften und in die Register einstellen. Ist der Abfallerzeuger zugleich Abfallbeförderer, so hat er die Ausfertigungen 4 und 5 (gelb und altgold) des Begleitscheins, ist er zugleich Abfallentsorger, so hat er nur die Ausfertigung 6 (grün) abzuheften und in sein Register einzustellen. Entsorgt der Abfallbeförderer die Abfälle selbst, so hat er die Ausfertigung 6 (grün) abzuheften und in sein Register einzustellen.

Die Erzeuger von Kleinmengen gefährlicher Abfälle, die Abfallerzeuger, die gefährliche Abfälle einem Einsammler übergeben sowie die Abfallentsorger, welche Kleinmengen gefährlicher Abfälle annehmen, führen die Register, indem sie die für sie bestimmten Ausfertigungen der Übernahmescheine spätestens zehn Kalendertage nach Erhalt nach Abfallarten getrennt und in zeitlicher Reihenfolge geordnet abheften und in die Register einstellen. Dies gilt entsprechend, soweit die zuständige Behörde die Pflicht zur Führung von Übernahmescheinen nach § 51 des Kreislaufwirtschaftsgesetzes angeordnet hat.

Abfallentsorger, die zur Führung von Nachweisen nicht verpflichtet sind, registrieren die Anlieferungen von Abfällen, indem sie für jede Abfallart und jede Entsorgungsanlage ein eigenes Verzeichnis erstellen, in welchem sie:

- als Überschrift den Abfallschlüssel dieser Abfallart laut Abfallverzeichnis-Verordnung, den Firmennamen und die Anschrift, die Bezeichnung und Anschrift der Entsorgungsanlage und (soweit vorhanden) die Entsorgernummer angeben und
- unterhalb dieser Angaben fortlaufend für jede angenommene Abfallcharge spätestens zehn Kalendertage nach ihrer Annahme ihre Menge, das Datum ihrer Annahme und den Namen und die Anschrift der Person, von der die Abfälle angenommen wurden, angeben und diese Angaben unterschreiben.

Die Angaben und die Unterschrift können in Praxisbelegen, insbesondere Liefer- oder Wiegescheinen, enthalten sein, wenn diese den Abfall erkennen lassen und den genannten Angaben sachlich und zeitlich geordnet zugeordnet werden. Die Abfallentsorger können für die Erfassung der genannten Angaben auch das Formblatt *Annahmeerklärung AE* und das Formblatt *Begleitschein* verwenden. Soweit Abfallentsorger die Register elektronisch führen, müssen sie die Register unter Zugrundelegung dieser Formblätter führen.

Abfallentsorger, die Abfälle behandeln und lagern und zur Führung von Nachweisen nicht verpflichtet sind, registrieren zusätzlich jede Abgabe von behandelten und gelagerten Abfällen. Die Registrierungspflichten gelten nicht für Abfallentsorger, welche:

- die behandelten oder gelagerten Abfälle in eigenen, in einem engen räumlichen Zusammenhang mit der Behandlung oder Lagerung stehenden Entsorgungsanlagen verwerten oder beseitigen oder
- infolge des Einsatzes von Abfällen in Produktionsprozessen lediglich nicht gefährliche Abfälle in mengenmäßig unbedeutendem Umfang erzeugen.

Dies gilt nicht für Abfallentsorger, welche in ihren Anlagen Abfälle im Hauptzweck verwerten oder beseitigen.

Abfallerzeuger, die zur Führung von Nachweisen nicht verpflichtet sind, registrieren jede Abgabe von Abfällen, indem sie für jede Abfallart und jede Anfallstelle des Abfalls ein eigenes Verzeichnis erstellen, in welchem sie:

- als Überschrift den Abfallschlüssel dieser Abfallart laut Abfallverzeichnis-Verordnung, den Firmennamen und die Anschrift, die Bezeichnung und Anschrift der Anfallstelle des Abfalls und (soweit vorhanden) die Erzeugernummer angeben und
- unterhalb dieser Angaben fortlaufend für jede abgegebene Abfallcharge spätestens zehn Kalendertage nach ihrer Abgabe ihre Menge, das Datum ihrer Abgabe und die die Abfallcharge übernehmende Person angeben und diese Angaben unterschreiben.

Die Abfallerzeuger können für die Erfassung der genannten Angaben auch das Formblatt *Deckblatt Entsorgungsnachweise DEN* in Verbindung mit dem Formblatt *Verantwortliche Erklärung VE Aufdruck 1* und das Formblatt *Begleitschein* verwenden. Soweit Abfallerzeuger die Register elektronisch führen, müssen sie die Register unter Zugrundelegung dieser Formblätter führen, wobei im elektronischen Begleitschein die die Abfallcharge übernehmende Person im Feld *Frei für Vermerke* anzugeben ist.

Abfallbeförderer, die zur Führung von Nachweisen nicht verpflichtet sind, registrieren jede Beförderung von Abfällen, indem sie für jede Abfallart ein eigenes Verzeichnis erstellen, in welchem sie:

- als Überschrift den Abfallschlüssel dieser Abfallart laut Abfallverzeichnis-Verordnung, den Firmennamen und die Anschrift und (soweit vorhanden) die Beförderernummer angeben und
- unterhalb dieser Angaben fortlaufend spätestens zehn Kalendertage nach Abschluss der Beförderung für jede übergebene Abfallcharge ihre Menge und das Datum ihrer Übergabe angeben und diese Angaben unterschreiben.

Die Abfallbeförderer können für die Erfassung der genannten Angaben auch das Formblatt *Deckblatt Entsorgungsnachweise DEN* in Verbindung mit dem Formblatt *Verantwortliche Erklärung VE Aufdruck 2* und das Formblatt *Begleitschein* verwenden. Soweit Abfallbeförderer die Register elektronisch führen, müssen sie die Register unter Zugrundelegung dieser Formblätter führen.

Dauer der Registrierung, elektronische Registrierung (§ 25)
Die zur Einrichtung und Führung der Register Verpflichteten haben die in die Register einzustellenden Belege oder Angaben drei Jahre, jeweils vom Datum ihrer Einstellung in das Register an gerechnet, in dem Register aufzubewahren oder zu belassen. Der Zulassungsbescheid für die Abfallentsorgungsanlage kann eine längere Dauer bestimmen.

Die Register über nachweispflichtige Abfälle sind elektronisch zu führen, soweit für die in die Register einzustellenden Nachweise die elektronische Nachweisführung zwingend bestimmt ist. Im Übrigen können die Register elektronisch geführt werden. Werden die Register elektronisch geführt, so sind die Belege oder Angaben in entsprechender Anwendung des § 24 NachwV dauerhaft und geordnet zu speichern.

Dies gilt für die vom Einsammler in sein Register einzustellenden Ausfertigungen des Übernahmescheins auch dann, wenn der Übernahmeschein nach § 21 NachwV unter Verwendung der hierfür vorgesehenen Formblätter geführt wird.

Registerführung durch Händler und Makler (§ 25a)
Die Händler registrieren die von ihnen erworbenen Abfälle, indem sie für jede Abfallart ein eigenes Verzeichnis erstellen, in welchem sie:

- als Überschrift den Abfallschlüssel dieser Abfallart laut Abfallverzeichnis-Verordnung, den Firmennamen und die Anschrift und (soweit vorhanden) die Händlernummer angeben und
- unterhalb dieser Angaben fortlaufend für jede erworbene Abfallcharge spätestens zehn Kalendertage nach ihrem Erwerb ihre Menge, das Datum ihres Erwerbs und den Namen und die Anschrift der Person, von der die Abfälle erworben wurden, angeben und diese Angaben unterschreiben.

Die Händler registrieren ferner die von ihnen veräußerten Abfälle, indem sie für jede Abfallart ein eigenes Verzeichnis erstellen, in welchem sie:

- als Überschrift die oben aufgeführten Angaben angeben und
- unterhalb dieser Angaben fortlaufend für jede Abfallcharge spätestens zehn Kalendertage nach ihrer Veräußerung ihre Menge, das Datum ihrer Veräußerung und den Namen und die Anschrift der Person, an die die Abfälle veräußert wurden, angeben und diese Angaben unterschreiben.

Die Makler von Abfällen registrieren in zeitlicher Reihenfolge jeden vermittelten Vertragsabschluss über die Bewirtschaftung von Abfällen und geben dabei das Datum des Vertragsabschlusses an. Spätestens zehn Kalendertage nach Abschluss verzeichnen sie zu jedem registrierten Vertrag:

- die Vertragsparteien mit Namen und Anschrift,
- die Art, den Umfang und die voraussichtliche Dauer der vermittelten Bewirtschaftungstätigkeit sowie
- die Art und die Beschaffenheit der Abfälle unter Angabe des Abfallschlüssels, auf die sich die vermittelte Bewirtschaftungstätigkeit bezieht.

Die Richtigkeit der in das Register eingestellten Angaben hat der Makler durch Unterschrift zu bestätigen. Die Verpflichteten (Händler, Makler) haben die in das Register eingestellten Angaben drei Jahre, jeweils vom Datum der Einstellung in das Register an gerechnet, in dem Register zu belassen. Anschließend sind die Daten unverzüglich beziehungsweise im Falle der Speicherung in elektronischer Form automatisiert zu löschen.

18.3.4 Gemeinsame Bestimmungen

Befreiung, Anordnung von Nachweis- und Registerpflichten (§ 26)
Die zuständige Behörde kann einen nach § 49 oder § 50 des Kreislaufwirtschaftsgesetzes Verpflichteten auf Antrag oder von Amts wegen ganz oder teilweise unter dem Vorbehalt des Widerrufs von der Führung von Nachweisen oder Registern freistellen, soweit hierdurch eine Beeinträchtigung des Wohls der Allgemeinheit nicht zu befürchten ist. Die zuständige Behörde kann die Erbringung anderer geeigneter Nachweise verlangen.

Die zuständige Behörde kann gegenüber einem nach § 49 des Kreislaufwirtschaftsgesetzes zur Führung von Registern über die Entsorgung nicht gefährlicher Abfälle Verpflichteten die Registrierung weiterer Angaben anordnen.

Nachweisführung in besonderen Fällen (§ 27)
Wer Abfälle, für die er Nachweise führen muss, von einem anderen übernimmt, der hinsichtlich dieser Abfälle nicht zur Führung von Nachweisen verpflichtet ist, hat auch dessen Namen und Anschrift auf den für ihn bestimmten und auf den von ihm weiter zu übermittelnden oder weiter zu gebenden Ausfertigungen oder Dokumenten der nach dieser Verordnung zu führenden Nachweise anzugeben. Wer Abfälle einem anderen übergibt, der insoweit nicht zur Führung von Nachweisen verpflichtet ist, hat dessen Namen und Anschrift in den nach dieser Verordnung zu führenden Nachweisen anzugeben.

Ist wegen anderen genannten Besonderheiten eine uneingeschränkte Bestimmung über die Führung von Nachweisen nicht möglich, so hat der betroffene Nachweispflichtige die Nachweise in einer von der zuständigen Behörde bestimmten Weise zu verwenden. Sind mehrere Behörden zuständig, so treffen diese die Entscheidung im Einvernehmen.

Vergabe von Kennnummern (§ 28)
Die zur Führung von Nachweisen und Registern erforderlichen Identifikations-, Erzeuger-, Beförderer-, Sammler-, Händler-, Makler- und Entsorgernummern werden durch die zuständige Behörde erteilt.

Die zur Unterscheidung der einzelnen Nachweisvorgänge erforderlichen Nummern sowie die Freistellungsnummern erteilt die für den Entsorger zuständige Behörde. Die im Falle der Ersetzung von Einzelnachweisen nach § 50 des Kreislaufwirtschaftsgesetzes erforderliche Registriernummer erteilt die für den Erzeuger zuständige Behörde. Die zuständige Behörde kann zulassen, dass die erforderlichen Kennnummern von einem Dritten, insbesondere einem freigestellten Entsorger, erteilt werden. Die zu erteilenden Kennnummern erhalten in den ersten beiden Stellen folgende Kennbuchstaben:

1. EN für Entsorgungsnachweis,
2. SN für Sammelentsorgungsnachweis,
3. FR für Freistellung,
4. RE für Register.

In die dritte Stelle ist die Landeskennung aufzunehmen:

A Schleswig-Holstein,
B Hamburg,
C Niedersachsen,
D Bremen,
E Nordrhein-Westfahlen,
F Hessen,
G Rheinland-Pfalz,
H Baden-Württemberg,
I Bayern,
K Saarland,
L Berlin,
M Mecklenburg-Vorpommern,
N Sachsen-Anhalt,
P Brandenburg,
R Thüringen,
S Sachsen.

Die Formblätter sind wie folgt zu verwenden:

- Zur Führung des Entsorgungsnachweises (§ 3 NachwV) sowie des Sammelentsorgungsnachweises (§ 9 NachwV) die Formblätter:
  - Deckblatt Entsorgungsnachweise (DEN),
  - Verantwortliche Erklärung (VE),
  - Deklarationsanalyse (DA),
  - Annahmeerklärung (AE),
  - Behördenbestätigung (BB),
- zur Führung des Entsorgungsnachweises ohne behördliche Bestätigung (§ 7 NachwV) die Formblätter:
  - Deckblatt Entsorgungsnachweise (DEN),
  - Verantwortliche Erklärung (VE),
  - Deklarationsanalyse (DA),
  - Annahmeerklärung (AE),
- zur Freistellung (§ 7 NachwV) die Formblätter:
  - Deckblatt Antrag (DAN),
  - Annahmeerklärung (AE),
  - Behördenbestätigung (BB),
- zur Führung des Nachweises über die durchgeführte Entsorgung (§§ 10, 12 NachwV) die Formblätter:
  - Begleitschein,
  - Übernahmeschein,

- zur Führung der Register (§ 24 NachwV) die Formblätter:
  - Deckblatt Entsorgungsnachweise (DEN),
  - Verantwortliche Erklärung (VE),
  - Annahmeerklärung (AE),
  - Begleitschein.

18.4 Anzeige- und Erlaubnisverordnung (AbfAEV)

Anwendungsbereich (§ 1)
Die Anzeige- und Erlaubnisverordnung gilt für:

- Anzeigen der Aufnahme der betrieblichen Tätigkeit durch Sammler, Beförderer, Händler und Makler von Abfällen nach § 53 des Kreislaufwirtschaftsgesetzes und
- Erlaubnisse für Sammler, Beförderer, Händler und Makler von gefährlichen Abfällen nach § 54 des Kreislaufwirtschaftsgesetzes.

Begriffsbestimmungen (§ 2)

- **Inhaber:**
  ist diejenige natürliche oder juristische Person oder Personenvereinigung, die den die Sammler-, Beförderer-, Händler- oder Maklertätigkeit ausübenden Betrieb betreibt. Sofern es sich bei dem Inhaber um eine juristische Person oder Personenvereinigung handelt, kommt es für die Erfüllung der personenbezogenen Anforderungen dieser Verordnung an den Inhaber auf die nach Gesetz, Satzung oder Gesellschaftsvertrag zur Vertretung oder Geschäftsführung des Betriebs berechtigten Personen an.
- **Für die Leitung und Beaufsichtigung des Betriebs verantwortliche Personen:**
  sind diejenigen natürlichen Personen, die vom Inhaber mit der fachlichen Leitung, Überwachung und Kontrolle der vom Betrieb durchgeführten Tätigkeiten insbesondere im Hinblick auf die Beachtung der hierfür geltenden Vorschriften und Anordnungen beauftragt worden sind. Die Beauftragung setzt die Übertragung der für die beschriebenen Aufgaben erforderlichen Entscheidungs- und Mitwirkungsbefugnisse voraus.
- **Sonstiges Personal:**
  sind diejenigen Arbeitnehmerinnen und Arbeitnehmer und andere im Betrieb des Sammlers, Beförderers, Händlers oder Maklers von Abfällen beschäftigte Personen, die bei der Ausübung dieser betrieblichen Tätigkeiten mitwirken.

Zuverlässigkeit (§ 3)
Die nach § 53 und § 54 des Kreislaufwirtschaftsgesetzes erforderliche Zuverlässigkeit ist gegeben, wenn der Inhaber des Betriebs und die für die Leitung und Beaufsichtigung des Betriebs verantwortlichen Personen aufgrund ihrer persönlichen Eigenschaften, ihres Verhaltens und ihrer Fähigkeiten zur ordnungsgemäßen Erfüllung der ihnen obliegenden

Aufgaben geeignet sind. Die erforderliche Zuverlässigkeit ist in der Regel nicht gegeben, wenn eine der genannten Personen:

- wegen Verletzung von Vorschriften:
  - des Strafrechts über gemeingefährliche Delikte oder Delikte gegen die Umwelt,
  - des Immissionsschutz-, Abfall-, Wasser-, Natur- und Landschaftsschutz-, Chemikalien-, Gentechnik- oder Atom- und Strahlenschutzrechts,
  - des Lebensmittel-, Arzneimittel-, Pflanzenschutz- oder Infektionsschutzrechts,
  - des Gewerbe-, Arbeitsschutz- oder Gefahrgutrechts oder
  - des Betäubungsmittel-, Waffen- oder Sprengstoffrechts

innerhalb der letzten fünf Jahre vor Anzeige der Aufnahme der betrieblichen Tätigkeit oder der Beantragung der Erlaubnis mit einer Geldbuße in Höhe von mehr als zweitausendfünfhundert Euro belegt oder zu einer Strafe verurteilt worden ist oder

- wiederholt oder grob pflichtwidrig gegen die genannten Vorschriften verstoßen hat.

Fachkunde von Anzeigepflichtigen (§ 4)
Im Falle einer gewerbsmäßigen Tätigkeit des anzeigenden Sammlers, Beförderers, Händlers oder Maklers von Abfällen setzt die nach § 53 des Kreislaufwirtschaftsgesetzes notwendige Fachkunde des Inhabers, soweit er für die Leitung des Betriebs verantwortlich ist, und der für die Leitung und Beaufsichtigung des Betriebs verantwortlichen Personen während einer zweijährigen praktischen Tätigkeit erworbene Kenntnisse über die vom Betrieb angezeigte Tätigkeit voraus. Abweichend reichen während einer einjährigen praktischen Tätigkeit erworbene Kenntnisse über die vom Betrieb angezeigte Tätigkeit aus, wenn die betroffene Person auf einem Fachgebiet, dem der Betrieb hinsichtlich seiner Betriebsvorgänge zuzuordnen ist:

- ein Hochschul- oder Fachhochschulstudium abgeschlossen hat,
- eine kaufmännische oder technische Fachschul- oder Berufsausbildung besitzt oder
- eine Qualifikation als Meister vorweisen kann.

Die Voraussetzung ist auch erfüllt, wenn sich im Falle der Anzeige einer gewerbsmäßigen Tätigkeit:

- des Sammelns oder Beförderns von Abfällen die erworbenen Kenntnisse des Betroffenen nicht auf die angezeigte, sondern auf die jeweils andere Tätigkeit beziehen,
- des Handelns mit Abfällen die erworbenen Kenntnisse des Betroffenen nicht auf die angezeigte, sondern auf die Tätigkeit des Sammelns oder Beförderns beziehen oder
- des Makelns von Abfällen die erworbenen Kenntnisse des Betroffenen nicht auf die angezeigte, sondern auf die Tätigkeit des Sammelns, Beförderns oder Handelns von Abfällen beziehen.

Tab. 18.6 Anforderungen an die Fachkunde

Lehrgangsinhalte
Die Lehrgänge sollen Grundkenntnisse über folgende Bereiche vermitteln: • das Kreislaufwirtschaftsgesetz, insbesondere: - den Anwendungsbereich, - die wichtigsten Begriffsbestimmungen, - die Abfallhierarchie, - die Grundpflichten (Vermeiden, Verwerten, Beseitigen), - die Getrennthaltungspflichten und Vermischungsverbote, - das Verhältnis des Abfallrechts zum Immissionsschutzrecht, - das Verhältnis des Abfallrechts zum Chemikalienrecht, - die Überlassungspflichten, - das Anzeigeverfahren für gemeinnützige und gewerbliche Sammlungen, - die Beauftragung Dritter, - die Register- und Nachweispflichten, - das Anzeige- und Erlaubnisverfahren für Sammler, Beförderer, Händler und Makler von Abfällen, - die Kennzeichnung von Fahrzeugen und - die Bußgeldvorschriften, • die aufgrund des Kreislaufwirtschaftsgesetzes ergangenen Rechtsverordnungen, insbesondere: - die AbfAE-Verordnung, - die Nachweisverordnung, - die Entsorgungsfachbetriebeverordnung und - die Abfallverzeichnisverordnung, • das Recht der Abfallverbringung, • Art und Beschaffenheit von gefährlichen Abfällen, • schädliche Umwelteinwirkungen und sonstig Gefahren, erhebliche Nachteile und erhebliche Belästigungen, die von Abfällen ausgehen können, und Maßnahmen zu ihrer Verhinderung oder Beseitigung, • sonstige Vorschriften des Umweltrechts, die im Zusammenhang mit der Sammlung, der Beförderung, dem Handeln oder dem Makeln von Abfällen von Bedeutung sind, • Bezüge zum Güterkraftverkehrs- und Gefahrgutrecht sowie • Vorschriften der betrieblichen Haftung.

Liegen die Voraussetzungen nicht vor, kann die nach § 53 des Kreislaufwirtschaftsgesetzes notwendige Fachkunde auch durch den Besuch eines Lehrgangs, in dem Kenntnisse entsprechend der Tab. 18.6 vermittelt werden, erworben werden. Der Lehrgang muss vor Aufnahme der Tätigkeit abgeschlossen sein.

Im Falle von im Rahmen wirtschaftlicher Unternehmen tätigen Sammlern, Beförderern, Händlern und Maklern von Abfällen setzt die nach § 53 des Kreislaufwirtschaftsgesetzes notwendige Fachkunde des Inhabers, soweit er für die Leitung des Betriebs verantwortlich ist, und der für die Leitung und Beaufsichtigung des Betriebs verantwortlichen Personen voraus, dass die betroffene Person über die für die vom Unternehmen im Hauptzweck ausgeübte Tätigkeit erforderliche berufliche Qualifikation verfügt.

Soweit es zur Wahrung des Wohls der Allgemeinheit erforderlich ist, kann die zuständige Behörde zusätzlich die Teilnahme an einem von der zuständigen Behörde anerkannten Lehrgang und eine regelmäßige entsprechende Fortbildung anordnen.

Fachkunde von Erlaubnispflichtigen (§ 5)
Die nach § 54 des Kreislaufwirtschaftsgesetzes notwendige Fachkunde des Inhabers, soweit er für die Leitung des Betriebs verantwortlich ist, und der für die Leitung und Beaufsichtigung des Betriebs verantwortlichen Personen setzt Folgendes voraus:

- während einer zweijährigen praktischen Tätigkeit erworbene Kenntnisse über die Tätigkeit, für die der Betrieb die Erlaubnis beantragt, sowie
- die Teilnahme an einem oder mehreren von der zuständigen Behörde anerkannten Lehrgängen, in denen Kenntnisse entsprechend der Tab. 18.6 vermittelt werden.

Abweichend reichen während einer einjährigen praktischen Tätigkeit erworbene Kenntnisse über die vom Betrieb beantragte Tätigkeit aus, sofern die betroffene Person auf einem Fachgebiet, dem der Betrieb hinsichtlich seiner Betriebsvorgänge zuzuordnen ist:

- ein Hochschul- oder Fachhochschulstudium abgeschlossen hat,
- eine kaufmännische oder technische Fachschul- oder Berufsausbildung besitzt oder
- eine Qualifikation als Meister vorweisen kann.

Die Voraussetzung ist auch erfüllt, wenn sich im Falle der Beantragung einer Erlaubnis für die Tätigkeit:

- des Sammelns oder Beförderns von gefährlichen Abfällen die erworbenen Kenntnisse des Betroffenen nicht auf die beantragte, sondern auf die jeweils andere Tätigkeit beziehen,
- des Handelns mit gefährlichen Abfällen die erworbenen Kenntnisse des Betroffenen nicht auf die beantragte, sondern auf die Tätigkeit des Sammelns oder Beförderns von gefährlichen Abfällen beziehen oder
- des Makelns von gefährlichen Abfällen die erworbenen Kenntnisse des Betroffenen nicht auf die beantragte, sondern auf die Tätigkeit des Sammelns, Beförderns oder Handelns von gefährlichen Abfällen beziehen.

Der Inhaber, soweit er für die Leitung des Betriebs verantwortlich ist, und die für die Leitung und Beaufsichtigung des Betriebs verantwortlichen Personen müssen durch geeignete Fortbildung über den für ihre Tätigkeit notwendigen aktuellen Wissensstand verfügen. Dazu haben sie regelmäßig, mindestens alle drei Jahre, an von der zuständigen Behörde anerkannten Lehrgängen teilzunehmen und dies der zuständigen Behörde unaufgefordert nachzuweisen.

Sachkunde des sonstigen Personals (§ 6)
Die Sachkunde des sonstigen Personals nach § 53 und § 54 des Kreislaufwirtschaftsgesetzes erfordert, dass das sonstige Personal auf der Grundlage eines Einarbeitungsplans

betrieblich eingearbeitet wird und über den für die jeweilige Tätigkeit notwendigen aktuellen Wissensstand verfügt. Den Fortbildungsbedarf des sonstigen Personals ermitteln der Inhaber, soweit er für die Leitung des Betriebs verantwortlich ist, oder die für die Leitung und Beaufsichtigung des Betriebs verantwortlichen Personen. Soweit es zur Wahrung des Wohls der Allgemeinheit erforderlich ist, kann die zuständige Behörde anordnen, dass der Einarbeitungsplan schriftlich erstellt und ihr vorgelegt wird.

Anzeigeverfahren (§ 7)

Die Anzeige der Aufnahme der betrieblichen Tätigkeit durch Sammler, Beförderer, Händler und Makler von Abfällen nach § 53 des Kreislaufwirtschaftsgesetzes ist bei der zuständigen Behörde zu erstatten. Entsorgungsfachbetriebe, die nach § 54 des Kreislaufwirtschaftsgesetzes von der Erlaubnispflicht ausgenommen sind, haben der Anzeige das aktuell gültige Zertifikat beizufügen. Sammler, Beförderer, Händler und Makler von gefährlichen Abfällen, die einen Standort des Gemeinschaftssystems für das Umweltmanagement und die Umweltbetriebsprüfung (EMAS) betreiben, der in das EMAS-Register eingetragen ist, haben der Anzeige die aktuell gültige Registrierungsurkunde beizufügen. Folgezertifikate und Folgeregistrierungsurkunden sind der zuständigen Behörde unaufgefordert vorzulegen.

Nach Eingang der Anzeige überprüft die zuständige Behörde deren Vollständigkeit. Die zuständige Behörde vergibt eine Kennnummer entsprechend § 28 der Nachweisverordnung, soweit eine solche Kennnummer noch nicht zugewiesen wurde. Außerdem vergibt die zuständige Behörde jeweils eine nicht personenbezogene Vorgangsnummer.

Sammler und Beförderer, die Abfälle im Rahmen wirtschaftlicher Unternehmen, aber nicht gewöhnlich und nicht regelmäßig sammeln oder befördern, sind von der Anzeigepflicht ausgenommen. Es ist anzunehmen, dass das Sammeln oder Befördern gewöhnlich und regelmäßig erfolgt, wenn die Summe der während eines Kalenderjahrs gesammelten oder beförderten Abfallmengen bei nicht gefährlichen Abfällen 20 Tonnen oder bei gefährlichen Abfällen zwei Tonnen übersteigt.

Antrag und beizufügende Unterlagen (§ 9)

Der Antrag auf Erteilung einer Erlaubnis zum Sammeln, Befördern, Handeln und Makeln von gefährlichen Abfällen nach § 54 des Kreislaufwirtschaftsgesetzes ist schriftlich bei der zuständigen Behörde zu stellen.

Dem Antrag sind folgende Unterlagen beizufügen:

- die Gewerbeanmeldung,
- ein Auszug aus dem Handels-, Vereins- oder Genossenschaftsregister, sofern eine Eintragung erfolgt ist,
- eine firmenbezogene Auskunft aus dem Gewerbezentralregister, sofern es sich bei dem Unternehmen um eine juristische Person oder Personenvereinigung handelt,
- eine personenbezogene Auskunft aus dem Gewerbezentralregister für:
  - den Inhaber und

  - die für die Leitung und Beaufsichtigung des Betriebs verantwortlichen Personen, sofern solche vorhanden sind,
- ein Führungszeugnis:
  - des Inhabers und
  - der für die Leitung und Beaufsichtigung des Betriebs verantwortlichen Personen, sofern solche vorhanden sind,
- ein Nachweis über die Fachkunde:
  - des Inhabers, soweit er für Leitung des Betriebs verantwortlich ist, und
  - der für die Leitung und Beaufsichtigung des Betriebs verantwortlichen Personen, sofern solche vorhanden sind,
- der Nachweis einer Betriebshaftpflichtversicherung und einer auf die jeweilige Tätigkeit bezogenen Umwelthaftpflichtversicherung, sofern solche Versicherungen vorhanden sind, sowie
- der Nachweis der Kraftfahrzeug-Haftpflichtversicherung bei Sammlern und Beförderern von Abfällen, die gefährliche Abfälle auf öffentlichen Straßen befördern.

Erlaubnisverfahren und -erteilung (§ 10)
Nach Eingang des Antrags überprüft die zuständige Behörde die Vollständigkeit des Antrags. Sie stellt dem Antragsteller im Falle der Vollständigkeit unverzüglich eine Empfangsbestätigung aus. Sofern der Antrag unvollständig ist, teilt die zuständige Behörde dem Antragsteller unverzüglich mit, welche Unterlagen nachzureichen sind.

Die Erlaubnis nach § 54 des Kreislaufwirtschaftsgesetzes wird schriftlich unter Vergabe einer Kennnummer entsprechend § 28 der Nachweisverordnung, soweit eine solche Kennnummer noch nicht zugewiesen wurde, erteilt. Außerdem vergibt die zuständige Behörde jeweils eine nicht personenbezogene Vorgangsnummer.

Mitführungspflicht (§ 13)
Soweit die Tätigkeit anzeigepflichtig ist, haben Sammler und Beförderer von Abfällen bei Ausübung ihrer Tätigkeit eine Kopie und im Falle einer elektronischen Anzeige einen Ausdruck der von der Behörde bestätigten Anzeige mitzuführen. Sofern die Behörde die Anzeige noch nicht bestätigt hat, ist dies von dem Anzeigenden auf der Kopie oder dem Ausdruck der Anzeige zu vermerken. In diesem Fall ist die mit dem Vermerk versehene Kopie oder der mit dem Vermerk versehene Ausdruck der Anzeige mitzuführen. Als Entsorgungsfachbetriebe zertifizierte Sammler und Beförderer von gefährlichen Abfällen, die von der Erlaubnispflicht nach § 54 des Kreislaufwirtschaftsgesetzes ausgenommen sind, haben zudem eine Kopie des aktuell gültigen Zertifikats nach § 56 des Kreislaufwirtschaftsgesetzes mitzuführen. Sammler und Beförderer von gefährlichen Abfällen, die einen EMAS-Standort betreiben und von der Erlaubnispflicht nach § 54 des Kreislaufwirtschaftsgesetzes ausgenommen sind, haben zudem eine Kopie der aktuell gültigen Registrierungsurkunde mitzuführen.

18.5 Entsorgungsfachbetriebeverordnung (EfbV)

Anwendungsbereich (§ 1)
Diese Verordnung regelt die Anforderungen an Entsorgungsfachbetriebe nach § 56 des Kreislaufwirtschaftsgesetzes sowie die Überwachung und Zertifizierung von Entsorgungsfachbetrieben durch technische Überwachungsorganisationen nach § 56 Absatz 5 des Kreislaufwirtschaftsgesetzes und durch Entsorgergemeinschaften nach § 56 Absatz 6 des Kreislaufwirtschaftsgesetzes.

Begriffsbestimmungen (§ 2)
Inhaber ist diejenige natürliche oder juristische Person oder Personenvereinigung, die den Entsorgungsfachbetrieb betreibt. Sofern es sich bei dem Inhaber um eine juristische Person oder Personenvereinigung handelt, kommt es für die Erfüllung der personenbezogenen Anforderungen an den Inhaber auf die nach Gesetz, Satzung oder Gesellschaftsvertrag zur Vertretung oder Geschäftsführung des Betriebes berechtigten Personen an.

Für die **Leitung und Beaufsichtigung des Betriebes verantwortliche Personen** sind diejenigen natürlichen Personen, die vom Inhaber mit der fachlichen Leitung, Überwachung und Kontrolle der vom Betrieb durchgeführten abfallwirtschaftlichen Tätigkeiten, insbesondere im Hinblick auf die Beachtung der hierfür geltenden Vorschriften und Anordnungen, beauftragt worden sind. Die Beauftragung setzt die Übertragung der für die beschriebenen Aufgaben erforderlichen Entscheidungs- und Mitwirkungsbefugnisse voraus.

Sonstiges Personal sind diejenigen Arbeitnehmerinnen und Arbeitnehmer und anderen im Betrieb beschäftigten Personen, die bei der Ausführung der abfallwirtschaftlichen Tätigkeiten mitwirken.

Anforderungen an die Betriebsorganisation (§ 3)
Die Organisation des Entsorgungsfachbetriebes ist so auszugestalten, dass die erforderliche Überwachung und Kontrolle der vom Betrieb durchgeführten abfallwirtschaftlichen Tätigkeiten sichergestellt ist. Bei der Gestaltung der Betriebsorganisation sind insbesondere zu berücksichtigen:

- der Zweck des Betriebes,
- die Tätigkeiten und die Größe des Betriebes,
- die Tätigkeiten der im Betrieb beschäftigten Personen sowie
- die Art, Menge und Herkunft der Abfälle, auf die sich die Tätigkeiten beziehen, insbesondere Gefährlichkeit und Beschaffenheit dieser Abfälle.

Für die im Betrieb durchgeführten abfallwirtschaftlichen Tätigkeiten sind die Verantwortung sowie die Entscheidungs- und Mitwirkungsbefugnisse folgender Personen festzulegen:

- des Inhabers,
- der für die Leitung und Beaufsichtigung des Betriebes verantwortlichen Personen,
- des sonstigen Personals sowie
- der Betriebsbeauftragten, die nach Umwelt- oder Gefahrgutvorschriften für den Betrieb zu bestellen sind.

Die Festlegungen sind schriftlich, elektronisch oder in gleich geeigneter Weise in Form von Funktionsbeschreibungen und Organisationsplänen darzustellen und den betroffenen Mitarbeitern bekannt zu geben. Die Arbeitsabläufe für die im Betrieb durchgeführten abfallwirtschaftlichen Tätigkeiten sind schriftlich, elektronisch oder in gleich geeigneter Weise durch Arbeitsanweisungen festzulegen.

Anforderungen an die personelle, gerätetechnische und sonstige Ausstattung (§ 4)
Der Entsorgungsfachbetrieb hat für jeden zu zertifizierenden Standort mindestens eine für die Leitung und Beaufsichtigung des Betriebes verantwortliche Person zu bestellen, soweit der Inhaber nicht selbst für die Leitung und Beaufsichtigung des Betriebes verantwortlich ist. Hat ein Entsorgungsfachbetrieb mehrere Standorte oder sind mehrere Entsorgungsfachbetriebe Teile des gleichen Betriebes, so kann für diese eine gemeinsame für die Leitung und Beaufsichtigung verantwortliche Person bestellt werden, wenn hierdurch die sachgemäße Erfüllung der ihr obliegenden Aufgaben nicht beeinträchtigt wird.

Der Entsorgungsfachbetrieb muss über ausreichend sonstiges Personal verfügen. Diese Anforderung ist erfüllt, wenn mit dem vorhandenen sonstigen Personal ein fach- und sachgerechter Betriebsablauf sichergestellt ist. Der Nachweis der ausreichenden Personalstärke erfolgt auf der Grundlage eines Einsatzplanes, der schriftlich, elektronisch oder in gleich geeigneter Weise zu erstellen ist. Bei der Erstellung des Einsatzplanes sind übliche Ausfälle einzelner Personen durch Urlaub, Krankheit und Fortbildungsmaßnahmen zu berücksichtigen.

Der Entsorgungsfachbetrieb hat an jedem zu zertifizierenden Standort und für jede zu zertifizierende Tätigkeit über die gerätetechnische Ausstattung und über die sonstigen Betriebsmittel zu verfügen, die zur fach- und sachgerechten Ausführung der abfallwirtschaftlichen Tätigkeit notwendig sind.

Betriebstagebuch (§ 5)
Zum Nachweis einer fach- und sachgerechten Durchführung der abfallwirtschaftlichen Tätigkeiten hat der Entsorgungsfachbetrieb für jeden zu zertifizierenden Standort ein Betriebstagebuch zu führen. Das Betriebstagebuch hat alle Informationen zu enthalten, die für den Nachweis einer ordnungsgemäßen Bewirtschaftung der Abfälle wesentlich sind, insbesondere:

- Angaben über Art, Menge, Herkunft und Verbleib der vom Entsorgungsfachbetrieb gesammelten, beförderten, gelagerten, behandelten, verwerteten, beseitigten, gehandelten oder gemakelten Abfälle einschließlich einer Dokumentation der erbrachten Leistungen,

- besondere Vorkommnisse, insbesondere Betriebsstörungen, die Auswirkungen auf die ordnungsgemäße Abfallbewirtschaftung haben können, einschließlich der möglichen Ursachen und der zur Abhilfe getroffenen Maßnahmen,
- die Dokumentation einer fehlenden Übereinstimmung des gesammelten, beförderten, gelagerten, behandelten, verwerteten, beseitigten, gehandelten oder gemakelten Abfalls mit den Angaben des Abfallbesitzers oder -erzeugers sowie die Angabe der getroffenen Maßnahmen,
- die Angabe der mit dem Vorgang des Sammelns, Beförderns, Lagerns, Behandelns, Verwertens, Beseitigens, Handelns oder Makelns beauftragten Person sowie im Fall der Beauftragung eines nicht zertifizierten Betriebes die Angabe des jeweiligen Umfangs der Beauftragung und
- bei Anlagen die Ergebnisse von anlagen- und stoffbezogenen Kontrolluntersuchungen einschließlich Funktionskontrollen im Rahmen der Eigen- und Fremdkontrollen.

Das Betriebstagebuch kann in Papierform oder elektronisch geführt werden. Wenn für verschiedene Tätigkeitsbereiche oder Betriebsteile Einzelblätter geführt werden, sind diese wöchentlich zusammenzufassen. Das Betriebstagebuch ist dokumentensicher anzulegen und vor unbefugtem Zugriff zu schützen. Es muss jederzeit an dem betroffenen Standort einsehbar sein. Die im Betriebstagebuch enthaltenen Informationen sind nach ihrem Eintrag fünf Jahre lang aufzubewahren. Personenbezogene Daten sind nach Ablauf der Frist zu löschen.

Das Betriebstagebuch ist von dem Inhaber, soweit er für die Leitung und Beaufsichtigung des Betriebes verantwortlich ist, oder von der für die Leitung und Beaufsichtigung des Betriebes verantwortlichen Person regelmäßig auf Richtigkeit und Vollständigkeit zu überprüfen. Die Überprüfung ist zu dokumentieren.

Versicherungsschutz (§ 6)
Der Entsorgungsfachbetrieb muss über einen für seine abfallwirtschaftlichen Tätigkeiten ausreichenden Versicherungsschutz verfügen. Art und Umfang des erforderlichen Versicherungsschutzes sind auf der Grundlage einer betrieblichen Risikoabschätzung zu bestimmen. Der Versicherungsschutz muss Folgendes umfassen:

- bei Betrieben, die Abfälle lagern, behandeln, verwerten oder beseitigen, mit Abfällen handeln oder diese makeln, mindestens eine Betriebshaftpflichtversicherung und, sofern mit der Tätigkeit auch der Besitz dieser Abfälle verbunden ist, eine Umwelthaftpflichtversicherung sowie eine Umweltschadenversicherung,
- bei Betrieben, die Abfälle sammeln oder befördern, mindestens eine Kraftfahrzeug-Haftpflichtversicherung einschließlich einer auf den Sammlungs- und Beförderungsvorgang bezogenen Umwelthaftpflichtversicherung sowie eine Umweltschadenversicherung.

Anforderungen an die Durchführung der abfallwirtschaftlichen Tätigkeit (§ 7)
Der Entsorgungsfachbetrieb hat die für seine abfallwirtschaftliche Tätigkeit geltenden öffentlich-rechtlichen Vorschriften zu beachten. Der Inhaber hat den Nachweis zu erbringen, dass die für die abfallwirtschaftliche Tätigkeit des Entsorgungsfachbetriebes erforderlichen behördlichen Entscheidungen, insbesondere Planfeststellungen, Genehmigungen, Zulassungen, Erlaubnisse und Bewilligungen, vorliegen und die mit ihnen verbundenen Auflagen und sonstigen Anordnungen der zuständigen Behörden erfüllt werden.

Der Entsorgungsfachbetrieb darf im Rahmen der zertifizierten Tätigkeit einen Dritten nur beauftragen, wenn dieser hinsichtlich der übernommenen Tätigkeit ebenfalls als Entsorgungsfachbetrieb zertifiziert ist oder die entsprechenden Anforderungen erfüllt sind. Die Verantwortlichkeit des beauftragenden Entsorgungsfachbetriebes für die ordnungsgemäße Durchführung der Tätigkeiten bleibt hiervon unberührt.

Der Entsorgungsfachbetrieb darf Dritte, die hinsichtlich ihrer jeweiligen Tätigkeiten nicht als Entsorgungsfachbetriebe zertifiziert sind, nur in einem insgesamt unerheblichen Umfang mit der Durchführung von zertifizierten Tätigkeiten beauftragen. Der beauftragende Entsorgungsfachbetrieb hat durch eine sorgfältige Auswahl und ausreichende Kontrolle eine fach- und sachgerechte Durchführung dieser Tätigkeiten sicherzustellen. Dies setzt insbesondere voraus, dass:

- der Entsorgungsfachbetrieb sich vor der Beauftragung vergewissert, dass:
  - der Dritte für die durchzuführende Tätigkeit die entsprechenden Anforderungen erfüllt,
  - beim Dritten die erforderliche Überwachung und Kontrolle der durchzuführenden Tätigkeit sichergestellt ist und
  - der Dritte und sein Personal die für die durchzuführende Tätigkeit notwendige Zuverlässigkeit, Fach- und Sachkunde besitzen,
- der Versicherungsschutz des Entsorgungsfachbetriebes sich auch auf die Tätigkeit des Dritten erstreckt oder der Dritte dem Entsorgungsfachbetrieb einen eigenen Versicherungsschutz nachweist,
- vertraglich oder in anderer Weise verbindlich festgelegt ist, in welcher Weise die jeweilige Tätigkeit ausgeführt werden soll und wo die Abfälle verbleiben sollen,
- der Entsorgungsfachbetrieb gegenüber dem Dritten vertraglich zu Weisungen hinsichtlich der Art und Weise der ordnungsgemäßen Durchführung der jeweiligen Tätigkeit berechtigt ist,
- dem Entsorgungsfachbetrieb vertraglich die Befugnisse zur Kontrolle der fach- und sachgerechten Durchführung der übertragenen Tätigkeiten eingeräumt werden sowie
- der Dritte sich verpflichtet, Nachweise zu führen und dem Entsorgungsfachbetrieb unaufgefordert eine Kopie dieser Nachweise zu überlassen.

Zuverlässigkeit des Inhabers und der für die Leitung und Beaufsichtigung des Betriebes verantwortlichen Personen (§ 8)

Der Inhaber und die für die Leitung und Beaufsichtigung des Betriebes verantwortlichen Personen müssen zuverlässig sein. Die erforderliche Zuverlässigkeit ist gegeben, wenn die betroffene Person aufgrund ihrer persönlichen Eigenschaften, ihres Verhaltens und ihrer Fähigkeiten zur ordnungsgemäßen Erfüllung der ihr obliegenden Aufgaben geeignet ist.

Die erforderliche Zuverlässigkeit ist in der Regel nicht gegeben, wenn die betroffene Person wegen Verletzung der Vorschriften:

- des Strafrechts über gemeingefährliche Delikte oder Delikte gegen die Umwelt,
- des Immissionsschutz-, Abfall-, Wasser-, Natur- und Landschaftsschutz-, Chemikalien-, Gentechnik- oder Atom- und Strahlenschutzrechts,
- des Lebensmittel-, Arzneimittel-, Pflanzenschutz- oder Infektionsschutzrechts,
- des Gewerbe-, Arbeitsschutz-, Transport- oder Gefahrgutrechts oder
- des Betäubungsmittel-, Waffen- oder Sprengstoffrechts

innerhalb der letzten fünf Jahre mit einer Geldbuße in Höhe von mehr als zweitausendfünfhundert Euro belegt oder zu einer Strafe verurteilt worden ist oder wiederholt oder grob pflichtwidrig gegen die genannten Vorschriften verstoßen hat.

Zum Nachweis der Zuverlässigkeit der genannten Personen sind der technischen Überwachungsorganisation oder der Entsorgergemeinschaft folgende Unterlagen vorzulegen:

- ein Führungszeugnis,
- eine personenbezogene Auskunft aus dem Gewerbezentralregister und
- eine firmenbezogene Auskunft aus dem Gewerbezentralregister, sowie eine schriftliche Zuverlässigkeitserklärung.

Die Nachweise dürfen zum Zeitpunkt der Überprüfung durch die technische Überwachungsorganisation oder die Entsorgergemeinschaft nicht älter als sechs Monate sein. Wird eine Überprüfung der Zuverlässigkeit aus anderen Gründen erforderlich, entscheidet die technische Überwachungsorganisation oder die Entsorgergemeinschaft über Art und Umfang der Nachweise.

Fachkunde des Inhabers und der für die Leitung und Beaufsichtigung des Betriebes verantwortlichen Personen (§ 9)

Der Inhaber, soweit er für die Leitung und Beaufsichtigung des Betriebes verantwortlich ist, und die für die Leitung und Beaufsichtigung des Betriebes verantwortlichen Personen müssen die für ihren Tätigkeitsbereich erforderliche Fachkunde besitzen. Die erforderliche Fachkunde ist gegeben, wenn die betroffene Person:

- auf einem Fachgebiet, dem der Betrieb hinsichtlich seiner Betriebsvorgänge zuzuordnen ist:

  - ein Hochschul- oder Fachhochschulstudium abgeschlossen hat,
  - eine kaufmännische oder technische Fachschul- oder Berufsausbildung besitzt oder
  - eine Qualifikation als Meister vorweisen kann,
- während einer zweijährigen praktischen Tätigkeit Kenntnisse über die abfallwirtschaftliche Tätigkeit, für die die Übertragung einer Leitungs- oder Beaufsichtigungsfunktion beabsichtigt ist, erworben hat und
- an einem oder mehreren von der zuständigen Behörde anerkannten Lehrgängen (Tab. 18.7) teilgenommen hat.

Der Inhaber, soweit er für die Leitung und Beaufsichtigung des Betriebes verantwortlich ist, und die für die Leitung und Beaufsichtigung des Betriebes verantwortlichen Personen müssen durch geeignete Fortbildung über den für ihre Tätigkeit notwendigen aktuellen Wissensstand verfügen. Dazu haben sie regelmäßig, mindestens alle zwei Jahre, an von der zuständigen Behörde anerkannten Lehrgängen, teilzunehmen.

Zum Nachweis der Fachkunde sind der technischen Überwachungsorganisation oder der Entsorgergemeinschaft bei der erstmaligen Überprüfung und bei einem Wechsel der genannten Personen folgende Unterlagen vorzulegen:

- ein Nachweis der beruflichen Qualifikation und über die zweijährige praktische Tätigkeit,
- eine Bescheinigung über die Teilnahme an einem Lehrgang.

Bei nachfolgenden jährlichen Überprüfungen nach § 56 Kreislaufwirtschaftsgesetz genügt die Vorlage der Bescheinigung über die Teilnahme an dem zuletzt besuchten Lehrgang. Wird eine Überprüfung der Fachkunde aus anderen Gründen erforderlich, entscheidet die technische Überwachungsorganisation oder die Entsorgergemeinschaft über Art und Umfang der Nachweise.

Zuverlässigkeit und Sachkunde des sonstigen Personals (§ 10)
Das sonstige Personal muss zuverlässig und sachkundig sein. Die erforderliche Sachkunde ist gegeben, wenn die betroffene Person auf der Grundlage eines schriftlich oder elektronisch erstellten Einarbeitungsplanes betrieblich eingearbeitet worden ist und über den für die jeweilige Tätigkeit notwendigen aktuellen Wissensstand verfügt.

Den Fortbildungsbedarf des sonstigen Personals ermitteln der Inhaber, soweit er für die Leitung und Beaufsichtigung des Betriebes verantwortlich ist, oder die für die Leitung und Beaufsichtigung des Betriebes verantwortlichen Personen.

Überwachungsvertrag (§ 11)
Der Überwachungsvertrag nach § 56 des Kreislaufwirtschaftsgesetzes bedarf der Schriftform. Die technische Überwachungsorganisation muss sich im Überwachungsvertrag verpflichten:

Tab. 18.7 Lehrgangsinhalte zur Erlangung der Fachkunde

Lehrgangsinhalte
Die Lehrgänge sollen Kenntnisse insbesondere über folgende Bereiche vermitteln: • das Kreislaufwirtschaftsgesetz, insbesondere: - den Anwendungsbereich, - die wichtigsten Begriffsbestimmungen, - die Abfallhierarchie, - die Grundpflichten (Vermeiden, Verwerten und Beseitigen von Abfall), - die Getrennthaltungspflichten und Vermischungsverbote, - Überlassungspflicht, - das Anzeigeverfahren für gemeinnützige und gewerbliche Sammlungen, - die Rechte und Pflichten der öffentlich-rechtlichen Entsorgungsträger, - die Beauftragung Dritter, - die Produktverantwortung, - die Bedeutung von Abfallwirtschaftsplänen und Abfallvermeidungsprogrammen, - die abfallrechtliche Überwachung, - die Register- und Nachweispflichten, - das Anzeige- und Erlaubnisverfahren für Sammler, Beförderer, Händler und Makler von Abfällen, - die Kennzeichnung von Fahrzeugen, - die Zertifizierung von Entsorgungsfachbetrieben, - die Anforderungen an Abfallbeauftragte sowie ihre Rechte und Pflichten sowie - die Bußgeldvorschriften, • die aufgrund des Kreislaufwirtschaftsgesetzes ergangenen Rechtsverordnungen, • die weiteren abfallrechtlichen Gesetze, insbesondere: - das Elektro- und Elektronikgerätegesetz und - das Batteriegesetz • das Recht der Abfallverbringung, • die für die Abfallwirtschaft einschlägigen EU-rechtlichen Grundlagen, • die für die Abfallwirtschaft einschlägigen inter- und supranationalen Übereinkommen, • die für die Abfallwirtschaft einschlägigen landesrechtlichen Grundlagen, • das für die Abfallwirtschaft einschlägige kommunale Satzungsrecht, • die für die Abfallwirtschaft einschlägigen: - amtlich veröffentlichten Verwaltungsvorschriften, - Vollzugshilfen (insbesondere der Bund/Länder-Arbeitsgemeinschaft Abfall) und - technische Anleitungen, Merkblätter und Regeln (insbesondere zum Stand der Technik und zur besten verfügbaren Technik), • das Verhältnis des Abfallrechts zu anderen Rechtsbereichen insbesondere zum: - Baurecht, - Immissionsschutzrecht, - Chemikalienrecht, - Wasserrecht, - Bodenschutzrecht und - Seuchen- und Hygienerecht, • Art und Beschaffenheit von gefährlichen Abfällen, • schädliche Umwelteinwirkungen und sonstige Gefahren, erhebliche Nachteile und erhebliche Belästigungen, die von Abfällen ausgehen können, und Maßnahmen zu ihrer Verhinderung oder Beseitigung, • die Vorschriften der betrieblichen Haftung, • die Vorschriften des Arbeitsschutzes, • die betrieblichen Risiken und die einschlägigen Versicherungen sowie • die Bezüge zum Güterkraftverkehrs- und Gefahrgutrecht.

- den Betrieb hinsichtlich seiner zu zertifizierenden Tätigkeit nach § 56 des Kreislaufwirtschaftsgesetzes einzustufen; zu der Einstufung gehört eine Beschreibung der abfallwirtschaftlichen Tätigkeit, insbesondere die Bezeichnung der verwendeten Anlagentechnik; bei der Tätigkeit des Verwertens gehört zu der Einstufung ferner die Festlegung, welche Verwertungsmaßnahme nach § 6 des Kreislaufwirtschaftsgesetzes vorliegt sowie ob es sich um ein vorbereitendes oder abschließendes Verfahren handelt,
- die dort festgelegten Anforderungen an Entsorgungsfachbetriebe vor der Erstzertifizierung, nach wesentlichen Änderungen des Betriebes und im Übrigen mindestens jährlich zu überprüfen,
- bei der Überprüfung neben den einschlägigen Rechtsvorschriften auch die hierzu ergangenen amtlich veröffentlichten Verwaltungsvorschriften des Bundes und der Länder zu berücksichtigen,
- den Verlauf und das Ergebnis der Überprüfung gegenüber dem Betrieb schriftlich in einem Überwachungsbericht zu dokumentieren,
- soweit aufgrund der Überprüfung festgestellt wird, dass die in dieser Verordnung genannten Anforderungen nicht erfüllt sind, dem Betrieb gegenüber die festgestellten Mängel konkret zu bezeichnen und
- alle Unterlagen und Informationen, einschließlich des Inhalts und der Ergebnisse von Gesprächen, Untersuchungen und Überprüfungen, von denen die technische Überwachungsorganisation oder die von ihr beauftragten Sachverständigen im Rahmen der Durchführung des Überwachungsvertrages Kenntnis erlangt haben, vertraulich zu behandeln und Dritten nicht zugänglich zu machen; öffentlich-rechtliche Pflichten zur Mitteilung gegenüber Behörden bleiben hiervon unberührt.

Der Betrieb muss sich im Überwachungsvertrag verpflichten:

- den von der technischen Überwachungsorganisation beauftragten Sachverständigen alle Informationen, Unterlagen und Nachweise zur Verfügung zu stellen, die für die Überprüfung der Anforderungen benötigt werden,
- den von der technischen Überwachungsorganisation beauftragten Sachverständigen, soweit es zur Überprüfung der im Überwachungsvertrag festgelegten Anforderungen erforderlich ist, das Betreten des Grundstücks, der Geschäfts- und Betriebsräume, die Einsicht in Unterlagen und die Vornahme von technischen Ermittlungen und Überprüfungen zu gestatten sowie Arbeitskräfte und Werkzeuge zur Verfügung zu stellen und
- der technischen Überwachungsorganisation alle Änderungen im Betrieb, die für die Erfüllung der Anforderungen an Entsorgungsfachbetriebe erheblich sind, unverzüglich anzuzeigen.

Die technische Überwachungsorganisation darf den Überwachungsvertrag mit einem noch nicht zertifizierten Betrieb nur abschließen, wenn eine Vorprüfung ergibt, dass der Betrieb die Gewähr dafür bietet, die festgelegten Anforderungen an Entsorgungsfachbetriebe zu erfüllen. Die Vorprüfung umfasst folgende Bereiche:

- Anforderungen an die Betriebsorganisation,
- Anforderungen an die Durchführung der abfallwirtschaftlichen Tätigkeit im Hinblick auf die erforderlichen behördlichen Entscheidungen, insbesondere Planfeststellungen, Genehmigungen, Zulassungen, Erlaubnisse und Bewilligungen,
- Anforderungen an die Zuverlässigkeit des Inhabers und der für die Leitung und Beaufsichtigung des Betriebes verantwortlichen Personen sowie
- Anforderungen an die Fachkunde des Inhabers und der für die Leitung und Beaufsichtigung des Betriebes verantwortlichen Personen.

Die technische Überwachungsorganisation entscheidet, ob zur Überprüfung der Voraussetzungen ein Vor-Ort-Termin erforderlich ist. Die Ergebnisse der Vorprüfung sowie die abschließende Einschätzung der technischen Überwachungsorganisation, ob der Betrieb die Gewähr dafür bietet, die festgelegten Anforderungen an Entsorgungsfachbetriebe zu erfüllen, sind zu dokumentieren und der Zustimmungsbehörde mit dem Antrag auf Zustimmung zum Überwachungsvertrag vorzulegen.

Erstmalige und jährliche Überprüfung (§ 22)

Im Rahmen der erstmaligen und der jährlichen Überprüfung wird geprüft, ob der Betrieb die Anforderungen erfüllt. Die Überprüfung erfolgt auf der Grundlage eines von der technischen Überwachungsorganisation oder der Entsorgergemeinschaft schriftlich oder elektronisch festgelegten Überwachungsplanes, der die Besonderheiten des jeweiligen Betriebes zu berücksichtigen hat.

Die erstmalige und die jährliche Überprüfung umfassen mindestens einen Vor-Ort-Termin des beauftragten Sachverständigen an jedem zu zertifizierenden Standort, bei dem dieser die tatsächlichen Gegebenheiten im Betrieb begutachtet. Sofern es erforderlich ist, hat der beauftragte Sachverständige weitere Vor-Ort-Termine durchzuführen. Die technischen Überwachungsorganisationen und die Entsorgergemeinschaften entwickeln ein System zusätzlicher unangekündigter Vor-Ort-Termine und führen die Vor-Ort-Termine entsprechend dem System durch. Der Zeitrahmen für die Vor-Ort-Termine ist so zu bemessen, dass eine sachgerechte Überprüfung des Betriebes sichergestellt ist.

Die Behörden sind berechtigt, die beauftragten Sachverständigen bei Vor-Ort-Terminen zu begleiten. Dazu hat ihnen die technische Überwachungsorganisation oder die Entsorgergemeinschaft auf Verlangen den Vor-Ort-Termin mitzuteilen.

Die technische Überwachungsorganisation oder die Entsorgergemeinschaft hat sicherzustellen, dass spätestens nach fünf Jahren der durchgängigen Überprüfung durch denselben Sachverständigen ein anderer Sachverständiger die Überprüfung des Betriebes durchführt.

Überwachungsbericht (§ 23)

Der Sachverständige dokumentiert den Verlauf und das Ergebnis der Überprüfung gegenüber dem Betrieb schriftlich in einem Überwachungsbericht. Der Mindestinhalt des Überwachungsberichts enthält:

- Angaben zur Zertifizierungsorganisation,
- Angaben zu dem oder den prüfenden Sachverständigen,
- Angaben zum Entsorgungsfachbetrieb,
- Angaben zum Überwachungsvorgang,
- Angaben zur Betriebsorganisation (für jeden Standort),
- Angaben zum Inhaber,
- Angaben zu den für die Leitung und Beaufsichtigung des Betriebs verantwortlichen Personen, sofern solche vorhanden sind,
- Angaben zum sonstigen Personal,
- Angaben zur personellen, gerätetechnischen und sonstigen Ausstattung an jedem Standort,
- Angaben zum Betriebstagebuch,
- Angaben zum Versicherungsschutz,
- Angaben zur betrieblichen Tätigkeit,
- Angaben zu beauftragten Dritten,
- Überwachungsergebnis.

18.6 Abfallbeauftragtenverordnung (AbfBeauftrV)

Anwendungsbereich (§ 1)
Diese Verordnung regelt den Kreis der zur Bestellung von Abfallbeauftragten Verpflichteten und die Anforderungen an Abfallbeauftragte.

Pflicht zur Bestellung (§ 2)
Einen betriebsangehörigen Abfallbeauftragten zu bestellen haben die Betreiber folgender Anlagen:

- bestimmter genehmigungsbedürftige Anlagen nach BImSchG,
- Deponien bis zur endgültigen Stilllegung,
- Krankenhäuser und Kliniken, soweit pro Kalenderjahr mehr als 2 Tonnen gefährliche Abfälle anfallen sowie
- Abwasserbehandlungsanlagen der Größenklasse 5,

bzw. folgende Besitzer im Sinne von § 27 des Kreislaufwirtschaftsgesetzes:

- Hersteller und Vertreiber, die pro Kalenderjahr mehr als 100 Tonnen Transportverpackungen gemäß § 4 der Verpackungsverordnung zurücknehmen,
- Hersteller und Vertreiber, die Verkaufsverpackungen gemäß § 6 der Verpackungsverordnung zurücknehmen, es sei denn, die von ihnen hierfür beauftragten Dritten haben einen Abfallbeauftragten bestellt,

- Hersteller und Vertreiber, die pro Kalenderjahr mehr als 100 Tonnen Verkaufsverpackungen gemäß § 7 der Verpackungsverordnung zurücknehmen,
- Hersteller und Vertreiber, die pro Kalenderjahr mehr als 2 Tonnen Verkaufsverpackungen gemäß § 8 der Verpackungsverordnung zurücknehmen,
- Hersteller, die Elektro- und Elektronikaltgeräte gemäß § 19 des Elektro- und Elektronikgerätegesetzes zurücknehmen, es sei denn, die von ihnen hierfür beauftragten Dritten haben einen Abfallbeauftragten bestellt,
- Vertreiber, die Elektro- und Elektronikaltgeräte gemäß § 17 des Elektro- und Elektronikgerätegesetzes zurücknehmen,
- Hersteller von Fahrzeug- und Industriebatterien, die Fahrzeug- und Industrie-Altbatterien gemäß § 8 des Batteriegesetzes zurücknehmen, es sei denn, sie sind einem freiwilligen System für die Rücknahme von Fahrzeug- und Industrie-Altbatterien angeschlossen, das selbst über einen Abfallbeauftragten verfügt,
- Vertreiber, die Fahrzeug- und Industrie-Altbatterien gemäß § 9 des Batteriegesetzes zurücknehmen, es sei denn, sie sind einem freiwilligen System für die Rücknahme von Fahrzeug- und Industrie-Altbatterien angeschlossen, das selbst über einen Abfallbeauftragten verfügt sowie
- Hersteller und Vertreiber, die mehr als 2 Tonnen gefährliche Abfälle oder mehr als 100 Tonnen nicht gefährliche Abfälle pro Kalenderjahr freiwillig zurücknehmen,

sowie Betreiber folgender Rücknahmesysteme:

- Systeme, die Verkaufsverpackungen gemäß § 6 der Verpackungsverordnung zurücknehmen,
- herstellereigene Rücknahmesysteme, die Elektro- und Elektronikaltgeräte gemäß § 16 des Elektro- und Elektronikgerätegesetzes zurücknehmen,
- das Gemeinsame Rücknahmesystem, das Geräte-Altbatterien gemäß § 6 des Batteriegesetzes zurücknimmt,
- herstellereigene Rücknahmesysteme, die Geräte-Altbatterien gemäß § 7 des Batteriegesetzes zurücknehmen sowie
- Systeme, die Fahrzeug- oder Industrie-Altbatterien freiwillig zurücknehmen.

Mehrere Abfallbeauftragte (§ 3)
Die zuständige Behörde kann anordnen, dass die zur Bestellung Verpflichteten mehrere betriebsangehörige Abfallbeauftragte zu bestellen haben; die Zahl der Abfallbeauftragten ist so zu bemessen, dass die sachgemäße Erfüllung der in § 60 des Kreislaufwirtschaftsgesetzes bezeichneten Aufgaben sichergestellt ist.

Gemeinsamer Abfallbeauftragter (§ 4)
Betreibt ein zur Bestellung Verpflichteter mehrere Anlagen, mehrere Betriebe als Besitzer im Sinne des § 27 des Kreislaufwirtschaftsgesetzes oder mehrere Rücknahmesysteme oder Rücknahmestellen, kann ein gemeinsamer betriebsangehöriger Abfallbeauftragter bestellt

werden, wenn hierdurch die sachgemäße Erfüllung der in § 60 des Kreislaufwirtschaftsgesetzes bezeichneten Aufgaben nicht beeinträchtigt wird.

Nicht betriebsangehöriger Abfallbeauftragter (§ 5)
Die zuständige Behörde soll einem zur Bestellung Verpflichteten auf Antrag die Bestellung eines oder mehrerer nicht betriebsangehöriger Abfallbeauftragter gestatten, wenn hierdurch die sachgemäße Erfüllung der in § 60 des Kreislaufwirtschaftsgesetzes bezeichneten Aufgaben nicht beeinträchtigt wird.

Abfallbeauftragter für Konzerne (§ 6)
Ist die Anlage, der Betrieb eines Besitzers im Sinne des § 27 des Kreislaufwirtschaftsgesetzes, das Rücknahmesystem oder die Rücknahmestelle eines zur Bestellung Verpflichteten unter einer einheitlichen Leitung eines herrschenden Unternehmens zusammengefasst (Konzern), so kann die zuständige Behörde dem zur Bestellung Verpflichteten auf Antrag die Bestellung eines Abfallbeauftragten für den Konzernbereich gestatten:

- wenn das herrschende Unternehmen dem zur Bestellung Verpflichteten gegenüber zu Weisungen hinsichtlich folgender Maßnahmen befugt ist:
  - Maßnahmen gemäß § 60 des Kreislaufwirtschaftsgesetzes,
  - Maßnahmen gemäß § 60 des Kreislaufwirtschaftsgesetzes in Verbindung mit § 56 des Bundes-Immissionsschutzgesetzes und
- wenn der zur Bestellung Verpflichtete eine oder mehrere Personen bestellt, deren Fachkunde und Zuverlässigkeit die sachgemäße Erfüllung der Aufgaben des betriebsangehörigen Abfallbeauftragten gewährleisten.

Ausnahme von der Pflicht zur Bestellung eines Abfallbeauftragten (§ 7)
Die zuständige Behörde hat auf Antrag den zur Bestellung Verpflichteten von seiner Pflicht zu befreien, wenn die Bestellung im Einzelfall im Hinblick auf die Größe der Anlage, des Rücknahmesystems oder der Rücknahmestelle oder auf die Art oder Menge der entstehenden, angelieferten oder zurückgenommenen Abfälle nicht erforderlich ist.

Zuverlässigkeit (§ 8)
Die nach § 60 des Kreislaufwirtschaftsgesetzes in Verbindung mit § 55 des Bundes-Immissionsschutzgesetzes erforderliche Zuverlässigkeit ist gegeben, wenn der Abfallbeauftragte aufgrund seiner persönlichen Eigenschaften, seines Verhaltens und seiner Fähigkeiten zur ordnungsgemäßen Erfüllung der ihm obliegenden Aufgaben geeignet ist.

Die erforderliche Zuverlässigkeit ist in der Regel nicht gegeben, wenn die betroffene Person:

- wegen Verletzung der Vorschriften:
  - des Strafrechts über Eigentums- und Vermögensdelikte, Urkundenfälschung, Insolvenzstraftaten, gemeingefährliche Delikte oder Umweltdelikte,

- des Immissionsschutz-, Abfall-, Wasser-, Natur- und Landschaftsschutz-, Chemikalien-, Gentechnik- oder Atom- und Strahlenschutzrechts,
- des Lebensmittel-, Arzneimittel-, Pflanzenschutz- oder Infektionsschutzrechts,
- des Gewerbe-, Arbeitsschutz-, Transport- oder Gefahrgutrechts oder
- des Betäubungsmittel-, Waffen- oder Sprengstoffrechts,

innerhalb der letzten fünf Jahre mit einer Geldbuße in Höhe von mehr als fünfhundert Euro belegt oder zu einer Strafe verurteilt worden ist.

- wiederholt oder grob pflichtwidrig:
  - gegen Vorschriften verstoßen hat oder
  - seine Pflichten als Abfallbeauftragter oder als Betriebsbeauftragter für Immissionsschutz oder Gewässerschutz, als Strahlenschutzbeauftragter oder als Störfallbeauftragter verletzt hat,
- infolge strafgerichtlicher Verurteilung die Fähigkeit zur Bekleidung öffentlicher Ämter verloren hat, oder
- sich nicht in geordneten wirtschaftlichen Verhältnissen befindet, es sei denn, dass dadurch die Interessen des zur Bestellung Verpflichteten nicht gefährdet sind.

Fachkunde (§ 9)

Die nach § 60 des Kreislaufwirtschaftsgesetzes in Verbindung mit § 55 des Bundes-Immissionsschutzgesetzes erforderliche Fachkunde ist gegeben, wenn der Abfallbeauftragte:

- auf einem Fachgebiet, dem die Anlage, der Betrieb eines Besitzers im Sinne des § 27 des Kreislaufwirtschaftsgesetzes, das Rücknahmesystem oder die Rücknahmestelle hinsichtlich der Anlagen- oder Verfahrenstechnik oder der Betriebsvorgänge zuzuordnen ist:
  - ein Hochschul- oder Fachhochschulstudium abgeschlossen hat
  - eine kaufmännische, technische oder sonstige Fachschul- oder Berufsausbildung besitzt oder
  - eine Qualifikation als Meister vorweisen kann,
- während einer einjährigen praktischen Tätigkeit Kenntnisse erworben hat über:
  - die Anlage, den Betrieb eines Besitzers im Sinne des § 27 des Kreislaufwirtschaftsgesetzes, das Rücknahmesystem oder die Rücknahmestelle, für die der Abfallbeauftragte bestellt werden soll, oder über Anlagen, Betriebe oder Rücknahmesysteme, die im Hinblick auf die Erfüllung der Aufgaben des Abfallbeauftragten vergleichbar sind,
  - die Vermeidung und die Bewirtschaftung der in der Anlage, in dem Betrieb oder dem Rücknahmesystem anfallenden Abfälle und
  - die hergestellten Erzeugnisse sowie
- an einem oder mehreren von der zuständigen Behörde anerkannten Lehrgängen (Tab. 18.8) teilgenommen hat.

Tab. 18.8 Lehrgangsinhalte zur Erlangung der Fachkunde

Lehrgangsinhalte
Die Lehrgänge sollen Kenntnisse vermitteln, die für die Erfüllung der Aufgaben eines Abfallbeauftragten bei dem Anlagenbetreiber oder Besitzer nach § 27 des Kreislaufwirtschaftsgesetzes, den der Abfallbeauftragte in für die Abfallvermeidung und Abfallbewirtschaftung bedeutsamen Angelegenheiten beraten soll, erforderlich sind. In diesem Rahmen sollen Grundkenntnisse vermittelt werden. **Dazu gehören folgende Kenntnisse des Abfallrechts und der Abfalltechnik:** • das Kreislaufwirtschaftsgesetz, insbesondere: - den Anwendungsbereich, - die wichtigsten Begriffsbestimmungen, - die Abfallhierarchie, - die Grundpflichten (Vermeiden, Verwerten und Beseitigen von Abfall), - die Getrennthaltungspflichten und Vermischungsverbote, - Überlassungspflicht, - das Anzeigeverfahren für gemeinnützige und gewerbliche Sammlungen, - die Recht und Pflichten der öffentlich-rechtlichen Entsorgungsträger, - die Beauftragung Dritter, - die Produktverantwortung, - die Bedeutung von Abfallwirtschaftsplänen und Abfallvermeidungsprogrammen, - die abfallrechtliche Überwachung, - die Register- und Nachweispflichten, - das Anzeige- und Erlaubnisverfahren für Sammler, Beförderer, Händler und Makler von Abfällen, - die Kennzeichnung von Fahrzeugen, - die Zertifizierung von Entsorgungsfachbetrieben, - die Bußgeldvorschriften, • die aufgrund des Kreislaufwirtschaftsgesetzes ergangenen Rechtsverordnungen, • die weiteren abfallrechtlichen Gesetze, insbesondere: - das Elektro- und Elektronikgerätegesetz und - das Batteriegesetz • das Recht der Abfallverbringung, • die für die Abfallwirtschaft einschlägigen EU-rechtlichen Grundlagen, • die für die Abfallwirtschaft einschlägigen inter- und supranationalen Übereinkommen, • die für die Abfallwirtschaft einschlägigen landesrechtlichen Grundlagen, • das für die Abfallwirtschaft einschlägige kommunale Satzungsrecht, • die für die Abfallwirtschaft einschlägigen Verwaltungsvorschriften, Vollzugshilfen (insbesondere der Bund/Länder-Arbeitsgemeinschaft Abfall), technische Anleitungen, Merkblätter und Regeln (insbesondere zum Stand der Technik und zur besten verfügbaren Technik), • das Verhältnis des Abfallrechts zu anderen Rechtsbereichen insbesondere zum: - Baurecht, - Immissionsschutzrecht, - Chemikalienrecht, - Wasserrecht, - Bodenschutzrecht und - Seuchen- und Hygienerecht, • die Vorschriften der betrieblichen Haftung, • die Vorschriften des Arbeitsschutzes, • die betrieblichen Risiken und die einschlägigen Versicherungen, • die Bezüge zum Güterkraftverkehrs- und Gefahrgutrecht, • Art und Beschaffenheit von gefährlichen Abfällen,

Tab. 18.8 (Fortsetzung)

• schädliche Umwelteinwirkungen und sonstige Gefahren, erhebliche Nachteile und erhebliche Belästigungen, die von Abfällen ausgehen können, und Maßnahmen zu ihrer Verhinderung oder Beseitigung, • anlagen-, verfahrenstechnische und sonstige Maßnahmen der Vermeidung, der ordnungsgemäßen und schadlosen Verwertung und Beseitigung von Abfällen unter Berücksichtigung des Standes der Technik.
Zu den Kenntnissen über die Pflichten und Rechte des Abfallbeauftragten gehören:
• die Pflichten des Abfallbeauftragten, insbesondere: - die Kontrolle der Einhaltung abfallrechtlicher Vorschriften, - die Information der Betriebsangehörigen über Belange der Vermeidung und Bewirtschaftung von Abfällen, - die Abgabe von Stellungsnahmen zu Investitionsentscheidungen und Vorschläge zur Einführung umweltfreundlicher und abfallarmer Verfahren sowie zur Herstellung umweltfreundlicher und abfallarmer Erzeugnisse, - die Erstellung eines jährlichen, schriftlichen Berichts an den zur Bestellung Verpflichteten über die nach § 60 des Kreislaufwirtschaftsgesetzes getroffenen und beabsichtigten Maßnahmen, - Optimierungspotenziale bei Abfällen: Reduzierung von Entsorgungskosten durch Methoden zur kostenoptimalen Abfallwirtschaft, • die Rechte des Abfallbeauftragen, insbesondere: - das Vortragsrecht, - das Benachteiligungsverbot und den Kündigungsschutz, • das Verfahren zur Bestellung von Abfallbeauftragten.

Der Abfallbeauftragte muss durch geeignete Fortbildung über den für seine Tätigkeit notwendigen aktuellen Wissensstand verfügen. Dazu hat der zur Bestellung Verpflichtete sicherzustellen, dass der Abfallbeauftragte regelmäßig, mindestens alle zwei Jahre, an von der zuständigen Behörde anerkannten Lehrgängen teilnimmt.

Zum Nachweis der Fachkunde sind dem zur Bestellung Verpflichteten bei der Bestellung und wenn eine Überprüfung der Fachkunde aus anderen Gründen erforderlich ist, folgende Unterlagen vorzulegen:

- ein Nachweis der beruflichen Qualifikation,
- ein Nachweis über die einjährige praktische Tätigkeit und
- eine Bescheinigung über die Teilnahme an dem zuletzt besuchten Lehrgang.

Der zur Bestellung Verpflichtete hat die Unterlagen der zuständigen Behörde auf Verlangen vorzulegen.

18.7 Aufgaben für die Praxis

- Erläutern Sie einige allgemeine Vorschriften des Kreislaufwirtschaftsgesetzes.
- Welche Grundsätze und Pflichten haben Erzeuger und Besitzer von Abfällen zu erfüllen?
- Wie ist eine sichere Abfallbeseitigung zu gewährleisten?

- Welche Anforderungen werden an die Produktverantwortung gestellt?
- Erläutern Sie die Anforderungen an Abfallwirtschaftspläne und -vermeidungsprogramme.
- Wie ist die Abfallentsorgung zu überwachen?
- Welche Anforderungen werden an die Beförderung von Abfällen gestellt?
- Erläutern Sie die Anforderungen an Entsorgungsfachbetriebe.
- Erläutern Sie die Bedeutung des Betriebsbeauftragten für Abfall.
- Welche Einstufungsmerkmale sind für gefährliche Abfälle maßgebend?
- Erläutern Sie die Nachweisführung für die Entsorgung von Abfällen.
- Welche Anforderungen werden an die Nachweisführung über die durchgeführte Entsorgung gestellt?
- Erläutern Sie die Registerführung über die Entsorgung von Abfällen.

Weiterführende Literatur

18.1. *AbfAEV – Anzeige- und Erlaubnisverordnung; Verordnung über das Anzeige- und Erlaubnisverfahren für Sammler, Beförderer, Händler und Makler von Abfällen,* **02.12.2016**

18.2. *AVV – Abfallverzeichnis-Verordnung; Verordnung über das Europäische Abfallverzeichnis,* **22.12.2016**

18.3. Becker, R.; Donnevert, G.; Römbke, J.; *Biologische Testverfahren zur ökotoxikologischen Charakterisierung von Abfällen,* Umweltbundesamt, **2007**

18.4. Bund/Länder-Arbeitsgemeinschaft Abfall (LAGA*); Vollzugshilfe Entsorgungsfachbetriebe,* Erich Schmidt, **2006,** 978-3-503-09013-6

18.5. *DIN 19747;Untersuchung von Feststoffen – Probenvorbehandlung, -vorbereitung und -aufarbeitung für chemische, biologische und physikalische Untersuchungen,* Beuth, **Juli 2009**

18.6. Edelbluth, P.; *Gewährleistungsaufsicht,* Nomos**, 2008,** 978-3-8329-3170-4

18.7. *EfbV – Entsorgungsfachbetriebeverordnung; Verordnung über Entsorgungsfachbetriebe, technische Überwachungsorganisationen und Entsorgergemeinschaften,* **02.12.2016**

18.8. European Environment Agency (EEA); *Prevention of hazardous waste in Europe – the status in 2015,* EEA Report No 35/2016, **2016,** 978-92-9213-840-0

18.9. Förtsch, G. et al.; *Abfallwirtschaftskonzept im Rahmen eines Umweltmanagementsystems,* UWSF – Z. Umweltchem. Ökotox. 8, **1996,** 293–299

18.10. Fricke, K. et al; *Kosten- und Ressourceneffizienz in der Abfallwirtschaft,* ORBIT e. V., **2007,** 3-935974-13-2

18.11. Giegrich, J.; Liebich, A.; Fehrenbach, H.; *Ableitung von Kriterien zur Beurteilung einer hochwertigen Verwertung gefährlicher Abfälle,* Umweltbundesamt, **2007**

18.12. Hendler, R.*; Abfallrecht in Bewegung,* Schmidt, **2008,** 978-3-503-10039-2

18.13. *KrWG – Kreislaufwirtschaftsgesetz, Gesetz zur Förderung der Kreislaufwirtschaft und Sicherung der umweltverträglichen Bewirtschaftung von Abfällen,* **27.03.2017**

18.14. Lenz, K.; *Pflichtenheft Abfallrecht,* Ecomed, **2009,** 978-3-609-68207-8

18.15. *NachwV – Nachweisverordnung; Verordnung über die Nachweisführung bei der Entsorgung von Abfällen,* **02.12.2016**

18.16. Pichl, Th.; Süselbeck, G.; *Abfall-Entsorgungs-Trainer,* Storck**, 2009,** 978-3-86897-0055-5

18.17. Richly, W.; *Mess- und Analyseverfahren,* Vogel, **1992,** 3-8023-0299-0

18.18. Rüdiger, J.; *Nachweisverordnung,* Erich Schmidt, **2009,** 978-3-503-11469-6

18.19. *VDI 4413;Entsorgungslogistik in produzierenden Unternehmen,* Beuth, **März 2016**

Immissionsschutzrecht 19

19.1 Allgemeine Vorschriften des Bundesimmissionsschutzgesetzes (BImSchG)

Zweck des Gesetzes (§ 1)
Zweck dieses Gesetzes ist es, Menschen, Tiere und Pflanzen, den Boden, das Wasser, die Atmosphäre sowie Kultur- und sonstige Sachgüter vor schädlichen Umwelteinwirkungen zu schützen und dem Entstehen schädlicher Umwelteinwirkungen vorzubeugen. Soweit es sich um genehmigungsbedürftige Anlagen handelt, dient dieses Gesetz auch:

- der integrierten Vermeidung und Verminderung schädlicher Umwelteinwirkungen durch Emissionen in Luft, Wasser und Boden unter Einbeziehung der Abfallwirtschaft, um ein hohes Schutzniveau für die Umwelt insgesamt zu erreichen, sowie
- dem Schutz und der Vorsorge gegen Gefahren,
- erhebliche Nachteile und erhebliche Belästigungen, die auf andere Weise herbeigeführt werden.

Geltungsbereich (§ 2)
Die Vorschriften dieses Gesetzes gelten für:

- die Errichtung und den Betrieb von Anlagen,
- das Herstellen, Inverkehrbringen und Einführen von Anlagen, Brennstoffen und Treibstoffen, Stoffen und Erzeugnissen aus Stoffen,
- die Beschaffenheit, die Ausrüstung, den Betrieb und die Prüfung von Kraftfahrzeugen und ihren Anhängern und von Schienen-, Luft- und Wasserfahrzeugen sowie von Schwimmkörpern und schwimmenden Anlagen und
- den Bau öffentlicher Straßen, sowie von Eisenbahnen, Magnetschwebebahnen und Straßenbahnen.

G. Förtsch und H. Meinholz, *Handbuch Betriebliches Umweltmanagement*,
https://doi.org/10.1007/978-3-658-19151-1_19

Begriffsbestimmungen (§ 3)

- **Schädliche Umwelteinwirkungen:**
  im Sinne dieses Gesetzes sind Immissionen, die nach Art, Ausmaß oder Dauer geeignet sind, Gefahren, erhebliche Nachteile oder erhebliche Belästigungen für die Allgemeinheit oder die Nachbarschaft herbeizuführen.
- **Immissionen:**
  im Sinne dieses Gesetzes sind auf Menschen, Tiere und Pflanzen, den Boden, das Wasser, die Atmosphäre sowie Kultur- und sonstige Sachgüter einwirkende Luftverunreinigungen, Geräusche, Erschütterungen, Licht, Wärme, Strahlen und ähnliche Umwelteinwirkungen.
- **Emissionen:**
  im Sinne dieses Gesetzes sind die von einer Anlage ausgehenden Luftverunreinigungen, Geräusche, Erschütterungen, Licht, Wärme, Strahlen und ähnliche Erscheinungen.
- **Luftverunreinigungen:**
  im Sinne dieses Gesetzes sind Veränderungen der natürlichen Zusammensetzung der Luft, insbesondere durch Rauch, Ruß, Staub, Gase, Aerosole, Dämpfe oder Geruchsstoffe.
- **Anlagen:**
  im Sinne dieses Gesetzes sind:
  - Betriebsstätten und sonstige ortsfeste Einrichtungen,
  - Maschinen, Geräte und sonstige ortsveränderliche technische Einrichtungen sowie Fahrzeuge, soweit sie nicht der Vorschrift des § 38 BImSchG unterliegen und
  - Grundstücke, auf denen Stoffe gelagert oder abgelagert oder Arbeiten durchgeführt werden, die Emissionen verursachen können, ausgenommen öffentliche Verkehrswege.
- **Betriebsbereich:**
  ist der gesamte unter der Aufsicht eines Betreibers stehende Bereich, in dem gefährliche Stoffe in einer oder mehreren Anlagen einschließlich gemeinsamer oder verbundener Infrastrukturen oder Tätigkeiten auch bei Lagerung tatsächlich vorhanden oder vorgesehen sind oder vorhanden sein werden, soweit vernünftigerweise vorhersehbar ist, dass die genannten gefährlichen Stoffe bei außer Kontrolle geratenen Prozessen anfallen.
- **störfallrelevante Errichtung:**
  und ein Betrieb oder eine störfallrelevante Änderung einer Anlage oder eines Betriebsbereichs ist eine Errichtung und ein Betrieb einer Anlage, die Betriebsbereich oder Bestandteil eines Betriebsbereichs ist, oder eine Änderung einer Anlage oder eines Betriebsbereichs einschließlich der Änderung eines Lagers, eines Verfahrens oder der Art oder physikalischen Form oder der Mengen der gefährlichen aus der sich erhebliche Auswirkungen auf die Gefahren schwerer Unfälle ergeben können. Eine störfallrelevante Änderung einer Anlage oder eines Betriebsbereichs liegt zudem vor, wenn eine Änderung dazu führen könnte, dass ein Betriebsbereich der unteren Klasse zu einem Betriebsbereich der oberen Klasse wird oder umgekehrt.

- **angemessener Sicherheitsabstand:**
  ist der Abstand zwischen einem Betriebsbereich oder einer Anlage, die Betriebsbereich oder Bestandteil eines Betriebsbereichs ist, und einem benachbarten Schutzobjekt, der zur gebotenen Begrenzung der Auswirkungen auf das benachbarte Schutzobjekt, welche durch schwere Unfälle hervorgerufen werden können, beiträgt. Der angemessene Sicherheitsabstand ist anhand störfallspezifischer Faktoren zu ermitteln.
- **benachbarte Schutzobjekte:**
  sind ausschließlich oder überwiegend dem Wohnen dienende Gebiete, öffentlich genutzte Gebäude und Gebiete, Freizeitgebiete, wichtige Verkehrswege und unter dem Gesichtspunkt des Naturschutzes besonders wertvolle oder besonders empfindliche Gebiete.
- **Stand der Technik:**
  im Sinne dieses Gesetzes ist der Entwicklungsstand fortschrittlicher Verfahren, Einrichtungen oder Betriebsweisen, der die praktische Eignung einer Maßnahme zur Begrenzung von Emissionen in Luft, Wasser und Boden, zur Gewährleistung der Anlagensicherheit, zur Gewährleistung einer umweltverträglichen Abfallentsorgung oder sonst zur Vermeidung oder Verminderung von Auswirkungen auf die Umwelt zur Erreichung eines allgemein hohen Schutzniveaus für die Umwelt insgesamt gesichert erscheinen lässt. Bei der Bestimmung des Standes der Technik sind insbesondere die im Anhang des BImSchG aufgeführten Kriterien zu berücksichtigen.
- **BVT-Merkblatt:**
  im Sinne des BImSchG ist ein Dokument, das aufgrund des Informationsaustausches nach Artikel 13 der Richtlinie 2010/75/EU des Europäischen Parlaments und des Rates vom 24. November 2010 über Industrieemissionen (integrierte Vermeidung und Verminderung der Umweltverschmutzung) für bestimmte Tätigkeiten erstellt wird und insbesondere die angewandten Techniken, die derzeitigen Emissions- und Verbrauchswerte, alle Zukunftstechniken sowie die Techniken beschreibt, die für die Festlegung der besten verfügbaren Techniken sowie der BVT-Schlussfolgerungen berücksichtigt wurden.
- **BVT-Schlussfolgerungen:**
  enthalten:
  - die besten verfügbaren Techniken, ihrer Beschreibung und Informationen zur Bewertung ihrer Anwendbarkeit,
  - die mit den besten verfügbaren Techniken assoziierten Emissionswerte,
  - die zugehörigen Überwachungsmaßnahmen,
  - die zugehörigen Verbrauchswerte sowie
  - die gegebenenfalls einschlägigen Standortsanierungsmaßnahmen.
- **Emissionsbandbreiten:**
  sind die mit den besten verfügbaren Techniken assoziierten Emissionswerte. Die mit den besten verfügbaren Techniken assoziierten Emissionswerte sind der Bereich von Emissionswerten, die unter normalen Betriebsbedingungen unter Verwendung einer besten verfügbaren Technik oder einer Kombination von besten verfügbaren Techniken entsprechend der Beschreibung in den BVT-Schlussfolgerungen erzielt werden,

ausgedrückt als Mittelwert für einen vorgegebenen Zeitraum unter spezifischen Referenzbedingungen.

- **Zukunftstechniken:**
  sind neue Techniken für Anlagen nach der Industrieemissions-Richtlinie, die bei gewerblicher Nutzung entweder ein höheres allgemeines Umweltschutzniveau oder zumindest das gleiche Umweltschutzniveau und größere Kostenersparnisse bieten könnten als der bestehende Stand der Technik.

Kriterien zur Bestimmung des Standes der Technik (Anhang zu § 3)
Bei der Bestimmung des Standes der Technik sind unter Berücksichtigung der Verhältnismäßigkeit zwischen Aufwand und Nutzen möglicher Maßnahmen sowie des Grundsatzes der Vorsorge und der Vorbeugung, jeweils bezogen auf Anlagen einer bestimmten Art, insbesondere folgende Kriterien zu berücksichtigen:

- Einsatz abfallarmer Technologie,
- Einsatz weniger gefährlicher Stoffe,
- Förderung der Rückgewinnung und Wiederverwertung der bei den einzelnen Verfahren erzeugten und verwendeten Stoffe und gegebenenfalls der Abfälle,
- vergleichbare Verfahren, Vorrichtungen und Betriebsmethoden, die mit Erfolg im Betrieb erprobt wurden,
- Fortschritte in der Technologie und in den wissenschaftlichen Erkenntnissen,
- Art, Auswirkungen und Menge der jeweiligen Emissionen,
- Zeitpunkte der Inbetriebnahme der neuen oder der bestehenden Anlagen,
- für die Einführung einer besseren verfügbaren Technik erforderliche Zeit,
- Verbrauch an Rohstoffen und Art der bei den einzelnen Verfahren verwendeten Rohstoffe (einschließlich Wasser) sowie Energieeffizienz,
- Notwendigkeit, die Gesamtwirkung der Emissionen und die Gefahren für den Menschen und die Umwelt so weit wie möglich zu vermeiden oder zu verringern,
- Notwendigkeit, Unfällen vorzubeugen und deren Folgen für den Menschen und die Umwelt zu verringern,
- Informationen, die von der Kommission der Europäischen Gemeinschaften über die integrierte Vermeidung und Verminderung der Umweltverschmutzung oder von internationalen Organisationen veröffentlicht werden.

19.2 Anlagengenehmigung

19.2.1 Genehmigungsbedürftige Anlagen

Genehmigung (§ 4)
Die Errichtung und der Betrieb von Anlagen, die aufgrund ihrer Beschaffenheit oder ihres Betriebs in besonderem Maße geeignet sind, schädliche Umwelteinwirkungen hervorzuru-

fen oder in anderer Weise die Allgemeinheit oder die Nachbarschaft zu gefährden, erheblich zu benachteiligen oder erheblich zu belästigen, sowie von ortsfesten Abfallentsorgungsanlagen zur Lagerung oder Behandlung von Abfällen, die nicht gewerblichen Zwecken dienen und nicht im Rahmen wirtschaftlicher Unternehmungen Verwendung finden, bedürfen der Genehmigung nur, wenn sie in besonderem Maße geeignet sind, schädliche Umwelteinwirkungen durch Luftverunreinigungen oder Geräusche hervorzurufen.

Pflichten der Betreiber genehmigungsbedürftiger Anlagen (§ 5)
Genehmigungsbedürftige Anlagen sind so zu errichten und zu betreiben, dass zur Gewährleistung eines hohen Schutzniveaus für die Umwelt insgesamt:

- schädliche Umwelteinwirkungen und sonstige Gefahren, erhebliche Nachteile und erhebliche Belästigungen für die Allgemeinheit und die Nachbarschaft nicht hervorgerufen werden können,
- Vorsorge gegen schädliche Umwelteinwirkungen und sonstige Gefahren, erhebliche Nachteile und erhebliche Belästigungen getroffen wird, insbesondere durch die dem Stand der Technik entsprechen Maßnahmen,
- Abfälle vermieden, nicht zu vermeidende Abfälle verwertet und nicht zu verwertende Abfälle ohne Beeinträchtigung des Wohls der Allgemeinheit beseitigt werden. Abfälle sind nicht zu vermeiden, soweit die Vermeidung technisch nicht möglich oder nicht zumutbar ist. Die Vermeidung ist unzulässig, soweit sie zu nachteiligeren Umweltauswirkungen führt als die Verwertung. Die Verwertung und Beseitigung von Abfällen erfolgt nach den Vorschriften des Kreislaufwirtschaftsgesetzes und den sonstigen für die Abfälle geltenden Vorschriften,
- Energie sparsam und effizient verwendet wird.

Genehmigungsbedürftige Anlagen sind so zu errichten, zu betreiben und stillzulegen, dass auch nach einer Betriebseinstellung:

- von der Anlage oder dem Anlagengrundstück keine schädlichen Umwelteinwirkungen oder sonstige Gefahren, erhebliche Nachteile oder erhebliche Belästigungen für die Allgemeinheit und die Nachbarschaft hervorgerufen werden können,
- vorhandene Abfälle ordnungsgemäß und schadlos verwertet oder ohne Beeinträchtigung des Wohls der Allgemeinheit beseitigt werden und
- die Wiederherstellung eines ordnungsgemäßen Zustandes des Anlagengrundstücks gewährleistet ist.

Wurden nach dem 7. Januar 2013 aufgrund des Betriebs einer Anlage nach der Industrieemissions-Richtlinie erhebliche Bodenverschmutzungen oder erhebliche Grundwasserverschmutzungen durch relevante gefährliche Stoffe im Vergleich zu dem im Bericht über den Ausgangszustand angegebenen Zustand verursacht, so ist der Betreiber nach Einstellung des Betriebs der Anlage verpflichtet, soweit dies verhältnismäßig ist, Maßnahmen zur Beseitigung dieser Verschmutzungen zu ergreifen, um das Anlagengrundstück in jenen Ausgangszustand zurückzuführen.

Teilgenehmigung (§ 8)
Auf Antrag kann eine Genehmigung für die Errichtung einer Anlage oder eines Teils einer Anlage oder für die Errichtung und den Betrieb eines Teils einer Anlage erteilt werden, wenn:

- ein berechtigtes Interesse an der Erteilung einer Teilgenehmigung besteht,
- die Genehmigungsvoraussetzungen für den beantragten Gegenstand der Teilgenehmigung vorliegen und
- eine vorläufige Beurteilung ergibt, dass der Errichtung und dem Betrieb der gesamten Anlage keine von vornherein unüberwindlichen Hindernisse im Hinblick auf die Genehmigungsvoraussetzungen entgegenstehen.

Zulassung vorzeitigen Beginns (§ 8a)
In einem Verfahren zur Erteilung einer Genehmigung kann die Genehmigungsbehörde auf Antrag vorläufig zulassen, dass bereits vor Erteilung der Genehmigung mit der Errichtung einschließlich der Maßnahmen, die zur Prüfung der Betriebstüchtigkeit der Anlage erforderlich sind, begonnen wird, wenn:

- mit einer Entscheidung zu Gunsten des Antragsstellers gerechnet werden kann,
- ein öffentliches Interesse oder ein berechtigtes Interesse des Antragstellers an dem vorzeitigen Beginnt besteht und
- der Antragsteller sich verpflichtet, alle bis zur Entscheidung durch die Errichtung der Anlage verursachten Schäden zu ersetzen und, wenn das Vorhaben nicht genehmigt wird, den früheren Zustand wiederherzustellen.

Vorbescheid (§ 9)
Auf Antrag kann durch Vorbescheid über einzelne Genehmigungsvoraussetzungen sowie über den Standort der Anlage entschieden werden, sofern die Auswirkungen der geplanten Anlage ausreichend beurteilt werden können und ein berechtigtes Interesse an der Erteilung eines Vorbescheids besteht.

Genehmigungsverfahren (§ 10)
Das Genehmigungsverfahren setzt einen schriftlichen Antrag voraus. Dem Antrag sind die zur Prüfung erforderlichen Zeichnungen, Erläuterungen und sonstigen Unterlagen beizufügen. Reichen die Unterlagen für die Prüfung nicht aus, so hat sie der Antragsteller auf Verlangen der zuständigen Behörde innerhalb einer angemessenen Frist zu ergänzen. Erfolgt die Antragstellung in elektronischer Form, kann die zuständige Behörde Mehrfertigungen sowie die Übermittlung der dem Antrag beizufügenden Unterlagen auch in schriftlicher Form verlangen.

Der Antragsteller, der beabsichtigt, eine Anlage nach der Industrieemissions-Richtlinie zu betreiben, in der relevante gefährliche Stoffe verwendet, erzeugt oder freigesetzt werden, hat mit den Unterlagen einen Bericht über den Ausgangszustand vorzulegen, wenn und soweit eine Verschmutzung des Bodens oder des Grundwassers auf dem Anlagengrundstück durch die relevanten gefährlichen Stoffe möglich ist. Die Möglichkeit einer Verschmutzung des Bodens oder des Grundwassers besteht nicht, wenn aufgrund der tatsächlichen Umstände ein Eintrag ausgeschlossen werden kann.

Soweit Unterlagen Geschäfts- oder Betriebsgeheimnisse enthalten, sind die Unterlagen zu kennzeichnen und getrennt vorzulegen. Ihr Inhalt muss, soweit es ohne Preisgabe des Geheimnisses geschehen kann, so ausführlich dargestellt sein, dass es Dritten möglich ist, zu beurteilen, ob und in welchem Umfang sie von den Auswirkungen der Anlage betroffen werden können.

Sind die Unterlagen vollständig, so hat die zuständige Behörde das Vorhaben in ihrem amtlichen Veröffentlichungsblatt und außerdem in örtlichen Tageszeitungen, die im Bereich des Standortes der Anlage verbreitet sind, öffentlich bekannt zu machen. Der Antrag und die Unterlagen sind, nach der Bekanntmachung einen Monat zur Einsicht auszulegen. Bis zwei Wochen nach Ablauf der Auslegungsfrist können Einwendungen gegen das Vorhaben schriftlich erhoben werden. Mit Ablauf der Einwendungsfrist sind alle Einwendungen ausgeschlossen, die nicht auf besonderen privatrechtlichen Titeln beruhen.

Die für die Erteilung der Genehmigung zuständige Behörde (Genehmigungsbehörde) holt die Stellungsnahmen der Behörden ein, deren Aufgabenbereich durch das Vorhaben berührt wird. Soweit für das Vorhaben selbst oder für weitere damit unmittelbar in einem räumlichen oder betrieblichen Zusammenhang stehende Vorhaben, die Auswirkungen auf die Umwelt haben können und die für die Genehmigung Bedeutung haben, eine Zulassung nach anderen Gesetzen vorgeschrieben ist, hat die Genehmigungsbehörde eine vollständige Koordinierung der Zulassungsverfahren sowie der Inhalts- und Nebenbestimmungen sicherzustellen.

Nach Ablauf der Einwendungsfrist hat die Genehmigungsbehörde die rechtzeitig gegen das Vorhaben erhobenen Einwendungen mit dem Antragsteller und denjenigen, die Einwendungen erhoben haben, zu erörtern. Einwendungen, die auf besonderen privatrechtlichen Titeln beruhen, sind auf den Rechtsweg vor den ordentlichen Gerichten zu verweisen.

Über den Genehmigungsantrag ist nach Eingang des Antrags und der einzureichenden Unterlagen innerhalb einer Frist von sieben Monaten, in vereinfachten Verfahren innerhalb einer Frist von drei Monaten, zu entscheiden. Die zuständige Behörde kann die Frist um jeweils drei Monate verlängern, wenn dies wegen der Schwierigkeit der Prüfung oder aus Gründen, die dem Antragsteller zuzurechnen sind, erforderlich ist. Die Fristverlängerung soll gegenüber dem Antragsteller begründet werden. Der Genehmigungsbescheid ist schriftlich zu erlassen, schriftlich zu begründen und dem Antragsteller und den Personen, die Einwendungen erhoben haben, zuzustellen.

Die Zustellung des Genehmigungsbescheids an die Personen, die Einwendungen erhoben haben, kann durch öffentliche Bekanntmachung ersetzt werden. In diesem Fall ist eine Ausfertigung des gesamten Bescheides vom Tage nach der Bekanntmachung an zwei Wochen zur Einsicht auszulegen. Mit dem Ende der Auslegungsfrist gilt der Bescheid auch gegenüber Dritten, die keine Einwendungen erhoben haben, als zugestellt; darauf ist in der Bekanntmachung hinzuweisen. Nach der öffentlichen Bekanntmachung können der Bescheid und seine Begründung bis zum Ablauf der Widerspruchsfrist von den Personen, die Einwendungen erhoben haben, schriftlich angefordert werden.

Bei Anlagen nach der Industrieemissions-Richtlinie sind folgende Unterlagen im Internet öffentlich bekannt zu machen:

- der Genehmigungsbescheid mit Ausnahme in Bezug genommener Antragsunterlagen und des Bericht über den Ausgangszustand sowie
- die Bezeichnung des für die betreffende Anlage maßgeblichen BVT-Merkblatts.

Nebenbestimmungen zur Genehmigung (§ 12)
Die Genehmigung kann unter Bedingungen erteilt und mit Auflagen verbunden werden, soweit dies erforderlich ist, um die Erfüllung der Genehmigungsvoraussetzungen sicherzustellen. Zur Sicherstellung der Anforderungen soll bei Abfallentsorgungsanlagen auch eine Sicherheitsleistung auferlegt werden.

Für den Fall, dass eine Verwaltungsvorschrift nach § 48 BImSchG für die jeweilige Anlagenart keine Anforderungen vorsieht, ist bei der Festlegung von Emissionsbegrenzungen für Anlagen nach der Industrieemissions-Richtlinie in der Genehmigung sicherzustellen, dass die Emissionen unter normalen Betriebsbedingungen die in den BVT-Schlussfolgerungen genannten Emissionsbandbreiten nicht überschreiten.

Abweichend kann die zuständige Behörde weniger strenge Emissionsbegrenzungen festlegen, wenn:

- eine Bewertung ergibt, dass wegen technischer Merkmale der Anlage die Anwendung der in den BVT-Schlussfolgerungen genannten Emissionsbandbreiten unverhältnismäßig wäre, oder
- in Anlagen Zukunftstechniken für einen Gesamtzeitraum von höchstens neun Monaten erprobt oder angewendet werden sollen, sofern nach dem festgelegten Zeitraum die Anwendung der betreffenden Technik beendet wird oder in der Anlage mindestens die mit den besten verfügbaren Techniken assoziierten Emissionsbandbreiten erreicht werden.

Bei der Festlegung der Emissionsbegrenzungen sind insbesondere mögliche Verlagerungen von nachteiligen Auswirkungen von einem Schutzgut auf ein anderes zu berücksichtigen; ein hohes Schutzniveau für die Umwelt insgesamt ist zu gewährleisten.

Die Genehmigung kann auf Antrag für einen bestimmten Zeitraum erteilt werden. Sie kann mit einem Vorbehalt des Widerrufs erteilt werden, wenn die genehmigungsbedürftige Anlage lediglich Erprobungszwecken dienen soll. Die Genehmigung kann mit Einverständnis des Antragstellers mit dem Vorbehalt nachträglicher Auflagen erteilt werden, soweit hierdurch hinreichend bestimmte, in der Genehmigung bereits allgemein festgelegte Anforderungen an die Einrichtung oder den Betrieb der Anlage in einem Zeitpunkt nach Erteilung der Genehmigung näher festgelegt werden sollen. Die Teilgenehmigung kann für einen bestimmten Zeitraum oder mit dem Vorbehalt erteilt werden, dass sie bis zur Entscheidung über die Genehmigung widerrufen oder mit Auflagen verbunden werden kann.

Genehmigung und andere behördlichen Entscheidungen (§ 13)
Die Genehmigung schließt andere die Anlage betreffende behördliche Entscheidungen ein, insbesondere öffentlich-rechtliche Genehmigungen, Zulassungen, Verleihungen, Erlaubnisse und Bewilligungen mit Ausnahme von Planfeststellungen, Zulassungen bergrechtlicher Betriebspläne, behördlichen Entscheidungen aufgrund atomrechtlicher Vorschriften und wasserrechtlichen Erlaubnissen und Bewilligungen des Wasserhaushaltsgesetzes.

Änderung genehmigungsbedürftiger Anlagen (§ 15)
Die Änderung der Lage, der Beschaffenheit oder des Betriebs einer genehmigungsbedürftigen Anlage ist, sofern eine Genehmigung nicht beantragt wird, der zuständigen Behörde mindestens einen Monat, bevor mit der Änderung begonnen werden soll, schriftlich anzuzeigen, wenn sich die Änderung auf Schutzgüter auswirken kann. Der Anzeige sind Unterlagen beizufügen, soweit diese für die Prüfung erforderlich sein können, ob das Vorhaben genehmigungsbedürftig ist. Die zuständige Behörde hat dem Träger des Vorhabens den Eingang der Anzeige und der beigefügten Unterlagen unverzüglich schriftlich zu bestätigen. Sie teilt dem Träger des Vorhabens nach Eingang der Anzeige unverzüglich mit, welche zusätzlichen Unterlagen sie zur Beurteilung benötigt.

Die zuständige Behörde hat unverzüglich, spätestens innerhalb eines Monats nach Eingang der Anzeige und der erforderlichen Unterlagen, zu prüfen, ob die Änderung einer Genehmigung bedarf. Der Träger des Vorhabens darf die Änderung vornehmen, sobald die zuständige Behörde ihm mitteilt, dass die Änderung keiner Genehmigung bedarf, oder sich innerhalb der Frist nicht geäußert hat.

Bei einer störfallrelevanten Änderung einer genehmigungsbedürftigen Anlage, die Betriebsbereich oder Bestandteil eines Betriebsbereichs ist, hat die zuständige Behörde unverzüglich, spätestens innerhalb von zwei Monaten nach Eingang der Anzeige und der erforderlichen Unterlagen zu prüfen, ob diese Änderung einer Genehmigung bedarf. Soweit es zur Ermittlung des angemessenen Sicherheitsabstands erforderlich ist, kann die zuständige Behörde ein Gutachten zu den Auswirkungen verlangen, die bei schweren Unfällen durch die Anlage hervorgerufen werden können. Der Träger des Vorhabens darf die störfallrelevante Änderung vornehmen, sobald ihm die zuständige Behörde mitteilt, dass sie keiner Genehmigung bedarf.

Beabsichtigt der Betreiber, den Betrieb einer genehmigungsbedürftigen Anlage einzustellen, so hat er dies unter Angabe des Zeitpunktes der Einstellung der zuständigen Behörde unverzüglich anzuzeigen. Der Anzeige sind Unterlagen über die vom Betreiber vorgesehenen Maßnahmen beizufügen.

Wesentliche Änderung genehmigungsbedürftiger Anlagen (§ 16)
Die Änderung der Lage, der Beschaffenheit oder des Betriebs einer genehmigungsbedürftigen Anlage bedarf der Genehmigung, wenn durch die Änderung nachteilige Auswirkungen hervorgerufen werden können und diese erheblich sein können (wesentliche Änderung). Eine Genehmigung ist nicht erforderlich, wenn durch die Änderung hervorgerufene nachteilige Auswirkungen offensichtlich gering sind und die Erfüllung der sich ergebenden Anforderungen sichergestellt ist.

Die zuständige Behörde soll von der öffentlichen Bekanntmachung des Vorhabens sowie der Auslegen des Antrags und der Unterlagen absehen, wenn der Träger des Vorhabens dies beantragt und erhebliche nachteilige Auswirkungen auf Schutzgüter nicht zu besorgen sind. Dies ist insbesondere dann der Fall, wenn erkennbar ist, das die Auswirkungen durch die getroffenen oder vom Träger der Vorhabens vorgesehenen Maßnahmen ausgeschlossen werden oder die Nachteile im Verhältnis zu den jeweils vergleichbaren Vorteilen gering sind. Betrifft die wesentliche Änderung eine in einem vereinfachten Verfahren zu genehmigende Anlage, ist auch die wesentliche Änderung im vereinfachten Verfahren zu genehmigen.

Störfallrelevante Änderung genehmigungsbedürftiger Anlagen (§ 16a)
Die störfallrelevante Änderung einer genehmigungsbedürftigen Anlage, die Betriebsbereich oder Bestandteil eines Betriebsbereichs ist, bedarf der Genehmigung, wenn durch die störfallrelevante Änderung der angemessene Sicherheitsabstand zu benachbarten Schutzobjekten erstmalig unterschritten wird, der bereits unterschrittene Sicherheitsabstand räumlich noch weiter unterschritten wird oder eine erhebliche Gefahrenerhöhung ausgelöst wird. Einer Genehmigung bedarf es nicht, soweit dem Gebot, den angemessenen Sicherheitsabstand zu wahren, bereits auf Ebene einer raumbedeutsamen Planung oder Maßnahme durch verbindliche Vorgaben Rechnung getragen worden ist.

Nachträgliche Anordnungen (§ 17)
Zur Erfüllung der sich aus diesem Gesetz und der aufgrund dieses Gesetzes erlassenen Rechtsverordnungen ergebenden Pflichten können nach Erteilung der Genehmigung sowie nach einer angezeigten Änderung Anordnungen getroffen werden. Wird nach Erteilung der Genehmigung sowie nach einer angezeigten Änderung festgestellt, dass die Allgemeinheit oder die Nachbarschaft nicht ausreichend vor schädlichen Umwelteinwirkungen oder sonstigen Gefahren, erheblichen Nachteilen oder erheblichen Belästigungen geschützt ist, soll die zuständige Behörde nachträgliche Anordnungen treffen.

Bei Anlagen nach der Industrieemissions-Richtlinie ist vor dem Erlass einer nachträglichen Anordnung, durch welche Emissionsbegrenzungen neu festgelegt werden sollen, der Entwurf der Anordnung öffentlich bekannt zu machen. Einwendungsbefugt sind Personen, deren Belange durch die nachträgliche Anordnung berührt werden, sowie Vereinigungen, welche die Anforderungen des Umwelt-Rechtsbehelfsgesetzes erfüllen. Dies gilt auch für den Erlass einer nachträglichen Anordnung, bei der von der Behörde weniger strenge Emissionsbegrenzungen festgelegt werden sollen.

Die zuständige Behörde darf eine nachträgliche Anordnung nicht treffen, wenn sie unverhältnismäßig ist, vor allem wenn der mit der Erfüllung der Anordnung verbundene Aufwand außer Verhältnis zu dem mit der Anordnung angestrebten Erfolg steht; dabei sind insbesondere Art, Menge und Gefährlichkeit der von der Anlage ausgehenden Emissionen und der von ihr verursachten Immissionen sowie die Nutzungsdauer und technische Besonderheiten der Anlage zu berücksichtigen.

Die zuständige Behörde kann weniger strenge Emissionsbegrenzungen festlegen, wenn:

- wegen technischer Merkmale der Anlage die Anwendung der in den BVT-Schlussfolgerungen genannten Emissionsbandbreiten unverhältnismäßig wäre und die Behörde dies begründet oder
- in Anlagen Zukunftstechniken für einen Gesamtzeitraum von höchstens neun Monaten erprobt oder angewendet werden sollen, sofern nach dem festgelegten Zeitraum die Anwendung der betreffenden Technik beendet wird oder in der Anlage mindestens die mit den besten verfügbaren Techniken assoziierten Emissionsbandbreiten erreicht werden.

Die zuständige Behörde soll von nachträglichen Anordnungen absehen, soweit in einem vom Betreiber vorgelegten Plan technische Maßnahmen an dessen Anlagen oder an Anlagen Dritter vorgesehen sind, die zu einer weitergehenden Verringerung der Emissionsfrachten führen als die Summe der Minderungen, die durch den Erlass nachträglicher Anordnungen zur Erfüllung der sich aus diesem Gesetz oder den aufgrund dieses Gesetzes erlassenen Rechtsverordnungen ergebenden Pflichten bei den beteiligten Anlagen erreichbar wäre.

Ist es zur Erfüllung der Anordnung erforderlich, die Lage, die Beschaffenheit oder den Betrieb der Anlage wesentlich zu ändern und ist in der Anordnung nicht abschließend bestimmt, in welcher Weise sie zu erfüllen ist, so bedarf die Änderung der Genehmigung nach § 16 BImSchG. Ist zur Erfüllung der Anordnung die störfallrelevante Änderung einer Anlage erforderlich, die Betriebsbereich oder Bestandteil eines Betriebsbereichs ist, und wird durch diese Änderung der angemessene Sicherheitsabstand erstmalig unterschritten, wird der bereits unterschrittene Sicherheitsabstand räumlich noch weiter unterschritten oder wird eine erhebliche Gefahrenerhöhung ausgelöst, so bedarf die Änderung einer Genehmigung nach § 16 oder § 16a, wenn in der Anordnung nicht abschließend bestimmt ist, in welcher Weise sie zu erfüllen ist.

Erlöschen der Genehmigung (§ 18)

Die Genehmigung erlischt, wenn:

- innerhalb einer von der Genehmigungsbehörde gesetzten angemessenen Frist nicht mit der Errichtung oder dem Betrieb der Anlage begonnen oder
- eine Anlage während eines Zeitraums von mehr als drei Jahren nicht mehr betrieben worden ist.

Die Genehmigung erlischt ferner, soweit das Genehmigungserfordernis aufgehoben wird.

Vereinfachtes Verfahren (§ 19)

Durch Rechtsverordnung kann vorgeschrieben werden, dass die Genehmigung von Anlagen bestimmter Art oder bestimmten Umfangs in einem vereinfachten Verfahren erteilt wird, sofern dies nach Art, Ausmaß und Dauer der von diesen Anlagen hervorgerufenen schädlichen Umwelteinwirkungen und sonstigen Gefahren, erheblichen Nachteilen und erheblichen Belästigungen mit dem Schutz der Allgemeinheit und der Nachbarschaft vereinbar ist.

Im dem vereinfachten Verfahren sind § 10 Abs. 2, 3, 4, 6, 8 und 9 sowie die §§ 11 und 14 des BImSchG nicht anzuwenden. Tab. 19.1 zeigt einen Überblick von förmlichen und vereinfachten Genehmigungsverfahren.

Die Genehmigung einer Anlage, die Betriebsbereich oder Bestandteil eines Betriebsbereichs ist, kann nicht im vereinfachten Verfahren erteilt werden, wenn durch deren störfallrelevante Errichtung und Betrieb der angemessene Sicherheitsabstand zu benachbarten Schutzobjekten unterschritten wird oder durch deren störfallrelevante Änderung der angemessene Sicherheitsabstand zu benachbarten Schutzobjekten erstmalig unterschritten wird, der bereits unterschrittene Sicherheitsabstand räumlich noch weiter unterschritten

Tab. 19.1 Überblick über die Genehmigungsverfahren

Förmliches Genehmigungsverfahren gemäß 4. BImSchV	Vereinfachtes Genehmigungsverfahren gemäß 4. BImSchV
Genehmigungsverfahren wird nach § 10 BImSchG durchgeführt	Genehmigungsverfahren wird nach § 19 BImSchG durchgeführt
Abs. 1 schriftlicher Antrag an die zuständige Behörde	Wie förmliches Verfahren
Abs. 3 Antragsunterlagen werden durch die Behörde der Öffentlichkeit für einen Monat zugänglich gemacht; Einspruchsfrist bis 2 Wochen nachEnde der Auslegungsfrist	Keine öffentliche Auslegung der Antragsunterlagen
Abs. 4 Form der Bekanntmachung	Keine Bekanntmachung
Abs. 5 Genehmigungsbehörde holt fachliche Stellungnahme bei den Fachbehörden ein	Wie förmliches Verfahren
Abs. 6 Erhobene Einwendungen sind von der Genehmigungsbehörde mit den Antragstellern zu erörtern	Kein Erörterungstermin
Abs. 6a Entscheidung über die Genehmigung ist innerhalb von 7 Monaten (evtl. +3 Monate Verlängerungsfrist) zu fällen	Entscheidung über die Genehmigung ist innerhalb von 3 Monaten (evtl. +3 Monate Verlängerungsfrist) zu fällen
Abs. 7 der Genehmigungsbescheid wird schriftlich erlassen	Wie förmliches Verfahren

wird oder eine erhebliche Gefahrenerhöhung ausgelöst wird. Es können nur die Personen Einwendungen erheben, deren Belange berührt sind oder Vereinigungen, welche die Anforderungen des Umwelt-Rechtsbehelfsgesetzes erfüllen.

Untersagung, Stilllegung und Beseitigung (§ 20)
Kommt der Betreiber einer genehmigungsbedürftigen Anlage einer Auflage, einer vollziehbaren nachträglichen Anordnung oder einer abschließend bestimmten Pflicht aus einer Rechtsverordnung nicht nach und betreffen die Auflage, die Anordnung oder die Pflicht die Beschaffenheit oder den Betrieb der Anlage, so kann die zuständige Behörde den Betrieb ganz oder teilweise bis zur Erfüllung der Auflage, der Anordnung oder der Pflichten untersagen.

Die zuständige Behörde hat den Betrieb ganz oder teilweise zu untersagen, wenn ein Verstoß gegen die Auflage, Anordnung oder Pflicht eine unmittelbare Gefährdung der menschlichen Gesundheit verursacht oder eine unmittelbare erhebliche Gefährdung der Umwelt darstellt.

Die zuständige Behörde hat die Inbetriebnahme oder Weiterführung einer genehmigungsbedürftigen Anlage, die Betriebsbereich oder Bestandteil eines Betriebsbereichs ist und gewerblichen Zwecken dient oder im Rahmen wirtschaftlicher Unternehmungen Verwendung findet, ganz oder teilweise zu untersagen, solange und soweit die von dem Betreiber getroffenen Maßnahmen zur Verhütung schwerer Unfälle oder zur Begrenzung der Auswirkungen derartiger Unfälle eindeutig unzureichend sind. Bei der Entscheidung über eine Untersagung berücksichtigt die zuständige Behörde auch schwerwiegende Unterlassungen in Bezug auf erforderliche Folgemaßnahmen, die in einem Überwachungsbericht nach § 16 der Störfall-Verordnung festgelegt worden sind. Die zuständige Behörde kann die Inbetriebnahme oder Weiterführung einer Anlage ganz oder teilweise untersagen, wenn der Betreiber die in einer zur Umsetzung der Richtlinie 2012/18/EU erlassenen Rechtsverordnung vorgeschriebenen Mitteilungen, Berichte oder sonstigen Informationen nicht fristgerecht übermittelt.

Die zuständige Behörde soll anordnen, dass eine Anlage, die ohne die erforderliche Genehmigung errichtet, betrieben oder wesentlich geändert wird, stillzulegen oder zu beseitigen ist. Sie hat die Beseitigung anzuordnen, wenn die Allgemeinheit oder die Nachbarschaft nicht auf andere Weise ausreichend geschützt werden kann.

Die zuständige Behörde kann den weiteren Betrieb einer genehmigungsbedürftigen Anlage durch den Betreiber oder einen mit der Leitung des Betriebs Beauftragten untersagen, wenn Tatsachen vorliegen, welche die Unzuverlässigkeit dieser Personen in Bezug auf die Einhaltung von Rechtsvorschriften zum Schutz vor schädlichen Umwelteinwirkungen dartun, und die Untersagung zum Wohl der Allgemeinheit geboten ist. Dem Betreiber der Anlage kann auf Antrag die Erlaubnis erteilt werden, die Anlage durch eine Person betreiben zu lassen, die die Gewähr für den ordnungsgemäßen Betrieb der Anlage bietet. Die Erlaubnis kann mit Auflagen verbunden werden.

19.2.2 Nicht genehmigungsbedürftige Anlagen

Pflichten der Betreiber nicht genehmigungsbedürftiger Anlagen (§ 22)
Nicht genehmigungsbedürftige Anlagen sind so zu errichten und zu betreiben, dass:

- schädliche Umwelteinwirkungen verhindert werden, die nach dem Stand der Technik vermeidbar sind,
- nach dem Stand der Technik unvermeidbare schädliche Umwelteinwirkungen auf ein Mindestmaß beschränkt werden und
- die beim Betrieb der Anlagen entstehenden Abfälle ordnungsgemäß beseitigt werden können.

Anforderungen an die Errichtung, die Beschaffenheit und den Betrieb nicht genehmigungsbedürftiger Anlagen (§ 23)
Die Bundesregierung wird ermächtigt, nach Anhörung der beteiligten Kreise durch Rechtsverordnung mit Zustimmung des Bundesrates vorzuschreiben, dass die Errichtung, die Beschaffenheit und der Betrieb nicht genehmigungsbedürftiger Anlagen bestimmten Anforderungen zum Schutz der Allgemeinheit und der Nachbarschaft vor schädlichen Umwelteinwirkungen und, soweit diese Anlagen gewerblichen Zwecken dienen oder im Rahmen wirtschaftlicher Unternehmungen Verwendung finden und Betriebsbereiche oder Bestandteile von Betriebsbereichen sind, vor sonstigen Gefahren zur Verhütung schwerer Unfälle und zur Begrenzung der Auswirkungen derartiger Unfälle für Mensch und Umwelt sowie zur Vorsorge gegen schädliche Umwelteinwirkungen genügen müssen, insbesondere dass:

- die Anlagen bestimmten technischen Anforderungen entsprechen müssen,
- die von Anlagen ausgehenden Emissionen bestimmte Grenzwerte nicht überschreiten dürfen,
- die Betreiber von Anlagen Messungen von Emissionen und Immissionen nach in der Rechtsverordnung näher zu bestimmenden Verfahren vorzunehmen haben oder von einer in der Rechtsverordnung zu bestimmenden Stelle vornehmen lassen müssen,
- die Betreiber bestimmter Anlagen der zuständigen Behörde unverzüglich die Inbetriebnahme oder eine Änderung einer Anlage, die für die Erfüllung von in der Rechtsverordnung vorgeschriebenen Pflichten von Bedeutung sein kann, anzuzeigen haben,
- die Betreiber von Anlagen, die Betriebsbereiche oder Bestandteile von Betriebsbereichen sind, innerhalb einer angemessenen Frist vor Errichtung, vor Inbetriebnahme oder vor einer Änderung dieser Anlagen, die für die Erfüllung von in der Rechtsverordnung vorgeschriebenen Pflichten von Bedeutung sein kann, dies der zuständigen Behörde anzuzeigen haben und
- bestimmte Anlagen nur betrieben werden dürfen, nachdem die Bescheinigung eines von der nach Landesrecht zuständigen Behörde bekannt gegebenen Sachverständigen

vorgelegt worden ist, dass die Anlage den Anforderungen der Rechtsverordnung oder einer Bauartzulassung entspricht.

In der Rechtsverordnung können auch die Anforderungen bestimmt werden, denen Sachverständige hinsichtlich ihrer Fachkunde, Zuverlässigkeit und gerätetechnischen Ausstattung genügen müssen.

Anzeigeverfahren für nicht genehmigungsbedürftige Anlagen, die Betriebsbereich oder Bestandteil eines Betriebsbereichs sind (§ 23a)
Die störfallrelevante Errichtung und der Betrieb oder die störfallrelevante Änderung einer nicht genehmigungsbedürftigen Anlage, die Betriebsbereich oder Bestandteil eines Betriebsbereichs ist, ist der zuständigen Behörde vor ihrer Durchführung schriftlich anzuzeigen. Der Anzeige sind alle Unterlagen beizufügen, die für die Feststellung erforderlich sein können. Soweit es zur Ermittlung des angemessenen Sicherheitsabstands erforderlich ist, kann die zuständige Behörde ein Gutachten zu den Auswirkungen verlangen, die bei schweren Unfällen durch die Anlage hervorgerufen werden können. Die zuständige Behörde hat dem Träger des Vorhabens den Eingang der Anzeige und der beigefügten Unterlagen unverzüglich schriftlich zu bestätigen. Sie teilt dem Träger des Vorhabens nach Eingang der Anzeige unverzüglich mit, welche zusätzlichen Unterlagen sie für die Feststellung benötigt.

Die zuständige Behörde hat festzustellen, ob durch die störfallrelevante Errichtung und den Betrieb oder die störfallrelevante Änderung der Anlage der angemessene Sicherheitsabstand zu benachbarten Schutzobjekten erstmalig unterschritten wird, räumlich noch weiter unterschritten wird oder eine erhebliche Gefahrenerhöhung ausgelöst wird. Diese Feststellung ist dem Träger des Vorhabens spätestens zwei Monate nach Eingang der Anzeige und der erforderlichen Unterlagen bekannt zu geben und der Öffentlichkeit nach den Bestimmungen des Bundes und der Länder über den Zugang zu Umweltinformationen zugänglich zu machen. Wird kein Genehmigungsverfahren nach § 23b durchgeführt, macht die zuständige Behörde dies in ihrem amtlichen Veröffentlichungsblatt und entweder im Internet oder in örtlichen Tageszeitungen, die im Bereich des Standortes des Betriebsbereichs verbreitet sind, öffentlich bekannt. Der Träger des Vorhabens darf die Errichtung und den Betrieb oder die Änderung vornehmen, sobald die zuständige Behörde ihm mitteilt, dass sein Vorhaben keiner Genehmigung bedarf.

Störfallrechtliches Genehmigungsverfahren (§ 23b)
Ergibt die Feststellung nach § 23a, dass der angemessene Sicherheitsabstand erstmalig unterschritten wird, räumlich noch weiter unterschritten wird oder eine erhebliche Gefahrenerhöhung ausgelöst wird, bedarf die störfallrelevante Errichtung und der Betrieb oder die störfallrelevante Änderung einer nicht genehmigungsbedürftigen Anlage, die Betriebsbereich oder Bestandteil eines Betriebsbereichs ist, einer störfallrechtlichen Genehmigung. Dies gilt nicht, soweit dem Gebot, den angemessenen Sicherheitsabstand zu wahren, bereits auf Ebene einer raumbedeutsamen Planung oder Maßnahme durch ver-

bindliche Vorgaben Rechnung getragen worden ist. Die Genehmigung setzt einen schriftlichen Antrag voraus. Die Genehmigung ist zu erteilen, wenn sichergestellt ist, dass die Anforderungen des § 22 und der auf Grundlage des § 23 erlassenen Rechtsverordnungen eingehalten werden und andere öffentlich-rechtliche Vorschriften und Belange des Arbeitsschutzes nicht entgegenstehen. Die Genehmigung kann unter Bedingungen erteilt und mit Auflagen verbunden werden, soweit dies erforderlich ist, um die Erfüllung der Genehmigungsvoraussetzungen sicherzustellen. Die Genehmigung schließt andere die Anlage betreffende behördliche Entscheidungen ein mit Ausnahme von Planfeststellungen, Zulassungen bergrechtlicher Betriebspläne, behördlichen Entscheidungen aufgrund atomrechtlicher Vorschriften und wasserrechtlichen Erlaubnissen und Bewilligungen.

Im Genehmigungsverfahren ist die Öffentlichkeit zu beteiligen. Dazu macht die zuständige Behörde das Vorhaben öffentlich bekannt und legt den Antrag, die vom Antragsteller vorgelegten Unterlagen sowie die entscheidungserheblichen Berichte und Empfehlungen, die der Behörde im Zeitpunkt der Bekanntmachung vorliegen, einen Monat zur Einsicht aus. Personen, deren Belange durch das Vorhaben berührt werden sowie Vereinigungen, welche die Anforderungen des Umwelt-Rechtsbehelfsgesetzes erfüllen, können innerhalb der in § 10 genannten Frist gegenüber der zuständigen Behörde schriftlich Einwendungen erheben. Einwendungen, die auf besonderen privatrechtlichen Titeln beruhen, sind auf den Rechtsweg vor den ordentlichen Gerichten zu verweisen.

Die Genehmigungsbehörde holt die Stellungnahmen der Behörden ein, deren Aufgabenbereich durch das Vorhaben berührt wird. Soweit für das Vorhaben selbst oder für weitere damit unmittelbar in Zusammenhang stehende Vorhaben, die Auswirkungen auf die Umwelt haben können und die für die Genehmigung Bedeutung haben, eine Zulassung nach anderen Gesetzen vorgeschrieben ist, hat die Genehmigungsbehörde eine vollständige Koordinierung der Zulassungsverfahren sowie der Inhalts- und Nebenbestimmungen sicherzustellen.

Über den Antrag auf störfallrelevante Errichtung und Betrieb einer Anlage hat die zuständige Behörde innerhalb einer Frist von sieben Monaten nach Eingang des Antrags und der erforderlichen Unterlagen zu entscheiden. Über den Antrag auf störfallrelevante Änderung einer Anlage ist innerhalb einer Frist von sechs Monaten nach Eingang des Antrags und der erforderlichen Unterlagen zu entscheiden. Die zuständige Behörde kann die jeweilige Frist um drei Monate verlängern, wenn dies wegen der Schwierigkeit der Prüfung oder aus Gründen, die dem Antragsteller zuzurechnen sind, erforderlich ist. Die Fristverlängerung soll gegenüber dem Antragsteller begründet werden.

Die Bundesregierung wird ermächtigt, durch Rechtsverordnung mit Zustimmung des Bundesrates weitere Einzelheiten des Verfahrens zu regeln, insbesondere:

- Form und Inhalt des Antrags,
- Verfahren und Inhalt der Bekanntmachung und Auslegung des Vorhabens durch die zuständige Behörde sowie
- Inhalt und Bekanntmachung des Genehmigungsbescheids.

Anordnungen im Einzelfall (§ 24)
Die zuständige Behörde kann im Einzelfall die zur Durchführung des § 22 und der auf dieses Gesetz gestützten Rechtsverordnungen erforderlichen Anordnungen treffen. Kann das Ziel der Anordnung auch durch eine Maßnahme zum Zwecke des Arbeitsschutzes erreicht werden, soll diese angeordnet werden.

Untersagung (§ 25)
Kommt der Betreiber einer Anlage einer vollziehbaren behördlichen Anordnung nicht nach, so kann die zuständige Behörde den Betrieb der Anlage ganz oder teilweise bis zur Erfüllung der Anordnung untersagen.

Die zuständige Behörde hat die Inbetriebnahme oder Weiterführung einer nicht genehmigungsbedürftigen Anlage, die Betriebsbereich oder Bestandteil eines Betriebsbereichs ist und gewerblichen Zwecken dient oder im Rahmen wirtschaftlicher Unternehmungen Verwendung findet, ganz oder teilweise zu untersagen, solange und soweit die von dem Betreiber getroffenen Maßnahmen zur Verhütung schwerer Unfälle oder zur Begrenzung der Auswirkungen derartiger Unfälle eindeutig unzureichend sind. Bei der Entscheidung über eine Untersagung berücksichtigt die zuständige Behörde auch schwerwiegende Unterlassungen in Bezug auf erforderliche Folgemaßnahmen, die in einem Überwachungsbericht nach § 16 der Störfall-Verordnung festgelegt worden sind. Die zuständige Behörde kann die Inbetriebnahme oder die Weiterführung einer Anlage außerdem ganz oder teilweise untersagen, wenn der Betreiber:

- die in einer zur Umsetzung der Richtlinie 2012/18/EU erlassenen Rechtsverordnung vorgeschriebenen Mitteilungen, Berichte oder sonstige Informationen nicht fristgerecht übermittelt oder
- eine nach § 23a erforderliche Anzeige nicht macht oder die Anlage ohne die nach § 23b erforderliche Genehmigung störfallrelevant errichtet, betreibt oder störfallrelevant ändert.

Wenn die von einer Anlage hervorgerufenen schädlichen Umwelteinwirkungen das Leben oder die Gesundheit von Menschen oder bedeutende Sachwerte gefährden, soll die zuständige Behörde die Errichtung oder den Betrieb der Anlage ganz oder teilweise untersagen, soweit die Allgemeinheit oder die Nachbarschaft nicht auf andere Weise ausreichend geschützt werden kann.

Stilllegung und Beseitigung nicht genehmigungsbedürftiger Anlagen, die Betriebsbereich oder Bestandteil eines Betriebsbereichs sind (§ 25a)
Die zuständige Behörde kann anordnen, dass eine Anlage, die Betriebsbereich oder Bestandteil eines Betriebsbereichs ist und ohne die erforderliche Genehmigung störfallrelevant errichtet oder geändert wird, ganz oder teilweise stillzulegen oder zu beseitigen ist. Sie soll die Beseitigung anordnen, wenn die Allgemeinheit oder die Nachbarschaft nicht auf andere Weise ausreichend geschützt werden kann.

19.3 Ermittlung von Emissionen und Immissionen nach BImSchG

Messungen aus besonderem Anlass (§ 26)
Die zuständige Behörde kann anordnen, dass der Betreiber einer genehmigungsbedürftigen Anlage oder einer nicht genehmigungsbedürftigen Anlage Art und Ausmaß der von der Anlage ausgehenden Emissionen sowie die Immissionen im Einwirkungsbereich der Anlage durch eine der von der nach Landesrecht zuständigen Behörde bekannt gegebenen Stelle ermitteln lässt, wenn zu befürchten ist, dass durch die Anlage schädliche Umwelteinwirkungen hervorgerufen werden. Die zuständige Behörde ist befugt, Einzelheiten über Art und Umfang der Ermittlungen sowie über die Vorlage des Ermittlungsergebnisses vorzuschreiben.

Emissionserklärung (§ 27)
Der Betreiber einer genehmigungsbedürftigen Anlage ist verpflichtet, der zuständigen Behörde innerhalb einer von ihr zu setzenden Frist oder zu dem in der Rechtsverordnung festgesetzten Zeitpunkt Angaben zu machen über Art, Menge, räumliche und zeitliche Verteilung der Luftverunreinigungen, die von der Anlage in einem bestimmten Zeitraum ausgegangen sind, sowie über die Austrittsbedingungen (Emissionserklärung); er hat die Emissionserklärung nach Maßgabe der Rechtsverordnung entsprechend dem neuesten Stand zu ergänzen.

Der Inhalt der Emissionserklärung ist Dritten auf Antrag bekannt zu geben. Einzelangaben der Emissionserklärung dürfen nicht veröffentlicht oder Dritten bekannt gegeben werden, wenn aus diesen Rückschlüsse auf Betriebs- oder Geschäftsgeheimnisse gezogen werden können. Bei Abgabe der Emissionserklärung hat der Betreiber der zuständigen Behörde mitzuteilen und zu begründen, welche Einzelangaben der Emissionserklärung Rückschlüsse auf Betriebs- oder Geschäftsgeheimnisse erlauben.

Erstmalige und wiederkehrende Messungen bei genehmigungsbedürftigen Anlagen (§ 28)
Die zuständige Behörde kann bei genehmigungsbedürftigen Anlagen:

- nach der Inbetriebnahme oder einer Änderung und
- nach Ablauf eines Zeitraums von jeweils drei Jahren

Anordnungen treffen. Hält die Behörde wegen Art, Menge und Gefährlichkeit der von der Anlage ausgehenden Emissionen Ermittlungen für erforderlich, so soll sie auf Antrag des Betreibers zulassen, dass diese Ermittlungen durch den Immissionsschutzbeauftragten durchgeführt werden, wenn dieser hierfür die erforderliche Fachkunde, Zuverlässigkeit und gerätetechnische Ausstattung besitzt.

Kontinuierliche Messungen (§ 29)
Die zuständige Behörde kann bei genehmigungsbedürftigen Anlagen anordnen, dass statt durch Einzelmessungen bestimmte Emissionen oder Immissionen unter Verwendung aufzeichnender Messgeräte fortlaufend ermittelt werden. Bei Anlagen mit erheblichen Emissionsmassenströmen luftverunreinigender Stoffe sollen unter Berücksichtigung von Art und Gefährlichkeit dieser Stoffe Anordnungen getroffen werden, soweit eine Überschreitung der in Rechtsvorschriften, Auflagen oder Anordnungen festgelegten Emissionsbegrenzungen nach der Art der Anlage nicht ausgeschlossen werden kann. Die zuständige Behörde kann bei nicht genehmigungsbedürftigen Anlagen anordnen, dass statt durch Einzelmessungen bestimmte Emissionen oder Immissionen unter Verwendung aufzeichnender Messgeräte fortlaufend ermittelt werden, wenn dies zur Feststellung erforderlich ist, ob durch die Anlage schädliche Umwelteinwirkungen hervorgerufen werden.

Anordnung sicherheitstechnischer Prüfungen (§ 29a)
Die zuständige Behörde kann anordnen, dass der Betreiber einer genehmigungsbedürftigen Anlage einen der von der nach Landesrecht zuständigen Behörde bekannt gegebenen Sachverständigen mit der Durchführung bestimmter sicherheitstechnischer Prüfungen sowie Prüfungen von sicherheitstechnischen Unterlagen beauftragt. In der Anordnung kann die Durchführung der Prüfungen durch den Störfallbeauftragten, eine zugelassene Überwachungsstelle nach § 14 des Gerätesicherheitsgesetzes oder einen in einer für Anlagen nach § 2 des Gerätesicherheitsgesetzes erlassenen Rechtsverordnung genannten Sachverständigen gestattet werden, wenn diese hierfür die erforderliche Fachkunde, Zuverlässigkeit und gerätetechnische Ausstattung besitzen. Das Gleiche gilt für einen nach § 36 der Gewerbeordnung bestellten Sachverständigen, der eine besondere Sachkunde im Bereich sicherheitstechnischer Prüfungen nachweist. Die zuständige Behörde ist befugt, Einzelheiten über Art und Umfang der sicherheitstechnischen Prüfungen sowie über die Vorlage des Prüfungsergebnisses vorzuschreiben. Prüfungen können angeordnet werden:

- für einen Zeitpunkt während der Errichtung oder sonst vor der Inbetriebnahme der Anlage,
- für einen Zeitpunkt nach deren Inbetriebnahme,
- in regelmäßigen Abständen,
- im Falle einer Betriebseinstellung oder
- wenn Anhaltspunkte dafür bestehen, dass bestimmte sicherheitstechnische Anforderungen nicht erfüllt werden.

Der Betreiber hat die Ergebnisse der sicherheitstechnischen Prüfungen der zuständigen Behörde spätestens einen Monat nach Durchführung der Prüfungen vorzulegen; er hat diese Ergebnisse unverzüglich vorzulegen, sofern dies zur Abwehr gegenwärtiger Gefahren erforderlich ist.

19

Auskunftspflicht des Betreibers (§ 31)
Der Betreiber einer Anlage nach der Industrieemissions-Richtlinie hat nach Maßgabe der Nebenbestimmungen der Genehmigung oder aufgrund von Rechtverordnungen der zuständigen Behörde jährlich Folgendes vorzulegen:

- eine Zusammenfassung der Ergebnisse der Emissionsüberwachung,
- sonstige Daten, die erforderlich sind, um die Einhaltung der Genehmigungsanforderungen zu überprüfen.

Der Betreiber von Anlagen, die Betriebsbereich oder Bestandteil eines Betriebsbereichs sind, kann von der zuständigen Behörde verpflichtet werden, diejenigen Daten zu übermitteln, deren Übermittlung vorgeschrieben ist und die zur Erfüllung der Berichtspflicht erforderlich sind, soweit solche Daten nicht bereits aufgrund anderer Vorschriften bei der zuständigen Behörde vorhanden sind.

Wird bei einer Anlage nach der Industrieemissions-Richtlinie festgestellt, dass Anforderungen nicht eingehalten werden, hat der Betreiber dies der zuständigen Behörde unverzüglich mitzuteilen. Der Betreiber einer Anlage nach der Industrieemissions-Richtlinie hat bei allen Ereignissen mit schädlichen Umwelteinwirkungen die zuständige Behörde unverzüglich zu unterrichten.

Der Betreiber der Anlage hat das Ergebnis und die Aufzeichnungen der Messgeräte fünf Jahre lang aufzubewahren.

19.4 Betriebsorganisation

19.4.1 Anforderungen nach Bundesimmissionsschutzgesetz

Überwachung (§ 52)
Die zuständigen Behörden haben die Durchführung dieses Gesetzes und der auf dieses Gesetz gestützten Rechtsverordnungen zu überwachen. Sie haben Genehmigungen regelmäßig zu überprüfen und soweit erforderlich durch nachträgliche Anordnungen auf den neuesten Stand zu bringen. Eine Überprüfung wird in jedem Fall vorgenommen, wenn:

- Anhaltspunkte dafür bestehen, dass der Schutz der Nachbarschaft und der Allgemeinheit nicht ausreichend ist und deshalb die in der Genehmigung festgelegten Begrenzungen der Emissionen überprüft oder neu festgesetzt werden müssen,
- wesentliche Veränderungen des Standes der Technik eine erhebliche Verminderung der Emissionen ermöglichen,
- eine Verbesserung der Betriebssicherheit erforderlich ist, insbesondere durch die Anwendung anderer Techniken, oder
- neue umweltrechtliche Vorschriften dies fordern.

Bei Anlagen nach der Industrieemissions-Richtlinie ist innerhalb von 4 Jahren nach der Veröffentlichung von BVT-Schlussfolgerungen zur Haupttätigkeit:

- eine Überprüfung und gegebenenfalls Aktualisierung der Genehmigung vorzunehmen und
- sicherzustellen, dass die betreffende Anlage die Genehmigungsanforderungen und der Nebenbestimmungen einhält.

Als Teil jeder Überprüfung der Genehmigung hat die zuständige Behörde die Festlegung weniger strenger Emissionsbegrenzungen zu bewerten.

Die zuständige Behörde hat mindestens jährlich die Ergebnisse der Emissionsüberwachung zu bewerten, um sicherzustellen, dass die Emissionen unter normalen Betriebsbedingungen die in den BVT-Schlussfolgerungen festgelegten Emissionsbandbreiten nicht überschreiten.

Die zuständigen Behörden haben zur regelmäßigen Überwachung von Anlagen nach der Industrieemissions-Richtlinie in ihrem Zuständigkeitsbereich Überwachungspläne und Überwachungsprogramme aufzustellen. Zur Überwachung gehören insbesondere Vor-Ort-Besichtigungen, Überwachung der Emissionen und Überprüfung interner Berichte und Folgedokumente, Überprüfung der Eigenkontrolle, Prüfung der angewandten Techniken und der Eignung des Umweltmanagements der Anlage zur Sicherstellung der Anforderungen.

Überwachungspläne, Überwachungsprogramme für Anlagen nach der Industrieemissions-Richtlinie (§ 52a)

Überwachungspläne haben Folgendes zu enthalten:

- den räumlichen Geltungsbereich des Plans,
- eine allgemeine Bewertung der wichtigen Umweltprobleme im Geltungsbereich des Plans,
- ein Verzeichnis der in den Geltungsbereich des Plans fallenden Anlagen,
- Verfahren für die Aufstellung von Programmen für die regelmäßige Überwachung,
- Verfahren für die Überwachung aus besonderem Anlass sowie
- soweit erforderlich, Bestimmungen für die Zusammenarbeit zwischen verschiedenen Überwachungsbehörden.

Auf der Grundlage der Überwachungspläne erstellen oder aktualisieren die zuständigen Behörden regelmäßig Überwachungsprogramme, in denen auch die Zeiträume angegeben sind, in denen Vor-Ort-Besichtigungen stattfinden müssen. In welchem zeitlichen Abstand Anlagen vor Ort besichtigt werden müssen, richtet sich nach einer systematischen Beurteilung der mit der Anlage verbundenen Umweltrisiken insbesondere anhand der folgenden Kriterien:

- mögliche und tatsächliche Auswirkungen der betreffenden Anlage auf die menschliche Gesundheit und auf die Umwelt unter Berücksichtigung der Emissionswerte und -typen, der Empfindlichkeit der örtlichen Umgebung und des von der Anlage ausgehenden Unfallrisikos,
- bisherige Einhaltung der Genehmigungsanforderungen,
- Eintragung eines Unternehmens in ein Verzeichnis über die freiwillige Teilnahme von Organisationen an einem Gemeinschaftssystem für Umweltmanagement und Umweltbetriebsprüfung.

Der Abstand zwischen zwei Vor-Ort-Besichtigungen darf die folgenden Zeiträume nicht überschreiten:

- ein Jahr bei Anlagen, die der höchsten Risikostufe unterfallen, sowie
- drei Jahre bei Anlagen, die der niedrigsten Risikostufe unterfallen.

Wurde bei einer Überwachung festgestellt, dass der Betreiber einer Anlage in schwerwiegender Weise gegen die Genehmigung verstößt, hat die zuständige Behörde innerhalb von sechs Monaten nach der Feststellung des Verstoßes eine zusätzliche Vor-Ort-Besichtigung durchzuführen.

Die zuständigen Behörden führen bei Beschwerden wegen ernsthafter Umweltbeeinträchtigungen, bei Ereignissen mit erheblichen Umweltauswirkungen und bei Verstößen gegen die Vorschriften dieses Gesetzes oder der aufgrund dieses Gesetzes erlassenen Rechtsverordnungen eine Überwachung durch.

Nach jeder Vor-Ort-Besichtigung einer Anlage erstellt die zuständige Behörde einen Bericht mit den relevanten Feststellungen über die Einhaltung der Genehmigungsanforderungen und der Nebenbestimmungen sowie mit Schlussfolgerungen, ob weitere Maßnahmen notwendig sind. Der Bericht ist dem Betreiber innerhalb von zwei Monaten nach der Vor-Ort-Besichtigung durch die zuständige Behörde zu übermitteln. Der Bericht ist der Öffentlichkeit nach den Vorschriften über den Zugang zu Umweltinformationen innerhalb von vier Monaten nach der Vor-Ort-Besichtigung zugänglich zu machen.

Mitteilungspflichten zur Betriebsorganisation (§ 52b)
Besteht bei Kapitalgesellschaften das vertretungsberechtigte Organ aus mehreren Mitgliedern oder sind bei Personengesellschaften mehrere vertretungsberechtigte Gesellschafter vorhanden, so ist der zuständigen Behörde anzuzeigen, wer von ihnen nach den Bestimmungen über die Geschäftsführungsbefugnis für die Gesellschaft die Pflichten des Betreibers der genehmigungsbedürftigen Anlage wahrnimmt, die ihm nach diesem Gesetz und nach den aufgrund dieses Gesetzes erlassenen Rechtsverordnungen und allgemeinen Verwaltungsvorschriften obliegen. Die Gesamtverantwortung aller Organmitglieder oder Gesellschafter bleibt hiervon unberührt.

Der Betreiber der genehmigungsbedürftigen Anlage oder im Rahmen ihrer Geschäftsführungsbefugnis anzuzeigende Person hat der zuständigen Behörde mitzuteilen, auf welche Weise sichergestellt ist, dass die dem Schutz vor schädlichen Umwelteinwirkungen und vor sonstigen Gefahren, erheblichen Nachteilen und erheblichen Belästigungen dienenden Vorschriften und Anordnungen beim Betrieb beachtet werden.

Bestellung eines Betriebsbeauftragten für Immissionsschutz (§ 53)
Betreiber genehmigungsbedürftiger Anlagen haben einen oder mehrere Betriebsbeauftragte für Immissionsschutz (Immissionsschutzbeauftragte) zu bestellen, sofern dies im Hinblick auf die Art oder die Größe der Anlagen wegen der:

- von den Anlagen ausgehenden Emissionen,
- technischen Probleme der Emissionsbegrenzung oder
- Eignung der Erzeugnisse, bei bestimmungsgemäßer Verwendung schädliche Umwelteinwirkungen durch Luftverunreinigungen, Geräusche oder Erschütterungen hervorzurufen

erforderlich ist. Das Bundesministerium für Umwelt, Naturschutz und Reaktorsicherheit bestimmt nach Anhörung der beteiligten Kreise durch Rechtsverordnung mit Zustimmung des Bundesrates die genehmigungsbedürftigen Anlagen, deren Betreiber Immissionsschutzbeauftragte zu bestellen haben. Die zuständige Behörde kann anordnen, dass Betreiber genehmigungsbedürftiger Anlagen, für die die Bestellung eines Immissionsschutzbeauftragten nicht durch Rechtsverordnung vorgeschrieben ist, sowie Betreiber nicht genehmigungsbedürftiger Anlagen einen oder mehrere Immissionsschutzbeauftragte zu bestellen haben, soweit sich im Einzelfall die Notwendigkeit der Bestellung ergibt.

Aufgaben (§ 54)
Der Immissionsschutzbeauftragte berät den Betreiber und die Betriebsangehörigen in Angelegenheiten, die für den Immissionsschutz bedeutsam sein können. Er ist berechtigt und verpflichtet:

- auf die Entwicklung und Einführung umweltfreundlicher Verfahren, einschließlich Verfahren zur Vermeidung oder ordnungsgemäßen und schadlosen Verwertung der beim Betrieb entstehenden Abfälle oder deren Beseitigung als Abfall sowie zur Nutzung von entstehender Wärme, umweltfreundlicher Erzeugnisse, einschließlich Verfahren zur Wiedergewinnung und Wiederverwendung, hinzuwirken,
- bei der Entwicklung und Einführung umweltfreundlicher Verfahren und Erzeugnisse mitzuwirken, insbesondere durch Begutachtung der Verfahren und Erzeugnisse unter dem Gesichtspunkt der Umweltfreundlichkeit,
- soweit dies nicht Aufgabe des Störfallbeauftragten ist, die Einhaltung der Vorschriften dieses Gesetzes und der aufgrund dieses Gesetzes erlassenen Rechtsverordnungen und die Erfüllung erteilter Bedingungen und Auflagen zu überwachen, insbesondere durch Kontrolle der Betriebsstätte in regelmäßigen Abständen, Messungen von Emissionen

und Immissionen, Mitteilung festgestellter Mängel und Vorschläge über Maßnahmen zur Beseitigung dieser Mängel,

- die Betriebsangehörigen über die von der Anlage verursachten schädlichen Umwelteinwirkungen aufzuklären sowie über die Einrichtungen und Maßnahmen zu ihrer Verhinderung unter Berücksichtigung der sich aus diesem Gesetz oder Rechtsverordnungen aufgrund dieses Gesetzes ergebenden Pflichten.

Der Immissionsschutzbeauftragte erstattet dem Betreiber jährlich einen Bericht über die getroffenen und beabsichtigten Maßnahmen.

Pflichten des Betreibers (§ 55)

Der Betreiber hat den Immissionsschutzbeauftragten schriftlich zu bestellen und die ihm obliegenden Aufgaben genau zu bezeichnen. Der Betreiber hat die Bestellung des Immissionsschutzbeauftragten und die Bezeichnung seiner Aufgaben sowie Veränderungen in seinem Aufgabenbereich und dessen Abberufung der zuständigen Behörde unverzüglich anzuzeigen. Dem Immissionsschutzbeauftragten ist eine Abschrift der Anzeige auszuhändigen. Der Betreiber hat den Betriebs- oder Personalrat vor der Bestellung des Immissionsschutzbeauftragten unter Bezeichnung der ihm obliegenden Aufgaben zu unterrichten. Entsprechendes gilt bei Veränderungen im Aufgabenbereich des Immissionsschutzbeauftragten und bei dessen Abberufung.

Der Betreiber darf zum Immissionsschutzbeauftragten nur bestellen, wer die zur Erfüllung seiner Aufgaben erforderliche Fachkunde und Zuverlässigkeit besitzt. Werden der zuständigen Behörde Tatsachen bekannt, aus denen sich ergibt, dass der Immissionsschutzbeauftragte nicht die zur Erfüllung seiner Aufgaben erforderliche Fachkunde oder Zuverlässigkeit besitzt, kann sie verlangen, dass der Betreiber einen anderen Immissionsschutzbeauftragten bestellt. Das Bundesministerium für Umwelt, Naturschutz und Reaktorsicherheit wird ermächtigt, nach Anhörung der beteiligten Kreise durch Rechtsverordnung mit Zustimmung des Bundesrats vorzuschreiben, welche Anforderungen an die Fachkunde und Zuverlässigkeit des Immissionsschutzbeauftragten zu stellen sind.

Werden mehrere Immissionsschutzbeauftragte bestellt, so hat der Betreiber für die erforderliche Koordinierung in der Wahrnehmung der Aufgaben, insbesondere durch Bildung eines Ausschusses für Umweltschutz, zu sorgen. Entsprechendes gilt, wenn neben einem oder mehreren Immissionsschutzbeauftragten Betriebsbeauftragte nach anderen gesetzlichen Vorschriften bestellt werden. Der Betreiber hat ferner für die Zusammenarbeit der Betriebsbeauftragten mit den im Bereich des Arbeitsschutzes beauftragten Personen zu sorgen.

Der Betreiber hat den Immissionsschutzbeauftragten bei der Erfüllung seiner Aufgaben zu unterstützen und ihm insbesondere, soweit dies zur Erfüllung seiner Aufgaben erforderlich ist, Hilfspersonal sowie Räume, Einrichtungen, Geräte und Mittel zur Verfügung zu stellen und die Teilnahme an Schulungen zu ermöglichen.

Stellungnahme zu Entscheidungen des Betreibers (§ 56)
Der Betreiber hat vor Entscheidungen über die Einführung von Verfahren und Erzeugnissen sowie vor Investitionsentscheidungen eine Stellungnahme des Immissionsschutzbeauftragten einzuholen, wenn die Entscheidungen für den Immissionsschutz bedeutsam sein können. Die Stellungnahme ist so rechtzeitig einzuholen, dass sie bei den Entscheidungen angemessen berücksichtigt werden kann; sie ist derjenigen Stelle vorzulegen, die über die Einführung von Verfahren und Erzeugnissen sowie über die Investition entscheidet.

Vortragsrecht (§ 57)
Der Betreiber hat durch innerbetriebliche Organisationsmaßnahmen sicherzustellen, dass der Immissionsschutzbeauftragte seine Vorschläge oder Bedenken unmittelbar der Geschäftsleitung vortragen kann, wenn er sich mit dem zuständigen Betriebsleiter nicht einigen konnte und er wegen der besonderen Bedeutung der Sache eine Entscheidung der Geschäftsleitung für erforderlich hält. Kann der Immissionsschutzbeauftragte sich über eine von ihm vorgeschlagene Maßnahme im Rahmen seines Aufgabenbereichs mit der Geschäftsleitung nicht einigen, so hat diese den Immissionsschutzbeauftragten umfassend über die Gründe ihrer Ablehnung zu unterrichten.

Benachteiligungsverbot, Kündigungsschutz (§ 58)
Der Immissionsschutzbeauftragte darf wegen der Erfüllung der ihm übertragenen Aufgaben nicht benachteiligt werden. Ist der Immissionsschutzbeauftragte Arbeitnehmer des zur Bestellung verpflichteten Betreibers, so ist die Kündigung des Arbeitsverhältnisses unzulässig, es sei denn, dass Tatsachen vorliegen, die den Betreiber zur Kündigung aus wichtigem Grund ohne Einhaltung einer Kündigungsfrist berechtigen. Nach der Abberufung als Immissionsschutzbeauftragter ist die Kündigung innerhalb eines Jahres, vom Zeitpunkt der Beendigung der Bestellung an gerechnet, unzulässig, es sei denn, dass Tatsachen vorliegen, die den Betreiber zur Kündigung aus wichtigem Grund ohne Einhaltung einer Kündigungsfrist berechtigen.

Bestellung eines Störfallbeauftragten (§ 58a)
Betreiber genehmigungsbedürftiger Anlagen haben einen oder mehrere Störfallbeauftragte zu bestellen, sofern dies im Hinblick auf die Art und Größe der Anlage wegen der bei einer Störung des bestimmungsgemäßen Betriebs auftretenden Gefahren für die Allgemeinheit und die Nachbarschaft erforderlich ist. Die Bundesregierung bestimmt nach Anhörung der beteiligten Kreise durch Rechtsverordnung mit Zustimmung des Bundesrats die genehmigungsbedürftigen Anlagen, deren Betreiber Störfallbeauftragte zu bestellen haben. Die zuständige Behörde kann anordnen, dass Betreiber genehmigungsbedürftiger Anlagen, für die die Bestellung eines Störfallbeauftragten nicht durch Rechtsverordnung vorgeschrieben ist, einen oder mehrere Störfallbeauftragte zu bestellen haben, soweit sich im Einzelfall die Notwendigkeit der Bestellung ergibt.

Aufgaben des Störfallbeauftragten (§ 58b)
Der Störfallbeauftragte berät den Betreiber in Angelegenheiten, die für die Sicherheit der Anlage bedeutsam sein können. Er ist berechtigt und verpflichtet:

- auf die Verbesserung der Sicherheit der Anlage hinzuwirken,
- dem Betreiber unverzüglich ihm bekannt gewordene Störungen des bestimmungsgemäßen Betriebs mitzuteilen, die zu Gefahren für die Allgemeinheit und die Nachbarschaft führen können,
- die Einhaltung der Vorschriften dieses Gesetzes und der aufgrund dieses Gesetzes erlassenen Rechtsverordnungen sowie die Erfüllung erteilter Bedingungen und Auflagen im Hinblick auf die Verhinderung von Störungen des bestimmungsgemäßen Betriebs der Anlage zu überwachen, insbesondere durch Kontrolle der Betriebsstätte in regelmäßigen Abständen, Mitteilung festgestellter Mängel und Vorschläge zur Beseitigung dieser Mängel,
- Mängel, die den vorbeugenden und abwehrenden Brandschutz sowie die technische Hilfeleistung betreffen, unverzüglich dem Betreiber zu melden.

Der Störfallbeauftragte erstattet dem Betreiber jährlich einen Bericht über die getroffenen und beabsichtigten Maßnahmen. Darüber hinaus ist er verpflichtet, die von ihm ergriffenen Maßnahmen zur Erfüllung seiner Aufgaben schriftlich aufzuzeichnen. Er muss diese Aufzeichnungen mindestens fünf Jahre aufbewahren.

Pflichten und Rechte des Betreibers gegenüber dem Störfallbeauftragten (§ 58c)
Der Betreiber hat vor Investitionsentscheidungen sowie vor der Planung von Betriebsanlagen und der Einführung von Arbeitsverfahren und Arbeitsstoffen eine Stellungnahme des Störfallbeauftragten einzuholen, wenn diese Entscheidungen für die Sicherheit der Anlage bedeutsam sein können. Die Stellungnahme ist so rechtzeitig einzuholen, dass sie bei den Entscheidungen angemessen berücksichtigt werden kann. Sie ist derjenigen Stelle vorzulegen, die die Entscheidungen trifft. Der Betreiber kann dem Störfallbeauftragten für die Beseitigung und die Begrenzung der Auswirkungen von Störungen des bestimmungsgemäßen Betriebs, die zu Gefahren für die Allgemeinheit und die Nachbarschaft führen können oder bereits geführt haben, Entscheidungsbefugnisse übertragen.

19.4.2 Verordnung über Immissionsschutz- und Störfallbeauftragte (5. BImSchV)

Pflicht zur Bestellung (§ 1)
Betreiber der im Anhang 1 zur 5. BImSchV bezeichneten genehmigungsbedürftigen Anlagen haben einen betriebsangehörigen Immissionsschutzbeauftragten zu bestellen. Betreiber genehmigungsbedürftiger Anlagen, die Betriebsbereich der oberen Klasse nach

der Störfall-Verordnung sind, haben einen betriebsangehörigen Störfallbeauftragten zu bestellen. Die zuständige Behörde kann auf Antrag des Betreibers gestatten, dass die Bestellung eines Störfallbeauftragten unterbleibt, wenn offensichtlich ausgeschlossen ist, dass von der betreffenden genehmigungsbedürftigen Anlage die Gefahr eines Störfalls ausgehen kann. Der Betreiber kann dieselbe Person zum Immissionsschutz- und Störfallbeauftragten bestellen, soweit hierdurch die sachgemäße Erfüllung der Aufgaben nicht beeinträchtigt wird.

Mehrere Beauftragte (§ 2)
Die zuständige Behörde kann anordnen, dass der Betreiber einer Anlage mehrere Immissionsschutz- oder Störfallbeauftragte zu bestellen hat. Die Zahl der Beauftragten ist so zu bemessen, dass eine sachgemäße Erfüllung der in den §§ 54 und 58b des Bundes-Immissionsschutzgesetzes bezeichneten Aufgaben gewährleistet ist.

Gemeinsamer Beauftragter (§ 3)
Werden von einem Betreiber mehrere Anlagen betrieben, so kann er für diese Anlagen einen gemeinsamen Immissionsschutz- oder Störfallbeauftragten bestellen, wenn hierdurch eine sachgemäße Erfüllung der in den §§ 54 und 58b des Bundes-Immissionsschutzgesetzes bezeichneten Aufgaben nicht gefährdet wird.

Beauftragter für Konzerne (§ 4)
Die zuständige Behörde kann einem Betreiber oder mehreren Betreibern von Anlagen, die unter der einheitlichen Leitung eines herrschenden Unternehmens zusammengefasst sind (Konzern), auf Antrag die Bestellung eines Immissionsschutz- oder Störfallbeauftragten für den Konzernbereich gestatten, wenn:

- das herrschende Unternehmen den Betreibern gegenüber zu Weisungen hinsichtlich der in § 54, § 56, § 58b und 58c des Bundes-Immissionsschutzgesetzes genannten Maßnahmen berechtigt ist und
- der Betreiber für seine Anlage eine oder mehrere Personen bestellt, deren Fachkunde und Zuverlässigkeit eine sachgemäße Erfüllung der Aufgaben eines betriebsangehörigen Immissionsschutz- oder Störfallbeauftragten gewährleistet.

Nicht betriebsangehörige Beauftragte (§ 5)
Betreibern von Anlagen soll die zuständige Behörde auf Antrag die Bestellung eines oder mehrerer nicht betriebsangehöriger Immissionsschutzbeauftragter gestatten, wenn hierdurch eine sachgemäße Erfüllung der in § 54 des Bundes-Immissionsschutzgesetzes bezeichneten Aufgaben nicht gefährdet wird. Betreibern von Anlagen kann die zuständige Behörde auf Antrag die Bestellung eines oder mehrerer nicht betriebsangehöriger Störfallbeauftragter gestatten, wenn hierdurch eine sachgemäße Erfüllung der in § 58b des Bundes-Immissionsschutzgesetzes bezeichneten Aufgaben nicht gefährdet wird.

Ausnahmen (§ 6)
Die zuständige Behörde hat auf Antrag den Betreiber einer Anlage von der Verpflichtung zur Bestellung eines Immissionsschutz- oder Störfallbeauftragten zu befreien, wenn die Bestellung im Einzelfall aus den in § 53 und § 58a des Bundes-Immissionsschutzgesetzes genannten Gesichtspunkten nicht erforderlich ist.

Anforderungen an die Fachkunde (§ 7)
Die Fachkunde im Sinne des § 55 und des § 58c des Bundes-Immissionsschutzgesetzes erfordert:

- den Abschluss eines Studiums auf den Gebieten des Ingenieurwesens, der Chemie oder der Physik an einer Hochschule,
- die Teilnahme an einem oder mehreren von der nach Landesrecht zuständigen obersten Landesbehörde oder der nach Landesrecht bestimmten Behörde anerkannten Lehrgängen, in denen Kenntnisse entsprechend dem Anhang II zur 5. BImSchV vermittelt worden sind, die für die Angaben des Beauftragten erforderlich sind und
- während einer zweijährigen praktischen Tätigkeit erworbene Kenntnisse über die Anlage, für die der Beauftragte bestellt werden soll, oder über Anlagen, die im Hinblick auf die Aufgaben des Beauftragten vergleichbar sind.

Voraussetzung der Fachkunde in Einzelfällen (§ 8)
Soweit im Einzelfall eine sachgemäße Erfüllung der gesetzlichen Aufgaben der Beauftragten gewährleistet ist, kann die zuständige Behörde auf Antrag des Betreibers als Voraussetzung der Fachkunde anerkennen:

- eine technische Fachschulausbildung oder im Falle des Immissionsschutzbeauftragten die Qualifikation als Meister auf einem Fachgebiet, dem die Anlage hinsichtlich ihrer Anlagen- und Verfahrenstechnik oder ihres Betriebs zuzuordnen ist und zusätzlich
- während einer mindestens vierjährigen praktischen Tätigkeit erworbene Kenntnisse, wobei jeweils mindestens zwei Jahre lang Aufgaben der in § 54 oder § 58b des Bundes-Immissionsschutzgesetzes bezeichneten Art wahrgenommen worden sein müssen.

Die zuständige Behörde kann die Ausbildung in anderen als den genannten Fachgebieten anerkennen, wenn die Ausbildung in diesem Fach im Hinblick auf die Aufgabenstellung im Einzelfall als gleichwertig anzusehen ist.

Anforderungen an die Fortbildung (§ 9)
Der Betreiber hat dafür Sorge zu tragen, dass der Beauftragte regelmäßig, mindestens alle zwei Jahre, an Fortbildungsmaßnahmen teilnimmt. Fortbildungsmaßnahmen erstrecken sich auf die in Anhang II zur 5. BImSchV genannten Sachbereiche. Auf Verlangen der zuständigen Behörde ist die Teilnahme des Beauftragten an im Betrieb durchgeführten Fortbildungsmaßnahmen oder an Lehrgängen nachzuweisen.

Anforderungen an die Zuverlässigkeit (§ 10)
Die Zuverlässigkeit im Sinne des § 55 und des § 58c des Bundes-Immissionsschutzgesetzes erfordert, dass der Beauftragte aufgrund seiner persönlichen Eigenschaften, seines Verhaltens und seiner Fähigkeiten zur ordnungsgemäßen Erfüllung der ihm obliegenden Aufgaben geeignet ist. Die erforderliche Zuverlässigkeit ist in der Regel nicht gegeben, wenn der Immissionsschutzbeauftragte oder der Störfallbeauftragte wegen Verletzung der Vorschriften:

- des Strafrechts über gemeingefährliche Delikte oder Delikte gegen die Umwelt,
- des Immissionsschutz-, Abfall-, Wasser-, Natur- und Landschaftsschutz-, Chemikalien-, Gentechnik- oder Atom- und Strahlenschutzrechts,
- des Lebensmittel-, Arzneimittel-, Pflanzenschutz- oder Seuchenrechts,
- des Gewerbe- oder Arbeitsschutzrechts,
- des Betäubungsmittel-, Waffen- und Sprengstoffrechts

mit einer Geldbuße in Höhe von mehr als fünfhundert Euro oder einer Strafe belegt worden ist, wiederholt und grob pflichtwidrig gegen Vorschriften verstoßen hat oder seine Verpflichtungen als Immissionsschutzbeauftragter, als Störfallbeauftragter oder als Betriebsbeauftragter nach anderen Vorschriften verletzt hat.

Fachkunde von Immissionsschutzbeauftragten (Anhang II A)
Die Kenntnisse müssen sich auf folgende Bereiche erstrecken:

- Anlagen- und Verfahrenstechnik unter Berücksichtigung des Standes der Technik,
- Überwachung und Begrenzung von Emissionen sowie Verfahren zur Ermittlung und Bewertung von Immissionen und schädlichen Umwelteinwirkungen,
- vorbeugender Brand- und Explosionsschutz,
- umwelterhebliche Eigenschaften von Erzeugnissen einschließlich Verfahren zur Wiedergewinnung und Wiederverwertung,
- chemische und physikalische Eigenschaften von Schadstoffen,
- Vermeidung sowie ordnungsgemäße und schadlose Verwertung von Reststoffen oder deren Beseitigung als Abfall,
- Energieeinsparung, Nutzung entstehender Wärme in der Anlage, im Betrieb oder durch Dritte,
- Vorschriften des Umweltrechts, insbesondere des Immissionsschutzrechts.

Während der praktischen Tätigkeit soll die Fähigkeit vermittelt werden, Stellungnahmen zu Investitionsentscheidungen und der Einführung neuer Verfahren und Erzeugnisse abzugeben und die Betriebsangehörigen über Belange des Immissionsschutzes zu informieren.

Fachkunde von Störfallbeauftragten (Anhang II B)
Die Kenntnisse müssen sich auf folgende Bereiche erstrecken:

- Anlagen- und Verfahrenstechnik unter Berücksichtigung des Standes der Sicherheitstechnik,
- chemische, physikalische, human- und ökotoxikologische Eigenschaften der Stoffe und Zubereitungen, die in der Anlage bestimmungsgemäß vorhanden sind oder bei einer Störung entstehen können sowie deren mögliche Auswirkungen im Störfall,
- betriebliche Sicherheitsorganisation,
- Verhinderung von Störfällen und Begrenzung von Störfallauswirkungen,
- vorbeugender Brand- und Explosionsschutz,
- Anfertigung, Fortschreibung und Beurteilung von Sicherheitsanalysen (Grundkenntnisse) sowie von betrieblichen Alarm- und Gefahrenabwehrplänen,
- Beurteilung sicherheitstechnischer Unterlagen und Nachweise zur Errichtung, Betriebsüberwachung, Wartung, Instandhaltung und Betriebsunterbrechung von Anlagen,
- Überwachung, Beurteilung und Begrenzung von Emissionen und Immissionen bei Störungen des bestimmungsgemäßen Betrieb,
- Vorschriften des Umweltrechts, insbesondere des Immissionsschutzrechts, des Rechts der technischen Sicherheit und des technischen Arbeitsschutzes, des Gefahrstoffrechts sowie des Katastrophenschutzrechts,
- Information der Öffentlichkeit nach § 11a der Störfall-Verordnung.

Während der praktischen Tätigkeit soll auch die Fähigkeit vermitteln werden, Stellungnahmen zu Investitionsentscheidungen und zur Planung von Betriebsanlagen sowie der Einführung von Arbeitsverfahren und Arbeitsstoffen abzugeben. Abb. 19.1 enthält ein Ernennungsschreiben für Immissionsschutzbeauftragte.

Betriebsbeauftragter für Immissionsschutz

Frau/Herr (Name, Vorname) ______________________________

wird mit Wirkung vom ______________________________

für das Unternehmen (Name, Sitz, Werk) ______________________________

____

zur/zum Betriebsbeauftragten für Immissionsschutz gemäß § 53 Bundesimmissionsschutzgesetz (BImSchG) bestellt.

Sie/er nimmt gemäß § 54 BImSchG folgende Aufgaben wahr:

- Mitwirkung bei der Entwicklung und Einführung umweltfreundlicher Produkte und Verfahren.
- Überwachung der Einhaltung der Vorschriften des BImSchG und der aufgrund dieses Gesetzes erlassenen Rechtsverordnungen sowie erteilten Bedingungen und Auflagen.
- Beratung des Betreibers und der Betriebsangehörigen in Angelegenheiten, die für den Immissionsschutz bedeutsam sein können.
- Jährlicher Bericht über die getroffenen Maßnahmen.

Die/der Betriebsbeauftragte für Immissionsschutz berichtet Frau/Herrn

____

als Verantwortliche(r) der Geschäftsleitung.

Je eine Kopie dieser Bestellurkunde erhalten die zuständige Behörde, der Betriebsrat und die Personalabteilung unseres Unternehmens.

______________________________	______________________________
Datum, Ort	Unternehmer/Bevollmächtigter
______________________________	______________________________
Immissionsschutzbeauftragter	Betriebsrat

Abb. 19.1 Ernennungsschreiben für den Immissionsschutzbeauftragten

19.5 Lärm

19.5.1 Schutz der Arbeitnehmer

Nach der Richtlinie 2003/10/EG des Europäischen Parlaments und des Rates vom 6. Februar 2003 über Mindestvorschriften zum Schutz von Sicherheit und Gesundheit der Arbeitnehmer vor der Gefährdung durch physikalische Einwirkungen (Lärm) gilt Folgendes:

Begriffsbestimmungen (Artikel 2)
Für diese Richtlinie gelten folgende Definitionen der als Gefahrenindikator verwendeten physikalischen Größen:

- **Spitzenschalldruck (p_{peak})**
  Höchstwert des momentanen C-frequenzbewerteten Schalldrucks,
- **Tages-Lärmexpositionspegel ($L_{EX,8h}$) (in dB(A))**
  der über die Zeit gemittelte Lärmexpositionspegel für einen nominalen Achtstundentag. Erfasst werden alle am Arbeitsplatz auftretenden Schallereignisse einschließlich impulsförmigen Schalls,
- **Wochen-Lärmexpositionspegel ($L_{EX,8h}$)**
  der über die Zeit gemittelte Tages-Lärmexpositionspegel für eine nominale Woche mit fünf Achtstundentagen.

Expositionsgrenzwerte und Auslösewerte (Artikel 3)
Über die Richtlinie 2003/10/EG werden die Expositionsgrenzwerte und die Auslösewerte in Bezug auf die Tages-Lärmexpositionspegel und den Spitzenschalldruck wie folgt festgesetzt:

- Expositionsgrenzwerte: $L_{EX,8h} = 87$ dB(A) bzw. $p_{peak} = 200$ Pa
- obere Auslösewerte: $L_{EX,8h} = 85$ dB(A) bzw. $p_{peak} = 140$ Pa
- untere Auslösewerte: $L_{EX,8h} = 80$ dB(A) bzw. $p_{peak} = 112$ Pa

Bei der Feststellung der effektiven Exposition der Arbeitnehmer unter Anwendung der Expositionsgrenzwerte wird die dämmende Wirkung des persönlichen Gehörschutzes des Arbeitnehmers berücksichtigt. Bei den Auslösewerten wird die Wirkung eines solchen Gehörschutzes nicht berücksichtigt.

Ermittlung und Bewertung der Risiken durch den Arbeitgeber (Artikel 4)
Im Rahmen seiner Pflichten nimmt der Arbeitgeber eine Bewertung und erforderlichenfalls eine Messung des Lärms vor, dem die Arbeitnehmer ausgesetzt sind. Die Methoden und Geräte müssen den vorherrschenden Bedingungen angepasst sein, insbesondere unter Berücksichtigung der Merkmale des zu messenden Schalls, der Dauer der Einwirkung, der Umgebungsbedingungen und der Merkmale der Messgeräte. Die verwendeten Metho-

den können auch eine Stichprobenerhebung umfassen, die für die persönliche Exposition eines Arbeitnehmers repräsentativ sein muss. Die Bewertungen und Messungen müssen in angemessenen Zeitabständen sachkundig geplant und durchgeführt werden.

Bei der Risikobewertung berücksichtigt der Arbeitgeber insbesondere Folgendes:

- Ausmaß, Art und Dauer der Exposition, einschließlich der Exposition gegenüber impulsförmigem Schall,
- Expositionsgrenzwerte und Auslösewerte,
- alle Auswirkungen auf die Gesundheit und Sicherheit von Arbeitnehmern, die besonders gefährdeten Risikogruppen angehören,
- alle Auswirkungen auf die Gesundheit und Sicherheit der Arbeitnehmer durch Wechselwirkungen zwischen Lärm und arbeitsbedingten ototoxischen Substanzen sowie zwischen Lärm und Vibrationen, soweit dies technisch durchführbar ist,
- alle indirekten Auswirkungen auf die Gesundheit und Sicherheit der Arbeitnehmer durch Wechselwirkungen zwischen Lärm und Warnsignalen bzw. anderen Geräuschen, die beachtet werden müssen, um die Unfallgefahr zu verringern,
- die Angaben des Herstellers der Arbeitsmittel über Lärmemissionen gemäß den einschlägigen Gemeinschaftsrichtlinien,
- die Verfügbarkeit alternativer Arbeitsmittel, die so ausgelegt sind, dass die Lärmerzeugung verringert wird,
- die Ausdehnung der Exposition gegenüber Lärm über die normale Arbeitszeit hinaus unter der Verantwortung des Arbeitgebers,
- einschlägige Informationen auf der Grundlage der Gesundheitsüberwachung, sowie im Rahmen des Möglichen, veröffentlichte Informationen,
- die Verfügbarkeit von Gehörschutzeinrichtungen mit einer angemessenen dämmenden Wirkung.

Der Arbeitgeber muss im Besitz einer Risikobewertung sein und ermitteln, welche Maßnahmen zu treffen sind. Die Risikobewertung ist regelmäßig zu aktualisieren, insbesondere wenn bedeutsame Veränderungen eingetreten sind, so dass sie veraltet sein könnte, oder wenn sich eine Aktualisierung aufgrund der Ergebnisse der Gesundheitsüberwachung als erforderlich erweist.

Maßnahmen zur Vermeidung oder Verringerung der Exposition (Artikel 5)
Unter Berücksichtigung des technischen Fortschritts und der Verfügbarkeit von Mitteln zur Begrenzung der Gefährdung am Entstehungsort muss die Gefährdung aufgrund der Einwirkung von Lärm am Entstehungsort ausgeschlossen oder so weit wie möglich verringert werden. Die Verringerung dieser Gefährdung stützt sich auf die allgemeinen Grundsätze der Gefahrenverhütung. Dabei ist insbesondere Folgendes zu berücksichtigen:

- alternative Arbeitsverfahren, welche die Notwendigkeit einer Exposition gegenüber Lärm verringern,

- die Auswahl geeigneter Arbeitsmittel, die unter Berücksichtigung der auszuführenden Arbeit möglichst geringen Lärm erzeugen, einschließlich der Möglichkeit, den Arbeitnehmern Arbeitsmittel zur Verfügung zu stellen, für welche Gemeinschaftsvorschriften mit dem Ziel oder der Auswirkung gelten, die Exposition gegenüber Lärm zu begrenzen,
- Gestaltung und Auslegung der Arbeitsstätten und Arbeitsplätze,
- angemessene Unterrichtung und Unterweisung der Arbeitnehmer in der ordnungsgemäßen Handhabung der Arbeitsmittel zur weitest gehenden Verringerung ihrer Lärmexposition,
- technische Lärmminderung:
  - Luftschallminderung z. B. durch Abschirmungen, Kapselungen, Abdeckungen mit schallabsorbierendem Material,
  - Körperschallminderung z. B. durch Körperschalldämmung oder Körperschallisolierung,
- angemessene Wartungsprogramme für Arbeitsmittel, Arbeitsplätze und Arbeitsplatzsysteme,
- arbeitsorganisatorische Lärmminderung:
  - Begrenzung von Dauer und Ausmaß der Exposition,
  - zweckmäßige Arbeitspläne mit ausreichenden Ruhezeiten.

Auf der Grundlage der Risikobewertung muss der Arbeitgeber, sobald die oberen Auslösewerte überschritten werden, ein Programm mit technischen und/oder organisatorischen Maßnahmen zur Verringerung der Exposition gegenüber Lärm ausarbeiten und durchführen. Auf der Grundlage der Risikobewertung werden Arbeitsplätze, an denen Arbeitnehmer Lärmpegeln ausgesetzt sein können, welche die oberen Auslösewerte überschreiten, mit einer geeigneten Kennzeichnung versehen. Die betreffenden Bereiche werden ferner abgegrenzt und der Zugang zu ihnen wird eingeschränkt, wenn dies technisch möglich und aufgrund des Expositionsrisikos gerechtfertigt ist.

Persönlicher Schutz (Artikel 6)

Können die mit einer Lärmexposition verbundenen Risiken nicht durch andere Maßnahmen vermieden werden, so wird den Arbeitnehmern ein geeigneter, ordnungsgemäß angepasster persönlicher Gehörschutz unter folgenden Bedingungen zur Verfügung gestellt und von ihnen benutzt:

- Wenn die Exposition gegenüber Lärm die unteren Auslösewerte überschreitet, stellt der Arbeitgeber den Arbeitnehmern persönlichen Gehörschutz zur Verfügung.
- Wenn die Exposition gegenüber Lärm die oberen Auslösewerte erreicht oder überschreitet, ist persönlicher Gehörschutz zu verwenden.
- Der persönliche Gehörschutz ist so auszuwählen, dass durch ihn die Gefährdung des Gehörs beseitigt oder auf ein Mindestmaß verringert wird.

Der Arbeitgeber unternimmt alle Anstrengungen, um für die Verwendung des Gehörschutzes zu sorgen, und ist für die Prüfung der Wirksamkeit der getroffenen Maßnahmen verantwortlich.

Begrenzung der Exposition (Artikel 7)

Unter keinen Umständen dürfen festgestellte Expositionen der Arbeitnehmer die Expositionsgrenzwerte überschritten werden. Wird ungeachtet der zur Umsetzung dieser Richtlinie ergriffenen Maßnahmen eine Exposition festgestellt, die über den Expositionsgrenzwerten liegt, so werden vom Arbeitgeber:

- unverzüglich Maßnahmen ergriffen, um die Exposition auf einen Wert unter den Expositionsgrenzwerten zu verringern,
- die Gründe für die Überschreitung des Expositionsgrenzwerts ermittelt,
- die Schutz- und Vorbeugemaßnahmen angepasst, um ein erneutes Überschreiten der Expositionsgrenzwerte zu verhindern.

Unterrichtung und Unterweisung der Arbeitnehmer (Artikel 8)

Der Arbeitgeber stellt sicher, dass die Arbeitnehmer, die bei der Arbeit einer Lärmbelastung in Höhe der unteren Auslösewerte oder darüber ausgesetzt sind, und/oder ihre Vertreter Informationen und eine Unterweisung im Zusammenhang mit den durch die Exposition gegenüber Lärm entstehenden Risiken erhalten, die sich insbesondere auf Folgendes erstrecken:

- die Art derartiger Risiken,
- die ergriffenen Maßnahmen zur Beseitigung oder zur Minimierung der Gefährdung durch Lärm, einschließlich der Umstände, unter denen die Maßnahmen angewandt werden,
- die festgelegten Expositionsgrenzwerte und Auslösewerte,
- die Ergebnisse der Bewertungen und Messungen des Lärms zusammen mit einer Erläuterung ihrer Bedeutung und potenziellen Gefahr,
- die korrekte Verwendung des Gehörschutzes,
- das Erkennen und Melden der Anzeichen von Gehörschädigungen,
- die Voraussetzungen, unter denen die Arbeitnehmer Anspruch auf Gesundheitsüberwachung haben, und den Zweck der Gesundheitsüberwachung,
- sichere Arbeitsverfahren zur Minimierung der Exposition gegenüber Lärm.

Anhörung und Beteiligung der Arbeitnehmer (Artikel 9)

Die Anhörung und Beteiligung der Arbeitnehmer und/oder ihrer Vertreter erfasst:

- die Bewertung von Risiken und die Ermittlung der zu treffenden Maßnahmen,
- die Maßnahmen zur Beseitigung oder zur Minimierung der Gefährdung durch Lärm,
- die Auswahl persönlicher Gehörschutzeinrichtungen.

Gesundheitsüberwachung (Artikel 10)
Ein Arbeitnehmer, der über den oberen Auslösewerten liegendem Lärm ausgesetzt ist, hat Anspruch darauf, dass sein Gehör von einem Arzt oder unter der Verantwortung eines Arztes von einer anderen entsprechend qualifizierten Person gemäß den einzelstaatlichen Rechtsvorschriften und/oder Gepflogenheiten untersucht wird. Vorbeugende audiometrische Untersuchungen stehen auch denjenigen Arbeitnehmern zur Verfügung, die über den unteren Auslösewerten liegendem Lärm ausgesetzt sind, wenn die Bewertung und die Messung auf ein Gesundheitsrisiko hindeuten. Ziel der Untersuchungen ist es, eine Frühdiagnose jeglichen lärmbedingten Gehörverlusts zu stellen und die Funktion des Gehörs zu erhalten.

Die Mitgliedstaaten treffen Vorkehrungen, um sicherzustellen, dass für jeden Arbeitnehmer, der der Gesundheitsüberwachung unterliegt, persönliche Gesundheitsakten geführt und auf dem neuesten Stand gehalten werden. Die Gesundheitsakten enthalten eine Zusammenfassung der Ergebnisse der Gesundheitsüberwachung. Die Akten sind so zu führen, dass eine Einsichtnahme zu einem späteren Zeitpunkt unter Wahrung des Arztgeheimnisses möglich ist. Der zuständigen Behörde ist auf Verlangen eine Kopie der entsprechenden Akten zu übermitteln. Der einzelne Arbeitnehmer erhält auf Verlangen Einsicht in seine persönlichen Gesundheitsakten.

19.5.2 Lärm- und Vibrations-Arbeitsschutzverordnung

Anwendungsbereich (§ 1)
Diese Verordnung gilt zum Schutz der Beschäftigten vor tatsächlichen oder möglichen Gefährdungen ihrer Gesundheit und Sicherheit durch Lärm oder Vibrationen bei der Arbeit.

Begriffsbestimmungen (§ 2)
Lärm im Sinne dieser Verordnung ist jeder Schall, der zu einer Beeinträchtigung des Hörvermögens oder zu einer sonstigen mittelbaren oder unmittelbaren Gefährdung von Sicherheit und Gesundheit der Beschäftigten führen kann.

- **Tages-Lärmexpositionspegel ($L_{EX,8h}$)**
  ist der über die Zeit gemittelte Lärmexpositionspegel bezogen auf eine Achtstundenschicht. Er umfasst alle am Arbeitsplatz auftretenden Schallereignisse.
- **Wochen-Lärmexpositionspegel ($L_{EX,40h}$)**
  ist der über die Zeit gemittelte Tages-Lärmexpositionspegel bezogen auf eine 40-Stunden-Woche.
- **Spitzenschalldruckpegel ($L_{pC,peak}$)**
  ist der Höchstwert des momentanen Schalldruckpegels.

- **Vibrationen**
  sind alle mechanischen Schwingungen, die durch Gegenstände auf den menschlichen Körper übertragen werden und zu einer mittelbaren oder unmittelbaren Gefährdung von Sicherheit und Gesundheit der Beschäftigten führen können. Dazu gehören insbesondere:
  - mechanische Schwingungen, die bei Übertragung auf das Hand-Arm-System des Menschen Gefährdungen für die Gesundheit und Sicherheit der Beschäftigten verursachen oder verursachen können (Hand-Arm-Vibrationen), insbesondere Knochen- oder Gelenkschäden, Durchblutungsstörungen oder neurologische Erkrankungen und
  - mechanische Schwingungen, die bei Übertragung auf den gesamten Körper Gefährdungen für die Gesundheit und Sicherheit der Beschäftigten verursachen oder verursachen können (Ganzkörper-Vibrationen), insbesondere Rückenschmerzen und Schädigungen der Wirbelsäule.
- **Tages-Vibrationsexpositionswert A(8)**
  ist der über die Zeit nach Anhang der Verordnung für Hand-Arm-Vibrationen und für Ganzkörper-Vibrationen gemittelte Vibrationsexpositionswert bezogen auf eine Achtstundenschicht.
- **Stand der Technik**
  ist der Entwicklungsstand fortschrittlicher Verfahren, Einrichtungen oder Betriebsweisen, der die praktische Eignung einer Maßnahme zum Schutz der Gesundheit und zur Sicherheit der Beschäftigten gesichert erscheinen lässt. Bei der Bestimmung des Standes der Technik sind insbesondere vergleichbare Verfahren, Einrichtungen oder Betriebsweisen heranzuziehen, die mit Erfolg in der Praxis erprobt worden sind. Gleiches gilt für die Anforderungen an die Arbeitsmedizin und die Arbeitshygiene.

Gefährdungsbeurteilung (§ 3)
Bei der Beurteilung der Arbeitsbedingungen nach § 5 des Arbeitsschutzgesetzes hat der Arbeitgeber zunächst festzustellen, ob die Beschäftigten Lärm oder Vibrationen ausgesetzt sind oder ausgesetzt sein können. Ist dies der Fall, hat er alle hiervon ausgehenden Gefährdungen für die Gesundheit und Sicherheit der Beschäftigten zu beurteilen. Dazu hat er die auftretenden Expositionen am Arbeitsplatz zu ermitteln und zu bewerten. Der Arbeitgeber kann sich die notwendigen Informationen beim Hersteller oder Inverkehrbringer von Arbeitsmitteln oder bei anderen ohne weiteres zugänglichen Quellen beschaffen. Lässt sich die Einhaltung der Auslöse- und Expositionsgrenzwerte nicht sicher ermitteln, hat er den Umfang der Exposition durch Messungen festzustellen. Entsprechend dem Ergebnis der Gefährdungsbeurteilung hat der Arbeitgeber Schutzmaßnahmen nach dem Stand der Technik festzulegen.

Die Gefährdungsbeurteilung umfasst insbesondere:

- bei Exposition der Beschäftigten durch Lärm:
  - Art, Ausmaß und Dauer der Exposition durch Lärm,
  - die Auslösewerte und die Expositionswerte,
  - die Verfügbarkeit alternativer Arbeitsmittel und Ausrüstungen, die zu einer geringeren Exposition der Beschäftigten führen (Substitutionsprüfung),
  - Erkenntnisse aus der arbeitsmedizinischen Vorsorge sowie allgemein zugängliche, veröffentlichte Informationen hierzu,
  - die zeitliche Ausdehnung der beruflichen Exposition über eine Achtstundenschicht hinaus,
  - die Verfügbarkeit und Wirksamkeit von Gehörschutzmitteln,
  - Auswirkungen auf die Gesundheit und Sicherheit von Beschäftigten, die besonders gefährdeten Gruppen angehören und
  - Herstellerangaben zu Lärmemissionen,
- bei Exposition der Beschäftigten durch Vibrationen:
  - Art, Ausmaß und Dauer der Exposition durch Vibrationen, einschließlich besonderer Arbeitsbedingungen, wie zum Beispiel Tätigkeiten bei niedrigen Temperaturen,
  - die Expositionsgrenzwerte und Auslösewerte,
  - die Verfügbarkeit und die Möglichkeit des Einsatzes alternativer Arbeitsmittel und Ausrüstungen, die zu einer geringeren Exposition der Beschäftigten führen (Substitutionsprüfung),
  - Erkenntnisse aus der arbeitsmedizinischen Vorsorge sowie allgemein zugängliche, veröffentlichte Informationen hierzu,
  - die zeitliche Ausdehnung der beruflichen Exposition über eine Achtstundenschicht hinaus,
  - Auswirkungen auf die Gesundheit und Sicherheit von Beschäftigten, die besonders gefährdeten Gruppen angehören und
  - Herstellerangaben zu Vibrationsemissionen.

Die mit der Exposition durch Lärm oder Vibrationen verbundenen Gefährdungen sind unabhängig voneinander zu beurteilen und in der Gefährdungsbeurteilung zusammenzuführen. Mögliche Wechsel- oder Kombinationswirkungen sind bei der Gefährdungsbeurteilung zu berücksichtigen. Dies gilt insbesondere bei Tätigkeiten mit gleichzeitiger Belastung durch Lärm, arbeitsbedingten ototoxischen Substanzen oder Vibrationen, soweit dies technisch durchführbar ist. Zu berücksichtigen sind auch mittelbare Auswirkungen auf die Gesundheit und Sicherheit der Beschäftigten, zum Beispiel durch Wechselwirkungen zwischen Lärm und Warnsignalen oder anderen Geräuschen, deren Wahrnehmung zur Vermeidung von Gefährdungen erforderlich ist. Bei Tätigkeiten, die eine hohe Konzentration und Aufmerksamkeit erfordern, sind störende und negative Einflüsse infolge einer Exposition durch Lärm oder Vibrationen zu berücksichtigen.

Der Arbeitgeber hat die Gefährdungsbeurteilung unabhängig von der Zahl der Beschäftigten zu dokumentieren. In der Dokumentation ist anzugeben, welche Gefährdungen am Arbeitsplatz auftreten können und welche Maßnahmen zur Vermeidung oder Minimierung der Gefährdung der Beschäftigten durchgeführt werden müssen. Die Gefährdungsbeurteilung ist zu aktualisieren, wenn maßgebliche Veränderungen der Arbeitsbedingungen dies erforderlich machen oder wenn sich eine Aktualisierung aufgrund der Ergebnisse der arbeitsmedizinischen Vorsorge als notwendig erweist.

Messungen (§ 4)
Der Arbeitgeber hat sicherzustellen, dass Messungen nach dem Stand der Technik durchgeführt werden. Dazu müssen:

- Messverfahren und -geräte den vorhandenen Arbeitsplatz- und Expositionsbedingungen angepasst sein; dies betrifft insbesondere die Eigenschaften des zu messenden Lärms oder der zu messenden Vibrationen, die Dauer der Einwirkung und die Umgebungsbedingungen und
- die Messverfahren und -geräte geeignet sein, die jeweiligen physikalischen Größen zu bestimmen, und die Entscheidung erlauben, ob die festgesetzten Auslöse- und Expositionsgrenzwerte eingehalten werden.

Die durchzuführenden Messungen können auch eine Stichprobenerhebung umfassen, die für die persönliche Exposition eines Beschäftigten repräsentativ ist. Der Arbeitgeber hat die Dokumentation über die ermittelten Messergebnisse mindestens 30 Jahre in einer Form aufzubewahren, die eine spätere Einsichtnahme ermöglicht.

Messungen zur Ermittlung der Exposition durch Vibrationen sind zusätzlich nach den Anforderungen des Anhangs der Verordnung durchzuführen.

Fachkunde (§ 5)
Der Arbeitgeber hat sicherzustellen, dass die Gefährdungsbeurteilung nur von fachkundigen Personen durchgeführt wird. Verfügt der Arbeitgeber nicht selbst über die entsprechenden Kenntnisse, hat er sich fachkundig beraten zu lassen. Fachkundige Personen sind insbesondere der Betriebsarzt und die Fachkraft für Arbeitssicherheit. Der Arbeitgeber darf mit der Durchführung von Messungen nur Personen beauftragen, die über die dafür notwendige Fachkunde und die erforderlichen Einrichtungen verfügen.

Auslösewerte bei Lärm (§ 6)
Die Auslösewerte in Bezug auf den Tages-Lärmexpositionspegel und den Spitzenschalldruckpegel betragen:

- obere Auslösewerte: $L_{EX,8h} = 85$ dB(A) bzw. $L_{pC,peak} = 137$ dB(C),
- untere Auslösewerte: $L_{EX,8h} = 80$ dB(A) bzw. $L_{pC,peak} = 135$ dB(C).

Bei der Anwendung der Auslösewerte wird die dämmende Wirkung eines persönlichen Gehörschutzes der Beschäftigten nicht berücksichtigt.

Maßnahmen zur Vermeidung und Verringerung der Lärmexposition (§ 7)
Der Arbeitgeber hat die festgelegten Schutzmaßnahmen nach dem Stand der Technik durchzuführen, um die Gefährdung der Beschäftigten auszuschließen oder so weit wie möglich zu verringern. Dabei ist folgende Rangfolge zu berücksichtigen:

- Die Lärmemission muss am Entstehungsort verhindert oder so weit wie möglich verringert werden. Technische Maßnahmen haben Vorrang vor organisatorischen Maßnahmen.
- Diese Maßnahmen haben Vorrang vor der Verwendung von Gehörschutz.

Zu den Maßnahmen gehören insbesondere:

- alternative Arbeitsverfahren, welche die Exposition der Beschäftigten durch Lärm verringern,
- Auswahl und Einsatz neuer oder bereits vorhandener Arbeitsmittel unter dem vorrangigen Gesichtspunkt der Lärmminderung,
- die lärmmindernde Gestaltung und Einrichtung der Arbeitsstätten und Arbeitsplätze,
- technische Maßnahmen zur Luftschallminderung, beispielsweise durch Abschirmungen oder Kapselungen, und zur Körperschallminderung, beispielsweise durch Körperschalldämpfung oder -dämmung oder durch Körperschallisolierung,
- Wartungsprogramme für Arbeitsmittel, Arbeitsplätze und Anlagen,
- arbeitsorganisatorische Maßnahmen zur Lärmminderung durch Begrenzung von Dauer und Ausmaß der Exposition und Arbeitszeitpläne mit ausreichenden Zeiten ohne belastende Exposition.

Der Arbeitgeber hat Arbeitsbereiche, in denen einer der oberen Auslösewerte für Lärm ($L_{EX,8h}$, $L_{pC,peak}$) erreicht oder überschritten wird, als Lärmbereich zu kennzeichnen und, falls technisch möglich, abzugrenzen. In diesen Bereichen dürfen Beschäftigte nur tätig werden, wenn das Arbeitsverfahren dies erfordert.

Wird einer der oberen Auslösewerte überschritten, hat der Arbeitgeber ein Programm mit technischen und organisatorischen Maßnahmen zur Verringerung der Lärmexposition auszuarbeiten und durchzuführen.

Gehörschutz (§ 8)
Werden die unteren Auslösewerte trotz Durchführung der Maßnahmen nicht eingehalten, hat der Arbeitgeber den Beschäftigten einen geeigneten persönlichen Gehörschutz zur Verfügung zu stellen.

Der persönliche Gehörschutz ist vom Arbeitgeber so auszuwählen, dass durch seine Anwendung die Gefährdung des Gehörs beseitigt oder auf ein Minimum verringert wird. Dabei muss unter Einbeziehung der dämmenden Wirkung des Gehörschutzes sichergestellt werden, dass der auf das Gehör des Beschäftigten einwirkende Lärm die maximal zulässigen Expositionswerte $L_{EX,8h} = 85\,dB(A)$ bzw. $L_{pC,peak} = 137\,dB(C)$ nicht überschreitet.

Erreicht oder überschreitet die Lärmexposition am Arbeitsplatz einen der oberen Auslösewerte hat der Arbeitgeber dafür Sorge zu tragen, dass die Beschäftigten den persönlichen Gehörschutz bestimmungsgemäß verwenden.

Der Zustand des ausgewählten persönlichen Gehörschutzes ist in regelmäßigen Abständen zu überprüfen. Stellt der Arbeitgeber dabei fest, dass die Anforderungen nicht eingehalten werden, hat er unverzüglich die Gründe für diese Nichteinhaltung zu ermitteln und Maßnahmen zu ergreifen, die für eine dauerhafte Einhaltung der Anforderungen erforderlich sind.

Expositionsgrenzwerte und Auslösewerte für Vibrationen (§ 9)
Für Hand-Arm-Vibrationen beträgt:

- der Expositionsgrenzwert $A(8) = 5\,m/s^2$ und
- der Auslösewert $A(8) = 2{,}5\,m/s^2$.

Die Exposition der Beschäftigten gegenüber Hand-Arm-Vibrationen wird nach Anhang der Verordnung ermittelt und bewertet.

Für Ganzkörper-Vibrationen beträgt:

- der Expositionsgrenzwert $A(8) = 1{,}15\,m/s^2$ in X- und Y-Richtung und $A(8) = 0{,}8\,m/s^2$ in Z-Richtung und
- der Auslösewert $A(8) = 0{,}5\,m/s^2$.

Die Exposition der Beschäftigten gegenüber Ganzkörper-Vibrationen wird nach Anhang der Verordnung ermittelt und bewertet.

Maßnahmen zur Vermeidung und Verringerung der Exposition durch Vibrationen (§ 10)
Der Arbeitgeber hat die festgelegten Schutzmaßnahmen nach dem Stand der Technik durchzuführen, um die Gefährdung der Beschäftigten auszuschließen oder so weit wie möglich zu verringern. Dabei müssen Vibrationen am Entstehungsort verhindert oder so weit wie möglich verringert werden. Technische Maßnahmen zur Minderung von Vibrationen haben Vorrang vor organisatorischen Maßnahmen.

Zu den Maßnahmen gehören insbesondere:

- alternative Arbeitsverfahren, welche die Exposition gegenüber Vibrationen verringern,
- Auswahl und Einsatz neuer oder bereits vorhandener Arbeitsmittel, die nach ergonomischen Gesichtspunkten ausgelegt sind und unter Berücksichtigung der auszuführenden Tätigkeit möglichst geringe Vibrationen verursachen, beispielsweise schwingungsgedämpfte handgehaltene oder handgeführte Arbeitsmaschinen, welche die auf den Hand-Arm-Bereich übertragene Vibration verringern,
- die Bereitstellung von Zusatzausrüstungen, welche die Gesundheitsgefährdung aufgrund von Vibrationen verringern, beispielsweise Sitze, die Ganzkörper-Vibrationen wirkungsvoll dämpfen,
- Wartungsprogramme für Arbeitsmittel, Arbeitsplätze und Anlagen sowie Fahrbahnen,
- die Gestaltung und Einrichtung der Arbeitsstätten und Arbeitsplätze,
- die Schulung der Beschäftigten im bestimmungsgemäßen Einsatz und in der sicheren und vibrationsarmen Bedienung von Arbeitsmitteln,
- die Begrenzung der Dauer und Intensität der Exposition,
- Arbeitszeitpläne mit ausreichenden Zeiten ohne belastende Exposition und
- die Bereitstellung von Kleidung für gefährdete Beschäftigte zum Schutz vor Kälte und Nässe.

Der Arbeitgeber hat dafür Sorge zu tragen, dass bei der Exposition der Beschäftigten die Expositionsgrenzwerte nicht überschritten werden. Werden die Expositionsgrenzwerte trotz der durchgeführten Maßnahmen überschritten, hat der Arbeitgeber unverzüglich die Gründe zu ermitteln und weitere Maßnahmen zu ergreifen, um die Exposition auf einen Wert unterhalb der Expositionsgrenzwerte zu senken und ein erneutes Überschreiten der Grenzwerte zu verhindern.

Werden die Auslösewerte überschritten, hat der Arbeitgeber ein Programm mit technischen und organisatorischen Maßnahmen zur Verringerung der Exposition durch Vibrationen auszuarbeiten und durchzuführen.

Unterweisung der Beschäftigten (§ 11)

Können bei Exposition durch Lärm die unteren Auslösewerte oder bei Exposition durch Vibrationen die Auslösewerte erreicht oder überschritten werden, stellt der Arbeitgeber sicher, dass die betroffenen Beschäftigten eine Unterweisung erhalten, die auf den Ergebnissen der Gefährdungsbeurteilung beruht und die Aufschluss über die mit der Exposition verbundenen Gesundheitsgefährdungen gibt. Sie muss vor Aufnahme der Beschäftigung und danach in regelmäßigen Abständen, jedoch immer bei wesentlichen Änderungen der belastenden Tätigkeit, erfolgen.

Der Arbeitgeber stellt sicher, dass die Unterweisung in einer für die Beschäftigten verständlichen Form und Sprache erfolgt und mindestens folgende Informationen enthält:

- die Art der Gefährdung,
- die durchgeführten Maßnahmen zur Beseitigung oder zur Minimierung der Gefährdung unter Berücksichtigung der Arbeitsplatzbedingungen,
- die Expositionsgrenzwerte und Auslösewerte,
- die Ergebnisse der Ermittlungen zur Exposition zusammen mit einer Erläuterung ihrer Bedeutung und der Bewertung der damit verbundenen möglichen Gefährdungen und gesundheitlichen Folgen,
- die sachgerechte Verwendung der persönlichen Schutzausrüstung,
- die Voraussetzungen, unter denen die Beschäftigten Anspruch auf arbeitsmedizinische Vorsorge haben, und deren Zweck,
- die ordnungsgemäße Handhabung der Arbeitsmittel und sichere Arbeitsverfahren zur Minimierung der Expositionen,
- Hinweise zur Erkennung und Meldung möglicher Gesundheitsschäden.

Um frühzeitig Gesundheitsstörungen durch Lärm oder Vibrationen erkennen zu können, hat der Arbeitgeber sicherzustellen, dass ab dem Überschreiten der unteren Auslösewerte für Lärm und dem Überschreiten der Auslösewerte für Vibrationen die betroffenen Beschäftigten eine allgemeine arbeitsmedizinische Beratung erhalten.

19.5.3 Technische Anleitung zum Schutz gegen Lärm (TA Lärm)

Anwendungsbereich
Die Technische Anleitung dient dem Schutz der Allgemeinheit und der Nachbarschaft vor schädlichen Umwelteinwirkungen durch Geräusche sowie der Vorsorge gegen schädliche Umwelteinwirkungen durch Geräusche. Sie gilt für Anlagen, die als genehmigungsbedürftige oder nicht genehmigungsbedürftige Anlagen den Anforderungen des Zweiten Teils des Bundes-Immissionsschutzgesetzes (BImSchG) unterliegen, mit Ausnahme folgender Anlagen:

- Sportanlagen, die der Sportanlagenlärmschutzverordnung (18. BImSchV) unterliegen,
- sonstige nicht genehmigungsbedürftige Freizeitanlagen sowie Freiluftgaststätten,
- nicht genehmigungsbedürftige landwirtschaftliche Anlagen,
- Schießplätze, auf denen mit Waffen ab Kaliber 20 mm geschossen wird,
- Tagebaue und die zum Betrieb eines Tagebaus erforderlichen Anlagen,
- Baustellen,
- Seehafenumschlagsanlagen,
- Anlagen für soziale Zwecke.

Die Vorschriften dieser Technischen Anleitung sind zu beachten:

- für genehmigungsbedürftige Anlagen bei:
  - der Prüfung der Anträge auf Erteilung einer Genehmigung zur Errichtung und zum Betrieb einer Anlage (§ 6 BImSchG) sowie zur Änderung der Lage, der Beschaffenheit oder des Betriebs einer Anlage (§ 16 BImSchG),
  - der Prüfung der Anträge auf Erteilung einer Teilgenehmigung oder eines Vorbescheids, (§§ 8 und 9 BImSchG),
  - der Entscheidung über nachträgliche Anordnungen (§ 17 BImSchG) und
  - der Entscheidung über die Anordnung erstmaliger oder wiederkehrender Messungen (§ 28 BImSchG),
- für nicht genehmigungsbedürftige Anlagen bei:
  - der Prüfung der Einhaltung des § 22 BImSchG im Rahmen der Prüfung von Anträgen auf öffentlich-rechtliche Zulassungen nach anderen Vorschriften, insbesondere von Anträgen in Baugenehmigungsverfahren,
  - Entscheidungen über Anordnungen und Untersagungen im Einzelfall (§§ 24 und 25 BImSchG),
- für genehmigungsbedürftige und nicht genehmigungsbedürftige Anlagen bei der Entscheidung über Anordnungen zur Ermittlung von Art und Ausmaß der von einer Anlage ausgehenden Emissionen sowie der Immissionen im Einwirkungsbereich der Anlage (§ 26 BImSchG).

19.5.3.1 Nicht genehmigungsbedürftige Anlagen

Grundpflichten des Betreibers
Nicht genehmigungsbedürftige Anlagen sind nach § 22 BImSchG so zu errichten und zu betreiben, dass:

- schädliche Umwelteinwirkungen durch Geräusche verhindert werden, die nach dem Stand der Technik vermeidbar sind und
- nach dem Stand der Technik zur Lärmminderung unvermeidbare schädliche Umwelteinwirkungen durch Geräusche auf ein Mindestmaß beschränkt werden.

Anforderungen bei unvermeidbaren schädlichen Umwelteinwirkungen
Als Maßnahmen kommen hierfür insbesondere in Betracht:

- organisatorische Maßnahmen im Betriebsablauf (z. B. keine lauten Arbeiten in den Tageszeiten mit erhöhter Empfindlichkeit),
- zeitliche Beschränkungen des Betriebs, etwa zur Sicherung der Erholungsruhe am Abend und in der Nacht,
- Einhaltung ausreichender Schutzabstände zu benachbarten Wohnhäusern oder anderen schutzbedürftigen Einrichtungen,

- Ausnutzen natürlicher oder künstlicher Hindernisse zur Lärmminderung,
- Wahl des Aufstellungsortes von Maschinen oder Anlagenteilen.

19.5.3.2 Anforderungen an bestehende Anlagen

Nachträgliche Anordnungen bei genehmigungsbedürftigen Anlagen

Bei der Prüfung der Verhältnismäßigkeit nach § 17 BImSchG hat die zuständige Behörde von den geeigneten Maßnahmen diejenige zu wählen, die den Betreiber am wenigsten belastet. Die zu erwartenden positiven und negativen Auswirkungen für den Anlagenbetreiber, für die Nachbarschaft und die Allgemeinheit sowie das öffentliche Interesse an der Durchführung der Maßnahme oder ihrem Unterbleiben zu ermitteln und zu bewerten. Dabei sind insbesondere zu berücksichtigen:

- Ausmaß der von der Anlage ausgehenden Emissionen und Immissionen,
- vorhandene Fremdgeräusche,
- Ausmaß der Überschreitungen der Immissionsrichtwerte durch die zu beurteilende Anlage,
- Ausmaß der Überschreitungen der Immissionsrichtwerte durch die Gesamtbelastung,
- Gebot zur gegenseitigen Rücksichtnahme,
- Anzahl der betroffenen Personen,
- Auffälligkeit der Geräusche,
- Stand der Technik zur Lärmminderung,
- Aufwand im Verhältnis zur Verbesserung der Immissionssituation im Einwirkungsbereich der Anlage,
- Betriebsdauer der Anlage seit der Neu- oder Änderungsgenehmigung der Anlage,
- technische Besonderheiten der Anlage,
- Platzverhältnisse am Standort.

Eine nachträgliche Anordnung darf ebenfalls nicht getroffen werden, wenn sich eine Überschreitung der Immissionsrichtwerte aus einer Erhöhung oder erstmaligen Berücksichtigung der Vorbelastung ergibt, die Zusatzbelastung weniger als 3 dB(A) beträgt und die Immissionsrichtwerte um nicht mehr als 5 dB(A) überschritten sind.

Mehrere zu einer schädlichen Umwelteinwirkung beitragende Anlagen unterschiedlicher Betreiber

Tragen mehrere Anlagen unterschiedlicher Betreiber relevant zum Entstehen schädlicher Umwelteinwirkungen bei, so hat die Behörde die Entscheidung über die Auswahl der zu ergreifenden Abhilfemaßnahmen und der Adressaten entsprechender Anordnungen nach pflichtgemäßem Ermessen unter Beachtung des Verhältnismäßigkeitsgrundsatzes zu treffen. Als dabei zu berücksichtigende Gesichtspunkte kommen insbesondere in Betracht:

- der Inhalt eines bestehenden oder speziell zur Lösung der Konfliktsituation erstellten Lärmminderungsplans nach § 47a BImSchG,
- die Wirksamkeit der Minderungsmaßnahmen,
- der für die jeweilige Minderungsmaßnahme notwendige Aufwand,
- die Höhe der Verursachungsbeiträge,
- Vorliegen und Grad eines etwaigen Verschuldens.

Ist mit der alsbaldigen Fertigstellung eines Lärmminderungsplans nach § 47a BImSchG zu rechnen, der für die Entscheidung von maßgebender Bedeutung sein könnte, und erfordern Art und Umfang der schädlichen Umwelteinwirkungen nicht sofortige Abhilfemaßnahmen, so kann die Behörde die Entscheidung im Hinblick auf die Erstellung des Lärmminderungsplans für eine angemessene Zeit aussetzen.

19.5.3.3 Immissionsrichtwerte

Immissionsrichtwerte für Immissionsorte außerhalb von Gebäuden
Die Immissionsrichtwerte für den Beurteilungspegel betragen für Immissionsorte außerhalb von Gebäuden:

	Tags	Nachts
In Industriegebieten	70 dB(A)	
In Gewerbegebieten	65 dB(A)	50 dB(A)
In Kerngebieten, Dorfgebieten und Mischgebieten	60 dB(A)	45 dB(A)
In allgemeinen Wohngebieten und Kleinsiedlungsgebieten	55 dB(A)	40 dB(A)
In reinen Wohngebieten	50 dB(A)	35 dB(A)
In Kurgebieten, für Krankenhäuser und Pflegeanstalten	45 dB(A)	35 dB(A)

Einzelne kurzzeitige Geräuschspitzen dürfen die Immissionsrichtwerte am Tage um nicht mehr als 30 dB(A) und in der Nacht um nicht mehr als 20 dB(A) überschreiten.

Immissionsrichtwerte für Immissionsorte innerhalb von Gebäuden
Bei Geräuschübertragungen innerhalb von Gebäuden oder bei Körperschallübertragung betragen die Immissionsrichtwerte für den Beurteilungspegel für betriebsfremde schutzbedürftige Räume, unabhängig von der Lage des Gebäudes in einem der genannten Gebiete:

tags 35 dB(A),
nachts 25 dB(A).

Einzelne kurzzeitige Geräuschspitzen dürfen die Immissionsrichtwerte um nicht mehr als 10 dB(A) überschreiten. Weitergehende baurechtliche Anforderungen bleiben unberührt.

Beurteilungszeiten
Die Immissionsrichtwerte beziehen sich auf folgende Zeiten:

tags 06.00–22.00 Uhr,
nachts 22.00–06.00 Uhr.

Die Nachtzeit kann bis zu einer Stunde hinausgeschoben oder vorverlegt werden, soweit dies wegen der besonderen örtlichen oder wegen zwingender betrieblicher Verhältnisse unter Berücksichtigung des Schutzes vor schädlichen Umwelteinwirkungen erforderlich ist. Eine achtstündige Nachtruhe der Nachbarschaft im Einwirkungsbereich der Anlage ist sicherzustellen. Die Immissionsrichtwerte gelten während des Tages für eine Beurteilungszeit von 16 h. Maßgebend für die Beurteilung der Nacht ist die volle Nachtstunde (z. B. 1.00 bis 2.00 Uhr) mit dem höchsten Beurteilungspegel, zu dem die zu beurteilende Anlage relevant beiträgt.

Gemengelagen
Wenn gewerblich, industriell oder hinsichtlich ihrer Geräuschauswirkungen vergleichbar genutzte und zum Wohnen dienende Gebiete aneinandergrenzen (Gemengelage), können die für die zum Wohnen dienenden Gebiete geltenden Immissionsrichtwerte auf einen geeigneten Zwischenwert der für die aneinandergrenzenden Gebietskategorien geltenden Werte erhöht werden, soweit dies nach der gegenseitigen Pflicht zur Rücksichtnahme erforderlich ist. Die Immissionsrichtwerte für Kern-, Dorf- und Mischgebiete sollen dabei nicht überschritten werden. Es ist vorauszusetzen, dass der Stand der Lärmminderungstechnik eingehalten wird. Für die Höhe des Zwischenwerts ist die konkrete Schutzwürdigkeit des betroffenen Gebiets maßgeblich.

Wesentliche Kriterien sind die Prägung des Einwirkungsgebiets durch den Umfang der Wohnbebauung einerseits und durch Gewerbe- und Industriebetriebe andererseits, die Ortsüblichkeit eines Geräusches und die Frage, welche der unverträglichen Nutzungen zuerst verwirklicht wurde. Liegt ein Gebiet mit erhöhter Schutzwürdigkeit nur in einer Richtung zur Anlage, so ist dem durch die Anordnung der Anlage auf dem Betriebsgrundstück und die Nutzung von Abschirmungsmöglichkeiten Rechnung zu tragen.

19.6 Aufgaben für die Praxis

- Erläutern Sie die Kriterien zur Bestimmung des Standes der Technik nach BImSchG.
- Welche Pflichten hat der Betreiber genehmigungsbedürftiger Anlagen?
- Welche Anforderungen werden an ein Genehmigungsverfahren nach Bundesimmissionsschutzgesetz gestellt?
- Erläutern Sie die Bedeutung der Verordnung über genehmigungsbedürftige Anlagen nach BImSchG.

- Erläutern Sie wichtige Aspekte der Verordnung über das Genehmigungsverfahren nach BImSchG.
- Welche wesentlichen Anforderungen stellt die Lärm- und Vibrations-Arbeitsschutzverordnung?
- Welche wesentlichen Anforderungen stellt die Lärm- und Vibrations-Arbeitsschutzverordnung?
- Erläutern Sie die TA Lärm.
- Erläutern Sie die Aufgaben, Rechte und Pflichten des Immissionsschutzbeauftragten.

Weiterführende Literatur

19.1. *BImSchG – Bundes-Immissionsschutzgesetz; Gesetz zum Schutz vor schädlichen Umwelteinwirkungen durch Luftverunreinigungen, Geräusche, Erschütterungen und ähnliche Vorgänge,* **26.07.2016**
19.2. *4. BImSchV; Verordnung über genehmigungsbedürftige Anlagen,* **09.01.2017**
19.3. *5. BImSchV; Verordnung über Immissionsschutz- und Störfallbeauftragte,* **28.04.2015**
19.4. *9. BImSchV; Verordnung über das Genehmigungsverfahren,* **09.01.2017**
19.5. *LärmVibrationsArbSchV – Lärm- und Vibrations-Arbeitsschutzverordnung; Verordnung zum Schutz der Beschäftigten vor Gefährdungen durch Lärm und Vibrationen,* **15.11.2016**
19.6. *Richtlinie 2003/10/EG des Europäischen Parlaments und des Rates vom 06. Februar 2003 über Mindestvorschriften zum Schutz von Sicherheit und Gesundheit der Arbeitnehmer vor der Gefährdung durch physikalische Einwirkungen (Lärm),* **21.11.2008**
19.7. *TRLV Lärm; Teil: Allgemeines,* **15.01.2010**
19.8. *TRLV Vibrationen; Teil: Allgemeines,* **25.03.2015**

Rechtliche Anforderungen des Gewässerschutzes 20

20.1 Wasserhaushaltsgesetz (WHG)

20.1.1 Allgemeine Bestimmungen

Zweck (§ 1)
Zweck dieses Gesetzes ist es, durch eine nachhaltige Gewässerbewirtschaftung die Gewässer als Bestandteil des Naturhaushalts, als Lebensgrundlage des Menschen, als Lebensraum für Tiere und Pflanzen sowie als nutzbares Gut zu schützen.

Anwendungsbereich (§ 2)

- oberirdische Gewässer,
- Küstengewässer,
- Grundwasser.

Es gilt auch für Teile dieser Gewässer.

Kriterien zur Bestimmung des Standes der Technik (Anlage 1)
Bei der Bestimmung des Standes der Technik sind unter Berücksichtigung der Verhältnismäßigkeit zwischen Aufwand und Nutzen möglicher Maßnahmen sowie des Grundsatzes der Vorsorge und der Vorbeugung, jeweils bezogen auf Anlagen einer bestimmten Art, insbesondere folgende Kriterien zu berücksichtigen:

- Einsatz abfallarmer Technologie,
- Einsatz weniger gefährlicher Stoffe,
- Förderung der Rückgewinnung und Wiederverwertung der bei den einzelnen Verfahren erzeugten und verwendeten Stoffe und gegebenenfalls der Abfälle,

G. Förtsch und H. Meinholz, *Handbuch Betriebliches Umweltmanagement*,
https://doi.org/10.1007/978-3-658-19151-1_20

- vergleichbare Verfahren, Vorrichtungen und Betriebsmethoden, die mit Erfolg im Betrieb erprobt wurden,
- Fortschritte in der Technologie und in den wissenschaftlichen Erkenntnissen,
- Art, Auswirkungen und Menge der jeweiligen Emissionen,
- Zeitpunkte der Inbetriebnahme der neuen oder der bestehenden Anlagen,
- die für die Einführung einer besseren verfügbaren Technik erforderliche Zeit,
- Verbrauch an Rohstoffen und Art der bei den einzelnen Verfahren verwendeten Rohstoffe (einschließlich Wasser) sowie Energieeffizienz,
- Notwendigkeit, die Gesamtwirkung der Emissionen und die Gefahren für den Menschen und die Umwelt so weit wie möglich zu vermeiden oder zu verringern,
- Notwendigkeit, Unfällen vorzubeugen und deren Folgen für den Menschen und die Umwelt zu verringern,
- Informationen, die von der Kommission der Europäischen Gemeinschaften gemäß der Richtlinie 2008/1/EG über die integrierte Vermeidung und Verminderung der Umweltverschmutzung oder von internationalen Organisationen veröffentlicht werden.

Allgemeine Sorgfaltspflichten (§ 5)
Jede Person ist verpflichtet, bei Maßnahmen, mit denen Einwirkungen auf ein Gewässer verbunden sein können, die nach den Umständen erforderliche Sorgfalt anzuwenden, um:

- eine nachteilige Veränderung der Gewässereigenschaften zu vermeiden,
- eine mit Rücksicht auf den Wasserhaushalt gebotene sparsame Verwendung des Wassers sicherzustellen,
- die Leistungsfähigkeit des Wasserhaushalts zu erhalten und
- eine Vergrößerung und Beschleunigung des Wasserabflusses zu vermeiden.

Jede Person, die durch Hochwasser betroffen sein kann, ist im Rahmen des ihr Möglichen und Zumutbaren verpflichtet, geeignete Vorsorgemaßnahmen zum Schutz vor nachteiligen Hochwasserfolgen und zur Schadensminderung zu treffen, insbesondere die Nutzung von Grundstücken den möglichen nachteiligen Folgen für Mensch, Umwelt oder Sachwerte durch Hochwasser anzupassen.

20.1.2 Bewirtschaftung von Gewässern

Allgemeine Grundsätze der Gewässerbewirtschaftung (§ 6)
Die Gewässer sind nachhaltig zu bewirtschaften, insbesondere mit dem Ziel:

- ihre Funktions- und Leistungsfähigkeit als Bestandteil des Naturhaushalts und als Lebensraum für Tiere und Pflanzen zu erhalten und zu verbessern, insbesondere durch Schutz vor nachteiligen Veränderungen von Gewässereigenschaften,

- Beeinträchtigungen auch im Hinblick auf den Wasserhaushalt der direkt von den Gewässern abhängenden Landökosysteme und Feuchtgebiete zu vermeiden und unvermeidbare, nicht nur geringfügige Beeinträchtigungen so weit wie möglich auszugleichen,
- sie zum Wohl der Allgemeinheit und im Einklang damit, auch im Interesse Einzelner zu nutzen,
- bestehende oder künftige Nutzungsmöglichkeiten insbesondere für die öffentliche Wasserversorgung zu erhalten oder zu schaffen,
- möglichen Folgen des Klimawandels vorzubeugen,
- an oberirdischen Gewässern so weit wie möglich natürliche und schadlose Abflussverhältnisse zu gewährleisten und insbesondere durch Rückhaltung des Wassers in der Fläche der Entstehung von nachteiligen Hochwasserfolgen vorzubeugen,
- zum Schutz der Meeresumwelt beizutragen.

Die nachhaltige Gewässerbewirtschaftung hat ein hohes Schutzniveau für die Umwelt insgesamt zu gewährleisten. Dabei sind mögliche Verlagerungen nachteiliger Auswirkungen von einem Schutzgut auf ein anderes sowie die Erfordernisse des Klimaschutzes zu berücksichtigen.

Gewässer, die sich in einem natürlichen oder naturnahen Zustand befinden, sollen in diesem Zustand erhalten bleiben und nicht naturnah ausgebaute natürliche Gewässer sollen so weit wie möglich wieder in einen naturnahen Zustand zurückgeführt werden, wenn überwiegende Gründe des Wohls der Allgemeinheit dem nicht entgegenstehen.

Erlaubnis, Bewilligung (§ 8)
Die Benutzung eines Gewässers bedarf der Erlaubnis oder der Bewilligung, soweit nicht durch das WHG oder aufgrund dieses Gesetzes erlassener Vorschriften etwas anderes bestimmt ist.

Keiner Erlaubnis oder Bewilligung bedürfen Gewässerbenutzungen, die der Abwehr einer gegenwärtigen Gefahr für die öffentliche Sicherheit dienen, sofern der drohende Schaden schwerer wiegt als die mit der Benutzung verbundenen nachteiligen Veränderungen von Gewässereigenschaften. Die zuständige Behörde ist unverzüglich über die Benutzung zu unterrichten.

Keiner Erlaubnis oder Bewilligung bedürfen ferner bei Übungen und Erprobungen für Zwecke der Verteidigung oder der Abwehr von Gefahren für die öffentliche Sicherheit:

- das vorübergehende Entnehmen von Wasser aus einem Gewässer,
- das Wiedereinleiten des Wassers in ein Gewässer mittels beweglicher Anlagen und
- das vorübergehende Einbringen von Stoffen in ein Gewässer,

wenn durch diese Benutzungen andere nicht oder nur geringfügig beeinträchtigt werden und keine nachteilige Veränderung der Gewässereigenschaften zu erwarten ist. Die Gewässerbenutzung ist der zuständigen Behörde rechtzeitig vor Beginn der Übung oder der

Erprobung anzuzeigen. Ist bei der Erteilung der Erlaubnis oder der Bewilligung nichts anderes bestimmt worden, geht die Erlaubnis oder die Bewilligung mit der Wasserbenutzungsanlage oder, wenn sie für ein Grundstück erteilt worden ist, mit diesem auf den Rechtsnachfolger über.

Benutzungen (§ 9)
Benutzungen sind:

- das Entnehmen und Ableiten von Wasser aus oberirdischen Gewässern,
- das Aufstauen und Absenken von oberirdischen Gewässern,
- das Entnehmen fester Stoffe aus oberirdischen Gewässern, soweit sich dies auf die Gewässereigenschaften auswirkt,
- das Einbringen und Einleiten von Stoffen in Gewässer,
- das Entnehmen, Zutagefördern, Zutageleiten und Ableiten von Grundwasser.

Als Benutzungen gelten auch:

- das Aufstauen, Absenken und Umleiten von Grundwasser durch Anlagen, die hierfür bestimmt oder geeignet sind,
- Maßnahmen, die geeignet sind, dauernd oder in einem nicht nur unerheblichen Ausmaß nachteilige Veränderungen der Wasserbeschaffenheit herbeizuführen,
- das Aufbrechen von Gesteinen unter hydraulischem Druck zur Aufsuchung oder Gewinnung von Erdgas, Erdöl oder Erdwärme, einschließlich der dazugehörigen Tiefbohrungen,
- die untertägige Ablagerung von Lagerstättenwasser, das bei Maßnahmen zur Aufsuchung oder Gewinnung von Erdgas oder Erdöl anfällt.

Inhalt der Erlaubnis und der Bewilligung (§ 10)
Die Erlaubnis gewährt die Befugnis, die Bewilligung das Recht, ein Gewässer zu einem bestimmten Zweck in einer nach Art und Maß bestimmten Weise zu benutzen. Erlaubnis und Bewilligung geben keinen Anspruch auf Zufluss von Wasser in einer bestimmten Menge und Beschaffenheit.

Erlaubnis-, Bewilligungsverfahren (§ 11)
Erlaubnis und Bewilligung können für ein Vorhaben, das nach dem Gesetz über die Umweltverträglichkeitsprüfung einer Umweltverträglichkeitsprüfung unterliegt, nur in einem Verfahren erteilt werden, das den Anforderungen des genannten Gesetzes entspricht. Die Bewilligung kann nur in einem Verfahren erteilt werden, in dem die Betroffenen und die beteiligten Behörden Einwendungen geltend machen können.

Voraussetzungen für die Erteilung der Erlaubnis und der Bewilligung (§ 12)
Die Erlaubnis und die Bewilligung sind zu versagen, wenn:

- schädliche, auch durch Nebenbestimmungen nicht vermeidbare oder nicht ausgleichbare Gewässerveränderungen zu erwarten sind oder
- andere Anforderungen nach öffentlich-rechtlichen Vorschriften nicht erfüllt werden.

Im Übrigen steht die Erteilung der Erlaubnis und der Bewilligung im pflichtgemäßen Ermessen (Bewirtschaftungsermessen) der zuständigen Behörde.

Inhalts- und Nebenbestimmungen der Erlaubnis und der Bewilligung (§ 13)
Inhalts- und Nebenbestimmungen sind auch nachträglich sowie auch zu dem Zweck zulässig, nachteilige Wirkungen für andere zu vermeiden oder auszugleichen. Die zuständige Behörde kann durch Inhalts- und Nebenbestimmungen insbesondere:

- Anforderungen an die Beschaffenheit einzubringender oder einzuleitender Stoffe stellen,
- Maßnahmen anordnen, die:
  - in einem Maßnahmenprogramm nach § 82 WHG enthalten oder zu seiner Durchführung erforderlich sind,
  - geboten sind, damit das Wasser mit Rücksicht auf den Wasserhaushalt sparsam verwendet wird,
  - der Feststellung der Gewässereigenschaften vor der Benutzung oder der Beobachtung der Gewässerbenutzung und ihrer Auswirkungen dienen,
  - zum Ausgleich einer auf die Benutzung zurückzuführenden nachteiligen Veränderung der Gewässereigenschaften erforderlich sind,
- die Bestellung verantwortlicher Betriebsbeauftragter vorschreiben, soweit nicht die Bestellung eines Gewässerschutzbeauftragten nach § 64 WHG vorgeschrieben ist oder angeordnet werden kann,
- dem Benutzer angemessene Beiträge zu den Kosten von Maßnahmen auferlegen, die eine Körperschaft des öffentlichen Rechts getroffen hat oder treffen wird, um eine mit der Benutzung verbundene Beeinträchtigung des Wohls der Allgemeinheit zu vermeiden oder auszugleichen.

Besondere Vorschriften für die Erteilung der Bewilligung (§ 14)
Die Bewilligung darf nur erteilt werden, wenn die Gewässerbenutzung:

- dem Benutzer ohne eine gesicherte Rechtsstellung nicht zugemutet werden kann,
- einem bestimmten Zweck dient, der nach einem bestimmten Plan verfolgt wird, und
- keine Benutzung im Sinne des § 9 WHG ist, ausgenommen das Wiedereinleiten von nicht nachteilig verändertem Triebwasser bei Ausleitungskraftwerken.

Die Bewilligung wird für eine bestimmte angemessene Frist erteilt, die in besonderen Fällen 30 Jahre überschreiten darf.

Ist zu erwarten, dass die Gewässerbenutzung auf das Recht eines Dritten nachteilig einwirkt und erhebt dieser Einwendungen, so darf die Bewilligung nur erteilt werden, wenn die nachteiligen Wirkungen durch Inhalts- oder Nebenbestimmungen vermieden oder ausgeglichen werden. Ist dies nicht möglich, so darf die Bewilligung gleichwohl erteilt werden, wenn Gründe des Wohls der Allgemeinheit dies erfordern.

Dies gilt auch, wenn ein Dritter ohne Beeinträchtigung eines Rechts nachteilige Wirkungen dadurch zu erwarten hat, dass:

- der Wasserabfluss, der Wasserstand oder die Wasserbeschaffenheit verändert,
- die bisherige Nutzung seines Grundstücks beeinträchtigt,
- seiner Wassergewinnungsanlage Wasser entzogen oder
- die ihm obliegende Gewässerunterhaltung erschwert

wird. Geringfügige und solche nachteiligen Wirkungen, die vermieden worden wären, wenn der Betroffene die ihm obliegende Gewässerunterhaltung ordnungsgemäß durchgeführt hätte, bleiben außer Betracht. Die Bewilligung darf auch dann erteilt werden, wenn der aus der beabsichtigten Gewässerbenutzung zu erwartende Nutzen den für den Betroffenen zu erwartenden Nachteil erheblich übersteigt.

Hat der Betroffene gegen die Erteilung der Bewilligung Einwendungen erhoben und lässt sich zur Zeit der Entscheidung nicht feststellen, ob und in welchem Maße nachteilige Wirkungen eintreten werden, so ist die Entscheidung über die deswegen festzusetzenden Inhalts- oder Nebenbestimmungen und Entschädigungen einem späteren Verfahren vorzubehalten.

Konnte der Betroffene nachteilige Wirkungen bis zum Ablauf der Frist zur Geltendmachung von Einwendungen nicht voraussehen, so kann er verlangen, dass dem Gewässerbenutzer nachträglich Inhalts- oder Nebenbestimmungen auferlegt werden. Können die nachteiligen Wirkungen durch nachträgliche Inhalts- oder Nebenbestimmungen nicht vermieden oder ausgeglichen werden, so ist der Betroffene zu entschädigen.

Der Antrag ist nur innerhalb einer Frist von drei Jahren nach dem Zeitpunkt zulässig, zu dem der Betroffene von den nachteiligen Wirkungen der Bewilligung Kenntnis erhalten hat. Er ist ausgeschlossen, wenn nach der Herstellung des der Bewilligung entsprechenden Zustands 30 Jahre vergangen sind.

Gehobene Erlaubnis (§ 15)
Die Erlaubnis kann als gehobene Erlaubnis erteilt werden, wenn hierfür ein öffentliches Interesse oder ein berechtigtes Interesse des Gewässerbenutzers besteht.

Zulassung vorzeitigen Beginns (§ 17)
In einem Erlaubnis- oder Bewilligungsverfahren kann die zuständige Behörde auf Antrag zulassen, dass bereits vor Erteilung der Erlaubnis oder der Bewilligung mit der Gewässerbenutzung begonnen wird, wenn:

- mit einer Entscheidung zugunsten des Benutzers gerechnet werden kann,
- an dem vorzeitigen Beginn ein öffentliches Interesse oder ein berechtigtes Interesse des Benutzers besteht und

- der Benutzer sich verpflichtet, alle bis zur Entscheidung durch die Benutzung verursachten Schäden zu ersetzen und, falls die Benutzung nicht erlaubt oder bewilligt wird, den früheren Zustand wiederherzustellen.

Die Zulassung des vorzeitigen Beginns kann jederzeit widerrufen werden.

Widerruf der Erlaubnis und der Bewilligung (§ 18)
Die Erlaubnis ist widerruflich. Die Bewilligung darf aus den in § 49 des Verwaltungsverfahrensgesetzes genannten Gründen widerrufen werden. Die Bewilligung kann ferner ohne Entschädigung ganz oder teilweise widerrufen werden, wenn der Inhaber der Bewilligung:

- die Benutzung drei Jahre ununterbrochen nicht ausgeübt oder ihren Umfang nach erheblich unterschritten hat,
- den Zweck der Benutzung so geändert hat, dass er mit dem Plan nicht mehr übereinstimmt.

Rechtsverordnungen zur Gewässerbewirtschaftung (§ 23)
Die Bundesregierung wird ermächtigt, nach Anhörung der beteiligten Kreise durch Rechtsverordnung mit Zustimmung des Bundesrats, auch zur Umsetzung bindender Rechtsakte der Europäischen Gemeinschaften und zwischenstaatlicher Vereinbarungen, Vorschriften zum Schutz und zur Bewirtschaftung der Gewässer zu erlassen, insbesondere nähere Regelungen über:

- Anforderungen an die Gewässereigenschaften,
- die Ermittlung, Beschreibung, Festlegung und Einstufung sowie Darstellung des Zustands von Gewässern,
- Anforderungen an die Benutzung von Gewässern, insbesondere an das Einbringen und Einleiten von Stoffen,
- Anforderungen an die Erfüllung der Abwasserbeseitigungspflicht,
- Anforderungen an die Errichtung, den Betrieb und die Benutzung von Abwasseranlagen und sonstigen in diesem Gesetz geregelten Anlagen,
- den Schutz der Gewässer gegen nachteilige Veränderungen ihrer Eigenschaften durch den Umgang mit wassergefährdenden Stoffen,
- die Festsetzung von Schutzgebieten sowie Anforderungen, Gebote und Verbote, die in den festgesetzten Gebieten zu beachten sind,
- die Überwachung der Gewässereigenschaften und die Überwachung der Einhaltung der Anforderungen, die durch das WHG oder aufgrund des WHG erlassener Rechtsvorschriften festgelegt worden sind,
- Messmethoden und Messverfahren einschließlich Verfahren zur Gewährleistung der Vergleichbarkeit von Bewertungen der Gewässereigenschaften im Rahmen der flussgebietsbezogenen Gewässerbewirtschaftung (Interkalibrierung) sowie die Qualitätssicherung analytischer Daten,

- die durchzuführenden behördlichen Verfahren,
- die Beschaffung, Bereitstellung und Übermittlung von Informationen sowie Berichtspflichten,
- die wirtschaftliche Analyse von Wassernutzungen, die Auswirkungen auf Gewässer haben,
- Maßnahmenprogramme und Bewirtschaftungspläne aufgrund bindender Rechtsakte der Europäischen Union.

Erleichterungen für EMAS-Standorte (§ 24)
Die Bundesregierung wird ermächtigt, zur Förderung der privaten Eigenverantwortung für EMAS-Standorte durch Rechtsverordnung mit Zustimmung des Bundesrats Erleichterungen zum Inhalt der Antragsunterlagen in wasserrechtlichen Verfahren sowie überwachungsrechtliche Erleichterungen vorzusehen, soweit die entsprechenden Anforderungen der Verordnung (EG) Nr. 1221/2009 des Europäischen Parlaments und des Rates vom 25. November 2009 über die freiwillige Beteiligung von Organisationen an einem Gemeinschaftssystem für das Umweltmanagement und die Umweltbetriebsprüfung (EMAS), gleichwertig mit den Anforderungen sind, die zur Überwachung und zu den Antragsunterlagen nach den wasserrechtlichen Vorschriften vorgesehen sind. Dabei können insbesondere Erleichterungen zu:

- Kalibrierungen, Ermittlungen, Prüfungen und Messungen,
- Messberichten sowie sonstigen Berichten und Mitteilungen von Ermittlungsergebnissen,
- Aufgaben von Gewässerschutzbeauftragten und
- zur Häufigkeit der behördlichen Überwachung

vorgesehen werden.

Gemeingebrauch (§ 25)
Jede Person darf oberirdische Gewässer in einer Weise und in einem Umfang benutzen, wie dies nach Landesrecht als Gemeingebrauch zulässig ist, soweit nicht Rechte anderer dem entgegenstehen und soweit Befugnisse oder der Eigentümer- oder Anliegergebrauch anderer nicht beeinträchtigt werden. Der Gemeingebrauch umfasst nicht das Einbringen und Einleiten von Stoffen in oberirdische Gewässer. Die Länder können den Gemeingebrauch erstrecken auf:

- das schadlose Einleiten von Niederschlagswasser,
- das Einbringen von Stoffen in oberirdische Gewässer für Zwecke der Fischerei, wenn dadurch keine signifikanten nachteiligen Auswirkungen auf den Gewässerzustand zu erwarten sind.

Eigentümer- und Anliegergebrauch (§ 26)

Eine Erlaubnis oder eine Bewilligung ist, soweit durch Landesrecht nicht etwas anderes bestimmt ist, nicht erforderlich für die Benutzung eines oberirdischen Gewässers durch den Eigentümer oder die durch ihn berechtigte Person für den eigenen Bedarf, wenn dadurch andere nicht beeinträchtigt werden und keine nachteilige Veränderung der Wasserbeschaffenheit, keine wesentliche Verminderung der Wasserführung sowie keine andere Beeinträchtigung des Wasserhaushalts zu erwarten sind. Der Eigentümergebrauch umfasst nicht das Einbringen und Einleiten von Stoffen in oberirdische Gewässer.

Erlaubnisfreie Benutzungen des Grundwassers (§ 46)

Keiner Erlaubnis oder Bewilligung bedarf das Entnehmen, Zutagefördern, Zutageleiten oder Ableiten von Grundwasser:

- für den Haushalt, für den landwirtschaftlichen Hofbetrieb, für das Tränken von Vieh außerhalb des Hofbetriebs oder in geringen Mengen zu einem vorübergehenden Zweck,
- für Zwecke der gewöhnlichen Bodenentwässerung landwirtschaftlich, forstwirtschaftlich oder gärtnerisch genutzter Grundstücke

soweit keine signifikanten nachteiligen Auswirkungen auf den Wasserhaushalt zu besorgen sind. Keiner Erlaubnis bedarf ferner das Einleiten von Niederschlagswasser in das Grundwasser durch schadlose Versickerung.

Bewirtschaftungsziele für das Grundwasser (§ 47)

Das Grundwasser ist so zu bewirtschaften, dass:

- eine Verschlechterung seines mengenmäßigen und seines chemischen Zustands vermieden wird,
- alle signifikanten und anhaltenden Trends ansteigender Schadstoffkonzentrationen aufgrund der Auswirkungen menschlicher Tätigkeiten umgekehrt werden,
- ein guter mengenmäßiger und ein guter chemischer Zustand erhalten oder erreicht werden. Zu einem guten mengenmäßigen Zustand gehört insbesondere ein Gleichgewicht zwischen Grundwasserentnahme und Grundwasserneubildung.

Die Bewirtschaftungsziele sind bis zum 22. Dezember 2015 zu erreichen. Fristverlängerungen sind zulässig.

Reinhaltung des Grundwassers (§ 48)

Eine Erlaubnis für das Einbringen und Einleiten von Stoffen in das Grundwasser darf nur erteilt werden, wenn eine nachteilige Veränderung der Wasserbeschaffenheit nicht zu besorgen ist. Durch Rechtsverordnung kann auch festgelegt werden, unter welchen Voraussetzungen die Anforderung, insbesondere im Hinblick auf die Begrenzung des Eintrags von Schadstoffen, als erfüllt gilt. Stoffe dürfen nur so gelagert oder abgelagert werden, dass eine nachteilige Veränderung der Grundwasserbeschaffenheit nicht zu besorgen ist. Das Gleiche gilt für das Befördern von Flüssigkeiten und Gasen durch Rohrleitungen.

20.1.3 Abwasserbeseitigung

Begriffsbestimmungen für die Abwasserbeseitigung (§ 54)

- **Abwasser:**
  ist das durch häuslichen, gewerblichen, landwirtschaftlichen oder sonstigen Gebrauch in seinen Eigenschaften veränderte Wasser und das bei Trockenwetter damit zusammen abfließende Wasser (Schmutzwasser) sowie das von Niederschlägen aus dem Bereich von bebauten oder befestigten Flächen gesammelt abfließende Wasser (Niederschlagswasser).
- **Als Schmutzwasser:**
  gelten auch die aus Anlagen zum Behandeln, Lagern und Ablagern von Abfällen austretenden und gesammelten Flüssigkeiten. Abwasserbeseitigung umfasst das Sammeln, Fortleiten, Behandeln, Einleiten, Versickern, Verregnen und Verrieseln von Abwasser sowie das Entwässern von Klärschlamm in Zusammenhang mit der Abwasserbeseitigung. Zur Abwasserbeseitigung gehört auch die Beseitigung des in Kleinkläranlagen anfallenden Schlamms.
- **BVT-Merkblatt:**
  ist ein Dokument, das aufgrund des Informationsaustausches nach Artikel 13 der Richtlinie 2010/75/EU des Europäischen Parlaments und des Rates vom 24. November 2010 über Industrieemissionen (integrierte Vermeidung und Verminderung der Umweltverschmutzung) für bestimmte Tätigkeiten erstellt wird und insbesondere die angewandten Techniken, die derzeitigen Emissions- und Verbrauchswerte sowie die Techniken beschreibt, die für die Festlegung der besten verfügbaren Techniken sowie der BVT-Schlussfolgerungen berücksichtigt wurden.
- **BVT-Schlussfolgerungen:**
  sind ein von der Europäischen Kommission erlassenes Dokument, das die Teile eines BVT-Merkblatts mit den Schlussfolgerungen in Bezug auf Folgendes enthält:
  - die besten verfügbaren Techniken, ihre Beschreibung und Informationen zur Bewertung ihrer Anwendbarkeit,
  - die mit den besten verfügbaren Techniken assoziierten Emissionswerte,
  - die zugehörigen Überwachungsmaßnahmen,
  - die zugehörigen Verbrauchswerte sowie
  - die gegebenenfalls einschlägigen Standortsanierungsmaßnahmen.

Emissionsbandbreiten sind die mit den besten verfügbaren Techniken assoziierten Emissionswerte. Die mit den besten verfügbaren Techniken assoziierten Emissionswerte sind der Bereich von Emissionswerten, die unter normalen Betriebsbedingungen unter

Verwendung einer besten verfügbaren Technik oder einer Kombination von besten verfügbaren Techniken entsprechend der Beschreibung in den BVT-Schlussfolgerungen erzielt werden, ausgedrückt als Mittelwert für einen vorgegebenen Zeitraum unter spezifischen Referenzbedingungen.

Grundsätze der Abwasserbeseitigung (§ 55)

Abwasser ist so zu beseitigen, dass das Wohl der Allgemeinheit nicht beeinträchtigt wird. Dem Wohl der Allgemeinheit kann auch die Beseitigung von häuslichem Abwasser durch dezentrale Anlagen entsprechen. Niederschlagswasser soll ortsnah versickert, verrieselt oder direkt oder über eine Kanalisation ohne Vermischung mit Schmutzwasser in ein Gewässer eingeleitet werden, soweit dem weder wasserrechtliche noch sonstige öffentlich-rechtliche Vorschriften noch wasserwirtschaftliche Belange entgegenstehen.

Flüssige Stoffe, die kein Abwasser sind, können mit Abwasser beseitigt werden, wenn eine solche Entsorgung der Stoffe umweltverträglicher ist als eine Entsorgung als Abfall und wasserwirtschaftliche Belange nicht entgegenstehen.

Pflicht zur Abwasserbeseitigung (§ 56)

Abwasser ist von den juristischen Personen des öffentlichen Rechts zu beseitigen, die nach Landesrecht hierzu verpflichtet sind (Abwasserbeseitigungspflichtige). Die Länder können bestimmen, unter welchen Voraussetzungen die Abwasserbeseitigung anderen als den genannten Abwasserbeseitigungspflichtigen obliegt. Die zur Abwasserbeseitigung Verpflichteten können sich zur Erfüllung ihrer Pflichten Dritter bedienen.

Einleiten von Abwasser in Gewässer (§ 57)

Eine Erlaubnis für das Einleiten von Abwasser in Gewässer (Direkteinleitung) darf nur erteilt werden, wenn:

- die Menge und Schädlichkeit des Abwassers so gering gehalten wird, wie dies bei Einhaltung der jeweils in Betracht kommenden Verfahren nach dem Stand der Technik möglich ist,
- die Einleitung mit den Anforderungen an die Gewässereigenschaften und sonstigen rechtlichen Anforderungen vereinbar ist und
- Abwasseranlagen oder sonstige Einrichtungen errichtet und betrieben werden, die erforderlich sind, um die Einhaltung der Anforderungen sicherzustellen.

Durch Rechtsverordnung können an das Einleiten von Abwasser in Gewässer Anforderungen festgelegt werden, die dem Stand der Technik entsprechen. Die Anforderungen können auch für den Ort des Anfalls des Abwassers oder vor seiner Vermischung festgelegt werden.

Nach Veröffentlichung einer BVT-Schlussfolgerung ist unverzüglich zu gewährleisten, dass Anlagen die Einleitungen unter normalen Betriebsbedingungen die in den BVT-Schlussfolgerungen genannten Emissionsbandbreiten nicht überschreiten. Wenn in besonderen Fällen wegen technischer Merkmale der betroffenen Anlagenart die Einhaltung der

Emissionsbandbreiten unverhältnismäßig wäre, können in der Rechtsverordnung für die Anlagenart geeignete Emissionswerte festgelegt werden, die im Übrigen dem Stand der Technik entsprechen müssen.

Bei der Festlegung der abweichenden Anforderungen ist zu gewährleisten, dass die in den Anhängen V bis VII der Richtlinie 2010/75/EU festgelegten Emissionsgrenzwerte nicht überschritten werden, keine erheblichen nachteiligen Auswirkungen auf den Gewässerzustand hervorgerufen werden und zu einem hohen Schutzniveau für die Umwelt insgesamt beigetragen wird. Die Notwendigkeit abweichender Anforderungen ist zu begründen.

Für vorhandene Abwassereinleitungen ist:

- innerhalb eines Jahres nach Veröffentlichung von BVT-Schlussfolgerungen zur Haupttätigkeit eine Überprüfung und gegebenenfalls Anpassung der Rechtsverordnung vorzunehmen und
- innerhalb von vier Jahren nach Veröffentlichung von BVT-Schlussfolgerungen zur Haupttätigkeit sicherzustellen, dass die betreffenden Einleitungen oder Anlagen die Emissionsgrenzwerte der Rechtsverordnung einhalten. Dabei gelten die Emissionsgrenzwerte als im Einleitungsbescheid festgesetzt, soweit der Bescheid nicht weitergehende Anforderungen im Einzelfall festlegt.

Sollte die Anpassung der Abwassereinleitung wegen technischer Merkmale der betroffenen Anlage unverhältnismäßig sein, soll die zuständige Behörde einen längeren Zeitraum festlegen. Entsprechen vorhandene Einleitungen nicht den Anforderungen so hat der Betreiber die erforderlichen Anpassungsmaßnahmen innerhalb angemessener Fristen durchzuführen.

Einleiten von Abwasser in öffentliche Abwasseranlagen (§ 58)

Das Einleiten von Abwasser in öffentliche Abwasseranlagen (Indirekteinleitung) bedarf der Genehmigung durch die zuständige Behörde, soweit an das Abwasser in einer Rechtsverordnung Anforderungen für den Ort des Anfalls des Abwassers oder vor seiner Vermischung festgelegt sind. Durch Rechtsverordnung kann bestimmt werden:

- unter welchen Voraussetzungen die Indirekteinleitung anstelle einer Genehmigung nur einer Anzeige bedarf,
- dass die Einhaltung der Anforderungen auch durch Sachverständige überwacht wird.

Weitergehende Rechtsvorschriften der Länder bleiben unberührt. Ebenfalls unberührt bleiben Rechtsvorschriften der Länder, nach denen die Genehmigung der zuständigen Behörde durch eine Genehmigung des Betreibers einer öffentlichen Abwasseranlage ersetzt wird.

Eine Genehmigung für eine Indirekteinleitung darf nur erteilt werden, wenn:

- die nach der Rechtsverordnung für die Einleitung maßgebenden Anforderungen einschließlich der allgemeinen Anforderungen eingehalten werden,

- die Erfüllung der Anforderungen an die Direkteinleitung nicht gefährdet wird und
- Abwasseranlagen oder sonstige Einrichtungen errichtet und betrieben werden, die erforderlich sind, um die Einhaltung der Anforderungen sicherzustellen.

Entsprechen vorhandene Indirekteinleitungen nicht den Anforderungen, so sind die erforderlichen Maßnahmen innerhalb angemessener Fristen durchzuführen. Eine Genehmigung kann auch unter dem Vorbehalt des Widerrufs erteilt werden.

Einleiten von Abwasser in private Abwasseranlagen (§ 59)
Dem Einleiten von Abwasser in öffentliche Abwasseranlagen stehen Abwassereinleitungen Dritter in private Abwasseranlagen, die der Beseitigung von gewerblichem Abwasser dienen, gleich. Die zuständige Behörde kann Abwassereinleitungen von der Genehmigungsbedürftigkeit freistellen, wenn durch vertragliche Regelungen zwischen dem Betreiber der privaten Abwasseranlage und dem Einleiter die Einhaltung der Anforderungen sichergestellt ist.

Abwasseranlagen (§ 60)
Abwasseranlagen sind so zu errichten, zu betreiben und zu unterhalten, dass die Anforderungen an die Abwasserbeseitigung eingehalten werden. Im Übrigen dürfen Abwasseranlagen nur nach den allgemein anerkannten Regeln der Technik errichtet, betrieben und unterhalten werden.

Entsprechen vorhandene Abwasseranlagen nicht den Anforderungen, so sind die erforderlichen Maßnahmen innerhalb angemessener Fristen durchzuführen. Die Errichtung, der Betrieb und die wesentliche Änderung einer Abwasserbehandlungsanlage bedürfen einer Genehmigung.

Sofern eine Genehmigung nicht beantragt wird, hat der Betreiber die Änderung der Lage, der Beschaffenheit oder des Betriebs einer Anlage der zuständigen Behörde mindestens einen Monat bevor mit der Änderung begonnen werden soll, schriftlich anzuzeigen, wenn die Änderung Auswirkungen auf die Umwelt haben kann. Der Betreiber der Anlage darf die Änderung vornehmen, sobald die zuständige Behörde ihm mitgeteilt hat, dass die Änderung keiner Genehmigung bedarf oder wenn die zuständige Behörde sich innerhalb eines Monats nach Zugang der Mitteilung nicht geäußert hat.

Kommt der Betreiber einer Anlage, die die Voraussetzungen nicht erfüllt nicht nach und wird hierdurch eine unmittelbare Gefahr für die menschliche Gesundheit oder die Umwelt herbeigeführt, so hat die zuständige Behörde den Betrieb der Anlage oder den Betrieb des betreffenden Teils der Anlage bis zur Erfüllung der Nebenbestimmung oder der abschließend bestimmten Pflicht zu untersagen. Wird eine Anlage ohne die erforderliche Genehmigung betrieben oder wesentlich geändert, so ordnet die zuständige Behörde die Stilllegung der Anlage an.

Eine Zulassung, die vor dem 2. Mai 2013 nach landesrechtlichen Vorschriften für Abwasserbehandlungsanlagen erteilt worden ist, gilt als Genehmigung. Bis zum 7. Juli 2015 müssen alle genannten Anlagen den Anforderungen nach § 60 entsprechen.

Die Länder können regeln, dass die Errichtung, der Betrieb und die wesentliche Änderung von Abwasseranlagen einer Anzeige oder Genehmigung bedürfen. Genehmigungserfordernisse nach anderen öffentlich-rechtlichen Vorschriften bleiben unberührt.

Selbstüberwachung bei Abwassereinleitungen und Abwasseranlagen (§ 61)
Wer Abwasser in ein Gewässer oder in eine Abwasseranlage einleitet, ist verpflichtet, das Abwasser nach Maßgabe einer Rechtsverordnung oder der die Abwassereinleitung zugelassenen behördlichen Entscheidung durch fachkundiges Personal zu untersuchen oder durch eine geeignete Stelle untersuchen zu lassen (Selbstüberwachung).

Wer eine Abwasseranlage betreibt, ist verpflichtet, ihren Zustand, ihre Funktionsfähigkeit, ihre Unterhaltung und ihren Betrieb sowie Art und Menge des Abwassers und der Abwasserinhaltsstoffe selbst zu überwachen. Er hat nach Maßgabe einer Rechtsverordnung hierüber Aufzeichnungen anzufertigen, aufzubewahren und auf Verlangen der zuständigen Behörde vorzulegen.

Durch Rechtsverordnung können insbesondere Regelungen über die Ermittlung der Abwassermenge, die Häufigkeit und die Durchführung von Probenahmen, Messungen und Analysen einschließlich der Qualitätssicherung, Aufzeichnungs- und Aufbewahrungspflichten sowie die Voraussetzungen getroffen werden, nach denen keine Pflicht zur Selbstüberwachung besteht.

20.1.4 Umgang mit wassergefährdenden Stoffen

Anforderungen an den Umgang mit wassergefährdenden Stoffen (§ 62)
Anlagen zum Lagern, Abfüllen, Herstellen und Behandeln wassergefährdender Stoffe sowie Anlagen zum Verwenden wassergefährdender Stoffe im Bereich der gewerblichen Wirtschaft und im Bereich öffentlicher Einrichtungen müssen so beschaffen sein und so errichtet, unterhalten, betrieben und stillgelegt werden, dass eine nachteilige Veränderung der Eigenschaften von Gewässern nicht zu besorgen ist.

Das Gleiche gilt für Rohrleitungsanlagen, die:

- den Bereich eines Werksgeländes nicht überschreiten,
- Zubehör einer Anlage zum Umgang mit wassergefährdenden Stoffen sind oder
- Anlagen verbinden, die in engem räumlichen und betrieblichen Zusammenhang miteinander stehen.

Für Anlagen zum Umschlagen wassergefährdender Stoffe sowie zum Lagern und Abfüllen von Jauche, Gülle und Silagesickersäften sowie von vergleichbaren in der Landwirtschaft anfallenden Stoffen gilt Entsprechendes mit der Maßgabe, dass der bestmögliche Schutz der Gewässer vor nachteiligen Veränderungen ihrer Eigenschaften erreicht wird.

Anlagen dürfen nur entsprechend den allgemein anerkannten Regeln der Technik beschaffen sein sowie errichtet, unterhalten, betrieben und stillgelegt werden. Wassergefährdende Stoffe sind feste, flüssige und gasförmige Stoffe, die geeignet sind, dauernd oder in einem nicht nur unerheblichen Ausmaß nachteilige Veränderungen der Wasserbeschaffenheit herbeizuführen.

Durch Rechtsverordnung können nähere Regelungen erlassen werden über:

- die Bestimmung der wassergefährdenden Stoffe und ihre Einstufung entsprechend ihrer Gefährlichkeit sowie über eine hierbei erforderliche Mitwirkung des Umweltbundesamtes und anderer Stellen,
- Anforderungen an die Beschaffenheit von Anlagen,
- Pflichten bei der Errichtung, der Unterhaltung, dem Betrieb, einschließlich des Befüllens und Entleerens durch Dritte, und der Stilllegung von Anlagen, insbesondere Anzeigepflichten sowie
- Pflichten zur Überwachung und zur Beauftragung von Sachverständigen und Fachbetrieben mit der Durchführung bestimmter Tätigkeiten,
- Anforderungen an Sachverständige und Fachbetriebe, insbesondere im Hinblick auf Fachkunde, Zuverlässigkeit und gerätetechnische Ausstattung.

Weitergehende landesrechtliche Vorschriften für besonders schutzbedürftige Gebiete bleiben unberührt.

Eignungsfeststellung (§ 63)
Anlagen zum Lagern, Abfüllen oder Umschlagen wassergefährdender Stoffe dürfen nur errichtet und betrieben werden, wenn ihre Eignung von der zuständigen Behörde festgestellt worden ist. Eine Eignungsfeststellung kann auch für Anlagenteile oder technische Schutzvorkehrungen erteilt werden. Für die Errichtung von Anlagen, Anlagenteilen und technischen Schutzvorkehrungen gilt Entsprechendes.

Vorstehendes gilt nicht:

- für Anlagen zum Lagern und Abfüllen von Jauche, Gülle und Silagesickersäften sowie von vergleichbaren in der Landwirtschaft anfallenden Stoffen,
- wenn wassergefährdende Stoffe.
  - kurzzeitig in Verbindung mit dem Transport bereitgestellt oder aufbewahrt werden und die Behälter oder Verpackungen den Vorschriften und Anforderungen für den Transport im öffentlichen Verkehr genügen,
  - in Laboratorien in der für den Handgebrauch erforderlichen Menge bereitgehalten werden.

Durch Rechtsverordnung kann bestimmt werden, unter welchen Voraussetzungen darüber hinaus keine Eignungsfeststellung erforderlich ist. Die Eignungsfeststellung entfällt für Anlagen, Anlagenteile oder technische Schutzvorkehrungen:

- die nach den Vorschriften des Bauproduktengesetzes oder anderen Rechtsvorschriften zur Umsetzung von Richtlinien der Europäischen Gemeinschaften, deren Regelungen

über die Brauchbarkeit auch Anforderungen zum Schutz der Gewässer umfassen, in Verkehr gebracht werden dürfen und das Kennzeichen der Europäischen Gemeinschaften (CE-Kennzeichen) das sie tragen, nach diesen Vorschriften zulässige Klassen und Leistungsstufen nach Maßgabe landesrechtlicher Vorschriften aufweist,
- bei denen nach den bauordnungsrechtlichen Vorschriften über die Verwendung von Bauprodukten, Bauarten oder Bausätzen auch die Einhaltung der wasserrechtlichen Anforderungen sichergestellt wird,
- die nach immissionsschutzrechtlichen Vorschriften unter Berücksichtigung der wasserrechtlichen Anforderungen der Bauart nach zugelassen sind oder einer Bauartzulassung bedürfen oder
- für die eine Genehmigung nach baurechtlichen Vorschriften erteilt worden ist, sofern bei Erteilung der Genehmigung die wasserrechtlichen Anforderungen zu berücksichtigen sind.

20.1.5 Gewässerschutzbeauftragter

Bestellung von Gewässerschutzbeauftragten (§ 64)
Gewässerbenutzer, die an einem Tag mehr als 750 m^3 Abwasser einleiten dürfen, haben unverzüglich einen oder mehrere Betriebsbeauftragte für Gewässerschutz (Gewässerschutzbeauftragte) zu bestellen (Abb. 20.1). Die zuständige Behörde kann anordnen, dass:

- die Einleiter von Abwasser in Gewässer, für die eine Pflicht zur Bestellung von Gewässerschutzbeauftragten nicht besteht,
- die Einleiter von Abwasser in Abwasseranlagen,
- die Betreiber von Anlagen im Umgang mit wassergefährdenden Stoffen,
- die Betreiber von Rohrleitungsanlagen

einen oder mehrere Gewässerschutzbeauftragte zu bestellen haben. Ist nach § 53 des Bundes-Immissionsschutzgesetzes ein Immissionsschutzbeauftragter oder nach § 59 des Kreislaufwirtschaftsgesetzes ein Abfallbeauftragter zu bestellen, so kann dieser auch die Aufgaben und Pflichten eines Gewässerschutzbeauftragten nach diesem Gesetz wahrnehmen.

Aufgaben von Gewässerschutzbeauftragten (§ 65)
Gewässerschutzbeauftragte beraten den Gewässerbenutzer und die Betriebsangehörigen in Angelegenheiten, die für den Gewässerschutz bedeutsam sein können. Sie sind berechtigt und verpflichtet:

- die Einhaltung von Vorschriften, Nebenbestimmungen und Anordnungen im Interesse des Gewässerschutzes zu überwachen, insbesondere durch regelmäßige Kontrolle der Abwasseranlagen im Hinblick auf die Funktionsfähigkeit, den ordnungsgemäßen

Betriebsbeauftragter für Gewässerschutz

Frau/Herr (Name, Vorname) ______________________________

wird mit Wirkung vom ______________________________

für das Unternehmen (Name, Sitz, Werk) ______________________________

____

zur/zum Betriebsbeauftragten für Gewässerschutz gemäß § 64 Wasserhaushaltsgesetz (WHG) bestellt.

Sie/er nimmt gemäß § 65 WHG folgende Aufgaben wahr:

- Die Einhaltung von Vorschriften, Nebenbestimmungen und Anforderungen im Interesse des Gewässerschutzes zu überwachen, insbesondere durch regelmäßige Kontrollen der Abwasseranlage sowie dem Benutzer festgestellte Mängel mitzuteilen und Maßnahmen zu ihrer Beseitigung vorzuschlagen.
- Auf die Anwendung geeigneter Abwasserbehandlungsverfahren einschließlich der Verfahren zur ordnungsgemäßen Verwertung oder Beseitigung der bei der Abwasserbehandlung entstehenden Reststoffe hinzuwirken.
- Auf die Entwicklung und Einführung von innerbetrieblichen Verfahren zur Vermeidung und Verminderung des Abwasseranfalls nach Art und Menge sowie umweltfreundlichen Produkten hinzuwirken.
- Den Benutzer und die Betriebsangehörigen in Angelegenheiten, die für den Gewässerschutz bedeutsam sein können, zu beraten.
- Dem Benutzer jährlich einen Bericht über die getroffenen und beabsichtigten Maßnahmen zu erstatten.

Der Betriebsbeauftragte für Gewässerschutz berichtet Frau/Herr

____

als Verantwortliche(r) der Geschäftsleitung.

Je eine Kopie dieser Bestellurkunde erhalten die zuständige Behörde, der Betriebsrat und die Personalabteilung unseres Unternehmens.

______________________	______________________
Datum, Ort	Unternehmer/Bevollmächtigter
______________________	______________________
Gewässerschutzbeauftragter	Betriebsrat

Abb. 20.1 Ernennungsschreiben für den Gewässerschutzbeauftragten

Betrieb sowie die Wartung, durch Messungen des Abwassers nach Menge und Eigenschaften, sowie durch Aufzeichnungen der Kontroll- und Messergebnisse. Sie haben dem Gewässerbenutzer festgestellte Mängel mitzuteilen und Maßnahmen zu ihrer Beseitigung vorzuschlagen,
- auf die Anwendung geeigneter Abwasserbehandlungsverfahren einschließlich der Verfahren zur ordnungsgemäßen Verwertung oder Beseitigung der bei der Abwasserbehandlung entstehenden Reststoffe hinzuwirken,
- auf die Entwicklung und Einführung von:
  - innerbetrieblichen Verfahren zur Vermeidung oder Verminderung des Abwasseranfalls nach Art und Menge,
  - umweltfreundlichen Produktionen hinzuwirken,
- die Betriebsangehörigen über die in dem Betrieb verursachten Gewässerbelastungen sowie über die Einrichtungen und Maßnahmen zu ihrer Verhinderung unter Berücksichtigung der wasserrechtlichen Vorschriften aufzuklären.

Gewässerschutzbeauftragte erstatten dem Gewässerbenutzer jährlich einen schriftlichen Bericht über die getroffenen und beabsichtigten Maßnahmen. Bei EMAS-Standorten ist ein jährlicher Bericht nicht erforderlich, soweit sich gleichwertige Angaben aus dem Bericht über die Umweltbetriebsprüfung ergeben und die Gewässerschutzbeauftragten den Bericht mitgezeichnet haben und mit dem Verzicht auf die Erstellung eines gesonderten jährlichen Berichts einverstanden sind.

Die zuständige Behörde kann im Einzelfall die aufgeführten Aufgaben der Gewässerschutzbeauftragten:

- näher regeln,
- erweitern, soweit es die Belange des Gewässerschutzes erfordern,
- einschränken, wenn dadurch die ordnungsgemäße Selbstüberwachung nicht beeinträchtigt wird.

Weitere anwendbare Vorschriften (§ 66)
Auf das Verhältnis zwischen dem Gewässerbenutzer und den Gewässerschutzbeauftragten finden die §§ 55 bis 58 des Bundes-Immissionsschutzgesetzes entsprechende Anwendung.

20.2 Abwasserverordnung (AbwV)

20.2.1 Anforderungen

Anwendungsbereich (§ 1)
Die Abwasserverordnung bestimmt die Mindestanforderungen für das Einleiten von Abwasser in Gewässer aus den in den Anhängen bestimmten Herkunftsbereichen sowie Anforderungen an die Errichtung, den Betrieb und die Benutzung von Abwasseranlagen.

Die allgemeinen Anforderungen dieser Verordnung, die in den Anhängen genannten Betreiberpflichten und die in den Anhängen gekennzeichneten Emissionsgrenzwerte sind vom Einleiter einzuhalten, soweit nicht weitergehende Anforderungen in der wasserrechtlichen Zulassung für das Einleiten von Abwasser festgelegt sind. Die übrigen Anforderungen der Anhänge dieser Verordnung sind bei der Erteilung einer wasserrechtlichen Zulassung für das Einleiten von Abwasser festzusetzen. Anforderungen sind in die wasserrechtliche Zulassung nur für diejenigen Parameter aufzunehmen, die im Abwasser zu erwarten sind.

Allgemeine Anforderungen (§ 3)
Soweit in den Anhängen nichts anderes bestimmt ist, darf Abwasser in ein Gewässer nur eingeleitet werden, wenn die Schadstofffracht so gering gehalten wird, wie dies nach Prüfung der Verhältnisse im Einzelfall möglich ist durch:

- den Einsatz wassersparender Verfahren bei Wasch- und Reinigungsvorgängen,
- die Indirektkühlung,
- den Einsatz von schadstoffarmen Betriebs- und Hilfsstoffen sowie
- die prozessintegrierte Rückführung von Stoffen.

Soweit in den Anhängen nichts anderes bestimmt ist, ist die Einhaltung der Anforderungen durch ein betriebliches Abwasserkataster, durch ein Betriebstagebuch oder in anderer geeigneter Weise zu dokumentieren. Die Inhalte des betrieblichen Abwasserkatasters und des Betriebstagebuchs können auf vorhandene Dokumentationen Bezug nehmen. Betreiber von Anlagen im Sinne des § 1 der Industriekläranlagen-Zulassungs- und Überwachungsverordnung müssen darüber hinaus entsprechend den Anforderungen in Teil H der branchenspezifischen Anhänge einen Jahresbericht erstellen. Die Inhalte des betrieblichen Abwasserkatasters, des Betriebstagebuchs und des Jahresberichts werden in der Anlage 2 bestimmt.

Die Anforderungen dieser Verordnung dürfen nicht durch Verfahren erreicht werden, bei denen Umweltbelastungen in andere Umweltmedien wie Luft oder Boden entgegen dem Stand der Technik verlagert werden. Der Chemikalieneinsatz, die Abluftemissionen und die Menge des anfallenden Schlamms sind so gering wie möglich zu halten. Als Konzentrationswerte festgelegte Anforderungen dürfen nicht entgegen dem Stand der Technik durch Verdünnung erreicht werden.

Sind Anforderungen vor der Vermischung festgelegt, ist eine Vermischung zum Zwecke der gemeinsamen Behandlung zulässig, wenn insgesamt mindestens die gleiche Verminderung der Schadstofffracht je Parameter wie bei getrennter Einhaltung der jeweiligen Anforderungen erreicht wird. Sind Anforderungen für den Ort des Anfalls von Abwasser festgelegt, ist eine Vermischung erst zulässig, wenn diese Anforderungen eingehalten werden.

Werden Abwasserströme, für die unterschiedliche Anforderungen gelten, gemeinsam eingeleitet, ist für jeden Parameter die jeweils maßgebende Anforderung durch Mischungsrechnung zu ermitteln und in der wasserrechtlichen Zulassung festzulegen.

Analysen- und Messverfahren (§ 4)
Die in der Anlage und den Anhängen der AbwV (Tab. 20.1) genannten Deutschen Einheitsverfahren zur Wasser-, Abwasser- und Schlammuntersuchung, DIN-, DIN EN-, DIN EN ISO-Normen und technischen Regeln der Wasserchemischen Gesellschaft werden vom Beuth Verlag GmbH, Berlin, und von der Wasserchemischen Gesellschaft in der Gesellschaft Deutscher Chemiker, Wiley-VCH Verlag, Weinheim (Bergstraße), herausgegeben.

Die genannten Verfahrensvorschriften sind beim Deutschen Patentamt in München archivmäßig gesichert niedergelegt. In der Erlaubnis können andere, gleichwertige Verfahren festgesetzt werden.

Tab. 20.1 Anhänge der Abwasserverordnung

Anhang	Bereich	Datum
Anhang 1	Häusliches und kommunales Abwasser	17.06.2004
Anhang 2	Braunkohle-Brikettfabrikation	17.06.2004
Anhang 3	Milchverarbeitung	17.06.2004
Anhang 4	Ölsaatenaufbereitung, Speisefett- und Speiseölraffination	17.06.2004
Anhang 5	Herstellung von Obst- und Gemüseprodukten	17.06.2004
Anhang 6	Herstellung von Erfrischungsgetränken und Getränkeabfüllung	17.06.2004
Anhang 7	Fischverarbeitung	17.06.2004
Anhang 8	Kartoffelverarbeitung	17.06.2004
Anhang 9	Herstellung von Beschichtungsstoffen und Lackharzen	17.06.2004
Anhang 10	Fleischwirtschaft	17.06.2004
Anhang 11	Brauereien	17.06.2004
Anhang 12	Herstellung von Alkohol und alkoholischen Getränken	17.06.2004
Anhang 14	Holzfaserplatten	17.06.2004
Anhang 15	Herstellung von Hautleim, Gelatine und Knochenmehl	17.06.2004
Anhang 16	Steinkohlenaufbereitung	17.06.2004
Anhang 17	Herstellung keramischer Erzeugnisse	17.06.2004
Anhang 18	Zuckerherstellung	17.06.2004
Anhang 19	Zellstofferzeugung	17.06.2004
Anhang 20	Verarbeitung tierischer Nebenprodukte	19.10.2007
Anhang 21	Mälzereien	17.06.2004
Anhang 22	Chemische Industrie	02.09.2014
Anhang 23	Anlagen zur biologischen Behandlung von Abfällen	17.06.2004
Anhang 24	Eisen-, Stahl- und Tempergießerei	17.06.2004
Anhang 25	Lederherstellung, Pelzveredelung, Lederfaserstoffherstellung	09.06.2016
Anhang 26	Steine und Erden	17.06.2004

Tab. 20.1 (Fortsetzung)

Anhang	Bereich	Datum
Anhang 27	Behandlung von Abfällen durch chemische und physikalische Verfahren (CP-Anlagen) sowie Altölaufbereitung	02.09.2014
Anhang 28	Herstellung von Papier und Pappe	17.06.2004
Anhang 29	Eisen- und Stahlerzeugung	02.09.2014
Anhang 31	Wasseraufbereitung, Kühlsysteme, Dampferzeugung	17.06.2004
Anhang 32	Verarbeitung von Kautschuk und Latizes, Herstellung und Verarbeitung von Gummi	17.06.2004
Anhang 33	Wäsche von Abgasen aus der Verbrennung von Abfällen	02.09.2014
Anhang 36	Herstellung von Kohlenwasserstoffen	02.09.2014
Anhang 37	Herstellung anorganische Pigmente	02.09.2014
Anhang 38	Textilherstellung, Textilveredelung	09.06.2016
Anhang 39	Nichteisenmetallherstellung	02.09.2014
Anhang 40	Metallbearbeitung, Metallverarbeitung	02.09.2014
Anhang 41	Herstellung und Verarbeitung von Glas und künstlichen Mineralfasern	09.06.2016
Anhang 42	Alkalichloridelektrolyse	09.06.2016
Anhang 43	Herstellung von Chemiefasern, Folien und Schwammtuch nach dem Viskoseverfahren sowie von Celluloseacetatfasern	02.09.2014
Anhang 45	Erdölverarbeitung	02.09.2014
Anhang 46	Steinkohleverkokung	02.09.2014
Anhang 47	Wäsche von Rauchgasen aus Feuerungsanlagen	02.09.2014
Anhang 48	Verwendung bestimmter gefährlicher Stoffe	02.09.2014
Anhang 49	Mineralölhaltiges Abwasser	17.06.2004
Anhang 50	Zahnbehandlung	17.06.2004
Anhang 51	Oberirdische Ablagerung von Abfällen	02.09.2014
Anhang 52	Chemische Reinigung	17.06.2004
Anhang 53	Fotografische Prozesse (Silberhalogenid-Fotografie)	17.06.2004
Anhang 54	Herstellung von Halbleiterbauelementen	02.09.2014
Anhang 55	Wäschereien	17.06.2004
Anhang 56	Herstellung von Druckformen, Druckerzeugnissen und grafischen Erzeugnissen	17.06.2004
Anhang 57	Wollwäschereien	17.06.2004

Bezugspunkt der Anforderungen (§ 5)

Die Anforderungen beziehen sich auf die Stelle, an der das Abwasser in das Gewässer eingeleitet wird, und, soweit in den Anhängen zu der Verordnung bestimmt, auch auf den Ort des Anfalls des Abwassers oder den Ort vor seiner Vermischung. Der Einleitungsstelle steht der Ablauf der Abwasseranlage, in der das Abwasser letztmalig behandelt wird, gleich. Ort vor der Vermischung ist auch die Einleitungsstelle in eine öffentliche Abwasseranlage.

Einhaltung der Anforderungen (§ 6)

Ist ein nach der AbwV einzuhaltender oder in der wasserrechtlichen Zulassung festgesetzter Wert nach dem Ergebnis einer Überprüfung im Rahmen der staatlichen Überwachung nicht eingehalten, gilt er dennoch als eingehalten, wenn die Ergebnisse dieser und der vier vorausgegangenen staatlichen Überprüfungen in vier Fällen den jeweils maßgebenden Wert nicht überschreiten und kein Ergebnis den Wert um mehr als 100 % übersteigt. Überprüfungen, die länger als drei Jahre zurückliegen, bleiben unberücksichtigt.

Für die Einhaltung eines nach der Abwasserverordnung einzuhaltenden oder in der wasserrechtlichen Zulassung festgesetzten Wertes ist die Zahl der in der Verfahrensvorschrift genannten signifikanten Stellen des zugehörigen Analysen- und Messverfahrens zur Bestimmung des jeweiligen Parameters, mindestens jedoch zwei signifikante Stellen, mit Ausnahme der Werte für die Verdünnungsstufen, maßgebend. Die in den Anhängen festgelegten Werte berücksichtigen die Messunsicherheiten der Analysen- und Probenahmeverfahren.

Ein nach der AbwV einzuhaltender oder in der wasserrechtlichen Zulassung festgesetzter Wert für den Chemischen Sauerstoffbedarf (CSB) gilt auch als eingehalten, wenn der vierfache Wert des gesamten organisch gebundenen Kohlenstoffs (TOC), bestimmt in Milligramm je Liter, diesen Wert nicht überschreitet.

20.2.2 Metallbearbeitung (Anhang 40)

Anwendungsbereich

Dieser Anhang gilt für Abwasser, dessen Schadstofffracht im Wesentlichen aus den folgenden Herkunftsbereichen einschließlich der zugehörigen Vor-, Zwischen- und Nachbehandlung stammt:

- Galvanik,
- Beizerei,
- Anodisierbetrieb,
- Brüniererei,
- Feuerverzinkerei, Feuerverzinnerei,
- Härterei,
- Leiterplattenherstellung,
- Batterieherstellung,
- Emaillierbetrieb,
- mechanische Werkstätte,
- Gleitschleiferei,
- Lackierbetrieb.

Dieser Anhang gilt nicht für Abwasser aus Kühlsystemen und aus der Betriebswasseraufbereitung sowie für Niederschlagswasser.

Allgemeine Anforderungen
Die Schadstofffracht ist so gering zu halten, wie dies durch folgende Maßnahmen möglich ist:

- Behandlung von Prozessbädern mittels geeigneter Verfahren wie Membranfiltration, Ionenaustauscher, Elektrolyse, thermische Verfahren, um eine möglichst lange Standzeit der Prozessbäder zu erreichen,
- Rückhalten von Badinhaltsstoffen mittels geeigneter Verfahren wie verschleppungsarmer Warentransport, Spritzschutz, optimierte Badzusammensetzung,
- Mehrfachnutzung von Spülwasser mittels geeigneter Verfahren wie Kaskadenspülung, Kreislaufspültechnik mittels Ionenaustauscher,
- Rückgewinnen oder Rückführen von dafür geeigneten Badinhaltsstoffen aus Spülbädern in die Prozessbäder,
- Rückgewinnen von Ethylendiamintetraessigsäure (EDTA) und ihren Salzen aus chemischen Kupferbädern und deren Spülbädern.

Anforderungen an das Abwasser für die Einleitungsstelle
An das Abwasser aus einem der genannten Herkunftsbereiche werden für die Einleitungsstelle in das Gewässer folgende Anforderungen gestellt (Tab. 20.2).

Anforderungen an das Abwasser vor Vermischung
An das Abwasser aus einem der genannten Herkunftsbereiche werden vor der Vermischung mit anderem Abwasser folgende Anforderungen gestellt (Tab. 20.3).

Die Anforderungen an AOX und Chlor, freies sowie alle Anforderungen bei Chargenanlagen beziehen sich auf die Stichprobe. Bei chemisch-reduktiver Nickelabscheidung gilt für Nickel ein Wert von 1 mg/L. Beim Galvanisieren von Glas gelten nur die Anforderungen für Kupfer und Nickel. Bei Primärzellenfertigung (Herkunftsbereich 8) gilt für Cadmium ein Wert von 0,1 mg/L. Die Anforderung an AOX in den Herkunftsbereichen Galvanik und mechanische Werkstätten gilt auch als eingehalten, wenn:

- die in der Produktion eingesetzten Hydrauliköle, Befettungsmittel und Wasserverdränger keine organischen Halogenverbindungen enthalten,
- die in der Produktion und bei der Abwasserbehandlung eingesetzte Salzsäure keine höhere Verunreinigung durch organische Halogenverbindungen und Chlor aufweist, als nach DIN 19610 für Salzsäure zur Aufbereitung von Betriebswasser zulässig ist,
- die bei der Abwasserbehandlung eingesetzten Eisen- und Aluminiumsalze keine höhere Belastung an organischen Halogenverbindungen aufweisen als 100 Milligramm,

Tab. 20.2 Anforderungen an das Abwasser für die Einleitungsstelle

Herkunftsbereich		1	2	3	4	5	6	7	8	9	10	11	12
		Qualifizierte Stichprobe oder 2-Stunden-Mischprobe											
Aluminium	mg/L	3	3	3	–	–	–	–	–	2	3	3	3
Ammoniumstickstoff	mg/L	100	30	–	30	30	50	50	50	20	30	–	–
Chemischer Sauerstoffbedarf	mg/L	400	100	100	200	200	400	600	200	100	400	400	300
Eisen	mg/L	3	3	–	3	3	–	3	3	3	3	3	3
Fluorid, gelöst	mg/L	50	20	50	–	50	–	50	–	50	30	–	–
Nitritstickstoff	mg/L	–	5	5	5	–	5	–	–	5	5	–	–
Kohlenwasserstoffe, gesamt	mg/L	10	10	10	10	10	10	10	10	10	10	10	10
Phosphor, gesamt	mg/L	2	2	2	2	2	2	2	2	2	2	2	2
Giftigkeit gegenüber Fischeiern	G_{Ei}	6	4	2	6	6	6	6	6	4	6	6	6

Tab. 20.3 Anforderungen an das Abwasser vor der Vermischung

Herkunftsbereich		1	2	3	4	5	6	7	8	9	10	11	12
		Qualifizierte Stichprobe oder 2-Stunden-Mischprobe											
AOX	mg/L	1	1	1	1	1	1	1	1	1	1	1	1
Arsen	mg/L	0,1	–	–	–	–	–	0,1	0,1	–	–	–	–
Barium	mg/L	–	–	–	–	–	2	–	–	–	–	–	–
Blei	mg/L	0,5	–	–	–	0,5	–	0,5	0,5	0,5	0,5	–	0,5
Cadmium	mg/L	0,2	–	–	–	0,1	–	–	0,2	0,2	0,1	–	0,2
	kg/t	0,3	–	–	–	–	–	–	1,5	–	–	–	–
Chlor, freies	mg/L	0,5	0,5	–	0,5	–	0,5	–	–	–	0,5	–	–
Chrom, gesamt	mg/L	0,5	0,5	0,5	0,5	–	–	0,5	–	0,5	0,5	0,5	0,5
Chrom (VI)	mg/L	0,1	0,1	0,1	0,1	–	–	0,1	–	0,1	0,1	–	0,1
Cyanid, leicht freisetzbar	mg/L	0,2	–	–	–	–	1	0,2	–	–	0,2	–	–
Kobalt	mg/L	–	–	1	–	–	–	–	–	1	–	–	–
Kupfer	mg/L	0,5	0,5	–	–	–	–	0,5	0,5	0,5	0,5	0,5	0,5
Nickel	mg/L	0,5	0,5	–	0,5	–	–	0,5	0,5	0,5	0,5	0,5	0,5
Quecksilber	mg/L	–	–	–	–	–	–	–	0,05	–	–	–	–
	kg/t	–	–	–	–	–	–	–	0,03	–	–	–	–
Selen	mg/L	–	–	–	–	–	–	–	–	1	–	–	–
Silber	mg/L	0,1	–	–	–	–	–	0,1	0,1	–	–	–	–
Sulfid, leicht freisetzbar	mg/L	1	1	–	1	–	–	1	1	1	–	–	–
Zinn	mg/L	2	–	2	–	2	–	2	–	–	–	–	–
Zink	mg/L	2	2	2	–	2	–	–	2	2	2	2	2

bezogen auf ein Kilogramm Eisen bzw. Aluminium in den eingesetzten Behandlungsmitteln,

- nach Prüfung der Möglichkeit im Einzelfall:
  - cyanidische Bäder durch cyanidfreie ersetzt sind,
  - Cyanide ohne Einsatz von Natriumhypochlorit entgiftet werden und
  - nur Kühlschmierstoffe eingesetzt werden, in denen organische Halogenverbindungen nicht enthalten sind.

Anforderungen an das Abwasser für den Ort des Anfalls

Das Abwasser darf nur diejenigen halogenierten Lösemittel enthalten, die nach der Zweiten Verordnung zur Durchführung des Bundes-Immissionsschutzgesetzes in der jeweiligen Fassung eingesetzt werden dürfen. Diese Anforderung gilt auch als eingehalten, wenn der Nachweis erbracht wird, dass nur zugelassene halogenierte Lösemittel eingesetzt werden. Im Übrigen ist für LHKW (Summe aus Trichlorethen; Tetrachlorethen; 1,1,1-Trichlorethen; Dichlormethan – gerechnet als Chlor) ein Wert von 0,1 mg/L in der Stichprobe einzuhalten.

Für quecksilberhaltiges Abwasser ist ein Wert von 0,05 mg/L Quecksilber in der qualifizierten Stichprobe oder der 2-Stunden-Mischprobe einzuhalten. Das Abwasser aus Entfettungsbädern, Entmetallisierungsbädern und Nickelbädern darf kein EDTA enthalten. Für das Abwasser aus cadmiumhaltigen Bädern einschließlich Spülen ist ein Wert von 0,2 mg/L Cadmium in der qualifizierten Stichprobe oder der 2-Stunden-Mischprobe einzuhalten. Ort des Anfalls des Abwassers ist der Ablauf der Vorbehandlungsanlage für den jeweiligen Parameter.

20.2.3 Inhalt betrieblicher Dokumentationen

Betriebliches Abwasserkataster

Das betriebliche Abwasserkataster dient dazu, nachzuweisen, dass die allgemeinen abwasserrelevanten Anforderungen grundsätzlich eingehalten werden können. Inhalte des betrieblichen Abwasserkatasters sind in der Regel:

- allgemeine Angaben zum Betrieb, insbesondere die Anzahl der Anlagen nach dem Bundes-Immissionsschutzgesetz oder nach § 60 des Wasserhaushaltsgesetzes, die zugelassenen Produktions- bzw. Maschinenkapazitäten und die hergestellten Produkte, sofern es sich nicht um eigenständig betriebene industrielle Abwasserbehandlungsanlagen nach § 60 des Wasserhaushaltsgesetzes handelt,
- Beschreibung der Produktion, der abwasserrelevanten Prozesse und der Abwasservorbehandlungsverfahren mit Übersichtsplan, Entwässerungsplan, Fließschemata der verfahrenstechnischen Anlagen, Darstellung der Stoffströme sowie Angabe der Art und Menge der eingesetzten abwasserrelevanten Roh- und Hilfsstoffe,

- Beschreibung und Bilanzierung der Abwasserteilströme einschließlich der Darstellung der Fließwege von der Anfallstelle des Abwassers bis zur Einleitungs- bzw. Übergabestelle mit Angabe der Volumenströme sowie der Schadstoffkonzentrationen und -frachten,
- Übersicht über die abwasserrelevanten Jahresmassenströme, in Kilogramm Schadstoff pro Kilogramm hergestelltes Produkt, sofern produktionsspezifische Frachten im betreffenden Anhang vorgegeben sind,
- Beschreibung der Abwasserbehandlungsanlagen und -einleitungen sowie der Messeinrichtungen und Probenahmestellen,
- Verzeichnis der wasserrechtlichen Zulassungen.

Bei abwasserrelevanten Änderungen ist eine Aktualisierung vorzunehmen.

Betriebstagebuch
Inhalte des Betriebstagebuchs sind in der Regel:

- Angabe des prozessbezogenen Wasserverbrauchs und Angabe des Energieverbrauchs der Abwasseranlagen,
- Angabe der Produktionsmengen und Angaben zur Auslastung der Produktionsanlagen,
- Angabe der tatsächlich angefallenen und der eingeleiteten Abwassermengen als Teilstrom und Gesamtstrom,
- Probenahmeprotokolle sowie Angabe der Untersuchungsergebnisse und Messwerte aus der Selbstüberwachung,
- Dokumentation der eingesetzten abwasserrelevanten Roh- und Hilfsstoffe mit Angabe der Art, Menge und Dosierung,
- Angaben zu abwasserrelevanten Betriebsvorgängen, insbesondere zu In- und Außerbetriebnahmen, Wartungs- und Instandhaltungsmaßnahmen, Reparaturen, Dichtheitsprüfungen, Anlagenreinigungen sowie zu Schlammentsorgungen und zur Entsorgung von Reststoffen mit Kontroll- und Entsorgungsnachweisen sowie Angaben zu Störungen des bestimmungsgemäßen Betriebs und zu deren Auswirkungen auf die Abwassereinleitung,
- Angaben zu durchgeführten Maßnahmen zur Einhaltung der allgemeinen stoff- und mengenbezogenen Anforderungen der Abwasserverordnung.

Jahresbericht
Der Jahresbericht der Abwasserverordnung kann als eine Zusammenfassung und Auswertung des Betriebstagebuchs erstellt werden. Grundlage zur Erstellung des Jahresberichts sind die Berichte aufgrund des § 61 des Wasserhaushaltsgesetzes oder die Berichte nach landesrechtlichen Vorschriften zur Selbstüberwachung von Abwassereinleitungen. Der Jahresbericht ist innerhalb des ersten Quartals des Folgejahres der zuständigen Überwachungsbehörde vorzulegen. Inhalte des Jahresberichts sind:

- Zusammenfassung und Auswertung der Ergebnisse der betrieblichen Abwasseruntersuchungen gemäß den Betreiberpflichten nach Teil H des branchenspezifischen Anhangs der Abwasserverordnung mit Angabe der jeweiligen schadstoffbezogenen Konzentrationen und Frachten. Sofern vorhanden, können Daten aus der Selbstüberwachung auf Basis von landesrechtlichen Vorschriften verwendet werden. Die Zusammenfassung muss einen Vergleich mit den in der wasserrechtlichen Zulassung festgesetzten oder direkt geltenden Emissionsgrenzwerten ermoglichen,
- Übersicht der wichtigsten abwasserrelevanten Stoff- und Jahresmassenströme, z.B. in Kilogramm Schadstoff pro Kilogramm hergestelltes Produkt, und Übersicht der Produktionsmengen in hergestellte Produkte pro Jahr, sofern produktionsspezifische Frachten im branchenspezifischen Anhang der Abwasserverordnung vorgegeben sind, sowie Übersicht der Abwassermengen in Kubikmeter pro Jahr und des prozessbezogenen Wasserverbrauchs,
- Zusammenfassung besonderer Betriebsbedingungen der Produktions- und Abwasserbehandlungsanlage wie Chargenbetrieb, An- und Abfahrvorgänge, Außerbetriebnahme von Anlagenteilen und Störungen des bestimmungsgemäßen Betriebs, die Auswirkungen auf die Abwassereinleitung hatten,
- Zusammenfassung, Beschreibung und Auswertung der durchgeführten Maßnahmen zur Einhaltung der allgemeinen Anforderungen der Abwasserverordnung.

20.3 Indirekteinleiterverordnung (IndVO) am Beispiel Baden-Württemberg

Anforderungen nach der Abwasserverordnung (§ 2)

Bei Abwasser, für das in der Abwasserverordnung (AbwV) für den Ort des Anfalls des Abwassers oder vor seiner Vermischung Anforderungen festgelegt sind, gelten diese und die allgemeinen Anforderungen und Regelungen der Abwasserverordnung auch für Indirekteinleiter. Soweit keine Anforderungen zu stellen sind, ist die Schadstofffracht des Abwassers so gering zu halten, wie dies bei Einhaltung des Standes der Technik möglich ist, sofern in der nachgeschalteten öffentlichen Abwasseranlage die geforderte Schadstoffreduzierung nicht erreicht wird.

Genehmigungspflicht (§ 5)

Abwasser, für das Anforderungen bestimmt sind, darf nur mit Genehmigung der unteren Wasserbehörde in öffentliche Abwasseranlagen eingeleitet werden. Die Genehmigungspflicht entfällt, wenn das Abwasser vor seiner Einleitung in die öffentliche Abwasseranlage:

- in einer nach § 45e WG Baden-Württemberg genehmigten Anlage behandelt wird und in dieser Genehmigung die Anforderungen an die Einleitung des Abwassers nach §§ 2 oder 3 festgelegt sind, oder

Tab. 20.4 Schwellenwerte für die Genehmigungspflicht

Stoff oder Stoffgruppe	Konzentration mg/L	Fracht g/h
Adsorbierbare organische gebundene Halogene (AOX) in der Originalprobe, angegeben als Chlorid	0,5	10
Arsen in der Originalprobe	0,05	1
Blei in der Originalprobe	0,2	8
Cadmium in der Originalprobe	0,02	0,4
Chlor, gesamt	0,2	4
Chlorierte Kohlenwasserstoffe (Trichlorethan, Trichlorethen, Tetrachlorethen und Trichlormethan)	0,1 In der Summe der Einzelstoffe	0,2
Chrom in der Originalprobe	0,2	8
Cyanid, leicht freisetzbar	0,1	2
Kupfer in der Originalprobe	0,3	12
Nickel in der Originalprobe	0,2	8
Quecksilber in der Originalprobe	0,005	0,1
Silber in der Originalprobe	0,1	6
Zink in der Originalprobe	0,5	20

- in einer nach § 45e WG Baden-Württemberg genehmigungsfreien, aber nach anderen Vorschriften zugelassenen Anlage behandelt wird und nach dieser Zulassung die Anforderungen nach §§ 2 oder 3 aufgrund der Behandlung als eingehalten gelten, oder
- die in Tab. 20.4 für die Stoffe und Stoffgruppen genannten Konzentrationen oder Frachten unterschreitet.

Einleitungsverbote, Einleitungsbeschränkungen und Überwachungsregelungen nach kommunalem Satzungsrecht bleiben unberührt.

Die Schwellenwerte beziehen sich auf die nach § 4 AbwV maßgeblichen Analysen- und Messverfahren oder gleichwertige Untersuchungsmethoden. Die Schwellenwerte für die Schadstofffracht in Gramm/Stunde werden aus der qualifizierten Stichprobe für das in einer Stunde anfallende Abwasser hochgerechnet.

20.4 Die Eigenkontrollverordnung für Baden-Württemberg

Überwachung von Einleitungen und Abwasseranlagen, Eigenkontrolle, Verringerung der Schadstofffrachten (§ 83 Wassergesetz Baden-Württemberg)
Wer Stoffe in Gewässer oder in eine öffentliche Abwasseranlage einleitet oder einbringt oder zum Zweck der Beseitigung versickert, verregnet, verrieselt oder sonst aufbringt, hat diese Stoffe nach Anordnung der Wasserbehörde durch anerkannte Sachverständige oder sachverständige Stellen untersuchen zu lassen.

Wer Abwasseranlagen betreibt, hat diese regelmäßig zu überprüfen und mit Überwachungseinrichtungen auszurüsten, mit denen er die Leistung der Anlagen und die Beschaffenheit und Menge des Abwassers feststellen kann (Eigenkontrolle). Die Wasserbehörde kann die Eigenkontrolle von gewerblichen Betrieben auf die für die Menge und Beschaffenheit des Abwassers erhebliche Produktion, die dortigen Einsatzstoffe, den Ort des Anfalls des Abwassers oder den Abwasserteilstrom vor der Vermischung erstrecken und anordnen, dass ein Verzeichnis der für die Beschaffenheit des Abwassers und die Schadstofffrachten erheblichen innerbetrieblich verwendeten Einsatzstoffe zu führen ist. Die Ergebnisse der Eigenkontrolle sollen bei der behördlichen Überwachung berücksichtigt werden.

Wer öffentliche Kanalisationen betreibt, hat ein Verzeichnis der Betriebe zu führen, von deren Abwasseranfall nach Beschaffenheit und Menge ein erheblicher Einfluss auf die Abwasseranlagen, deren Wirksamkeit, Betrieb oder Unterhaltung oder auf das Gewässer zu erwarten ist (Indirekteinleiterkataster). Die Betriebe sind verpflichtet, die erforderlichen Angaben zu machen. Das Verzeichnis ist der Wasserbehörde auf Verlangen zu übermitteln.

Geltungsbereich (§ 1)

Die Eigenkontrolle von Abwasseranlagen und des von Einleitungen aus Abwasseranlagen beeinflussten Gewässers bestimmt sich nach dieser Verordnung. Ausgenommen sind:

- Abwasserbehandlungsanlagen für häusliches Abwasser, bei denen der Abwasseranfall $8\,m^3$ täglich nicht übersteigt,
- Abwasseranlagen zum Anschluss von häuslichem Abwasser an öffentliche Kanalisationen (Hausanschlüsse) und
- Leichtstoffabscheider, die für einen Abwasserdurchfluss unter 10 L/s ausgelegt sind.

Eigenkontrolle (§ 2)

Wer Abwasseranlagen betreibt, hat Prüfungen, Untersuchungen, Messungen und Auswertungen durchzuführen und die hierzu erforderlichen Kontrolleinrichtungen und Geräte zu verwenden. Der Betreiber einer Abwasseranlage kann sich zur Erfüllung seiner Pflichten Dritter bedienen. Bei Betriebsstandorten, die in ein Standortverzeichnis nach der EG-Öko-Audit-Verordnung eingetragen sind, kann die Eigenkontrolle, insbesondere hinsichtlich von Prüfungen, Auswertungen und Dokumentationen, auch im Rahmen von Umweltbetriebsprüfungen erfolgen, wenn die Bestimmungen dieser Verordnung eingehalten werden. Auf Angaben in einer Umwelterklärung kann Bezug genommen werden.

Mit der Eigenkontrolle wird die Einhaltung der die Abwasseranlage und die Einleitung betreffenden wasserrechtlichen Vorschriften und Verpflichtungen nachgewiesen. Die Wasserbehörden haben darüber zu wachen, dass die Eigenkontrolle den Bestimmungen der Eigenkontrollverordnung entspricht.

Betriebsdokumentation und Mitteilungspflichten (§ 3)
Die Ergebnisse der Eigenkontrolle sowie Störungen und besondere Vorkommnisse sind zu dokumentieren (Betriebsdokumentation). Die Betriebsdokumentation kann mit Hilfe der elektronischen Datenverarbeitung erstellt werden und ist der Wasserbehörde und der technischen Fachbehörde auf Verlangen vorzulegen.

Die Betriebsdokumentation ist mindestens vierteljährlich vom Gewässerschutzbeauftragten zu bestätigen. Ist ein solcher nicht bestellt, ist die Betriebsdokumentation von einem Mitglied der Geschäftsleitung oder einem leitenden Angestellten, bei Körperschaften des öffentlichen Rechts vom vertretungsberechtigten Organ oder seinem Vertreter, zu bestätigen.

Der Betreiber einer Abwasseranlage hat Störungen und besondere Vorkommnisse, die eine erhebliche Beeinträchtigung der Reinigungsleistung oder eine wesentliche nachteilige Veränderung des Gewässers besorgen lassen, der unteren Wasserbehörde unverzüglich anzuzeigen und zu dokumentieren. Bei Indirekteinleitungen ist zusätzlich die beseitigungspflichtige Körperschaft zu benachrichtigen.

Ausnahmen (§ 4)
Die Wasserbehörde soll von den Bestimmungen der Eigenkontrollverordnung im Einzelfall Ausnahmen zulassen, wenn eine gleichwertige Eigenkontrolle gewährleistet ist. Dies gilt insbesondere dann, wenn durch den Anlagenbetreiber besondere Maßnahmen zur Qualitätssicherung durchgeführt werden, oder für Betriebsstandorte, die in ein Standortverzeichnis nach der EG-Öko-Audit-Verordnung eingetragen sind.

20.4.1 Anforderungen an kommunale Abwasseranlagen

Kanalisationen
Kanalisationen sind regelmäßig daraufhin zu überprüfen, ob sie den allgemein anerkannten Regeln der Technik entsprechen. Die Überprüfungen und erforderlichen Sanierungen sind nach wasserwirtschaftlichen Dringlichkeiten durchzuführen. Die Überprüfungen sind spätestens vor Ablauf der in Tab. 20.5 genannten Fristen durchzuführen. Die Fristen für die Wiederholungsprüfungen beginnen am 1. Januar 2001, es sei denn es wurde eine Ausnahme erteilt. In diesem Fall beginnen die Fristen für die Wiederholungsprüfung mit Abschluss der Erstinspektion. Bei Anwendung von methodischen Zustandsprognosen kann die Wasserbehörde Ausnahmen von den Fristen zulassen, insbesondere diese verlängern.

Regenwasserbehandlungs- und Regenwasserentlastungsanlagen
Die Eigenkontrolle umfasst die Sichtkontrolle von Einlauf, Überläufen und Ablauf der Anlagen auf Ablagerungen und Verstopfungen und die Funktionskontrolle der technischen Ausrüstung, Messgeräten und Drosseleinrichtungen. Die Kontrollen sollen insbesondere nach Belastung der Anlagen durch Regenereignisse, mindestens jedoch bei Regenüber-

Tab. 20.5 Fristen für die Wiederholungsprüfung

Lage/Zustand \ Art	Wasserschutzgebiet	Saniert oder schadensfrei	Nicht saniert
Misch- und Schmutzwasserkanäle	10 Jahre (Zone I u. II) 15 Jahre (Zone III)	15 Jahre	10 Jahre
Regenwasserkanäle für behandlungsbedürftiges Niederschlagswasser	15 Jahre	20 Jahre	15 Jahre

laufbecken zweimonatlich, bei sonstigen Anlagen vierteljährlich, durchgeführt werden. An der Einleitungsstelle in das Gewässer sind vierteljährlich Sichtkontrollen auf Auffälligkeiten, wie z. B. Ablagerungen, An- und Abschwemmungen, Geruch und Färbung, durchzuführen.

Probenahme Abwasserbehandlungsanlagen

Probenahmen, Messungen und Untersuchungen sind unabhängig von Zulaufbedingungen und Witterungsverhältnissen durchzuführen. Abwasserproben sind an folgenden Stellen zu entnehmen:

- im Zulauf nach der Rechenanlage oder nach dem Sandfang,
- im Ablauf der Vorklärung, ohne dass Rücklaufschlamm- oder Rezirkulationsströme erfasst werden,
- im Ablauf in der Regel nach der letzten Behandlungseinheit.

Rückstau darf an den Probenahmestellen nicht auftreten. Bei Abwasserbehandlungsanlagen ab einer Ausbaugröße von 5001 Einwohnerwerten (EW) sind in der Regel die Abwasserproben im Zu- und Ablauf volumen- oder durchflussproportional über 24 h zu entnehmen. Bei Abwasseranlagen bis 5000 Einwohnerwerten genügen zeitversetzte qualifizierte Stichproben. Bei der biologischen Stufe und der Nachklärung sind die Abwasserproben bei allen Größenklassen, jeweils zu verschiedenen Tageszeiten, als Stichproben zu entnehmen.

Untersuchungsparameter und Untersuchungsverfahren

Neben den Analysen- und Messverfahren nach der Anlage zu § 4 der Verordnung über Anforderungen an das Einleiten von Abwasser in Gewässer (Abwasserverordnung) können auch andere geeignete Analyse- und Messverfahren, z. B. Schnellanalyseverfahren und Betriebsmethoden angewendet werden, wenn mit diesen die Einhaltung der wasserrechtlichen Anforderungen sicher beurteilt werden kann. Bei der ablaufbezogenen Eigenkontrolle ist jedoch mindestens einmal pro Jahr eine Abwasserprobe nach einem Verfahren nach der Anlage nach § 4 der Abwasserverordnung zu untersuchen (Parallelprobe).

Bestimmung von Einzelparametern

Sofern im wasserrechtlichen Bescheid keine abweichenden Vorgaben festgelegt sind, kann wie folgt untersucht werden:

Aus der nicht abgesetzten, homogenisierten Abwasserprobe:

- CSB, TOC, N_{ges} und P_{ges}

Aus der Originalabwasserprobe:

- pH-Wert, Temperatur und Sauerstoffgehalt mit Messgerät

Aus der filtrierten Abwasserprobe:

- NH_4-N, NO_3-N und NO_2-N

Bei kontinuierlicher Bestimmung durch fest eingebaute, selbstschreibende Messgeräte ist das Messgerät mindestens monatlich zu überprüfen und zu justieren.

Qualitätssicherung

Probenahmen und Analysen sind unter Beachtung der Regelungen für die analytische Qualitätssicherung (AQS) durchzuführen. Messungen sind auf Plausibilität zu prüfen, die Plausibilitätsprüfungen sind zu dokumentieren.

Rückstellproben

Wer eine Abwasserbehandlungsanlage betreibt, hat aus dem Zulauf und dem Ablauf der Anlage Abwasserrückstellproben zu entnehmen. Die Rückstellproben sind bei Anlagen ab einer Ausbaugröße von 5001 Einwohnerwerten täglich im Zu- und Ablauf der Anlage volumen- oder durchflussproportional über 24 h zu entnehmen und fünf Tage unter Lichtausschluss bei einer Lagertemperatur unter 5 °C aufzubewahren. Die Rückstellproben sind zu kennzeichnen (Bezeichnung der Anlage, Probenehmer, Entnahmestelle, -datum und -zeit).

Abwasserdurchflussmessung

Die Abwasserdurchflussmessung erfolgt:

- bei Anlagen ab 100 EW bis 999 EW mit Hilfe eines Messwehres z. B. als fester Einbau oder Steckschieber,
- bei Anlagen ab 1000 EW durch Messgeräte mit selbstschreibendem Anzeigegerät und uhrzeitsynchronem Zählwerk oder magnetisch-induktive Durchflussmesseinrichtung (MID) bzw. gleichwertige Verfahren. Die Messeinrichtung ist mindestens vierteljährlich zu überprüfen und zu justieren und zudem mindestens alle fünf Jahre durch einen Sachverständigen oder Sachkundigen überprüfen zu lassen.

Die für Durchflussmessungen erforderlichen Messstellen sind möglichst so anzuordnen, dass nur das behandelte Abwasser ohne interne Teilströme erfasst wird.

Indirekteinleiterkataster

Das Indirekteinleiterkataster besteht aus Angaben über die Betriebe nach § 83 Abs. 3 WG Baden-Württemberg, insbesondere über den Namen der Betriebe, der Verantwortlichen, die Art und den Umfang der Produktion, die eingeleitete Abwassermenge, die Art der Abwasservorbehandlungsanlage sowie die Hauptabwasserinhaltsstoffe. Die Betriebe sind in einem Übersichtsplan, der die öffentlichen Abwasseranlagen enthält, zu kennzeichnen. Das Indirekteinleiterkataster ist jährlich zu aktualisieren.

Betriebsdokumentation

Die Betriebsdokumentation umfasst die Ergebnisse der Eigenkontrolle. Sie ist 3 Jahre aufzubewahren. Daneben sind folgende Angaben aufzunehmen:

- täglicher Schwankungsbereich der kontinuierlich zu messenden Abwasserparameter,
- Zeitpunkt der Überprüfung der Messgeräte mit Angabe der Prüfungsergebnisse, der vorgenommenen Auswechselungen und Reparaturen,
- Zeitpunkt der Kontrollen durch Behörden, amtlich anerkannte Sachverständige oder Sachkundige,
- Ergebnisse der Gewässerbeobachtung.

Bei Abwasseranlagen mit einer Ausbaugröße größer als 5000 EW sind Abwasseranfall, chemischer Sauerstoffbedarf, Gesamtstickstoff, Ammoniumstickstoff und Nitratstickstoff in Form eines Leistungsbildes aufzutragen. Dies gilt auch für Phosphor bei Anlagen, die für die Phosphorelimination ausgestattet sind. Das Leistungsbild soll über ein Kalenderjahr bilanziert werden.

20.4.2 Anforderungen an industrielle Abwasseranlagen

Regenwasserbehandlungs- und Regenwasserentlastungsanlagen

Die Eigenkontrolle umfasst die Sichtkontrolle von Einlauf, Überläufen und Ablauf der Anlagen auf Ablagerungen und Verstopfungen und die Funktionskontrolle der technischen Ausrüstung, Messgeräte und Drosseleinrichtungen. Die Kontrollen sollen insbesondere nach Belastung der Anlagen durch Regenereignisse, mindestens jedoch bei Regenüberlaufbecken zweimonatlich, bei sonstigen Anlagen vierteljährlich, durchgeführt werden.

Kontrolle des Oberflächengewässers bei Direkteinleitern

An der Einleitungsstelle sind monatlich, bei Regenwassereinleitungen vierteljährlich, Sichtkontrollen auf Auffälligkeiten, wie z. B. Ablagerungen, An-/Abschwemmungen, Geruch, Färbung, durchzuführen.

Einsatzstoffliste

Wer eine Abwasserbehandlungsanlage betreibt, hat bei der Überprüfung der Anlage die für deren Reinigungsleistung sowie gegebenenfalls die für andere Anlagen oder das von ihr beeinflusste Gewässer erheblichen Schadstoffe und Schadstofffrachten zu untersuchen. Um diese feststellen zu können, sind neben den anlagen- und ablaufbezogenen Eigenkontrollen an den innerbetrieblichen Anfallstellen die in der Produktion eingesetzten abwasserrelevanten Stoffe und die bei der Abwasserbehandlung eingesetzten Stoffe, wenn ihre jährliche Verbrauchsmenge 10 kg und mehr beträgt, in einer Einsatzstoffliste zu erfassen. Die Einsatzstoffliste muss mindestens folgende Angaben enthalten:

- Einsatzbereiche,
- Einsatzstoff (Handelsname, chemische Bezeichnung),
- Einsatzbereich, Produktionsprozess, Abwasseranfallstelle,
- Verbrauch (kg/a),
- Biologische Abbaubarkeit/Eliminierbarkeit (%-Angabe mit zugehörigem Testverfahren),
- Sicherheitsdatenblatt.

Dokumentationen aus anderen Bereichen können mit einbezogen werden, sofern die oben angeführten, relevanten Angaben jederzeit aggregierbar und zugänglich sind. Die Einsatzstoffliste ist bei einer wesentlichen Änderung, mindestens jedoch jährlich, zu aktualisieren.

Abwasserherkunftsliste

Ferner sind ab einem täglichen Abwasseranfall von 100 m^3 folgende Überprüfungen an den Abwasseranfallstellen durchzuführen:

- Abwasseranfall nach Art, Beschaffenheit, Menge und spezifischer Abwasserfracht,
- Betriebsvorgänge, bei denen spezifisch belastetes Abwasser oder Kühlwasser anfällt,
- Besonderheiten, Mängel, mögliche Abhilfemaßnahmen.

Die Ergebnisse der Überprüfungen sind in einer Abwasserherkunftsliste mit Namen des Prüfenden und Datum der Prüfung zu erfassen. Die Abwasserherkunftsliste ist bei einer wesentlichen Änderung, mindestens jedoch jährlich, zu aktualisieren. Dabei sind insbesondere Verbesserungsmöglichkeiten zur Abwassertrennung und zur Teilstrombehandlung sowie mögliche Maßnahmen zur Vermeidung und Verminderung der Schadstofffrachten zu prüfen. Das Ergebnis der Prüfung ist zu dokumentieren.

Anlagenbezogene Eigenkontrollen

Die Einteilung der Größenklassen und die Zuordnung der Abwasserbehandlungsanlagen erfolgt nach der im wasserrechtlichen Bescheid zugelassenen Abwassermenge. Ist diese nicht in einem Bescheid festgelegt, ist die hydraulische Kapazität der Anlage zu Grunde zu legen. Es existieren folgende Größenklassen:

- <10 m^3/d,
- 10–100 m^3/d,
- >100 m^3/d.

Die Probenentnahme erfolgt als zeitversetzte, d. h. zu unterschiedlichen Tageszeiten entnommene, qualifizierte Stichprobe, sofern im wasserrechtlichen Bescheid keine davon abweichenden Regelungen getroffen sind. Die Eigenkontrolluntersuchungen und Messungen können abweichend von der Anlage zu § 4 der Abwasserverordnung auch mit anderen geeigneten Verfahren der Erfolgskontrolle, zum Beispiel Schnellanalyseverfahren, durchgeführt werden, wenn diese zu Ergebnissen führen, mit denen die Einhaltung der jeweiligen wasserrechtlichen Anforderungen sicher beurteilt werden kann. Bei den ablaufbezogenen Eigenkontrollen ist in diesen Fällen zur Prüfung der Plausibilität jedoch mindestens einmal pro Jahr eine Abwasserprobe zusätzlich auch nach einem Verfahren nach Abwasserverordnung in der jeweils gültigen Fassung zu untersuchen (Parallelprobe). Die Parallelprobe kann auch eine im Rahmen der amtlichen Überwachung entnommene und untersuchte Probe sein.

Täglich ist eine Kontrolle der einzelnen Behandlungsanlagen einschließlich deren Bestandteile auf ordnungsgemäße Funktion und Betriebsweise durchzuführen. Bei nicht einsehbaren Abwasserkanälen, -leitungen oder -becken, die der Fortleitung oder Sammlung von Abwasser dienen, ist vor dem Endkontrollschacht eine Prüfung auf Dichtheit alle 5 Jahre, nach dem Endkontrollschacht alle 10 Jahre durchzuführen. Hiervon ausgenommen sind biologische Behandlungsanlagen sowie Amalgamabscheider. Bei den einzelnen Anlagentypen sind anlagenbezogene Eigenkontrollen in der sich aus der Kontrollverordnung ergebenden Häufigkeit vorzunehmen. Dazu zählen folgende Anlagen:

- Emulsionsspaltanlagen,
- Cyanid-, Nitrit- und Chromatbehandlung,
- Neutralisationsanlagen,
- Metallbehandlungsanlagen,
- Fällungs- und Flockungsanlagen,
- Absetzanlagen,
- Filtrationsanlagen,
- Membranfiltration,
- Leicht-/Schwerstoffabscheider,
- Fettabscheider,
- biologische Anlagen,
- Schlammentwässerung/-entsorgung.

Ablaufbezogene Eigenkontrollen

Im Ablauf der Abwasserbehandlungsanlage sind die folgenden Abwasserparameter:

- Abwasserdurchfluss,
- pH-Wert,

- Temperatur,
- absetzbare Stoffe,
- BSB_5,
- CSB oder TOC,
- NH_4-N, NO_3-N, NO_2-N,
- Chrom (VI),
- freies Chlor,
- Cyanid,
- P_{ges}, Fluorid, Sulfat, Sulfid, Sulfit,
- Aluminium, Arsen, Barium, Blei, Cadmium, Chrom ges., Kobalt, Eisen, Kupfer, Nickel, Quecksilber, Selen, Silber, Zink, Zinn,
- AOX, leichtflüchtige halogenierte KW,
- Benzol und Derivate,
- Kohlenwasserstoffe (KW)

oder Teile hiervon zu untersuchen, soweit die wasserrechtliche Genehmigung Anforderungen zu den genannten Parametern enthält. Gelten Anforderungen aufgrund der Umsetzung innerbetrieblicher Maßnahmen im Sinne der Abwasserverordnung als eingehalten, entfallen die ablaufbezogenen Eigenkontrollen für diese Parameter.

Bedarf die Anlage keiner Genehmigung und keiner Erlaubnis, sind die Parameter zu untersuchen, für die Mindestanforderungen im Abwasser zu erwarten sind. Diese Untersuchungen entfallen, wenn die Abwasserbehandlungsanlage eine bauaufsichtliche Zulassung hat, nach dieser eingebaut und betrieben wird und regelmäßig, mindestens jedoch jährlich, entsprechend dieser Zulassung gewartet wird.

Rückstellproben

Abwasserrückstellproben sind bei Direkteinleitern mit einem täglichen Abwasseranfall von $10\,m^3$ und mehr aus dem Ablauf der Abwasserbehandlungsanlagen volumenproportional über 24 h zu entnehmen und unter Lichtausschluss bei einer Lagertemperatur unter 5 °C für 5 Tage aufzubewahren. Die Rückstellproben sind zu kennzeichnen (Bezeichnung der Anlage, Entnehmer, Entnahmestelle, -datum und -zeit).

Durchflussmessung

Bei Direkteinleitung ist der Abwasserdurchfluss durch Messgeräte mit selbstschreibendem Anzeigegerät und uhrzeitsynchronem Zählwerk oder magnetisch-induktive Durchflussmesseinrichtung (MID) oder gleichwertige Verfahren zu bestimmen. Die Messeinrichtung ist mindestens vierteljährlich zu überprüfen und zu justieren und zudem mindestens alle 5 Jahre durch einen Sachverständigen oder durch einen Sachkundigen überprüfen zu lassen. Der Mengenschreiber ist dauernd, auch bei Betriebsunterbrechungen, zu betreiben. Bei Einleitung in das öffentliche Kanalnetz kann der Abwasseranfall durch Wasserzähler auf der Frischwasserseite ermittelt werden.

Betriebsdokumentation
In die Betriebsdokumentation sind die Ergebnisse:

- der Prüfungen an Kanälen,
- Regenwasserbehandlungsanlagen,
- Regenwasserentlastungsanlagen,
- am Oberflächengewässer,
- Einsatzstoffliste und Abwasserherkunftsliste,
- anlagenbezogener Eigenkontrollen,
- ablaufbezogener Eigenkontrollen,
- Durchflussmessung

aufzunehmen. Ferner sind insbesondere folgende Angaben zu dokumentieren:

- Art und Menge der bei der innerbetrieblichen Behandlung der zu entsorgenden Schlämme oder Konzentrate eingesetzten Hilfsmittel,
- Daten zur Entsorgung der Schlämme oder Konzentrate entsprechend den Abfallentsorgungs-Regelwerken,
- Zeitpunkt der Überprüfung der Messgeräte mit Angabe der Prüfungsergebnisse, der vorgenommenen Auswechslungen und Reparaturen,
- Zeitpunkt von Reinigungs- und Wartungsarbeiten an Anlagenteilen, die für den Betrieb der Abwasserbehandlungsanlage bedeutsam sind,
- Zeitpunkt der Kontrollen durch Behörden.

Die Betriebsdokumentation ist mindestens 3 Jahre aufzubewahren. Die in der Betriebsdokumentation erfassten Daten von Abwasserleitungen und -schächten sind bis zum Abschluss der Wiederholungsprüfungen aufzubewahren.

20.5 Verordnung über Anlagen zum Umgang mit wassergefährdenden Stoffen (AwSV)

20.5.1 Zweck, Anwendungsbereich und Begriffsbestimmungen

Zweck, Anwendungsbereich (§ 1)
Diese Verordnung dient dem Schutz der Gewässer vor nachteiligen Veränderungen ihrer Eigenschaften durch Freisetzungen von wassergefährdenden Stoffen aus Anlagen zum Umgang mit diesen Stoffen. Diese Verordnung findet keine Anwendung auf:

- den Umgang mit im Bundesanzeiger veröffentlichten nicht wassergefährdenden Stoffen,

- nicht ortsfeste und nicht ortsfest benutzte Anlagen, in denen mit wassergefährdenden Stoffen umgegangen wird, sowie
- Untergrundspeicher nach § 4 des Bundesberggesetzes.

Diese Verordnung findet auch keine Anwendung auf oberirdische Anlagen mit einem Volumen von nicht mehr als 0,22 Kubikmetern bei flüssigen Stoffen oder mit einer Masse von nicht mehr als 0,2 Tonnen bei gasförmigen und festen Stoffen, wenn sich diese Anlagen außerhalb von Schutzgebieten und festgesetzten oder vorläufig gesicherten Überschwemmungsgebieten befinden.

Diese Verordnung findet zudem keine Anwendung, wenn der Umfang der wassergefährdenden Stoffe, sofern mit ihnen neben anderen Sachen in einer Anlage umgegangen wird, während der gesamten Betriebsdauer der Anlage unerheblich ist.

Begriffsbestimmungen (§ 2)
Für diese Verordnung gelten die Begriffsbestimmungen:

- **Wassergefährdende Stoffe:**
  sind feste, flüssige und gasförmige Stoffe und Gemische, die geeignet sind, dauernd oder in einem nicht nur unerheblichen Ausmaß nachteilige Veränderungen der Wasserbeschaffenheit herbeizuführen, und die als wassergefährdend eingestuft sind oder als wassergefährdend gelten.
- **Ein Stoff:**
  ist ein chemisches Element und seine Verbindungen in natürlicher Form oder gewonnen durch ein Herstellungsverfahren, einschließlich der zur Wahrung seiner Stabilität notwendigen Zusatzstoffe und der durch das angewandte Verfahren bedingten Verunreinigungen, aber mit Ausnahme von Lösungsmitteln, die von dem Stoff ohne Beeinträchtigung seiner Stabilität und ohne Änderung seiner Zusammensetzung abgetrennt werden können.
- **Ein Gemisch:**
  besteht aus zwei oder mehreren Stoffen.
- **Gasförmig:**
  sind Stoffe und Gemische, die:
  - bei einer Temperatur von 50 °C einen Dampfdruck von mehr als 300 Kilopascal (3 bar) haben oder
  - bei einer Temperatur von 20 °C und dem Standarddruck von 101,3 Kilopascal vollständig gasförmig sind.
- **Flüssig:**
  sind Stoffe und Gemische, die:
  - bei einer Temperatur von 50 °C einen Dampfdruck von weniger als 300 Kilopascal (3 bar) haben,
  - bei einer Temperatur von 20 °C und einem Standarddruck von 101,3 Kilopascal nicht vollständig gasförmig sind und

- einen Schmelzpunkt oder einen Schmelzbeginn bei einer Temperatur von 20 °C oder weniger bei einem Standarddruck von 101,3 Kilopascal haben.

- **Fest:**
  sind Stoffe und Gemische, die nicht gasförmig oder flüssig sind.
- **Gärsubstrate landwirtschaftlicher Herkunft zur Gewinnung von Biogas:**
  sind
  - pflanzliche Biomassen aus landwirtschaftlicher Grundproduktion,
  - Pflanzen oder Pflanzenbestandteile, die in landwirtschaftlichen, forstwirtschaftlichen oder gartenbaulichen Betrieben oder im Rahmen der Landschaftspflege anfallen, sofern sie zwischenzeitlich nicht anders genutzt worden sind,
  - pflanzliche Rückstände aus der Herstellung von Getränken sowie Rückstände aus der Be- und Verarbeitung landwirtschaftlicher Produkte, wie Obst-, Getreide- und Kartoffelschlempen, soweit bei der Be- und Verarbeitung keine wassergefährdenden Stoffe zugesetzt werden und sich die Gefährlichkeit bei der Be- und Verarbeitung nicht erhöht,
  - Silagesickersaft sowie
  - tierische Ausscheidungen wie Jauche, Gülle, Festmist und Geflügelkot.
- **Anlagen zum Umgang mit wassergefährdenden Stoffen (Anlagen):**
  sind
  - selbständige und ortsfeste oder ortsfest benutzte Einheiten, in denen wassergefährdende Stoffe gelagert, abgefüllt, umgeschlagen, hergestellt, behandelt oder im Bereich der gewerblichen Wirtschaft oder im Bereich öffentlicher Einrichtungen verwendet werden, sowie
  - Rohrleitungsanlagen nach § 62 des Wasserhaushaltsgesetzes.

  Als ortsfest oder ortsfest benutzt gelten Einheiten, wenn sie länger als ein halbes Jahr an einem Ort zu einem bestimmten betrieblichen Zweck betrieben werden. Anlagen können aus mehreren Anlagenteilen bestehen.
- **Fass- und Gebindelager:**
  sind Lageranlagen für ortsbewegliche Behälter und Verpackungen, deren Einzelvolumen 1,25 m^3 nicht überschreitet.
- **Heizölverbraucheranlagen:**
  sind Lageranlagen und im Bereich der gewerblichen Wirtschaft und öffentlicher Einrichtungen auch Verwendungsanlagen:
  - die dem Beheizen oder Kühlen von Wohnräumen, Geschäfts- und sonstigen Arbeitsräumen oder dem Erwärmen von Wasser dienen,
  - deren Jahresverbrauch an Heizöl leicht (Heizöl EL), an anderen leichten Heizölen mit gleichwertiger Qualität, an flüssigen Triglyceriden oder an flüssigen Fettsäuremethylestern 100 m^3 nicht übersteigt und
  - deren Behälter jährlich höchstens viermal befüllt werden.

  Notstromanlagen stehen Heizölverbraucheranlagen gleich.

- **Eigenverbrauchstankstellen:**
  sind Lager- und Abfüllanlagen:
  - die für die Öffentlichkeit nicht zugänglich sind,
  - die dafür bestimmt sind, Fahrzeuge und Geräte, die für den zugehörigen Betrieb genutzt werden, mit Kraftstoffen zu versorgen,
  - deren Jahresabgabe 100 m^3 nicht übersteigt und
  - die nur vom Betreiber oder den von ihm bestimmten und unterwiesenen Personen bedient werden.
- **Jauche-, Gülle- und Silagesickersaftanlagen (JGS-Anlagen):**
  sind Anlagen zum Lagern oder Abfüllen ausschließlich von:
  - Wirtschaftsdünger, insbesondere Gülle oder Festmist,
  - Jauche,
  - tierischen Ausscheidungen nicht landwirtschaftlicher Herkunft, auch in Mischung mit Einstreu oder in verarbeiteter Form,
  - Flüssigkeiten, die während der Herstellung oder Lagerung von Gärfutter durch Zellaufschluss oder Pressdruck anfallen und die überwiegend aus einem Gemisch aus Wasser, Zellsaft, organischen Säuren und Mikroorganismen sowie etwaigem Niederschlagswasser bestehen (Silagesickersaft), oder
  - Silage oder Siliergut, soweit hierbei Silagesickersaft anfallen kann.
- **Biogasanlagen:**
  sind
  - Anlagen zum Herstellen von Biogas, insbesondere Vorlagebehälter, Fermenter, Kondensatbehälter und Nachgärer,
  - Anlagen zum Lagern von Gärresten oder Gärsubstraten, wenn sie in einem engen räumlichen und funktionalen Zusammenhang stehen,
  - zu den Anlagen gehörige Abfüllanlagen.
- **Unterirdische Anlagen:**
  sind Anlagen, bei denen zumindest ein Anlagenteil unterirdisch ist; unterirdisch sind Anlagenteile:
  - die vollständig oder teilweise im Erdreich eingebettet sind oder
  - die nicht vollständig einsehbar in Bauteilen, die unmittelbar mit dem Erdreich in Berührung stehen, eingebettet sind.

  Alle anderen Anlagen sind oberirdisch; oberirdisch sind insbesondere auch Anlagen, deren Rückhalteeinrichtungen teilweise im Erdreich eingebettet sind, sowie Behälter, die mit ihren flachen Böden vollflächig oder mit Stützkonstruktionen auf dem Untergrund aufgestellt sind.
- **Rückhalteeinrichtungen** sind Anlagenteile zur Rückhaltung von wassergefährdenden Stoffen, die aus undicht gewordenen Anlagenteilen, die bestimmungsgemäß wassergefährdende Stoffe umschließen, austreten; dazu zählen insbesondere Auffangräume, Auffangwannen, Auffangtassen, Auffangvorrichtungen, Rohrleitungen, Schutzrohre, Behälter oder Flächen, in oder auf denen Stoffe zurückgehalten oder in oder auf denen Stoffe abgeleitet werden.

- **Doppelwandige Anlagen:**
  sind Anlagen, die aus zwei unabhängigen Wänden bestehen, deren Zwischenraum als Überwachungsraum ausgestaltet ist, der mit einem Leckanzeigesystem ausgestattet ist, das ein Undichtwerden der inneren und der äußeren Wand anzeigt.
- **Abfüll- oder Umschlagflächen:**
  sind Anlagenteile, die beim Abfüllen oder Umschlagen im Fall einer Betriebsstörung mit wassergefährdenden Stoffen beaufschlagt werden können, zuzüglich der Ablauf- und Stauflächen sowie der Abtrennung von anderen Flächen.
- **Rohrleitungen:**
  sind feste oder flexible Leitungen zum Befördern wassergefährdender Stoffe, einschließlich ihrer Formstücke, Armaturen, Förderaggregate, Flansche und Dichtmittel.
- **Lagern:**
  ist das Vorhalten von wassergefährdenden Stoffen zur weiteren Nutzung, Abgabe oder Entsorgung.
- **Erdbecken:**
  sind ins Erdreich gebaute oder durch Dämme errichtete Becken zum Lagern von Jauche, Gülle und Silagesickersäften, die im Sohlen- und Böschungsbereich aus Erdreich bestehen und gegenüber dem Boden mit Dichtungsbahnen abgedichtet sind.
- **Abfüllen:**
  ist das Befüllen von Behältern oder Verpackungen mit wassergefährdenden Stoffen.
- **Umschlagen:**
  ist das Laden und Löschen von Schiffen, soweit es unverpackte wassergefährdende Stoffe betrifft, sowie das Umladen von wassergefährdenden Stoffen in Behältern oder Verpackungen von einem Transportmittel auf ein anderes. Zum Umschlagen gehört auch das vorübergehende Abstellen von Behältern oder Verpackungen mit wassergefährdenden Stoffen in einer Umschlaganlage im Zusammenhang mit dem Transport.
- **Intermodaler Verkehr:**
  umfasst den Transport von Gütern in ein und derselben Ladeeinheit oder demselben Straßenfahrzeug mit zwei oder mehr Verkehrsträgern, wobei ein Wechsel der Verkehrsträger, aber kein Umschlag der transportierten Güter selbst erfolgt.
- **Herstellen:**
  ist das Erzeugen und Gewinnen von wassergefährdenden Stoffen.
- **Behandeln:**
  ist das Einwirken auf wassergefährdende Stoffe, um deren Eigenschaften zu verändern.
- **Verwenden:**
  ist das Anwenden, Gebrauchen und Verbrauchen von wassergefährdenden Stoffen unter Ausnutzung ihrer Eigenschaften im Bereich der gewerblichen Wirtschaft und im Bereich öffentlicher Einrichtungen.
- **Errichten:**
  ist das Aufstellen, Einbauen oder Einfügen von Anlagen und Anlagenteilen.
- **Instandhalten:**
  ist das Aufrechterhalten des ordnungsgemäßen Zustands einer Anlage, Instandsetzen ist das Wiederherstellen dieses Zustands.

- **Stilllegen:**
  ist die dauerhafte Außerbetriebnahme einer Anlage.
- **Wesentliche Änderungen:**
  einer Anlage sind Maßnahmen, die die baulichen oder sicherheitstechnischen Merkmale der Anlage verändern.
- **Schutzgebiete:**
  sind
  - Wasserschutzgebiete nach § 51 des Wasserhaushaltsgesetzes,
  - Gebiete, für die eine vorläufige Anordnung nach § 52 des Wasserhaushaltsgesetzes erlassen worden ist, und
  - Heilquellenschutzgebiete nach § 53 des Wasserhaushaltsgesetzes.

  Ist die weitere Zone eines Schutzgebietes unterteilt, so gilt als Schutzgebiet nur deren innerer Bereich; sind Zonen zum Schutz gegen qualitative und quantitative Beeinträchtigungen unterschiedlich abgegrenzt, gelten die Abgrenzungen zum Schutz gegen qualitative Beeinträchtigungen.
- **Sachverständige:**
  sind von anerkannten Sachverständigenorganisationen bestellte Personen, die berechtigt sind, Anlagen zu prüfen und zu begutachten.

20.5.2 Einstufung von Stoffen und Gemischen

Grundsätze (§ 3)
Nach Maßgabe der Bestimmungen dieses Kapitels werden Stoffe und Gemische, mit denen in Anlagen umgegangen wird, entsprechend ihrer Gefährlichkeit als nicht wassergefährdend oder in eine der folgenden Wassergefährdungsklassen eingestuft:

- Wassergefährdungsklasse 1: schwach wassergefährdend,
- Wassergefährdungsklasse 2: deutlich wassergefährdend,
- Wassergefährdungsklasse 3: stark wassergefährdend.

Folgende Stoffe und Gemische gelten als allgemein wassergefährdend und werden nicht in Wassergefährdungsklassen eingestuft:

- Wirtschaftsdünger, insbesondere Gülle oder Festmist,
- Jauche,
- tierische Ausscheidungen nicht landwirtschaftlicher Herkunft, auch in Mischung mit Einstreu oder in verarbeiteter Form,
- Silagesickersaft,
- Silage oder Siliergut, bei denen Silagesickersaft anfallen kann,
- Gärsubstrate landwirtschaftlicher Herkunft zur Gewinnung von Biogas sowie die bei der Vergärung anfallenden flüssigen und festen Gärreste,

- aufschwimmende flüssige Stoffe, die vom Umweltbundesamt im Bundesanzeiger veröffentlicht worden sind, und Gemische, die nur aus derartigen Stoffen bestehen, sowie
- feste Gemische.

Ein festes Gemisch ist nicht wassergefährdend, wenn das Gemisch oder die darin enthaltenen Stoffe vom Umweltbundesamt als nicht wassergefährdend im Bundesanzeiger veröffentlicht wurden. Als nicht wassergefährdend gelten auch feste Gemische, bei denen insbesondere aufgrund ihrer Herkunft oder ihrer Zusammensetzung eine nachteilige Veränderung der Gewässereigenschaften nicht zu besorgen ist. Als nicht wassergefährdend gelten:

- Stoffe und Gemische, die dazu bestimmt sind oder von denen erwartet werden kann, dass sie als Lebensmittel aufgenommen werden, und
- Stoffe und Gemische, die zur Tierfütterung bestimmt sind, mit Ausnahme von Siliergut und Silage, soweit bei diesen Silagesickersaft anfallen kann.

Solange Stoffe und Gemische nicht eingestuft sind, gelten sie als stark wassergefährdend.

Selbsteinstufung von Stoffen; Ausnahmen; Dokumentation (§ 4)
Beabsichtigt ein Betreiber, in einer Anlage mit einem Stoff umzugehen, hat er diesen als nicht wassergefährdend oder in eine Wassergefährdungsklasse einzustufen. Die Verpflichtung zur Selbsteinstufung gilt nicht für:

- Stoffe nach § 3,
- Stoffe, deren Einstufung bereits im Bundesanzeiger veröffentlicht worden ist,
- Stoffe, die zu einer Stoffgruppe gehören, deren Einstufung bereits im Bundesanzeiger veröffentlicht worden ist,
- Stoffe, die der Betreiber unabhängig von ihren Eigenschaften als stark wassergefährdend betrachtet, sowie
- Stoffe, die während der Durchführung einer Beförderung in Behältern oder Verpackungen umgeschlagen werden.

Der Betreiber hat die Selbsteinstufung eines Stoffes dokumentieren und diese Dokumentation dem Umweltbundesamt vorzulegen.

Kontrolle und Überprüfung der Dokumentation; Stoffgruppen (§ 5)
Das Umweltbundesamt kontrolliert die Dokumentationen zur Selbsteinstufung von Stoffen auf ihre Vollständigkeit und Plausibilität. Das Umweltbundesamt kann den Betreiber verpflichten, fehlende oder nicht plausible Angaben zu ergänzen oder zu berichtigen. Darüber hinaus überprüft das Umweltbundesamt stichprobenartig die Qualität der Dokumentation der Selbsteinstufungen von Stoffen. Hierbei wird die ausgewählte Dokumentation anhand von Prüfberichten, Literatur und anderen geeigneten Unterlagen überprüft. Zum

Zweck der Überprüfung kann das Umweltbundesamt den Betreiber verpflichten, Angaben anhand vorhandener und ihm zugänglicher Unterlagen zu belegen. Das Umweltbundesamt kann Stoffe zu Stoffgruppen zusammenfassen und die Stoffgruppen einstufen.

Entscheidung über die Einstufung; Veröffentlichung im Bundesanzeiger (§ 6)
Das Umweltbundesamt entscheidet aufgrund der Ergebnisse der Kontrollen und Überprüfungen über die Einstufung von Stoffen und Stoffgruppen. Bei der Entscheidung kann auch Folgendes berücksichtigt werden:

- vorliegende eigene Erkenntnisse oder Bewertungen, insbesondere zur Toxizität, zur Mobilität eines Stoffes im Boden, zur Grundwassergängigkeit oder zur Anreicherung im Sediment sowie
- vorliegende Stellungnahmen der Kommission zur Bewertung wassergefährdender Stoffe.

Das Umweltbundesamt kann auch unabhängig von einer Selbsteinstufung des Betreibers eine Entscheidung zur Einstufung von Stoffen und Stoffgruppen treffen. Es gibt die Entscheidung dem Betreiber in schriftlicher Form bekannt. Das Umweltbundesamt gibt die Entscheidungen im Bundesanzeiger öffentlich bekannt. Es stellt zudem im Internet eine Suchfunktion bereit, mit der die bestehenden Einstufungen wassergefährdender Stoffe und Stoffgruppen ermittelt werden können.

Änderung bestehender Einstufungen; Mitteilungspflicht (§ 7)
Liegen dem Umweltbundesamt Erkenntnisse vor, die die Änderung einer Einstufung notwendig machen können, nimmt es eine Neubewertung und erforderlichenfalls eine Änderung der Einstufung vor. Liegen dem Betreiber Erkenntnisse vor, die zu einer Änderung der veröffentlichten Einstufung eines Stoffes oder einer Stoffgruppe führen können, muss er diese Erkenntnisse unverzüglich schriftlich dem Umweltbundesamt mitteilen.

Selbsteinstufung von flüssigen oder gasförmigen Gemischen; Dokumentation (§ 8)
Beabsichtigt ein Betreiber, in einer Anlage mit einem flüssigen oder gasförmigen Gemisch umzugehen, hat er dieses als nicht wassergefährdend oder in eine Wassergefährdungsklasse einzustufen. Die Verpflichtung zur Selbsteinstufung gilt nicht für:

- Gemische nach § 3,
- Gemische, deren Einstufung nach § 66 im Bundesanzeiger veröffentlicht worden ist,
- Gemische, für die bereits eine Dokumentation erstellt worden ist,
- Gemische, die der Betreiber unabhängig von ihren Eigenschaften als stark wassergefährdend betrachtet,
- Gemische, die im intermodalen Verkehr umgeschlagen werden, sowie
- Gemische, die vom Umweltbundesamt sind und deren Einstufung im Bundesanzeiger veröffentlicht worden ist.

Der Betreiber hat die Selbsteinstufung eines Gemisches zu dokumentieren und diese Dokumentation der zuständigen Behörde im Rahmen der Zulassung der Anlage sowie auf Verlangen der Behörde im Rahmen der Überwachung der Anlage vorzulegen. Der Betreiber hat die Dokumentation und die Selbsteinstufung des Gemisches auf dem aktuellen Stand zu halten. Sofern die Dokumentation Betriebsgeheimnisse zur Rezeptur eines Gemisches enthält, kann der Betreiber die Vorlage der Dokumentation nach Absatz 3 verweigern. In diesem Fall hat er der zuständigen Behörde mitzuteilen, wie groß jeweils der Anteil aller Stoffe der jeweiligen Wassergefährdungsklassen ist. Die zuständige Behörde dokumentiert die Nachvollziehbarkeit der Einstufung.

Überprüfung der Selbsteinstufung von flüssigen oder gasförmigen Gemischen; Änderung der Selbsteinstufung (§ 9)

Die zuständige Behörde kann die Dokumentation nach § 8 überprüfen. Die zuständige Behörde kann den Betreiber verpflichten, fehlende oder nicht plausible Angaben zu ergänzen oder zu berichtigen. Sie kann die Gemische abweichend von der Selbsteinstufung nach § 8 einstufen. Die Entscheidung ist dem Betreiber schriftlich bekannt zu geben. Das Umweltbundesamt berät die zuständige Behörde auf deren Ersuchen in Fragen, die die Einstufung von flüssigen oder gasförmigen Gemischen betreffen.

Einstufung fester Gemische (§ 10)

Der Betreiber kann ein festes Gemisch abweichend von § 3 als nicht wassergefährdend einstufen, wenn:

- das Gemisch als nicht wassergefährdend eingestuft werden kann,
- das Gemisch nach anderen Rechtsvorschriften selbst an hydrogeologisch ungünstigen Standorten und ohne technische Sicherungsmaßnahmen offen eingebaut werden darf oder
- das Gemisch der Einbauklasse Z 0 oder Z 1.1 der Mitteilung 20 der Länderarbeitsgemeinschaft Abfall (LAGA) „Anforderungen an die stoffliche Verwertung von mineralischen Reststoffen/Abfällen – Technische Regeln", entspricht.

Der Betreiber kann ein festes Gemisch abweichend von § 3 in eine Wassergefährdungsklasse einstufen. Der Betreiber hat die Selbsteinstufung eines festen Gemisches als nicht wassergefährdend oder in eine Wassergefährdungsklasse zu dokumentieren und die Dokumentation der zuständigen Behörde im Rahmen der Zulassung der Anlage sowie auf Verlangen der Behörde im Rahmen der Überwachung der Anlage vorzulegen. Der Betreiber hat die Dokumentation und die Selbsteinstufung des Gemisches auf dem aktuellen Stand zu halten. Die zuständige Behörde kann die Dokumentation überprüfen. Sie kann den Betreiber verpflichten, fehlende oder nicht plausible Angaben zu ergänzen oder zu berichtigen.

Die zuständige Behörde kann aufgrund der Überprüfung der Selbsteinstufung widersprechen. Sie kann das Gemisch auch in eine abweichende Wassergefährdungsklasse einstufen. Sie kann sich dabei vom Umweltbundesamt beraten lassen. Die Entscheidung ist dem Betreiber schriftlich bekannt zu geben.

Einstufung von Gemischen durch das Umweltbundesamt (§ 11)
Das Umweltbundesamt kann Gemische als nicht wassergefährdend oder in eine Wassergefährdungsklasse einstufen.

20.5.3 Technische und organisatorische Anforderungen an Anlagen zum Umgang mit wassergefährdenden Stoffen

Einschränkungen des Geltungsbereichs dieses Kapitels (§ 13)
Dieses Kapitel gilt für Anlagen, in denen mit aufschwimmenden flüssigen Stoffen umgegangen wird, nur, sofern nicht ausgeschlossen werden kann, dass diese Stoffe in ein oberirdisches Gewässer gelangen können. Dies gilt auch für Gemische, die nur aufschwimmende flüssige Stoffe enthalten, sowie für Gemische aus diesen aufschwimmenden flüssigen Stoffen und nicht wassergefährdenden Stoffen.

Dieses Kapitel gilt nicht für:

- Anlagen zum Lagern von Haushaltsabfällen und vergleichbaren Abfällen, insbesondere aus Büros, Behörden, Schulen oder Gaststätten, die in oder an den Gebäuden eingerichtet sind, bei denen diese Abfälle anfallen,
- Anlagen zum Lagern und Behandeln von Bioabfällen im Rahmen der Eigenkompostierung im privaten Bereich,
- Anlagen zum Lagern von festen gewerblichen Abfällen und festen gewerblichen Abfällen, denen wassergefährdende Stoffe anhaften, wenn:
  - das Volumen des Lagerbehälters 1,25 m^3 nicht übersteigt,
  - der Lagerbehälter dicht ist,
  - die Fläche, auf der der Lagerbehälter aufgestellt ist, so ausgeführt ist, dass bei Betriebsstörungen wassergefährdende Stoffe nicht in ein Gewässer gelangen können, und
  - ein für Betriebsstörungen geeignetes Bindemittel vorgehalten wird,
- Anlagen zum Lagern von festen Gemischen, die auf der Baustelle unmittelbar durch die Bautätigkeit entstehen.

Bestimmung und Abgrenzung von Anlagen (§ 14)
Der Betreiber einer Anlage hat zu dokumentieren, welche Anlagenteile zu der Anlage gehören und wo die Schnittstellen zu anderen Anlagen sind. Zu einer Anlage gehören alle Anlagenteile, die in einem engen funktionalen oder verfahrenstechnischen Zusammenhang miteinander stehen. Dies ist insbesondere dann anzunehmen, wenn zwischen den Anlagenteilen wassergefährdende Stoffe ausgetauscht werden oder ein unmittelbarer sicherheitstechnischer Zusammenhang zwischen ihnen besteht. Zu einer Anlage gehören

auch die Flächen einschließlich ihrer Einrichtungen, die dem Lagern oder dem regelmäßigen Abstellen von wassergefährdenden Stoffen in Behältern oder Verpackungen dienen.

Flächen, auf denen Transportmittel mit wassergefährdenden Stoffen abgestellt werden, sind keine Lageranlagen. Bei Umschlaganlagen sind auch solche Flächen, auf denen Behälter oder Verpackungen mit wassergefährdenden Stoffen vorübergehend im Zusammenhang mit dem Transport abgestellt werden, keine Lageranlagen, sondern der Umschlaganlage zuzuordnen. Eine Fläche, von der aus eine Anlage mit wassergefährdenden Stoffen befüllt wird oder von der aus Behälter oder Verpackungen mit wassergefährdenden Stoffen in eine Anlage hineingestellt oder aus einer Anlage genommen werden, ist Teil dieser Anlage.

Ein Behälter, in dem wassergefährdende Stoffe weder hergestellt noch behandelt noch verwendet werden, der jedoch in engem funktionalen Zusammenhang mit einer Herstellungs-, Behandlungs- oder Verwendungsanlage steht, ist Teil dieser Anlage. Ein Behälter ist jedoch dann Teil einer Lageranlage, wenn er mehreren Herstellungs-, Behandlungs- und Verwendungsanlagen zugeordnet ist oder wenn er ein größeres Volumen enthalten kann, als für eine Tagesproduktion oder Charge benötigt wird.

Eine Rohrleitung, die nach § 62 des Wasserhaushaltsgesetzes Zubehör einer Anlage zum Umgang mit wassergefährdenden Stoffen ist oder die Anlagen verbindet, die in einem engen räumlichen und betrieblichen Zusammenhang miteinander stehen, ist der Anlage zuzuordnen, deren Zubehör sie ist oder mit der sie im Zusammenhang steht.

Technische Regeln (§ 15)
Den allgemein anerkannten Regeln der Technik nach § 62 des Wasserhaushaltsgesetzes entsprechende Regeln (technische Regeln) sind insbesondere die folgenden Regeln:

- technische Regeln wassergefährdender Stoffe der Deutschen Vereinigung für Wasserwirtschaft, Abwasser und Abfall e. V. (DWA),
- technische Regeln, die in der Musterliste der technischen Baubestimmungen oder in der Bauregelliste des Deutschen Instituts für Bautechnik (DIBt) aufgeführt sind, soweit sie den Gewässerschutz betreffen, sowie
- DIN-Normen und EN-Normen, soweit sie den Gewässerschutz betreffen und nicht in der Bauregelliste des Deutschen Instituts für Bautechnik aufgeführt sind.

Normen und sonstige Bestimmungen anderer Mitgliedstaaten der Europäischen Union oder anderer Vertragsstaaten des Abkommens über den Europäischen Wirtschaftsraum stehen technischen Regeln gleich, wenn mit ihnen dauerhaft das gleiche Schutzniveau erreicht wird.

Grundsatzanforderungen (§ 17)
Anlagen müssen so geplant und errichtet werden, beschaffen sein und betrieben werden, dass:

- wassergefährdende Stoffe nicht austreten können,
- Undichtheiten aller Anlagenteile, die mit wassergefährdenden Stoffen in Berührung stehen, schnell und zuverlässig erkennbar sind,
- austretende wassergefährdende Stoffe schnell und zuverlässig erkannt und zurückgehalten sowie ordnungsgemäß entsorgt werden. Dies gilt auch für betriebsbedingt auftretende Spritz- und Tropfverluste, und
- bei einer Störung des bestimmungsgemäßen Betriebs der Anlage (Betriebsstörung) anfallende Gemische, die ausgetretene wassergefährdende Stoffe enthalten können, zurückgehalten und ordnungsgemäß als Abfall entsorgt oder als Abwasser beseitigt werden.

Anlagen müssen dicht, standsicher und gegenüber den zu erwartenden mechanischen, thermischen und chemischen Einflüssen hinreichend widerstandsfähig sein. Einwandige unterirdische Behälter für flüssige wassergefährdende Stoffe sind unzulässig. Einwandige unterirdische Behälter für gasförmige wassergefährdende Stoffe sind unzulässig, wenn die gasförmigen wassergefährdenden Stoffe flüssig austreten, schwerer sind als Luft oder sich nach Austritt im umgebenden Boden in vorhandener Feuchtigkeit lösen. Der Betreiber hat bei der Stilllegung einer Anlage oder von Anlagenteilen alle in der Anlage oder in den Anlagenteilen enthaltenen wassergefährdenden Stoffe, soweit technisch möglich, zu entfernen. Er hat die Anlage gegen missbräuchliche Nutzung zu sichern.

Anforderungen an die Rückhaltung wassergefährdender Stoffe (§ 18)

Anlagen müssen ausgetretene wassergefährdende Stoffe auf geeignete Weise zurückhalten. Dazu sind sie mit einer Rückhalteeinrichtung auszurüsten. Dies gilt nicht, wenn es sich um eine doppelwandige Anlage handelt. Einzelne Anlagenteile können über unterschiedliche, jeweils voneinander unabhängige Rückhalteeinrichtungen verfügen. Bei Anlagen, die nur teilweise doppelwandig ausgerüstet sind, sind einwandige Anlagenteile mit einer Rückhalteeinrichtung zu versehen.

Rückhalteeinrichtungen müssen flüssigkeitsundurchlässig sein und dürfen keine Abläufe haben. Flüssigkeitsundurchlässig sind Bauausführungen dann, wenn sie ihre Dicht- und Tragfunktion während der Dauer der Beanspruchung durch die wassergefährdenden Stoffe, mit denen in der Anlage umgegangen wird, nicht verlieren.

Rückhalteeinrichtungen müssen für folgendes Volumen ausgelegt sein:

- bei Anlagen zum Lagern, Herstellen, Behandeln oder Verwenden wassergefährdender Stoffe muss das Rückhaltevolumen dem Volumen an wassergefährdenden Stoffen entsprechen, das bei Betriebsstörungen bis zum Wirksamwerden geeigneter Sicherheitsvorkehrungen freigesetzt werden kann,
- bei Anlagen zum Abfüllen flüssiger wassergefährdender Stoffe muss das Rückhaltevolumen dem Volumen entsprechen, das bei größtmöglichem Volumenstrom bis zum Wirksamwerden geeigneter Sicherheitsvorkehrungen freigesetzt werden kann,

- bei Anlagen zum Umschlagen wassergefährdender Stoffe muss das Rückhaltevolumen dem Volumen entsprechen, das aus dem größten Behälter, der größten Verpackung oder der größten Umschlagseinheit, in dem oder in der sich wassergefährdende Stoffe befinden und für den oder für die die Anlage ausgelegt ist, freigesetzt werden kann.

Auf ein Rückhaltevolumen kann bei oberirdischen Anlagen zum Umgang mit wassergefährdenden Stoffen der Wassergefährdungsklasse 1 mit einem Volumen bis 1000 L verzichtet werden, sofern sich diese auf einer Fläche befinden, die:

- den betriebstechnischen Anforderungen genügt, und eine Leckerkennung durch infrastrukturelle Maßnahmen gewährleistet ist, oder
- flüssigkeitsundurchlässig ausgebildet ist.

Bei Anlagen zum Lagern, Herstellen, Behandeln oder Verwenden wassergefährdender Stoffe der Gefährdungsstufe D muss die Rückhalteeinrichtung so ausgelegt sein, dass das Volumen flüssiger wassergefährdender Stoffe, das aus der größten abgesperrten Betriebseinheit bei Betriebsstörungen freigesetzt werden kann, ohne dass Gegenmaßnahmen getroffen werden, vollständig zurückgehalten werden kann.

Einwandige Behälter, Rohrleitungen und sonstige Anlagenteile müssen von Wänden, Böden und sonstigen Bauteilen sowie untereinander einen solchen Abstand haben, dass die Erkennung von Leckagen und die Zustandskontrolle, insbesondere auch der Rückhalteeinrichtungen, jederzeit möglich sind.

Bei oberirdischen doppelwandigen Behältern, die über ein Leckanzeigesystem mit Flüssigkeiten der Wassergefährdungsklasse 1 verfügen, ist eine Rückhaltung der Leckanzeigeflüssigkeit nicht erforderlich, wenn das Volumen dieser Flüssigkeit 1 m^3 nicht übersteigt. Wassergefährdende Stoffe, die beim Austreten so miteinander reagieren können, dass die Funktion der Rückhaltung beeinträchtigt wird, müssen getrennt aufgefangen werden.

Anforderungen an die Entwässerung (§ 19)

Bei unvermeidlichem Zutritt von Niederschlagswasser sind Abläufe zulässig, wenn sie nur nach vorheriger Feststellung, dass keine wassergefährdenden Stoffe im Niederschlagswasser enthalten sind, geöffnet werden. Mit wassergefährdenden Stoffen verunreinigtes Niederschlagswasser ist ordnungsgemäß als Abwasser zu beseitigen oder als Abfall zu entsorgen. Bei Abfüll- oder Umschlaganlagen, bei denen ein Zutritt von Niederschlagswasser unvermeidlich ist, kann das Niederschlagswasser, das mit wassergefährdenden Stoffen verunreinigt sein kann, in einen Abwasserkanal oder in ein Gewässer eingeleitet werden, wenn:

- die bei einer Betriebsstörung freigesetzten wassergefährdenden Stoffe zurückgehalten werden und
- die Einleitung des verunreinigten Niederschlagswassers den wasserrechtlichen Anforderungen und örtlichen Einleitungsbedingungen entspricht.

Rückhaltung bei Brandereignissen (§ 20)
Anlagen müssen so geplant, errichtet und betrieben werden, dass die bei Brandereignissen austretenden wassergefährdenden Stoffe, Lösch-, Berieselungs- und Kühlwasser sowie die entstehenden Verbrennungsprodukte mit wassergefährdenden Eigenschaften nach den allgemein anerkannten Regeln der Technik zurückgehalten werden. Dies gilt nicht für Anlagen, bei denen eine Brandentstehung nicht zu erwarten ist, und für Heizölverbraucheranlagen.

Besondere Anforderungen an die Rückhaltung bei Rohrleitungen (§ 21)
Oberirdische Rohrleitungen zum Befördern flüssiger wassergefährdender Stoffe sind mit Rückhalteeinrichtungen auszurüsten. Das Rückhaltevolumen muss dem Volumen wassergefährdender Stoffe entsprechen, das bei Betriebsstörungen bis zum Wirksamwerden geeigneter Sicherheitsvorkehrungen freigesetzt werden kann. Dies gilt nicht, wenn auf der Grundlage einer Gefährdungsabschätzung durch Maßnahmen technischer oder organisatorischer Art sichergestellt ist, dass ein gleichwertiges Sicherheitsniveau erreicht wird. Bei Heizölverbraucheranlagen der Gefährdungsstufen A und B gilt die Gefährdungsabschätzung als geführt, wenn die Heizölverbraucheranlage den geltenden allgemein anerkannten Regeln der Technik entspricht.

Für oberirdische Rohrleitungen zum Befördern von flüssigen wassergefährdenden Stoffen der Wassergefährdungsklasse 1 kann ohne eine Gefährdungsabschätzung von Rückhalteeinrichtungen abgesehen werden, wenn die Standorte der Rohrleitungen aufgrund ihrer hydrogeologischen Eigenschaften keines besonderen Schutzes bedürfen.

Bei unterirdischen Rohrleitungen zum Befördern flüssiger oder gasförmiger wassergefährdender Stoffe sind lösbare Verbindungen und Armaturen in flüssigkeitsundurchlässigen Kontrolleinrichtungen anzuordnen, die regelmäßig zu kontrollieren sind. Diese Rohrleitungen müssen:

- doppelwandig sein; Undichtheiten der Rohrwände müssen durch ein Leckanzeigesystem selbsttätig angezeigt werden,
- als Saugleitung ausgeführt sein, in der die Flüssigkeitssäule bei Undichtheiten abreißt, in den Lagerbehälter zurückfließt und eine Heberwirkung ausgeschlossen ist, oder
- mit einem Schutzrohr versehen oder in einem Kanal verlegt sein; austretende wassergefährdende Stoffe müssen in einer flüssigkeitsundurchlässigen Kontrolleinrichtung sichtbar werden. Derartige Rohrleitungen dürfen keine Flüssigkeiten mit einem Flammpunkt bis zu einer Temperatur von 55 °C führen.

Kann insbesondere aus Gründen der Betriebssicherheit keine der Anforderungen erfüllt werden, ist durch Maßnahmen technischer oder organisatorischer Art sicherzustellen, dass ein gleichwertiges Sicherheitsniveau erreicht wird. Auf Rohrleitungen von Sprinkleranlagen und von Heizungs- und Kühlanlagen, die in Gebäuden mit einem Gemisch aus Wasser und Glycol betrieben werden, sind die Anforderungen nicht anzuwenden.

Bei Kälteanlagen, in denen Ammoniak als Kältemittel verwendet wird, dürfen in dem Anlagenteil, durch den die Kühlleistung erbracht wird, unterirdisch einwandige Rohrleitungen verwendet werden. Rohrleitungen zum Befördern fester wassergefährdender Stoffe müssen über die betriebstechnischen Erfordernisse hinaus keine Anforderungen bezüglich der Rückhaltung erfüllen.

Anforderungen bei der Nutzung von Abwasseranlagen als Auffangvorrichtung (§ 22)
Wassergefährdende Stoffe, deren Austreten aus einer Anlage im bestimmungsgemäßen Betrieb unvermeidbar ist und die aus betriebstechnischen Gründen nicht schnell und zuverlässig erkannt, zurückgehalten und ordnungsgemäß entsorgt werden können, dürfen in die betriebliche Kanalisation eingeleitet werden, wenn:

- es sich um unerhebliche Mengen handelt,
- die betriebliche Abwasserbehandlungsanlage dafür geeignet ist und
- die Einleitung den wasserrechtlichen Anforderungen und örtlichen Einleitungsbedingungen entspricht.

Können bei Leckagen oder Betriebsstörungen austretende wassergefährdende Stoffe oder mit diesen Stoffen verunreinigte andere Stoffe oder Gemische aus betriebstechnischen Gründen nicht in der Anlage selbst zurückgehalten werden, dürfen sie in einer geeigneten Auffangvorrichtung der betrieblichen Kanalisation zurückgehalten werden, wenn sie von dort aus schadlos als Abfall entsorgt oder als Abwasser beseitigt werden können.

Es ist aufgrund einer Bewertung der Anlage, der möglichen Betriebsstörungen, des Anfalls wassergefährdender Stoffe, der Abwasseranlagen und der Empfindlichkeit der Gewässer in der Betriebsanweisung nach § 44 zu regeln, welche technischen und organisatorischen Maßnahmen zu treffen sind, um den Austritt wassergefährdender Stoffe zu erkennen und zu kontrollieren. Außerdem ist in der Betriebsanweisung zu regeln, ob die wassergefährdenden Stoffe getrennt vom Abwasser aufzufangen sind oder in die Abwasseranlagen eingeleitet werden dürfen.

Die Teile von Abwasseranlagen, die auch für die Rückhaltung wassergefährdender Stoffe genutzt werden dürfen, müssen flüssigkeitsundurchlässig ausgeführt werden und sind von den Sachverständigen in die Prüfungen nach § 46 einzubeziehen, wenn die zugehörige Anlage prüfpflichtig ist.

Anforderungen an das Befüllen und Entleeren (§ 23)
Wer eine Anlage befüllt oder entleert, hat diesen Vorgang zu überwachen und sich vor Beginn der Arbeiten von dem ordnungsgemäßen Zustand der dafür erforderlichen Sicherheitseinrichtungen zu überzeugen. Die zulässigen Belastungsgrenzen der Anlage und der Sicherheitseinrichtungen sind beim Befüllen oder Entleeren einzuhalten.

Behälter in Anlagen zum Umgang mit flüssigen wassergefährdenden Stoffen dürfen nur mit festen Leitungsanschlüssen unter Verwendung einer Überfüllsicherung befüllt werden. Bei Anlagen zum Herstellen, Behandeln oder Verwenden flüssiger wassergefährdender Stoffe sowie bei oberirdischen Behältern jeweils mit einem Rauminhalt von bis zu 1,25 Kubikmetern, die nicht miteinander verbunden sind, sind auch andere technische oder organisatorische Sicherungsmaßnahmen, die zu einem gleichwertigen Sicherheitsniveau führen, zulässig. Bei Anlagen zum Abfüllen nicht ortsfest benutzter Behälter mit einem Volumen von mehr als 1,25 Kubikmetern kann die Überfüllsicherung durch eine volumen- oder gewichtsabhängige Steuerung ersetzt werden.

Behälter in Anlagen zum Lagern von Brennstoffen nach § 2, Dieselkraftstoffen, Ottokraftstoffen oder Kraftstoffen, die aus Biomasse hergestellte Stoffe unabhängig von ihrem Anteil enthalten, dürfen aus Straßentankwagen, Aufsetztanks und ortsbeweglichen Tanks nur unter Verwendung einer selbsttätig schließenden Abfüllsicherung befüllt werden. Heizölverbraucheranlagen mit einem Volumen von bis zu 1,25 Kubikmetern dürfen auch unter Verwendung selbsttätig schließender Zapfventile befüllt werden.

Pflichten bei Betriebsstörungen; Instandsetzung (§ 24)
Kann bei einer Betriebsstörung nicht ausgeschlossen werden, dass wassergefährdende Stoffe aus Anlagenteilen austreten, hat der Betreiber unverzüglich Maßnahmen zur Schadensbegrenzung zu ergreifen. Er hat die Anlage unverzüglich außer Betrieb zu nehmen, wenn er eine Gefährdung oder Schädigung eines Gewässers nicht auf andere Weise verhindern kann; soweit erforderlich, ist die Anlage zu entleeren.

Wer eine Anlage betreibt, befüllt, entleert, ausbaut, stilllegt, instand hält, instand setzt, reinigt, überwacht oder überprüft, hat das Austreten wassergefährdender Stoffe in einer nicht nur unerheblichen Menge unverzüglich der zuständigen Behörde oder einer Polizeidienststelle anzuzeigen. Die Verpflichtung besteht auch bei dem Verdacht, dass wassergefährdende Stoffe in einer nicht nur unerheblichen Menge bereits ausgetreten sind, wenn eine Gefährdung eines Gewässers oder von Abwasseranlagen nicht auszuschließen ist. Anzeigepflichtig ist auch, wer das Austreten wassergefährdender Stoffe verursacht hat oder Maßnahmen zur Ermittlung oder Beseitigung wassergefährdender Stoffe durchführt, die aus Anlagen ausgetreten sind. Falls Dritte, insbesondere Betreiber von Abwasseranlagen oder Wasserversorgungsunternehmen, betroffen sein können, hat der Betreiber diese unverzüglich zu unterrichten. Für die Instandsetzung einer Anlage oder eines Teils einer Anlage ist auf der Grundlage einer Zustandsbegutachtung ein Instandsetzungskonzept zu erarbeiten.

Besondere Anforderungen an Anlagen zum Lagern, Abfüllen, Herstellen, Behandeln oder Verwenden fester wassergefährdender Stoffe (§ 26)
Anlagen zum Lagern, Abfüllen, Herstellen, Behandeln oder Verwenden fester wassergefährdender Stoffe bedürfen keiner Rückhaltung, wenn:

- sich diese Stoffe:
  - in dicht verschlossenen Behältern oder Verpackungen befinden, die gegen Beschädigung und vor Witterungseinflüssen geschützt und gegen die Stoffe beständig sind, oder
  - in geschlossenen oder vor Witterungseinflüssen geschützten Räumen befinden, die eine Verwehung verhindern, und
- die Bodenfläche den betriebstechnischen Anforderungen genügt.

Anlagen zum Lagern, Abfüllen, Herstellen, Behandeln oder Verwenden fester wassergefährdender Stoffe, bei denen der Zutritt von Niederschlagswasser oder anderem Wasser zu diesen Stoffen nicht unter allen Betriebsbedingungen verhindert werden kann, bedürfen keiner Rückhaltung, wenn:

- die Löslichkeit der wassergefährdenden Stoffe in Wasser unter 10 g pro Liter liegt,
- mit den festen wassergefährdenden Stoffen so umgegangen wird, dass eine nachteilige Veränderung der Eigenschaften von Gewässern durch ein Verwehen, Abschwemmen, Auswaschen oder sonstiges Austreten dieser Stoffe oder von mit diesen Stoffen verunreinigtem Niederschlagswasser verhindert wird, und
- die Flächen, auf denen mit den festen wassergefährdenden Stoffen umgegangen wird, so befestigt sind, dass das dort anfallende Niederschlagswasser auf der Unterseite der Befestigung nicht austritt und ordnungsgemäß als Abwasser beseitigt oder ordnungsgemäß als Abfall entsorgt wird.

Besondere Anforderungen an Anlagen zum Lagern oder Abfüllen fester Stoffe, denen flüssige wassergefährdende Stoffe anhaften (§ 27)
Bei Anlagen zum Lagern oder Abfüllen fester Stoffe, denen flüssige wassergefährdende Stoffe anhaften, ist für die Bemessung des Volumens der Rückhalteeinrichtungen das Volumen flüssiger wassergefährdender Stoffe maßgeblich, das sich ansammeln kann. Ist dieses nicht bekannt, ist ein Volumen von 5 % des Anlagenvolumens anzusetzen.

Besondere Anforderungen an Umschlagflächen für wassergefährdende Stoffe (§ 28)
Die Umschlagflächen von Umschlaganlagen für flüssige wassergefährdende Stoffe müssen flüssigkeitsundurchlässig sein. Das dort anfallende Niederschlagswasser ist ordnungsgemäß als Abfall zu entsorgen oder ordnungsgemäß als Abwasser zu beseitigen. Für Umschlagflächen von Umschlaganlagen für feste wassergefährdende Stoffe gilt § 26 entsprechend. An Verkehrsflächen, die dem Rangieren von Transportmitteln mit Transportbehältern und Verpackungen mit wassergefährdenden Stoffen dienen, werden über die betrieblichen Anforderungen hinaus keine Anforderungen gestellt.

Besondere Anforderungen an Umschlaganlagen des intermodalen Verkehrs (§ 29)
Flächen von Umschlaganlagen des intermodalen Verkehrs sind diejenigen, auf denen wassergefährdende Stoffe in Ladeeinheiten oder Straßenfahrzeugen, die gefahrgutrechtlich gekennzeichnet sind, umgeladen werden. Flächen müssen in Beton- oder Asphaltbauweise so befestigt sein, dass das dort anfallende Niederschlagswasser auf der Unterseite nicht austritt und ordnungsgemäß als Abwasser beseitigt wird oder ordnungsgemäß als Abfall entsorgt wird.

Umschlaganlagen des intermodalen Verkehrs müssen über eine flüssigkeitsundurchlässige Havariefläche oder -einrichtung verfügen, auf der Ladeeinheiten oder Straßenfahrzeuge, aus denen wassergefährdende Stoffe austreten, abgestellt werden können und auf der wassergefährdende Stoffe zurückgehalten werden. Das auf den Havarieflächen anfallende

Niederschlagswasser ist ordnungsgemäß als Abwasser zu beseitigen oder ordnungsgemäß als Abfall zu entsorgen.

Besondere Anforderungen an Anlagen zum Laden und Löschen von Schiffen sowie an Anlagen zur Betankung von Wasserfahrzeugen (§ 30)
Anlagen zum Laden und Löschen von Schiffen mit wassergefährdenden Stoffen sowie Anlagen zur Betankung von Wasserfahrzeugen bedürfen schiffsseitig keiner Rückhaltung. Beim Laden und Löschen unverpackter flüssiger wassergefährdender Stoffe und beim Betanken von Wasserfahrzeugen müssen jedoch folgende besondere Anforderungen erfüllt sein:

- die land- und schiffsseitigen Sicherheitssysteme sind aufeinander abzustimmen,
- beim Laden und Löschen im Druckbetrieb müssen Abreißkupplungen verwendet werden, die beidseitig selbsttätig schließen,
- beim Saugbetrieb muss sichergestellt sein, dass bei einem Schaden an der Saugleitung die angeschlossenen Behälter durch Heberwirkung nicht leerlaufen können,
- soweit sich Rohrleitungen oder Schläuche über Gewässern befinden, ist durch Maßnahmen technischer oder organisatorischer Art sicherzustellen, dass der bestmögliche Schutz der Gewässer vor nachteiligen Veränderungen ihrer Eigenschaften erreicht wird.

Schüttgüter sind so zu laden und zu löschen, dass der Eintrag von festen wassergefährdenden Stoffen in oberirdische Gewässer durch geeignete Maßnahmen verhindert wird.

Besondere Anforderungen an Fass- und Gebindelager (§ 31)
Bei Fass- und Gebindelagern müssen die wassergefährdenden Stoffe in dicht verschlossenen Behältern oder Verpackungen gelagert werden, die:

- gefahrgutrechtlich zugelassen sind oder
- gegen die Flüssigkeiten beständig und gegen Beschädigung, im Freien auch gegen Witterungseinflüsse, geschützt sind.

Fass- und Gebindelager müssen über eine Rückhalteeinrichtung mit einem Rückhaltevolumen verfügen, das sich wie folgt bestimmt (Tab. 20.6).

Bei Fass- und Gebindelagern für ortsbewegliche Behälter und Verpackungen mit einem Einzelvolumen von bis zu 0,02 Kubikmetern oder für restentleerte Behälter und

Tab. 20.6 Rückhaltevermögen für Fass- und Gebindelager

V_{ges} in m^3	Rückhaltevolumen
<100	10 v. H. von V_{ges}, wenigstens jedoch der Rauminhalt des größten Behältnisses
$>100 \leq 1000$	3 v. H. von V_{ges}, wenigstens jedoch 10 m^3
>1000	2 v. H. von V_{ges}, wenigstens jedoch 30 m^3

Verpackungen ist eine flüssigkeitsundurchlässige Fläche ohne definiertes Rückhaltevolumen ausreichend, sofern ausgetretene wassergefährdende Stoffe schnell aufgenommen werden können und die Schadenbeseitigung mit einfachen betrieblichen Mitteln gefahrlos möglich ist.

Besondere Anforderungen an Abfüllflächen von Heizölverbraucheranlagen (§ 32)
Abfüllflächen von Heizölverbraucheranlagen bedürfen keiner Rückhaltung, wenn die Heizölverbraucheranlage aus hierfür zugelassenen Straßentankwagen im Vollschlauchsystem befüllt wird und hierbei eine zugelassene selbsttätig schließende Abfüllsicherung und ein Grenzwertgeber verwendet werden. Dies gilt auch für Heizölverbraucheranlagen mit einem Volumen von bis zu 1,25 Kubikmetern, die unter Verwendung eines selbsttätig schließenden Zapfventils befüllt werden.

Besondere Anforderungen an Abfüllflächen von bestimmten Anlagen zum Verwenden flüssiger wassergefährdender Stoffe (§ 33)
Abfüllflächen als Teile von Anlagen zum Verwenden flüssiger wassergefährdender Stoffe, bei denen aufgrund des Einsatzzweckes davon auszugehen ist, dass sie grundsätzlich nur einmal befüllt oder entleert werden, bedürfen keiner Rückhaltung. Zu den Anlagen gehören insbesondere Hydraulikanlagen sowie ölgefüllte Transformatoren.

Besondere Anforderungen an Anlagen zum Verwenden wassergefährdender Stoffe im Bereich der Energieversorgung und in Einrichtungen des Wasserbaus (§ 34)
Oberirdische Anlagen zum Verwenden flüssiger wassergefährdender Stoffe der Wassergefährdungsklasse 1 oder Wassergefährdungsklasse 2 als Kühl-, Schmier- oder Isoliermittel oder als Hydraulikflüssigkeit im Bereich der Energieversorgung und in Einrichtungen des Wasserbaus, die über ein Volumen von bis zu 10 Kubikmetern verfügen, bedürfen keiner Rückhaltung, wenn sie die folgenden Anforderungen erfüllen.

Anlagen und Anlagenteile einschließlich Rohrleitungen, die betriebs- oder bauartbedingt nicht über eine Rückhalteeinrichtung verfügen können, sind durch selbsttätige Störmeldeeinrichtungen in Verbindung mit einer ständig besetzten Betriebsstelle oder Messwarte oder durch regelmäßige Kontrollgänge zu überwachen. Für sie sind Alarm- und Maßnahmepläne aufzustellen, die wirksame Maßnahmen und Vorkehrungen zur Vermeidung von Gewässerschäden beschreiben und die mit den in die Maßnahmen einbezogenen Stellen abgestimmt sind. Die Alarm- und Maßnahmepläne sind der zuständigen Behörde auf Verlangen vorzulegen. Werden Kühler mit Direktkontakt zum Wasser eingesetzt, sind sie als Doppelrohrkühler, Zweikreiskühler oder als diesen Kühlern technisch gleichwertige Kühlsysteme auszuführen. Die Kühlsysteme sind mit automatischen Störmeldeeinrichtungen auszurüsten.

Besondere Anforderungen an Erdwärmesonden und -kollektoren, Solarkollektoren und Kälteanlagen (§ 35)
Für Erdwärmesonden und -kollektoren, Solarkollektoren und Kälteanlagen, in denen wassergefährdende Stoffe im Bereich der gewerblichen Wirtschaft oder im Bereich öffentli-

cher Einrichtungen verwendet werden, gelten die folgenden Anforderungen. Die Wärmeträgerkreisläufe von Erdwärmesonden und -kollektoren dürfen unterirdisch nur einwandig ausgeführt werden, wenn:

- sie aus einem werkseitig geschweißten Sondenfuß und endlosen Sondenrohren bestehen,
- sie durch selbsttätige Überwachungs- und Sicherheitseinrichtungen so gesichert sind, dass im Fall einer Leckage des Wärmeträgerkreislaufs die Umwälzpumpe sofort abgeschaltet und ein Alarm ausgelöst wird, und
- als Wärmeträgermedium nur die folgenden Stoffe oder Gemische verwendet werden:
  - nicht wassergefährdende Stoffe oder
  - Gemische der Wassergefährdungsklasse 1, deren Hauptbestandteile Ethylen- oder Propylenglycol sind.

Solarkollektoren und Kälteanlagen im Freien mit flüssigen wassergefährdenden Stoffen bedürfen keiner Rückhaltung, wenn:

- sie durch selbsttätige Überwachungs- und Sicherheitseinrichtungen so gesichert sind, dass im Fall einer Leckage die Umwälzpumpe sofort abgeschaltet und ein Alarm ausgelöst wird,
- sie als Wärmeträgermedien nur die folgenden Stoffe oder Gemische verwenden:
  - nicht wassergefährdende Stoffe oder
  - Gemische der Wassergefährdungsklasse 1, deren Hauptbestandteile Ethylen- oder Propylenglycol sind, und
- Kühlaggregate auf einer befestigten Fläche aufgestellt sind.

Kälteanlagen mit gasförmigen wassergefährdenden Stoffen der Wassergefährdungsklasse 1 bedürfen keiner Rückhaltung.

Besondere Anforderungen an unterirdische Ölkabel- und Massekabelanlagen (§ 36)
Bei unterirdischen Massekabelanlagen sind Einrichtungen zur Rückhaltung von Kabeltränkmasse nicht erforderlich. Bei unterirdischen Ölkabelanlagen sind Einrichtungen zur Rückhaltung von Isolierölen nicht erforderlich, wenn der Betreiber die Anlagen elektrisch und hydraulisch durch selbsttätige Störmeldeeinrichtungen überwacht, Störungen in einer ständig besetzten Betriebsstelle angezeigt werden und die Betriebswerte ständig erfasst und auf die Abweichung von Sollwerten kontrolliert werden.

Besondere Anforderungen an Biogasanlagen mit Gärsubstraten landwirtschaftlicher Herkunft (§ 37)
Einwandige Anlagen mit flüssigen allgemein wassergefährdenden Stoffen müssen mit einem Leckageerkennungssystem ausgestattet sein. Anlagen zur Lagerung von festen Gärsubstraten oder festen Gärresten müssen über eine flüssigkeitsundurchlässige Lagerfläche verfügen; sie bedürfen keines Leckageerkennungssystems.

Anlagen, bei denen Leckagen oberhalb der Geländeoberkante auftreten können, sind mit einer Umwallung zu versehen, die das Volumen zurückhalten kann, das bei Betriebsstörungen bis zum Wirksamwerden geeigneter Sicherheitsvorkehrungen freigesetzt werden kann, mindestens aber das Volumen des größten Behälters. Dies gilt nicht für die Lageranlagen für feste Gärsubstrate oder feste Gärreste. Einzelne Anlagen können mit einer gemeinsamen Umwallung ausgerüstet werden.

Unterirdische Behälter, Rohrleitungen sowie Sammeleinrichtungen, in denen regelmäßig wassergefährdende Stoffe angestaut werden, dürfen einwandig ausgeführt werden, wenn sie mit einem Leckageerkennungssystem ausgerüstet sind und den technischen Regeln entsprechen. Unterirdische Behälter, bei denen der tiefste Punkt der Bodenplattenunterkante unter dem höchsten zu erwartenden Grundwasserstand liegt, sowie unterirdische Behälter in Schutzgebieten sind als doppelwandige Behälter mit Leckanzeigesystem auszuführen. Erdbecken sind für die Lagerung von Gärresten aus dem Betrieb von Biogasanlagen nicht zulässig.

Besondere Anforderungen an oberirdische Anlagen zum Umgang mit gasförmigen wassergefährdenden Stoffen (§ 38)
Oberirdische Anlagen zum Umgang mit gasförmigen wassergefährdenden Stoffen bedürfen keiner Rückhaltung. Abweichend sind auf der Grundlage einer Gefährdungsabschätzung Maßnahmen zur Schadenerkennung, zur Rückhaltung sowie zur ordnungsgemäßen und schadlosen Verwertung oder Beseitigung der Stoffe zu treffen, wenn:

- mit gasförmigen wassergefährdenden Stoffen umgegangen wird, die aufgrund ihrer chemischen oder physikalischen Eigenschaften bei einer Betriebsstörung flüssig austreten können, oder
- bei Schadenbekämpfungsmaßnahmen Stoffe anfallen können, die mit ausgetretenen wassergefährdenden Stoffen verunreinigt sind.

Für Anlagen mit einer maßgebenden Masse bis zu 1 t gasförmiger wassergefährdender Stoffe sind auch beim Vorliegen der Voraussetzungen keine Rückhaltemaßnahmen erforderlich, wenn die Behälter den gefahrgutrechtlichen Anforderungen genügen und die Schadenbeseitigung mit einfachen betrieblichen Mitteln möglich ist.

Gefährdungsstufen von Anlagen (§ 39)
Betreiber haben Anlagen nach Maßgabe der nachstehenden Tabelle einer Gefährdungsstufe zuzuordnen. Bei flüssigen Stoffen ist das für die jeweilige Anlage maßgebende Volumen zugrunde zulegen, bei gasförmigen und festen Stoffen die für die jeweilige Anlage maßgebende Masse (Tab. 20.7).

Soweit nichts anderes geregelt ist:

- ist das maßgebende Volumen das Nennvolumen der Anlage einschließlich aller Anlagenteile oder nach sicherheitstechnischer Umrüstung das Volumen, das im Betrieb

Tab. 20.7 Gefährdungsstufen

Volumen in m^3 bzw. Masse in t	WGK 1	WGK 2	WGK 3
$<0{,}22\,m^3$ oder 0,2 t	Stufe A	Stufe A	Stufe A
$>0{,}22\,m^3$ oder $0{,}2\,t \leq 1$	Stufe A	Stufe A	Stufe B
$>1 \leq 10$	Stufe A	Stufe B	Stufe C
$>10 \leq 100$	Stufe A	Stufe C	Stufe D
$>100 \leq 1000$	Stufe B	Stufe D	Stufe D
>1000	Stufe C	Stufe D	Stufe D

maximal genutzt werden kann und das auf nicht zu entfernende Art auf der Anlage angegeben ist, und

- ist die maßgebende Masse die Masse wassergefährdender Stoffe, mit der in der Anlage einschließlich aller Anlagenteile umgegangen werden kann.

Bei Lageranlagen ergibt sich das maßgebende Volumen aus dem betriebstechnisch nutzbaren Rauminhalt aller zur Anlage gehörenden Behälter. Das maßgebende Volumen eines Fass- und Gebindelagers ergibt sich aus der Summe der Rauminhalte aller Behältnisse und Verpackungen, für die die Lageranlage ausgelegt ist.

Bei Abfüllanlagen ist das maßgebende Volumen entweder der Rauminhalt, der sich beim größten Volumenstrom über einen Zeitraum von zehn Minuten ergibt, oder der Rauminhalt, der sich aus dem mittleren Tagesdurchsatz der Anlage ergibt, wobei der größere Wert maßgebend ist.

Bei Anlagen zum Umladen wassergefährdender Stoffe in Behältern oder Verpackungen von einem Transportmittel auf ein anderes sowie bei Anlagen zum Laden und Löschen von Stückgut oder losen Schüttungen von Schiffen entspricht das maßgebende Volumen oder die maßgebende Masse der größten Umladeeinheit, für die die Anlage ausgelegt ist.

Bei Anlagen zum Herstellen, Behandeln oder Verwenden wassergefährdender Stoffe bestimmt sich das maßgebende Volumen nach dem unter Berücksichtigung der Verfahrenstechnik ermittelten größten Volumen, das bei bestimmungsgemäßem Betrieb in einer Anlage vorhanden ist.

Bei Rohrleitungsanlagen ist das maßgebende Volumen entweder der Rauminhalt, der sich beim größten Volumenstrom über einen Zeitraum von zehn Minuten zusätzlich zum Volumen der Rohrleitungsanlage ergibt, oder der Rauminhalt, der sich aus dem mittleren Tagesdurchsatz der Anlage ergibt, wobei der größere Wert maßgebend ist.

Bei Anlagen zum Lagern, Abfüllen oder Umschlagen fester Stoffe, denen flüssige wassergefährdende Stoffe anhaften, ist das Volumen flüssiger wassergefährdender Stoffe maßgeblich, das sich ansammeln kann. Das maßgebende Volumen einer Biogasanlage ergibt sich aus der Summe der Volumina der in § 2 genannten Anlagen.

Bei Anlagen, in denen gleichzeitig mit wassergefährdenden Stoffen unterschiedlicher Wassergefährdungsklassen umgegangen wird, sind für die Ermittlung der Gefährdungsstufe die Stoffe mit der höchsten Wassergefährdungsklasse maßgebend, sofern der Anteil dieser Stoffe mehr als 3 % des Gesamtinhalts der Anlage beträgt. Ist dieser Prozentsatz kleiner, ist die nächstniedrigere Wassergefährdungsklasse maßgebend. Anlagen zum Umgang mit allgemein wassergefährdenden Stoffen nach § 3 werden keiner Gefährdungsstufe zugeordnet.

Anzeigepflicht (§ 40)
Wer eine nach § 46 prüfpflichtige Anlage errichten oder wesentlich ändern will oder an dieser Anlage Maßnahmen ergreifen will, die zu einer Änderung der Gefährdungsstufe nach § 39 führen, hat dies der zuständigen Behörde mindestens sechs Wochen im Voraus schriftlich anzuzeigen. Die Anzeige muss Angaben zum Betreiber, zum Standort und zur Abgrenzung der Anlage, zu den wassergefährdenden Stoffen, mit denen in der Anlage umgegangen wird, zu bauaufsichtlichen Verwendbarkeitsnachweisen sowie zu den technischen und organisatorischen Maßnahmen, die für die Sicherheit der Anlage bedeutsam sind, enthalten. Nicht anzeigepflichtig ist das Errichten von:

- Anlagen zum Lagern, Abfüllen oder Umschlagen wassergefährdender Stoffe, für die eine Eignungsfeststellung nach § 63 des Wasserhaushaltsgesetzes beantragt wird, und
- sonstigen Anlagen, die Gegenstand eines Zulassungsverfahrens nach anderen Rechtsvorschriften sind, sofern im Zulassungsverfahren auch die Erfüllung der Anforderungen dieser Verordnung sichergestellt wird.

Nicht anzeigepflichtig sind auch zulassungsbedürftige wesentliche Änderungen der Anlage. Nach einem Wechsel des Betreibers einer nach § 46 prüfpflichtigen Anlage hat der neue Betreiber diesen Wechsel der zuständigen Behörde unverzüglich schriftlich anzuzeigen. Dies gilt nicht für Betreiber von Heizölverbraucheranlagen.

Ausnahmen vom Erfordernis der Eignungsfeststellung (§ 41)
Die Eignungsfeststellung nach § 63 des Wasserhaushaltsgesetzes ist über die geregelten Fälle hinaus nicht erforderlich für:

- Anlagen zum Lagern, Abfüllen oder Umschlagen gasförmiger wassergefährdender Stoffe sowie Anlagen zum Lagern, Abfüllen oder Umschlagen flüssiger oder fester wassergefährdender Stoffe der Gefährdungsstufe A,
- Anlagen zum Lagern, Abfüllen oder Umschlagen von aufschwimmenden flüssigen Stoffen nach § 3,
- Anlagen zum Lagern, Abfüllen oder Umschlagen von allgemein wassergefährdenden Stoffen, die keiner Prüfpflicht nach § 46 unterliegen,
- Heizölverbraucheranlagen und
- Anlagen mit einem Volumen von bis zu 1 m^3, die doppelwandig sind oder über ein Rückhaltevolumen verfügen, das das gesamte in der Anlage vorhandene Volumen wassergefährdender Stoffe zurückhalten kann.

Eine Eignungsfeststellung ist für Anlagen der Gefährdungsstufen B und C sowie für nach § 46 prüfpflichtige Anlagen mit allgemein wassergefährdenden Stoffen nicht erforderlich, wenn:

- für alle Teile einer Anlage einschließlich ihrer technischen Schutzvorkehrungen einer der folgenden Nachweise vorliegt:
  - ein CE-Kennzeichen, das zulässige Klassen und Leistungsstufen nach § 63 des Wasserhaushaltsgesetzes aufweist,
  - Zulassungen oder Nachweise nach § 63 des Wasserhaushaltsgesetzes oder
  - bei Behältern und Verpackungen die Zulassungen nach gefahrgutrechtlichen Vorschriften und
- durch das Gutachten eines Sachverständigen bestätigt wird, dass die Anlage insgesamt die Gewässerschutzanforderungen erfüllt.

Die Anlage darf wie geplant errichtet und betrieben werden, wenn die zuständige Behörde innerhalb einer Frist von sechs Wochen nach Vorlage der genannten Nachweise und des Gutachtens weder die Errichtung oder den Betrieb untersagt noch Anforderungen an die Errichtung oder den Betrieb festgesetzt hat. Anforderungen nach anderen Rechtsbereichen bleiben unberührt. Bei Anlagen der Gefährdungsstufe D kann die zuständige Behörde von einer Eignungsfeststellung absehen, wenn die beschriebenen Anforderungen erfüllt sind.

Antragsunterlagen für die Eignungsfeststellung (§ 42)
Dem Antrag auf Erteilung einer Eignungsfeststellung sind die zum Nachweis der Eignung erforderlichen Unterlagen beizufügen. Auf Verlangen der zuständigen Behörde ist dem Antrag ein Gutachten eines Sachverständigen beizufügen. Als Nachweise gelten auch Prüfbescheinigungen und Gutachten von in anderen Mitgliedstaaten der Europäischen Union und anderen Vertragsstaaten des Abkommens über den Europäischen Wirtschaftsraum zugelassenen Prüfstellen oder Sachverständigen, wenn die Anforderungen an die Prüfung der Anlage denen nach dieser Verordnung gleichwertig sind.

Anlagendokumentation (§ 43)
Der Betreiber hat eine Anlagendokumentation zu führen, in der die wesentlichen Informationen über die Anlage enthalten sind. Hierzu zählen insbesondere Angaben zum Aufbau und zur Abgrenzung der Anlage, zu den eingesetzten Stoffen, zur Bauart und zu den Werkstoffen der einzelnen Anlagenteile, zu Sicherheitseinrichtungen und Schutzvorkehrungen, zur Löschwasserrückhaltung und zur Standsicherheit. Die Dokumentation ist bei einem Wechsel des Betreibers an den neuen Betreiber zu übergeben.

Ist die Anlage nach § 46 prüfpflichtig, hat der Betreiber neben der Dokumentation zusätzlich die Unterlagen bereitzuhalten, die für die Prüfung der Anlage und für die Durchführung fachbetriebspflichtiger Tätigkeiten nach § 45 erforderlich sind. Hierzu gehören insbesondere eine Dokumentation der Abgrenzung der Anlage nach § 14, eine erteilte Eignungsfeststellung, bauaufsichtliche Verwendbarkeitsnachweise sowie der letzte Prüfbericht nach § 47.

Der Betreiber hat die Unterlagen der zuständigen Behörde, Sachverständigen vor Prüfungen und Fachbetrieben nach § 62 vor fachbetriebspflichtigen Tätigkeiten jeweils auf Verlangen vorzulegen.

Betriebsanweisung; Merkblatt (§ 44)

Der Betreiber hat eine Betriebsanweisung vorzuhalten, die einen Überwachungs-, Instandhaltungs- und Notfallplan enthält und Sofortmaßnahmen zur Abwehr nachteiliger Veränderungen der Eigenschaften von Gewässern festlegt. Der Plan ist mit den Stellen abzustimmen, die im Rahmen des Notfallplans und der Sofortmaßnahmen beteiligt sind. Der Betreiber hat die Einhaltung der Betriebsanweisung und deren Aktualisierung sicherzustellen.

Das Betriebspersonal der Anlage ist vor Aufnahme der Tätigkeit und dann regelmäßig in angemessenen Zeitabständen, mindestens jedoch einmal jährlich, zu unterweisen, wie es sich laut Betriebsanweisung zu verhalten hat. Die Durchführung der Unterweisung ist vom Betreiber zu dokumentieren. Die Betriebsanweisung muss dem Betriebspersonal der Anlage jederzeit zugänglich sein.

Diese Anforderungen gelten nicht für:

- Anlagen der Gefährdungsstufe A,
- Eigenverbrauchstankstellen,
- Heizölverbraucheranlagen,
- Anlagen zum Umgang mit aufschwimmenden flüssigen Stoffen mit einem Volumen bis zu 100 Kubikmetern und
- Anlagen mit festen Gemischen bis zu 1000 Tonnen.

Stattdessen ist das Merkblatt zu Betriebs- und Verhaltensvorschriften beim Betrieb von Heizölverbraucheranlagen 3 und bei anderen Anlagen das Merkblatt zu Betriebs- und Verhaltensvorschriften beim Umgang mit wassergefährdenden Stoffen an gut sichtbarer Stelle in der Nähe der Anlage dauerhaft anzubringen. Auf das Anbringen des Merkblattes kann verzichtet werden, wenn die dort vorgegebenen Informationen auf andere Weise in der Nähe der Anlage gut sichtbar dokumentiert sind. Bei Anlagen zum Verwenden wassergefährdender Stoffe der Gefährdungsstufe A, die im Freien außerhalb von Ortschaften betrieben werden, ist die gut sichtbare Anbringung einer Telefonnummer ausreichend, unter der bei Betriebsstörungen eine Alarmierung erfolgen kann.

Fachbetriebspflicht; Ausnahmen (§ 45)

Folgende Anlagen einschließlich der zu ihnen gehörenden Anlagenteile dürfen nur von Fachbetrieben nach § 62 errichtet, von innen gereinigt, instand gesetzt und stillgelegt werden:

- unterirdische Anlagen,
- oberirdische Anlagen zum Umgang mit flüssigen wassergefährdenden Stoffen der Gefährdungsstufen C und D,
- oberirdische Anlagen zum Umgang mit flüssigen wassergefährdenden Stoffen der Gefährdungsstufe B innerhalb von Wasserschutzgebieten,
- Heizölverbraucheranlagen der Gefährdungsstufen B, C und D,
- Biogasanlagen,
- Umschlaganlagen des intermodalen Verkehrs sowie
- Anlagen zum Umgang mit aufschwimmenden flüssigen Stoffen.

Tätigkeiten an Anlagen oder Anlagenteilen, die keine unmittelbare Bedeutung für die Anlagensicherheit haben, nicht von Fachbetrieben ausgeführt werden.

Überwachungs- und Prüfpflichten des Betreibers (§ 46)
Der Betreiber hat die Dichtheit der Anlage und die Funktionsfähigkeit der Sicherheitseinrichtungen regelmäßig zu kontrollieren. Die zuständige Behörde kann im Einzelfall anordnen, dass der Betreiber einen Überwachungsvertrag mit einem Fachbetrieb nach § 62 abschließt, wenn er selbst nicht die erforderliche Sachkunde besitzt und auch nicht über sachkundiges Personal verfügt. Betreiber haben Anlagen außerhalb von Schutzgebieten und außerhalb von festgesetzten oder vorläufig gesicherten Überschwemmungsgebieten in geregelten Prüfzeitpunkte und -intervalle (Tab. 20.8) auf ihren ordnungsgemäßen Zustand prüfen zu lassen.

Betreiber haben Anlagen in Schutzgebieten und in festgesetzten oder vorläufig gesicherten Überschwemmungsgebieten in geregelten Prüfzeitpunkte und -intervalle (Tab. 20.9) auf ihren ordnungsgemäßen Zustand prüfen zu lassen.

Die zuständige Behörde kann unabhängig von den sich ergebenden Prüfzeitpunkten und -intervallen eine einmalige Prüfung oder wiederkehrende Prüfungen anordnen, insbesondere wenn die Besorgnis einer nachteiligen Veränderung von Gewässereigenschaften besteht. Betreiber haben Anlagen, bei denen nach § 47 ein erheblicher oder ein gefährlicher Mangel festgestellt worden ist, nach Beseitigung des Mangels erneut prüfen zu lassen. Die Prüfung entfällt, wenn die Anlage der Forschung, Entwicklung oder Erprobung neuer Einsatzstoffe, Brennstoffe, Erzeugnisse oder Verfahren dient und nicht länger als ein Jahr betrieben wird. Weiter gehende Regelungen, insbesondere in einer Eignungsfeststellung nach § 63 des Wasserhaushaltsgesetzes, bleiben unberührt.

Prüfung durch Sachverständige (§ 47)
Prüfungen nach § 46 dürfen nur von Sachverständigen durchgeführt werden. Der Sachverständige hat die Anlage aufgrund des Ergebnisses der Prüfungen nach § 46 in eine der folgenden Klassen einzustufen:

- ohne Mangel,
- mit geringfügigem Mangel,

Tab. 20.8 Prüfzeitpunkte und -intervalle für Anlagen außerhalb von Schutzgebieten und festgesetzten oder vorläufig gesicherten Überschwemmungsgebieten

Anlagen	Prüfzeitpunkte und -intervalle		
	Vor Inbetriebnahme oder nach einer wesentlichen Änderung	Wiederkehrende Prüfung	Bei Stilllegung der Anlage
Unterirdische Anlagen mit flüssigen oder gasförmigen wassergefährdenden Stoffen	A, B, C und D	A, B, C und D alle 5 Jahre	A, B, C und D
Oberirische Anlagen mit flüssigem oder gasförmigen wassergefährdenden Stoffen, einschließlich Heizölverbraucheranlagen	B, C und D	C und D alle 5 Jahre	C und D
Anlagen mit festen wassergefährdenden Stoffen	Über 1000 t	Unterirdisch Anlagen und Anlagen im Freien über 1000 t alle 5 Jahre	Unterirdischen Anlagen und Anlagen im Freien über 1000 t
Anlagen zum Umschlagen wassergefährdender Stoffe im intermodalen Verkehr	Über 100 t umgeschlagener Stoffe pro Arbeitstag	Über 100 t umgeschlagener Stoffe pro Arbeitstag alle 5 Jahre	Über 100 t umgeschlagener Stoffe pro Arbeitstag
Anlagen mit aufschwimmenden flüssigen Stoffen	Über 100 m^3	Über 1000 m^3 alle 5 Jahre	Über 1000 m^3
Biogasanlagen, in denen ausschließlich Gärsubstrate nach § 2 Abs. 8 eingesetzt werden	Über 100 m^3	Über 1000 m^3 alle 5 Jahre	Über 1000 m^3
Abfüll- und Umschlaganlagen sowie Anlagen zum Laden und Löschen von Schiffen	B, C und D	B alle 10 Jahre C und D alle 5 Jahre	B, C und D

- mit erheblichem Mangel oder
- mit gefährlichem Mangel.

Der Sachverständige hat der zuständigen Behörde über das Ergebnis jeder von ihm durchgeführten Prüfung nach § 46 innerhalb von vier Wochen nach Durchführung der Prüfung einen Prüfbericht vorzulegen. Über einen gefährlichen Mangel hat er die zuständige Behörde unverzüglich zu unterrichten. Der Prüfbericht muss Angaben zu Folgendem enthalten:

- zum Betreiber,
- zum Standort,
- zur Anlagenidentifikation,

Tab. 20.9 Prüfzeitpunkte und -intervalle für Anlagen in Schutzgebieten und festgesetzten oder vorläufig gesicherten Überschwemmungsgebieten

Anlagen	Prüfzeitpunkte und -intervalle		
	Vor Inbetriebnahme oder nach einer wesentlichen Änderung	Wiederkehrende Prüfung	Bei Stilllegung der Anlage
Unterirdische Anlagen mit flüssigen oder gasförmigen wassergefährdenden Stoffen	A, B, C und D	A, B, C und D alle 30 Monate	A, B, C und D
Oberirische Anlagen mit flüssigem oder gasförmigen wassergefährdenden Stoffen, einschließlich Heizölverbraucheranlagen	B, C und D	B, C und D alle 5 Jahre	B, C und D
Anlagen mit festen wassergefährdenden Stoffen	Über 1000 t	Unterirdisch Anlagen und Anlagen im Freien über 1000 t alle 5 Jahre	Unterirdischen Anlagen und Anlagen im Freien über 1000 t
Anlagen zum Umschlagen wassergefährdender Stoffe im intermodalen Verkehr	Über 100 t umgeschlagener Stoffe pro Arbeitstag	Über 100 t umgeschlagener Stoffe pro Arbeitstag alle 5 Jahre	Über 100 t umgeschlagener Stoffe pro Arbeitstag
Anlagen mit aufschwimmenden flüssigen Stoffen	Über 100 m^3	Über 1000 m^3 alle 5 Jahre	Über 1000 m^3
Biogasanlagen, in denen ausschließlich Gärsubstrate nach § 2 Abs. 8 eingesetzt werden	Über 100 m^3	Über 1000 m^3 alle 5 Jahre	Über 1000 m^3
Abfüll- und Umschlaganlagen sowie Anlagen zum Laden und Löschen von Schiffen	B, C und D	B, C und D alle 5 Jahre	B, C und D

- zur Anlagenzuordnung,
- zu den wassergefährdenden Stoffen, mit denen in der Anlage umgegangen wird,
- zu behördlichen Zulassungen,
- zum Sachverständigen und zu der Sachverständigenorganisation, die ihn bestellt hat,
- zu Art und Umfang der Prüfung,
- dazu, ob die Prüfung der gesamten Anlage abgeschlossen ist oder welche Anlagenteile noch nicht geprüft wurden,
- zu Art und Umfang der festgestellten Mängel,
- zu Datum und Ergebnis der Prüfung,
- zu erforderlichen Maßnahmen und zu einem Vorschlag für eine angemessene Frist für ihre Umsetzung oder zur Erforderlichkeit der Erarbeitung eines Instandsetzungskonzeptes,

- zum Datum der nächsten Prüfung und
- zu einer erfolgreichen Beseitigung festgestellter Mängel bei Nachprüfungen.

Stuft der Sachverständige eine Heizölverbraucheranlage nach Abschluss ihrer Prüfung in die Klasse *ohne Mangel* oder *mit geringfügigem Mangel* ein, hat er auf der Anlage an gut sichtbarer Stelle eine Plakette anzubringen, aus der das Datum der Prüfung und das Datum der nächsten Prüfung ersichtlich sind.

Beseitigung von Mängeln (§ 48)
Werden bei Prüfungen nach § 46 durch einen Sachverständigen geringfügige Mängel festgestellt, hat der Betreiber diese Mängel innerhalb von sechs Monaten und, soweit nach § 45 erforderlich, durch einen Fachbetrieb nach § 62 zu beseitigen. Erhebliche und gefährliche Mängel sind dagegen unverzüglich zu beseitigen.

Hat der Sachverständige bei seiner Prüfung nach § 46 einen gefährlichen Mangel festgestellt, hat der Betreiber die Anlage unverzüglich außer Betrieb zu nehmen und, soweit dies nach Feststellung des Sachverständigen erforderlich ist, zu entleeren. Die Anlage darf erst wieder in Betrieb genommen werden, wenn der zuständigen Behörde eine Bestätigung des Sachverständigen über die erfolgreiche Beseitigung der festgestellten Mängel vorliegt.

Anforderungen an Anlagen in Schutzgebieten (§ 49)
Im Fassungsbereich und in der engeren Zone von Schutzgebieten dürfen keine Anlagen errichtet und betrieben werden. In der weiteren Zone von Schutzgebieten dürfen folgende Anlagen nicht errichtet und folgende bestehende Anlagen nicht erweitert werden:

- Anlagen der Gefährdungsstufe D,
- Biogasanlagen mit einem maßgebenden Volumen von insgesamt über 3000 Kubikmetern,
- unterirdische Anlagen der Gefährdungsstufe C sowie
- Anlagen mit Erdwärmesonden.

In der weiteren Zone von Schutzgebieten dürfen nur Lageranlagen und Anlagen zum Herstellen, Behandeln und Verwenden wassergefährdender Stoffe errichtet und betrieben werden, die;

- mit einer Rückhalteeinrichtung ausgerüstet sind, die das gesamte in der Anlage vorhandene Volumen wassergefährdender Stoffe aufnehmen kann, oder
- doppelwandig ausgeführt und mit einem Leckanzeigesystem ausgerüstet sind.

Die zuständige Behörde kann eine Befreiung von den Anforderungen erteilen, wenn:

- das Wohl der Allgemeinheit dies erfordert oder das Verbot zu einer unzumutbaren Härte führen würde und
- der Schutzzweck des Schutzgebietes nicht beeinträchtigt wird.

Diese Anforderungen gelten nicht, soweit landesrechtliche Verordnungen zur Festsetzung von Schutzgebieten weiter gehende Regelungen treffen.

Anforderungen an Anlagen in festgesetzten und vorläufig gesicherten Überschwemmungsgebieten (§ 50)
Anlagen dürfen in festgesetzten und vorläufig gesicherten Überschwemmungsgebieten im Sinne des § 76 des Wasserhaushaltsgesetzes oder nach landesrechtlichen Vorschriften nur errichtet und betrieben werden, wenn wassergefährdende Stoffe durch Hochwasser nicht abgeschwemmt oder freigesetzt werden und auch nicht auf eine andere Weise in ein Gewässer oder eine Abwasserbehandlungsanlage gelangen können. § 78 des Wasserhaushaltsgesetzes sowie weiter gehende landesrechtliche Vorschriften für Überschwemmungsgebiete bleiben unberührt.

Abstand zu Trinkwasserbrunnen, Quellen und oberirdischen Gewässern (§ 51)
Der Abstand von JGS-Anlagen und Biogasanlagen, in denen ausschließlich Gärsubstrate eingesetzt werden, zu privat oder gewerblich genutzten Quellen oder zu Brunnen, die der Trinkwassergewinnung dienen, hat mindestens 50 m, der Abstand zu oberirdischen Gewässern mindestens 20 m zu betragen. Dies gilt nicht, wenn der Betreiber nachweist, dass ein entsprechender Schutz der Trinkwassergewinnung oder der Gewässer auf andere Weise gewährleistet ist.

20.5.4 Fachbetriebe

Gemeinsame Pflichten der Sachverständigenorganisationen und der Güte- und Überwachungsgemeinschaften (§ 61)
Sachverständigenorganisationen, die berechtigt sind, Fachbetriebe zu zertifizieren und zu überwachen, sowie Güte- und Überwachungsgemeinschaften sind verpflichtet:

- die Einhaltung der Anforderungen nach § 62 sowie das ordnungsgemäße Arbeiten des Fachbetriebs regelmäßig, mindestens alle zwei Jahre, sowie bei gegebenem Anlass zu kontrollieren und Art, Umfang und Ergebnisse sowie Ort und Zeitpunkt der jeweiligen Kontrolle zu dokumentieren,
- die bei den Kontrollen der Fachbetriebe gewonnenen Erkenntnisse zu sammeln und auszuwerten,

- der zuständigen Behörde die bei den Kontrollen der Fachbetriebe gewonnenen Erkenntnisse jeweils bis zum 31. März eines Jahres für das vergangene Kalenderjahr zu übermitteln.

Zu den Kontrollen gehören insbesondere Kontrollen der Ergebnisse und der Qualität von praktischen, vom Fachbetrieb ausgeführten Tätigkeiten, Kontrollen der Teilnahme an Schulungen oder Fortbildungsveranstaltungen sowie Kontrollen der Geräte und Ausrüstungsteile. Sachverständigenorganisationen und Güte- und Überwachungsgemeinschaften müssen für ihr Tätigkeitsgebiet Schulungen anbieten, mit denen der betrieblich verantwortlichen Person und dem eingesetzten Personal der Fachbetriebe die erforderlichen Kenntnisse vermittelt werden.

Sachverständigenorganisationen und Güte- und Überwachungsgemeinschaften müssen Fachbetriebe, die für Dritte tätig werden, unverzüglich nach der Zertifizierung in geeigneter Weise im Internet bekannt machen; die Angaben sind aktuell zu halten. Bei der Bekanntmachung sind die Fachbereiche und Tätigkeiten anzugeben, in denen der Fachbetrieb von der Sachverständigenorganisation oder der Güte- und Überwachungsgemeinschaft überwacht wird.

Sachverständigenorganisationen und Güte- und Überwachungsgemeinschaften sind verpflichtet, einem Fachbetrieb die Zertifizierung unverzüglich zu entziehen, wenn dieser:

- wiederholt fachbetriebspflichtige Arbeiten fehlerhaft durchgeführt hat,
- die in § 62 und § 63 aufgeführten Anforderungen an Fachbetriebe nicht mehr erfüllt oder
- die Pflicht nach § 63 nicht erfüllt.

Fachbetriebe; Zertifizierung von Fachbetrieben (§ 62)
Betriebe, die die in § 45 genannten Tätigkeiten an den dort genannten Anlagen und Anlagenteilen ausführen, bedürfen der Zertifizierung als Fachbetrieb durch eine Sachverständigenorganisation oder eine Güte- und Überwachungsgemeinschaft. Die Zertifizierung kann auf bestimmte Tätigkeiten beschränkt werden. Sie ist auf einen Zeitraum von zwei Jahren zu befristen. Eine Sachverständigenorganisation oder eine Güte- und Überwachungsgemeinschaft darf einen Betrieb nur als Fachbetrieb zertifizieren, wenn dieser Betrieb:

- über die Geräte und Ausrüstungsteile verfügt, durch die die Erfüllung der Anforderungen nach § 62 des Wasserhaushaltsgesetzes und dieser Verordnung gewährleistet wird,
- eine betrieblich verantwortliche Person bestellt hat mit:
  - erfolgreich abgeschlossener Meisterprüfung in einem einschlägigen Handwerk, mit erfolgreichem Abschluss eines ingenieurwissenschaftlichen Studiums in einer für die ausgeübte Tätigkeit einschlägigen Fachrichtung oder mit einer geeigneten

  gleichwertigen Ausbildung, mindestens zweijähriger Praxis in dem Tätigkeitsgebiet des Fachbetriebs und
  - ausreichenden Kenntnissen in den genannten Bereichen, die in einer Prüfung nachgewiesen wurden,
- nur Personal einsetzt, das über die erforderlichen Fähigkeiten für die vorgesehenen Tätigkeiten verfügt, beispielsweise auch an Schulungen von Herstellern zu einzusetzenden Produkten teilgenommen hat, und
- Arbeitsbedingungen schafft, die eine ordnungsgemäße Ausführung der Tätigkeiten gewährleisten.

Die Kenntnisse müssen Folgendes umfassen:

- Aufbau und Funktionsweise der Anlagen sowie deren Gefährdungspotenzial,
- Eigenschaften der Stoffe, mit denen in den Anlagen umgegangen wird, insbesondere hinsichtlich ihrer Wassergefährdung,
- maßgebliche Vorschriften des Wasser-, Bau-, Betriebssicherheits-, Immissionsschutz- und Abfallrechts und
- Anforderungen an das Verarbeiten von bestimmten Bauprodukten und Anlagenteilen.

Die Sachverständigenorganisation oder die Güte- und Überwachungsgemeinschaft stellt nach abgeschlossener Zertifizierung eine Urkunde über die Zertifizierung aus. Die Urkunde muss folgende Angaben enthalten:

- Name und Anschrift des Fachbetriebs,
- Name und Anschrift der Sachverständigenorganisation oder der Güte- und Überwachungsgemeinschaft, die den Betrieb zertifiziert hat,
- eine Beschreibung des Tätigkeitsbereichs des Fachbetriebs sowie
- die Geltungsdauer der Zertifizierung.

Als Fachbetrieb gilt auch, wer die Anforderungen erfüllt und berechtigt ist, in einem anderen Mitgliedstaat der Europäischen Union oder in einem anderen Vertragsstaat des Abkommens über den Europäischen Wirtschaftsraum Tätigkeiten durchzuführen, die in der Bundesrepublik Deutschland nach § 45 Fachbetrieben vorbehalten sind, sofern der Betrieb in dem anderen Staat einer gleichwertigen Überwachung unterliegt.

Pflichten der Fachbetriebe (§ 63)
Der Fachbetrieb hat sicherzustellen, dass die betrieblich verantwortliche Person mindestens alle zwei Jahre sowie das eingesetzte Personal regelmäßig an Schulungen nach § 61 oder an anderen gleichwertigen Fortbildungsveranstaltungen teilnimmt. Fachbetriebe sind verpflichtet, der Sachverständigenorganisation oder der Güte- und Überwachungsgemeinschaft, die sie überwacht, Änderungen ihrer Organisationsstruktur unverzüglich mitzuteilen. Ein Betrieb, dem die Zertifizierung als Fachbetrieb entzogen wurde, hat die Zerti-

fizierungsurkunde nach § 62 der Sachverständigenorganisation oder der Güte- und Überwachungsgemeinschaft unverzüglich zurückzugeben; sie darf nicht weiter verwendet werden.

Nachweis der Fachbetriebseigenschaft (§ 64)
Fachbetriebe haben die Fachbetriebseigenschaft unaufgefordert gegenüber dem Betreiber einer Anlage nachzuweisen, wenn dieser den Fachbetrieb mit fachbetriebspflichtigen Tätigkeiten beauftragt. Gegenüber der zuständigen Behörde haben sie ihre Fachbetriebseigenschaft auf Verlangen nachzuweisen. Der Nachweis ist geführt, wenn der Fachbetrieb die Zertifizierungsurkunde oder eine beglaubigte Kopie der Zertifizierungsurkunde vorlegt.

Bestehende Einstufungen von Stoffen und Gemischen (§ 66)
Stoffe, Stoffgruppen und Gemische, die am 1. August 2017 bereits durch die oder aufgrund der Verwaltungsvorschrift wassergefährdende Stoffe (VwVwS) eingestuft worden sind, gelten nach Maßgabe dieser Einstufung als eingestuft. Diese Einstufungen werden jeweils vom Umweltbundesamt im Bundesanzeiger veröffentlicht. Das Umweltbundesamt stellt zudem im Internet eine Suchfunktion bereit, mit der die bestehenden Einstufungen wassergefährdender Stoffe, Stoffgruppen und Gemische ermittelt werden können.

Änderung der Einstufung wassergefährdender Stoffe (§ 67)
Führt die Änderung der Einstufung eines wassergefährdenden Stoffes zur Erhöhung der Gefährdungsstufe einer Anlage, sind die hieraus folgenden weiter gehenden Anforderungen an die Anlage erst zu erfüllen, wenn die zuständige Behörde dies anordnet. Dies gilt auch für Anlagen, die am 1. August 2017 bereits errichtet sind (bestehende Anlagen).

Bestehende wiederkehrend prüfpflichtige Anlagen (§ 68)
Für bestehende Anlagen, die einer wiederkehrenden Prüfpflicht nach § 46 unterliegen, hat der Sachverständige bei der ersten Prüfung nach diesen Vorschriften festzustellen, inwieweit für die Anlage Anforderungen dieser Verordnung bestehen, die über die Anforderungen hinausgehen, die nach den jeweiligen landesrechtlichen Vorschriften am 31. Juli 2017 zu beachten waren. Werden Abweichungen festgestellt, kann die zuständige Behörde technische oder organisatorische Anpassungsmaßnahmen anordnen:

- mit denen diese Abweichungen behoben werden,
- die für diese Abweichungen in technischen Regeln für bestehende Anlagen vorgesehen sind oder
- mit denen eine Gleichwertigkeit der Anforderungen erreicht wird.

Aufgrund der festgestellten Abweichungen können die Stilllegung oder die Beseitigung einer Anlage oder Anpassungsmaßnahmen, die einer Neuerrichtung der Anlage gleichkommen oder die den Zweck der Anlage verändern, nicht verlangt werden. Werden bei einer Prüfung nach § 46 von bestehenden Anlagen erhebliche oder gefährliche Mängel am Behälter oder an der Rückhalteeinrichtung festgestellt, sind bei der Beseitigung dieser Mängel die Anforderungen dieser Verordnung einzuhalten. Sollen wesentliche bauliche Teile oder wesentliche Sicherheitseinrichtungen einer bestehenden Anlage geändert werden, gelten für diese Teile oder diese Sicherheitseinrichtungen die Anforderungen dieser Verordnung, die über die Anforderungen hinausgehen, die nach den jeweiligen landesrechtlichen Vorschriften am 31. Juli 2017 zu beachten waren.

Bestehende nicht wiederkehrend prüfpflichtige Anlagen (§ 69)
Für bestehende Anlagen, die keiner wiederkehrenden Prüfpflicht nach § 46 unterliegen, sind die am 31. Juli 2017 geltenden landesrechtlichen Vorschriften weiter anzuwenden, solange und soweit die zuständige Behörde keine Entscheidung getroffen hat.

Einbau von Leichtflüssigkeitsabscheidern (§ 71)
Leichtflüssigkeitsabscheider für Kraftstoffe mit Zumischung von Ethanol dürfen nur eingebaut werden, wenn der Nachweis erbracht worden ist, dass sie gegenüber diesen Kraftstoffen beständig sind und ihre Funktionsfähigkeit nur unerheblich verringert wird.

20.5.5 Einstufung von Stoffen und Gemischen in Wassergefährdungsklassen (WGK)

20.5.5.1 Einstufung von Stoffen und Gemischen als nicht wassergefährdende Stoffe

Stoffe sind nicht wassergefährdend, wenn sie alle im Folgenden genannten Anforderungen erfüllen:

- Die Summe der Bewertungs- und Vorsorgepunkte ist Null.
- Ein flüssiger Stoff weist eine Wasserlöslichkeit von kleiner als 10 mg/L auf.
- Ein fester Stoff weist eine Wasserlöslichkeit von kleiner als 100 mg/L auf.
- Es ist keine Prüfung bekannt, nach der die akute Toxizität an einer Fischart (96 h LC_{50}) oder einer Wasserflohart (48 h EC_{50}) oder die Hemmung des Algenwachstums (72 h IC_{50}) unterhalb der Löslichkeitsgrenze liegt. Es müssen valide Prüfungen an zwei der vorgenannten Organismen durchgeführt worden sein.
- Ein flüssiger organischer Stoff ist leicht biologisch abbaubar.
- Ein fester organischer Stoff ist entweder leicht biologisch abbaubar oder weist kein erhöhtes Bioakkumulationspotenzial auf.
- Durch leichte biologische oder abiotische Abbaubarkeit entsteht kein wassergefährdender Stoff.
- Der Stoff ist kein aufschwimmender flüssiger Stoff.

Gemische

Gemische sind nicht wassergefährdend, wenn sie alle im Folgenden genannten Anforderungen erfüllen:

- Der Gehalt an Stoffen der WGK 1 ist geringer als 3 % Massenanteil.
- Der Gehalt an Stoffen der WGK 2 ist geringer als 0,2 % Massenanteil.
- Der Gehalt an Stoffen der WGK 3 ist geringer als 0,2 % Massenanteil.
- Der Gehalt an nicht identifizierten Stoffen ist geringer als 0,2 % Massenanteil.
- Dem Gemisch wurden keine krebserzeugenden Stoffe gezielt zugesetzt.
- Dem Gemisch wurden keine Stoffe der WGK 3 gezielt zugesetzt.
- Dem Gemisch wurden keine Stoffe gezielt zugesetzt, deren wassergefährdende Eigenschaften nicht bekannt sind.
- Dem Gemisch wurden keine Dispergatoren oder Emulgatoren gezielt zugesetzt.
- Das Gemisch schwimmt in oberirdischen Gewässern nicht auf.

Muss bei einem Stoff der WGK 2 oder WGK 3 wegen seiner hohen aquatischen Toxizität ein M-Faktor berücksichtigt werden, wird der prozentuale Gehalt dieses Stoffes mit diesem Faktor multipliziert. Das sich daraus ergebende Produkt wird zur Ermittlung des Massenanteils verwendet.

Bestimmung aufschwimmender flüssiger Stoffe und Gemische als allgemein wassergefährdend

Aufschwimmende flüssige Stoffe sind allgemein wassergefährdend, wenn sie die Anforderungen für Stoffe erfüllen. Die aufschwimmenden flüssigen Stoffe werden vom Umweltbundesamt im Bundesanzeiger öffentlich bekannt gegeben. Zudem stellt das Umweltbundesamt im Internet eine Suchfunktion bereit, mit der die bekannt gegebenen Stoffe ermittelt werden können. Ein aufschwimmendes Gemisch aus aufschwimmenden flüssigen Stoffen und nicht wassergefährdenden Stoffen gilt als allgemein wassergefährdend.

20.5.5.2 Einstufung von Stoffen in Wassergefährdungsklassen

Grundlage für die Einstufung sind wissenschaftliche Prüfungen an dem jeweiligen Stoff gemäß den Vorgaben der Verordnung (EG) Nr. 440/2008 zur Festlegung von Prüfmethoden gemäß der Verordnung (EG) Nr. 1907/2006 zur Registrierung, Bewertung, Zulassung und Beschränkung chemischer Stoffe (REACH). Wurden aus diesen wissenschaftlichen Prüfungen für den jeweiligen Stoff Gefahrenhinweise nach den Anhängen I, II und VI der Verordnung (EG) Nr. 1272/2008 in der jeweils geltenden Fassung abgeleitet, werden den Gefahrenhinweisen Bewertungspunkte (Tab. 20.10) zugeordnet.

Wurden wissenschaftliche Prüfungen zur akuten oralen oder dermalen Toxizität oder zu Auswirkungen auf die Umwelt für den jeweiligen Stoff nicht durchgeführt, werden dem Stoff Vorsorgepunkte zugeordnet. Aus der Summe der Bewertungs- und Vorsorgepunkte für den jeweiligen Stoff wird die Wassergefährdungsklasse ermittelt.

Tab. 20.10 Zuordnung der Bewertungspunkte zu den Gefahrenhinweisen

Gefahren-hinweis	Bezeichnung der Gefahrenhinweise	Vorrangigkeit anderer Gefahren-hinweise	Bewertungs-punkte
EUH029	Entwickelt bei Berührung mit Wasser giftige Gase		2
H300	Lebensgefahr bei Verschlucken		4
H301	Giftig bei Verschlucken	Wird nicht zusätzlich zu H310 berücksichtigt	3
H302	Gesundheitsschädlich bei Verschlucken	Wird nicht zusätzlich zu H311 oder H310 berücksichtigt	1
H304	Kann bei Verschlucken und Eindringen in die Atemwege tödlich sein	Wird nicht zusätzlich zu H312 und H302 berücksichtigt	1
H310	Lebensgefahr bei Hautkontakt	Wird nicht zusätzlich zu H300 berücksichtigt	4
H311	Giftig bei Hautkontakt	Wird nicht zusätzlich zu H301 oder H300 berücksichtigt	3
H312	Gesundheitsschädlich bei Hautkontakt	Wird nicht zusätzlich zu H302, H301 oder H300 berücksichtigt	1
H340[a]	Kann genetische Defekte verursachen (Expositionsweg angeben, Sofern schlüssig belegt ist, dass diese Gefahr bei keinem anderen Expositionsweg besteht)	Wird nicht zusätzlich zu H350 berücksichtigt	9
H341[a]	Kann vermutlich genetische Defekt verursachen (Expositionsweg angeben, sofern schlüssig belegt ist, dass diese Gefahr bei keinem anderen Expositionsweg besteht)	Wird nicht zusätzlich zu H351 berücksichtigt	2
H350[a]	Kann Krebs verursachen (Expositionsweg angeben, sofern schlüssig belegt ist, dass diese Gefahr bei keinem anderen Expositionsweg besteht)		9
H351[a]	Kann vermutlich Krebs verursachen (Expositionsweg angeben, sofern schlüssig belegt ist, dass diese Gefahr bei keinem anderen Expositionsweg besteht)	Wird nicht zusätzlich zu H341 berücksichtigt	2
H360D	Kann das Kind im Mutterleib schädigen	Wird nicht zusätzlich zu H360F berücksichtigt	4
H360F	Kann die Fruchtbarkeit beeinträchtigen		4
H361d	Kann vermutlich das Kind im Mutterleib schädigen	Wird nicht zusätzlich zu H360F und H361f berücksichtigt	2

Tab. 20.10 (Fortsetzung)

Gefahren-hinweis	Bezeichnung der Gefahrenhinweise	Vorrangigkeit anderer Gefahren-hinweise	Bewertungs-punkte
H361f	Kann vermutlich die Fruchtbarkeit beeinträchtigen	Wird nicht zusätzlich zu H360D berücksichtigt	2
H370[a]	Schädigt die Organe (oder alle betroffenen Organe nennen, sofern bekannt) (Expositionsweg angeben, sofern schlüssig belegt ist, dass diese Gefahr bei keinem anderen Expositionsweg besteht)		4
H371[a]	Kann die Organe schädigen (oder alle betroffenen Organe nennen, sofern bekannt) (Expositionsweg angeben, sofern schlüssig belegt ist, dass diese Gefahr bei keinem anderen Expositionsweg besteht)		2
H372[a]	Schädigt die Organe (alle betroffenen Organe nennen) bei längerer oder wiederholter Exposition (Expositionsweg angeben, wenn schlüssig belegt ist, dass diese Gefahr bei keinem anderen Expositionsweg besteht)		4
H373[a]	Kann die Organe schädigen (alle betroffenen Organe nennen) bei längerer oder wiederholter Exposition (Expositionsweg angeben, wenn schlüssig belegt ist, dass diese Gefahr bei keinem anderen Expositionsweg besteht)		2
H400	Sehr giftig für Wasserorganismen	Wird nicht zusätzlich zu H410 berücksichtigt	6
H410	Sehr giftig für Wasserorganismen mit langfristiger Wirkung		8
H411	Giftig für Wasserorganismen mit langfristiger Wirkung		6
H412	Schädlich für Wasserorganismen mit langfristiger Wirkung		4
H413	Kann für Wasserorganismen schädlich sein, mit langfristiger Wirkung		3

[a] Stoffen, die nur auf inhalativem Expositionsweg wirken, werden keine Bewertungspunkte zugeordnet

Vorsorgepunkte

Sind zu einem Stoff keine Informationen zur akuten oralen und dermalen Toxizität vorhanden, werden dem Stoff 4 Vorsorgepunkte zugewiesen. Sind zu einem Stoff keine Informationen zu Auswirkungen auf die Umwelt vorhanden, werden dem Stoff 8 Vorsorgepunkte zugewiesen. Die Anzahl der Vorsorgepunkte wird um 2 vermindert, wenn die leichte biologische Abbaubarkeit nachgewiesen und ein Bioakkumulationspotenzial ausgeschlossen wurde.

Wurden einem Stoff keine Gefahrenhinweise zu Auswirkungen auf die Umwelt zugeordnet und sind Prüfungen zu Auswirkungen auf die Umwelt für den Stoff bekannt, werden die folgenden Vorsorgepunkte zugewiesen:

- 8 Vorsorgepunkte, wenn eine Prüfung bekannt ist, nach der die akute Toxizität an einer Fischart (96 h LC_{50}) oder einer Wasserflohart (48 h EC_{50}) oder die Hemmung des Algenwachstums (72 h IC_{50}) nicht mehr als 1 mg/L beträgt und kein Nachweis der leichten biologischen Abbaubarkeit vorhanden ist oder kein Nachweis zum Ausschluss eines Bioakkumulationspotenzials vorhanden ist,
- 6 Vorsorgepunkte, wenn eine Prüfung bekannt ist, nach der die akute Toxizität an einer Fischart (96 h LC_{50}) oder einer Wasserflohart (48 h EC_{50}) oder die Hemmung des Algenwachstums (72 h IC_{50}) mehr als 1 mg/L und nicht mehr als 10 mg/L beträgt und kein Nachweis der leichten biologischen Abbaubarkeit vorhanden ist oder kein Nachweis zum Ausschluss eines Bioakkumulationspotenzials vorhanden ist,
- 4 Vorsorgepunkte, wenn eine Prüfung bekannt ist, nach der die akute Toxizität an einer Fischart (96 h LC_{50}) oder einer Wasserflohart (48 h EC_{50}) oder die Hemmung des Algenwachstums (72 h IC_{50}) mehr als 10 mg/L und nicht mehr als 100 mg/L beträgt und kein Nachweis der biologischen Abbaubarkeit in Gewässern vorhanden ist,
- 2 Vorsorgepunkte, wenn nur Prüfungen bekannt sind, nach denen die akute Toxizität an einer Fischart (96 h LC_{50}) oder einer Wasserflohart (48 h EC_{50}) oder die Hemmung des Algenwachstums (72 h IC_{50}) mehr als 100 mg/L beträgt und kein Nachweis der biologischen Abbaubarkeit in Gewässern vorhanden ist sowie kein Nachweis zum Ausschluss eines Bioakkumulationspotenzials vorhanden ist.

Ermittlung der Wassergefährdungsklasse

Aus den ermittelten Bewertungs- und Vorsorgepunkten für den jeweiligen Stoff wird die Summe gebildet. Entsprechend dieser Summe wird eine der folgenden Wassergefährdungsklassen zugeordnet:

- die Summe beträgt 0 bis 4: WGK 1
- die Summe beträgt 5 bis 8: WGK 2
- die Summe beträgt mehr als 8: WGK 3.

20.5.5.3 Einstufung von Gemischen in Wassergefährdungsklassen

Die Wassergefährdungsklasse von Gemischen wird aus den Wassergefährdungsklassen der enthaltenen Stoffe rechnerisch ermittelt. Dabei werden nicht identifizierte Stoffe und Stoffe gemäß § 3 wie Stoffe der WGK 3 behandelt.

Werden feste Gemische bei der Herstellung von flüssigen Gemischen verwendet und wurden diese festen Gemische nicht als nicht wassergefährdend oder in eine Wassergefährdungsklasse eingestuft, werden die festen Gemische bei der Ableitung der Wassergefährdungsklasse des flüssigen Gemisches wie Stoffe der WGK 3 behandelt. Wurden die festen Gemische in eine Wassergefährdungsklasse eingestuft, werden sie bei der Ableitung der Wassergefährdungsklasse des flüssigen Gemisches wie Stoffe dieser Wassergefährdungsklasse behandelt.

Krebserzeugende Stoffe sind ab einem Massenanteil von 0,1 %, bezogen auf den Einzelstoff, zu berücksichtigen. Sind für die Einstufung des Gemisches als krebserzeugend (H350) nach Anhang VI der Verordnung (EG) Nr. 1272/2008 andere Massenanteile maßgebend, gelten diese. Bei der Ableitung der WGK 1 sind zugesetzte krebserzeugende Stoffe immer zu berücksichtigen. Nicht krebserzeugende Stoffe mit einem Massenanteil von weniger als 0,2 %, bezogen auf den Einzelstoff, werden nicht berücksichtigt.

Muss bei einem Stoff der WGK 2 oder WGK 3 wegen seiner hohen aquatischen Toxizität ein M-Faktor berücksichtigt werden, wird der prozentuale Gehalt dieses Stoffes mit diesem Faktor multipliziert. Das sich daraus ergebende Produkt wird zur Ermittlung des Massenanteils verwendet.

Liegen wissenschaftliche Prüfungen zur akuten oralen oder dermalen Toxizität oder zur aquatischen Toxizität für das Gemisch vor, kann die Wassergefährdungsklasse aus diesen Prüfergebnissen bestimmt werden. Den Prüfergebnissen werden Bewertungspunkte zugeordnet. Wurden bestimmte wissenschaftliche Prüfungen zur akuten oralen oder dermalen Toxizität oder zu Auswirkungen auf die Umwelt für das jeweilige Gemisch nicht durchgeführt, werden dem Gemisch Vorsorgepunkte zugeordnet.

Aus der Summe der Bewertungs- und Vorsorgepunkte für das jeweilige Gemisch wird die Wassergefährdungsklasse ermittelt. Führen beide Methoden zu unterschiedlichen Wassergefährdungsklassen, so ist die aus den am Gemisch bestimmten Prüfdaten ermittelte Wassergefährdungsklasse maßgeblich. Wurde zu einem Gemisch die Wassergefährdungsklasse anhand der Prüfdaten ermittelt, kann auf eine erneute Prüfung des Gemisches verzichtet werden, wenn nur ein Stoff ausgetauscht worden ist und:

- der neue Stoff bereits eingestuft und in die gleiche oder eine niedrigere Wassergefährdungsklasse wie der ausgetauschte Stoff eingestuft ist oder der neue Stoff als nicht wassergefährdend eingestuft ist und
- keine Eigenschaften des neuen Stoffes bekannt sind, die zu einer Erhöhung des wassergefährdenden Potenzials des Gemisches führen können.

20.5.5.4 Rechnerische Ableitung der Wassergefährdungsklasse aus den Wassergefährdungsklassen der enthaltenen Stoffe

Ableitung der Wassergefährdungsklasse 3

Das Gemisch wird in die WGK 3 eingestuft, wenn eine der folgenden Voraussetzungen erfüllt ist:

- Das Gemisch enthält krebserzeugende Stoffe der WGK 3.
- Die Summe der Massenanteile aller im Gemisch enthaltenen Stoffe der WGK 3 beträgt 3 % oder mehr.

Muss bei einem Stoff der WGK 3 wegen seiner hohen aquatischen Toxizität ein M-Faktor berücksichtigt werden, wird der prozentuale Gehalt dieses Stoffes mit diesem Faktor multipliziert. Das sich daraus ergebende Produkt wird zur Ermittlung des Massenanteils verwendet.

Ableitung der Wassergefährdungsklasse 2
Trifft keine der genannten Voraussetzungen zu, wird das Gemisch in die WGK 2 eingestuft, wenn eine der folgenden Voraussetzungen erfüllt ist:

- Das Gemisch enthält krebserzeugende Stoffe der WGK 2.
- Die Summe der Massenanteile aller im Gemisch enthaltenen Stoffe der WGK 2 beträgt 5 % oder mehr.
- Das Gemisch enthält Stoffe der WGK 3, die nichtkrebserzeugend sind, mit einem Massenanteil von 0,2 % oder mehr, bezogen auf den Einzelstoff.
- Die Summe der Massenanteile aller im Gemisch enthaltenen nichtkrebserzeugenden Stoffe der WGK 3 beträgt weniger als 3 %.

Muss bei einem Stoff der WGK 2 oder WGK 3 wegen seiner hohen aquatischen Toxizität ein M-Faktor berücksichtigt werden, wird der prozentuale Gehalt dieses Stoffes mit diesem Faktor multipliziert. Das sich daraus ergebende Produkt wird zur Ermittlung des Massenanteils verwendet.

Ableitung der Wassergefährdungsklasse 1
Trifft keine der genannten Voraussetzungen zu, wird das Gemisch in die WGK 1 eingestuft, wenn eine der folgenden Voraussetzungen erfüllt ist:

- Das Gemisch enthält zugesetzte krebserzeugende Stoffe unterhalb der Berücksichtigungsgrenze.
- Das Gemisch enthält nichtkrebserzeugende Stoffe der WGK 2 mit einem Massenanteil von 0,2 % oder mehr, bezogen auf den Einzelstoff.
- Die Summe der Massenanteile aller im Gemisch enthaltenen nichtkrebserzeugenden Stoffe der WGK 2 beträgt weniger als 5 %.
- Die Summe der Massenanteile aller im Gemisch enthaltenen Stoffe der WGK 1 beträgt 3 % oder mehr.
- Das Gemisch erfüllt nicht alle Voraussetzungen für eine Einstufung als nicht wassergefährdend.

Muss bei einem Stoff der WGK 2 wegen seiner hohen aquatischen Toxizität ein M-Faktor berücksichtigt werden, wird der prozentuale Gehalt dieses Stoffes mit diesem Faktor multipliziert. Das sich daraus ergebende Produkt wird zur Ermittlung des Massenanteils verwendet.

20.5.5.5 Ableitung der Wassergefährdungsklasse aus am Gemisch gewonnenen Prüfergebnissen

Berücksichtigung der am Gemisch bestimmten akuten oralen oder dermalen Toxizität

Sind wissenschaftliche Prüfungen zur akuten oralen oder dermalen Toxizität bekannt, ist festzustellen, ob das Gemisch nach der Verordnung (EG) Nr. 1272/2008 einzustufen ist. Dies gilt entsprechend, wenn diese wissenschaftlichen Prüfungen für alle enthaltenen Stoffe, nicht jedoch für das Gemisch bekannt sind. Werden aus den Prüfergebnissen Gefahrenhinweise zur akuten oralen oder dermalen Toxizität abgeleitet, werden diesen die genannten Bewertungspunkte zugeordnet. Sind wissenschaftliche Prüfungen zur akuten oralen oder dermalen Toxizität weder für das Gemisch noch für alle enthaltenen Stoffe bekannt, werden dem Gemisch 4 Vorsorgepunkte zugewiesen.

Berücksichtigung der am Gemisch gewonnenen Prüfergebnisse zu Auswirkungen auf die Umwelt

Sind wissenschaftliche Prüfungen zur akuten Toxizität an einer Fischart (96 h LC_{50}) oder einer Wasserflohart (48 h EC_{50}) oder zur Hemmung des Algenwachstums (72 h IC_{50}) für mindestens zwei der vorgenannten Organismen bekannt, werden die folgenden Bewertungspunkte zugeordnet:

- 8 Bewertungspunkte, wenn die Toxizität beim empfindlichsten Organismus 1 mg/L oder weniger beträgt,
- 6 Bewertungspunkte, wenn die Toxizität beim empfindlichsten Organismus mehr als 1 und bis zu 10 mg/L beträgt,
- 4 Bewertungspunkte, wenn die Toxizität beim empfindlichsten Organismus mehr als 10 und bis zu 100 mg/L beträgt,
- 2 Bewertungspunkte, wenn die Toxizität beim empfindlichsten Organismus mehr als 100 mg/L beträgt oder oberhalb der in Wasser erreichbaren Konzentration liegt.

Sind wissenschaftliche Prüfungen zur akuten Toxizität an einer Fischart, zur akuten Toxizität an einer Wasserflohart und zur Hemmung des Algenwachstums nicht bekannt oder nur für einen dieser Organismen bestimmt, werden dem Gemisch 8 Vorsorgepunkte zugewiesen. Ist bekannt, dass einer der vorgenannten Organismen besonders empfindlich auf einen im Gemisch enthaltenen Stoff reagiert, so muss die Prüfung am Gemisch auch mit diesem Organismus durchgeführt worden sein. Ist für alle Stoffe eines Gemisches jeweils die leichte biologische Abbaubarkeit nachgewiesen und ein Bioakkumulationspotenzial ausgeschlossen, werden die für die Auswirkungen auf die Umwelt ermittelten Bewertungspunkte oder Vorsorgepunkte um 2 vermindert.

20

20.6 Aufgaben für die Praxis

- Welche Kriterien werden an den Stand der Technik im Gewässerschutz gestellt?
- Was ist bei der Bewirtschaftung von Gewässern zu berücksichtigen?
- Wie ist die Abwasserbeseitigung geregelt?
- Was ist beim Umgang mit wassergefährdenden Stoffen zu beachten?
- Beschreiben Sie Aufgaben, Rechte und Pflichten des Gewässerschutzbeauftragten.
- Erläutern Sie die Abwasserverordnung an einem Beispiel.
- Welche Anforderungen stellt die Eigenkontrollverordnung?
- Wie werden wassergefährdende Stoffe eingestuft?
- Erläutern Sie die Anforderungen der AwSV-Verordnung.

Weiterführende Literatur

20.1. *AbwV – Abwasserverordnung; Verordnung über Anforderungen an das Einleiten von Abwasser in Gewässer*, **10.03.2017**

20.2. Albrecht, J.; *Umweltqualitätsziele im Gewässerschutzrecht*, Dunckler & Humblot, **2007**, 978-3-428-12447-3

20.3. *AwSV – Verordnung über Anlagen zum Umgang mit wassergefährdenden Stoffen,* **18.04.2017**

20.4. Berufsgenossenschaftliche Vorschriften (BGV); *BGV C5/DGUV Vorschrift 21: Abwassertechnische Anlagen*, **01/1997**

20.5. Bonhoff, K.; *Gefahrstoffe: Abluft-Abwasser-Abfall*, Erich Schmidt, **2001**, 3-503-05763-3

20.6. Borkowski, K.; Janssen-Overath, A., *Handbuch für den Gewässerschutzbeauftragten*, Deutscher Wirtschaftsdienst, **2003**, 3-87156-516-4

20.7. Buschbaum, H.; *Genehmigungsanforderungen an Abwassereinleitungen*, Dr. Kovač, **2005**, 3-8300-1849-5

20.8. *EKVO – Eigenkontrollverordnung; Verordnung des Ministeriums für Umwelt und Verkehr Baden-Württemberg über die Eigenkontrolle von Abwasseranlagen*, **03.12.2013**

20.9. Gräf, R.; Honnen, W.; Dirschken, J.; *Der Gewässerschutzbeauftragte*, expert, **2003**, 3-8169-2064-0

20.10. *IndVO – Indirekteinleiterverordnung; Verordnung des Umweltministeriums über das Einleiten von Abwasser in öffentliche Abwasseranlagen,* **03.12.2013**

20.11. *TRBA 220; Sicherheit und Gesundheit bei Tätigkeiten mit biologischen Arbeitsstoffen in abwassertechnischen Anlagen,* **26.11.2010**

20.12. *Verordnung über Anlagen zum Umgang mit wassergefährdenden Stoffen,* **31.03.2010**

20.13. *VwVwS – Verwaltungsvorschrift wassergefährdende Stoffe; Allgemeine Verwaltungsvorschrift zum Wasserhaushaltsgesetz über die Einstufung wassergefährdender Stoffe in Wassergefährdungsklassen*, **06/2011**

20.14. *WG – Wassergesetz für Baden-Württemberg*; **23.02.201**

20.15. *WHG – Wasserhaushaltsgesetz; Gesetz zur Ordnung des Wasserhaushalts,* **29.03.2017**

Chemikalienrecht 21

21.1 Chemikaliengesetz (ChemG)

Zweck des Gesetzes (§ 1)
Zweck des Gesetzes ist es, den Menschen und die Umwelt vor schädlichen Einwirkungen gefährlicher Stoffe und Gemische zu schützen, insbesondere sie erkennbar zu machen, sie abzuwenden und ihrem Entstehen vorzubeugen.

Einstufungs-, Kennzeichnungs- und Verpackungspflichten (§ 13)
Die Einstufung, Kennzeichnung und Verpackung von Stoffen und Gemischen richten sich nach den Bestimmungen der Verordnung (EG) Nr. 1272/2008 (CLP).

Maßnahmen zum Schutz von Beschäftigten (§ 19)
Die Bundesregierung wird ermächtigt, durch Rechtsverordnung mit Zustimmung des Bundesrats, soweit es zum Schutz von Leben und Gesundheit des Menschen einschließlich des Schutzes der Arbeitskraft und der menschengerechten der Arbeit erforderlich ist, beim Herstellen und Verwenden von Stoffen, Gemischen und Erzeugnissen sowie bei Tätigkeiten in deren Gefahrenbereich Maßnahmen vorzuschreiben.

Durch Rechtsverordnung kann insbesondere bestimmt werden:

- wie derjenige, der andere mit der Herstellung oder Verwendung von Stoffen, Gemischen oder Erzeugnissen beschäftigt, zu ermitteln hat, ob es sich im Hinblick auf die vorgesehene Herstellung oder Verwendung um einen Gefahrstoff handelt,
- dass derjenige, der andere mit der Herstellung oder Verwendung von Gefahrstoffen beschäftigt, verpflichtet wird zu prüfen, ob Stoffe, Gemische oder Erzeugnisse oder Herstellungs- oder Verwendungsverfahren mit einem geringeren Risiko für die menschliche Gesundheit verfügbar sind und dass er diese verwenden soll oder zu verwenden hat, soweit es ihm zumutbar ist,

G. Förtsch und H. Meinholz, *Handbuch Betriebliches Umweltmanagement*,
https://doi.org/10.1007/978-3-658-19151-1_21

- dass der Hersteller oder Einführer dem Arbeitgeber auf Verlangen die gefährlichen Inhaltsstoffe der Gefahrstoffe sowie die gültigen Grenzwerte und, falls solche noch nicht vorhanden sind, Empfehlungen für einzuhaltende Stoffkonzentrationen und die von den Gefahrstoffen ausgehenden Gefahren oder die zu ergreifenden Maßnahmen mitzuteilen hat,
- wie die Arbeitsstätte einschließlich der technischen Anlagen, die technischen Arbeitsmittel und die Arbeitsverfahren beschaffen, eingerichtet sein oder betrieben werden müssen, damit sie dem Stand der Technik, Arbeitsmedizin und Hygiene sowie den gesicherten sicherheitstechnischen, arbeitsmedizinischen, hygienischen und sonstigen arbeitswissenschaftlichen Erkenntnissen entsprechen, die zum Schutz der Beschäftigten zu beachten sind,
- wie der Betrieb geregelt sein muss, insbesondere:
  - dass Stoffe und Gemische bezeichnet und wie Gefahrstoffe innerbetrieblich verpackt, gekennzeichnet und erfasst sein müssen, damit die Beschäftigten durch eine ungeeignete Verpackung nicht gefährdet und durch eine Kennzeichnung über die von ihnen ausgehenden Gefahren unterrichtet werden,
  - wie das Herstellungs- oder Verwendungsverfahren gestaltet sein muss, damit die Beschäftigten nicht gefährdet und die Grenzwerte oder Richtwerte über die Konzentration gefährlicher Stoffe oder Gemische am Arbeitsplatz nach dem Stand der Technik unterschritten werden,
  - welche Vorkehrungen getroffen werden müssen, damit Gefahrstoffe nicht in die Hände Unbefugter gelangen oder sonst abhandenkommen,
  - welche persönlichen Schutzausrüstungen zur Verfügung gestellt und von den Beschäftigten bestimmungsgemäß benutzt werden müssen,
  - wie die Zahl der Beschäftigten, die Gefahrstoffen ausgesetzt werden, beschränkt und wie die Dauer einer solchen Beschäftigung begrenzt sein muss,
  - wie die Beschäftigten sich verhalten müssen, damit sie sich selbst und andere nicht gefährden, und welche Voraussetzungen hierfür zu treffen sind, insbesondere welche Kenntnisse und Fähigkeiten Beschäftigte haben müssen und welche Nachweise hierüber zu erbringen sind,
  - unter welchen Umständen Zugangs- und Beschäftigungsbeschränkungen zum Schutz der Beschäftigten vorgesehen werden müssen,
  - dass ein Projektleiter für bestimmte Herstellungs- oder Verwendungsverfahren zu bestellen ist, welche Verantwortlichkeiten diesem zuzuweisen sind und welche Sachkunde dieser nachzuweisen hat,
- wie den Beschäftigten die anzuwendenden Vorschriften in einer tätigkeitsbezogenen Betriebsanweisung dauerhaft zur Kenntnis zu bringen sind und in welchen Zeitabständen anhand der Betriebsanweisung über die auftretenden Gefahren und die erforderlichen Schutzmaßnahmen zu unterweisen ist,
- welche Vorkehrungen zur Verhinderung von Betriebsstörungen und zur Begrenzung ihrer Auswirkungen für die Beschäftigten und welche Maßnahmen zur Organisation der Ersten Hilfe zu treffen sind,

- dass und welche verantwortlichen Aufsichtspersonen für Bereiche, in denen Beschäftigte besonderen Gefahren ausgesetzt sind, bestellt und welche Befugnisse ihnen übertragen werden müssen, damit die Arbeitsschutzaufgaben erfüllt werden können,
- dass im Hinblick auf den Schutz der Beschäftigten eine Gefahrenbeurteilung vorzunehmen ist, welche Unterlagen hierfür zu erstellen sind und dass diese Unterlagen zur Überprüfung der Gefahrenbeurteilung von der zuständigen Landesbehörde der Bundesanstalt für Arbeitsschutz und Arbeitsmedizin zugeleitet werden können,
- welche Unterlagen zur Abwendung von Gefahren für die Beschäftigten zur Einsicht durch die zuständige Landesbehörde bereitzuhalten und auf Verlangen vorzulegen sind,
- dass ein Herstellungs- oder Verwendungsverfahren, bei dem besondere Gefahren für die Beschäftigten bestehen oder zu besorgen sind, der zuständigen Landesbehörde angezeigt oder von der zuständigen Landesbehörde erlaubt sein muss,
- dass Arbeiten, bei denen bestimmte gefährliche Stoffe oder Gemische freigesetzt werden können, nur von dafür behördlich anerkannten Betrieben durchgeführt werden dürfen,
- dass die Beschäftigten gesundheitlich zu überwachen sind, hierüber Aufzeichnungen zu führen sind und zu diesem Zweck:
  - derjenige, der andere mit der Herstellung oder Verwendung von Gefahrstoffen beschäftigt, insbesondere verpflichtet werden kann, die Beschäftigten ärztlich untersuchen zu lassen,
  - der Arzt, der mit einer Vorsorgeuntersuchung beauftragt ist, in Zusammenhang mit dem Untersuchungsbefund bestimmte Pflichten zu erfüllen hat, insbesondere hinsichtlich des Inhalts einer von ihm auszustellenden Bescheinigung und der Unterrichtung und Beratung über das Ergebnis der Untersuchung,
  - die zuständige Behörde entscheidet, wenn Feststellungen des Arztes für unzutreffend gehalten werden,
  - die in die Aufzeichnung aufzunehmenden Daten dem zuständigen Träger der gesetzlichen Unfallversicherung oder einer von ihm beauftragten Stelle zum Zwecke der Ermittlung arbeitsbedingter Gesundheitsgefahren oder Berufskrankheiten übermittelt werden,
- dass der Arbeitgeber dem Betriebs- oder Personalrat Vorgänge mitzuteilen hat, die er erfahren muss, um seine Aufgaben erfüllen zu können,
- dass die zuständigen Landesbehörden ermächtigt werden, zur Durchführung von Rechtsverordnungen bestimmte Anordnungen im Einzelfall zu erlassen, insbesondere bei Gefahr im Verzug auch gegen Aufsichtspersonen und sonstige Beschäftigte,
- dass die Betriebsanlagen und Arbeitsverfahren, in denen bestimmte Gefahrstoffe hergestellt oder verwendet werden, durch einen Sachkundigen oder einen Sachverständigen geprüft werden müssen.

21

21.2 Gefahrstoffverordnung (GefStoffV)

Zielsetzung und Anwendungsbereich (§ 1)
Ziel dieser Verordnung ist es, den Menschen und die Umwelt vor stoffbedingten Schädigungen zu schützen durch:

- Regelungen zur Einstufung, Kennzeichnung und Verpackung gefährlicher Stoffe und Gemische,
- Maßnahmen zum Schutz der Beschäftigten und anderer Personen bei Tätigkeiten mit Gefahrstoffen und
- Beschränkungen für das Herstellen und Verwenden bestimmter gefährlicher Stoffe, Gemische und Erzeugnisse.

Gefahrenklassen (§ 3)
Gefährlich im Sinne dieser Verordnung sind Stoffe, Gemische und bestimmte Erzeugnisse, die den in Anhang I der Verordnung (EG) Nr. 1272/2008 dargelegten Kriterien entsprechen. Die folgenden Gefahrenklassen geben die Art der Gefährdung wieder und werden unter Angabe der Nummerierung des Anhangs I der Verordnung (EG) Nr. 1272/2008 aufgelistet (Tab. 21.1).

Einstufung, Kennzeichnung und Verpackung (§ 4)
Die Einstufung, Kennzeichnung und Verpackung von Stoffen und Gemischen sowie von Erzeugnissen mit Explosivstoff richten sich nach den Bestimmungen der Verordnung (EG) Nr. 1272/2008. Die Kennzeichnung von Stoffen und Gemischen, die in Deutschland in Verkehr gebracht werden, muss in deutscher Sprache erfolgen. Werden gefährliche Stoffe oder gefährliche Gemische unverpackt in Verkehr gebracht, sind jeder Liefereinheit geeignete Sicherheitsinformationen oder ein Sicherheitsdatenblatt in deutscher Sprache beizufügen.

Sicherheitsdatenblatt und sonstige Informationspflichten (§ 5)
Die vom Lieferanten hinsichtlich des Sicherheitsdatenblatts beim Inverkehrbringen von Stoffen und Gemischen zu beachtenden Anforderungen ergeben sich aus der Verordnung (EG) Nr. 1907/2006.

Informationsermittlung und Gefährdungsbeurteilung (§ 6)
Im Rahmen einer Gefährdungsbeurteilung als Bestandteil der Beurteilung der Arbeitsbedingungen nach § 5 des Arbeitsschutzgesetzes hat der Arbeitgeber festzustellen, ob die Beschäftigten Tätigkeiten mit Gefahrstoffen ausüben oder ob bei Tätigkeiten Gefahrstoffe entstehen oder freigesetzt werden können. Ist dies der Fall, so hat er alle hiervon ausgehenden Gefährdungen der Gesundheit und Sicherheit der Beschäftigten unter folgenden Gesichtspunkten zu beurteilen:

Tab. 21.1 Gefahrenklassen

	Gefahrenklasse
Physikalische Gefahren	2
Explosive Stoffe/Gemische und Erzeugnisse mit Explosivstoff	2.1
Entzündbare Gase	2.2
Aerosole	2.3
Oxidierende Gase	2.4
Gase unter Druck	2.5
Entzündbare Flüssigkeiten	2.6
Entzündbare Feststoffe	2.7
Selbstzersetzliche Stoffe und Gemische	2.8
Pyrophore Flüssigkeiten	2.9
Pyrophore Feststoffe	2.10
Selbsterhitzungsfähige Stoffe und Gemische	2.11
Stoffe und Gemische, die in Berührung mit Wasser entzündbare Gase entwickeln	2.12
Oxidierende Flüssigkeiten	2.13
Oxidierende Feststoffe	2.14
Organische Peroxide	2.15
Korrosiv gegenüber Metallen	2.16
Gesundheitsgefahren	3
Akute Toxizität (oral, dermal und inhalativ)	3.1
Ätz-/Reizwirkung auf die Haut	3.2
Schwere Augenschädigung/Augenreizung	3.3
Sensibilisierung der Atemwege oder der Haut	3.4
Keimzellmutagenität	3.5
Karzinogenität	3.6
Reproduktionstoxizität	3.7
Spezifische Zielorgan-Toxizität, einmalige Exposition (STOT SE)	3.8
Spezifische Zielorgan-Toxizität, wiederholte Exposition (STOT RE)	3.9
Aspirationsgefahr	3.10
Umweltgefahren	4
Gewässergefährdend (akut und langfristig)	4.1
Weitere Gefahren	5
Die Ozonschicht schädigend	5.1

- gefährliche Eigenschaften der Stoffe oder Gemische, einschließlich ihrer physikalisch-chemischen Wirkungen,
- Informationen des Lieferanten zum Gesundheitsschutz und zur Sicherheit insbesondere im Sicherheitsdatenblatt,
- Art und Ausmaß der Exposition unter Berücksichtigung aller Expositionswege,
- Möglichkeiten einer Substitution,

- Arbeitsbedingungen und Verfahren, einschließlich der Arbeitsmittel und der Gefahrstoffmenge,
- Arbeitsplatzgrenzwerte und biologische Grenzwerte,
- Wirksamkeit der ergriffenen oder zu ergreifenden Schutzmaßnahmen,
- Erkenntnisse aus arbeitsmedizinischen Vorsorgeuntersuchungen nach der Verordnung zur arbeitsmedizinischen Vorsorge.

Der Arbeitgeber hat sich die für die Gefährdungsbeurteilung notwendigen Informationen beim Lieferanten oder aus anderen, ihm mit zumutbarem Aufwand zugänglichen Quellen zu beschaffen. Insbesondere hat der Arbeitgeber die Informationen zu beachten, die ihm nach Titel IV der Verordnung (EG) Nr. 1907/2006 zur Verfügung gestellt werden; dazu gehören Sicherheitsdatenblätter und die Informationen zu Stoffen oder Gemischen, für die kein Sicherheitsdatenblatt zu erstellen ist. Sofern die Verordnung (EG) Nr. 1907/2006 keine Informationspflicht vorsieht, hat der Inverkehrbringer dem Arbeitgeber auf Anfrage die für die Gefährdungsbeurteilung notwendigen Informationen über die Gefahrstoffe zur Verfügung zu stellen.

Stoffe und Gemische, die nicht von einem Lieferanten eingestuft und gekennzeichnet worden sind, beispielsweise innerbetrieblich hergestellte Stoffe oder Gemische, hat der Arbeitgeber selbst einzustufen. Zumindest aber hat er die von den Stoffen oder Gemischen ausgehenden Gefährdungen der Beschäftigten zu ermitteln.

Der Arbeitgeber hat festzustellen, ob die verwendeten Stoffe, Gemische und Erzeugnisse bei Tätigkeiten, auch unter Berücksichtigung verwendeter Arbeitsmittel, Verfahren und der Arbeitsumgebung sowie ihrer möglichen Wechselwirkungen, zu Brand- oder Explosionsgefährdungen führen können. Dabei hat er zu beurteilen:

- ob gefährliche Mengen oder Konzentrationen von Gefahrstoffen, die zu Brand- und Explosionsgefährdungen führen können, auftreten; dabei sind sowohl Stoffe und Gemische mit physikalischen Gefährdungen nach der Verordnung (EG) Nr. 1272/2008 wie auch andere Gefahrstoffe, die zu Brand- und Explosionsgefährdungen führen können, sowie Stoffe, die in gefährlicher Weise miteinander reagieren können, zu berücksichtigen,
- ob Zündquellen oder Bedingungen, die Brände oder Explosionen auslösen können, vorhanden sind und
- ob schädliche Auswirkungen von Bränden oder Explosionen auf die Gesundheit und Sicherheit der Beschäftigten möglich sind.

Insbesondere hat er zu ermitteln, ob die Stoffe, Gemische und Erzeugnisse aufgrund ihrer Eigenschaften und der Art und Weise, wie sie am Arbeitsplatz vorhanden sind oder verwendet werden, explosionsfähige Gemische bilden können. Im Fall von nicht atmosphärischen Bedingungen sind auch die möglichen Veränderungen der für den Explosionsschutz relevanten sicherheitstechnischen Kenngrößen zu ermitteln und zu berücksichtigen.

Bei der Gefährdungsbeurteilung sind ferner Tätigkeiten zu berücksichtigen, bei denen auch nach Ausschöpfung sämtlicher technischer Schutzmaßnahmen die Möglichkeit einer Gefährdung besteht. Dies gilt insbesondere für Instandhaltungsarbeiten, einschließlich Wartungsarbeiten. Darüber hinaus sind auch andere Tätigkeiten wie Bedien- und Überwachungsarbeiten zu berücksichtigen, wenn diese zu einer Gefährdung von Beschäftigten durch Gefahrstoffe führen können.

Die mit den Tätigkeiten verbundenen inhalativen, dermalen und physikalisch-chemischen Gefährdungen sind unabhängig voneinander zu beurteilen und in der Gefährdungsbeurteilung zusammenzuführen. Treten bei einer Tätigkeit mehrere Gefahrstoffe gleichzeitig auf, sind Wechsel- oder Kombinationswirkungen der Gefahrstoffe, die Einfluss auf die Gesundheit und Sicherheit der Beschäftigten haben, bei der Gefährdungsbeurteilung zu berücksichtigen, soweit solche Wirkungen bekannt sind.

Der Arbeitgeber kann bei der Festlegung der Schutzmaßnahmen eine Gefährdungsbeurteilung übernehmen, die ihm der Lieferant mitgeliefert hat, sofern die Angaben und Festlegungen in dieser Gefährdungsbeurteilung den Arbeitsbedingungen und Verfahren, einschließlich der Arbeitsmittel und der Gefahrstoffmenge, im eigenen Betrieb entsprechen.

Der Arbeitgeber hat die Gefährdungsbeurteilung unabhängig von der Zahl der Beschäftigten erstmals vor Aufnahme der Tätigkeit zu dokumentieren. Dabei ist Folgendes anzugeben:

- die Gefährdungen bei Tätigkeiten mit Gefahrstoffen,
- das Ergebnis der Prüfung auf Möglichkeiten einer Substitution,
- eine Begründung für einen Verzicht auf eine technisch mögliche Substitution,
- die durchzuführenden Schutzmaßnahmen einschließlich derer:
  - die wegen der Überschreitung eines Arbeitsplatzgrenzwerts zusätzlich ergriffen wurden sowie der geplanten Schutzmaßnahmen die zukünftig ergriffen werden sollen, um den Arbeitsplatzgrenzwert einzuhalten, oder
  - die unter Berücksichtigung eines Beurteilungsmaßstabs für krebserzeugenden Gefahrstoffe zusätzlich getroffen worden sind oder zukünftig getroffen werden sollen (Maßnahmenplan),
- eine Begründung, wenn von den bekannt gegebenen Regeln und Erkenntnissen abgewichen wird, und
- die Ermittlungsergebnisse, die belegen, dass der Arbeitsplatzgrenzwert eingehalten wird oder, bei Stoffen ohne Arbeitsplatzgrenzwert, die ergriffenen technischen Schutzmaßnahmen wirksam sind.

Im Rahmen der Dokumentation der Gefährdungsbeurteilung können auch vorhandene Gefährdungsbeurteilungen, Dokumente oder andere gleichwertige Berichte verwendet werden, die aufgrund von Verpflichtungen nach anderen Rechtsvorschriften erstellt worden sind.

Bei der Dokumentation hat der Arbeitgeber in Abhängigkeit der Feststellungen die Gefährdungen durch gefährliche explosionsfähige Gemische besonders auszuweisen (Explosionsschutzdokument). Daraus muss insbesondere hervorgehen:

- dass die Explosionsgefährdungen ermittelt und einer Bewertung unterzogen worden sind,
- dass angemessene Vorkehrungen getroffen werden, um die Ziele des Explosionsschutzes zu erreichen (Darlegung eines Explosionsschutzkonzeptes),
- ob und welche Bereiche in Zonen eingeteilt wurden,
- für welche Bereiche Explosionsschutzmaßnahmen getroffen wurden,
- wie die Vorgaben umgesetzt werden und
- welche Überprüfungen und welche Prüfungen zum Explosionsschutz nach der Betriebssicherheitsverordnung durchzuführen sind.

Bei Tätigkeiten mit geringer Gefährdung kann auf eine detaillierte Dokumentation verzichtet werden. Falls in anderen Fällen auf eine detaillierte Dokumentation verzichtet wird, ist dies nachvollziehbar zu begründen. Die Gefährdungsbeurteilung ist regelmäßig zu überprüfen und bei Bedarf zu aktualisieren. Sie ist umgehend zu aktualisieren, wenn maßgebliche Veränderungen oder neue Informationen dies erfordern oder wenn sich eine Aktualisierung aufgrund der Ergebnisse der arbeitsmedizinischen Vorsorge nach der Verordnung zur arbeitsmedizinischen Vorsorge als notwendig erweist.

Die Gefährdungsbeurteilung darf nur von fachkundigen Personen durchgeführt werden. Verfügt der Arbeitgeber nicht selbst über die entsprechenden Kenntnisse, so hat er sich fachkundig beraten zu lassen. Fachkundig können insbesondere die Fachkraft für Arbeitssicherheit und die Betriebsärztin oder der Betriebsarzt sein.

Der Arbeitgeber hat ein Verzeichnis der im Betrieb verwendeten Gefahrstoffe zu führen, in dem auf die entsprechenden Sicherheitsdatenblätter verwiesen wird. Das Verzeichnis muss mindestens folgende Angaben enthalten:

- Bezeichnung des Gefahrstoffs,
- Einstufung des Gefahrstoffs oder Angaben zu den gefährlichen Eigenschaften,
- Angaben zu den im Betrieb verwendeten Mengenbereichen,
- Bezeichnung der Arbeitsbereiche, in denen Beschäftigte dem Gefahrstoff ausgesetzt sein können.

Diese Mindestanforderungen sind durch weitere Praxiselemente zu ergänzen. Dazu folgender Vorschlag:

- Bezeichnung des Gefahrstoffes:
  - Handelsname,
  - chemische Nomenklatur,
  - interne Bezeichnung

- Einstufung:
  - Gefahrensymbol (Piktogramm),
  - Signalwort (Gefahr, Achtung),
  - H-Sätze (Nummern; z. B. H300),
- Wassergefährdungsklasse (WGK),
- Mengen:
  - Lagermengen,
  - Mengen in den Arbeitsbereichen (Labor, Kostenstelle),
- Bezeichnung der Arbeitsbereiche,
- Zugriffsmöglichkeiten auf Sicherheitsdatenblätter (Papier oder pdf, „Ortangabe oder Link"),
- Zugriffsmöglichkeiten auf Betriebsanweisungen (Papier oder pdf, „Ortsangabe oder Link"),
- Verweis auf gefährliche Abfälle:
  - Abfallschlüsselnummer (ASN),
  - Abfallbezeichnung,
  - Mengen,
  - Anfallstellen,
  - Entsorgungsnachweis

Ergibt sich aus der Gefährdungsbeurteilung für bestimmte Tätigkeiten aufgrund:

- der gefährlichen Eigenschaften des Gefahrstoffs,
- einer geringen verwendeten Stoffmenge,
- einer nach Höhe und Dauer niedrigen Exposition und
- der Arbeitsbedingungen

insgesamt eine nur geringe Gefährdung der Beschäftigten und reichen die nach § 8 zu ergreifenden Maßnahmen zum Schutz der Beschäftigten aus, so müssen keine weiteren Maßnahmen ergriffen werden.

Liegen für Stoffe oder Gemische keine Prüfdaten oder entsprechende aussagekräftige Informationen zur akut toxischen, reizenden, hautsensibilisierenden oder keimzellmutagenen Wirkung oder zur spezifischen Zielorgan-Toxizität bei wiederholter Exposition vor, sind die Stoffe oder Gemische bei der Gefährdungsbeurteilung wie Stoffe der Gefahrenklasse Akute Toxizität (oral, dermal und inhalativ) Kategorie 3, Ätz-/Reizwirkung auf die Haut Kategorie 2, Sensibilisierung der Haut Kategorie 1, Keimzellmutagenität Kategorie 2 oder Spezifische Zielorgan-Toxizität, wiederholte Exposition Kategorie 2 zu behandeln.

Grundpflichten (§ 7)
Der Arbeitgeber darf eine Tätigkeit mit Gefahrstoffen erst aufnehmen lassen, nachdem eine Gefährdungsbeurteilung durchgeführt und die erforderlichen Schutzmaßnahmen ergriffen worden sind.

Um die Gesundheit und die Sicherheit der Beschäftigten bei allen Tätigkeiten mit Gefahrstoffen zu gewährleisten, hat der Arbeitgeber die erforderlichen Maßnahmen nach dem Arbeitsschutzgesetz und zusätzlich die nach der GefStoffV erforderlichen Maßnahmen zu ergreifen. Dabei hat er die bekannt gegebenen Technischen Regeln und Erkenntnisse zu berücksichtigen. Bei Einhaltung dieser Regeln und Erkenntnisse ist in der Regel davon auszugehen, dass die Anforderungen dieser Verordnung erfüllt sind. Von diesen Regeln und Erkenntnissen kann abgewichen werden, wenn durch andere Maßnahmen zumindest in vergleichbarer Weise der Schutz der Gesundheit und die Sicherheit der Beschäftigten gewährleistet werden.

Der Arbeitgeber hat auf der Grundlage des Ergebnisses der Substitutionsprüfung vorrangig eine Substitution durchzuführen. Er hat Gefahrstoffe oder Verfahren durch Stoffe, Gemische oder Erzeugnisse oder Verfahren zu ersetzen, die unter den jeweiligen Verwendungsbedingungen für die Gesundheit und Sicherheit der Beschäftigten nicht oder weniger gefährlich sind.

Der Arbeitgeber hat Gefährdungen der Gesundheit und der Sicherheit der Beschäftigten bei Tätigkeiten mit Gefahrstoffen auszuschließen. Ist dies nicht möglich, hat er sie auf ein Minimum zu reduzieren. Diesen Geboten hat der Arbeitgeber durch die Festlegung und Anwendung geeigneter Schutzmaßnahmen Rechnung zu tragen. Dabei hat er folgende Rangfolge zu beachten:

- Gestaltung geeigneter Verfahren und technischer Steuerungseinrichtungen von Verfahren, den Einsatz emissionsfreier oder emissionsarmer Verwendungsformen sowie Verwendung geeigneter Arbeitsmittel und Materialien nach dem Stand der Technik,
- Anwendung kollektiver Schutzmaßnahmen technischer Art an der Gefahrenquelle, wie angemessene Be- und Entlüftung, und Anwendung geeigneter organisatorischer Maßnahmen,
- sofern eine Gefährdung nicht verhütet werden kann, Anwendung von individuellen Schutzmaßnahmen, die auch die Bereitstellung und Verwendung von persönlicher Schutzausrüstung umfassen.

Beschäftigte müssen die bereitgestellte persönliche Schutzausrüstung verwenden, solange eine Gefährdung besteht. Die Verwendung von belastender persönlicher Schutzausrüstung darf keine Dauermaßnahme sein. Sie ist für jeden Beschäftigten auf das unbedingt erforderliche Minimum zu beschränken.

Der Arbeitgeber stellt sicher, dass:

- die persönliche Schutzausrüstung an einem dafür vorgesehenen Ort sachgerecht aufbewahrt wird,
- die persönliche Schutzausrüstung vor Gebrauch geprüft und nach Gebrauch gereinigt wird und
- schadhafte persönliche Schutzausrüstung vor erneutem Gebrauch ausgebessert oder ausgetauscht wird.

Der Arbeitgeber hat die Funktion und die Wirksamkeit der technischen Schutzmaßnahmen regelmäßig, mindestens jedoch jedes dritte Jahr, zu überprüfen. Das Ergebnis der Prüfungen ist aufzuzeichnen und aufzubewahren.

Der Arbeitgeber stellt sicher, dass die Arbeitsplatzgrenzwerte eingehalten werden. Er hat die Einhaltung durch Arbeitsplatzmessungen oder durch andere geeignete Methoden zur Ermittlung der Exposition zu überprüfen. Ermittlungen sind auch durchzuführen, wenn sich die Bedingungen ändern, welche die Exposition der Beschäftigten beeinflussen können. Die Ermittlungsergebnisse sind aufzuzeichnen, aufzubewahren und den Beschäftigten und ihrer Vertretung zugänglich zu machen.

Sofern Tätigkeiten mit Gefahrstoffen ausgeübt werden, für die kein Arbeitsplatzgrenzwert vorliegt, hat der Arbeitgeber regelmäßig die Wirksamkeit der ergriffenen technischen Schutzmaßnahmen durch geeignete Ermittlungsmethoden zu überprüfen, zu denen auch Arbeitsplatzmessungen gehören können.

Allgemeine Schutzmaßnahmen (§ 8)

Der Arbeitgeber hat bei Tätigkeiten mit Gefahrstoffen die folgenden Schutzmaßnahmen zu ergreifen:

- geeignete Gestaltung des Arbeitsplatzes und geeignete Arbeitsorganisation,
- Bereitstellung geeigneter Arbeitsmittel für Tätigkeiten mit Gefahrstoffen und geeignete Wartungsverfahren zur Gewährleistung der Gesundheit und Sicherheit der Beschäftigten bei der Arbeit,
- Begrenzung der Anzahl der Beschäftigten, die Gefahrstoffen ausgesetzt sind oder ausgesetzt sein können,
- Begrenzung der Dauer und der Höhe der Exposition,
- angemessene Hygienemaßnahmen, insbesondere zur Vermeidung von Kontaminationen, und die regelmäßige Reinigung des Arbeitsplatzes,
- Begrenzung der am Arbeitsplatz vorhandenen Gefahrstoffe auf die Menge, die für den Fortgang der Tätigkeiten erforderlich ist,
- geeignete Arbeitsmethoden und Verfahren, welche die Gesundheit und Sicherheit der Beschäftigten nicht beeinträchtigen oder die Gefährdung so gering wie möglich halten, einschließlich Vorkehrungen für die sichere Handhabung, Lagerung und Beförderung von Gefahrstoffen und von Abfällen, die Gefahrstoffe enthalten, am Arbeitsplatz.

Der Arbeitgeber hat sicherzustellen, dass:

- alle verwendeten Stoffe und Gemische identifizierbar sind,
- gefährliche Stoffe und Gemische innerbetrieblich mit einer Kennzeichnung versehen sind, die ausreichende Informationen über die Einstufung, über die Gefahren bei der Handhabung und über die zu beachtenden Sicherheitsmaßnahmen enthält; es ist eine Kennzeichnung zu wählen, die der Verordnung (EG) Nr. 1272/2008 entspricht,
- Apparaturen und Rohrleitungen so gekennzeichnet sind, dass mindestens die enthaltenen Gefahrstoffe sowie die davon ausgehenden Gefahren eindeutig identifizierbar sind.

Kennzeichnungspflichten nach anderen Rechtsvorschriften bleiben unberührt. Solange der Arbeitgeber den Verpflichtungen nicht nachgekommen ist, darf er Tätigkeiten mit den dort genannten Stoffen und Gemischen nicht ausüben lassen.

Der Arbeitgeber hat gemäß den Ergebnissen der Gefährdungsbeurteilung sicherzustellen, dass die Beschäftigten in Arbeitsbereichen, in denen sie Gefahrstoffen ausgesetzt sein können, keine Nahrungs- oder Genussmittel zu sich nehmen. Der Arbeitgeber hat hierfür vor Aufnahme der Tätigkeiten geeignete Bereiche einzurichten.

Der Arbeitgeber hat sicherzustellen, dass durch Verwendung verschließbarer Behälter eine sichere Lagerung, Handhabung und Beförderung von Gefahrstoffen auch bei der Abfallentsorgung gewährleistet ist.

Der Arbeitgeber hat sicherzustellen, dass Gefahrstoffe so aufbewahrt oder gelagert werden, dass sie weder die menschliche Gesundheit noch die Umwelt gefährden. Er hat dabei wirksame Vorkehrungen zu treffen, um Missbrauch oder Fehlgebrauch zu verhindern. Insbesondere dürfen Gefahrstoffe nicht in solchen Behältern aufbewahrt oder gelagert werden, durch deren Form oder Bezeichnung der Inhalt mit Lebensmitteln verwechselt werden kann. Sie dürfen nur übersichtlich geordnet und nicht in unmittelbarer Nähe von Arznei-, Lebens- oder Futtermitteln, einschließlich deren Zusatzstoffe, aufbewahrt oder gelagert werden. Bei der Aufbewahrung zur Abgabe oder zur sofortigen Verwendung muss eine Kennzeichnung deutlich sichtbar und lesbar angebracht sein.

Der Arbeitgeber hat sicherzustellen, dass Gefahrstoffe, die nicht mehr benötigt werden, und entleerte Behälter, die noch Reste von Gefahrstoffen enthalten können, sicher gehandhabt, vom Arbeitsplatz entfernt und sachgerecht gelagert oder entsorgt werden.

Der Arbeitgeber hat sicherzustellen, dass Stoffe und Gemische, die als akut toxisch Kategorie 1, 2 oder 3, spezifisch zielorgantoxisch Kategorie 1, krebserzeugend Kategorie 1A oder 1B oder keimzellmutagen Kategorie 1A oder 1B eingestuft sind, unter Verschluss oder so aufbewahrt oder gelagert werden, dass nur fachkundige und zuverlässige Personen Zugang haben. Tätigkeiten mit diesen Stoffen und Gemischen dürfen nur von fachkundigen oder besonders unterwiesenen Personen ausgeführt werden. Dies gilt auch für Tätigkeiten mit Stoffen und Gemischen, die als reproduktionstoxisch Kategorie 1A oder 1B oder als atemwegssensibilisierend eingestuft sind.

Zusätzliche Schutzmaßnahmen (§ 9)

Sind die allgemeinen Schutzmaßnahmen nach § 8 nicht ausreichend, um Gefährdungen durch Einatmen, Aufnahme über die Haut oder Verschlucken entgegenzuwirken, hat der Arbeitgeber zusätzlich Maßnahmen zu ergreifen, die aufgrund der Gefährdungsbeurteilung nach § 6 erforderlich sind. Dies gilt insbesondere, wenn:

- Arbeitsplatzgrenzwerte oder biologische Grenzwerte überschritten werden,
- bei hautresorptiven oder haut- oder augenschädigenden Gefahrstoffen eine Gefährdung durch Haut- oder Augenkontakt besteht oder
- bei Gefahrstoffen ohne Arbeitsplatzgrenzwert und ohne biologischen Grenzwert eine Gefährdung aufgrund der ihnen zugeordneten Gefahrenklasse und der inhalativen Exposition angenommen werden kann.

Der Arbeitgeber hat sicherzustellen, dass Gefahrstoffe in einem geschlossenen System hergestellt und verwendet werden, wenn:

- die Substitution der Gefahrstoffe durch solche Stoffe, Gemische, Erzeugnisse oder Verfahren, die bei ihrer Verwendung nicht oder weniger gefährlich für die Gesundheit und Sicherheit sind, technisch nicht möglich ist und
- eine erhöhte Gefährdung der Beschäftigten durch inhalative Exposition gegenüber diesen Gefahrstoffen besteht.

Ist die Anwendung eines geschlossenen Systems technisch nicht möglich, so hat der Arbeitgeber dafür zu sorgen, dass die Exposition der Beschäftigten nach dem Stand der Technik so weit wie möglich verringert wird.

Bei Überschreitung eines Arbeitsplatzgrenzwerts muss der Arbeitgeber unverzüglich die Gefährdungsbeurteilung erneut durchführen und geeignete zusätzliche Schutzmaßnahmen ergreifen, um den Arbeitsplatzgrenzwert einzuhalten. Wird trotz Ausschöpfung aller technischen und organisatorischen Schutzmaßnahmen der Arbeitsplatzgrenzwert nicht eingehalten, hat der Arbeitgeber unverzüglich persönliche Schutzausrüstung bereitzustellen. Dies gilt insbesondere für Abbruch-, Sanierungs- und Instandhaltungsarbeiten.

Besteht trotz Ausschöpfung aller technischen und organisatorischen Schutzmaßnahmen bei hautresorptiven, haut- oder augenschädigenden Gefahrstoffen eine Gefährdung durch Haut- oder Augenkontakt, hat der Arbeitgeber unverzüglich persönliche Schutzausrüstung bereitzustellen.

Der Arbeitgeber hat getrennte Aufbewahrungsmöglichkeiten für die Arbeits- oder Schutzkleidung einerseits und die Straßenkleidung andererseits zur Verfügung zu stellen. Der Arbeitgeber hat die durch Gefahrstoffe verunreinigte Arbeitskleidung zu reinigen.

Der Arbeitgeber hat geeignete Maßnahmen zu ergreifen, die gewährleisten, dass Arbeitsbereiche, in denen eine erhöhte Gefährdung der Beschäftigten besteht, nur den Beschäftigten zugänglich sind, die sie zur Ausübung ihrer Arbeit oder zur Durchführung bestimmter Aufgaben betreten müssen.

Wenn Tätigkeiten mit Gefahrstoffen von einer oder einem Beschäftigten allein ausgeübt werden, hat der Arbeitgeber zusätzliche Schutzmaßnahmen zu ergreifen oder eine angemessene Aufsicht zu gewährleisten. Dies kann auch durch den Einsatz technischer Mittel sichergestellt werden.

Besondere Schutzmaßnahmen bei Tätigkeiten mit krebserzeugenden, keimzellmutagen und reproduktionstoxischen Gefahrstoffen der Kategorien 1A und 1B (§ 10)

Bei Tätigkeiten mit krebserzeugenden Gefahrstoffen der Kategorie 1A oder 1B, für die kein Arbeitsplatzgrenzwert bekannt gegeben worden ist, hat der Arbeitgeber ein geeignetes, risikobezogenes Maßnahmenkonzept anzuwenden, um das Minimierungsgebot umzusetzen. Hierbei sind die bekannt gegebenen Technischen Regeln, Erkenntnisse und Beurteilungsmaßstäbe zu berücksichtigen. Bei Tätigkeiten mit krebserzeugenden, keimzellmutagen und reproduktionstoxischen Gefahrstoffen der Kategorie 1A oder 1B hat der Arbeitgeber, zusätzlich die Bestimmungen nachfolgender Absätze zu erfüllen.

Wenn Tätigkeiten mit krebserzeugenden, keimzellmutagenen oder reproduktionstoxischen Gefahrstoffen der Kategorie 1A oder 1B ausgeübt werden, hat der Arbeitgeber:

- die Exposition der Beschäftigten durch Arbeitsplatzmessungen oder durch andere geeignete Ermittlungsmethoden zu bestimmen, auch um erhöhte Expositionen infolge eines unvorhersehbaren Ereignisses oder eines Unfalls schnell erkennen zu können,
- Gefahrenbereiche abzugrenzen, in denen Beschäftigte diesen Gefahrstoffen ausgesetzt sind oder ausgesetzt sein können, und Warn- und Sicherheitszeichen anzubringen, einschließlich der Verbotszeichen *Zutritt für Unbefugte verboten* und *Rauchen verboten*.

Bei Tätigkeiten, bei denen eine beträchtliche Erhöhung der Exposition der Beschäftigten durch krebserzeugende, keimzellmutagen und reproduktionstoxischen Gefahrstoffe der Kategorie 1A oder 1B zu erwarten ist und bei denen jede Möglichkeit weiterer technischer Schutzmaßnahmen zur Begrenzung dieser Exposition bereits ausgeschöpft wurde, hat der Arbeitgeber nach Beratung mit den Beschäftigten oder mit ihrer Vertretung Maßnahmen zu ergreifen, um die Dauer der Exposition der Beschäftigten so weit wie möglich zu verkürzen und den Schutz der Beschäftigten während dieser Tätigkeiten zu gewährleisten. Er hat den betreffenden Beschäftigten persönliche Schutzausrüstung zur Verfügung zu stellen, die sie während der gesamten Dauer der erhöhten Exposition tragen müssen.

Werden in einem Arbeitsbereich Tätigkeiten mit krebserzeugenden, keimzellmutagen und reproduktionstoxischen Gefahrstoffen der Kategorie 1A oder 1B ausgeübt, darf die dort abgesaugte Luft nicht in den Arbeitsbereich zurückgeführt werden. Dies gilt nicht, wenn die Luft unter Anwendung von behördlich oder von den Trägern der gesetzlichen Unfallversicherung anerkannten Verfahren oder Geräte ausreichend von solchen Stoffen gereinigt ist. Die Luft muss dann so geführt oder gereinigt werden, dass krebserzeugende, keimzellmutagen und reproduktionstoxische Stoffe nicht in die Atemluft anderer Beschäftigter gelangen.

Besondere Schutzmaßnahmen gegen physikalisch-chemische Einwirkungen, insbesondere gegen Brand- und Explosionsgefährdungen (§ 11)
Der Arbeitgeber hat auf der Grundlage der Gefährdungsbeurteilung Maßnahmen zum Schutz der Beschäftigten und anderer Personen vor physikalisch-chemischen Einwirkungen zu ergreifen. Er hat die Maßnahmen so festzulegen, dass die Gefährdungen vermieden oder so weit wie möglich verringert werden. Dies gilt insbesondere bei Tätigkeiten einschließlich Lagerung, bei denen es zu Brand- und Explosionsgefährdungen kommen kann.

Zur Vermeidung von Brand- und Explosionsgefährdungen hat der Arbeitgeber Maßnahmen nach folgender Rangfolge zu ergreifen:

- gefährliche Mengen oder Konzentrationen von Gefahrstoffen, die zu Brand- oder Explosionsgefährdungen führen können, sind zu vermeiden,
- Zündquellen oder Bedingungen, die Brände oder Explosionen auslösen können, sind zu vermeiden,
- schädliche Auswirkungen von Bränden oder Explosionen auf die Gesundheit und Sicherheit der Beschäftigten und anderer Personen sind so weit wie möglich zu verringern.

Arbeitsbereiche, Arbeitsplätze, Arbeitsmittel und deren Verbindungen untereinander müssen so konstruiert, errichtet, zusammengebaut, installiert, verwendet und instand gehalten werden, dass keine Brand- und Explosionsgefährdungen auftreten.

Betriebsstörungen, Unfälle und Notfälle (§ 13)
Um die Gesundheit und die Sicherheit der Beschäftigten bei Betriebsstörungen, Unfällen oder Notfällen zu schützen, hat der Arbeitgeber rechtzeitig die Notfallmaßnahmen festzulegen, die beim Eintreten eines derartigen Ereignisses zu ergreifen sind. Dies schließt die Bereitstellung angemessener Erste-Hilfe-Einrichtungen und die Durchführung von Sicherheitsübungen in regelmäßigen Abständen ein.

Tritt eines der genannten Ereignisse ein, so hat der Arbeitgeber unverzüglich die festgelegten Maßnahmen zu ergreifen, um:

- betroffene Beschäftigte über die durch das Ereignis hervorgerufene Gefahrensituation im Betrieb zu informieren,
- die Auswirkungen des Ereignisses zu mindern und
- wieder einen normalen Betriebsablauf herbeizuführen.

Neben den Rettungskräften dürfen nur die Beschäftigten im Gefahrenbereich verbleiben, die Tätigkeiten zur Erreichung der Ziele ausüben.

Der Arbeitgeber hat Beschäftigten, die im Gefahrenbereich tätig werden, vor Aufnahme ihrer Tätigkeit geeignete Schutzkleidung und persönliche Schutzausrüstung sowie gegebenenfalls erforderliche spezielle Sicherheitseinrichtungen und besondere Arbeitsmittel zur Verfügung zu stellen. Im Gefahrenbereich müssen die Beschäftigten die Schutzkleidung und die persönliche Schutzausrüstung für die Dauer des nicht bestimmungsgemäßen Betriebsablaufs verwenden. Die Verwendung belastender persönlicher Schutzausrüstung muss für die einzelnen Beschäftigten zeitlich begrenzt sein. Ungeschützte und unbefugte Personen dürfen sich nicht im festzulegenden Gefahrenbereich aufhalten.

Der Arbeitgeber hat Warn- und sonstige Kommunikationssysteme, die eine erhöhte Gefährdung der Gesundheit und Sicherheit anzeigen, zur Verfügung zu stellen, so dass eine angemessene Reaktion möglich ist und unverzüglich Abhilfemaßnahmen sowie Hilfs-, Evakuierungs- und Rettungsmaßnahmen eingeleitet werden können.

Der Arbeitgeber hat sicherzustellen, dass Informationen über Maßnahmen bei Notfällen mit Gefahrstoffen zur Verfügung stehen. Die zuständigen innerbetrieblichen und betriebsfremden Unfall- und Notfalldienste müssen Zugang zu diesen Informationen erhalten. Zu diesen Informationen zählen:

- eine Vorabmitteilung über einschlägige Gefahren bei der Arbeit,
- über Maßnahmen zur Feststellung von Gefahren sowie
- über Vorsichtsmaßregeln und Verfahren, damit die Notfalldienste ihre eigenen Abhilfe- und Sicherheitsmaßnahmen vorbereiten können,
- alle verfügbaren Informationen über spezifische Gefahren, die bei einem Unfall oder Notfall auftreten oder auftreten können.

Unterrichtung und Unterweisung der Beschäftigten (§ 14)
Der Arbeitgeber hat sicherzustellen, dass den Beschäftigten eine schriftliche Betriebsanweisung, die der Gefährdungsbeurteilung nach § 6 Rechnung trägt, in einer für die Beschäftigten verständlichen Form und Sprache zugänglich gemacht wird. Die Betriebsanweisung muss mindestens enthalten:

- Informationen über die am Arbeitsplatz vorhandenen oder entstehenden Gefahrstoffe, wie beispielsweise die Bezeichnung der Gefahrstoffe, ihre Kennzeichnung sowie mögliche Gefährdungen der Gesundheit und der Sicherheit,
- Informationen über angemessene Vorsichtsmaßregeln und Maßnahmen, die die Beschäftigten zu ihrem eigenen Schutz und zum Schutz der anderen Beschäftigten am Arbeitsplatz durchzuführen haben; dazu gehören insbesondere:
  - Hygienevorschriften,
  - Informationen über Maßnahmen, die zur Verhütung einer Exposition zu ergreifen sind,
  - Informationen zum Tragen und Verwenden von persönlicher Schutzausrüstung und Schutzkleidung,
- Informationen über Maßnahmen, die bei Betriebsstörungen, Unfällen und Notfällen und zur Verhütung dieser von den Beschäftigten, insbesondere von Rettungsmannschaften, durchzuführen sind.

Die Betriebsanweisung muss bei jeder maßgeblichen Veränderung der Arbeitsbedingungen aktualisiert werden. Der Arbeitgeber hat ferner sicherzustellen, dass die Beschäftigten:

- Zugang haben zu allen Informationen über die Stoffe und Gemische, mit denen sie Tätigkeiten ausüben, insbesondere zu Sicherheitsdatenblättern, und
- über Methoden und Verfahren unterrichtet werden, die bei der Verwendung von Gefahrstoffen zum Schutz der Beschäftigten angewendet werden müssen.

Der Arbeitgeber hat sicherzustellen, dass die Beschäftigten anhand der Betriebsanweisung über alle auftretenden Gefährdungen und entsprechende Schutzmaßnahmen mündlich unterwiesen werden. Teil dieser Unterweisung ist ferner eine allgemeine arbeitsmedizinisch-toxikologische Beratung. Diese dient auch zur Information der Beschäftigten über die Voraussetzungen, unter denen sie Anspruch auf arbeitsmedizinische Vorsorgeuntersuchungen nach der Verordnung zur arbeitsmedizinischen Vorsorge haben, und über den Zweck dieser Vorsorgeuntersuchungen. Die Beratung ist unter Beteiligung der Betriebsärztin oder des Betriebsarztes durchzuführen, falls dies erforderlich sein sollte. Die Unterweisung muss vor Aufnahme der Beschäftigung und danach mindestens jährlich arbeitsplatzbezogen durchgeführt werden. Sie muss in für die Beschäftigten verständlicher Form und Sprache erfolgen. Inhalt und Zeitpunkt der Unterweisung sind schriftlich festzuhalten und von den Unterwiesenen durch Unterschrift zu bestätigen.

Der Arbeitgeber hat bei Tätigkeiten mit krebserzeugenden, keimzellmutagen und reproduktionstoxischen Gefahrstoffen der Kategorie 1A oder 1B sicherzustellen, dass:

- die Beschäftigten und ihre Vertretung nachprüfen können, ob die Bestimmungender GefStoffV eingehalten werden, und zwar insbesondere in Bezug auf:
  - die Auswahl und Verwendung der persönlichen Schutzausrüstung und die damit verbundenen Belastungen der Beschäftigten,
  - die durchzuführende Maßnahmen im Sinne des § 10,
- die Beschäftigten und ihre Vertretung bei einer erhöhten Exposition, unverzüglich unterrichtet und über die Ursachen sowie über die bereits ergriffenen oder noch zu ergreifenden Gegenmaßnahmen informiert werden,
- ein aktualisiertes Verzeichnis über die Beschäftigten geführt wird, die Tätigkeiten mit krebserzeugenden oder keimzellmutagenen Gefahrstoffen der Kategorie 1A oder 1B ausüben, bei denen die Gefährdungsbeurteilung nach § 6 eine Gefährdung der Gesundheit oder der Sicherheit der Beschäftigten ergibt; in dem Verzeichnis ist auch die Höhe und die Dauer der Exposition anzugeben, der die Beschäftigten ausgesetzt waren,
- das Verzeichnis mit allen Aktualisierungen 40 Jahre nach Ende der Exposition aufbewahrt wird; bei Beendigung von Beschäftigungsverhältnissen hat der Arbeitgeber den Beschäftigten einen Auszug über die sie betreffenden Angaben des Verzeichnisses auszuhändigen und einen Nachweis hierüber wie Personalunterlagen aufzubewahren,
- die Ärztin oder der Arzt nach § 7 der Verordnung zur arbeitsmedizinischen Vorsorge, die zuständige Behörde sowie jede für die Gesundheit und die Sicherheit am Arbeitsplatz verantwortliche Person Zugang zu dem Verzeichnis haben,
- alle Beschäftigten Zugang zu den sie persönlich betreffenden Angaben in dem Verzeichnis haben,
- die Beschäftigten und ihre Vertretung Zugang zu den nicht personenbezogenen Informationen allgemeiner Art in dem Verzeichnis haben.

Der Arbeitgeber kann mit Einwilligung des betroffenen Beschäftigten die Aufbewahrungs- einschließlich der Aushändigungspflicht auf den zuständigen gesetzlichen Unfallversicherungsträger übertragen. Dafür übergibt der Arbeitgeber dem Unfallversicherungsträger die erforderlichen Unterlagen in einer für die elektronische Datenverarbeitung geeigneten Form. Der Unfallversicherungsträger händigt der betroffenen Person auf Anforderung einen Auszug des Verzeichnisses mit den sie betreffenden Angaben aus.

Zusammenarbeit verschiedener Firmen (§ 15)

Sollen in einem Betrieb Fremdfirmen Tätigkeiten mit Gefahrstoffen ausüben, hat der Arbeitgeber als Auftraggeber sicherzustellen, dass nur solche Fremdfirmen herangezogen werden, die über die Fachkenntnisse und Erfahrungen verfügen, die für diese Tätigkeiten erforderlich sind. Der Arbeitgeber als Auftraggeber hat die Fremdfirmen über Gefahrenquellen und spezifische Verhaltensregeln zu informieren.

Kann bei Tätigkeiten von Beschäftigten eines Arbeitgebers eine Gefährdung von Beschäftigten anderer Arbeitgeber durch Gefahrstoffe nicht ausgeschlossen werden, so haben alle betroffenen Arbeitgeber bei der Durchführung ihrer Gefährdungsbeurteilungen nach § 6 zusammenzuwirken und die Schutzmaßnahmen abzustimmen. Dies ist zu dokumentieren. Die Arbeitgeber haben dabei sicherzustellen, dass Gefährdungen der Beschäftigten aller beteiligten Unternehmen durch Gefahrstoffe wirksam begegnet wird. Jeder Arbeitgeber ist dafür verantwortlich, dass seine Beschäftigten die gemeinsam festgelegten Schutzmaßnahmen anwenden.

Besteht bei Tätigkeiten von Beschäftigten eines Arbeitgebers eine erhöhte Gefährdung von Beschäftigten anderer Arbeitgeber durch Gefahrstoffe, ist durch die beteiligten Arbeitgeber ein Koordinator zu bestellen. Wurde ein Koordinator nach den Bestimmungen der Baustellenverordnung bestellt, gilt die Pflicht als erfüllt. Dem Koordinator sind von den beteiligten Arbeitgebern alle erforderlichen sicherheitsrelevanten Informationen sowie Informationen zu den festgelegten Schutzmaßnahmen zur Verfügung zu stellen. Die Bestellung eines Koordinators entbindet die Arbeitgeber nicht von ihrer Verantwortung nach der GefStoffV.

Vor dem Beginn von Abbruch-, Sanierungs- und Instandhaltungsarbeiten oder Bauarbeiten muss der Arbeitgeber für die Gefährdungsbeurteilung nach § 6 Informationen, insbesondere vom Auftraggeber oder Bauherrn, darüber einholen, ob entsprechend der Nutzungs- oder Baugeschichte des Objekts Gefahrstoffe, insbesondere Asbest, vorhanden oder zu erwarten sind. Weiter reichende Informations-, Schutz- und Überwachungspflichten, die sich für den Auftraggeber oder Bauherrn nach anderen Rechtsvorschriften ergeben, bleiben unberührt.

Herstellungs- und Verwendungsbeschränkungen (§ 16)

Herstellungs- und Verwendungsbeschränkungen für bestimmte Stoffe, Gemische und Erzeugnisse ergeben sich aus Artikel 67 in Verbindung mit Anhang XVII der Verordnung (EG) Nr. 1907/2006.

Unterrichtung der Behörde (§ 18)

Der Arbeitgeber hat der zuständigen Behörde unverzüglich anzuzeigen:

- jeden Unfall und jede Betriebsstörung, die bei Tätigkeiten mit Gefahrstoffen zu einer ernsten Gesundheitsschädigung von Beschäftigten geführt haben,
- Krankheits- und Todesfälle, bei denen konkrete Anhaltspunkte dafür bestehen, dass sie durch die Tätigkeit mit Gefahrstoffen verursacht worden sind, mit der genauen Angabe der Tätigkeit und der Gefährdungsbeurteilung nach § 6.

Unbeschadet des § 22 des Arbeitsschutzgesetzes hat der Arbeitgeber der zuständigen Behörde auf Verlangen Folgendes mitzuteilen:

- das Ergebnis der Gefährdungsbeurteilung nach § 6 und die ihr zugrunde liegenden Informationen, einschließlich der Dokumentation der Gefährdungsbeurteilung,
- die Tätigkeiten, bei denen Beschäftigte tatsächlich oder möglicherweise gegenüber Gefahrstoffen exponiert worden sind, und die Anzahl dieser Beschäftigten,
- die nach § 13 des Arbeitsschutzgesetzes verantwortlichen Personen,
- die durchgeführten Schutz- und Vorsorgemaßnahmen, einschließlich der Betriebsanweisungen.

Der Arbeitgeber hat der zuständigen Behörde bei Tätigkeiten mit krebserzeugenden, keimzellmutagen und reproduktionstoxischen Gefahrstoffen der Kategorie 1A oder 1B zusätzlich auf Verlangen Folgendes mitzuteilen:

- das Ergebnis der Substitutionsprüfung,
- Informationen über:
  - ausgeübte Tätigkeiten und angewandte industrielle Verfahren und die Gründe für die Verwendung dieser Gefahrstoffe,
  - die Menge der hergestellten oder verwendeten Gefahrstoffe,
  - die Art der zu verwendenden Schutzausrüstung,
  - Art und Ausmaß der Exposition,
  - durchgeführte Substitutionen.

Auf Verlangen der zuständigen Behörde ist die nach Anhang II der Verordnung (EG) Nr. 1907/2006 geforderte Fachkunde für die Erstellung von Sicherheitsdatenblättern nachzuweisen.

21.3 Gefahrstoffkennzeichnung nach CLP/GHS

21.3.1 Einführung

Die EG-Verordnung 1272/2008 soll ein hohes Schutzniveau für die menschliche Gesundheit und für die Umwelt sicherstellen sowie den freien Verkehr von chemischen Stoffen, Gemischen und bestimmten spezifischen Erzeugnissen gewährleisten und gleichzeitig Wettbewerbsfähigkeit und Innovation verbessern.

Der Zweck dieser Verordnung ist es, zu bestimmen, welche Eigenschaften von Stoffen und Gemischen zu einer Einstufung als gefährlich führen sollten, damit die Gefahreneigenschaften von Stoffen und Gemischen korrekt ermittelt und ihre Gefahren entsprechend angegeben werden können. Zu solchen Eigenschaften sollten sowohl die physikalischen Gefahren als auch die Gefahren für die menschliche Gesundheit und die Umwelt, einschließlich der Gefahren für die Ozonschicht, gehören.

Die Zuständigkeit für die Ermittlung der Gefahreneigenschaften von Stoffen und Gemischen und die Entscheidung über ihre Einstufung sollte hauptsächlich bei den Herstellern, Importeuren und nachgeschalteten Anwendern der Stoffe und Gemische liegen. Bei der Erfüllung ihrer Aufgaben in Bezug auf die Einstufung sollte es den nachgeschalteten Anwendern gestattet sein, die Einstufung eines Stoffes oder Gemisches zu verwenden, die von einem Akteur in der Lieferkette vorgenommen wurde, sofern sie die Zusammensetzung des Stoffes oder Gemisches nicht ändern.

Die Zuständigkeit für die Einstufung von nicht in Verkehr gebrachten Stoffen, die der Registrierung oder Meldung nach der Verordnung (EG) Nr. 1907/2006 unterliegen, sollte hauptsächlich bei den Herstellern, Produzenten von Erzeugnissen und Importeuren liegen. Allerdings sollte es eine Möglichkeit für harmonisierte Einstufungen von Stoffen in Gefahrenklassen der höchsten Besorgnisstufe und im Einzelfall von anderen Stoffen geben, die von allen Herstellern, Importeuren und nachgeschalteten Anwendern von derartigen Stoffen und von Gemischen, die Stoffe dieser Art enthalten, angewendet werden.

Die beiden in dieser Verordnung vorgesehenen Instrumente, die zur Information über die Gefahren von Stoffen und Gemischen verwendet werden, sind Kennzeichnungsetiketten und die Sicherheitsdatenblätter gemäß der Verordnung (EG) Nr. 1907/2006 (REACH). Von diesen beiden Instrumenten ist das Kennzeichnungsetikett das einzige Mittel zur Information der Verbraucher, jedoch kann es auch dazu dienen, Arbeitnehmer auf die umfassenderen Informationen über Stoffe oder Gemische aufmerksam zu machen, die in den Sicherheitsdatenblättern bereitgestellt werden.

21.3.2 Gefahreneinstufung

Zweck und Geltungsbereich (Art. 1)

Zweck der EG-Verordnung 1272/2008 ist es, ein hohes Schutzniveau für die menschliche Gesundheit und für die Umwelt sowie den freien Verkehr von Stoffen, Gemischen und Erzeugnissen durch folgende Maßnahmen zu gewährleisten:

- Harmonisierung der Kriterien für die Einstufung von Stoffen und Gemischen sowie der Vorschriften für die Kennzeichnung und Verpackung gefährlicher Stoffe und Gemische,
- Verpflichtung der:
  - Hersteller, Importeure und nachgeschalteten Anwender zur Einstufung von in Verkehr gebrachten Stoffen und Gemischen,

- – Lieferanten eines Stoffes oder Gemisches zur Kennzeichnung und Verpackung von in Verkehr gebrachten Stoffen und Gemischen,
- – Hersteller, Produzenten von Erzeugnissen und Importeure zur Einstufung von nicht in Verkehr gebrachten Stoffen, die der Registrierung oder Meldung nach der Verordnung (EG) Nr. 1907/2006 (REACH) unterliegen,
- Verpflichtung der Hersteller und Importeure von Stoffen, der ECHA derartige Einstufungen und Kennzeichnungselemente zu melden, wenn diese der ECHA nicht im Rahmen einer Registrierung nach der Verordnung (EG) Nr. 1907/2006 vorgelegt wurden und
- Aufbau einer Liste von Stoffen mit ihren harmonisierten Einstufungen und Kennzeichnungselementen auf Gemeinschaftsebene.

Abfall im Sinne der Richtlinie 2006/12/EG gilt nicht als Stoff oder Gemisch oder Erzeugnis im Sinne der CLP-Verordnung.

Begriffsbestimmungen (Art. 2)
Für die Zwecke der EU-Verordnung 1272/2008 (Classification, Labelling and Packaging; CLP) bezeichnet der Ausdruck:

- **Gefahrenklasse:**
  Art der physikalischen Gefahr, der Gefahr für die menschliche Gesundheit oder der Gefahr für die Umwelt,
- **Gefahrenkategorie:**
  die Untergliederung nach Kriterien innerhalb der einzelnen Gefahrenklassen zur Angabe der Schwere der Gefahr,
- **Gefahrenpiktogramm:**
  eine grafische Darstellung, die aus einem Symbol sowie weiteren grafischen Elementen, wie etwa einer Umrandung, einem Hintergrundmuster oder einer Hintergrundfarbe, besteht und der Vermittlung einer bestimmten Information über die betreffende Gefahr dient,
- **Signalwort:**
  ein Wort, das das Ausmaß der Gefahr angibt, um den Leser auf eine potenzielle Gefahr hinzuweisen. Dabei wird zwischen folgenden zwei Gefahrenstufen unterschieden:
- **Gefahr:**
  Signalwort für die schwerwiegenden Gefahrenkategorien,
- **Achtung:**
  Signalwort für die weniger schwerwiegenden Gefahrenkategorien,
- **Gefahrenhinweis:**
  Textaussage zu einer bestimmten Gefahrenklasse und Gefahrenkategorie, die die Art und gegebenenfalls den Schweregrad der von einem gefährlichen Stoff oder Gemisch ausgehenden Gefahr beschreibt,

- **Sicherheitshinweis:**
  Textaussage, die eine (oder mehrere) empfohlene Maßnahme(n) beschreibt, um schädliche Wirkungen aufgrund der Exposition gegenüber einem gefährlichen Stoff oder Gemisch bei seiner Verwendung oder Beseitigung zu begrenzen oder zu vermeiden,
- **Stoff:**
  chemisches Element und seine Verbindungen in natürlicher Form oder gewonnen durch ein Herstellungsverfahren, einschließlich der zur Wahrung seiner Stabilität notwendigen Zusatzstoffe und der durch das angewandte Verfahren bedingten Verunreinigungen, aber mit Ausnahme von Lösungsmitteln, die von dem Stoff ohne Beeinträchtigung seiner Stabilität und ohne Änderung seiner Zusammensetzung abgetrennt werden können,
- **Gemisch:**
  Gemische oder Lösungen, die aus zwei oder mehr Stoffen bestehen,
- **Erzeugnis:**
  Gegenstand, der bei der Herstellung eine spezifische Form, Oberfläche oder Gestalt erhält, die in größerem Maße als die chemische Zusammensetzung seine Funktion bestimmt,
- **Polymer:**
  Stoff, der aus Molekülen besteht, die durch eine Kette einer oder mehrerer Arten von Monomereinheiten gekennzeichnet sind; diese Moleküle müssen innerhalb eines bestimmten Molekulargewichtsbereichs liegen, wobei die Unterschiede beim Molekulargewicht im Wesentlichen auf die Unterschiede in der Zahl der Monomereinheiten zurückzuführen sind,
- **Monomer:**
  Stoff, der unter den Bedingungen der für den jeweiligen Prozess verwendeten relevanten polymerbildenden Reaktion imstande ist, kovalente Bindungen mit einer Sequenz weiterer ähnlicher oder unähnlicher Moleküle einzugehen,
- **Registrant:**
  Hersteller oder Importeur eines Stoffes oder Produzent oder Importeur eines Erzeugnisses, der ein Registrierungsdossier für einen Stoff gemäß der Verordnung (EG) Nr. 1907/2006 (REACH) einreicht,
- **nachgeschalteter Anwender:**
  natürliche oder juristische Person mit Sitz in der Gemeinschaft, die im Rahmen ihrer industriellen oder gewerblichen Tätigkeit einen Stoff als solchen oder in einem Gemisch verwendet, mit Ausnahme des Herstellers oder Importeurs; Händler oder Verbraucher sind keine nachgeschalteten Anwender,
- **Agentur:**
  die durch die Verordnung (EG) Nr. 1907/2006 errichtete Europäische Chemikalienagentur (ECHA),
- **Berücksichtigungsgrenzwert:**
  Schwellenwert für eingestufte Verunreinigungen, Beimengungen oder einzelne Stoff- oder Gemischbestandteile, bei dessen Überschreitung diese Verunreinigungen, Bei-

mengungen oder Bestandteile bei der Ermittlung, ob der Stoff bzw. das Gemisch eingestuft werden muss, zu berücksichtigen sind,

- **Konzentrationsgrenzwert:**
  Schwellenwert für eingestufte Verunreinigungen, Beimengungen oder einzelne Stoff- oder Gemischbestandteile, dessen Erreichen eine Einstufung des Stoffes bzw. Gemisches nach sich ziehen kann,
- **M-Faktor:**
  ein Multiplikationsfaktor; er wird auf die Konzentration eines als akut gewässergefährdend, Kategorie 1, oder als chronisch gewässergefährdend, Kategorie 1, eingestuften Stoffes angewandt und wird verwendet, damit anhand der Summierungsmethode die Einstufung eines Gemisches, in dem der Stoff vorhanden ist, vorgenommen werden kann.

Allgemeine Einstufungs-, Kennzeichnung- und Verpackungspflichten (Art. 4)
Vor dem Inverkehrbringen stufen Hersteller, Importeure und nachgeschaltete Anwender Stoffe oder Gemische ein.

Unterliegt ein Stoff der harmonisierten Einstufung und Kennzeichnung, so wird dieser Stoff entsprechend diesem Eintrag eingestuft. Ist ein Stoff oder ein Gemisch als gefährlich eingestuft, so gewährleisten die Lieferanten dieses Stoffes oder Gemisches, dass der Stoff oder das Gemisch vor seinem Inverkehrbringen entsprechend gekennzeichnet und verpackt wird. Bei der Erfüllung ihrer Aufgaben können die Händler die Einstufung für einen Stoff oder ein Gemisch verwenden, die von einem Akteur der Lieferkette vorgenommen wurde.

Bei der Erfüllung ihrer Aufgaben können die nachgeschalteten Anwender die Einstufung für einen Stoff oder ein Gemisch verwenden, die von einem Akteur in der Lieferkette vorgenommen wurde, sofern sie die Zusammensetzung des Stoffes oder Gemisches nicht ändern.

Die Lieferanten in einer Lieferkette arbeiten zusammen, um die Einstufungs-, Kennzeichnungs- und Verpackungsanforderungen der CLP-Verordnung zu erfüllen.

Ermittlung und Prüfung verfügbarer Informationen über Stoffe (Art. 5)
Um zu bestimmen, ob mit einem Stoff eine physikalische Gefahr, eine Gesundheitsgefahr oder eine Umweltgefahr verbunden ist, ermitteln die Hersteller, Importeure und nachgeschalteten Anwender des Stoffes die relevanten verfügbaren Informationen und zwar insbesondere:

- epidemiologische Daten und Erfahrungen über die Wirkung beim Menschen, wie z. B. Daten über berufsbedingte Exposition und Daten aus Unfalldatenbanken,
- alle anderen Informationen, die gemäß Anhang XI der Verordnung (EG) Nr. 1907/2006 gewonnen wurden,
- neue wissenschaftliche Informationen und
- alle anderen Informationen, die im Rahmen international anerkannter Programme zur Chemikaliensicherheit gewonnen wurden.

Die Informationen beziehen sich auf die Formen oder Aggregatzustände, in denen der Stoff in Verkehr gebracht und aller Voraussicht nach verwendet wird. Die Hersteller, Importeure und nachgeschalteten Anwender prüfen die genannten Informationen und vergewissern sich, dass sie für die Zwecke der Bewertung geeignet, zuverlässig und wissenschaftlich fundiert sind.

Ermittlung und Prüfung verfügbarer Informationen über Gemische (Art. 6)
Um zu bestimmen, ob mit einem Gemisch eine physikalische Gefahr, eine Gesundheitsgefahr oder eine Umweltgefahr verbunden ist, ermitteln Hersteller, Importeure und nachgeschaltete Anwender des Gemisches die relevanten verfügbaren Informationen über das Gemisch selbst oder die darin enthaltenen Stoffe, und zwar insbesondere:

- epidemiologische Daten und Erfahrungen über die Wirkungen beim Menschen zu dem Gemisch selbst oder zu den darin enthaltenen Stoffen, wie z. B. Daten über berufsbedingte Exposition oder Daten aus Unfalldatenbanken,
- alle anderen Informationen, die gemäß Anhang XI der Verordnung (EG) Nr. 1907/2006 zu dem Gemisch selbst oder zu den darin enthaltenen Stoffen gewonnen wurden und
- alle anderen Informationen, die im Rahmen international anerkannter Programme zur Chemikaliensicherheit über das Gemisch selbst oder zu den darin enthaltenen Stoffen gewonnen wurden.

Die Informationen beziehen sich auf die Formen oder Aggregatzustände, in denen das Gemisch in Verkehr gebracht und gegebenenfalls aller Voraussicht nach verwendet wird. Liegen die genannten Informationen für das Gemisch selbst vor und hat sich der Hersteller, der Importeur oder der nachgeschaltete Anwender davon überzeugt, dass die Informationen geeignet und zuverlässig und gegebenenfalls wissenschaftlich fundiert sind, so verwendet der Hersteller, der Importeur oder der nachgeschaltete Anwender diese Informationen für die Zwecke der Bewertung.

Zur Bewertung von Gemischen in Bezug auf die Gefahrenklassen *Karzinogenität, Keimzellmutagenität* und *Reproduktionstoxizität* verwenden der Hersteller, der Importeur oder der nachgeschaltete Anwender für die in dem Gemisch enthaltenen Stoffe ausschließlich die relevanten verfügbaren Informationen.

Außerdem werden Daten in Fällen, in denen die verfügbaren Prüfdaten über das Gemisch selbst karzinogene, keimzellmutagene oder reproduktionstoxische Wirkungen nachweisen, die nicht aus den Informationen über die einzelnen Stoffe hervorgegangen sind, ebenfalls berücksichtigt.

Zur Bewertung von Gemischen in Bezug auf die Eigenschaften *Bioabbaubarkeit* und *Bioakkumulierung* innerhalb der Gefahrenklasse *gewässergefährdend* verwenden der Hersteller, der Importeur oder der nachgeschaltete Anwender für die Stoffe in dem Gemisch ausschließlich die relevanten verfügbaren Informationen.

Sind über das Gemisch selbst keine oder nur unzureichende Prüfdaten verfügbar, so verwendet der Hersteller, der Importeur oder der nachgeschaltete Anwender andere verfügbare Informationen über einzelne Stoffe und ähnliche geprüfte Gemische, die ebenfalls als für die Bestimmung der Gefahreneigenschaften des Gemisches relevant gelten können, sofern der Hersteller, der Importeur oder der nachgeschaltete Anwender sich von der Eignung und Zuverlässigkeit der Informationen für die Zwecke der Bewertung überzeugt hat.

Tierversuche und Versuche am Menschen (Art. 7)
Werden für die Zwecke der EG-Verordnung 1272/2008 neue Prüfungen durchgeführt, so werden Tierversuche nur dann eingesetzt, wenn es keine Alternativen gibt, die eine angemessene Verlässlichkeit und Datenqualität bieten. Für die Zwecke dieser EG-Verordnung dürfen keine Versuche an nichtmenschlichen Primaten durchgeführt werden.

Für die Zwecke der EG-Verordnung 1272/2008 dürfen keine Versuche am Menschen durchgeführt werden. Daten aus anderen Quellen, wie klinischen Studien, können jedoch zum Zwecke dieser Verordnung verwendet werden.

21.3.3 Bewertung der Gefahreneigenschaften und Entscheidung über die Einstufung

Bewertung der Gefahreneigenschaften für Stoffe und Gemische (Art. 9)
Die Hersteller, Importeure und nachgeschalteten Anwender eines Stoffes oder eines Gemisches bewerten die ermittelten Informationen, indem sie sie mit den Kriterien für die Einstufung in die einzelnen Gefahrenklassen der EG-Verordnung 1272/2008 abgleichen, um festzustellen, welche Gefahren mit dem Stoff oder dem Gemisch verbunden sind. Lassen sich die Kriterien nicht unmittelbar auf die verfügbaren ermittelten Informationen anwenden, führen die Hersteller, Importeure und nachgeschalteten Anwender eine Bewertung anhand der Ermittlung der Beweiskraft dieser Informationen mit Hilfe einer Beurteilung durch Experten durch, indem sie alle verfügbaren Informationen, die für die Bestimmung der Gefahreneigenschaften des Stoffes oder Gemisches relevant sind, gegeneinander abwägen.

Konzentrationsgrenzwerte und M-Faktoren für die Einstufung von Stoffen und Gemischen (Art. 10)
Spezifische Konzentrationsgrenzwerte und allgemeine Konzentrationsgrenzwerte sind einem Stoff zugeordnete Grenzwerte, die einen Schwellenwert festlegen, bei dem oder oberhalb dessen das Vorhandensein dieses Stoffes in einem anderen Stoff oder in einem Gemisch als identifizierte Verunreinigung, Beimengung oder einzelner Bestandteil zu einer Einstufung des Stoffes oder Gemisches als gefährlich führt. Die Hersteller, Importeure und nachgeschalteten Anwender legen M-Faktoren für als akut gewässergefährdend, Kategorie 1 oder als chronisch gewässergefährdend, Kategorie 1 eingestufte Stoffe fest. Bei der Festlegung des spezifischen Konzentrationsgrenzwerts oder des M-Faktors berücksichtigen die Hersteller, Importeure und nachgeschalteten Anwender die spezifischen Konzentrationsgrenzwerte oder M-Faktoren für diesen Stoff, die in das Einstufungs- und Kennzeichnungsverzeichnis aufgenommen wurden.

Berücksichtigungsgrenzwerte (Art. 11)
Enthält ein Stoff einen anderen, für sich genommen als gefährlich eingestuften Stoff in Form einer identifizierten Verunreinigung, Beimengung oder eines einzelnen Bestandteils, so wird dies für die Zwecke der Einstufung berücksichtigt, wenn die Konzentration der identifizierten Verunreinigung, Beimengung oder des einzelnen Bestandteils den geltenden Berücksichtigungsgrenzwert erreicht oder übersteigt. Enthält ein Gemisch einen als gefährlich eingestuften Stoff entweder als Bestandteil oder in Form einer identifizierten Verunreinigung oder Beimengung, so wird diese Information für die Zwecke der Einstufung berücksichtigt, wenn die Konzentration dieses Stoffes den Berücksichtigungsgrenzwert erreicht oder übersteigt.

Entscheidung über die Einstufung von Stoffen und Gemischen (Art. 13)
Ergibt sich aus der Bewertung, dass die Gefahreneigenschaften eines Stoffes oder Gemisches den Kriterien für die Einstufung in eine oder mehrere Gefahrenklassen entsprechen, so stufen die Hersteller, Importeure und nachgeschalteten Anwender den Stoff oder das Gemisch in die betreffende/-n Gefahrenklasse/-n oder Differenzierungen ein und ordnen Folgendes zu:

- eine oder mehrere Gefahrenkategorien für jede relevante Gefahrenklasse oder Differenzierung und
- einen oder mehrere Gefahrenhinweise, die den einzelnen zugeordneten Gefahrenkategorien entsprechen.

Überprüfung der Einstufung von Stoffen und Gemischen (Art. 15)
Die Hersteller, Importeure und nachgeschalteten Anwender ergreifen alle verfügbaren angemessenen Maßnahmen, um sich über neue wissenschaftliche oder technische Informationen zu informieren, die sich auf die Einstufung der Stoffe oder Gemische, die sie in Verkehr bringen, auswirken können. Werden einem Hersteller, Importeur oder nachgeschalteten Anwender derartige Informationen bekannt und betrachtet er diese als geeignet und zuverlässig, so führt der Hersteller, der Importeur oder der nachgeschaltete Anwender unverzüglich eine Neubewertung durch.

Ändert der Hersteller, Importeur oder nachgeschaltete Anwender die Zusammensetzung eines Gemisches, das als gefährlich eingestuft worden ist, so führt der Hersteller, der Importeur oder der nachgeschaltete Anwender eine erneute Bewertung durch, wenn es sich um Änderungen folgender Art handelt:

- eine Änderung der ursprünglichen Konzentration eines oder mehrerer der gefährlichen Bestandteile und
- eine Änderung in der Zusammensetzung durch Ersetzen oder Hinzufügen eines oder mehrerer Bestandteile in Konzentrationen, die den Berücksichtigungsgrenzwerten entsprechen oder darüber liegen.

Eine erneute Bewertung ist nicht erforderlich, wenn sich wissenschaftlich stichhaltig begründen lässt, dass diese keine Änderung der Einstufung zur Folge hat. Die Hersteller, Importeure und nachgeschalteten Anwender passen die Einstufung des Stoffes oder Gemisches den Ergebnissen der erneuten Bewertung an.

21.3.4 Gefahrenkommunikation durch Kennzeichnung

Allgemeine Vorschriften (Art. 17)
Ein Stoff oder Gemisch, der bzw. das als gefährlich eingestuft und verpackt ist, trägt ein Kennzeichnungsetikett mit folgenden Elementen:

- Name, Anschrift und Telefonnummer des bzw. der Lieferanten,
- Nennmenge des Stoffes oder Gemisches in der Verpackung, die der breiten Öffentlichkeit zugänglich gemacht wird, sofern diese Menge nicht auf der Verpackung anderweitig angegeben ist,
- Produktidentifikatoren,
- Gefahrenpiktogramme,
- Signalwörter,
- Gefahrenhinweise,
- geeignete Sicherheitshinweise und
- ein Abschnitt für ergänzende Informationen.

Das Kennzeichnungsetikett wird in der/den Amtssprache(n) des Mitgliedstaats/der Mitgliedstaaten beschriftet, in dem der Stoff oder das Gemisch in Verkehr gebracht wird, es sei denn, der betreffende Mitgliedstaat oder die betreffenden Mitgliedstaaten bestimmen etwas anderes. Lieferanten können mehr Sprachen auf ihren Kennzeichnungsetiketten verwenden, als von den Mitgliedstaaten verlangt wird, sofern dieselben Angaben in sämtlichen verwendeten Sprachen erscheinen.

Produktidentifikatoren (Art. 18)
Das Kennzeichnungsetikett enthält Angaben, die die Identifizierung des Stoffes oder Gemisches ermöglichen. Es enthält entsprechende Angaben aus dem Sicherheitsdatenblatt nach der Verordnung (EG) Nr. 1907/2006 (REACH).

Der Produktidentifikator für einen Stoff enthält mindestens folgende Angaben:

- Namen und Identifikationsnummer,
- die vom Chemical Abstracts Service ausgegebene Nummer (CAS-Nummer), zusammen mit dem nach der Nomenklatur der Internationalen Union für reine und angewandte Chemie (IUPAC-Nomenklatur), bestimmten Namen, oder die CAS-Nummer zusammen mit einer anderen internationalen chemischen Bezeichnung oder
- falls keine CAS-Nummer verfügbar ist: den in der IUPAC-Nomenklatur angegebenen Namen oder eine andere internationale chemische Bezeichnung.

Der Produktidentifikator für ein Gemisch enthält mindestens folgende Angaben:

- den Handelsnamen oder die Bezeichnung des Gemisches und
- die Identität aller in dem Gemisch enthaltenen Stoffe, die zur Einstufung des Gemisches in Bezug auf:
  - akute Toxizität,
  - Ätzwirkung auf die Haut,
  - Verursachung schwerer Augenschäden,
  - Keimzellmutagenität,
  - Karzinogenität,
  - Reproduktionstoxizität,
  - Sensibilisierung der Haut oder der Atemwege,
  - Zielorgan-Toxizität oder
  - Aspirationsgefahr beitragen.

Gefahrenpiktogramme (Art. 19)
Das Kennzeichnungsetikett enthält das/die relevanten Gefahrenpiktogramm(e) zur Vermittlung einer bestimmten Information über die betreffende Gefahr.

Signalwörter (Art. 20)
Das Kennzeichnungsetikett enthält das relevante Signalwort entsprechend der Einstufung des gefährlichen Stoffes oder Gemisches. Welches Signalwort der jeweiligen Einstufung entspricht, ist in den Tabellen in Anhang I der EG-Verordnung 1272/2008 angegeben, in denen die für die einzelnen Gefahrenklassen erforderlichen Kennzeichnungselemente aufgeführt sind. Wird das Signalwort *Gefahr* auf dem Kennzeichnungsetikett verwendet, erscheint das Signalwort *Achtung* dort nicht.

Gefahrenhinweise (Art. 21)
Das Kennzeichnungsetikett enthält die relevanten Gefahrenhinweise entsprechend der Einstufung des gefährlichen Stoffes oder Gemisches.

Sicherheitshinweise (Art. 22)
Das Kennzeichnungsetikett enthält die relevanten Sicherheitshinweise. Die Sicherheitshinweise werden aus den Sicherheitshinweisen in den Tabellen in Anhang I der EG-Verordnung 1272/2008 ausgewählt, in denen die für die einzelnen Gefahrenklassen erforderlichen Kennzeichnungselemente aufgeführt sind.

Die Sicherheitshinweise werden gemäß den festgelegten Kriterien ausgewählt, wobei die Gefahrenhinweise und die beabsichtigte(n) oder ermittelte(n) Verwendung(en) des Stoffes oder Gemisches berücksichtigt werden.

Ergänzende Informationen auf dem Kennzeichnungsetikett (Art. 25)
Angaben wie *ungiftig, unschädlich, umweltfreundlich, ökologisch* oder alle sonstigen Hinweise, die auf das Nichtvorhandensein von Gefahreneigenschaften des Stoffes oder Ge-

misches hinweisen oder nicht mit der Einstufung des Stoffes oder Gemisches im Einklang stehen, dürfen nicht auf dem Kennzeichnungsetikett oder der Verpackung des Stoffes oder Gemisches erscheinen.

Rangfolgeregelung für Gefahrenpiktogramme (Art. 26)
Würde die Einstufung eines Stoffes oder Gemisches mehr als ein Gefahrenpiktogramm auf dem Kennzeichnungsetikett nach sich ziehen, wird folgende Rangfolgeregelung angewendet, um die Zahl der erforderlichen Gefahrenpiktogramme zu verringern:

- Muss mit dem Gefahrenpiktogramm *GHS01* gekennzeichnet werden, so ist die Verwendung der Gefahrenpiktogramme *GHS02* und *GHS03* mit Ausnahme der Fälle, in denen mehr als eines dieser Gefahrenpiktogramme verbindlich ist, fakultativ.
- Muss mit dem Gefahrenpiktogramm *GHS06* gekennzeichnet werden, so erscheint das Gefahrenpiktogramm *GHS07* nicht.
- Muss mit dem Gefahrenpiktogramm *GHS05* gekennzeichnet werden, so erscheint das Gefahrenpiktogramm *GHS07* nicht für Haut- oder Augenreizung.
- Muss mit dem Gefahrenpiktogramm *GHS08* für Sensibilisierung der Atemwege gekennzeichnet werden, so erscheint das Gefahrenpiktogramm *GHS07* nicht für Sensibilisierung der Haut oder Haut- und Augenreizung.
- Muss mit dem Gefahrenpiktogramm *GHS02* oder *GHS06* gekennzeichnet werden, so ist die Verwendung des Gefahrenpiktogramms *GHS04* fakultativ.

Würde die Einstufung eines Stoffes oder Gemisches mehr als ein Gefahrenpiktogramm für die gleiche Gefahrenklasse nach sich ziehen, enthält das Kennzeichnungsetikett für jede betroffene Gefahrenklasse das Gefahrenpiktogramm, das der schwerwiegendsten Gefahrenkategorie zugeordnet ist.

Rangfolgeregelung für Gefahrenhinweise (Art. 27)
Ist ein Stoff oder Gemisch in mehreren Gefahrenklassen oder Differenzierungen einer Gefahrenklasse eingestuft, so erscheinen alle aufgrund dieser Einstufung erforderlichen Gefahrenhinweise auf dem Kennzeichnungsetikett, sofern keine eindeutige Doppelung vorliegt oder sie nicht eindeutig überflüssig sind.

Rangfolgeregelung für Sicherheitshinweise (Art. 28)
Führt die Auswahl der Sicherheitshinweise dazu, dass bestimmte Sicherheitshinweise aufgrund des Stoffes, Gemisches oder seiner Verpackung eindeutig überflüssig oder unnötig sind, werden sie nicht in das Kennzeichnungsetikett aufgenommen. Wird der Stoff oder das Gemisch an die breite Öffentlichkeit abgegeben, trägt das Kennzeichnungsetikett einen Sicherheitshinweis zur Entsorgung des Stoffes oder Gemisches sowie zur Entsorgung der Verpackung, es sei denn, dies ist nicht erforderlich.

In allen anderen Fällen ist kein Sicherheitshinweis zur Entsorgung erforderlich, sofern klar ist, dass die Entsorgung des Stoffes, des Gemisches oder der Verpackung keine Gefahr für die menschliche Gesundheit oder die Umwelt darstellt. Auf dem Kennzeichnungsetikett erscheinen nicht mehr als sechs Sicherheitshinweise, es sei denn, die Art und die Schwere der Gefahren machen eine größere Anzahl erforderlich.

Verpackung (Art. 35)
Die Verpackung gefährlicher Stoffe oder Gemische entspricht folgenden Anforderungen:

- Die Verpackung ist so ausgelegt und beschaffen, dass der Inhalt nicht austreten kann, soweit keine anderen, spezifischeren Sicherheitseinrichtungen vorgeschrieben sind.
- Die Materialien von Verpackung und Verschlüssen dürfen nicht so beschaffen sein, dass sie vom Inhalt beschädigt werden oder mit diesem zu gefährlichen Verbindungen reagieren können.
- Die Verpackungen und Verschlüsse sind in allen Teilen so fest und stark, dass sie sich nicht lockern und allen bei der Handhabung normalerweise auftretenden Belastungen und Verformungen zuverlässig standhalten.
- Verpackungen mit Verschlüssen, welche nach Öffnung erneut verwendbar sind, sind so beschaffen, dass sie sich mehrfach neu verschließen lassen, ohne dass der Inhalt austreten kann.

Verpackungen eines gefährlichen Stoffes oder Gemisches, der/das an die breite Öffentlichkeit abgegeben wird, haben weder eine Form oder ein Design, die/das die aktive Neugier von Kindern wecken oder anziehen oder die Verbraucher irreführen könnte, noch weisen sie eine ähnliche Aufmachung oder ein ähnliches Design auf, wie sie/es für Lebensmittel, Futtermittel, Arzneimittel oder Kosmetika verwendet wird, wodurch die Verbraucher irregeführt werden könnten. Verpackungen werden mit kindergesicherten Verschlüssen versehen. Verpackungen werden mit einem tastbaren Gefahrenhinweis versehen.

Pflicht zur Aufbewahrung von Informationen und Anforderung von Informationen (Art. 49)
Der Lieferant trägt sämtliche Informationen, die er für die Zwecke der Einstufung und Kennzeichnung herangezogen hat, zusammen und hält sie während eines Zeitraums von mindestens zehn Jahren nach seiner letzten Lieferung des Stoffes oder Gemisches zur Verfügung. Der Lieferant bewahrt diese Informationen zusammen mit den Informationen auf, die nach der Verordnung (EG) Nr. 1907/2006 erforderlich sind.

Stellt ein Lieferant seine Geschäftstätigkeit ein oder überträgt er seine Tätigkeiten teilweise oder insgesamt einem Dritten, so ist derjenige, der für die Liquidation des Unternehmens des Lieferanten verantwortlich ist oder die Verantwortung für das Inverkehrbringen des betreffenden Stoffes oder Gemisches übernimmt, durch die Verpflichtung anstelle des Lieferanten gebunden.

Die zuständige Behörde oder die für die Durchsetzung zuständigen Behörden eines Mitgliedstaats, in dem ein Lieferant niedergelassen ist, oder die ECHA können den Lieferanten auffordern, ihnen alle Informationen vorzulegen. Stehen diese Informationen der

ECHA jedoch als Teil einer Registrierung nach der Verordnung (EG) Nr. 1907/2006 bereits zur Verfügung, verwendet die ECHA diese Informationen, und die Behörde wendet sich an die ECHA.

21.3.5 Grundsätze für die Einstufung und Kennzeichnung

Im folgenden Abschnitt werden die verschiedenen Gefahrenklassen näher erläutert. Dabei wird nach folgender Gliederung vorgegangen:

- Begriffsbestimmung,
- Einstufungskriterien für Stoffe,
- Einstufungskriterien für Gemische,
- Gefahrenkommunikation und
- Stoffbeispiele.

Die Begriffsbestimmungen definieren die jeweilige Gefahrenklasse. Über die Einstufungskriterien für Stoffe oder Gemische werden diese möglichen Kategorien zugeordnet. Allgemein ist ein(e)

- **Gas (Stoff):**
  - der bei 50 °C einen Dampfdruck von mehr als 300 kPa (absolut) hat oder
  - der bei 20 °C und einem Standarddruck von 101,3 kPa vollständig gasförmig ist,
- **Flüssigkeit (Stoff oder Gemisch):**
  - der/das bei 50 °C einen Dampfdruck von weniger als 300 kPa (3 bar) hat,
  - bei 20 °C und einem Standarddruck von 101,3 kPa nicht vollständig gasförmig ist und
  - einen Schmelzpunkt oder Schmelzbeginn von 20 °C oder weniger bei einem Standarddruck von 101,3 kPa hat,
- **Feststoff (Stoff oder Gemisch):**
  - der/das nicht der Begriffsbestimmung für Flüssigkeit oder Gas entspricht.

Die Gefahrenkommunikation führt:

- GHS-Piktogramme,
- Signalwörter,
- Gefahrenhinweise (H-Sätze) und
- Sicherheitshinweise (P-Sätze)

auf. Die Stoffbeispiele orientieren sich an in der Praxis eingesetzten Stoffen oder Gemischen. Die Auswahl erfolgt über den jeweiligen H-Satz der Gefahrenkategorie. Es ist zu beachten, dass fast alle Stoffe und Verbindungen über mehrere H-Sätze verfügen. Angegeben sind jeweils immer alle GHS-Piktogramme.

21.3.6 Entzündbare Flüssigkeiten

Begriffsbestimmung

Entzündbare Flüssigkeiten Flüssigkeiten mit einem Flammpunkt von maximal 60 °C.

Einstufungskriterien

Eine entzündbare Flüssigkeit ist in eine der drei Kategorien dieser Klasse einzustufen (Tab. 21.2).

Gefahrenkommunikation

Bei Stoffen und Gemischen, die die Kriterien für die Einstufung in diese Gefahrenklasse erfüllen sind die Kennzeichnungselemente gemäß Abb. 21.1 zu verwenden.

Abb. 21.2 zeigt Beispiele für entzündbare Flüssigkeiten der Kategorie 1, Abb. 21.3 für die Kategorie 2 und Abb. 21.4 führt Beispiele für die Kategorie 3 auf.

Einstufung	Kategorie 1	Kategorie 2	Kategorie 3
GHS-Piktogramm			
Signalwort	Gefahr	Gefahr	Achtung
Gefahren-hinweise	H224: Flüssigkeit und Dampf extrem entzündbar	H225: Flüssigkeit und Dampf leicht entzündbar	H226: Flüssigkeit und Dampf entzündbar
Sicherheits-hinweise - Prävention	P210 P233 P240 P241 P242 P243 P280	P210 P233 P240 P241 P242 P243 P280	P210 P233 P240 P241 P242 P243 P280
Sicherheits-hinweise - Reaktion	P303 + P361 + P353 P370 + P378	P303 + P361 + P353 P370 + P378	P303 + P361 + P353 P370 + P378
Sicherheits-hinweise - Lagerung	P403 + P235	P403 + P235	P403 + P235
Sicherheits-hinweise - Entsorgung	P501	P501	P501

Abb. 21.1 Kennzeichnungselemente für entzündbare Flüssigkeiten

Tab. 21.2 Einstufungskriterien entzündbare Flüssigkeiten

Kategorie	Kriterien
1	Flammpunkt <23 °C und Siedebeginn ≤35 °C
2	Flammpunkt <23 °C und Siedebeginn >35 °C
3	Flammpunkt ≥23 °C und ≤60 °C

Bezeichnung	**GHS-Piktogramm**	**Formel**
Ameisensäure-methylester		$H-C(=O)-O-CH_3$
Acetaldehyd (Ethanal)		CH_3-CHO
Propylenoxid		$H_2C-CH-CH_3$ (über O verbrückt)
Trichlorsilan		$SiHCl_3$
Diethylether		$C_2H_5-O-C_2H_5$
Cyanwasserstoff		HCN
1,1-Dichlorethen		$CCl_2=CH_2$
Ottokraftstoff		–

Abb. 21.2 Beispiele für entzündbare Flüssigkeiten der Kategorie 1

Bezeichnung	GHS-Piktogramm	Formel
Cyclopentan		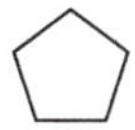
1-Chlorbutan		$CH_3-CH_2-CH_2-CH_2-Cl$
Butanal		$CH_3-CH_2-CH_2-CHO$
Dimethyl-dichlorsilan		$(CH_3)_2SiCl_2$
Ethanol		C_2H_5OH
Ethylbenzol		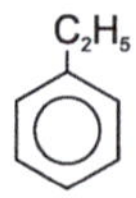
2-Propanol (Isopropanol)		$CH_3-\underset{\substack{\vert \\ OH}}{CH}-CH_3$
2-Propanon (Aceton)		$CH_3-\underset{\substack{\Vert \\ O}}{C}-CH_3$
1,1-Dichlorethan		$CHCl_2-CH_3$
Butanon		$CH_3-\underset{\substack{\Vert \\ O}}{C}-CH_2-CH_3$

Abb. 21.3 Beispiele für entzündbare Flüssigkeiten der Kategorie 2

Bezeichnung	GHS-Piktogramm	Formel
Butylbutyrat		$CH_3-CH_2-CH_2-C(=O)-O-C_4H_9$
Cyclohexanon		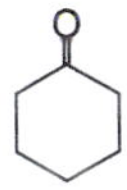
o-Xylol m-Xylol p-Xylol		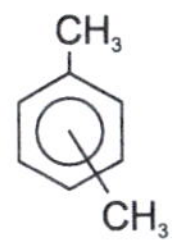
1-Pentanol		$CH_3-CH_2-CH_2-CH_2-CH_2-OH$
Nitroethan		$CH_3-CH_2-NO_2$
Milchsäure- methylester		$CH_3-CH(OH)-C(=O)-O-CH_3$
Ameisensäure		$H-C(=O)-OH$
Essigsäure		CH_3-COOH
Styrol		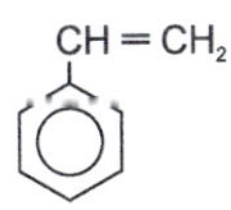

Abb. 21.4 Beispiele für entzündbare Flüssigkeiten der Kategorie 3

21.3.7 Akute Toxizität

Begriffsbestimmung

Akute Toxizität Jene schädliche Wirkungen, die auftreten, wenn ein Stoff oder Gemisch in einer Einzeldosis oder innerhalb von 24 h in mehreren Dosen oral oder dermal verabreicht oder 4 h lang eingeatmet wird. Die Gefahrenklasse akute Toxizität wird differenziert nach:

- akuter oraler Toxizität,
- akuter dermaler Toxizität und
- akuter inhalativer Toxizität.

Kriterien für die Einstufung von Stoffen

Stoffe können nach ihrer akuten Toxizität bei oraler, dermaler oder inhalativer Exposition gemäß den numerischen Kriterien einer von vier Gefahrenkategorien zugeordnet werden. Die akute Toxizität wird als LD_{50}-Wert (oral, dermal), als LC_{50}-Wert (inhalativ) oder als Schätzwert Akuter Toxizität (acute toxicity estimates – ATE) ausgedrückt (Tab. 21.3).

Den Schätzwert Akuter Toxizität (ATE) zur Einstufung eines Stoffes erhält man durch Verwendung der LD_{50}-/LC_{50}-Werte. Den Schätzwert Akuter Toxizität (ATE) zur Einstufung eines Stoffes in einem Gemisch erhält man durch Verwendung:

- der LD_{50}-/LC_{50}-Werte,
- des entsprechenden Umrechnungswerts aus der Tabelle, der sich auf die Ergebnisse einer Dosisbereichsprüfung bezieht, oder
- des entsprechenden Umrechnungswerts aus der Tabelle, der sich auf eine Einstufungskategorie bezieht.

Tab. 21.3 Einstufungskriterien akute Toxizität

Expositionsweg	Kategorie 1	Kategorie 2	Kategorie 3	Kategorie 4
Oral (mg/kg Körpergewicht)	ATE ≤ 5	5 < ATE ≤ 50	50 < ATE ≤ 300	300 < ATE ≤ 2000
Dermal (mg/kg Körpergewicht)	ATE ≤ 50	50 < ATE ≤ 200	200 < ATE ≤ 1000	1000 < ATE ≤ 2000
Gase (ppmV)	ATE ≤ 100	100 < ATE ≤ 500	500 < ATE ≤ 2500	2500 < ATE ≤ 20.000
Dämpfe (mg/L)	ATE ≤ 0,5	0,5 < ATE ≤ 2,0	2,0 < ATE ≤ 10,0	10,0 < ATE ≤ 20,0
Stäube und Nebel (mg/L)	ATE ≤ 0,05	0,05 < ATE ≤ 0,5	0,5 < ATE ≤ 1,0	1,0 < ATE ≤ 5,0

Die in der Tabelle verwendeten Bereiche der Schätzwerte Akuter Toxizität (ATE) bei Inhalationstoxizität beruhen auf einer vierstündigen Exposition. Vorliegende Daten über die Inhalationstoxizität, die aus einer einstündigen Exposition gewonnen wurden, lassen sich umrechnen, indem man sie bei Gasen und Dämpfen durch den Faktor 2, bei Stäuben und Nebeln durch den Faktor 4 teilt. Die Begriffe Staub, Nebel und Dampf sind wie folgt definiert:

Staub in einem Gas (in der Regel in Luft) schwebende feste Teilchen eines Stoffes oder Gemisches,

Nebel in einem Gas (in der Regel in Luft) schwebende flüssige Tröpfchen eines Stoffes oder Gemisches,

Dampf die gasförmige Phase eines Stoffes oder Gemisches, die aus der flüssigen oder festen Phase hervorgegangen ist.

Staub entsteht normalerweise durch mechanische Vorgänge. Nebel bildet sich in der Regel durch Kondensation übersättigter Dämpfe oder durch physikalische Scherung von Flüssigkeiten. Stäube und Nebel weisen normalerweise Teilchengrößen zwischen unter 1 und rund 100 µm auf.

Kriterien zur Einstufung von Gemischen
Die Kriterien für die Einstufung von Stoffen nach ihrer akuten Toxizität beruhen auf (in Versuchen gewonnenen oder abgeleiteten) Daten zur letalen Dosis. Bei Gemischen müssen Informationen gewonnen oder abgeleitet werden, die es ermöglichen, die Kriterien zwecks Einstufung auf das Gemisch anzuwenden. Die Einstufung nach der akuten Toxizität erfolgt in einem mehrstufigen Verfahren und hängt davon ab, wie umfangreich die verfügbaren Informationen zu dem Gemisch selbst und seinen Bestandteilen sind.

Bei der akuten Toxizität ist jeder Expositionsweg zur Einstufung von Gemischen zu betrachten, erforderlich ist allerdings nur ein Expositionsweg, sofern dieser bei allen Bestandteilen befolgt (abgeleitet oder geprüft) wird und es keine stichhaltigen Belege für eine akute Toxizität auf mehreren Expositionswegen gibt. Falls stichhaltige Belege für eine akute Toxizität auf mehreren Expositionswegen bestehen, ist die Einstufung für alle relevanten Expositionswege durchzuführen. Alle verfügbaren Informationen sind zu berücksichtigen. Es ist das Gefahrenpiktogramm und das Signalwort zu verwenden, welches der schwerwiegendsten Gefahrenkategorie zugeordnet ist, und es sind alle zutreffenden Gefahrenhinweise zu verwenden.

Wurde das Gemisch selbst auf seine akute Toxizität geprüft, wird es nach denselben Kriterien wie Stoffe eingestuft. Wurde das Gemisch selbst nicht auf seine akute Toxizität geprüft, liegen jedoch ausreichende Daten über seine einzelnen Bestandteile und über ähnliche geprüfte Gemische vor, um die Gefahren des Gemisches angemessen zu beschreiben, dann sind diese Daten zu verwenden.

Damit eine genaue Einstufung des Gemisches gewährleistet und die Berechnung nur einmal erforderlich ist, sind die Schätzwerte Akuter Toxizität (ATE) der Bestandteile wie folgt zu berücksichtigen:

- Bestandteile mit einer bekannten akuten Toxizität sind einzubeziehen,
- Bestandteile, bei denen man keine akute Toxizität annimmt (z. B. Wasser, Zucker), bleiben unberücksichtigt,
- Bestandteile bleiben unberücksichtigt, wenn die verfügbaren Daten keine akute Toxizität zeigen.

Die ATE des Gemisches wird für die orale, die dermale oder die inhalative Toxizität nach folgender Formel aus den ATE-Werten aller relevanten Bestandteile errechnet:

$$\frac{100}{ATE_{mix}} = \sum_{n} \frac{C_i}{ATE_i}$$

wobei gilt:

C_i = Konzentration von Bestandteil i (% w/w oder % v/v)
i = der einzelne Bestandteil von 1 bis n
n = die Anzahl der Bestandteile
ATE_i = Schätzwert akuter Toxizität von Bestandteil i

Fehlt der spezifische ATE-Wert für die Einzelstoffe, erfolgt die Einstufung der Gemische über die Einstufungskategorie über den Umrechnungswert der akuten Toxizität (Tab. 21.4).

Tab. 21.4 Einstufung von Gemischen mittels Umrechnungswert

Expositionsweg	Einstufungskategorie oder im Versuch ermittelter Bereich der ATE	Umrechnungswert der akuten Toxizität
Oral (mg/kg Körpergewicht)	0 < Kategorie 1 ≤ 5	0,5
	5 < Kategorie 2 ≤ 50	5
	50 < Kategorie 3 ≤ 300	100
	300 < Kategorie 4 ≤ 2000	500
Dermal (mg/kg Körpergewicht)	0 < Kategorie 1 ≤ 50	5
	50 < Kategorie 2 ≤ 200	50
	200 < Kategorie 3 ≤ 1000	300
	1000 < Kategorie 4 ≤ 2000	1100
Gase (ppmV)	0 < Kategorie 1 ≤ 100	10
	100 < Kategorie 2 ≤ 500	100
	500 < Kategorie 3 ≤ 2500	700
	2500 < Kategorie 4 ≤ 20.000	4500
Dämpfe (mg/L)	0 < Kategorie 1 ≤ 0,5	0,05
	0,5 < Kategorie 2 ≤ 2,0	0,5
	2,0 < Kategorie 3 ≤ 10,0	3
	10,0 < Kategorie 4 ≤ 20,0	11
Stäube/Nebel (mg/L)	0 < Kategorie 1 ≤ 0,05	0,005
	0,05 < Kategorie 2 ≤ 0,5	0,05
	0,5 < Kategorie 3 ≤ 1,0	0,5
	1,0 < Kategorie 4 ≤ 5,0	1,5

Diese Werte sind für die Berechnung der ATE zur Einstufung eines Gemisches aufgrund seiner Bestandteile gedacht und stellen keine Prüfergebnisse dar.

Gefahrenkommunikation
Bei Stoffen oder Gemischen, die die Kriterien für die Einstufung in diese Gefahrenklasse erfüllen, sind die Kennzeichnungselemente gemäß Abb. 21.5 zu verwenden.

Beispiele für Stoffe mit akuter Toxizität der Kategorie 2 finden sich in Abb. 21.6; Stoffbeispiele für die Kategorie 3 in Abb. 21.7; Stoffbeispiele für die Kategorie 4 in Abb. 21.8.

Einstufung	Kategorie 1	Kategorie 2	Kategorie 3	Kategorie 4
GHS-Piktogramm				
Signalwort	Gefahr	Gefahr	Gefahr	Achtung
Gefahrenhinweise - oral	**H300:** Lebensgefahr bei Verschlucken	**H300:** Lebensgefahr bei Verschlucken	**H301:** giftig bei Verschlucken	**H302:** gesundheitsschädlich bei Verschlucken
Gefahrenhinweise - dermal	**H310:** Lebensgefahr bei Hautkontakt	**H310:** Lebensgefahr bei Hautkontakt	**H311:** giftig bei Hautkontakt	**H312:** gesundheitsschädlich bei Hautkontakt
Gefahrenhinweise - inhalativ	**H330:** Lebensgefahr bei Einatmen	**H330:** Lebensgefahr bei Einatmen	**H331:** giftig bei Einatmen	**H332:** gesundheitsschädlich bei Einatmen
Sicherheitshinweise - Prävention (oral)	P264 P270	P264 P270	P264 P270	P264 P270
Sicherheitshinweise - Reaktion (oral)	P301 + P310 P321 P330	P301 + P310 P321 P330	P301 + P310 P321 P330	P301 + P310 P330
Sicherheitshinweise - Lagerung (oral)	P405	P405	P405	
Sicherheitshinweise - Entsorgung (oral)	P501	P501	P501	P501

Abb. 21.5 Kennzeichnungselemente für akute Toxizität

Sicherheits-hinweise - Prävention (dermal)	**P262 P264 P270 P280**	**P262 P264 P270 P280**	**P280**	**P280**
Sicherheits-hinweise - Reaktion (dermal)	**P302 + P352 P310 P321 P361 + P364**	**P302 + P352 P310 P321 P361 + P364**	**P302 + P352 P310 P321 P361 + P364**	**P302 + P352 P312 P321 P362 + P364**
Sicherheits-hinweise - Lagerung (dermal)	**P405**	**P405**	**P405**	
Sicherheits-hinweise - Entsorgung (dermal)	**P501**	**P501**	**P501**	**P501**
Sicherheits-hinweise - Prävention (inhalativ)	**P260 P271 P284**	**P260 P271 P284**	**P261 P271**	**P261 P271**
Sicherheits-hinweise - Reaktion (inhalativ)	**P304 + P340 P310 P320**	**P304 + P340 P310 P320**	**P304 + P340 P311 P321**	**P304 + P340 P312**
Sicherheits-hinweise - Lagerung (inhalativ)	**P403 + P233 P405**	**P403 + P233 P405**	**P403 + P233 P405**	
Sicherheits-hinweise - Entsorgung (inhalativ)	**P501**	**P501**	**P501**	

Abb. 21.5 (Fortsetzung)

Bezeichnung	GHS-Piktogramm	Formel
2-Chlorethanol		$Cl-CH_2-CH_2-OH$
Bortrichlorid		BCl_3
Fluorwasserstoff		HF
Arsenpentoxid		As_2O_5
Calciumcyanid		$Ca(CN)_2$
Quecksilber(I)-sulfat		Hg_2SO_4
Thallium(I)-chlorid		$TlCl$
Uranhexafluorid		UF_6
Kaliumcyanid		KCN
Osmium-tetroxid		OsO_4
Thallium		Tl
Uran		U

Abb. 21.6 Beispiele für Stoffe mit akuter Toxizität der Kategorie 2

Bezeichnung	GHS-Piktogramm	Formel
Ammonium-fluorid		NH_4F
Antimon-trifluorid		SbF_3
Bariumchlorid		$BaCl_2$
Methanol		CH_3OH
Natriumfluorid		NaF
o-Kresol m-Kresol p-Kresol		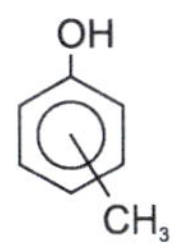
Selen		Se
Beryllium		Be
Cadmiumsulfat		$CdSO_4$
Kaliumbromat		$KBrO_3$
Platin(IV)-chlorid		$PtCl_4$

Abb. 21.7 Beispiele für Stoffe mit akuter Toxizität der Kategorie 3

Bezeichnung	GHS-Piktogramm	Formel
Diethylether		$C_2H_5 - O - C_2H_5$
Eisen(II)-sulfat		$FeSO_4$
Ethylenglykol		$HO - CH_2 - CH_2 - OH$
Acetonitril		$CH_3 - CN$
Ammonium-chlorid		NH_4Cl
Cyclohexanol		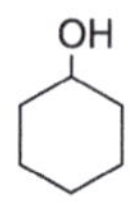
Oxalsäure und ihre Salze		HOOC – COOH
Bariumcarbonat		$BaCO_3$
Blei(II)carbonat		$PbCO_3$
Cadmiumacetat		$Cd(CH_3COO)_2$

Abb. 21.8 Beispiele für Stoffe mit akuter Toxizität der Kategorie 4

21.3.8 Ätz-/Reizwirkung auf die Haut

Begriffsbestimmung

Ätzwirkung auf die Haut Das Erzeugen einer irreversiblen Hautschädigung, d. h. einer offensichtlichen, durch die Epidermis bis in die Dermis reichenden Nekrose durch Applikation einer Prüfsubstanz für eine Dauer von bis zu 4 h. Reaktionen auf Ätzwirkungen sind durch Geschwüre, Blutungen, blutige Verschorfungen und am Ende des Beobachtungszeitraums von 14 Tagen als Verfärbung durch Ausbleichen der Haut, komplett haarlose Bereiche und Narben gekennzeichnet.

Reizwirkung auf die Haut Das Erzeugen einer reversiblen Hautschädigung durch Applikation einer Prüfsubstanz für eine Dauer von bis zu 4 h.

Einstufungskriterien für Stoffe

Feststoffe (Pulver) können nach Anfeuchten oder in Berührung mit feuchter Haut oder Schleimhaut ätzend oder reizend werden. Erfahrungen beim Menschen und Daten vom Tier aus einmaliger oder wiederholter Exposition stellen erste Anhaltspunkte für die Analyse dar. In einigen Fällen können die über strukturell verwandte Verbindungen vorliegenden Informationen herangezogen werden, um über eine Einstufung zu entscheiden.

Genauso können Stoffe und/oder Gemische mit extremen pH-Werten von ≤ 2 und $\geq 11{,}5$, ein Indiz für das Potenzial sein, Wirkungen an der Haut zu erzeugen. Wird der Stoff aufgrund der sauren/alkalischen Reserve trotz des niedrigen oder hohen pH-Werts für nicht ätzend gehalten, so ist dies durch weitere Prüfungen zu bestätigen. Die Kategorie hautätzend gliedert sich in drei Unterkategorien (Tab. 21.5).

- **Unterkategorie 1A:**
  Nach höchstens dreiminütiger Einwirkzeit und einer Beobachtungszeit von höchstens einer Stunde ist eine Ätzwirkung festzustellen.
- **Unterkategorie 1B:**
  Nach einer Einwirkzeit zwischen drei Minuten und einer Stunde und einer Beobachtungszeit von höchstens 14 Tagen ist eine Ätzwirkung festzustellen.
- **Unterkategorie 1C:**
  Nach einer Einwirkzeit zwischen einer und vier Stunden und einer Beobachtungszeit von bis zu 14 Tagen ist eine Ätzwirkung festzustellen.

Tab. 21.5 Kategorien hautätzend

Kategorie	Unterkategorien	Ätzend bei ≥ 1 von 3 Tieren	
		Exposition	Nachbeobachtung
Kategorie 1 hautätzend	**1A**	≤ 3 min	≤ 1 h
	1B	>3 min–≤ 1 h	≤ 14 Tage
	1C	>1 h–≤ 4 h	≤ 14 Tage

Tab. 21.6 Kategorien Reizwirkung auf die Haut

Kategorie	Kriterien
Kategorie 2 hautreizend	– Mittelwert von $\geq$2,3–$\leq$4,0 für die Rötung/Schorfbildung oder für das Auftreten von Ödemen bei mindestens 2 von 3 getesteten Tieren nach dem Grad der Reizung bei 24, 48 und 72 h nach Entfernen des Pflasters, oder bei verzögerter Reaktion nach dem Grad der Reizung an 3 aufeinanderfolgenden Tagen nach Einsetzen der Hautreaktion, oder – Entzündung, die bei mindestens 2 Tieren bis zum Ende des Beobachtungszeitraums (in der Regel 14 Tage) andauert, wobei insbesondere (begrenzter) Haarausfall, Hyperkeratose, Hyperplasie und Schuppenbildung zu berücksichtigen sind, oder – Manchmal können die Reaktionen der Tiere ausgesprochen unterschiedlich ausfallen, so dass ein einzelnes Tier zwar eine eindeutig positive, aber doch schwächere Reaktion auf die chemische Exposition zeigt, als in den vorstehenden Kriterien beschrieben

Für die Reizwirkung auf die Haut (hautreizend) existiert nur eine einzige Kategorie (Kategorie 2) (Tab. 21.6).

Einstufungskriterien für Gemische

Ein Gemisch gilt dann als ätzend für die Haut (hautätzend der Kategorie 1), wenn es einen pH-Wert von höchstens 2 bzw. von mindestens 11,5 hat. Weiterhin gelten folgende allgemeinen Konzentrationsgrenzwerte für hautätzend oder -reizend eingestufte Bestandteile (Kategorie 1 oder 2), die zur Einstufung eines Gemisches als hautätzend/-reizend führen (Additionsprinzip) (Tab. 21.7).

Bei einem Gemisch mit hautreizenden oder -ätzenden Bestandteilen, das sich nicht mit Hilfe des Additivitätsprinzips einstufen lässt, weil seine chemischen Eigenschaften diese Methode nicht zulassen, wird wie folgt verfahren:

Tab. 21.7 Einstufungskriterien für Gemische

Summe der Bestandteile, die eingestuft sind als	Konzentration, die zu folgender Einstufung des Gemisches führt:	
	Hautätzend Kategorie 1	Hautreizend Kategorie 2
Hautätzend (Kategorien 1A, 1B, 1C)	$\geq$5 %	$\geq$1 % aber <5 %
Hautreizend (Kategorie 2)		$\geq$10 %
(10 × hautätzend der Kategorien 1A, 1B, 1C) und hautreizend (Kategorie 2)		$\geq$10 %

Es ist als hautätzend der Kategorie 1A, 1B oder 1C einzustufen, wenn es >1 % eines Bestandteils enthält, der in Kategorie 1A, 1B oder 1C eingestuft ist, oder es ist in Kategorie 2 einzustufen, wenn es >3 % eines hautreizenden Bestandteils enthält.

Gefahrenkommunikation
Bei Stoffen oder Gemischen, die die Kriterien für die Einstufung in diese Gefahrenklasse erfüllen, sind die Kennzeichnungselemente gemäß Abb. 21.9 zu verwenden.

Beispiele für hautätzende Stoffe der Kategorie 1 finden sich in Abb. 21.10; Beispiele für hautreizende Stoffe der Kategorie 2 in Abb. 21.11.

Einstufung	Kategorie 1A, 1B, 1C	Kategorie 2
GHS-Piktogramm		
Signalwort	Gefahr	Achtung
Gefahrenhinweise	H314: verursacht schwere Verätzungen der Haut und schwere Augenschäden	H315: verursacht Hautreizungen
Sicherheitshinweise - Prävention	P260 P264 P280	P264 P280
Sicherheitshinweise - Reaktion	P301 + P330 + P331 P303 + P361 + P353 P363 P304 + P340 P310 P321 P305 + P351 + P338	P302 + P352 P321 P332 + P313 P362 + P364
Sicherheitshinweise - Lagerung	P405	
Sicherheitshinweise - Entsorgung	P501	

Abb. 21.9 Kennzeichnungselemente für hautreizende/-ätzende Wirkung

Bezeichnung	GHS-Piktogramm	Formel
Ameisensäure		HCOOH
Butansäure (Buttersäure)		$CH_3 - CH_2 - CH_2 - COOH$
Kaliumhydroxid		KOH
Wasserstoff-peroxid		H_2O_2
Natriumhydroxid		NaOH
Phosphor-pentoxid		P_2O_5
Propansäure (Propionsäure)		$CH_3 - CH_2 - COOH$
Salpetersäure		HNO_3
Schwefelsäure		H_2SO_4
Aluminium-chlorid		$AlCl_3$
Essigsäure		$CH_3 - COOH$

Abb. 21.10 Beispiele für hautätzende Stoffe der Kategorie 1

Bezeichnung	GHS-Piktogramm	Formel
4-Amino-benzol-sulfonsäure (Sulfanilsäure)		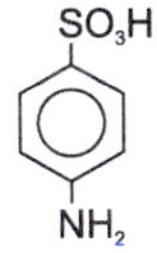
Schwefel		S
Antimon(V)-oxid		Sb_2O_5
Calciumhydroxid		$Ca(OH)_2$
Eisen(III)-chlorid		$FeCl_3$
Kupfer(II)-chlorid		$CuCl_2$
Maleinsäure		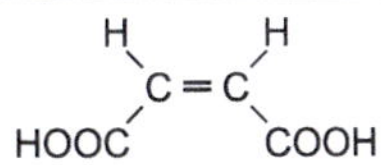
Methyacryl-säureester		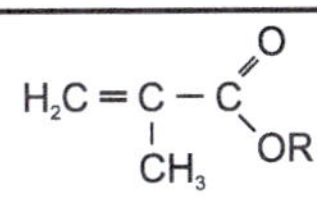
Milchsäure		$H_3C-CH(OH)-COOH$
Quecksilber(I)-chlord		Hg_2Cl_2

Abb. 21.11 Beispiele für hautreizende Stoffe der Kategorie 2

21.3.9 Schwere Augenschädigung/-Reizung

Begriffsbestimmung

Schwere Augenschädigung Das Erzeugen von Gewebeschäden im Auge oder eine schwerwiegende Verschlechterung des Sehvermögens nach Applikation eines Prüfstoffes auf die Oberfläche des Auges, die innerhalb von 21 Tagen nach Applikation nicht vollständig reversibel sind.

Augenreizung Das Erzeugen von Veränderungen am Auge nach Applikation eines Prüfstoffes auf die Oberfläche des Auges, die innerhalb von 21 Tagen nach der Applikation vollständig reversibel sind.

Einstufungskriterien für Stoffe

Wenn Stoffe ein Potenzial auf eine schwere Augenschädigung aufweisen, werden sie in die Kategorie 1 (irreversible Wirkung am Auge) eingestuft (Tab. 21.8).

Stoffe, die reversible Augenreizungen verursachen können, werden in Kategorie 2 (augenreizend) eingestuft (Tab. 21.9).

Tab. 21.8 Einstufungskriterien schwere Augenschädigung

Kategorie	Kriterien
Irreversible Wirkung am Auge (Kategorie 1)	Erzeugt ein auf das Auge eines Tieres aufgebrachter Stoff: – mindestens bei einem Tier Wirkungen an der Horn-, Regenbogen- oder Bindehaut, bei denen nicht mit einer Rückbildung zu rechnen ist oder die sich in einer Beobachtungszeit von normalerweise 21 Tagen nicht vollständig zurückgebildet haben, und/oder – bei mindestens 2 von 3 Versuchstieren eine positive Reaktion in Form: – einer Hornhauttrübung des Grades ≥ 3 und/oder – einer Regenbogenhautentzündung des Grades >1,5. Der Mittelwert wird nach 24, 48 und 72 h nach Einbringung des Prüfmaterials berechnet

Tab. 21.9 Einstufungskriterien reversible Augenreizungen

Kategorie	Kriterien
Augenreizend (Kategorie 2)	Erzeugt ein auf das Auge eines Tieres aufgebrachter Stoff: – bei mindestens 2 von 3 Versuchstieren eine positive Reaktion in Form: – einer Hornhauttrübung des Grades ≥ 1 und/oder – einer Regenhautentzündung des Grades ≥ 1 und/oder – einer Bindehautrötung des Grades ≥ 2 und/oder – einer Bindehautschwellung (Chemosis) der Schwere ≥ 2. Der Mittelwert wird nach Befunden nach 24, 48 und 72 h nach Einbringung des Prüfmaterials und bei vollständiger Rückbildung innerhalb einer Beobachtungszeit von 21 Tagen berechnet

Einstufungskriterien für Gemische

Ein Gemisch gilt dann als schwere Augenschäden verursachend (Kategorie 1), wenn es einen pH-Wert von ≤2,0 bzw. von ≥11,5 hat. Wurde das Gemisch selbst nicht auf seine hautätzende Wirkung oder sein Potenzial für schwere Augenschädigung/-reizung geprüft, liegen jedoch ausreichende Daten über seine einzelnen Bestandteile und über ähnliche geprüfte Gemische vor, um die Gefährlichkeit des Gemisches angemessen zu beschreiben, dann sind diese Daten zu verwenden (Tab. 21.10).

Ist das Additivitätsprinzip nicht anwendbar, wird der pH-Wert des Gemisches als Einstufungskriterium verwendet (Tab. 21.11).

Tab. 21.10 Einstufungskriterien für Gemische

Summe der Bestandteile, die eingestuft sind als	Konzentration, die zu folgender Einstufung des Gemisches führt	
	Irreversible Wirkungen am Auge	Reversible Wirkungen am Auge
	Kategorie 1	Kategorie 2
Wirkungen am Auge der Kategorie 1 oder hautätzend der Kategorie 1A, 1B oder 1C	≥3 %	≥1 % aber <3 %
Wirkungen am Auge der Kategorie 2		≥10 %
(10 × Wirkungen am Auge der Kategorie 1) + Wirkungen am Auge der Kategorie 2		≥10 %
Hautätzend der Kategorien 1A, 1B, 1C + Wirkungen am Auge der Kategorie 1	≥3 %	≥1 % aber <3 %
10 × (hautätzend der Kategorien 1A, 1B, 1C + Wirkungen am Auge der Kategorie 1) + Wirkungen am Auge der Kategorie 2		≥10 %

Tab. 21.11 Gemischeinstufung mittels pH-Wert

Bestandteil	Konzentration	Gemisch aufgrund seiner Wirkungen am Auge eingestuft in
Sauer mit pH-Wert ≤2	≥1 %	Kategorie 1
Basisch mit pH-Wert ≥11,5	≥1 %	Kategorie 1
Weitere hautätzende Bestandteile (Kategorie 1), auf die das Additivitätsprinzip nicht anwendbar ist	≥1 %	Kategorie 1
Weitere hautreizende Bestandteile (Kategorie 2) auf die das Additivitätsprinzip nicht anwendbar ist, einschließlich Säuren und Basen	≥3 %	Kategorie 2

Gefahrenkommunikation

Bei Stoffen und Gemischen, die die Kriterien für die Einstufung in diese Gefahrenklasse erfüllen, sind die Kennzeichnungselemente gemäß Abb. 21.12 zu verwenden.

Beispiele für Stoffe mit schwerer Augenschädigung der Kategorie 1 finden sich in Abb. 21.13 für Stoffe mit schwerer Augenreizung der Kategorie 2 in Abb. 21.14.

Einstufung	Kategorie 1	Kategorie 2
GHS-Piktogramm		
Signalwort	Gefahr	Achtung
Gefahrenhinweise	**H318:** verursacht schwere Augenschäden	**H319:** verursacht schwere Augenreizung
Sicherheitshinweise - Prävention	P280	P280
Sicherheitshinweise - Reaktion	P305 + P351 + P338 P310	P305 + P351 + P338 P337 + P313
Sicherheitshinweise - Lagerung		
Sicherheitshinweise - Entsorgung		

Abb. 21.12 Kennzeichnung für schwere Augenschädigung/-reizung

Bezeichnung	GHS-Piktogramm	Formel
Natrium-hydrogensulfat		$NaHSO_4$
1-Butanol		$CH_3-CH_2-CH_2-CH_2-OH$
Aluminium-sulfat		$Al_2(SO_4)_3$
Benzoesäure		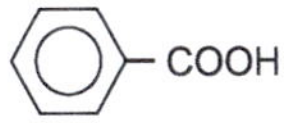
Oxalsäure		HOOC – COOH
Salicylsäure		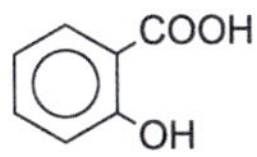
Zinn(II)-fluorid		SnF_2
Calciumhydroxid		$Ca(OH)_2$
Eisen(II)-chlorid		$FeCl_2$
Milchsäure		$H_3C-CH(OH)-COOH$

Abb. 21.13 Beispiele für Stoffe mit schwerer Augenschädigung der Kategorie 1

Bezeichnung	GHS-Piktogramm	Formel
Acetophenon		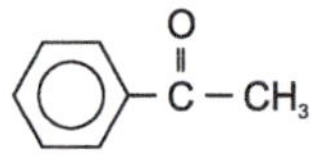
Ammonium-chlorid		NH_4Cl
Calcium-chlorid		$CaCl_2$
Natrium-carbonat		Na_2CO_3
2-Butanol		$CH_3-CH(OH)-CH_2-CH_3$
Acetaldehyd		CH_3-CHO
Aceton		$CH_3-C(=O)-CH_3$
Butanon		$CH_3-C(=O)-CH_2-CH_3$
Eisen(II)-sulfat		$FeSO_4$
Kieselsäure		H_2SiO_3
Zitronensäure		$HOOC-CH_2-C(OH)(COOH)-CH_2-COOH$

Abb. 21.14 Beispiele für Stoffe mit schwerer Augenreizung der Kategorie 2

21.3.10 Karzinogenität

Begriffsbestimmung

Karzinogen Ein Stoff oder ein Gemisch, der/das Krebs erzeugen oder die Krebshäufigkeit erhöhen kann, wird als karzinogen angesehen. Bei Stoffen, die in ordnungsgemäß durchgeführten Tierstudien gutartige und bösartige Tumore induziert haben, ist ebenfalls von der Annahme auszugehen, dass die Exposition eines Menschen gegenüber dem Stoff wahrscheinlich Krebs erzeugen kann, sofern nicht eindeutige Nachweise dafür vorliegen, dass der Mechanismus der Tumorbildung beim Menschen nicht von Bedeutung ist.

Einstufungskriterien für Stoffe

Zur Einstufung nach ihrer karzinogenen Wirkung werden Stoffe anhand der Aussagekraft der Nachweise und zusätzlicher Erwägungen (Beweiskraft der Daten) einer von zwei Kategorien zugeordnet. In manchen Fällen kann auch eine Einstufung nach dem jeweiligen Expositionsweg gerechtfertigt sein, sofern schlüssig nachgewiesen werden kann, dass bei keinem anderen Expositionsweg Gefahren bestehen (Tab. 21.12).

Die Einstufung als karzinogen erfolgt aufgrund von Nachweisen, die in zuverlässigen und anerkannten Untersuchungen gewonnen wurden, und betrifft Stoffe mit der intrinsischen Eigenschaft, Krebs zu erzeugen. Die Bewertung muss auf allen vorhandenen Daten beruhen, darunter von Experten begutachtete veröffentlichte Studien und auf zusätzlichen anerkannten Daten.

Die Bewertung der Stärke der Beweiskraft der Nachweise umfasst die quantitative Auswertung der aufgetretenen Tumore in epidemiologischen und tierexperimentellen Studien und die Bestimmung ihrer statistischen Signifikanz. Ausreichende Nachweise beim Menschen lassen einen ursächlichen Zusammenhang zwischen der Exposition und der Entwicklung von Krebs erkennen, während ausreichende Nachweise beim Tier einen ursächlichen Zusammenhang zwischen dem Stoff und einer erhöhten Tumorhäufigkeit zeigen.

Ein Verdacht auf karzinogene Wirkung beim Menschen liegt bei einem positiven Zusammenhang von Exposition und Krebs vor, ein ursächlicher Zusammenhang ist jedoch nicht klar erwiesen. Ein Verdacht auf karzinogene Wirkung besteht, wenn tierexperimentelle Studien zwar auf eine karzinogene Wirkung hindeuten, die Beweiskraft der Daten jedoch nicht als ausreichend erachtet wird. Die Begriffe ausreichender Nachweis und Verdacht werden hier gemäß ihrer Begriffsbestimmung durch die Internationale Agentur für Krebsforschung (IARC) verwendet, die wie folgt lautet:

- **Ausreichender Nachweis auf Karzinogenität:**
  Es wurde ein ursächlicher Zusammenhang zwischen der Exposition gegenüber einem Stoff und Krebs beim Menschen nachgewiesen. D. h. in Untersuchungen, bei denen Zufall und Störfaktoren mit hinreichender Zuverlässigkeit ausgeschlossen werden können, wurde ein positiver Zusammenhang zwischen der Exposition und Krebs beobachtet.

Tab. 21.12 Einstufungskriterien für karzinogene Wirkung

Kategorie	Kriterien
Kategorie 1	Bekanntermaßen oder wahrscheinlich beim Menschen karzinogen. Ein Stoff wird anhand epidemiologischer und/oder Tierversuchsdaten als karzinogen der Kategorie 1 eingestuft. Die Einstufung eines Stoffes kann weiter differenziert werden
Kategorie 1A	Kategorie 1A für Stoffe die bekanntermaßen beim Menschen karzinogen sind. Die Einstufung erfolgt überwiegend aufgrund von Nachweisen beim Menschen
Kategorie 1B	Kategorie 1B für Stoffe, die wahrscheinlich beim Menschen karzinogen sind. Die Einstufung erfolgt überwiegend aufgrund von Nachweisen bei Tieren. Die Einstufung in Kategorie 1A und 1B beruht auf der Aussagekraft der Nachweise in Verbindung mit zusätzlichen Hinweisen. Diese Nachweise können entweder: – aus epidemiologischen Studien, die einen ursächlichen Zusammenhang zwischen der Exposition von Menschen gegenüber einem Stoff und der Entwicklung von Krebs herstellen (bekanntes Humankarzinogen), oder – aus Tierversuchen stammen, deren Beweiskraft ausreicht, eine karzinogene Wirkung beim Tier (wahrscheinliches Humankarzinogen) nachzuweisen. Darüber hinaus kann es im Einzelfall aufgrund einer wissenschaftlichen Beurteilung gerechtfertigt sein, eine Entscheidung über die wahrscheinliche karzinogene Wirkung beim Menschen auf Untersuchungen zu stützen, die nur begrenzte Nachweise auf eine karzinogene Wirkung beim Menschen in Verbindung mit begrenzten Nachweisen bei Versuchstieren ergaben
Kategorie 2	Verdacht auf karzinogene Wirkung beim Menschen. Die Einstufung eines Stoffes in Kategorie 2 erfolgt aufgrund von Nachweisen aus Studien an Mensch und/oder Tier, die jedoch nicht hinreichend genug für eine Einstufung des Stoffes in Kategorie 1A oder 1B sind, anhand der Aussagekraft der Nachweise und zusätzlicher Hinweise. Solche Nachweise können entweder aus Studien beim Menschen, die einen Verdacht auf karzinogene Wirkung begründen, oder aus Tierstudien, die einen Verdacht auf karzinogene Wirkungen ergeben, stammen

- **Verdacht auf Karzinogenität:**
  Es wurde ein positiver Zusammenhang zwischen der Exposition gegenüber einem Stoff und Krebs beobachtet, für den ein ursächlicher Zusammenhang als glaubwürdig betrachtet wird, jedoch Zufall und Störfaktoren nicht mit hinreichender Zuverlässigkeit ausgeschlossen werden können.

Einstufungskriterien für Gemische

Das Gemisch wird als karzinogen eingestuft, wenn mindestens ein Bestandteil als karzinogen der Kategorie 1A, der Kategorie 1B oder der Kategorie 2 eingestuft worden ist und seine Konzentration den jeweiligen allgemeinen Konzentrationsgrenzwert für Kategorie 1A, Kategorie 1B oder Kategorie 2 erreicht oder übersteigt (Tab. 21.13).

Tab. 21.13 Einstufungskriterien für karzinogene Gemische

Bestandteil eingestuft als:	Karzinogen der Kategorie 1A	Karzinogen der Kategorie 1B	Karzinogen der Kategorie 2
Karzinogen der Kategorie 1A	≥0,1 %		
Karzinogen der Kategorie 1B		≥0,1 %	
Karzinogen der Kategorie 2			≥1,0 %

Gefahrenkommunikation

Bei Stoffen oder Gemischen, die die Kriterien für die Einstufung in diese Gefahrenklasse erfüllen, sind die Kennzeichnungselemente gemäß Abb. 21.15 zu verwenden.

Beispiele für karzinogene Stoffe der Kategorie 1 finden sich in Abb. 21.16; für die Kategorie 2 in Abb. 21.17.

Einstufung	Kategorie 1 (Kategorie 1A, 1B)	Kategorie 2
GHS-Piktogramm		
Signalwort	Gefahr	Achtung
Gefahrenhinweise	H350: kann Krebs erzeugen (Expositionsweg angeben, sofern schlüssig belegt ist, dass diese Gefahr bei keinem anderen Expositionsweg besteht)	H351: kann vermutlich Krebs erzeugen (Expositionsweg angeben, sofern schlüssig belegt ist, dass diese Gefahr bei keinem anderen Expositionsweg besteht)
Sicherheitshinweise - Prävention	P201 P202 P280	P201 P202 P280
Sicherheitshinweise - Reaktion	P308 + P313	P308 + P313
Sicherheitshinweise - Lagerung	P405	P405
Sicherheitshinweise - Entsorgung	P501	P501

Abb. 21.15 Kennzeichnungselemente für Karzinogenität

Bezeichnung	GHS-Piktogramm	Formel
Cadmium		Cd
Chlorethen (Vinylchlorid)		$CH_2=CH-Cl$
Kaliumbromat		$KBrO_3$
Benzol		
Formaldehyd		HCHO
1,2-Dichlorethan		$Cl-CH_2-CH_2-Cl$
Trichlorethen		$CCl_2=CHCl$
Ottokraftstoff		–
Natriumchromat		Na_2CrO_4

Abb. 21.16 Beispiele für karzinogene Stoffe der Kategorie 1

Bezeichnung	**GHS-Piktogramm**	**Formel**
Blei(II)-acetat		$Pb(CH_3COO)_2$
Nitrobenzol		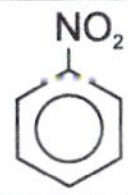
Pentachlor-ethan		CCl_3-CHCl_2
Tetrachlormethan (Tetrachlor-kohlenstoff)		CCl_4
Trichlormethan (Chloroform)		$CHCl_3$
1,1,2-Trichlorethan		$CHCl_2-CH_2Cl$
Acetaldehyd		CH_3-CHO
Dichlormethan (Methylenchlorid)		CH_2Cl_2
1,4-Dioxan		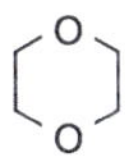
Dieselkraft-stoff		–
Heizöl EL		–

Abb. 21.17 Beispiele für karzinogene Stoffe der Kategorie 2

21.3.11 Struktur der Gefahrenhinweise (H-Sätze)

Die H-Sätze (H = Hazard) bestehen aus einem dreistelligen Zahlencode

H xyz

dessen jeweiligen Ziffern eine besondere Bedeutung haben. So beschreiben die ersten Ziffern:

- H 2yz physikalische Gefahren,
- H 3yz Gesundheitsgefahren und
- H 4yz Umweltgefahren.

Die zweite Ziffer y steht für die einzelnen Gefahrenklassen, z. B.:

- H 20z physikalische Gefahren, explosive Stoffe,
- H 31z Gesundheitsgefahren, akute Toxizität (dermal) und
- H 41z Umweltgefahren, chronisch wassergefährdend.

Die dritte Ziffer z steht für die einzelnen Gefahrenkategorien:

- H 272 physikalische Gefahren, oxidierende Flüssigkeiten/Feststoffe, Gefahrenkategorien 2 + 3,
- H 334 Gesundheitsgefahren, Sensibilisierung Atemwege, Gefahrenkategorie 1 und
- H 400 Umweltgefahren, akut wassergefährdend, Kategorie 1.

Zusammen mit:

- der Gefahrenklasse,
- der Gefahrenkategorie,
- dem Piktogramm und
- dem Signalwort

geben sie einen Überblick zur Gefahreneinstufung und -kennzeichnung.

Die Tab. 21.14, 21.15 und 21.16 zeigen die H-Sätze mit ihren jeweiligen Gefahrenhinweisen.

Tab. 21.14 Physikalische Gefahren

Code	Gefahrenhinweis
H200	Instabil, explosiv
H201	Explosiv, Gefahr der Massenexplosion
H202	Explosiv, große Gefahr durch Splitter, Spreng- und Wurfstücke
H203	Explosiv, Gefahr durch Feuer, Luftdruck oder Splitter, Spreng- und Wurfstücke
H204	Gefahr durch Feuer oder Splitter, Spreng- und Wurfstücke
H205	Gefahr der Massenexplosion bei Feuer
H220	Extrem entzündbares Gas
H221	Entzündbares Gas
H222	Extrem entzündbares Aerosol
H223	Entzündbares Aerosol
H224	Flüssigkeit und Dampf extrem entzündbar
H225	Flüssigkeit und Dampf leicht entzündbar
H226	Flüssigkeit und Dampf entzündbar
H228	Entzündbarer Feststoffe
H229	Behälter steht unter Druck, kann bei Erwärmung bersten
H230	Kann auch in Abwesenheit von Luft explosionsartig reagieren
H231	Kann auch in Abwesenheit von Luft bei erhöhtem Druck und/oder erhöhter Temperatur explosionsartig reagieren
H240	Erwärmung kann Explosion verursachen
H241	Erwärmung kann Brand oder Explosion verursachen
H242	Erwärmung kann Brand verursachen
H250	Entzündet sich in Berührung mit Luft von selbst
H251	Selbsterhitzungsfähig, kann in Brand geraten
H252	In großen Mengen selbsterhitzungsfähig, kann in Brand geraten
H260	In Berührung mit Wasser entstehen entzündbare Gase, die sich spontan entzünden können
H261	In Berührung mit Wasser entstehen entzündbare Gase
H270	Kann Brand verursachen oder verstärken, Oxidationsmittel
H271	Kann Brand oder Explosion verursachen, starkes Oxidationsmittel
H272	Kann Brand verstärken, Oxidationsmittel
H280	Enthält Gas unter Druck, kann bei Erhitzen explodieren
H281	Enthält tiefkaltes Gas, kann Kälteverbrennungen oder -verletzungen verursachen
H290	Kann gegenüber Metallen korrosiv sein

Tab. 21.15 Gesundheitsgefahren

Code	Gefahrenhinweis
H300	Lebensgefahr bei Verschlucken
H301	Giftig bei Verschlucken
H302	Gesundheitsschädlich bei Verschlucken
H304	Kann bei Verschlucken und Eindringen in die Atemwege tödlich sein
H310	Lebensgefahr bei Hautkontakt
H311	Giftig bei Hautkontakt
H312	Gesundheitsschädlich bei Hautkontakt
H314	Verursacht schwere Verätzungen der Haut und schwere Augenschäden
H315	Verursacht Hautreizungen
H317	Kann allergische Hautreaktionen verursachen
H318	Verursacht schwere Augenschäden
H319	Verursacht schwere Augenreizung
H330	Lebensgefahr bei Einatmen
H331	Giftig bei Einatmen
H332	Gesundheitsschädlich bei Einatmen
H334	Kann bei Einatmen Allergie, asthmaartige Symptome oder Atembeschwerden verursachen
H335	Kann die Atemwege reizen
H336	Kann Schläfrigkeit und Benommenheit verursachen
H340	Kann genetische Defekte verursachen (Expositionsweg angeben, sofern schlüssig belegt ist, dass diese Gefahr bei keinem anderen Expositionsweg besteht)
H341	Kann vermutlich genetische Defekte verursachen (Expositionsweg angeben, sofern schlüssig belegt ist, dass diese Gefahr bei keinem anderen Expositionsweg besteht)
H350	Kann Krebs erzeugen (Expositionsweg angeben, sofern schlüssig belegt ist, dass diese Gefahr bei keinem anderen Expositionsweg besteht)
H350i	Kann bei Einatmen Krebs erzeugen
H351	Kann vermutlich Krebs erzeugen (Expositionsweg angeben, sofern schlüssig belegt ist, dass diese Gefahr bei keinem anderen Expositionsweg besteht)
H360	Kann die Fruchtbarkeit beeinträchtigen oder das Kind im Mutterleib schädigen (konkrete Wirkung angeben, sofern bekannt). (Expositionsweg angeben, sofern schlüssig belegt ist, dass die Gefährdung bei keinem anderen Expositionsweg besteht)
H360D	Kann das Kind im Mutterleib schädigen
H360Df	Kann die Fruchtbarkeit beeinträchtigen. Kann vermutlich das Kind im Mutterleib schädigen
H360F	Kann die Fruchtbarkeit beeinträchtigen
H360FD	Kann die Fruchtbarkeit beeinträchtigen. Kann das Kind im Mutterleib schädigen
H360Fd	Kann die Fruchtbarkeit beeinträchtigen. Kann vermutlich das Kind im Mutterleib schädigen

Tab. 21.15 (Fortsetzung)

Code	Gefahrenhinweis
H361	Kann vermutlich die Fruchtbarkeit beeinträchtigen oder das Kind im Mutterleib schädigen (konkrete Wirkung angeben, sofern bekannt). (Expositionsweg angeben, sofern schlüssig belegt ist, dass die Gefährdung bei keinem anderen Expositionsweg besteht)
H361d	Kann vermutlich das Kind im Mutterleib schädigen
H361f	Kann vermutlich die Fruchtbarkeit beeinträchtigen
H361 fd	Kann vermutlich die Fruchtbarkeit beeinträchtigen. Kann vermutlich das Kind im Mutterleib schädigen
H362	Kann Säuglinge über die Muttermilch schädigen
H370	Schädigt die Organe (oder alle Organe nennen, sofern bekannt). (Expositionsweg angeben, sofern schlüssig belegt ist, dass diese Gefahr bei keinem anderen Expositionsweg besteht)
H371	Kann die Organe schädigen (oder alle betroffenen Organe nennen, sofern bekannt). (Expositionsweg angeben, sofern schlüssig belegt ist, dass diese Gefahr bei keinem anderen Expositionsweg besteht)
H372	Schädigt die Organe (alle betroffenen Organe nennen) bei längerer oder wiederholter Exposition. (Expositionsweg angeben, wenn schlüssig belegt ist, dass diese Gefahr bei keinem anderen Expositionsweg besteht)
H373	Sehr giftig für Wasserorganismen
H300 + H310	Lebensgefahr bei Verschlucken oder Hautkontakt
H300 + H330	Lebensgefahr bei Verschlucken oder Einatmen
H310 + H330	Lebensgefahr bei Hautkontakt oder Einatmen
H300 + H310 + H330	Lebensgefahr bei Verschlucken, Hautkontakt oder Einatmen
H301 + H311	Giftig bei Verschlucken oder Hautkontakt
H301 + H331	Giftig bei Verschlucken oder Einatmen
H311 + H331	Giftig bei Hautkontakt oder Einatmen
H301 + H311 + H331	Giftig bei Verschlucken, Hautkontakt oder Einatmen
H302 + H312	Gesundheitsschädlich bei Verschlucken oder Hautkontakt
H302 + H332	Gesundheitsschädlich bei Verschlucken oder Einatmen
H312 + H332	Gesundheitsschädlich bei Hautkontakt oder Einatmen
H302 + H312 + H332	Gesundheitsschädlich bei Verschlucken, Hautkontakt oder Einatmen

Tab. 21.16 Umweltgefahren

Code	Gefahrenhinweis
H400	Sehr giftig für Wasserorganismen
H410	Sehr giftig für Wasserorganismen mit langfristiger Wirkung
H411	Giftig für Wasserorganismen, mit langfristiger Wirkung
H412	Schädlich für Wasserorganismen, mit langfristiger Wirkung
H413	Kann für Wasserorganismen schädlich sein, mit langfristiger Wirkung
H420	Schädigt die öffentliche Gesundheit und die Umwelt durch Ozonabbau in der äußeren Atmosphäre

Ergänzende Gefahrenhinweise für die Europäische Union (EU)

Für die Europäische Union werden Gefahrenhinweise verwendet, die zusätzlich die international vereinbarten H-Sätze ergänzen. Sie werden durch die vorangestellten Buchstaben *EU* gekennzeichnet (Tab. 21.17).

Tab. 21.17 EU-Gefahrenhinweise

Code	Gefahrenhinweis
EUH001	In trockenem Zustand explosionsgefährlich
EUH014	Reagiert heftig mit Wasser
EUH018	Kann bei Verwendung explosionsfähige/entzündbare Dampf/Luft-Gemische bilden
EUH019	Kann explosionsfähige Peroxide bilden
EUH029	Entwickelt bei Berührung mit Wasser giftige Gase
EUH031	Entwickelt bei Berührung mit Säure giftige Gase
EUH032	Entwickelt bei Berührung mit Säure sehr giftige Gase
EUH044	Explosionsgefahr bei Erhitzen unter Einschluss
EUH066	Wiederholter Kontakt kann zu spröder oder rissiger Haut führen
EUH070	Giftig bei Berührung mit den Augen
EUH071	Wirkt ätzend auf die Atemwege
EUH201	Achtung! Enthält Blei. Nicht für den Anstrich von Gegenständen verwenden, die von Kindern gekaut oder gelutscht werden könnten
EUH201A	Bei Verpackungen mit einem Inhalt von weniger als 125 L kann der Hinweis wie folgt lauten: Achtung! Enthält Blei
EUH202	Cyanacrylat. Gefahr. Klebt innerhalb von Sekunden Haut und Augenlieder zusammen. Darf nicht in die Hände von Kindern gelangen
EUH203	Enthält Chrom(VI). Kann allergische Reaktionen hervorrufen
EUH204	Enthält Isocyanate. Kann allergische Reaktionen hervorrufen
EUH205	Enthält epoxidhaltige Verbindungen. Kann allergische Reaktionen hervorrufen
EUH206	Achtung! Nicht zusammen mit anderen Produkten verwenden, da gefährliche Gase (Chlor) freigesetzt werden können
EUH207	Achtung! Enthält Cadmium. Bei Verwendung entstehen gefährliche Dämpfe. Hinweise des Herstellers beachten. Sicherheitsanweisungen einhalten
EUH208	Enthält <Name des sensibilisierenden Stoffes>. Kann allergische Reaktionen hervorrufen
EUH209 **209A**	Kann bei Verwendung leicht entzündbar werden oder kann bei Verwendung entzündbar werden
EUH210	Sicherheitsdatenblatt auf Anfrage erhältlich
EUH401	Zur Vermeidung von Risiken für Mensch und Umwelt die Gebrauchsanleitung einhalten

21.3.12 Gefahrenpiktogramme

Nummer des Gefahren-piktogramms	Gefahrenbeschreibung	Symbol des Gefahren-piktogramms	Abkürzung (nicht offiziell)
GHS 01	explodierende Bombe		Explosiv
GHS 02	Flamme		Entzündbar
GHS 03	Flamme über einem Kreis		Oxidierend
GHS 04	Gasflasche		Gas unter Druck
GHS 05	Ätzwirkung		Korrosiv
GHS 06	Totenkopf mit gekreuzten Knochen		Akute Toxizität
GHS 07	Ausrufezeichen		Gesundheits-gefahr
GHS 08	Gesundheitsgefahr		Ernste Gesund-heitsgefahr
GHS 09	Umwelt		Umweltge-fährlich

Abb. 21.18 Übersicht Gefahrenpiktogramme

Die Gefahrenpiktogramme orientieren sich an den Gefahrgutsymbolen. Der folgende Überblick (Abb. 21.18) fasst die Nummer des Gefahrenpiktogramms, Beschreibung der Gefahr und Symbolik des Gefahrenpiktogramms zusammen. Zusätzlich ist eine – nicht offizielle Abkürzung – für die Gefahr aufgeführt. Sie knüpft an die alte Gefahrensymbolik an und ist leichter zu handhaben als die reinen GHS-Nummern.

21.4 Aufgaben für die Praxis

- Welche grundsätzlichen Maßnahmen sind zum Schutz von Mitarbeitern beim Umgang mit Gefahrstoffen zu beachten?
- Welche allgemeinen und zusätzlichen Schutzmaßnahmen werden gefordert?
- Wie werden die Anforderungen an Schutzmaßnahmen in ihrem Unternehmen erfüllt?
- Welche cancerogene, mutagene und reproduktionstoxische Stoffe (CMR-Stoffe) setzen Sie in ihrem Unternehmen ein?
- Welche besonderen Schutzmaßnahmen werden im Umgang mit CMR-Stoffen ergriffen?
- Welche besonderen Schutzmaßnahmen sind bei Brand- und Explosionsgefährdungen zu ergreifen?
- Welche vorbeugenden Schutzmaßnahmen haben Sie für Betriebsstörungen oder Notfälle ergriffen?
- Wie werden die Mitarbeiter im Umgang mit Gefahrstoffen unterwiesen?
- Über welche Ausbildung, Berufserfahrung und Kompetenzen verfügen die Mitarbeiter im Umgang mit Gefahrstoffen?
- Welche Anforderungen stellen Sie an das Gefahrstoffverzeichnis ihres Unternehmens?
- Wie ist die Zusammenarbeit mit Fremdfirmen, Dienstleistern, Lieferanten, etc. im Gefahrstoffbereich geregelt?
- Welche grundsätzlichen Anforderungen stellt das Globally Harmonized System (GHS) an die Bewertung und Einstufung von Gefahrstoffen?
- Erläutern Sie die neuen Anforderungen an die Gefahrenkommunikation nach GHS.
- Vergleichen Sie die GHS-Kennzeichnungen mit dem Gefahrgutsektor.
- Wie sind Stoffe, von denen physikalische Gefahren ausgehen, nach GHS einzustufen und zu kennzeichnen?
- Wie sind Gesundheitsgefahren nach GHS einzustufen und zu kennzeichnen?
- Wie sind Umweltgefahren nach GHS einzustufen und zu kennzeichnen?
- Erläutern Sie Struktur und Aufbau der H- und P-Sätze.
- Erläutern Sie beispielhaft die Zuordnung der Gefahrensymbole zu Gefahrenklassen und -kategorien.
- Wie ist Ihr Unternehmen als nachgeschalteter Anwender von diesen Regelungen betroffen?

Weiterführende Literatur

21.1. *ArbMedVV – Verordnung zur arbeitsmedizinischen Vorsorge,* **15.11.2016**

21.2. Bannert, P.; Michels, P.; *Lufttechnische Maßnahmen zum Schutz der Beschäftigten,* HLH, Bd. 56, **2005**, Heft 11, 85–90

21.3. Baths, H; *Sicherheit bei brennbaren Stoffen,* Forkel, **2004**, 3-7719-0996-1

21.4. *Bekanntmachung 910 – Risikowerte und Expositions-Risiko-Beziehungen für Tätigkeiten mit krebserzeugenden Gefahrstoffen,* **04.08.2010**

21.5. *BekGS 408 – Anwendung der GefStoffV und TRGS mit dem Inkrafttreten der CLP-Verordnung,* **27.01.2010**

21.6. Bender, H., *Das Gefahrstoffbuch,* Wiley-VCH, **2008**, 978-3-527-32067-7

21.7. Birett, K.; *Umgang mit Gefahrstoffen,* ecomed, **2008**, 978-3-609-66088-2

21.8. Bundesanstalt für Arbeitsschutz und Arbeitsmedizin (BAuA); *Einfaches Maßnahmenkonzept Gefahrstoffe,* **November 2014**

21.9. Bundesamt für Arbeitsschutz und Arbeitsmedizin (BAuA); *REACH-Info 5: Rechte und Pflichten des nachgeschalteten Anwenders unter REACH,* **2012**, 978-3-88261-707-8

21.10. *ChemG – Chemikaliengesetz; Gesetz zum Schutz vor gefährlichen Stoffen,* **08.07.2016**

21.11. Deutsche Forschungsgemeinschaft (Hrsg.); *Erfolgreiche Konzepte der Gefahrstoffbewertung,* Wiley-VCH, **2009**, 978-3-527-32107-0

21.12. Deutsche Gesetzliche Unfallversicherung (DGUV); *IFA-Handbuch Sicherheit und Gesundheitsschutz am Arbeitsplatz,* Erich Schmidt, **2015**, 978-3-503-13083-2

21.13. *DIN 2403, Kennzeichnung von Rohrleitungen nach dem Durchflussstoff,* Beuth, **Juni 2014**

21.14. European Chemicals Agency (ECHA); *2014 CMR Report,* **2015**, 978-92-9247-095-1

21.15. European Chemicals Agency (ECHA); *Guidance on the Application of the CLP Criteria,* **June 2015**

21.16. European Chemicals Agency (ECHA); *Leitlinien für nachgeschaltete Anwender,* **Oktober 2014**

21.17. European Chemicals Agency (ECHA); *Leitlinien zur Identifizierung und Bezeichnung von Stoffen gemäß REACH und CLP,* **Februar 2014**

21.18. *GefStoffV – Gefahrstoffverordnung; Verordnung zum Schutz vor Gefahrstoffen,* **15.11.2016**

21.19. *JArbSchG – Jugendarbeitsschutzgesetz; Gesetz zum Schutze der arbeitenden Jugend,* **11.11.2016**

21.20. Jochum, Ch.; Lange, D.; *Modelllösungen für eine gute betriebliche Praxis bei Tätigkeiten mit Gefahrstoffen in Klein- und Mittelunternehmen der chemischen Industrie,* Bundesanstalt für Arbeitsschutz und Arbeitsmedizin (BAuA), **2005**

21.21. Kalberlah, F. et al., *Kanzinogene, mutagene, reproduktionstoxische (CMR) und andere problematische Stoffe in Produkten,* Umweltbundesamt, Texte 18/2011, **2011**

21.22 Kühn, R.; Birett, K., *Merkblätter Gefährliche Arbeitsstoffe*, ecomed, **2002**, 3-609-74000-0

21.23. *MuSchRiV – Mutterschutzrichtlinienverordnung; Verordnung zum Schutz der Mütter am Arbeitsplatz,* **26.11.2010**

21.24. Oettershagen, U., *GESTIS-Stoffdatenbank, Hauptverband der gewerblichen Berufsgenossenschaft,* **2001**, 3-88383-594-3

21.25. Roth, L; *Gemische – Einstufen und Kennzeichnen nach GHS,* ecomed, **2015**, 978-3-609-65196-5

21.26. Sohn, D.; Au, M. (Hrsg.); *Betriebliches Gefahrstoffmanagement,* Erich Schmidt, **2013**, 978-3-503-13055-9

21.27. Umweltbundesamt (UBA); *Das neue Einstufungs- und Kennzeichnungssystem für Chemikalien nach GHS,* **November 2013**

21.28. United Nations; *Globally Harmonized System of Classification and Labelling of Chemicals (GHS),* **2013**, 978-92-1-117067-2

21.29. *Verordnung (EG) Nr. 1907/2006 des Europäischen Parlaments und des Rates vom 18. Dezember 2006 zur Registrierung, Bewertung, Zulassung und Beschränkung chemischer Stoffe (REACH), zur Schaffung einer Europäischen Chemikalienagentur, zur Änderung der Richtlinie 1999/45/EG und zur Aufhebung der Verordnung (EWG) Nr. 793/93 des Rates, der Verordnung (EG) Nr. 1488/94 der Kommission, der Richtlinie 76/769/EWG des Rates sowie der Richtlinie 91/155/EWG, 93/67/EWG, 93/105/EWG und 2000/21/EG der Kommission (REACH-Verordnung),* **10.02.2017**

21.30. *Verordnung (EG) Nr. 1272/2008 des Europäischen Parlaments und des Rates vom 16. Dezember 2008 über die Einstufung, Kennzeichnung und Verpackung von Stoffen und Gemischen, zur Änderung und Aufhebung der Richtlinie 67/548/EWG und 1999/45/EG und zur Änderung der Verordnung (EG) Nr. 1907/2006 (CLP-Verordnung oder GHS-Verordnung),* **20.07.2016**

21.31. Welzbacher, U.; *GHS-Verordnung, Erich Schmidt,* **2009**, 978-3-503-10669-1

Boden und Altlasten 22

22.1 Bundesbodenschutzgesetz (BBodSchG)

Zweck und Grundsätze des Gesetzes (§ 1)
Zweck dieses Gesetzes ist es, nachhaltig die Funktionen des Bodens zu sichern oder wiederherzustellen. Hierzu sind schädliche Bodenveränderungen abzuwehren, der Boden und Altlasten sowie hierdurch verursachte Gewässerverunreinigungen zu sanieren und Vorsorge gegen nachteilige Einwirkungen auf den Boden zu treffen. Bei Einwirkungen auf den Boden sollen Beeinträchtigungen seiner natürlichen Funktionen sowie seiner Funktion als Archiv der Natur- und Kulturgeschichte so weit wie möglich vermieden werden.

Pflichten zur Gefahrenabwehr (§ 4)
Jeder, der auf den Boden einwirkt, hat sich so zu verhalten, dass schädliche Bodenveränderungen nicht hervorgerufen werden. Der Grundstückseigentümer und der Inhaber der tatsächlichen Gewalt über ein Grundstück sind verpflichtet, Maßnahmen zur Abwehr der von ihrem Grundstück drohenden schädlichen Bodenveränderungen zu ergreifen.

Der Verursacher einer schädlichen Bodenveränderung oder Altlast sowie dessen Gesamtrechtsnachfolger, der Grundstückseigentümer und der Inhaber der tatsächlichen Gewalt über ein Grundstück sind verpflichtet, den Boden und Altlasten sowie durch schädliche Bodenveränderungen oder Altlasten verursachte Verunreinigungen von Gewässern so zu sanieren, dass dauerhaft keine Gefahren, erheblichen Nachteile oder erheblichen Belästigungen für den einzelnen oder die Allgemeinheit entstehen. Hierzu kommen bei Belastungen durch Schadstoffe neben Dekontaminations- auch Sicherungsmaßnahmen in Betracht, die eine Ausbreitung der Schadstoffe langfristig verhindern. Soweit dies nicht möglich oder unzumutbar ist, sind sonstige Schutz- und Beschränkungsmaßnahmen durchzuführen. Zur Sanierung ist auch verpflichtet, wer aus handelsrechtlichem oder gesellschaftsrechtlichem Rechtsgrund für eine juristische Person einzustehen hat, der ein Grundstück, das mit einer schädlichen Bodenveränderung oder einer Altlast belastet ist, gehört, und wer das Eigentum an einem solchen Grundstück aufgibt.

G. Förtsch und H. Meinholz, *Handbuch Betriebliches Umweltmanagement*,
https://doi.org/10.1007/978-3-658-19151-1_22

Sind schädliche Bodenveränderungen oder Altlasten nach dem 1. März 1999 eingetreten, sind Schadstoffe zu beseitigen, soweit dies im Hinblick auf die Vorbelastung des Bodens verhältnis-mäßig ist. Dies gilt für denjenigen nicht, der zum Zeitpunkt der Verursachung aufgrund der Erfüllung der für ihn geltenden gesetzlichen Anforderungen darauf vertraut hat, dass solche Beeinträchtigungen nicht entstehen werden, und sein Vertrauen unter Berücksichtigung der Umstände des Einzelfalls schutzwürdig ist.

Der frühere Eigentümer eines Grundstücks ist zur Sanierung verpflichtet, wenn er sein Eigentum nach dem 1. März 1999 übertragen hat und die schädliche Bodenveränderung oder Altlast hierbei kannte oder kennen musste. Dies gilt für denjenigen nicht, der beim Erwerb des Grundstücks darauf vertraut hat, dass schädliche Bodenveränderungen oder Altlasten nicht vorhanden sind, und sein Vertrauen unter Berücksichtigung der Umstände des Einzelfalls schutzwürdig ist.

Werte und Anforderungen (§ 8)
Die Bundesregierung wird ermächtigt, Vorschriften über die Erfüllung der sich aus § 4 BBodSchG ergebenden boden- und altlastenbezogenen Pflichten sowie die Untersuchung und Bewertung von Verdachtsflächen, schädlichen Bodenveränderungen, altlastverdächtigen Flächen und Altlasten zu erlassen. Hierbei können insbesondere Werte, bei deren Überschreiten unter Berücksichtigung der Bodennutzung eine einzelfallbezogene Prüfung durchzuführen und festzustellen ist, ob eine schädliche Bodenveränderung oder Altlast vorliegt (Prüfwerte), Werte für Einwirkungen oder Belastungen, bei deren Überschreiten unter Berücksichtigung der jeweiligen Bodennutzung in der Regel von einer schädlichen Bodenveränderung oder Altlast auszugehen ist und Maßnahmen erforderlich sind (Maßnahmenwerte), Anforderungen an die Abwehr schädlicher Bodenveränderungen; hierzu gehören auch Anforderungen an den Umgang mit ausgehobenem, abgeschobenem und behandeltem Bodenmaterial, die Sanierung des Bodens und von Altlasten, insbesondere an die Bestimmung des zu erreichenden Sanierungsziels, den Umfang von Dekontaminations- und Sicherungsmaßnahmen, die langfristig eine Ausbreitung von Schadstoffen verhindern, sowie Schutz- und Beschränkungsmaßnahmen festgelegt werden.

Die Bundesregierung wird ermächtigt, zur Erfüllung der sich aus § 7 BBodSchG ergebenden Pflichten sowie zur Festlegung von Anforderungen an die damit verbundene Untersuchung und Bewertung von Flächen mit der Besorgnis einer schädlichen Bodenveränderung Vorschriften zu erlassen, insbesondere über Bodenwerte, bei deren Überschreiten unter Berücksichtigung von geogenen oder großflächig siedlungsbedingten Schadstoffgehalten in der Regel davon auszugehen ist, dass die Besorgnis einer schädlichen Bodenveränderung besteht (Vorsorgewerte), zulässige Zusatzbelastungen und Anforderungen zur Vermeidung oder Verminderung von Stoffeinträgen.

Gefährdungsabschätzung und Untersuchungsanordnungen (§ 9)
Liegen der zuständigen Behörde Anhaltspunkte dafür vor, dass eine schädliche Bodenveränderung oder Altlast vorliegt, so soll sie zur Ermittlung des Sachverhalts die geeigneten Maßnahmen ergreifen. Werden die in einer Rechtsverordnung nach § 8 BBodSchG festge-

setzten Prüfwerte überschritten, soll die zuständige Behörde die notwendigen Maßnahmen treffen, um festzustellen, ob eine schädliche Bodenveränderung oder Altlast vorliegt. Im Rahmen der Untersuchung und Bewertung sind insbesondere Art und Konzentration der Schadstoffe, die Möglichkeit ihrer Ausbreitung in die Umwelt und ihrer Aufnahme durch Menschen, Tiere und Pflanzen sowie die Nutzung des Grundstücks nach § 4 BBodSchG zu berücksichtigen. Der Grundstückseigentümer und, wenn dieser bekannt ist, auch der Inhaber der tatsächlichen Gewalt sind über die getroffenen Feststellungen und über die Ergebnisse der Bewertung auf Antrag schriftlich zu unterrichten.

Besteht aufgrund konkreter Anhaltspunkte der hinreichende Verdacht einer schädlichen Bodenveränderung oder einer Altlast, kann die zuständige Behörde anordnen, dass die in § 4 BBodSchG genannten Personen die notwendigen Untersuchungen zur Gefährdungsabschätzung durchzuführen haben. Die zuständige Behörde kann verlangen, dass Untersuchungen von Sachverständigen oder Untersuchungsstellen nach § 18 BBodSchG durchgeführt werden.

22

Information der Betroffenen (§ 12)
Die nach § 9 BBodSchG zur Untersuchung der Altlast und die nach § 4 BBodSchG zur Sanierung der Altlast Verpflichteten haben die Eigentümer der betroffenen Grundstücke, die sonstigen betroffenen Nutzungsberechtigten und die betroffene Nachbarschaft (Betroffenen) von der bevorstehenden Durchführung der geplanten Maßnahmen zu informieren. Die zur Beurteilung der Maßnahmen wesentlichen vorhandenen Unterlagen sind zur Einsichtnahme zur Verfügung zu stellen. Enthalten Unterlagen Geschäfts- oder Betriebsgeheimnisse, muss ihr Inhalt, soweit es ohne Preisgabe des Geheimnisses geschehen kann, so ausführlich dargestellt sein, dass es den Betroffenen möglich ist, die Auswirkungen der Maßnahmen auf ihre Belange zu beurteilen.

Sanierungsuntersuchungen und Sanierungsplanung (§ 13)
Bei Altlasten, bei denen wegen der Verschiedenartigkeit der nach § 4 BBodSchG erforderlichen Maßnahmen ein abgestimmtes Vorgehen notwendig ist oder von denen aufgrund von Art, Ausbreitung oder Menge der Schadstoffe in besonderem Maße schädliche Bodenveränderungen oder sonstige Gefahren für den einzelnen oder die Allgemeinheit ausgehen, soll die zuständige Behörde von einem nach § 4 Abs. BBodSchG zur Sanierung Verpflichteten die notwendigen Untersuchungen zur Entscheidung über Art und Umfang der erforderlichen Maßnahmen (Sanierungsuntersuchungen) sowie die Vorlage eines Sanierungsplans verlangen, der insbesondere:

- eine Zusammenfassung der Gefährdungsabschätzung und der Sanierungsuntersuchungen,
- Angaben über die bisherige und künftige Nutzung der zu sanierenden Grundstücke,
- die Darstellung des Sanierungsziels und die hierzu erforderlichen Dekontaminations-, Sicherungs-, Schutz-, Beschränkungs- und Eigenkontrollmaßnahmen sowie die zeitliche Durchführung dieser Maßnahmen

enthält. Die Bundesregierung wird ermächtigt, Vorschriften über die Anforderungen an Sanierungsuntersuchungen sowie den Inhalt von Sanierungsplänen zu erlassen. Die zuständige Behörde kann verlangen, dass die Sanierungsuntersuchungen sowie der Sanierungsplan von einem Sachverständigen nach § 18 BBodSchG erstellt werden. Mit dem Sanierungsplan kann der Entwurf eines Sanierungsvertrags über die Ausführung des Plans vorgelegt werden, der die Einbeziehung Dritter vorsehen kann.

Die zuständige Behörde kann den Plan, auch unter Abänderungen oder mit Nebenbestimmungen, für verbindlich erklären. Ein für verbindlich erklärter Plan schließt andere die Sanierung betreffende behördliche Entscheidungen mit Ausnahme von Zulassungsentscheidungen für Vorhaben, die nach § 3 in Verbindung mit der Anlage zu § 3 BBodSchG des Gesetzes über die Umweltverträglichkeitsprüfung oder Kraft Landesrechts einer Umweltverträglichkeitsprüfung unterliegen, mit ein, soweit sie im Einvernehmen mit der jeweils zuständigen Behörde erlassen und in dem für verbindlich erklärten Plan die mit eingeschlossenen Entscheidungen aufgeführt werden.

Behördliche Überwachung, Eigenkontrolle (§ 15)
Altlasten und altlastverdächtige Flächen unterliegen, soweit erforderlich, der Überwachung durch die zuständige Behörde. Bei Altstandorten und Altablagerungen bleibt die Wirksamkeit von behördlichen Zulassungsentscheidungen sowie von nachträglichen Anordnungen durch die Anwendung dieses Gesetzes unberührt.

Liegt eine Altlast vor, so kann die zuständige Behörde von dem nach § 4 BBodSchG Verpflichteten, soweit erforderlich, die Durchführung von Eigenkontrollmaßnahmen, insbesondere Boden- und Wasseruntersuchungen, sowie die Einrichtung und den Betrieb von Messstellen verlangen. Die Ergebnisse der Eigenkontrollmaßnahmen sind aufzuzeichnen und fünf Jahre lang aufzubewahren. Die zuständige Behörde kann eine längerfristige Aufbewahrung anordnen, soweit dies im Einzelfall erforderlich ist. Die zuständige Behörde kann Eigenkontrollmaßnahmen auch nach Durchführung von Dekontaminations-, Sicherungs- und Beschränkungsmaßnahmen anordnen. Sie kann verlangen, dass die Eigenkontrollmaßnahmen von einem Sachverständigen nach § 18 BBodSchG durchgeführt werden.

Die Ergebnisse der Eigenkontrollmaßnahmen sind von dem nach § 4 BBodSchG Verpflichteten der zuständigen Behörde auf Verlangen mitzuteilen. Sie hat diese Aufzeichnungen und die Ergebnisse ihrer Überwachungsmaßnahmen fünf Jahre lang aufzubewahren.

Sachverständige und Untersuchungsstellen (§ 18)
Sachverständige und Untersuchungsstellen, die Aufgaben nach diesem Gesetz wahrnehmen, müssen die für diese Aufgaben erforderliche Sachkunde und Zuverlässigkeit besitzen sowie über die erforderliche gerätetechnische Ausstattung verfügen. Die Länder können Einzelheiten der an Sachverständige und Untersuchungsstellen zu stellenden Anforderungen, Art und Umfang der von ihnen wahrzunehmenden Aufgaben, die Vorlage der Ergebnisse ihrer Tätigkeit und die Bekanntgabe von Sachverständigen, regeln.

Landesrechtliche Regelungen (§ 21)
Die Länder können bestimmen, dass über die altlastverdächtigen Flächen und Altlasten hinaus bestimmte Verdachtsflächen von der zuständigen Behörde zu erfassen und von den Verpflichteten der zuständigen Behörde mitzuteilen sind sowie, dass bei schädlichen Bodenveränderungen, von denen aufgrund von Art, Ausbreitung oder Menge der Schadstoffe in besonderem Maße Gefahren, erhebliche Nachteile oder erhebliche Belästigungen für den einzelnen oder die Allgemeinheit ausgehen, Sanierungsuntersuchungen sowie die Erstellung von Sanierungsplänen und die Durchführung von Eigenkontrollmaßnahmen verlangt werden können. Die Länder können darüber hinaus Gebiete, in denen flächenhaft schädliche Bodenveränderungen auftreten oder zu erwarten sind, und die dort zu ergreifenden Maßnahmen bestimmen sowie weitere Regelungen über gebietsbezogene Maßnahmen des Bodenschutzes treffen.

22.2 Bodenschutz- und Altlastenverordnung (BBodSchV)

Anwendungsbereich (§ 1)
Diese Verordnung gilt für:

- die Untersuchung und Bewertung von Verdachtsflächen, altlastverdächtigen Flächen, schädlichen Bodenveränderungen und Altlasten sowie für die Anforderungen an die Probennahme, Analytik und Qualitätssicherung,
- Anforderungen an die Gefahrenabwehr durch Dekontaminations- und Sicherungsmaßnahmen sowie durch sonstige Schutz- und Beschränkungsmaßnahmen,
- ergänzende Anforderungen an Sanierungsuntersuchungen und Sanierungspläne bei bestimmten Altlasten,
- Anforderungen zur Vorsorge gegen das Entstehen schädlicher Bodenveränderungen nach § 7 des Bundes-Bodenschutzgesetzes einschließlich der Anforderungen an das Auf- und Einbringen von Materialien nach § 6 des Bundes-Bodenschutzgesetzes,
- die Festlegung von Prüf- und Maßnahmenwerten sowie von Vorsorgewerten einschließlich der zulässigen Zusatzbelastung nach § 8 des Bundes-Bodenschutzgesetzes.

Untersuchung (§ 3)
Anhaltspunkte für das Vorliegen einer Altlast bestehen bei einem Altstandort insbesondere, wenn auf Grundstücken über einen längeren Zeitraum oder in erheblicher Menge mit Schadstoffen umgegangen wurde und die jeweilige Betriebs-, Bewirtschaftungs- oder Verfahrensweise oder Störungen des bestimmungsgemäßen Betriebs nicht unerhebliche Einträge solcher Stoffe in den Boden vermuten lassen. Bei Altablagerungen sind diese Anhaltspunkte insbesondere dann gegeben, wenn die Art des Betriebs oder der Zeitpunkt der Stilllegung den Verdacht nahe legen, dass Abfälle nicht sachgerecht behandelt, gelagert oder abgelagert wurden. Anhaltspunkte für das Vorliegen einer schädlichen Bodenveränderung ergeben sich insbesondere durch allgemeine oder konkrete Hinweise auf:

- den Eintrag von Schadstoffen über einen längeren Zeitraum und in erheblicher Menge über die Luft oder Gewässer oder durch eine Aufbringung erheblicher Frachten an Abfällen oder Abwässer auf Böden,
- eine erhebliche Freisetzung naturbedingt erhöhter Gehalte an Schadstoffen in Böden,
- erhöhte Schadstoffgehalte in Nahrungs- oder Futterpflanzen am Standort,
- das Austreten von Wasser mit erheblichen Frachten an Schadstoffen aus Böden oder Altablagerungen,
- erhebliche Bodenabträge und -ablagerungen durch Wasser oder Wind.

Liegen Anhaltspunkte vor, soll die Verdachtsfläche oder altlastverdächtige Fläche nach der Erfassung zunächst einer orientierenden Untersuchung unterzogen werden.

Konkrete Anhaltspunkte, die den hinreichenden Verdacht einer schädlichen Bodenveränderung oder Altlast begründen, liegen in der Regel vor, wenn Untersuchungen eine Überschreitung von Prüfwerten ergeben oder wenn aufgrund einer Bewertung nach § 4 BBodSchV eine Überschreitung von Prüfwerten zu erwarten ist. Besteht ein hinreichender Verdacht soll eine Detailuntersuchung durchgeführt werden.

Bei Detailuntersuchungen soll auch festgestellt werden, ob sich aus räumlich begrenzten Anreicherungen von Schadstoffen innerhalb einer Verdachtsfläche oder altlastverdächtigen Fläche Gefahren ergeben und ob und wie eine Abgrenzung von nicht belasteten Flächen geboten ist. Von einer Detailuntersuchung kann abgesehen werden, wenn die von schädlichen Bodenveränderungen oder Altlasten ausgehenden Gefahren, erheblichen Nachteile oder erheblichen Belästigungen nach Feststellung der zuständigen Behörde mit einfachen Mitteln abgewehrt oder sonst beseitigt werden können.

Soweit aufgrund der örtlichen Gegebenheiten oder nach den Ergebnissen von Bodenluftuntersuchungen Anhaltspunkte für die Ausbreitung von flüchtigen Schadstoffen aus einer Verdachtsfläche oder altlastverdächtigen Fläche in Gebäude bestehen, soll eine Untersuchung der Innenraumluft erfolgen.

Bewertung (§ 4)
Liegen der Gehalt oder die Konzentration eines Schadstoffs unterhalb des jeweiligen Prüfwerts, ist insoweit der Verdacht einer schädlichen Bodenveränderung oder Altlast ausgeräumt. Wird ein Prüfwert am Ort der Probennahmen überschritten, ist im Einzelfall zu ermitteln, ob die Schadstoffkonzentration im Sickerwasser am Ort der Beurteilung den Prüfwert übersteigt. Maßnahmen im Sinne des § 2 des Bundes-Bodenschutzgesetzes können bereits dann erforderlich sein, wenn im Einzelfall alle bei der Ableitung eines Prüfwerts angenommenen ungünstigen Umstände zusammentreffen und der Gehalt oder die Konzentration eines Schadstoffs geringfügig oberhalb des jeweiligen Prüfwerts liegt.

Zur Bewertung der von Verdachtsflächen oder altlastverdächtigen Flächen ausgehenden Gefahren für das Grundwasser ist eine Sickerwasserprognose zu erstellen. Wird eine Sickerwasserprognose auf Untersuchungen gestützt, ist im Einzelfall insbesondere abzuschätzen und zu bewerten, inwieweit zu erwarten ist, dass die Schadstoffkonzentration im Sickerwasser den Prüfwert am Ort der Beurteilung überschreitet.

Die Ergebnisse der Detailuntersuchung sind nach dieser Verordnung unter Beachtung der Gegebenheiten des Einzelfalls, insbesondere auch anhand von Maßnahmenwerten, daraufhin zu bewerten, inwieweit Maßnahmen nach § 2 des Bundes-Bodenschutzgesetzes erforderlich sind.

Liegen im Einzelfall Erkenntnisse aus Grundwasseruntersuchungen vor, sind diese bei der Bewertung im Hinblick auf Schadstoffeinträge in das Grundwasser zu berücksichtigen. Wenn erhöhte Schadstoffkonzentrationen im Sickerwasser oder andere Schadstoffausträge auf Dauer nur geringe Schadstofffrachten und nur lokal begrenzt erhöhte Schadstoffkonzentrationen in Gewässern erwarten lassen, ist dieser Sachverhalt bei der Prüfung der Verhältnismäßigkeit von Untersuchungs- und Sanierungsmaßnahmen zu berücksichtigen. Wasserrechtliche Vorschriften bleiben unberührt.

Eine schädliche Bodenveränderung besteht nicht bei Böden mit naturbedingt erhöhten Gehalten an Schadstoffen allein aufgrund dieser Gehalte, soweit diese Stoffe nicht durch Einwirkungen auf den Boden in erheblichem Umfang freigesetzt wurden oder werden. Bei Böden mit großflächig siedlungsbedingt erhöhten Schadstoffgehalten kann ein Vergleich dieser Gehalte mit den im Einzelfall ermittelten Schadstoffgehalten in die Gefahrenbeurteilung einbezogen werden.

22

Sanierungsmaßnahmen, Schutz- und Beschränkungsmaßnahmen (§ 5)
Dekontaminationsmaßnahmen sind zur Sanierung geeignet, wenn sie auf technisch und wirtschaftlich durchführbaren Verfahren beruhen, die ihre praktische Eignung zur umweltverträglichen Beseitigung oder Verminderung der Schadstoffe gesichert erscheinen lassen. Dabei sind auch die Folgen des Eingriffs insbesondere für Böden und Gewässer zu berücksichtigen. Nach Abschluss einer Dekontaminationsmaßnahme ist das Erreichen des Sanierungsziels gegenüber der zuständigen Behörde zu belegen.

Sicherungsmaßnahmen sind zur Sanierung geeignet, wenn sie gewährleisten, dass durch die im Boden oder in Altlasten verbleibenden Schadstoffe dauerhaft keine Gefahren, erheblichen Nachteile oder erheblichen Belästigungen für den einzelnen oder die Allgemeinheit entstehen. Hierbei ist das Gefahrenpotenzial der im Boden verbleibenden Schadstoffe und deren Umwandlungsprodukte zu berücksichtigen. Die Wirksamkeit von Sicherungsmaßnahmen ist gegenüber der zuständigen Behörde zu belegen und dauerhaft zu überwachen. Als Sicherungsmaßnahme kommt auch eine geeignete Abdeckung schädlich veränderter Böden oder Altlasten mit einer Bodenschicht oder eine Versiegelung in Betracht.

Soll abgeschobenes, ausgehobenes oder behandeltes Material im Rahmen der Sanierung im Bereich derselben schädlichen Bodenveränderung oder Altlast oder innerhalb des Gebiets eines für verbindlich erklärten Sanierungsplans wieder auf- oder eingebracht oder umgelagert werden, sind die Anforderungen nach § 4 des Bundes-Bodenschutzgesetzes zu erfüllen.

Sanierungsuntersuchung und Sanierungsplanung (§ 6)
Bei Sanierungsuntersuchungen ist insbesondere auch zu prüfen, mit welchen Maßnahmen eine Sanierung im Sinne des § 4 des Bundes-Bodenschutzgesetzes erreicht werden

kann, inwieweit Veränderungen des Bodens nach der Sanierung verbleiben und welche rechtlichen, organisatorischen und finanziellen Gegebenheiten für die Durchführung der Maßnahmen von Bedeutung sind.

Bei der Erstellung eines Sanierungsplans sind die Maßnahmen nach § 13 des Bundes-Bodenschutzgesetzes textlich und zeichnerisch vollständig darzustellen. In dem Sanierungsplan ist darzulegen, dass die vorgesehenen Maßnahmen geeignet sind, dauerhaft Gefahren, erhebliche Nachteile oder erhebliche Belästigungen für den einzelnen oder die Allgemeinheit zu vermeiden. Darzustellen sind insbesondere auch die Auswirkungen der Maßnahmen auf die Umwelt und die voraussichtlichen Kosten sowie die erforderlichen Zulassungen, auch soweit ein verbindlicher Sanierungsplan nach § 13 des Bundes-Bodenschutzgesetzes diese nicht einschließen kann.

22.3 Untersuchungsumfang

Bei altlastverdächtigen Altablagerungen richten sich der Untersuchungsumfang und die Probennahme, insbesondere hinsichtlich der Untersuchungen auf Deponiegas, leichtflüchtige Schadstoffe, abgelagerte Abfälle und des Übergangs von Schadstoffen in das Grundwasser, nach den Erfordernissen des Einzelfalls. Bei der Untersuchung zum Wirkungspfad Boden – Mensch sind als Nutzungen:

- Kinderspielflächen,
- Wohngebiete,
- Park- und Freizeitanlagen,
- Industrie- und Gewerbegrundstücke

und bei der Untersuchung zum Wirkungspfad Boden – Nutzpflanze die Nutzungen:

- Ackerbau, Nutzgarten,
- Grünland

zu unterscheiden. Bei Untersuchungen zum Wirkungspfad Boden – Grundwasser ist nicht nach der Art der Bodennutzung zu unterscheiden.

Orientierende Untersuchungen von Verdachtsflächen und altlastverdächtigen Altstandorten sollen insbesondere auch auf die Feststellung und die Einschätzung des Umfangs von Teilbereichen mit unterschiedlich hohen Schadstoffgehalten ausgerichtet werden. Bei altlastverdächtigen Altablagerungen sind in der Regel Untersuchungen von Deponiegas und auf leichtflüchtige Schadstoffe sowie Untersuchungen insbesondere auch hinsichtlich des Übergangs von Schadstoffen in das Grundwasser durchzuführen.

Bei der Detailuntersuchung sollen auch die für die Wirkungspfade maßgeblichen Expositionsbedingungen, insbesondere die für die verschiedenen Wirkungspfade bedeutsamen mobilen oder mobilisierbaren Anteile der Schadstoffgehalte, geklärt werden. Es soll auch festgestellt werden, ob sich aus räumlich begrenzten Anreicherungen von Schadstoffen

Tab. 22.1 Beprobungstiefe

Wirkungspfad	Nutzung	Beprobungstiefe
Boden – Mensch	Kinderspielfläche, Wohngebiet	0–10 cm 10–35 cm
	Park- und Freizeitanlagen	0–10 cm
	Industrie- und Gewerbegrundstücke	0–10 cm
Boden – Nutzpflanzen	Ackerbau, Nutzgarten	0–30 cm 30–60 cm
	Grünland	0–10 cm 10–30 cm

innerhalb einer Verdachtsfläche oder altlastverdächtigen Fläche Gefahren ergeben und ob und wie eine Abgrenzung von nicht belasteten Flächen geboten ist.

Das Vorgehen bei der Probennahme richtet sich insbesondere nach den im Einzelfall berührten Wirkungspfaden, der Flächengröße, der aufgrund der Erfassungsergebnisse vermuteten vertikalen und horizontalen Schadstoffverteilung sowie der gegenwärtigen, der planungsrechtlich zulässigen und der früheren Nutzung. Das Vorgehen bei der Probennahme ist zu begründen und zu dokumentieren. Die Anforderungen des Arbeitsschutzes sind zu beachten. Untersuchungsflächen sollen für die Probennahme in geeignete Teilflächen gegliedert werden. Die Teilung soll aufgrund eines unterschiedlichen Gefahrenverdachts, einer unterschiedlichen Bodennutzung, der Geländeform oder der Bodenbeschaffenheit sowie von Auffälligkeiten, wie z. B. einer unterschiedlichen Vegetationsentwicklung, oder anhand von Erkenntnissen aus der Erfassung erfolgen.

Soll die räumliche Verteilung der Schadstoffe ermittelt werden, ist die zu untersuchende Fläche oder Teilfläche grundsätzlich unter Zuhilfenahme eines Rasters repräsentativ zu beproben. Soweit aus Vorkenntnissen, bei altlastverdächtigen Altstandorten insbesondere nach den Ergebnissen der Erfassung, eine Hypothese über die räumliche Verteilung der Schadstoffe abgeleitet werden kann, ist diese bei der Festlegung der Probenahmestellen und des Rasters zu berücksichtigen. Für die Festlegung von Probenahmestellen können auch Ergebnisse aus einer geeigneten Vor-Ort-Analytik herangezogen werden.

Vermutete Schadstoffanreicherungen sind gezielt zu beproben. Die Beprobung ist, insbesondere hinsichtlich Zahl und räumlicher Anordnung der Probenahmestellen, so vorzunehmen, dass der Gefahrenverdacht geklärt, eine mögliche Gefahr bewertet wird und eine räumliche Abgrenzung von Schadstoffanreicherungen erfolgen kann. Bei der Festlegung der Beprobungstiefen für die Wirkungspfade Boden – Mensch und Boden – Nutzpflanze sollen für die Untersuchung auf anorganische und schwerflüchtige organische Schadstoffe die in Tab. 22.1 genannten Beprobungstiefen zugrunde gelegt werden.

Wirkungspfad Boden – Mensch

Im Rahmen der Festlegung der Probenahmestellen und der Beprobungstiefe sollen auch Ermittlungen zu den im Einzelfall vorliegenden Expositionsbedingungen vorgenommen werden, insbesondere über:

- die tatsächliche Nutzung der Fläche (Art, Häufigkeit, Dauer),
- die Zugänglichkeit der Fläche,
- die Versiegelung der Fläche und über den Aufwuchs,
- die Möglichkeit der inhalativen Aufnahme von Bodenpartikeln,
- die Relevanz weiterer Wirkungspfade.

Wirkungspfad Boden – Nutzpflanzen
Bei landwirtschaftlich einschließlich gartenbaulich genutzten Böden mit annähernd gleichmäßiger Bodenbeschaffenheit und Schadstoffverteilung soll auf Flächen bis 10 ha in der Regel für jeweils 1 ha, mindestens aber von 3 Teilflächen eine Mischprobe entsprechend den Beprobungstiefen entnommen werden. Bei Flächen unter 5000 m^2 kann auf eine Teilung verzichtet werden. Für Flächen größer 10 ha sollen mindestens jedoch 10 Teilflächen beprobt werden. In Nutzgärten erfolgt die Probennahme in der Regel durch Entnahme einer grundstücksbezogenen Mischprobe für jede Beprobungstiefe und im Übrigen in Anlehnung an die Regeln der Probennahme auf Ackerflächen.

Wirkungspfad Boden – Grundwasser
Beim Wirkungspfad Boden – Grundwasser ist zur Feststellung der vertikalen Schadstoffverteilung die ungesättigte Bodenzone bis unterhalb einer mutmaßlichen Schadstoffanreicherung oder eines auffälligen Bodenkörpers zu beproben. Die Beprobung erfolgt horizont- oder schichtspezifisch. Im Untergrund dürfen Proben aus Tiefenintervallen bis max. 1 m entnommen werden. In begründeten Fällen ist die Zusammenfassung engräumiger Bodenhorizonte bzw. -schichten bis max. 1 m Tiefenintervall zulässig. Auffälligkeiten sind zu beurteilen und gegebenenfalls gesondert zu beproben. Die Beprobungstiefe soll reduziert werden, wenn erkennbar wird, dass bei Durchbohrung von wasserstauenden Schichten im Untergrund eine hierdurch entstehende Verunreinigung des Grundwassers zu besorgen ist. Ist das Durchbohren von wasserstauenden Schichten erforderlich, sind besondere Sicherungsmaßnahmen zu ergreifen.

22.4 Maßnahmen-, Prüf- und Vorsorgewerte

22.4.1 Wirkungspfad Boden – Mensch

Abgrenzung der Nutzungen
Für die Bewertung sind folgende Nutzungen zu betrachten:

- Kinderspielflächen,
- Aufenthaltsbereiche für Kinder, die ortsüblich zum Spielen genutzt werden, ohne den Spielsand von Sandkästen. Amtlich ausgewiesene Kinderspielplätze sind ggf. nach Maßstäben des öffentlichen Gesundheitswesens zu bewerten,

Tab. 22.2 Maßnahmenwerte für den Wirkungspfad Boden – Mensch

Maßnahmenwerte [ng I-TEq/kg TM]				
Stoff	Kinderspiel-flächen	Wohngebiete	Park- und Frei-zeitanlagen	Industrie- und Gewerbegrund
Dioxine/Furane (PCDD/F)	100	1000	1000	10.000

I-TE Internationale Toxizitätsäquivalente

- Wohngebiete,
- dem Wohnen dienende Gebiete einschließlich Hausgärten oder sonstige Gärten entsprechender Nutzung, auch soweit sie nicht im Sinne der Baunutzungsverordnung planungsrechtlich dargestellt oder festgesetzt sind, ausgenommen Park- und Freizeitanlagen, Kinderspielflächen sowie befestigte Verkehrsflächen,
- Park- und Freizeitanlagen,
- Anlagen für soziale, gesundheitliche und sportliche Zwecke, insbesondere öffentliche und private Grünanlagen sowie unbefestigte Flächen, die regelmäßig zugänglich sind und vergleichbar genutzt werden,
- Industrie- und Gewerbegrundstücke,
- unbefestigte Flächen von Arbeits- und Produktionsstätten, die nur während der Arbeitszeit genutzt werden.

22

Maßnahmenwerte nach § 8 des Bundes-Bodenschutzgesetzes für die direkte Aufnahme von Dioxinen/Furanen auf Kinderspielflächen, in Wohngebieten, Park- und Freizeitanlagen und Industrie- und Gewerbegrundstücken finden sich in Tab. 22.2 (TM = Trockenmasse).

Prüfwerte nach § 8 des Bundes-Bodenschutzgesetzes für die direkte Aufnahme von Schadstoffen auf Kinderspielflächen, in Wohngebieten, Park- und Freizeitanlagen und Industrie- und Gewerbegrundstücken finden sich in Tab. 22.3.

22.4.2 Wirkungspfad Boden – Nutzpflanzen

Abgrenzung der Nutzungen

Für die Bewertung sind folgende Nutzungen zu betrachten:

Ackerbau Flächen zum Anbau wechselnder Ackerkulturen einschließlich Gemüse und Feldfutter, hierzu zählen auch erwerbsgärtnerisch genutzte Flächen,

Nutzgarten Hausgarten-, Kleingarten- und sonstige Gartenflächen, die zum Anbau von Nahrungspflanzen genutzt werden,

Grünland Flächen unter Dauergrünland.

Tab. 22.3 Prüfwerte für den Wirkungspfad Boden – Mensch

Prüfwerte [mg/kg TM]				
Stoff	Kinderspielflächen	Wohngebiete	Park- und Freizeitanlagen	Industrie- und Gewerbegrund
Arsen	25	50	125	140
Blei	200	400	1000	2000
Cadmium	10	20	50	60
Cyanide	50	50	50	100
Chrom	200	400	1000	1000
Nickel	70	140	350	900
Quecksilber	10	20	50	80
Aldrin	2	4	10	–
Benzo(a)pyren	2	4	10	12
DDT	40	80	200	–
Hexachlorbenzol	4	8	20	200
Hexachlorcyclohexan (HCH-Gemisch oder β-HCH)	5	10	25	400
Pentachlorphenol	50	100	250	250
Polychlorierte Biphenyle (PCBs)	0,4	0,8	2	40

Tab. 22.4 Prüf- und Maßnahmenwerte auf Ackerbauflächen/Nutzgärten

Stoff	Methode[a]	Prüfwert [mg/kg TM]	Maßnahmenwert [mg/kg TM]
Arsen	KW	200	–
Cadmium	AN	–	0,04/0,1
Blei	AN	0,1	–
Quecksilber	KW	5	–
Thallium	AN	0,1	–
Benzo(a)pyren	–	1	–

[a]Extraktionsverfahren für Arsen und Schwermetalle: AN = Ammoniumnitrat, KW = Königswasser

Prüf- und Maßnahmenwerte nach § 8 des Bundes-Bodenschutzgesetzes für den Schadstoffübergang Boden – Nutzpflanze auf Ackerbauflächen und in Nutzgärten im Hinblick auf die Pflanzenqualität finden sich in Tab. 22.4.

Tab. 22.5 Maßnahmenwerte für Grünland

Stoff	Maßnahmenwert [mg/kg TM]
Arsen	50
Blei	1200
Cadmium	20
Kupfer	1300
Nickel	1900
Quecksilber	2
Thallium	15
Polychlorierte Biphenyle (PCBs)	0,2

Tab. 22.6 Prüfwerte für Kulturpflanzen (Ackerbau)

Stoff	Prüfwert [mg/kg TM]
Arsen	0,4
Kupfer	1
Nickel	1,5
Zink	2

Maßnahmenwerte nach § 8 Bundes-Bodenschutzgesetzes für den Schadstoffübergang Boden – Nutzpflanze auf Grünlandflächen im Hinblick auf die Pflanzenqualität finden sich in Tab. 22.5.

Prüfwerte nach § 8 des Bundes-Bodenschutzgesetzes für den Schadstoffübergang Boden – Pflanze auf Ackerbauflächen im Hinblick auf Wachstumsbeeinträchtigungen bei Kulturpflanzen finden sich in Tab. 22.6.

22.4.3 Wirkungspfad Boden – Grundwasser

Prüfwerte zur Beurteilung des Wirkungspfads Boden – Grundwasser nach § 8 des Bundes-Bodenschutzgesetzes finden sich in Tab. 22.7.

Vorsorgewerte für Böden nach § 8 des Bundes-Bodenschutzgesetzes finden sich in Tab. 22.8 und 22.9.

Zulässige zusätzliche jährliche Frachten an Schadstoffen über alle Wirkungspfade nach § 8 des Bundes-Bodenschutzgesetzes (in Gramm je Hektar) finden sich in Tab. 22.10.

Tab. 22.7 Prüfwerte für den Wirkungspfad Boden – Grundwasser

Anorganische Stoffe	**Prüfwert [µg/L]**
Antimon	10
Arsen	10
Blei	25
Cadmium	5
Chrom gesamt	50
Chromat	8
Kobalt	50
Kupfer	50
Molybdän	50
Nickel	50
Quecksilber	1
Selen	10
Zink	500
Zinn	40
Cyanid, gesamt	50
Cyanid, leicht freisetzbar	10
Fluorid	750
Organische Stoffe	**Prüfwert [µg/L]**
Mineralölkohlenwasserstoffe	200
BTEX	20
Benzol	1
LHKW	10
Aldrin	0,1
DDT	0,1
Phenol	20
PCB, gesamt	0,05
PAK, gesamt	0,20
Naphthalin	2

Tab. 22.8 Vorsorgewerte für Metalle (in mg/kg Trockenmasse, Feinboden, Königswasseraufschluss)

Böden	Cadmium	Blei	Chrom	Kupfer	Quecksilber	Nickel	Zink
Bodenart Ton	1,5	100	100	60	1	70	200
Bodenart Lehm/Schluff	1	70	60	40	0,5	50	150
Bodenart Sand	0,4	40	30	20	0,1	15	60
Böden mit naturbedingt und großflächig siedlungsbedingt erhöhten Hintergrundgehalten	Unbedenklich, soweit eine Freisetzung der Schadstoffe oder zusätzliche Einträge nach § Abs. 2 und 3 dieser Verordnung keine nachteiligen Auswirkungen auf die Bodenfunktionen erwarten lassen						

Tab. 22.9 Vorsorgewerte für organische Stoffe (in mg/kg Trockenmasse, Feinboden)

Böden	Polychlorierte Biphenyle (PCBs)	Benzo(a)pyren	Polycyclische aromatische Kohlenwasserstoffe (PAKs)
Humusgehalt >8 %	0,1	1	10
Humusgehalt ≤8 %	0,05	0,3	3

Tab. 22.10 Schadstofffrachten

Element	Fracht [g/ha × a]
Blei	400
Cadmium	6
Chrom	300
Kupfer	360
Nickel	100
Quecksilber	1,5
Zink	1200

22.5 Sanierungsuntersuchung und -planung

22.5.1 Sanierungsuntersuchungen

Mit Sanierungsuntersuchungen bei Altlasten sind die zur Erfüllung der Pflichten nach § 4 des Bundes-Bodenschutzgesetzes geeigneten, erforderlichen und angemessenen Maßnahmen zu ermitteln. Die hierfür in Betracht kommenden Maßnahmen sind unter Berücksichtigung von Maßnahmenkombinationen und von erforderlichen Begleitmaßnahmen darzustellen. Die Prüfung muss insbesondere:

- die schadstoff-, boden-, material- und standortspezifische Eignung der Verfahren,
- die technische Durchführbarkeit,
- den erforderlichen Zeitaufwand,
- die Wirksamkeit im Hinblick auf das Sanierungsziel,
- eine Kostenschätzung sowie das Verhältnis von Kosten und Wirksamkeit,
- die Auswirkungen auf die Betroffenen im Sinne von § 12 des Bundes-Bodenschutzgesetzes und auf die Umwelt,
- das Erfordernis von Zulassungen,
- die Entstehung, Verwertung und Beseitigung von Abfällen,
- den Arbeitsschutz,
- die Wirkungsdauer der Maßnahmen und deren Überwachungsmöglichkeiten,
- die Erfordernisse der Nachsorge und
- die Nachbesserungsmöglichkeiten

umfassen. Die Prüfung soll unter Verwendung vorhandener Daten, sowie aufgrund sonstiger gesicherter Erkenntnisse durchgeführt werden. Soweit solche Informationen insbesondere zur gesicherten Abgrenzung belasteter Bereiche oder zur Beurteilung der Eignung von Sanierungsverfahren im Einzelfall nicht ausreichen, sind ergänzende Untersuchungen zur Prüfung der Eignung eines Verfahrens durchzuführen. Die Ergebnisse der Prüfung und das danach vorzugswürdige Maßnahmenkonzept sind darzustellen.

22.5.2 Sanierungsplan

Ein Sanierungsplan soll die für eine Verbindlichkeitserklärung nach § 13 des Bundes-Bodenschutzgesetzes erforderlichen Angaben und Unterlagen enthalten. Die Darstellung der Ausgangslage, insbesondere hinsichtlich:

- der Standortverhältnisse (u. a. geologische, hydrogeologische Situation; bestehende und planungsrechtlich zulässige Nutzung),
- der Gefahrenlage (Zusammenfassung der Untersuchungen im Hinblick auf Schadstoffinventar nach Art, Menge und Verteilung, betroffene Wirkungspfade, Schutzgüter und -bedürfnisse),
- der Sanierungsziele,
- der getroffenen behördlichen Entscheidungen und der geschlossenen öffentlich-rechtlichen Verträge, insbesondere auch hinsichtlich des Maßnahmenkonzepts, die sich auf die Erfüllung der nach § 4 des Bundes-Bodenschutzgesetzes zu erfüllenden Pflichten auswirken, und
- der Ergebnisse der Sanierungsuntersuchungen.

Die textliche und zeichnerische Darstellung der durchzuführenden Maßnahmen und Nachweis ihrer Eignung, insbesondere hinsichtlich:

- des Einwirkungsbereichs der Altlast und der Flächen, die für die vorgesehenen Maßnahmen benötigt werden,
- des Gebiets des Sanierungsplans,
- der Elemente und des Ablaufs der Sanierung im Hinblick auf:
  - den Bauablauf,
  - die Erdarbeiten (insbesondere Aushub, Separierung, Wiedereinbau, Umlagerungen im Bereich des Sanierungsplans),
  - die Abbrucharbeiten,
  - die Zwischenlagerung von Bodenmaterial und sonstigen Materialien,
  - die Abfallentsorgung beim Betrieb von Anlagen,
  - die Verwendung von Böden und die Ablagerung von Abfällen auf Deponien und
  - die Arbeits- und Immissionsschutzmaßnahmen,
- der fachspezifischen Berechnungen zu:
  - on-site-Bodenbehandlungsanlagen,
  - in-situ-Maßnahmen,

  - Anlagen zur Fassung und Behandlung von Deponiegas oder Bodenluft,
  - Grundwasserbehandlungsanlagen,
  - Anlagen und Maßnahmen zur Fassung und Behandlung insbesondere von Sickerwasser,
- der zu behandelnden Mengen und der Transportwege bei Bodenbehandlung in off-site-Anlagen,
- der technischen Ausgestaltung von Sicherungsmaßnahmen und begleitenden Maßnahmen, insbesondere von:
  - Oberflächen-, Vertikal- und Basisabdichtungen,
  - Oberflächenabdeckungen,
  - Zwischen- bzw. Bereitstellungslagern,
  - begleitenden passiven pneumatischen, hydraulischen oder sonstigen Maßnahmen (z. B. Baufeldentwässerung, Entwässerung des Aushubmaterials, Einhausung, Abluftfassung und -behandlung) und
- der behördlichen Zulassungserfordernisse für die durchzuführenden Maßnahmen.

22

Die Darstellung der Eigenkontrollmaßnahmen zur Überprüfung der sachgerechten Ausführung und Wirksamkeit der vorgesehenen Maßnahmen, insbesondere:

- das Überwachungskonzept hinsichtlich:
  - des Bodenmanagements bei Auskofferung, Separierung und Wiedereinbau,
  - der Boden- und Grundwasserbehandlung, der Entgasung oder der Bodenluftabsaugung,
  - des Arbeits- und Immissionsschutzes,
  - der begleitenden Probennahme und Analytik und
- das Untersuchungskonzept für Materialien und Bauteile bei der Ausführung von Bauwerken.

Die Darstellung der Eigenkontrollmaßnahmen im Rahmen der Nachsorge einschließlich der Überwachung, insbesondere hinsichtlich:

- des Erfordernisses und der Ausgestaltung von längerfristig zu betreibenden Anlagen oder Einrichtungen zur Fassung oder Behandlung von Grundwasser, Sickerwasser, Oberflächenwasser, Bodenluft oder Deponiegas sowie Anforderungen an deren Überwachung und Instandhaltung,
- der Maßnahmen zur Überwachung (z. B. Messstellen) und
- der Funktionskontrolle im Hinblick auf die Einhaltung der Sanierungserfordernisse und Instandhaltung von Sicherungsbauwerken oder -einrichtungen.

Abschließend ist eine Darstellung des Zeitplans und der Kosten aufzuführen.

22.6 Biologische Verfahren zur Boden- und Altlastensanierung

22.6.1 Beurteilung der biologischen Sanierbarkeit von Böden

Um die biologische Sanierbarkeit von Böden zu beurteilen, ist es sehr wichtig, die genauen Bodenparameter zu kennen. Dazu müssen unbedingt mehrere Bodenproben von der kontaminierten Fläche genommen werden, und sowohl die Boden- sowie die physikochemischen und biologischen Parameter untersucht werden. Unabhängig ob später eine On-site- oder In-situ-Sanierung durchgeführt werden soll, ist eine mikrobiologische Untersuchung zur Charakterisierung der am Standort vorkommenden Mikroorganismenpopulation als auch die Bestimmung deren Abbaupotenzials für Schadstoffe an dem Bodenmaterial vorzunehmen.

Die Bedingungen eines Bodens am Standort bestimmen häufig über die biologische Abbaubarkeit von Kontaminanten und sind damit der limitierende Faktor für die Anwendung von biologischen Sanierungsverfahren. In vielen Fällen können limitierende Faktoren wie Wassergehalt und pH-Wert positiv beeinflusst werden. In Extremfällen kann die Bodenklassifizierung allerdings bereits für den Ausschluss bestimmter Verfahrensvarianten sorgen, wenn z. B. die Partikelverteilung keine ausreichende Diffusion zulässt.

Kontaminierte Böden können sich in verschiedenen Zonen des Untergrunds befinden. In vertikaler Gliederung von oben nach unten können sie in der ungesättigten Bodenzone, im Bereich des Kapillarsaums bzw. in der gesättigten Bodenzone vorkommen. Jede dieser Zonen hat spezifische Eigenschaften, welche insbesondere bei In-situ-Verfahren eine entscheidende Rolle für die Art der Behandlung spielen. Gaswechsel, Diffusion und Wassergehalte können in den jeweiligen Zonen sehr unterschiedlich sein. Heterogenitäten durch verdichtete und lockerere Bereiche in Böden führen generell zu Kanalbildungen und damit zu geringerer Effektivität bei In-situ-Behandlungsmethoden.

Korngröße

Die Korngrößenverteilung der Partikel in einem Boden ist maßgeblich für die Bezeichnung der Bodenart und zugleich ein wesentlicher Faktor für die Auswahl eines Sanierungsverfahrens. Im Allgemeinen sind grobe, unverdichtete Materialien wie Sand und Kies leicht zu behandeln. Die Gasdurchlässigkeit und die Wasserwegsamkeit eines Bodens oder Aquifermaterials sind wesentlich vom Feinkornanteil abhängig. Darüber hinaus hat die Korngrößenverteilung einen starken Einfluss auf den Wassergehalt und die Wasserhaltekapazität eines Bodens und damit automatisch auch auf die mikrobielle Aktivität im Boden.

Partikeldichte

Die Partikeldichte wird durch das spezifische Gewicht eines Bodenpartikels beschrieben. Unterschiede in der Partikeldichte sind für viele Trennprozesse (Flockulation und Sedimentation) insbesondere bei der Bodenwäsche eine wesentliche Grundvoraussetzung. Das spezifische Gewicht eines Bodens entscheidet zudem auch über eine spätere Nutzbarkeit des sanierten Bodens. Mineralische Böden, denen während der Sanierung hohe Anteile an organischen Zuschlagstoffen beigemischt wurden, lassen sich nicht mehr als Baugrund nutzen.

Porenanteil und Permeabilität

Boden ist ein poröses Medium bestehend aus einer mineralischen Feststoffmatrix und dem dazwischen liegenden Porenraum. Der Porenanteil ist daher ein Maß für die Lagerungsdichte eines Bodenmaterials, welche die Wasserhaltekapazität, den Wassergehalt, und damit auch die Gaswegsamkeit bestimmt. Die Permeabilität ist ein Begriff aus der Hydrogeologie und bezeichnet das hydraulische Vermögen von Lockergesteinen (Böden) Wasser bzw. Grundwasser zu leiten. Diese Eigenschaft wird im Wesentlichen vom Porenraum insgesamt und der Porengröße bestimmt. Die Eigenschaft eines Materials, für Wasser unter bestimmten Druckverhältnissen durchfließbar zu sein, bezeichnet man als hydraulische Leitfähigkeit oder Durchlässigkeit. Der so genannte Durchlässigkeitsbeiwert oder Durchlässigkeitskoeffizient kf [m/s] charakterisiert den Widerstand, den ein durchflossenes Gestein dem Fluid entgegen bringt. Der Durchlässigkeitskoeffizient ist insbesondere bei In-situ-Sanierungen von wesentlicher Bedeutung.

Aggregation

Generell ist zu beachten, dass sich bei der Bodenvorbehandlung bzw. bei dynamischen Bodenbehandlungsverfahren in Abhängigkeit von der Bodenart und Bindigkeit Probleme durch die Bildung von Pellets und Agglomeraten ergeben können. Diese Pelletbildung oder Aufbauagglomeration erfolgt durch Abrollvorgänge, welche sich aufgrund rotierender Bewegungsvorgänge von feuchtem Bodenmaterial ergeben. Dabei treffen Bodenpartikel aufeinander und haften zunächst durch Flüssigkeitsbrücken aneinander. Mit fortschreitender Umwälzung und zunehmender Pelletgröße kommt es zur Verdichtung, welche im Wesentlichen durch Kapillarkräfte verursacht wird. Kollidierende Pellets können aneinander haften und zu größeren Agglomeraten anwachsen. Ebenso kann sich beim Abrollen von Pellets feuchtes Feinmaterial anlagern, was ebenfalls zu einem fortwährenden Aufbau von größeren Pellets führt. Solche Aggregate sind in der Regel so verdichtet, dass der Stofftransport insbesondere der Gastransport zur Versorgung der Mikroorganismen extrem limitiert ist und von Anaerobiose im Innern von Partikeln >3 mm ausgegangen werden kann. In derart verdichtetem Bodenmaterial kommt es generell zu einer Reduzierung der mikrobiellen Aktivität.

Die Bildung der Pellets wird hauptsächlich vom Boden, vom Wassergehalt und den Bewegungsabläufen im Reaktor beeinflusst. Bei gegebenem Bodenmaterial kommt dem Wassergehalt eine besondere Bedeutung zu, da erst oberhalb eines bestimmten Wassergehalts die Pelletbildung in Abhängigkeit von der dynamischen Behandlungsdauer zunimmt. Für die mikrobielle Aktivität ist jedoch ein minimaler Wassergehalt notwendig, so dass der Optimierung hier enge Grenzen gesetzt sein können. Die Zugabe von organischem Material wie Kompost verringert im Allgemeinen die Neigung zur Pelletbildung in bindigen Böden.

Schadstoffmatrizes, Begleitkontaminationen
Kontaminierte Böden sind in der Regel komplexe, mehrphasige Systeme, in denen Bodenluft (Gasphase), Porenwasser (wässrige Phase), organische und mineralische Feststoffe (feste Phase) und möglicherweise Ölphasen (organische Phase) nebeneinander in unterschiedlichen Konzentrationen vorkommen. Diese vier Phasen können auf vielfältige Weise miteinander in Wechselwirkung treten. Dabei hat die Art, in der die Stoffe mit dem Boden in Kontakt kommen, entscheidenden Einfluss auf deren Bioverfügbarkeit. Da Schadstoffe in der Regel als Gemische aus mehreren Komponenten in einer Kontamination vorkommen, kann davon ausgegangen werden, dass einige der Komponenten deutlich schwerer mikrobiell abbaubar sind als andere und damit eine höhere Persistenz aufweisen.

Bioverfügbarkeit von Schadstoffen in verschiedenen Matrizes
Die Matrizes von Schadstoffen in organischen Phasen haben entscheidenden Einfluss auf die Verteilung in den Bodenporen. An ihren Grenzflächen zur Wasserphase unterliegen sie Veränderungen oder Alterungsprozessen, die den Stofftransport wesentlich reduzieren können. Die Grenzflächen determinieren die Bioverfügbarkeit der Einzelkomponenten und damit auch einen möglichen biologischen Abbau. Die Sorption von Schadstoffen an organische Bodenmatrizes wie z. B. Huminstoffe allein kann die Bildung von nicht mehr abbaubaren/bioverfügbaren Restkonzentrationen nicht erklären.

Ein Abbau von Schadstoffen in der Wasserphase verschiebt normalerweise das Verteilungsverhältnis. Sinkende Konzentrationen in der Wasserphase ziehen zur Wiederherstellung des Verteilungsgleichgewichts weitere Desorption nach sich. Damit werden die Verbindungen immer wieder nachgeliefert. Durch den mikrobiellen Abbau werden in derartigen Schadstoffgemischen in Böden mit zunehmendem Alter der Kontamination schwerer abbaubare Substanzen angereichert. Neben Effekten der Bioverfügbarkeit führt dies in der Regel zu persistierenden Restkonzentrationen. Im Extremfall kann eine Restkontamination nach vollständiger Biodegradation der metabolisierbaren Schadstoffe aus biologisch nahezu inerten Verbindungen bestehen.

Anthropogene Begleitstoffe
In vielen Untersuchungen zum Schadstoffabbau wird vorausgesetzt, dass sich künstlich zugesetzte Schadstoffe wie die Altlast-Schadstoffe verhalten. Insbesondere bei PAK-Schadensfällen ist diese Grundvoraussetzung jedoch oftmals nicht gegeben. Die mangelnde Desorbierbarkeit bzw. Bioverfügbarkeit von PAK in vielen Altlastböden kann auf das Vorhandensein von Kohle- und Kokspartikeln zurückgeführt werden. Insbesondere deshalb, weil an vielen ehemaligen Gaswerksstandorten feinkörniges Kohle- und Schlackematerial zur Verfestigung flüssiger Destillationsrückstände benutzt wurde, um eine Deponierung auf dem Gelände zu ermöglichen. Vor diesem Hintergrund sollte insbesondere bei PAK-Schadensfällen das Vorhandensein von Kohle- und Kokspartikeln mit einer speziellen Untersuchung überprüft werden, da in den meisten Böden derartige Partikel nicht ohne weiteres zu erkennen sind.

Huminstoffgehalt
Mit dem Huminstoffgehalt wird der sich zersetzende Teil natürlicher organischer Substanz in Böden bezeichnet. Huminstoffe werden aus verrottendem Material von verschiedenen Organismen (Pflanzen, Tiere und Mikroorganismen) gebildet. Im Allgemeinen wird eine komplexe Mischung aus natürlich vorkommenden, schwer abbaubaren, gelb bis braun gefärbten, kolloidalen Substanzen im Boden als Humus bezeichnet. Huminstoffmoleküle können sich zu größeren Aggregaten mit Fragmenten der Biomasse und anorganischen Bestandteilen der Bodenmatrix (Tonminerale) zusammenlagern. Durch Zugabe von organischen Zuschlagstoffen bei Sanierungsmaßnahmen, wie Rindenmulch, Kiefernborke oder Kompost kann der Humusgehalt stark erhöht werden. Dies ist bei Wiederverwendung des Bodenmaterials im Landschaftsbau ein erwünschter Effekt, der jedoch bei einer künftigen Nutzung als Baugrund von extremem Nachteil sein kann.

22.6.2 Biologische Verfahren zur Bodensanierung

Im Folgenden sollen die Grundlagen der Humifizierung von Schadstoffen, die Steuerung der biologischen Aktivität sowie verschiedene Verfahren zur biologischen Bodensanierung angesprochen und erläutert werden. Biologische Bodensanierungsverfahren werden in:

- Ex-situ-Techniken (mit Bodenaushub) und
- In-situ-Techniken (ohne Bodenaushub)

eingeteilt, wobei Ex-situ-Sanierungen je nach Ort der Behandlungsanlage als:

- On-site-Verfahren (am Sanierungsort) oder
- Off-site-Verfahren (außerhalb des Sanierungsorts)

zur Anwendung kommen. Zu den Ex-situ-Techniken gehören die Mietentechnik, Reaktorverfahren sowie Kombinationsverfahren. Zu den In-situ Techniken zählen Infiltrations- und Belüftungsverfahren, sowie Verfahren der Bioremediation, mit deren Hilfe Schadstoffe in der gesättigten und ungesättigten Zone biologisch abgebaut werden.

22.6.2.1 Steuerung der biologischen Aktivität und ihre Wirkungen

Mikroorganismen benötigen bestimmte physiko-chemische Bedingungen (Temperatur, Wasser- und Sauerstoffgehalte, pH-Wert, usw.), um ihre Stoffwechselaktivität (Wachstum und Vermehrung, Schadstoffabbau) zu entfalten. Die jeweilige Aktivität erfolgt nur dann mit den maximalen Raten, wenn sich die Bedingungen hierzu in einem optimalen Bereich befinden. Liegen die jeweiligen Standortbedingungen wesentlich über oder unter den optimalen Werten, so ist dadurch die Stoffwechselaktivität und damit auch der Schadstoffabbau wesentlich verlangsamt oder erfolgt gar nicht mehr. Im Folgenden werden einzelne Parameter mit ihren optimalen Bereichen im Einzelnen dargestellt.

Die Temperatur beeinflusst biologische Prozesse in vielfältiger Weise. Steigende Temperaturen steigern die Reaktionsraten, die Diffusion, die Löslichkeit und Flüchtigkeit von Substanzen und verringern die Viskosität von Flüssigkeiten. Erniedrigt wird dagegen die Löslichkeit von Gasen in Wasser, was insbesondere beim Sauerstoff für die mikrobielle Aktivität wesentlich ist. Generell gilt jedoch, dass abgesehen von thermophilen Prozessen die höchsten mikrobiellen Umsatzraten bei 25–35 °C erreicht werden. Biologische und nicht biologische Reaktionen unterscheiden sich durch ihre verschiedenen Temperaturabhängigkeiten. Bei nicht biologisch katalysierten Reaktionen ist die Beziehung zur Temperatur linear, während sie bei biologischen Prozessen das beschriebene Optimum hat.

Böden besitzen in der Regel eine Pufferkapazität, d. h. sie können Schwankungen in der H_3O^+-Ionenkonzentration in gewissen Grenzen ausgleichen. In schwach gepufferten Böden oder Grundwässern kann der pH-Wert bereits durch mikrobiell gebildetes CO_2 und dessen Löslichkeit im Porenwasser abgesenkt werden, was zu einer Veränderung der mikrobiellen Aktivität führen kann. Optimale pH-Werte liegen für die meisten Schadstoffe abbauenden Bakterien im Bereich zwischen 6,5 und 7,5.

Abhängig vom Porenraum eines Bodens und seinem Feinkornanteil ist der Wassergehalt entscheidend für die Gaswegsamkeit und die mikrobielle Aktivität eines Bodens verantwortlich. Durch die Partikelverteilung und die Porengröße wird die Eigenschaft der Wasserhaltekapazität (WHK_{max}) eines Bodens beeinflusst. Die Wasserhaltekapazität gibt an, wie viel Wasser ein Boden entgegen der Schwerkraft halten kann, ohne dass Sickerwasser austritt. Der Boden übt infolge der Adsorptions- und Kapillarkräfte eine bestimmte Saugspannung auf das Bodenwasser aus, das folglich unter entsprechender Wasserspannung steht. Diese kann als Druck angegeben werden.

Unterhalb einer Wasserspannung von etwa 20 bar wird Wasser überhaupt erst für Organismen verfügbar. Generell begünstigen hohe Wassergehalte unterhalb der Sättigung (Porenraum vollständig mit Wasser gefüllt) die mikrobielle Aktivität und damit biologische Verfahren zur Behandlung. Daraus ergibt sich ein Optimum für die mikrobielle Aktivität bei möglichst hohen Wassergehalten verbunden mit einem möglichst hohen Gasanteil am Porenraum. Dann ist eine gute Versorgung mit Sauerstoff und ein guter Abtransport von CO_2 gegeben. In vielen Experimenten wurde ein Maximum der mikrobiellen Aktivität bei Werten zwischen 50 und 60 % der WHK_{max} beobachtet.

Bei Wassersättigung von Böden (Überschreiten der Wasserhaltekapazität) sinkt die Gaswegsamkeit rapide ab und ein Austausch findet ohne externe Durchmischung nur noch über Diffusion statt. Mit höheren Gehalten an organischem Kohlenstoff und entsprechender aerober mikrobieller Aktivität führt deren Sauerstoffzehrung sofort zu anaeroben Verhältnissen und sinkenden Redoxpotenzialen. Generell geht man davon aus, dass auch in aeroben Böden im Innern von Partikeln mit einem Durchmesser von >3 mm anaerobe Verhältnisse herrschen. Sinkt der Sauerstoffgehalt der Bodenlösung unter 1 mg/L, so setzt eine Sukzession der anaeroben Prozesse ein.

Das Redoxpotenzial beschreibt das Oxidations-Reduktions-Potenzial eines Mediums in Bezug auf chemische Reaktionen. Das Redoxpotenzial ist ein Maß für die Tendenz von

Verbindungen oder Elementen, Elektronen abzugeben bzw. aufzunehmen. Redoxpotenziale von Böden sind im Wesentlichen abhängig von der Tiefe unter der Oberfläche, dem pH-Wert der Bodenlösungen, der Diffusionsrate von Sauerstoff in den Boden hinein und über die mikrobielle Aktivität auch vom Gehalt an biochemisch umsetzbaren organischen Substanzen.

Bestimmte Stoffwechselleistungen von Mikroorganismen sind abhängig vom jeweiligen Redoxpotenzial der Umgebung (Boden, Gewässer). Bei der Oxidation von organischen Verbindungen durch Mikroorganismen wird der Kohlenstoff oxidiert, die freiwerdende Energie zum Wachstum der Organismen genutzt. Der freiwerdende Wasserstoff und die Elektronen werden auf andere Moleküle übertragen, deren Verfügbarkeit entscheidend durch das Redoxpotenzial beeinflusst wird. Diese Moleküle sind z. B. anorganische Verbindungen wie O_2, NO_3 oder CO_2 bei Atmungsprozessen oder Abbauprodukte der Substrate wie z. B. bei Gärungen.

Mikrobielle Biomasse setzt sich im Mittel aus etwa 50 % Kohlenstoff, 20 % Sauerstoff, 14 % Stickstoff, 8 % Wasserstoff, 3 % Phosphor, je 1 % Schwefel und Kalium zusammen. Diese Elemente müssen daher für ein optimales Wachstum von Mikroorganismen im Boden in entsprechender Menge vorhanden sein oder dem Boden von außen zugeführt werden. Zu den wichtigsten Nährstoffen im Boden gehören C, N, P, und K. Neben den Makroelementen C, O, H, N, und P sind weitere Spurenelemente wie S, K, Mg, Ca, Fe, Na, Cl, Zn, Mn, Md, Se, Co, Cu, Ni, u. a. für das Wachstum und die Aktivität von Mikroorganismen essenziell. In Böden sind diese Elemente jedoch in der Regel in ausreichenden Mengen vorhanden bzw. als Begleitstoffe in Kunstdüngern enthalten, so dass auf eine Bestimmung und eine Zudosierung verzichtet werden kann.

In der Praxis können beim mikrobiellen Abbau von organischen Schadstoffen N, P, und K limitierend sein, sofern es sich um vollständig metabolisierbare Schadstoffe handelt. Daher muss der Nährstoffgehalt dieser Elemente geprüft und ggf. eingestellt werden. Organische Nährstoffe sind in der Regel dann limitierend, wenn die Schadstoffe von Mikroorganismen nur cometabolisch abgebaut werden können. Sie werden bei Sanierungen im Wesentlichen als komplexe, wenig selektiv auf das Wachstum von Mikroorganismen wirkende Substrate eingesetzt, welche zugleich auch die anderen Elemente mit abdecken. Solche Substrate sind z. B. Kompost, Rindenmulch, Stroh, Rübenhackschnitzel oder andere Abfallstoffe aus der Landwirtschaft wie z. B. Melasse, Gülle.

22.6.2.2 Mietentechnik

Seit etwa Mitte der achtziger Jahre hat sich die Mietentechnik in Deutschland etabliert und kann heute als vielfach erprobtes und bewährtes Bodenreinigungsverfahren angesehen werden. Die Mietentechnik kommt vornehmlich in stationären Bodenbehandlungsanlagen zum Einsatz und weist inzwischen den größten Verbreitungsgrad unter allen Bodensanierungsverfahren auf. Dies trifft sowohl für die Kapazität der Anlagen, den Bodendurchsatz als auch für die Verwertungsquote der behandelten Böden zu.

Unter dem Begriff Mietentechnik sind Verfahren zu verstehen, die in Form von angelegten Bodenmieten zu einem biologischen Abbau von Schadstoffen führen. Bei den

Mieten handelt es sich um Haufwerke unterschiedlicher Form und Größe, zu denen die Böden aufgeschüttet werden. Die Mieten werden in der Regel als Boden- oder Regenerationsmieten bezeichnet.

Bei der Mietentechnik wird der Abbau von Schadstoffen durch Mikroorganismen gefördert. Dazu werden in den Bodenmieten die limitierenden Faktoren aufgehoben. Außerdem wird durch das Aufschichten der Mieten dafür gesorgt, dass der Boden homogenisiert wird, das heißt, dass die Verfügbarkeit der Schadstoffe für die beteiligten Mikroorganismen verbessert wird. Die beteiligten Mikroorganismen sind entweder Pilze oder Bakterien, die teilweise bereits im Boden vorhanden sind. Dabei spricht man von autochthonen Mikroorganismen.

Sind im Boden keine Bakterien dieser Art, müssen sie in Form von Kulturen dem Boden zugesetzt werden. Verfahrenstechnisch gesehen, ist die Mietentechnik vergleichbar mit der Komposttechnik, jedoch mit einer deutlich geringeren biologischen Aktivität. Die Durchführung der Mietentechnik erfolgt in Hallen, Zelten bzw. auf gedichtetem Untergrund (Abb. 22.1).

Als Ex-situ-Sanierungsverfahren setzt die Mietentechnik einen Aushub des kontaminierten Bodens voraus. Der kontaminierte Boden muss somit zugänglich sein und sollte nicht bebaut sein, es sei denn, das Sanierungskonzept sieht den Abriss der entsprechenden Gebäude vor. Liegen ausreichende Platzverhältnisse vor und ist beabsichtigt, den gereinigten Boden nach der biologischen Behandlung an gleicher Stelle wiedereinzubauen, bietet sich bei ausreichenden Bodenmengen eine Sanierung vor Ort an (on-site). Eine Bodenreinigung außerhalb des Ortes, an dem der kontaminierte Boden anfällt (off-site), wird in der Regel in ortsfesten Bodenreinigungsanlagen durchgeführt.

Eine wesentliche Voraussetzung für die Bodenbehandlung im Mietenverfahren ist ein optimaler Wassergehalt des Bodens. Einen weiteren wichtigen Einfluss auf die Behandlung hat die jeweilige Korngrößenverteilung der Böden. Wegen ihres hohen Sorptionsvermögens in Bezug auf die Schadstoffe eignen sich lehmige und tonige Böden nur mit Einschränkungen für die Mietentechnik und sollten vorab geprüft werden, ob sie biologisch behandelbar sind. Eine weitere Einflussgröße der biologischen Bodenbehandlung stellt der Anteil organischer Substanz dar.

Ebenfalls Einfluss auf die biologische Behandlung hat der pH-Wert des Bodens. Bei den meisten Böden treten pH-Werte zwischen 6 und 8 auf. Stark abweichende pH-Werte hemmen biologische Aktivitäten und damit den Schadstoffabbau im Boden. Deshalb ist in solchen Fällen eine Neutralisation des Bodens erforderlich. Die Einstellung eines optimalen pH-Wertes stellt somit eine wichtige Regulationsmöglichkeit bei der biologischen Bodensanierung dar.

Grundvoraussetzung für die Art der Schadstoffe, die mit der Mietentechnik behandelbar sind, ist deren biologische Abbaubarkeit. Bedingt durch die Verfahrensführung zielt die Mietentechnik auf die Behandlung aerob abbaubarer Schadstoffe ab, unabhängig davon, welche Art der Belüftung gewählt wird. Eine Ausnahme stellen modifizierte Mietenverfahren dar, die durch Menge und Zusammensetzung der Zuschlagstoffe eine anaerobe bzw. zweistufige (anaerobe – aerobe) Verfahrensführung erlauben.

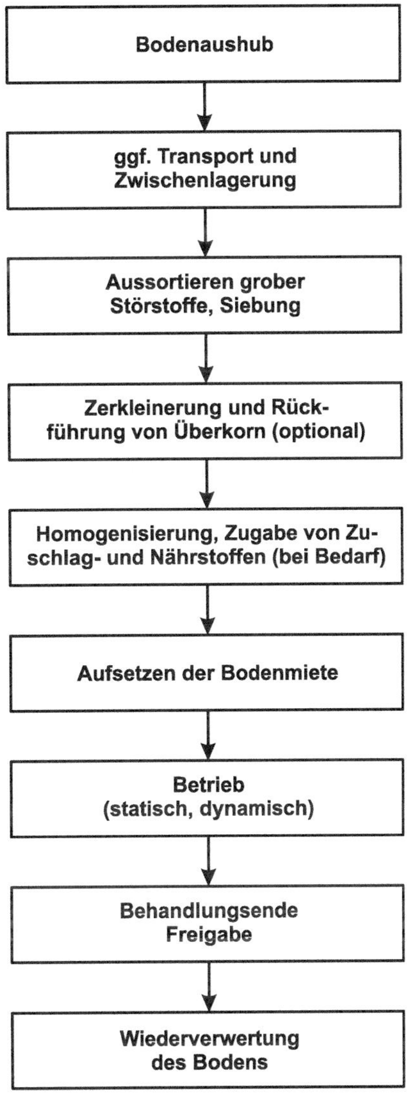

Abb. 22.1 Schematischer Ablauf der Mietentechnik

Bei der Mietentechnik ist eine mechanische Bodenvorbehandlung nötig, bei welcher einerseits Störstoffe wie Schrott, grober Bauschutt oder Holzreste entfernt werden müssen, andererseits wird der Boden dadurch homogenisiert. Falls die entfernten Störstoffe ebenfalls belastet sind, können sie auf behandelbare Korngrößen (30 bis 50 mm) zerkleinert dem Boden zugesetzt werden. Allerdings sollte der Bauschuttanteil in einer Bodenmiete 30 Gewichts-% nicht überschreiten. Die Bodenvorbehandlung wird in der Regel mit der Einarbeitung von Zuschlagstoffen kombiniert.

Der Mietenaufbau wird wesentlich durch die eingesetzte Maschinentechnik und das jeweilige Belüftungsverfahren bestimmt. Je nach Form der Bodenmiete wird zwischen Tafel-(Rechteck)-mieten, trapezförmigen und pyramidenförmigen Mieten unterschieden. Bodenmieten werden entsprechend der Maschinentechnik und den Platzverhältnissen auch in Form von unmittelbar benachbarten Mietensträngen angelegt. Die Höhe der Bodenmieten beträgt bis zu 3 Metern, in Ausnahmefällen werden Hochmieten mit über 3 Metern Höhe angelegt. Unter den Begriffen Biobeete bzw. Beetverfahren kommen auch flache Mietenverfahren zum Einsatz. Hier besteht allerdings ein erhöhter Platzbedarf.

Da die in der Mietentechnik eingesetzten Mikroorganismen die Schadstoffe in der Regel aerob umsetzen, ist die Belüftung sehr wichtig. Es wird zwischen aktiver und passiver Belüftung unterschieden. Bei der passiven Belüftung werden Belüftungsschichten in die Miete eingebaut. Diese bestehen aus gröberem Material, wie z. B. Holzhackschnitzeln. Die aktive Belüftung kann entweder durch Zwangsbelüftung oder durch dynamische Belüftung realisiert werden. Dabei wird der Miete mit technischen Einbauten Luftsauerstoff zugeführt. Zum Einsatz kommen Luftlanzen, Drainrohre oder Siebböden.

Je nach Anordnung der Gebläsevorrichtungen unterscheidet man zwischen Druck- und Saugbelüftung. Bei Vorliegen leichtflüchtiger Komponenten bietet die Saugbelüftung Vorteile, da Emissionen dadurch vermieden werden können, da der Sauganlage ein Abluftfilter nachgeschaltet wird. Bei dynamischen Belüftungsverfahren wird die Miete regelmäßig gewendet bzw. umgesetzt. Dabei wird Umgebungsluft in den Boden eingetragen. Diese Art der Belüftung wird in der Praxis am häufigsten angewandt.

Der Wassergehalt eines Bodens ist eine entscheidende Größe in Bezug auf die biologische Aktivität. Es gibt zwei Arten der Bewässerung von Bodenmieten:

- Trockenmieten (Trockenrotteverfahren) und
- Nassmieten (Mieten mit Prozesswasserkreislauf).

Bei Trockenmieten wird zu Beginn der Behandlung ein, der natürlichen Bodenfeuchte entsprechender, Wassergehalt eingestellt. Dieser bleibt während der Behandlungsdauer erhalten und wird regelmäßig überprüft. Gegebenenfalls wird der Wassergehalt beim Wenden oder Umsetzen der Miete neu eingestellt. Wenn während des Betriebs der Miete eine Berieselung mit Wasser vorgesehen ist, spricht man von Nassmieten. Das abfließende Wasser wird mit Hilfe von Drainageleitungen gefasst und gegebenenfalls gereinigt. Wenn das gereinigte Wasser wieder zur Berieselung verwendet wird, spricht man von einem Prozesswasserkreislauf. Aufgrund der nötigen Einbauten (Drainrohre) wird das Nassmietenverfahren nur bei statischen Mieten verwendet.

Wenn bei den Voruntersuchungen festgestellt wurde, dass zu wenige oder gar keine Mikroorganismen im Boden vorhanden sind, muss die Bodenmiete mit mikrobiologischen Kulturen beimpft werden. Diese Maßnahme muss auch dann ergriffen werden, wenn Schadstoffe im Boden vorliegen, die nur durch die Zugabe von Spezialkulturen biologisch abgebaut werden. Bei der Zugabe von Kulturen in Bodenmieten ist zu berücksichtigen, dass sich die zugesetzten Mikroorganismen in der neuen Umgebung etablieren müssen, zumal sie sich in Konkurrenz mit der autochthonen Mikroflora, d. h. den bereits im Boden vorhandenen Mikroorganismen, befinden. Grundsätzlich ist deshalb die Optimierung der natürlich vorhandenen Mikroflora der Beimpfung mit Spezialkulturen vorzuziehen. In Einzelfällen kann aus den oben dargelegten Gründen allerdings eine Beimpfung sinnvoll sein.

Unter Zuschlag- und Strukturstoffen sind Stoffe zu verstehen, die dem Boden zu Beginn der Behandlung zugesetzt werden. Sie führen zu einer lockeren Bodenstruktur und einer guten Belüftung. Zum Einsatz kommen Rindenprodukte, Stroh, Kompost, usw. Außer der lockeren Struktur bekommt der Boden dadurch auch noch organische Substanz zugeführt, die die biologische Aktivität fördert. Bei der Zugabe von Struktur- und Zuschlagstoffen ist zu beachten, dass die zu erreichenden Zielwerte nicht durch eine bloße Verdünnung oder Vermischung mit geringer belastetem Material oder mit anderen unbelasteten Stoffen eingestellt werden.

Der Mangel an Nährstoffen ist einer der limitierenden Faktoren beim biologischen Schadstoffabbau im Boden. Die Kenntnis der Nährstoffgehalte im zu behandelnden Boden ist deshalb von Bedeutung. Wie bereits erwähnt, gehören zu den wichtigsten Nährstoffen organische und anorganische Kohlenstoff-, Stickstoff- und Phosphorverbindungen. Zum einen sollten diese Nährstoffe in ausreichenden Gehalten vorliegen, zum anderen ein günstiges Verhältnis der Nährstoffgehalte untereinander eingestellt werden. Dieses so genannte C:N:P-Verhältnis sollte zwischen 100:15:2 bis 100:10:1 Gewichtseinheiten liegen, kann aber in Einzelfällen auch weiter variieren. Nährstoffe können sowohl in flüssiger als auch fester Form z. B. als Pulver oder Granulat, dem Boden zugesetzt werden. Zum Einsatz kommen unter anderem handelsübliche Dünger. Auch so genannte Fertilizer mit Langzeit-Dünge-Effekt kommen in der Bodensanierung zur Anwendung.

22.6.2.3 Reaktorverfahren

Unter Reaktorverfahren der biologischen Bodensanierung sind Technologien zu verstehen, die in geschlossenen Systemen (Bioreaktoren) zu einem biologischen Schadstoffabbau führen. Je nach Wassergehalt des zu behandelnden Bodens wird zwischen Feststoff- und Suspensionsreaktoren unterschieden.

Der biologische Abbau von Schadstoffen in Bioreaktoren wird analog der Mietentechnik grundsätzlich dadurch erreicht, dass Limitationsfaktoren für den Abbau aufgehoben werden. In Bioreaktoren lässt sich dieses Ziel allerdings schneller und effektiver erreichen als in Bodenmieten, weil erstens ein wesentlich höherer Durchmischungsgrad von Boden und Zusatzstoffen erreicht werden kann, und zweitens ein geschlossenes System besser kontrollierbar und damit steuerbar ist.

Standortverhältnisse

Grundsätzlich lassen sich Reaktorverfahren vor Ort (on-site) als auch außerhalb des Ortes, an dem der kontaminierte Boden anfällt, (off-site) einsetzen. Die Wahl des Standorts hängt von verschiedenen Kriterien ab. Zum einen entscheiden die Platzverhältnisse vor Ort darüber, ob alle notwendigen Anlagenteile und gegebenenfalls Einhausungen untergebracht werden können. Ein weiteres Kriterium stellt die Menge des zu behandelnden Bodens dar. Für die Behandlung von Kleinmengen bietet sich eine Off-site-Behandlung durch Bioreaktoren in einer stationären Bodenreinigungsanlage an. Werden Bioreaktoren on-site eingesetzt, ist zu berücksichtigen, dass diese technisch anspruchsvollen Verfahren eine ausreichende Infrastruktur und Betreuung (Messtechnik, Personal, etc.) erfordern. Schließlich wird die Wahl des Standorts auch dadurch bestimmt, ob ein Wiedereinbau des gereinigten Bodens vor Ort beabsichtigt ist.

Bodeneigenschaften
Reaktorverfahren werden sowohl für die Behandlung von erdfeuchten Böden als auch von Bodenschlämmen bzw. -suspensionen eingesetzt. Die Behandlung von Böden in Feststoffreaktoren erfordert Wassergehalte zwischen 50 und 70 % der maximalen Wasserhaltekapazität und ist damit vergleichbar mit den Anforderungen in der Mietentechnik. Liegen höhere Wassergehalte vor, bieten Feststoffreaktoren die Möglichkeit, den Feuchtegehalt des Bodens durch Nutzung der Belüftungseinrichtungen herabzusetzen, so dass auf eine separate Vortrocknung des Bodens verzichtet werden kann.

Schadstoffe
Die biologische Abbaubarkeit der zu behandelnden Schadstoffe ist selbstverständlich auch bei Reaktorverfahren grundlegende Voraussetzung für die Anwendung dieser Technik. Im Vergleich zur Mietentechnik lässt sich bei Reaktorverfahren das Spektrum behandelbarer Schadstoffe durch die vielfältigen Möglichkeiten der Verfahrensführung deutlich erweitern. Bioreaktoren zielen in besonderer Weise auf die Behandlung von Schadstoffen ab, deren physikalische Eigenschaften in konventionellen Verfahren Probleme bereiten (Tab. 22.11).

So sind Bodenkontaminationen, die eine sehr geringe Wasserlöslichkeit aufweisen, normalerweise einem biologischen Abbau nicht oder nur unzureichend zugänglich, insbe-

Tab. 22.11 Aufhebung von Limitationsfaktoren in Bioreaktoren

Limitierende Faktoren	Aufhebung der Limitation
Sauerstoffmangel	Erhöhung des Sauerstoffpartialdrucks durch intensive Belüftung, optimierte Begasungstechnik bzw. Verwendung von reinem (technischen) Sauerstoff
Nährstoffmangel	Zugabe von Nährstoffkomponenten und schneller Ausgleich kleinräumiger Nährstoffdefizite durch geeignete Mischereinbauten
Physikalische Milieufaktoren	Konditionierung durch Einstellung von pH-Wert, Feuchtigkeit (Mischaggregate), Temperatur (Heizelemente, Wärmetauscher)
Verfügbarkeit der Schadstoffe	Erhöhung des Stoffübergangs in die wässrige Phase durch Erhöhung des Wassergehalts und kontinuierlicher Durchmischung (Mischaggregate)
Fehlen/Mangel an schadstoffabbauenden Mikroorganismen	Beimpfung mit vorgezogenen Kulturen (Bioaugmentation)

sondere wenn es sich um feinkörnige Böden handelt (eingeschränkte Bioverfügbarkeit). Suspensionsreaktoren tragen diesem Problem Rechnung, indem sie für einen permanenten Kontakt zwischen schadstoffbelasteten Bodenpartikeln und der umgebenden wässrigen Phase sorgen und damit den Stoffübergang begünstigen. Bioreaktoren eignen sich auch für die Behandlung von Schadstoffen mit hoher Flüchtigkeit. Durch die geschlossene Bauweise verbleiben die Stoffe in der Gasphase des Reaktors bzw. werden gezielt abgesaugt und über Abluftfilter gereinigt. Reaktorverfahren erlauben somit eine vollständige Emissionskontrolle.

Neben den Schadstoffeigenschaften spielt die Verteilung und Konzentration der Schadstoffe im zu behandelnden Boden eine wichtige Rolle. Durch die Mischtechnik führen Reaktorverfahren zu einer raschen Egalisierung der Schadstoffgehalte im Boden. Dies gilt insbesondere für Suspensionsreaktoren, die auch zu einer Auflösung von festen Schadstoffmatrizes (z. B. Einschlüsse, Kristalle) führen können. Durch die Egalisierung werden lokale Kontaminationsherde aufgelöst, die oberhalb des physiologischen Konzentrationsbereichs liegen, und damit die Voraussetzungen für einen gleichmäßigen biologischen Schadstoffabbau geschaffen.

Bioreaktoren haben eine Reihe von Gemeinsamkeiten bzgl. ihres Aufbaus:

- Reaktorbehälter zur Aufnahme des Bodens (bzw. der Bodensuspension),
- Mischaggregate zur Homogenisierung des Bodens und Verteilung von Zusatzstoffen,
- Begasungseinrichtungen zur Versorgung mit Sauerstoff, ggf. auch mit Inertgasen,
- Abluftfilter zur Reinigung kontaminierter Prozessabluft,
- Dosiereinrichtungen für die Zugabe von Additiven (Nährstoffe, etc.),
- Temperiereinrichtungen zur Erzeugung und Kontrolle der gewünschten Temperaturen.

Der Bioreaktor muss hinsichtlich der Aufgabenstellung konzipiert werden. Durch die geschlossene Bauweise und den hohen Homogenisierungsgrad der zu behandelnden Böden lassen sich in Bioreaktoren relevante Parameter messtechnisch gut erfassen. Die Erfassung dieser Daten kann entweder durch Einzelmessungen oder kontinuierlich durch Online-Messungen erfolgen. Verfügt ein Bioreaktor über eine Prozesssteuerung, lassen sich darüber hinaus wichtige Parameter auf vorgegebene Sollwerte hin regeln und dadurch optimale Abbaubedingungen einstellen.

Bodenvorbereitung
Eine Vorbereitung des zu sanierenden Bodenmaterials erfolgt nach den Erfordernissen der gewählten Reaktortechnik und kann folgende Arbeitsschritte umfassen:

- Fraktionierung des Materials (Trennung nach Korngröße),
- Aussortierung von Fremdstoffen (Kunststoffe, Metall, etc.),
- Konditionierung des Materials (z. B. Einstellung des Wassergehalts, des pH-Werts, etc.),
- ggf. auch Beimpfung (z. B. Zugabe von Belebtschlamm, etc.).

Bei der Bearbeitung des kontaminierten Bodens sind Maßnahmen hinsichtlich des Arbeits- und Immissionsschutzes zu beachten.

Feststoffreaktoren

In Feststoffreaktoren werden erdfeuchte Böden behandelt, so dass kein freies Wasser in Form von Sicker- oder Prozesswässern auftritt. Der Feuchtegehalt beträgt dabei in der Regel zwischen 50 und 70 % der maximalen Wasserhaltekapazität der zu behandelnden Böden. Es konnte gezeigt werden, dass die Einstellung des Wassergehalts entscheidenden Einfluss auf die biologische Aktivität im Boden hat. Bei geringen Feuchtigkeiten (unter 50 % der maximalen Wasserhaltekapazität) steht den schadstoffabbauenden Mikroorganismen nicht genügend Wasser zur Verfügung, während bei hohen Feuchtigkeiten die Sauerstoffversorgung der Mikroorganismen limitiert ist. Die Einteilung von Feststoffreaktoren erfolgt nach dem jeweiligen Bauprinzip.

Drehtrommel- bzw. Drehrohrreaktoren

Zur Anwendung kommen zum einen Drehtrommel- bzw. Drehrohrreaktoren. Die Reaktoren bestehen aus einer Drehtrommel mit fest eingebauten Mischeinrichtungen und können ein Fassungsvermögen bis zu 100 m^3 haben. Prinzipiell lassen sich Drehtrommelanlagen sowohl chargenweise (Batch-Betrieb) als auch kontinuierlich betreiben.

Wannen- und Röhrenreaktoren

Im Gegensatz zu Drehtrommelanlagen verfügen Wannen- und Röhrenreaktoren über ein festes (statisches) Reaktorgehäuse und mobile Mischeinrichtungen. Wannenreaktoren bestehen aus einzelnen Segmenten (modularer Aufbau) und lassen sich somit der erforderlichen Behandlungskapazität anpassen. Durch Deckelung der Segmente ist das System geschlossen. Ein Mischaggregat mit vertikal angeordneten Rührwellen durchläuft den gesamten Wannenreaktor und führt zu einem hohen Homogenisierungsgrad des Bodens. Röhrenreaktoren verfügen dagegen über eine bewegliche Schnecke, die den Boden im Reaktorinneren bewegt und dadurch homogenisiert.

Flachbettreaktoren

Als weiterer Reaktortyp kommen Flachbettreaktoren zum Einsatz. Sie bestehen aus einem oder mehreren flachen Containern, die stapelbar sind und somit mobil eingesetzt werden können. Zur Homogenisierung des Bodens verfügen die einzelnen Container über mehrere parallele horizontale Rührwellen. Die Belüftung erfolgt über Begasungsschläuche am Containerboden. Optional lässt sich der zu behandelnde Boden zudem über einen Wasserkreislauf bewässern (Sprinkleranlage, gelochter Containerboden, Auffangwanne). In Einzelfällen sind weitere Reaktortypen zur biologischen Sanierung kontaminierter Böden erprobt bzw. eingesetzt worden. Dazu zählen vertikale Reaktoren in einer Bauweise, die aus der Betontechnik (Chargenmischer) bzw. aus der Silotechnik (Silofermenter, Siloreaktoren) bekannt ist. Vertikalreaktoren bieten einen vergleichsweise einfachen Aufbau, sind jedoch nur begrenzt einsetzbar (Verdichtungsproblematik).

Suspensionsreaktoren
Im Gegensatz zu Feststoffreaktoren werden in Suspensions- oder slurry-Reaktoren durch Zugabe von Wasser oder wässrigen Medien Bodenschlämme eingesetzt. Dadurch wird die maximale Wasserhaltekapazität des Bodens deutlich überschritten. Suspensionsreaktoren werden meist mit Feststoffanteilen zwischen 30 und 50 Gew.-% betrieben. Bodensuspensionen mit höheren Feststoffgehalten sind technisch schwer zu handhaben, niedrigere Feststoffgehalte sind dagegen in der Regel unwirtschaftlich. Verfahrenstechnisch bieten Bodensuspensionen im Vergleich zu Feststoffverfahren zwei wesentliche Vorteile. Erstens führen sie zu äußerst homogenen Gemischen, deren Behandlung entsprechend gut kontrollierbar und steuerbar ist. Zweitens lassen sich in Suspensionsverfahren feinkörnige, bindige und schlecht durchlässige Böden bzw. Bodenfraktionen biologisch reinigen, die als Feststoff nicht oder nur unzureichend behandelbar sind.

Nachteilig erweist sich ein erhöhter Aufwand bei der Herstellung von Bodensuspensionen und insbesondere bei der Entwässerung der Suspension nach erfolgter Behandlung (z. B. durch den Einsatz von Filterpressen, Siebbandpressen, etc.). Die Einteilung von Suspensionsreaktoren erfolgt nach dem jeweiligen Verfahrensprinzip, wobei allerdings auch Kombinationen verschiedener Verfahrensprinzipien in einem Reaktortyp vorliegen können. Rührreaktoren bestehen aus einem statischen Gehäuse und einem Rührsystem, das zum einen die Bodensuspension in Schwebe hält, zum anderen für eine gleichmäßige Verteilung der Luftzufuhr bzw. der dosierten Zusatzstoffe in der Suspension sorgt. Die Reaktoren können beispielsweise als Rührkesselsysteme mit einer zentralen Rührwelle ausgelegt sein. Zur Anwendung kommen auch Wannenreaktoren mit einem modularen Aufbau, wie bereits unter Feststoffreaktoren, beschrieben, wobei allerdings für Suspensionen andere Rührertypen, Begasungs- und Dosierungseinrichtungen als für Feststoffe verwendet werden.

Schlaufen- und Wirbelschichtreaktoren
Neben Rührreaktoren werden für die Behandlung von Bodensuspensionen auch Schlaufenreaktoren und Wirbelschichtreaktoren eingesetzt. Um die Bodenpartikel in Schwebe zu halten und einen hohen Durchmischungsgrad mit den zugesetzten Additiven zu erzielen, erfolgt eine Kreislaufführung der Suspension. Bei Schlaufenreaktoren entsteht das Strömungsbild einer Schlaufe, bedingt durch den Einbau eines konzentrischen Leitrohres im Reaktorinneren. Bei Wirbelschichtreaktoren dagegen wird eine Kreislaufführung erreicht, indem die Suspension aus dem oberen Teil des Reaktors (Reaktorkopf) abgezogen wird und über eine Pumpe unten wieder zugeführt wird. Befinden sich am Boden von Schlaufen- oder Wirbelschichtreaktoren Belüftungseinrichtungen, lässt sich ein Absetzen von Bodenpartikeln durch aufsteigende Luft-(Gas-)blasen vermeiden. Hierbei spricht man vom Airlift-Prinzip.

Betriebsweisen
Prinzipiell lassen sich Bioreaktoren sowohl in Gegenwart von Sauerstoff (aerob) als auch in Abwesenheit von Sauerstoff (anaerob) betreiben. Durch die Steuerbarkeit von Bio-

reaktoren ist außerdem eine zwei- oder mehrstufige Verfahrensführung möglich (z. B. anaerob/aerob Behandlung). Dadurch führen Bioreaktoren im Vergleich zur konventionellen aeroben Mietentechnik zu einer deutlichen Erweiterung des Spektrums behandelbarer Schadstoffe. Der Eintrag von Sauerstoff in Bioreaktoren zur Erzeugung aerober Verhältnisse kann auf verschiedene Weise erfolgen. Bei Feststoffreaktoren sorgen im allgemeinen Mischaggregate für einen regelmäßigen oder sogar kontinuierlichen Kontakt des Bodens mit Luftsauerstoff.

Bei Suspensionsreaktoren dagegen erfolgt der Eintrag von Sauerstoff über Zuluftleitungen mit Gasverteilern, Injektionsdüsen oder Begasungsmembranen, wobei sowohl Druckluft als auch technischer Sauerstoff zum Einsatz kommen können. In einigen Fällen erfolgt eine externe Begasung über separate Blasensäulen, die mit dem Bioreaktor verschaltet sind. Zur Erzeugung anaerober Verhältnisse in Bioreaktoren erfolgt eine Begasung der Reaktoren mit Inertgas (z. B. Stickstoff), so dass dadurch Sauerstoffreste aus dem System ausgetrieben werden. Dazu können prinzipiell die gleichen Begasungseinheiten verwendet werden, über die im aeroben Betrieb Sauerstoff zugeführt wird. Eine weitere Möglichkeit zur Erzeugung anaerober Bedingungen besteht darin, den Reaktor unter Luftabschluss zu halten und den im System befindlichen Sauerstoff durch biologische Sauerstoffzehrung zu verbrauchen.

22.6.2.4 In-Situ-Sanierung

Unter biologischer In-situ-Sanierung sind Verfahren zu verstehen, bei denen der kontaminierte Boden (ungesättigte Bodenzone) oder der kontaminierte Grundwasserleiter (gesättigte Bodenzone) in ihren natürlichen Lagerungsverhältnissen verbleiben. Ein Aushub des kontaminierten Bodens ist somit bei In-situ-Sanierungsverfahren auszuschließen.

In-situ-Verfahren verwenden sowohl physikalische, chemische als auch auf biologische Verfahren. Physikalische und chemische Prozesse führen zu einer Entfernung, Umwandlung oder Immobilisierung (Fällung, Sorption) der Schadstoffe im Untergrund. Biologische Prozesse können nicht nur abbaubare Schadstoffe eliminieren, sondern auch physikalisch-chemische Prozesse initiieren oder unterstützen. Umgekehrt treten biologische Abbaureaktionen als Sekundäreffekte beim Einsatz physikalischer oder chemischer Verfahren auf. Insofern handelt es sich bei biologischen In-situ-Verfahren eher um Verfahrenskombinationen, die von konventionellen Techniken abgeleitet werden.

Standort- und Untergrundverhältnisse

In-situ-Verfahren finden in erster Linie dort eine Anwendung, wo die Zugänglichkeit kontaminierter Bodenbereiche eingeschränkt ist. Dieses ist der Fall, wenn sich auf dem kontaminierten Standort Gebäude, Anlagen, Kanalsysteme, Rohrleitungen oder andere infrastrukturelle Einrichtungen befinden, die geschützt werden sollen. Der Einsatz von In-situ-Verfahren erfordert die Kenntnis der Untergrundverhältnisse am kontaminierten Standort, insbesondere Abfolge und Mächtigkeiten der geologischen Schichten sowohl in vertikaler als auch horizontaler Richtung. Für die Behandlung der ungesättigten Zone ist darüber hinaus die Kenntnis folgender Bodenfaktoren von Bedeutung:

- Bodenstruktur (Aggregierung, Vorhandensein von Makroporen),
- Bodentextur (Korngrößenverteilung),
- Porosität,
- Wassergehalt,
- Gehalt an organischer Substanz.

Durch diese Faktoren wird einerseits die Luftdurchlässigkeit, andererseits das Sorptionsverhalten des Bodens beeinflusst. Belüftungsverfahren für die ungesättigte Bodenzone erfordern eine ausreichende Luftdurchlässigkeit im gesamten zu dekontaminierenden Bodenkörper. Für die Behandlung der gesättigten Bodenzone ist das Verständnis des hydrogeologischen Systems von Bedeutung. Dieses beinhaltet:

- horizontale/vertikale Schichtenabfolge,
- die hydraulischen Durchlässigkeiten der wasserführenden Schichten,
- Grundwasserfließregime,
- die geo- und hydrochemischen Milieubedingungen im Grundwasser,
- potenzielle Sorbentien (z. B. Ton, organische Substanz).

Infiltrationsverfahren
Bei diesen Verfahren werden über Verrieselung, Lanzen, Pegel und Brunnen Additive in die tieferen Bodenzonen infiltriert, die geeignet sind, den biologischen Abbau zu stimulieren bzw. limitierende Bedingungen für einen Schadstoffabbau im Untergrund aufzuheben. Beim Zusatz von Additiven für In-situ-Verfahren ist generell zu berücksichtigen, dass neben den dargestellten Wirkungen unerwünschte Nebeneffekte auftreten können. So kann der Eintrag von Sauerstoffverbindungen zu einer Oxidation und Ausfällung von Eisen-, Mangan- und anderen Metallverbindungen im Untergrund führen, was einerseits zu einer unerwünschten Sauerstoffzehrung führt, andererseits technische Probleme verursachen kann.

Ebenso sollten Nährstoffe und Detergentien sorgfältig dosiert werden, um zusätzliche Belastungen des Grundwassers zu vermeiden. Übermäßiges Bakterienwachstum durch Nährstoffzugaben kann zur Verstopfung der Porenräume führen. Bei der Zugabe von Mikroorganismen ist eine gleichmäßige Verbreitung wegen deren Tendenz zur Immobilisierung innerhalb des Kontaminationskörpers häufig nicht erreichbar. Auch besteht das Problem, dass sich zugesetzte Mikroorganismen in Konkurrenz zur autochthonen Mikroflora befinden und sich in der neuen Umgebung unter Umständen nicht etablieren können.

Für die In-situ-Sanierung der wasserungesättigten Bodenzone wird aus dem Aquifer entnommenes Wasser mit Additiven versetzt und in die ungesättigte Bodenzone infiltriert. Die Infiltration erfolgt – je nach Ausdehnung der Kontamination – entweder über einzelne oder über ein Leitungssystem verbundene Filterrohre bzw. Brunnen. Durch tiefenverstellbare Einsatzrohre lässt sich der kontaminierte Bodenkörper abschnittsweise mit Additiven versorgen, wodurch unterschiedlich kontaminierte Tiefenbereiche gezielter angegangen werden können. Dadurch, dass die Infiltration und Wasserentnahme in verschiedenen Bodenschichten stattfinden, entsteht kein geschlossener Kreislauf. Es ist deshalb darauf zu achten, die Menge des Infiltrationsmediums zu begrenzen, um eine infiltrationsbedingte Ausbreitung der Kontamination durch Sickervorgänge zu vermeiden.

Für die In-situ-Sanierung der wassergesättigten Bodenzone erfolgt eine Kreislaufführung des Infiltrationsmediums. Dazu wird zunächst Wasser infiltriert und nach Durchströmung des kontaminierten Bereichs wieder entnommen. Entnommenes, kontaminiertes Wasser wird on-site behandelt (z. B. mit einer biologischen Reinigungsstufe) und in den Untergrund reinfiltriert. Bei der Infiltration können wieder Additive zugesetzt werden, die den biologischen Abbau im Kontaminationskörper induzieren.

Belüftungsverfahren

Belüftungsverfahren kommen dann zum Einsatz, wenn der Sauerstoffgehalt im Boden limitierend für Mikroorganismen ist. Die Techniken, die zur Belüftung des Untergrunds verwendet werden, leiten sich von Verfahren ab, die auf ein Strippen flüchtiger Kontaminanten aus der Bodenluft und aus belastetem Grundwasser abzielen. Belüftungsmaßnahmen lassen sich sowohl kontinuierlich als auch diskontinuierlich durchführen. Auf diese Weise kommt es zu einer Induktion des aeroben Schadstoffabbaus. Auch bei den Belüftungsverfahren muss zwischen gesättigten und ungesättigten Bodenzonen unterschieden werden.

Im einfachsten Fall wird Druckluft in den Bodenkörper eingeblasen (Bioventing). Dazu werden Belüftungslanzen oder -pegel installiert, die in den Kontaminationsbereich hineinragen. Je nach Bodenstruktur und Anordnung der Pegel verteilt sich der mit der Luft eingebrachte Sauerstoff und führt zu einer Stimulierung des aeroben Schadstoffabbaus. Indirekt wird eine Belüftung des Bodens auch bei der Bodenluftabsaugung erreicht.

Die Bodenluftabsaugung gehört zu den pneumatischen Verfahren, die auf dem Austrag von Schadstoffen aus dem Untergrund über den Luftpfad basieren. Durch die Absaugung wird eine Bodenluftströmung induziert, die zu einer Versorgung des kontaminierten Bereichs mit Umgebungsluft führt. Eine Bodenluft-Kreislaufführung entsteht bei der Kombination beider Verfahren. Dadurch kann eine gut kontrollierbare Sauerstoffversorgung erzielt werden. Diese ist bei flüchtigen Schadstoffkomponenten obligatorisch. Grundsätzlich ist der Schadstoffgehalt in der Bodenluft zu überwachen sowie die Emission von Schadstoffen an der Bodenoberfläche zu kontrollieren.

Hier kommen Verfahren zur Anwendung, bei denen Druckluft in den gesättigten Bereich eingeblasen wird. Dazu werden Brunnen installiert und in geeigneter Weise verfiltert, so dass die Pressluft den Kontaminationskörper über kegelförmig ausgebildete Belüftungszonen möglichst vollständig erreicht. Das hat zwei wesentliche Effekte.

Zum einen wird eine Schadstoffdesorption und -strippung durch die Luftströmung im Aquifer erreicht, zum anderen wird ein biologischer Abbau der Schadstoffe über die Sauerstoffversorgung induziert. Diese als Air-Sparging bezeichneten Verfahren werden in der Regel in Kombination mit einer Bodenluftabsaugung der ungesättigten Bodenzone eingesetzt. Auf diese Weise kann eine kontrollierte Luftströmung in der ungesättigten Bodenzone sichergestellt und eine Schadstoffverfrachtung in Umgebungsbereiche vermieden werden.

Der Erfolg von Belüftungsmaßnahmen hängt wesentlich von den Untergrundeigenschaften ab, insbesondere der Dichte und Gasdurchlässigkeit des Bodens. Prinzipiell kann der Eintrag von Druckluft in kontaminierte Grundwasserbereiche zur Verdriftung von Schadstoffen in unbelastete Zonen des Aquifers führen. Bei einem Eintrag von Sauerstoff in den Aquifer ist weiterhin zu beachten, dass es zu Ausfällungen in Form von Eisen- und Manganoxiden kommen kann.

Schadstoffe

Wesentliche Grundvoraussetzungen für Kontaminationen, die mit biologischen In-situ-Verfahren behandelt werden sollen, sind die biologische Abbaubarkeit (mit Ausnahme von Schwermetallen, die lediglich aus dem Boden extrahiert werden), und die Bioverfügbarkeit aller Schadstoffe. Schadstoffe mit stark eingeschränkter Bioverfügbarkeit kommen für biologische In-situ-Verfahren nicht in Frage. Je nach Verfahren kommen bei biologischen In-situ-Sanierungen unterschiedliche Abbaubedingungen zum Tragen. Belüftungsverfahren und Infiltrationsverfahren mit Sauerstoffträgern zielen auf die Behandlung aerob abbaubarer Schadstoffe ab.

Werden dagegen Nitratverbindungen oder organische Substrate in den Untergrund eingebracht, so lassen sich auch anaerob abbaubare Schadstoffe behandeln. Werden bei Vorliegen flüchtiger Verbindungen Belüftungsverfahren eingesetzt, so ist dafür zu sorgen, dass sich die Stoffe durch die Belüftungsmaßnahmen nicht unkontrolliert ausbreiten (Monitoringprogramm, technische Schutzmaßnahmen wie z. B. Absaugpegel). Als weitere Einflussgröße für biologische In-situ-Verfahren spielt die räumliche Verteilung der Schadstoffe im Untergrund eine Rolle. Hier ist insbesondere die relative Lage der Kontamination zum Grundwasser zu nennen, die ggf. technische Schutzmaßnahmen erforderlich macht (Schutzinfiltrationen, Spundwände, usw.).

22.6.3 Erfolgs- und Qualitätskontrolle

Empfohlene Methoden bei der Qualitäts- und Erfolgskontrolle

Alle Sanierungsstufen bei der Altlastensanierung erfordern eine Qualitätssicherung. Zu jeder Maßnahme müssen entsprechende Parameter definiert und erfasst werden. Nur dann ist eine angemessene Bearbeitung und Erfolgskontrolle möglich. Das Zusammenwirken von einzelnen Leistungsträgern bei der Altlastensanierung ist entscheidend für dessen Qualität. Die Qualitätssicherung bzw. Qualitätskontrolle ist erst auf Basis vorhandener Regelwerke bzw. Vorschriften/Festlegungen für einzelne Leistungen möglich. Daher zeichnet sich ein Projekt im Bereich der Sanierung durch folgende Qualitätsmerkmale aus:

- phasenweise Bearbeitung der Problemstellung unter stetiger Zielanpassung und Zielkontrolle bei klarer inhaltlicher Zieldefinition sowie
- eine qualitätsgerechte Projektdurchführung (eine eindeutige Projektorganisation mit transparenten Projektabläufen, -struktur, -zuständigkeiten, -controlling sowie Zusammenarbeit mit dem Auftraggeber und mit den Partnern) und
- eine qualitätsgerechte Produktherstellung bzw. nachvollziehbare, auswertbare und überprüfbare Ergebnisdarstellung.

Eine Erfolgskontrolle basierend auf diesen Prinzipien setzt so eine Projektkoordination voraus, die eine reibungslose Zusammenarbeit der Projektbeteiligten und eine einheitliche Vorgehensweise sowie einen reproduzierbaren Ablauf der Erprobung von mehreren Sanierungsverfahren ermöglicht. Darüber hinaus wird das Ziel verfolgt, die Maßnahmen der wissenschaftlichen Begleitung von der Probennahme bis zur Ergebnisbewertung einschließlich Berichterstellung entsprechend den gültigen Regelwerken bzw. den internen Projektfestlegungen nachvollziehbar zu dokumentieren.

Testdurchführung und Ergebnisbewertung

Die Auswahl der zu prüfenden Bodenfunktionen zur Erfolgskontrolle von Sanierungen kann sich an der zukünftigen Nutzung der sanierten Böden/Bodenmaterialien orientieren, um unverhältnismäßige Untersuchungskosten zu vermeiden (Tab. 22.12.). Werden z. B. inerte Unterböden In-situ saniert, ist eine Folgenutzung als Oberboden mit Lebensraumfunktion für Pflanzen und Bodentiere in der Regel nicht vorzusehen, entsprechende Testverfahren entfallen dann.

Wird ein (saniertes) Material so eingebaut, dass es mit der Umwelt nicht in Wechselwirkung tritt (z. B. unter versiegelten Flächen ohne Grundwasserkontakt), kann auf ökotoxikologische Testverfahren verzichtet werden. Ein Screening der potenziellen Toxizität eines solchen Materials wird aber dennoch empfohlen, um zukünftige Folgenutzungen planen zu können. Soll saniertes Material wieder eingebaut oder als durchwurzelbare

Tab. 22.12 Auswahl geeigneter Testverfahren in Abhängigkeit von der geplanten Nutzung

Bodennutzung	Bodenfunktion		
	Rückhaltefunktion	Lebensraumfunktion	
	Wasserpfad	Pflanzenstandort	Bodenbiozönose
Böden	Prüfung einer biologischen Wirksamkeit		
1. Unter versiegelten Flächen	Nein	Nein	Nein
2. Nicht versiegelte, gewerblich genutzte Fläche	Ja	Nein	Nein
3. Deponieabdeckung	Ja	Ja	Nein
4. Grün-, Park- und Freizeitflächen	Ja	Ja	Ja
5. Flächen mit gärtnerischer oder landwirtschaftlicher Nutzung	Ja	Ja	Ja
Biologische Testsystem	Aquatische Tests	Terrestrische Tests	

Bodenschicht eingesetzt werden, erweitert sich entsprechend der geplanten Nutzung das Spektrum der anzuwendenden Tests. In einem ersten Schritt wird eine Testbatterie mit Eluattests durchgeführt und in einem zweiten Schritt durch terrestrische Testverfahren ergänzt.

Anwendung ökotoxikologischer Testverfahren zur Erfolgskontrolle von Bodensanierungen

Besondere Bedeutung hat die über den Wasserpfad mobilisierbare Fraktion der Schadstoffe. Sie kann nicht nur mit dem Sickerwasser ausgewaschen werden und das Grund- bzw. Trinkwasser kontaminieren, sondern weist auch das höchste akute Wirkpotenzial für Mikroorganismen, Pflanzen und Bodentiere auf. Die ökotoxikologische Überprüfung sanierter Bodenmaterialien sollte deshalb mit Testverfahren an Bodeneluaten beginnen, um die Rückhaltefunktion zu beurteilen. Empfohlen wird eine Batterie an aquatischen Biotests. Wird hier bereits ein erhöhtes ökotoxikologisches Potenzial festgestellt, kommt

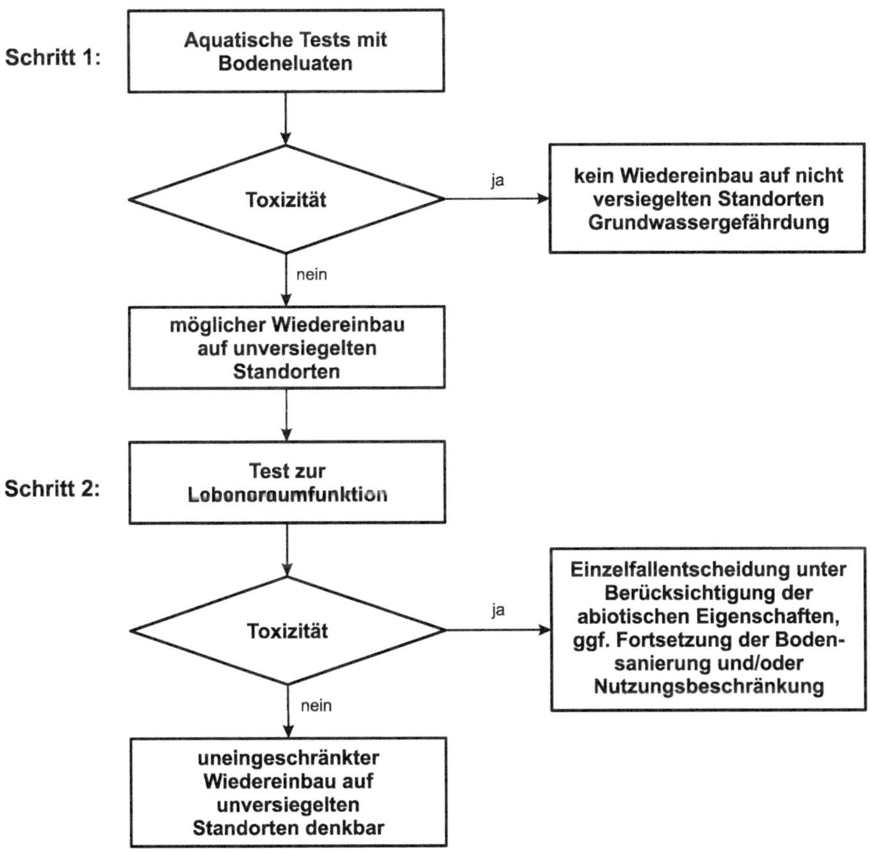

Abb. 22.2 Anwendung ökotoxikologischer Testverfahren

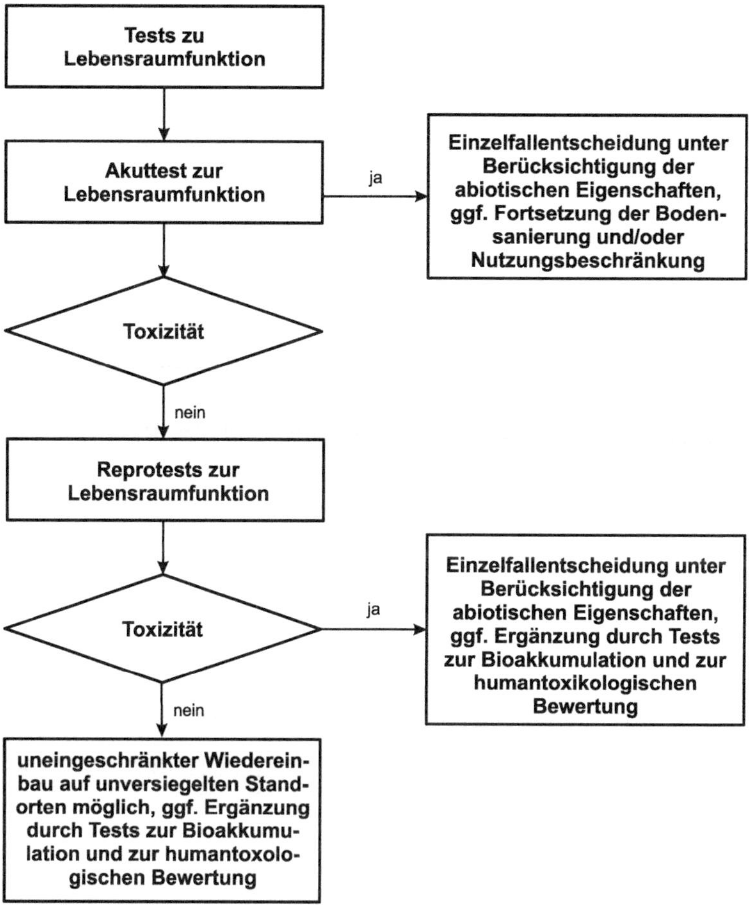

Abb. 22.3 Anwendung terrestrischer Testverfahren zur Erfolgskontrolle von Bodensanierungen

aus Gründen des Grundwasserschutzes ein Wiedereinbau auf unversiegelten Flächen nicht in Frage. Weitere Testverfahren zur Lebensraumfunktion können dann entfallen. Sind die untersuchten Bodeneluate toxikologisch unbedenklich und ist somit das Risiko für einen Schadstoffaustrag in das Grundwasser gering, ist unter Beachtung der vorgesehenen Bodennutzung prinzipiell ein unversiegelter Wiedereinbau des Materials möglich (Abb. 22.2).

Soll saniertes Material als Lebensraum für Pflanzen und Bodenorganismen dienen, ist eine Überprüfung der Lebensraumfunktion notwendig (Abb. 22.3).

Auch hier richtet sich der Umfang des Testprogramms nach der geplanten Folgenutzung. Je nach toxikologischem Befund müssen dann in Einzelfallentscheidungen Nutzungsbeschränkungen festgelegt werden. Sind alle Befunde unbedenklich, ist eine uneingeschränkte Verwendung des Materials möglich.

22.7 Aufgaben für die Praxis

- Welche wesentlichen Anforderungen stellt das Bundesbodenschutzgesetz an den Schutz des Bodens?
- Welche wesentlichen Anforderungen stellt die Bundesbodenschutz- und Altlastenverordnung an die Sanierung von Altlasten?
- Erläutern Sie den Untersuchungsumfang zum Schutz von Böden.
- Welche Maßnahmen-, Prüf- und Vorsorgewerte sind für die verschiedenen Kompartimente zu berücksichtigen?
- Erläutern Sie Sanierungsuntersuchung und -planung für die Altlastensanierung.
- Beschreiben Sie die wichtigsten Verfahren zur biologischen Boden- und Altlastensanierung.

Weiterführende Literatur

22.1. *BBodSchG – Bundes-Bodenschutzgesetz; Gesetz zum Schutz vor schädlicher Bodenveränderungen und zur Sanierung von Altlasten,* **31.08.2015**

22.2. *BBodSchV – Bundes-Bodenschutz- und Altlastenverordnung;* **31.08.2015**

22.3. Brauer, H (Hrsg.); *Handbuch des Umweltschutzes und der Umweltschutztechnik, Bd. 5 Sanierender Umweltschutz,* **1997**, 3-540-58062-X

22.4. *DIN 19747;Untersuchung von Feststoffen – Probenvorbehandlung, -vorbereitung und -aufarbeitung für chemische, biologische und physikalische Untersuchungen,* Beuth, **Juli 2009**

22.5. *DIN EN ISO 15175;Bodenbeschaffenheit – Ermittlung von Kennwerten des Bodens hinsichtlich des Wirkungspfades Boden – Grundwasser,* Beuth, **September 2011**

22.6. Landesamt für Umwelt, Messungen und Naturschutz Baden-Württemberg (LUBW); *Altlastenbewertung,* **2012**, 978-3-88251-347-9

22.7. Landesamt für Umwelt, Messungen und Naturschutz Baden-Württemberg (LUBW); *Integrales Altlastenmanagement,* **2014**, 978-3-88251-382-0

22.8. Rommel, P.; Rommel, J.; Schneider, J.; *Literaturstudie zum Transfer von organischen Schadstoffen im System Boden/Pflanze und Boden/Sickerwasser,* Landesanstalt für Umweltschutz Baden-Württemberg, **Juli 1998**

22.9. Umweltbundesamt; *Leitfaden Biologische Verfahren zur Bodensanierung,* **2000**

22.10. *VDI 3865 Blatt 2; Messen organischer Bodenverunreinigungen – Techniken für die aktive Entnahme von Bodenluftproben,* **Januar 1998**

22.11. *VDI 3865 Blatt 4; Messen organischer Bodenverunreinigungen – Gaschromatographische Bestimmung von niedrig siedenden organischen Verbindungen in Bodenluft durch Direktmessung,* **Dezember 2000**

22.12. *VDI 3897;* Emissionsminderung – *Anlagen zur Bodenluftabsaugung und zum Grundwasserstrippen,* Beuth, **Dezember 2007**

22.13. *VDI 3898;Trockenmechanische, physikalisch-chemische, thermische und biologische Bodenbehandlungsanlagen,* Beuth, **Januar 2013**

22.14. Win, T. et al; *Erarbeitung und Validierung eines standardisierten Analyseverfahrens für die Bestimmung von LHKW und BTEX in Boden, Bereitstellung eines Referenzmaterials und Überprüfung des Verfahrens in einem Ringversuch,* Bundesanstalt für Materialforschung (BAM), **2005**, 3-86509-436-8

Sachverzeichnis

G. Förtsch und H. Meinholz, *Handbuch Betriebliches Umweltmanagement*,
https://doi.org/10.1007/978-3-658-19151-1

Printed by Printforce, the Netherlands